三元系合金
相图集
Atlas of Ternary Alloy
Phase Diagrams

张启运　庄鸿寿　曲文卿　郭　伟　编

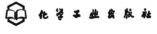

化学工业出版社

·北京·

内 容 简 介

本书是一本按三元系合金液相限（liquidus）为系统编辑的相图集，收集了自 20 世纪中叶至 2021 年年底文献中发表过的三元系合金相图 1500 余幅。为了便于索引，三角形顶角的三个组元均按照 A-B-C（左-顶-右）的顺序进行了订正。本书的附录以填入周期表的方式给出了各个组元的物理、化学和力学的参数，便于读者链接和分析相图组元间本性的关联。

本相图集可供物理、化学、材料科学、工程技术等有关领域的学者和技术人员以及高等学校有关学科的教师和研究生参考。

图书在版编目（CIP）数据

三元系合金相图集/张启运等编 . —北京：化学工业出版社，2022.7（2024.7 重印）
ISBN 978-7-122-40940-9

Ⅰ.①三…　Ⅱ.①张…　Ⅲ.①三元合金-相图-图集
Ⅳ.①TG113.12-64

中国版本图书馆 CIP 数据核字（2022）第 039505 号

责任编辑：张海丽　武　江　　　　　　　　装帧设计：刘丽华
责任校对：刘曦阳

出版发行：化学工业出版社（北京市东城区青年湖南街 13 号　邮政编码 100011）
印　　装：北京捷迅佳彩印刷有限公司
880mm×1230mm　1/16　印张 51　字数 1545 千字　2024 年 7 月北京第 1 版第 2 次印刷

购书咨询：010-64518888　　　　　　　　售后服务：010-64518899
网　　址：http://www.cip.com.cn
凡购买本书，如有缺损质量问题，本社销售中心负责调换。

定　　价：398.00 元

前　言

合金相图也称合金状态图，是元素之间物理、化学反应平衡的几何学描述。 元素之间一切物理和化学反应平衡的信息，都会在相图上一一表露无遗。 相图是物理、化学、冶金，特别是与材料科学有关各领域的导航图。

组成、温度和压力是影响物理化学反应平衡的三大要素。 在大气环境中，压力视为恒定，通常讨论的合金相图，实际上是常压下的等压相图，是物理、化学反应平衡在温度-组成坐标图上的演绎。 二元系是二维的平面相图，三元系是立体的三棱柱相图，后者又常以平面三角形投影图来表述。

二元系合金相图集，世界各国都有多种版本的出版。 三元系合金相图集的编辑因其工程浩大，世界上的出版物为数不多，有德国的 Petzow G. 、英国的 Prince A. 以及 Raynor G. V. 、苏联的 Агеев Н. Г. 、印度的 Raghavan V. 、美国的 Villas P. 等人各自分卷编辑的图集。 这些相图集的编者普遍追求相图资料的全面表述，因此篇幅都十分巨大，如美国 Villas P. 等人在 1995 年编辑出版的《三元合金相图手册》（*Hand Book of Ternary Alloy Phase Diagrams*），有 10 卷，13000 页之多。

本相图集是一本三元系合金相图液相限（liquidus）投影的数据集。 文献中发表过的有关相图资料浩如烟海，也极为纷乱庞杂，现在以三元系合金液相限的投影图为线索来编辑这本图集，使相图数据表达的逻辑更为简洁清晰。 虽然相图的多温、等温截面以及中间相结构等的数据都很重要，但液相限投影在相图的表述中毕竟是第一位的，它反映了体系中相平衡的全面信息。

本相图集覆盖了 20 世纪中叶至 2021 年年初发表过的三元系合金相图资料。 编辑过程中尽量收集不同时期同一体系多个作者的相图文献，在对比评估的基础上选录可信度与合理度更高的相图。 对那些不同作者发表的同一体系的相图差别较大，无法有效评估的相图，本相图集采取并列刊出，以供读者自行对比参考。

20 世纪 90 年代以前发表的相图多属实验相图，具有根本性的参考价值。 近 30 年来借计算机技术的发展，文献中发表了大量热力学计算的相图，其中多数作者都同时列出了实验数据的佐证，或与老的实验相图进行对比优化，其结果有较高的可信度。 但也有一些报告，缺乏足够实验数据的检验，结论有待进一步确认，其作者这时也常称自己的结论为"tentative（暂定的）"。 对这一类相图是否应该收录？ 我们想："不完全的有，似乎总还是比完全没有的好"，因此只要符合相律和相图的基本规则，相图内容表述合理，本相图集还是进行了适当的选录。

近年来发表的热力学计算相图中，一些作者缺乏误差分析，直接取用计算机输出的结果，因而录出了过多位数的"有效数字"，或者绘出"过于精微的"相图细节。 这些

"过度表达"其实都处在方法误差的范围之内，其他作者无法重复，更不可能获得实验数据的佐证，因此多半是没有意义的。本相图集在录用有关相图时，对这些"过度表达"进行了必要的压缩和订正。

全面的三元合金相图体系究竟能有多少个？仅就常见的 30 多个金属元素的排列组合就超过 4000 体系之多。由于多数体系至今尚未有研究者问津，一些研究者常仅止步于体系等温截面或多温截面的表述，还由于某些原始文献的难于获得，这就使得有关相图资料的全面搜集受到很大的局限。经过编者多年努力，本相图集收录的三元系合金相图总数得以超过 1500 幅。

文献发表相图的坐标中，三个组元的顺序都十分任意，本相图集中相图的三角坐标都按照 A-B-C（左-顶-右）的顺序重新订正以便于索引。此外，本相图集还采用顶角（组元）到底边距为 100mm 的等边三角形坐标，便于读者方便地用尺直接量出相图中任何指定坐标点顶角组元的%组成，也就是组成坐标点到底边垂直距离的 mm 数，无须再从侧边二元系的坐标读取。相图组成的单位通常都是摩尔分数（mol%），但限于编者的工作条件，一些原作的组成单位是质量分数（mass%）的，以及一些作者采用了非规范的直角坐标等，本相图集都未予转换统一，读者在读取相图时应加以充分注意。

本相图集的附录以周期表的格式列出元素的物理、化学和力学参数。读者在查取相图数据的同时还便于链接不同体系组元特性的内在关联。

在附录的末尾还编辑了"组元分类索引"，便于读者检索某特定组元合金的全部相图，免除了在总目录中一一检索的困难。

衷心感谢北京大学化学与分子工程学院的李星国教授，他在本相图集的编辑过程中给予了热情的鼓励、帮助和支持。

最后，鉴于编者的学识水平和工作条件的限制，多年努力所完成的这样一项工程，肯定还会存在某些局限和不妥，衷心希望读者和同行学者不吝批评指教。

编者
2022 年春

目 录

附录1　摩尔坐标（mol%）和质量坐标（mass%）的相互转换

附录2　元素的物理、化学和力学参数

附录3　组元分类相图索引

三元系合金相图
图例说明

1. 本书相图的坐标，主要以顶角到底边距离为 100mm 的等边三角形来表达。因此，相图中任何一个组成点到底边的垂直距离（mm）即为顶角组元的百分含量，可以方便地用尺直接量出。但要注意：有些相图并非完整的 100% 坐标。此外，也有少数相图沿用了原作者的直角坐标，未做转换。

2. 书中相图组成的表达主要是 mol% 坐标（在元素系中等同于 at%），但也有少数是 mass% 坐标。在相图方框的左下角都有特别的标识加以注明。

3. 三元坐标内的一片封闭区域，常标注一个元素或一个化合物的符号，表示这块区域是这个符号液相限（liquidus）的投影。同分熔化化合物的组成坐标点位于相应液相限投影的内部；异分熔化化合物的组成坐标点处在相应液相限投影的外部。用希腊字符标注的区域，说明相应化合物是组成不确定的物相。希腊字符也常用来标注组元或化合物不同温度的各种结晶构型。

4. 一块标注 L 的区域，表明这是液相区的投影，L_1+L_2，L_3+L_4，……表明是相应两个液相分层区的投影。

5. 带箭头的粗曲线表示是自由度为 1 的三相平衡线，可以是一个液相和两个固相处于平衡的三相平衡线，也可以是两个液相和一个固相处于平衡的三相平衡线。箭头所指的方向是温度降低的方向。

6. 三条粗曲线相汇的点是四相平衡的零变点，可以是一个液相和三个固相处于平衡的四相点，也可以是两个液相和两个固相处于平衡的四相点。四相点用大写的字母标示。在前者中，E（三条曲线箭头聚向此点）代表低共熔点；U（两条曲线箭头聚向此点，一条曲线箭头离开此点）代表双转熔点；P（一条曲线箭头聚向此点，两条曲线箭头离开此点）代表单转熔点。

7. e 表示侧边二元系或三元系中赝二元系的低共熔（共晶）点；p 表示侧边二元系或三元系中赝二元系的转熔（包晶）点；c 表示临界点。

8. 组元和对面底边上的化合物之间，或一个侧面上的化合物和其他侧边上的化合物之间用细的直线相连，表示的是这条直线连同它的两端点是一个赝二元系的投影。

9. L_1+L_2 分层区内的细直线或虚线是结线，连结两个处于平衡的相。

10. 细的曲线是等温线，等温线上任何一点的温度都是相同的。等温线上嵌的数值单位是℃。

11. 带括号的元素或化合物，表示的是以这个元素或化合物为主体的固溶体。例如，(Cu) 是以 Cu 为主体的固溶体，(Cu，Ni) 是 Cu 和 Ni 的连续固溶体。

12. 元素或化合物的后缀有时跟着（HT）、（LT）等符号来表示其状态或结构。（HT）是高温构型，（LT）是低温构型。

13. 零变点侧边括号内的数字是这个零变点的温度值。例如，E（235）表示 E 点的温度为 235℃，(125) e 表示 e 点温度为 125℃。括号在零变点的左或右表达的意思相同。

14. 图中标有"？"符号的部分表示未确定。

Ag-Al-Cu（1）

参考文献

刘淑祺，赵世民，张启运.
金属学报 [J]. 1983, 19：B70-B73.

E：500℃，40.7w-% Ag，19.3w-% Cu

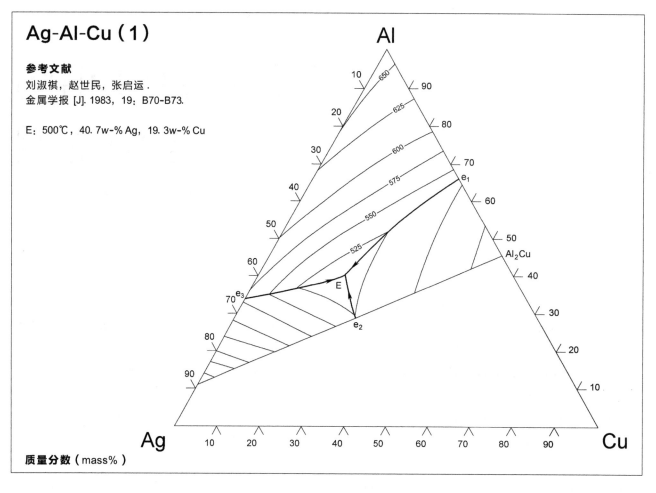

质量分数（mass%）

Ag-Al-Cu（2）

参考文献

Witusiewicz V T，Hecht U，Fries S G，et al.
Journal of Alloys and Compounds [J]. 2005, 387：217-227.

E_1：501℃
P_1：598℃
U_1：535℃
U_2：571℃
U_3：589℃
U_4：626℃
U_5：641℃
U_6：646℃
U_7：714℃
U_8：804℃
U_9：777℃
U_{11}：817℃

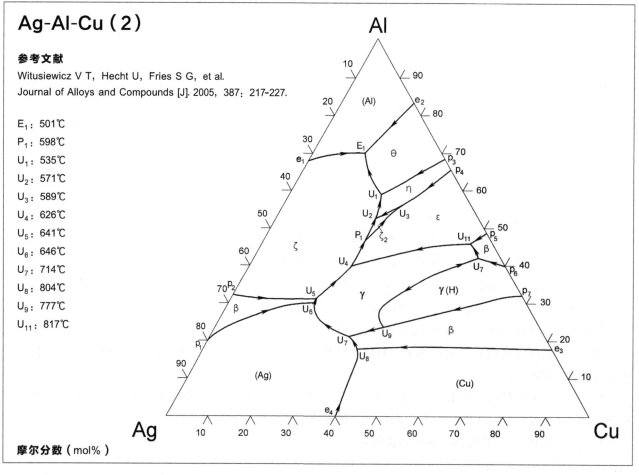

摩尔分数（mol%）

Ag-Al-Ga

参考文献

Premović M, Brož P, Minić D, et al.
Thermochimica Acta [J]. 2016, 646: 39-48.

E₁: 26.1℃
U₃: 48.4℃
U₂: 306℃
U₁: 723℃

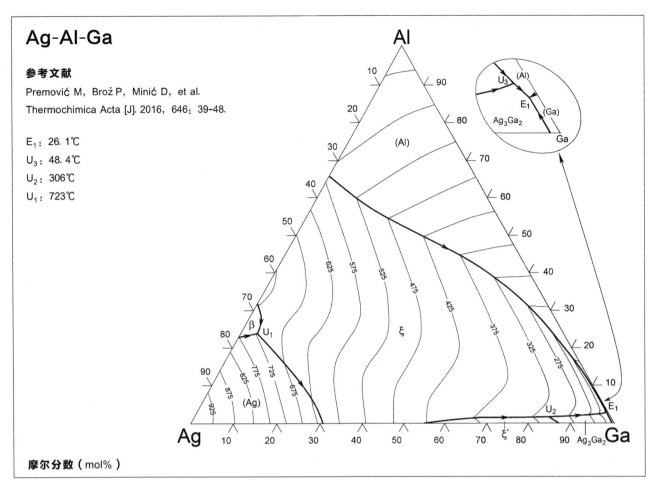

摩尔分数（mol%）

Ag-Al-Ge

参考文献

Petzow G, Effenberg G.
Ternary Alloys [M]. Weinheim: VCH Verlagsgesellschaft,
1990, 3: 20-23.

E: 418℃, 17.2% Ag, 61.8% Al

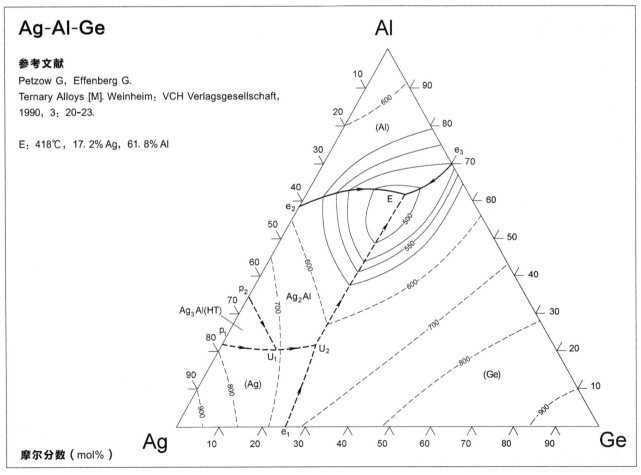

摩尔分数（mol%）

Ag-Al-In

参考文献

Petzow G, Effenberg G.
Ternary Alloys [M]. Weinheim: VCH Verlagsgesellschaft,
1990, 3: 5-31.

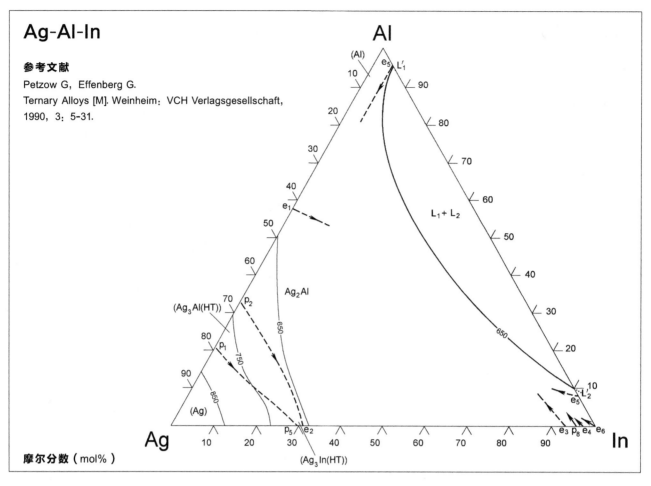

摩尔分数（mol%）

Ag-Al-Mg

参考文献

Petzow G, Effenberg G.
Ternary Alloys [M]. Weinheim: VCH Verlagsgesellschaft,
1990, 3: 33-42.

E: 403℃, 8.3% Ag, 22.4% Al

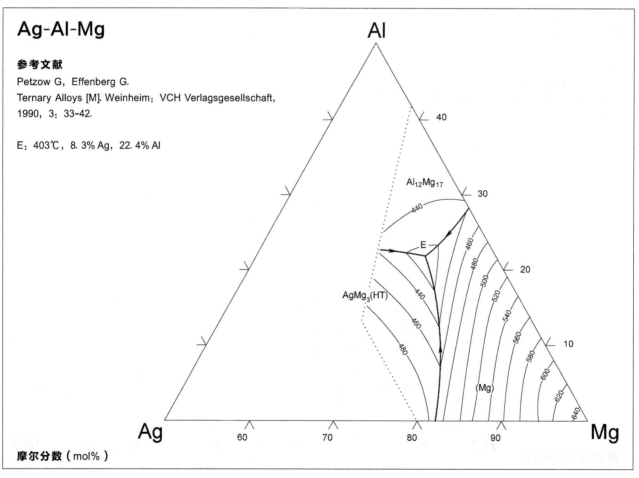

摩尔分数（mol%）

Ag-Al-Mn

参考文献

Petzow G, Effenberg G.
Ternary Alloys [M]. Weinheim: VCH Verlagsgesellschaft,
1990, 3: 43-56.

c_1: 1280℃　　U_6: 860℃
E : 550℃　　U_7: 805℃
P_1: 820℃　　U_8: 750℃
P_2: 810℃　　U_9: 700℃
U_1: 1060℃　U_{10}: 690℃
U_2: 990℃　　U_{11}: 675℃
U_3: 960℃　　U_{12}: 655℃
U_4: 918℃
U_5: 880℃

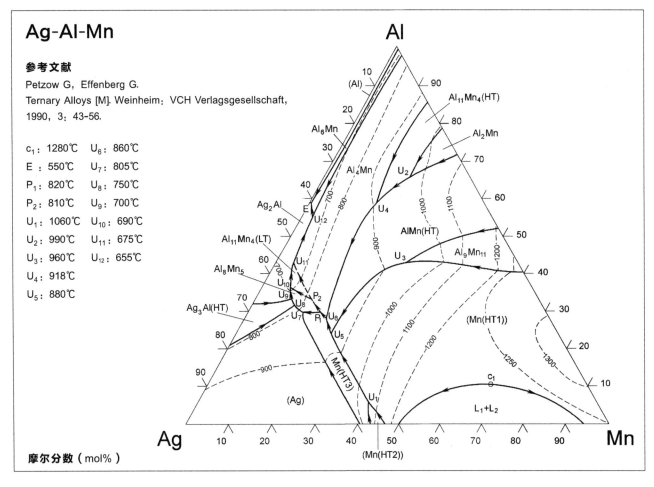

摩尔分数（mol%）

Ag-Al-Pb

参考文献

Campbell A N, Yafee L, Wallace W G, et al.
Canad. J. Research, Section B. Chemical Science [J].
1941, 19B: 212-230.

c: 737℃
L_1: 727℃, 70.4% Ag, 26.3% Al
L_2: 727℃
L_1': 708℃, 66.4% Ag, 31.9% Al
L_2': 708℃
L_1'': 549℃, 36.3% Ag, 62.2% Al
L_2'': 549℃

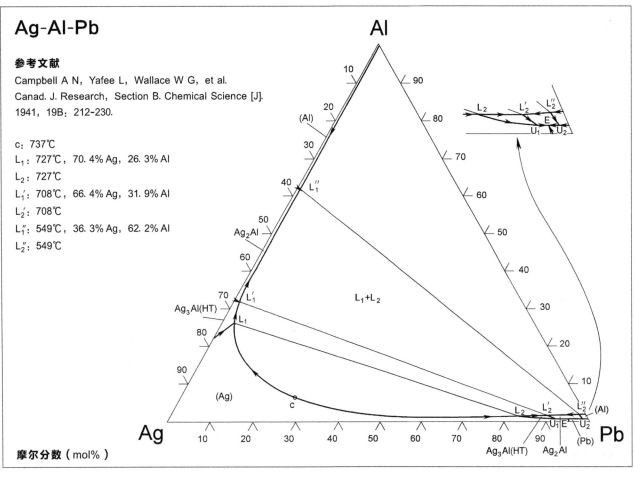

摩尔分数（mol%）

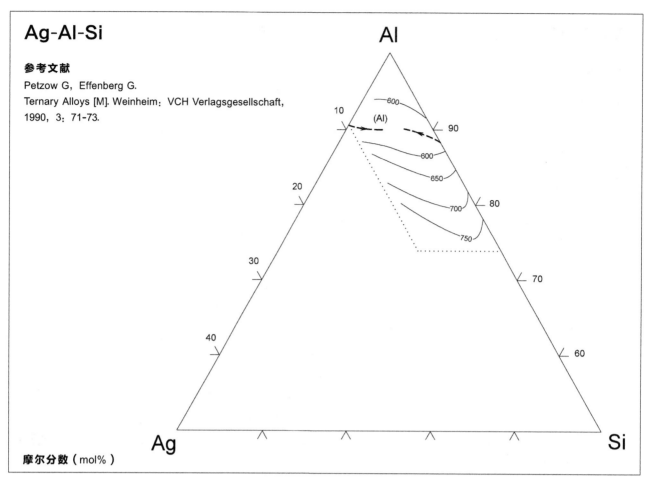

Ag-Al-Si

参考文献

Petzow G, Effenberg G.

Ternary Alloys [M]. Weinheim：VCH Verlagsgesellschaft, 1990, 3：71-73.

摩尔分数（mol%）

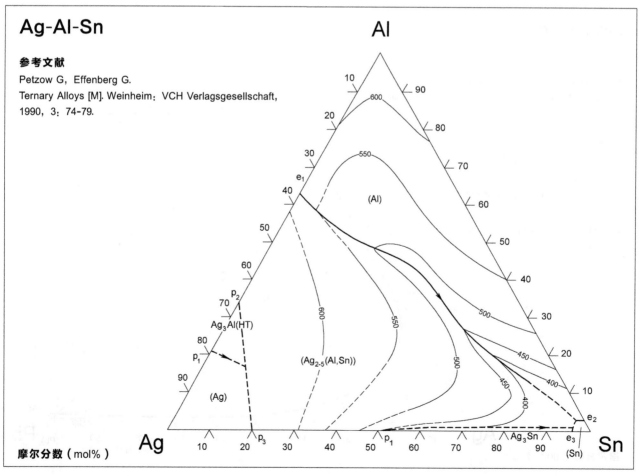

Ag-Al-Sn

参考文献

Petzow G, Effenberg G.

Ternary Alloys [M]. Weinheim：VCH Verlagsgesellschaft, 1990, 3：74-79.

摩尔分数（mol%）

Ag-Al-Ti

参考文献

Köster W, Sampaio A.

Zeitschrift fuer Metallkunde [J]. 1957, 48: 331-334.

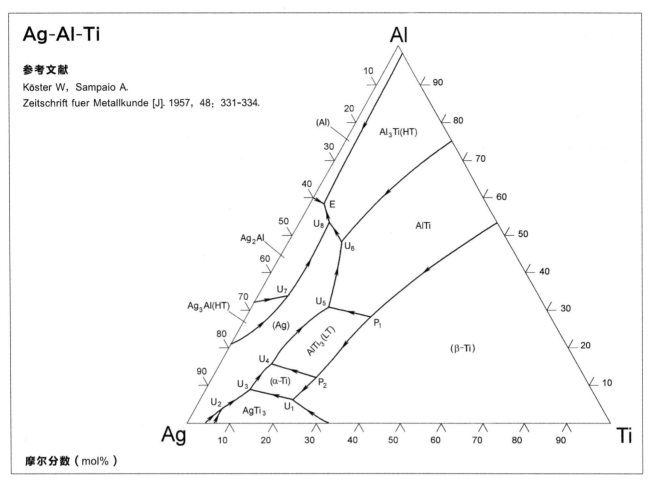

摩尔分数（mol%）

Ag-Al-Zn

参考文献

Petzow G, Effenberg G.

Ternary Alloys [M]. Weinheim: VCH Verlagsgesellschaft.
1990, 3: 89-95.

U: 390℃, 1.9% Ag, 9.7% Al

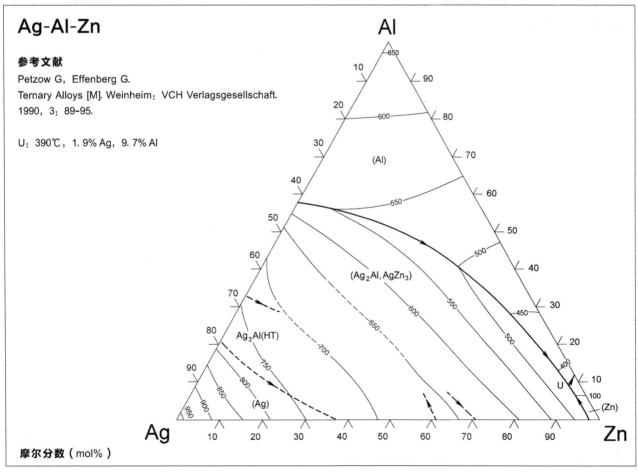

摩尔分数（mol%）

Ag-As-Ga

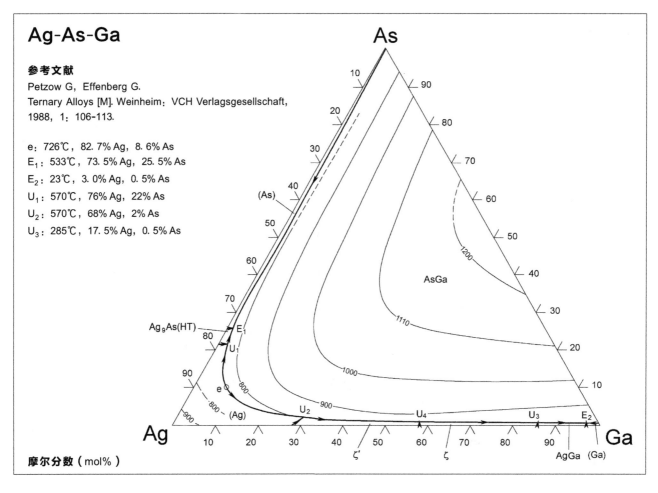

参考文献

Petzow G, Effenberg G.
Ternary Alloys [M]. Weinheim: VCH Verlagsgesellschaft,
1988, 1: 106-113.

e: 726℃, 82.7% Ag, 8.6% As
E_1: 533℃, 73.5% Ag, 25.5% As
E_2: 23℃, 3.0% Ag, 0.5% As
U_1: 570℃, 76% Ag, 22% As
U_2: 570℃, 68% Ag, 2% As
U_3: 285℃, 17.5% Ag, 0.5% As

摩尔分数（mol%）

Ag-As-Pb

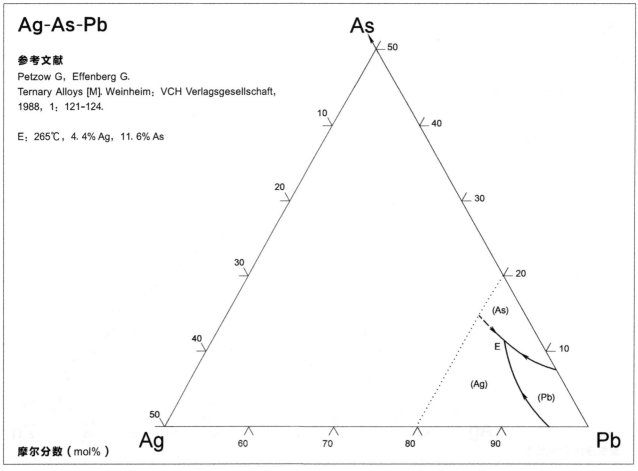

参考文献

Petzow G, Effenberg G.
Ternary Alloys [M]. Weinheim: VCH Verlagsgesellschaft,
1988, 1: 121-124.

E: 265℃, 4.4% Ag, 11.6% As

摩尔分数（mol%）

Ag-As-S

参考文献

Petzow G, Effenberg G.
Ternary Alloys [M]. Weinheim: VCH Verlagsgesellschaft,
1988, 1: 127-145.

τ_1: Ag_3AsS_3
τ_2: Ag_7AsS_6 (HT1)
e_1: 476℃
e_2: 469℃
e_3: 451℃
E_1: 460℃
E_2: 433℃
M: 433℃

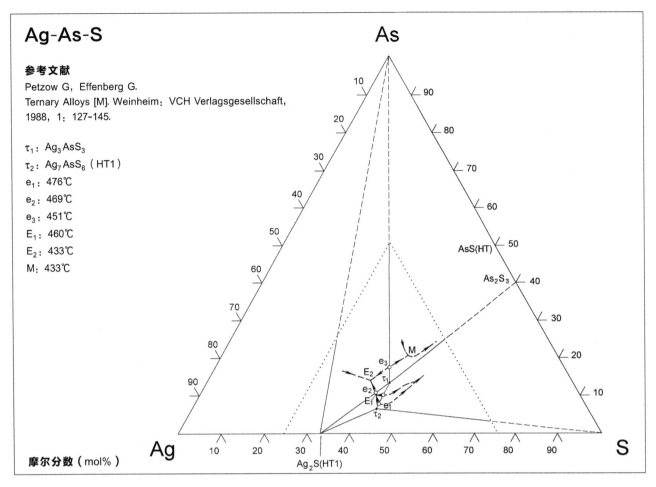

摩尔分数（mol%）

Ag-As-Se

参考文献

Ковалева И С, Медведева З С, Тарасевич С А, и др.
Журн. Неорг. Хим. [J]. 1972, 17: 3086-3093.

★: $AgAsSe_2$ (HT)
⊕: Ag_3AsSe_3
*: Ag_7AsSe_6
e_1: 707℃   P: 370℃
e_2: 380℃ U_1: 570℃
e_3: 360℃ U_2: 375℃
e_4: 350℃ U_3: ~160℃
p_1: 390℃ U_4: 220℃
L_1, L_2: 365℃
L_1', L_2': 330℃
E_1: 520℃
E_2: 340℃
E_3: 160℃

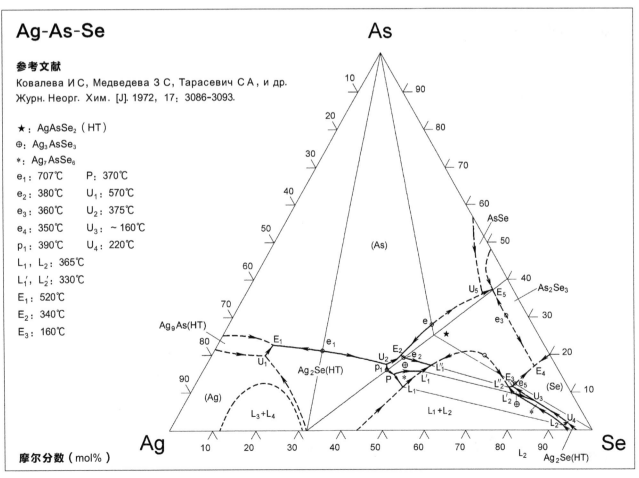

摩尔分数（mol%）

Ag-Au-Bi

参考文献

Zoro E, Dichi E, Servant C, et al.
J. Alloys and Compounds [J]. 2005, 400: 209-215.

U_1: 252℃, 0.4% Ag, 9.4% Au

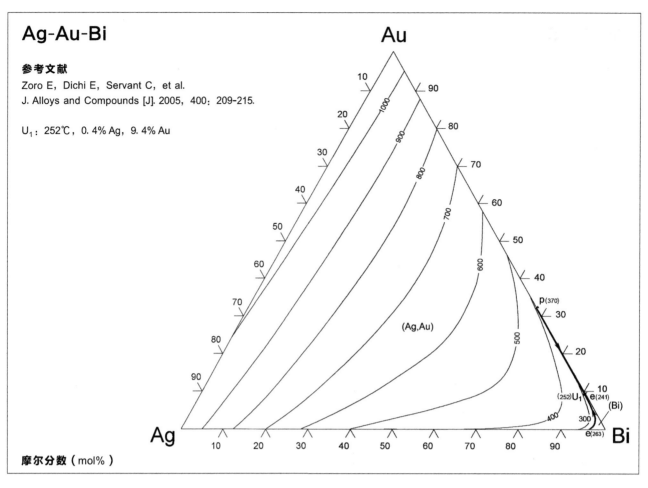

摩尔分数（mol%）

Ag-Au-Cu

参考文献

Prince A, Raynor G V, Evans D S.
Phase Diagrams of Ternary Gold Alloys [M].
London: Inst. Metals, 1990: 7-42.

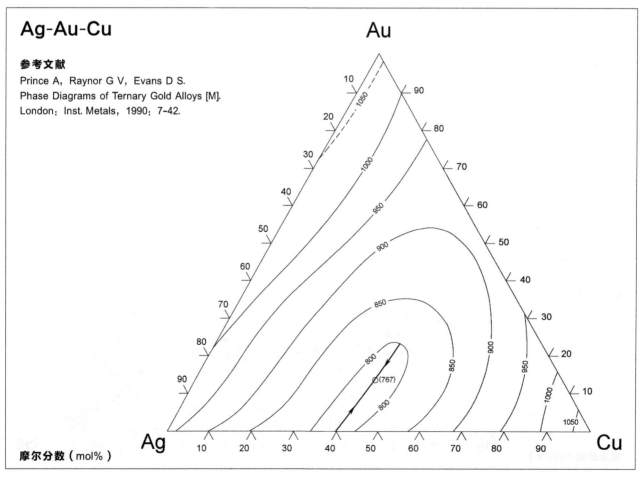

摩尔分数（mol%）

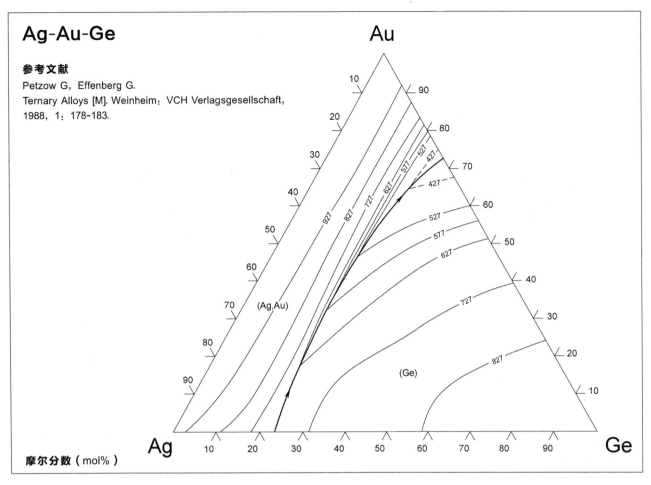

Ag-Au-Ge

参考文献

Petzow G，Effenberg G.
Ternary Alloys [M]. Weinheim：VCH Verlagsgesellschaft,
1988，1：178-183.

摩尔分数（mol%）

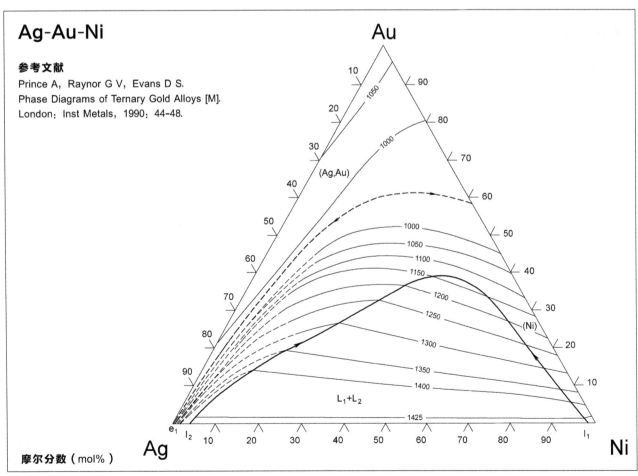

Ag-Au-Ni

参考文献

Prince A，Raynor G V，Evans D S.
Phase Diagrams of Ternary Gold Alloys [M].
London：Inst Metals, 1990：44-48.

摩尔分数（mol%）

Ag-Au-Pb

参考文献

Wang J, Meng F G, Rong M H, et al.
Themochimica Acta [J]. 2010, 505: 79-85.

p_1: 434℃, 64.0% Au
p_2: 253℃, 25.9% Au
p_3: 222℃, 17.4% Au
e_1: 215℃, 15.2% Au
e_2: 304℃, 4.3% Ag
U_1: 251℃, 26.1% Au, 0.5% Ag
U_2: 223℃, 18.6% Au, 0.5% Ag
E: 214℃, 16.9% Au, 0.5% Ag

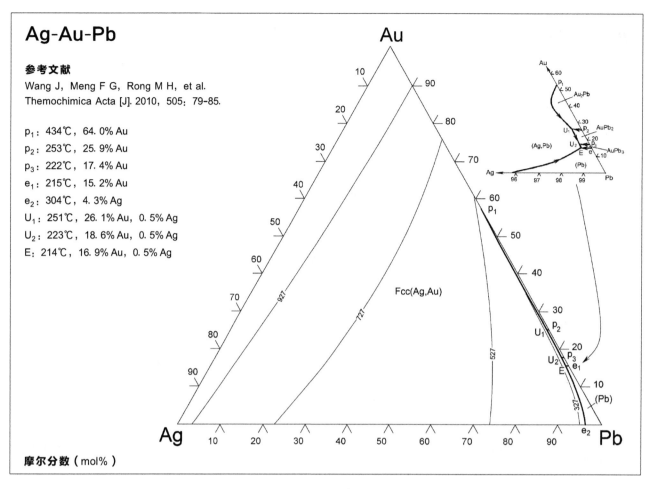

摩尔分数（mol%）

Ag-Au-Pd

参考文献

Venudhar Y C, Lyengar L, Krishna R.
J. Less-common Metals [J]. 1978, 58: 55-60.

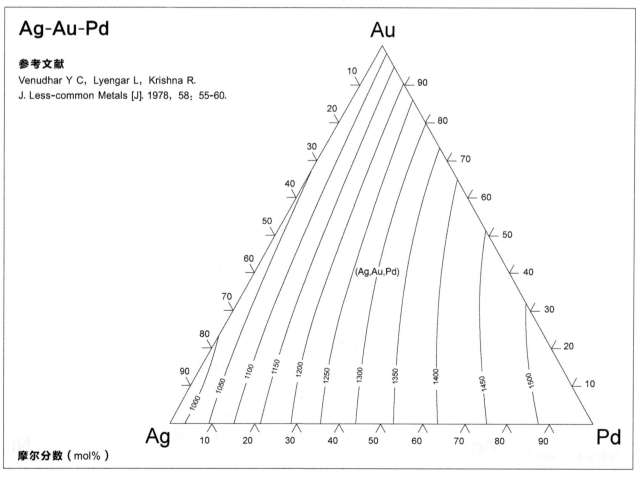

摩尔分数（mol%）

Ag-Au-Pt

参考文献

Petzow G, Effenberg G.

Ternary Alloys [M]. Weinheim: VCH Verlagsgesellschaft,
1988, 1: 203-213.

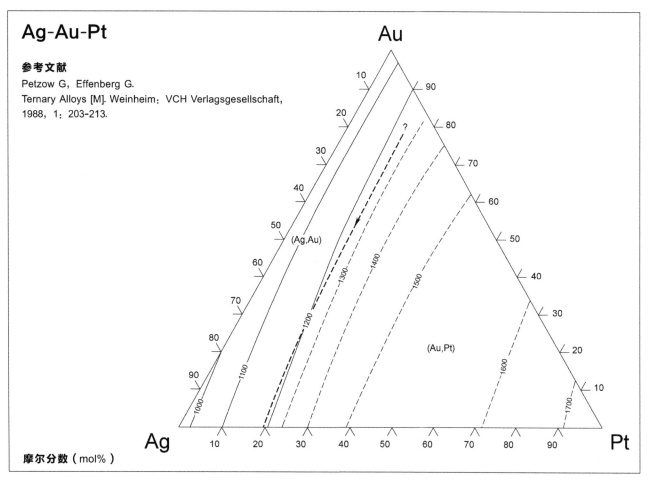

摩尔分数（mol%）

Ag-Au-Sb

参考文献

Zoro E, Servant C, Legendre B.

J. Thermal Anal. Calor. [J]. 2007, 90: 347-353.

U_1: 415℃, 46.0%Ag, 15.4%Au

E_1: 390℃, 24.9%Ag, 38.7%Au

E_2: 389℃, 35.5%Ag, 25.0%Au

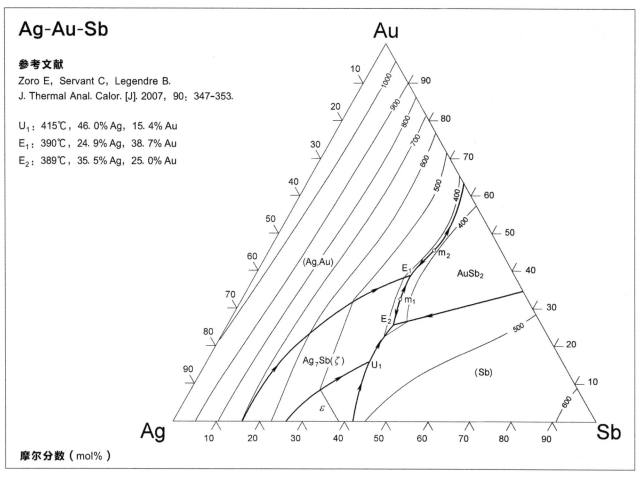

摩尔分数（mol%）

Ag-Au-Si

参考文献

Hassam S, Ägren J, Gaune-Escard M. et al
Metallurgical Transactions A [J]. 1990, 21: 1877-1884.

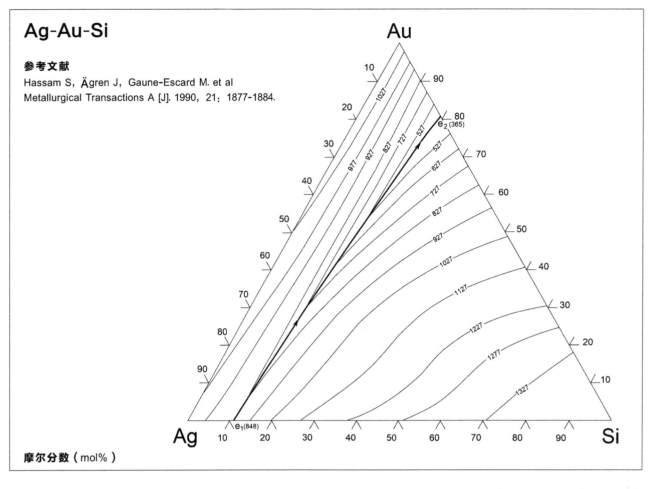

摩尔分数（mol%）

Ag-Au-Sn（1）

参考文献

Petzow G, Effenberg G.
Ternary Alloys [M]. Weinheim: VCH Verlagsgesellschaft,
1988, 1: 239-249.

e_1：370℃，18.8% Ag，43.9% Au
E：206℃，4.0% Ag，2.2% Au
U_1：351℃，18.5% Ag，33.4% Au
U_2：294℃，8.8% Ag，28.0% Au
U_3：240℃，5.7% Ag，12.3% Au

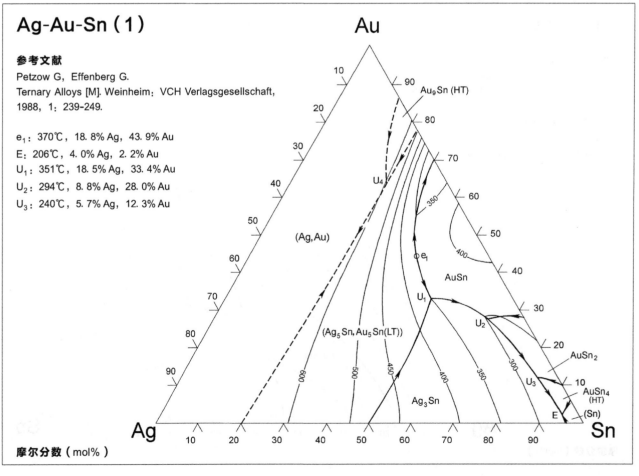

摩尔分数（mol%）

Ag-Au-Sn（2）

参考文献

Gao F，Wang C P，Li Y Y，et al.
Journal of Electronic Materials [J].
2009，38：2096-2105.

E：207℃，4.1% Au，3.5% Ag
U_1：239℃，10.0% Au，5.4% Ag
U_2：294℃，25.7% Au，11.9% Ag
U_3：349℃，33.6% Au，19.7% Ag
U_4：526℃，79.2% Au，0.03% Ag
e：370℃，48.5% Au，12.7% Ag

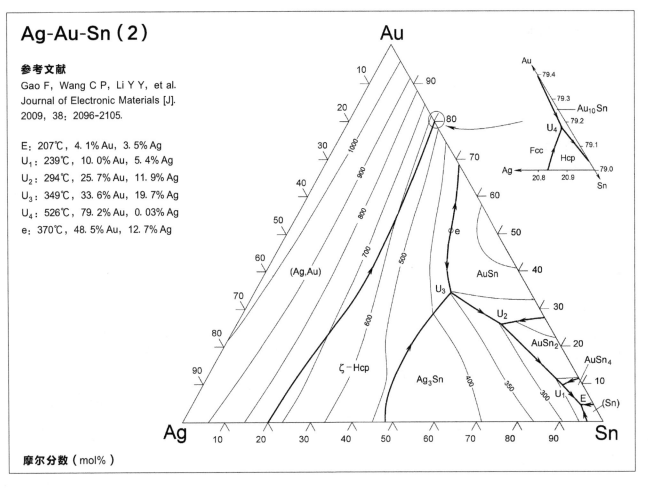

摩尔分数（mol%）

Ag-Au-Te

参考文献

Prince A，Raynor G V，Evans D S.
Phase Diagrams of Ternary Gold Alloys [M]. London：Inst. Metals,
1990：88-107.

E：332℃，34.2% Ag，4.5% Au
U_1：380℃，25.3% Ag，23.3% Au
U_2：360℃，33.3% Ag，12.0% Au
U_3：358℃，35.3% Ag，8.0% Au
U_4：350℃，35.8% Ag，5.6% Au

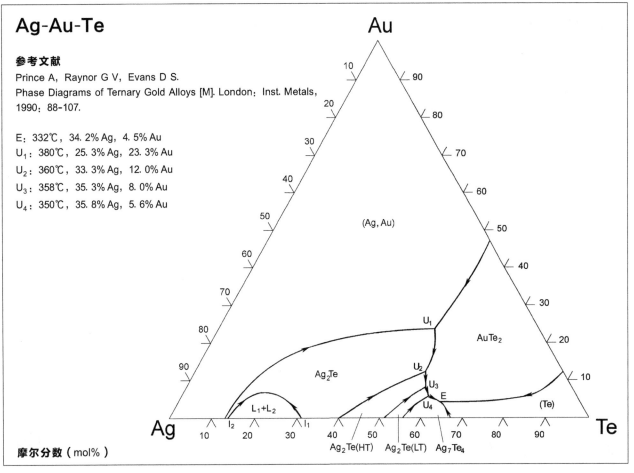

摩尔分数（mol%）

Ag-Ba-Ge

参考文献

Zeiringer I, Grytsiv A, Brož P, et al.
Journal of Solid Chenistry [J]. 2012, 196: 125-131.

τ_1: ~ Ba $(Ag_{1-x}Ge_x)_2$

τ_2: ~ $BaAg_{2-x}Ge_{2+x}$

e_{m1}: >900℃

U_1: 890℃

e_{m2}: 880℃

e_{m3}: 865℃

e_{m4}: 860℃

e_{m5}: 860℃

e_{m6}: 834℃

E_1: 831℃

E_2: 820℃

U_2: 810℃

E_3: 710℃

U_3: 700℃

E_4: 633℃

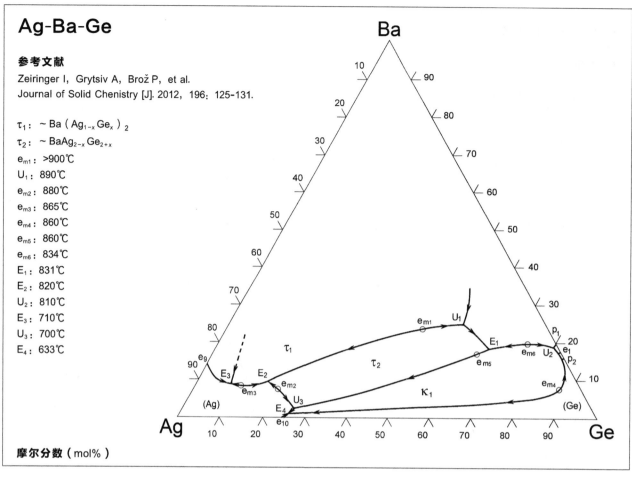

摩尔分数（mol%）

Ag-Bi-Cu

参考文献

刘淑祺，孙文庆.
金属学报 [J]. 1989, 24: B376-B377.

E：258℃，5% Ag，94.5% Bi

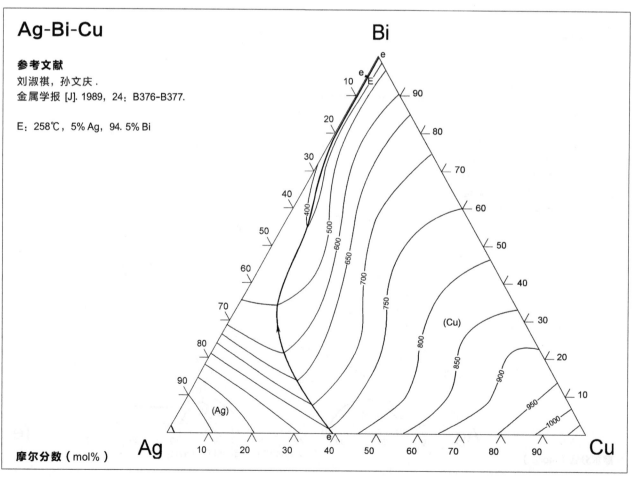

摩尔分数（mol%）

Ag-Bi-Ga

参考文献

Minić D, Premović M, Manasijević D, et al.
Journal of Alloys and Compounds [J]. 2015, 646：461-471.

U_1: 416℃, 45.9% Ag, 35.4Bi%

U_2': 413℃, 43.8% Ag, 38.8Bi%

U_2'': 413℃, 15.6% Ag, 77.1Bi%

U_3: 264℃, 3.1% Ag, 96.5Bi%

U_4: 245℃, 0.9% Ag, 86.9Bi%

U_5': 224℃, 1.3% Ag, 66.9Bi%

U_5'': 224℃, 5.3% Ag, 17.1Bi%

E：29.5℃, 0.06% Ag, 0.13Bi%

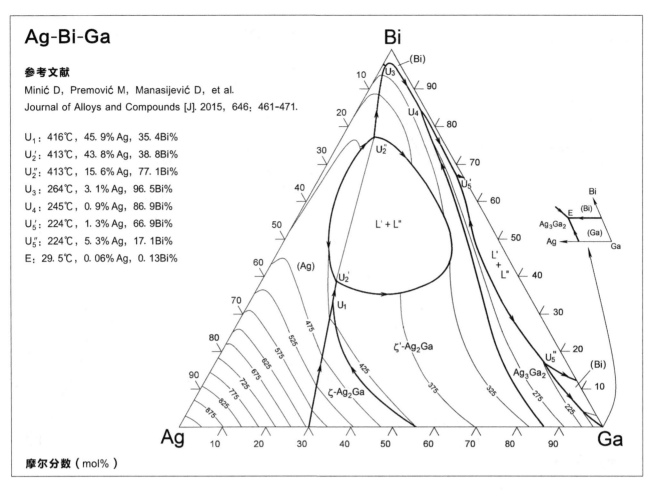

摩尔分数（mol%）

Ag-Bi-I

参考文献

Mashadieva L F, Aliev Z S,
Shevelikov A V, et al.
Journal of Alloys and Compounds [J].
2013, 551：512-520.

U_1: 317℃ M_1, M_1': 550℃

U_2: 305℃ M_2, M_2': 367℃

U_3: 297℃ M_3, M_3': 347℃

U_4: 492℃ M_4, M_4': 337℃

U_5: 287℃ M_5, M_5': 422℃

U_6: 112℃ M_6, M_6': 402℃

E_1: 257℃ M_7, M_7': 377℃

E_2: 264℃

E_3: 112℃

E_4: 111℃

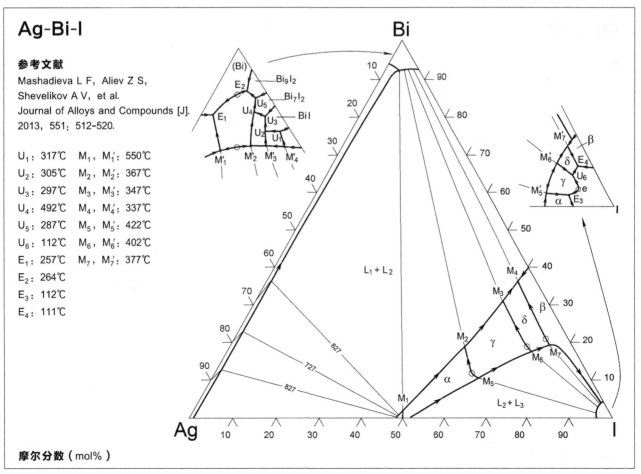

摩尔分数（mol%）

Ag-Bi-Ni

参考文献

Gao F, Wang C, Liu X, et al.
Journal of Materials Research [J].
2009, 24: 2644-2653.

U_1: 507℃, 58.0%Ag, 39.1%Bi
U_2: 419℃, 43.3%Ag, 55.2%Bi
E: 261℃, 4.9%Ag, 94.8%Bi

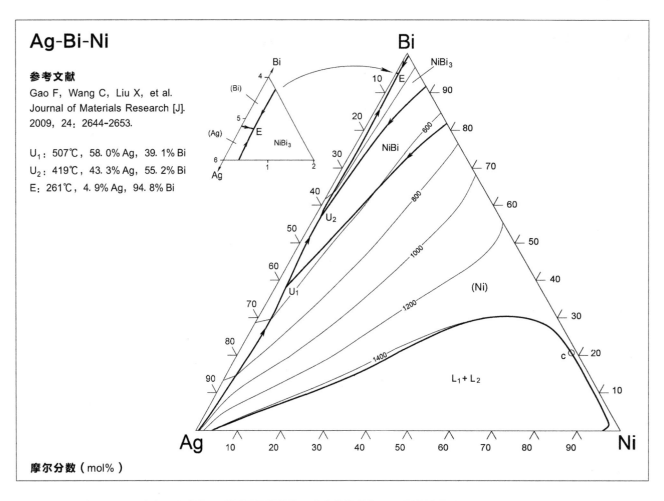

摩尔分数（mol%）

Ag-Bi-Pb

参考文献

Petzow G, Effenberg G.
Ternary Alloys [M]. Weinheim: VCH Verlagsgesellschaft,
1988, 1: 299-304.

E_1: 123℃, 1.3%Ag, 55.0%Bi
U_1: 176℃, 1.9%Ag, 37.5%Bi

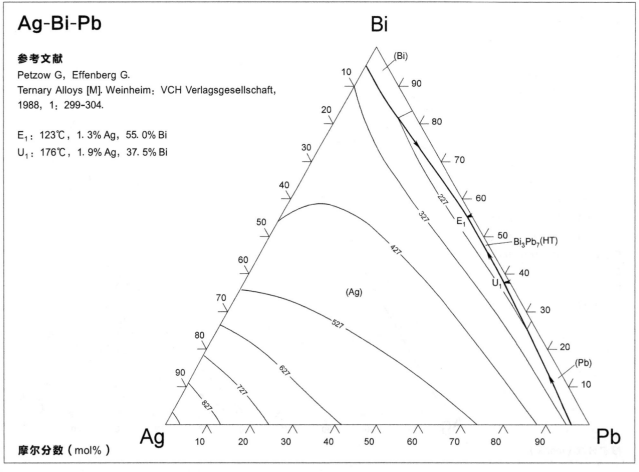

摩尔分数（mol%）

Ag-Bi-S

参考文献

Petzow G，Effenberg G.
Ternary Alloys [M]. Weinheim：VCH Verlagsgesellschaft,
1988，1：306-319.

I_1，I_2：730℃ E_1：266℃

c_1：708℃ E_2：260℃

e_1：710℃ E_3：107℃

e_2：616℃ E_4：110℃

L_1'，L_2'：597℃   P：600℃

L_2''，L_3''：558℃ U_1：343℃

L_2^{IV}，L_3^{IV}：697℃ U_2：270℃

L_1，L_2：776℃ U_3：110℃

L_2'''，L_3'''：711℃ U_4：521℃

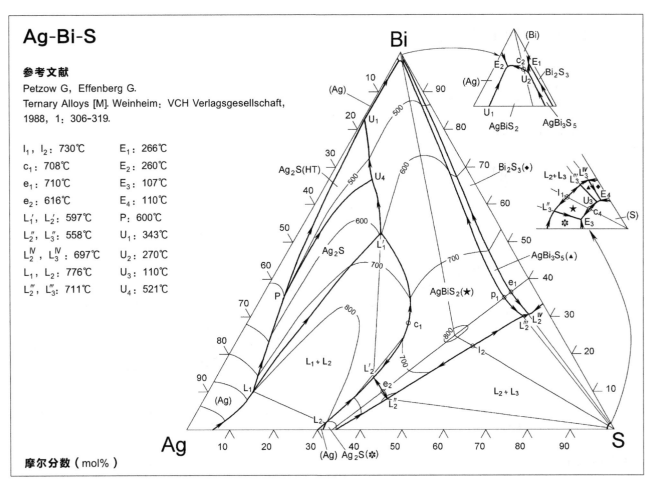

摩尔分数（mol%）

Ag-Bi-Sb

参考文献

Hassam S，Bahan Z，Lendre B，et al.
Journal of Alloys and Compounds [J]. 2001，315：211-217.

U_1：268℃

U_2：263℃

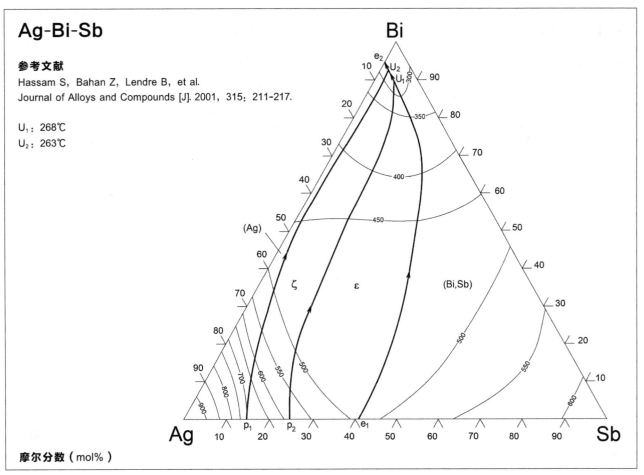

摩尔分数（mol%）

Ag-Bi-Sn（Sn 角）

参考文献

Kattner U R, Boettinger W J.
J. Electron. Mater. [J]. 1994, 23: 603-610.

E: 136.5℃, 1.1% Ag, 41.7% Bi

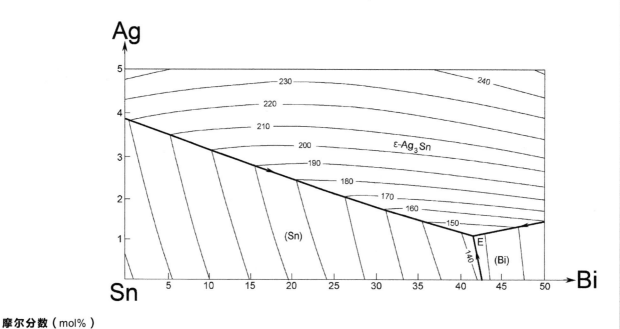

摩尔分数（mol%）

Ag-Bi-Sn

参考文献

Hassam S, Dichi E, Legendre B.
Journal of Alloys and Compounds [J]. 1998, 268: 199-206.

P: 263.3℃, 3.3% Ag, 95.7% Bi
U: 261.8℃, 2.3% Ag, 94.7% Bi
E: 138.4℃, 1.5% Ag, 42.1% Bi
e_1: 262.5℃
e_2: 221℃
e_3: 139℃
p_1: 724℃
p_2: 486℃

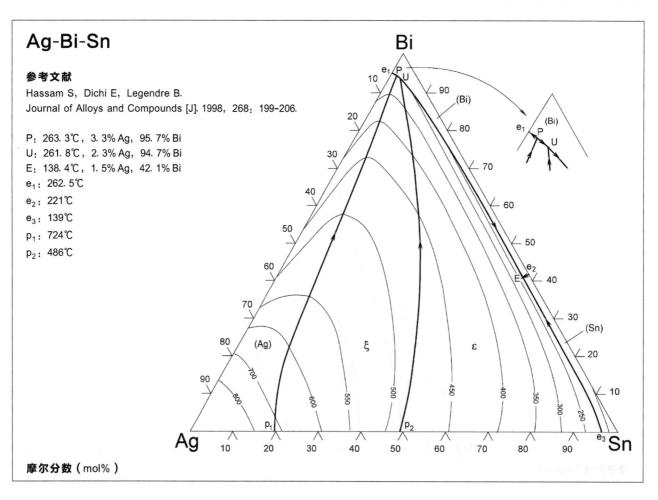

摩尔分数（mol%）

Ag-Bi-Tl

参考文献

Petzow G, Effenberg G.
Ternary Alloys [M]. Weinheim: VCH Verlagsgesellschaft,
1988, 1: 329-334.

E_1: 197℃, 2.2% Ag, 75.0% Bi

E_2: 188℃, 1.1% Ag, 46.8% Bi

e_1: 294℃

e_2: 207℃

m: 289℃

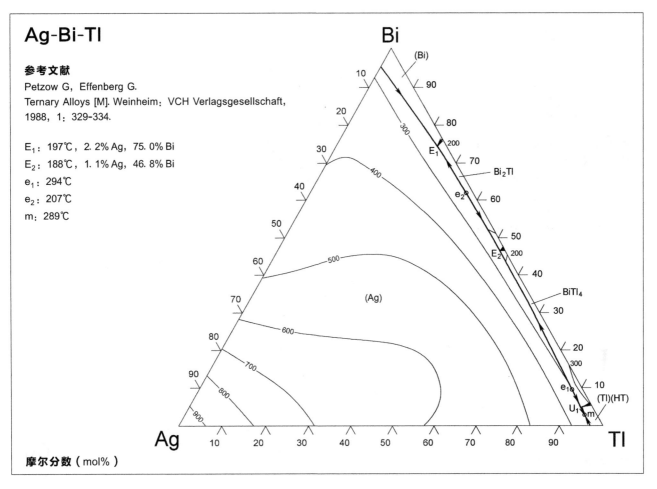

摩尔分数（mol%）

Ag-Bi-Zn

参考文献

Petzow G, Effenberg G.
Ternary Alloys [M]. Weinheim: VCH Verlagsgesellschaft,
1988, 1: 335-340.

c: 660℃, 41.6% Ag, 18.3% Bi

L_1: 645℃, 36.2% Ag, 4.1% Bi

L_2: 645℃, 17.6% Ag, 46.2% Bi

L_1': 620℃, 26.7% Ag, 2.3% Bi

L_2': 620℃, 13.4% Ag, 51.2% Bi

L_1'': 425℃, 1.2% Ag, 0.6% Bi

L_2'': 425℃, 0.7% Ag, 62.5% Bi

U_1: 274℃

U_2: ~268℃

U_3: 264℃

U_4: 264℃

U_5: 263℃

U_6: 261℃

e_2: 265℃

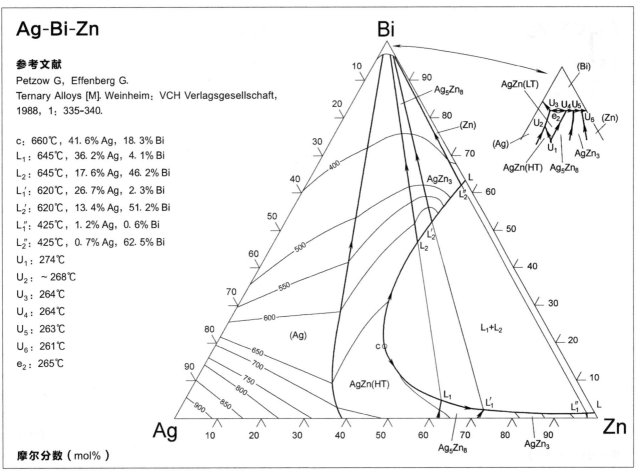

摩尔分数（mol%）

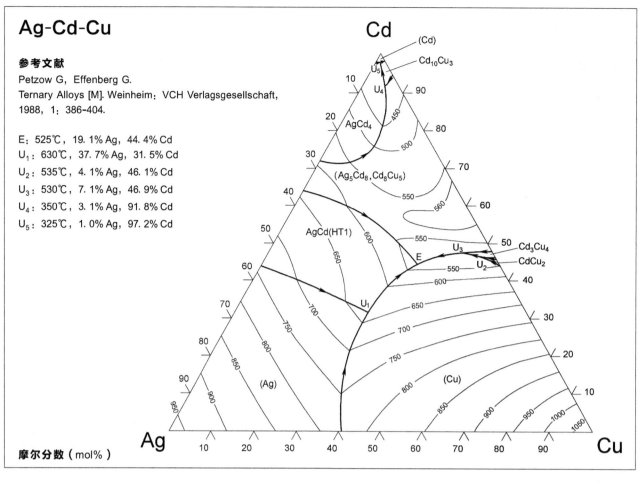

Ag-Cd-Cu

参考文献

Petzow G, Effenberg G.
Ternary Alloys [M]. Weinheim: VCH Verlagsgesellschaft,
1988, 1: 386-404.

E: 525℃, 19.1% Ag, 44.4% Cd
U_1: 630℃, 37.7% Ag, 31.5% Cd
U_2: 535℃, 4.1% Ag, 46.1% Cd
U_3: 530℃, 7.1% Ag, 46.9% Cd
U_4: 350℃, 3.1% Ag, 91.8% Cd
U_5: 325℃, 1.0% Ag, 97.2% Cd

摩尔分数（mol%）

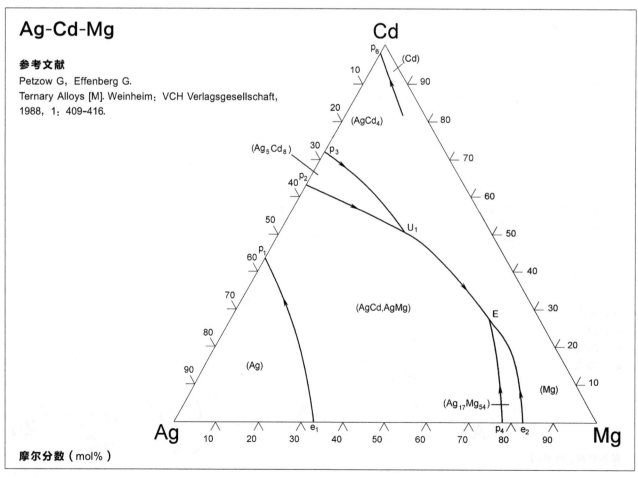

Ag-Cd-Mg

参考文献

Petzow G, Effenberg G.
Ternary Alloys [M]. Weinheim: VCH Verlagsgesellschaft,
1988, 1: 409-416.

摩尔分数（mol%）

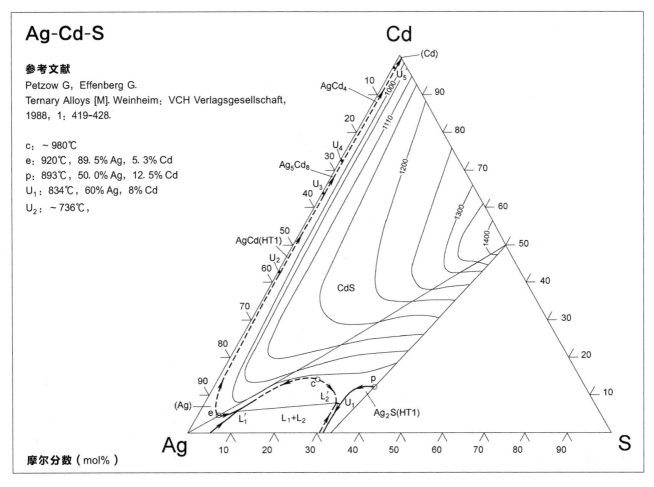

Ag-Cd-S

参考文献

Petzow G, Effenberg G.
Ternary Alloys [M]. Weinheim：VCH Verlagsgesellschaft,
1988, 1：419-428.

c：~980℃
e：920℃，89.5% Ag，5.3% Cd
p：893℃，50.0% Ag，12.5% Cd
U_1：834℃，60% Ag，8% Cd
U_2：~736℃，

摩尔分数（mol%）

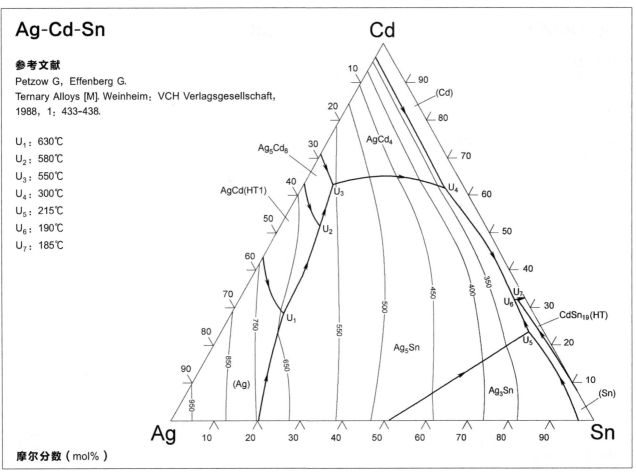

Ag-Cd-Sn

参考文献

Petzow G, Effenberg G.
Ternary Alloys [M]. Weinheim：VCH Verlagsgesellschaft,
1988, 1：433-438.

U_1：630℃
U_2：580℃
U_3：550℃
U_4：300℃
U_5：215℃
U_6：190℃
U_7：185℃

摩尔分数（mol%）

Ag-Cd-Te

参考文献

Cordes H, Schmidt-Fetzer R.
Zeitschrift fuer Metallkunde [J]. 1992, 83: 601-609.

m: 955℃
U_3: ~710℃
U_4: ~800℃
L_1, L_2: ~850℃

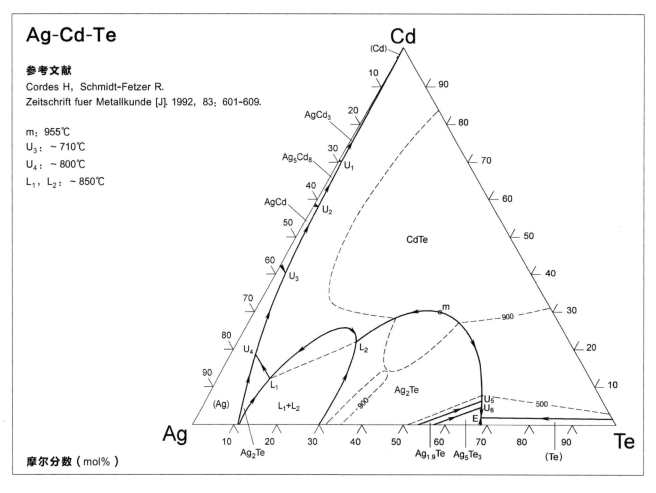

摩尔分数（mol%）

Ag-Cd-Zn

参考文献

Petzow G, Effenberg G.
Ternary Alloys [M]. Weinheim: VCH Verlagsgesellschaft,
1988, 1: 444-457.

U_1: 440℃, 13.9% Ag, 60.3% Cd
U_2: 285℃, 2.8% Ag, 73.3% Cd
U_3: 270℃, 1.9% Ag, 71.5% Cd

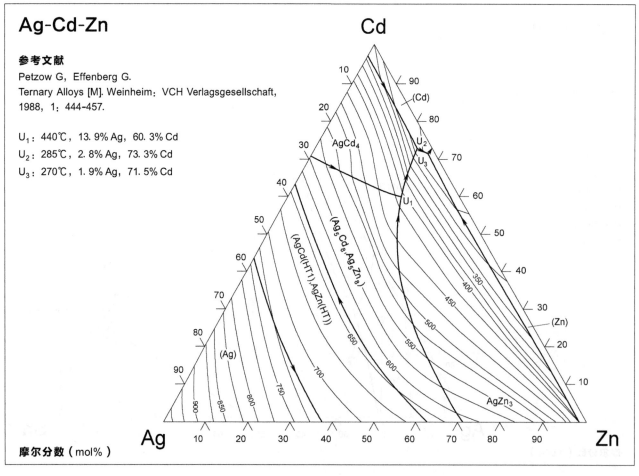

摩尔分数（mol%）

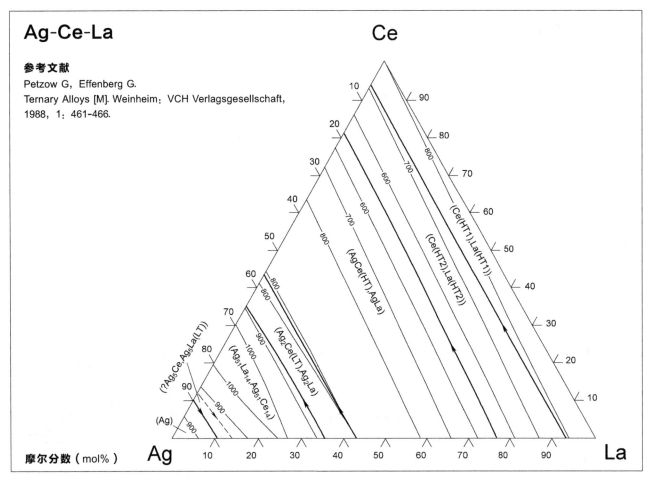

Ag-Ce-La

参考文献

Petzow G, Effenberg G.
Ternary Alloys [M]. Weinheim：VCH Verlagsgesellschaft,
1988, 1：461-466.

摩尔分数（mol%）

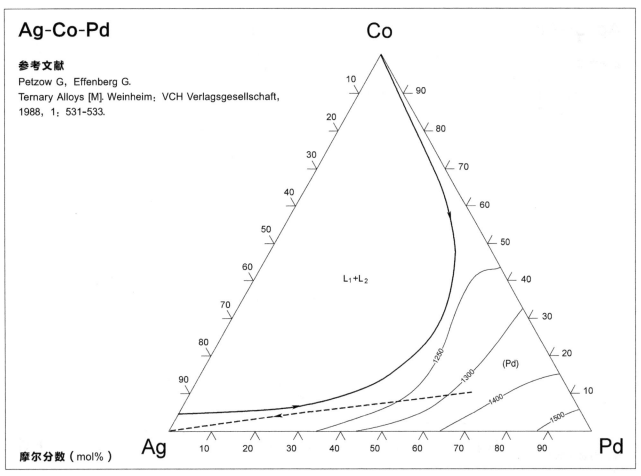

Ag-Co-Pd

参考文献

Petzow G, Effenberg G.
Ternary Alloys [M]. Weinheim：VCH Verlagsgesellschaft,
1988, 1：531-533.

L_1+L_2

摩尔分数（mol%）

Ag-Co-Sn

参考文献

Zhu W, Liu H, Wang J, et al.
Journal of Alloys and Compounds [J]. 2009, 481: 503-508.

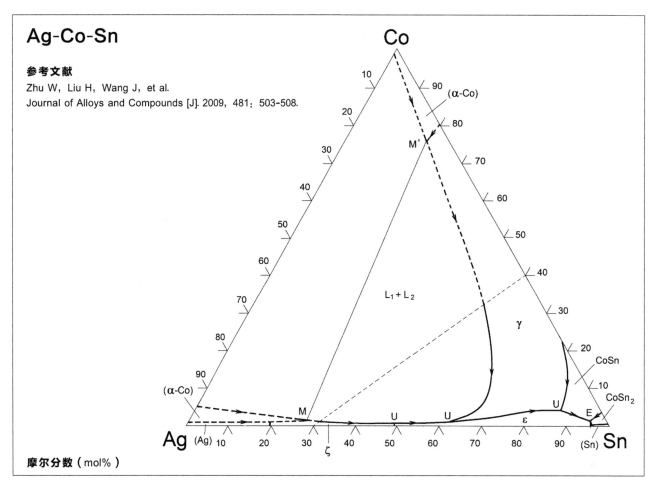

摩尔分数（mol%）

Ag-Cr-Pd

参考文献

Petzow G, Effenberg G.
Ternary Alloys [M]. Weinheim: VCH Verlagsgesellschaft,
1988, 1: 540-548.

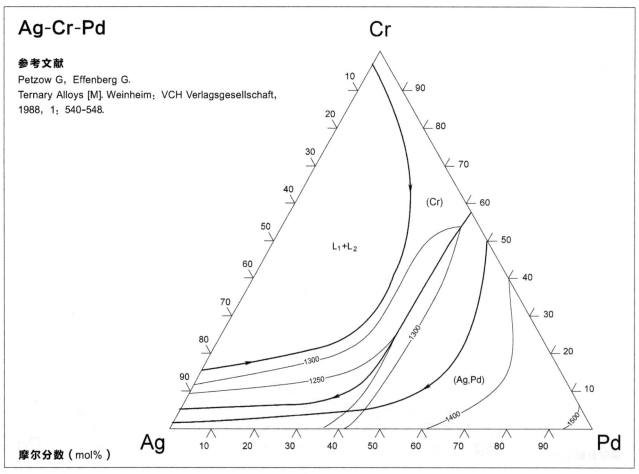

摩尔分数（mol%）

Ag-Cr-Zr

参考文献

Shi C, Liu Y, Yang B, et al.
Journal of Alloys and Compounds [J].
2021, 863: 158618.

U_1: 1539℃
M_1: 1346℃
M_2: 1126℃
E_1: 1125℃
E_2: 1108℃
U_2: 961℃
U_3: 954℃

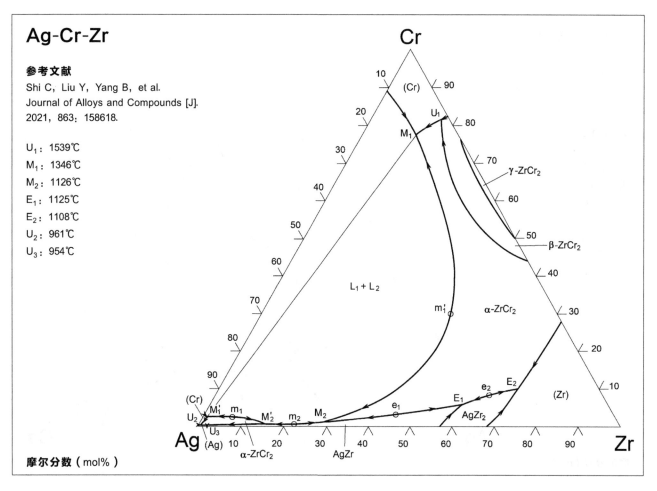

摩尔分数（mol%）

Ag-Cu-Fe

参考文献

Lüder E.
Zeitschrift fuer Metallkunde [J]. 1924, 16: 61-62.

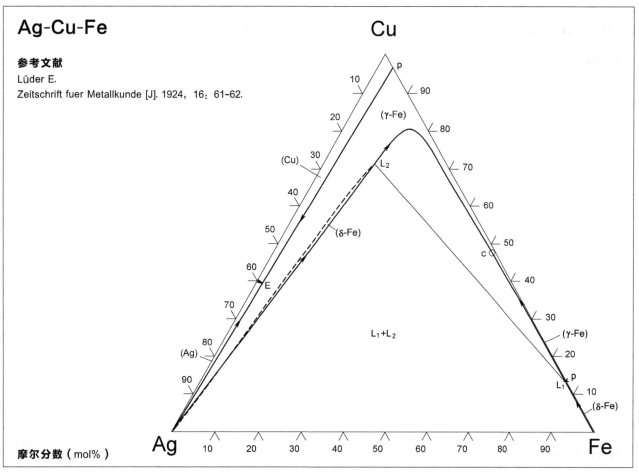

摩尔分数（mol%）

Ag-Cu-Ga

参考文献

Gieriotka W, Handzlik D, Fitzner K, et al.
Journal of Alloys and Compounds [J]. 2015, 646: 1023-1031.

U_1: 621℃
U_2: 617℃
U_3: 559℃
U_4: 520℃
U_5: 438℃
U_6: 404℃
U_7: 369℃
U_8: 292℃
U_9: 239℃
E: 29℃

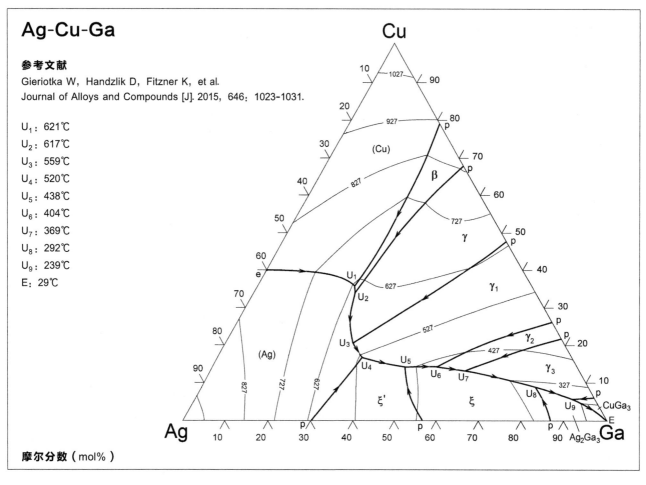

摩尔分数（mol%）

Ag-Cu-Gd

参考文献

He C, Zhang K, Chen L J. Alloy and Compounds [J].
1992, 179: L29-L31.

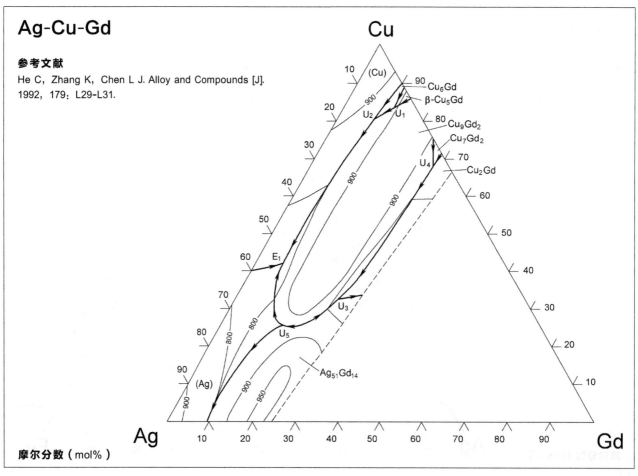

摩尔分数（mol%）

028

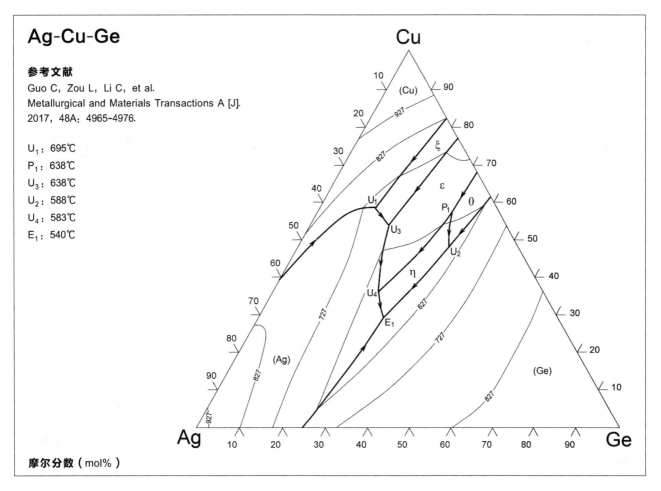

Ag-Cu-Ge

参考文献

Guo C, Zou L, Li C, et al.
Metallurgical and Materials Transactions A [J].
2017, 48A: 4965-4976.

U_1: 695℃
P_1: 638℃
U_3: 638℃
U_2: 588℃
U_4: 583℃
E_1: 540℃

摩尔分数（mol%）

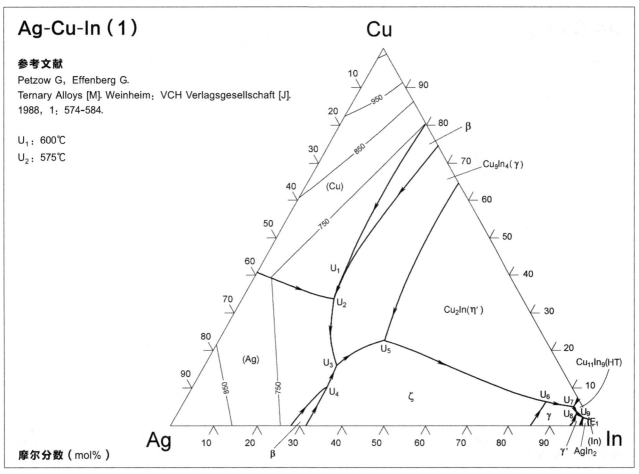

Ag-Cu-In（1）

参考文献

Petzow G, Effenberg G.
Ternary Alloys [M]. Weinheim: VCH Verlagsgesellschaft [J].
1988, 1: 574-584.

U_1: 600℃
U_2: 575℃

摩尔分数（mol%）

Ag-Cu-In（2）

参考文献

Bahari Z，Elgadi M，Rivat J，et al.
Journal of Alloys and Compounds [J].
2009, 477: 152-165.

U_1：607℃
max：561℃
E_1：560℃
P_1：334℃
P_2：316℃
P_3：215℃
U_4：147℃
M_1：604℃

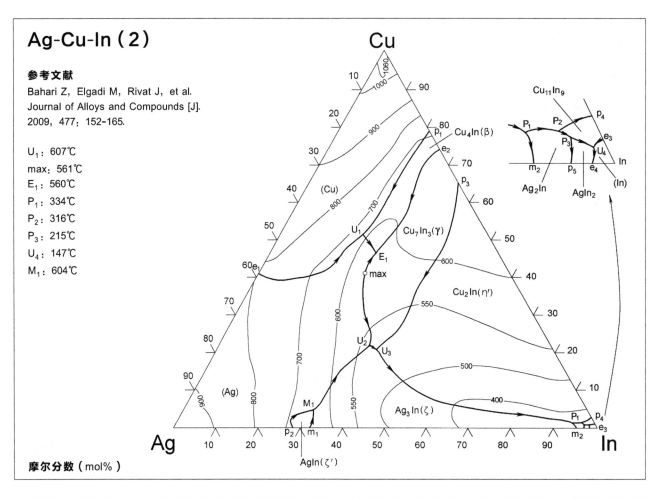

摩尔分数（mol%）

Ag-Cu-Mg

参考文献

Petzow G，Effenberg G.
Ternary Alloys [M]. Weinheim: VCH Verlagsgesellschaft,
1988, 1: 585-593.

e_1：530℃，12.4% Ag，25.0% Cu
E：460℃，7.5% Ag，10.1% Cu
P：505℃，9.8% Ag，15.5% Cu

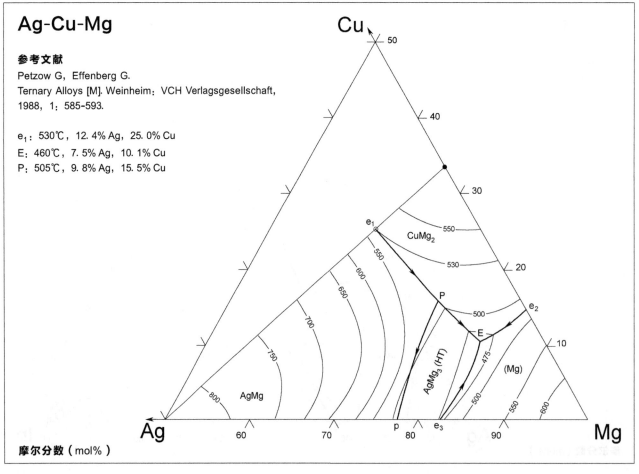

摩尔分数（mol%）

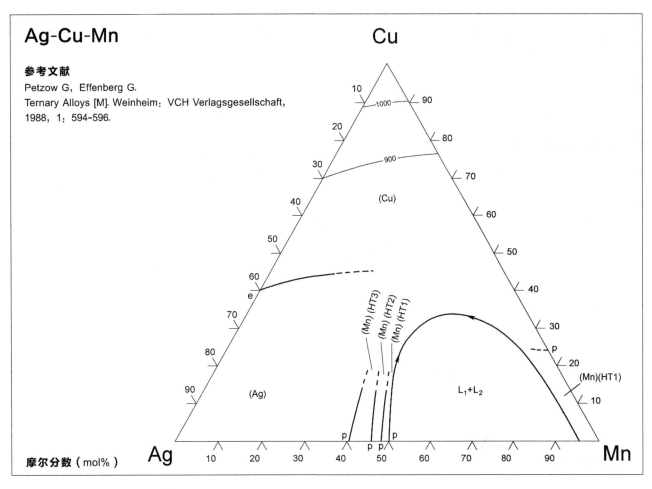

Ag-Cu-Mn

参考文献

Petzow G, Effenberg G.
Ternary Alloys [M]. Weinheim: VCH Verlagsgesellschaft,
1988, 1: 594-596.

Cu

(Cu)

e

(Mn)(HT3) (Mn)(HT2) (Mn)(HT1)

(Ag)

L₁+L₂

(Mn)(HT1)

p

p p p

摩尔分数(mol%)

Ag

Mn

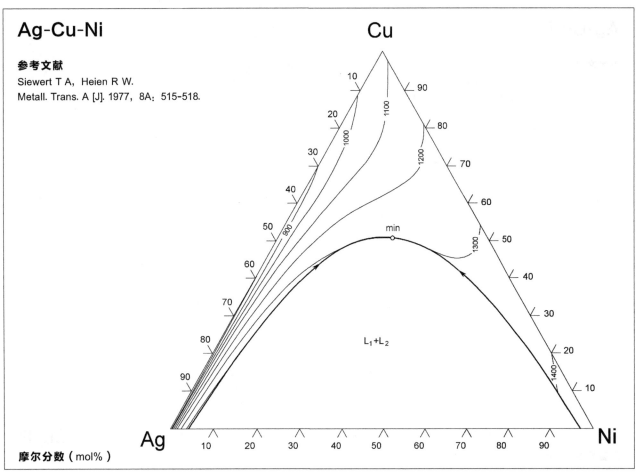

Ag-Cu-Ni

参考文献

Siewert T A, Heien R W.
Metall. Trans. A [J]. 1977, 8A: 515-518.

Cu

min

L₁+L₂

摩尔分数(mol%)

Ag

Ni

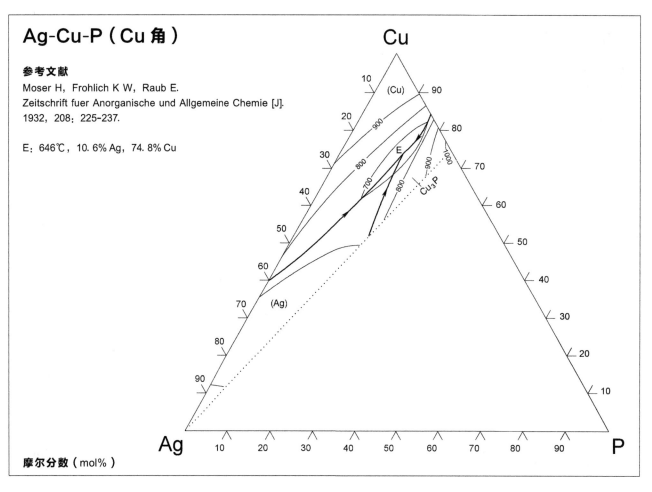

Ag-Cu-P（Cu角）

参考文献

Moser H, Frohlich K W, Raub E.
Zeitschrift fuer Anorganische und Allgemeine Chemie [J].
1932, 208：225-237.

E：646℃, 10.6% Ag, 74.8% Cu

Cu

(Cu)

E

Cu₃P

(Ag)

Ag

P

摩尔分数（mol%）

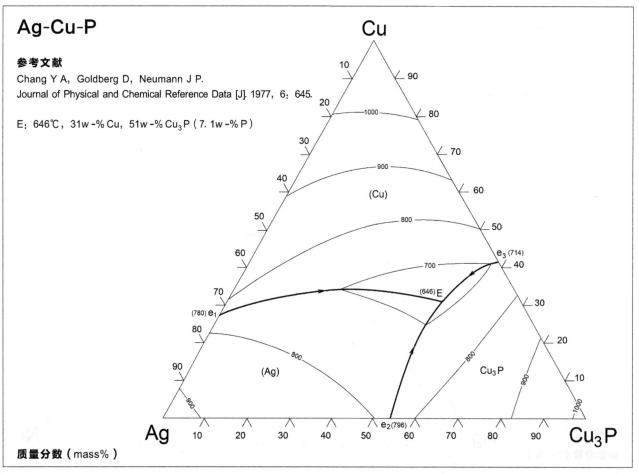

Ag-Cu-P

参考文献

Chang Y A, Goldberg D, Neumann J P.
Journal of Physical and Chemical Reference Data [J]. 1977, 6：645.

E：646℃, 31w-% Cu, 51w-% Cu₃P（7.1w-% P）

Cu

(Cu)

e₃ (714)

(646)E

(780) e₁

(Ag)

Cu₃P

e₂(796)

Ag

Cu₃P

质量分数（mass%）

Ag-Cu-Pb

参考文献

Hayes F, Lukas H L, Effenberg G, et al.
Zeitschrift fuer Metallkunde [J]. 1986, 77: 740-754.

E_1: 303℃, 4.5% Ag, 0.2% Cu

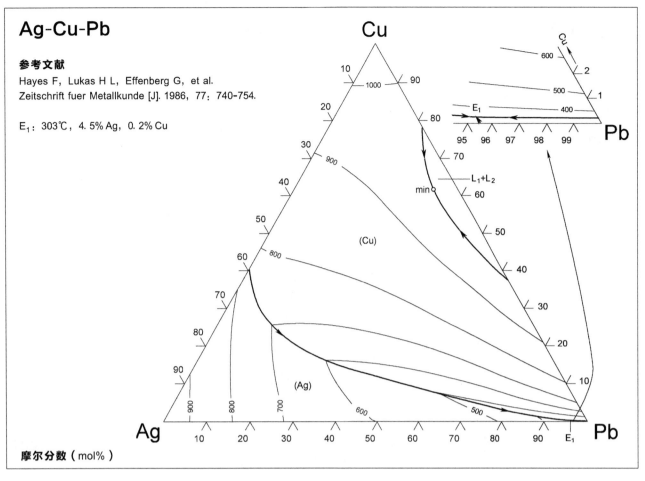

摩尔分数（mol%）

Ag-Cu-Pd

参考文献

Petzow G, Effenberg G.
Ternary Alloys [M]. Weinheim: VCH Verlagsgesellschaft,
1988, 2: 14-21.

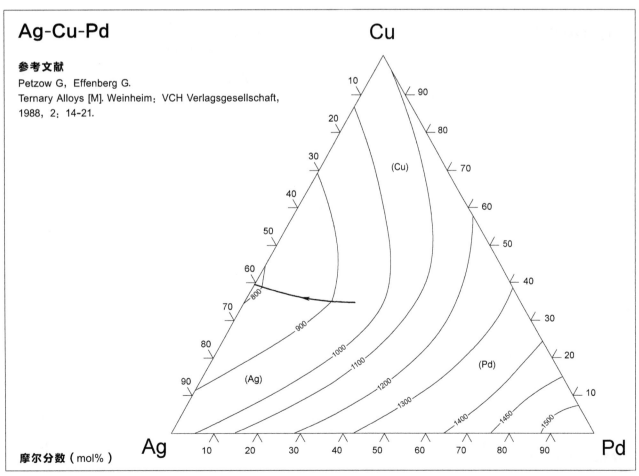

摩尔分数（mol%）

Ag-Cu-Sb

参考文献

Petzow G, Effenberg G.
Ternary Alloys [M]. Weinheim: VCH Verlagsgesellschaft,
1988, 2: 29-30.

E_2: 426℃

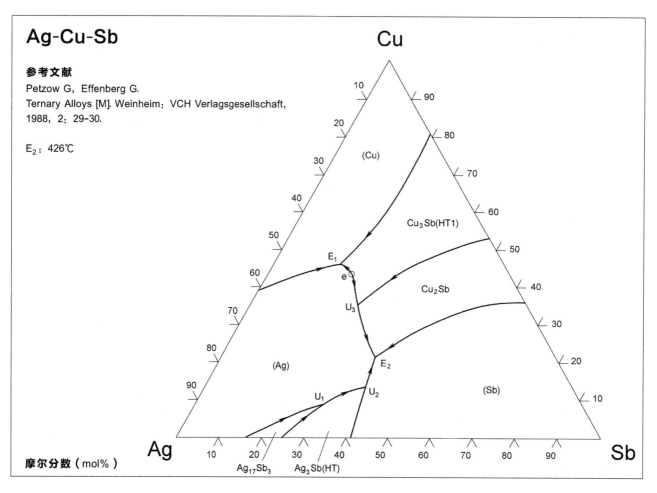

摩尔分数（mol%）

Ag-Cu-Se

参考文献

Petzow G, Effenberg G.
Ternary Alloys [M]. Weinheim: VCH Verlagsgesellschaft,
1988, 2: 31-36.

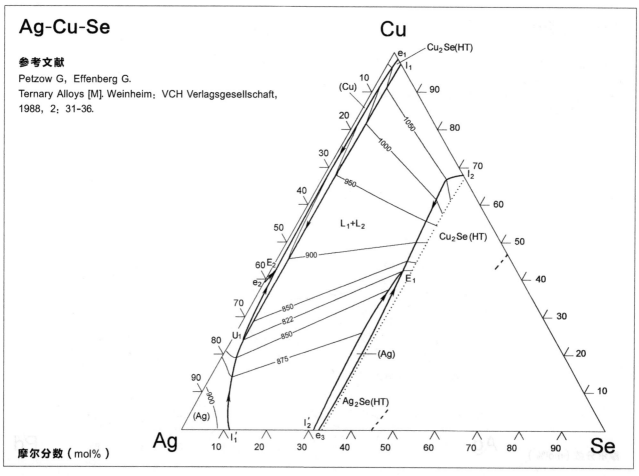

摩尔分数（mol%）

Ag-Cu-Si（1）

参考文献

刘泽光，李国宝，张启运，等．
金属学报 [J]. 1999, 35：62-64.

e_5：766℃，19.7% Ag，60.6% Cu

E_1：740℃，17.5% Ag，67.1% Cu

E_2：705℃，30.0% Ag，44.7% Cu

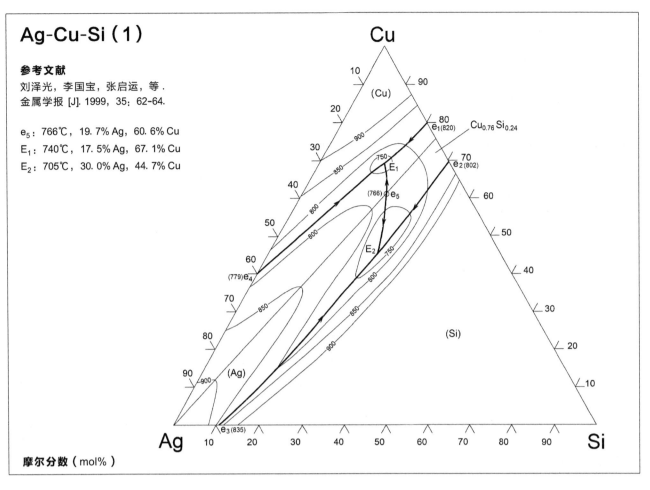

摩尔分数（mol%）

Ag-Cu-Si（2）

参考文献

Yang H, Reisinger G, Flandorfer H.
J. Phase Equilib. Diffus. [J]. 2020, 41：79-92.

E_1：707℃，24Ag%，50% Cu

E_2：742℃，12Ag%，71.5% Cu

U_3：745℃，10Ag%，74.5% Cu

U_4：752℃，16Ag%，67% Cu

U_5：752~821℃，7% Ag，74.5% Cu

U_6：761℃，10.5% Ag，75% Cu

U_7：781~821℃，7% Ag，77.5% Cu

U_8：781~839℃，2% Ag，87% Cu

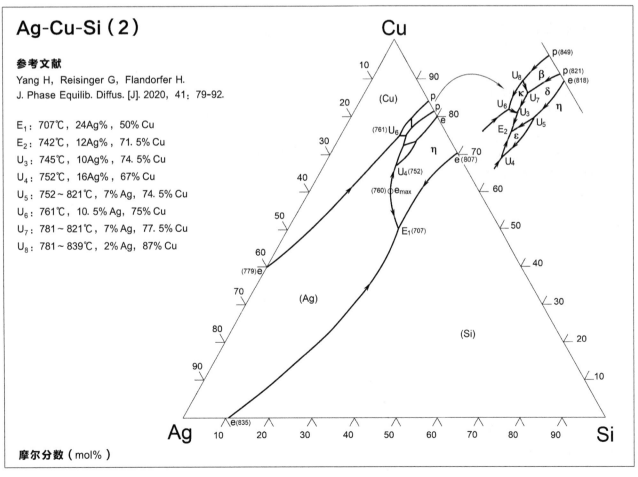

摩尔分数（mol%）

Ag-Cu-Sn（1）

参考文献

Федоров В И, Осинцев О Е, Юшкина Е Т.
Фазовые Равновесия Металлических Сплавах [J].
1981：42-49.

U_1：600℃，41.5% Ag，42.2% Cu

U_2：561℃，43.6% Ag，34.2% Cu

U_3：552℃，45.0% Ag，30.8% Cu

P_1：471℃，38.3% Ag，18.2% Cu

U_4：350℃，22.5% Ag，12.2% Cu

E_1：218℃，3.6% Ag，1.6% Cu

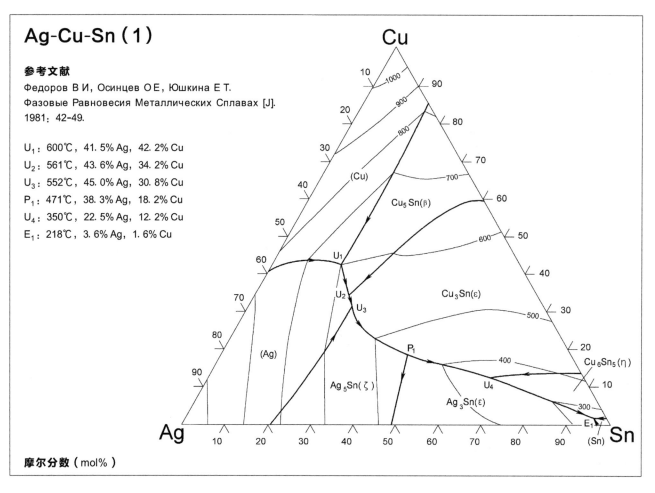

摩尔分数（mol%）

Ag-Cu-Sn（2）

参考文献

Petzow G, Effenberg G.
Ternary Alloys [M]. Weinheim：VCH Verlagsgesellschaft,
1988, 2：38-47.

U_1：605℃，39.5% Ag，46.7% Cu

U_2：560℃，37.7% Ag，42.4% Cu

U_3：550℃，41.2% Ag，37.5% Cu

U_4：540℃，40.4% Ag，35.7% Cu

U_5：455℃，41.7% Ag，19.5% Cu

P_1：350℃，20.5% Ag，10.5% Cu

U_6：225℃，4.4% Ag，0.9% Cu

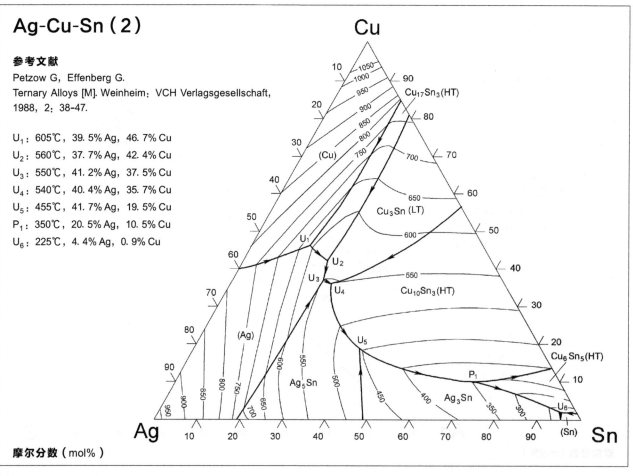

摩尔分数（mol%）

Ag-Cu-Sn（Sn 角）

参考文献

Petzow G, Effenberg G.
Ternary Alloys [M]. Weinheim：VCH Verlagsgesellschaft,
1988, 2：38-47.

E：217℃, 3.24w-%Ag, 0.57w-%Cu

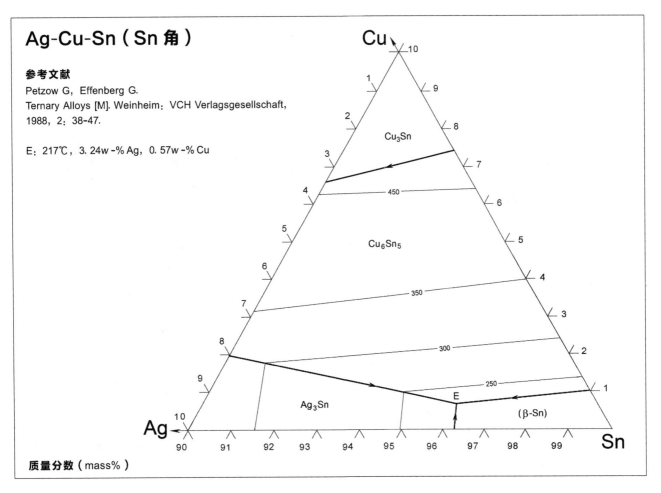

质量分数（mass%）

Ag-Cu-Te

参考文献

Petzow G, Effenberg G.
Ternary Alloys [M]. Weinheim：VCH Verlagsgesellschaft,
1988, 2：49-54.

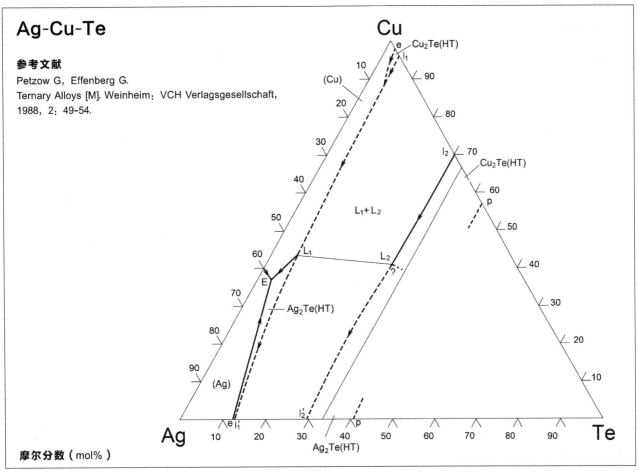

摩尔分数（mol%）

Ag-Cu-Ti

参考文献

Dezellus O, Arroyave R, Fries S G.
International Journal of Materials Research
（原刊名：Zeitschrift fuer Metallkunde）[J].
2011, 102: 286-297.

U_3: 971℃　　L_1, L_1': 996℃

U_4: 935℃　　L_3, L_3': 907℃

U_5: 910℃　　L_4, L_4': 879℃

U_7: 884℃　　L_5, L_5': 836℃

U_8: 882℃

U_9: 847℃

U_{11}: 826℃

U_{12}: 769℃

U_{13}: 786℃

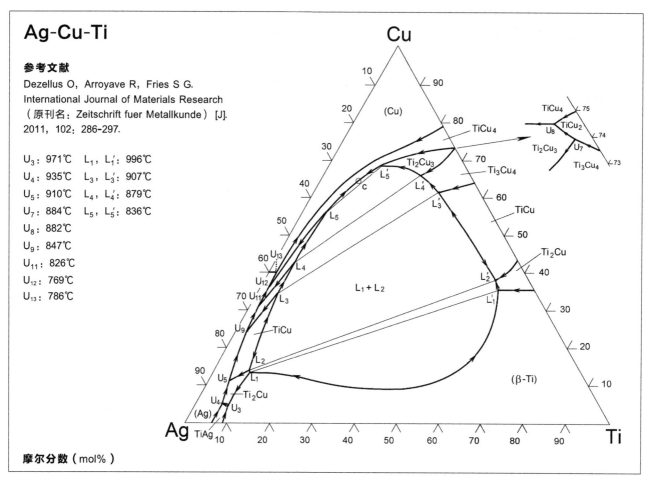

摩尔分数（mol%）

Ag-Cu-Zn

参考文献

Gebhardt E, Petzow G, Krauss W.
Zeitschrift fuer Metallkunde [J]. 1962, 53: 372-379.

E: 665℃，43.2% Ag，26.2% Cu
U: 630℃，17.5% Ag，10.9% Cu

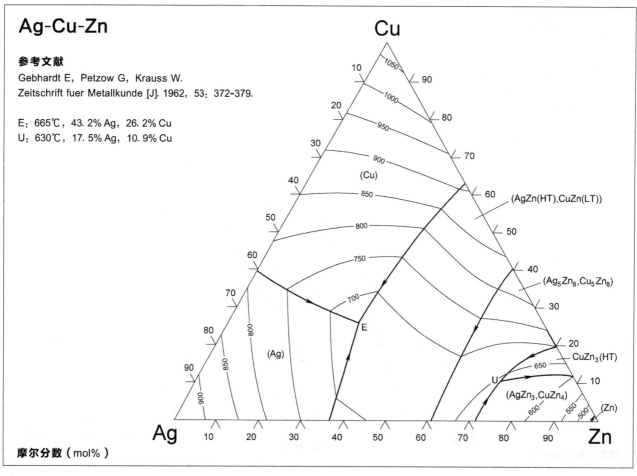

摩尔分数（mol%）

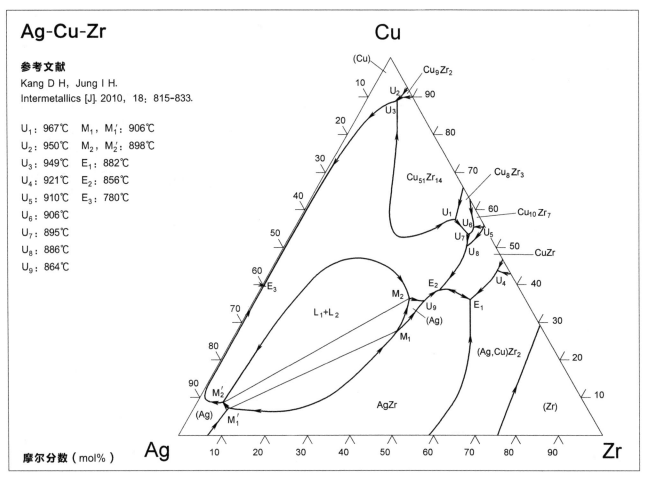

Ag-Cu-Zr

参考文献

Kang D H, Jung I H.
Intermetallics [J]. 2010, 18: 815-833.

U₁: 967℃ M₁, M₁': 906℃
U₂: 950℃ M₂, M₂': 898℃
U₃: 949℃ E₁: 882℃
U₄: 921℃ E₂: 856℃
U₅: 910℃ E₃: 780℃
U₆: 906℃
U₇: 895℃
U₈: 886℃
U₉: 864℃

摩尔分数（mol%）

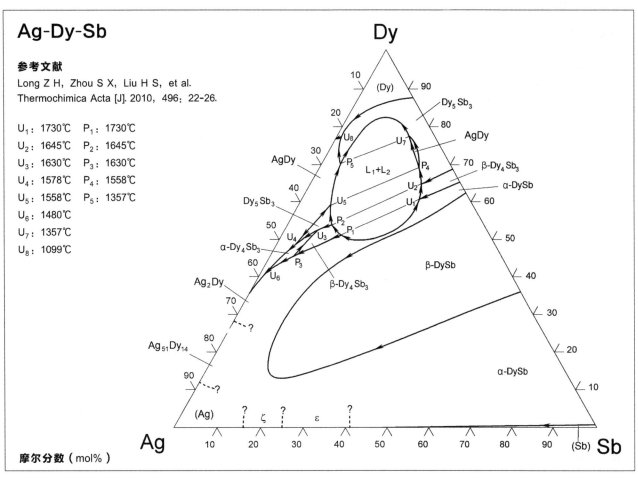

Ag-Dy-Sb

参考文献

Long Z H, Zhou S X, Liu H S, et al.
Thermochimica Acta [J]. 2010, 496: 22-26.

U₁: 1730℃ P₁: 1730℃
U₂: 1645℃ P₂: 1645℃
U₃: 1630℃ P₃: 1630℃
U₄: 1578℃ P₄: 1558℃
U₅: 1558℃ P₅: 1357℃
U₆: 1480℃
U₇: 1357℃
U₈: 1099℃

摩尔分数（mol%）

Ag-Fe-S

参考文献

Raghavan V.
Phase Diagrams of Ternary Iron
Alloys [M]. Calcutta: The Indian
Institute of Metals, 1988, 2:
10-23.

e: 955℃

E_1: ~ 950℃

E_2: 532℃

E_3: ~ 114℃

U_1: ~ 1390℃

U_2: 941℃

U_3: 742℃

U_4: 622℃

U_5: 607℃

U_6: 568℃

U_9: 177℃

摩尔分数（mol%）

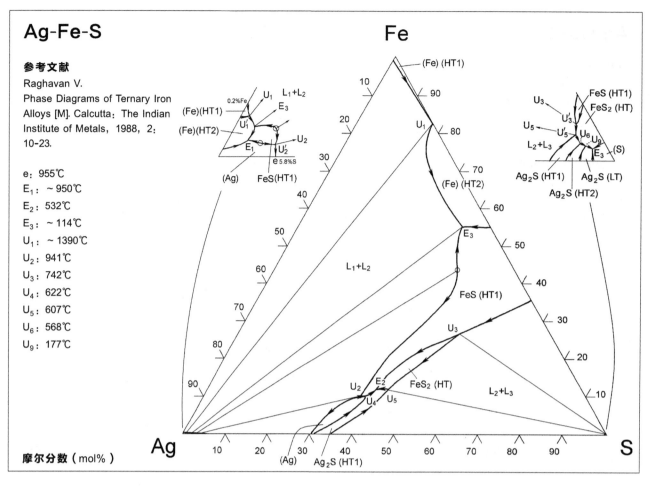

Ag-Fe-Si

参考文献

Petzow G, Effenberg G.
Ternary Alloys [M]. Weinheim: VCH Verlagsgesellschaft,
1988, 2: 121-123.

m_1: 1045℃

m_2: 1245℃

L_1: 1198℃

L_2: 1190℃

L_3: 1140℃

L_4: 1137℃

摩尔分数（mol%）

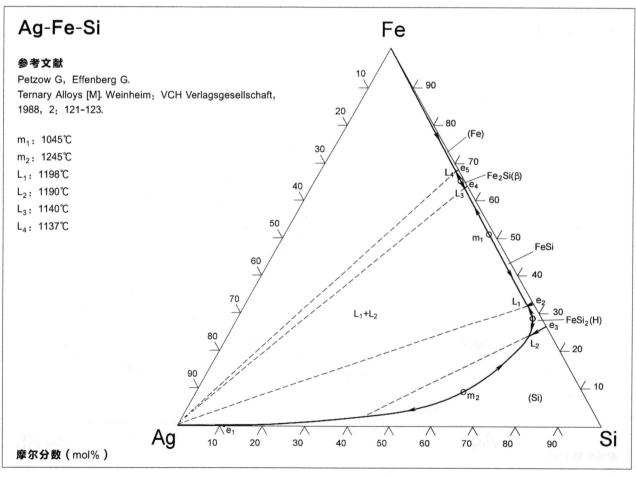

Ag-Ga-Ge

参考文献

Milisavijević D, Minić D, Premović M, et al.
Journal of Physics and Chemistry of Solids [J].
2019, 126: 55-64.

U_1: 503℃, 60.3% Ag, 31.3% Ga
P_1: 436℃, 48.7% Ag, 45.9% Ga
U_2: 305℃, 13.3% Ag, 84.6% Ga
E_1: 29.6℃, 0.05% Ag, 99.9% Ga

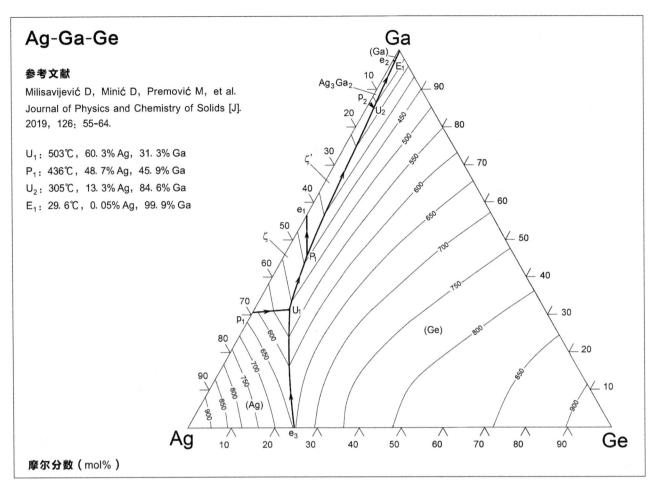

摩尔分数（mol%）

Ag-Ga-In

参考文献

Petzow G, Effenberg G.
Ternary Alloys [M]. Weinheim: VCH Verlagsgesellschaft,
1988, 2: 127-131.

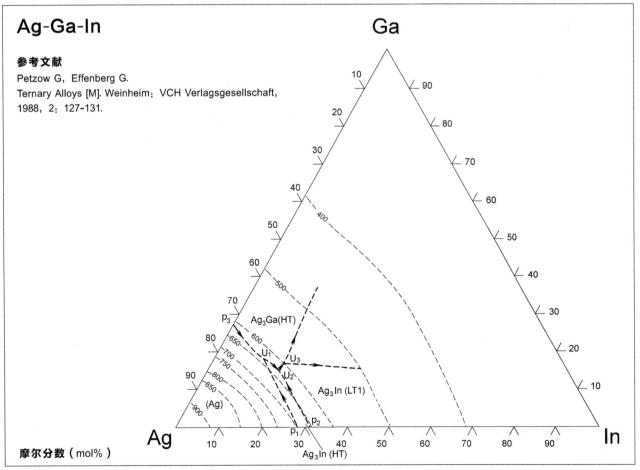

摩尔分数（mol%）

041

Ag-Ga-Sb

参考文献

Minić D, Manasijević D, Dokić J, et al.
Materials Chemistry and Physics [J]. 2012, 134: 287-293.

E_1: 452.9℃, 62% Ag, 28.2% Sb
E_2: 448.7℃, 57% Ag, 35.7% Sb
P_1: 421.7℃, 45% Ag, 2.5% Sb
U_1: 307.7℃, 13% Ag, 0.1% Sb
E_3: 29.7℃, 0.06% Ag, ~0% Sb

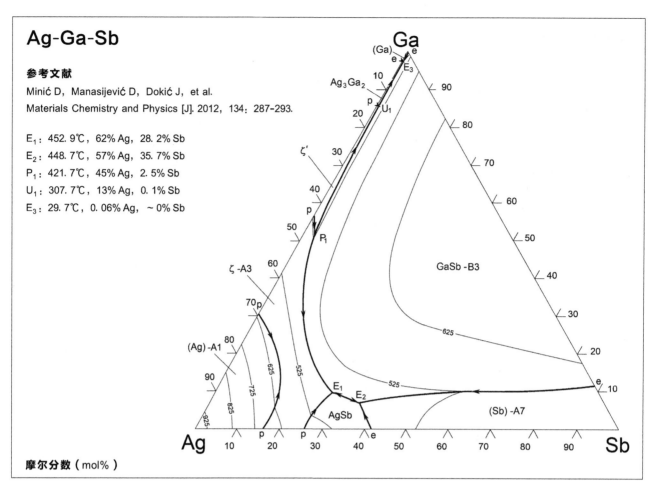

摩尔分数（mol%）

Ag-Ga-Sn

参考文献

Premović M, Du D, Minić D, et al.
CALPHAD: Computer Coupling of Phase Diagrams and
Thermochemistry [J]. 2017, 56: 215-223.

U_1: 303℃, 11.3% Ag, 84.7% Ga
U_2: 218℃, 3.8% Ag, 1.1% Ga
U_3: 192℃, 1.3% Ag, 15.7% Ga
E_1: 20.6℃, 0.02% Ag, 92.3% Ga

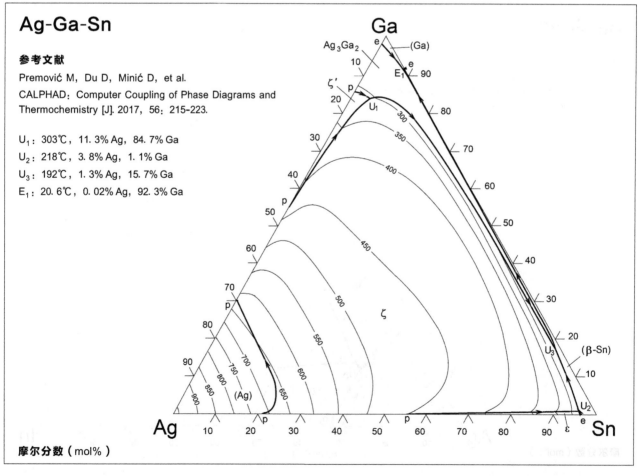

摩尔分数（mol%）

Ag-Ga-Te

参考文献

Guittard M.

J. Less-Common Metals [J]. 1991, 170: 373-392.

τ_1: AgGaTe$_6$

τ_2: AgGaTe$_2$

R: Ag$_x$Ga$_{(4-x)/3}$□$_{(2-2x)/3}$Te$_2$, 0.63 = x = 0.75

□: 缺位

E$_1$: 382℃

E$_2$: 352℃

E$_3$: 350℃

E$_5$: 560℃

E$_6$: 29.7℃

E$_7$: 550℃

E$_8$: 29.7℃

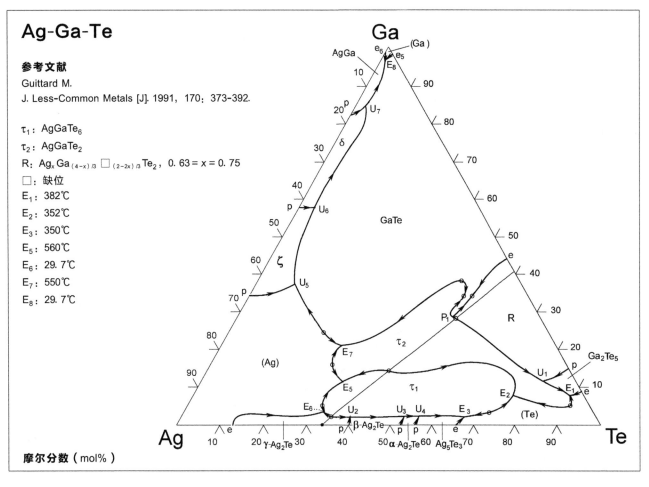

摩尔分数（mol%）

Ag-Ga-Zn

参考文献

Ćosović V, Minić D, Manasievć D, et al.

Journal of Alloys and Compounds [J]. 2015, 632: 783-793.

P$_1$: 440℃, 54.2% Ag, 37.0% Ga

U$_1$: 404℃, 38.1% Ag, 24.1% Ga

U$_2$: 403℃, 38.1% Ag, 24.2% Ga

U$_3$: 280℃, 31.7% Ag, 47.7% Ga

U$_4$: 234℃, 17.0% Ag, 64.3% Ga

U$_5$: 27.3℃, 0.06% Ag, 98.2% Ga

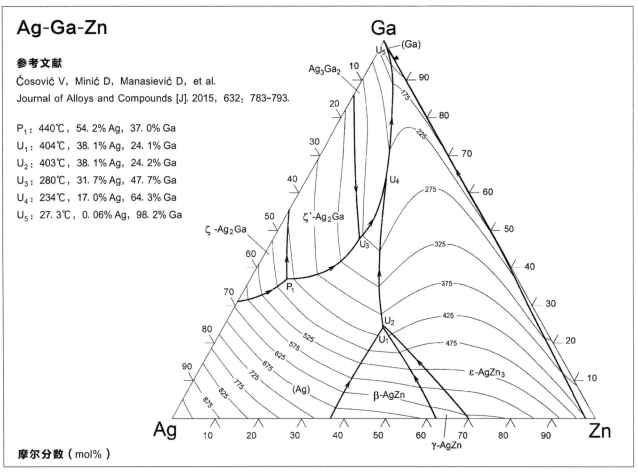

摩尔分数（mol%）

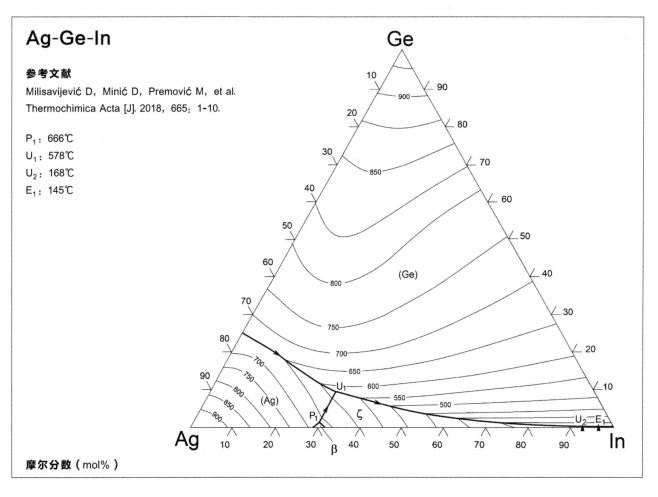

Ag-Ge-In

参考文献

Milisavljević D, Minić D, Premović M, et al.
Thermochimica Acta [J]. 2018, 665: 1-10.

P_1: 666℃
U_1: 578℃
U_2: 168℃
E_1: 145℃

摩尔分数（mol%）

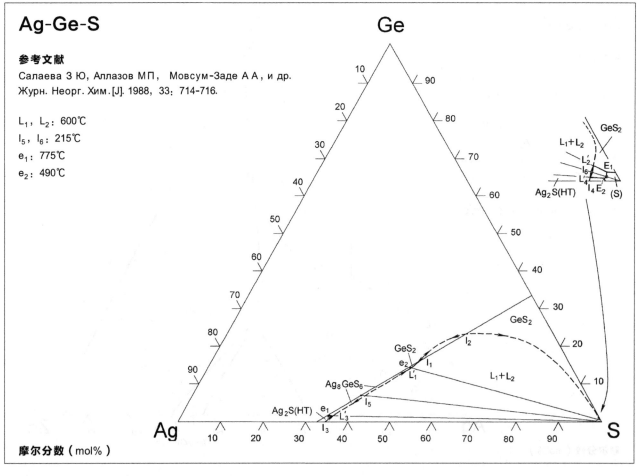

Ag-Ge-S

参考文献

Салаева З Ю, Аллазов МП, Мовсум-Заде А А, и др.
Журн. Неорг. Хим.[J]. 1988, 33: 714-716.

L_1, L_2: 600℃
I_5, I_6: 215℃
e_1: 775℃
e_2: 490℃

摩尔分数（mol%）

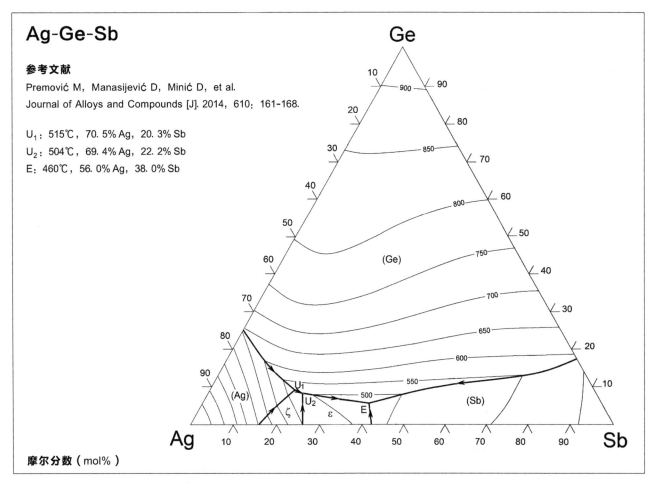

Ag-Ge-Sb

参考文献

Premović M, Manasijević D, Minić D, et al.
Journal of Alloys and Compounds [J]. 2014, 610: 161-168.

U_1: 515℃, 70.5% Ag, 20.3% Sb

U_2: 504℃, 69.4% Ag, 22.2% Sb

E: 460℃, 56.0% Ag, 38.0% Sb

摩尔分数（mol%）

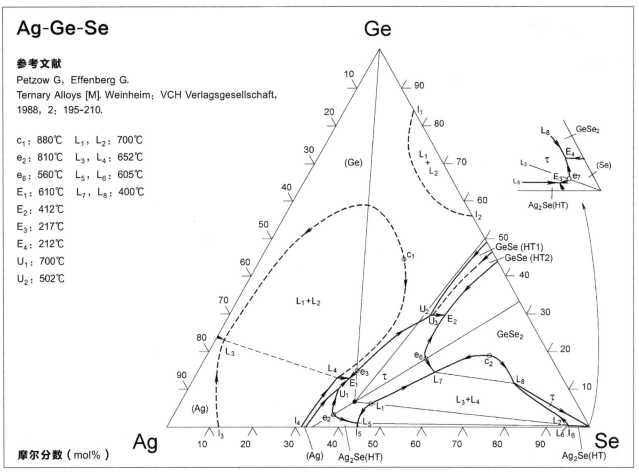

Ag-Ge-Se

参考文献

Petzow G, Effenberg G.
Ternary Alloys [M]. Weinheim: VCH Verlagsgesellschaft,
1988, 2: 195-210.

c_1: 880℃ L_1, L_2: 700℃

e_2: 810℃ L_3, L_4: 652℃

e_6: 560℃ L_5, L_6: 605℃

E_1: 610℃ L_7, L_8: 400℃

E_2: 412℃

E_3: 217℃

E_4: 212℃

U_1: 700℃

U_2: 502℃

摩尔分数（mol%）

Ag-Ge-Si

参考文献

Predel B, Bankstahl H, Gödecke T.

Journal of Less-Common Metals [J]. 1976, 44: 39-49.

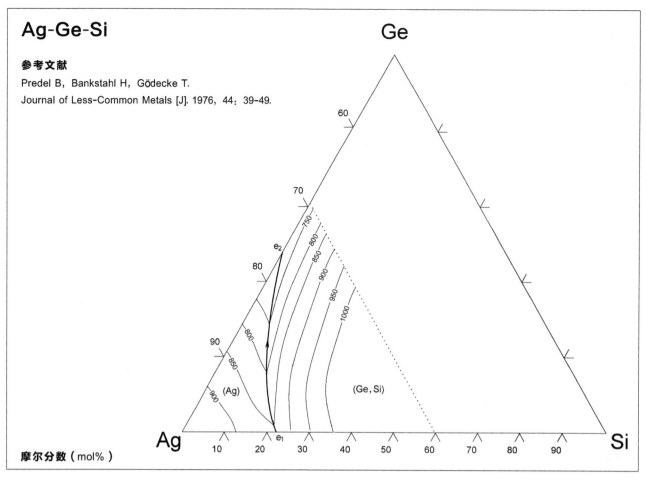

摩尔分数（mol%）

Ag-Ge-Sn

参考文献

Tošković N, Premović M, Tomić M, et al.

J. Chem. Thermodynamics [J]. 2019, 131: 563-571.

U_1: 534℃, 60.1% Ag, 4.9% Ge

U_2: 477℃, 50.9% Ag, 2.8% Ge

E_1: 221℃, 3.5% Ag, 0.2% Ge

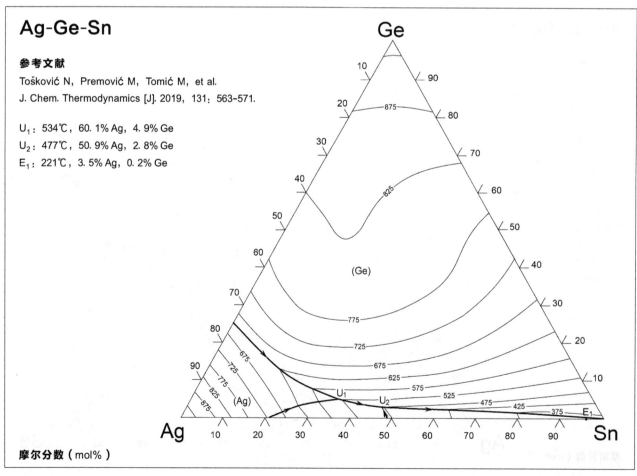

摩尔分数（mol%）

Ag-Ge-Te

参考文献

Petzow G, Effenberg G.
Ternary Alloys [M]. Weinheim: VCH Verlagsgesellschaft,
1988, 2: 223-242.

c: 874℃, 17% Ag, 76% Ge
E_1: 647℃, 75.5% Ag, 24.0% Ge
E_3: 591℃, 38% Ag, 20% Ge
E_5: 329℃, 31.7% Ag, 0.1% Ge
E_6: 329℃, 16% Ag, 16% Ge
U_1: 62% Ag, 6% Ge
U_1': 22.5% Ag, 75.0% Ge
U_2: 603℃
U_3: 453℃, 46.0% Ag, 3.5% Ge
U_4: 424℃, 43% Ag, 2% Ge

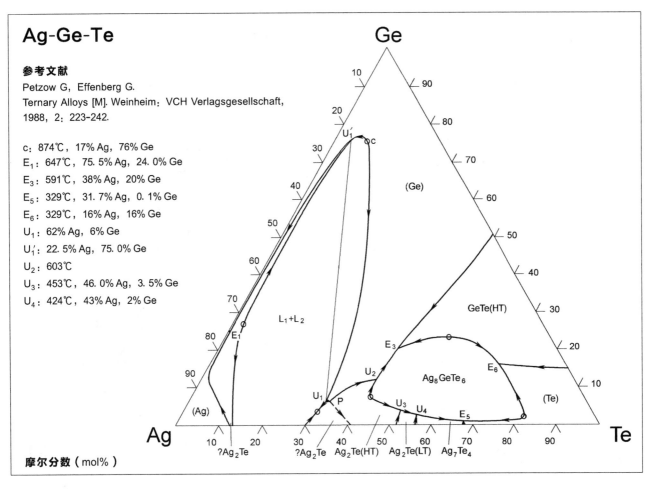

摩尔分数（mol%）

Ag-Ge-Zn

参考文献

Delsante S, Li D, Novakovic R, et al.
J. Min. Metall Sect. B-Metall [J]. 2017, 53（3）B: 295-302.

U_1: 601℃
U_2: 591℃
U_3: 570℃
U_4: 400℃

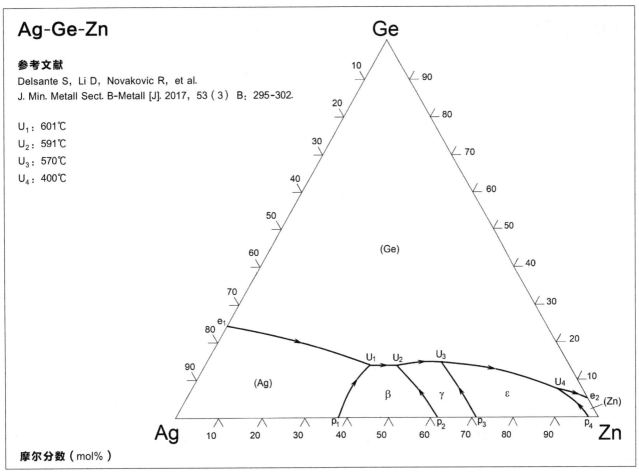

摩尔分数（mol%）

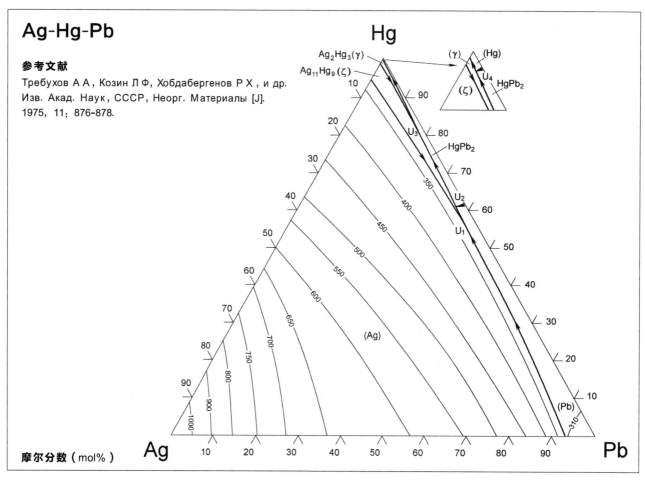

Ag-Hg-Pb

参考文献

Требухов А А, Козин Л Ф, Хобдабергенов Р Х , и др.
Изв. Акад. Наук, СССР, Неорг. Материалы [J].
1975, 11: 876-878.

摩尔分数 (mol%)

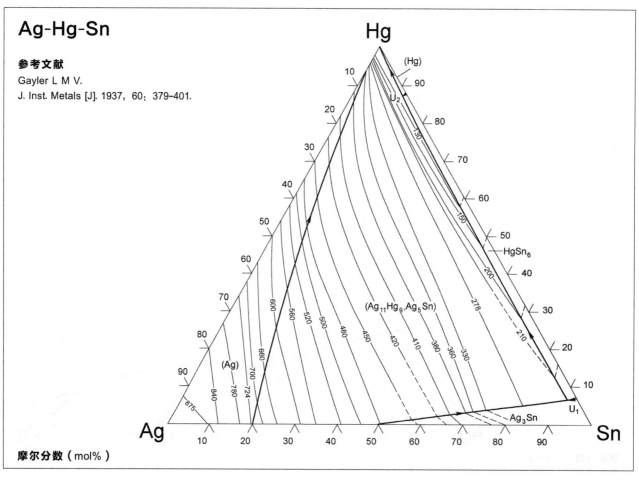

Ag-Hg-Sn

参考文献

Gayler L M V.
J. Inst. Metals [J]. 1937, 60: 379-401.

摩尔分数 (mol%)

Ag-In-Mg（1）

参考文献

Колесниченко В Е，Комарова М А，Кароник В В.
Изв. Акад. Наук, СССР, Металлы [J]. 1982（5）：181-185.

E：360℃，12.0%Ag，21.6%In
U：380℃，9.7%Ag，18.1%In

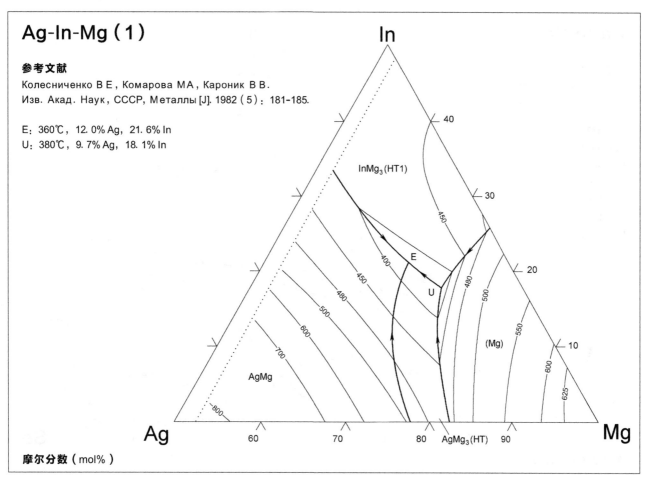

摩尔分数（mol%）

Ag-In-Mg（2）

参考文献

Wang J，Hudon P，Kevorkov D，et al.
JPEDAV [J]. 2014，35：284-313.

E_1：145℃，1.1%In，2.8%Mg
U_1：377℃，19.0%In，70.1%Mg
U_2：360℃，22.4%In，66.6%Mg
U_4：161℃，95.6%In，0.2%Mg
U_5：156℃，96.7%In，2.2%Mg
U_6：557℃，39.7%In，1.1%Mg
P_1：792℃，10.2%In，12.6%Mg

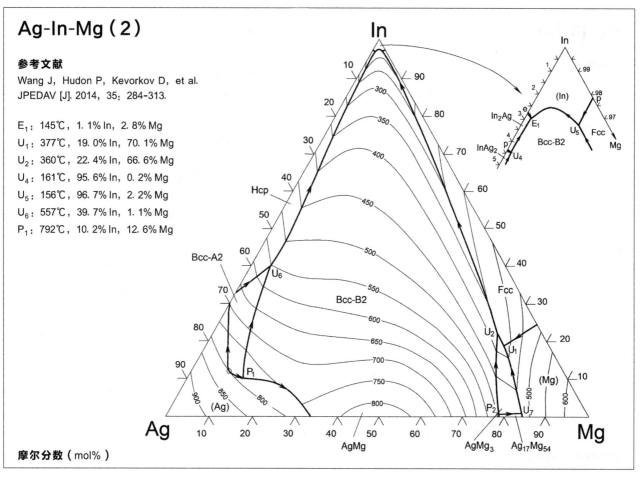

摩尔分数（mol%）

Ag-In-Se

参考文献

Chen S, Chang J, Tseng S, et al.
Journal of Alloys and Compounds [J]. 2016, 656: 58-66.

U_2: 632℃

U_3: 591℃

P_1: 579℃

E_1: 569℃

P_5: 528℃

P_6: 171℃

E_3: 143℃

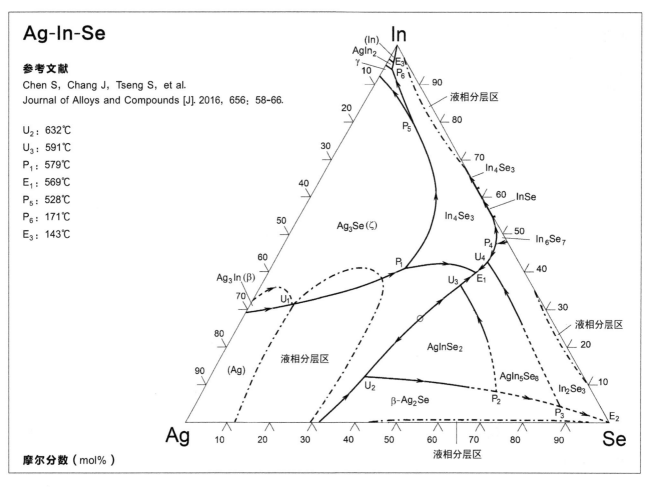

摩尔分数（mol%）

Ag-In-Sn

参考文献

Liu X, Inohana Y, Kainuma R, et al.
J. Electron. Mater. [J]. 2002, 31: 1139-1151.

P_1: 674℃

U_1: 213℃

U_2: 207℃

U_3: 168℃

U_4: 134℃

U_5: 119℃

E_1: 114℃

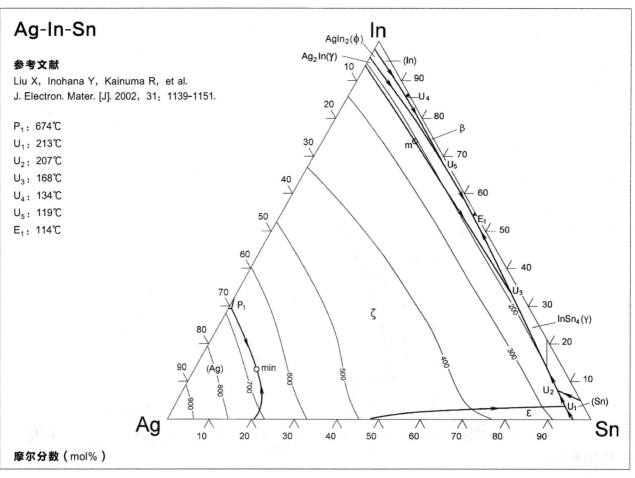

摩尔分数（mol%）

Ag-In-Te

参考文献

Bahan Z，River J，Legendre B，et al.
Journal of Alloys and Compounds [J]. 1999, 289：99–115.

U_1：445℃
U_2：420℃
U_3：435℃
U_4：404℃
U_5：390℃
E_1：412℃
E_2：350℃

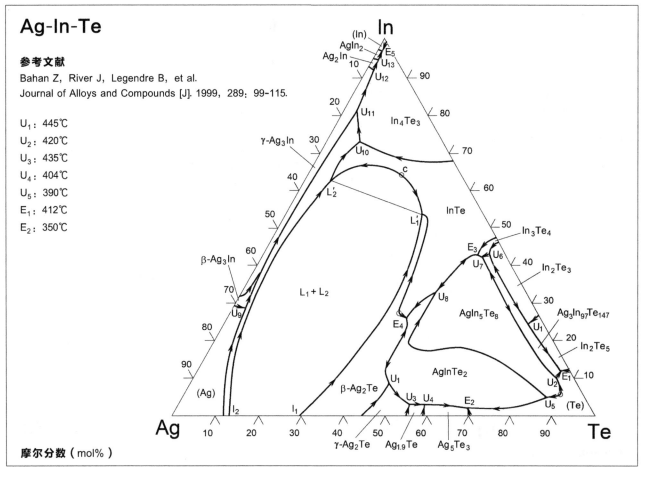

摩尔分数（mol%）

Ag-In-Zn

参考文献

Chang J S，Chen S W.
Journal of Electronic Materials [J]. 2015, 44：1134–1143.

E_1：140.3℃
E_2：140.6℃
U_1：417.5℃
U_2：609.7℃
P_1：691.7℃

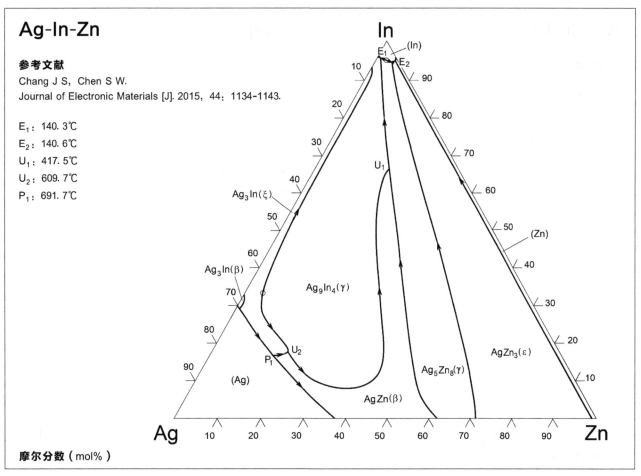

摩尔分数（mol%）

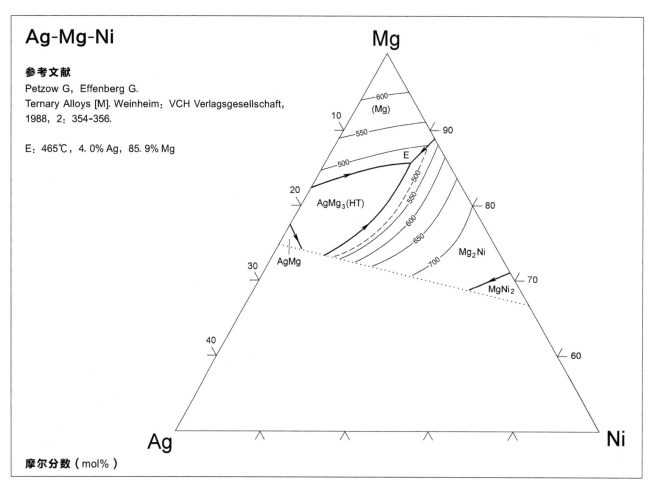

Ag-Mg-Ni

参考文献

Petzow G, Effenberg G.
Ternary Alloys [M]. Weinheim: VCH Verlagsgesellschaft,
1988, 2: 354-356.

E: 465℃, 4. 0% Ag, 85. 9% Mg

Mg

10

(Mg)

600

550

500

500

E

90

20

AgMg₃(HT)

550

600

650

80

Mg₂Ni

700

AgMg

70

MgNi₂

30

40

60

Ag

摩尔分数（mol%）

Ni

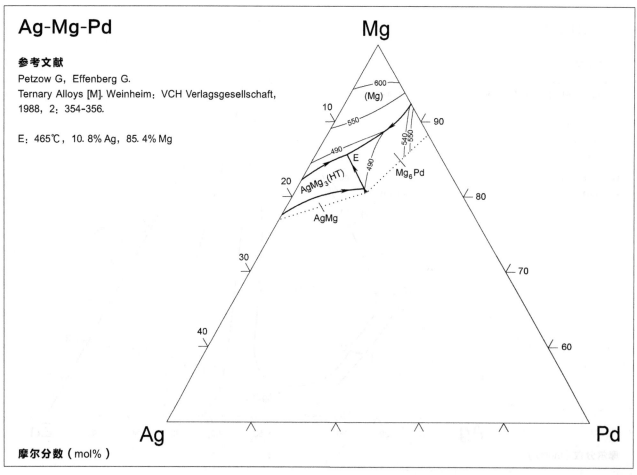

Ag-Mg-Pd

参考文献

Petzow G, Effenberg G.
Ternary Alloys [M]. Weinheim: VCH Verlagsgesellschaft,
1988, 2: 354-356.

E: 465℃, 10. 8% Ag, 85. 4% Mg

Mg

10

(Mg)

600

550

490

E

490

540

550

90

20

AgMg₃(HT)

Mg₆Pd

80

AgMg

30

70

40

60

Ag

摩尔分数（mol%）

Pd

Ag-Mg-Sn（1）

参考文献

Агеева Н В，Петровой Л А.
Диаграммы Состаяния Металлических Систем [M].
Москва：ВИНИТИ，1982，28：282-286.

e：608℃
E_1：465℃，15.6% Ag，82.4% Mg
U_4：486℃，17.0% Ag，75.3% Mg
图中虚线为原作者估测绘出。

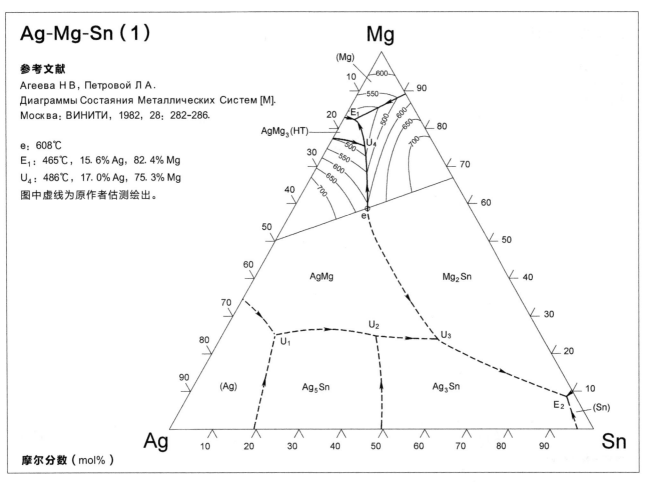

摩尔分数（mol%）

Ag-Mg-Sn（2）

参考文献

Wang J，Hudon P，Kevorkov D，et al.
JPEDAV [J]．2014，35：284-313.

E_1：200℃，2.2% Ag，8.7% Mg
U_1：641℃，58.5% Ag，28.4% Mg
U_2：382℃，34.3% Ag，31.0% Mg
U_3：503℃，19.7% Ag，74.9% Mg
U_4：475℃，13.1% Ag，83.1% Mg

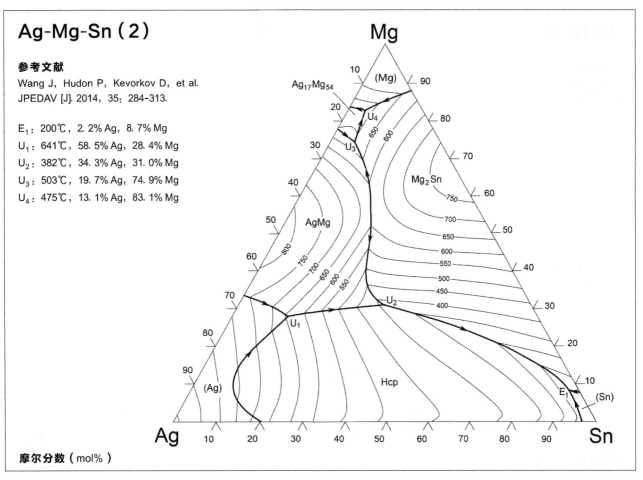

摩尔分数（mol%）

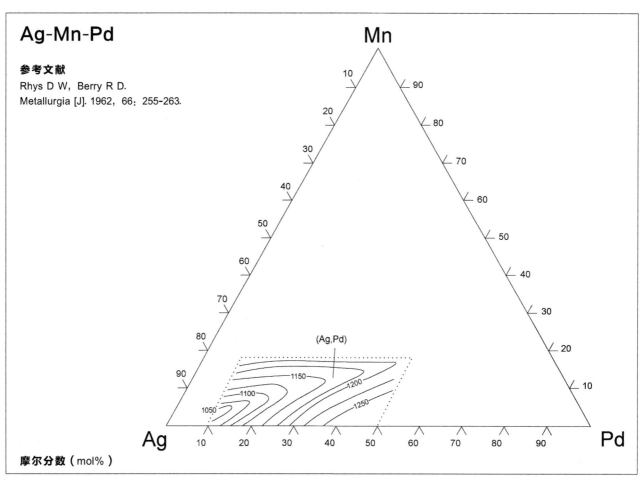

Ag-Mn-Pd

参考文献

Rhys D W, Berry R D.
Metallurgia [J]. 1962, 66: 255-263.

(Ag,Pd)

1150
1100
1050
1200
1250

Ag

Mn

Pd

摩尔分数（mol%）

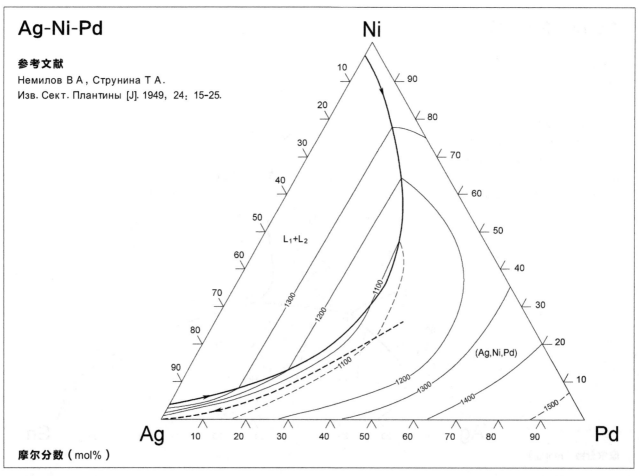

Ag-Ni-Pd

参考文献

Немилов В А, Струнина Т А.
Изв. Сект. Плантины [J]. 1949, 24: 15-25.

L_1+L_2

1300
1200
1100
1100
1200
1300
1400
1500

(Ag,Ni,Pd)

Ag

Ni

Pd

摩尔分数（mol%）

Ag-Ni-Sn

参考文献

Schmetterer C, Flandorfer H, Ipser H.
Acta Materialia [J]. 2008, 56: 155-164.

c: 1136℃ <T<1200℃
M_1, M_1': 1136℃
M_2, M_2': 1117℃
E_1: 219℃
U_1: 485℃
U_2: 570℃
U_3: 725℃
U_4: 914℃
U_5: 945℃

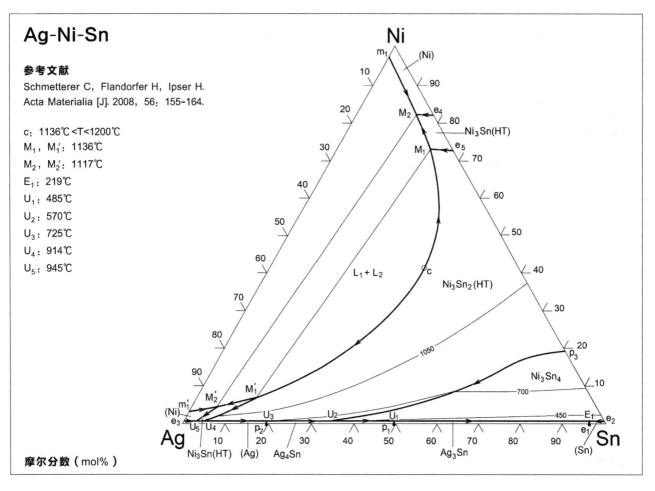

摩尔分数（mol%）

Ag-Pb-S

参考文献

Petzow G, Effenberg G.
Ternary Alloys [M]. Weinheim: VCH Verlagsgesellschaft,
1988, 2: 438-442.

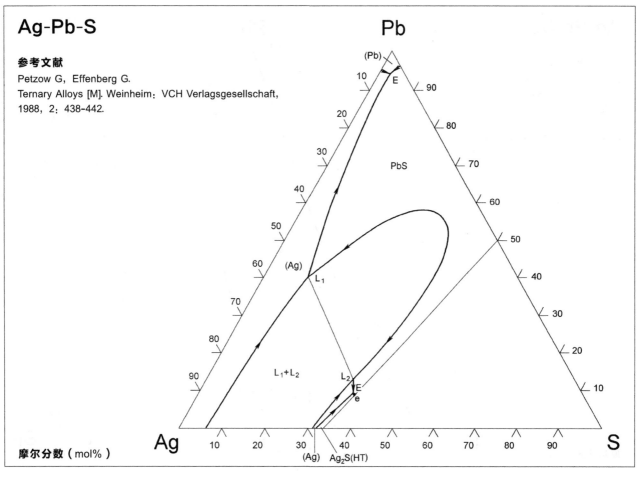

摩尔分数（mol%）

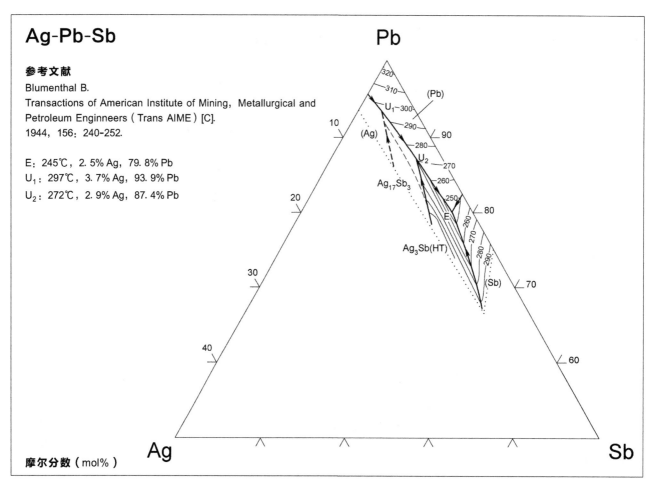

Ag-Pb-Sb

参考文献

Blumenthal B.

Transactions of American Institute of Mining, Metallurgical and Petroleum Enginneers（Trans AIME）[C].

1944, 156：240-252.

E：245℃，2.5% Ag，79.8% Pb

U₁：297℃，3.7% Ag，93.9% Pb

U₂：272℃，2.9% Ag，87.4% Pb

摩尔分数（mol%）

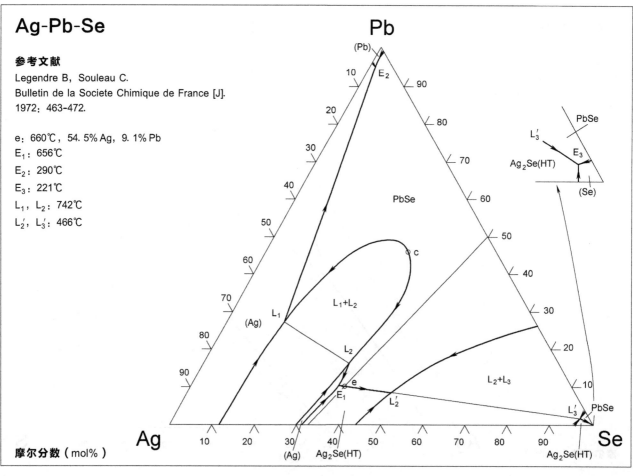

Ag-Pb-Se

参考文献

Legendre B，Souleau C.

Bulletin de la Societe Chimique de France [J].

1972：463-472.

e：660℃，54.5% Ag，9.1% Pb

E₁：656℃

E₂：290℃

E₃：221℃

L₁，L₂：742℃

L₂′，L₃′：466℃

摩尔分数（mol%）

Ag-Pb-Sn（1）

参考文献

Prince A, Evans D S.
Phase Diagrams of Ternary Alloys [M].
London: The Institute of Metals, 1970.

E: 180℃, 1.9%Ag, 23.6%Pb
U_1: 310℃, 2.8%Ag, 95.7%Pb

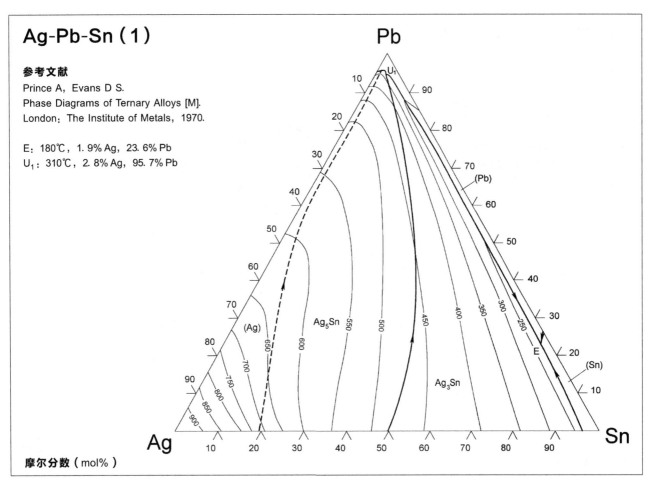

摩尔分数（mol%）

Ag-Pb-Sn（2）

参考文献

Du J Y, Zemanova A, Hutabalian Y, et al.
CALPHAD: Computer Cowpling of Phase Diagrams and
Thermochemistry [J]. 2020, 71: 101997.

U_1: 308.1℃, 3.5%Ag, 96.2%Pb
U_2: 307.6℃, 2.2%Ag, 93.8%Pb
E: 177.6℃, 2.0%Ag, 24.2%Pb

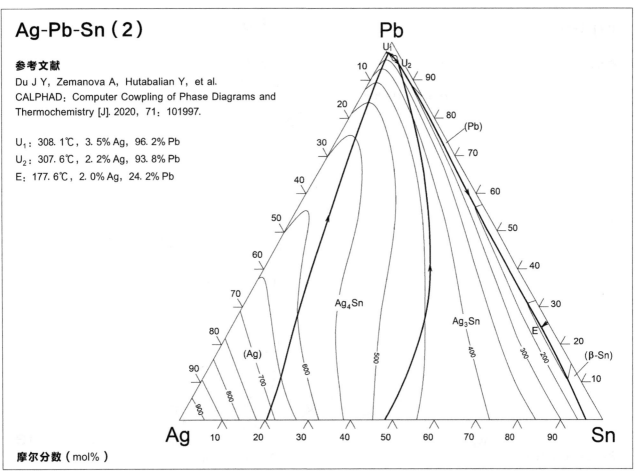

摩尔分数（mol%）

Ag-Pb-Sn（Pb 角）

参考文献

Prince A, Evans D S.
Phase Diagrams of Ternary Alloys [M].
London: The Institute of Metals, 1970.

e_1：311℃，3.2% Ag，96.1% Pb

U_1：310℃，2.8% Ag，95.6% Pb

U_2：305℃，4.1% Ag，95.7% Pb

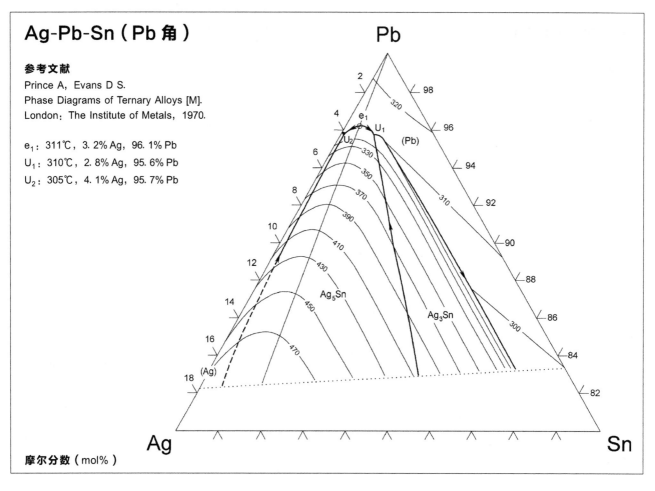

摩尔分数（mol%）

Ag-Pb-Te

参考文献

Petzow G, Effenberg G.
Ternary Alloys [M]. Weinheim: VCH Verlagsgesellschaft,
1988, 2: 465-476.

e：694℃

p_1：880℃

E_1：321℃

E_2：~304℃

U_1：~841℃

U_2：560℃

U_3：417℃

U_4：372℃

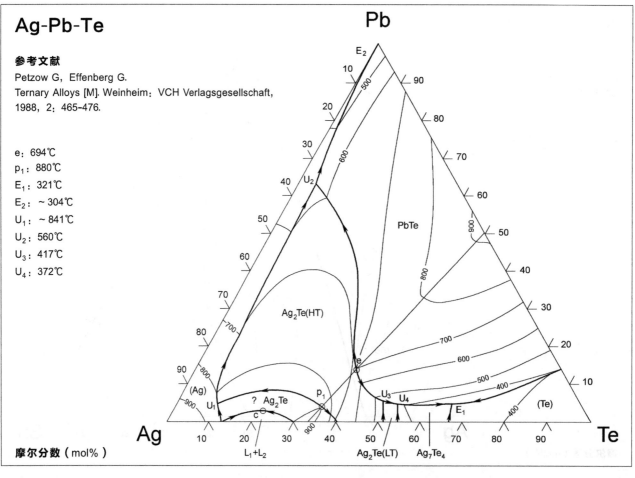

摩尔分数（mol%）

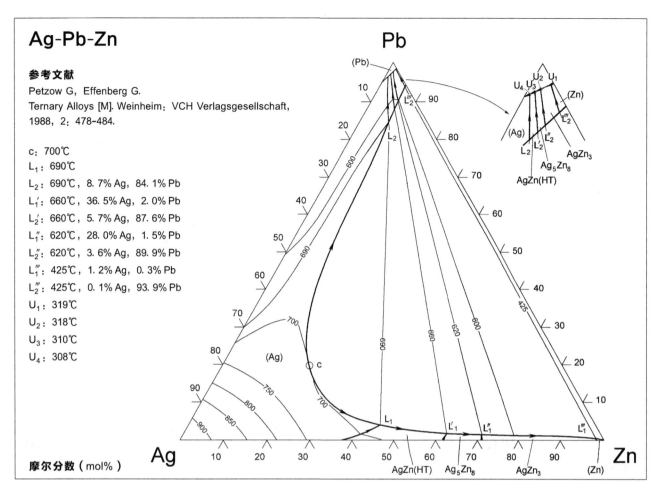

Ag-Pb-Zn

参考文献

Petzow G，Effenberg G.
Ternary Alloys [M]. Weinheim：VCH Verlagsgesellschaft，
1988，2：478-484.

c：700℃
L_1：690℃
L_2：690℃，8.7% Ag，84.1% Pb
L_1'：660℃，36.5% Ag，2.0% Pb
L_2'：660℃，5.7% Ag，87.6% Pb
L_1''：620℃，28.0% Ag，1.5% Pb
L_2''：620℃，3.6% Ag，89.9% Pb
L_1'''：425℃，1.2% Ag，0.3% Pb
L_2'''：425℃，0.1% Ag，93.9% Pb
U_1：319℃
U_2：318℃
U_3：310℃
U_4：308℃

摩尔分数（mol%）

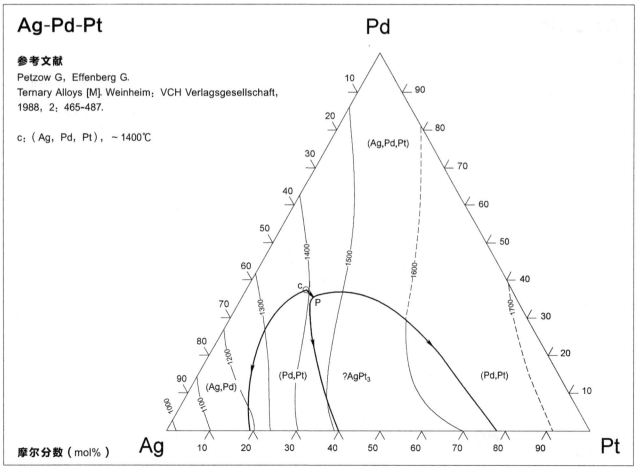

Ag-Pd-Pt

参考文献

Petzow G，Effenberg G.
Ternary Alloys [M]. Weinheim：VCH Verlagsgesellschaft，
1988，2：465-487.

c：（Ag，Pd，Pt），~1400℃

摩尔分数（mol%）

Ag-Pd-Sn

参考文献

Petzow G，Effenberg G.
Ternary Alloys [M]. Weinheim：VCH Verlagsgesellschaft,
1988，2：496-497.

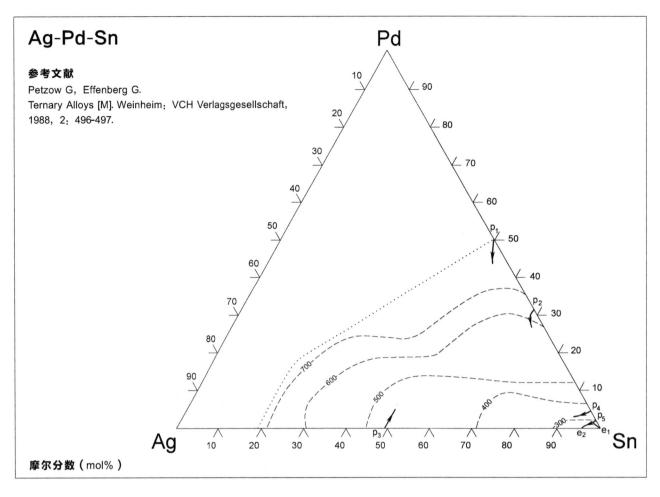

摩尔分数（mol%）

Ag-S-Sb

参考文献

Ковалева И С，Попова Л Д，Гендлер Ф М，и др.
Изв. Акад. Наук，СССР，Неорг. Материалы [J].
1970，6：1181-1182.

τ_1：AgS_2Sb（HT）

τ_2：Ag_3S_3Sb

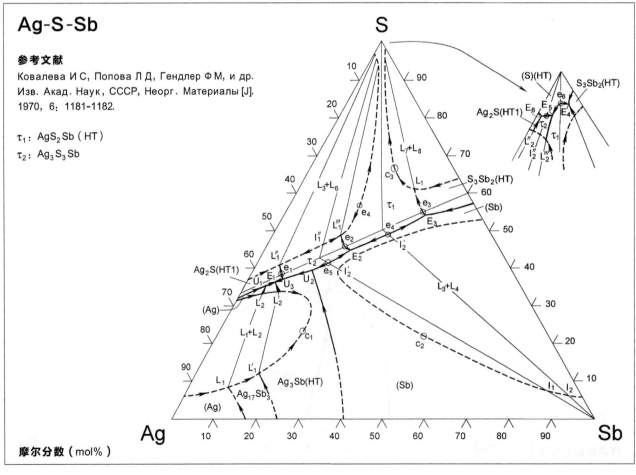

摩尔分数（mol%）

Ag-Sb-Se

参考文献

Тарасевич С А，Ковалева И С，Медведева З С，и др.

Журн. Неорг. Хим. [J]. 1971, 16：1767-1770.

τ：AgSbSe$_2$（HT）

e$_1$：565℃，6.4% Ag，36.2% Sb

e$_2$：540℃，44.5% Ag，13.3% Sb

e$_3$：～221℃

L$_3$，L$_4$：420℃

E$_1$：500℃

E$_2$：495℃

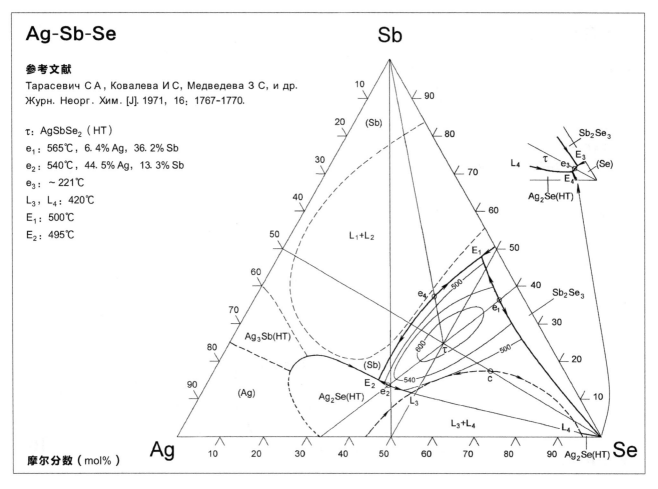

摩尔分数（mol%）

Ag-Sb-Sn

参考文献

Oh C S，Shim J H，Lee B J，et al.

Journal of Alloys and Compounds [J]. 1996, 238：155-166.

U$_1$：375℃，16.0% Ag，40.1% Sb

U$_2$：329℃，9.5% Ag，28.2% Sb

U$_3$：232℃，4.0% Ag，7.4% Sb

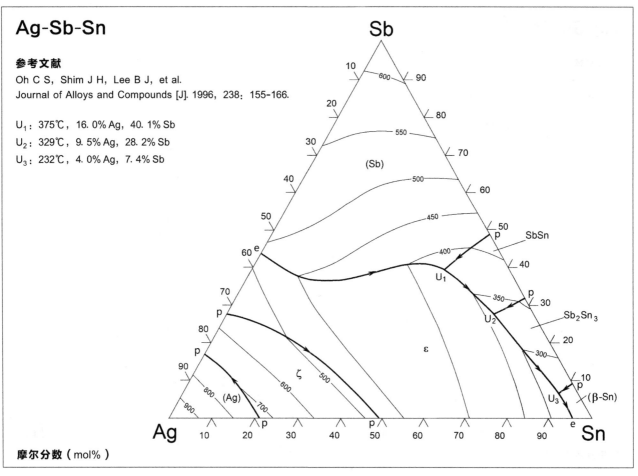

摩尔分数（mol%）

Ag-Sb-Te（1）

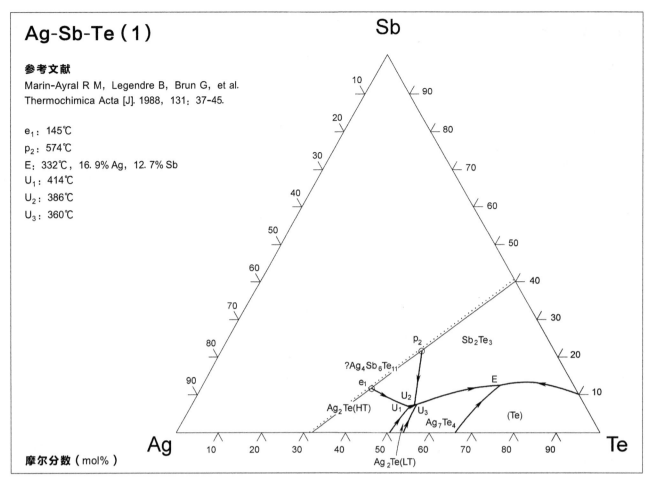

参考文献

Marin-Ayral R M, Legendre B, Brun G, et al.
Thermochimica Acta [J]. 1988, 131：37-45.

e_1： 145℃

p_2： 574℃

E： 332℃, 16.9% Ag, 12.7% Sb

U_1： 414℃

U_2： 386℃

U_3： 360℃

摩尔分数（mol%）

Ag-Sb-Te（2）

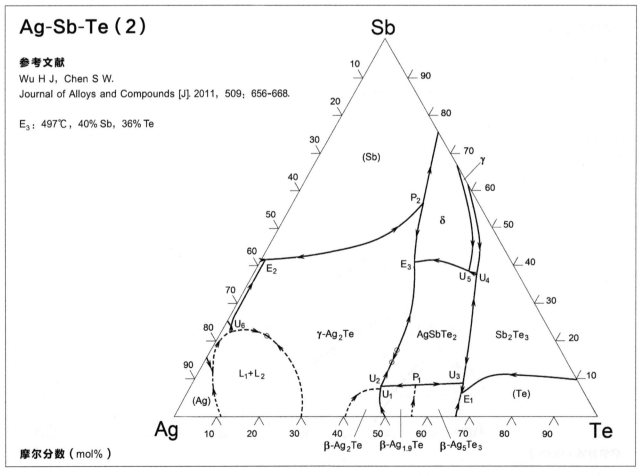

参考文献

Wu H J, Chen S W.
Journal of Alloys and Compounds [J]. 2011, 509：656-668.

E_3： 497℃, 40% Sb, 36% Te

摩尔分数（mol%）

Ag-Sb-Zn

参考文献

Premović M, Minić D, Manasijević D, et al.
Journal of Alloys and Compounds [J]. 2013, 548: 249-256.

P_2: 492℃, 13.9% Ag, 19.2% Sb
U_1: 491℃, 21.1% Ag, 28.9% Sb
E_1: 488℃, 13.9% Ag, 18.1% Sb
U_2: 477℃, 67.3% Ag, 21.2% Sb
U_3: 469℃, 25.2% Ag, 19.9% Sb
U_4: 460℃, 28.0% Ag, 20.7% Sb
U_5: 444℃, 3.8% Ag, 6.2% Sb
U_6: 436℃, 36.0% Ag, 20.1% Sb
U_7: 417℃, 2.2% Ag, 2.9% Sb
U_9: 391℃, 46.2% Ag, 21.7% Sb
U_{10}: 350℃, 52.0% Ag, 26.1% Sb
E_2: 348℃, 52.3% Ag, 25.5% Sb

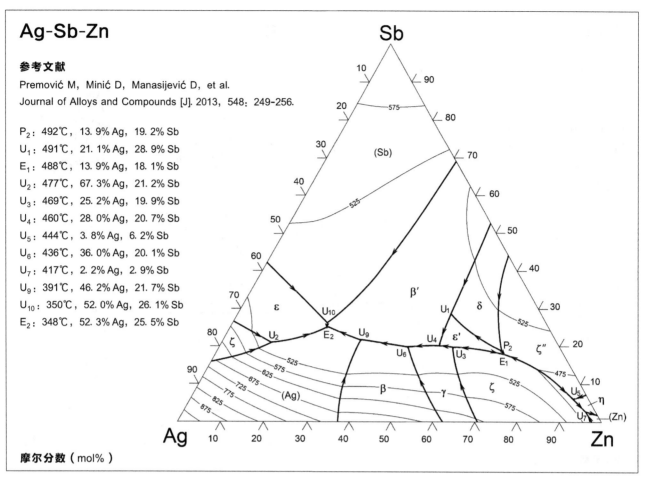

摩尔分数（mol%）

Ag-Se-Sn

参考文献

Ollitrault-Fichet R, Rivet J, Flahaut J, et al.
J. Less-Common Metals [J]. 1988, 138: 241-261.

τ: ? AgSeSn
E_1: 220℃ L_1, L_2: 660℃
E_2: 550℃ L_1', L_2': 544℃
E_3: 542℃ l_1, l_2: 574℃
E_4: 217℃ c_m: ~500℃
E_5: 220℃ e_8: 551℃
U_1: 480℃ e_9: 600℃
U_2: 645℃ e_{10}: 220℃
U_3: 510℃ e_{11}: 726℃
U_4: 585℃ p: 590℃
U_5: 485℃

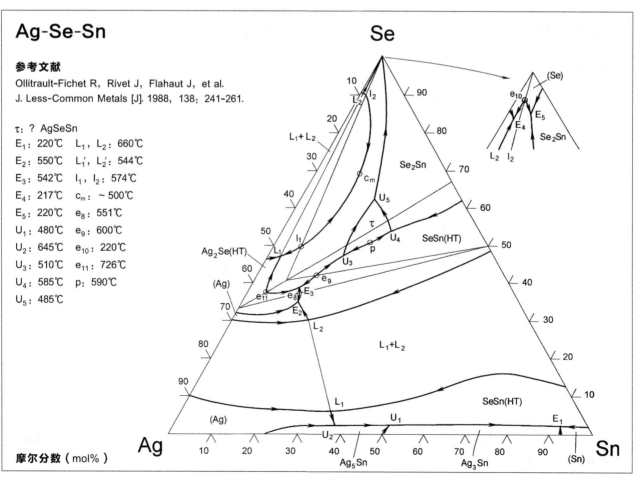

摩尔分数（mol%）

Ag-Se-Tl

参考文献

Бабанлы МБ, Кулиев А А.

Журн. Неорг. Хим. [J]. 1982, 27：2368-2372.

L_1，L_2：350℃	e_1：392℃
L_3，L_4：402℃	e_2：382℃
L_3'，L_4'：221℃	e_3：377℃
E_1：374℃	e_4：317℃
E_2：302℃	e_5：315℃
E_3：291℃	p_1：426℃
E_4：290℃	p_2：390℃
E_5：172℃	
U_1：409℃	
U_2：377℃	
U_3：292℃	
U_4：272℃	
U_5：221℃	

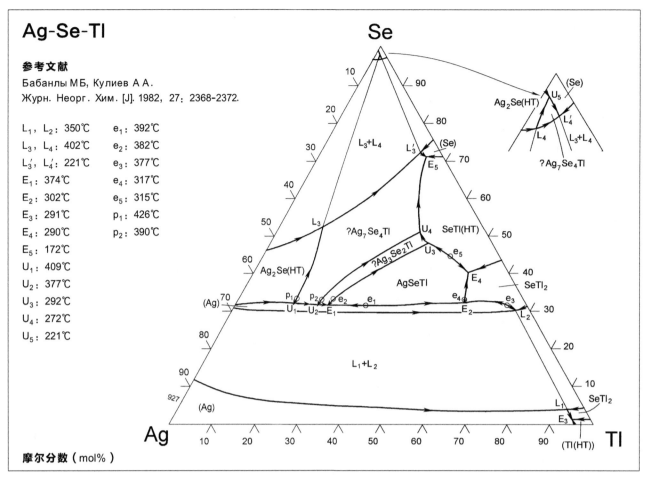

摩尔分数（mol%）

Ag-Sn-Te

参考文献

Petzow G，Effenberg G.

Ternary Alloys [M]. Weinheim：VCH Verlagsgesellschaft,
1988, 2：590-601.

c：661℃，20.5% Ag，45% Sn
e：596℃，43.5% Ag，17.5% Sn
p：430℃，39.5% Ag，10.5% Sn
L_1：591℃，42% Ag，20% Sn
L_2：591℃，54% Ag，38.5% Sn
E_1：333℃，31% Ag，5% Sn
E_2：218℃，2.5% Ag，97% Sn
U_1：716℃，77.5% Ag，19.5% Sn
U_2：532℃，57% Ag，41.5% Sn
U_3：478℃，50% Ag，49% Sn
U_4：425℃，40.5% Ag，10.5% Sn
U_5：380℃，35% Ag，7.5% Sn
U_6：343℃，21% Ag，8.5% Sn
τ：AgSnTe$_2$

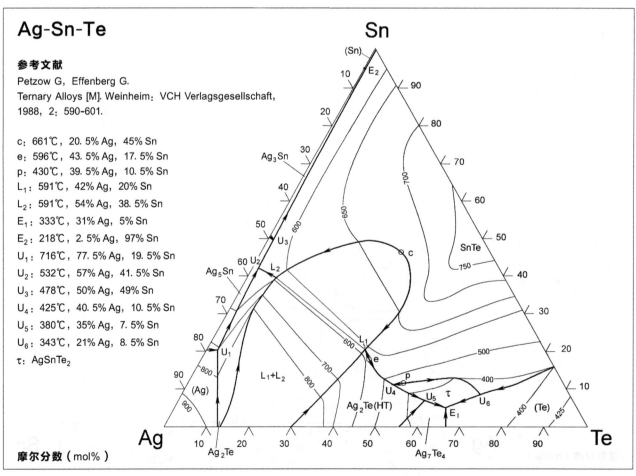

摩尔分数（mol%）

Ag-Sn-Zn（Sn 角）

参考文献

大谷博司，宫下正光，石田清仁．
日本金属学会誌 [J]. 1999, 63：685-694.

U_4：266℃，92. 4w -% Sn，5. 9w -% Ag
U_5：253℃，94. 3w -% Sn，3. 7w -% Ag
U_6：241℃，93. 8w -% Sn，5. 0w -% Ag
U_7：218℃，96. 0w -% Sn，2. 6w -% Ag
U_8：210℃，95. 2w -% Sn，0. 4w -% Ag
E_1：216℃，95. 4w -% Sn，3. 7w -% Ag
E_2：194℃，91. 7w -% Sn，0. 04w -% Ag

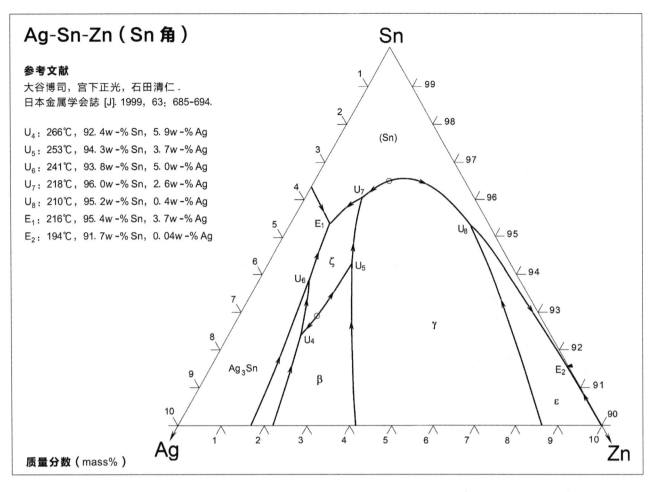

质量分数（mass%）

Ag-Sn-Zn

参考文献

Vassilev G, Gandova V, Milcheva N, et al.
CALPHAD：Computer Coupling of Phase Diagrams
and Thermochemistry [J]. 2013, 43：133-138.

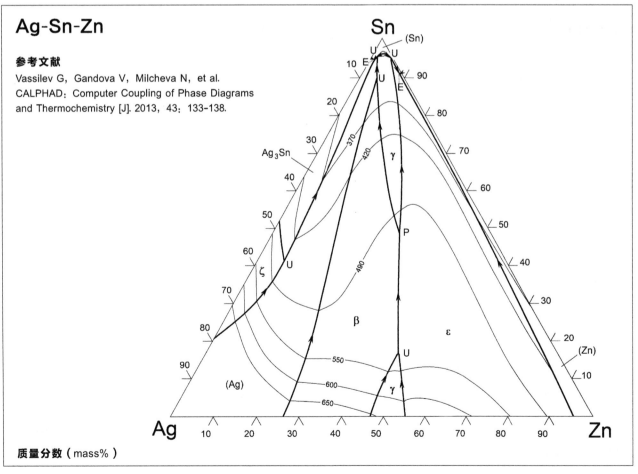

质量分数（mass%）

Ag-Te-Tl

参考文献

Petzow G, Effenberg G.
Ternary Alloys [M]. Weinheim: VCH Verlagsgesellschaft,
1988, 2: 604-619.

L_1, L_2: 820℃
L_3, L_4: 380℃
E_1: 440℃, 45.0% Ag, 33.0% Te
E_2: 365℃
E_3: 360℃, 7.0% Ag, 32.0% Te
E_4: 291℃
E_5: 220℃, 20.5% Ag, 60.5% Te
E_6: 203℃, 12.0% Ag, 60.5% Te
U_1: 498℃, 51.0% Ag, 32.5% Te
U_2: 445℃, 48.0% Ag, 32.5% Te
U_3: 393℃, 41.5% Ag, 52.0% Te
U_4: 390℃, 41.0% Ag, 52.0% Te
U_5: 378℃, 13.5% Ag, 32.0% Te
U_6: 368℃, 12.0% Ag, 35.0% Te
U_7: 300℃, 32.5% Ag, 61.5% Te
U_8: 265℃, 8.5% Ag, 53.0% Te
U_9: 262℃, 28.5% Ag, 59.5% Te
U_{10}: 238℃, 23.0% Ag, 55.0% Te
U_{11}: 215℃, 11.5% Ag, 58.0% Te
U_{12}: 226℃, 15.0% Ag, 54.0% Te

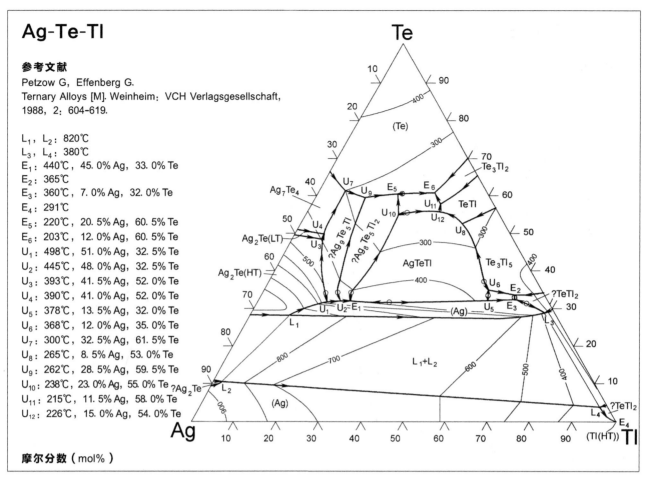

摩尔分数（mol%）

Al-As-Ga

参考文献

Muszynski Z, Ryabcev N.
J. Crystal Growth [J]. 1976, 36: 335-341.

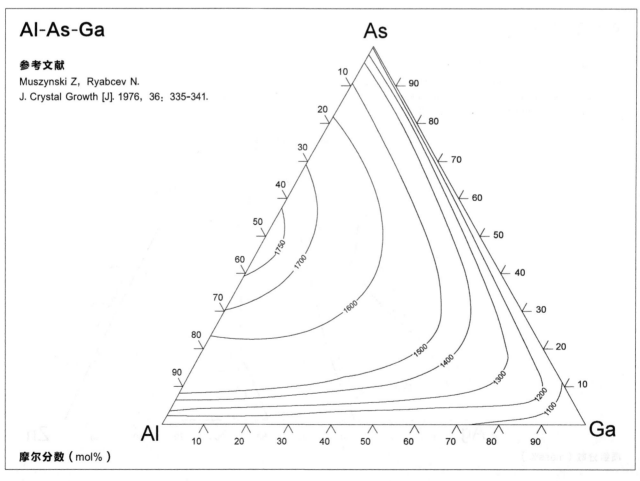

摩尔分数（mol%）

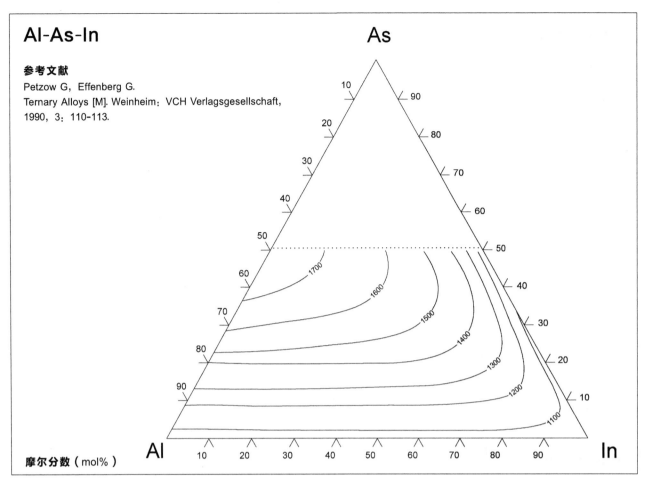

Al-As-In

参考文献

Petzow G, Effenberg G.
Ternary Alloys [M]. Weinheim：VCH Verlagsgesellschaft,
1990，3：110-113.

摩尔分数（mol%）

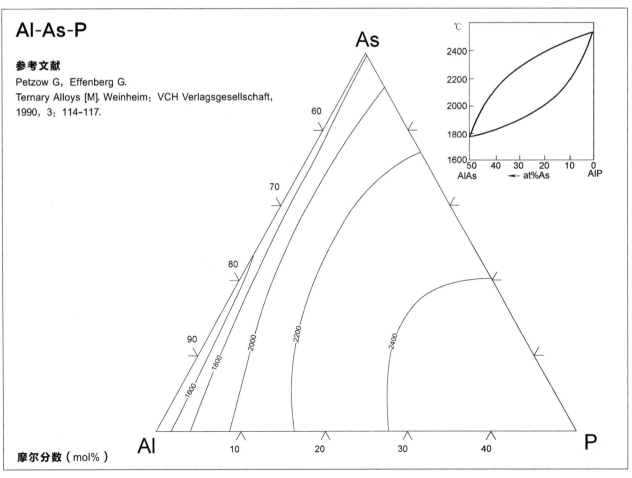

Al-As-P

参考文献

Petzow G, Effenberg G.
Ternary Alloys [M]. Weinheim：VCH Verlagsgesellschaft,
1990，3：114-117.

摩尔分数（mol%）

Al-As-Sb

参考文献

Ishida K, Tokunaga H, Ohtani H, et al.
J. Crystal Growth [J]. 1989, 98: 140-147.

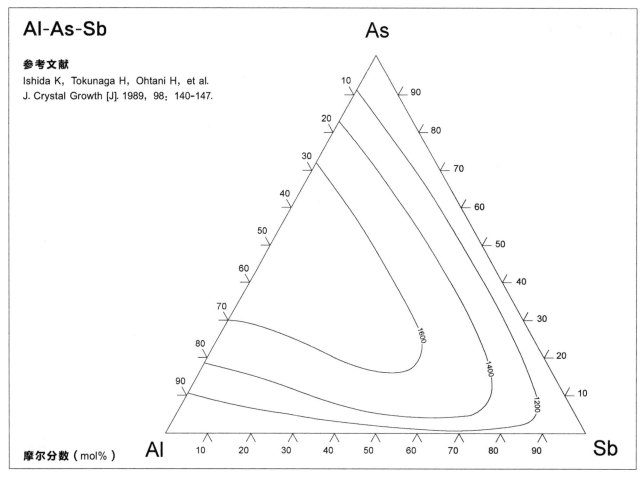

摩尔分数（mol%）

Al-Au-Si

参考文献

Hoch M.
Journal of Alloys and Compounds [J].
1995, 220: 27-31.

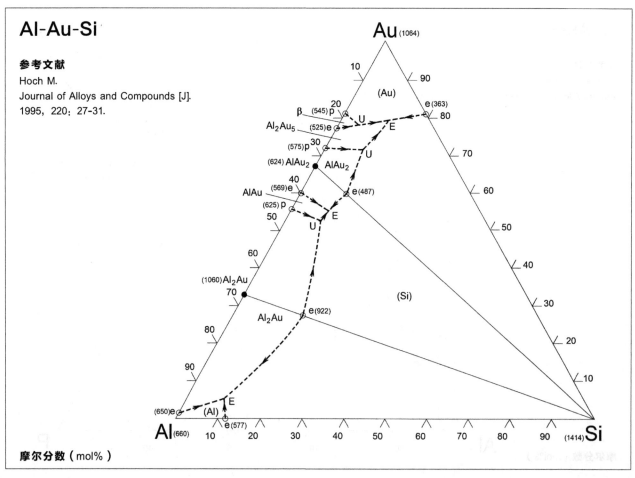

摩尔分数（mol%）

Al-Au-Sn

参考文献

Petzow G, Effenberg G.
Ternary Alloys [M]. Weinheim：VCH Verlagsgesellschaft,
1990, 3：130-134.

e_1：1. 98% Al. 98. 02%

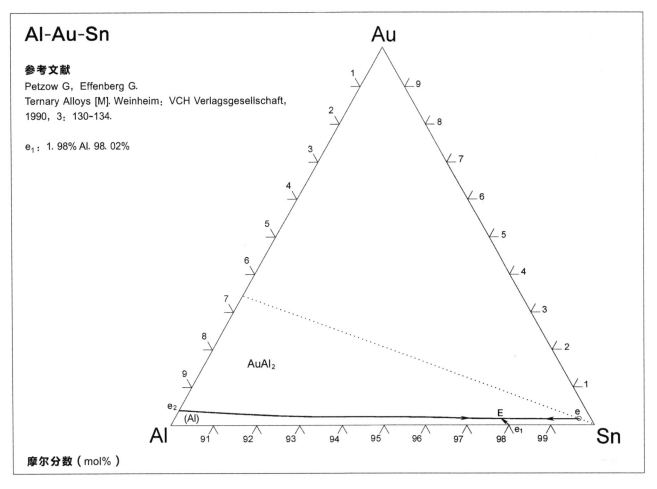

摩尔分数（mol%）

Al-B-C

参考文献

Petzow G, Effenberg G.
Ternary Alloys [M]. Weinheim：VCH Verlagsgesellschaft,
1990, 3：140-146.

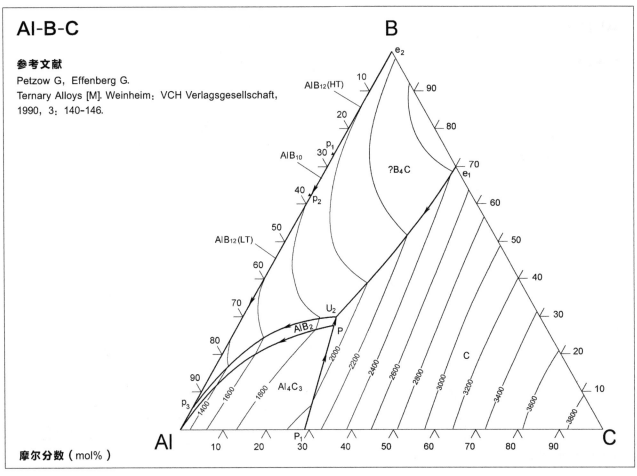

摩尔分数（mol%）

Al-B-Co

参考文献

Petzow G, Effenberg G.
Ternary Alloys [M]. Weinheim: VCH Verlagsgesellschaft,
1990, 3: 150-154.

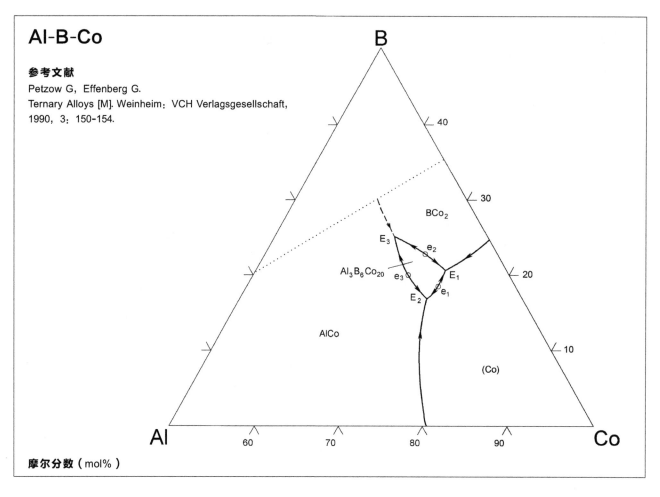

摩尔分数（mol%）

Al-B-Er

参考文献

Wang W, Fu Z, Liu T, et al.
CALPHAD: Computer Coupling of Phase Diagrams
and Thermochemistry [J]. 2015, 51: 24-34.

U_1: 2254℃　E_3: 1079℃
U_2: 2186℃　U_8: 1070℃
U_3: 2081℃　E_4: 1051℃
E_1: 2051℃　E_5: 1002℃
E_2: 2047℃　E_6: 653℃
U_5: 1623℃
U_6: 1430℃
U_7: 1130℃

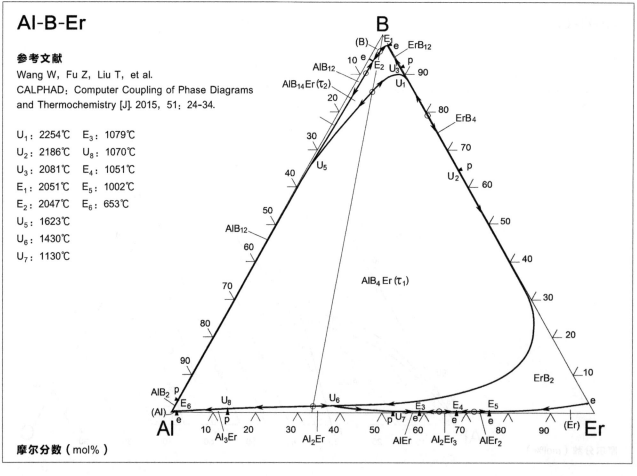

摩尔分数（mol%）

Al-B-Ge

参考文献

Ефимов Ю В , Шамрай В Ф , Шаровалов Ю П , и др.
Изв. Акад. Наук, СССР, Неорг. Материалы [J].
1989, 25: 1187-1189.

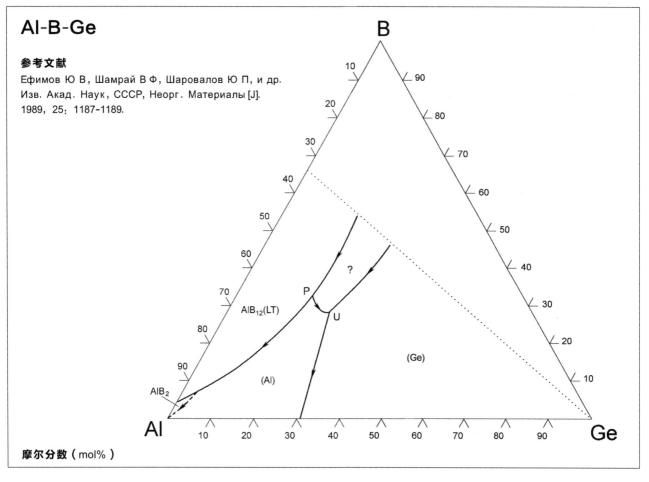

摩尔分数（mol%）

Al-B-Nb

参考文献

Witusiewicz V T, Bondar A A, Hecht U, et al.
Journal of Alloys and Compounds [J].
2014, 587: 234-250.

U_1: 2337℃ E_1: 2004℃
U_2: 2030℃ E_2: 1577℃
U_3: 1900℃ e_3: 2063℃
U_4: 1854℃ e_6: 1632℃
U_5: 1740℃ e_7: 1584℃
U_7: 1631℃
U_8: 1574℃
U_9: 1371℃
U_{10}: 1296℃

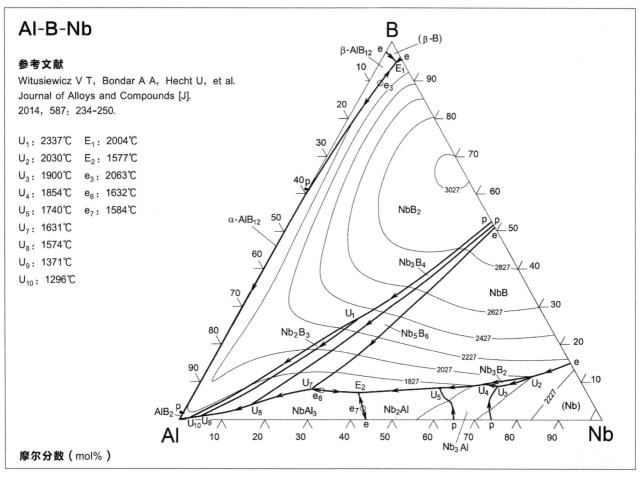

摩尔分数（mol%）

Al-B-Ni

参考文献

Petzow G, Effenberg G.
Ternary Alloys [M]. Weinheim: VCH Verlagsgesellschaft,
1990, 3: 201-206.

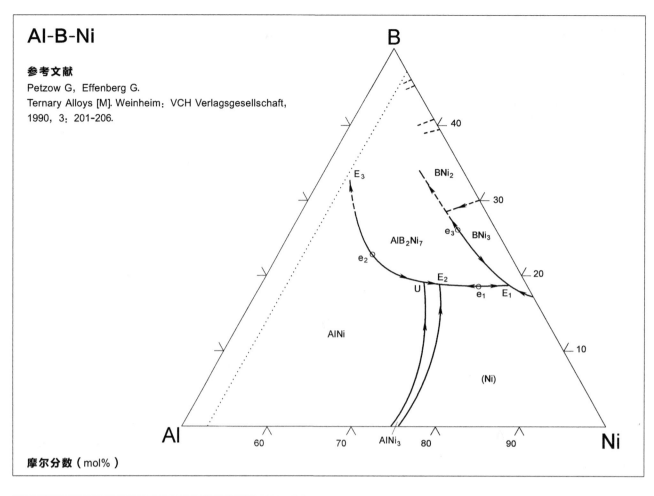

摩尔分数（mol%）

Al-B-Si

参考文献

Raghavan V.
JPEDAV [J]. 2008, 29: 44-45.

E: 576.9℃，0.01w-%B
e: 577.0℃

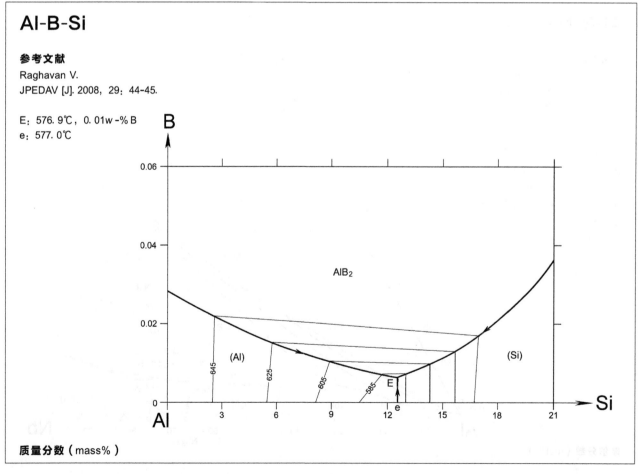

质量分数（mass%）

Al-B-Ti

参考文献

Witusiewicz V T, Bondar A A, Hecht U, et al.
J. Alloys Compounds [J]. 2009, 474: 86-104.

E₁: 2040℃, 0.6% Ti, 91.9% B

E_1: 2040℃, 0.6% Ti, 91.9% B
E_2: 1449℃, 46.0% Ti, 0.5% B
U_1: 1522℃, 60.6% Ti, 3.1% B
U_2: 1513℃, 58.2% Ti, 2.5% B
U_3: 1472℃, 51.5% Ti, 1.1% B
U_4: 1431℃, 34.9% Ti, 0.13% B
U_5: 1404℃, 26.5% Ti, 0.04% B

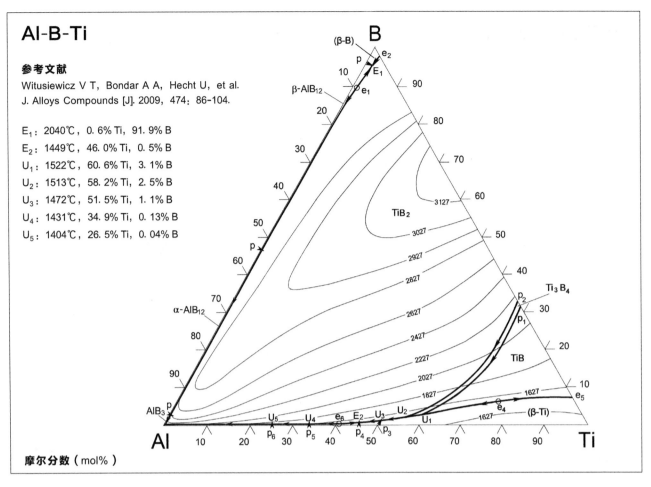

摩尔分数（mol%）

Al-Ba-Cu

参考文献

Petzow G, Effenberg G.
Ternary Alloys [M]. Weinheim: VCH Verlagsgesellschaft,
1990, 3: 254-259.

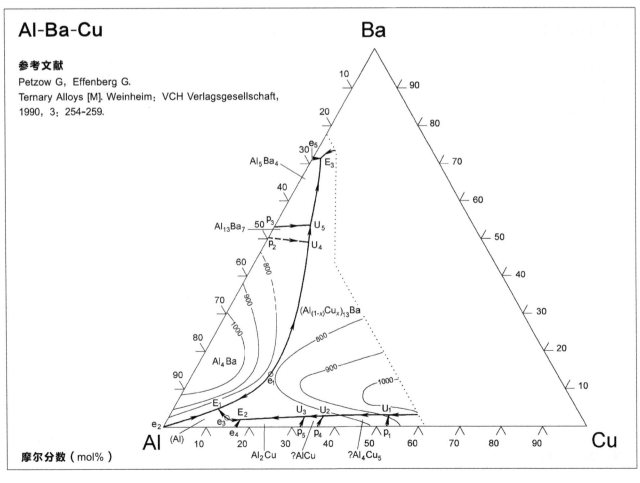

摩尔分数（mol%）

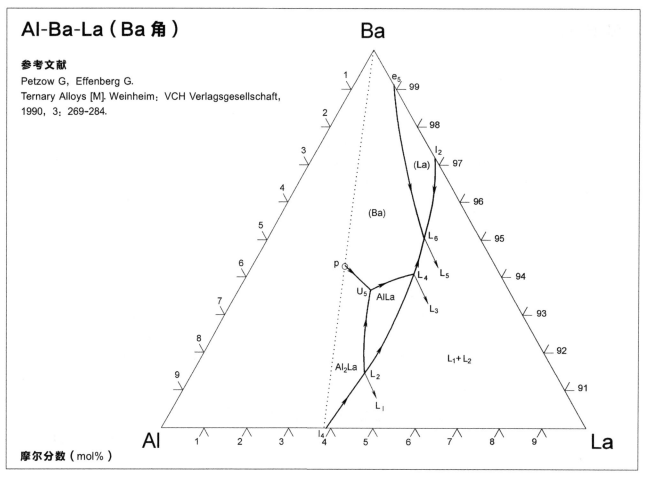

Al-Ba-La（Ba角）

参考文献

Petzow G，Effenberg G.
Ternary Alloys [M]. Weinheim：VCH Verlagsgesellschaft,
1990, 3：269-284.

摩尔分数（mol%）

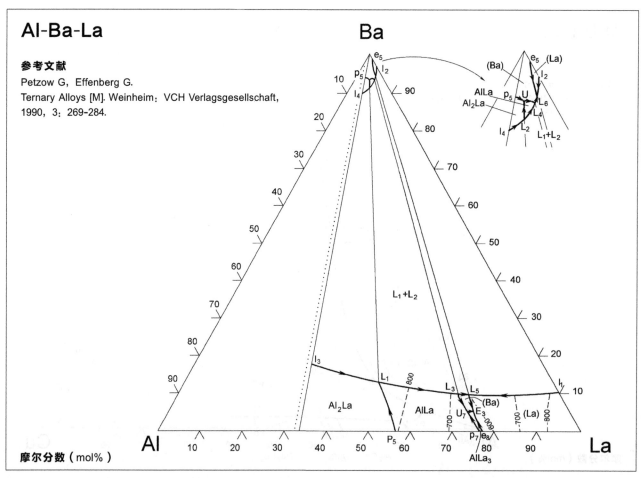

Al-Ba-La

参考文献

Petzow G，Effenberg G.
Ternary Alloys [M]. Weinheim：VCH Verlagsgesellschaft,
1990, 3：269-284.

摩尔分数（mol%）

Al-Ba-Nd

参考文献

Petzow G, Effenberg G.
Ternary Alloys [M]. Weinheim: VCH Verlagsgesellschaft,
1990, 3: 285-299.

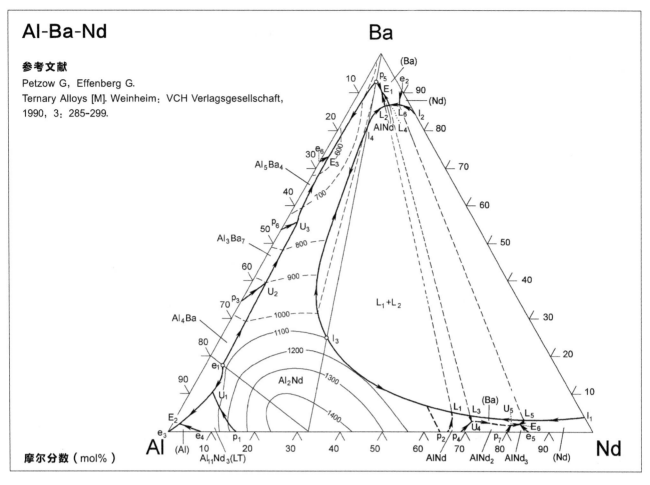

摩尔分数（mol%）

Al-Ba-Si

参考文献

Vakhobov A V, Dzhuraev T D, Ganiev I N.
Industrial Laboratory [J]. 1977, 43: 87-89.

液相限用简化点阵法（Simplex lattice method）测得。

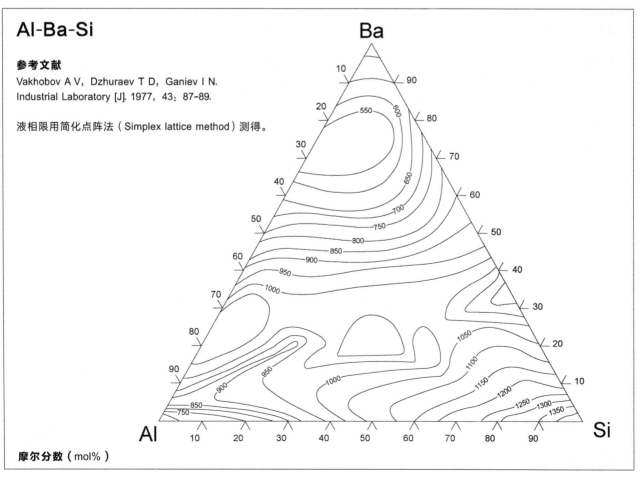

摩尔分数（mol%）

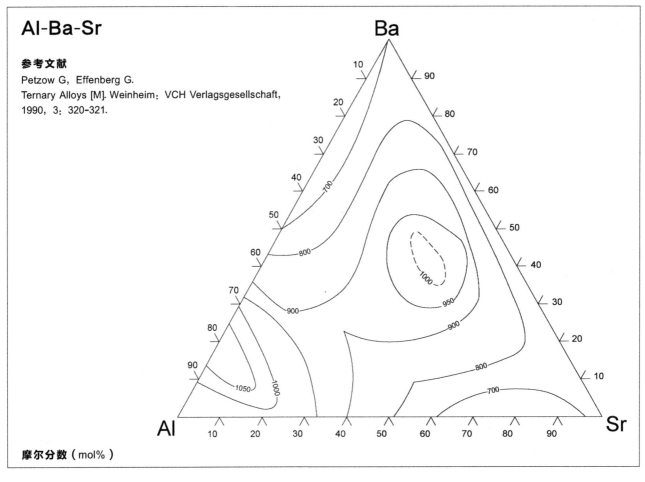

Al-Ba-Sr

参考文献

Petzow G, Effenberg G.
Ternary Alloys [M]. Weinheim: VCH Verlagsgesellschaft,
1990, 3: 320-321.

摩尔分数（mol%）

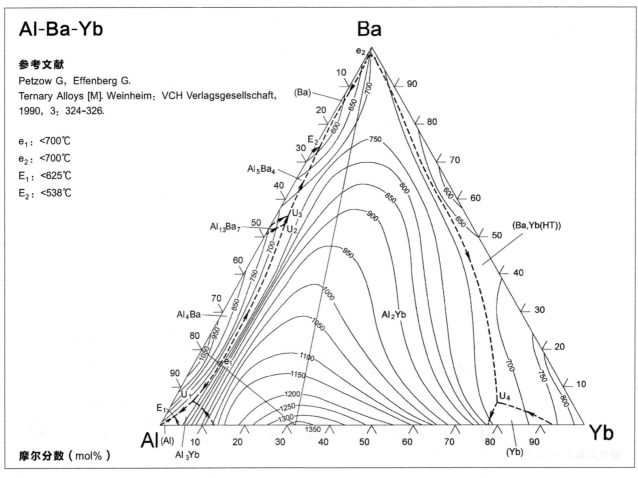

Al-Ba-Yb

参考文献

Petzow G, Effenberg G.
Ternary Alloys [M]. Weinheim: VCH Verlagsgesellschaft,
1990, 3: 324-326.

e_1: <700℃
e_2: <700℃
E_1: <625℃
E_2: <538℃

摩尔分数（mol%）

Al-Be-Cu（Al 角）

参考文献

Petzow G，Effenberg G.
Ternary Alloys [M]. Weinheim：VCH Verlagsgesellschaft,
1990, 3：330-343.

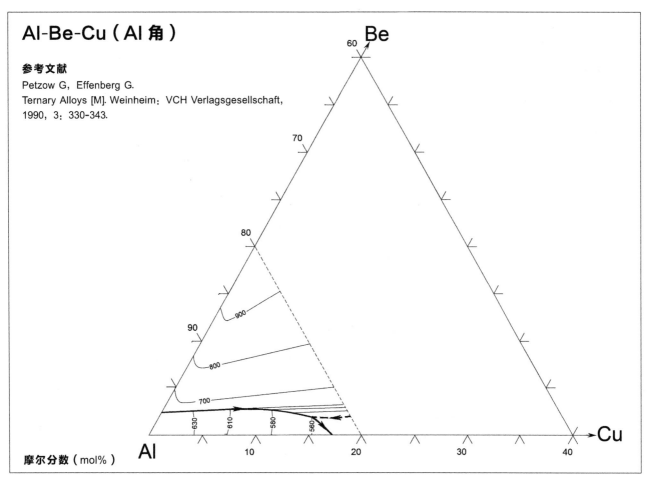

摩尔分数（mol%）

Al-Be-Cu

参考文献

Nickle O.
Zeitschrift fuer Metallkunde [J]. 1957, 48：417-424.

c：871℃，5. 2% Al，28. 6% Be
U_1：1014℃，27. 1% Al，7. 7% Be
U_2：890℃，13. 6% Al，28. 4% Be
U_3：875℃，8. 1% Al，32. 5% Be

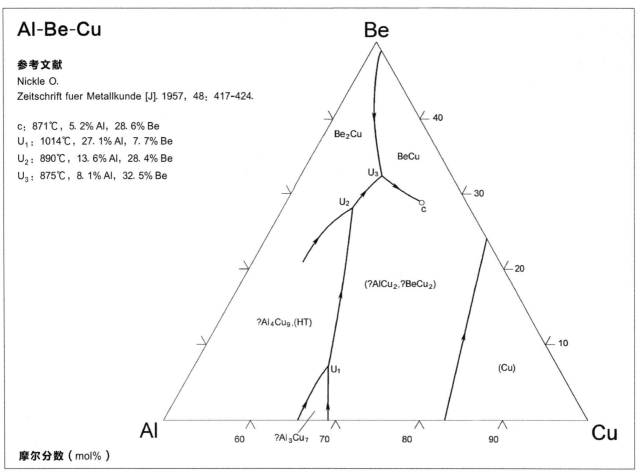

摩尔分数（mol%）

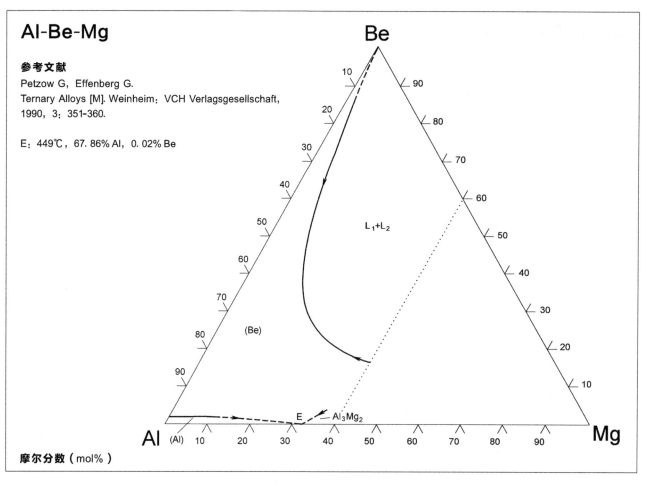

Al-Be-Mg

参考文献

Petzow G, Effenberg G.

Ternary Alloys [M]. Weinheim: VCH Verlagsgesellschaft, 1990, 3: 351-360.

E: 449℃, 67.86% Al, 0.02% Be

L_1+L_2

(Be)

Be

Al   (Al) 10   20   30   40   50   60   70   80   90   Mg

E   Al$_3$Mg$_2$

摩尔分数（mol%）

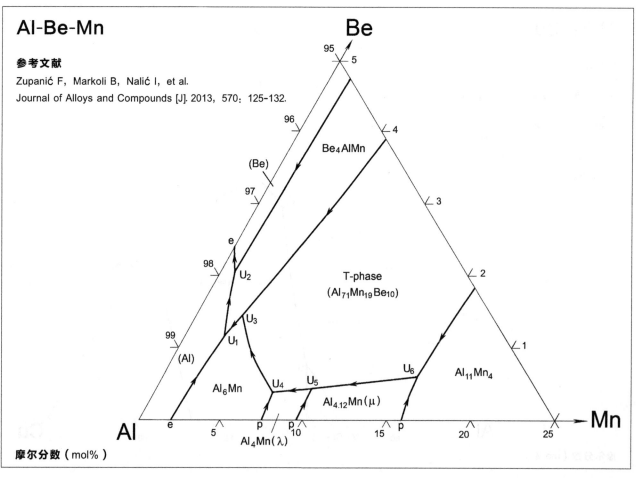

Al-Be-Mn

参考文献

Zupanič F, Markoli B, Nalić I, et al.

Journal of Alloys and Compounds [J]. 2013, 570: 125-132.

Be

(Be)

Be$_4$AlMn

T-phase
(Al$_{71}$Mn$_{19}$Be$_{10}$)

e
U$_2$
U$_3$
U$_1$
(Al)
Al$_6$Mn
U$_4$ U$_5$
Al$_{4.12}$Mn(μ)
U$_6$
Al$_{11}$Mn$_4$

Al   e   5   p   p   10   15   p   20   25   Mn

Al$_4$Mn(λ)

摩尔分数（mol%）

Al-Be-Sc

参考文献

Фридляандер И Н, Молчанова Л В.
Металлы [J]. 2003, 5：109-114.

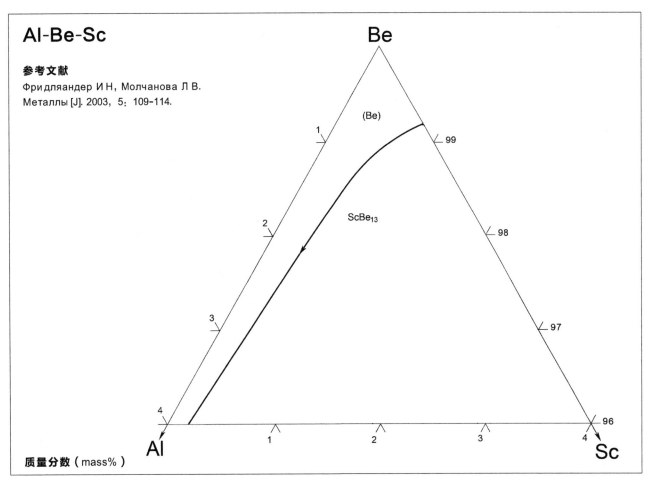

质量分数（mass%）

Al-Be-Si（Al角）

参考文献

西成基，篠田武雄，和出昇.
轻金属 [J]. 1972, 22：716-722.

c：567℃
U：571℃，86. 1% Al，1. 5% Be

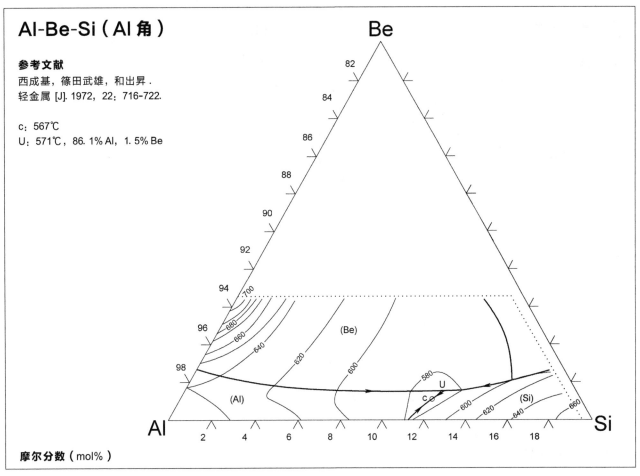

摩尔分数（mol%）

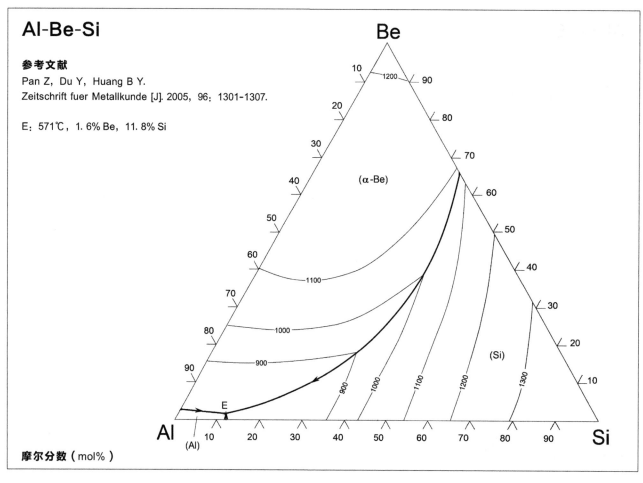

Al-Be-Si

参考文献

Pan Z, Du Y, Huang B Y.
Zeitschrift fuer Metallkunde [J]. 2005, 96: 1301-1307.

E: 571℃, 1.6% Be, 11.8% Si

摩尔分数（mol%）

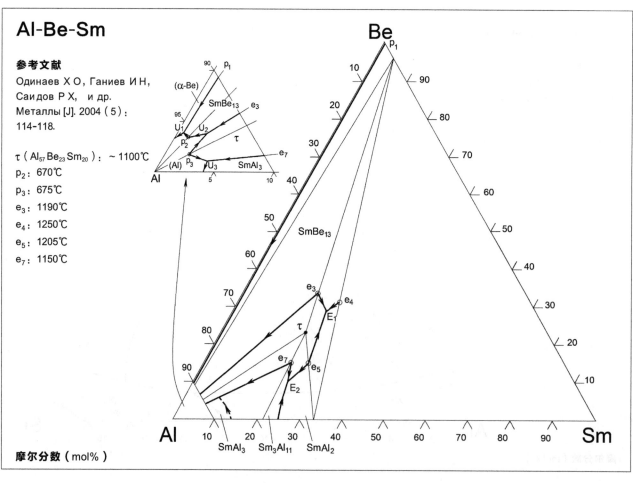

Al-Be-Sm

参考文献

Одинаев Х О, Ганиев И Н,
Саидов Р Х, и др.
Металлы [J]. 2004（5）:
114-118.

τ（$Al_{57}Be_{23}Sm_{20}$）: ~1100℃
p_2: 670℃
p_3: 675℃
e_3: 1190℃
e_4: 1250℃
e_5: 1205℃
e_7: 1150℃

摩尔分数（mol%）

Al-Be-Ti

参考文献

Petzow G, Effenberg G.
Ternary Alloys [M]. Weinheim: VCH Verlagsgesellschaft,
1990, 3: 374-385.

E_1: 1285℃ U_1: 1340℃
E_2: 1275℃ U_2: 1320℃
E_4: 662℃ U_3: 1300℃
M_1: 1360℃ U_4: 1280℃
M_2: 1350℃ U_5: 1230℃
M_3: 1310℃ U_6: 1220℃
M_4: 1310℃ U_9: 1145℃
M_6: 675℃ U_{12}: 660℃
P_1: 1390℃ U_{13}: 650℃
P_2: 1272℃

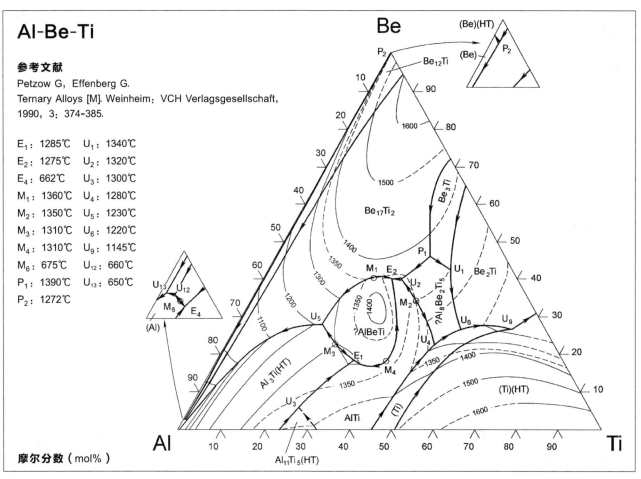

摩尔分数（mol%）

Al-Bi-Cu

参考文献

Mirković D, Grōebner J, Kaban I, et al.
International Journal of Materials Research [J].
2009, 100: 176-188.

E_1, E'_1: 1017℃
U_1, U'_1: 1013℃
U_2, U'_2: 953℃
P_1: 881℃
U_3, U'_3: 851℃
U_4: 837℃
U_5: 781℃
P_2: 663℃
U_6, U'_6: 625℃
U_7, U'_7: 596℃
U_8: 579℃
U_9: 579℃
U_{10}: 567℃
M, M′: 548℃

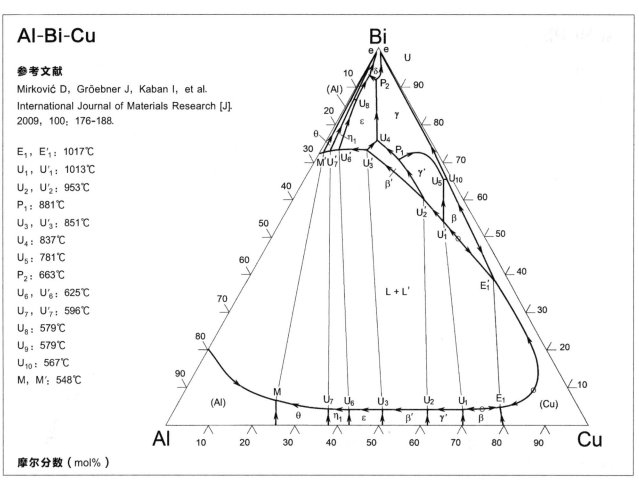

摩尔分数（mol%）

Al-Bi-Mg

参考文献

Paliwal M, Jung I H.
CALPHAD: Computer Coupling of Phase Diagrams
and Thermochemistry [J]. 2010, 34: 51-63.

I_1: 702℃

I_2: 689℃

M: 655℃

E_1: 451℃

E_2: 450℃

E_3: 435℃

E_4: 260℃

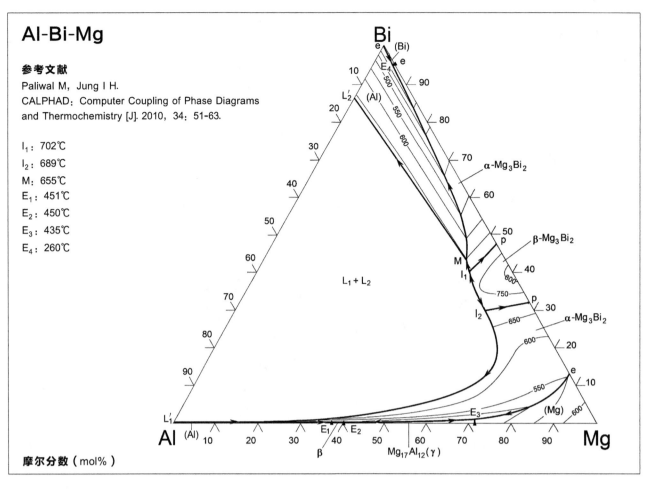

摩尔分数（mol%）

Al-Bi-Pb

参考文献

Grobner J, Schmid-Fetzer R.
JOM [J]. 2005, 57: 19-23.

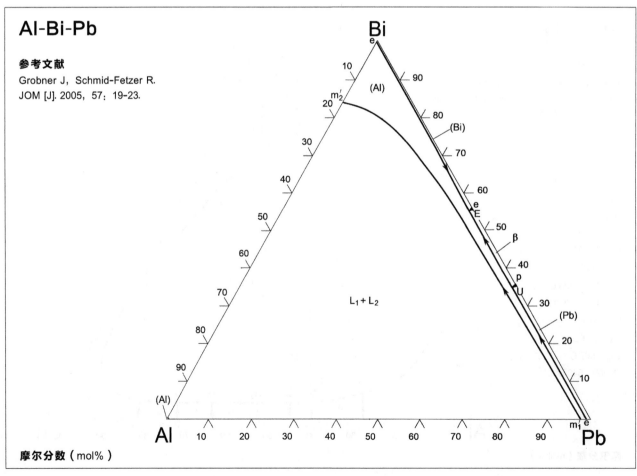

摩尔分数（mol%）

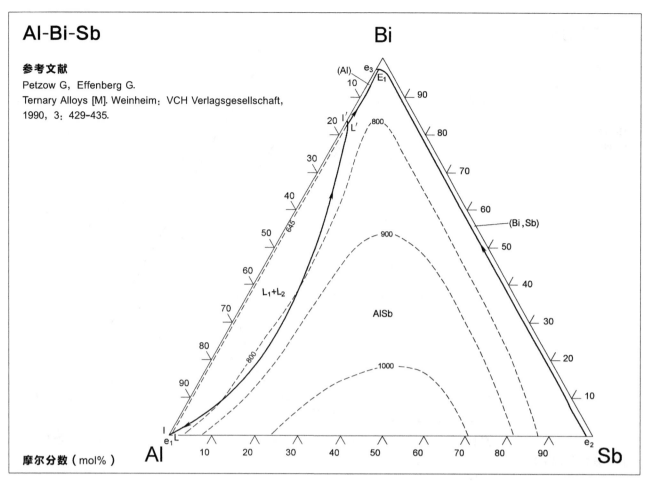

Al-Bi-Sb

参考文献

Petzow G, Effenberg G.
Ternary Alloys [M]. Weinheim：VCH Verlagsgesellschaft,
1990, 3：429-435.

摩尔分数（mol%）

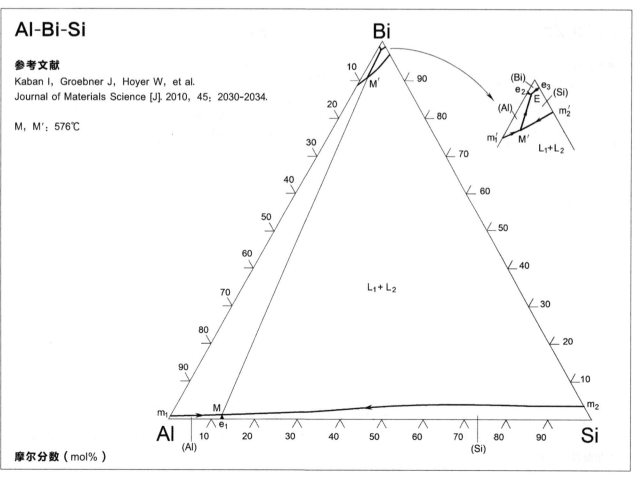

Al-Bi-Si

参考文献

Kaban I, Groebner J, Hoyer W, et al.
Journal of Materials Science [J]. 2010, 45：2030-2034.

M, M′：576℃

摩尔分数（mol%）

Al-Bi-Sn

参考文献

Liu H X, Wang C P, Ishida K, et al.
Journal of Phase Equilibria and Diffusion [J]. 2012, 33: 9-19.

U: 141℃
c: 607℃

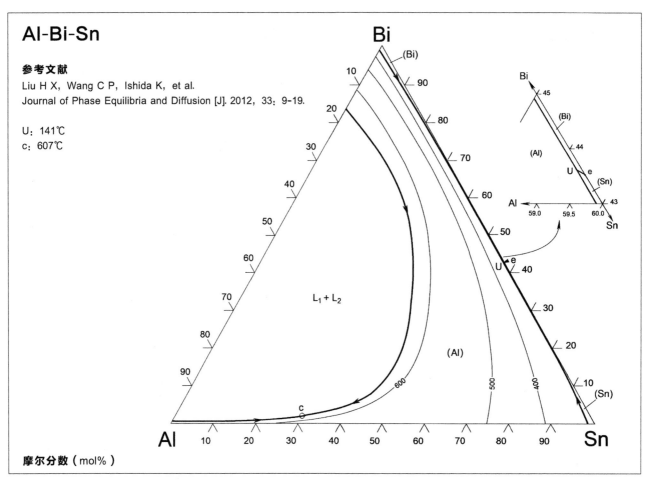

摩尔分数（mol%）

Al-Bi-Zn

参考文献

Gröbner J, Mirković D, Schmid-Fetzer R.
Acta Materialia [J]. 2005, 53: 3271-3280.

E: 254℃, 0.4% Al, 91.6% Bi
M: 376℃, 12.7% Al, 1.6% Bi
M′: 376℃

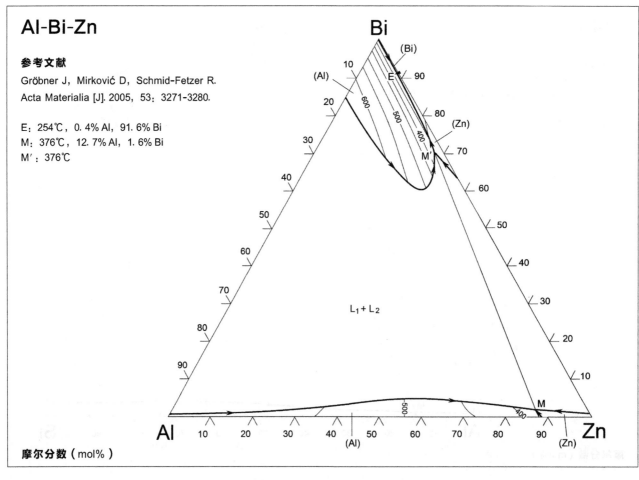

摩尔分数（mol%）

Al-C-Co

参考文献

Ohtani H，Yamano M，Hasebe M.
CALPHAD：Computer Coupling of
Phase Diagrams and Thermochemistry
[J]. 2004，28：177-190.

E_1：1188℃，8.2%Al，9.7%C
E_2：1198℃，16.9%Al，4.3%C
E_3：1509℃，56.6%Al，4.8%C
U：1385℃，25.3%Al，9.4%C
κ：Co_3AlC

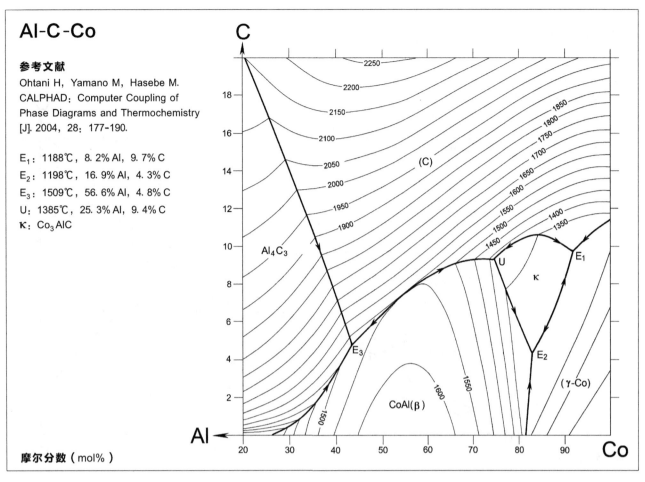

摩尔分数（mol%）

Al-C-Cr

参考文献

Hallstedt B，Music D，Sun Z.
International Journal of Materials Research [J].
2006，97：539-642.

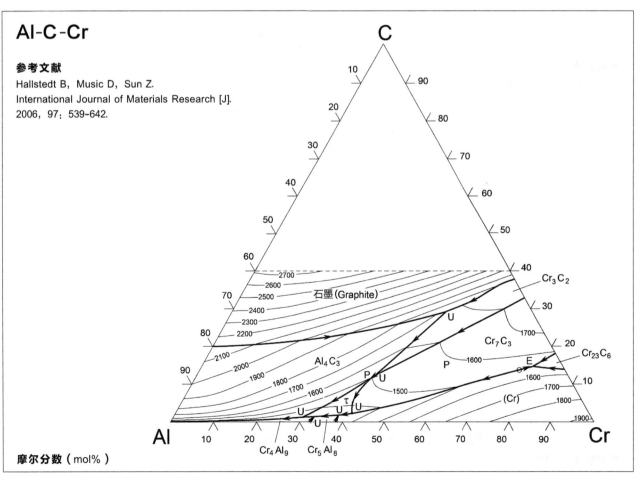

摩尔分数（mol%）

Al-C-Fe

参考文献

Phan A T, Paek M K, Kang Y B.
Acta Materialia [J]. 2014. 79: 1-15.

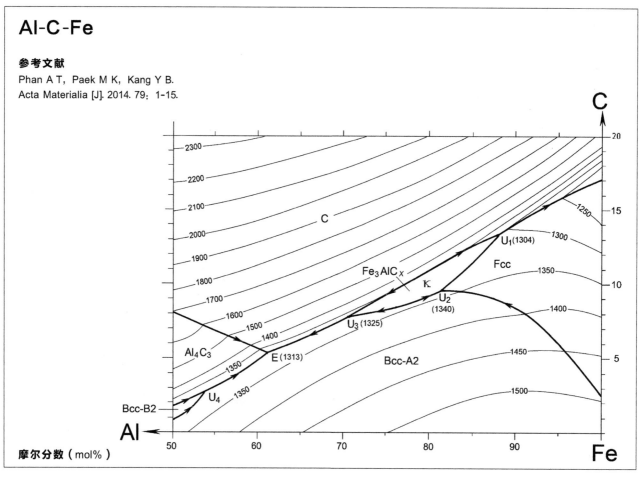

Al-C-Ir

参考文献

Kimura Y, Lida K, Mishima Y.
Intermetallics [J]. 2002, 10: 933-944.

e_1: 2296℃, 79.2% Ir

e_2: ~2027℃, 68.9% Ir

E: ~1670℃

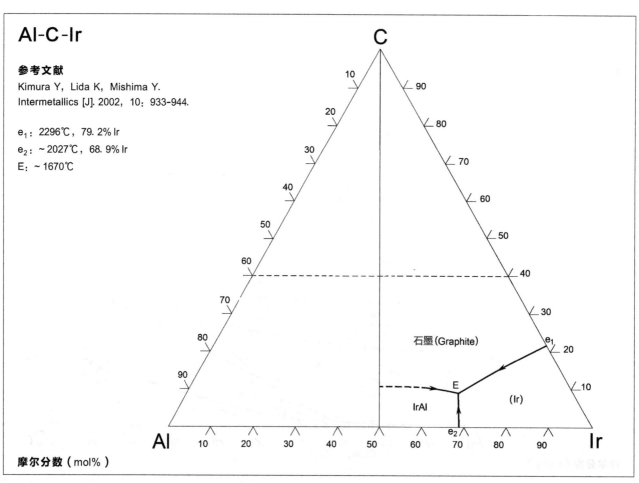

Al-C-Mg

参考文献

Deffrennes G, Gardiola B, Lomello-Tafin M, et al. CALPHAD: Computer Coupling of Phase Diagrams and Thermochemistry [J]. 2019, 67: 101678.

P₁: 1277℃
U₁: 649℃
U₂: 536℃
E₁: 451℃
E₂: 450℃
E₃: 436℃

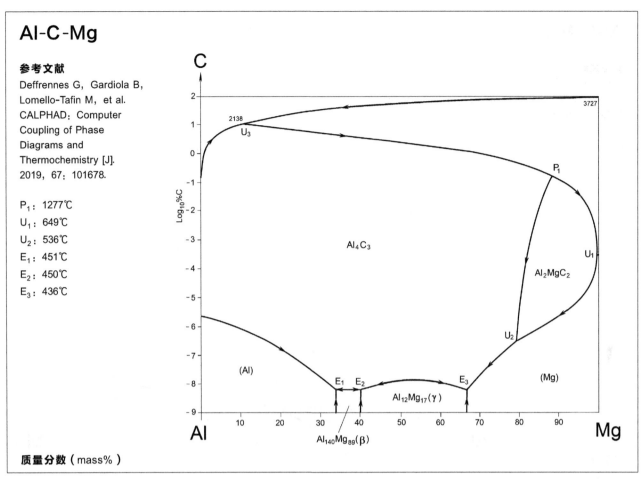

质量分数（mass%）

Al-C-Mn

参考文献

Bajenova I, Fartushna I, Khvan A, et al. Journal of Alloys and Compounds [J]. 2017, 695: 3445-3456.

E₁: 1210℃, 7.0Al%, 14.0%C
E₂: <657℃, ~99.5Al%, ~0.0%C
P₁: 1295℃, 4.5Al%, 23.0%C
U₁: 1310℃, 37.0Al%, 21.0%C
U₂: 1300℃, 7.0Al%, 25.0%C
U₃: 1272℃, 6.0Al%, 22.0%C
U₄: 1254℃, 23.0Al%, 10.5%C
U₅: 1252℃, 8.0Al%, 14.0%C
U₆: <1248℃, 28.0Al%, 1.0%C
U₇: 1234℃, 44.0Al%, 7.5%C
U₈: 1170℃, 53.0Al%, 5.0%C
U₉: <1048℃, 68.0Al%, 2.5%C
U₁₀: <997℃, 75.0Al%, 2.0%C
U₁₁: <922℃, 85.5Al%, 1.0%C
U₁₂: <722℃, 97.0Al%, 0.5%C

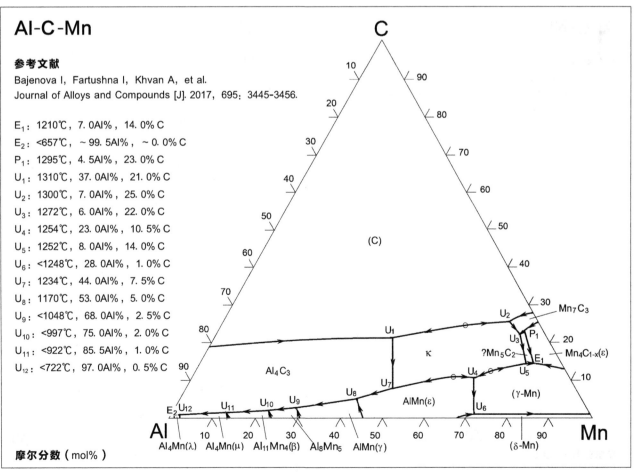

摩尔分数（mol%）

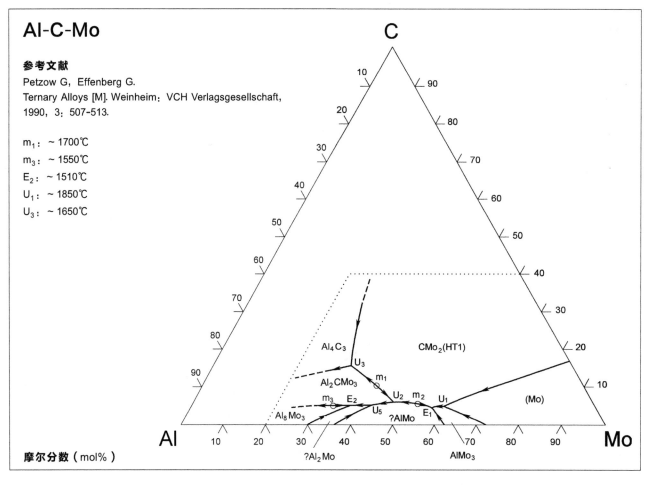

Al-C-Mo

参考文献

Petzow G, Effenberg G.
Ternary Alloys [M]. Weinheim: VCH Verlagsgesellschaft,
1990, 3: 507-513.

m_1: ~ 1700℃
m_3: ~ 1550℃
E_2: ~ 1510℃
U_1: ~ 1850℃
U_3: ~ 1650℃

C

Al

Mo

Al_4C_3

$CMo_2(HT1)$

Al_2CMo_3

m_1

U_3

U_2

m_2

U_1

(Mo)

m_3

E_2

U_5

E_1

Al_8Mo_3

?AlMo

$?Al_2Mo$

$AlMo_3$

摩尔分数（mol%）

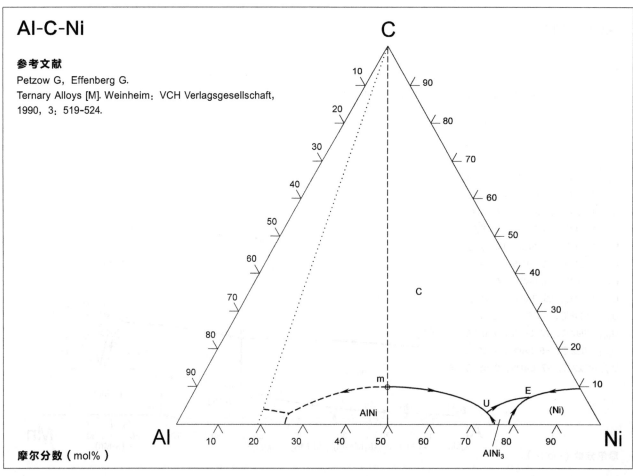

Al-C-Ni

参考文献

Petzow G, Effenberg G.
Ternary Alloys [M]. Weinheim: VCH Verlagsgesellschaft,
1990, 3: 519-524.

C

Al

Ni

C

AlNi

m

U

E

(Ni)

$AlNi_3$

摩尔分数（mol%）

Al-C-Rh

参考文献

Kimura Y, Lida K, Mishima Y.
Intermetallics [J]. 2002, 10: 933-944.

E: 1594℃
e$_1$: 1694℃
e$_2$: ~1547℃

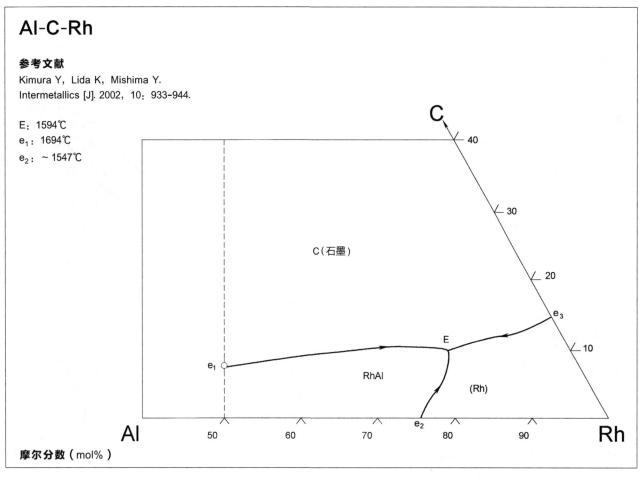

Al-C-Si

参考文献

Gröbner J, Lukas H L, Aldinger F.
CALPHAD: Computer Coupling of Phase Diagrams and
Thermochemistry [J]. 1996, 20[2]: 247-254.

P$_1$: 2085℃
U$_1$: 2070℃
U$_2$: 2065℃
U$_3$: ~645℃

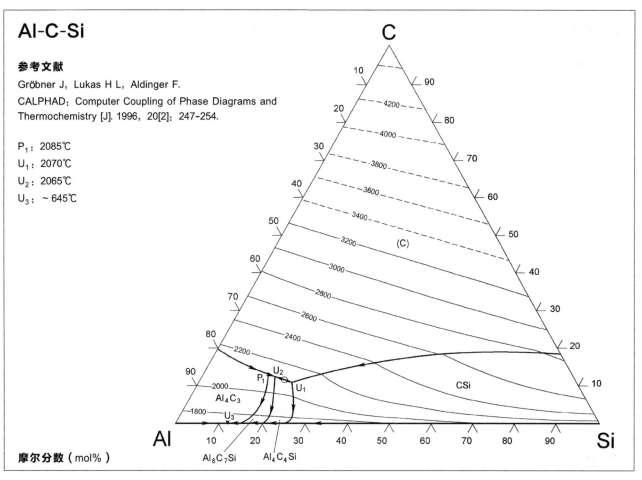

Al-C-Ti

参考文献

Witusiewicz V T, Hallstedt B, Bondar A A, et al.
Journal of Alloys and Compounds [J].
2015, 623: 480-496.

U_1: 2145℃, 73.8% Al, 23.7% C
p_2: 1740℃, 71.8% Al, 0.6% C
P_1: 1689℃, 57.6% Al, 1.3% C
p_3: 1672℃, 9.8% Al, 1.5% C
p_4: 1634℃, 31.9% Al, 1.6% C
U_2: 1630℃, 29.0% Al, 1.6% C
U_3: 1592℃, 42.0% Al, 1.1% C
U_4: 1547℃, 43.0% Al, 0.7% C
U_5: 1488℃, 49.1% Al, 0.3% C
U_6: 1455℃, 54.6% Al, 0.2% C
U_7: 1430℃, 65.7% Al, 0.07% C
p_8: 1414℃, 76.3% Al, 0.03% C
U_8: 1408℃, 72.4% Al, 0.04% C
U_9: 1398℃, 82.8% Al, 0.02% C
U_{16}: 844℃, 99.6% Al, 1×10^{-5}% C
U_{18}: 812℃, 72.9% Al, 3.0% C
U_{20}: 809℃, 99.7% Al, 6×10^{-6}% C
P_6: 666℃, 99.2% Al, 0.02% C
H: Ti_2AlC_{1-x}
P: Ti_3AlC_{1-x}
N: Ti_3AlC_{2-x}

摩尔分数（mol%）

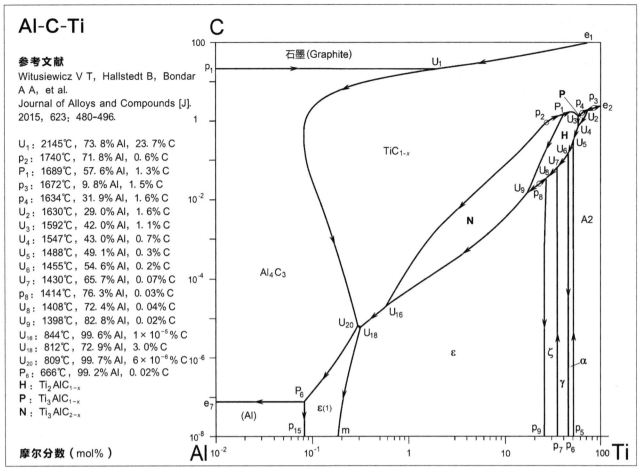

Al-Ca-Li

参考文献

Wang K, Yin H Q, Cheng H Q, et al.
Chem. Res. Chin. Univ. [J]. 2013, 29: 1167-1172.

U_1: 593℃
E_1: 585℃
U_2: 487℃
U_3: 398℃
U_4: 262℃
E_2: 226℃
U_5: 198℃
U_6: 195℃
U_7: 147℃
E_3: 140℃

摩尔分数（mol%）

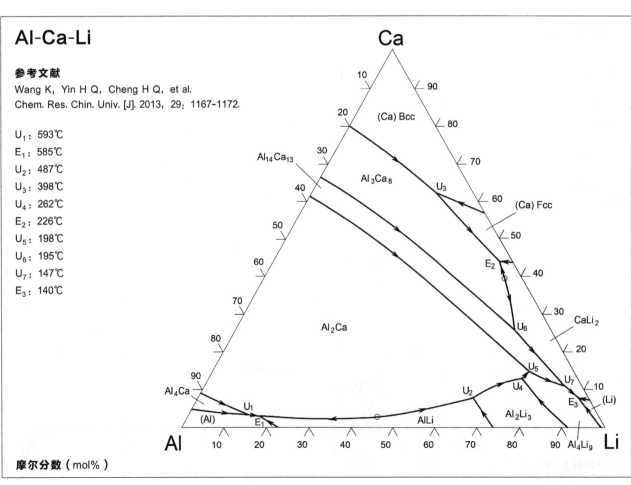

Al-Ca-Mg

参考文献

Gröbner J, Kevorkov D, Chumak I, et al.
Zeitschrift fuer Metallkunde [J]. 2003, 94: 976-982.

U_1: 511℃

U_2: 504℃

E_1: 488℃

E_2: 444℃

U_3: 443℃

U_4: 442℃

E_4: 438℃

E_3: 422℃

c_1: 738℃

c_2: 492℃

c_3: 444℃

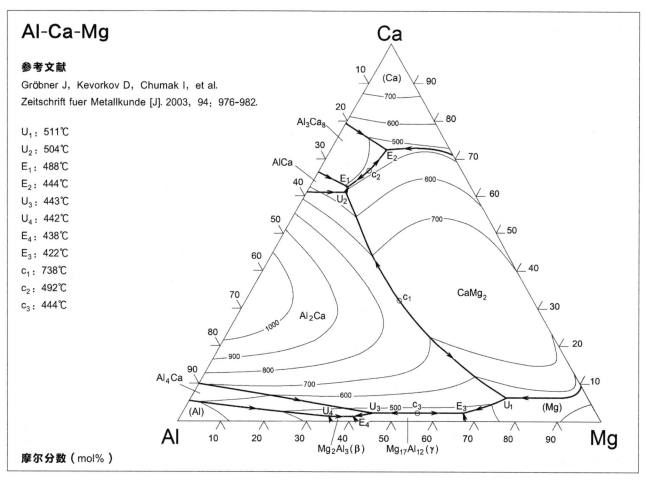

摩尔分数（mol%）

Al-Ca-Mn

参考文献

Petzow G, Effenberg G.
Ternary Alloys [M]. Weinheim: VCH Verlagsgesellschaft,
1990, 3: 615-616.

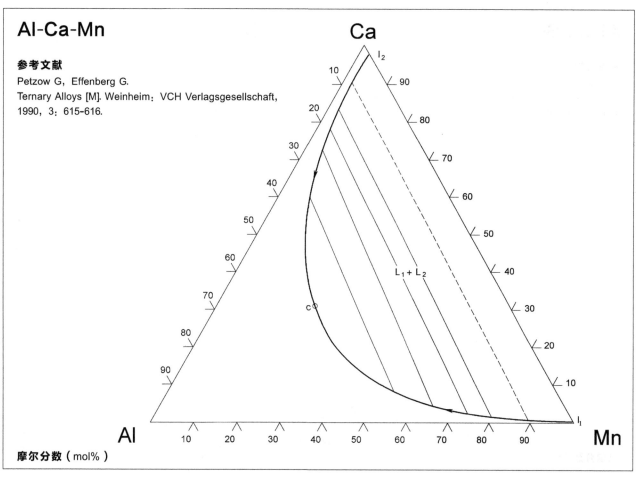

摩尔分数（mol%）

Al-Ca-Ni

参考文献

Jiang Y, Shi X, Bao X, et al.
J. Mater. Sci. [J]. 2017, 52: 12409-12426.

U$_1$: 1016℃　　U$_{10}$: 637℃
U$_2$: 998℃　　E$_1$: 626℃
U$_3$: 908℃　　U$_{11}$: 625℃
P$_1$: 857℃　　U$_{12}$: 621℃
U$_4$: 838℃　　E$_2$: 609℃
U$_5$: 821℃　　E$_3$: 553℃
P$_2$: 706℃　　E$_4$: 553℃
U$_6$: 698℃
U$_7$: 692℃
U$_8$: 692℃
U$_9$: 677℃
P$_3$: 661℃

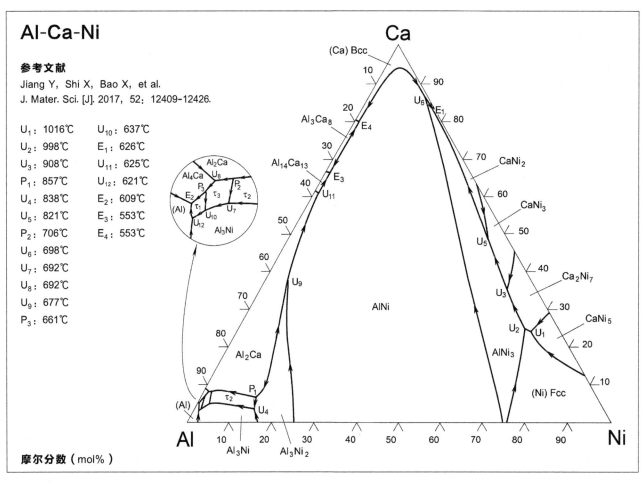

摩尔分数（mol%）

Al-Ca-Si

参考文献

Petzow G, Effenberg G.
Ternary Alloys [M]. Weinheim: VCH Verlagsgesellschaft,
1990, 3: 628-632.

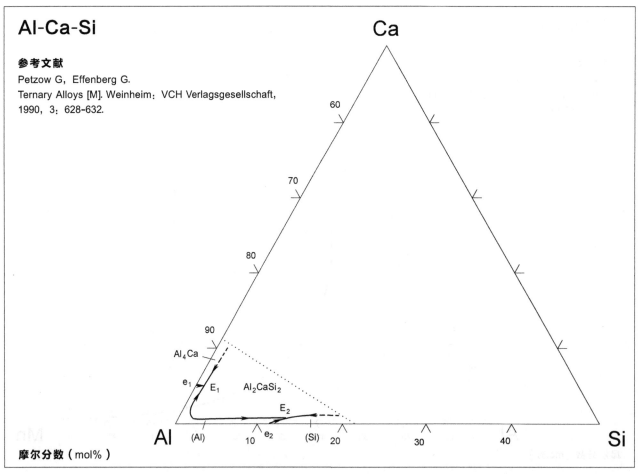

摩尔分数（mol%）

Al-Ca-Sr

参考文献

Aljarrah M, Medraj M.
J. Chem. Thermodynamics [J]. 2008, 40: 724-734.

E_1: 625℃, 95.4% Al, 4.1% Ca
E_2: 313℃, 34.3% Al, 37.8% Ca
U_1: 454℃, 25.2% Al, 56.7% Ca
U_2: 315℃, 35.0% Al, 37.7% Ca
U_3: 348℃, 38.1% Al, 41.2% Ca
U_4: 438℃, 42.1% Al, 40.2% Ca
U_5: 758℃, 59.5% Al, 20.5% Ca
U_6: 689℃, 91.9% Al, 7.0% Ca
U_7: 485℃, 30.4% Al, 17.6% Ca
P: 538℃, 24.5% Al, 8.9% Ca
S: 690℃, 73.6% Al, 16.0% Ca

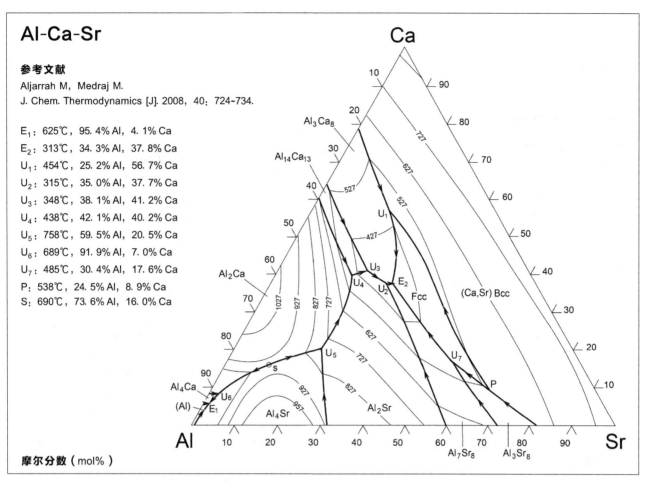

摩尔分数（mol%）

Al-Ca-Ti

参考文献

Hampl M, Schmid-Fetzer R.
Journal of Material Science
[J]. 2015, 55: 5822-5832.

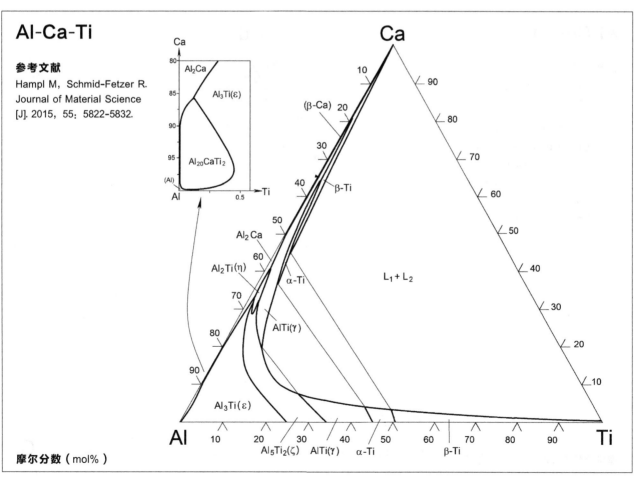

摩尔分数（mol%）

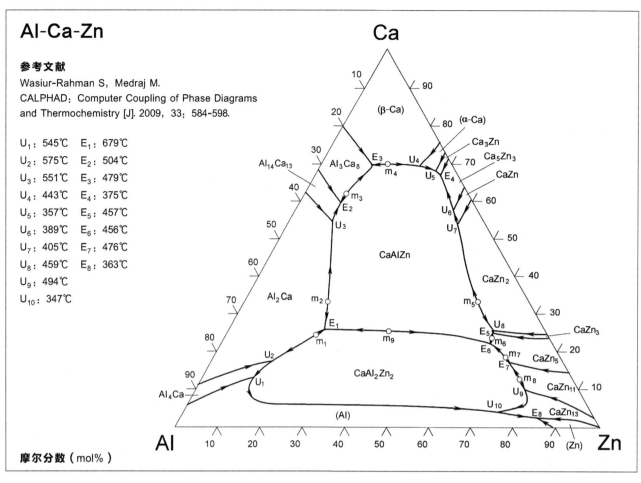

Al-Ca-Zn

参考文献

Wasiur-Rahman S, Medraj M.
CALPHAD：Computer Coupling of Phase Diagrams
and Thermochemistry [J]. 2009, 33：584-598.

U_1：545℃　E_1：679℃
U_2：575℃　E_2：504℃
U_3：551℃　E_3：479℃
U_4：443℃　E_4：375℃
U_5：357℃　E_5：457℃
U_6：389℃　E_6：456℃
U_7：405℃　E_7：476℃
U_8：459℃　E_8：363℃
U_9：494℃
U_{10}：347℃

摩尔分数（mol%）

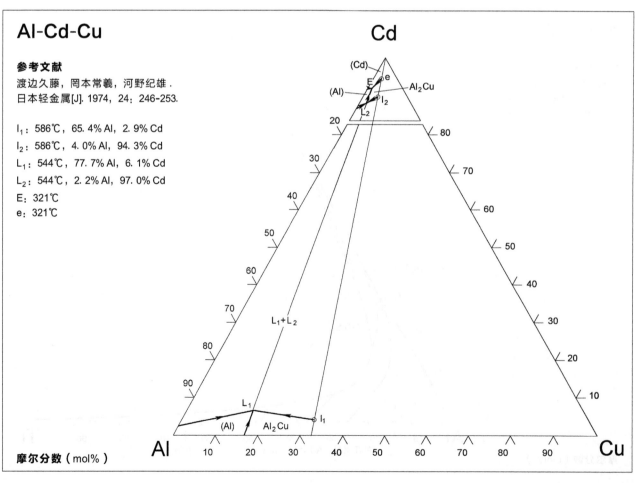

Al-Cd-Cu

参考文献

渡辺久藤，岡本常義，河野纪雄.
日本轻金属[J]. 1974, 24：246-253.

I_1：586℃，65.4%Al，2.9%Cd
I_2：586℃，4.0%Al，94.3%Cd
L_1：544℃，77.7%Al，6.1%Cd
L_2：544℃，2.2%Al，97.0%Cd
E：321℃
e：321℃

摩尔分数（mol%）

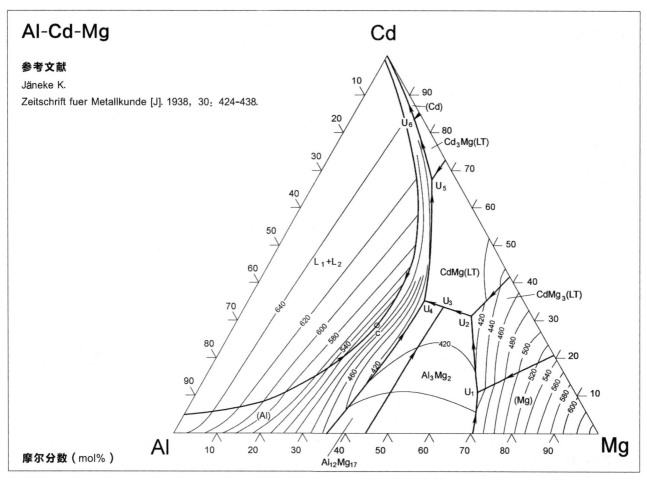

Al-Cd-Mg

参考文献

Jäneke K.

Zeitschrift fuer Metallkunde [J]. 1938, 30: 424-438.

摩尔分数 (mol%)

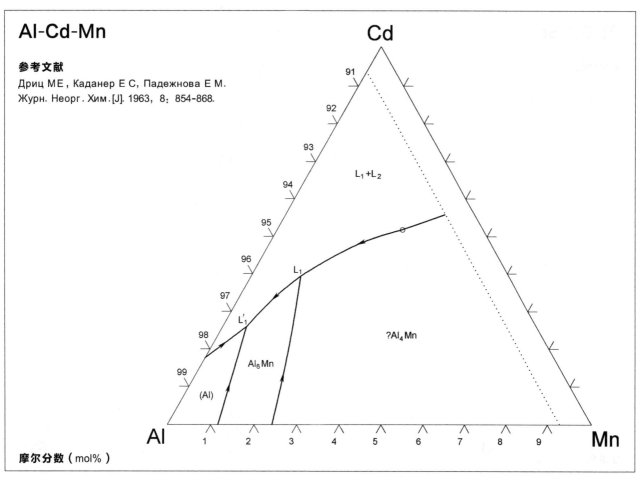

Al-Cd-Mn

参考文献

Дриц M E , Каданер E C, Падежнова E M.

Журн. Неорг. Хим.[J]. 1963, 8: 854-868.

摩尔分数 (mol%)

Al-Cd-Sb

参考文献

Белоцкий Д Р , Лундих М С , Коцюмаха М П , и др.
Изв. Акад. Наук , СССР, Неорг. Материары [J].
1985, 21: 915-954.

e_2: 307℃
E_1: 400℃ , 2% Al, 42% Cd
E_2: 275℃ , 2% Al, 92% Cd
E_3: 250℃ , 1% Al, 98% Cd

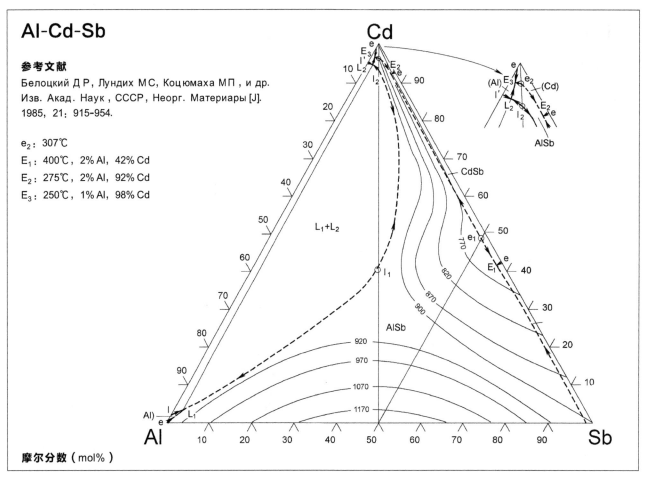

摩尔分数（mol%）

Al-Cd-Sn

参考文献

Rolls R, Bray H J.
Journal of the Institute of Metals (London) [J]. 1967, 95: 8-11.

E: 176℃
U: ~219℃

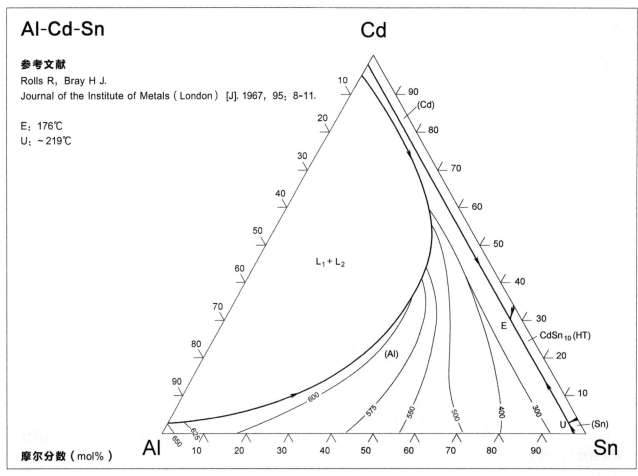

摩尔分数（mol%）

Al-Cd-Zn

参考文献

Petzow G, Effenberg G.
Ternary Alloys [M]. Weinheim: VCH Verlagsgesellschaft,
1991, 4: 44-47.

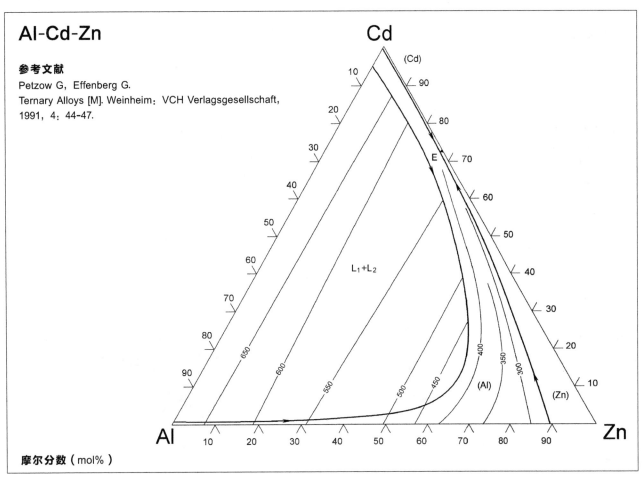

摩尔分数（mol%）

Al-Ce-Cu（Al 角）

参考文献

Belov N A, Khvan A V.
Acta Materialia [J].
2007, 55: 5473-5482.

e_3: 610℃, 14w-% Cu,
  7w-% Ce
E_1: 545℃
E_2: ~605℃

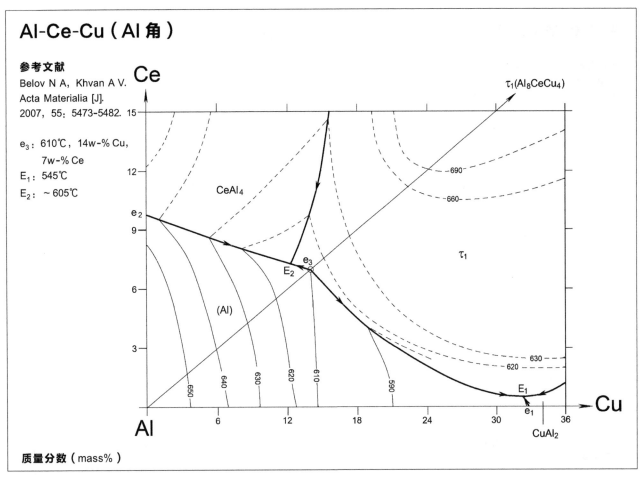

质量分数（mass%）

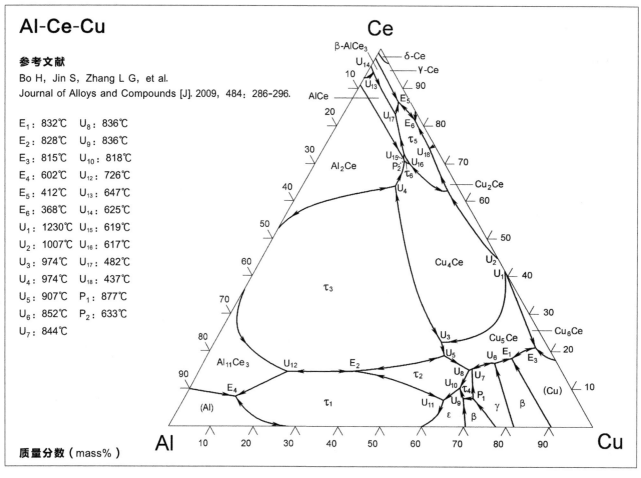

Al-Ce-Cu

参考文献

Bo H, Jin S, Zhang L G, et al.
Journal of Alloys and Compounds [J]. 2009, 484: 286-296.

E_1: 832℃	U_8: 836℃
E_2: 828℃	U_9: 836℃
E_3: 815℃	U_{10}: 818℃
E_4: 602℃	U_{12}: 726℃
E_5: 412℃	U_{13}: 647℃
E_6: 368℃	U_{14}: 625℃
U_1: 1230℃	U_{15}: 619℃
U_2: 1007℃	U_{16}: 617℃
U_3: 974℃	U_{17}: 482℃
U_4: 974℃	U_{18}: 437℃
U_5: 907℃	P_1: 877℃
U_6: 852℃	P_2: 633℃
U_7: 844℃	

质量分数（mass%）

Al-Ce-Mg（1）

参考文献

郑朝贵，叶于浦.
金属学报 [J]. 1986, 22: B63-B67.

E: 446℃, 66.5% Al, 2.5% Ce

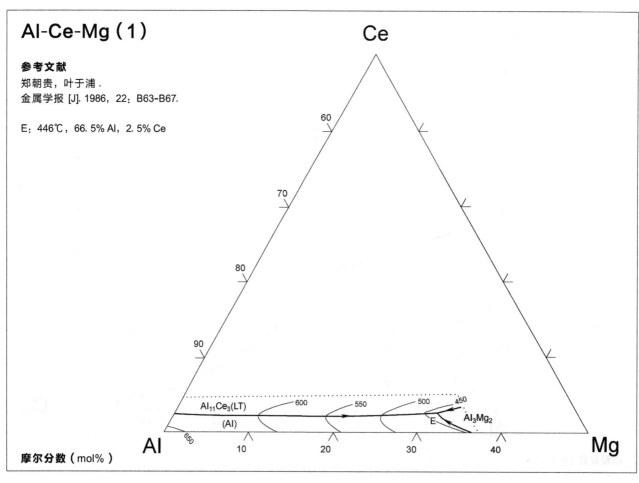

摩尔分数（mol%）

Al-Ce-Mg（2）

参考文献

Gröbner J, Kevorkov D, Schmid-Fetzer R, et al.
Intermetallics [J]. 2002, 10: 415-422.

U_1: 817℃, 34.3% Al, 64.2% Ce

E_1: 664℃, 28.7% Al, 70.9% Ce

U_2: 620℃, 9.6% Al, 87.3% Ce

E_2: 577℃, 13.8% Al, 85.1% Ce

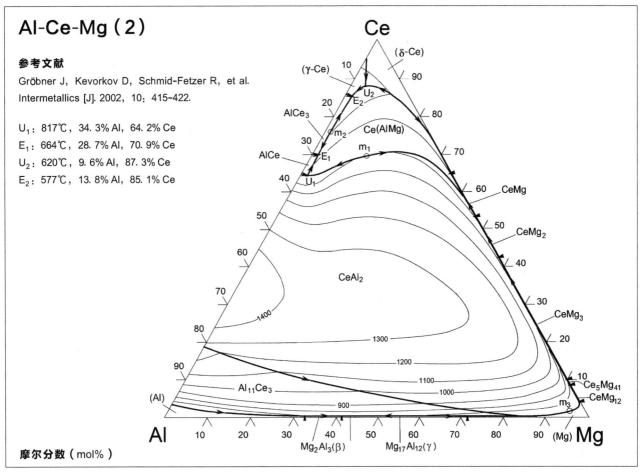

摩尔分数（mol%）

Al-Ce-Ni（1）

参考文献

Wang H, Li Z, Chen Z, et al.
JPEDAV [J]. 2016, 37: 222-228.

E_1: 1307℃	U_5: 985℃
E_2: 1302℃	U_6: 972℃
P_1: 1192℃	U_8: 829℃
P_2: 1096℃	P_4: 826℃
U_9: 1047℃	U_{12}: 710℃
P_3: 1020℃	U_{13}: 680℃
E_3: 1016℃	U_{14}: 647℃
U_4: 1015℃	E_7: 631℃
U_2: 1010℃	U_{16}: 499℃
U_3: 1007℃	

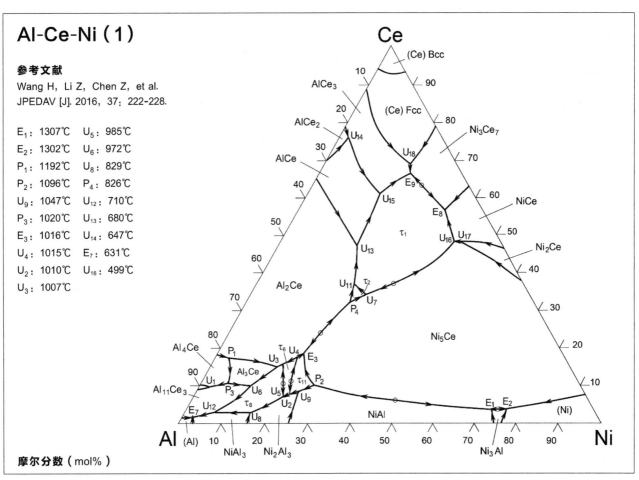

摩尔分数（mol%）

Al-Ce-Ni（2）

参考文献

Tang C, Du Y, Wang J, et al.
Intermetallics [J].
2010, 18: 900-906.

E_1: 628℃, 1.6% Ce, 2.1% Ni

U_1: 735℃, 2.7% Ce, 7.4% Ni

U_2: 843℃, 1.5% Ce, 16.4% Ni

U_3: 897℃, 6.2% Ce, 7.2% Ni

U_4: 901℃, 2.0% Ce, 18.2% Ni

P_1: 998℃, 4.7% Ce, 14.8% Ni

U_5: 1019℃, 10.3% Ce, 5.1% Ni

U_6: 1105℃, 3.2% Ce, 5.1% Ni

U_7: 1168℃, 16.5% Ce, 5.4% Ni

P_2: 1192℃, 17.1% Ce, 2.7% Ni

τ_5: Al_4CeNi

τ_6: Al_5CeNi_2

τ_8: $Al_{23}Ce_4Ni_8$

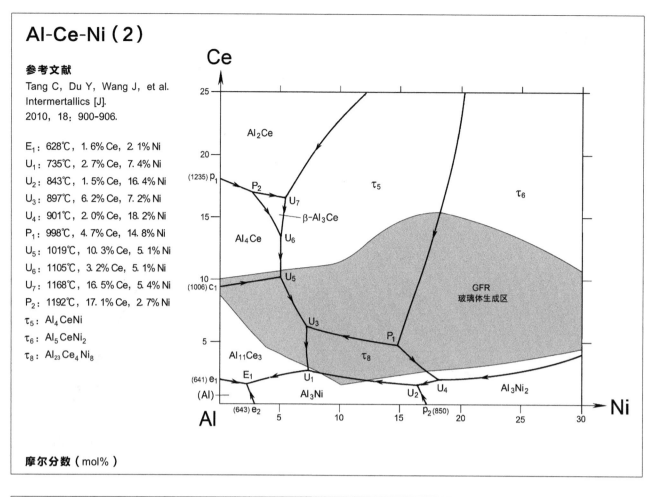

摩尔分数（mol%）

Al-Ce-Si

参考文献

Gröbner J, Mirković D, Schmid-Fetzer R.
Metalllurgical and Materials Transactions A [J]. 2004, 35A: 3349-3362.

τ_1: $Ce(Si_{1-x}Al_x)_2$

τ_2: $AlCeSi_2$

τ_3: $Al_{1.6}CeSi_{0.4}$

U_1: 1398℃	P_2: 653℃
U_2: 1132℃	U_9: 645℃
U_4: 1099℃	U_{10}: 628℃
U_5: 1079℃	U_{11}: 621℃
D: 1020℃	E_1: 621℃
U_6: 895℃	E_2: 573℃
U_7: 889℃	E_3: 553℃
U_8: 730℃	E_4: 537℃

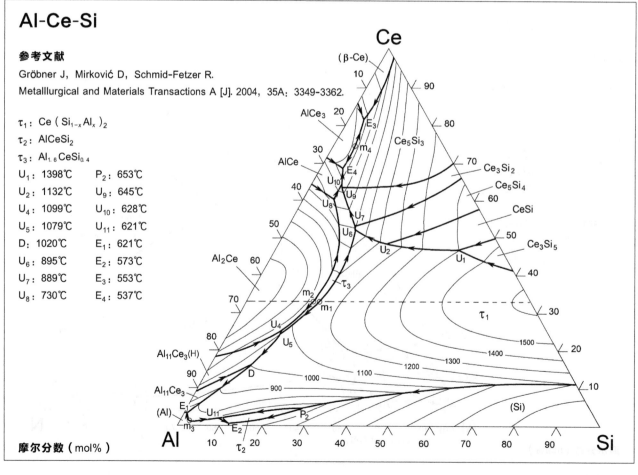

摩尔分数（mol%）

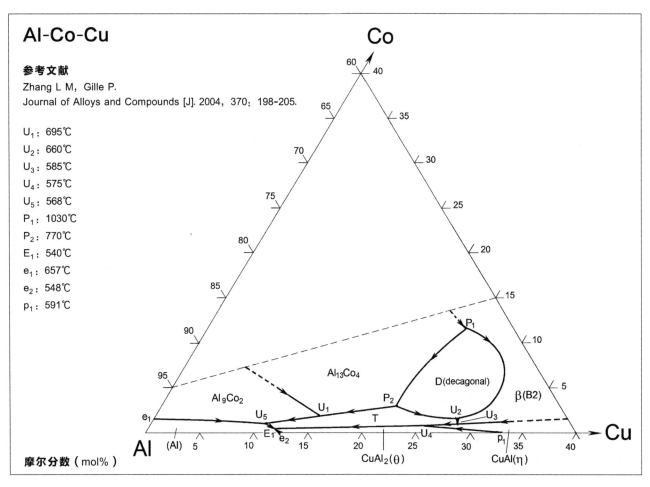

Al-Co-Cu

参考文献

Zhang L M, Gille P.
Journal of Alloys and Compounds [J]. 2004, 370: 198-205.

U_1: 695℃
U_2: 660℃
U_3: 585℃
U_4: 575℃
U_5: 568℃
P_1: 1030℃
P_2: 770℃
E_1: 540℃
e_1: 657℃
e_2: 548℃
p_1: 591℃

摩尔分数（mol%）

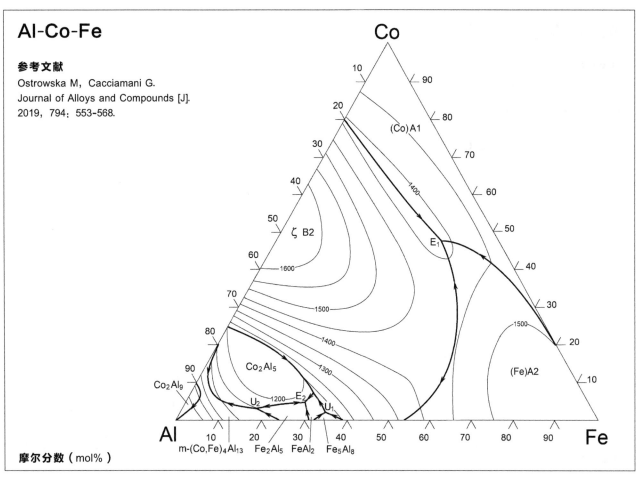

Al-Co-Fe

参考文献

Ostrowska M, Cacciamani G.
Journal of Alloys and Compounds [J].
2019, 794: 553-568.

摩尔分数（mol%）

Al-Co-Gd

参考文献

Li X, Liu L B, Jiang Y, et al.
CALPHAD: Computer Coupling of Phase Diagrams and
Thermochemistry [J]. 2016, 52: 57-65.

E_1: 1347℃ U_7: 998℃
U_1: 1334℃ U_8: 918℃
E_2: 1301℃ U_9: 896℃
E_3: 1299℃ U_{10}: 888℃
E_4: 1275℃ U_{11}: 842℃
U_2: 1271℃ U_{12}: 772℃
P_1: 1260℃ U_{13}: 753℃
U_3: 1245℃ E_5: 722℃
U_4: 1088℃ U_{14}: 662℃
U_5: 1057℃
U_6: 1046℃

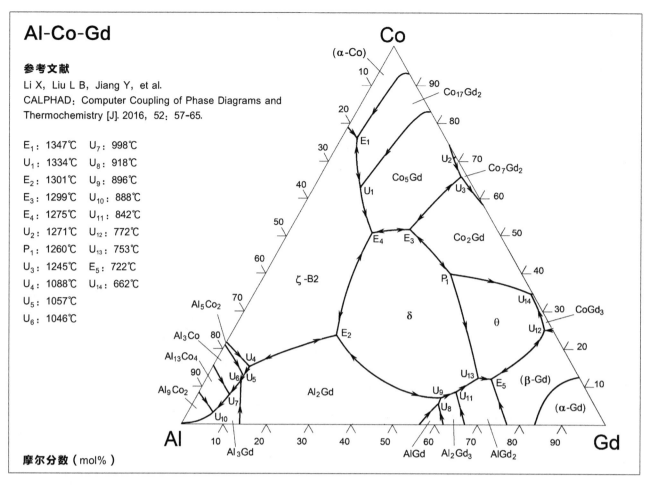

摩尔分数（mol%）

Al-Co-Mg

参考文献

Effenberg G, Aldinger F, Rokhlin L.
Ternary alloys [M].
Stuttgart: MSI, 1999, 16.

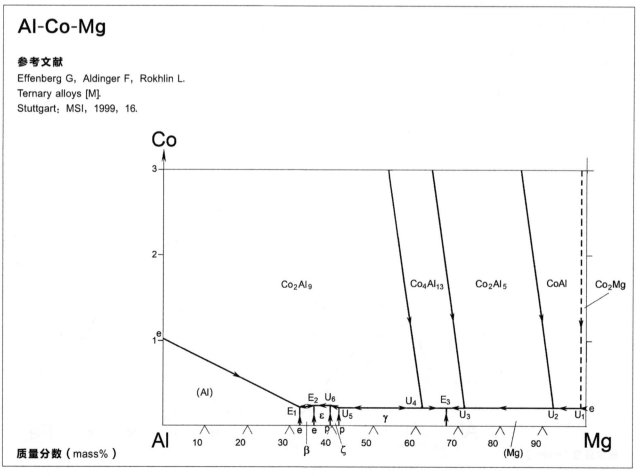

质量分数（mass%）

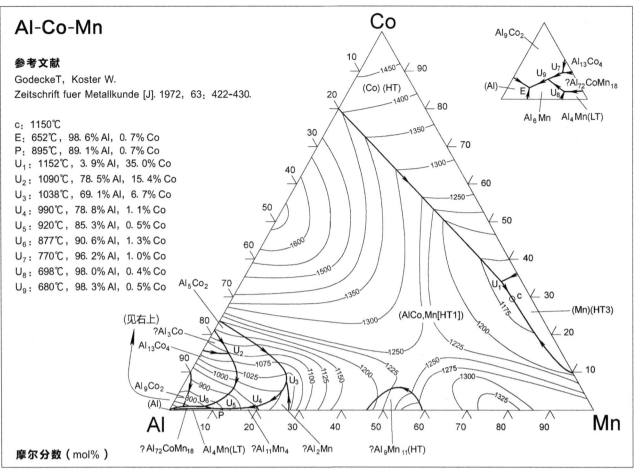

Al-Co-Mn

参考文献

GodeckeT，Koster W.
Zeitschrift fuer Metallkunde [J]. 1972, 63: 422-430.

c: 1150℃
E: 652℃, 98.6% Al, 0.7% Co
P: 895℃, 89.1% Al, 0.7% Co
U_1: 1152℃, 3.9% Al, 35.0% Co
U_2: 1090℃, 78.5% Al, 15.4% Co
U_3: 1038℃, 69.1% Al, 6.7% Co
U_4: 990℃, 78.8% Al, 1.1% Co
U_5: 920℃, 85.3% Al, 0.5% Co
U_6: 877℃, 90.6% Al, 1.3% Co
U_7: 770℃, 96.2% Al, 1.0% Co
U_8: 698℃, 98.0% Al, 0.4% Co
U_9: 680℃, 98.3% Al, 0.5% Co

摩尔分数（mol%）

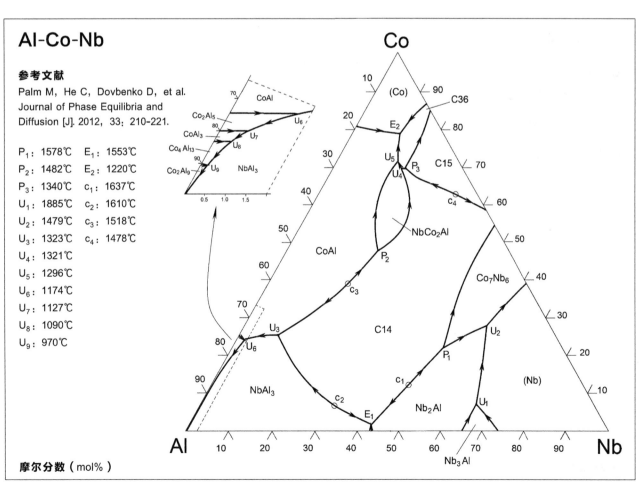

Al-Co-Nb

参考文献

Palm M, He C, Dovbenko D, et al.
Journal of Phase Equilibria and
Diffusion [J]. 2012, 33: 210-221.

P_1: 1578℃	E_1: 1553℃
P_2: 1482℃	E_2: 1220℃
P_3: 1340℃	c_1: 1637℃
U_1: 1885℃	c_2: 1610℃
U_2: 1479℃	c_3: 1518℃
U_3: 1323℃	c_4: 1478℃
U_4: 1321℃	
U_5: 1296℃	
U_6: 1174℃	
U_7: 1127℃	
U_8: 1090℃	
U_9: 970℃	

摩尔分数（mol%）

Al-Co-Ni（Al 角）

参考文献

Godecke T.

Zeitschrift fuer Metallkunde [J]. 1997, 88：557-569.

p_1：1182℃ U_1：1175℃

p_2：1153℃ U_2：1136℃

p_4：1127℃ U_3：1080℃

p_5：1092℃ U_4：1048℃

p_6：974℃ U_5：950℃

e_1：657℃ U_6：818℃

p_3：1133℃ P：900℃

p_7：862℃ U_7：888℃

e_2：640℃ U_8：643℃

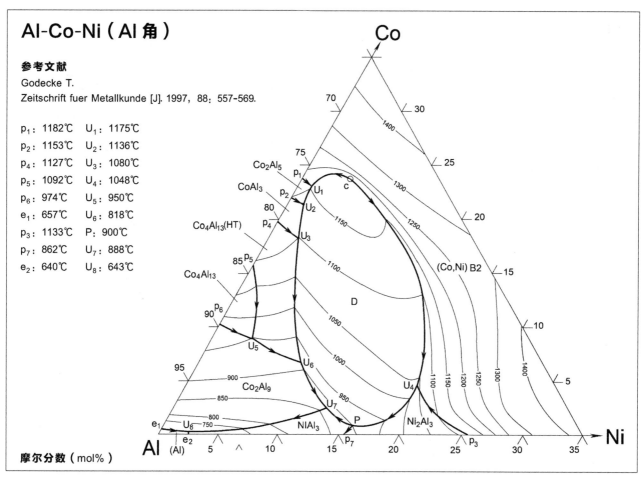

摩尔分数（mol%）

Al-Co-Ni

参考文献

Wang Y，Cacciamani G.

CALPHAD：Computer Coupling of Phase Diagrams and Thermo che mistry [J]. 2018, 61：198-210.

D：1370℃

U_1：1167℃

U_2：1129℃

U_3：1079℃

U_4：1047℃

U_5：953℃

U_6：916℃

U_7：901℃

U_8：880℃

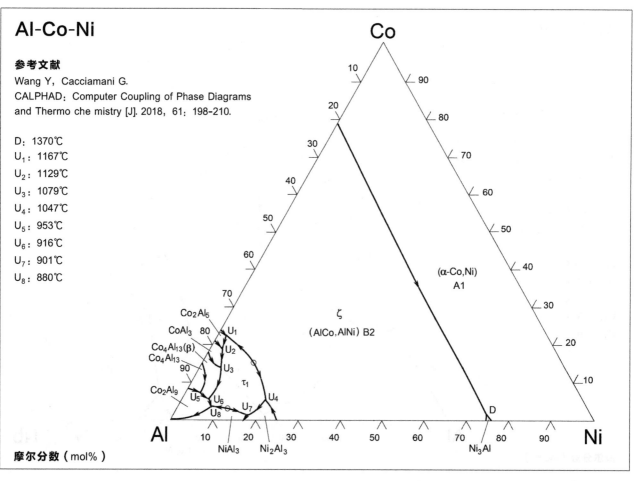

摩尔分数（mol%）

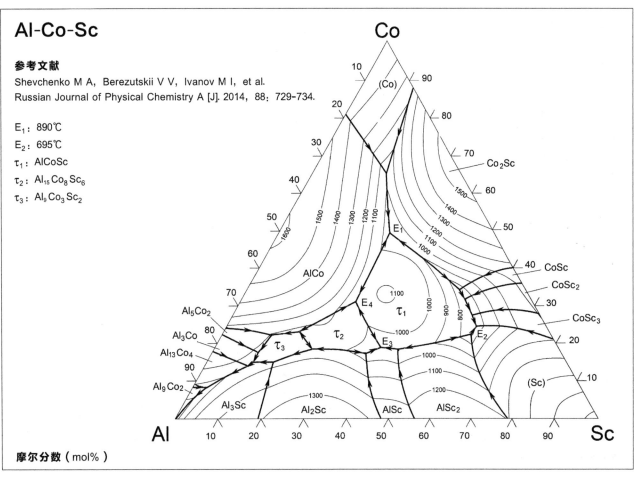

Al-Co-Sc

参考文献

Shevchenko M A, Berezutskii V V, Ivanov M I, et al.
Russian Journal of Physical Chemistry A [J]. 2014, 88: 729-734.

E_1: 890℃
E_2: 695℃
τ_1: AlCoSc
τ_2: $Al_{15}Co_8Sc_6$
τ_3: $Al_9Co_3Sc_2$

摩尔分数（mol%）

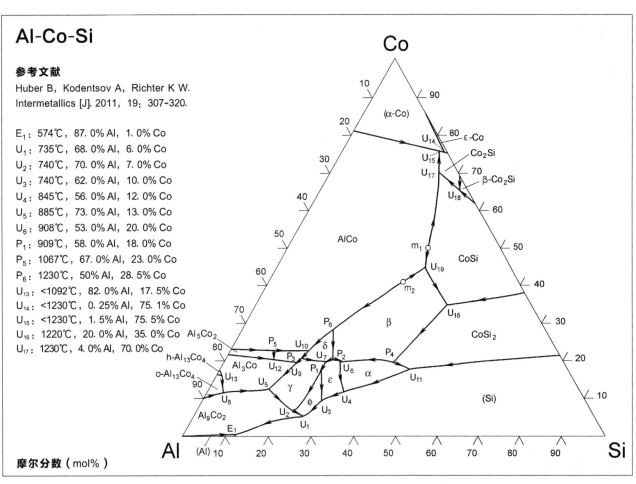

Al-Co-Si

参考文献

Huber B, Kodentsov A, Richter K W.
Intermetallics [J]. 2011, 19: 307-320.

E_1: 574℃, 87.0%Al, 1.0%Co
U_1: 735℃, 68.0%Al, 6.0%Co
U_2: 740℃, 70.0%Al, 7.0%Co
U_3: 740℃, 62.0%Al, 10.0%Co
U_4: 845℃, 56.0%Al, 12.0%Co
U_5: 885℃, 73.0%Al, 13.0%Co
U_6: 908℃, 53.0%Al, 20.0%Co
P_1: 909℃, 58.0%Al, 18.0%Co
P_5: 1067℃, 67.0%Al, 23.0%Co
P_6: 1230℃, 50%Al, 28.5%Co
U_{13}: <1092℃, 82.0%Al, 17.5%Co
U_{14}: <1230℃, 0.25%Al, 75.1%Co
U_{15}: <1230℃, 1.5%Al, 75.5%Co
U_{16}: 1220℃, 20.0%Al, 35.0%Co
U_{17}: 1230℃, 4.0%Al, 70.0%Co

摩尔分数（mol%）

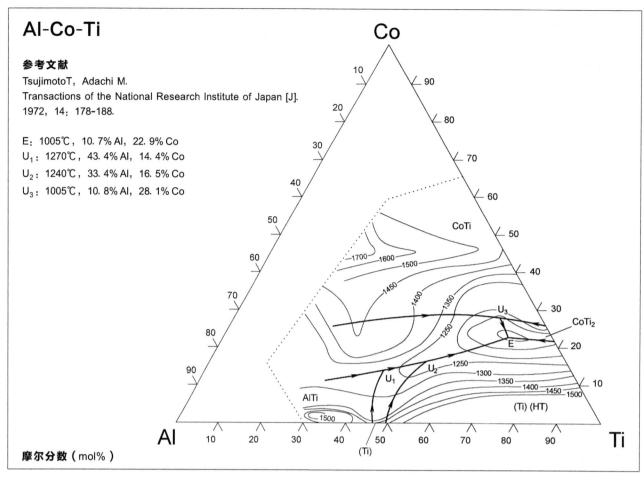

Al-Co-Ti

参考文献

TsujimotoT, Adachi M.
Transactions of the National Research Institute of Japan [J].
1972, 14: 178-188.

E: 1005℃, 10.7% Al, 22.9% Co
U_1: 1270℃, 43.4% Al, 14.4% Co
U_2: 1240℃, 33.4% Al, 16.5% Co
U_3: 1005℃, 10.8% Al, 28.1% Co

摩尔分数（mol%）

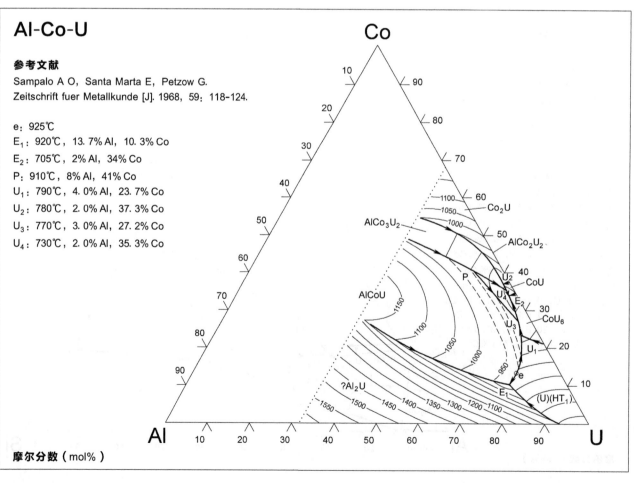

Al-Co-U

参考文献

Sampalo A O, Santa Marta E, Petzow G.
Zeitschrift fuer Metallkunde [J]. 1968, 59: 118-124.

e: 925℃
E_1: 920℃, 13.7% Al, 10.3% Co
E_2: 705℃, 2% Al, 34% Co
P: 910℃, 8% Al, 41% Co
U_1: 790℃, 4.0% Al, 23.7% Co
U_2: 780℃, 2.0% Al, 37.3% Co
U_3: 770℃, 3.0% Al, 27.2% Co
U_4: 730℃, 2.0% Al, 35.3% Co

摩尔分数（mol%）

Al-Co-W

参考文献

Wang P, Xiong W, Kattner U R, et al.
CALPHAD: Computer Coupling of Phase Diagrams and
Thermochemistry [J]. 2017, 59: 112-130.

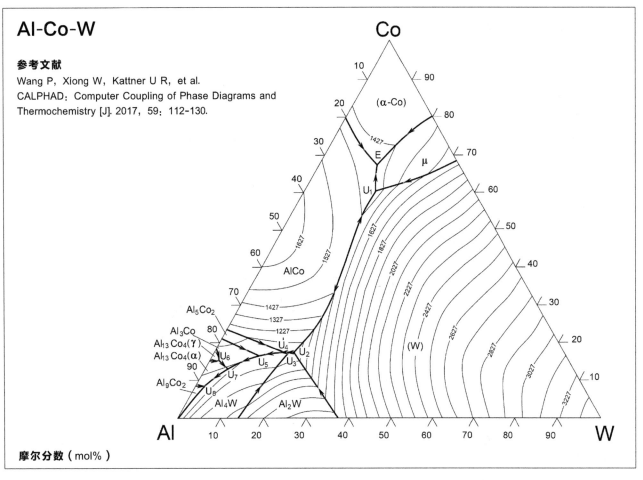

Al-Co-Zn

参考文献

Raynor G V, Faulkner C R, Noden J D, et al.
Acta Metallurgica [J]. 1953, 1: 629-648.

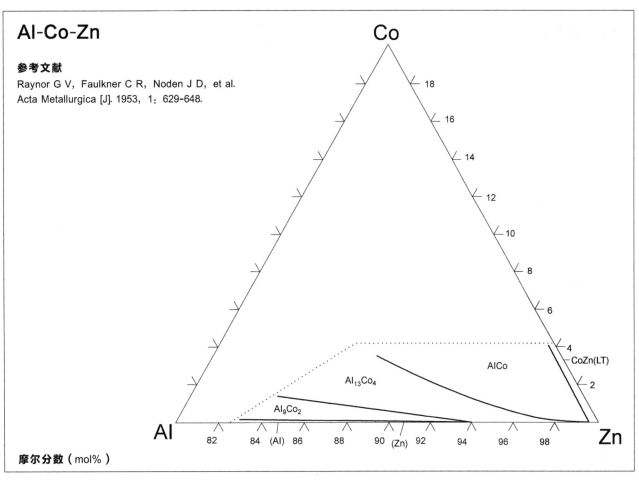

摩尔分数（mol%）

Al-Cr-Fe（Al 角）

参考文献

Khoruzha V G, Komienko K E, Pavlyuchkov D V, et al.
Powder Metallurgy and Metal Ceramics [J].
2011, 50: 217-229.

E_1: 1125℃ U_6: 980℃
E_2: 1105℃ U_7: 750℃
E_3: 1085℃ U_8: 660℃
U_1: 1085℃ U_9: 657℃
U_2: 1075℃ P_1: 1026℃
U_3: 1045℃ P_2: 998℃
U_4: 1035℃
U_5: 985℃

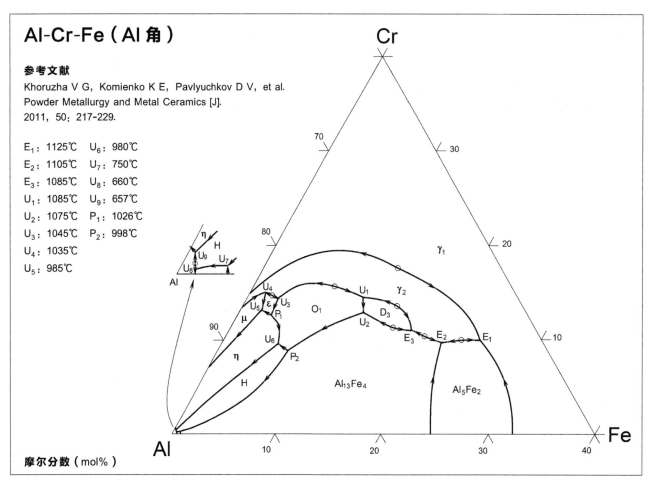

摩尔分数（mol%）

Al-Cr-Fe

参考文献

Raynor G V, Rivin V G.
Journal of the Institute of Metals（London）[J].
1988（4）: 81-97.

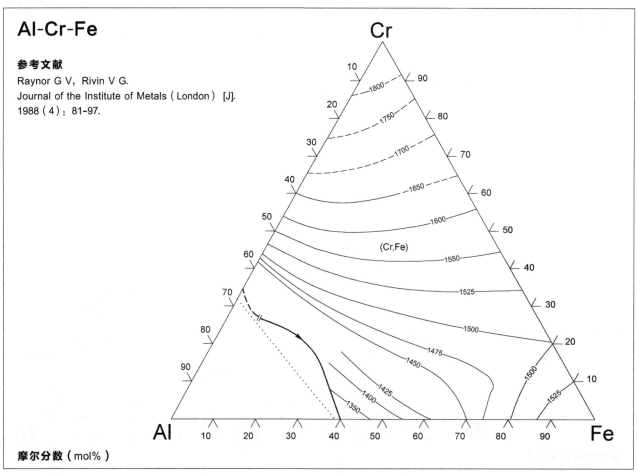

摩尔分数（mol%）

Al-Cr-Mg（1）

参考文献

Hanemann H, Schrader A.
Zeitschrift fuer Metallkunde [J]. 1941, 33: 20-21.

E: 447℃, 65.5% Al, 0.9% Cr
U_1: ~750℃, 85.5% Al, 1.2% Cr
U_2: 633℃, 85.0% Al, 0.9% Cr

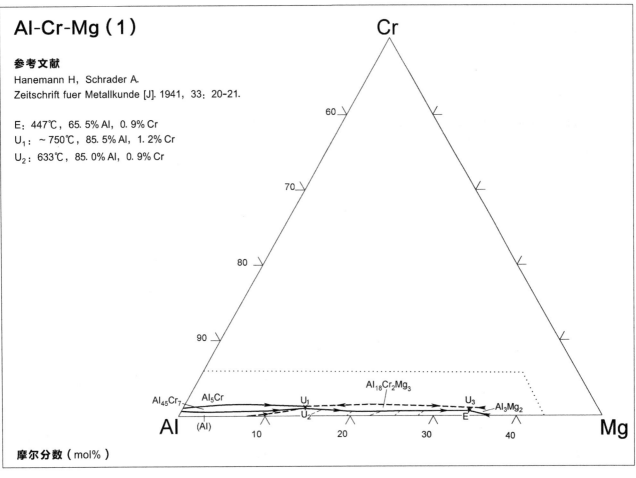

摩尔分数（mol%）

Al-Cr-Mg（2）

参考文献

Cui S, Jung I H, Kim J, et al.
Journal of Alloys and Compounds [J].
2017, 698: 1038-1057.

M, M′: 1299℃

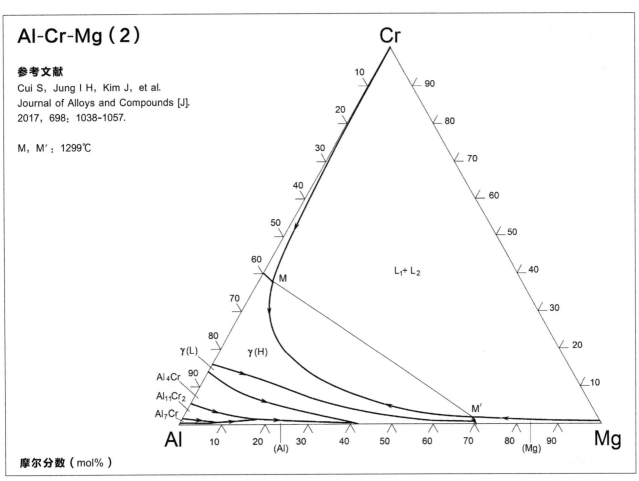

摩尔分数（mol%）

Al-Cr-Mn（1）

参考文献

（1）Watchtel E, Kopp W U.
Zeitschrift fuer Metallkunde [J]. 1965, 56：121-129.
（2）Watchtel E, Rein U.
Zeitschrift fuer Metallkunde [J]. 1965, 56：690-694.

U：1240℃

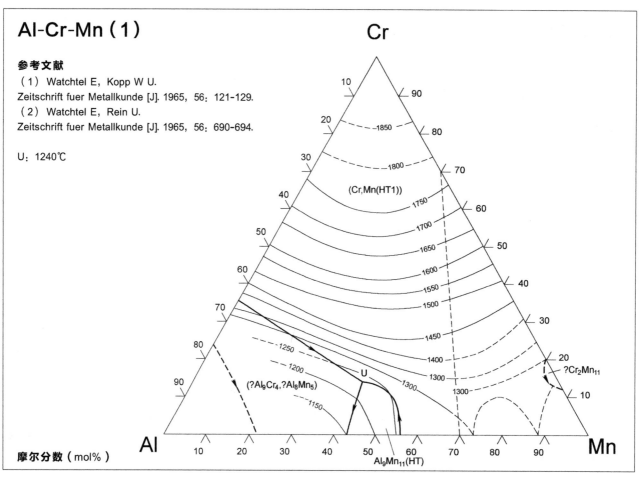

摩尔分数（mol%）

Al-Cr-Mn（2）

参考文献

Balanetskyy S, Kowalski W, Grushko B.
Journal of Alloys and Compounds [J].
2009, 474：147-151.

U_1：~ 1000℃
U_2：998℃
U_3：693℃
U_4：658℃
P_2：718℃
P_3：~ 705℃
E：657℃

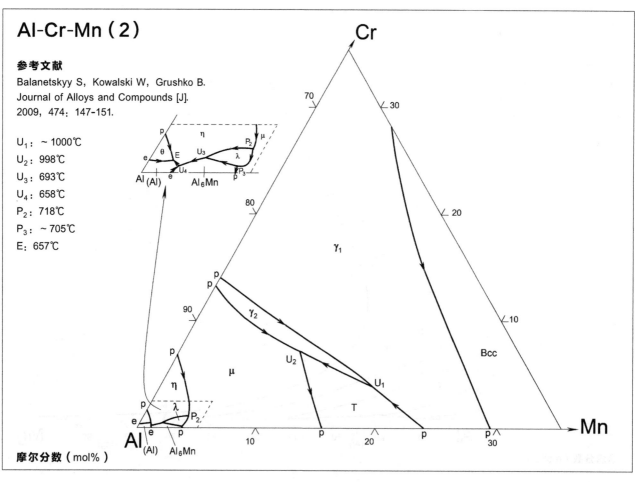

摩尔分数（mol%）

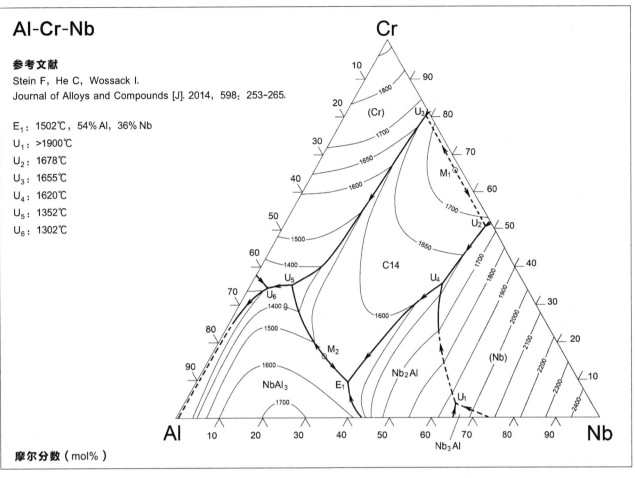

Al-Cr-Nb

参考文献

Stein F, He C, Wossack I.
Journal of Alloys and Compounds [J]. 2014, 598: 253-265.

E_1: 1502℃, 54% Al, 36% Nb
U_1: >1900℃
U_2: 1678℃
U_3: 1655℃
U_4: 1620℃
U_5: 1352℃
U_6: 1302℃

摩尔分数（mol%）

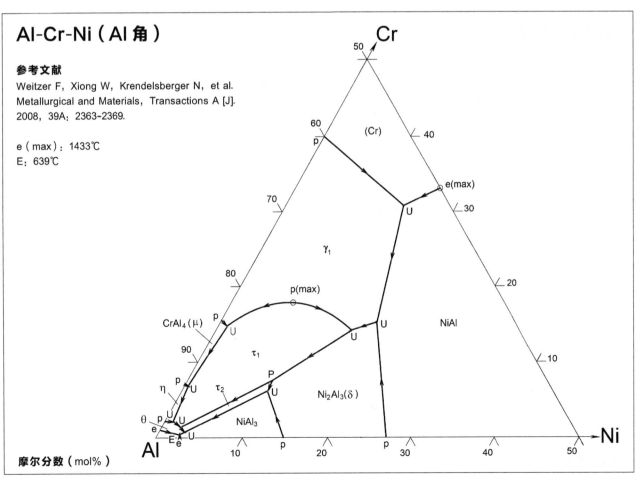

Al-Cr-Ni（Al 角）

参考文献

Weitzer F, Xiong W, Krendelsberger N, et al.
Metallurgical and Materials, Transactions A [J].
2008, 39A: 2363-2369.

e（max）: 1433℃
E: 639℃

摩尔分数（mol%）

Al-Cr-Ni

参考文献

Wang Y, Cacciamani G.
Journal of Alloys and Compounds
[J]. 2016, 688: 422-435.

E_1: 1283℃ P_1: 1117℃
E_2: 642℃ P_2: 893℃
U_1: 1365℃ P_3: 796℃
U_2: 1207℃ e_1: 1049℃
U_3: 1098℃ p_3: 1055℃
U_4: 1039℃ p_8: 805℃
U_5: 1017℃
U_6: 888℃
U_7: 848℃
U_8: 803℃
U_9: 799℃
U_{10}: 752℃
U_{11}: 702℃

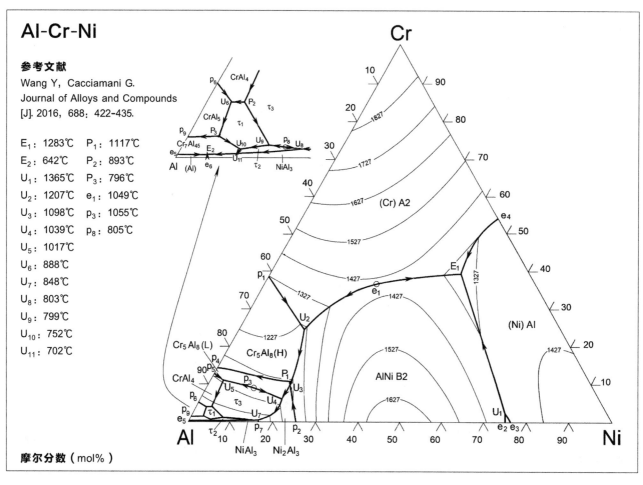

摩尔分数（mol%）

Al-Cr-Pt（Pt角）

参考文献

Корниенко К Е, Хоружа В Г, Верешчака В М, и др.
TR Powder Metallurgy and Metal Ceramics [J].
2013, 52（7-8）: 437-443.

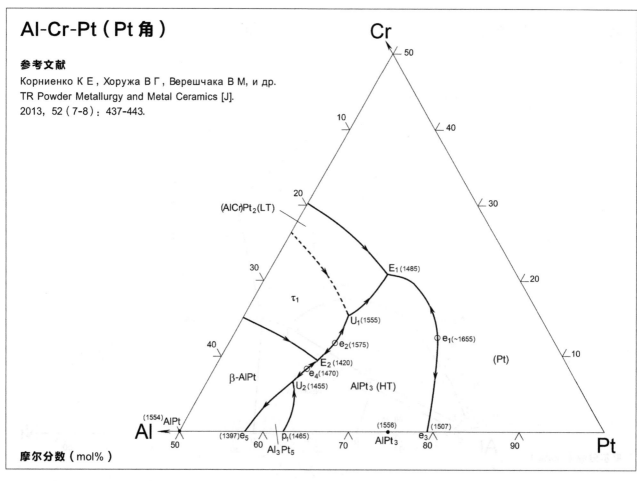

摩尔分数（mol%）

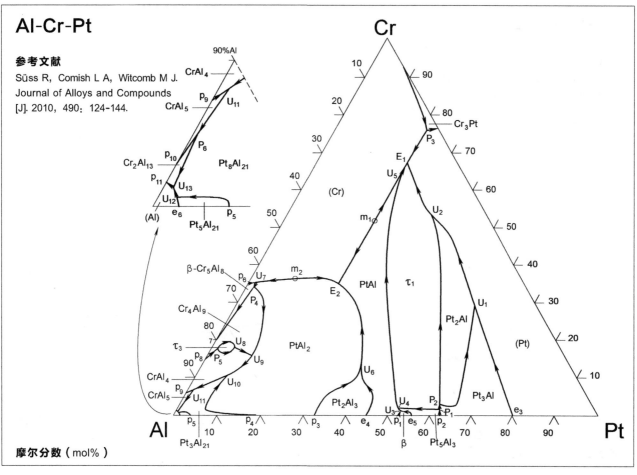

Al-Cr-Pt

参考文献

Süss R，Comish L A，Witcomb M J.
Journal of Alloys and Compounds
[J]. 2010，490：124-144.

摩尔分数（mol%）

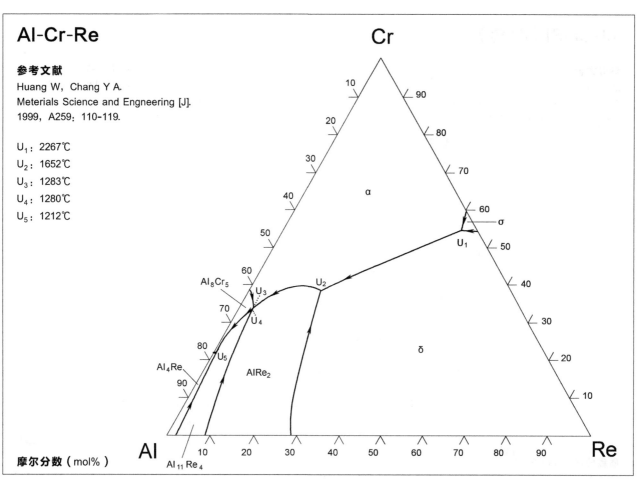

Al-Cr-Re

参考文献

Huang W，Chang Y A.
Meterials Science and Engneering [J].
1999，A259：110-119.

U_1：2267℃
U_2：1652℃
U_3：1283℃
U_4：1280℃
U_5：1212℃

摩尔分数（mol%）

Al-Cr-Sc（Al 角）

参考文献

Рохлин Л Л，Добаткина Т В，Бочвар Н Р.
Металлы [J]. 2007（1）：79-84.

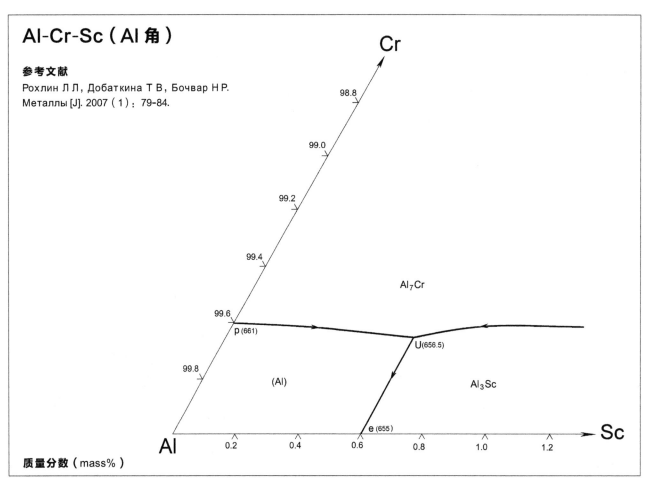

质量分数（mass%）

Al-Cr-Si（Al 角）

参考文献

Mondolfo L F.
Aluminum Alloys：Structure and Properties [M].
London：Butter Worths, 1976：487 -488.

E：577℃，0. 5w -% Cr，11w -% Si
U_1：627℃，0. 5w -% Cr，3. 1w -% Si
U_2：587℃，0. 5w -% Cr，15w -% Si
U_3：677℃，2. 0w -% Cr，2. 5w -% Si
P：707℃，1. 5w -% Cr，7. 3w -% Si

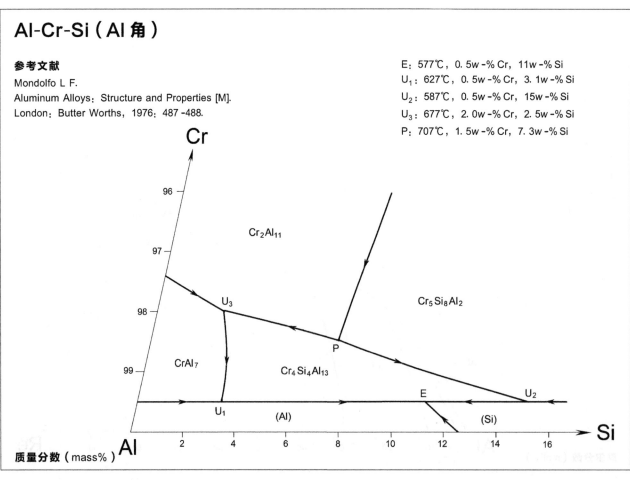

质量分数（mass%）

Al-Cr-Si

参考文献

Hu B, Zhang W W,
Peng Y, et al.
Thermochimica Acta [J].
2013, 561: 77-90.

τ_1: $Al_{13}Cr_4Si_4$

τ_2: Al_9Cr_3Si

U_1: 1057℃	U_7: 1041℃
U_2: 1320℃	U_8: 936℃
U_3: 1295℃	P_4: 804℃
U_4: 1248℃	U_9: 758℃
U_5: 1188℃	U_{10}: 722℃
P_1: 1174℃	U_{11}: 702℃
P_2: 1067℃	U_{12}: 615℃
U_6: 1066℃	E_1: 577℃
P_3: 1050℃	

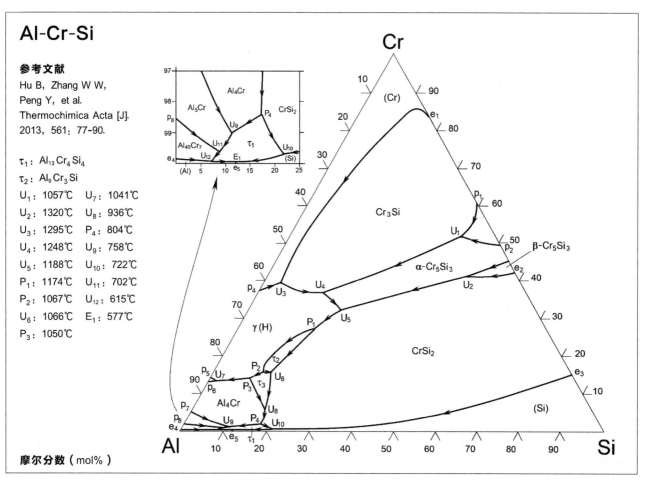

摩尔分数（mol%）

Al-Cr-Ti（Al 角）

参考文献

Kriegel M, Pavlyuchkov D, Chemelik D, et al.
Journal of Alloys and Compounds [J]. 2014, 584: 438-446.

U_1: 1682℃

U_2: 1640℃

U_3: 1628℃

U_4: 1570℃

E_1: 1519℃

U_5: 1473℃

U_6: 1310℃

U_7: 1308℃

U_8: 1163℃

P_1: 1111℃

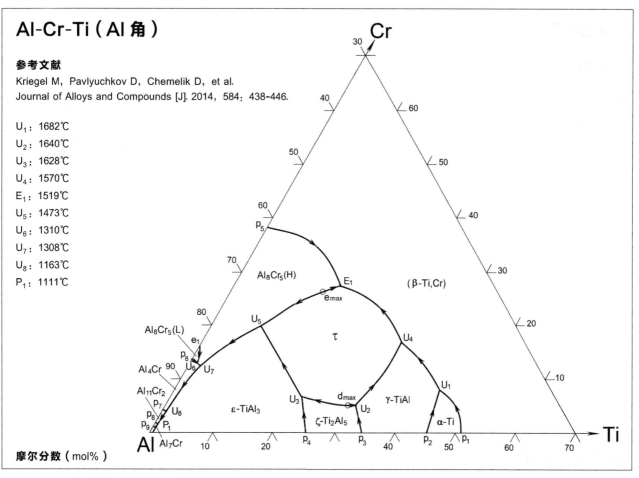

摩尔分数（mol%）

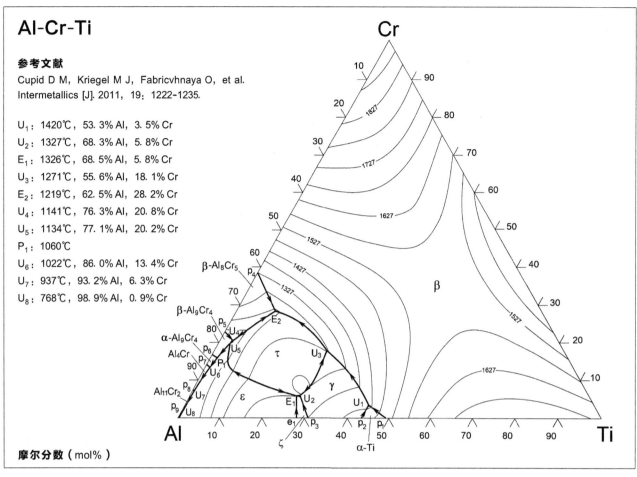

Al-Cr-Ti

参考文献

Cupid D M, Kriegel M J, Fabricvhnaya O, et al.
Intermetallics [J]. 2011, 19: 1222-1235.

U_1: 1420℃, 53.3% Al, 3.5% Cr
U_2: 1327℃, 68.3% Al, 5.8% Cr
E_1: 1326℃, 68.5% Al, 5.8% Cr
U_3: 1271℃, 55.6% Al, 18.1% Cr
E_2: 1219℃, 62.5% Al, 28.2% Cr
U_4: 1141℃, 76.3% Al, 20.8% Cr
U_5: 1134℃, 77.1% Al, 20.2% Cr
P_1: 1060℃
U_6: 1022℃, 86.0% Al, 13.4% Cr
U_7: 937℃, 93.2% Al, 6.3% Cr
U_8: 768℃, 98.9% Al, 0.9% Cr

摩尔分数（mol%）

Al-Cr-Zn

参考文献

Harding A R, Raynor G V.
J. Inst. Metals（London）[J]. 1951, 80: 435-448.

E: 11.3% Al, 0.001% Cr
U_1: 70.4% Al, 0.3% Cr
U_2: 1.0% Al, 0.2% Cr
U_3: 7.5% Al, 0.001% Cr
U_4: 10.3% Al, 0.001% Cr

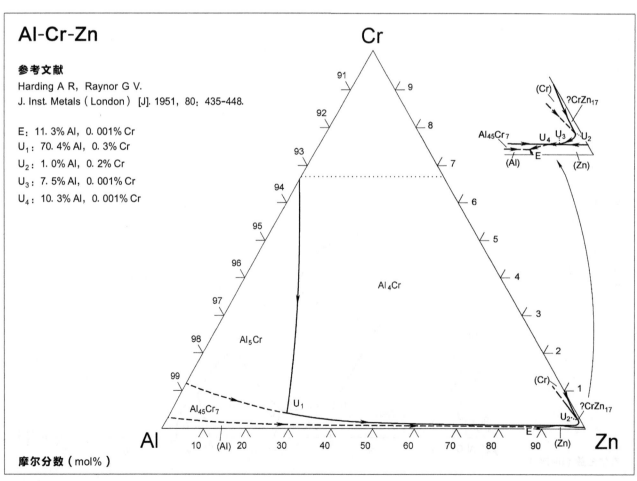

摩尔分数（mol%）

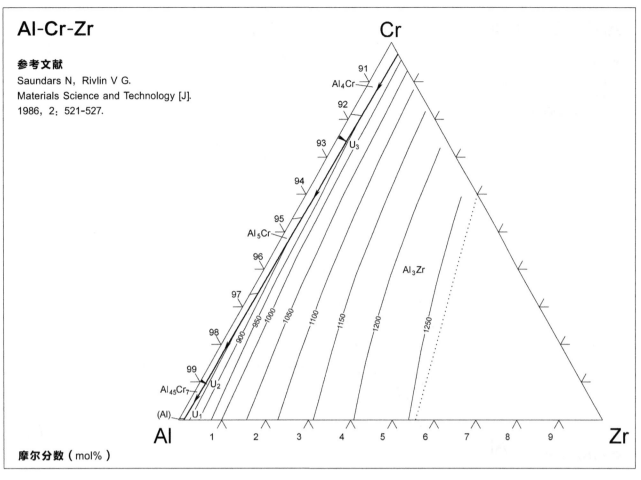

Al-Cr-Zr

参考文献

Saundars N, Rivlin V G.
Materials Science and Technology [J].
1986, 2: 521-527.

摩尔分数（mol%）

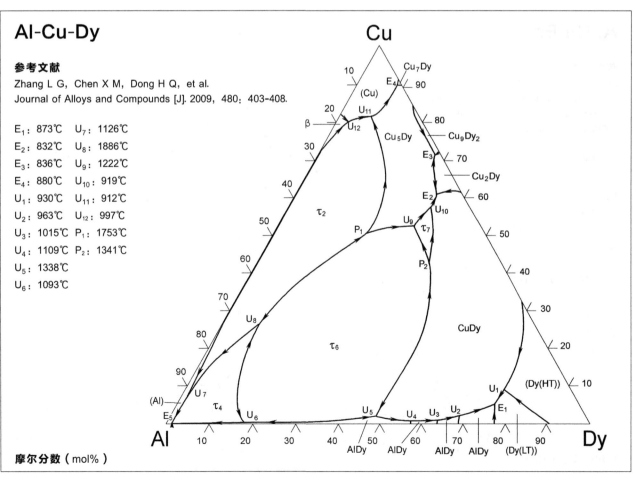

Al-Cu-Dy

参考文献

Zhang L G, Chen X M, Dong H Q, et al.
Journal of Alloys and Compounds [J]. 2009, 480: 403-408.

E_1: 873℃	U_7: 1126℃
E_2: 832℃	U_8: 1886℃
E_3: 836℃	U_9: 1222℃
E_4: 880℃	U_{10}: 919℃
U_1: 930℃	U_{11}: 912℃
U_2: 963℃	U_{12}: 997℃
U_3: 1015℃	P_1: 1753℃
U_4: 1109℃	P_2: 1341℃
U_5: 1338℃	
U_6: 1093℃	

摩尔分数（mol%）

Al-Cu-Er（Al 角）

参考文献

Zhang L, Masset P J, Cao F, et al.
Journal of Alloys and Compounds [J].
2011, 509: 3822-3831.

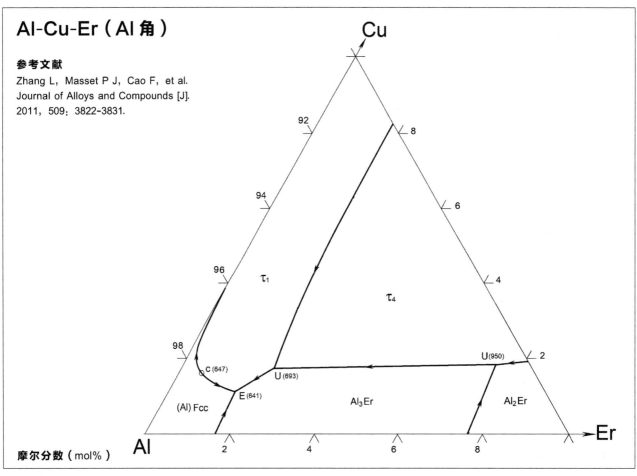

摩尔分数（mol%）

Al-Cu-Er

参考文献

Zhang L G, Liu L B, Huang G X, et al.
CALPHAD: Computer Coupling of Phase
Diagrams and Thermochemistry [J].
2008, 32: 527-534.

E_1: 610℃	U_8: 670℃
E_2: 732℃	U_9: 1190℃
E_3: 543℃	U_{10}: 991℃
E_4: 532℃	U_{11}: 543℃
E_5: 539℃	U_{12}: 570℃
U_1: 701℃	U_{13}: 587℃
U_2: 736℃	U_{14}: 616℃
U_3: 750℃	U_{15}: 704℃
U_4: 869℃	U_{16}: 704℃
U_5: 1015℃	
U_6: 860℃	
U_7: 681℃	

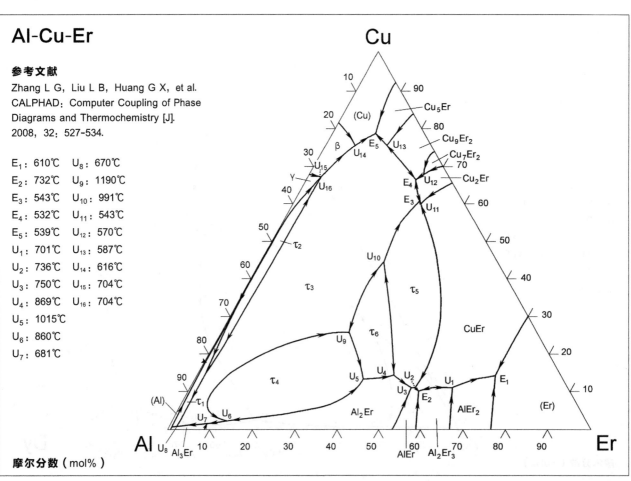

摩尔分数（mol%）

Al-Cu-Fe (Al 角)

参考文献

Philips H W L.

J. Inst. Metals [J]. 1954, 82: 1997-2121.

e: 626℃
E: 548℃
U_1: 622℃
U_2: 620℃
U_3: 590℃

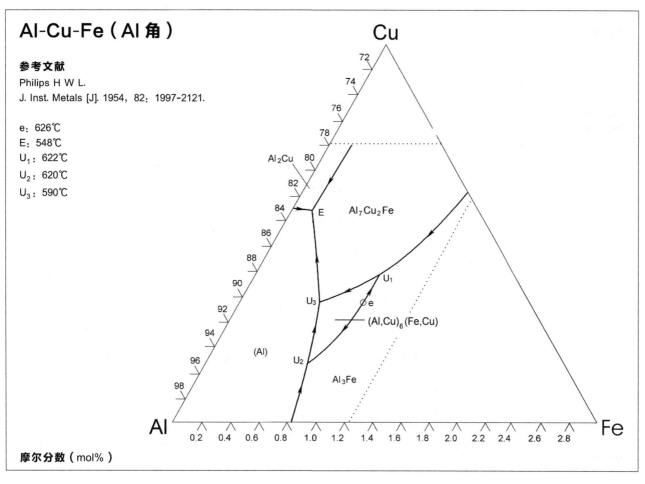

摩尔分数（mol%）

Al-Cu-Fe (Cu 角)

参考文献

Yutaka A.

J. Jpn. Inst. Met. [J].

1941, 5: 136-157.

m_1: 1075℃, 26.7% Al, 67.1% Cu
U_1: 1072℃, 12.0% Al, 85.6% Cu
U_2: 1048℃, 17.9% Al, 79.7% Cu

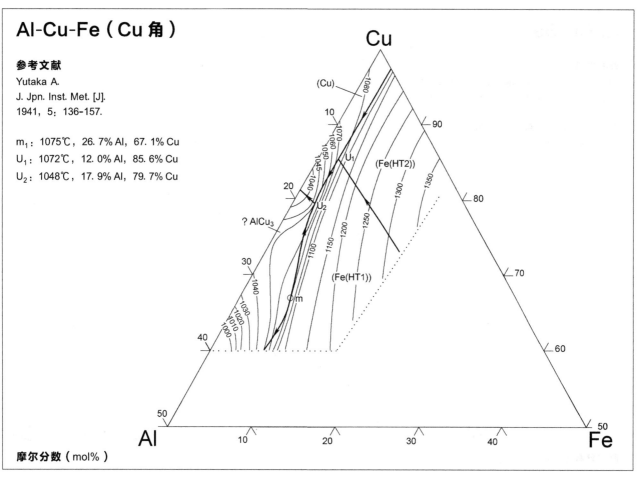

摩尔分数（mol%）

Al-Cu-Gd

参考文献

Zhang L G, Dong H Q, Huang G X, et al.
CALPHAD: Computer Coupling of Phase
Diagrams and Themochemistry [J].
2009, 33: 664-672.

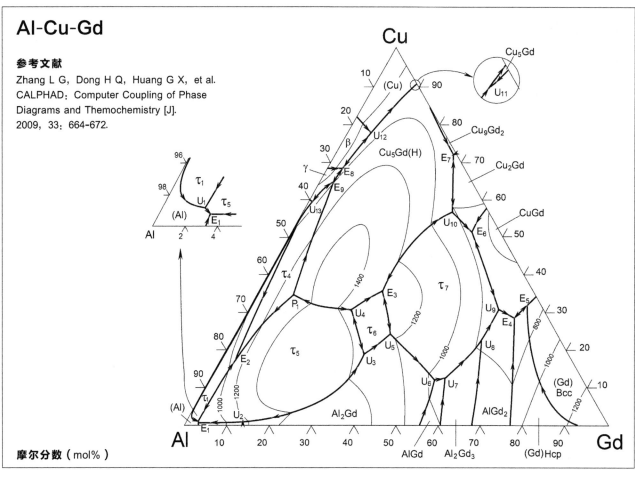

摩尔分数（mol%）

Al-Cu-Ge

参考文献

Ефимов Ю В, Шамрай В Ф, Равцев Л А, и др.
Акад. Наук, СССР, Металлы [J]. 1989（3）: 205-207.

E: 417℃, 59.5% Al, 6.5% Cu
e$_2$: 45% Al, 20% Cu

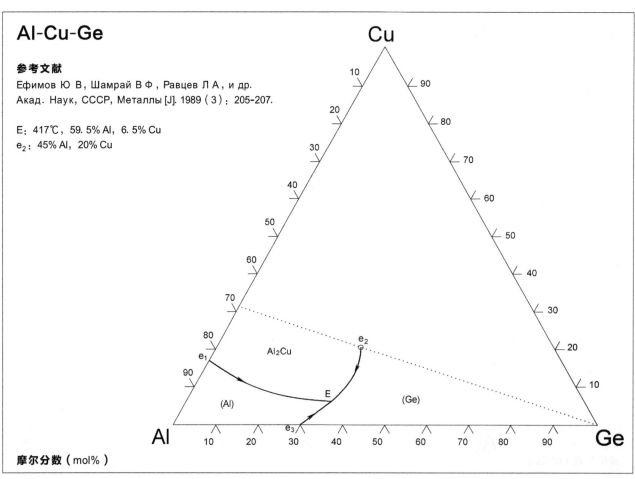

摩尔分数（mol%）

Al-Cu-In

参考文献

Gröbner J, Schmid-Fetzer R.
JOM [J]. 2005, 57: 19.

M_1: 527℃
M_2: 567℃
M_3: 604℃
M_4: 725℃
M_5: 690℃
M_6: 582℃

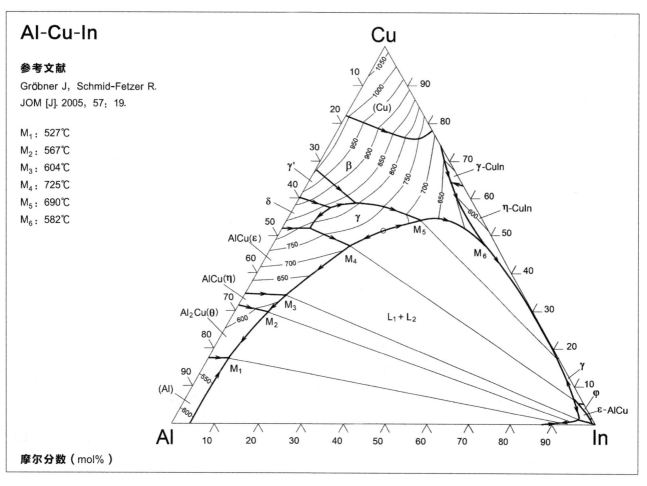

摩尔分数（mol%）

Al-Cu-Li（Al 角）

参考文献

Chen S W, Beumler H W, Chang Y A.
Metallurgical and Materials Transactions A:
Physical Metallurgy and Materials Science [J].
1991, 22A: 203-213.

U_1: 570℃
U_2: 567℃
U_3: 547℃
U_4: 543℃
U_5: 543℃
U_6: 543℃>T>522℃
E: 522℃

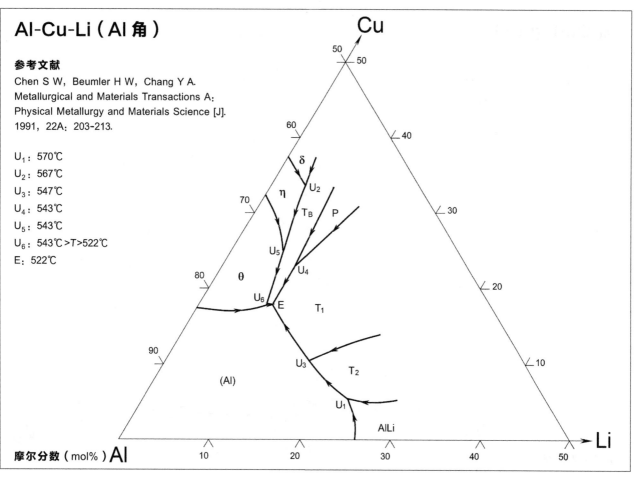

摩尔分数（mol%）

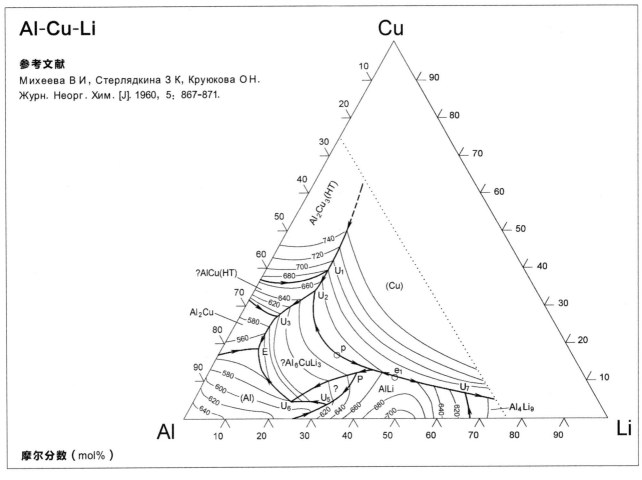

Al-Cu-Li

参考文献

Михеева В И, Стерлядкина З К, Круюкова О Н.

Журн. Неорг. Хим. [J]. 1960, 5：867-871.

Cu

Al

Li

摩尔分数（mol%）

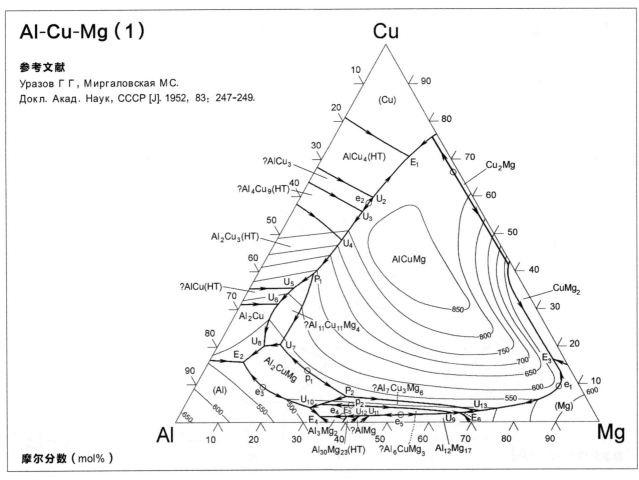

Al-Cu-Mg（1）

参考文献

Уразов Г Г, Миргаловская М С.

Докл. Акад. Наук, СССР [J]. 1952, 83：247-249.

Cu

Al

Mg

摩尔分数（mol%）

Al-Cu-Mg (2)

参考文献

Chen S L, Zuo Y, Liang H, et al.
Metallurgical and Materials Transactions A [J].
1997, 28A: 435-446.

S: Al_2MgCu ρ: $Al_{14}Mg_{11}$
Q: $Al_7Mg_6Cu_3$ ν: $Al_{21}Mg_{19}$
V: $Al_5Mg_2Cu_6$
T: $(Al, Cu)_{49}Mg_{32}$

U_1: 877℃	U_8: 542℃
E_1: 834℃	U_9: 532℃
U_2: 782℃	U_{10}: 525℃
U_3: 752℃	E_4: 505℃
U_4: 738℃	E_5: 481℃
E_2: 724℃	U_{11}: 469℃
U_5: 724℃	U_{12}: 467℃
P_1: 709℃	U_{13}: 452℃
U_6: 606℃	U_{14}: 444℃
U_7: 568℃	E_6: 448℃
E_3: 552℃	E_8: 424℃

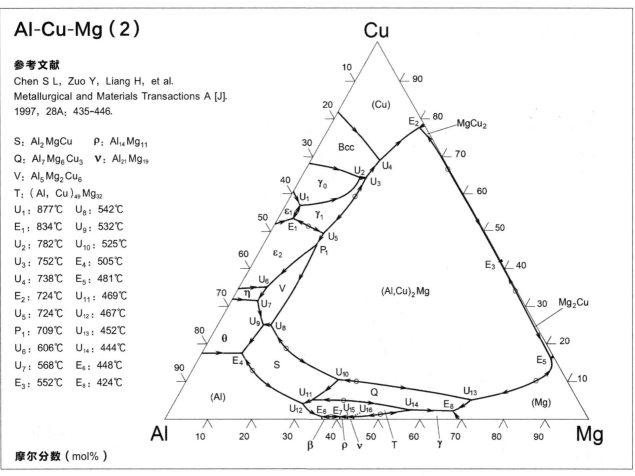

摩尔分数（mol%）

Al-Cu-Mg（Al角）

参考文献

Brommelle N S, Philips H W.
J. Inst. Metals（London）[J]. 1949, 75: 529-558.

e: 518℃, 75.4% Al, 11.6% Cu
E: 507℃, 74.5% Al, 17.2% Cu
U_1: 487℃, 65.9% Al, 4.4% Cu
U_2: 418℃, 64.5% Al, 1.2% Cu

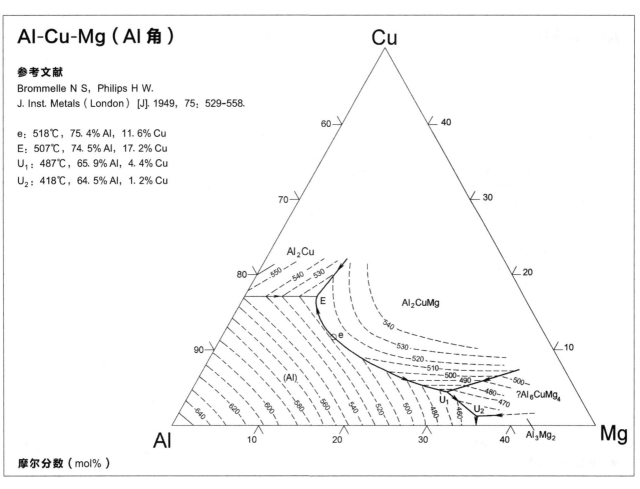

摩尔分数（mol%）

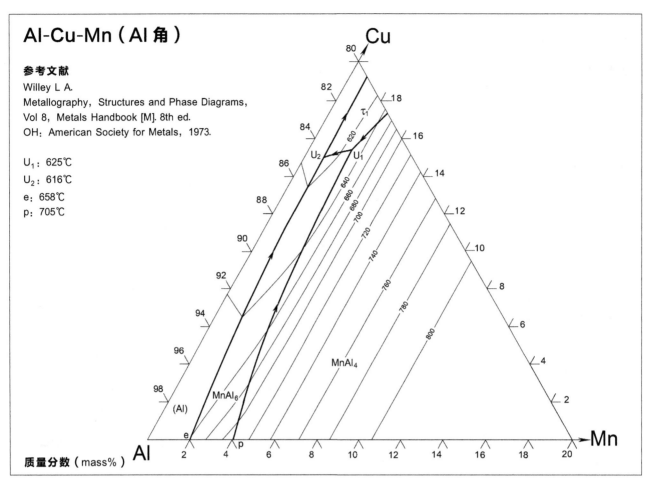

Al-Cu-Mn（Al 角）

参考文献

Willey L A.
Metallography, Structures and Phase Diagrams,
Vol 8, Metals Handbook [M]. 8th ed.
OH: American Society for Metals, 1973.

U_1: 625℃
U_2: 616℃
e: 658℃
p: 705℃

质量分数（mass%）

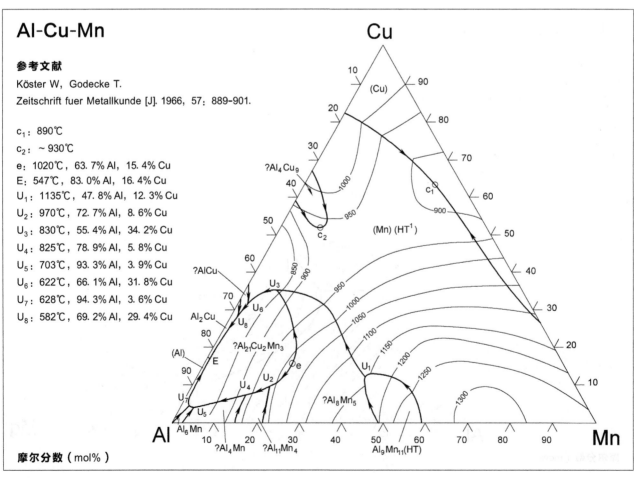

Al-Cu-Mn

参考文献

Köster W, Godecke T.
Zeitschrift fuer Metallkunde [J]. 1966, 57: 889-901.

c_1: 890℃
c_2: ~930℃
e: 1020℃, 63.7% Al, 15.4% Cu
E: 547℃, 83.0% Al, 16.4% Cu
U_1: 1135℃, 47.8% Al, 12.3% Cu
U_2: 970℃, 72.7% Al, 8.6% Cu
U_3: 830℃, 55.4% Al, 34.2% Cu
U_4: 825℃, 78.9% Al, 5.8% Cu
U_5: 703℃, 93.3% Al, 3.9% Cu
U_6: 622℃, 66.1% Al, 31.8% Cu
U_7: 628℃, 94.3% Al, 3.6% Cu
U_8: 582℃, 69.2% Al, 29.4% Cu

摩尔分数（mol%）

Al-Cu-Nd

参考文献

Bai W M, Jiang Y, Guo Z Y, et al.
Materials Chemistry and Physics [J]. 2017, 195: 94-104.

U_1: 1326℃ U_{13}: 890℃
U_3: 1205℃ E_2: 861℃
U_4: 1184℃ P_2: 837℃
U_5: 1143℃ U_{17}: 756℃
U_8: 985℃ U_{18}: 749℃
U_9: 984℃ U_{19}: 700℃
E_1: 979℃ U_{20}: 650℃
U_{12}: 912℃ U_{21}: 644℃

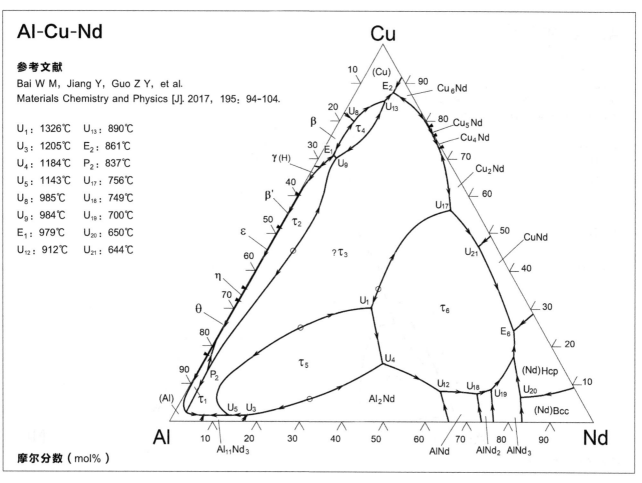

摩尔分数（mol%）

Al-Cu-Ni（1）

参考文献

Köster W, Zwicker U, Moeler K.
Zeitschrift fuer Metallkunde [J]. 1948, 39: 225-231.

E: 546℃, 82.4%Al, 17.1%Cu
P: ~820℃, 64.0%Al, 32.0%Cu
U_1: 1250℃, 20.0%Al, 34.0%Cu
U_2: ~880℃, 48.0%Al, 50.0%Cu
U_3: ~650℃, 63.0%Al, 36.0%Cu
U_4: 585℃, 87.0%Al, 12.0%Cu

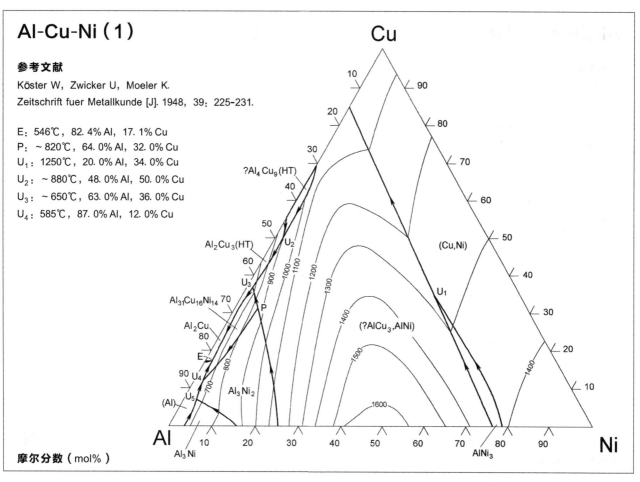

摩尔分数（mol%）

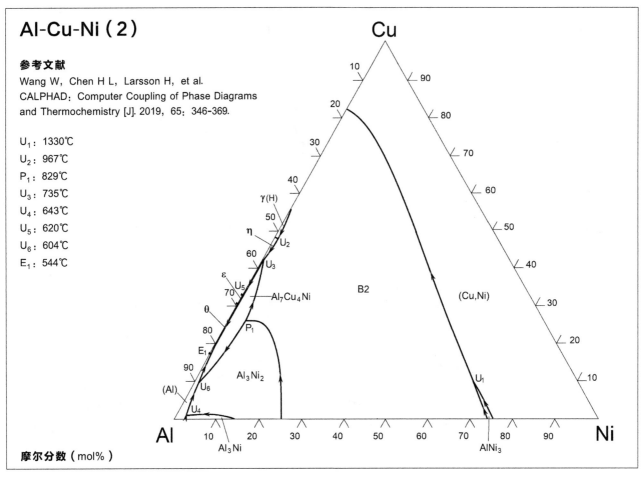

Al-Cu-Ni（2）

参考文献

Wang W，Chen H L，Larsson H，et al.
CALPHAD：Computer Coupling of Phase Diagrams
and Thermochemistry [J]. 2019，65：346-369.

U_1：1330℃
U_2：967℃
P_1：829℃
U_3：735℃
U_4：643℃
U_5：620℃
U_6：604℃
E_1：544℃

摩尔分数（mol%）

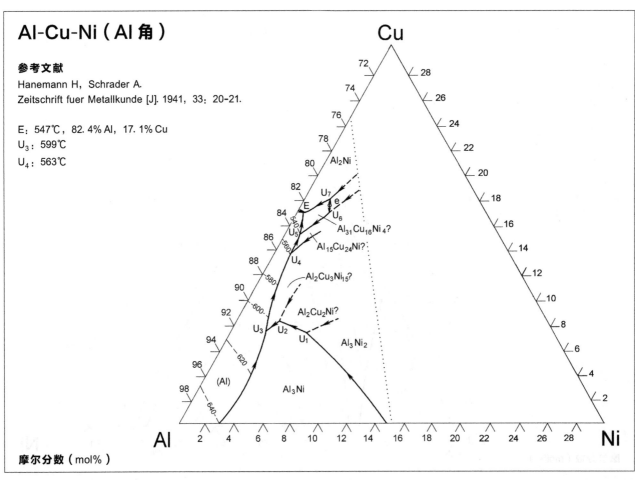

Al-Cu-Ni（Al 角）

参考文献

Hanemann H，Schrader A.
Zeitschrift fuer Metallkunde [J]. 1941，33：20-21.

E：547℃，82.4% Al，17.1% Cu
U_3：599℃
U_4：563℃

摩尔分数（mol%）

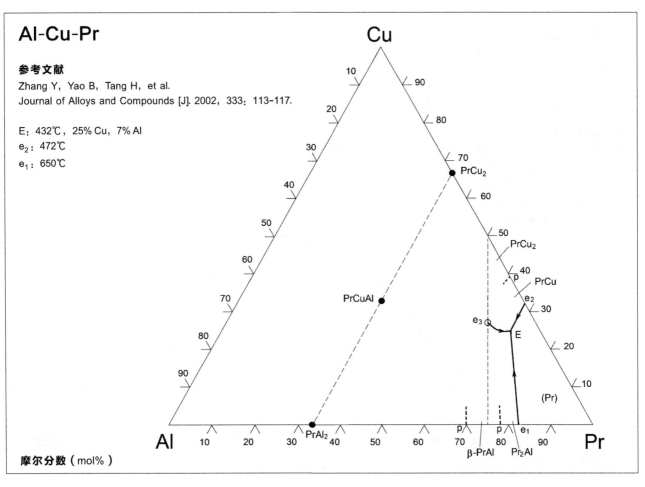

Al-Cu-Pr

参考文献

Zhang Y, Yao B, Tang H, et al.
Journal of Alloys and Compounds [J]. 2002, 333: 113-117.

E: 432℃, 25% Cu, 7% Al
e_2: 472℃
e_1: 650℃

摩尔分数（mol%）

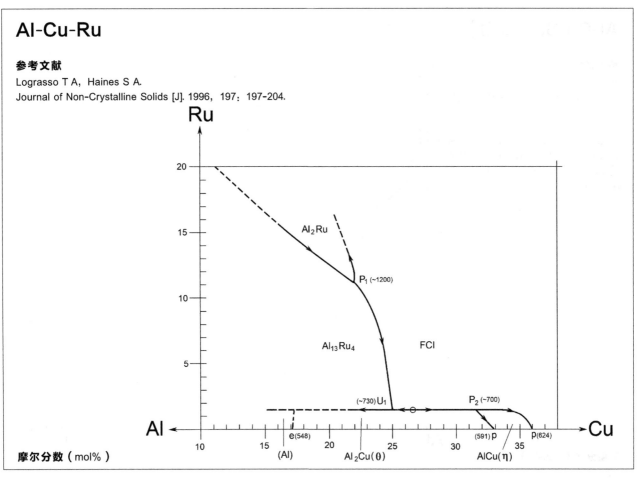

Al-Cu-Ru

参考文献

Lograsso T A, Haines S A.
Journal of Non-Crystalline Solids [J]. 1996, 197: 197-204.

摩尔分数（mol%）

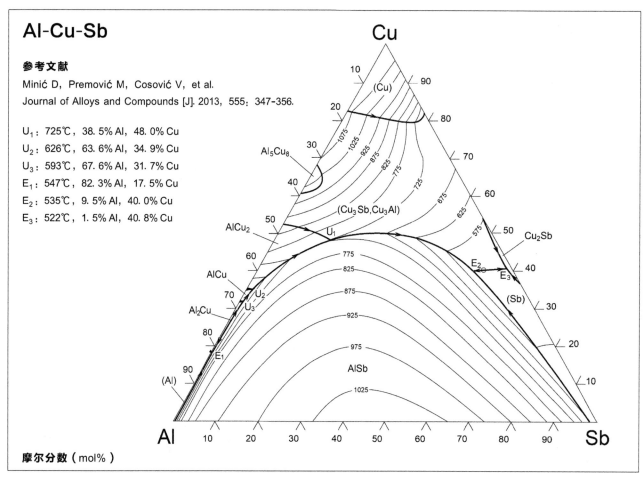

Al-Cu-Sb

参考文献

Minić D, Premović M, Cosović V, et al.
Journal of Alloys and Compounds [J]. 2013, 555: 347-356.

U_1: 725℃, 38.5% Al, 48.0% Cu
U_2: 626℃, 63.6% Al, 34.9% Cu
U_3: 593℃, 67.6% Al, 31.7% Cu
E_1: 547℃, 82.3% Al, 17.5% Cu
E_2: 535℃, 9.5% Al, 40.0% Cu
E_3: 522℃, 1.5% Al, 40.8% Cu

摩尔分数（mol%）

Al-Cu-Sc（Al 角）

参考文献

Bo H, Liu L B, Jin Z P.
Journal of Alloys and Compounds [J].
2010, 490: 318-325.

E: 547℃, 33.3w-% Cu, 0.04w-% Sc θ
U: 573℃, 27.6w-% Cu, 0.22w-% Sc
τ: $Al_{8-x}Cu_{4+x}Sc$ ($0 \leqslant x \leqslant 2.6$)
θ: ($CuAl_2$)

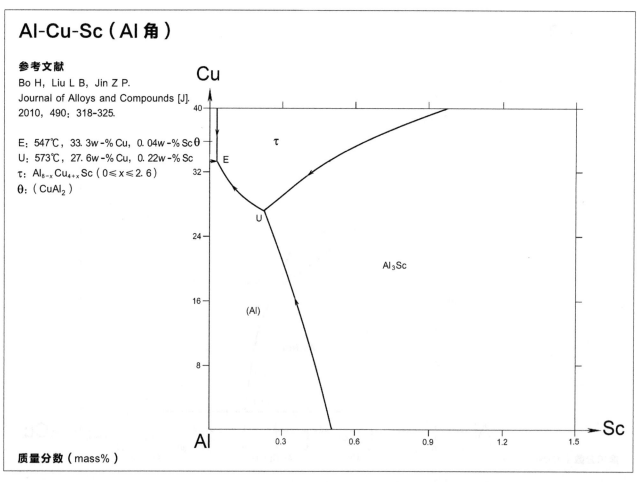

质量分数（mass%）

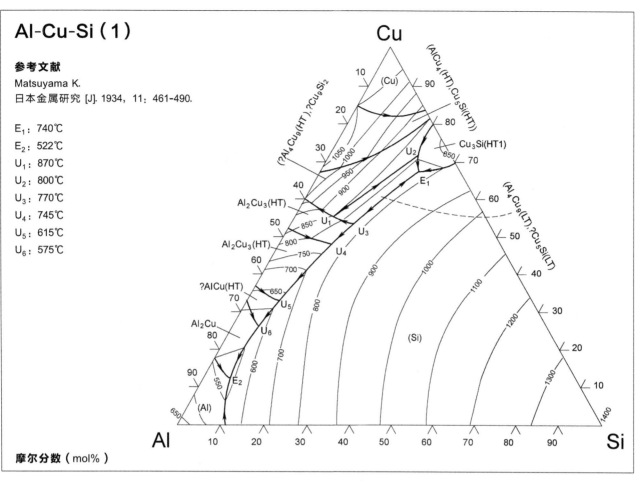

Al-Cu-Si（1）

参考文献

Matsuyama K.
日本金属研究 [J]. 1934, 11：461-490.

E_1：740℃
E_2：522℃
U_1：870℃
U_2：800℃
U_3：770℃
U_4：745℃
U_5：615℃
U_6：575℃

摩尔分数（mol%）

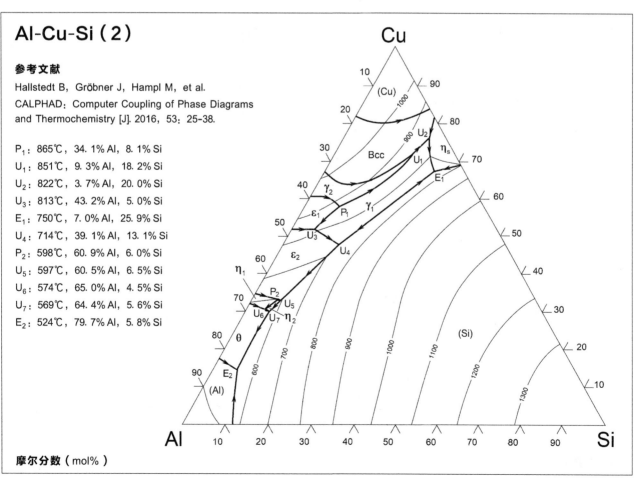

Al-Cu-Si（2）

参考文献

Hallstedt B，Gröbner J，Hampl M，et al.
CALPHAD：Computer Coupling of Phase Diagrams
and Thermochemistry [J]. 2016, 53：25-38.

P_1：865℃，34.1% Al，8.1% Si
U_1：851℃，9.3% Al，18.2% Si
U_2：822℃，3.7% Al，20.0% Si
U_3：813℃，43.2% Al，5.0% Si
E_1：750℃，7.0% Al，25.9% Si
U_4：714℃，39.1% Al，13.1% Si
P_2：598℃，60.9% Al，6.0% Si
U_5：597℃，60.5% Al，6.5% Si
U_6：574℃，65.0% Al，4.5% Si
U_7：569℃，64.4% Al，5.6% Si
E_2：524℃，79.7% Al，5.8% Si

摩尔分数（mol%）

Al-Cu-Si（Al 角）

参考文献

Philips H W L.
J. Inst. Metals [J]. 1953-1954, 82：9-15.

E：524℃，26.7w-% Cu，5.3w-% Si

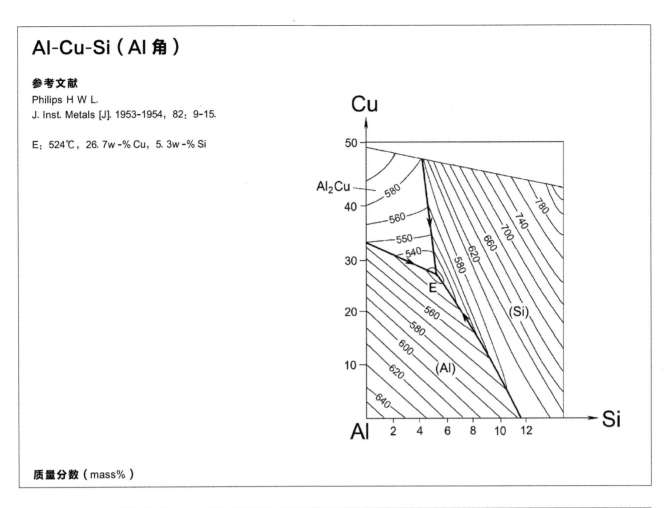

质量分数（mass%）

Al-Cu-Sn（1）

参考文献

Chang Y A，Neumann J P，Mikula A，et al.
Inst. Copper Research Association [R]. 1979：233-240.

L_1，L_2：520℃

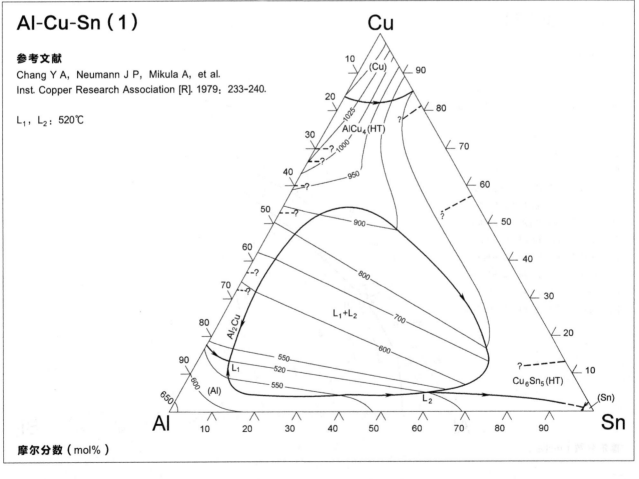

摩尔分数（mol%）

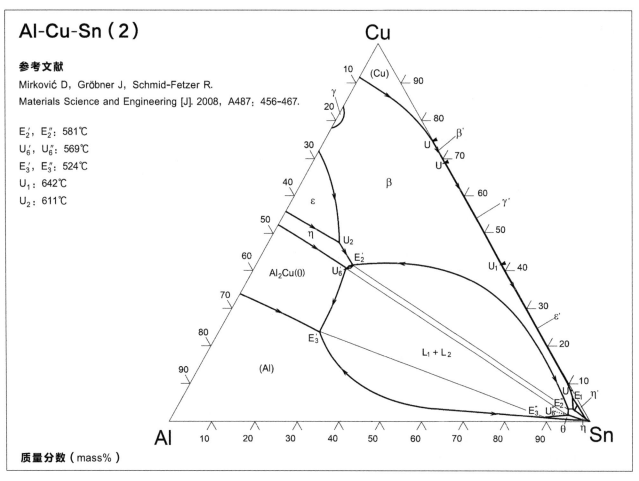

Al-Cu-Sn（2）

参考文献

Mirković D, Gröbner J, Schmid-Fetzer R.
Materials Science and Engineering [J]. 2008, A487: 456-467.

E_2', E_2'': 581℃
U_6', U_6'': 569℃
E_3', E_3'': 524℃
U_1: 642℃
U_2: 611℃

质量分数（mass%）

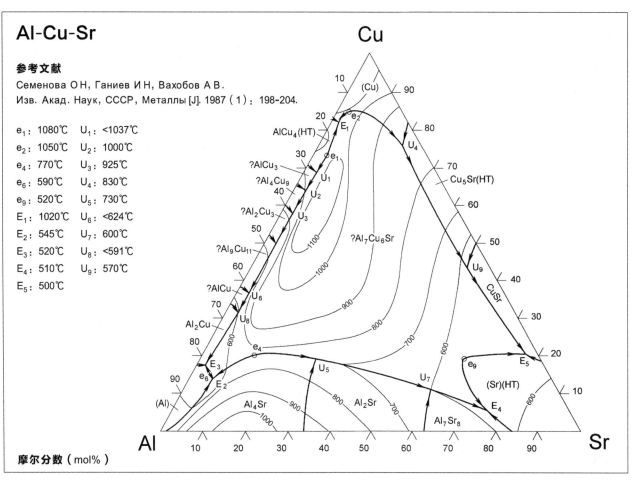

Al-Cu-Sr

参考文献

Семенова О Н, Ганиев И Н, Вахобов А В.
Изв. Акад. Наук, СССР, Металлы [J]. 1987 (1): 198-204.

e_1: 1080℃ U_1: <1037℃
e_2: 1050℃ U_2: 1000℃
e_4: 770℃ U_3: 925℃
e_6: 590℃ U_4: 830℃
e_9: 520℃ U_5: 730℃
E_1: 1020℃ U_6: <624℃
E_2: 545℃ U_7: 600℃
E_3: 520℃ U_8: <591℃
E_4: 510℃ U_9: 570℃
E_5: 500℃

摩尔分数（mol%）

Al-Cu-Te

参考文献

Korzun B V, Fadzeyeva A A, Bente K, et al.
J. Mater. Sci. Mater. Electron. [J]. 2008, 19: 255-260.

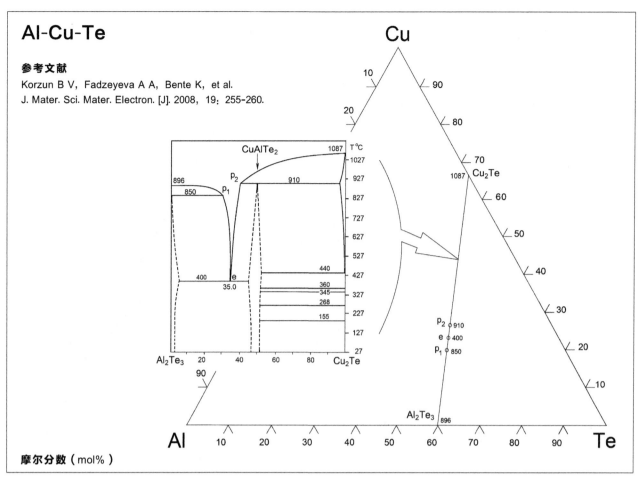

摩尔分数（mol%）

Al-Cu-Ti

参考文献

Verdis P, Zwicker U.
Zeitschrift fuer Metallkunde [J]. 1971, 62: 46-51.

e_1: 1100℃, 28% Al, 46% Cu
e_2: 1020℃, 6% Al, 76% Cu
E: 885℃, 2% Al, 66% Cu
P_1: 1280℃, 68% Al, 8% Cu
P_2: 1150℃, 40% Al, 15% Cu
U_1: 1010℃, 25% Al, 68% Cu
U_2: 1000℃, 38% Al, 55% Cu
U_3: 1000℃, 41% Al, 19% Cu
U_4: 980℃, 10% Al, 27% Cu
U_5: 970℃, 17% Al, 38% Cu
U_6: 965℃, 14% Al, 43% Cu
U_7: 940℃, 7% Al, 52% Cu
U_8: 930℃, 43% Al, 50% Cu
U_9: 910℃, 2% Al, 63% Cu
U_{10}: 900℃, 2% Al, 68% Cu
U_{11}: 830℃, 62% Al, 36% Cu
U_{12}: 610℃, 64% Al, 34% Cu
U_{13}: 580℃, 68% Al, 30% Cu
U_{14}: 570℃, 74% Al, 24% Cu
U_{15}: 555℃, 82% Al, 17% Cu

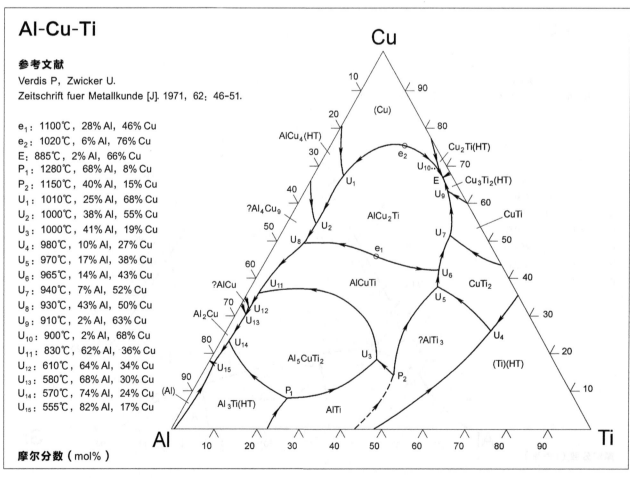

摩尔分数（mol%）

Al-Cu-Y

参考文献

Zhang L, Masser P J, Tao X, et al.
CALPHAD: Conputer Coupling of Phase Diagrams
and Thermochemistry [J]. 2011, 35: 574-579.

U_1: 583℃ U_{13}: 969℃
U_3: 600℃ U_{14}: 972℃
U_6: 735℃ P_4: 978℃
P_1: 779℃ E_7: 1079℃
E_2: 790℃ U_{18}: 1126℃
P_2: 805℃ U_{19}: 1501℃
E_3: 855℃ U_{20}: 1696℃
U_8: 868℃
U_9: 869℃
U_{10}: 875℃
E_5: 940℃

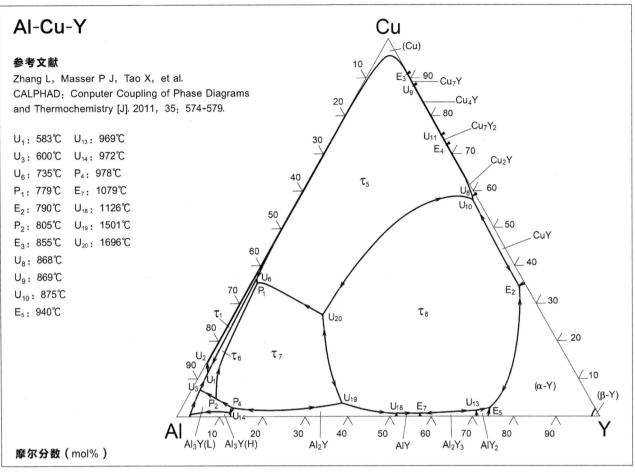

摩尔分数（mol%）

Al-Cu-Yb

参考文献

Huang G, Liu L, Zhang L, et al.
Journal of Mining and Metallurgy,
Section B-Metallurgy [J]. 2016, 52（2）: 177-183.

E_1: 627℃
E_2: 1015℃
E_3: 474℃
E_4: 947℃
U_2: 989℃
U_4: 621℃
U_5: 620℃
U_6: 626℃
U_7: 957℃
U_8: 991℃
P_1: 931℃
P_2: 1030℃

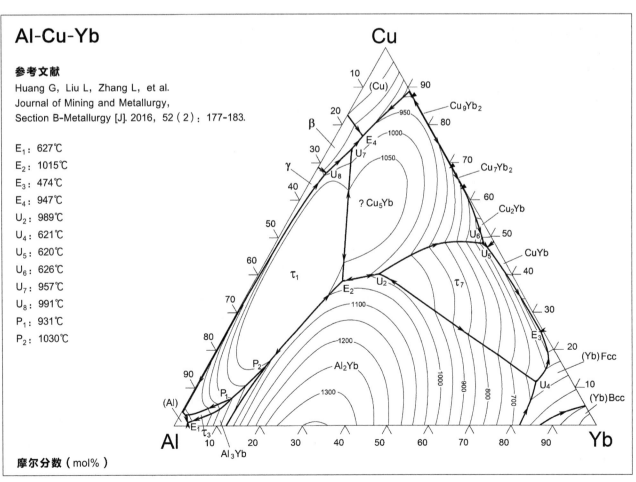

摩尔分数（mol%）

Al-Cu-Zn（1）

参考文献

Amdt H H, Moeller K.
Zeitschrift fuer Metallkunde [J]. 1960, 51：596-600.

E：377℃，13% Al，4% Cu
U₁：620℃，63% Al，34% Cu
U₂：580℃，65.2% Al，31.3% Cu
U₃：422℃，46.2% Al，12.5% Cu
U₄：396℃，31.4% Al，7.6% Cu
P：625℃

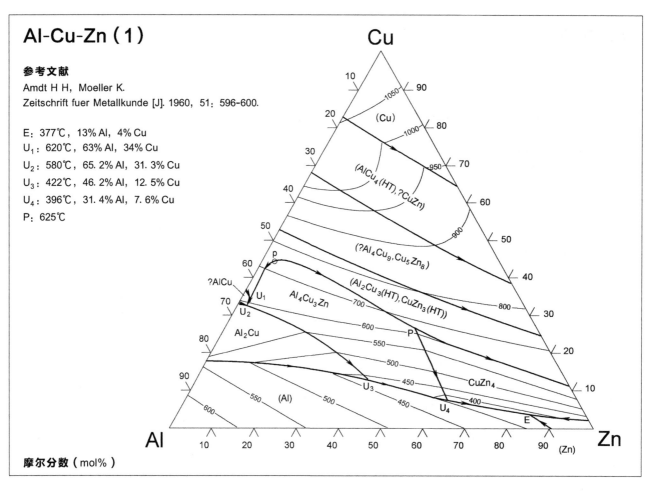

摩尔分数（mol%）

Al-Cu-Zn（2）

参考文献

Liang S M, Schmid-Fetzer R.
CALPHAD：Computer Coupling of Phase Diagrams
and Thermochemistry [J]. 2016, 52：21-37.

P₁：742℃，43.9% Al，44.5% Cu
P₂：734℃，27.2% Al，39.8% Cu
U₁：718℃，35.2% Al，40.9% Cu
U₂：625℃，27.9% Al，25.1% Cu
U₃：620℃，62.2% Al，34.2% Cu
U₄：578℃，65.9% Al，30.6% Cu
U₅：422℃，35.7% Al，7.0% Cu
U₆：411℃，26.7% Al，5.0% Cu
E：379℃，12.2% Al，1.6% Cu

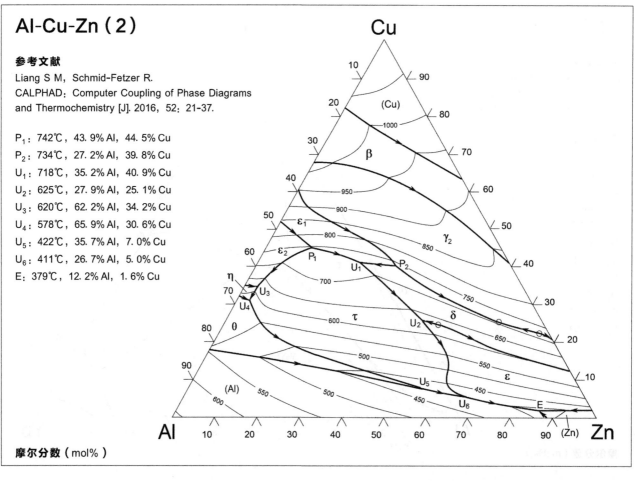

摩尔分数（mol%）

Al-Cu-Zr

参考文献

Bo H, Wang J, Jin S, et al.
Intermetallics [J]. 2010, 18: 2322-2327.

U_1: 1045℃	U_{15}: 729℃	U_{22}: 610℃
P_1: 1002℃	U_{16}: 722℃	U_{23}: 599℃
U_2: 971℃	E_1: 248℃	U_{24}: 575℃
U_3: 958℃	E_2: 721℃	U_{25}: 574℃
P_2: 935℃	U_{17}: 708℃	E_9: 562℃
U_4: 930℃	U_{18}: 248℃	U_{26}: 539℃
P_3: 925℃	E_3: 696℃	P_5: 476℃
P_4: 908℃	U_{19}: 696℃	U_{27}: 350℃
U_5: 879℃	E_4: 696℃	U_{28}: 318℃
U_6: 878℃	E_5: 694℃	
U_7: 856℃	E_6: 686℃	
U_8: 824℃	U_{20}: 915℃	
U_9: 768℃	U_{21}: 627℃	
U_{10}: 763℃	E_7: 626℃	
U_{11}: 749℃		
U_{12}: 748℃		
U_{13}: 734℃		
U_{14}: 729℃		

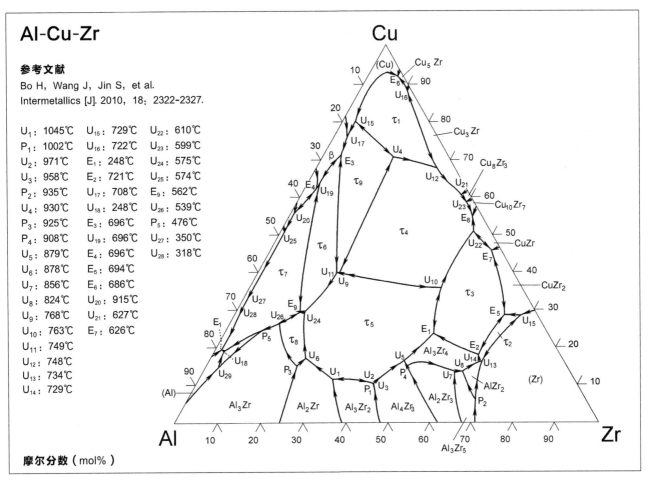

摩尔分数（mol%）

Al-Dy-Mg

参考文献

Cacciamani G, De Negr S, Saccone A, et al.
Intermetallics [J]. 2003, 11: 1135-1151.

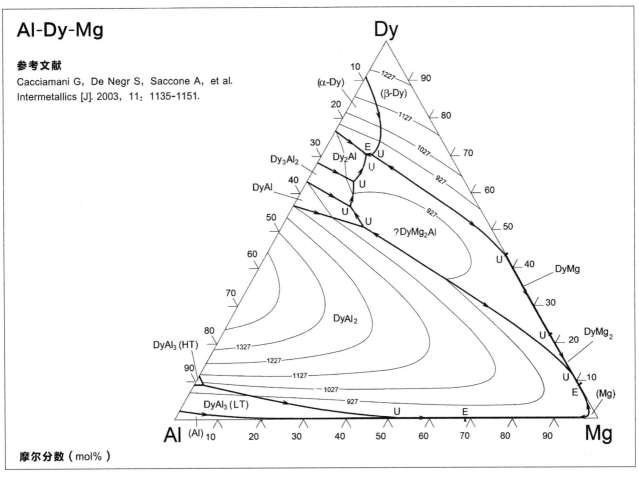

摩尔分数（mol%）

Al-Dy-Ti

参考文献

Bulanova M V, Fartushna Yu V, Meleshevich K A, et al.
Powder Metallurgy and Metal Ceramics [J]. 2014, 52: 686-708.

U_1: 1325 ± 8℃, 57% Al, 10% Dy

U_2: 1260℃, 62.5% Al, 6.5% Dy

P_1: 1180 ± 7℃, 41% Al, 45% Dy

P_2: 1130 ± 5℃, 39.5% Al, 48.5% Dy

U_3: 1060 ± 4℃, 40% Al, 50.5% Dy

U_4: 1010 ± 9℃, 40.5% Al, 55.5% Dy

U_5: 970 ± 4℃, 19% Al, 73% Dy

U_6: 960 ± 8℃, 37% Al, 55% Dy

U_7: 955 ± 16℃, 31.5% Al, 64.5% Dy

U_8: 930℃, 28% Al, 67.5% Dy

E_1: 910 ± 15℃, 11% Al, 75% Dy

e_1: 1343 ± 5℃, 47.5% Al, 20% Dy

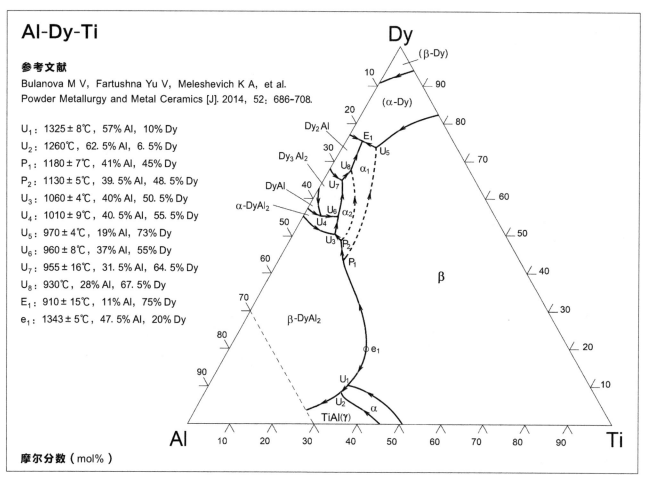

摩尔分数（mol%）

Al-Dy-Zr

参考文献

Bo H, Liu L B, Hu J L, et al.
Journal of Materials Science [J]. 2015, 50: 6427-6436.

U_1: 1499℃	U_9: 1109℃
U_2: 1488℃	P_3: 1108℃
U_3: 1467℃	E_1: 1103℃
U_4: 1308℃	E_2: 1100℃
P_1: 1308℃	U_{11}: 997℃
P_2: 1242℃	E_3: 976℃
U_5: 1233℃	E_4: 963℃
U_6: 1204℃	E_5: 952℃
U_7: 1125℃	U_{12}: 945℃
U_8: 1111℃	

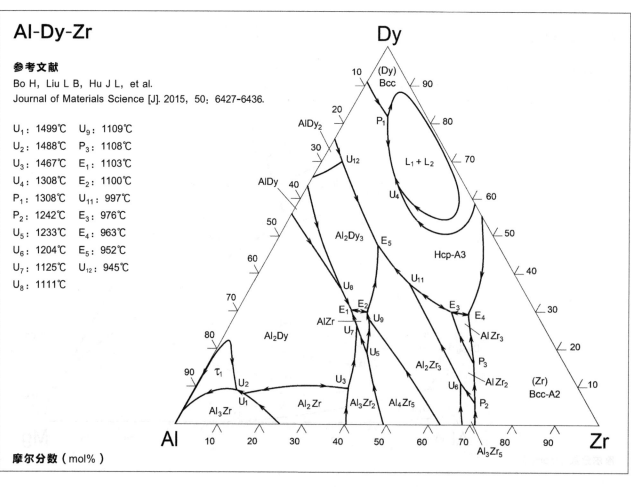

摩尔分数（mol%）

Al-Er-Mg

参考文献

Cacciamani G, Saccone A, De Negri S, et al.
Journal of Phase Equilibria [J]. 2002, 23: 38-50.

P_1: 1389℃
U_1: 1338℃
U_2: 1277℃
U_3: 1253℃
U_4: 1232℃
U_5: 1121℃
E_1: 838℃

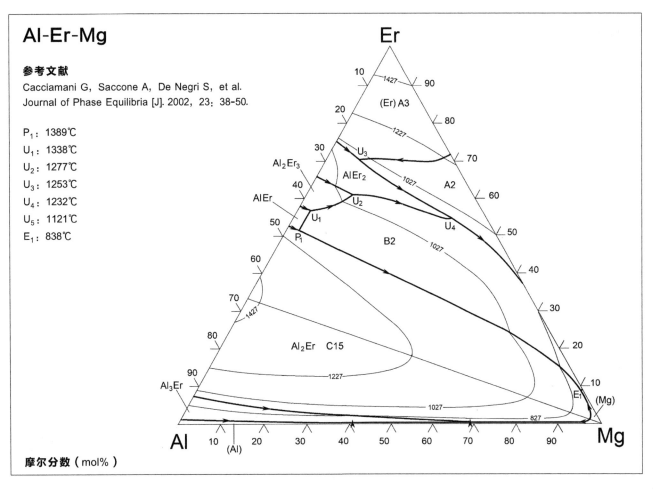

摩尔分数（mol%）

Al-Fe-Gd

参考文献

Hackenberg R E, Gao M C,
Shiflet G J, et al.
Acta Materialia [J]. 2002,
50: 2245-2258.

τ_1: $Al_{10}Fe_2Gd$
τ_2: Al_8Fe_4Gd
p_1: 1157℃ U_3: 1092℃
p_2: 1125℃ U_2: 1041℃
e_1: 652℃ P_1: 1040℃
e_2: ~650℃ U_1: 647℃
U_6: 1137℃ E_1: 638℃
U_5: 1100℃ c: 1105℃
U_4: 1097℃

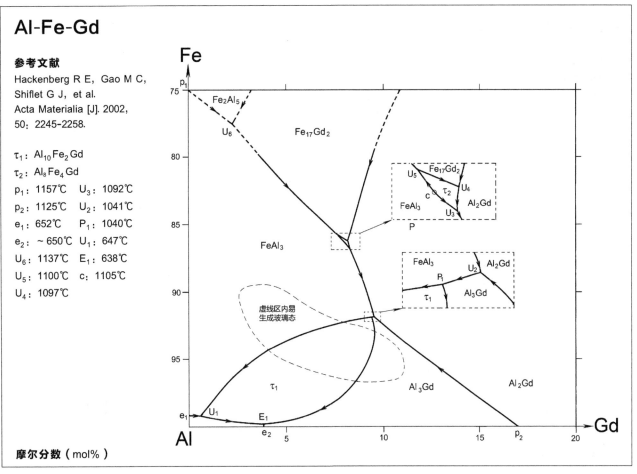

摩尔分数（mol%）

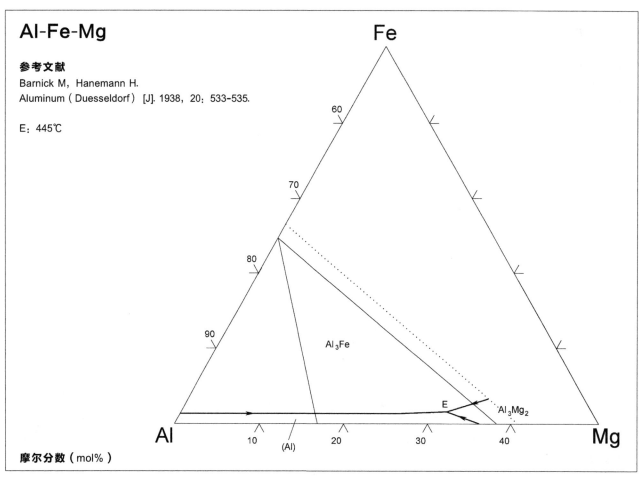

Al-Fe-Mg

参考文献

Barnick M, Hanemann H.
Aluminum (Duesseldorf) [J]. 1938, 20: 533-535.

E: 445℃

Fe

60

70

80

90

Al₃Fe

E

Al₃Mg₂

Al   10   (Al)   20   30   40   Mg

摩尔分数 (mol%)

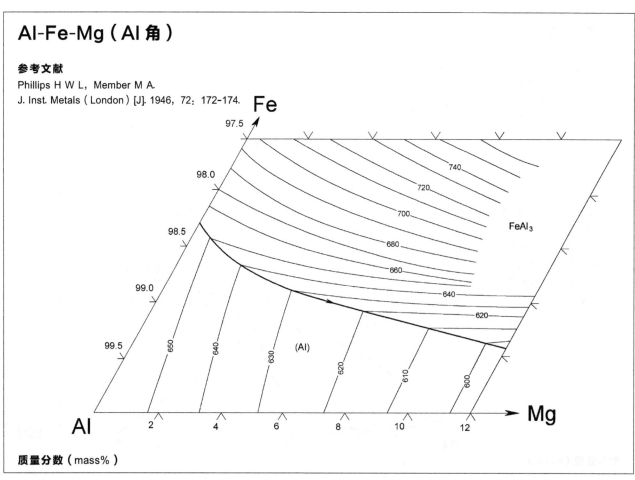

Al-Fe-Mg (Al 角)

参考文献

Phillips H W L, Member M A.
J. Inst. Metals (London) [J]. 1946, 72: 172-174.

Fe

97.5

98.0

98.5

99.0

99.5

740
720
700
680
660
640
620

FeAl₃

650 640 630 (Al) 620 610 600

Al   2   4   6   8   10   12   Mg

质量分数 (mass%)

Al-Fe-Mn（Al 角）

参考文献

Zhou L H, Li Z, Wang S S, et al.
Advances In Manufacturing [J]. 2018, 6：247-257.

E：654℃，98.9% Al，0.8% Fe

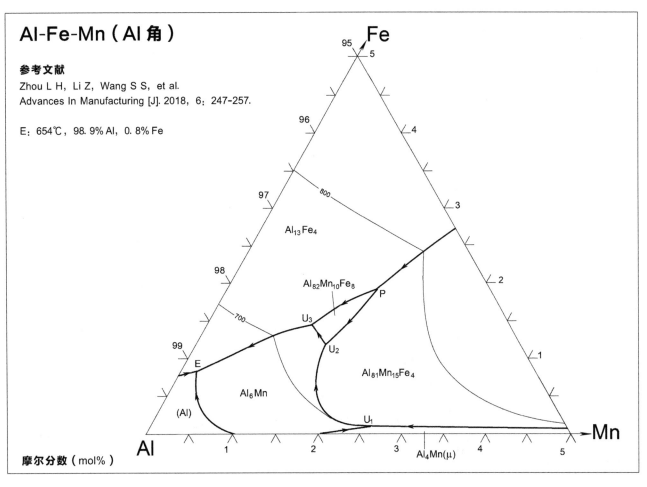

Al-Fe-Mn

参考文献

Umino R, Liu X J, Sutou Y, et al.
Journal of Phase Equilibria and Diffusion [J]. 2006, 27：54-62.

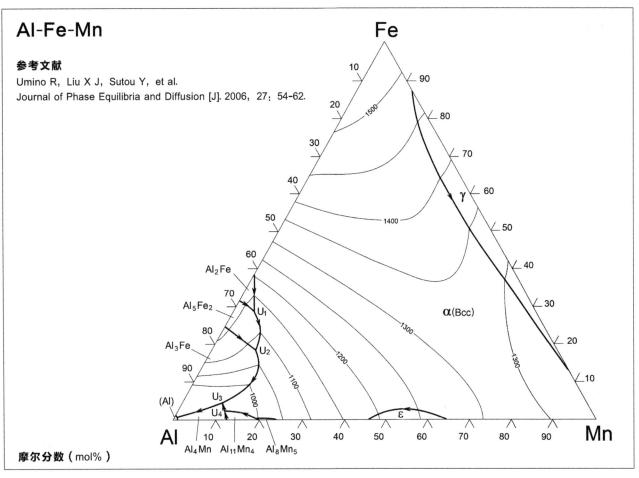

摩尔分数（mol%）

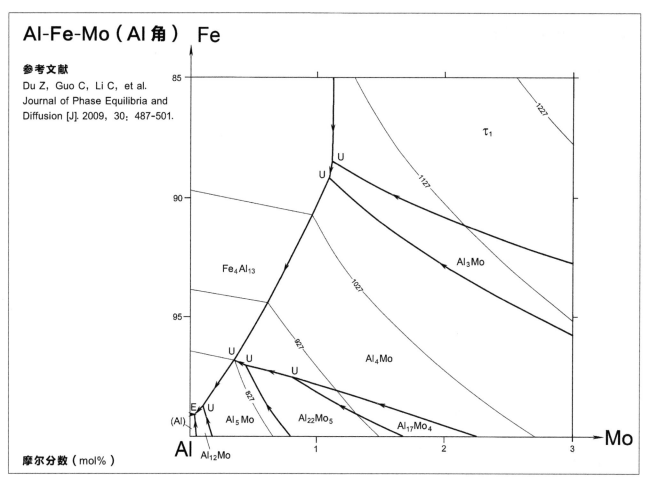

Al-Fe-Mo（Al角） Fe

参考文献

Du Z, Guo C, Li C, et al.
Journal of Phase Equilibria and
Diffusion [J]. 2009, 30：487-501.

τ_1

1127

1027

927

827

Fe_4Al_{13}

Al_3Mo

Al_4Mo

U

U

U

U

U

U

E

U

(Al)

Al_5Mo

$Al_{22}Mo_5$

$Al_{17}Mo_4$

$Al_{12}Mo$

Al

Mo

摩尔分数（mol%）

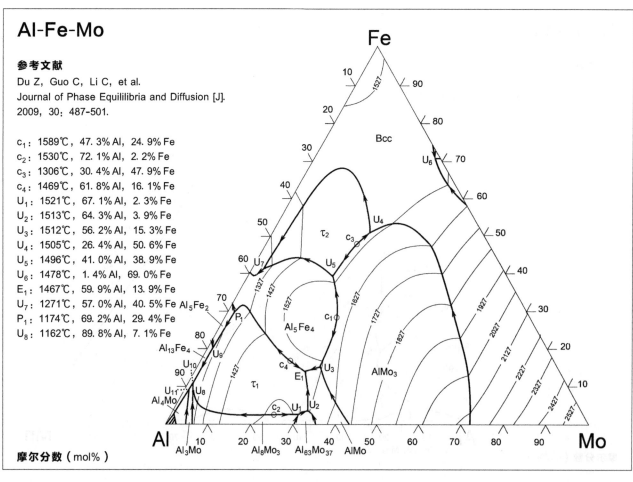

Al-Fe-Mo

Fe

参考文献

Du Z, Guo C, Li C, et al.
Journal of Phase Equililibria and Diffusion [J].
2009, 30：487-501.

c_1：1589℃，47.3%Al，24.9%Fe
c_2：1530℃，72.1%Al，2.2%Fe
c_3：1306℃，30.4%Al，47.9%Fe
c_4：1469℃，61.8%Al，16.1%Fe
U_1：1521℃，67.1%Al，2.3%Fe
U_2：1513℃，64.3%Al，3.9%Fe
U_3：1512℃，56.2%Al，15.3%Fe
U_4：1505℃，26.4%Al，50.6%Fe
U_5：1496℃，41.0%Al，38.9%Fe
U_6：1478℃，1.4%Al，69.0%Fe
E_1：1467℃，59.9%Al，13.9%Fe
U_7：1271℃，57.0%Al，40.5%Fe Al_5Fe_2
P_1：1174℃，69.2%Al，29.4%Fe
U_8：1162℃，89.8%Al，7.1%Fe

Bcc

τ_2

τ_1

Al_5Fe_4

$AlMo_3$

$Al_{13}Fe_4$

Al_4Mo

Al_3Mo

Al_8Mo_3

$Al_{63}Mo_{37}$

AlMo

Al

Mo

摩尔分数（mol%）

Al-Fe-Nb

参考文献

Guo C, Wu T, Li C, et al.
CALPHAD: Computer Coupling of Phase Diagrams
and Thermochemistry [J]. 2017, 57: 78-87.

U_1: >1723℃, 26.3% Al, 7.2% Fe

P_1: 1582℃, 23.7% Al, 28.9% Fe

U_2: 1549℃, 14.8% Al, 28.8% Fe

E_1: 1542℃, 55.9% Al, 6.0% Fe

U_3: 1161℃, 56.8% Al, 37.8% Fe

E_2: 1156℃, 60.4% Al, 34.5% Fe

P_2: <1155℃, 68.1% Al, 31.2% Fe

U_4: <1146℃, 74.6% Al, 24.1% Fe

U_5: <1134℃, 67.1% Al, 30.6% Fe

E_3: <1134℃, 66.2% Al, 31.1% Fe

c_1: >1600℃

c_2: ~1600℃

c_3: ~1384℃

c_5: 1146℃

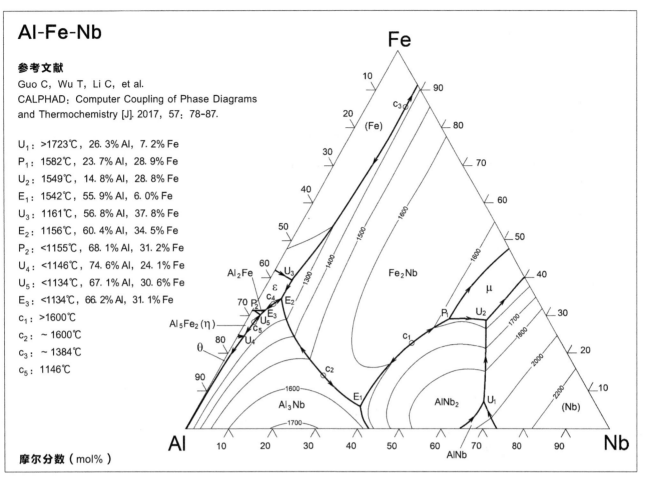

摩尔分数（mol%）

Al-Fe-Ni（1）

参考文献

Raynor G V, Rivlin V G.
J. Inst. Metals（London）[J]. 1988（4）: 107-121.

m: 1340℃, 15.5% Al, 49.7% Fe

U_1: 1380℃, 76.5% Al, 2.5% Fe

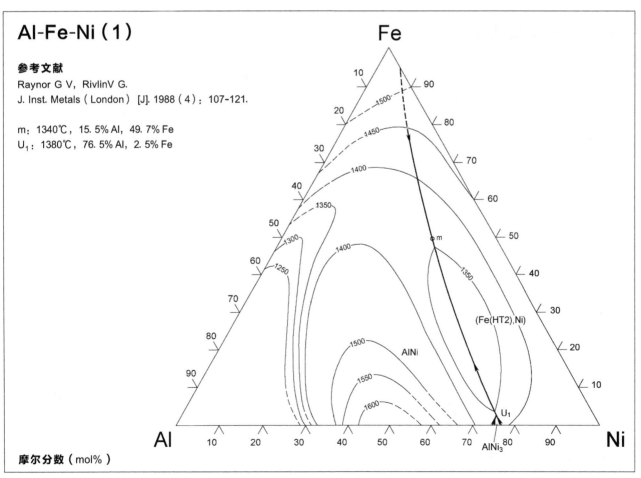

摩尔分数（mol%）

Al-Fe-Ni（2）

参考文献

Chunak I, Richter K W, Ipster H.
Intermetallics [J]. 2007, 15: 1416-1424.

τ_1: $Fe_{4-x}Ni_xAl_{10}$
τ_2: $Fe_{2-x}Ni_xAl_9$
D: 十方相（Decogonal phase）
U_2: 1137℃　　p_3: 1232℃
P_1: 1121℃　　p_4: 1133℃
U_4: ～1116℃　p_5: 866℃
U_5: 1069℃　　e_2: 1165℃
U_6: 1030℃　　e_3: ～1150℃
P_2: 930℃　　　e_4: 655℃
U_7: 864℃　　　e_5: 640℃
U_8: 860℃
U_9: 650℃
E: 638℃

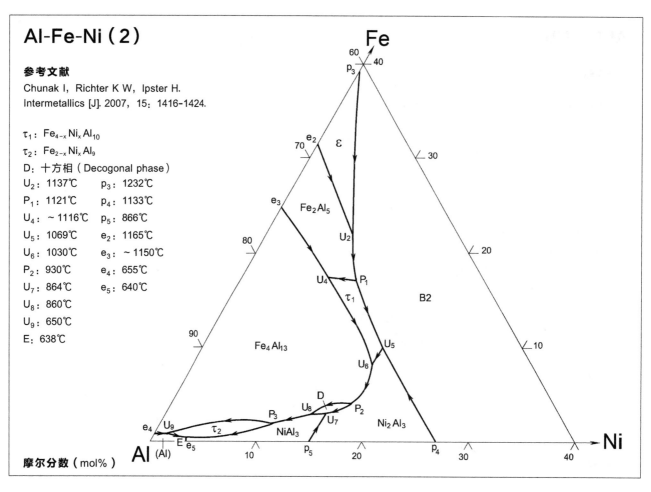

摩尔分数（mol%）

Al-Fe-Ni（Al角）

参考文献

Phillips H W L, Member M A.
J. inst. Metals（London）[J]. 1942, 68: 37-43.

U: 649℃, 0.55% Ni, 0.87% Fe

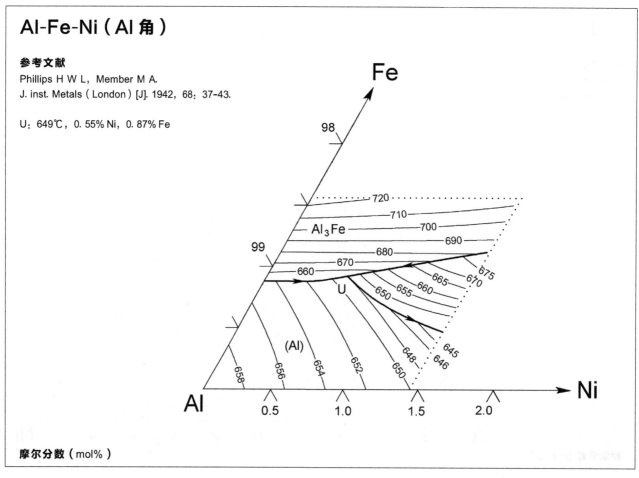

摩尔分数（mol%）

Al-Fe-P（1）

参考文献

曹战民，谢伟，乔芝郁，等.
物理化学学报（Acta Phys.-Chim. Sin.）[J]. 2013, 29：2148-2156.

E_1: 1486℃, 0.9% Al, 26.7% Fe
E_2: 1390℃, 2.1% Al, 42.8% Fe
P_3: 1153℃, 67.5% Al, 32.1% Fe
U_1: 1149℃, 75.1% Al, 24.5% Fe
U_2: 1144℃, 65.1% Al, 33.1% Fe
E_3: 1141℃, 62.8% Al, 34.9% Fe
E_4: 1130℃, 53.2% Al, 41.3% Fe
U_3: 1110℃, 7.6% Al, 57.4% Fe
E_5: 1030℃, 9.9% Al, 71.0% Fe
E_6: 995℃, 20.6% Al, 57.5% Fe

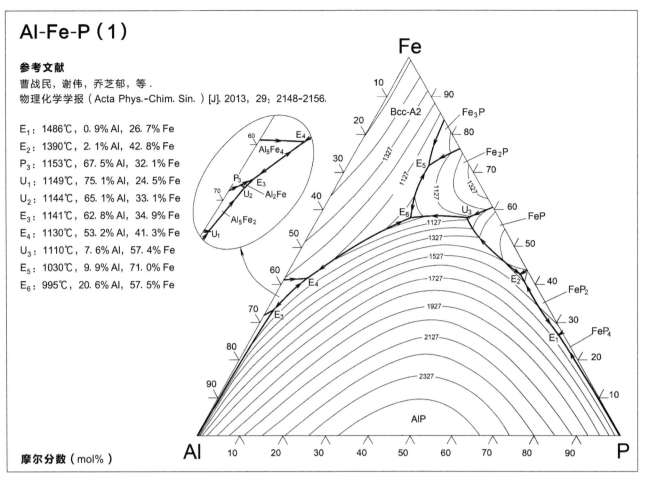

摩尔分数（mol%）

Al-Fe-P（2）

参考文献

You Z, Jung I H.
J. Phase Equilib. Diffus. [J]. 2020, 41：598-614.

U_1: 1035℃, 72.0% Fe, 8.9% Al
E_1: 989℃, 54.7% Fe, 26.4% Al
E_2: 1208℃, 54.6% Fe, 6.1% Al
U_2: 1170℃, 29.7% Fe, 2.8% Al
U_3: 1142℃, 32.2% Fe, 66.8% Al
U_4: 1139℃, 25.3% Fe, 73.7% Al
U_5: 1130℃, 33.1% Fe, 64.6% Al
U_6: 1118℃, 37.2% Fe, 59.1% Al
U_7: 1099℃, 41.2% Fe, 53.1% Al
U_8: 1030℃, 65.3% Fe, 16.2% Al

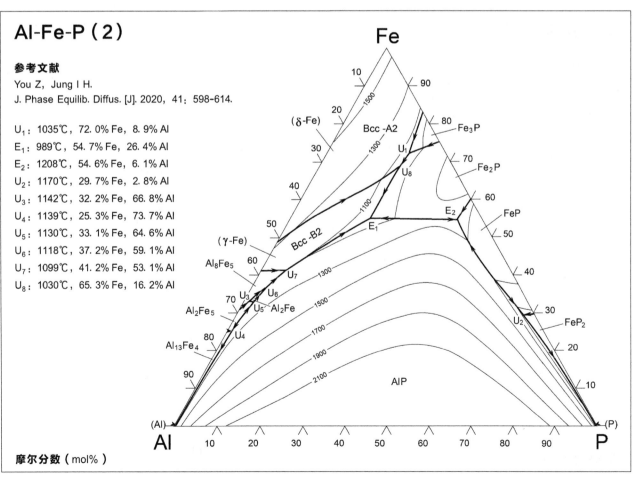

摩尔分数（mol%）

Al-Fe-Pd

参考文献

Balannetskyy S, VelikanovaT Ya, Grushko B.
Journal of Alloys and Compounds [J]. 2005, 394: 219-225.

P_1: ~1135℃　U_5: 925℃
U_1: 1117℃　P_7: 885℃
P_2: 1047℃　U_6: 655~642℃
U_2: 1043℃　U_7: 642℃
P_3: 1005℃　U_8: 633℃
P_4: 990℃
P_5: 965℃
P_6: 943℃
U_3: 939℃
U_4: 935℃

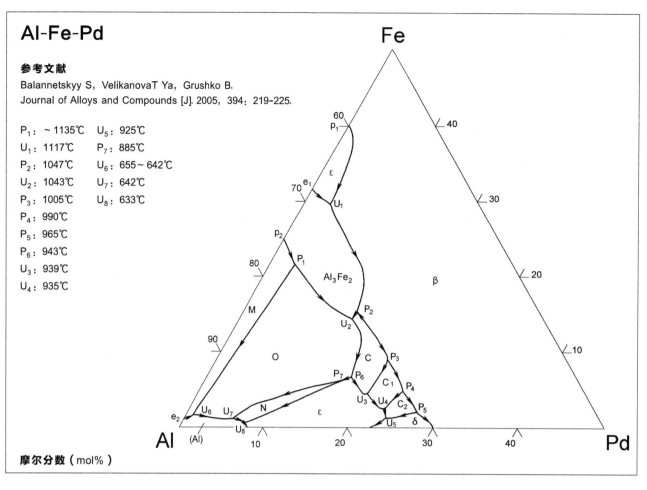

摩尔分数（mol%）

Al-Fe-S

参考文献

Raghavan V.
Phase Diagrams of Ternary Iron Alloys [M].
Calcutta: The Indian Institute of Metals,
1988: 24-34.

e_2: 1150℃　U_2, U_2': 1156℃
e_3: 1095℃　U_8, U_8': 1020℃
e_4: 1095℃　M_1, M_1': 1160℃
P: 1155℃　　M_2, M_2': 950℃
U_4: 1090℃
U_5: 1060℃
U_6: 1050℃
U_7: 1040℃
E_1: 1010℃
E_2: 980℃
E_3: 650℃

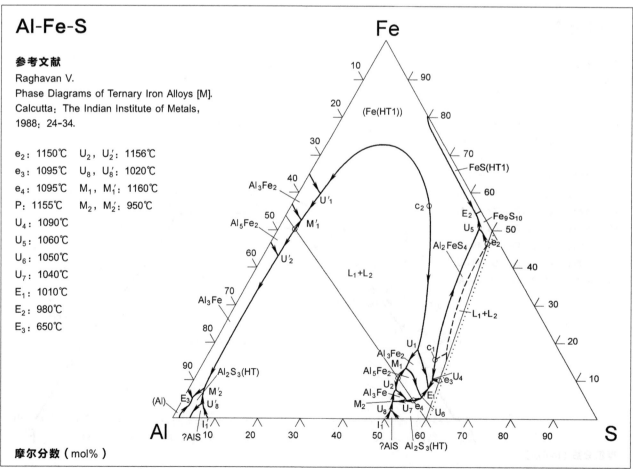

摩尔分数（mol%）

Al-Fe-Si（1）

参考文献

Raynor G V, Rivlin V G.
J. Inst. metals（London）[J]. 1988（4）：123-139.

E：577℃，87. 8%Al，0% Fe
P_1：1050℃，42. 2% Al，32. 9% Fe
P_2：940℃，52. 2% Al，24. 6% Fe
P_3：935℃，49. 4% Al，23. 9% Fe
P_4：865℃，51. 8% Al，12. 8% Fe
P_5：855℃，67. 1% Al，14. 0% Fe
P_6：700℃，81. 8% Al，4. 1% Fe
U_1：1120℃，62. 6% Al，33. 5% Fe
U_2：1030℃，50. 4% Al，31. 5% Fe
U_3：1020℃，50. 9% Al，31. 1% Fe
U_4：1000℃，33. 8% Al，26. 3% Fe
U_5：885℃，42. 8% Al，16. 1% Fe
U_6：880℃，44. 6% Al，14. 8% Fe
U_7：835℃，63. 8% Al，12. 1% Fe
U_8：790℃，67. 9% Al，9. 7% Fe
U_9：620℃，96. 1% Al，1. 0% Fe
U_{10}：615℃，94. 2% Al，1. 0% Fe
U_{11}：600℃，85. 9% Al，0. 5% Fe

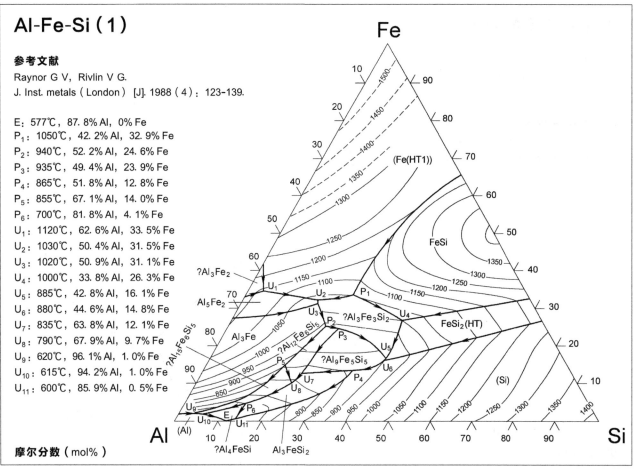

摩尔分数（mol%）

Al-Fe-Si（2）

参考文献

Du Y, Schuster J C, Liu Z K, et al.
Intermetallics [J]. 2008, 16：554-570.

U_1：1140℃
U_2：1131℃
U_3：1098℃
E_1：1054℃
U_4：1032℃
U_5：1025℃
U_6：1002℃
U_7：1002℃
P_2：1001℃
P_1：953℃
U_8：912℃
U_9：906℃

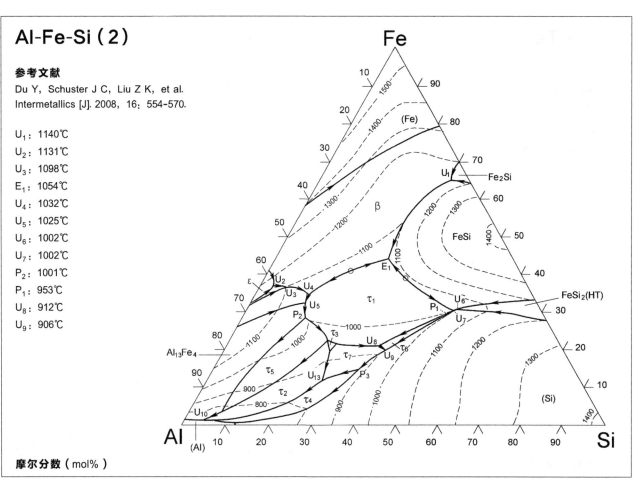

摩尔分数（mol%）

Al-Fe-Si（Al 角）

Phillips H W L, Member M A.
J. Inst. Metals（London）[J]. 1946, 72: 172-174.

U_1: 629℃, 4.0w-% Si, 2.0w-% Fe
U_2: 611℃, 7.5w-% Si, 1.5w-% Fe
E: 577℃, 11.6w-% Si, 0.8w-% Fe

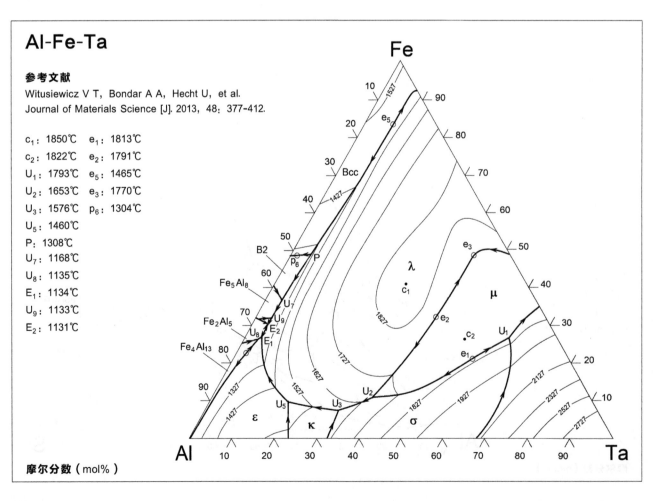

质量分数（mass%）

Al-Fe-Ta

Witusiewicz V T, Bondar A A, Hecht U, et al.
Journal of Materials Science [J]. 2013, 48: 377-412.

c_1: 1850℃ e_1: 1813℃
c_2: 1822℃ e_2: 1791℃
U_1: 1793℃ e_5: 1465℃
U_2: 1653℃ e_3: 1770℃
U_3: 1576℃ p_6: 1304℃
U_5: 1460℃
P: 1308℃
U_7: 1168℃
U_8: 1135℃
E_1: 1134℃
U_9: 1133℃
E_2: 1131℃

摩尔分数（mol%）

Al-Fe-Ti（1）

参考文献

Seibold A.

Zeitschrift fuer Metallkunde [J]. 1981, 72：712-719.

p_1：1330℃

p_2：1320℃，30% Al，45% Fe

P_1：1330℃，67% Al，5% Fe

P_2：1240℃

U_1：1320℃

U_2：1270℃

U_3：1250℃

U_4：1230℃

U_5：1210℃

U_6：1200℃，28% Al，20% Fe

U_7：1150℃

U_8：1130℃

U_9：1110℃

U_{10}：1080℃

U_{11}：1060℃

U_{12}：650℃

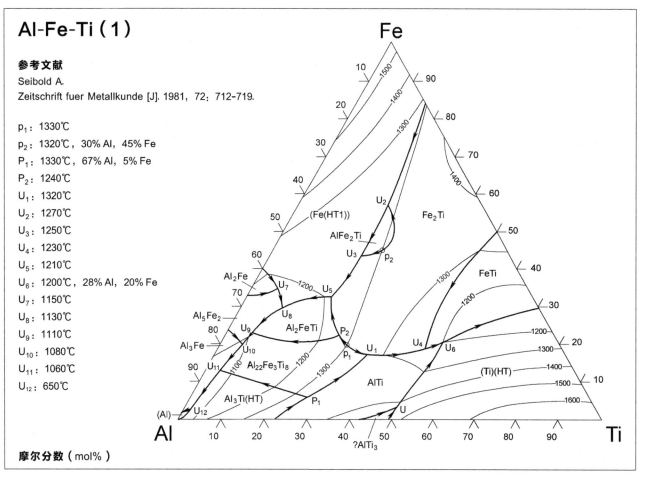

摩尔分数（mol%）

Al-Fe-Ti（2）

参考文献

Ducher R，Stein F，Viguier B，et al.

Zeitschrift fuer Metallkunde [J]. 2003, 94：396-410.

P_1：~1370℃ e_1：1293℃

U_1：1300℃ p_4：1317℃

U_2：1270℃ p_1：1490℃

U_3：1235℃ p_2：1463℃

P_2：1225℃ p_3：1393℃

U_4：~1220℃ p_5：1232℃

U_7：1140℃ e_2：1165℃

U_8：~1120℃ e_3：1148℃

U_{11}：1092℃ e_4：1078℃

U_{12}：1088℃

U_{10}：1095℃

E_1：1085℃

c_1：1305℃

c_2：~1275℃

c_3：~1100℃

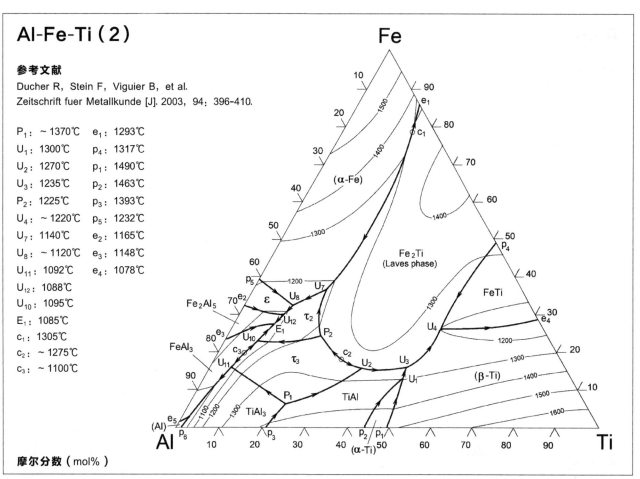

摩尔分数（mol%）

Al-Fe-U（Al角）

参考文献

Meshi L, Munitz A.
Intermetallics [J]. 2010, 18: 2119-2123.

τ_1: UFe_2Al_{10}
τ_2: U_2FeAl_{20}
τ_3: $U_{0.9}Al_4$
P_1: 850℃
P_2: 639℃

摩尔分数（mol%）

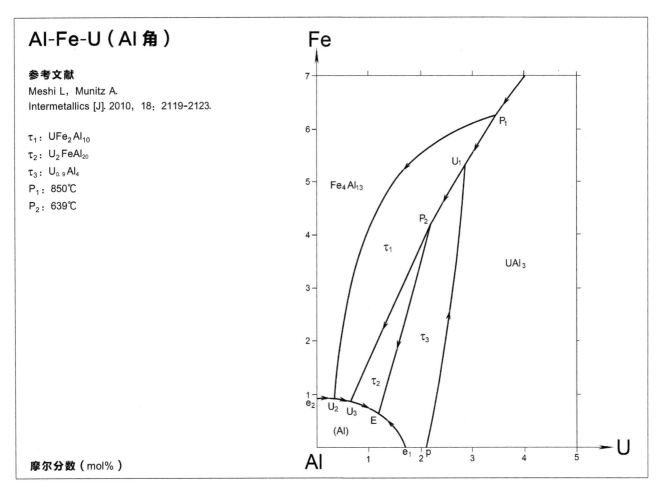

Al-Fe-U

参考文献

Petzow G, Tank R.
Zeitschrift fuer Metallkunde [J]. 1963, 54: 91-98.

e: 1015℃, 20.5% Al, 46.2% Fe
p: 1060℃, 33.0% Al, 33.7% Fe
U_1: 805℃, 6.0% Al, 19.5% Fe
U_2: 780℃, 6.0% Al, 23.0% Fe
U_3: 745℃, 1.5% Al, 33.5% Fe

摩尔分数（mol%）

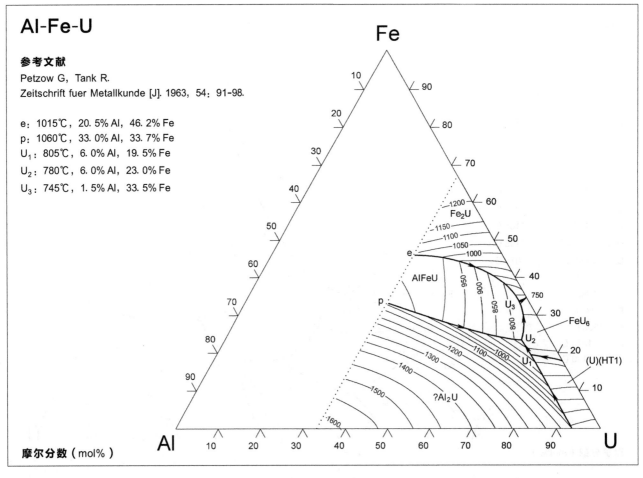

Al-Fe-Zn（1）

参考文献

Gebhardet E.

Zeitschrift fuer Metallkunde [J]. 1953, 44: 208-211.

E: 381℃
e: 425℃
U_3: 665℃
U_4: 553℃
U_5: 485℃
U_6: 420℃
U_7: 418℃

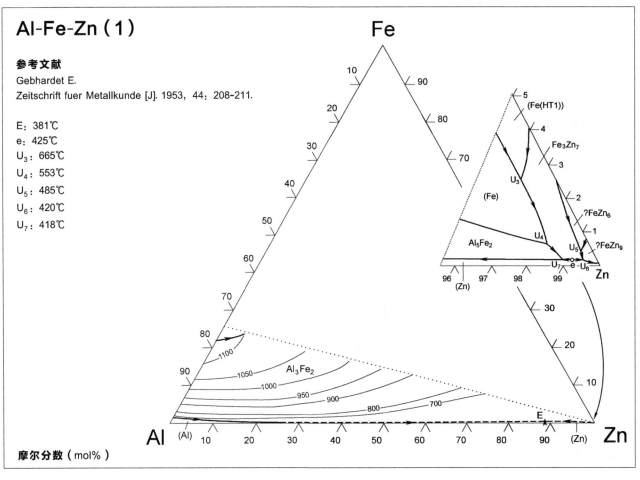

摩尔分数（mol%）

Al-Fe-Zn（2）

参考文献

Köster W, Godecke L.

Zeitschrift fuer Metallkunde [J]. 1970, 61: 649-658.

U_1: ~ 1200℃
U_2: 1130℃

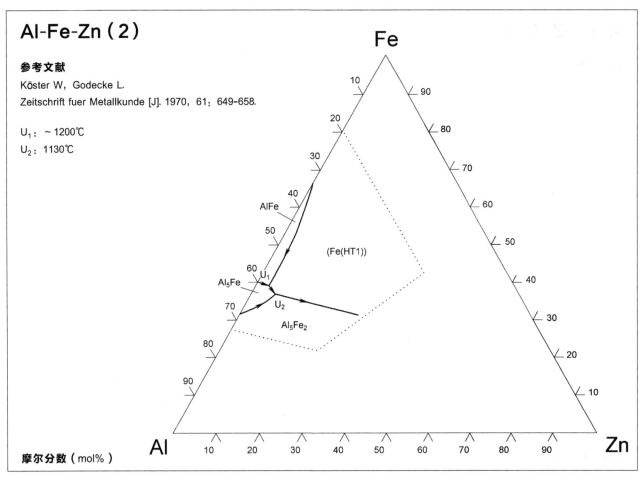

摩尔分数（mol%）

Al-Fe-Zr（1）

参考文献

Stein F, Sauthoff G, Palm M.
Zeitschrift fuer Metallkunde [J]. 2004, 95：469-485.

P：～1450℃　　p₁：1232℃
c₁：～1350℃　　e₃：1165℃
c₂：～1314℃　　e₄：655℃
E₁：1297℃　　e₁：1583℃
U₁：～1280℃　me：1374℃
c₃：～1280℃　　e₂：1305℃
U₂：～1250℃　　p₂：661℃
E₂：1246℃
U₃：～1225℃
U₄：～1115℃
E₃：～650℃

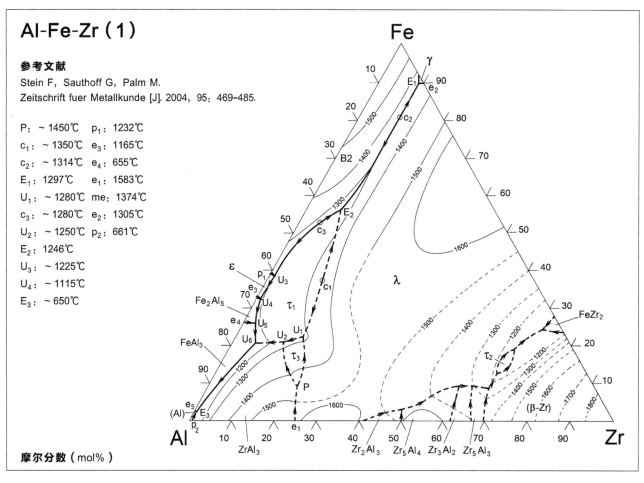

摩尔分数（mol%）

Al-Fe-Zr（2）

参考文献

Guo C, Du Z, Li C, et al.
CALPHAD：Computer Coupling of Phase Diagrams
and Thermochemiostry [J]. 2008, 32：637-849.

c₁：1673℃　　U₈：1288℃
c₂：1657℃　　U₉：1274℃
c₃：1643℃　　U₁₀：1252℃
c₄：1494℃　　U₁₁：1249℃
c₅：1343℃　　E₂：1236℃
c₆：1319℃　　U₁₅：1148℃
U₁：1575℃　　P₃：1147℃
U₂：1470℃　　U₁₆：1143℃
U₃：1466℃　　U₁₇：1117℃
E₁：1460℃
P₁：1447℃
U₄：1408℃
U₅：1328℃

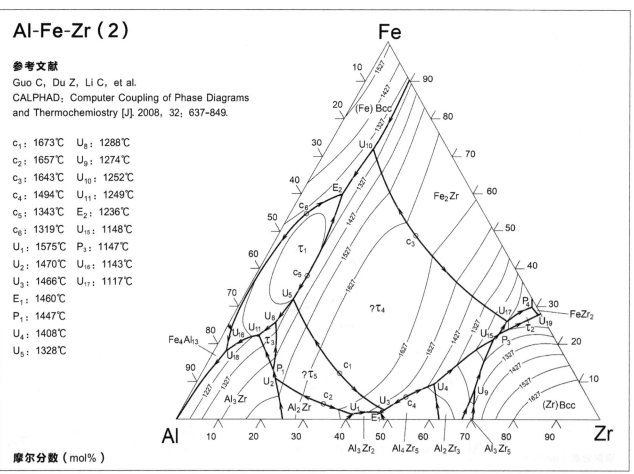

摩尔分数（mol%）

Al-Ga-Ge

参考文献

Ansara L, Bros I P, Gambino M.
CALPHAD: Computer Coupling of Phase Diagrams and Thermochemistry [J]. 1979, 3: 225-233.

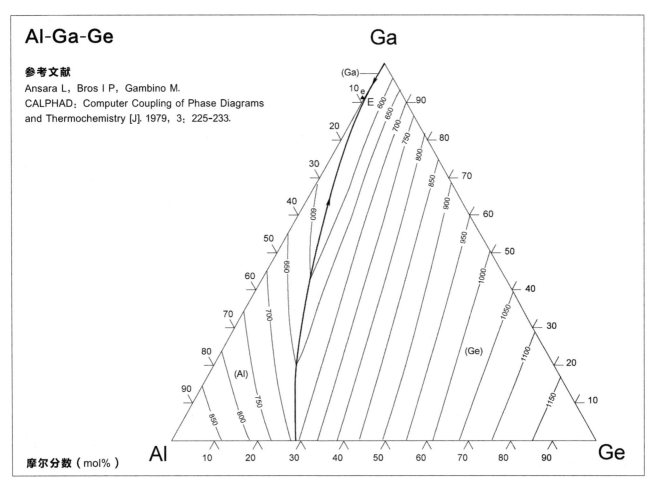

摩尔分数（mol%）

Al-Ga-Mg

参考文献

Большаков К О, Фёдоров П И, Смарина Е И.
Журн. Неорг. Хим. [J]. 1964, 9: 1020-1027.

e_1: 388℃

e_2: ～450℃

e_3: ～400℃

E_1: 380℃, 16.2%Al, 12.1%Ga

E_2: 370℃, 23.7%Al, 15.7%Ga

E_3: 400℃, 54.4%Al, 6.6%Ga

U_1: 395℃, 28.7%Al, 25.9%Ga

U_2: 380℃, 30.0%Al, 27.3%Ga

U_3: 350℃, 32.4%Al, 39.5%Ga

U_4: ～250℃

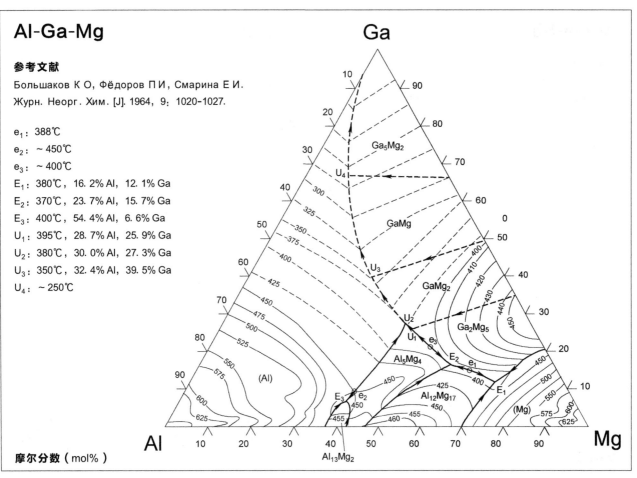

摩尔分数（mol%）

Al-Ga-P

参考文献

Ishida K, Tokunaga U, Otani H, et al.
J. Crystal Growth [J]. 1989, 98: 140-147.

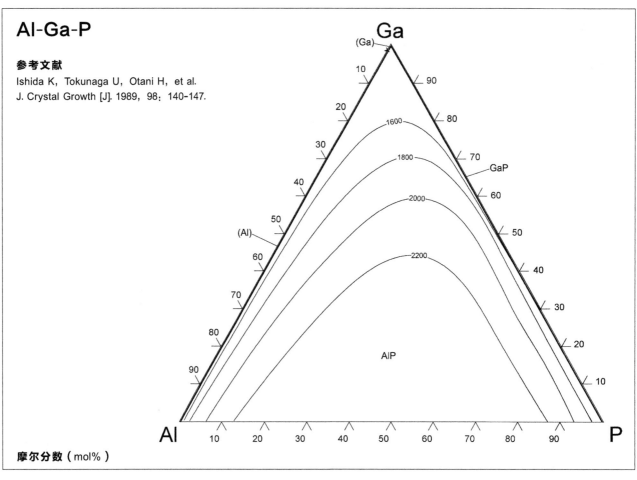

摩尔分数（mol%）

Al-Ga-Sb

参考文献

Li J B, Zhang W, Li C, et al.
Journal of Phase Equilibria [J]. 1999, 20: 316-323.

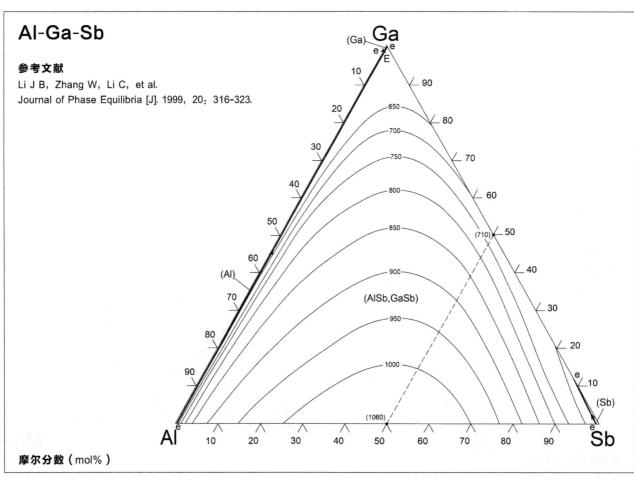

摩尔分数（mol%）

Al-Ga-Sn

参考文献

Требухов А А, Козин Л Ф.
Журн. Физич. Хим. [J]. 1981, 55: 598-599.

E: 19℃, 3% Al, 89% Ga

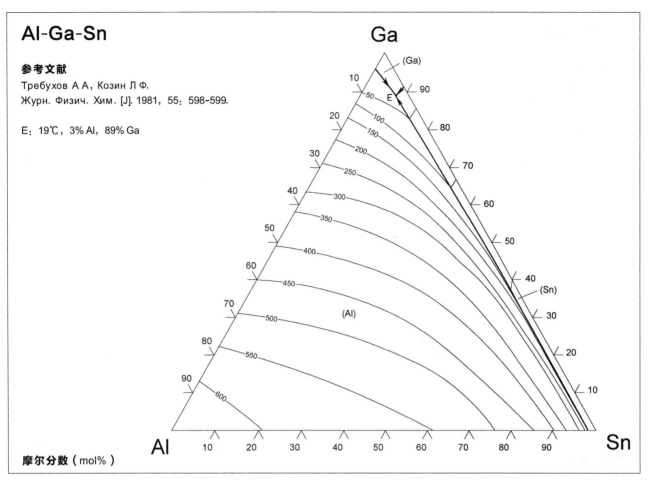

Al-Ga-U

参考文献

Moussa C, Berche A, Barbosa J, et al.
Journal of Nuclear Materials [J]. 2018, 499: 361-371.

U_1: 1242℃, 11.2% Al, 42.2% Ga
U_2: 1172℃, 9.7% Al, 36.8% Ga
E: 990℃, 5.0% Al, 22.4% Ga

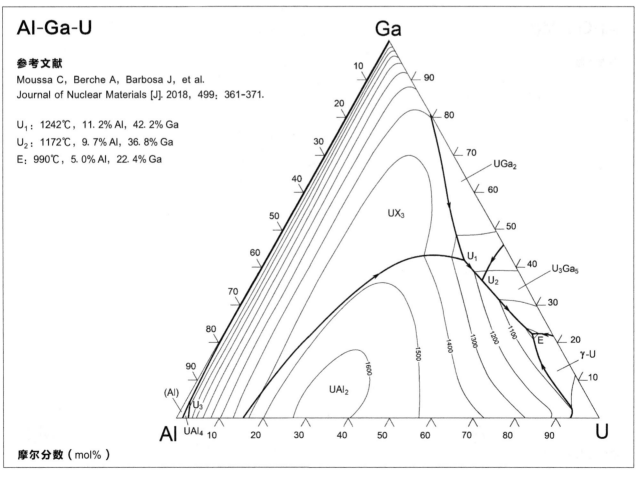

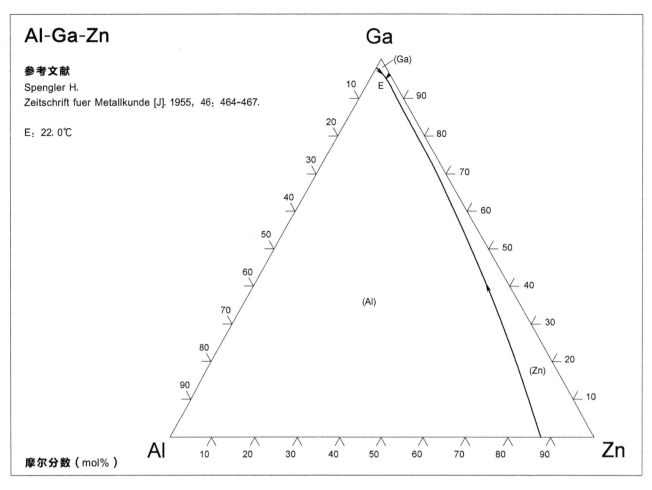

Al-Ga-Zn

参考文献

Spengler H.

Zeitschrift fuer Metallkunde [J]. 1955, 46: 464-467.

E: 22.0℃

(Ga)

E

(Al)

(Zn)

Ga

Al

Zn

摩尔分数（mol%）

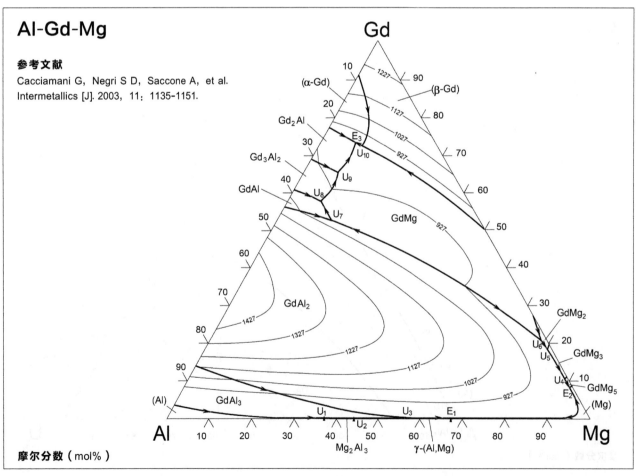

Al-Gd-Mg

参考文献

Cacciamani G, Negri S D, Saccone A, et al.
Intermetallics [J]. 2003, 11: 1135-1151.

Gd

(α-Gd)

(β-Gd)

Gd_2Al

Gd_3Al_2

GdAl

E_3

U_{10}

U_9

U_8

U_7

GdMg

$GdAl_2$

GdMg$_2$

GdMg$_3$

U_6

U_5

U_4

GdMg$_5$

E_2

(Mg)

(Al)

$GdAl_3$

U_1

U_3

E_1

Mg$_2$Al$_3$

γ-(Al,Mg)

Al

Mg

摩尔分数（mol%）

Al-Gd-Ni

参考文献

Gao M C, Hackenberg R E, Shiflet G J.
Journal of Alloys and Compounds [J].
2003, 353: 114-123.

GFR: 玻璃体生成区

τ_1: $Al_{15}Ni_3Gd_2$

τ_2: Al_4NiGd

E_1: 633℃	E_4: 1110℃
E_2: 644℃	E_5: 1108℃
U_1: 843℃	U_4: 1108℃
U_2: 940℃	U_5: 1142℃
P_1: 910℃	U_6: 1131℃
P_2: 990℃	U_7: 1142℃
U_3: 946℃	P_3: 1108℃
E_3: 1104℃	

摩尔分数（mol%）

Al-Gd-Zr

参考文献

Bo H, Liu L B, Hu J L, et al.
Thermochimica Acta [J]. 2015, 609: 36-48.

U_1: 1467℃	U_7: 1048℃
U_2: 1416℃	U_8: 974℃
P_1: 1286℃	E_2: 967℃
P_2: 1230℃	E_3: 964℃
E_1: 1181℃	E_4: 961℃
U_3: 1136℃	U_9: 905℃
P_3: 1130℃	U_{10}: 842℃
U_4: 1105℃	U_{11}: 830℃
U_5: 1098℃	E_5: 814℃
P_4: 1096℃	E_6: 633℃
U_6: 1073℃	

摩尔分数（mol%）

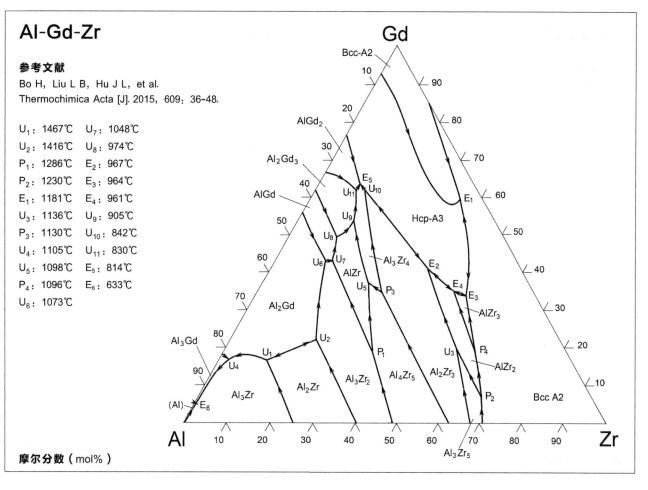

155

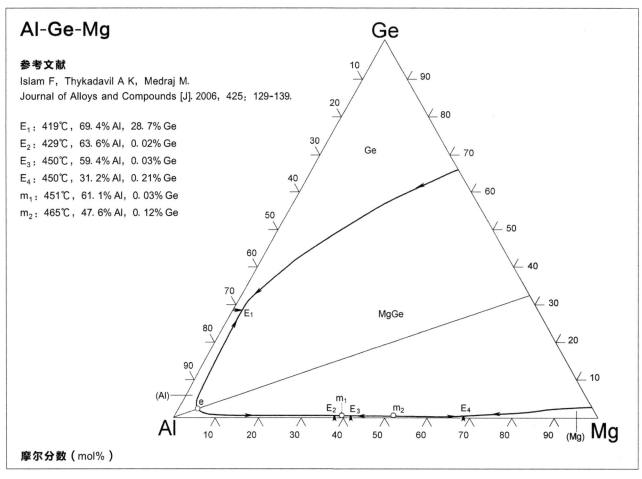

Al-Ge-Mg

参考文献

Islam F, Thykadavil A K, Medraj M.
Journal of Alloys and Compounds [J]. 2006, 425: 129-139.

E_1: 419℃, 69.4% Al, 28.7% Ge
E_2: 429℃, 63.6% Al, 0.02% Ge
E_3: 450℃, 59.4% Al, 0.03% Ge
E_4: 450℃, 31.2% Al, 0.21% Ge
m_1: 451℃, 61.1% Al, 0.03% Ge
m_2: 465℃, 47.6% Al, 0.12% Ge

摩尔分数（mol%）

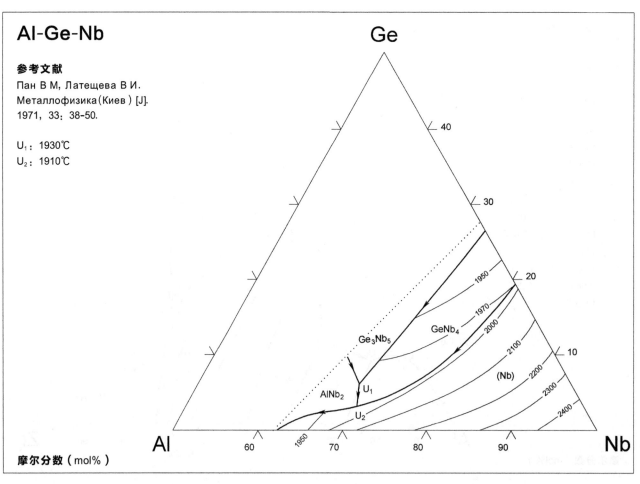

Al-Ge-Nb

参考文献

Пан В М, Латещева В И.
Металлофизика（Киев）[J].
1971, 33: 38-50.

U_1: 1930℃
U_2: 1910℃

摩尔分数（mol%）

Al-Ge-Ni

参考文献

Jandl I, Reichmann T L, Richter K W, et al.
Intermetallics [J]. 2013, 32: 200-208.

E_1: 423℃, 71.3% Al, 28.6% Ge

U_1: 437℃, 71.5% Al, 27.5% Ge

P_1: 444℃, 70.5% Al, 28.5% Ge

U_2: 558℃, 59.0% Al, 40.0% Ge

U_3: 852℃, 28.0% Al, 63.0% Ge

m: ~860℃, 14.8% Al, 68.2% Ge

U_4: 763℃, ~0.0% Al, 67.0% Ge

U_5: 790℃, 4.0% Al, 60.0% Ge

U_6: 798℃, 6.3% Al, 66.7% Ge

P_2: 809℃, 8.5% Al, 61.0% Ge

P_3: 822℃, 8.0% Al, 66.5% Ge

U_7: 833℃

P_4: 1215℃

P_5: 1082~1118℃

E_2: 1045~1118℃

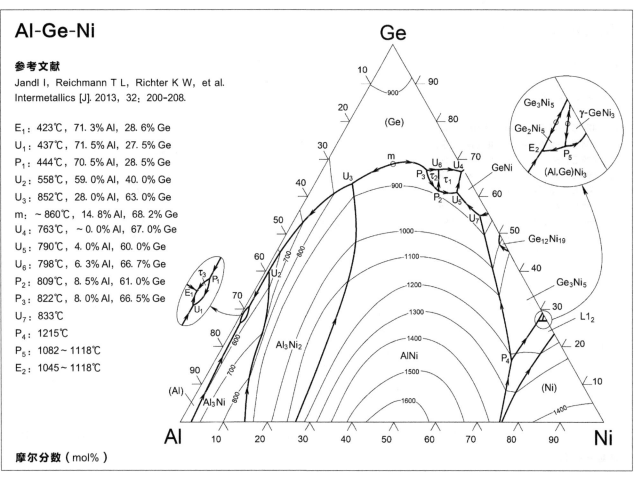

摩尔分数(mol%)

Al-Ge-Si (1)

参考文献

Ганиев И Н, Целезнияк Л В.
Изв. Акад. Наук, СССР, Металлы [J]. 1983 (4): 146-149.

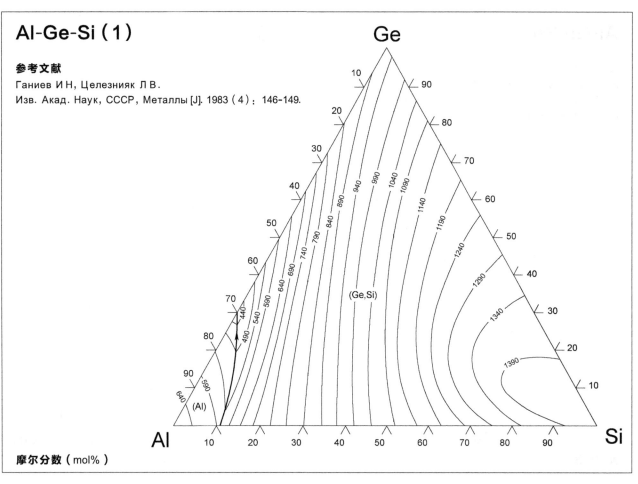

摩尔分数(mol%)

Al-Ge-Si（2）

参考文献

刘淑祺，孙国平，张启运.
金属学报 [J]. 1982, 18：451-456.

e_1：424℃，47.0w-%Al，53.0w-%Ge
① ：454℃，52.0w-%Al，46.6w-%Ge
② ：472℃，56.0w-%Al，41.8w-%Ge
③ ：490℃，59.0w-%Al，38.2w-%Ge
④ ：504℃，63.5w-%Al，32.6w-%Ge
⑤ ：536℃，69.2w-%Al，25.2w-%Ge
⑥ ：548℃，75.3w-%Al，16.7w-%Ge
⑦ ：572℃，82.3w-%Al，7.2w-%Ge
e_2：577℃，88.4w-%Al，12.6w-%Si

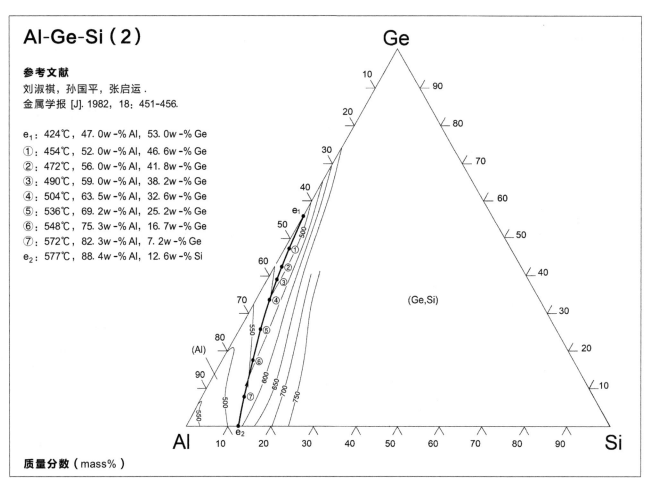

质量分数（mass%）

Al-Ge-Sn

参考文献

Ansara I, Bros J P, Gambino M.
CALPHAD：Computer Coupling of Phase Diagrams
and Thermochemistry [J]. 1979, 3：225-233.

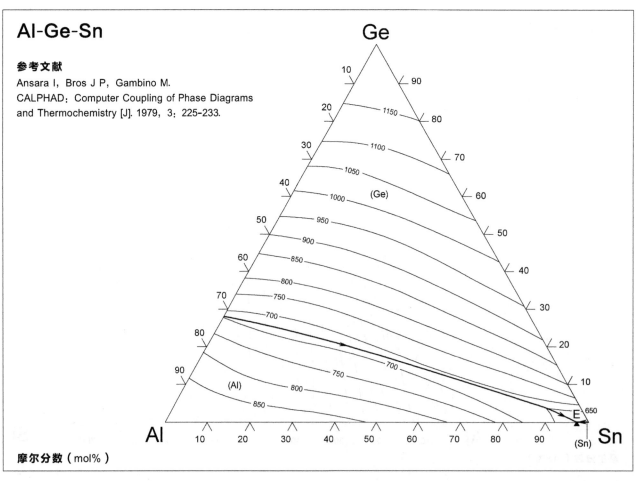

摩尔分数（mol%）

Al-Ge-Ti

参考文献

Bittner R W, Gürth M, Duarte L I, et al.
Intermetallics [J]. 2014, 53: 157-168.

τ_1: $Al_{1-x}Ge_{1+x}Ti$ ($0.61 \leqslant x \leqslant 0.73$)

τ_2: Al_3GeTi

E: 422℃, 71.5%Al, 28.3%Ge

U_1: 480℃, 76.8%Al, 23%Ge

U_2: 530℃, 61%Al, 38%Ge

P_1: 546℃, 61.5%Al, 36.5%Ge

U_3: 803℃, 71%Al, 28%Ge

U_4: 917℃, 60%Al, 34%Ge

P_2: 990℃, 30%Al, 63%Ge

U_7: 1215℃, 62%Al, 22%Ge

U_8: 1286℃, 63%Al, 17%Ge

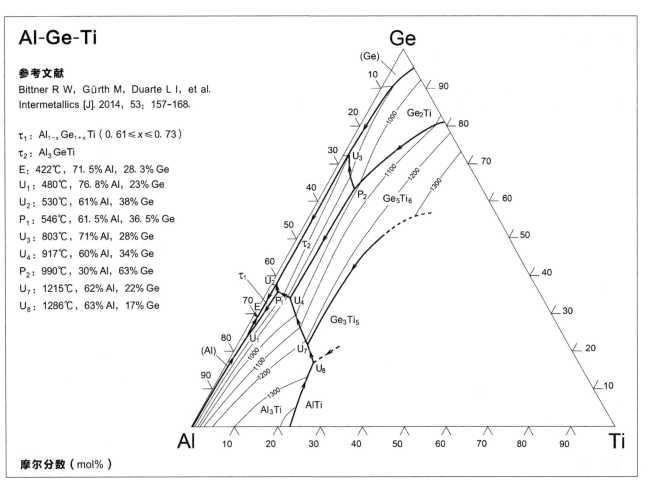

摩尔分数（mol%）

Al-Ge-Zn

参考文献

Balanović L, Živković D, Talijan N, et al.
Journal of Thermal Analysis and
Calorimetry [J]. 2012, 110: 221-226.

E: 356.8℃, 13.2%Al, 5.6%Ge

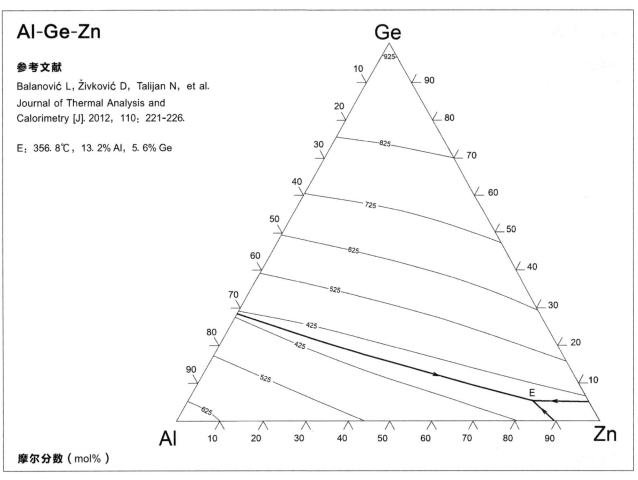

摩尔分数（mol%）

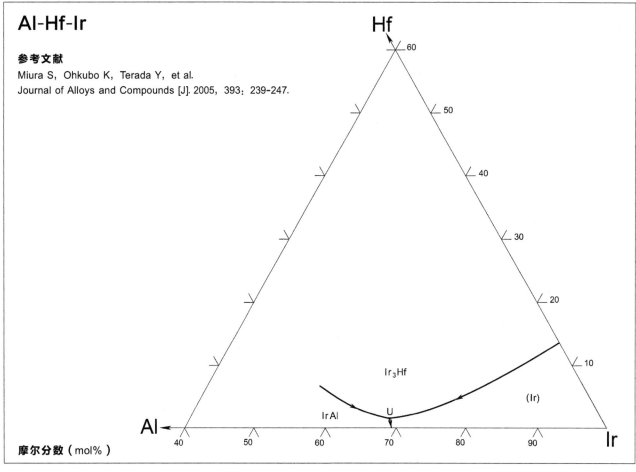

Al-Hf-Ir

参考文献

Miura S, Ohkubo K, Terada Y, et al.
Journal of Alloys and Compounds [J]. 2005, 393: 239-247.

Hf

Ir₃Hf

IrAl

(Ir)

U

Al

Ir

摩尔分数（mol%）

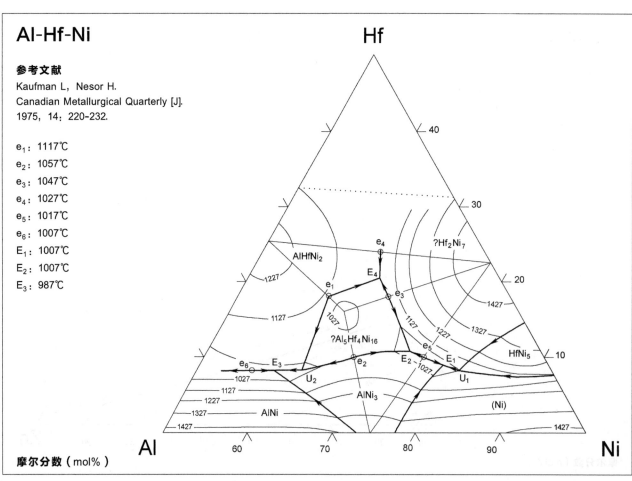

Al-Hf-Ni

参考文献

Kaufman L, Nesor H.
Canadian Metallurgical Quarterly [J].
1975, 14: 220-232.

e₁: 1117℃
e₂: 1057℃
e₃: 1047℃
e₄: 1027℃
e₅: 1017℃
e₆: 1007℃
E₁: 1007℃
E₂: 1007℃
E₃: 987℃

Hf

AlHfNi₂

?Hf₂Ni₇

?Al₅Hf₄Ni₁₆

HfNi₅

AlNi₃

AlNi

(Ni)

Al

Ni

摩尔分数（mol%）

Al-Ho-Mg

参考文献

Cacciamani G, Negri S D, Saccone A, et al.
Intermetallics [J]. 2003, 11: 1135-1151.

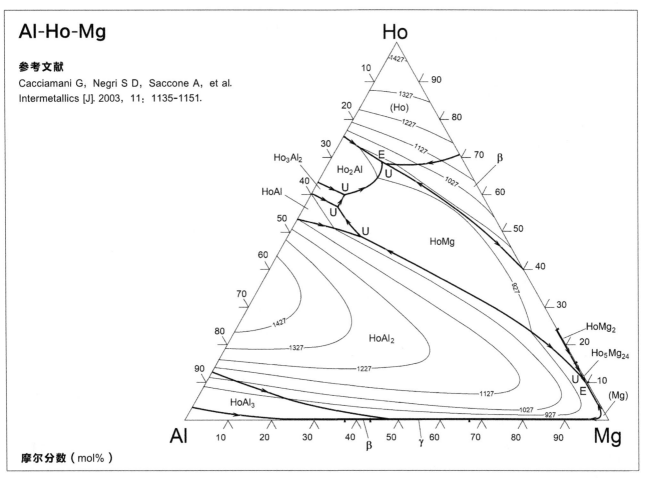

摩尔分数（mol%）

Al-In-P

参考文献

Ishida K, Tokunaga H, Otani H, et al.
J. Crystal Growth [J]. 1989, 98: 140-147.

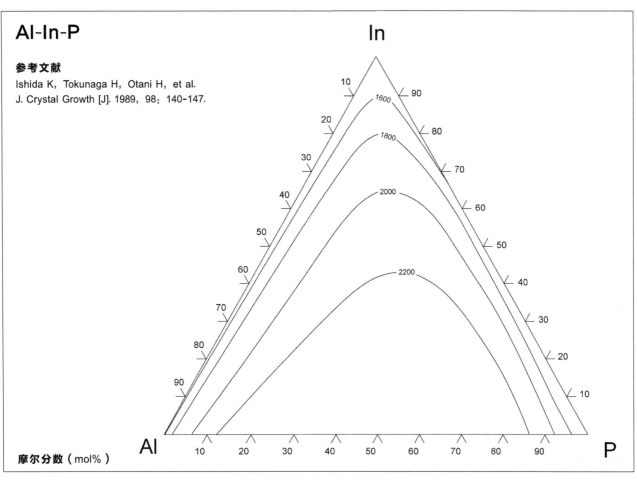

摩尔分数（mol%）

Al-In-Sb

参考文献

Ishida K, Sumiya T, Ohtami H, et al.
Less-Common Metals [J]. 1988, 143: 279-289.

c: ~750℃
L₁, L₂: ~640℃

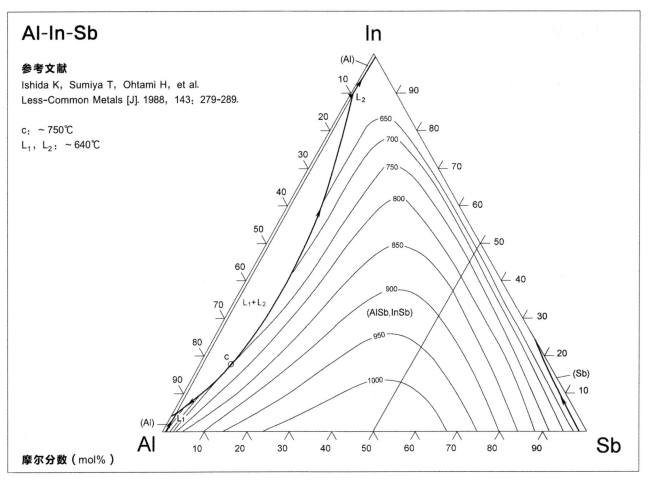

摩尔分数（mol%）

Al-In-Sn

参考文献

Campbell A N, Buchanan L B, Kuzmak J M, et al.
J. Amer. Chem. Soc. [J]. 1952, 74: 192-196.

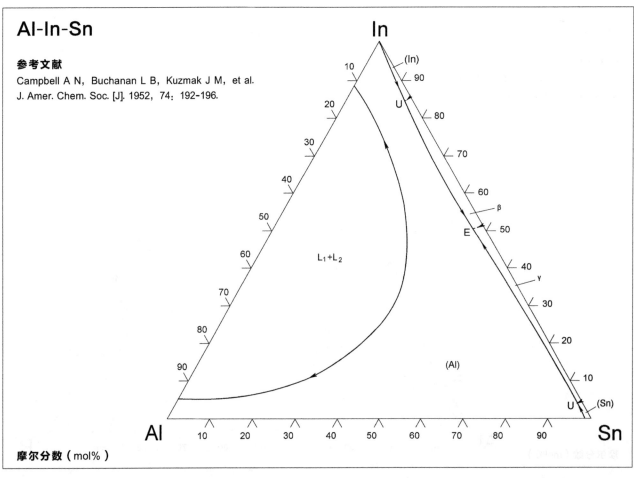

摩尔分数（mol%）

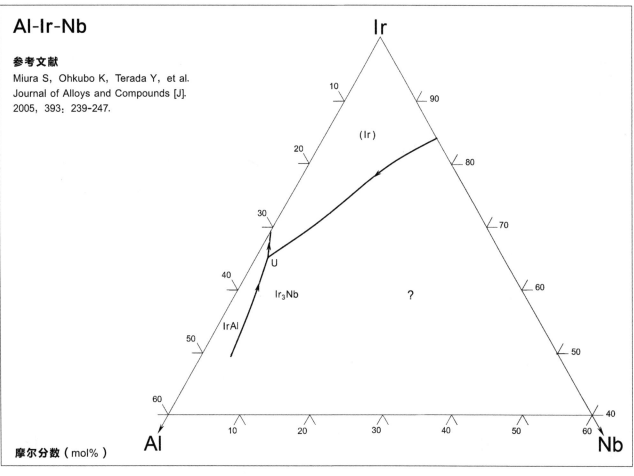

Al-Ir-Nb

参考文献

Miura S, Ohkubo K, Terada Y, et al.
Journal of Alloys and Compounds [J].
2005, 393: 239-247.

摩尔分数（mol%）

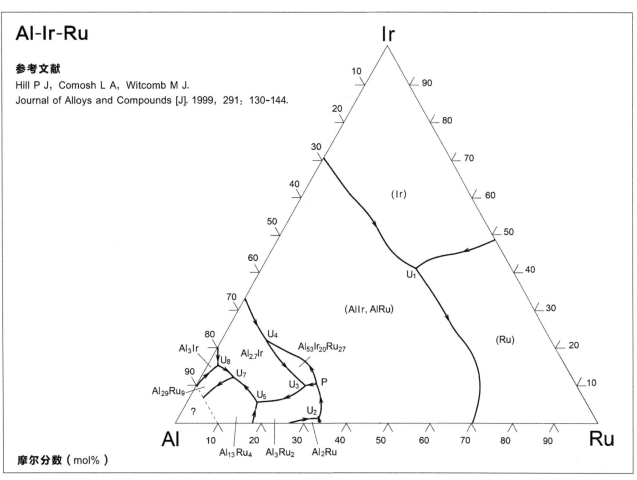

Al-Ir-Ru

参考文献

Hill P J, Comosh L A, Witcomb M J.
Journal of Alloys and Compounds [J]. 1999, 291: 130-144.

摩尔分数（mol%）

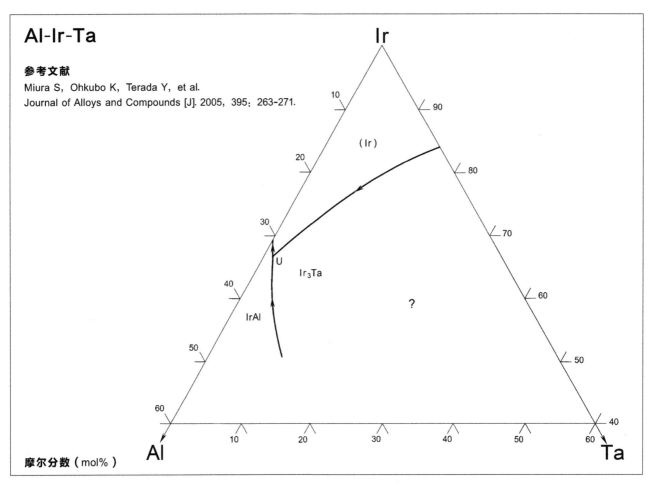

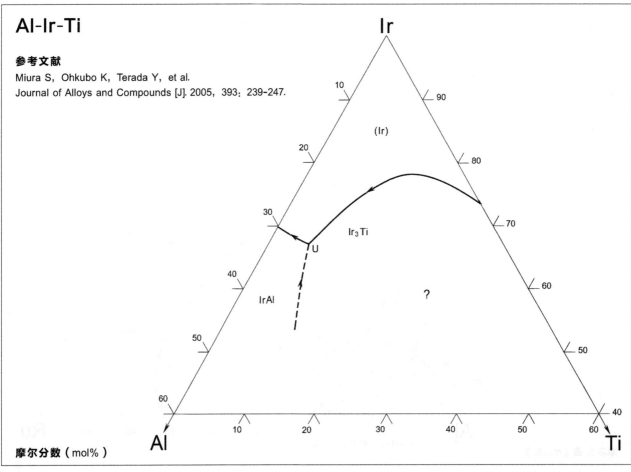

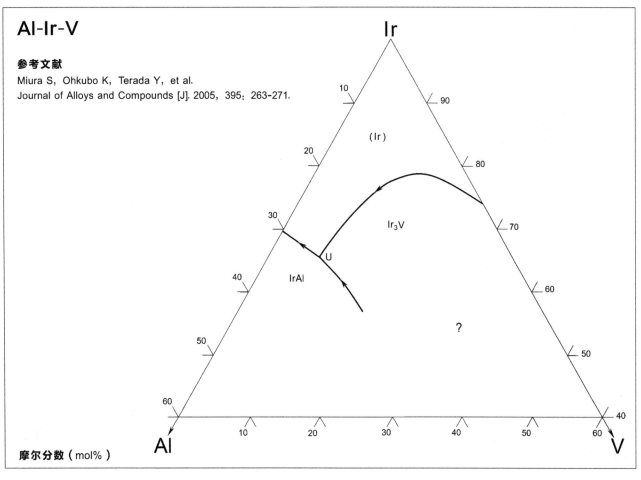

Al-Ir-V

参考文献

Miura S, Ohkubo K, Terada Y, et al.
Journal of Alloys and Compounds [J]. 2005, 395: 263-271.

(Ir)

Ir_3V

U

IrAl

?

Al

V

摩尔分数（mol%）

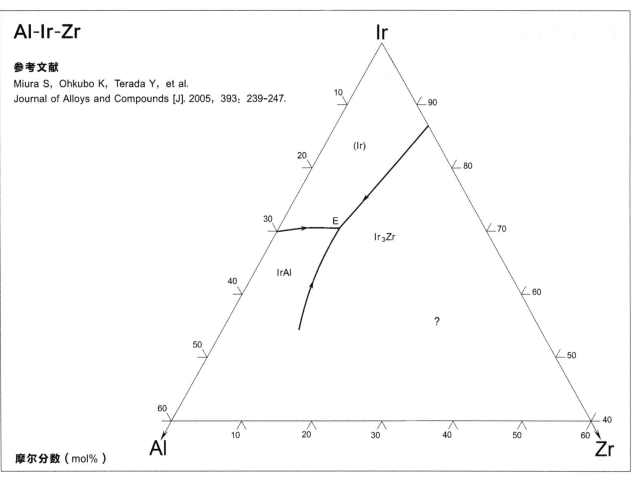

Al-Ir-Zr

参考文献

Miura S, Ohkubo K, Terada Y, et al.
Journal of Alloys and Compounds [J]. 2005, 393: 239-247.

(Ir)

E

Ir_3Zr

IrAl

?

Al

Zr

摩尔分数（mol%）

Al-La-Mg（1）

参考文献

郑朝贵，邢娅，叶于浦，等.
金属学报 [J]. 1983, 19：A515-A520.

E：445℃，11.3w-% La，62.9w-% Al
e₁：641℃，11.5w-% La，88.5w-% Al
e₂：450℃，34w-% Mg，66w-% Al

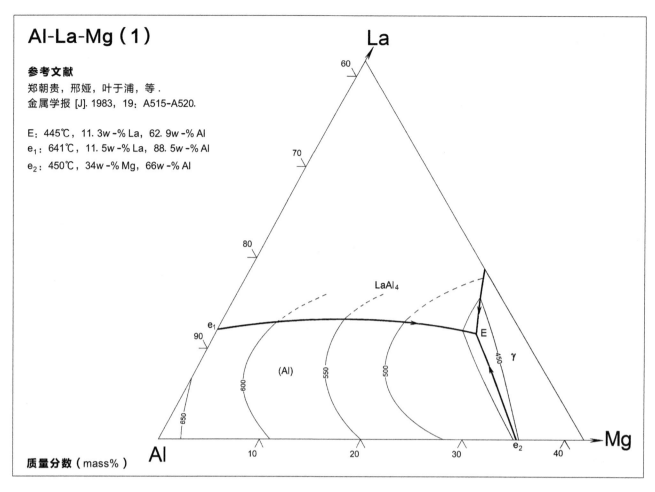

质量分数（mass%）

Al-La-Mg（2）

参考文献

Jin L, Kevorkov D, Medaraj M, et al.
Journal of Chemical Thermodynamics [J]. 2013, 58：166-195.

U₁：1184℃	E₁：606℃
U₂：907℃	U₈：595℃
U₃：736℃	U₉：503℃
U₄：647℃	E₂：490℃
U₅：645℃	P₁：466℃
U₆：630℃	P₂：457℃
U₇：606℃	E₃：438℃

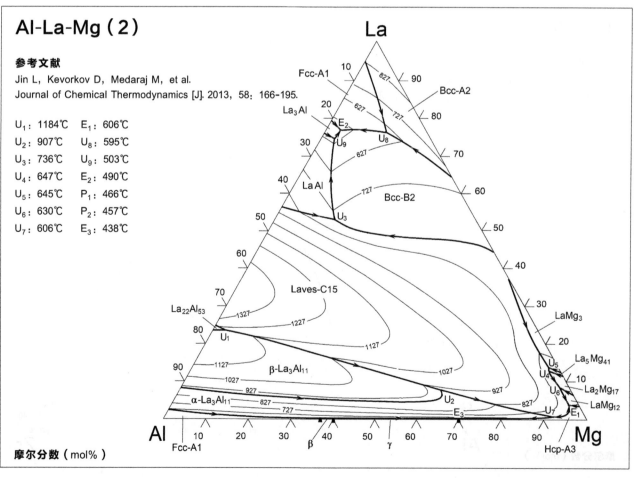

摩尔分数（mol%）

Al-La-Ni

参考文献

Akopyan T K, Belov N A, Naumova E A, et al. Materials Letters [J]. 2019, 245: 110-113.

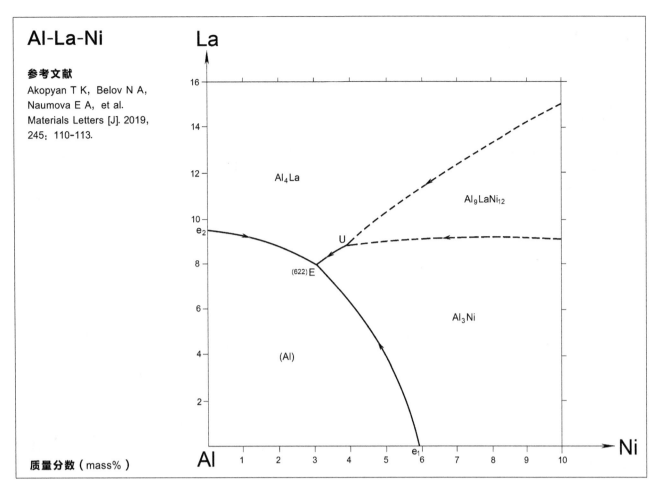

质量分数（mass%）

Al-Li-Mg（1）

参考文献

Schürmann E, Voss H J. Giessereiforschung [J]. 1981, 33: 47-53.

e_2: 45.8% Al, 15.3% Li

p: 55.7% Al, 23.8% Li

E: 418℃, 29.0% Al, 20.6% Li

P: 458℃, 60.5% Al, 6.0% Li

U_1: 411℃, 12.6% Al, 61.0% Li

U_2: 436℃, 23.9% Al, 29.3% Li

U_3: 464℃, 39.8% Al, 20.1% Li

U_4: 536℃, 66.0% Al, 19.4% Li

U_5: 483℃, 61.5% Al, 10.8% Li

U_6: 451℃, 57.4% Al, 2.7% Li

U_7: 449℃, 58.3% Al, 1.0% Li

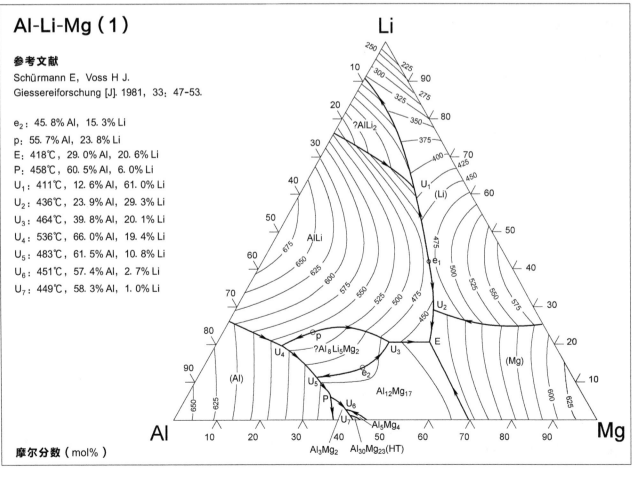

摩尔分数（mol%）

Al-Li-Mg（2）

参考文献

Wang P，Du Y，Liu S.
CALPHAD：Computer Coupling of Phase Diagrams
and Thermochemistry [J]. 2011，35：523-532.

U_1：524℃，64.9% Al，19.9% Li
U_2：475℃，60.6% Al，12.7% Li
U_3：463℃，37.2% Al，20.8% Li
U_4：451℃，61.0% Al，5.4% Li
U_5：431℃，22.1% Al，27.6% Li
E_1：425℃，25.5% Al，22.9% Li
U_6：403℃，12.5% Al，64.0% Li
U_7：195℃，2.2% Al，93.1% Li

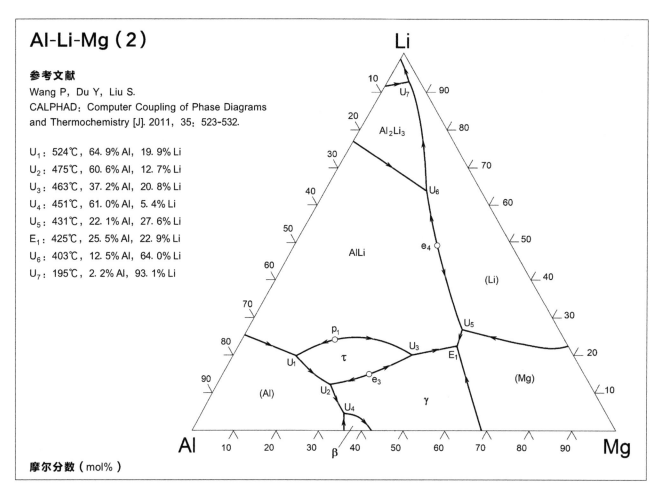

摩尔分数（mol%）

Al-Li-Mn

参考文献

Свудерская З А，Каданер Э С，Туркина Н И.
Изв. Акад. Наук, СССР, Металлы [J]. 1967（2）：183-188.

E：597℃，89.5w-% Al，8.8w-% Li
U：640℃，87.8w-% Al，9.0w-% Li

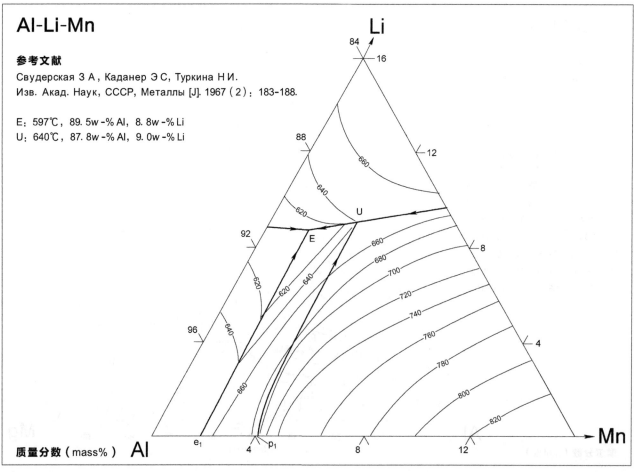

质量分数（mass%）

Al-Li-Si

参考文献

Gröbner J, Kevorkov D, Schmid-Fetzer R, et al.
Journal of Solid State Chemistry [J]. 2001, 156: 506-511.

τ_1: (LiAlSi) 810℃
τ_2: (Li$_{5.3}$Al$_{0.7}$Si$_2$) 800℃
τ_3: (Li$_8$Al$_3$Si$_5$) 832℃

e$_1$: 809℃	U$_5$: 600℃
e$_2$: 802℃	U$_7$: 518℃
e$_3$: 798℃	E$_1$: 727℃
U$_1$: 788℃	E$_2$: 679℃
U$_2$: 718℃	E$_3$: 577℃
U$_3$: 679℃	
U$_4$: 616℃	

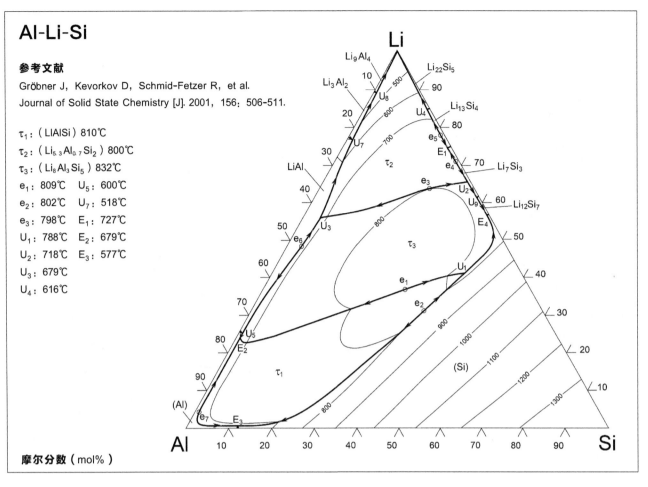

摩尔分数（mol%）

Al-Li-Zn（1）

参考文献

Бадаева Т А, Сальдау Ф У.
Журн. Общ. Хим. [J]. 1943, 13: 643-660.

e: 369℃, 11.0% Al, 11.0% Li
p$_1$: 580℃, 32.2% Al, 32.2% Li
p$_2$: 490℃, 18.6% Al, 18.6% Li
E: 355℃, 13.0% Al, 8.2% Li
U$_1$: 452℃, 33.2% Al, 17.5% Li
U$_2$: 368℃, 15.4% Al, 10.0% Li

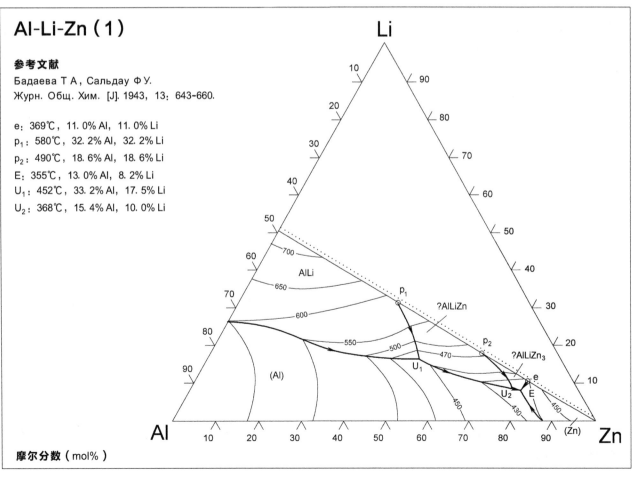

摩尔分数（mol%）

Al-Li-Zn（2）

参考文献

Guo C, Liang Y, Li C, et al.
CALPHAD: Computer Coupling of Phase Diagrams and Thermochemistry [J]. 2011, 35: 54-65.

c_1: 580℃ U_8: 186℃
U_1: 560℃ U_9: 169℃
c_2: 490℃ E_3: 162℃
U_3: 464℃ e_1: 573℃
c_3: 481℃ p_1: 520℃
U_2: 470℃ p_4: 337℃
U_4: 462℃ e_5: 179℃
U_6: 456℃ p_2: 499℃
c_4: 393℃ p_3: 482℃
E_1: 392℃ e_2: 401℃
E_2: 368℃ e_4: 382℃
U_5: 461℃ e_6: 162℃
P_1: 423℃
U_7: 321℃

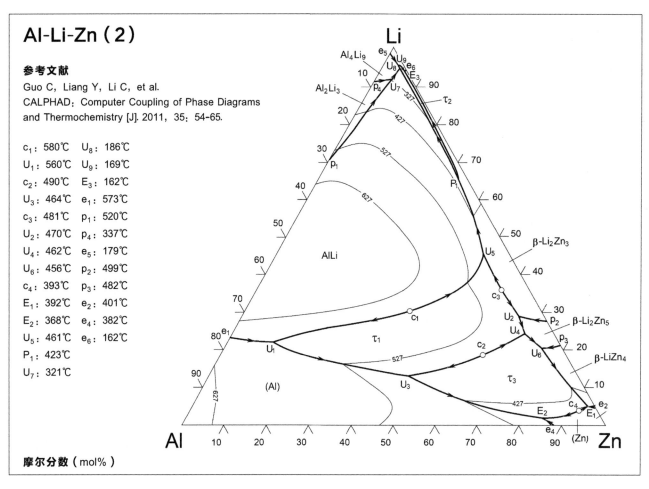

摩尔分数（mol%）

Al-Li-Zr

参考文献

Saunders N.
Zeitschrift fuer Metallkunde [J]. 1989, 80: 894-903.

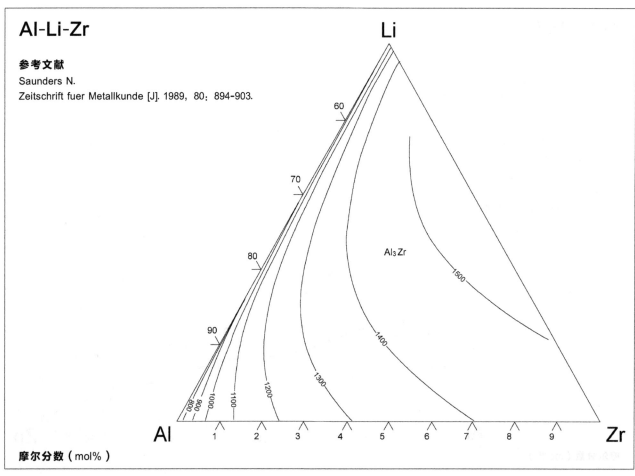

摩尔分数（mol%）

Al-Mg-Mn

参考文献

Shukla A, Pelton A D.
Journal of Phase Equilibria and Diffusion [J]. 2009, 30: 28-39.

U_1: 829℃
U_2: 895℃
M_1, M_1': 1238℃
M_2, M_2': 1083℃

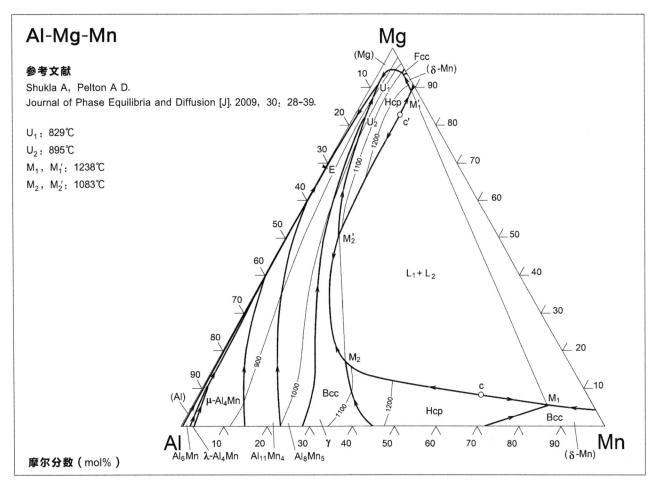

摩尔分数（mol%）

Al-Mg-Nd（1）

参考文献

Одинаев Х О, Ганиев И Н, Икромов А Ц, и др.
Металлы [J]. 1996（4）: 168-173.

τ: $Al_2Mg_{0.88}Nd_{0.12}$

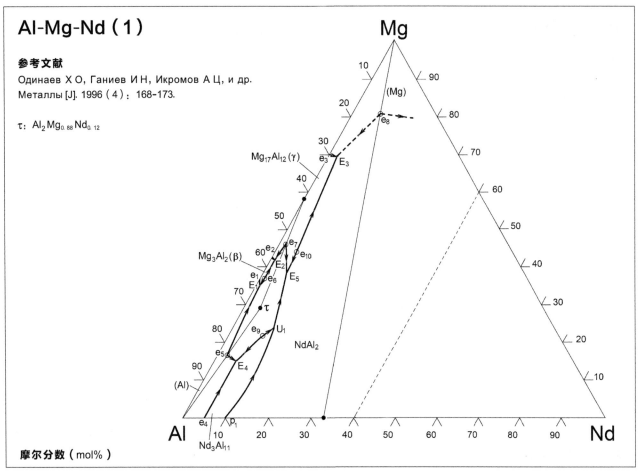

摩尔分数（mol%）

Al-Mg-Nd（2）

参考文献

Jin L, Kevorkov D, Medaraj M, et al.
Journal of Chemical Thermodynamics [J]. 2013, 58：166-195.

U_1：560℃
U_2：932℃
U_3：794℃
U_4：712℃
U_5：950℃
U_6：585℃
E_1：547℃
E_2：682℃

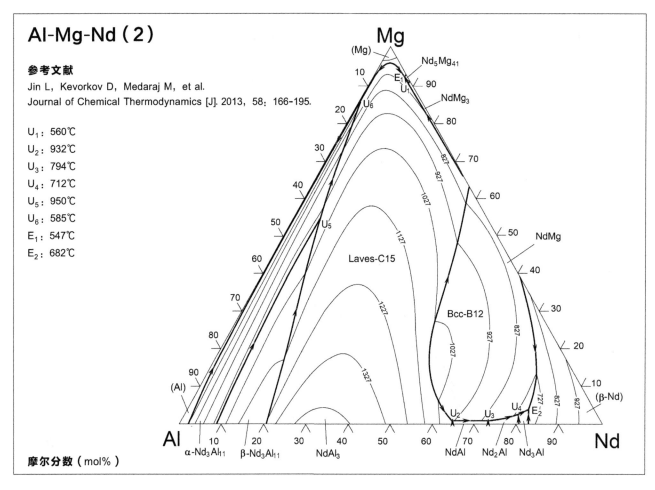

摩尔分数（mol%）

Al-Mg-Pb

参考文献

Bauer U.
Aluminum [M]. Dusseldorf：Aluminum-Verlag, 1939, 24：30-35.

E：405℃，52w-%Mg，17w-%Al
e_1：436℃
e_2：466℃
e_3：439℃

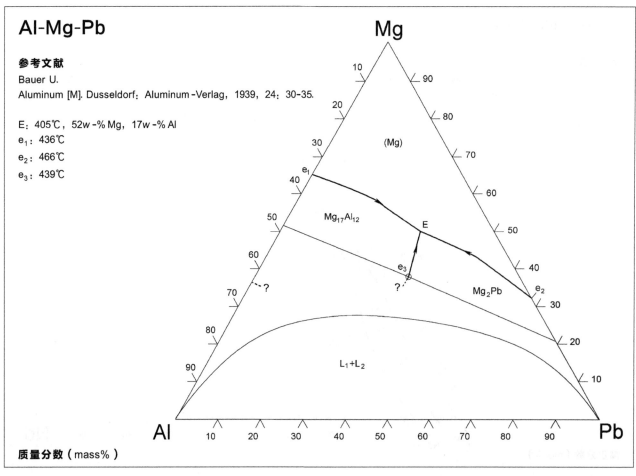

质量分数（mass%）

Al-Mg-Pr（1）

参考文献

Одинаев Х О, Ганиев И Н, Икромов А Ц, и др.
Металлы [J]. 1996（3）：170-173.

τ：Al₂Mg₀.₈₈Pr₀.₁₂

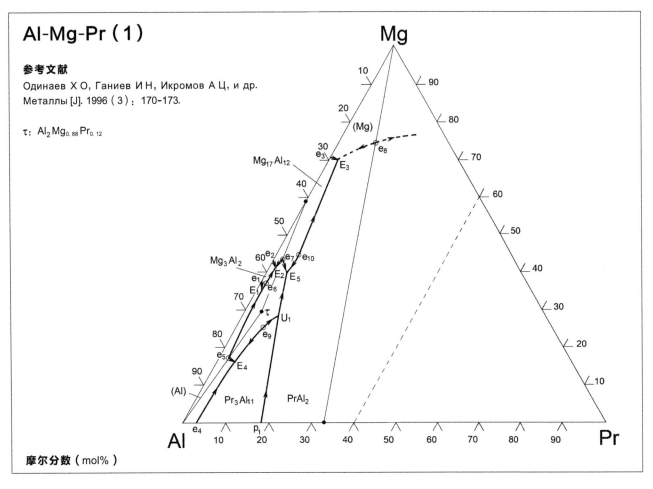

摩尔分数（mol%）

Al-Mg-Pr（2）

参考文献

Jin L, Kevorkov D, Medaraj M, et al.
Journal of Chemical Thermodynamics [J]. 2013, 58：166-195.

U_1：965℃
U_3：574℃
U_4：588℃
U_5：861℃
U_6：705℃
U_7：651℃
E_1：570℃
E_2：618℃

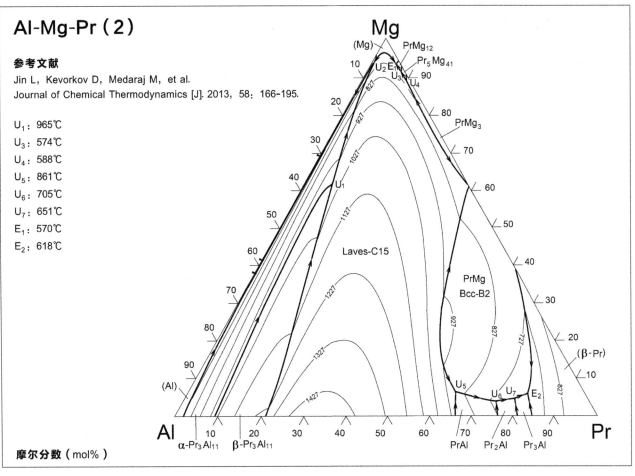

摩尔分数（mol%）

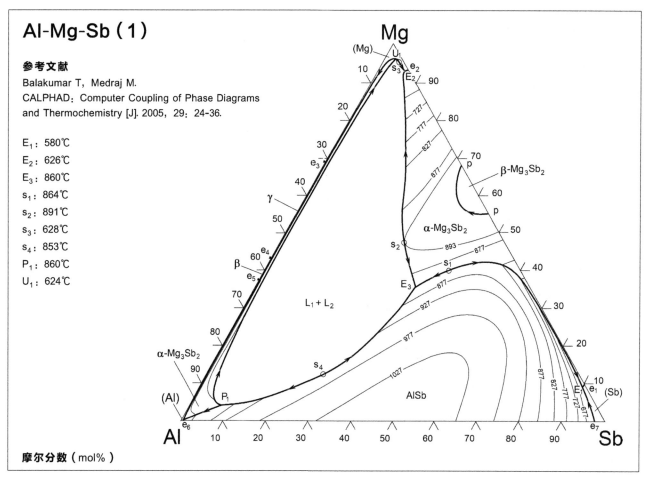

Al-Mg-Sb（1）

参考文献

Balakumar T, Medraj M.
CALPHAD: Computer Coupling of Phase Diagrams and Thermochemistry [J]. 2005, 29: 24-36.

E_1: 580℃
E_2: 626℃
E_3: 860℃
s_1: 864℃
s_2: 891℃
s_3: 628℃
s_4: 853℃
P_1: 860℃
U_1: 624℃

摩尔分数（mol%）

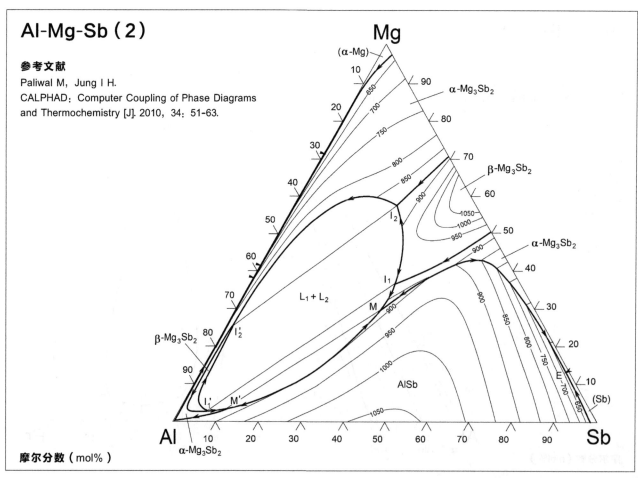

Al-Mg-Sb（2）

参考文献

Paliwal M, Jung I H.
CALPHAD: Computer Coupling of Phase Diagrams and Thermochemistry [J]. 2010, 34: 51-63.

摩尔分数（mol%）

174

Al-Mg-Sc

参考文献

Gröbner J, Schmid-Fetzer R, Pisch A, et al.

Zeitschrifi fuer Metalikunde [J]. 1999, 90: 872-880.

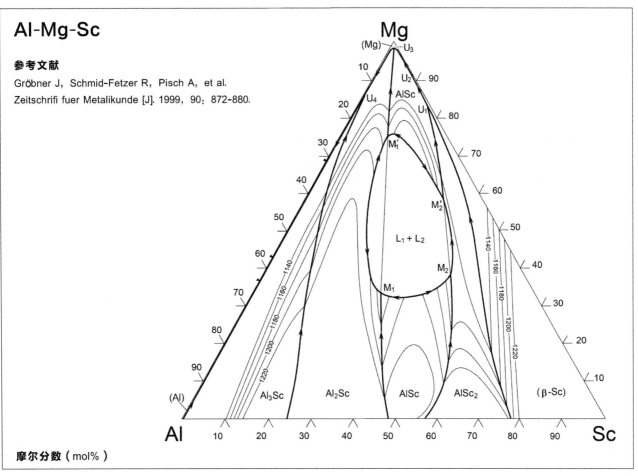

摩尔分数（mol%）

Al-Mg-Si（Al 角）

参考文献

Phillips H W L, Member M A.

J. Inst. Metals（London）[J]. 1946, 72: 172-174.

E: 555℃, 4. 97w -% Mg, 12. 95w -% Si

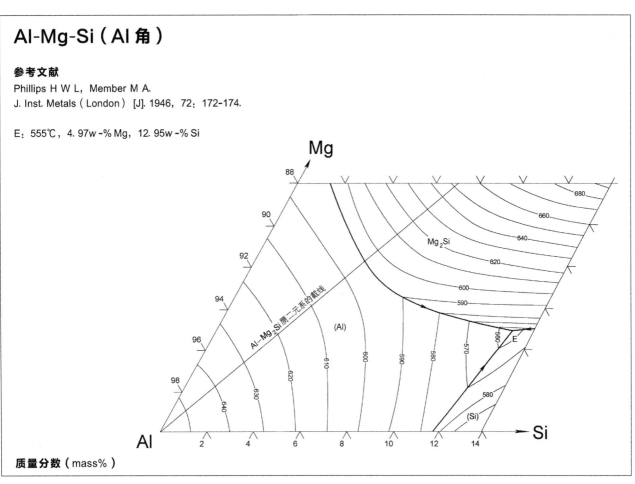

质量分数（mass%）

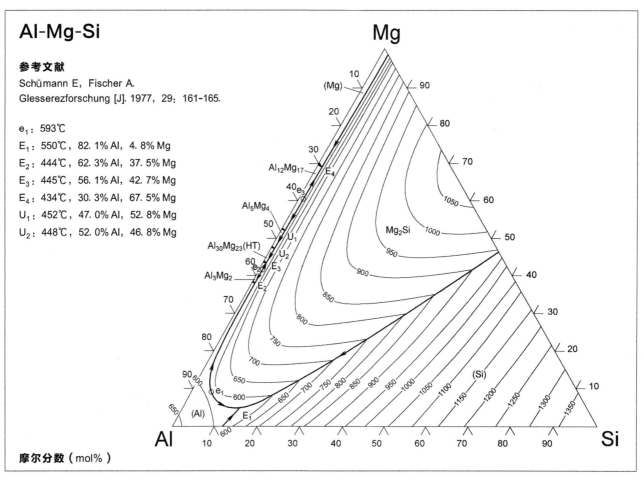

Al-Mg-Si

参考文献

Schümann E, Fischer A.
Glesserezforschung [J]. 1977, 29: 161-165.

e_1: 593℃
E_1: 550℃, 82.1% Al, 4.8% Mg
E_2: 444℃, 62.3% Al, 37.5% Mg
E_3: 445℃, 56.1% Al, 42.7% Mg
E_4: 434℃, 30.3% Al, 67.5% Mg
U_1: 452℃, 47.0% Al, 52.8% Mg
U_2: 448℃, 52.0% Al, 46.8% Mg

摩尔分数（mol%）

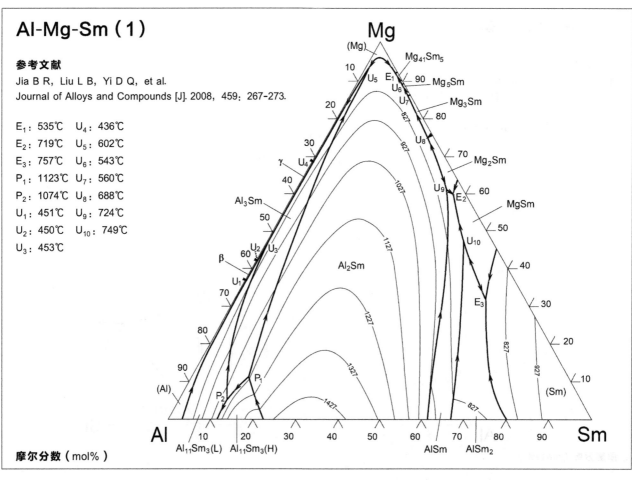

Al-Mg-Sm（1）

参考文献

Jia B R, Liu L B, Yi D Q, et al.
Journal of Alloys and Compounds [J]. 2008, 459: 267-273.

E_1: 535℃ U_4: 436℃
E_2: 719℃ U_5: 602℃
E_3: 757℃ U_6: 543℃
P_1: 1123℃ U_7: 560℃
P_2: 1074℃ U_8: 688℃
U_1: 451℃ U_9: 724℃
U_2: 450℃ U_{10}: 749℃
U_3: 453℃

摩尔分数（mol%）

Al-Mg-Sm（2）

参考文献

Jin L, Kevorkov D, Medaraj M, et al.
Journal of Chemical Thermodynamics [J]. 2013, 58: 166-195.

U_1: 1143℃
U_2: 845℃
U_3: 782℃
E_1: 665℃
U_4: 607℃
U_5: 548℃
U_6: 524℃
E_2: 518℃
U_7: 451℃
U_8: 451℃
E_3: 439℃

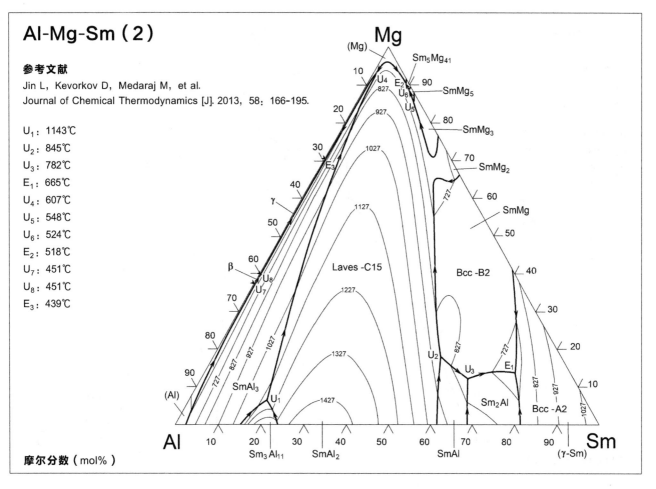

摩尔分数（mol%）

Al-Mg-Sn

参考文献

Doernberg E, Kozlov A, Schmid-Fetzer R.
Journal of Phase Equilibria and Diffusion [J]. 2007, 28: 523-535.

M, M′ 602℃
E_1: 202℃
E_2: 448℃
E_3: 446℃
E_4: 431℃
c_1: 690℃
c_2: 607℃

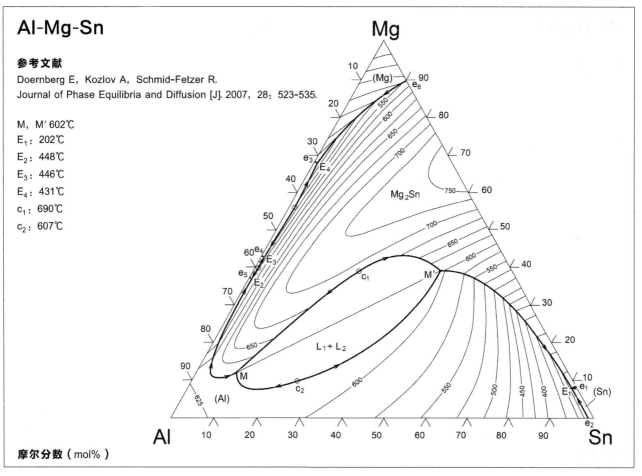

摩尔分数（mol%）

Al-Mg-Sr

参考文献

Janz A, Gröbner J, Mirković D, et al.
Intermetallcs [J]. 2007, 15: 506-519.

U_1: 611℃ E_2: 450℃
U_2: 606℃ E_3: 449℃
U_3: 595℃ E_4: 436℃
E_1: 595℃ U_7: 427℃
P_1: 555℃ U_8: 423℃
U_4: 527℃ E_5: 399℃
U_5: 477℃
U_6: 460℃

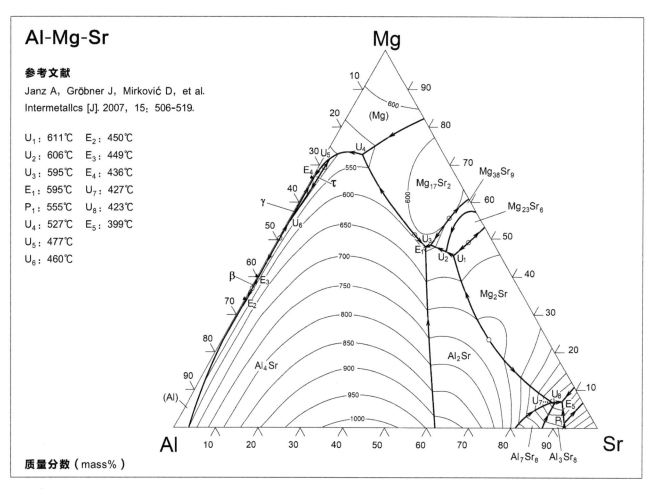

质量分数（mass%）

Al-Mg-Tl

参考文献

Köster W, Wagner E.
Zeitschrift fuer Metallkunde [J]. 1938, 30: 338-342.

e: 398℃, 15.1%Al, 66.0%Mg
E: 395℃, 12.5%Al, 71.1%Mg

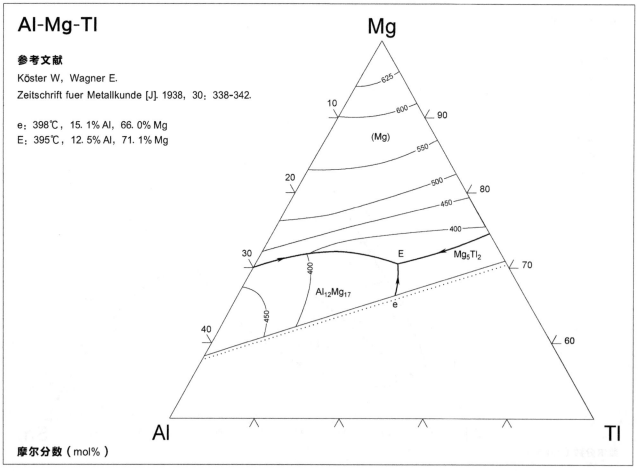

摩尔分数（mol%）

Al-Mg-Y

参考文献

Shakhshir S A, Medraj M.
Journal of Phase Equilibria and Diffusion [J]. 2006, 27: 231-244.

E_1: 613℃, 93% Al, 3% Mg
E_2: 431℃, 65.2% Al, 32.7% Mg
E_3: 431℃, 61% Al, 36.7% Mg
E_4: 420℃, 37.6% Al, 60.4% Mg
E_5: 539℃, 3.3% Al, 85.6% Mg
E_6: 818℃, 11% Al, 68% Mg
E_7: 727℃, 12.7% Al, 31.4% Mg
U_1: 969℃, 83.4% Al, 4.7% Mg
U_2: 435℃, 50% Al, 47% Mg
U_3: 694℃, 37.6% Al, 60.4% Mg
U_4: 550℃, 10.3% Al, 65.6% Mg
U_5: 575℃, 12.3% Al, 59.6% Mg
U_6: 652℃, 11% Al, 50.7% Mg
U_7: 771℃, 10.1% Al, 34.7% Mg
U_8: 909℃, 23% Al, 8% Mg
P: 532℃, 51.4% Al, 43% Mg

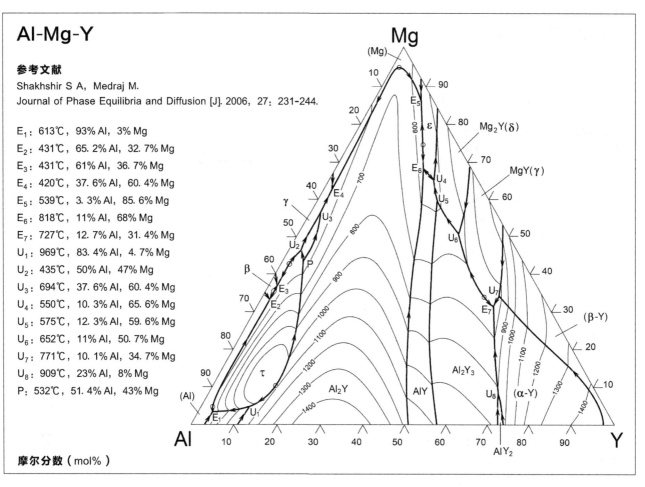

摩尔分数（mol%）

Al-Mg-Zn（1）

参考文献

Кузнецов Г М, Баршуков А Д, Кривошеева Г Б, и др.
Изв. Вуз. Цветная Металлургия [J]. 1985, 13: 65-67.

E_1: 447℃, 60.3% Al, 34.6% Mg
U_1: ~449℃, 51.8% Al, 44.0% Mg
U_2: ~350℃
U_3: ~465℃, 42.8% Al, 18.7% Mg

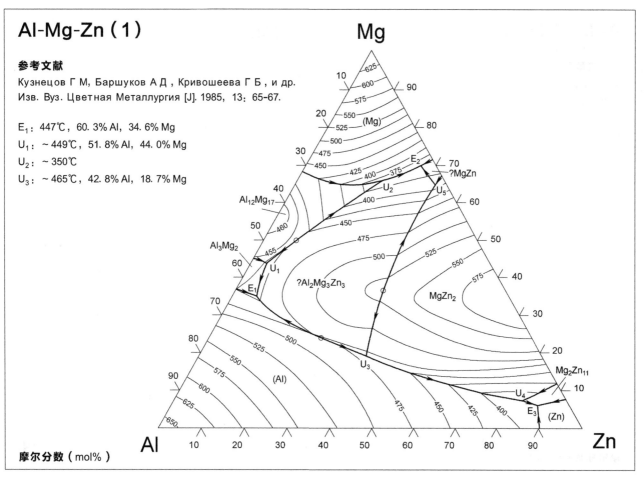

摩尔分数（mol%）

Al-Mg-Zn（2）

参考文献

Liang P, Tarfa T, Robinson J A, et al.
Thermochimica Acta [J]. 1998, 314: 87-110.

U_1: 477℃, 45.5% Al, 18.9% Mg
E_1: 449℃, 52.0% Al, 43.1% Mg
E_2: 447℃, 60.1% Al, 34.3% Mg
P_1: 434℃, 5.6% Al, 60.6% Mg
P_2: 388℃, 17.3% Al, 65.9% Mg
U_2: 366℃, 13.7% Al, 69.8% Mg
U_3: 357℃, 11.1% Al, 7.6% Mg
P_3: 354℃, 4.6% Al, 68.6% Mg

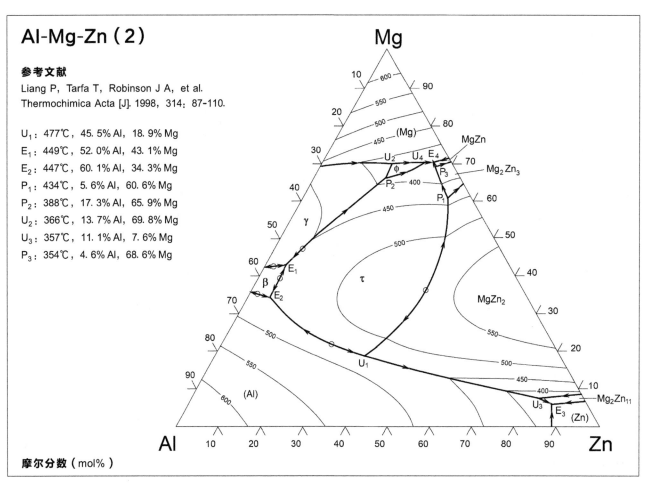

摩尔分数（mol%）

Al-Mn-Ni（1）

参考文献

Köster W, Gebhardt E.
Zeitschrift fuer Metallkunde [J]. 1938, 30: 291-293.

p: ~1170℃

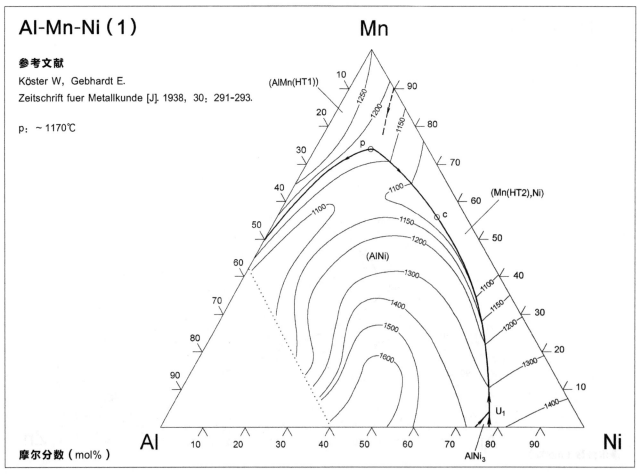

摩尔分数（mol%）

Al-Mn-Ni（2）

参考文献

Walnsch A, Kriegel M J, Rudolph M, et al.
CALPHAD：Computer Coupling of Phase Diagrams
and Thermochemistry [J]. 2019, 64：78-89.

U_1：1364℃　　p_1：1157℃
U_2：969℃　　e_1：1031℃
U_3：966℃　　p_2：970℃
U_4：945℃　　p_3：910℃
U_5：910℃
U_6：900℃
U_7：787℃
P_1：787℃
U_8：776℃

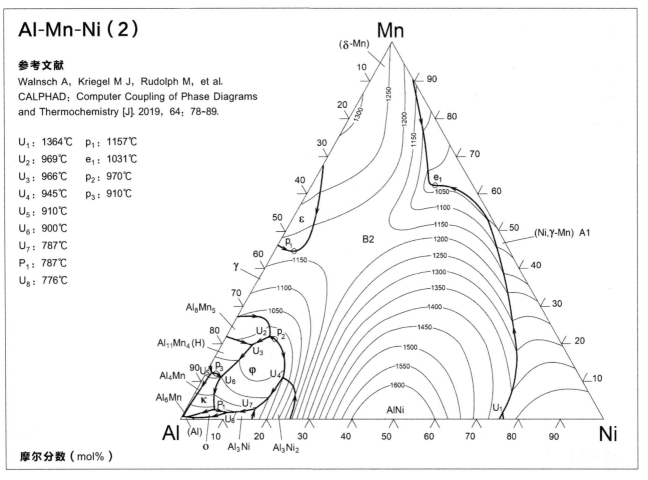

摩尔分数（mol%）

Al-Mn-Ni（Al 角）

参考文献

Mondolfo L F.
Aluminum Alloys：Structure and Properties [M].
London：Butter Worths, 1976：590-592.

U_1：645℃，1. 3w -% Mn，4. 3w -% Ni
E_1：637℃，1. 2w -% Mn，5. 2w -% Ni

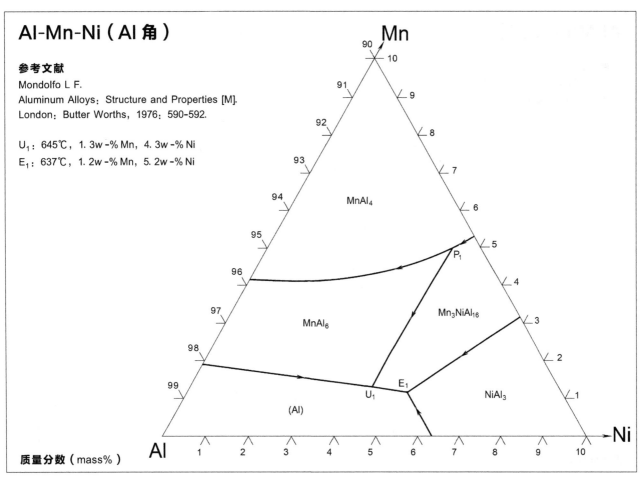

质量分数（mass%）

Al-Mn-Pd（1）

参考文献

Godecke T，Luck R.

Zeitschrift fuer Metallkunde [J]. 1995, 86：109-121.

U_3：867℃

P_2：850℃

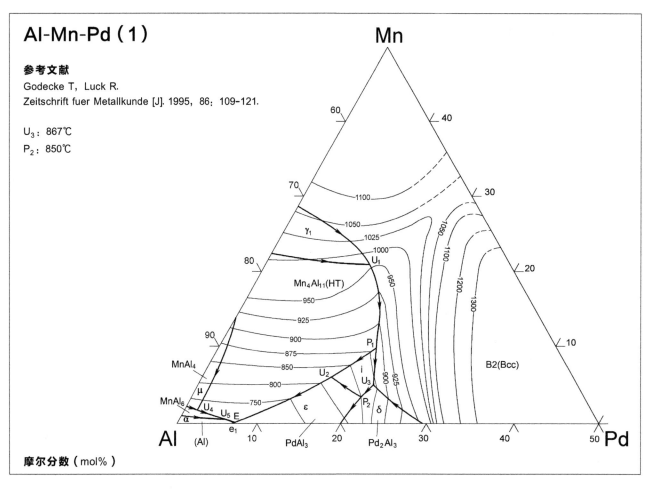

摩尔分数（mol%）

Al-Mn-Pd（2）

参考文献

Klein H，Durand-Charre M，Audier M.

Journal of Alloys and Compounds [J]. 2000, 296：128-137.

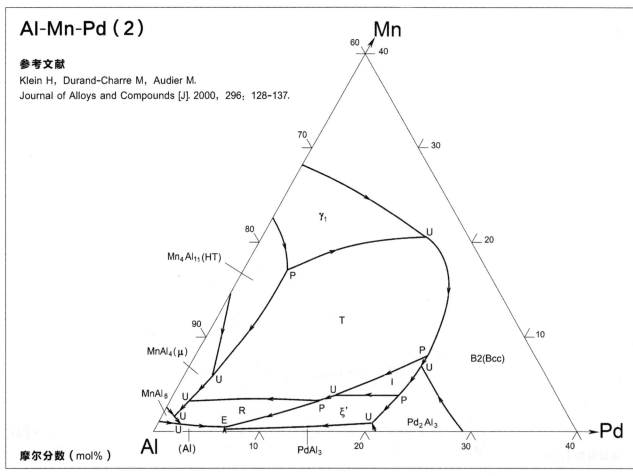

摩尔分数（mol%）

Al-Mn-Si（Al 角）

参考文献

Hanemann H，Schrader A.
Zeitschrift fuer Metallkunde [J]. 1938, 30：383-386.

U_1：690℃

U_2：657℃

U_3：648℃

E：574℃

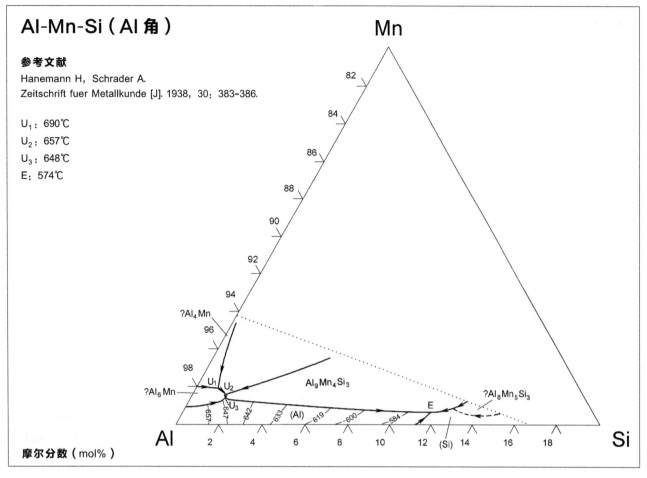

摩尔分数（mol%）

Al-Mn-Si

参考文献

Du Y，Schuster J C，Weitzer Y，et al.
Metallurgical and Materials Transactions A [J].
2004, 35A：1613-1628.

τ_2：$Al_5Mn_6Si_7$	U_7：978℃
τ_4：Al_3MnSi_2	U_8：940℃
τ_5：$Al_3Mn_4Si_2$	U_9：939℃
τ_6：$(Al，Mn)_4Si$	U_{10}：928℃
τ_9：$Al_{14}Mn_4(Al，Si)_5$	
τ_{10}：Al_2MnSi_3	U_{11}：918℃
U_1：1184℃	U_{12}：842℃
U_2：1084℃	P_1：893℃
E_1：1035℃	P_2：844℃
E_2：1033℃	U_{17}：767℃
U_3：1021℃	U_{19}：738℃
E_3：1021℃	U_{20}：703℃
U_4：1020℃	U_{21}：671℃
E_4：1016℃	U_{22}：667℃
U_5：1012℃	U_{23}：651℃
U_6：986℃	E_6：576℃

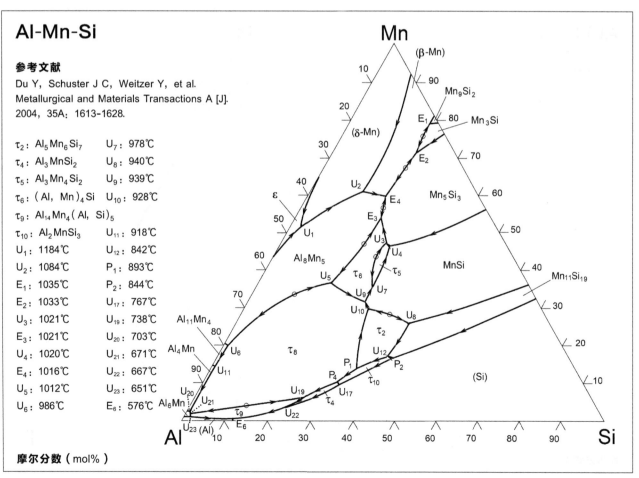

摩尔分数（mol%）

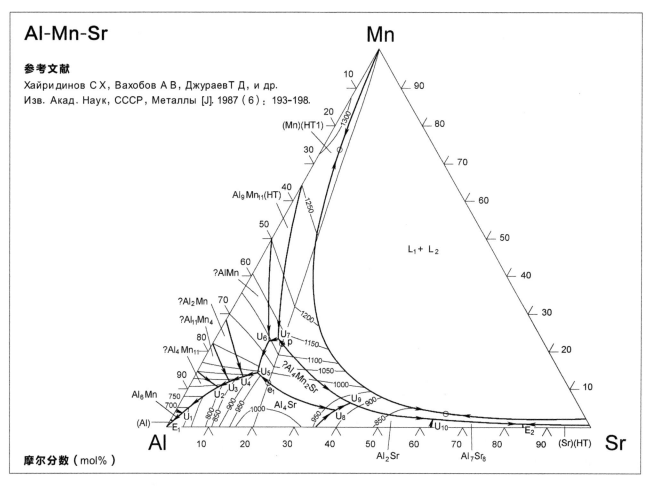

Al-Mn-Sr

参考文献

Хайридинов С Х, Вахобов А В, ДжураевТ Д, и др.
Изв. Акад. Наук, СССР, Металлы [J]. 1987（6）：193-198.

摩尔分数（mol%）

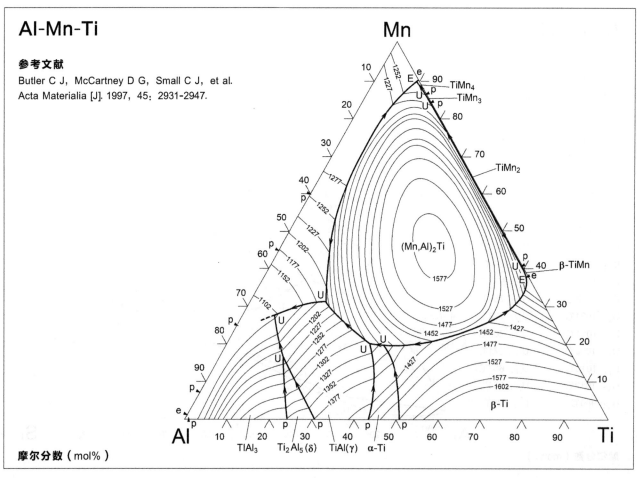

Al-Mn-Ti

参考文献

Butler C J, McCartney D G, Small C J, et al.
Acta Materialia [J]. 1997, 45：2931-2947.

摩尔分数（mol%）

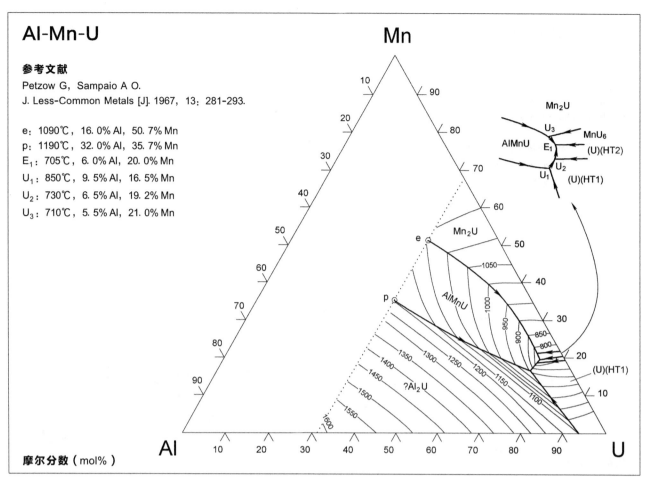

Al-Mn-U

参考文献

Petzow G, Sampaio A O.
J. Less-Common Metals [J]. 1967, 13: 281-293.

e: 1090℃, 16.0% Al, 50.7% Mn
p: 1190℃, 32.0% Al, 35.7% Mn
E_1: 705℃, 6.0% Al, 20.0% Mn
U_1: 850℃, 9.5% Al, 16.5% Mn
U_2: 730℃, 6.5% Al, 19.2% Mn
U_3: 710℃, 5.5% Al, 21.0% Mn

摩尔分数（mol%）

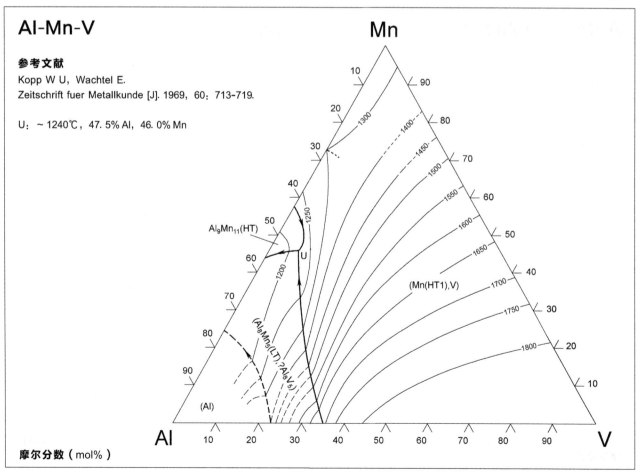

Al-Mn-V

参考文献

Kopp W U, Wachtel E.
Zeitschrift fuer Metallkunde [J]. 1969, 60: 713-719.

U: ~1240℃, 47.5% Al, 46.0% Mn

摩尔分数（mol%）

Al-Mn-Zn（Al 角）

参考文献

Mondolfo L F.
Aluminum Alloys: Structure and Properties [M].
London: Butter Worths, 1976: 597-598.

U_1: 507℃, 3w-% Mn, 43w-% Zn
U_2: 543℃, 1.5w-% Mn, 35w-% Zn
E: 378℃, 0.05w-% Mn, 95w-% Zn

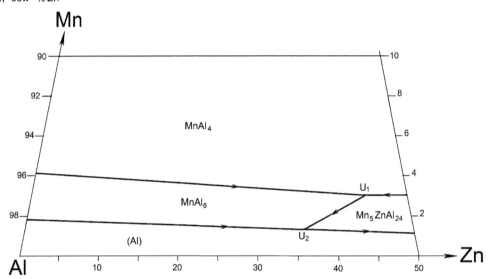

质量分数（mass%）

Al-Mn-Zn（Zn 角）

参考文献

Gebhardt E.
Zeitschrift fuer Metallkunde [J]. 1942 34: 259-263.

E: 378℃, 11.4% Al, 0.1% Mn
U: 413℃, 1.3% Al, 0.4% Mn

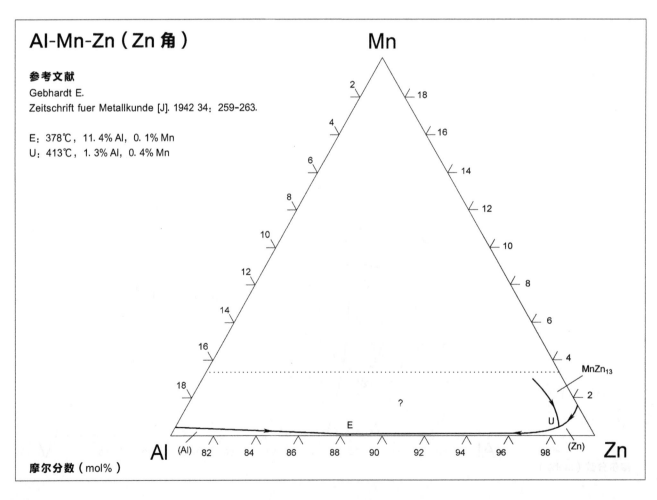

摩尔分数（mol%）

Al-Mo-Ni

参考文献

Peng J, Franke P, Manara D, et al.
Journal of Alloys and Compounds [J]. 2016, 674: 305-314.

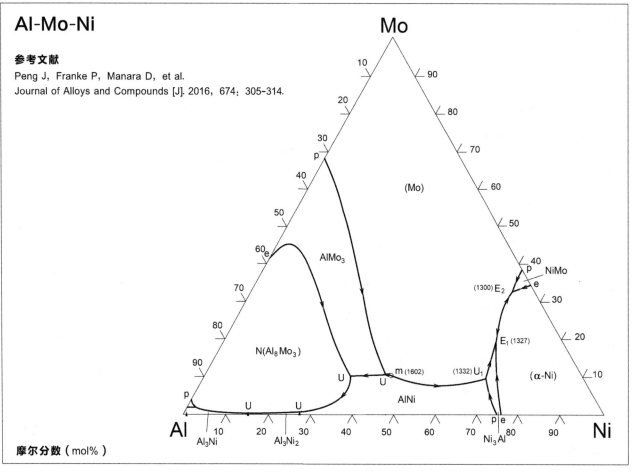

Al-Mo-Si（1）

参考文献

Liu Y, Shao G, Tsakiropoulos P.
Intermetallics [J]. 2000, 8: 953-962.

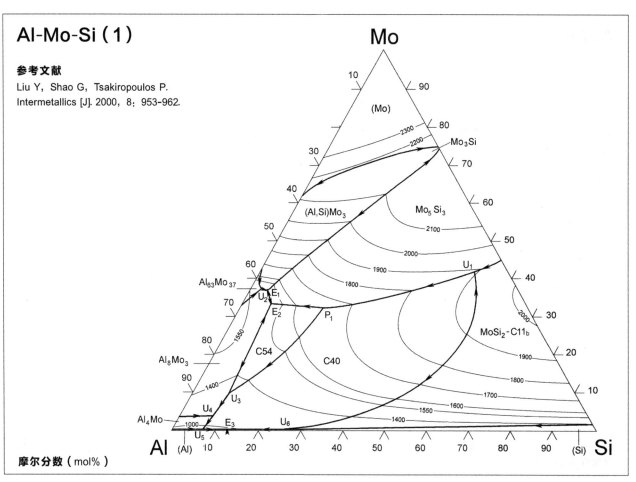

摩尔分数（mol%）

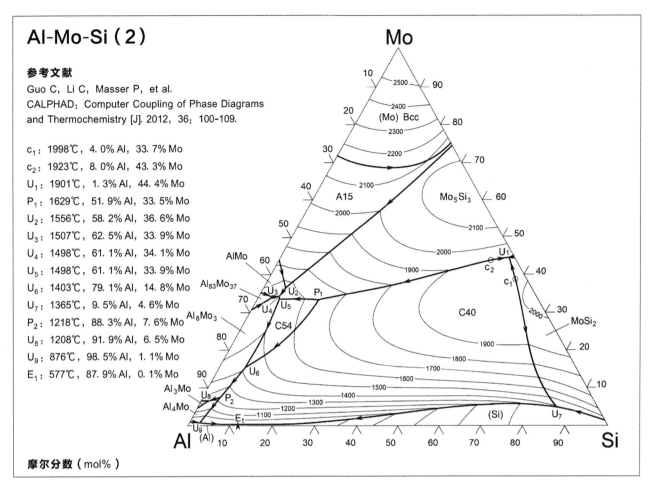

Al-Mo-Si（2）

参考文献

Guo C, Li C, Masser P, et al.
CALPHAD: Computer Coupling of Phase Diagrams
and Thermochemistry [J]. 2012, 36: 100-109.

c_1: 1998℃, 4.0% Al, 33.7% Mo
c_2: 1923℃, 8.0% Al, 43.3% Mo
U_1: 1901℃, 1.3% Al, 44.4% Mo
P_1: 1629℃, 51.9% Al, 33.5% Mo
U_2: 1556℃, 58.2% Al, 36.6% Mo
U_3: 1507℃, 62.5% Al, 33.9% Mo
U_4: 1498℃, 61.1% Al, 34.1% Mo
U_5: 1498℃, 61.1% Al, 33.9% Mo
U_6: 1403℃, 79.1% Al, 14.8% Mo
U_7: 1365℃, 9.5% Al, 4.6% Mo
P_2: 1218℃, 88.3% Al, 7.6% Mo
U_8: 1208℃, 91.9% Al, 6.5% Mo
U_9: 876℃, 98.5% Al, 1.1% Mo
E_1: 577℃, 87.9% Al, 0.1% Mo

摩尔分数（mol%）

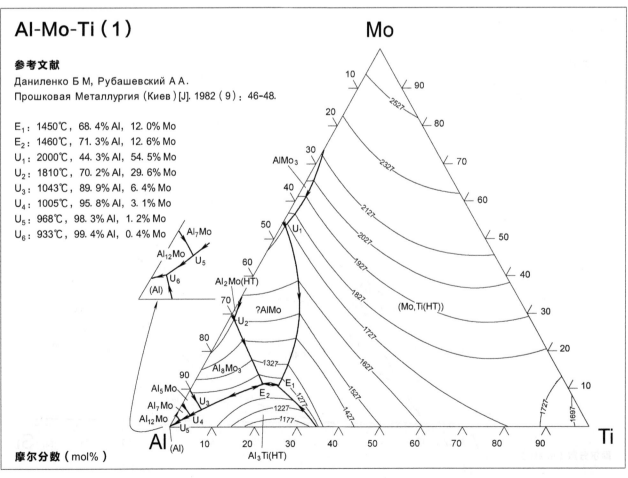

Al-Mo-Ti（1）

参考文献

Даниленко Б М, Рубашевский А А.
Прошковая Металлургия (Киев) [J]. 1982 (9): 46-48.

E_1: 1450℃, 68.4% Al, 12.0% Mo
E_2: 1460℃, 71.3% Al, 12.6% Mo
U_1: 2000℃, 44.3% Al, 54.5% Mo
U_2: 1810℃, 70.2% Al, 29.6% Mo
U_3: 1043℃, 89.9% Al, 6.4% Mo
U_4: 1005℃, 95.8% Al, 3.1% Mo
U_5: 968℃, 98.3% Al, 1.2% Mo
U_6: 933℃, 99.4% Al, 0.4% Mo

摩尔分数（mol%）

Al-Mo-Ti（2）

参考文献

Cupid D M, Fabrichnaya O, Ebrahimi F, et al.
Intermetallics [J]. 2010, 18: 1185-1196.

U_1: 1527℃
U_2: 1403℃
U_3: 1354℃
U_4: 1528℃
E: 1296℃

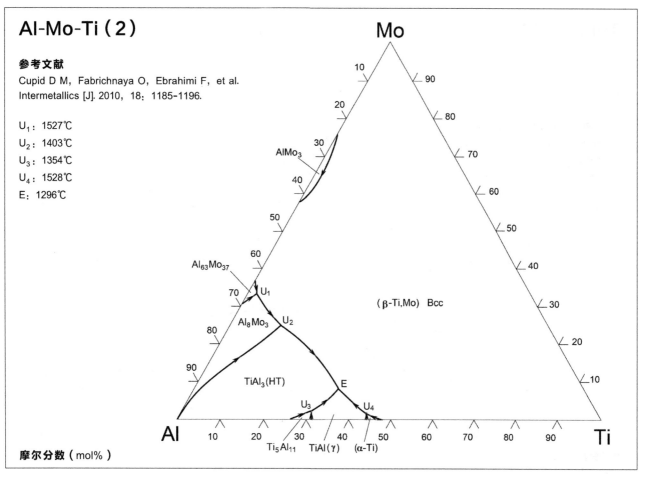

摩尔分数（mol%）

Al-Mo-Ti（3）

参考文献

Witusiewicz V T, Bondar A A, Hecht U, et al.
Journal of Alloys and Compounds [J]. 2018, 749: 1071-1091.

p_1: 2149℃ e_6: 1454℃
p_2: 1720℃ p_8: 1456℃
p_3: 1570℃ U_2: 1455℃
e_1: 1541℃ E_1: 1453℃
p_4: 1492℃ E_2: 1452℃
p_5: 1491℃ p_9: 1446℃
p_6: 1490℃ U_3: 1445℃
U_1: 1488℃ p_{10}: 1432℃
p_7: 1475℃ p_{11}: 1396℃
e_4: 1463℃
e_5: 1459℃

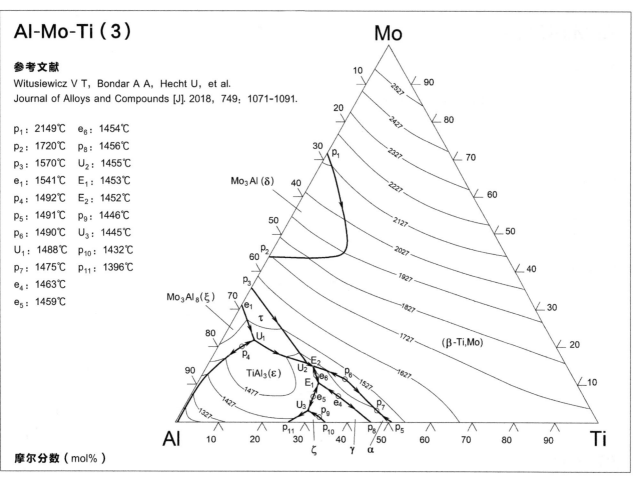

摩尔分数（mol%）

Al-Mo-U（1）

参考文献

Petzow G, Rexer L.
Zeitschrift fuer Metallkunde [J]. 1969, 60：449-453.

e_1：1460℃，45.2% Al，21.5% Mo
e_2：1410℃，39.0% Al，29.0% Mo
E：1340℃
U_1：1510℃，66.5% Al，29.5% Mo
U_2：1480℃，60.0% Al，30.0% Mo
U_3：1380℃，48.5% Al，27.5% Mo
U_4：1352℃，66.4% Al，18.3% Mo
U_5：1220℃，6.0% Al，28.0% Mo
U_6：1140℃，9.0% Al，22.0% Mo
U_7：1115℃，11.5% Al，10.5% Mo

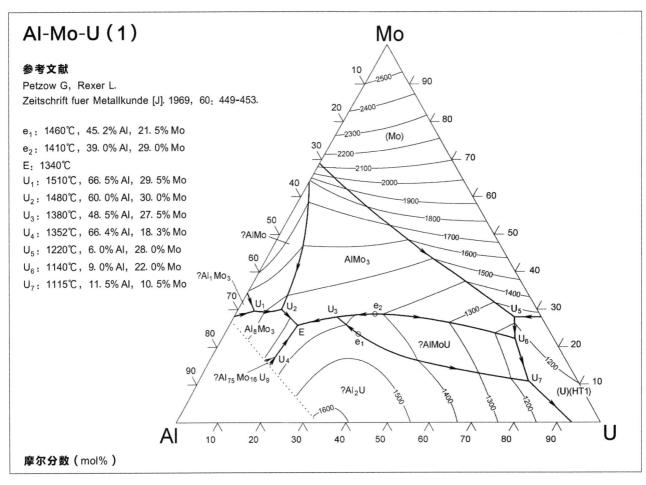

摩尔分数（mol%）

Al-Mo-U（2）

参考文献

Zhang X, Cui Y F, Xu G L, et al.
Journal of Nuclear Materials [J]. 2010, 402：15-24.

E_1：1643℃
E_2：1540℃
E_3：1518℃
E_4：1517℃
U_1：1693℃
U_2：1510℃
U_3：1112℃
P_1：1447℃
P_2：1389℃

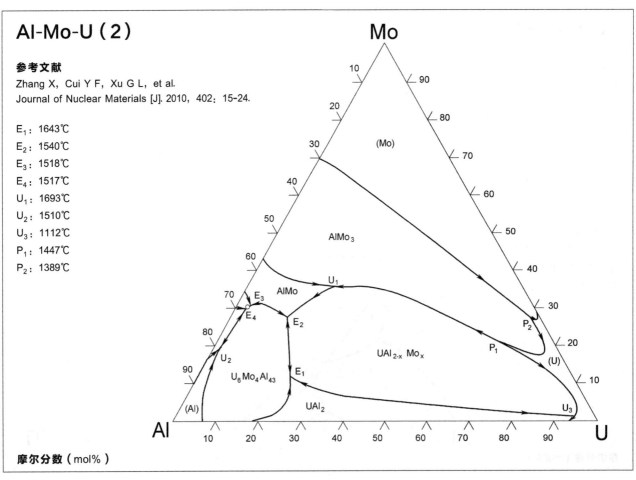

摩尔分数（mol%）

Al-Mo-V

参考文献

Hu B，Yao B，Wang J，et al.

J. Min. Metall，Sect. B-Metall [J]. 2017，53（2）B：95-106.

U_1：1502℃

U_2：1409℃

U_3：1334℃

E_1：1329℃

P_1：1292℃

U_4：1102℃

U_5：1069℃

U_6：995℃

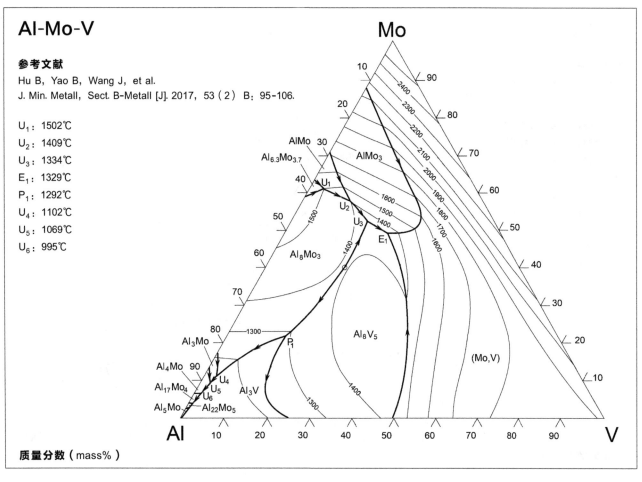

质量分数（mass%）

Al-Na-Si（Al角）

参考文献

Ransley C E，Neufeld H.

J. Inst. Metals [J]. 1950，78：25-46.

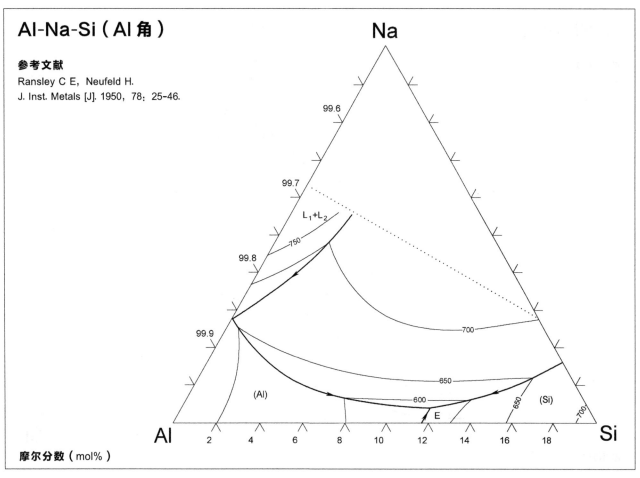

摩尔分数（mol%）

Al-Nb-Ni

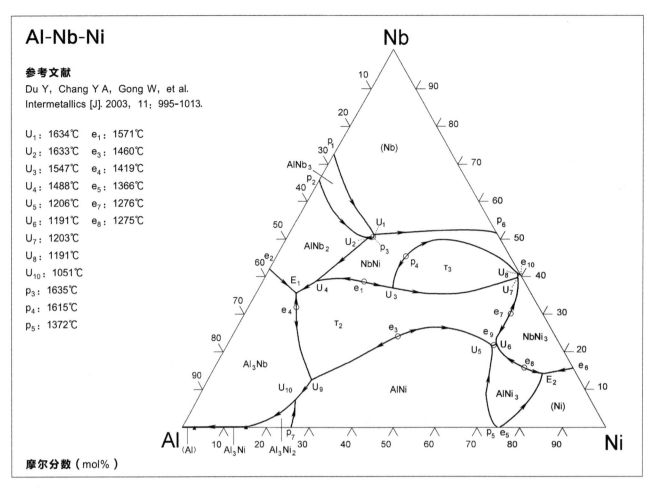

参考文献

Du Y, Chang Y A, Gong W, et al.
Intermetallics [J]. 2003, 11: 995-1013.

U_1: 1634℃ e_1: 1571℃
U_2: 1633℃ e_3: 1460℃
U_3: 1547℃ e_4: 1419℃
U_4: 1488℃ e_5: 1366℃
U_5: 1206℃ e_7: 1276℃
U_6: 1191℃ e_8: 1275℃
U_7: 1203℃
U_8: 1191℃
U_{10}: 1051℃
p_3: 1635℃
p_4: 1615℃
p_5: 1372℃

摩尔分数（mol%）

Al-Nb-Si

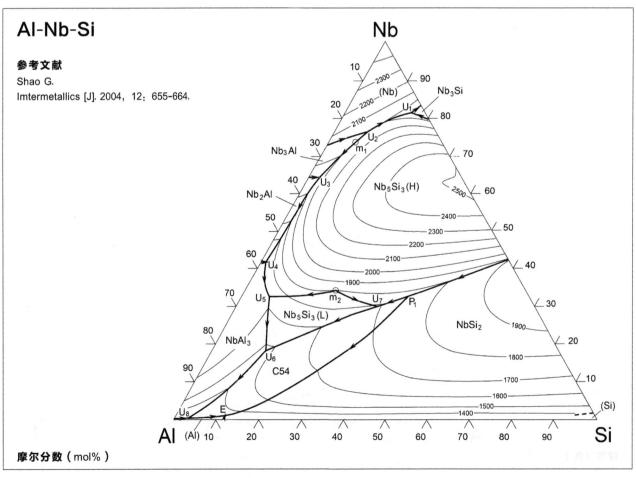

参考文献

Shao G.
Imtermetallics [J]. 2004, 12: 655-664.

摩尔分数（mol%）

Al-Nb-Ti（1）

参考文献

Kaltenbach K, Gama S, Pinatti D G, et al.
Zeitschrift fuer Metallkunde [J]. 1989, 80: 535-539.

E: 1250℃
U₁: 1800℃
U₂: 1350℃
U₃: 1300℃

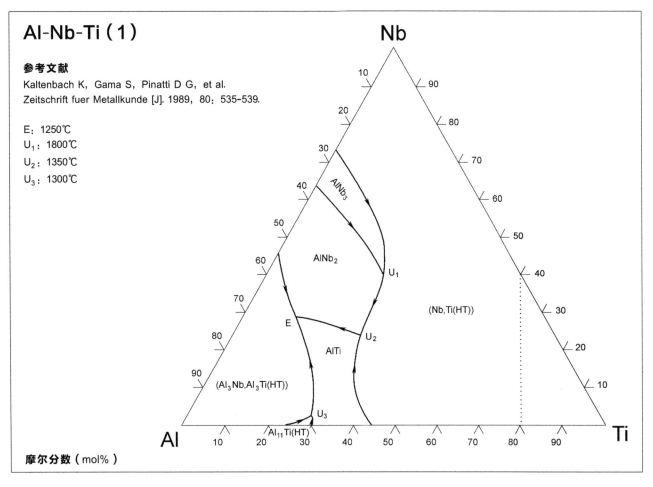

摩尔分数（mol%）

Al-Nb-Ti（2）

参考文献

Witusiewicz V T, Bandar A A, Hecht U, et al.
Journal of Alloys and Compounds [J]. 2009, 472: 133-161.

E: 1558℃
P₁: 1739℃
P₂: 1518℃
U₁: 1930℃
p₁: 2062℃
p₂: 1940℃
p₃: 1491℃
p₄: 1456℃
p₅: 1432℃
p₆: 1396℃
p₇: 666℃

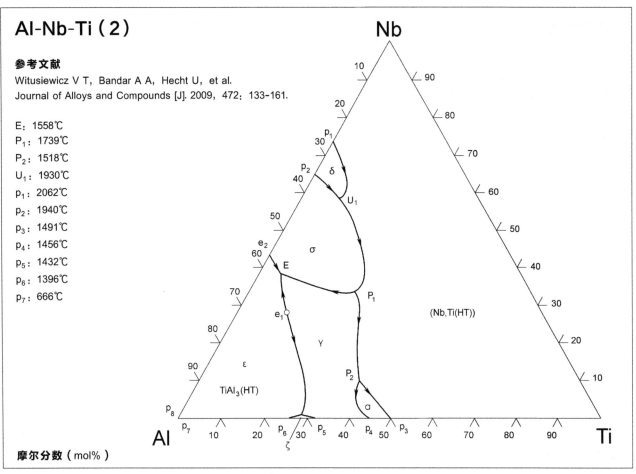

摩尔分数（mol%）

Al-Nb-U

参考文献

Moussa C, Berche A, Pasturel M, et al.
Journal of Alloys and Compounds [J].
2017, 691：893-905.

U_1：1879℃
U_2：1325℃
U_3：1240℃
E_1：1174℃

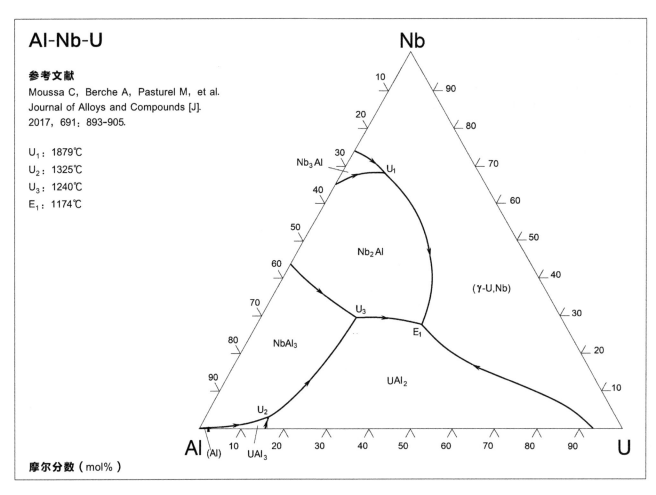

摩尔分数（mol%）

Al-Nb-V

参考文献

Santos J C P, da Silva A A A P, Ferreira P P, et al.
CALPHAD：Computer Coupling of Phase Diagrams and
Thermochemistry [J]. 2021, 74：102321.

U_1：1886℃，54% Nb，19% V
U_2：1410℃，27% Nb，17% V
U_3：1370℃，5% Nb，30% V

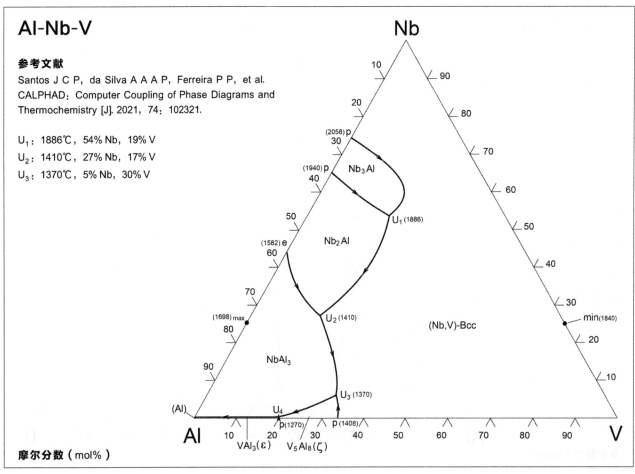

摩尔分数（mol%）

Al-Nd-Ni

参考文献

Liao J, Liao Y, Wang H, et al.
CALPHAD: Computer Coupling of Phase Diagrams
and Thermochemistry [J]. 2019, 64: 16-22.

τ_1: Ni_2Al_7Nd
τ_3: Ni_2Al_3Nd
τ_5: $NiAl_2Nd$
τ_6: Ni_8AlNd_3
τ_7: $NiAlNd$

P_1: 1816℃	U_9: 1025℃
P_2: 1515℃	U_{10}: 1001℃
U_1: 1468℃	P_4: 934℃
U_2: 1415℃	U_{11}: 910℃
U_3: 1371℃	U_{12}: 860℃
E_1: 1368℃	U_{13}: 818℃
U_4: 1158℃	U_{14}: 794℃
U_5: 1122℃	U_{15}: 769℃
U_6: 1122℃	U_{16}: 692℃
P_3: 1053℃	U_{17}: 635℃
U_7: 1053℃	E_3: 629℃
U_8: 1052℃	E_4: 586℃

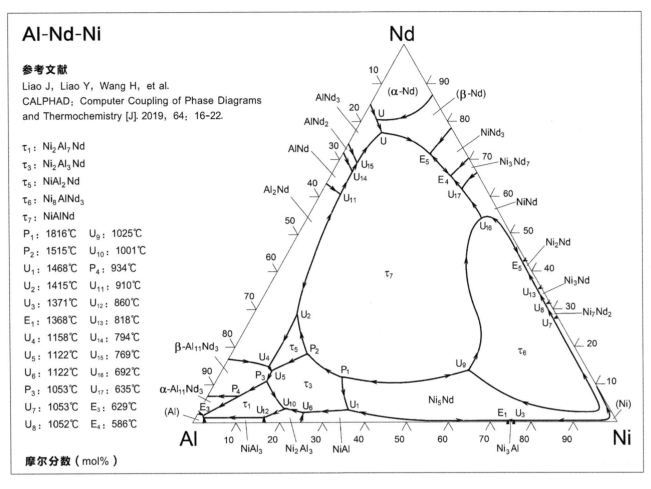

摩尔分数（mol%）

Al-Nd-Sr

参考文献

Вахобов А В, Ешонов К К, Джураев Т Д.
Изв. Акад. Наук, СССР, Металлы [J]. 1979（4）: 167-172.

e_1: 1020℃

e_2: 700℃

l_1, l_2: 970℃

L_1, L_2: 730℃

E_1: 620℃, 96.0% Al, 1.6% Nd

E_2: 620℃, 15.2% Al, 80.0% Nd

E_3: 555℃, 21.5% Al, 1.5% Nd

U_1: 1000℃, 82.7% Al, 5.5% Nd

U_2: 910℃, 59.0% Al, 4.0% Nd

U_3: 680℃, 19.5% Al, 72.3% Nd

U_4: 645℃, 31.3% Al, 2.5% Nd

U_5: 640℃, 17.0% Al, 78.5% Nd

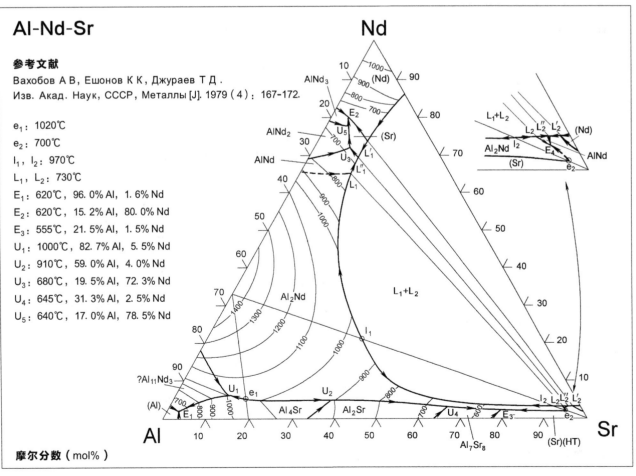

摩尔分数（mol%）

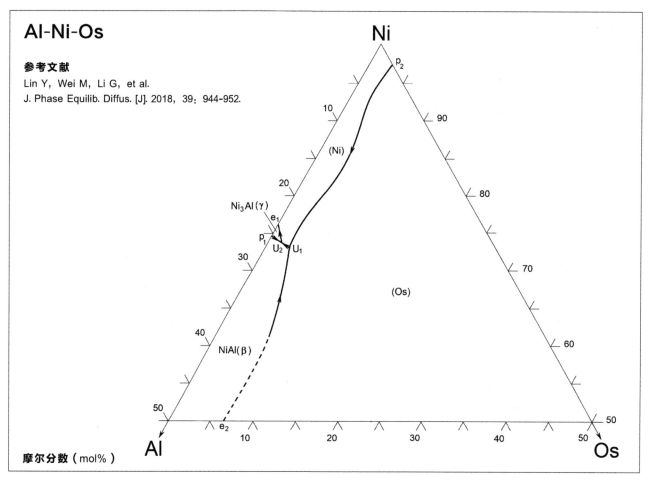

Al-Ni-Os

参考文献

Lin Y, Wei M, Li G, et al.
J. Phase Equilib. Diffus. [J]. 2018, 39: 944-952.

摩尔分数（mol%）

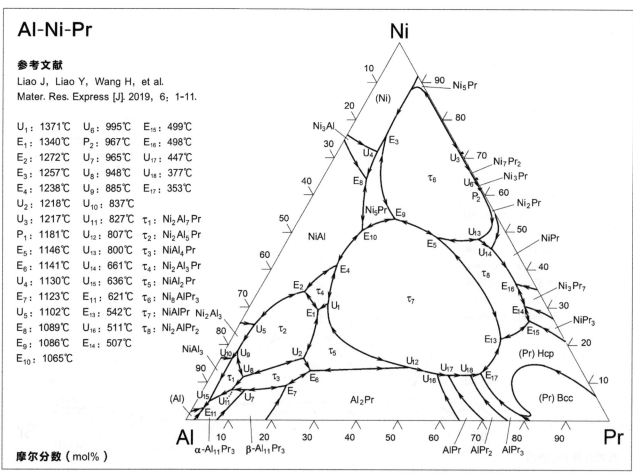

Al-Ni-Pr

参考文献

Liao J, Liao Y, Wang H, et al.
Mater. Res. Express [J]. 2019, 6: 1-11.

U_1: 1371℃	U_6: 995℃	E_{15}: 499℃
E_1: 1340℃	P_2: 967℃	E_{16}: 498℃
E_2: 1272℃	U_7: 965℃	U_{17}: 447℃
E_3: 1257℃	U_8: 948℃	U_{18}: 377℃
E_4: 1238℃	U_9: 885℃	E_{17}: 353℃
U_2: 1218℃	U_{10}: 837℃	
U_3: 1217℃	U_{11}: 827℃	τ_1: Ni_2Al_7Pr
P_1: 1181℃	U_{12}: 807℃	τ_2: Ni_2Al_5Pr
E_5: 1146℃	U_{13}: 800℃	τ_3: $NiAl_4Pr$
E_6: 1141℃	U_{14}: 661℃	τ_4: Ni_2Al_3Pr
U_4: 1130℃	U_{15}: 636℃	τ_5: $NiAl_2Pr$
E_7: 1123℃	E_{11}: 621℃	τ_6: Ni_8AlPr_3
U_5: 1102℃	E_{13}: 542℃	τ_7: $NiAlPr$ Ni_2Al_3
E_8: 1089℃	U_{16}: 511℃	τ_8: Ni_2AlPr_2
E_9: 1086℃	E_{14}: 507℃	
E_{10}: 1065℃		

摩尔分数（mol%）

Al-Ni-Pt

参考文献

Zhu J, Zhang C, Ballard D, et al.
Acta Materialia [J]. 2010, 58: 180-188.

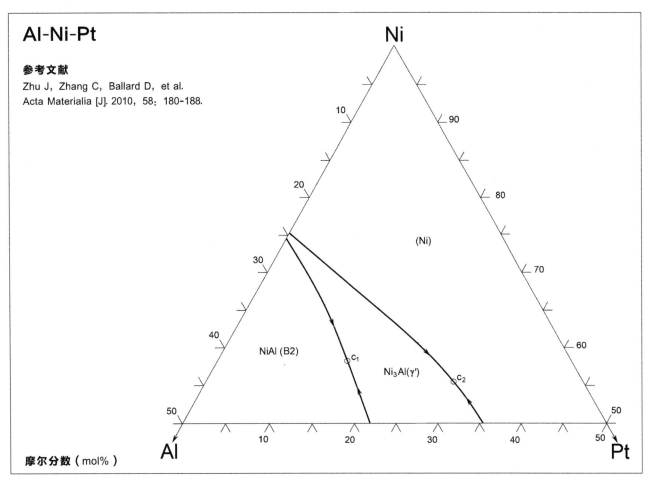

摩尔分数（mol%）

Al-Ni-Re（1）

参考文献

Cornish L A, Witcomb M J.
Journal of Alloys and Compounds [J]. 1999, 291: 145-166.

U_1: 24.5%Al, 74.5%Ni

U_2: 26%Al, 73.5%Ni

U_3: 65%Al, 14%Ni

U_4: 62%Al, 21%Ni

U_5: 61%Al, 26%Ni

U_6: 65%Al, 22%Ni

U_7: 90%Al, 6%Ni

U_8: 83%Al, 15%Ni

U_9: ≥88%Al, 12%Ni

U_{10}: 94.5%Al, 5%Ni

U_{11}: ≥98%Al, 1%Ni

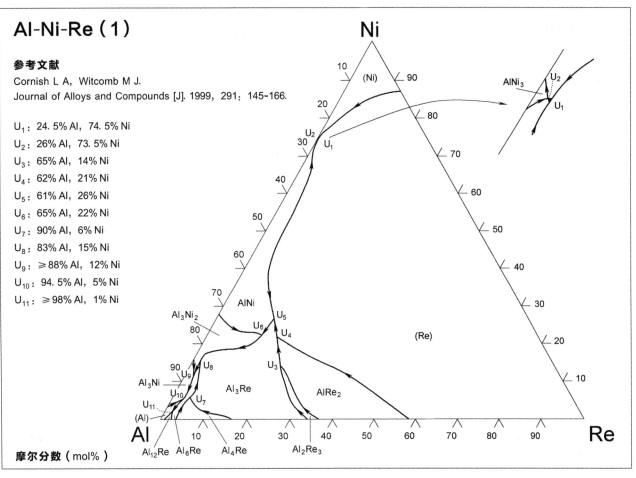

摩尔分数（mol%）

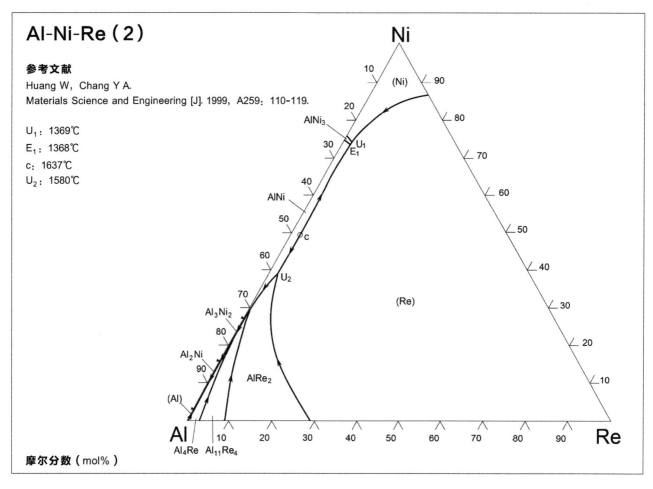

Al-Ni-Re (2)

参考文献

Huang W, Chang Y A.
Materials Science and Engineering [J]. 1999, A259：110~119.

U_1：1369℃
E_1：1368℃
c：1637℃
U_2：1580℃

摩尔分数（mol%）

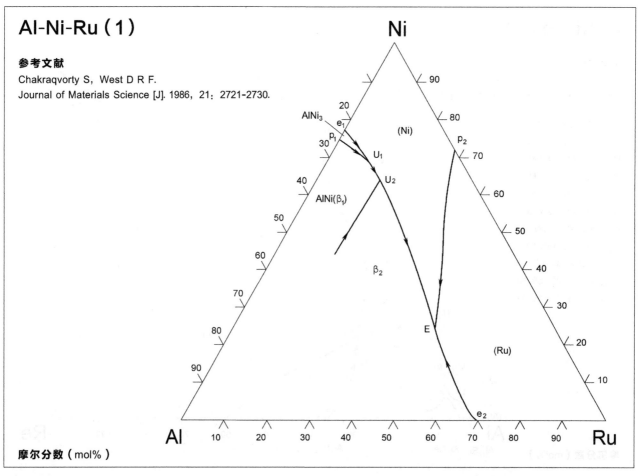

Al-Ni-Ru (1)

参考文献

Chakraqvorty S, West D R F.
Journal of Materials Science [J]. 1986, 21：2721-2730.

摩尔分数（mol%）

Al-Ni-Ru（2）

参考文献

Zhu J, Zhang C, Cao W, et al.
Acta Materialia [J]. 2009, 57: 202-212.

U_1: 1333℃, 23.7% Al, 72.4% Ni
U_2: 1291℃, 17.2% Al, 58.2% Ni
s: 1286℃, 17.9% Al, 61.9% Ni

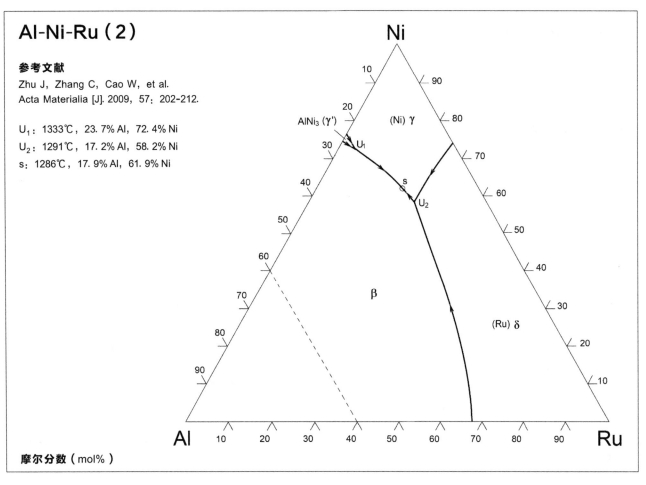

摩尔分数（mol%）

Al-Ni-Ru（Al 角）

参考文献

Hohls J, Cornish L A, Ellis P, et al.
Journal of Alloys and Compounds [J]. 2000, 308: 205-215.

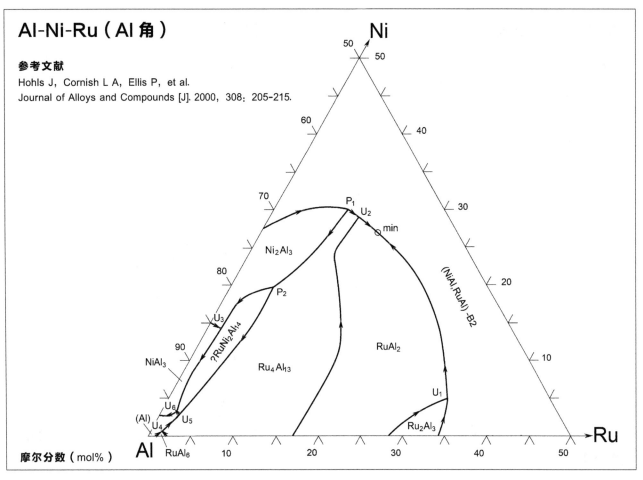

摩尔分数（mol%）

Al-Ni-Si（Al 角）

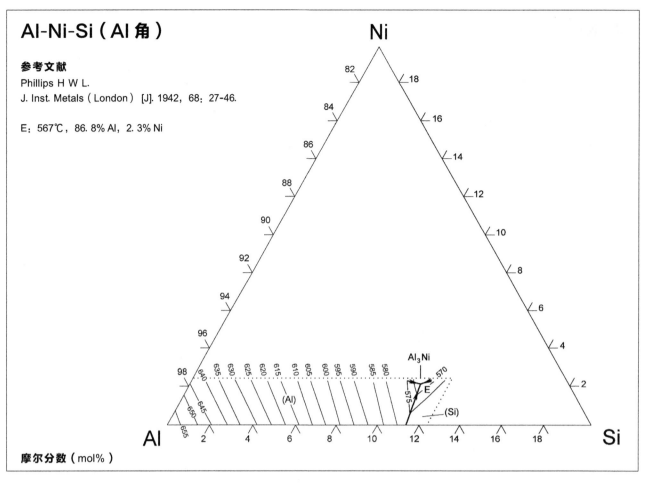

参考文献

Phillips H W L.

J. Inst. Metals（London）[J]. 1942, 68：27-46.

E：567℃，86. 8% Al，2. 3% Ni

摩尔分数（mol%）

Al-Ni-Si（Ni 角）

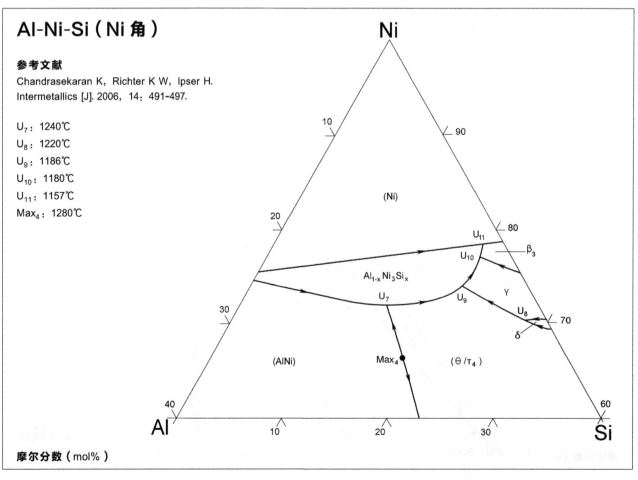

参考文献

Chandrasekaran K, Richter K W, Ipser H.

Intermetallics [J]. 2006, 14：491-497.

U_7：1240℃
U_8：1220℃
U_9：1186℃
U_{10}：1180℃
U_{11}：1157℃
Max_4：1280℃

摩尔分数（mol%）

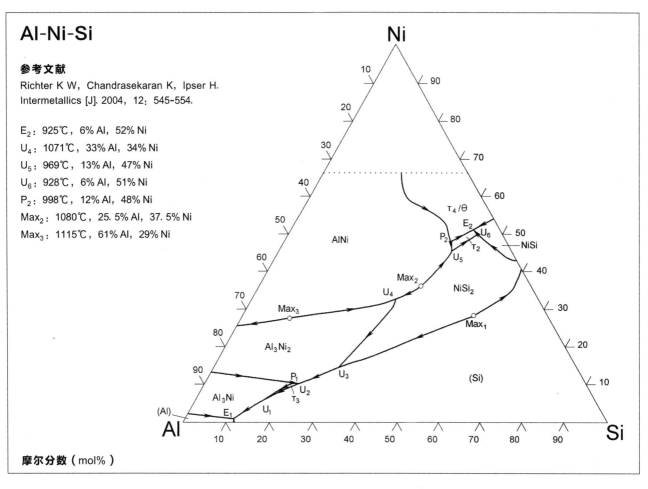

Al-Ni-Si

参考文献

Richter K W, Chandrasekaran K, Ipser H.
Intermetallics [J]. 2004, 12: 545-554.

E_2: 925℃, 6% Al, 52% Ni
U_4: 1071℃, 33% Al, 34% Ni
U_5: 969℃, 13% Al, 47% Ni
U_6: 928℃, 6% Al, 51% Ni
P_2: 998℃, 12% Al, 48% Ni
Max_2: 1080℃, 25.5% Al, 37.5% Ni
Max_3: 1115℃, 61% Al, 29% Ni

摩尔分数（mol%）

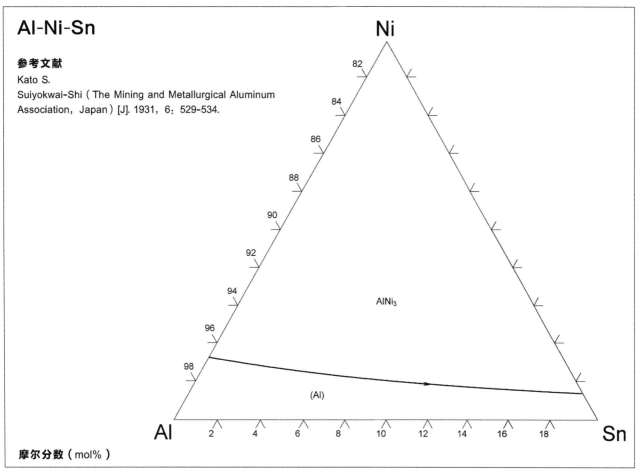

Al-Ni-Sn

参考文献

Kato S.
Suiyokwai-Shi（The Mining and Metallurgical Aluminum
Association, Japan）[J]. 1931, 6: 529-534.

摩尔分数（mol%）

Al-Ni-Ta

参考文献

Willemin P, Dugue O, Durand-Charre M, et al.
Materials Science and Technology [J]. 1986, 2: 344-348.

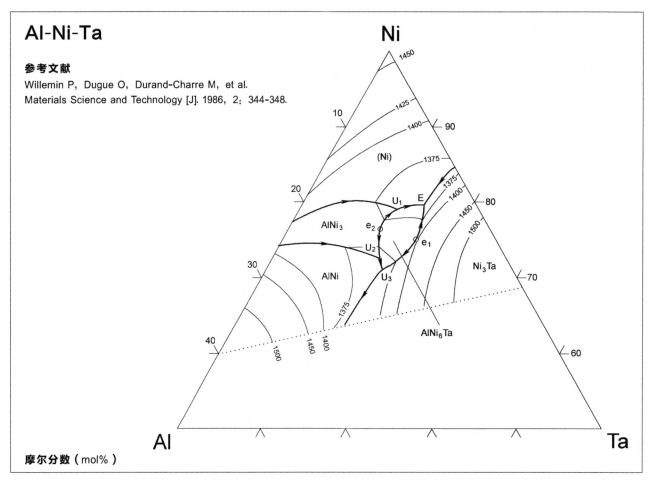

摩尔分数（mol%）

Al-Ni-Ti（1）

参考文献

Nash P, Liang W W.
Metallurgical and Materials Transactions A-
Physical Metallurgy and Materials Science [J].
1985, 16A: 319-322.

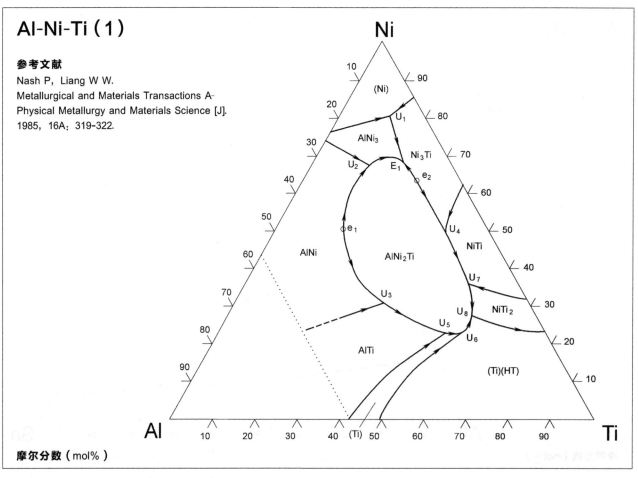

摩尔分数（mol%）

Al-Ni-Ti（2）

参考文献

Zeng K, Schmid-Fetzer R, Huneau B, et al. Intermetallics [J]. 1999, 7: 1347-1359.

U_1: 645℃　U_{10}: 1237℃
U_2: 839℃　P_1: 1116℃
U_3: 924℃　U_{11}: 1111℃
U_4: 996℃　U_{12}: 1064℃
U_5: 1068℃　U_{13}: 1260℃
U_6: 1227℃　U_{14}: 1179℃
U_7: 1335℃　U_{15}: 1180℃
U_8: 1313℃　E_2: 1171℃
E_1: 1311℃　P_2: 1337℃
U_9: 1335℃　U_{16}: 1310℃

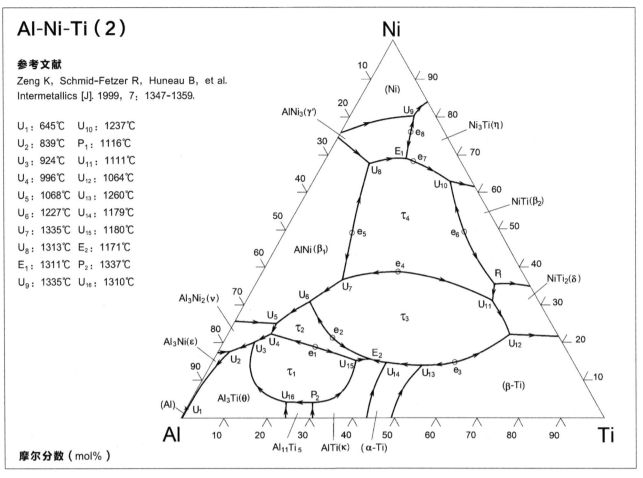

摩尔分数（mol%）

Al-Ni-Ti（3）

参考文献

Schuster J C, Pan Z, Liu S, et al. Intermetallics [J]. 2007, 15: 1257-1267.

τ_1: 1347℃
τ_2: 1225℃
τ_3: 1289℃
τ_4: 1500℃
τ_5: 1107℃（$Al_{65}Ni_{20}Ti_{15}$）
E_1: 1269℃
E_2: 1221℃
P_1: 1347℃
P_2: 1225℃
P_3: 1107℃
U_6: 1208℃
U_9: 1110℃
U_{12}: 987℃
U_{13}: 970℃
U_{14}: 969℃

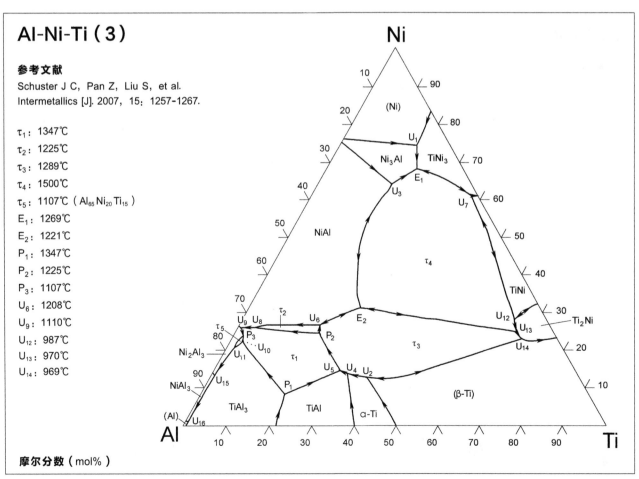

摩尔分数（mol%）

Al-Ni-U

参考文献

Dreizer W，Aldinger F，Petzow G.
Zeitschrift fuer Metallkunde [J]. 1978，69：237-242.

e：890℃
P_1：1095℃，30.0% Al，31.5% Ni
P_2：840℃，6.0% Al，51.0% Ni
P_3：825℃，2.0% Al，49.0% Ni
U_1：1000℃，8.0% Al，18.5% Ni
U_2：880℃，12.0% Al，52.5% Ni
U_3：860℃，9.5% Al，53.0% Ni
U_4：785℃，2.5% Al，29.2% Ni
U_5：770℃，2.5% Al，30.2% Ni
U_6：760℃，1.5% Al，31.5% Ni
三元化合物①的组成未定

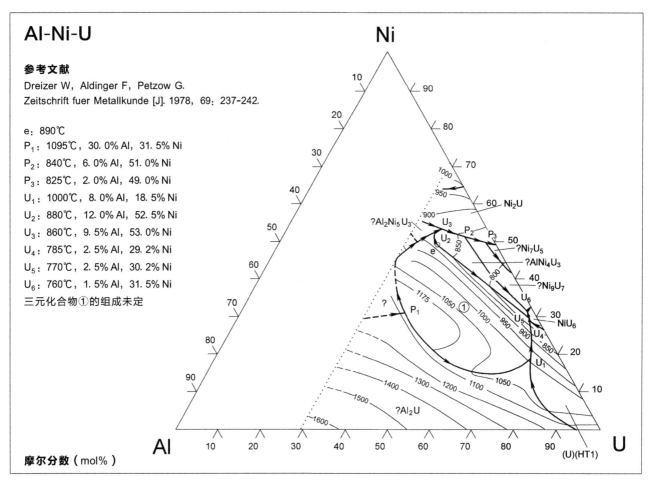

摩尔分数（mol%）

Al-Ni-V

参考文献

Мясников К Р，Маркив В Я，Пряхина Л Я，и др.
Изв. Акад. Наук，СССР，Металлы [J]. 1977（3）：192-199.

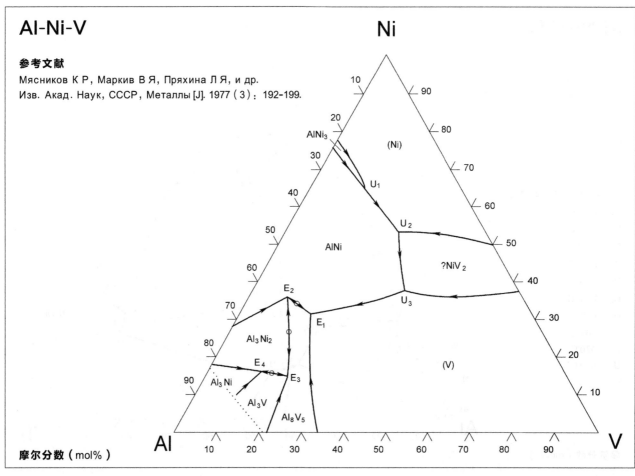

摩尔分数（mol%）

Al-Ni-W

参考文献

Kaufman L, Nessor H.
Canadian Metallurgical Quarterly [J]. 1975, 14: 221-232.

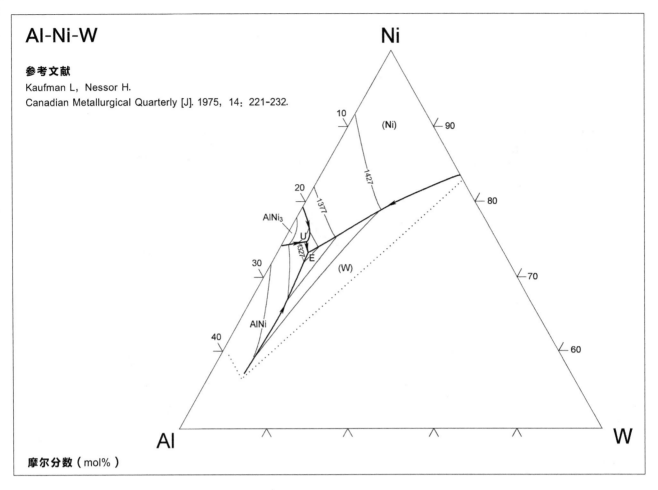

摩尔分数 (mol%)

Al-Ni-Y (1)

参考文献

Golumbfskie W J, Prins S N, Eden T J, et al.
CALPHAD: Computer Coupling of Phase Diagrams
and Thermochemistry [J]. 2009, 33: 124-135.

U_1: 1219℃	U_{13}: 810℃
U_2: 1179℃	U_{14}: 793℃
E_1: 1179℃	U_{15}: 772℃
U_3: 1148℃	U_{16}: 745℃
U_4: 1137℃	U_{17}: 734℃
U_5: 1124℃	U_{18}: 714℃
U_6: 1117℃	P_2: 714℃
U_7: 1106℃	E_5: 700℃
U_9: 950℃	U_{19}: 694℃
E_2: 943℃	U_{20}: 882℃
E_3: 940℃	P_3: 679℃
E_4: 891℃	U_{21}: 636℃
U_{10}: 850℃	U_{22}: 633℃
U_{11}: 831℃	E_6: 632℃
P_1: 825℃	E_7: 627℃
U_{12}: 820℃	

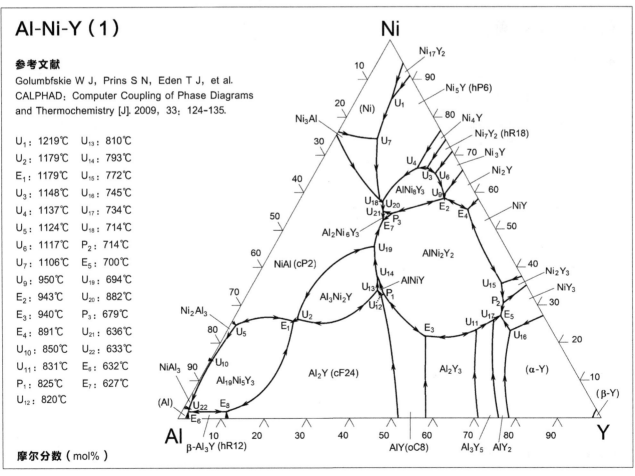

摩尔分数 (mol%)

Al-Ni-Y（2）

参考文献

Huang J, Yang B, Chen H, et al.
JPEDAV [J]. 2015, 36: 357-365.

P_1: 1698℃ P_4: 1080℃
U_1: 1660℃ E_4: 1078℃
P_2: 1613℃ U_{10}: 1193℃
U_3: 1527℃ U_{11}: 1120℃
U_4: 1466℃ U_{13}: 1104℃
E_1: 1419℃ τ_1: $Ni_6Al_{23}Y_4$
U_5: 1333℃ τ_3: $NiAl_4Y$
E_2: 1316℃ τ_6: Ni_2Al_3Y
E_3: 1314℃ τ_8: $NiAlY$
U_9: 1230℃ τ_9: Ni_2AlY_2
P_3: 1212℃ τ_{12}: Ni_8AlY_3

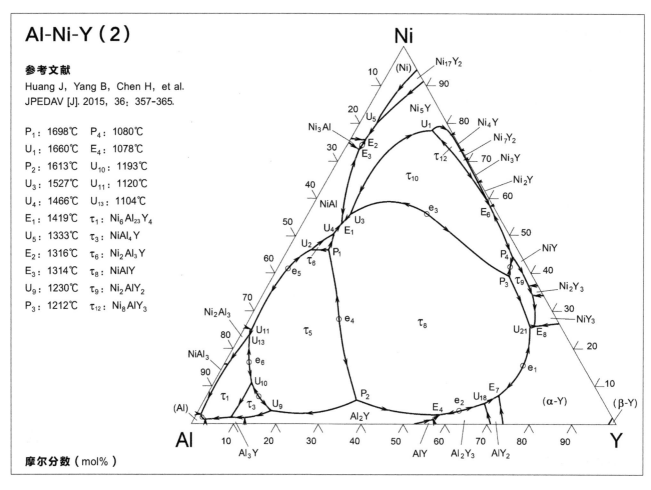

摩尔分数（mol%）

Al-Ni-Y（Al角）

参考文献

（1）Raggio R, Borzoon G, Ferro R.
Intermetellics [J]. 2000, 8: 247-257.
（2）Golunmbfskie W J, Prins S N, Eden T J, et al.
CALPHAD: Computer Coupling of Phase Diagrams
and Thermochemistry [J]. 2009, 33: 124-135.

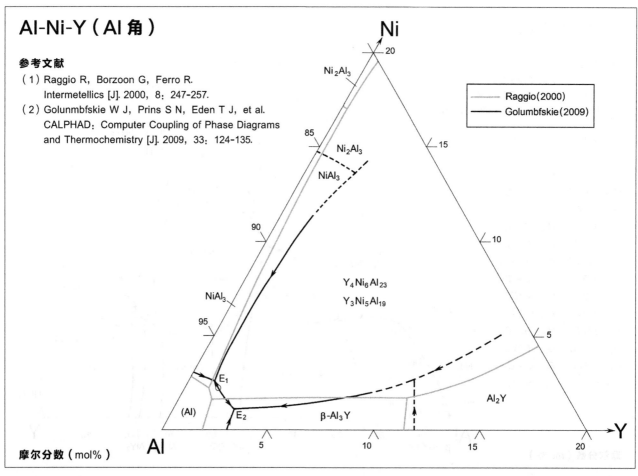

摩尔分数（mol%）

Al-Ni-Zn（Zn 角）

参考文献

Raynor G V, Faulkner C R, Noden J D, et al.
Acta Metalurgica [J]. 1953, 1: 629-648.

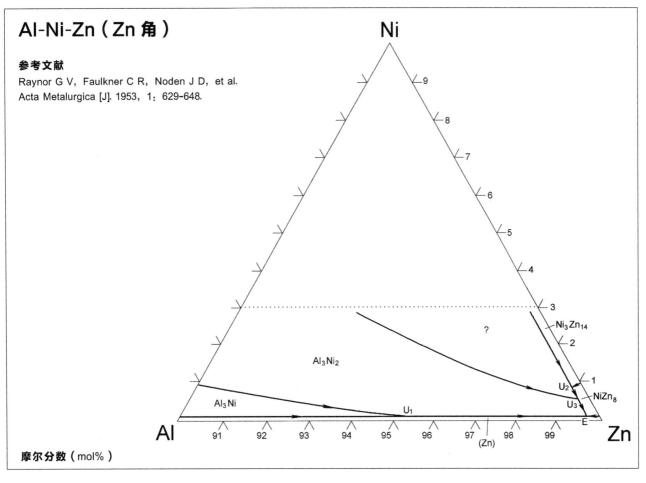

摩尔分数（mol%）

Al-Ni-Zr（Ni 角）

参考文献

Miura S, Unno H, Yamazaki T, et al.
Journal of Phase Equilibria [J]. 2001, 22: 457-462.

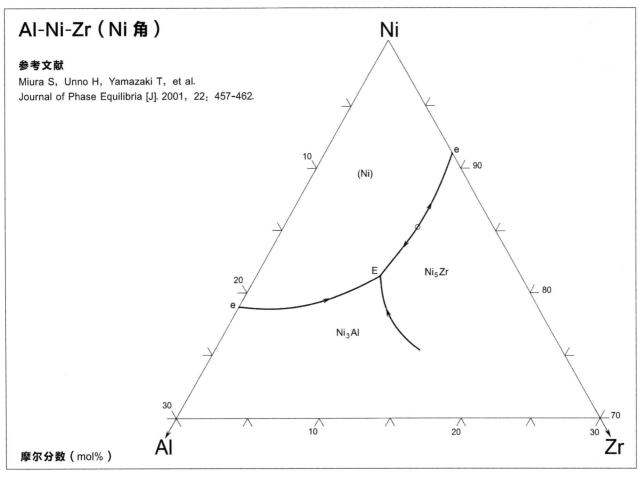

摩尔分数（mol%）

Al-P-Sb

参考文献

Ishida K, Tokunaga H, Ohtani H, et al.
J. Cryst. Growth [J]. 1989, 98: 140-147.

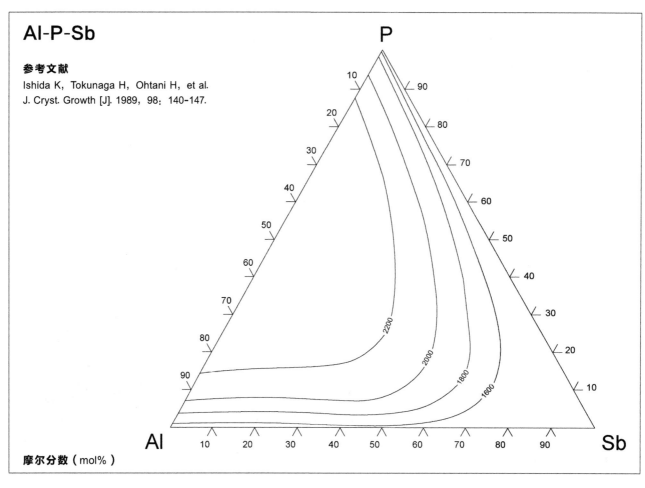

摩尔分数（mol%）

Al-P-Si

参考文献

Кузнесов Г М, Ротенберг В А.
Изв. Акад. Наук, СССР, Неорг. Материалы [J].
1971, 7: 831-834.

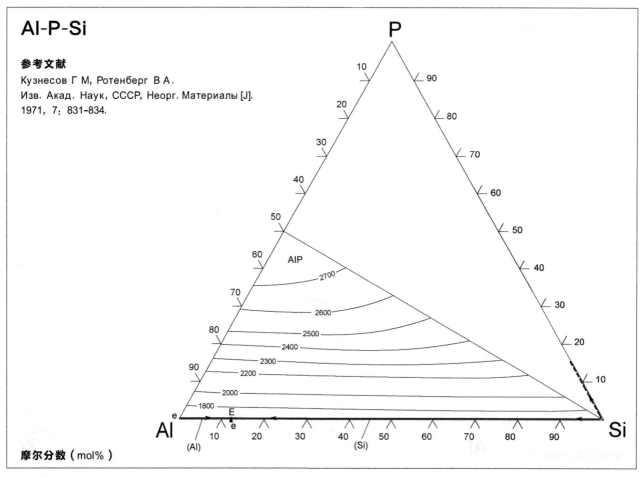

摩尔分数（mol%）

Al-P-Zn

参考文献

Tu H, Yin F, Su X, et al.
CALPHAD: Computer Coupling of Phase Diagrams
and Thermochemistry [J]. 2009, 33: 755-760.

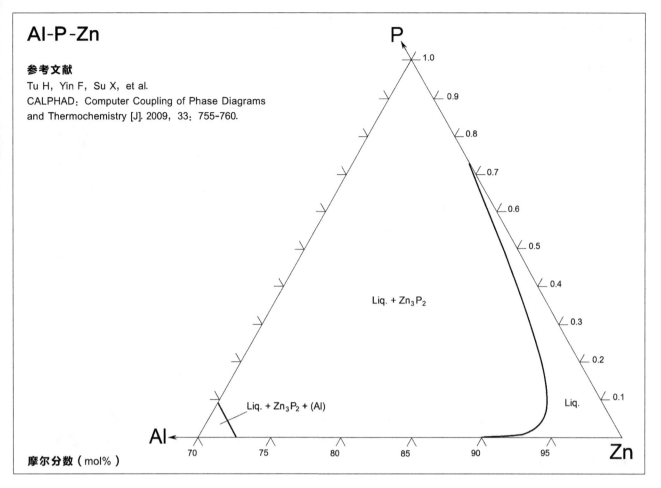

摩尔分数（mol%）

Al-Pb-Sb

参考文献

Kasten G W.
Wissenschaftliche Veroeffentlichungen
aus den Simens Werken [C]. 1940: 50-65.

e: 325℃, 97.2% Pb, 1.4% Sb
E_2: 252℃, 82.5% Pb, 17.5% Sb
L_1, L_2': 650℃

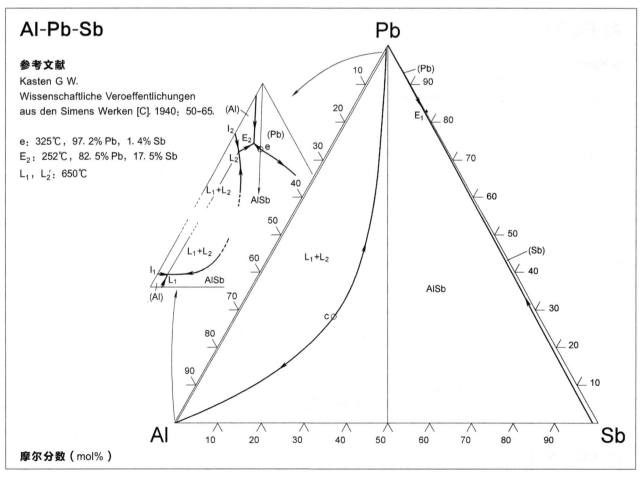

摩尔分数（mol%）

Al-Pb-Zn

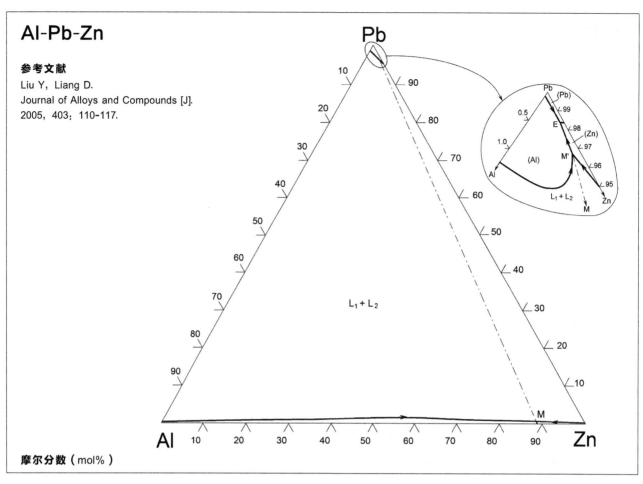

参考文献
Liu Y, Liang D.
Journal of Alloys and Compounds [J].
2005, 403: 110-117.

摩尔分数（mol%）

Al-Pd-Ti

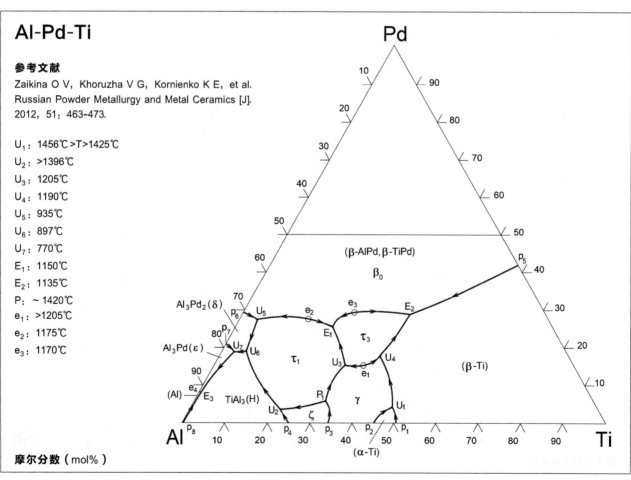

参考文献
Zaikina O V, Khoruzha V G, Kornienko K E, et al.
Russian Powder Metallurgy and Metal Ceramics [J].
2012, 51: 463-473.

U_1: 1456℃ >T>1425℃

U_2: >1396℃

U_3: 1205℃

U_4: 1190℃

U_5: 935℃

U_6: 897℃

U_7: 770℃

E_1: 1150℃

E_2: 1135℃

P: ~ 1420℃

e_1: >1205℃

e_2: 1175℃

e_3: 1170℃

摩尔分数（mol%）

Al-Pt-Ru

参考文献

Prins S N, Comish L A, Boucher P S, et al.
Journal of Alloys and Compounds [J].
2005, 403: 245-257.

τ_1: ~ $Ru_{18}Pt_{28}Al_{64}$

τ_2: ~ $Ru_{12}Pt_{15}Al_{73}$

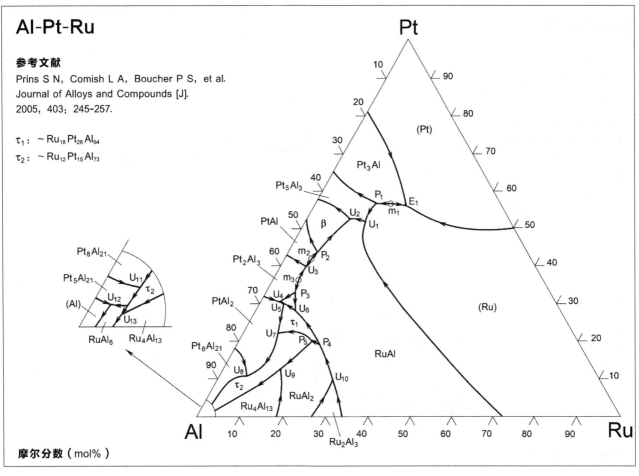

摩尔分数（mol%）

Al-Pt-Ti

参考文献

Zaikina O V, Khoruzhaya V G, Korniyenko K Ye, et al.
Powder Metallurgy and Metal Ceramics [J]. 2019, 57: 11-12.

P_1: 1405℃	U_5: 1275℃		
E_1: 1390℃	E_{12}: 1270℃		
E_2: 1370℃	E_{13}: 1265℃		
U_1: 1350℃	E_{14}: 1260℃		
E_3: 1345℃	E_{15}: 1250℃		
E_4: 1315℃	E_{16}: 1240℃		
E_5: 1315℃	U_6: 1237℃		
U_2: 1310℃	U_7: 1225℃		
E_6: 1305℃	E_{17}: 1225℃		
U_3: 1303℃	U_8: 1190℃		
E_8: 1297℃	E_{18}: 1160℃		
E_9: 1295℃	U_9: 1060℃		
E_{10}: 1285℃	P_2: 925℃		
E_{11}: 1283℃	P_3: 820℃		
U_4: 1278℃	U_{10}: 660℃		

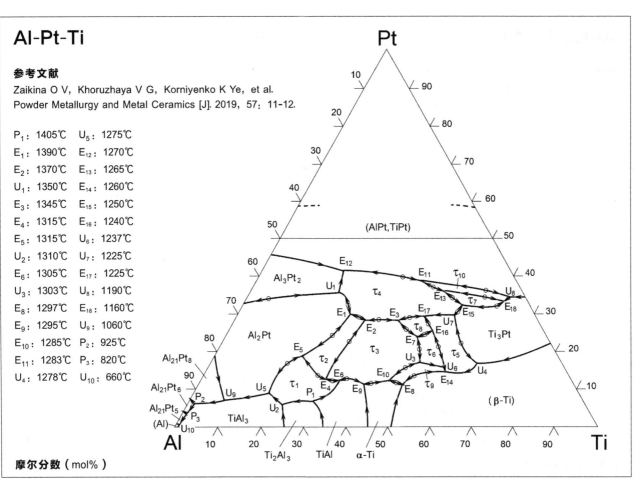

摩尔分数（mol%）

Al-Rh-Ti

参考文献

Корниенко К Е，Хоруза В Г.
Порошковая Металлургия [J]. 2011, 50：63-78.

U_0: 1714℃	e_1: 1435℃
U_1: 1345℃	e_2: >1345℃
U_2: 1300℃	e_3: >1345℃
U_3: 1275℃	e_4: >1325℃
U_4: 1190℃	e_5: 1325℃
U_5: 1135℃	e_6: 1320℃
U_6: 900℃	e_7: 1315℃
E_0: 1675℃	p_8: >1210℃
E_1: 1325℃	p_8: >1210℃
E_2: 1305℃	
E_3: 1290℃	
E_4: 1230℃	
E_5: 1210℃	
E_6: 1150℃	
E_7: 650℃	

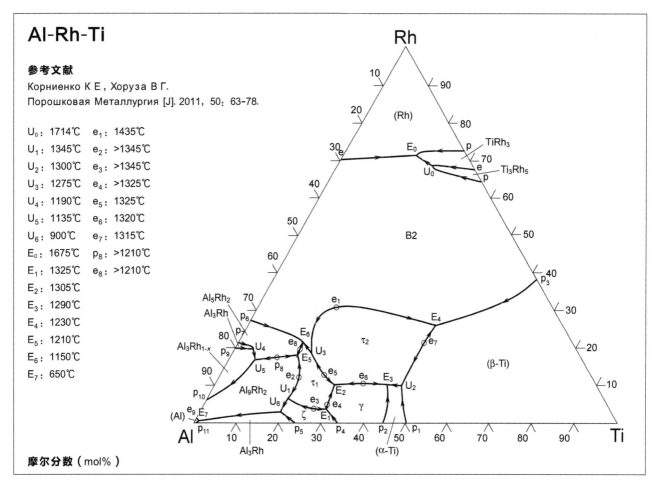

摩尔分数（mol%）

Al-Ru-Ti（1）

参考文献

Khataee A，Flower H M，West D R F.
Materials Science and Technology [J]. 1989, 5：632-643.

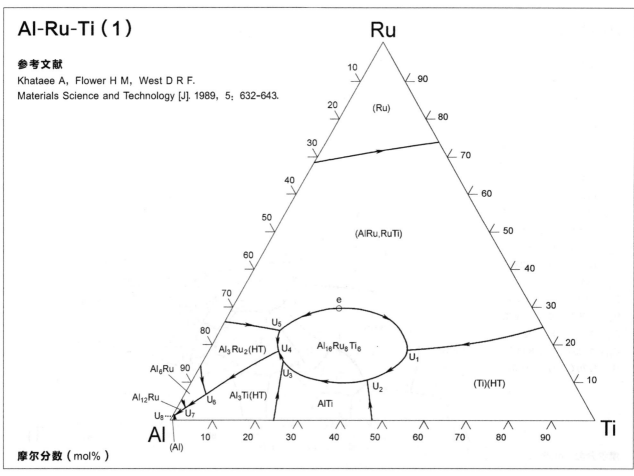

摩尔分数（mol%）

Al-Ru-Ti（2）

参考文献

Grytslv A, Rogl P, Schmidt H, et al.
Journal of Phase Equilibria [J]. 2003, 24: 511-527.

τ_1: $Al_{47.0}Rh_{23.2}Ti_{29.8}$

τ_2: $Al_{68.8}Rh_{5.2}Ti_{26.0}$

p_1: 1605℃	p_8: 1416℃
p_2: 1575℃	p_9: 1403℃
p_4: 1490℃	p_{11}: 1387℃
p_5: 1463℃	p_{13}: 723℃
p_6: 1460℃	p_{14}: 665℃
p_7: 1445℃	e_9: 652℃

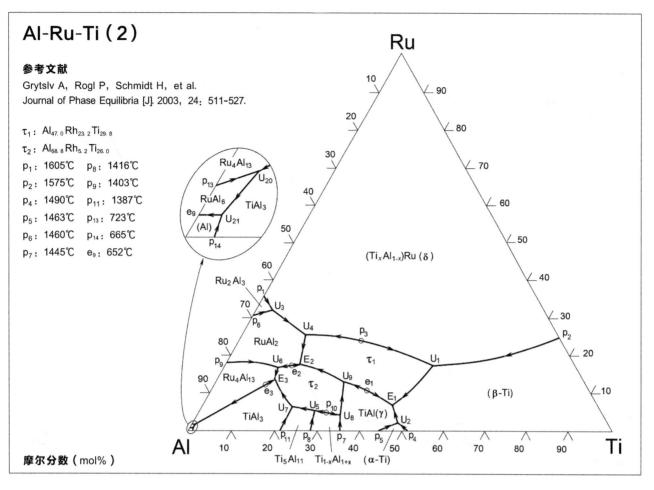

摩尔分数（mol%）

Al-Sb-Si（Al 角）

参考文献

Natsukawa T.
Suiyokwai-Shi（Transactions of the Mining
and Metallurgical Aluminum Assocoation）[C].
1928, 5: 596-603.

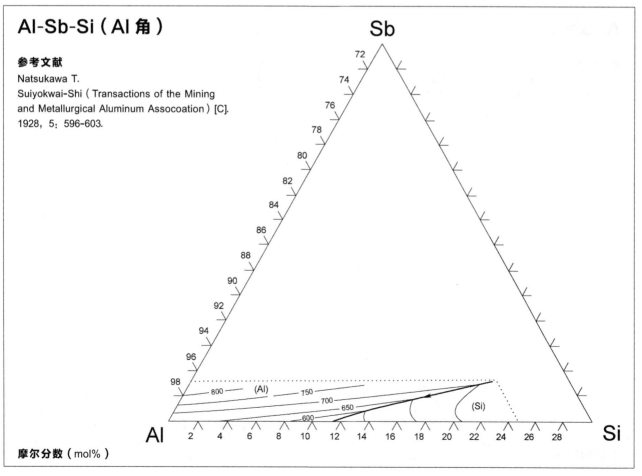

摩尔分数（mol%）

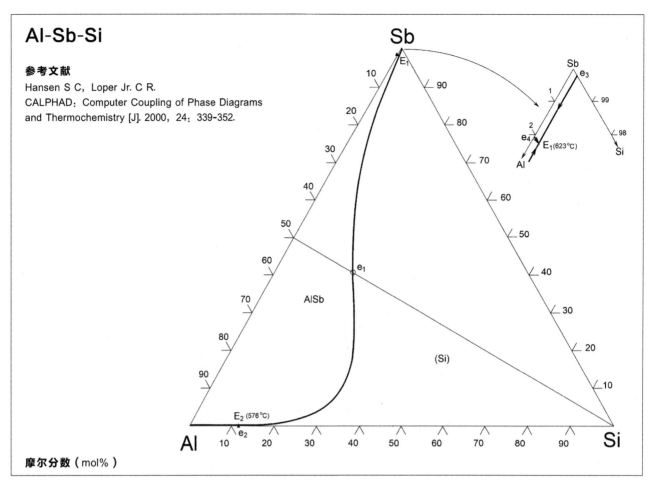

Al-Sb-Si

参考文献

Hansen S C, Loper Jr. C R.
CALPHAD: Computer Coupling of Phase Diagrams
and Thermochemistry [J]. 2000, 24: 339-352.

摩尔分数（mol%）

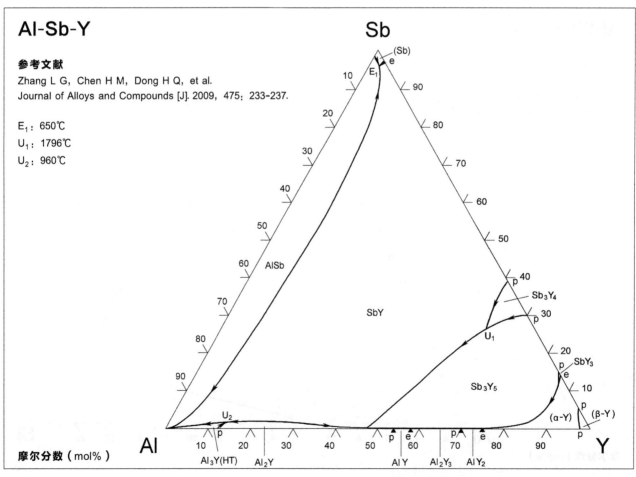

Al-Sb-Y

参考文献

Zhang L G, Chen H M, Dong H Q, et al.
Journal of Alloys and Compounds [J]. 2009, 475: 233-237.

E_1: 650℃
U_1: 1796℃
U_2: 960℃

摩尔分数（mol%）

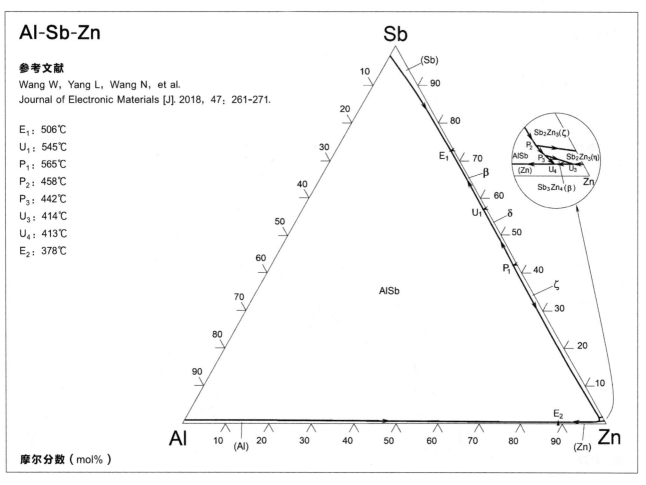

Al-Sb-Zn

参考文献

Wang W, Yang L, Wang N, et al.
Journal of Electronic Materials [J]. 2018, 47: 261-271.

E_1: 506℃
U_1: 545℃
P_1: 565℃
P_2: 458℃
P_3: 442℃
U_3: 414℃
U_4: 413℃
E_2: 378℃

摩尔分数（mol%）

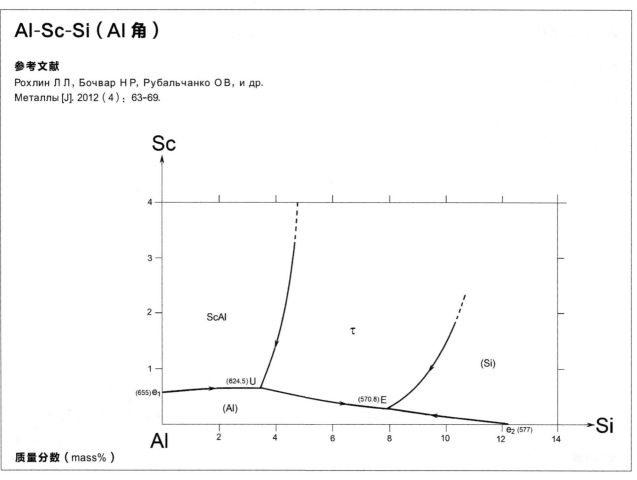

Al-Sc-Si（Al 角）

参考文献

Рохлин Л Л, Бочвар Н Р, Рубальчанко О В, и др.
Металлы [J]. 2012（4）: 63-69.

质量分数（mass%）

Al-Sc-Y

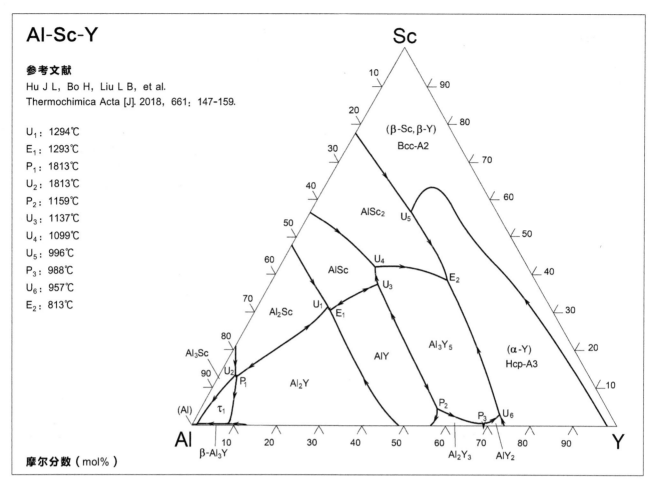

参考文献

Hu J L, Bo H, Liu L B, et al.
Thermochimica Acta [J]. 2018, 661: 147-159.

U_1: 1294℃
E_1: 1293℃
P_1: 1813℃
U_2: 1813℃
P_2: 1159℃
U_3: 1137℃
U_4: 1099℃
U_5: 996℃
P_3: 988℃
U_6: 957℃
E_2: 813℃

(β-Sc,β-Y)
Bcc-A2

$AlSc_2$
U_5
$AlSc$
U_4
U_3
E_2
Al_2Sc
U_1
E_1
Al_3Y_5
(α-Y)
Hcp-A3
Al_3Sc
AlY
U_2
P_1
Al_2Y
P_2
P_3
U_6
(Al)
$τ_1$
$β-Al_3Y$
Al_2Y_3
AlY_2

摩尔分数（mol%）

Al-Sc-Zn

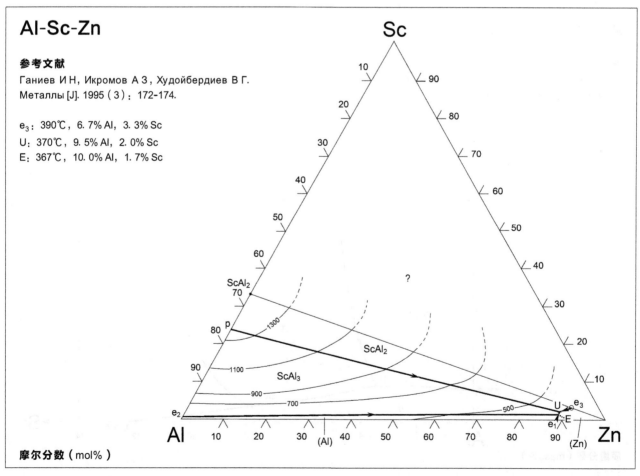

参考文献

Ганиев И Н, Икромов А З, Худойбердиев В Г.
Металлы [J]. 1995（3）: 172-174.

e_3: 390℃, 6.7% Al, 3.3% Sc
U: 370℃, 9.5% Al, 2.0% Sc
E: 367℃, 10.0% Al, 1.7% Sc

?
$ScAl_2$
p
$ScAl_2$
1300
1100
$ScAl_3$
900
700
500
e_2
e_1
U e_3
E
(Al)
(Zn)

摩尔分数（mol%）

Al-Sc-Zr

参考文献

Bo H, Liu L B, Hu J L, et al.
Computational Materials Science [J].
2017, 133: 82-92.

τ_1: $Al_{75}Sc_{16}Zr_9$
τ_2: $Al_{75}Sc_{10}Zr_{15}$
U_1: 1610℃ E_2: 1238℃
U_2: 1575℃ U_7: 1198℃
U_3: 1443℃ P_1: 1085℃
U_4: 1281℃ E_3: 1066℃
U_5: 1268℃ P_2: 1062℃
U_6: 1247℃ U_8: 963℃
E_1: 1238℃

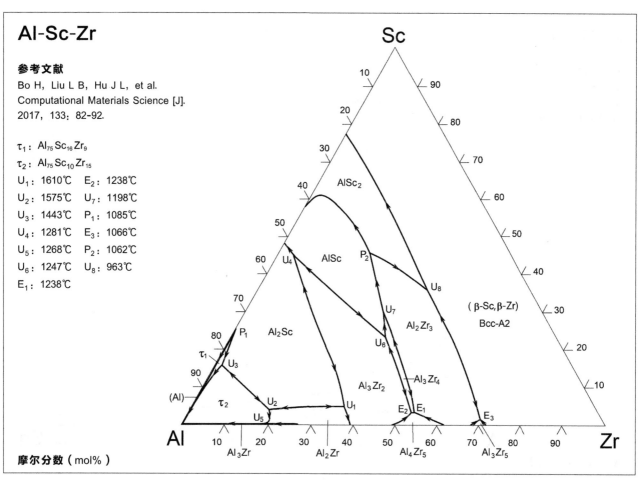

摩尔分数（mol%）

Al-Si-Sm

参考文献

Narkoli B, Spaic S, Zupanic F.
Zeitschrift fuer Metallkunde [J]. 2001, 92: 1098-1102.

U_1: 625℃
U_2: 585℃
E: 567℃

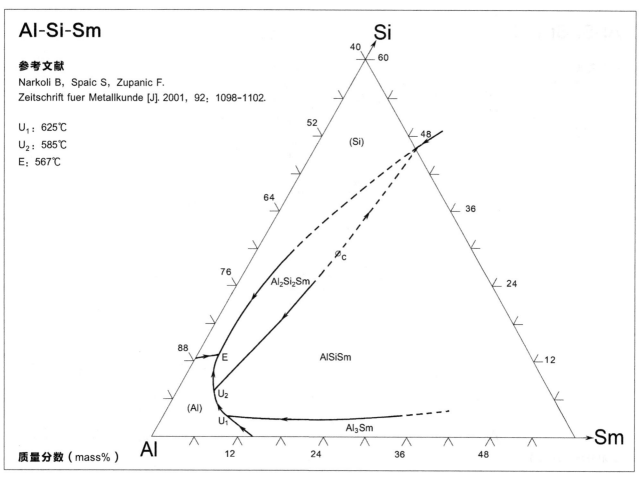

质量分数（mass%）

217

Al-Si-Sn

参考文献

Natsukawa T.
Suiyokwai-Shi（Transactions of the Mining and Metallurgical Aluminum Association）[C]. 1928, 5：567-570.

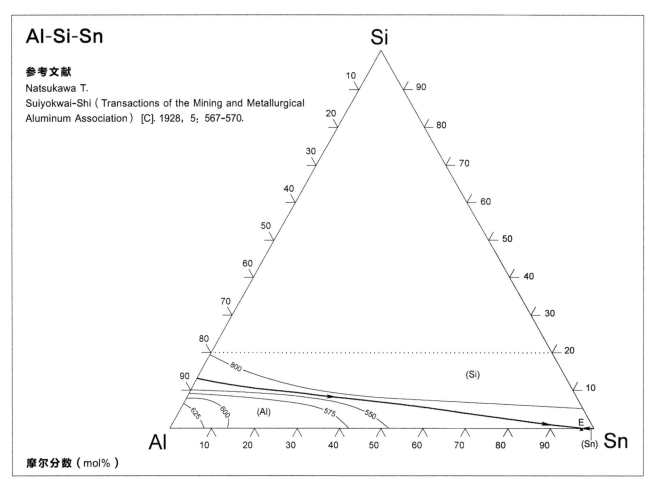

摩尔分数（mol%）

Al-Si-Sr（1）

参考文献

Ганиев И Н, Вахобов А В, Джураев Т Д, и др.
Изв. Акад. Наук, СССР, Металлы [J]. 1977（4）：215-219.

⊕：Al₂Si₂Sr

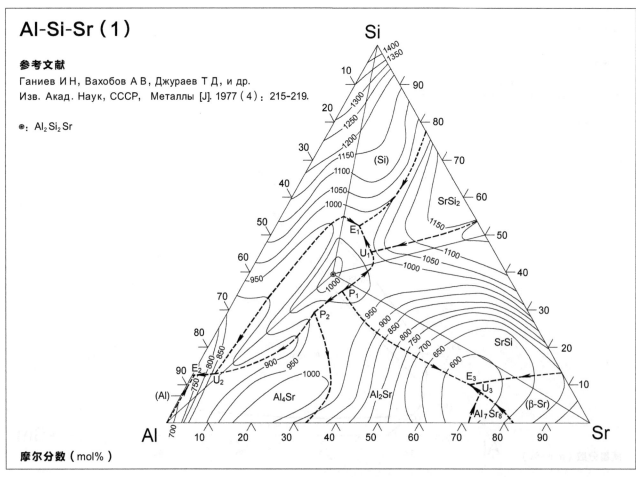

摩尔分数（mol%）

Al-Si-Sr（2）

参考文献

Wang Y, Gao J, Tang Y, et al.
CALPHAD: Computer Coupling of Phase Diagrams and
Thermochemistry [J]. 2020, 68: 101732.

Al_2Sr_2Si: 1023℃

E_1: 979℃

E_2: 945℃

E_3: 814℃

E_4: 780℃

U_1: 769℃

U_2: 708℃

U_3: 647℃

E_5: 645℃

E_6: 583℃

E_7: 577℃

E_8: 575℃

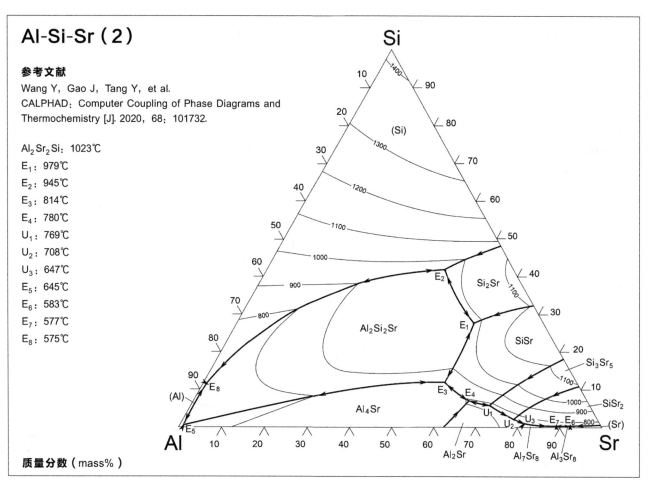

质量分数（mass%）

Al-Si-Sr（Al 角）

参考文献

佐藤英一郎，河野纪雄，佐藤一慈，等.
轻金属 [J]. 1985, 35（2）: 71-78.

E_1: 575℃, 0.03w-% Sr, 13.1w-% Si

E_2: 643℃, 2.4w-% Sr, 1.7w-% Si

e_2: 645℃, 2.4w-% Sr, 1.1w-% Si

e_3: 654℃, 2.7w-% Sr

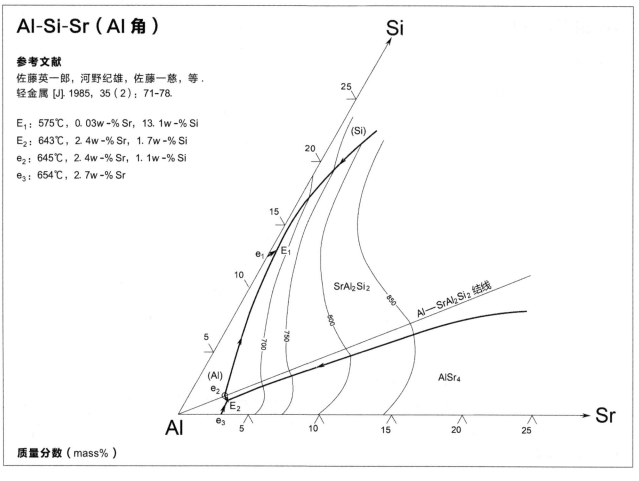

质量分数（mass%）

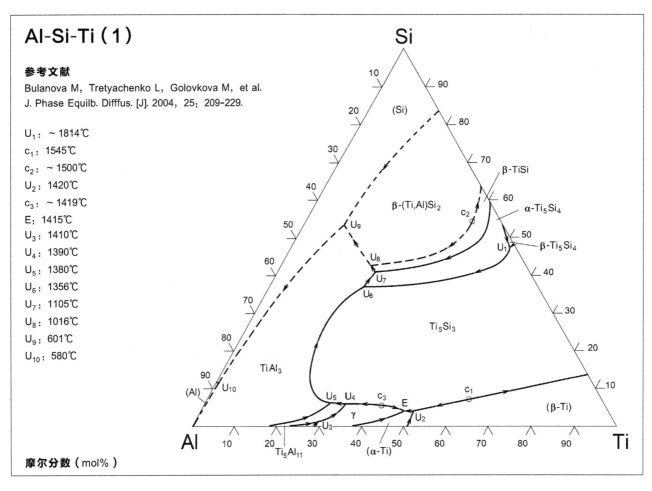

Al-Si-Ti（1）

参考文献

Bulanova M, Tretyachenko L, Golovkova M, et al.
J. Phase Equilb. Difffus. [J]. 2004, 25：209-229.

U_1： ~ 1814℃
c_1： 1545℃
c_2： ~ 1500℃
U_2： 1420℃
c_3： ~ 1419℃
E：1415℃
U_3： 1410℃
U_4： 1390℃
U_5： 1380℃
U_6： 1356℃
U_7： 1105℃
U_8： 1016℃
U_9： 601℃
U_{10}： 580℃

摩尔分数（mol%）

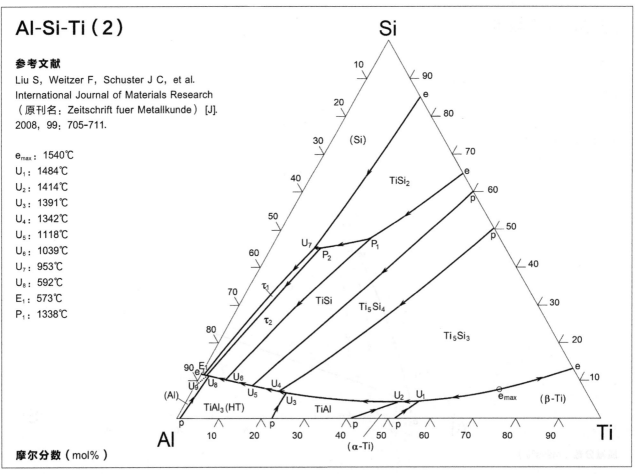

Al-Si-Ti（2）

参考文献

Liu S, Weitzer F, Schuster J C, et al.
International Journal of Materials Research
（原刊名：Zeitschrift fuer Metallkunde）[J].
2008, 99：705-711.

e_{max}： 1540℃
U_1： 1484℃
U_2： 1414℃
U_3： 1391℃
U_4： 1342℃
U_5： 1118℃
U_6： 1039℃
U_7： 953℃
U_8： 592℃
E_1： 573℃
P_1： 1338℃

摩尔分数（mol%）

Al-Si-Ti（Al 角）

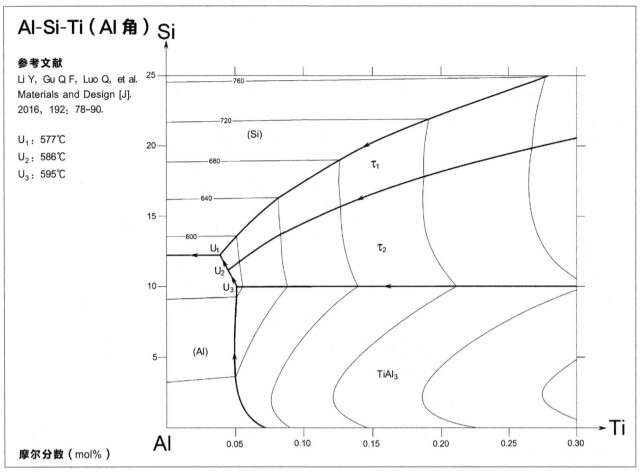

参考文献

Li Y, Gu Q F, Luo Q, et al.
Materials and Design [J].
2016, 192：78-90.

U_1: 577℃

U_2: 586℃

U_3: 595℃

摩尔分数（mol%）

Al-Si-U（U 角）

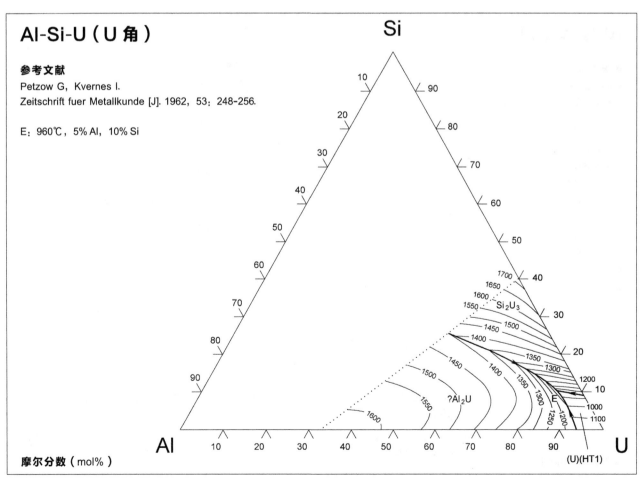

参考文献

Petzow G, Kvernes I.
Zeitschrift fuer Metallkunde [J]. 1962, 53：248-256.

E：960℃，5% Al，10% Si

摩尔分数（mol%）

Al-Si-U

参考文献

Rabin D, Shneck R Z, Rafailov G, et al.
Journal of Nuclear Materials [J]. 2015, 464: 170-184.

U_1: 1456℃
U_2: 1429℃
E_1: 1427℃
U_3: 1400℃
E_2: 1399℃
P_1: 1387℃
E_3: 941℃
U_4: 642℃
U_5: 621℃
E_5: 577℃
ord—有序的

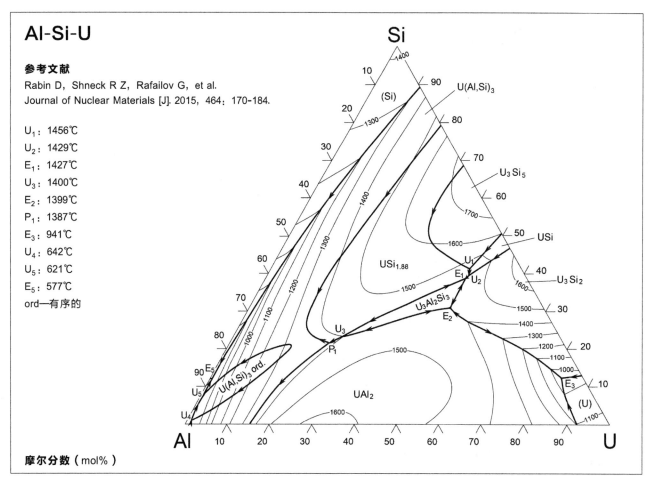

摩尔分数（mol%）

Al-Si-V（1）

参考文献

Huber B, Richter K W.
Intermetallics [J]. 2011, 19: 369-375.

P_2: 1140℃
P_1: 745℃
U_1: 643℃
U_2: ~664℃
U_3: 733℃
U_4: 866℃
U_5: 976℃
U_6: 1224℃
U_7: 1390℃
U_8: 1574℃
U_9: 1635℃
E_1: 577℃

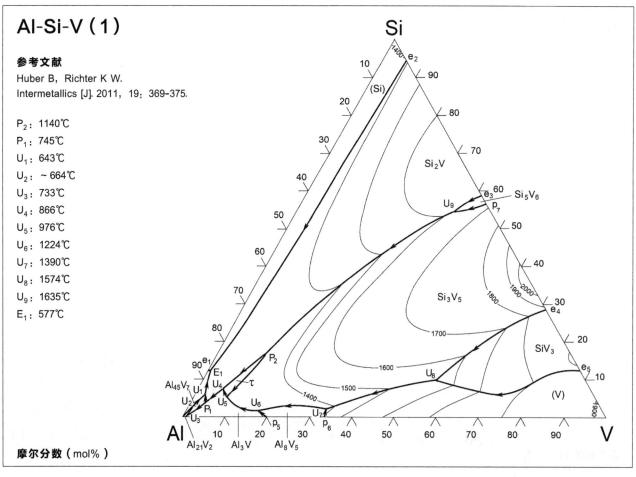

摩尔分数（mol%）

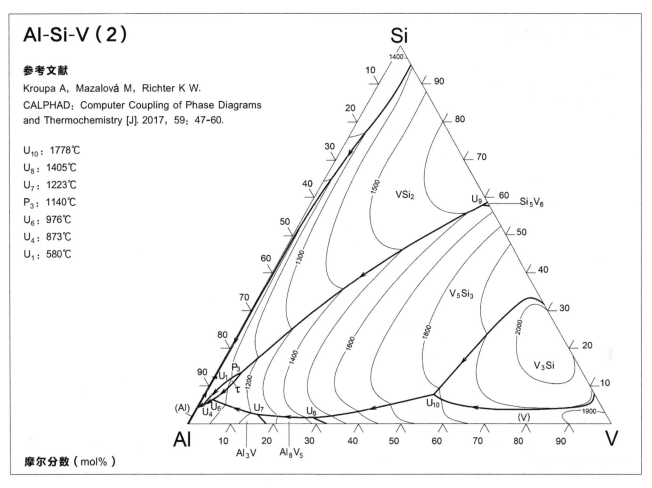

Al-Si-V（2）

参考文献

Kroupa A, Mazalová M, Richter K W.

CALPHAD: Computer Coupling of Phase Diagrams and Thermochemistry [J]. 2017, 59: 47-60.

U_{10}: 1778℃

U_8: 1405℃

U_7: 1223℃

P_3: 1140℃

U_6: 976℃

U_4: 873℃

U_1: 580℃

摩尔分数（mol%）

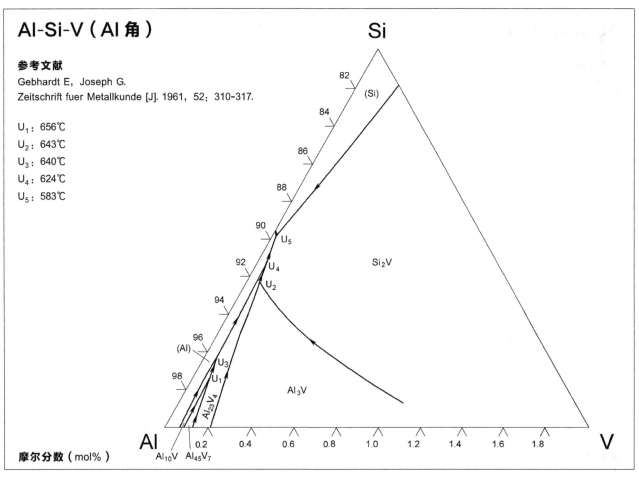

Al-Si-V（Al角）

参考文献

Gebhardt E, Joseph G.

Zeitschrift fuer Metallkunde [J]. 1961, 52: 310-317.

U_1: 656℃

U_2: 643℃

U_3: 640℃

U_4: 624℃

U_5: 583℃

摩尔分数（mol%）

Al-Si-Y（Al角）

参考文献

Дриц М Е, Кузмина В И, Туркина Н И.

Изв. Акад. Наук, СССР, Металлы [J]. 1980（3）：212-216.

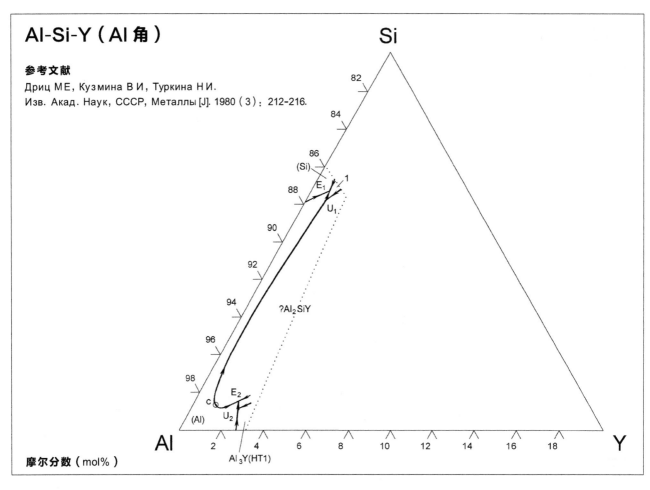

摩尔分数（mol%）

Al-Si-Zn（1）

参考文献

Meyer S, Hack K.

Zeitschrift fuer Metallkunde [J]. 1986, 77：454-459.

E：384℃，12.7% Al，0.1% Si

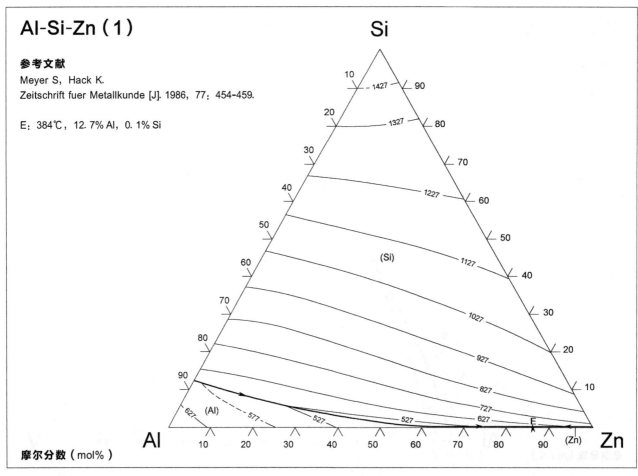

摩尔分数（mol%）

Al-Si-Zn（2）

参考文献

黄雪祥. 北京大学 [D]. 1978.

e_1：577℃，87. 4w -% Al，12. 6w -% Si
① ：575℃，75. 3w -% Al，8. 8w -% Si
② ：548℃，62. 9w -% Al，6. 6w -% Si
③ ：528℃，54. 7w -% Al，4. 1w -% Si
④ ：525℃，49. 9w -% Al，3. 0w -% Si
⑤ ：491℃，36. 4w -% Al，2. 2w -% Si
⑥ ：465℃，28. 0w -% Al，1. 0w -% Si
⑦ ：425℃，14. 1w -% Al，0. 9w -% Si
⑧ ：400℃，9. 9w -% Al，0. 6w -% Si
E：381℃，5. 5w -% Al，0. 2w -% Si
e_2：382℃，5. 0w -% Al，95. 0w -% Zn

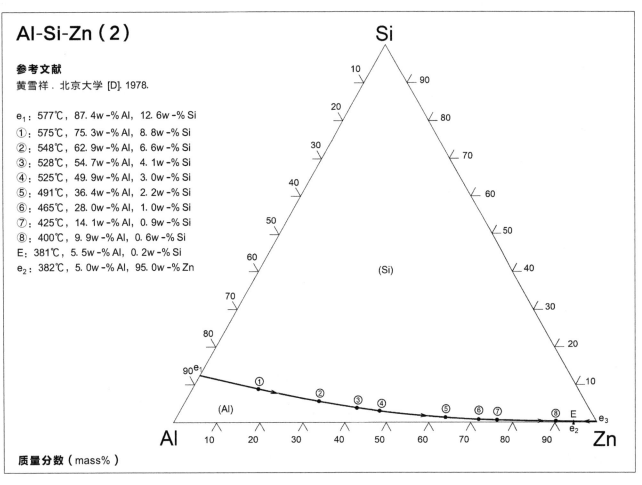

质量分数（mass%）

Al-Sn-Zn

参考文献

Smetana B, Žaludová M, Burkovič R, et al.
J. Them. Anal. Calorim [J]. 2012, 110：369-376.

E_1：197. 7℃
不同作者 E_1 的数据（mass%）

T/℃	Al%	Zn%	作者
196. 0	0. 8	6. 3	Plumbridge, 1911
196. 0	1. 5	10. 4	Losana L, 1923
197. 3	0. 6	7. 7	Prowans S, 1968
198. 0	0. 6	9. 0	Nayak AK, 1975
197. 0			Vincent D, 1981
195. 4	0. 5	8. 3	Fries SG, 1991
197. 0			Aragon E, 1998
196. 0			Aragon E, 1999
197. 0			Vincent D, 1982

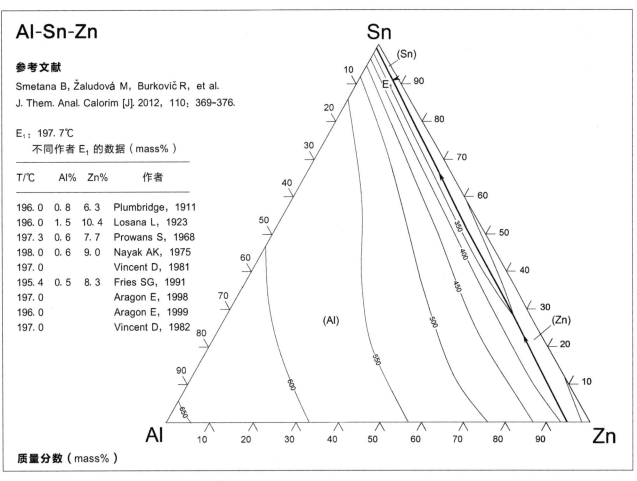

质量分数（mass%）

225

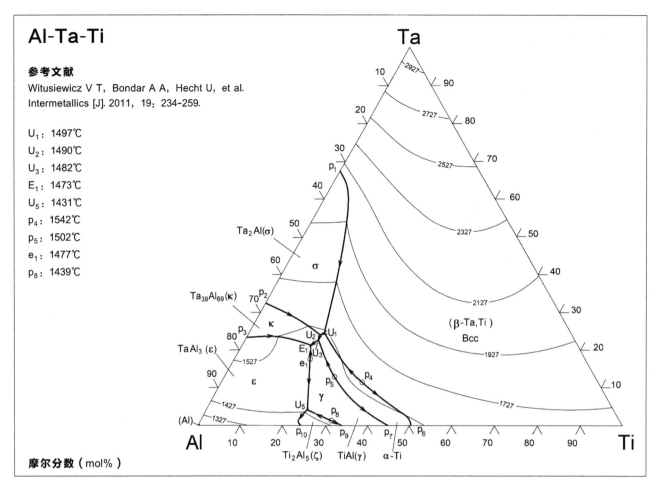

Al-Ta-Ti

参考文献

Witusiewicz V T, Bondar A A, Hecht U, et al.
Intermetallics [J]. 2011, 19: 234-259.

U₁: 1497℃
U₂: 1490℃
U₃: 1482℃
E₁: 1473℃
U₅: 1431℃
p₄: 1542℃
p₅: 1502℃
e₁: 1477℃
p₈: 1439℃

摩尔分数（mol%）

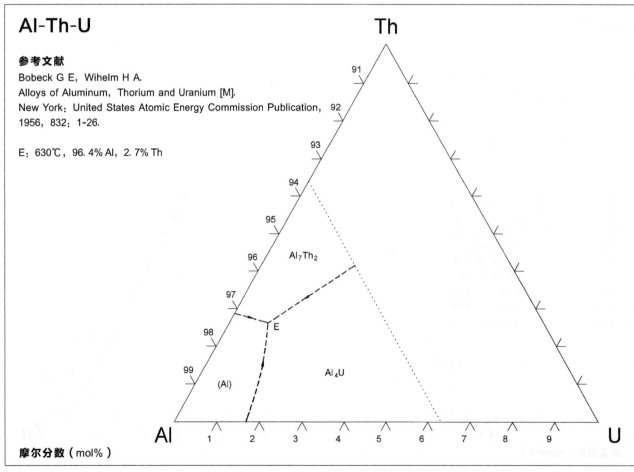

Al-Th-U

参考文献

Bobeck G E, Wihelm H A.
Alloys of Aluminum, Thorium and Uranium [M].
New York: United States Atomic Energy Commission Publication,
1956, 832: 1-26.

E: 630℃, 96.4% Al, 2.7% Th

摩尔分数（mol%）

Al-Ti-V

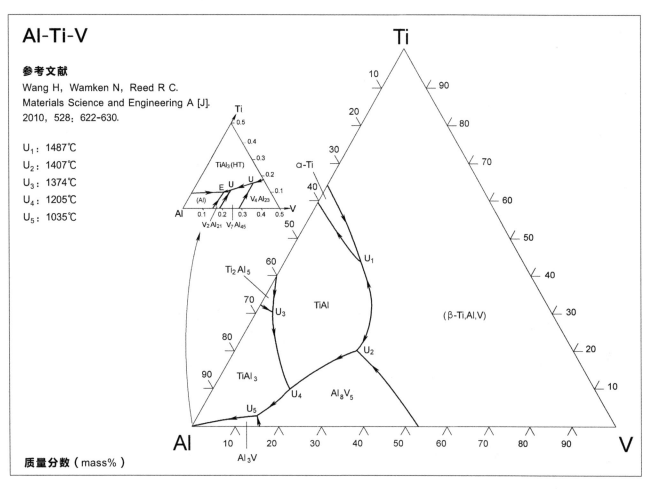

参考文献

Wang H, Wamken N, Reed R C.
Materials Science and Engineering A [J].
2010, 528: 622-630.

U_1: 1487℃
U_2: 1407℃
U_3: 1374℃
U_4: 1205℃
U_5: 1035℃

质量分数（mass%）

Al-Ti-Zr

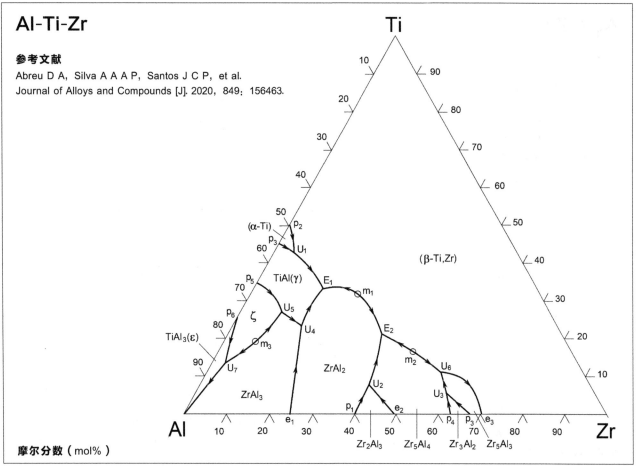

参考文献

Abreu D A, Silva A A A P, Santos J C P, et al.
Journal of Alloys and Compounds [J]. 2020, 849: 156463.

摩尔分数（mol%）

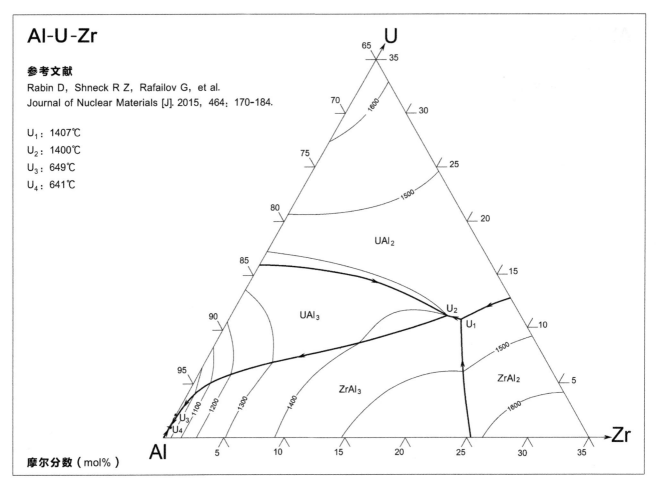

Al-U-Zr

参考文献

Rabin D, Shneck R Z, Rafailov G, et al.
Journal of Nuclear Materials [J]. 2015, 464: 170-184.

U_1: 1407℃
U_2: 1400℃
U_3: 649℃
U_4: 641℃

摩尔分数（mol%）

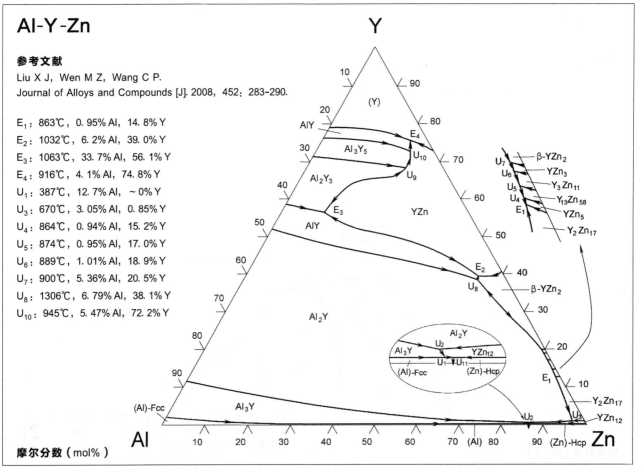

Al-Y-Zn

参考文献

Liu X J, Wen M Z, Wang C P.
Journal of Alloys and Compounds [J]. 2008, 452: 283-290.

E_1: 863℃, 0.95% Al, 14.8% Y
E_2: 1032℃, 6.2% Al, 39.0% Y
E_3: 1063℃, 33.7% Al, 56.1% Y
E_4: 916℃, 4.1% Al, 74.8% Y
U_1: 387℃, 12.7% Al, ~0% Y
U_3: 670℃, 3.05% Al, 0.85% Y
U_4: 864℃, 0.94% Al, 15.2% Y
U_5: 874℃, 0.95% Al, 17.0% Y
U_6: 889℃, 1.01% Al, 18.9% Y
U_7: 900℃, 5.36% Al, 20.5% Y
U_8: 1306℃, 6.79% Al, 38.1% Y
U_{10}: 945℃, 5.47% Al, 72.2% Y

摩尔分数（mol%）

As-Au-Ga

参考文献

Prince A, Raynor G V, Evans D S.
Phase Diagrams of Ternary Gold Alloys [M].
London: The Institute of Metals, 1990: 123-132.

e_2: 490℃

e_3: ~460℃

e_5: ~348℃

U_1: 590℃

U_4: 372℃

摩尔分数（mol%）

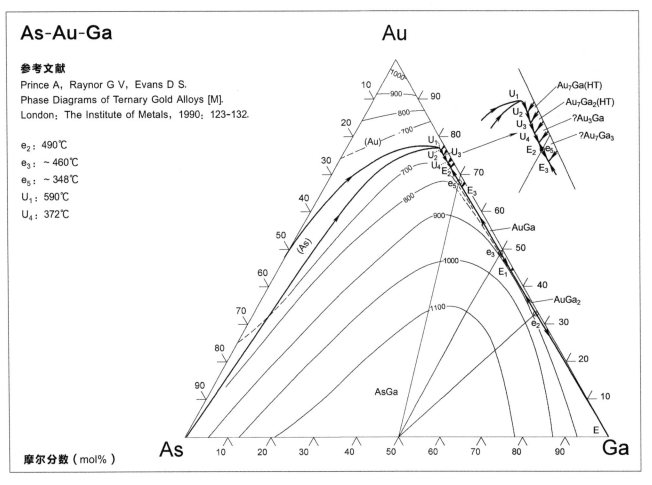

As-Au-S

参考文献

Prince A, Raynor G V, Evans D S.
Phase Diagrams of Ternary Gold Alloys [M].
London: The Institute of Metals, 1990: 134-135.

摩尔分数（mol%）

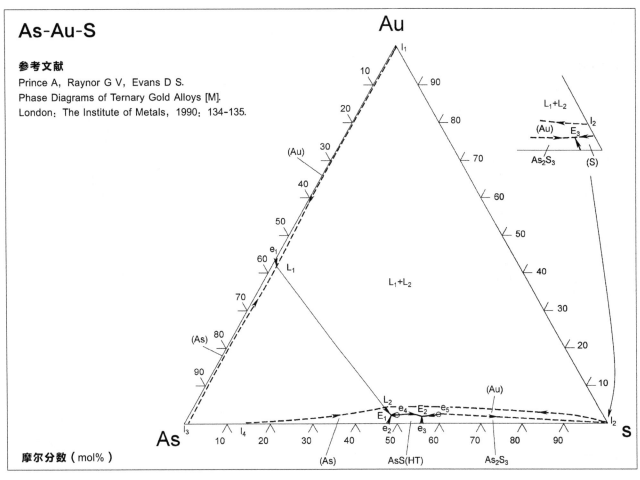

As-Au-Se

参考文献

Prince A, Raynor G V, Evans D S.
Phase Diagrams of Ternary Gold Alloys [M].
London：The Institute of Metals, 1990：135-139.

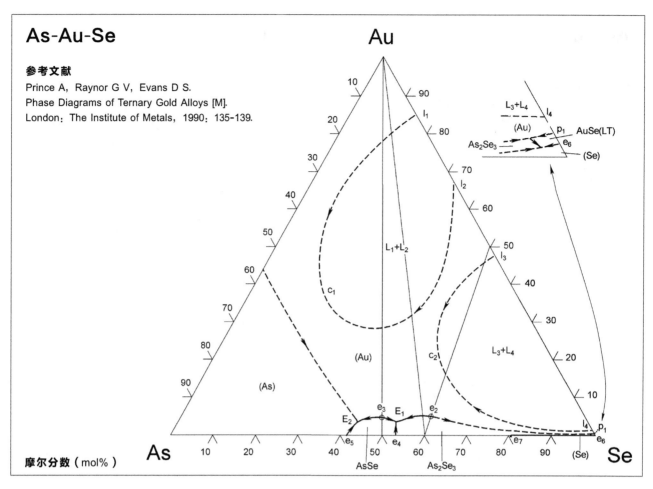

摩尔分数（mol%）

As-Au-Te

参考文献

Prince A, Raynor G V, Evans D S.
Phase Diagrams of Ternary Gold Alloys [M].
London：The Institute of Metals, 1990：138-144.

e_4: 414℃, 28.0% As, 30.0% Au
e_5: 413℃, 29.5% As, 28.2% Au
e_6: 366℃, 26.0% As, 29.0% Au
e_8: 366℃, 34.8% As, 4.3% Au
E_1: 412℃, 29.0% As, 29.5% Au
E_2: 410℃, 25.0% As, 30.0% Au
E_3: 363℃, 40.5% As, 4.0% Au
E_4: 355℃, 28.0% As, 0.5% Au
U: 407℃, 31.0% As, 22.0% Au

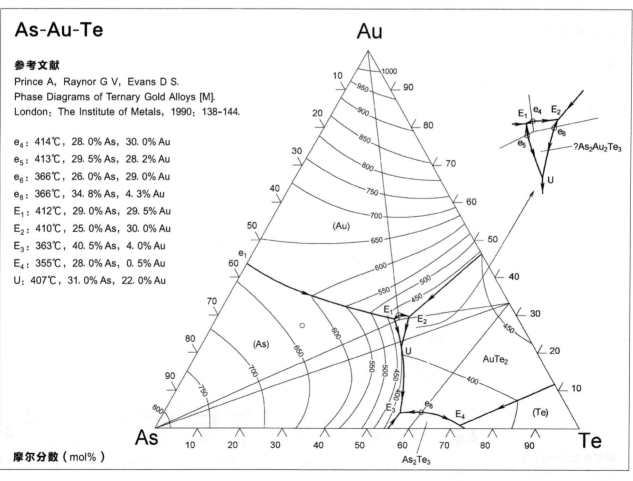

摩尔分数（mol%）

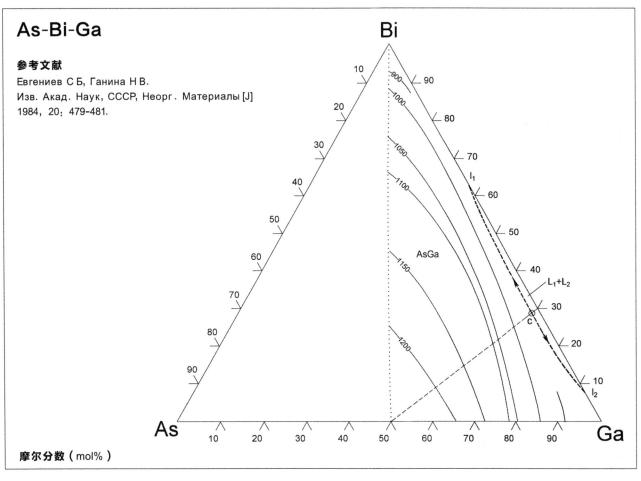

As-Bi-Ga

参考文献

Евгениев С Б, Ганина Н В.
Изв. Акад. Наук, СССР, Неорг. Материалы [J]
1984, 20: 479-481.

摩尔分数（mol%）

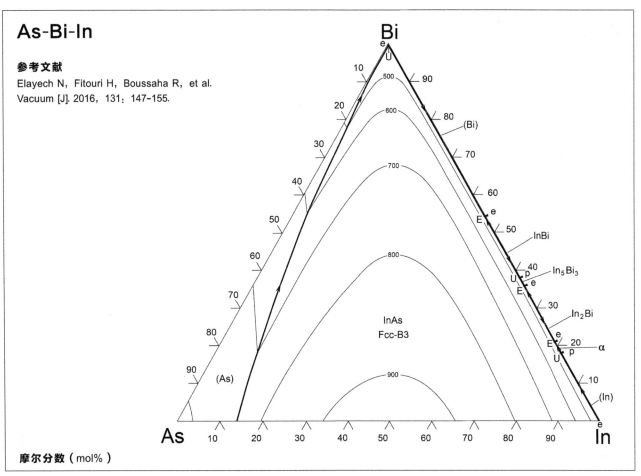

As-Bi-In

参考文献

Elayech N, Fitouri H, Boussaha R, et al.
Vacuum [J]. 2016, 131: 147-155.

摩尔分数（mol%）

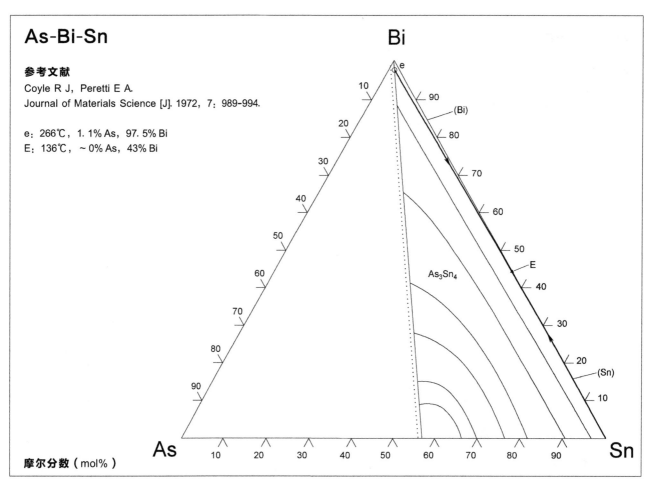

As-Bi-Sn

参考文献

Coyle R J, Peretti E A.
Journal of Materials Science [J]. 1972, 7: 989-994.

e: 266℃, 1.1%As, 97.5%Bi
E: 136℃, ～0%As, 43%Bi

(Bi)

As$_3$Sn$_4$

E

(Sn)

摩尔分数（mol%）

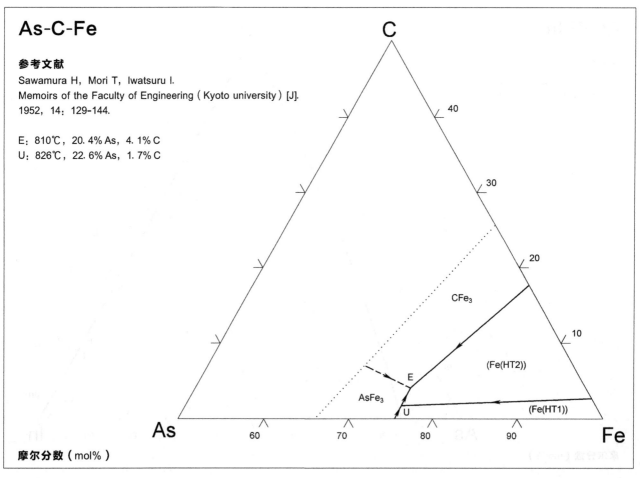

As-C-Fe

参考文献

Sawamura H, Mori T, Iwatsuru I.
Memoirs of the Faculty of Engineering（Kyoto university）[J].
1952, 14: 129-144.

E: 810℃, 20.4%As, 4.1%C
U: 826℃, 22.6%As, 1.7%C

CFe$_3$

(Fe(HT2))

E

AsFe$_3$

(Fe(HT1))

U

摩尔分数（mol%）

232

As-Cd-Ga

参考文献

Маренкин С Ф, Лазарев В Б, Бабиевская И З, и др.
Изв. Акад. Наук, СССР, Неорг. Материалы [J].
1987, 23: 1103-1108.

e_7: 318℃, 0.2% As, 99.0% Cd

e_8: 717℃, 41.2% As, 56.5% Cd

e_9: 617℃, 65.6% As, 33.3% Cd

E_1: 29℃, 0.2% As, 0.3% Cd

E_2: 317℃, 3.3% As, 97.6% Cd

E_3: 604℃, 57.6% As, 42.5% Cd

E_4: 612℃, 68.9% As, 30.0% Cd

L_1, L_2: <282℃

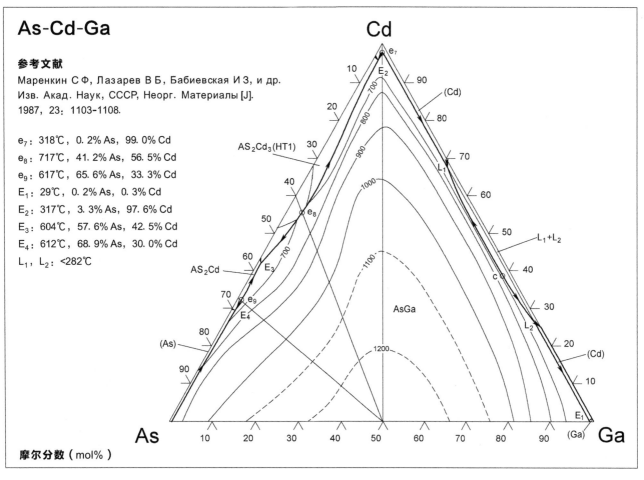

摩尔分数（mol%）

As-Cd-Ge

参考文献

Боршчевский А С, Роенков Н Д .
Журн. Неорг. Хим. [J]. 1969, 14: 1183-1186.

*: As_2CdGe

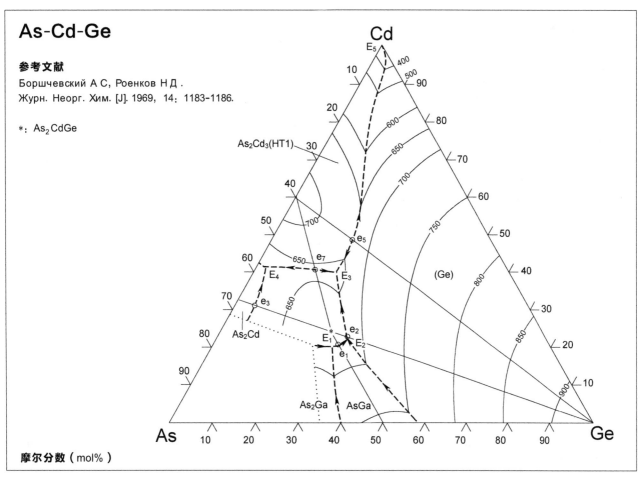

摩尔分数（mol%）

As-Cd-In

参考文献

Коппел Х Д , Лужная Н П, Медведева З С.
Журн. Неорг. Хим. [J]. 1965, 10: 1259-1261.

e_1: 318℃

e_2: 702℃

e_3: 610℃

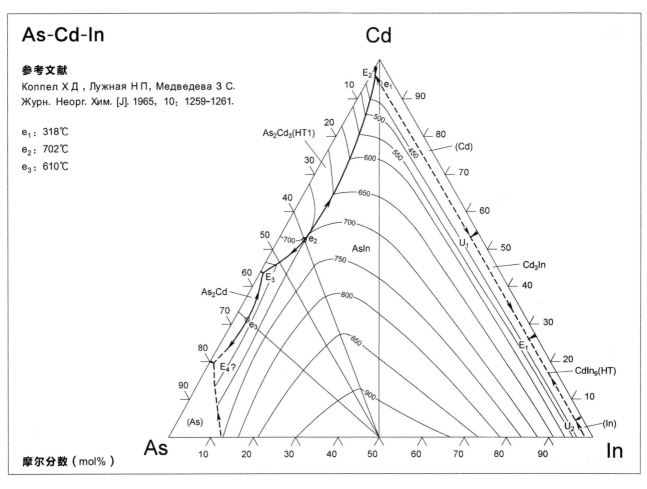

摩尔分数（mol%）

As-Cd-Ni

参考文献

Маренкин С Ф, Ковалева И С, Саидуллаева М И.
Изв. Акад. Наук, СССР, Неорг. Материалы [J].
1982, 18: 578-580.

e_1: 710℃ , 40. 7% As, 58. 5% Cd

e_2: 703℃ , 40. 4% As, 57. 7% Cd

e_3: 618℃ , 66. 7% As, 32. 7% Cd

E_1: 690℃ , 42. 0% As, 54. 0% Cd

E_2: 560℃ , 62. 0% As, 36. 0% Cd

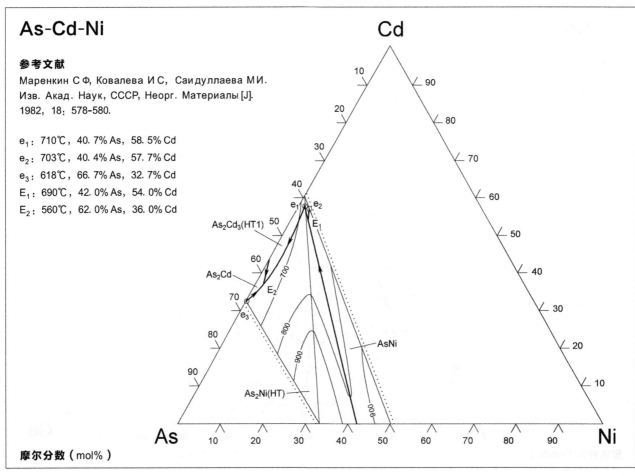

摩尔分数（mol%）

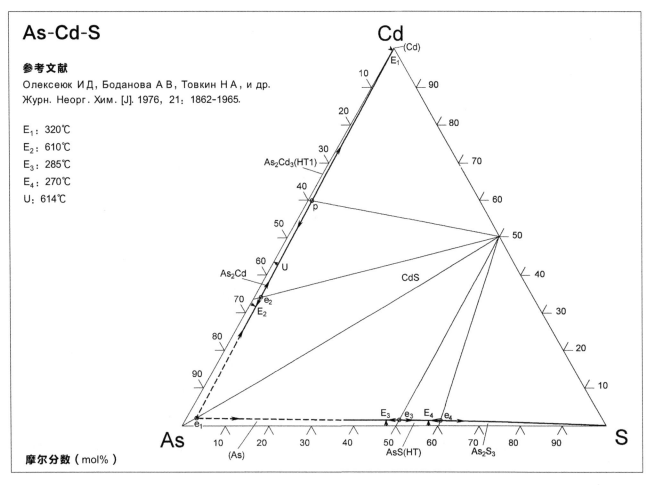

As-Cd-S

参考文献

Олексеюк И Д, Боданова А В, Товкин Н А, и др.
Журн. Неорг. Хим. [J]. 1976, 21：1862-1965.

E₁: 320℃
E₂: 610℃
E₃: 285℃
E₄: 270℃
U: 614℃

摩尔分数（mol%）

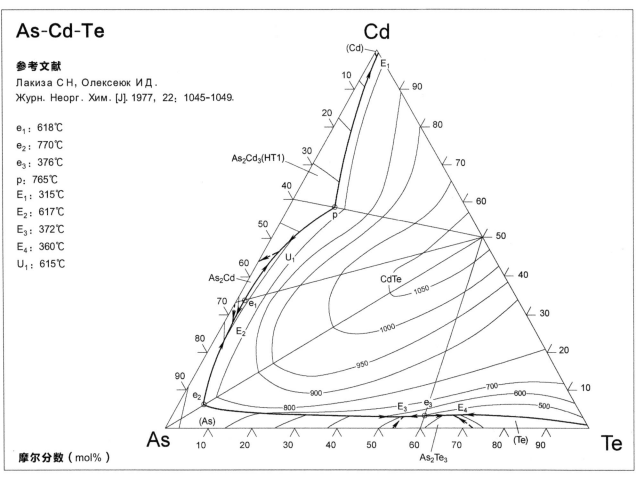

As-Cd-Te

参考文献

Лакиза С Н, Олексеюк И Д.
Журн. Неорг. Хим. [J]. 1977, 22：1045-1049.

e₁: 618℃
e₂: 770℃
e₃: 376℃
p: 765℃
E₁: 315℃
E₂: 617℃
E₃: 372℃
E₄: 360℃
U₁: 615℃

摩尔分数（mol%）

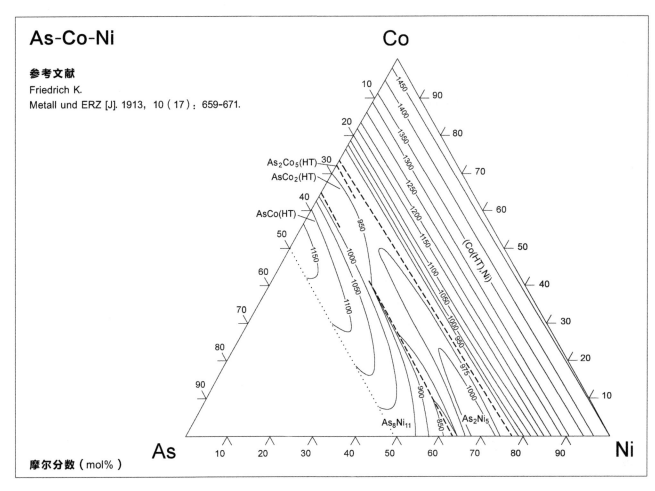

As-Co-Ni

参考文献

Friedrich K.

Metall und ERZ [J]. 1913, 10 (17): 659-671.

摩尔分数（mol%）

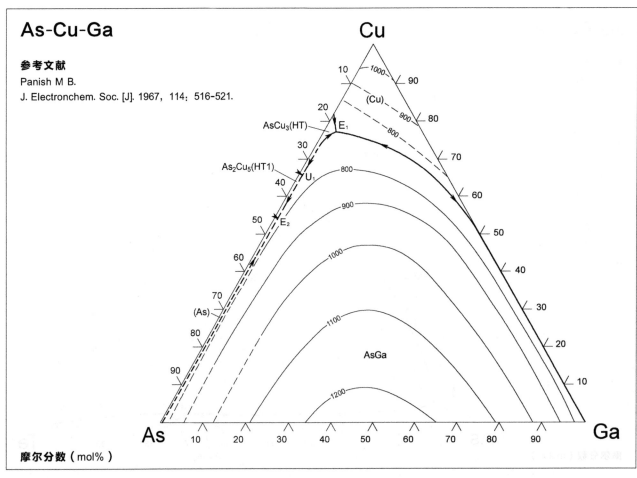

As-Cu-Ga

参考文献

Panish M B.

J. Electronchem. Soc. [J]. 1967, 114: 516-521.

摩尔分数（mol%）

As-Cu-Pb

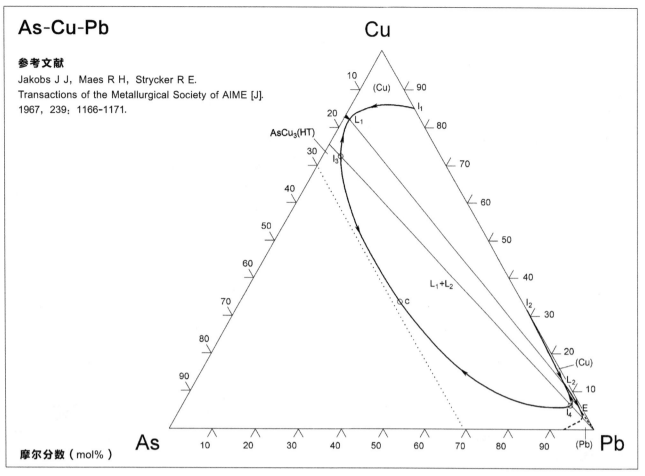

参考文献

Jakobs J J, Maes R H, Strycker R E.
Transactions of the Metallurgical Society of AIME [J].
1967, 239: 1166-1171.

Cu

10
90
(Cu)
20
80
AsCu₃(HT)
l_1
L_1
30
l_3
70
40
60
50
50
60
L_1+L_2
40
70
c
l_2
80
30
20
90
(Cu)
L_2
10
l_4
E
(Pb)
Pb
As
10 20 30 40 50 60 70 80 90

摩尔分数 (mol%)

As-Cu-Se

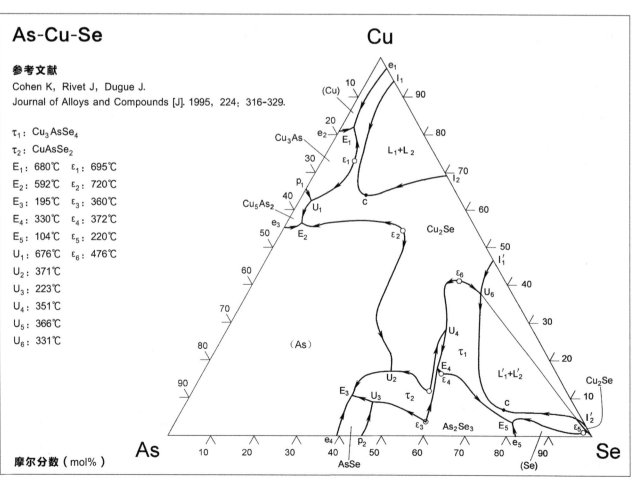

参考文献

Cohen K, Rivet J, Dugue J.
Journal of Alloys and Compounds [J]. 1995, 224: 316-329.

τ_1: Cu_3AsSe_4
τ_2: $CuAsSe_2$
E_1: 680℃ ε_1: 695℃
E_2: 592℃ ε_2: 720℃
E_3: 195℃ ε_3: 360℃
E_4: 330℃ ε_4: 372℃
E_5: 104℃ ε_5: 220℃
U_1: 676℃ ε_6: 476℃
U_2: 371℃
U_3: 223℃
U_4: 351℃
U_5: 366℃
U_6: 331℃

摩尔分数 (mol%)

Cu
e_1
l_1
10
(Cu)
90
20
e_2
E_1
Cu_3As
80
ε_1
30
L_1+L_2
p_1
70
l_2
Cu_5As_2
40
U_1
c
60
e_3
E_2
ε_2
Cu_2Se
50
l_1'
ε_6
40
U_6
U_4
30
τ_1
（As）
$L_1'+L_2'$
20
U_2
E_4
Cu_2Se
80
ε_4
E_3
U_3
τ_2
c
10
90
ε_3
As_2Se_3
E_5
l_2'
ε_5
e_4 p_2
e_5
Se
As
10 20 30 40 50 60 70 80 90
AsSe
(Se)

237

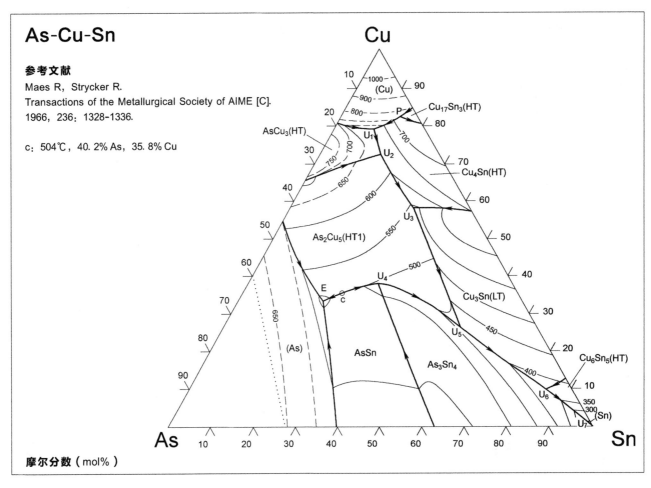

As-Cu-Sn

参考文献

Maes R, Strycker R.
Transactions of the Metallurgical Society of AIME [C].
1966, 236: 1328-1336.

c: 504℃, 40.2% As, 35.8% Cu

摩尔分数（mol%）

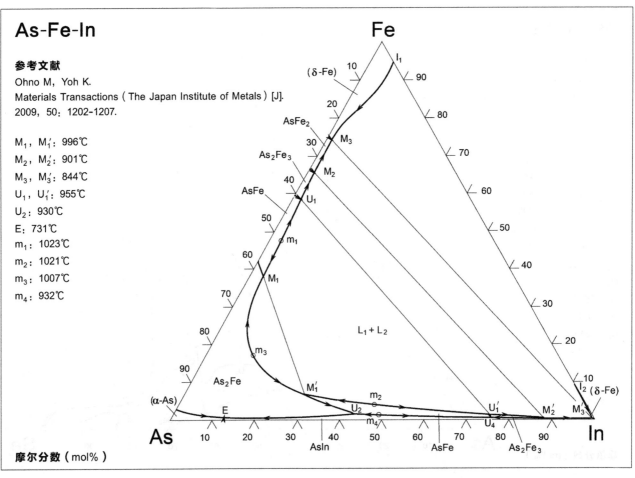

As-Fe-In

参考文献

Ohno M, Yoh K.
Materials Transactions (The Japan Institute of Metals) [J].
2009, 50: 1202-1207.

M_1, M_1': 996℃

M_2, M_2': 901℃

M_3, M_3': 844℃

U_1, U_1': 955℃

U_2: 930℃

E: 731℃

m_1: 1023℃

m_2: 1021℃

m_3: 1007℃

m_4: 932℃

摩尔分数（mol%）

As-Fe-Ni

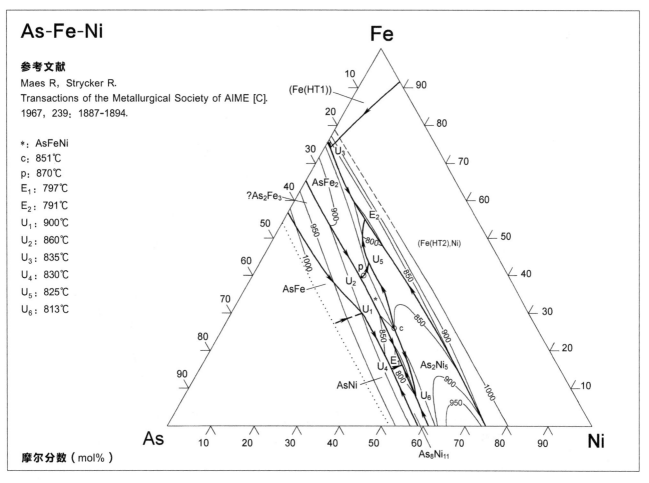

参考文献

Maes R, Strycker R.
Transactions of the Metallurgical Society of AIME [C].
1967, 239: 1887-1894.

*: AsFeNi
c: 851℃
p: 870℃
E_1: 797℃
E_2: 791℃
U_1: 900℃
U_2: 860℃
U_3: 835℃
U_4: 830℃
U_5: 825℃
U_6: 813℃

摩尔分数（mol%）

As-Fe-S

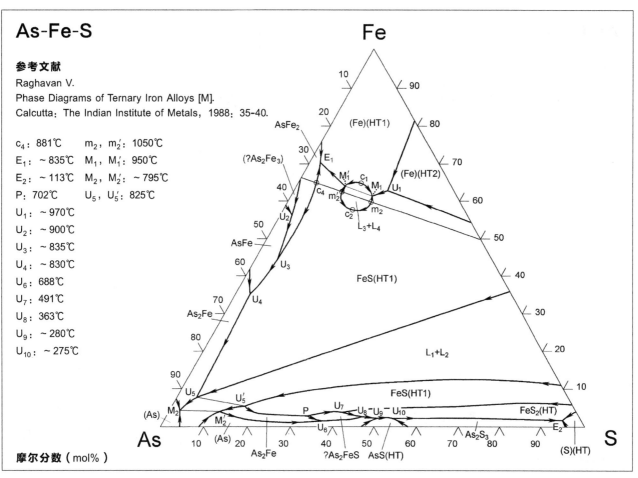

参考文献

Raghavan V.
Phase Diagrams of Ternary Iron Alloys [M].
Calcutta: The Indian Institute of Metals, 1988: 35-40.

c_4: 881℃ m_2, m_2': 1050℃
E_1: ~835℃ M_1, M_1': 950℃
E_2: ~113℃ M_2, M_2': ~795℃
P: 702℃ U_5, U_5': 825℃
U_1: ~970℃
U_2: ~900℃
U_3: ~835℃
U_4: ~830℃
U_6: 688℃
U_7: 491℃
U_8: 363℃
U_9: ~280℃
U_{10}: ~275℃

摩尔分数（mol%）

As-Ga-Ge

参考文献

Panish M B.
J. Less-Common Metals [J]. 1966, 10: 416-424.

e_1: 863℃
e_2: ~744℃
E_1: ~740℃

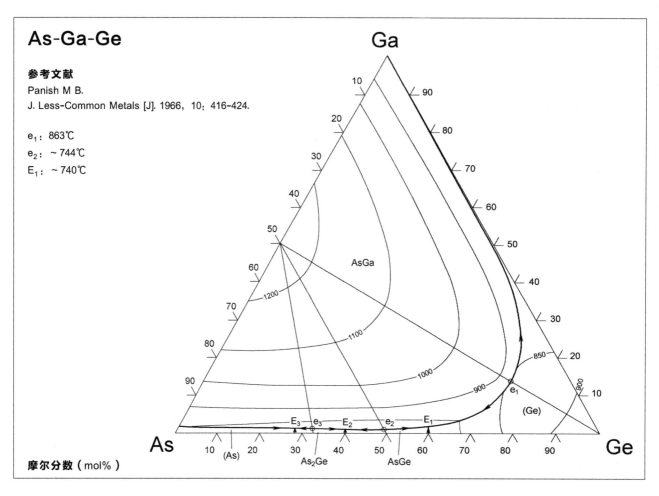

摩尔分数（mol%）

As-Ga-In

参考文献

Ковалева И С, Лужная Н П, Мартикян С Б.
Журн. Неорг. Хим. [J]. 1969, 14: 1507-1509.

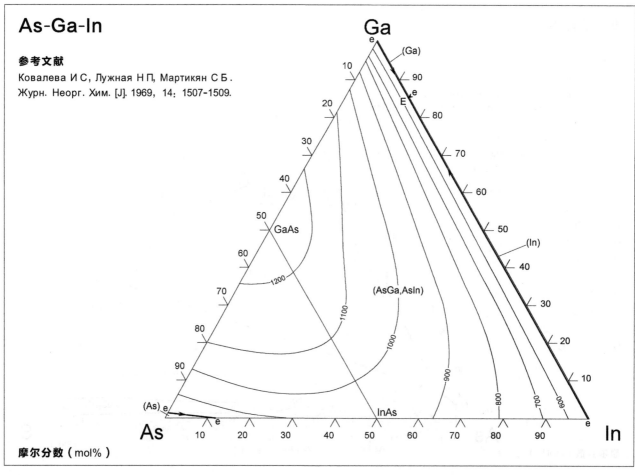

摩尔分数（mol%）

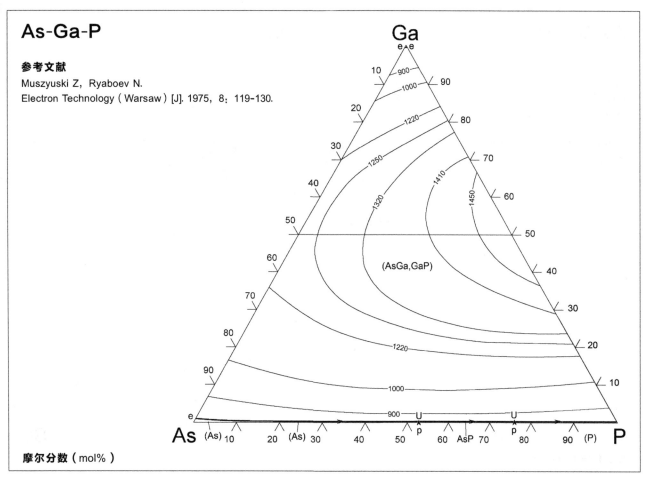

As-Ga-P

参考文献
Muszyuski Z, Ryaboev N.
Electron Technology (Warsaw) [J]. 1975, 8: 119-130.

摩尔分数 (mol%)

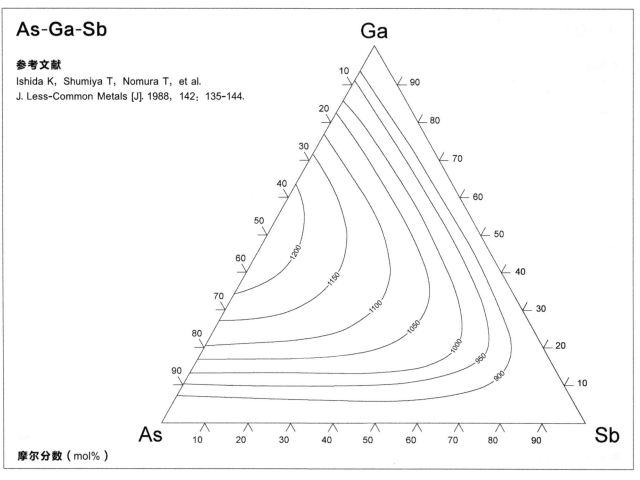

As-Ga-Sb

参考文献
Ishida K, Shumiya T, Nomura T, et al.
J. Less-Common Metals [J]. 1988, 142: 135-144.

摩尔分数 (mol%)

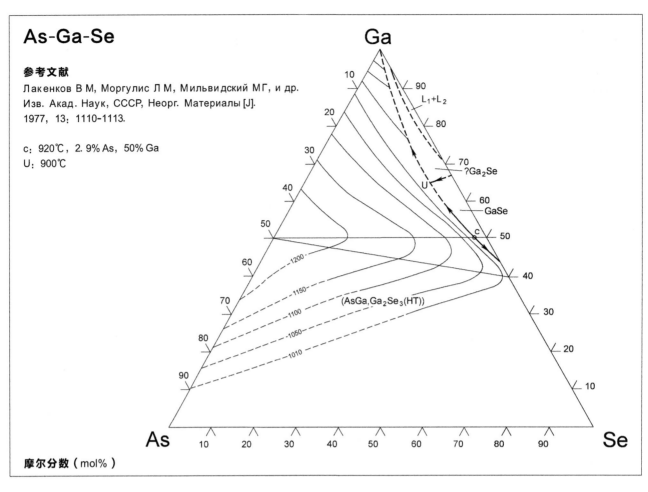

As-Ga-Se

参考文献

Лакенков В М, Моргулис Л М, Мильвидский М Г, и др.
Изв. Акад. Наук, СССР, Неорг. Материалы [J].
1977, 13: 1110-1113.

c: 920℃, 2.9% As, 50% Ga
U: 900℃

摩尔分数（mol%）

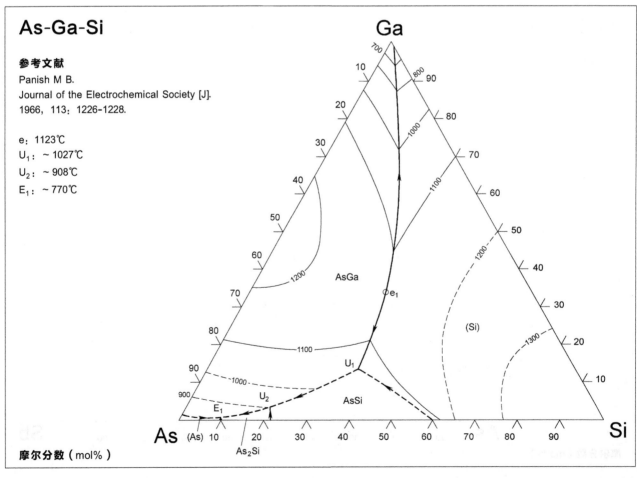

As-Ga-Si

参考文献

Panish M B.
Journal of the Electrochemical Society [J].
1966, 113: 1226-1228.

e: 1123℃
U_1: ~1027℃
U_2: ~908℃
E_1: ~770℃

摩尔分数（mol%）

242

As-Ga-Sn

参考文献

Panish M B.

J. Less-Common Metals [J]. 1966, 10: 416-424.

E_1: ~20℃

U: ~587℃

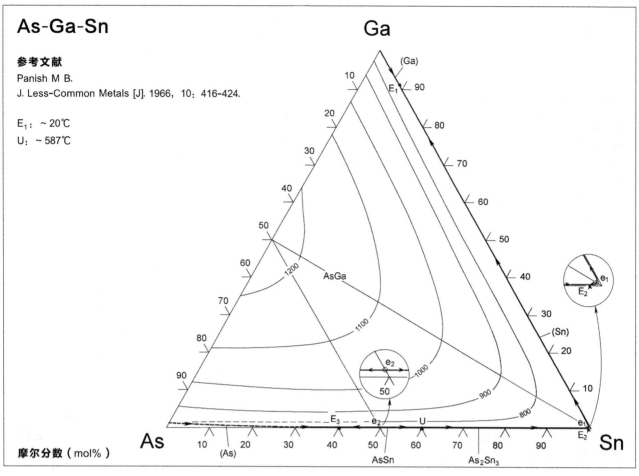

摩尔分数（mol%）

As-Ga-Te

参考文献

Panish M B.

J. Electrochemical Society [J]. 1967, 114: 91-95.

e_1: ~828℃

p_1: ~860℃

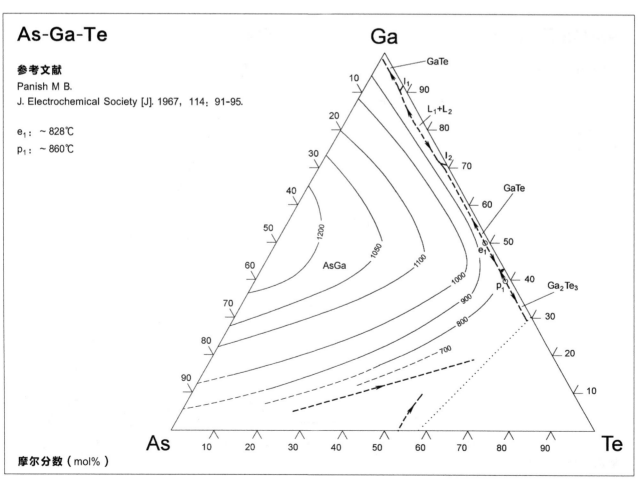

摩尔分数（mol%）

As-Ga-Zn（1）

参考文献

Köster W, Ulrich W.

Zeitschrift fuer Metallkunde [J]. 1958, 49：361-364.

e_7：412℃

e_8：972℃

e_9：754℃

E_1：～20℃

E_2：～410℃

E_3：～750℃

E_4：720℃

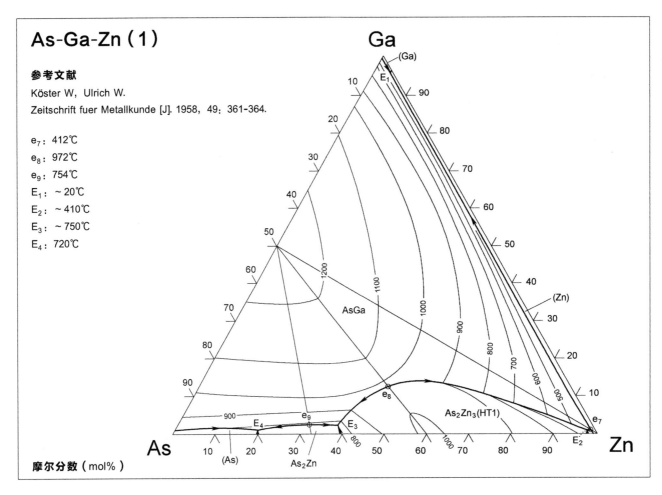

摩尔分数（mol%）

As-Ga-Zn（2）

参考文献

Ghasemi M, Johansson J.

Journal of Alloys and Compounds [J]. 2015, 638：95-102.

E_1：746℃

E_2：722℃

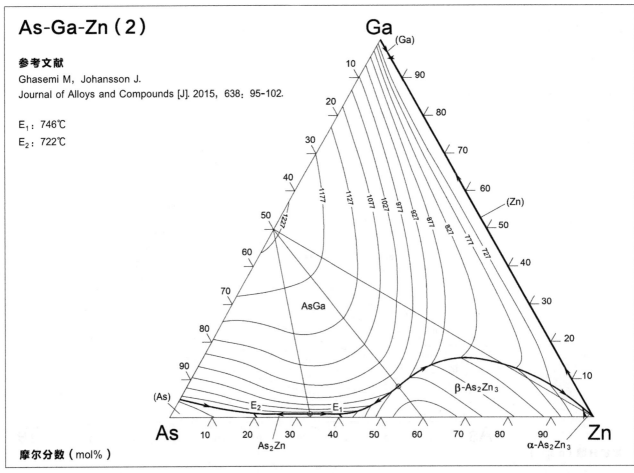

摩尔分数（mol%）

As-Ge-P

参考文献

Угай Я А, Семенова Г В, Калужная М И, и др.
Журн. Неорг. Хим. [J]. 1988, 33: 1073-1075.

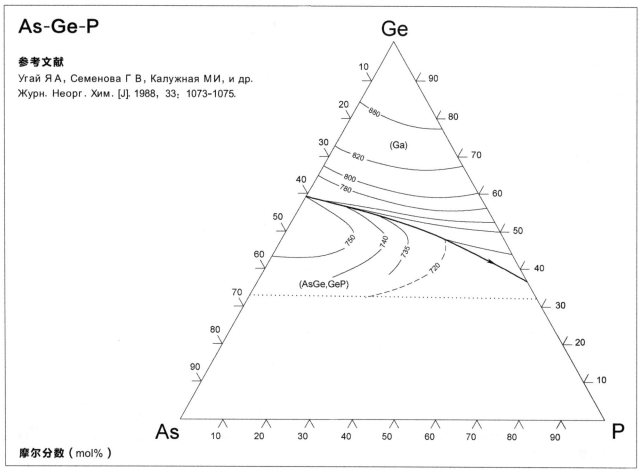

摩尔分数（mol%）

As-Ge-Sn

参考文献

Семенова Г В, Кононова Е Ю, Сусхова Т П.
Журн. Неорг. Хим. [J]. 2014, 59: 1517-1521.

U_1: 834℃
U_2: 821℃

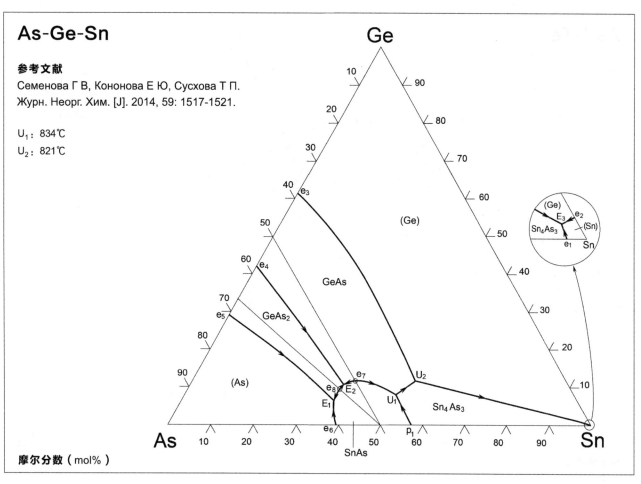

摩尔分数（mol%）

As-Ge-Te

参考文献

Виноградова Г З，Дембовский С А，Лужная Н П，и др.
Журн. Неорг. Хим. [J]. 1975, 20：769-773.

U_1：640℃

U_2：580℃

U_3：480℃

E_1：355℃

E_2：350℃

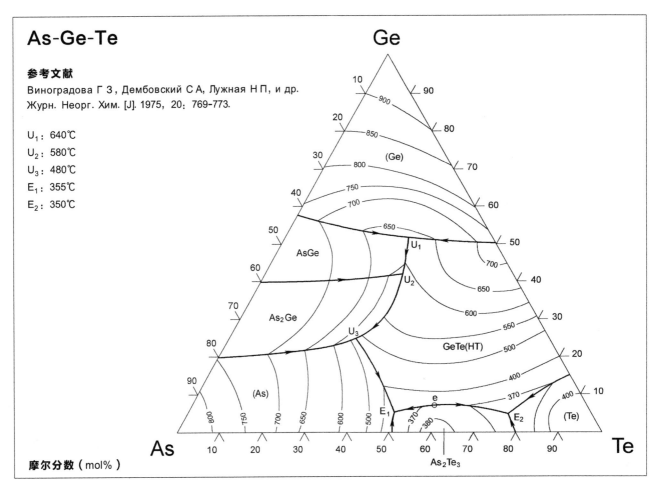

摩尔分数（mol%）

As-I-Te

参考文献

Aliev Z S，Babanly D M，
Shevelkov A V，et al.
Journal of Alloys and Compounds [J].
2011, 509：602-608.

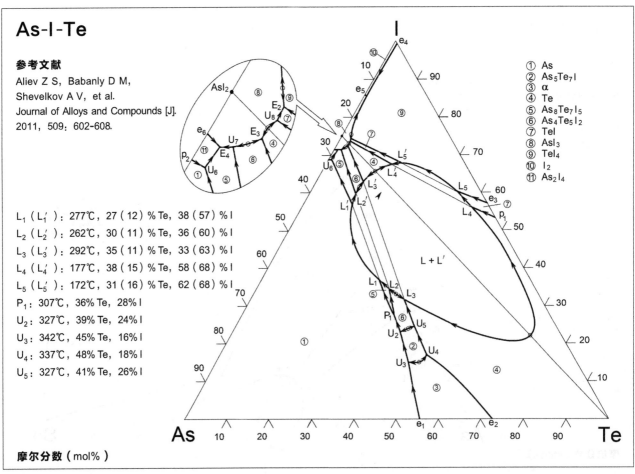

① As
② As_5Te_7I
③ α
④ Te
⑤ $As_8Te_7I_5$
⑥ $As_4Te_5I_2$
⑦ TeI
⑧ AsI_3
⑨ TeI_4
⑩ I_2
⑪ As_2I_4

L_1（L_1'）：277℃，27（12）%Te，38（57）%I

L_2（L_2'）：262℃，30（11）%Te，36（60）%I

L_3（L_3'）：292℃，35（11）%Te，33（63）%I

L_4（L_4'）：177℃，38（15）%Te，58（68）%I

L_5（L_5'）：172℃，31（16）%Te，62（68）%I

P_1：307℃，36%Te，28%I

U_2：327℃，39%Te，24%I

U_3：342℃，45%Te，16%I

U_4：337℃，48%Te，18%I

U_5：327℃，41%Te，26%I

摩尔分数（mol%）

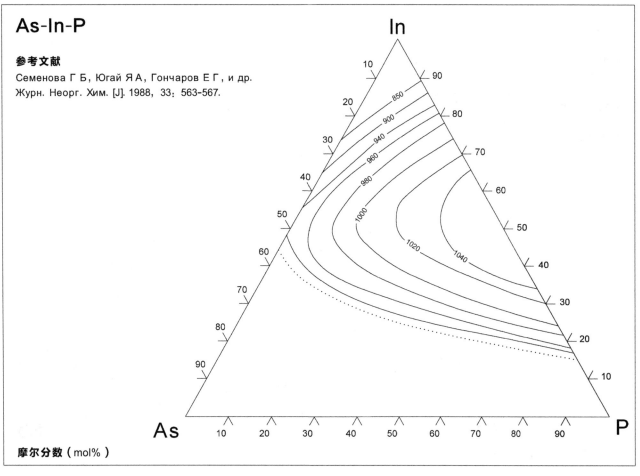

As-In-P

参考文献

Семенова Г Б, Югай Я А, Гончаров Е Г, и др.
Журн. Неорг. Хим. [J]. 1988, 33：563-567.

In

As

P

摩尔分数（mol%）

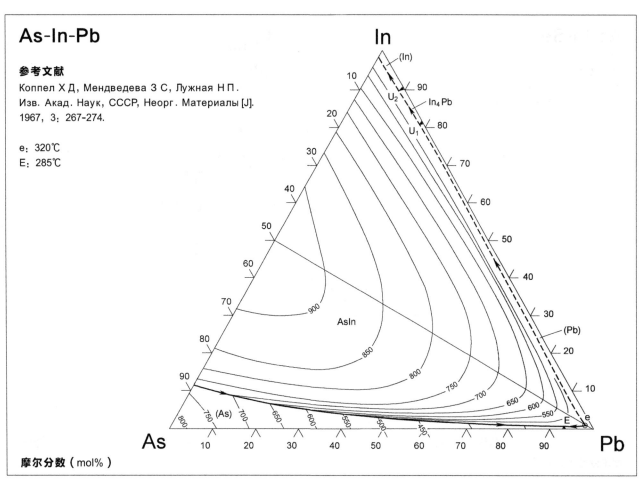

As-In-Pb

参考文献

Коппел Х Д, Мендведева З С, Лужная Н П.
Изв. Акад. Наук, СССР, Неорг. Материалы [J].
1967, 3：267-274.

e：320℃
E：285℃

In

As

Pb

摩尔分数（mol%）

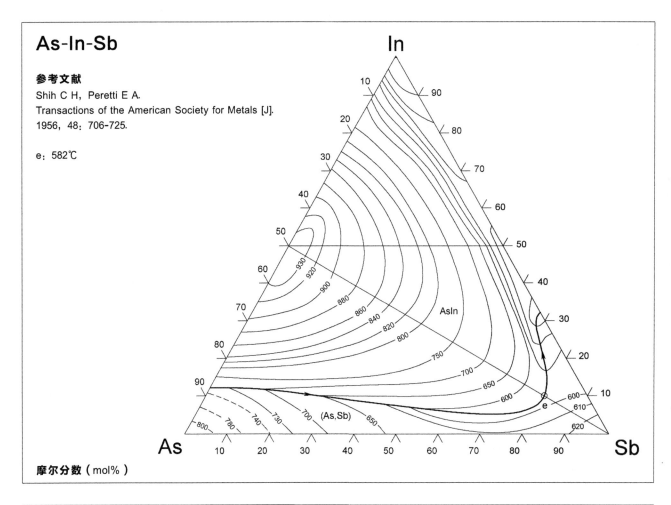

As-In-Sb

参考文献

Shih C H, Peretti E A.
Transactions of the American Society for Metals [J].
1956, 48: 706-725.

e: 582℃

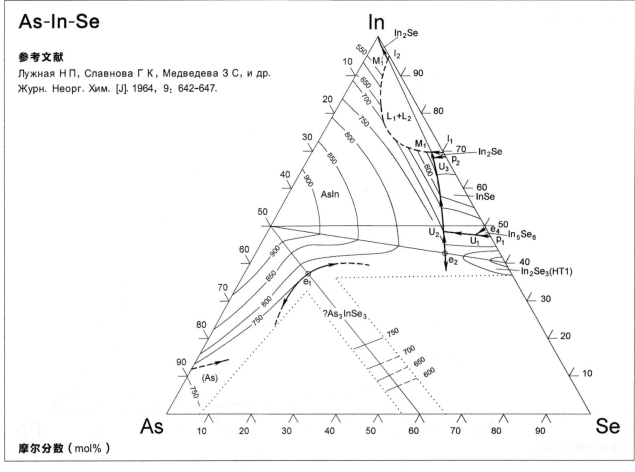

As-In-Se

参考文献

Лужная Н П, Славнова Г К, Медведева З С, и др.
Журн. Неорг. Хим. [J]. 1964, 9: 642-647.

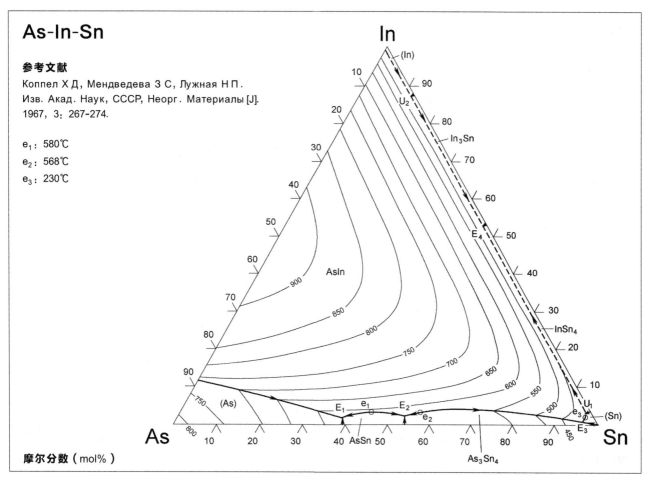

As-In-Sn

参考文献

Коппел Х Д, Мендведева З С, Лужная Н П.
Изв. Акад. Наук, СССР, Неорг. Материалы [J].
1967, 3: 267-274.

e_1: 580℃

e_2: 568℃

e_3: 230℃

摩尔分数（mol%）

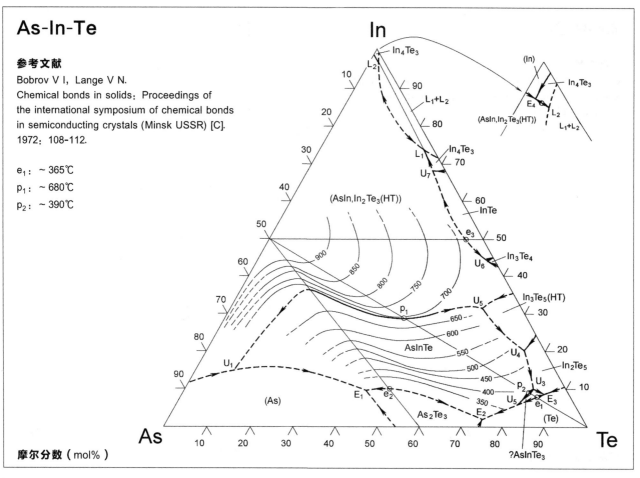

As-In-Te

参考文献

Bobrov V I, Lange V N.
Chemical bonds in solids: Proceedings of
the international symposium of chemical bonds
in semiconducting crystals (Minsk USSR) [C].
1972: 108-112.

e_1: ~ 365℃

p_1: ~ 680℃

p_2: ~ 390℃

摩尔分数（mol%）

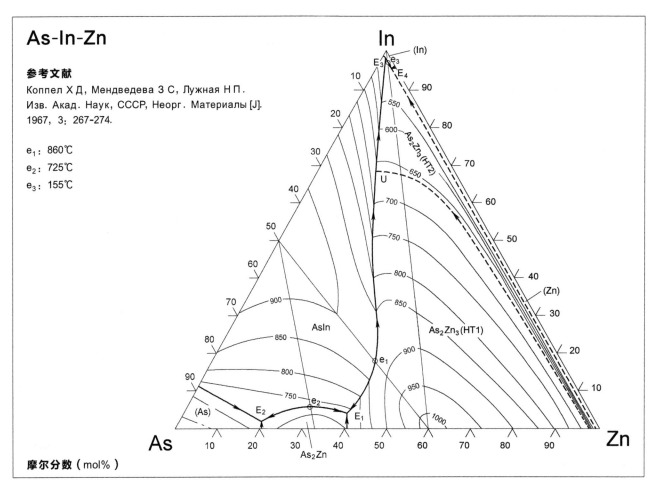

As-In-Zn

参考文献

Коппел Х Д, Мендведева З С, Лужная Н П.
Изв. Акад. Наук, СССР, Неорг. Материалы [J].
1967, 3: 267-274.

e_1: 860℃
e_2: 725℃
e_3: 155℃

摩尔分数（mol%）

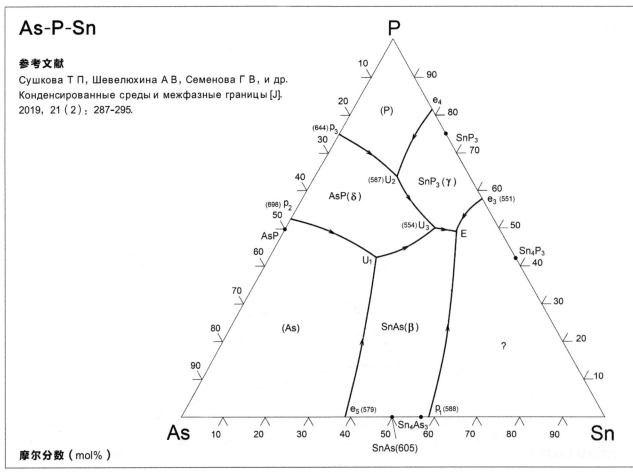

As-P-Sn

参考文献

Сушкова Т П, Шевелюхина А В, Семенова Г В, и др.
Конденсированные среды и межфазные границы [J].
2019, 21 (2): 287-295.

摩尔分数（mol%）

As-Pb-Sn

参考文献

Hutchison S E, Peretti E A.
J. Less-Common Metals [J]. 1974, 34: 107-112.

e: 312℃, 2. 2% As, 95. 6% Pb
E_1: 290℃, 6. 9% As, 92. 8% Pb

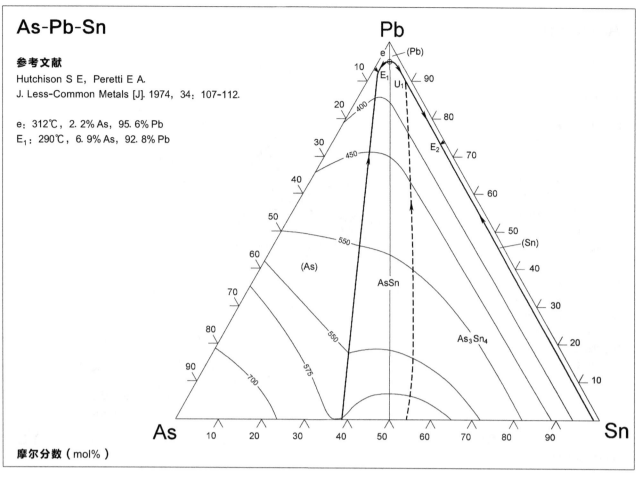

摩尔分数（mol%）

As-S-Sm

参考文献

Рустамов П Г, Ильясов Т М, Мамедов А И.
Изв. Акад. Наук, СССР, Неорганические Материалы [J].
1987, 23: 1714-1718.

E_1: 887℃	e_3: 1887℃
E_2: 197℃	e_4: 257℃
E_3: 227℃	e_5: 237℃
E_4: 217℃	e_6: 247℃
E_5: 242℃	e_8: 252℃
E_6: 527℃	e_9: 267℃
E_7: 72℃	e_{10}: 577℃
U_1: 347℃	e_{11}: 577℃
U_2: 507℃	p_1: 1047℃
U_3: 707℃	p_2: 827℃
U_4: 567℃	p_3: 807℃
U_5: 647℃	
U_6: 447℃	

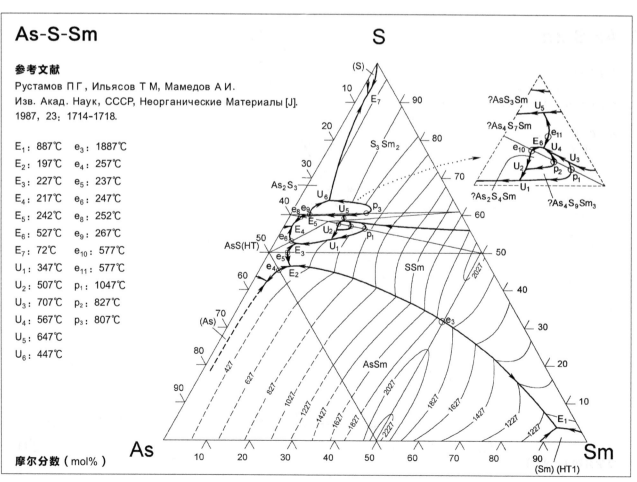

摩尔分数（mol%）

As-S-Yb

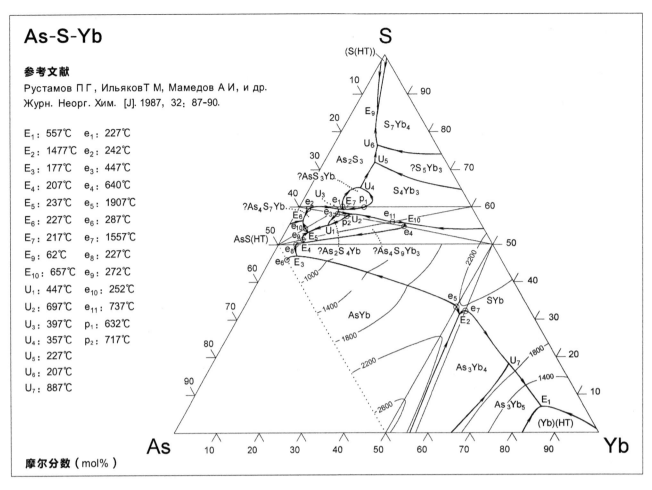

参考文献

Рустамов П Г, Ильяков Т М, Мамедов А И, и др.
Журн. Неорг. Хим. [J]. 1987, 32: 87-90.

E_1: 557℃ e_1: 227℃
E_2: 1477℃ e_2: 242℃
E_3: 177℃ e_3: 447℃
E_4: 207℃ e_4: 640℃
E_5: 237℃ e_5: 1907℃
E_6: 227℃ e_6: 287℃
E_7: 217℃ e_7: 1557℃
E_9: 62℃ e_8: 227℃
E_{10}: 657℃ e_9: 272℃
U_1: 447℃ e_{10}: 252℃
U_2: 697℃ e_{11}: 737℃
U_3: 397℃ p_1: 632℃
U_4: 357℃ p_2: 717℃
U_5: 227℃
U_6: 207℃
U_7: 887℃

摩尔分数（mol%）

As-S-Zn

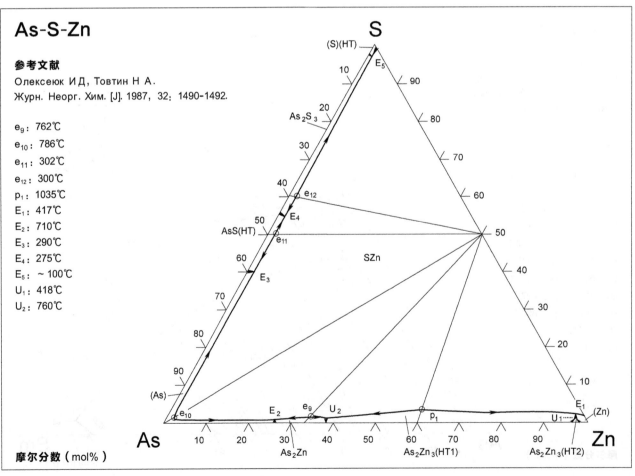

参考文献

Олексеюк И Д, Товтин Н А.
Журн. Неорг. Хим. [J]. 1987, 32: 1490-1492.

e_9: 762℃
e_{10}: 786℃
e_{11}: 302℃
e_{12}: 300℃
p_1: 1035℃
E_1: 417℃
E_2: 710℃
E_3: 290℃
E_4: 275℃
E_5: ～100℃
U_1: 418℃
U_2: 760℃

摩尔分数（mol%）

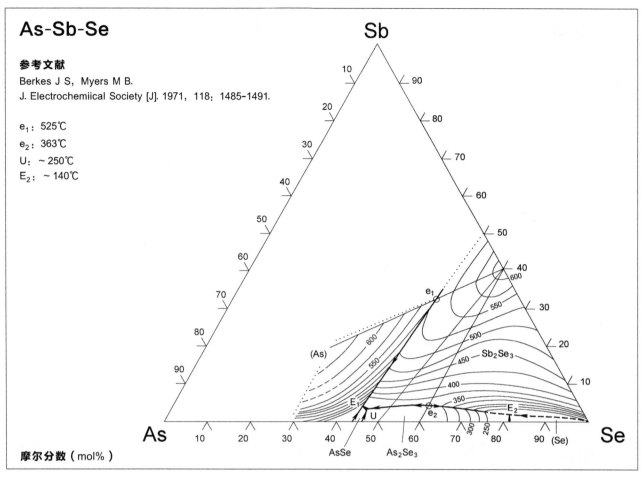

As-Sb-Se

参考文献

Berkes J S, Myers M B.
J. Electrochemiical Society [J]. 1971, 118: 1485-1491.

e_1: 525℃

e_2: 363℃

U: ~250℃

E_2: ~140℃

摩尔分数（mol%）

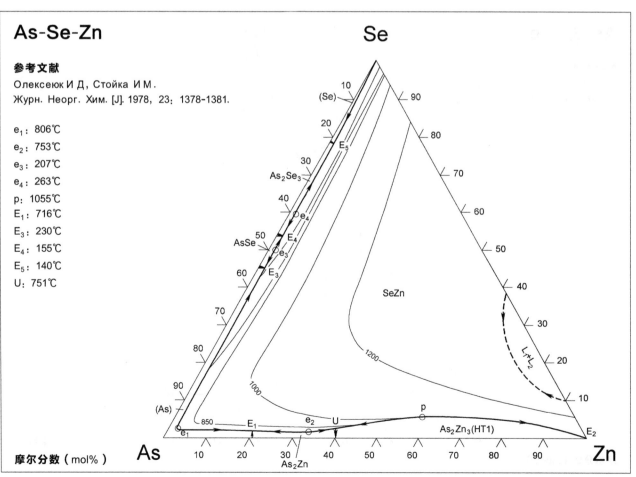

As-Se-Zn

参考文献

Олексеюк И Д, Стойка И М.
Журн. Неорг. Хим. [J]. 1978, 23: 1378-1381.

e_1: 806℃

e_2: 753℃

e_3: 207℃

e_4: 263℃

p: 1055℃

E_1: 716℃

E_3: 230℃

E_4: 155℃

E_5: 140℃

U: 751℃

摩尔分数（mol%）

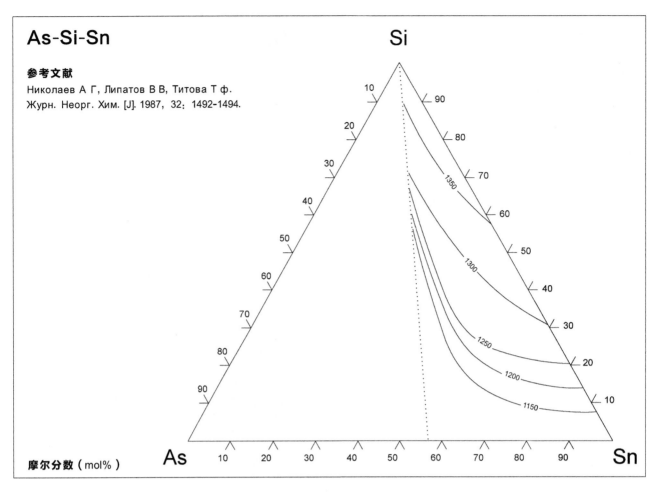

As-Si-Sn

参考文献

Николаев А Г, Липатов В В, Титова Т ф.
Журн. Неорг. Хим. [J]. 1987, 32: 1492-1494.

摩尔分数（mol%）

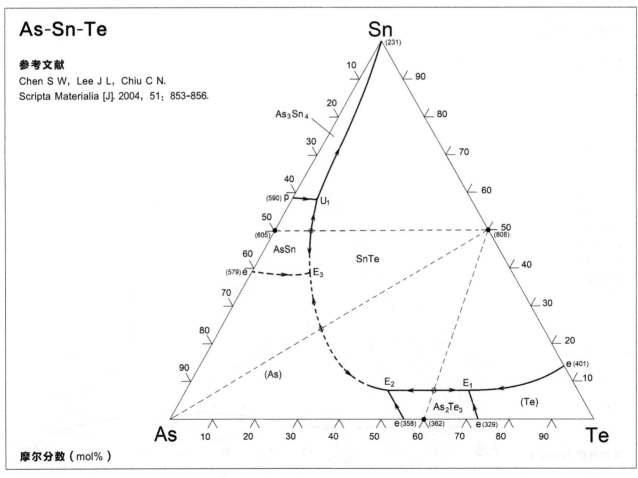

As-Sn-Te

参考文献

Chen S W, Lee J L, Chiu C N.
Scripta Materialia [J]. 2004, 51: 853-856.

摩尔分数（mol%）

As-Sn-Zn

参考文献

Borchers H, Maier R G.
Metall (Berin) [J]. 1963, 17: 775-780.

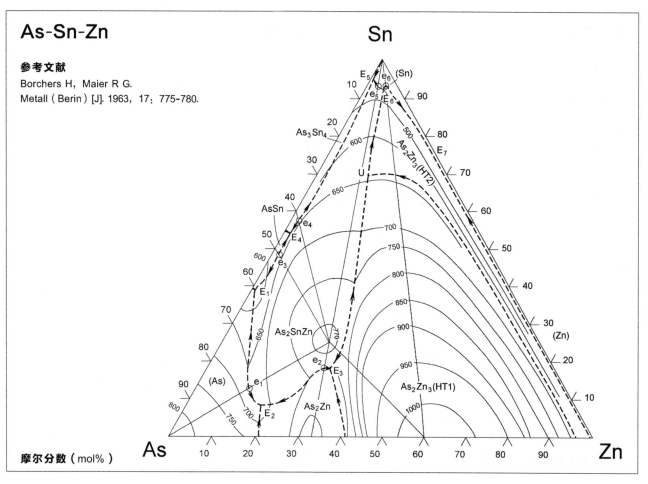

摩尔分数 (mol%)

As-Te-Tl

参考文献

Дмитриев В М, Кириленко В В, Шчелоков Р Н, и др.
Изв. Акад. Наук, СССР, Неорг. Материалы [J].
1982, 18: 658-663.

e_1: 435℃
e_2: 205℃
e_3: 202℃
p_1: 290℃
p_2: 280℃
E_1: 200℃
E_2: 194℃
U_1: 274℃

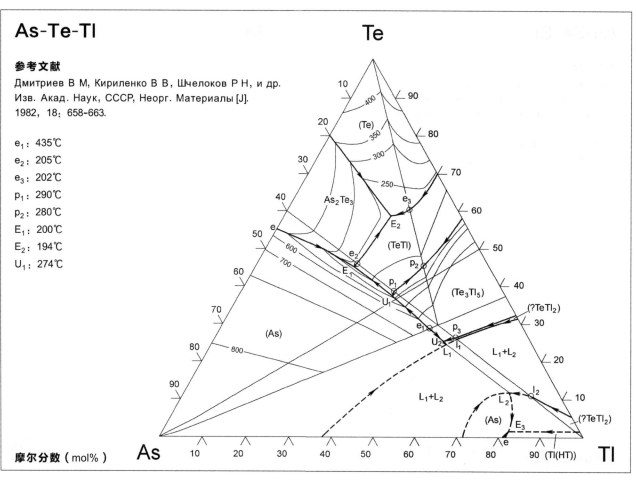

摩尔分数 (mol%)

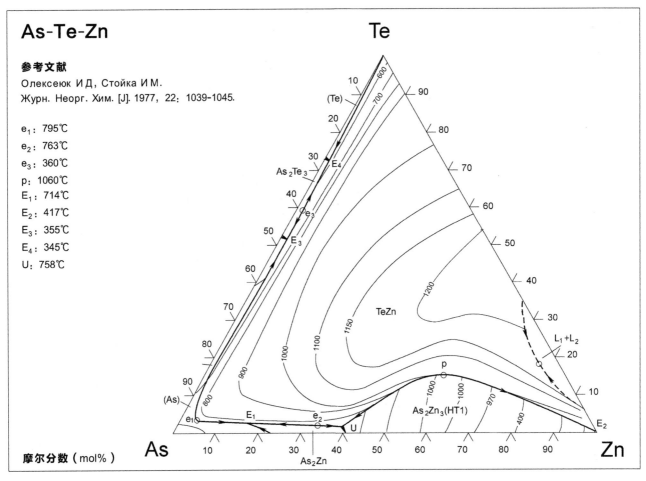

As-Te-Zn

参考文献

Олексеюк И Д, Стойка И М.
Журн. Неорг. Хим. [J]. 1977, 22: 1039-1045.

e_1: 795℃
e_2: 763℃
e_3: 360℃
p: 1060℃
E_1: 714℃
E_2: 417℃
E_3: 355℃
E_4: 345℃
U: 758℃

摩尔分数（mol%）

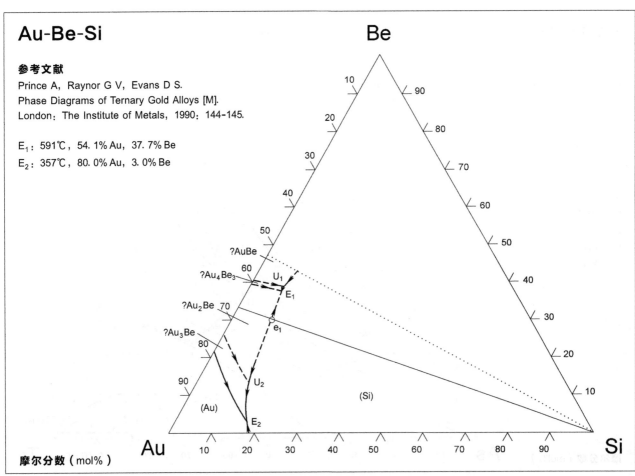

Au-Be-Si

参考文献

Prince A, Raynor G V, Evans D S.
Phase Diagrams of Ternary Gold Alloys [M].
London: The Institute of Metals, 1990: 144-145.

E_1: 591℃, 54.1% Au, 37.7% Be
E_2: 357℃, 80.0% Au, 3.0% Be

摩尔分数（mol%）

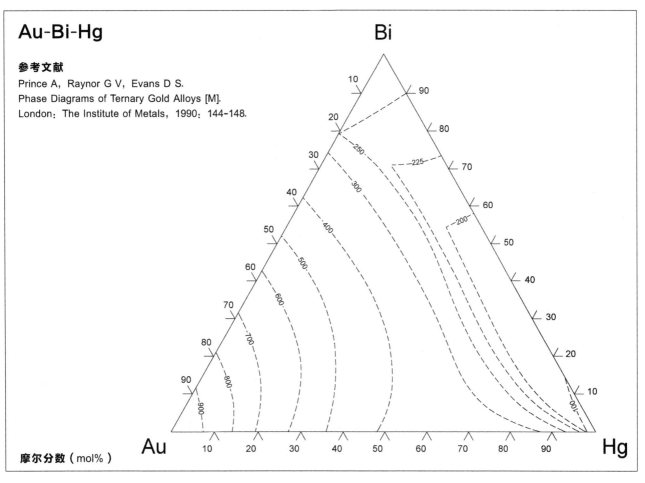

Au-Bi-Hg

参考文献

Prince A, Raynor G V, Evans D S.
Phase Diagrams of Ternary Gold Alloys [M].
London: The Institute of Metals, 1990: 144-148.

摩尔分数（mol%）

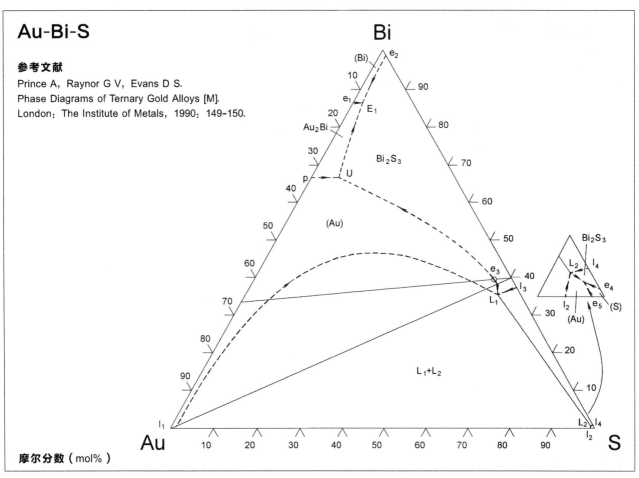

Au-Bi-S

参考文献

Prince A, Raynor G V, Evans D S.
Phase Diagrams of Ternary Gold Alloys [M].
London: The Institute of Metals, 1990: 149-150.

摩尔分数（mol%）

Au-Bi-Sb（1）

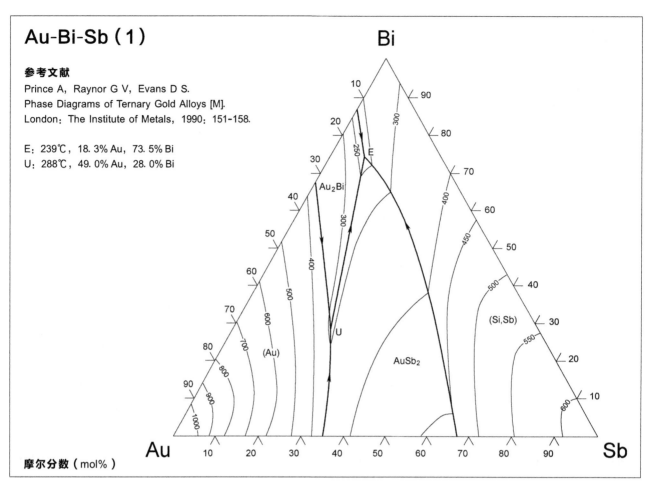

参考文献

Prince A, Raynor G V, Evans D S.
Phase Diagrams of Ternary Gold Alloys [M].
London: The Institute of Metals, 1990: 151-158.

E: 239℃, 18.3% Au, 73.5% Bi
U: 288℃, 49.0% Au, 28.0% Bi

摩尔分数（mol%）

Au-Bi-Sb（2）

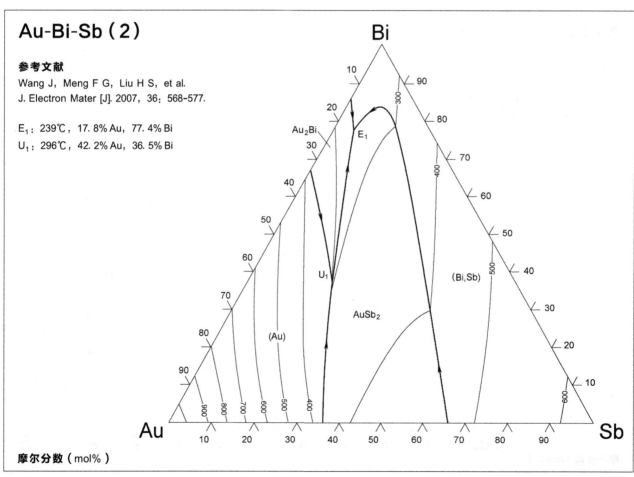

参考文献

Wang J, Meng F G, Liu H S, et al.
J. Electron Mater [J]. 2007, 36: 568-577.

E₁: 239℃, 17.8% Au, 77.4% Bi
U₁: 296℃, 42.2% Au, 36.5% Bi

摩尔分数（mol%）

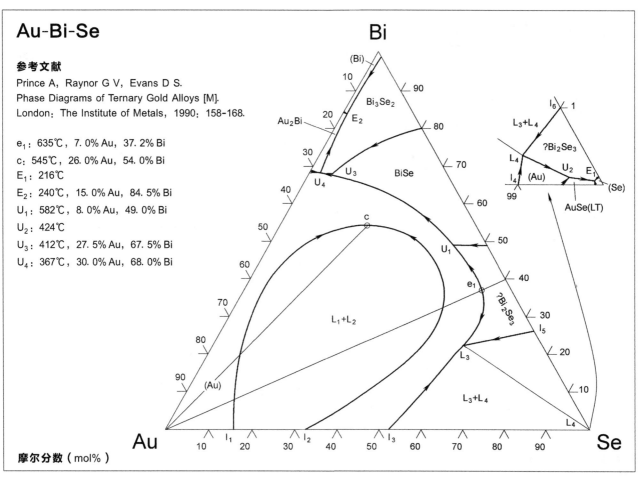

Au-Bi-Se

参考文献

Prince A, Raynor G V, Evans D S.
Phase Diagrams of Ternary Gold Alloys [M].
London: The Institute of Metals, 1990: 158-168.

e_1: 635℃, 7.0% Au, 37.2% Bi
c: 545℃, 26.0% Au, 54.0% Bi
E_1: 216℃
E_2: 240℃, 15.0% Au, 84.5% Bi
U_1: 582℃, 8.0% Au, 49.0% Bi
U_2: 424℃
U_3: 412℃, 27.5% Au, 67.5% Bi
U_4: 367℃, 30.0% Au, 68.0% Bi

摩尔分数（mol%）

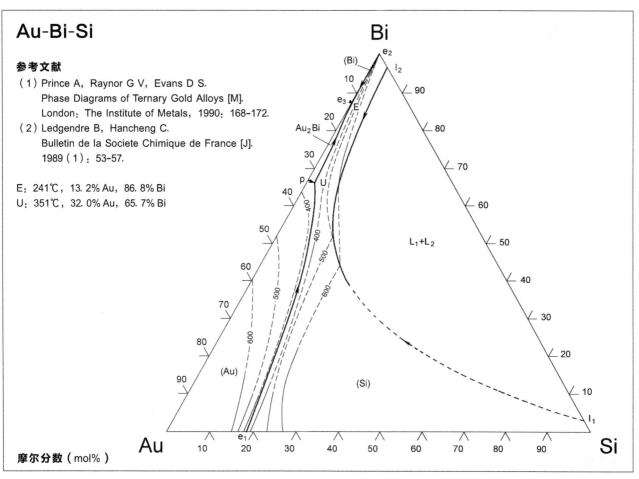

Au-Bi-Si

参考文献

（1）Prince A, Raynor G V, Evans D S.
　　Phase Diagrams of Ternary Gold Alloys [M].
　　London: The Institute of Metals, 1990: 168-172.
（2）Ledgendre B, Hancheng C.
　　Bulletin de la Societe Chimique de France [J].
　　1989（1）: 53-57.

E: 241℃, 13.2% Au, 86.8% Bi
U: 351℃, 32.0% Au, 65.7% Bi

摩尔分数（mol%）

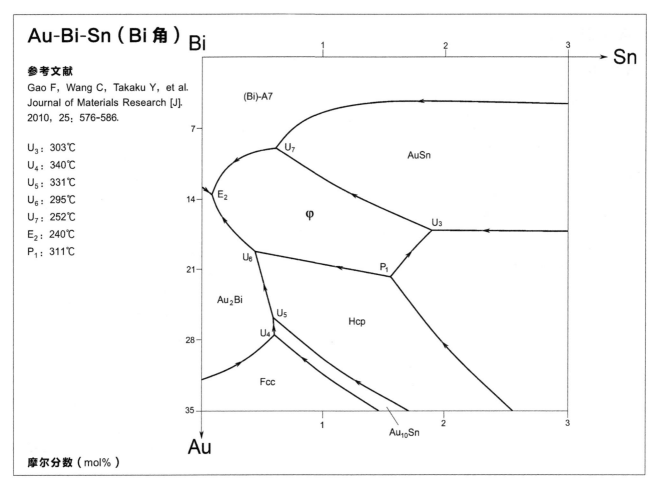

Au-Bi-Sn（Bi角）

参考文献

Gao F, Wang C, Takaku Y, et al.
Journal of Materials Research [J].
2010, 25: 576-586.

U₃: 303℃
U₄: 340℃
U₅: 331℃
U₆: 295℃
U₇: 252℃
E₂: 240℃
P₁: 311℃

摩尔分数（mol%）

Au-Bi-Sn

参考文献

Prince A, Raynor G V, Evans D S.
Phase Diagrams of Ternary Gold Alloys [M].
London: The Institute of Metals, 1990: 168-175.

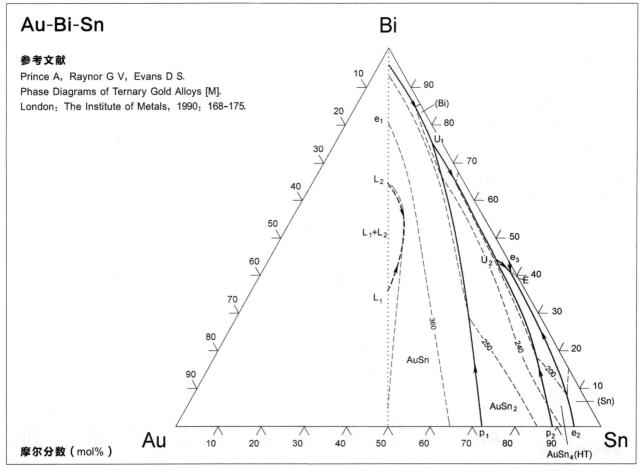

摩尔分数（mol%）

Au-Bi-Te

参考文献

Prince A, Raynor G V, Evans D S.
Phase Diagrams of Ternary Gold Alloys [M].
London: The Institute of Metals, 1990: 172-183.

e_1: 476℃, 28.8% Au, 27.3% Bi
e_4: 417℃, 21.1% Au, 12.3% Bi
E_1: 402℃, 37.0% Au, 10.0% Bi
E_2: 383℃, 10.5% Au, 7.5% Bi
E_3: 235℃, 14.0% Au, 84.5% Bi
U_1: 456℃, 20.0% Au, 46.0% Bi
U_2: 374℃, 28.0% Au, 62.5% Bi
U_3: 346℃, 27.5% Au, 66.0% Bi

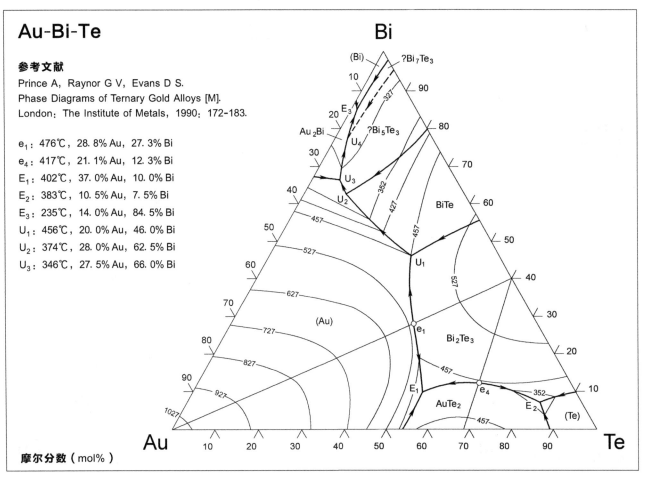

摩尔分数（mol%）

Au-Bi-Zn

参考文献

Prince A, Raynor G V, Evans D S.
Phase Diagrams of Ternary Gold Alloys [M].
London: The Institute of Metals, 1990: 168-175.

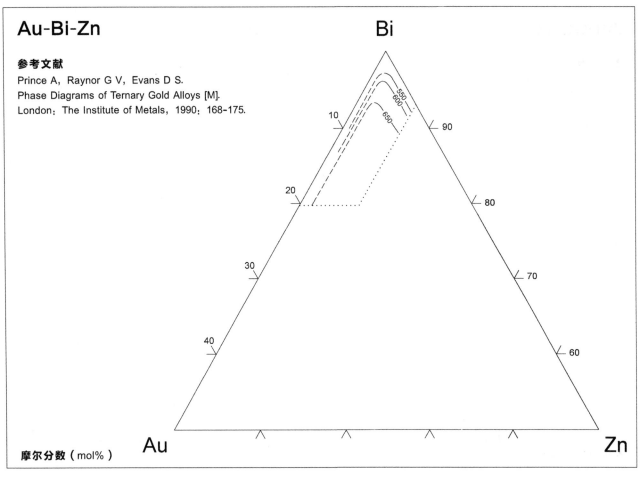

摩尔分数（mol%）

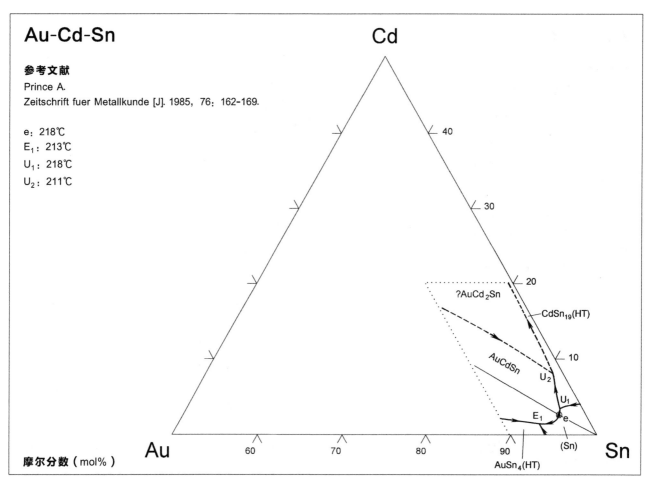

Au-Cd-Sn

参考文献

Prince A.

Zeitschrift fuer Metallkunde [J]. 1985, 76: 162-169.

e: 218℃

E_1: 213℃

U_1: 218℃

U_2: 211℃

Cd

40

30

20

?AuCd₂Sn

CdSn₁₉(HT)

10

AuCdSn

U_2

U_1

E_1

e

Au

60

70

80

90

(Sn)

Sn

AuSn₄(HT)

摩尔分数（mol%）

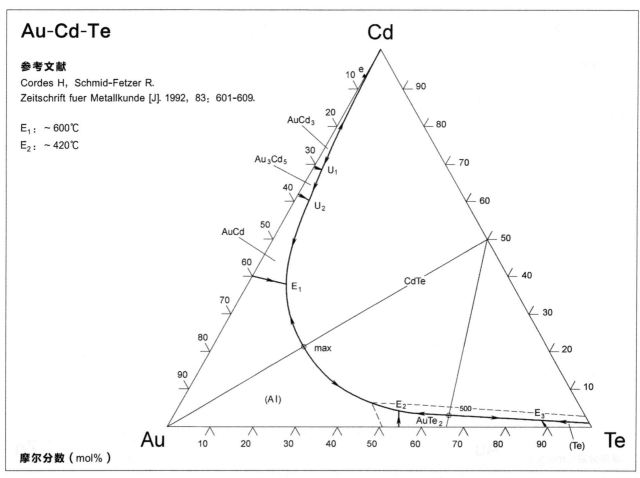

Au-Cd-Te

参考文献

Cordes H, Schmid-Fetzer R.

Zeitschrift fuer Metallkunde [J]. 1992, 83: 601-609.

E_1: ~600℃

E_2: ~420℃

Cd

10 e

90

AuCd₃

20

80

30

70

Au₃Cd₅

U_1

40

60

U_2

AuCd

50

50

CdTe

60

40

E_1

70

max

30

80

20

90

(Al)

10

E_2

500

E_3

AuTe₂

Au

10 20 30 40 50 60 70 80 90 (Te)

Te

摩尔分数（mol%）

Au-Cd-Zn

参考文献

Prince A, Raynor G V, Evans D S.
Phase Diagrams of Ternary Gold Alloys [M].
London: The Institute of Metals, 1990: 195-197.

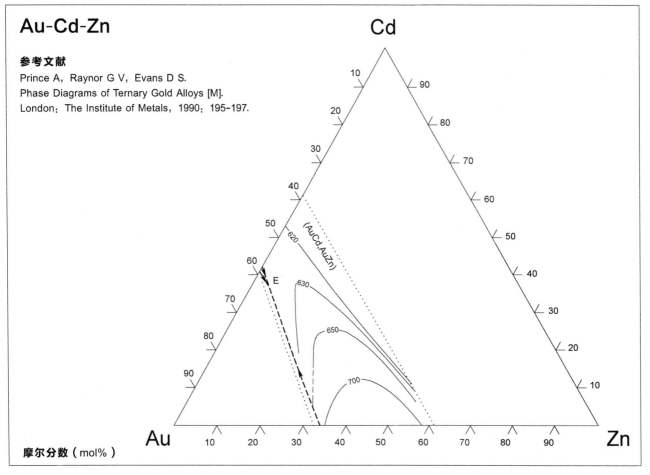

摩尔分数（mol%）

Au-Ce-Sn

参考文献

Dong H Q, Tao X M, Lauila T, et al.
CALPHAD: Computer Coupling of Phase Diagrams and
Thermochemistry [J]. 2013, 42: 38-50.

E_1: 1493℃	U_{13}: 726℃	τ_1: Au_5CeSn to $Au_{13}Ce_3Sn_4$
E_2: 1348℃	U_{14}: 700℃	τ_2: $Au_{2-x}CeSn_x$
E_3: 1128℃	U_{15}: 663℃	τ_3: Au_2CeSn
E_4: 520℃	U_{16}: 661℃	τ_4: $AuCeSn$
E_5: 283℃	U_{17}: 657℃	τ_5: $AuCe_5Sn_3$
U_1: 1355℃	U_{18}: 521℃	τ_6: Au_2CeSn_2
U_2: 1351℃	U_{19}: 478℃	τ_7: $Au_3Ce_2Sn_4$
U_3: 1290℃	U_{20}: 467℃	
U_4: 1179℃	U_{21}: 326℃	
U_5: 1137℃	U_{22}: 211℃	
U_6: 1128℃	P_1: 1439℃	
U_7: 1115℃	P_2: 1245℃	
U_8: 1066℃	P_3: 1127℃	
U_9: 1042℃	P_4: 803℃	
U_{10}: 1038℃	P_5: 311℃	
U_{11}: 1004℃	P_6: 253℃	
U_{12}: 732℃		

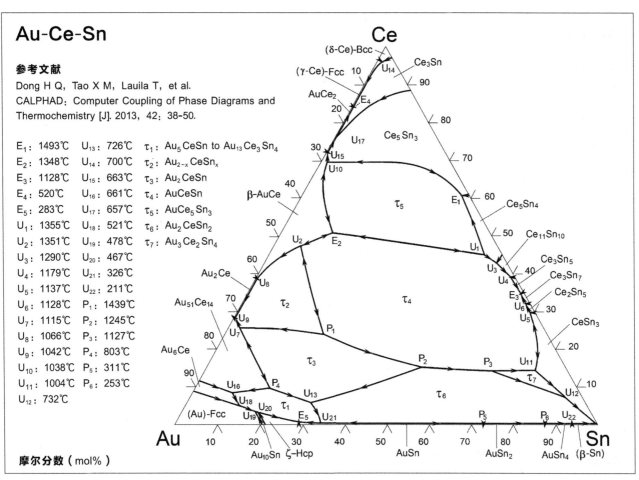

摩尔分数（mol%）

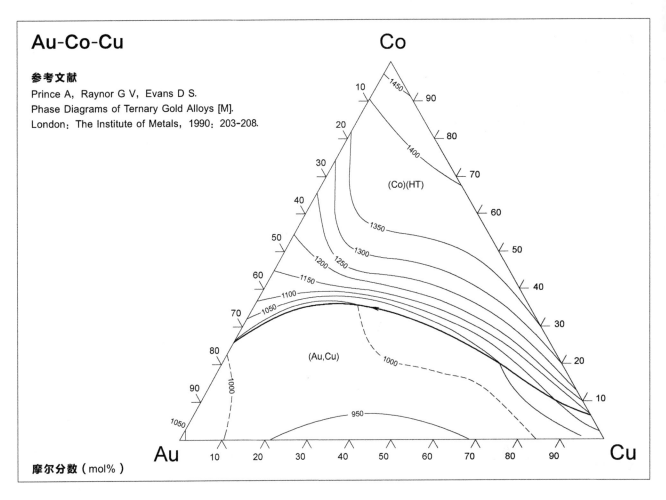

Au-Co-Cu

参考文献

Prince A，Raynor G V，Evans D S.
Phase Diagrams of Ternary Gold Alloys [M].
London：The Institute of Metals，1990：203-208.

摩尔分数（mol%）

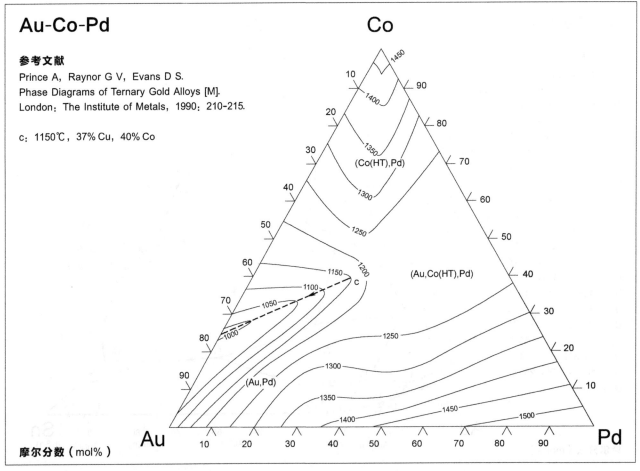

Au-Co-Pd

参考文献

Prince A，Raynor G V，Evans D S.
Phase Diagrams of Ternary Gold Alloys [M].
London：The Institute of Metals，1990：210-215.

c：1150℃，37% Cu，40% Co

摩尔分数（mol%）

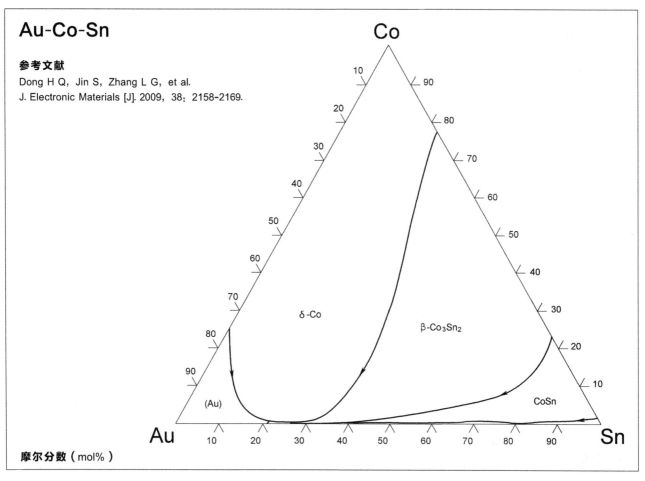

Au-Co-Sn

参考文献

Dong H Q, Jin S, Zhang L G, et al.

J. Electronic Materials [J]. 2009, 38: 2158-2169.

Co

δ-Co

β-Co₃Sn₂

(Au)

CoSn

Au

Sn

摩尔分数（mol%）

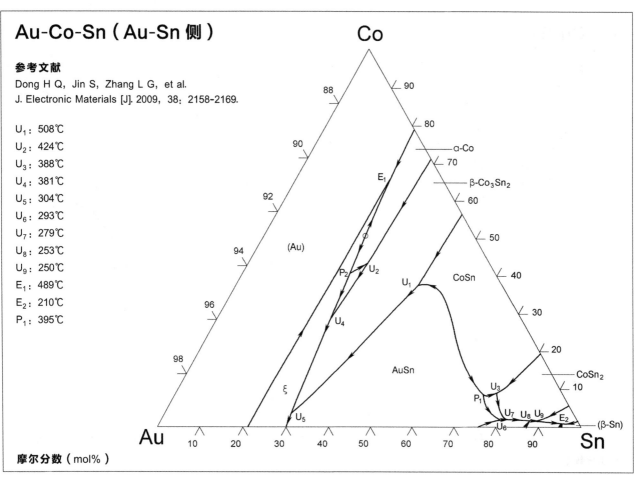

Au-Co-Sn（Au-Sn 侧）

参考文献

Dong H Q, Jin S, Zhang L G, et al.

J. Electronic Materials [J]. 2009, 38: 2158-2169.

U_1: 508℃

U_2: 424℃

U_3: 388℃

U_4: 381℃

U_5: 304℃

U_6: 293℃

U_7: 279℃

U_8: 253℃

U_9: 250℃

E_1: 489℃

E_2: 210℃

P_1: 395℃

Co

α-Co

β-Co₃Sn₂

E_1

(Au)

P_2

U_2

U_1

CoSn

U_4

CoSn₂

AuSn

U_3

P_1

U_7 U_8 U_9

E_2

U_6

U_5

ξ

(β-Sn)

Au

Sn

摩尔分数（mol%）

265

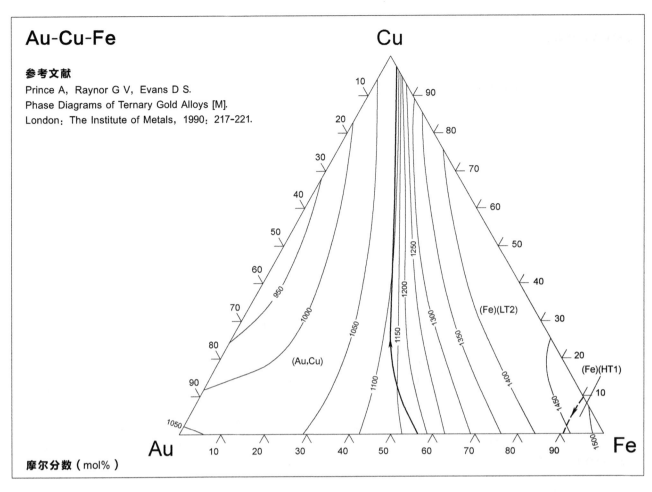

Au-Cu-Fe

参考文献

Prince A, Raynor G V, Evans D S.
Phase Diagrams of Ternary Gold Alloys [M].
London: The Institute of Metals, 1990: 217-221.

(Au,Cu)

(Fe)(LT2)

(Fe)(HT1)

Cu

Au   10   20   30   40   50   60   70   80   90   Fe

摩尔分数（mol%）

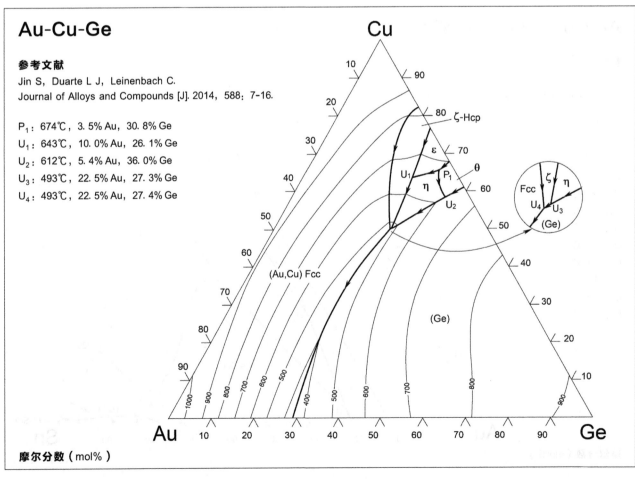

Au-Cu-Ge

参考文献

Jin S, Duarte L J, Leinenbach C.
Journal of Alloys and Compounds [J]. 2014, 588: 7-16.

P_1: 674℃, 3.5% Au, 30.8% Ge
U_1: 643℃, 10.0% Au, 26.1% Ge
U_2: 612℃, 5.4% Au, 36.0% Ge
U_3: 493℃, 22.5% Au, 27.3% Ge
U_4: 493℃, 22.5% Au, 27.4% Ge

ζ-Hcp

ε

U_1 P_1 θ

η

U_2

Fcc   ζ   η

U_4 U_3

(Ge)

(Au,Cu) Fcc

(Ge)

Cu

Au   10   20   30   40   50   60   70   80   90   Ge

摩尔分数（mol%）

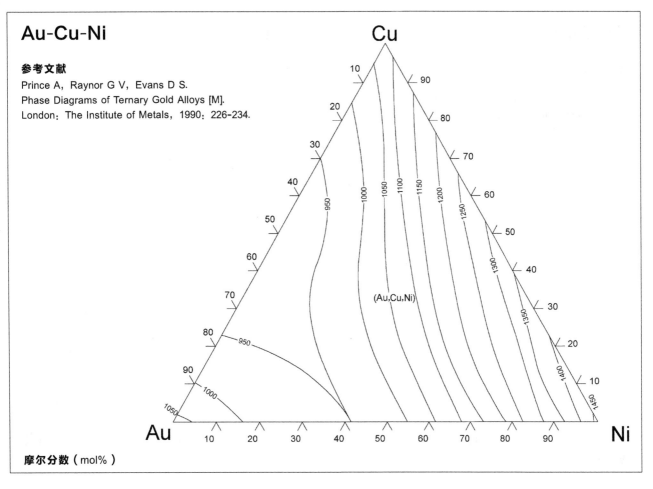

Au-Cu-Ni

参考文献

Prince A, Raynor G V, Evans D S.
Phase Diagrams of Ternary Gold Alloys [M].
London: The Institute of Metals, 1990: 226-234.

Cu

10
90
20
80
30
70
40
60
50
50
60
40
70
30
80
20
90
10

950
1000
1050
1100
1150
1200
1250
1300
1350
1400
1450

(Au,Cu,Ni)

Au   10 20 30 40 50 60 70 80 90   Ni

摩尔分数（mol%）

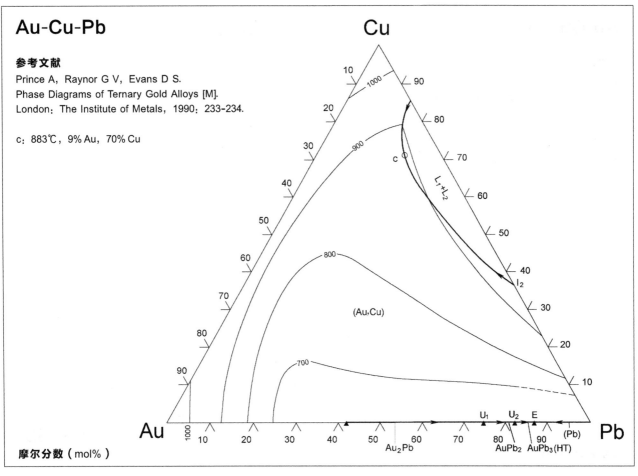

Au-Cu-Pb

参考文献

Prince A, Raynor G V, Evans D S.
Phase Diagrams of Ternary Gold Alloys [M].
London: The Institute of Metals, 1990: 233-234.

c: 883℃, 9% Au, 70% Cu

Cu

10
90
20
80
30
70
40
60
50
50
60
40
70
30
80
20
90
10

1000
900
800
700
1000

L_1+L_2

c

I_2

(Au,Cu)

Au   10 20 30 40 50 60 70 80 90   Pb

Au_2Pb U_1 U_2 E   (Pb) $AuPb_2$ $AuPb_3$(HT)

摩尔分数（mol%）

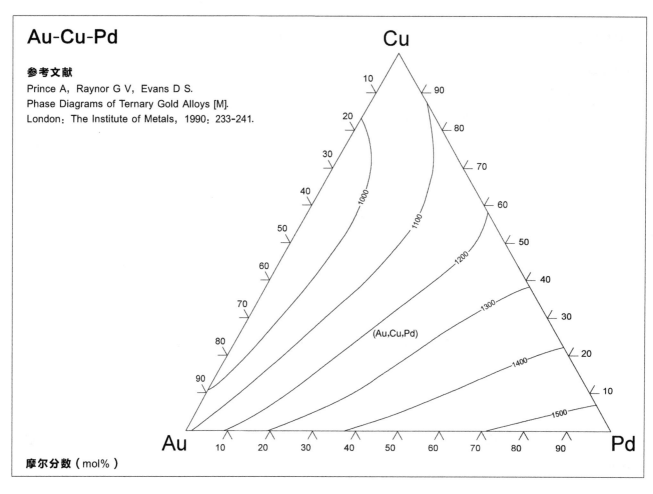

Au-Cu-Pd

参考文献

Prince A, Raynor G V, Evans D S.
Phase Diagrams of Ternary Gold Alloys [M].
London: The Institute of Metals, 1990: 233-241.

(Au,Cu,Pd)

摩尔分数（mol%）

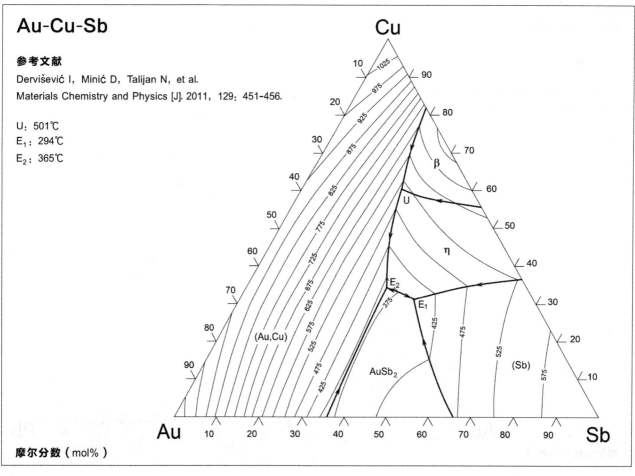

Au-Cu-Sb

参考文献

Derviševič I, Minič D, Talijan N, et al.
Materials Chemistry and Physics [J]. 2011, 129: 451-456.

U: 501℃
E₁: 294℃
E₂: 365℃

β

U

η

E₂

E₁

(Au,Cu)

AuSb₂

(Sb)

摩尔分数（mol%）

Au-Cu-Si（1）

参考文献

刘淑祺，易涛.
金属学报 [J]. 1990, 26：B295-B296.

η：852℃，76.0% Cu，24.0% Si
E：337℃，6.1% Cu，19.2% Si
p：554℃，45.5% Cu，14.5% Si
e₁：836℃
e₂：814℃
e₃：365℃

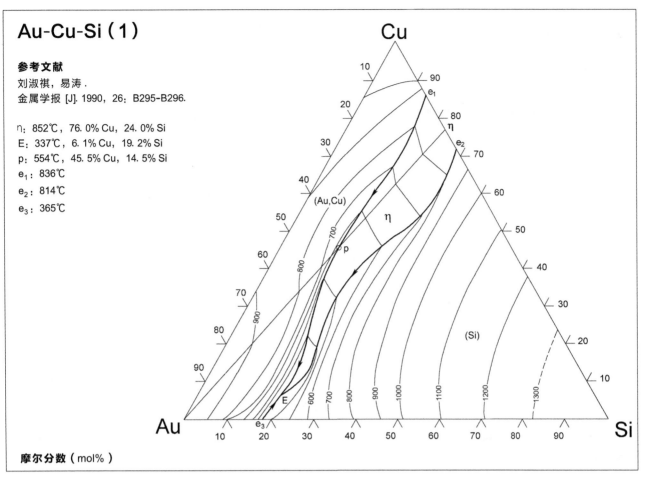

摩尔分数（mol%）

Au-Cu-Si（2）

参考文献

Blazevic A，Effenberger H S，Richter K W.
Intermetallics [J]. 2014, 46：190-198.

τ：$Au_{5\pm x}Cu_{2\pm x}Si_{(-0.6\leqslant x\leqslant 0.6)}$
E_1：356±6℃
U_1：368±4℃
P_1：385±5℃
U_2：721±14℃

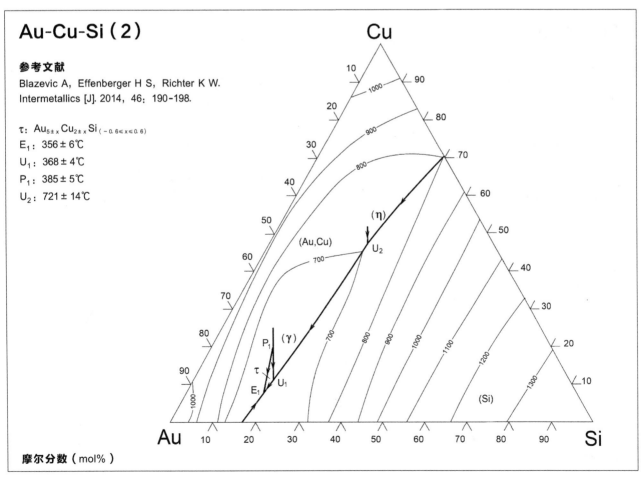

摩尔分数（mol%）

Au-Fe-Ni

参考文献

Prince A, Raynor G V, Evans D S.
Phase Diagrams of Ternary Gold Alloys [M].
London: The Institute of Metals, 1990: 252-256.

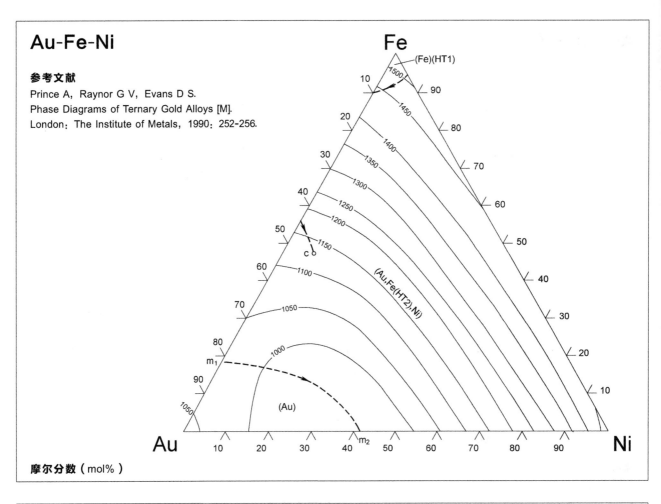

摩尔分数（mol%）

Au-Ga-In

参考文献

Ghasemi M, Sundman B, Fries S G, et al.
Journal of Alloys and Compounds [J]. 2014, 600: 178-185.

⊛: Au_7In_3

U_1: 398℃ P_2: 400℃
P_1: 376℃ U_{10}: 399℃
U_3: 364℃ U_{11}: 385℃
U_4: 340℃ E_3: 384℃
U_5: 307℃ U_{12}: 192℃
U_6: 293℃ E_4: 152℃
U_7: 284℃
U_8: 276℃
E_1: 274℃
E_2: 272℃

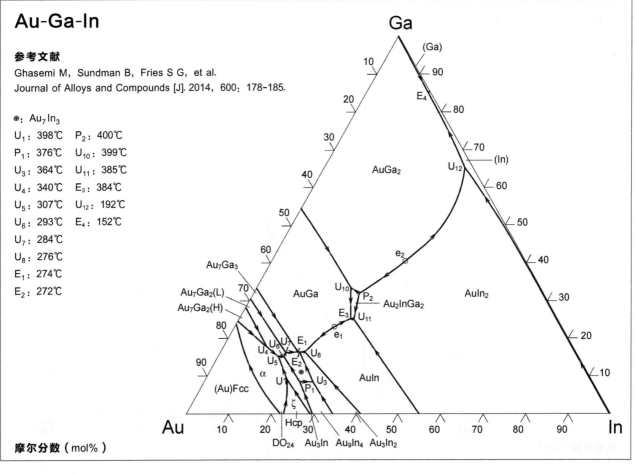

摩尔分数（mol%）

Au-Ga-Sn

参考文献

Prince A, Raynor G V, Evans D S.
Phase Diagrams of Ternary Gold Alloys [M].
London: The Institute of Metals, 1990: 263-266.

e_1: 357℃, 50.0% Au, 22.0% Ga

e_4: 297℃, 64.3% Au, 21.5% Ga

E_1: 294℃, 61.1% Au, 22.5% Ga

E_2: 255℃, 72.4% Au, 8.8% Ga

U: 270℃, 71.3% Au, 14.7% Ga

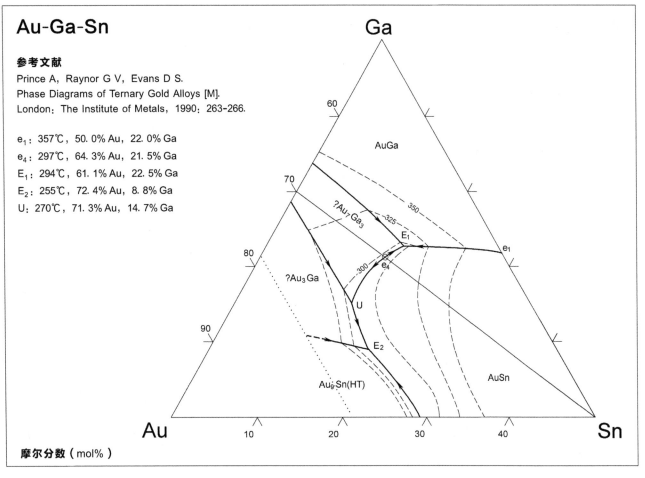

摩尔分数（mol%）

Au-Ga-Te

参考文献

Mouani D, Morgant G, Legendre B, et al.
Journal of Alloys and Compounds [J]. 1995, 226: 222-231.

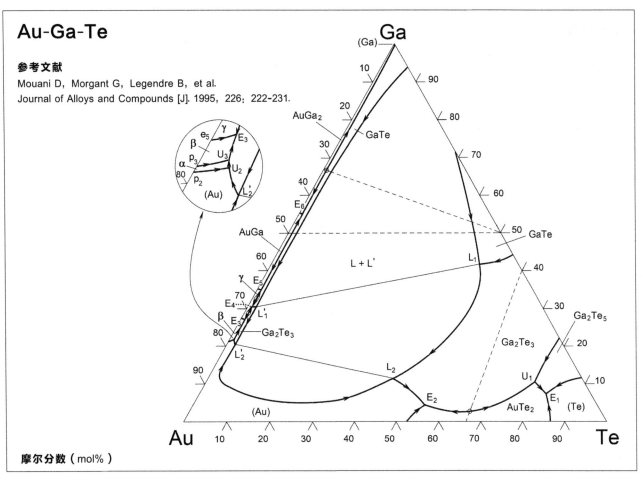

摩尔分数（mol%）

271

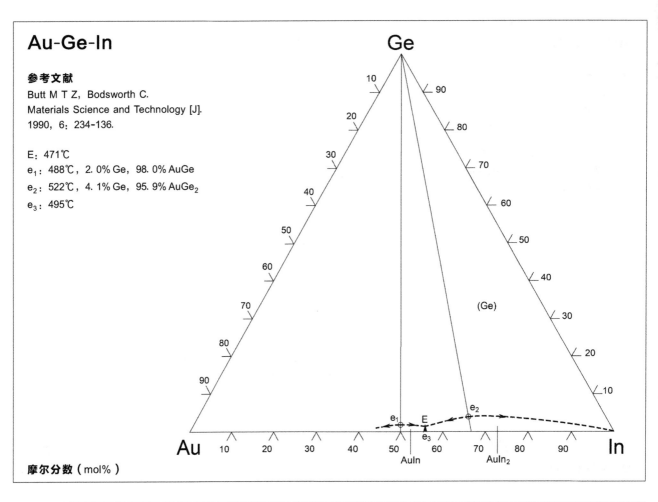

Au-Ge-In

参考文献

Butt M T Z, Bodsworth C.
Materials Science and Technology [J].
1990, 6: 234-136.

E: 471℃
e₁: 488℃, 2.0% Ge, 98.0% AuGe
e₂: 522℃, 4.1% Ge, 95.9% AuGe₂
e₃: 495℃

摩尔分数（mol%）

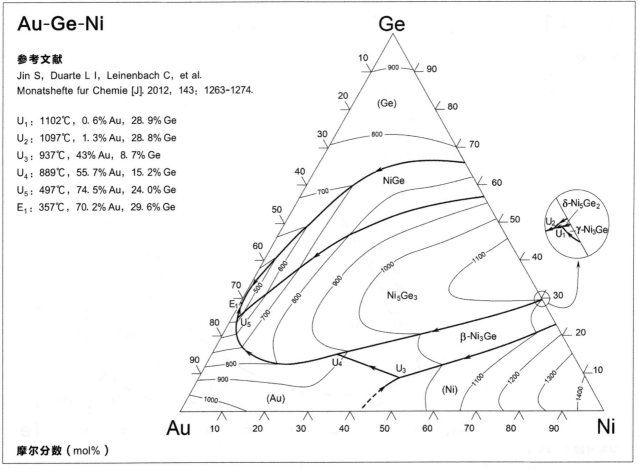

Au-Ge-Ni

参考文献

Jin S, Duarte L I, Leinenbach C, et al.
Monatshefte fur Chemie [J]. 2012, 143: 1263-1274.

U₁: 1102℃, 0.6% Au, 28.9% Ge
U₂: 1097℃, 1.3% Au, 28.8% Ge
U₃: 937℃, 43% Au, 8.7% Ge
U₄: 889℃, 55.7% Au, 15.2% Ge
U₅: 497℃, 74.5% Au, 24.0% Ge
E₁: 357℃, 70.2% Au, 29.6% Ge

摩尔分数（mol%）

Au-Ge-Sb

参考文献

Wang J, Leinenbach C, Roth M.
Journal of Alloys and Compounds [J]. 2009, 485: 577-582.

U: 429℃, 13.7% Ge, 48.7% Sb
E: 287℃, 16.6% Ge, 19.5% Sb

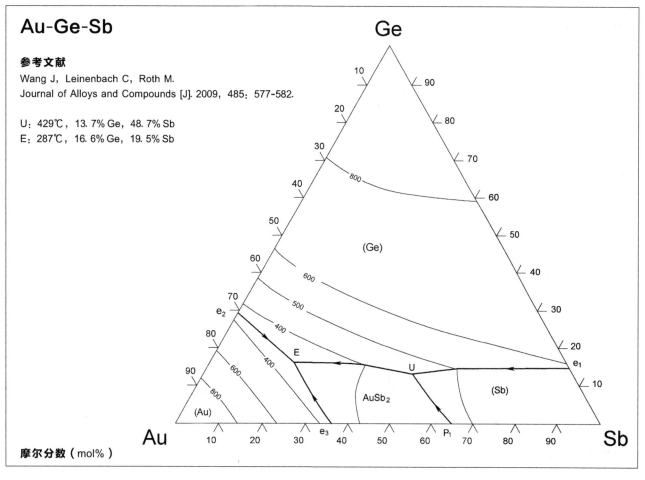

摩尔分数（mol%）

Au-Ge-Si

参考文献

Predel B, Bankstahl H, Gödecke T.
Journel of Less-Common Metals [J]. 1976, 44: 39-49.

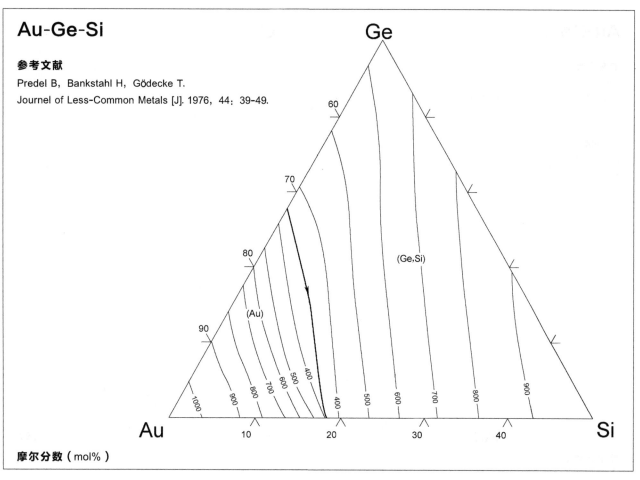

摩尔分数（mol%）

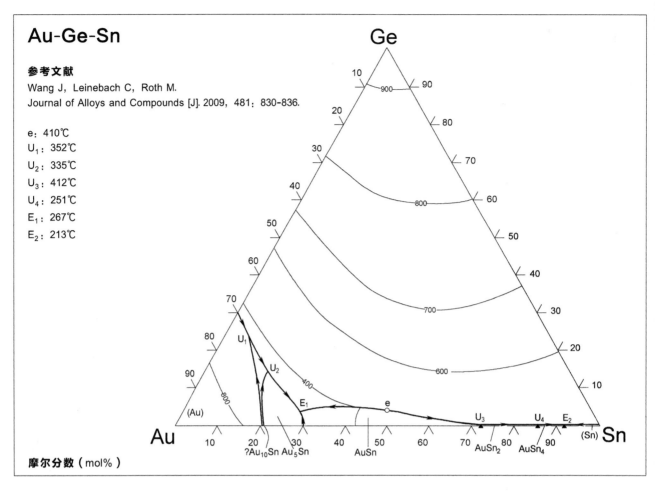

Au-Ge-Sn

参考文献

Wang J, Leinebach C, Roth M.
Journal of Alloys and Compounds [J]. 2009, 481: 830-836.

e: 410℃
U_1: 352℃
U_2: 335℃
U_3: 412℃
U_4: 251℃
E_1: 267℃
E_2: 213℃

摩尔分数（mol%）

Au-Ge-Te

参考文献

Legendre B, Soleau C.
Journal of Chemical Research [J].
1977: 306-307.

e_1: 480℃
e_2: 400℃
E_1: 382℃
E_2: 364℃
E_3: 363℃

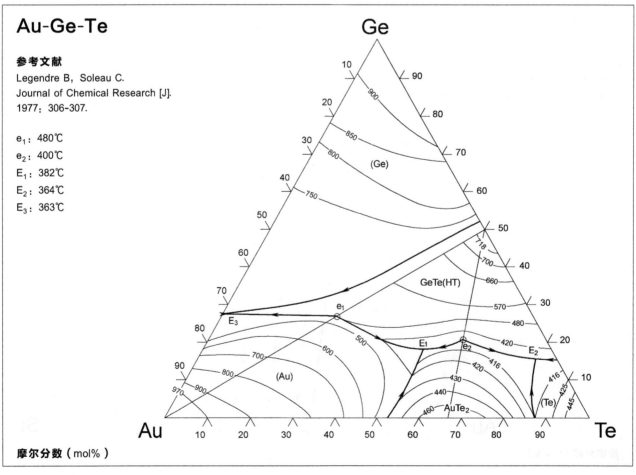

摩尔分数（mol%）

Au-In-Pb

参考文献

Prince A, Raynor G V, Evans D S.
Phase Diagrams of Ternary Gold Alloys [M].
London: The Institute of Metals, 1990: 288-295.

I_1, I_2: 487℃
L_1, L_2: 472℃
L_1', L_2': 432℃
c_1: 495℃
E: 208℃
U_1: 392℃
U_2: 312℃
U_3: 253℃
U_4: 250℃
U_5: 245℃
U_6: 240℃
U_7: 215℃
U_8: 317℃
U_9: 173℃
U_{10}: 159℃

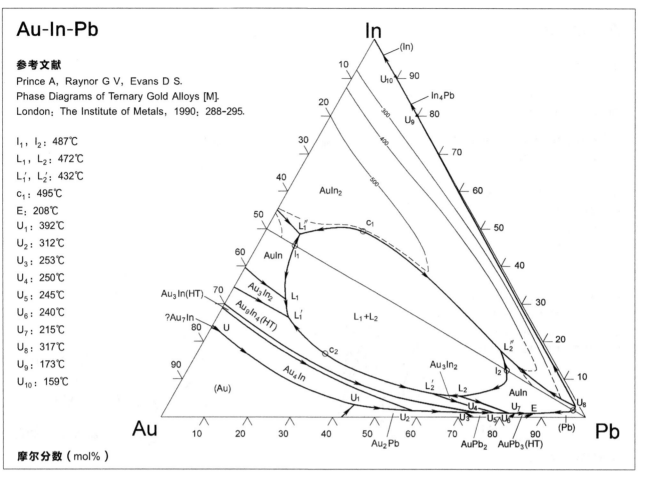

摩尔分数（mol%）

Au-In-Sb

参考文献

Gierlotka W.
Journal of Alloys and Compounds [J].
2013, 579: 533-539.

U_1: 587℃, 75.3% Au, 19.1% In
U_2: 390℃, 34.6% Au, 41.0% In
E_1: 380℃, 41.3% Au, 32.3% In
E_2: 380℃, 34.8% Au, 37.5% In
U_3: 377℃, 64.2% Au, 25.5% In
U_4: 367℃, 63.2% Au, 3.7% In
U_5: 365℃, 60.8% Au, 29.4% In
U_6: 361℃, 64.1% Au, 19.2% In
E_3: 356℃, 62.7% Au, 23.5% In
U_7: 351℃, 58.5% Au, 28.9% In
E_4: 349℃, 59.5% Au, 28.4% In
E_5: 155℃, 0.1% Au, 99.5% In

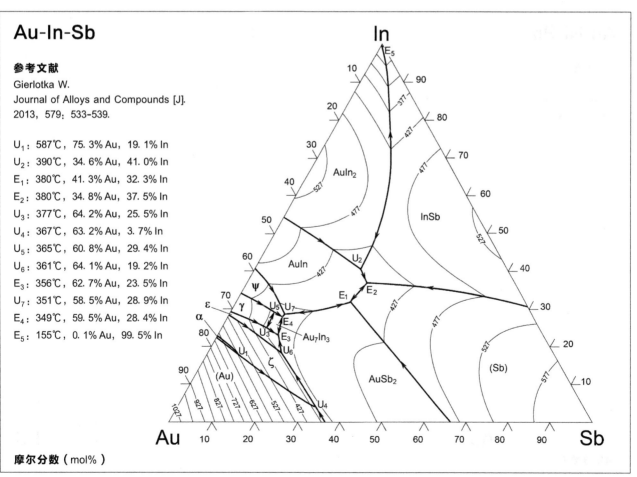

摩尔分数（mol%）

Au-In-Sn

参考文献

Cacciamani G, Borzone G, Watson A.
CALPHAD: Computer Coupling of Phase Diagrams and
Thermochenmistry [J]. 2009, 33: 100-108.

U_1: 472℃, 70.4% Au, 28.6% In

U_2: 434℃, 37.8% Au, 26.3% In

U_3: 392℃, 64.7% Au, 26.5% In

U_4: 384℃, 65.0% Au, 23.6% In

P_1: 384℃, 31.9% Au, 15.1% In

U_5: 377℃, 67.9% Au, 14.1% In

U_6: 373℃, 66.2% Au, 16.8% In

U_7: 351℃, 67.6% Au, 9.3% In

U_8: 301℃, 25.3% Au, 3.2% In

P_2: 267℃, 16.1% Au, 4.8% In

U_9: 265℃, 14.4% Au, 6.5% In

U_{10}: 208℃, 3.7% Au, 7.5% In

E_1: 207℃, 3.3% Au, 8.5% In

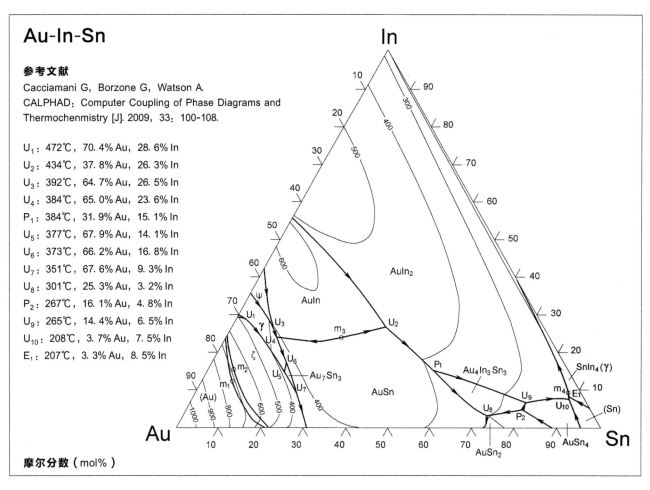

摩尔分数（mol%）

Au-Ni-Pd

参考文献

Prince A, Raynor G V, Evans D S.
Phase Diagrams of Ternary Gold Alloys [M].
London: The Institute of Metals, 1990: 329-333.

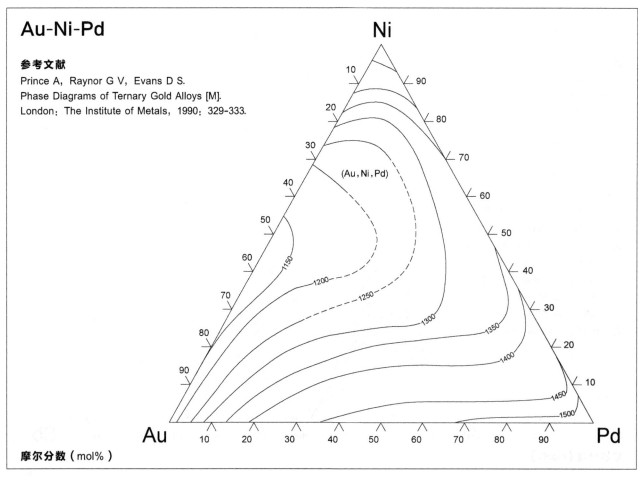

摩尔分数（mol%）

Au-Ni-Si

参考文献

Stacher M, Reisinger G R, Richter K W. Journal of Alloys and Compounds [J]. 2019, 776: 858-864.

U_1: 366℃　U_{10}: 1002℃<T<1033℃

U_2: 375℃　P_1: 1033℃

U_3: 602℃　E_1: 818℃

U_5: 608℃　E_2: 944℃

U_6: 651℃　P_2: 621℃<T<627℃

U_7: 860℃　Crit: 944℃<T<955℃

U_8: 994℃　max_1: ~ 1010℃

U_9: 1002℃

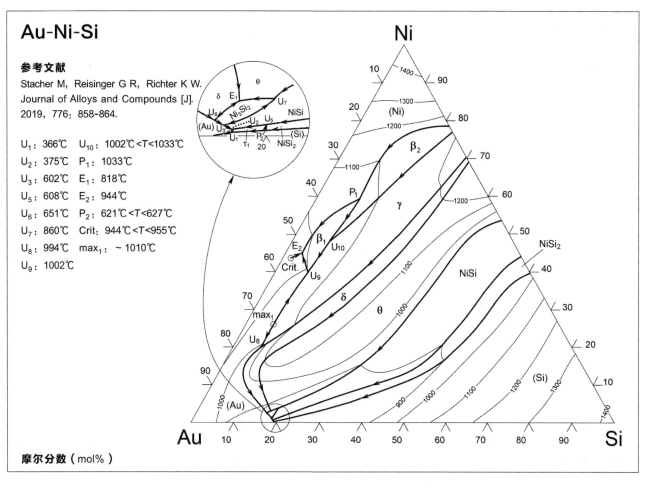

摩尔分数（mol%）

Au-Ni-Sn

参考文献

Dong H Q, Vuorinen V, Laurila T. CALPHAD: Computer Coupling of Phase Diagrams and Thermochenmistry [J]. 2013, 43: 61-70.

U_1: 956℃, 32.1% Au, 49.4% Ni

U_2: 948℃, 24.4% Au, 62.0% Ni

U_3: 571℃, 78.7% Au, 2.0% Ni

U_4: 529℃, 79.2% Au, 1.8% Ni

P_1: 562℃, 78.8% Au, 0.1% Ni

U_5: 305℃

U_6: 304℃

U_7: 290℃

U_8: 288℃

U_9: 217℃

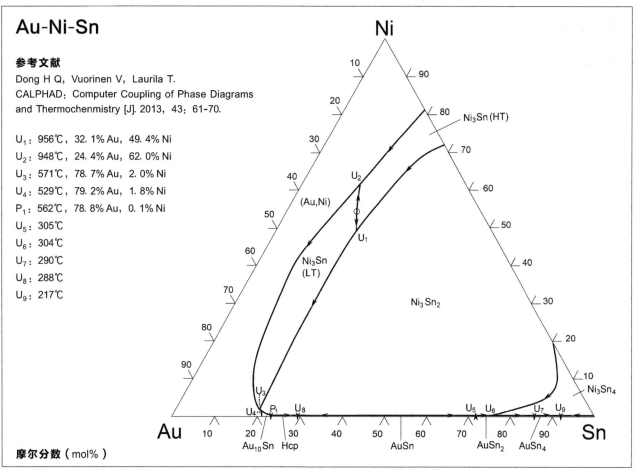

摩尔分数（mol%）

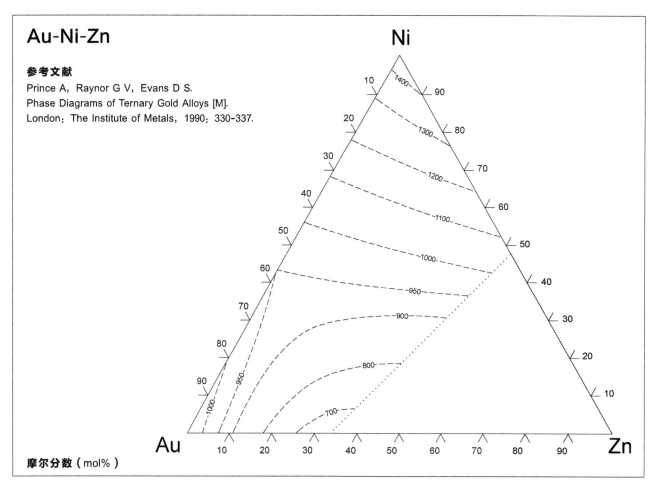

Au-Ni-Zn

参考文献

Prince A, Raynor G V, Evans D S.
Phase Diagrams of Ternary Gold Alloys [M].
London: The Institute of Metals, 1990: 330-337.

Ni

Au

Zn

摩尔分数（mol%）

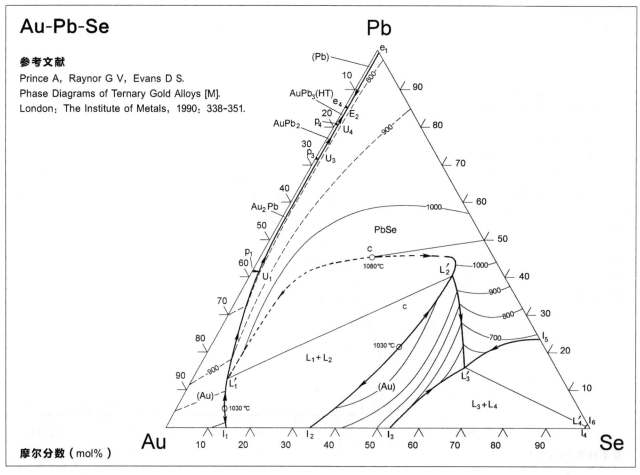

Au-Pb-Se

参考文献

Prince A, Raynor G V, Evans D S.
Phase Diagrams of Ternary Gold Alloys [M].
London: The Institute of Metals, 1990: 338-351.

Pb

Au

Se

摩尔分数（mol%）

Au-Pb-Si

参考文献

Prince A, Raynor G V, Evans D S.
Phase Diagrams of Ternary Gold Alloys [M].
London: The Institute of Metals, 1990: 348-355.

c: 415℃, 65% Au, 30% Pb

L_1: 341℃, 67.5% Au, 19.0% Pb

L_2: 341℃, 37.5% Au, 55.5% Pb

E_1: 325℃, 74.5% Au, 9.5% Pb

E_2: 212℃

U_1: 253℃

U_2: 222℃

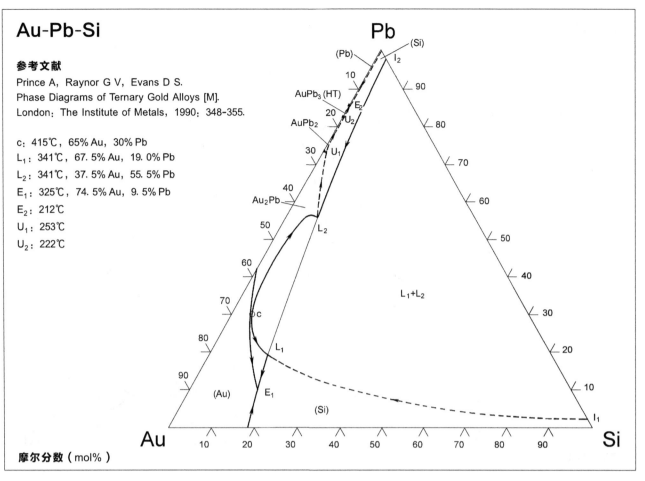

Au-Pb-Sn

参考文献

Prince A, Raynor G V, Evans D S.
Phase Diagrams of Ternary Gold Alloys [M].
London: The Institute of Metals, 1990: 362-366.

e_1: 288℃, 4.5% Au, 90.0% Pb

E_1: 204℃, 16.4% Au, 85.0% Pb

E_2: 176℃, 3.0% Au, 18.8% Pb

U_1: 363℃, 63% Au, 27% Pb

U_2: 277℃, 13.4% Au, 48.1% Pb

U_3: 246℃, 42.5% Au, 47.5% Pb

U_4: 225℃, 29% Au, 64% Pb

U_5: 214℃

U_6: 205℃, 8.5% Au, 27.8% Pb

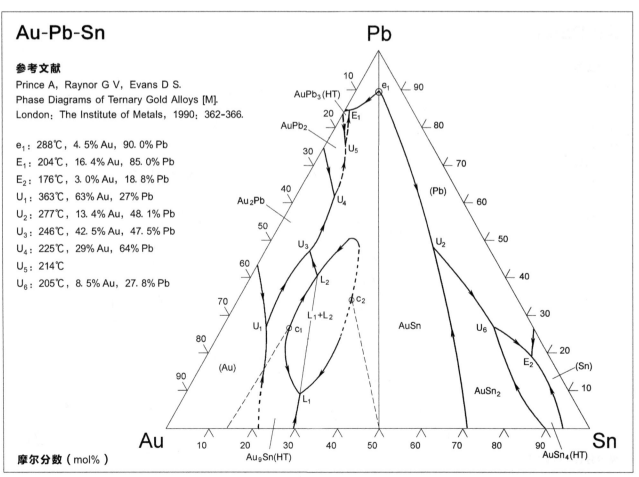

摩尔分数（mol%）

Au-Pb-Te

参考文献

Prince A, Raynor G V, Evans D S.
Phase Diagrams of Ternary Gold Alloys [M].
London: The Institute of Metals, 1990: 365-371.

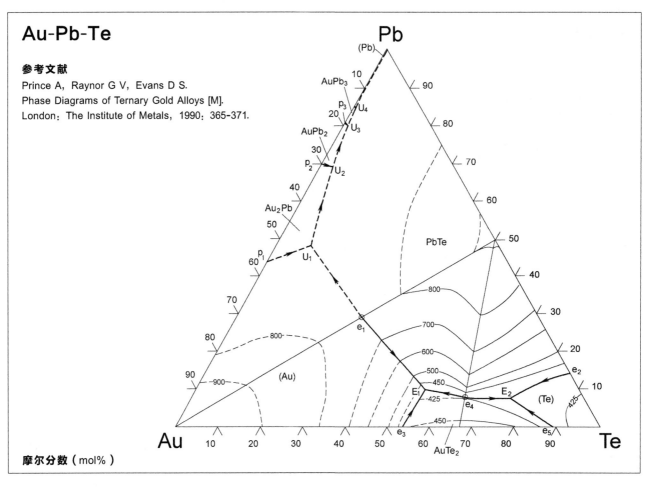

摩尔分数（mol%）

Au-Pd-Zr

参考文献

Yu J, Liu L J, Chen S D.
Rare Metals [J]. 2017, 36（2）: 142-146.

M_1, M_1': 1455℃
M_2, M_2': 1559℃
E_1: 983℃
E_2: 1024℃
E_3: 1366℃
E_4: 1429℃
E_5: 1208℃

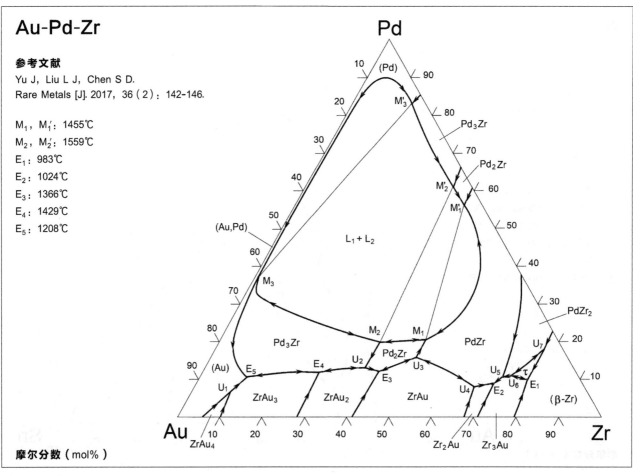

摩尔分数（mol%）

Au-Pt-Sn

参考文献

Grolier V, Schmid-Fetzer R.
J. Electronic Materials [J]. 2008, 337: 264-278.

U_1: 1147℃, 73.6% Au, 19.6% Pt
U_2: 812℃, 59.0% Au, 20.4% Pt
U_3: 609℃, 40.4% Au, 3.8% Pt
U_4: 526℃, 77.2% Au, 0.9% Pt
U_5: 515℃, 77.0% Au, 0.8% Pt
P_1: 490℃, 37.0% Au, 1.4% Pt
U_6: 480℃, 34.8% Au, 1.4% Pt
U_7: 365℃, 71.9% Au, 0.1% Pt
U_8: 345℃, 27.8% Au, 0.3% Pt
U_9: 339℃, 28.0% Au, 0.2% Pt
E_1: 216℃, 5.2% Au, 0.01% Pt

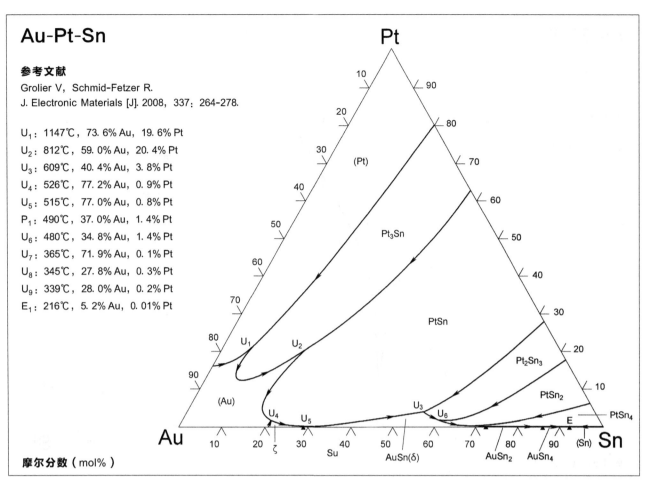

摩尔分数（mol%）

Au-Sb-Se

参考文献

Prince A, Raynor G V, Evans D S.
Phase Diagrams of Ternary Gold Alloys [M].
London: The Institute of Metals, 1990: 403-407.

c: 584℃

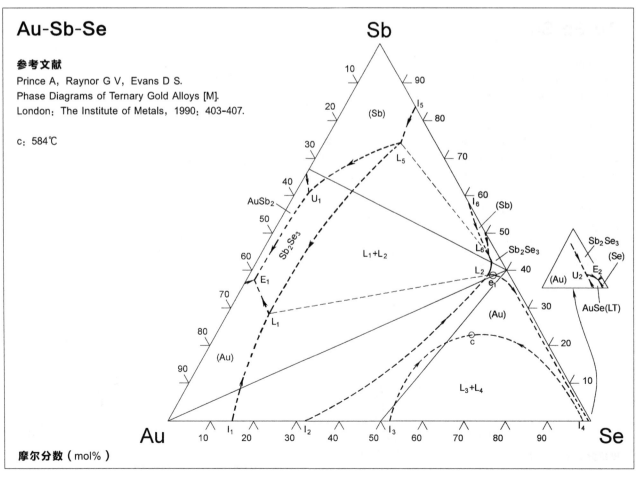

摩尔分数（mol%）

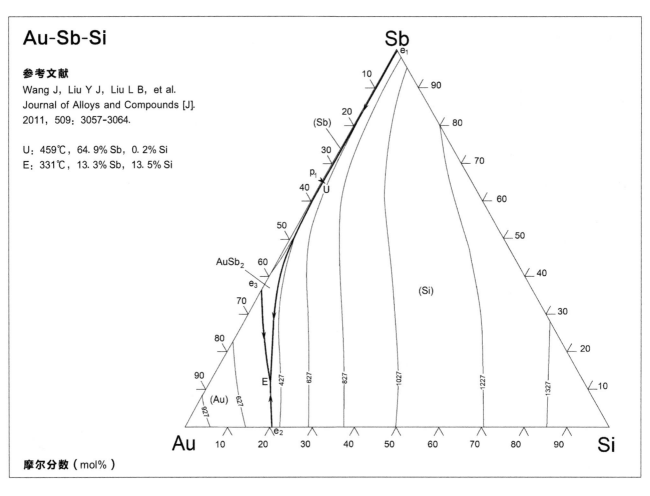

Au-Sb-Si

参考文献

Wang J, Liu Y J, Liu L B, et al.
Journal of Alloys and Compounds [J].
2011, 509: 3057-3064.

U: 459℃, 64.9% Sb, 0.2% Si
E: 331℃, 13.3% Sb, 13.5% Si

摩尔分数（mol%）

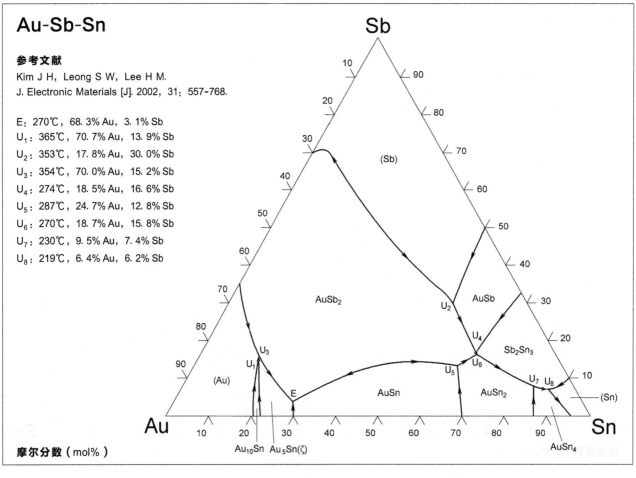

Au-Sb-Sn

参考文献

Kim J H, Leong S W, Lee H M.
J. Electronic Materials [J]. 2002, 31: 557-768.

E: 270℃, 68.3% Au, 3.1% Sb
U_1: 365℃, 70.7% Au, 13.9% Sb
U_2: 353℃, 17.8% Au, 30.0% Sb
U_3: 354℃, 70.0% Au, 15.2% Sb
U_4: 274℃, 18.5% Au, 16.6% Sb
U_5: 287℃, 24.7% Au, 12.8% Sb
U_6: 270℃, 18.7% Au, 15.8% Sb
U_7: 230℃, 9.5% Au, 7.4% Sb
U_8: 219℃, 6.4% Au, 6.2% Sb

摩尔分数（mol%）

Au-Sb-Te

参考文献

Prince A, Raynor G V, Evans D S.
Phase Diagrams of Ternary Gold Alloys [M].
London: The Institute of Metals, 1990: 414-423.

e_1: 454℃, 40% Au, 24% Sb

e_2: 450℃, 26.5% Au, 62.8% Sb

e_4: 430℃, 26.0% Au, 11.5% Sb

E_1: 440℃, 27% Au, 67% Sb

E_2: 423℃, 37.5% Au, 13.0% Sb

E_3: 396℃, 10% Au, 7% Sb

E_4: 356℃, 64.5% Au, 34.0% Sb

U_1: 454℃, 26.5% Au, 67.0% Sb

U_2: 445℃, 27.0% Au, 64.5% Sb

U_4: 428℃, 39.5% Au, 9.5% Sb

U_5: 427℃, 58.5% Au, 34.5% Sb

U_6: 425℃, 23.0% Au, 11.5% Sb

U_7: 385℃, 57.5% Au, 39.5% Sb

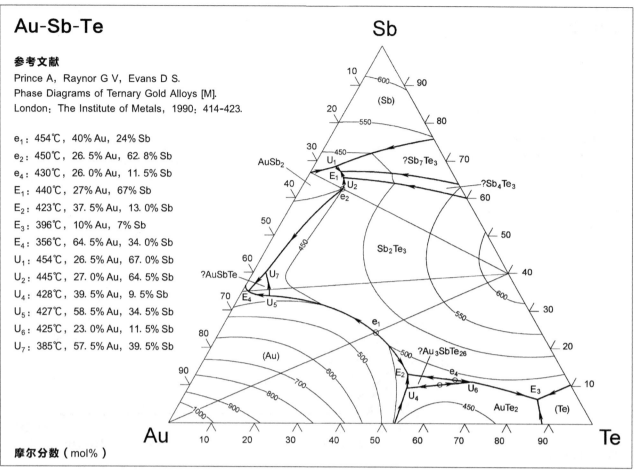

摩尔分数（mol%）

Au-Se-Sn

参考文献

Prince A, Raynor G V, Evans D S.
Phase Diagrams of Ternary Gold Alloys [M].
London: The Institute of Metals, 1990: 423-437.

p: 580℃, 18.2% Au, 54.5% Se

e: 417℃, 49.5% Au, 0.5% Se

L_1: 760℃, 82.0% Au, 1.3% Se

L_2: 760℃, 9.0% Au, 48.6% Se

L_3: 558℃, 23% Au, 59% Se

L_4: 558℃, 0.7% Au, 94.0% Se

E_1: 564℃, 12.0% Au, 55.3% Se

E_2: 276℃, 70.7% Au, 0.8% Se

E_3: 212℃, 4.7% Au, 0.7% Se

E_4: 214℃, >99.9% Se

U: 513℃, 77.2% Au, 0.8% Se

U_1: 380℃, >99.9% Se

U_2: 309℃, 28.0% Au, 0.7% Se

U_3: 252℃, 6.7% Au, 0.7% Se

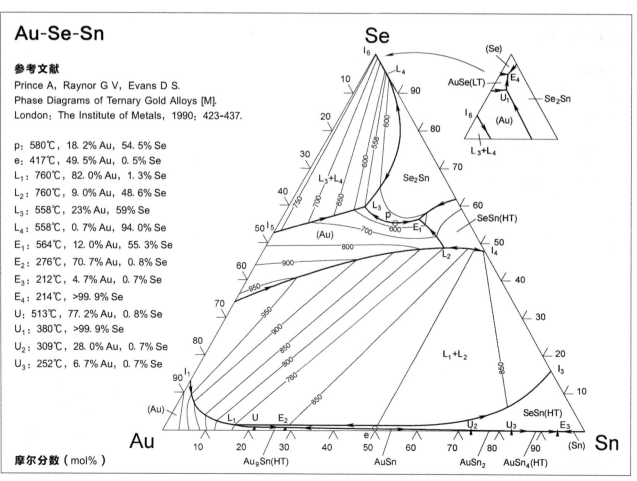

摩尔分数（mol%）

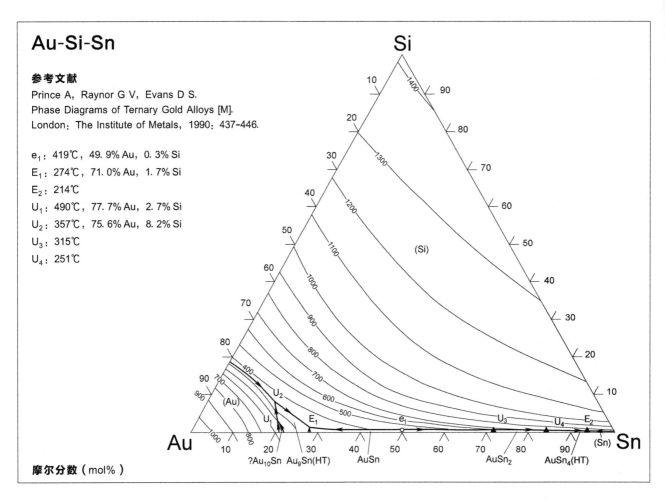

Au-Si-Sn

参考文献

Prince A, Raynor G V, Evans D S.
Phase Diagrams of Ternary Gold Alloys [M].
London: The Institute of Metals, 1990: 437-446.

e_1: 419℃, 49.9% Au, 0.3% Si

E_1: 274℃, 71.0% Au, 1.7% Si

E_2: 214℃

U_1: 490℃, 77.7% Au, 2.7% Si

U_2: 357℃, 75.6% Au, 8.2% Si

U_3: 315℃

U_4: 251℃

摩尔分数（mol%）

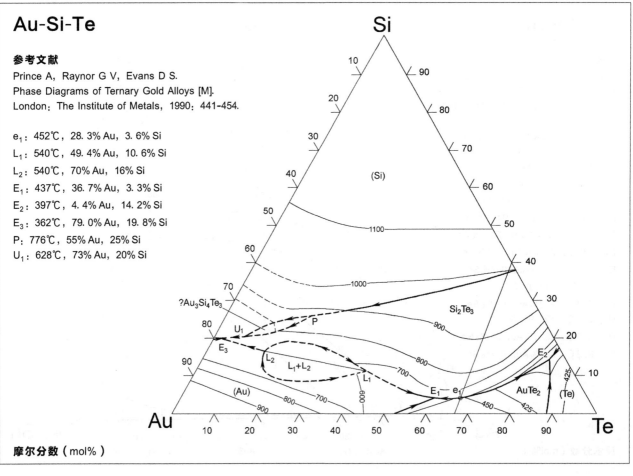

Au-Si-Te

参考文献

Prince A, Raynor G V, Evans D S.
Phase Diagrams of Ternary Gold Alloys [M].
London: The Institute of Metals, 1990: 441-454.

e_1: 452℃, 28.3% Au, 3.6% Si

L_1: 540℃, 49.4% Au, 10.6% Si

L_2: 540℃, 70% Au, 16% Si

E_1: 437℃, 36.7% Au, 3.3% Si

E_2: 397℃, 4.4% Au, 14.2% Si

E_3: 362℃, 79.0% Au, 19.8% Si

P: 776℃, 55% Au, 25% Si

U_1: 628℃, 73% Au, 20% Si

摩尔分数（mol%）

Au-Sn-Te

参考文献

Legendre B，Céolin R.
Bulletin de la Societe Chimique de France [J].
1975：2475-2480.

I_1，I_2：750℃

L_1，L_2：503℃

e_1：413℃

e_2：402℃

E_1：398℃

E_2：378℃

E_3：278℃

E_4：217℃

U_1：496℃

U_2：309℃

U_3：252℃

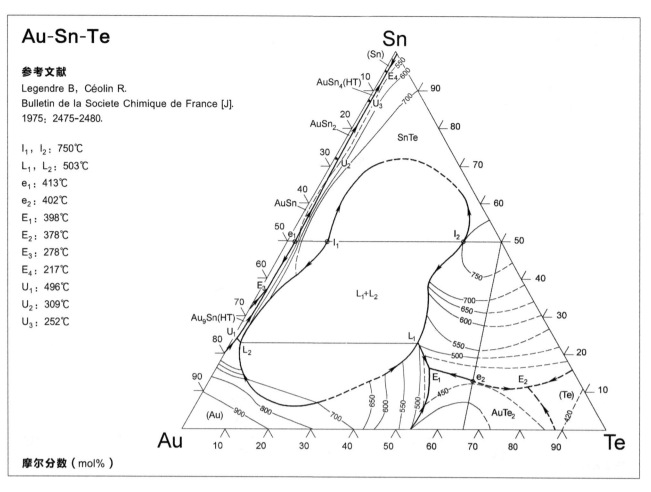

摩尔分数（mol%）

B-C-Cr

参考文献

Pradelli G.
Metallurgia Italiana [J]. 1976，70：223-226.

E：1475℃，7.5% B，7.5% C

U_1：1725℃，23% B，7% C

U_2：1675℃，9% B，23% C

U_3：1640℃，18.5% B，10.0% C

U_4：1515℃，5% B，10% C

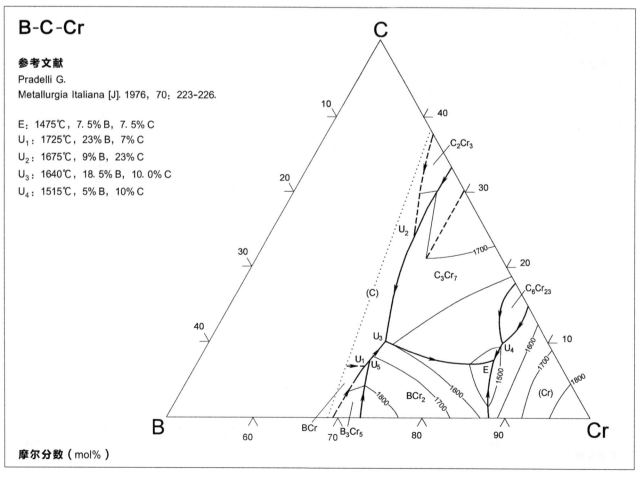

摩尔分数（mol%）

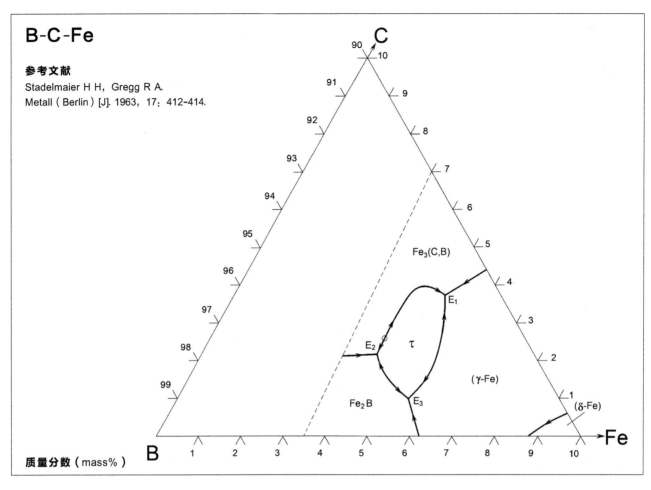

B-C-Fe

参考文献

Stadelmaier H H, Gregg R A.
Metall (Berlin) [J]. 1963, 17: 412-414.

质量分数 (mass%)

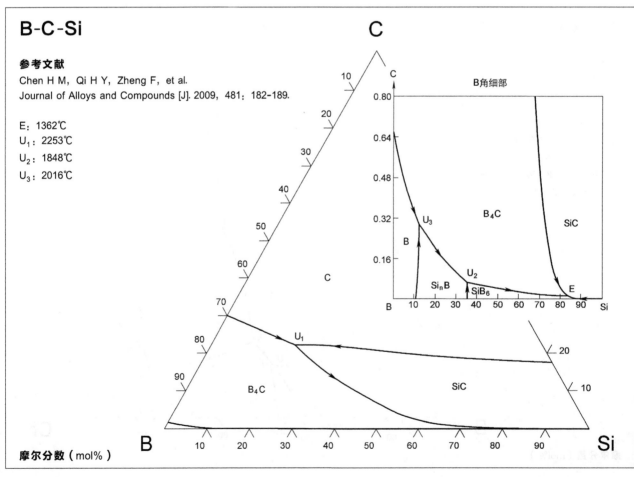

B-C-Si

参考文献

Chen H M, Qi H Y, Zheng F, et al.
Journal of Alloys and Compounds [J]. 2009, 481: 182-189.

E: 1362℃
U_1: 2253℃
U_2: 1848℃
U_3: 2016℃

摩尔分数 (mol%)

B-C-Ta

参考文献

Ouyang X, Yin F, Hu J, et al.
J. Phase Equilib. Diffus. [J]. 2017, 38: 874-886.

U_1: 2817℃, 46.7% B, 14.4% C
U_2: 2781℃, 25.5% B, 8.2% C
U_3: 2744℃, 51.6% B, 16.6% C
U_4: 2350℃, 15.7% B, 2.5% C
U_5: 2349℃, 17.2% B, 2.6% C
U_6: 2229℃, 59.2% B, 27.9% C
U_7: 2109℃, 98.4% B, 0.1% C
E_1: 2220℃, 63.2% B, 26.8% C

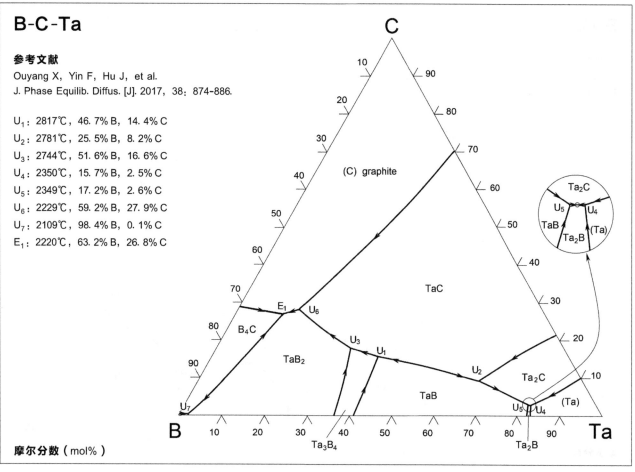

摩尔分数（mol%）

B-C-Ti

参考文献

Rudy E.
Compendium of Phase Diagram Data [M].
Ternary Phase Equilibria in
Transition Metal-Born-Carbon-Silicon Systems
Part V. AFML-Tr-65-2, AD 689843, 1969: 601.

e_1: 2620℃
e_2: 2507℃
e_3: 2310℃
E_1: 2400℃
E_2: 2240℃
E_3: 2016℃
E_4: 1510℃
U_1: 2160℃

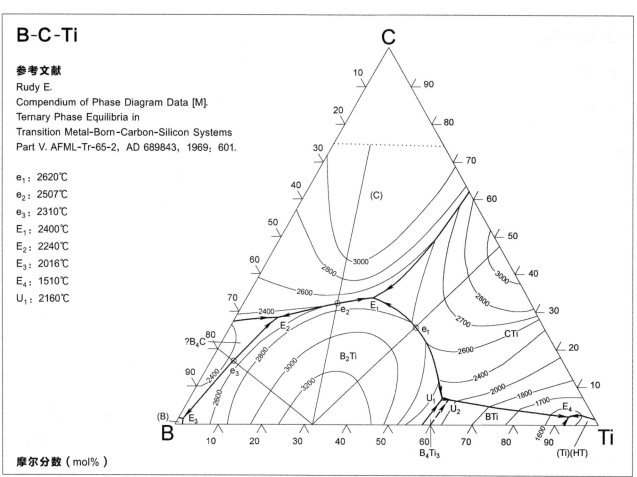

摩尔分数（mol%）

B-Ca-Ni

参考文献

Fiedler M L, Stadelmaier H H, Simonsen I K.
Zeitschrift fuer Metallkunde [J]. 1977, 68: 356-358.

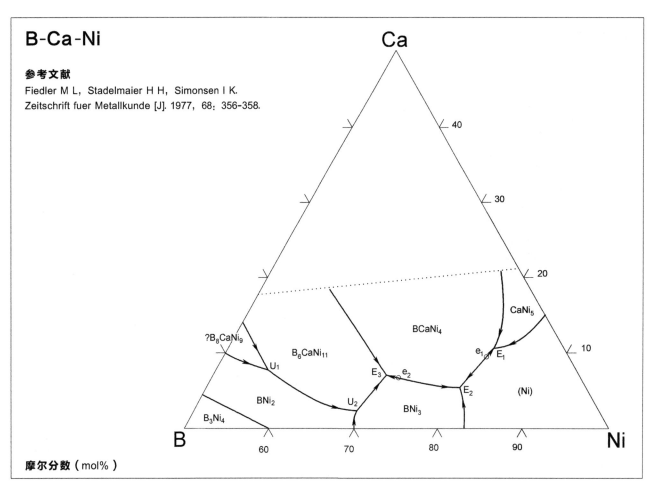

摩尔分数（mol%）

B-Ce-Cu

参考文献

Premović M, Du Y, Zhang F, et al.
Thermochimica Acta [J]. 2017, 657: 185-196.

U_1: 1033℃
E_1: 1014℃
E_2: 877℃
U_2: 798℃
E_3: 780℃
U_4: 708℃
U_5: 506℃
E_4: 427℃

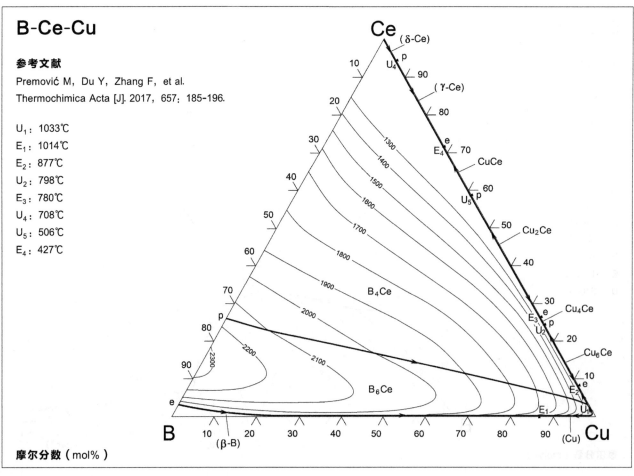

摩尔分数（mol%）

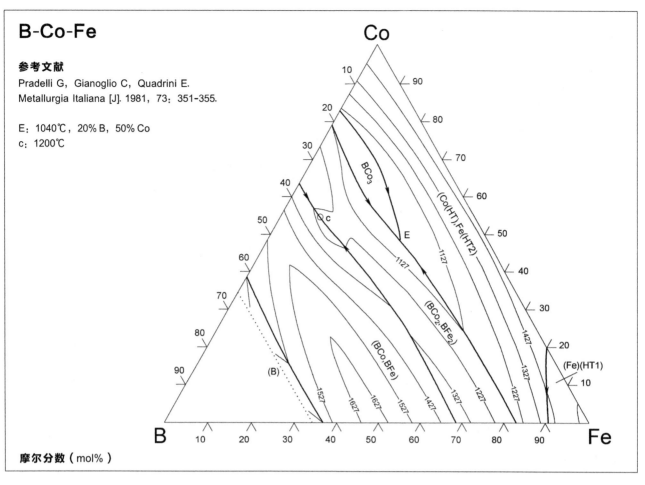

B-Co-Fe

参考文献

Pradelli G, Gianoglio C, Quadrini E.
Metallurgia Italiana [J]. 1981, 73：351-355.

E：1040℃, 20% B, 50% Co
c：1200℃

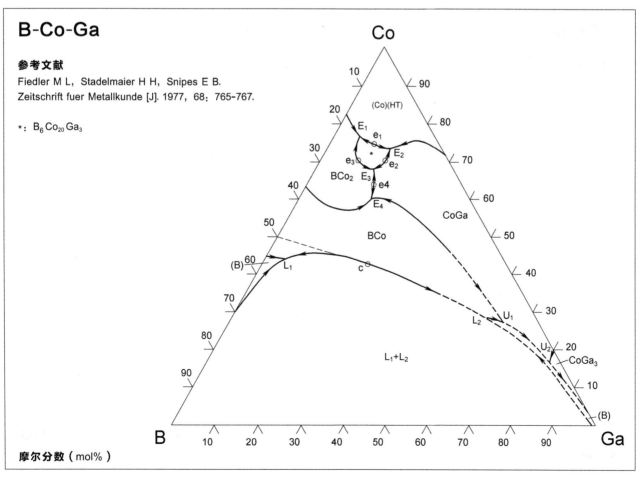

B-Co-Ga

参考文献

Fiedler M L, Stadelmaier H H, Snipes E B.
Zeitschrift fuer Metallkunde [J]. 1977, 68：765-767.

*：B₆Co₂₀Ga₃

摩尔分数（mol%）

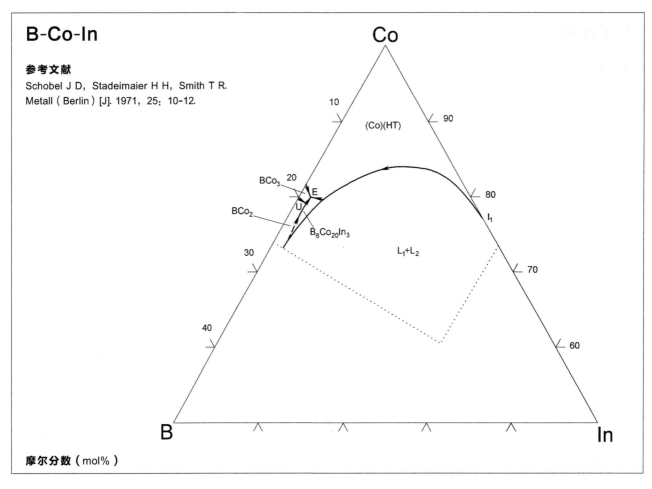

B-Co-In

参考文献

Schobel J D, Stadeimaier H H, Smith T R.
Metall（Berlin）[J]. 1971, 25：10-12.

Co

(Co)(HT)

BCo_3

E

BCo_2

U

$B_6Co_{20}In_3$

L_1+L_2

I_1

B

In

摩尔分数（mol%）

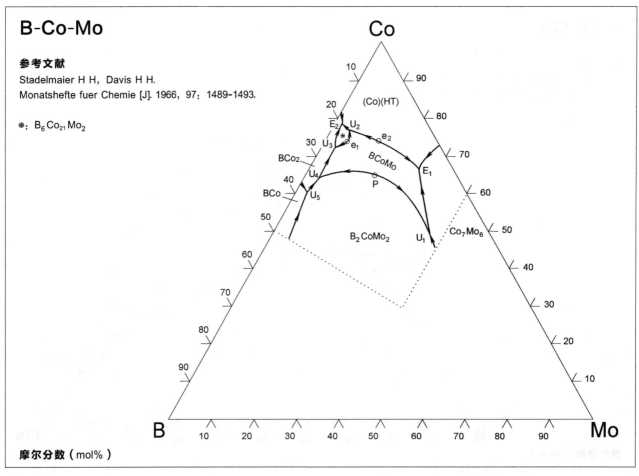

B-Co-Mo

参考文献

Stadelmaier H H, Davis H H.
Monatshefte fuer Chemie [J]. 1966, 97：1489-1493.

⊛：$B_6Co_{21}Mo_2$

Co

(Co)(HT)

E_2 U_2

U_3 ⊛ e_1 e_2

BCo_2

BCoMo

E_1

U_4

P

BCo

U_5

B_2CoMo_2

U_1

Co_7Mo_6

B

10 20 30 40 50 60 70 80 90

Mo

摩尔分数（mol%）

B-Co-Nb (1)

参考文献

Stadelmaier H H, Schobel J D.
Metall (Berlin) [J]. 1966, 20: 31-32.

固相中还存在有化合物 BCoNb 和 $B_7Co_4Nb_{30}$.

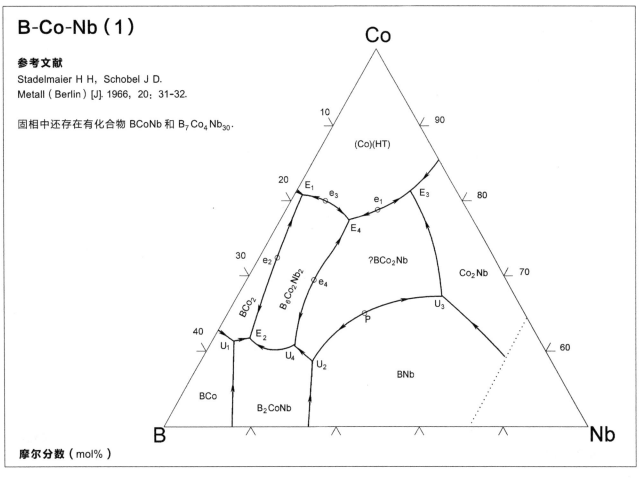

摩尔分数（mol%）

B-Co-Nb (2)

参考文献

Wind J, Romaniv O, Schöllhammer G, et al.
JPEDAV [J]. 2014, 35: 43-85.

τ_1: $NbCoB_2$ τ_2: $Nb_3Co_4B_7$
τ_3: L -NbCoB τ_4: $NbCo_2B$
τ_5: $Nb_{2-x}Co_{21+x}B_6$ τ_6: $NbCo_2B_3$

U_1: 1243℃	E_1: 1133℃
U_2: 1220℃	E_2: 1176℃
U_3: 1185℃	E_3: 1150℃
U_4: 1203℃	E_4: 1166℃
U_5: 1155℃	E_5: 1250℃
U_6: 1290℃	E_6: 1361℃
U_7: 1406℃	
U_8: 1373℃	
U_9: 1225℃	
U_{10}: 1320℃	

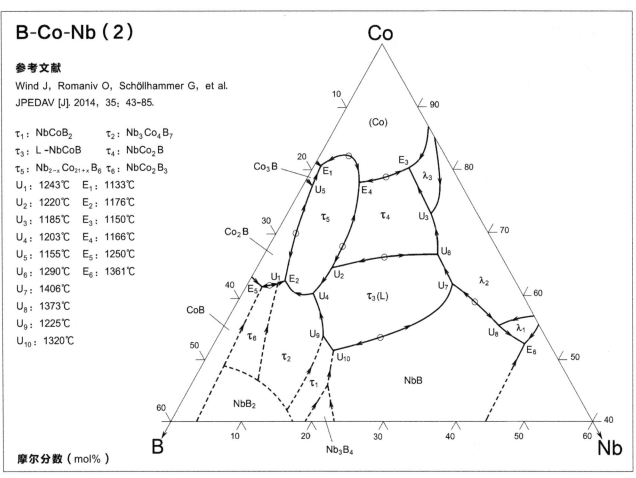

摩尔分数（mol%）

B-Co-Sb

参考文献

Hofer G, Stadelmaier H H.
Metall（Berlin）[J]. 1965, 19：1257-1258.

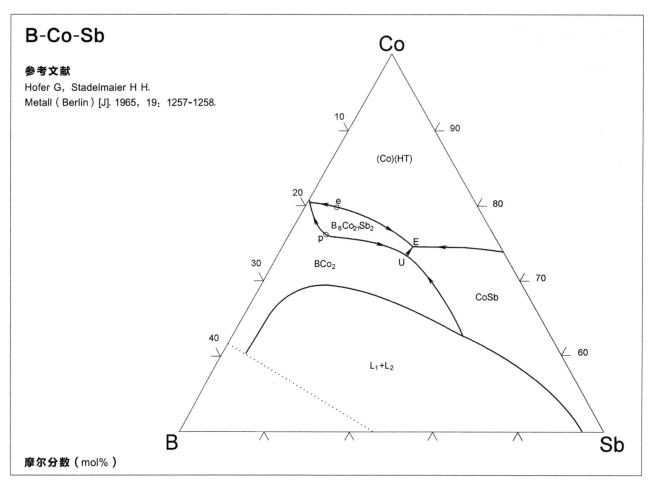

摩尔分数（mol%）

B-Co-Si

参考文献

Omori S, Hashimoto Y.
Journal of the Japan Institute of Metals [J].
1977, 18：347-352.

U_1： 1090℃, 16.5%B, 5.5%Si
U_2： 1050℃, 13%B, 12%Si
E： 1035℃, 12.5%B, 13%Si

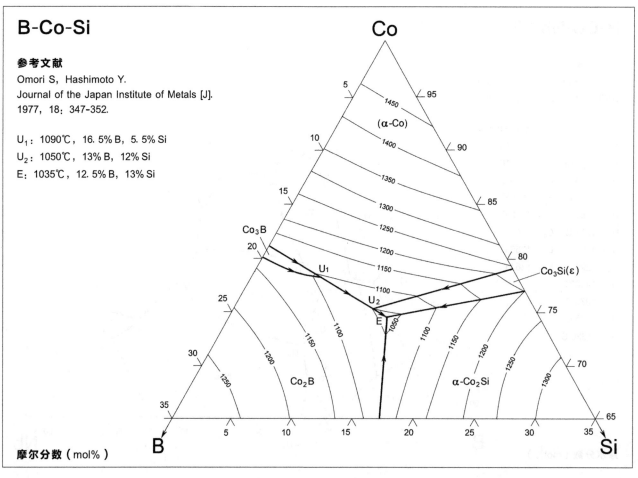

摩尔分数（mol%）

B-Co-Ta

参考文献

Wind J, Romaniv O, Schöllhammer G, et al.
JPEDAV [J]. 2014, 35: 43-85.

τ_1: $TaCoB_2$ τ_2: $Ta_3Co_4B_7$
τ_3: L-TaCoB τ_4: $TaCo_2B$
τ_5: $Ta_{2-x}Co_{21+x}B_6$ τ_6: $TaCo_2B_3$

P_1: 1335℃ E_1: 1135℃
P_2: 1463℃ E_2: 1197℃
U_1: 1155℃ E_3: 1209℃
U_2: 1201℃ E_4: 1222℃
U_3: 1223℃ E_5: 1245℃
U_4: 1240℃ E_6: 1507℃
U_5: 1338℃
U_6: 1420℃
U_7: 1532℃
U_8: 1416℃
U_{10}: 1324℃

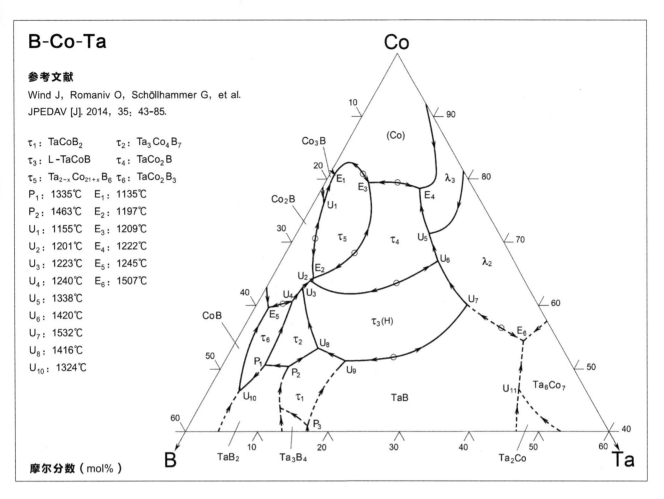

摩尔分数（mol%）

B-Co-V

参考文献

Stadelmaier H H, Avery J G.
Zeitschrift fuer Metallkunde [J]. 1965, 56: 508-511.

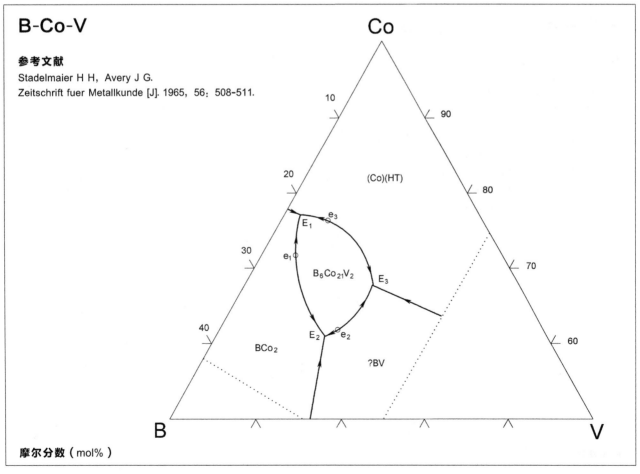

摩尔分数（mol%）

B-Co-Zr

参考文献

Schöbel J D, Stadelmaier H H.
Metall（Berin）[J]. 1969, 23: 25-27.

⊛: $B_6Co_{21}Zr_2$

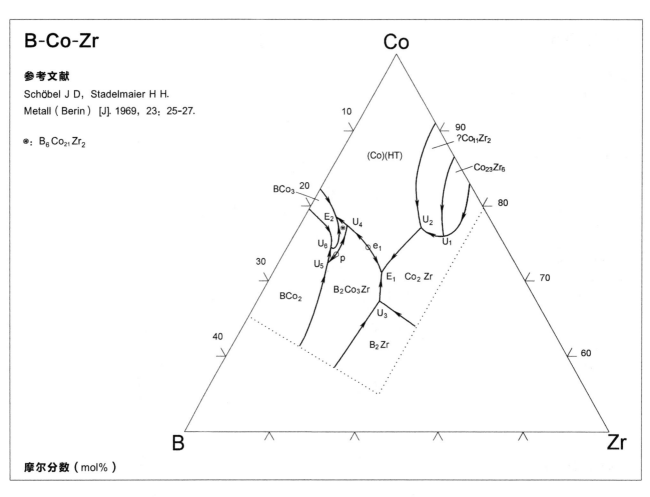

摩尔分数（mol%）

B-Cr-Fe

参考文献

Miettinen J, Vassilev G.
Archives of Metallurgy and Materials [J].
2014, 59: 601-607.

U_1: 1860℃, 82.7w-%Cr, 9.9w-%B
U_2: 1613℃, 35.4w-%Cr, 12.0w-%B
U_3: 1521℃, 19.7w-%Cr, 9.0w-%B
U_4: 1263℃, 13.5w-%Cr, 2.4w-%B
U_5: 1229℃, 8.7w-%Cr, 2.9w-%B

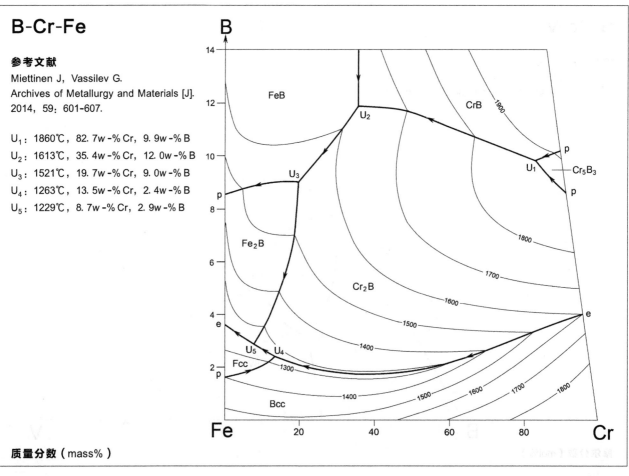

质量分数（mass%）

B-Cr-Mo

参考文献

Tojo M, Tokunaga T, Ohtani H, et al.
CALPHAD: Computer Coupling of Phase Diagrams
and Thermochemistry [J]. 2010, 34: 263-270.

E_2: 1594℃

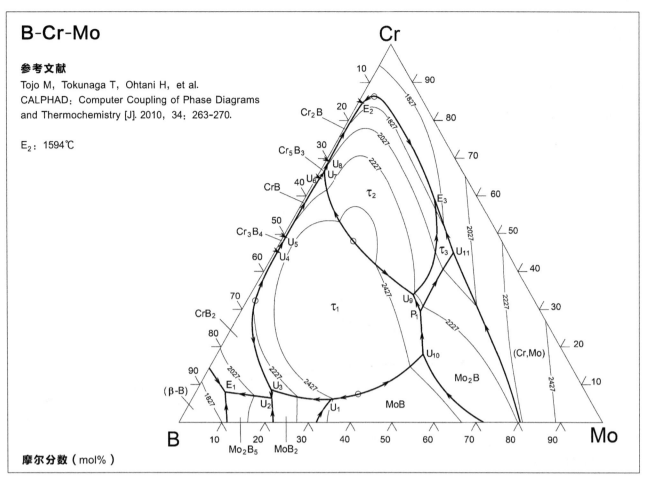

摩尔分数（mol%）

B-Cr-Ni

参考文献

Omori S, Koyama K.
J. Japan Inst. Metals [J]. 1985, 49: 935-939.

固相中有化合物 $B_6Cr_2Ni_3$ 和 B_6Cr_3Ni.
E_1: 1096℃, 32.6% B, 14.7% Cr
E_2: 1050℃, 18.3% B, 16.1% Cr
E_3: 1258℃, 4.3% B, 55.9% Cr
U_1: 1096℃, 17.3% B, 21.2% Cr
U_2: 1220℃, 12.3% B, 35.3% Cr

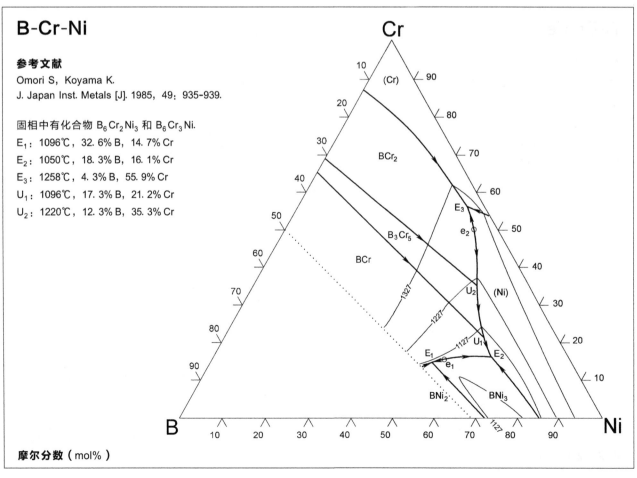

摩尔分数（mol%）

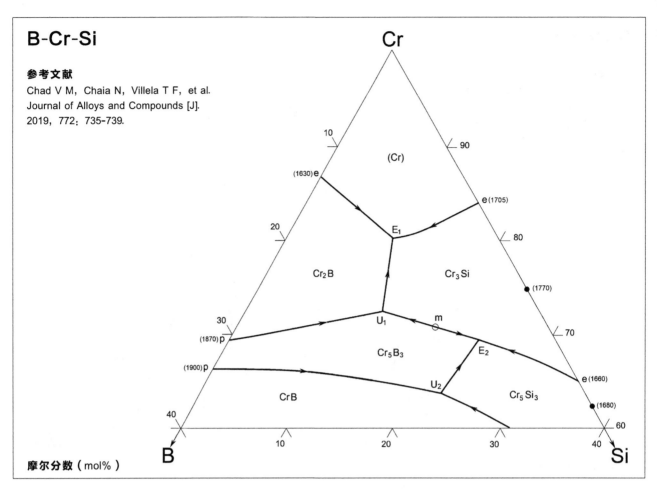

B-Cr-Si

参考文献

Chad V M, Chaia N, Villela T F, et al.
Journal of Alloys and Compounds [J].
2019, 772: 735-739.

Cr

(Cr)

(1630)e

e(1705)

E_1

Cr_2B

Cr_3Si

(1770)

(1870)p

U_1

m

70

(1900)p

Cr_5B_3

E_2

e(1660)

U_2

Cr_5Si_3

(1680)

CrB

B

Si

摩尔分数（mol%）

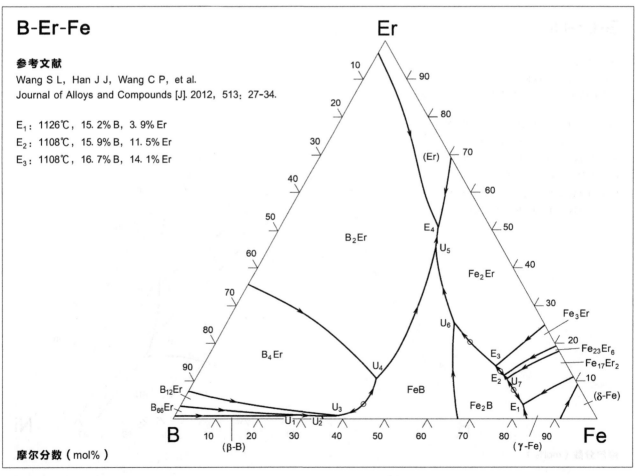

B-Er-Fe

参考文献

Wang S L, Han J J, Wang C P, et al.
Journal of Alloys and Compounds [J]. 2012, 513: 27-34.

E_1: 1126℃, 15.2% B, 3.9% Er
E_2: 1108℃, 15.9% B, 11.5% Er
E_3: 1108℃, 16.7% B, 14.1% Er

Er

(Er)

E_4

U_5

B_2Er

Fe_2Er

Fe_3Er

U_6

$Fe_{23}Er_6$

E_3

$Fe_{17}Er_2$

B_4Er

E_2 U_7

U_4

$B_{12}Er$

FeB

(δ-Fe)

$B_{66}Er$

U_3

Fe_2B

E_1

U_1 U_2

(β-B)

(γ-Fe)

Fe

摩尔分数（mol%）

B-Fe-Mn（1）

参考文献

Pradelli G, Gianoglio C.
Metallurgia Italiana [J]. 1976, 68: 19-23.

E: 1085℃

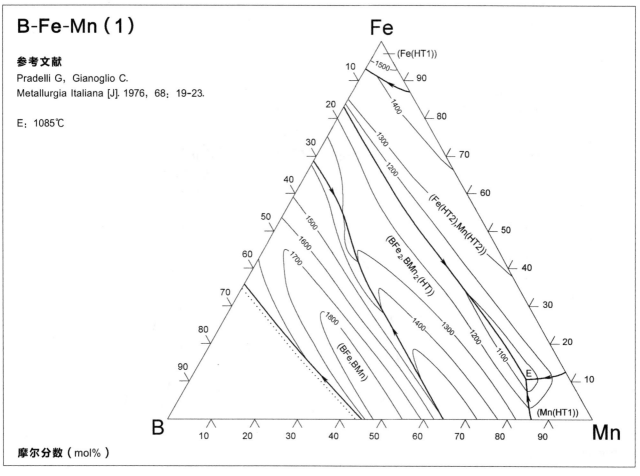

摩尔分数（mol%）

B-Fe-Mn（2）

参考文献

Repovský P, Homolová V, Čiripová L, et al.
CALPHAD: Computer Coupling of Phase Diagrams
and Thermochemistry [J]. 2016, 55: 252-259.

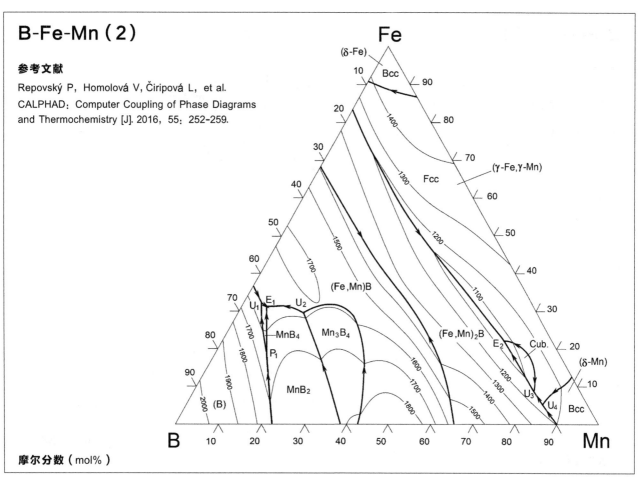

摩尔分数（mol%）

B-Fe-Mo（1）

参考文献

Ouyang X, Yin F, Hu J, et al.

CALPHAD: Computer Coupling of Phase Diagrams and Thermochemistry [J]. 2017, 59: 189-198.

τ_2: $FeMo_2B_2$

τ_4: $(Fe, Mo)_{0.29}Mo_{0.15}B_{0.56}$

U_{13}: 2346℃	P_1: 1372℃
U_{12}: 2125℃	U_4: 1330℃
U_{11}: 2065℃	U_3: 1320℃
U_{10}: 1943℃	U_2: 1297℃
U_9: 1862℃	U_1: 1242℃
U_8: 1557℃	E_2: 1258℃
U_7: 1522℃	E_1: 1138℃
U_6: 1463℃	
U_5: 1373℃	

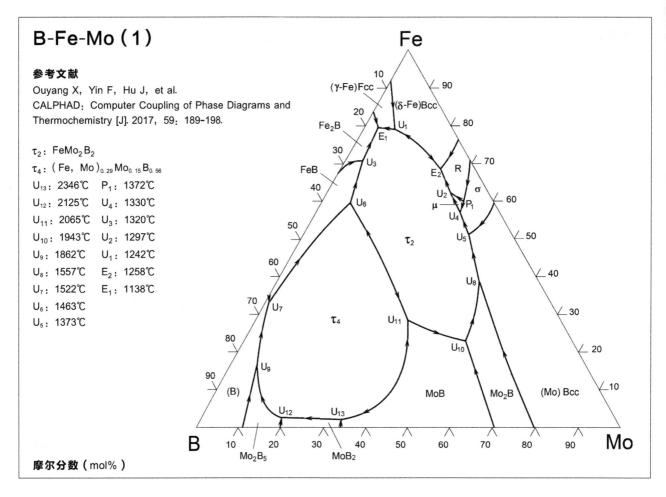

摩尔分数（mol%）

B-Fe-Mo（2）

参考文献

Witusiewicz V T, Bondar A A, Hecht U, et al.

Journal of Alloys and Compounds [J]. 2021, 854: 157173.

U_1: 2331℃	U_{14}: 1377℃
U_2: 2275℃	P_1: 1372℃
U_3: 2258℃	U_{19}: 1264℃
U_4: 2159℃	U_{16}: 1337℃
U_5: 2043℃	U_{17}: 1312℃
U_6: 1938℃	U_{18}: 1306℃
U_{10}: 1697℃	E_1: 1263℃
U_{11}: 1528℃	E_2: 1137℃
U_{12}: 1517℃	
U_{13}: 1442℃	

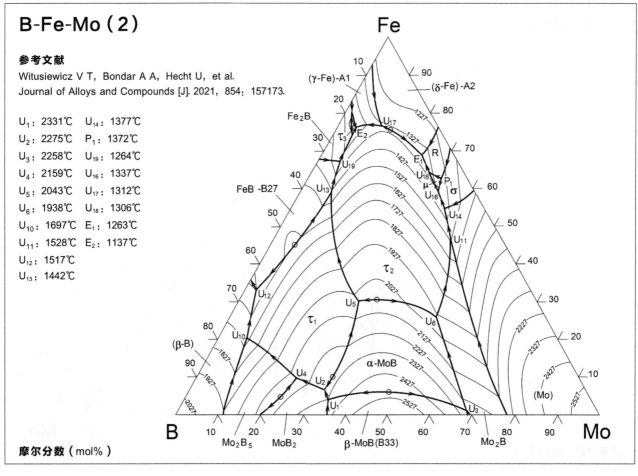

摩尔分数（mol%）

B-Fe-Nb（Fe角）

参考文献

Yoshitomi K, Nakama Y, Ohtani H, et al.
ISIJ International [J]. 2008, 48: 835-844.

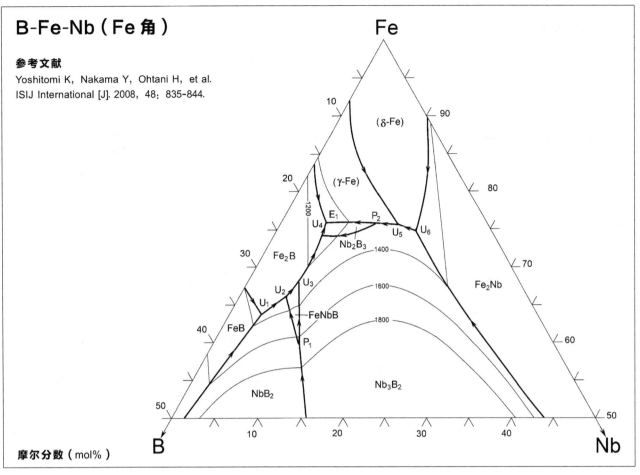

摩尔分数（mol%）

B-Fe-Nd（1）

参考文献

Hallemans B, Wollants P, Roos J R.
Journal of Phase Equilibria [J].
1995, 16: 137-149.

p_4: 1411℃, 62% Fe, 9% Nd
U_2: 1388℃, 66% Fe, 2% Nd
U_3: 1375℃, 66% Fe, 3% Nd
p_7: 1181℃, 73.2% Fe, 16.9% Nd
U_5: 1170℃, 71% Fe, 23% Nd
e_4: 1117℃, 72% Fe, 12% Nd
e_5: 1109℃, 76.4% Fe, 7.3% Nd
E_2: 1109℃, 76.3% Fe, 7.4% Nd
E_3: 1108℃, 78% Fe, 6% Nd
U_{13}: 702℃, 22% Fe, 77% Nd
U_{14}: 685℃, 23% Fe, 76% Nd

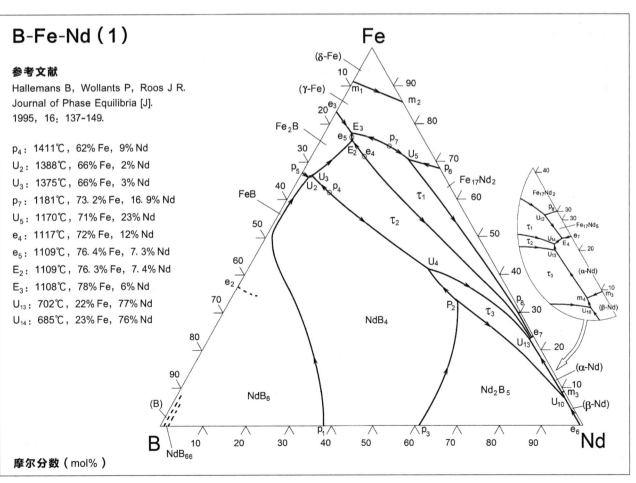

摩尔分数（mol%）

B-Fe-Nd（2）

参考文献

Van Ende M A, Jung I H.
Journal of Alloys and Compounds [J]. 2013, 548: 133-154.

τ_1: $Fe_{14}Nd_2B$ τ_2: $Fe_4Nd_{1.1}B_4$ τ_3: $Fe_2Nd_5B_6$
U_1: 1505℃, 62.4B%, 0.02Nd%
U_2: 1380℃, 42.8B%, 5.0Nd%
U_3: 1282℃, 38.9B%, 5.0Nd%
E_1: 1277℃, 38.5B%, 5.3Nd%
U_4: 1178℃, 25.3B%, 36.5Nd%
U_5: 1177℃, 5.7B%, 24.7Nd%
E_2: 1100℃, 19.4B%, 5.2Nd%
E_3: 1098℃, 18.9B%, 6.5Nd%
P_1: 1059℃, 9.03B%, 63.1Nd%
U_7: 848℃, 0.93B%, 90.5Nd%
U_8: 829℃, 0.90B%, 88.9Nd%
U_9: 797℃, 0.05B%, 70.5Nd%
U_{10}: 742℃, 0.58B%, 82.2Nd%
U_{11}: 709℃, 0.41B%, 79.9Nd%
E_4: 682℃, 0.02B%, 78.3Nd%

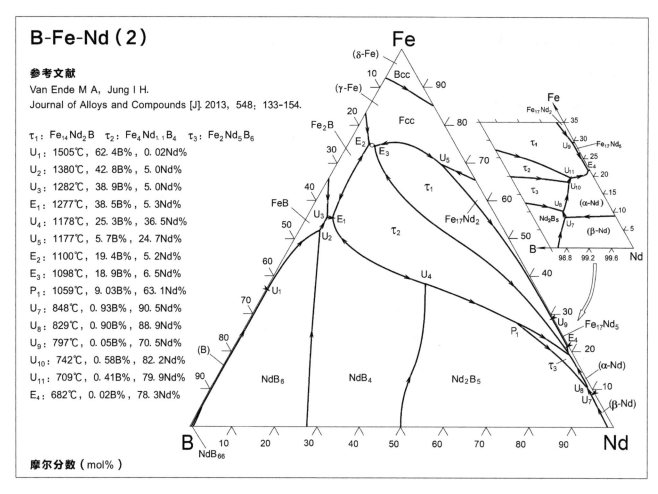

摩尔分数（mol%）

B-Fe-Ni

参考文献

Stadelmsier H H, Pollack C B.
Zeitschrift fuer Metallkunde [J]. 1969, 60: 960-961.

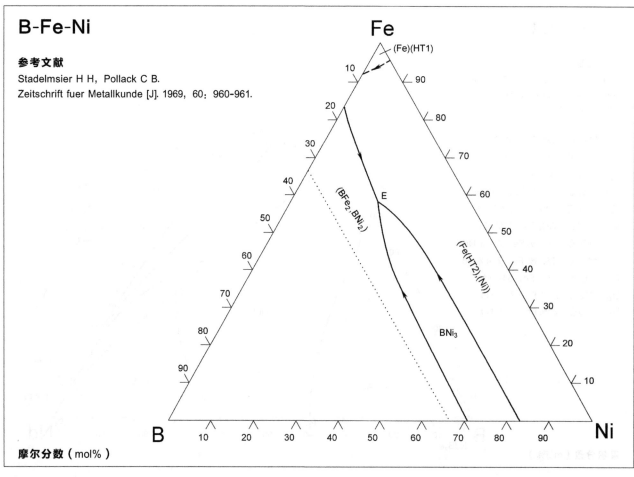

摩尔分数（mol%）

B-Fe-Pr

参考文献

Neiva A C, Tschiptschin A P, Missell F P.
Journal of Alloys and Compounds [J]. 1995, 217: 273-282.

U_1: 1355℃

U_2: 1013℃

U_3: 963℃

mp_1: 1398℃

me_1: 1363℃

De_1: ~943℃

p_1: 1381℃

●的位置是相应相的组成

ϕ: $Pr_2Fe_{14}B$

η: $Pr_{1+x}Fe_4B_4$

ρ: $Pr_5Fe_2B_6$

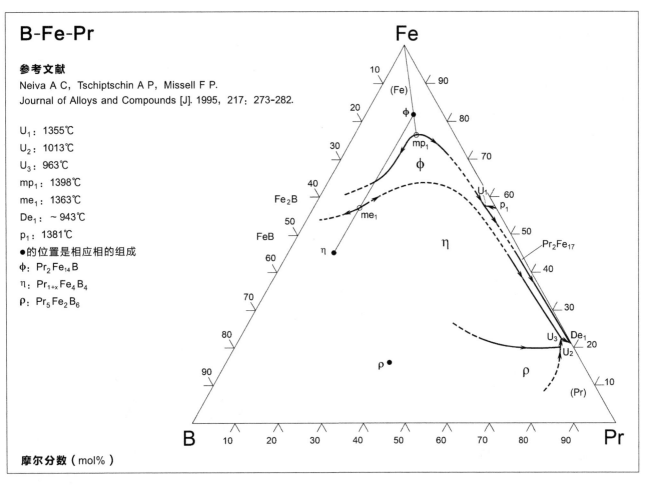

摩尔分数（mol%）

B-Fe-S

参考文献

Vogel R, Heumann T.
Archiv fuer das Eisenhuettenwesen [J].
1944, 17: 271-274.

c: 1300℃, 2.0% B, 79.4% Fe

L_1': 1150℃, 14.8% B, 82.8% Fe

L_2': 1150℃, <1% B, 62% Fe

L_1: 1380℃

L_2: 1380℃

U: 1200℃

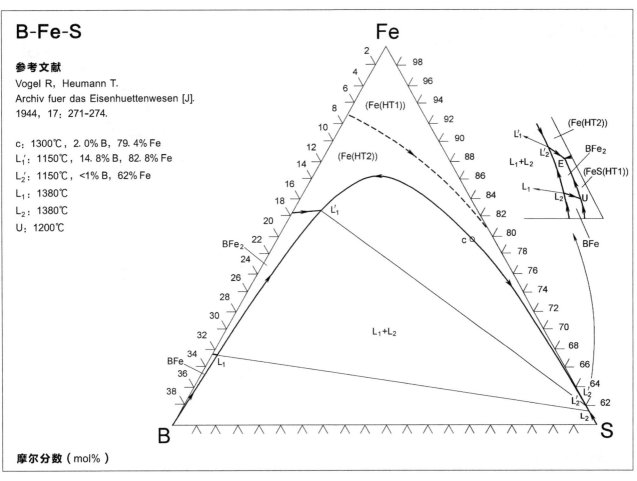

摩尔分数（mol%）

B-Fe-Si（1）

参考文献

Tokynaga T, Ohtani H, Hasebe M.
CALPHAD: Computer Coupling of Phase Diagrams
and Thermochemistry [J]. 2004, 28: 354-362.

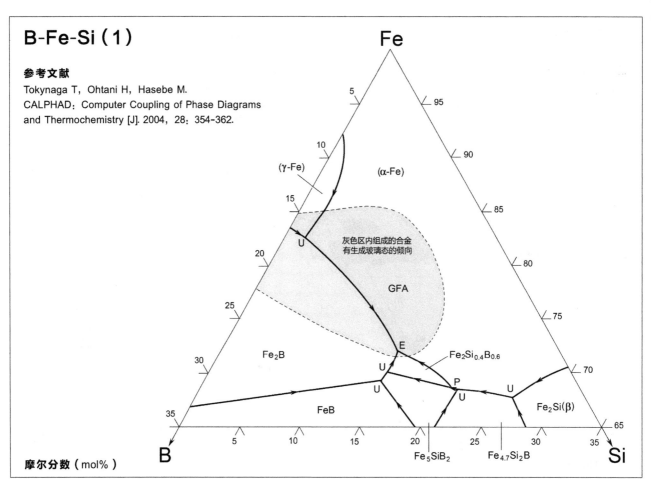

摩尔分数（mol%）

B-Fe-Si（2）

参考文献

Miettinen J, Visuri V V,
Fabritius T, et al.
Arch. Metall Mater. [J].
2019, 64: 1239-1248.

e_1: 1156℃

e_2: 1155℃

e_3: 1139℃

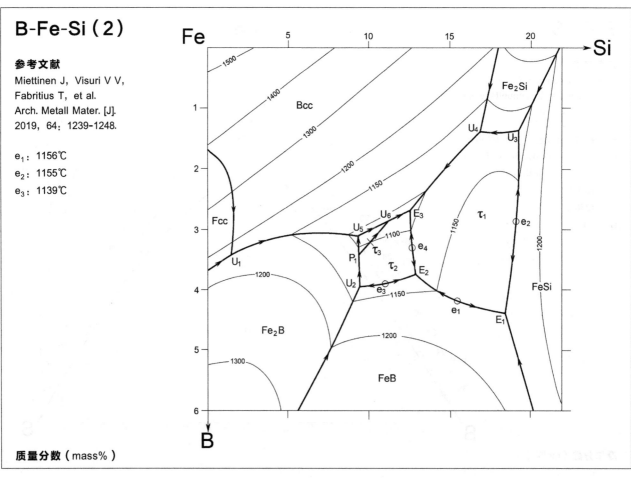

质量分数（mass%）

B-Fe-Ti

参考文献

Witusiewicz V T, Bondar A A, Hecht U, et al.
Journal of Alloys and Compounds [J]. 2019, 800: 419-449.

p_1: 2134℃	e_5: 1336℃
p_2: 2110℃	e_6: 1326℃
e_1: 2063℃	U_4: 1325℃
e_2: 1596℃	U_5: 1320℃
e_3: 1510℃	p_6: 1325℃
e_4: 1500℃	e_7: 1284℃
E_1: 1495℃	e_8: 1278℃
p_3: 1484℃	E_2: 1227℃
U_1: 1477℃	E_3: 1215℃
U_2: 1476℃	U_7: 1198℃
p_4: 1396℃	e_9: 1163℃
p_5: 1384℃	E_4: 1162℃
U_3: 1378℃	e_{10}: 1080℃

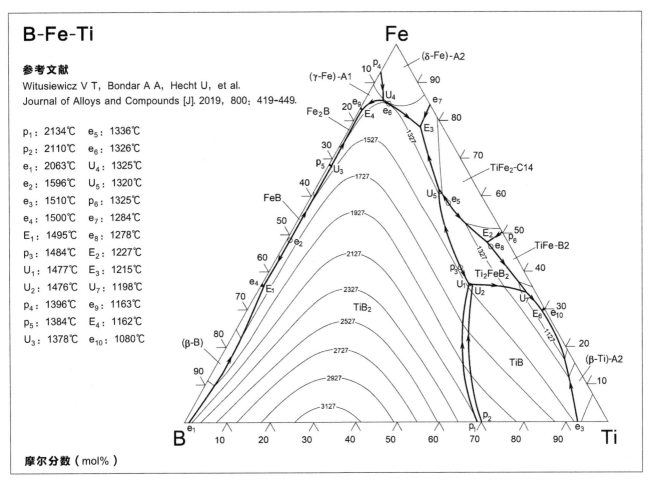

摩尔分数（mol%）

B-Fe-U

参考文献

Dias M, Carvalho P A, Mardolcar U V, et al.
Metallurgical and Materials Transactions A [J].
2014, 45A: 1813-1822.

P_1: >1660℃	P_4: <1170℃
P_2: ~1560℃	U_6: <1100℃
U_1: ~1560℃	P_5: <1100℃
E_1: <1470℃	U_7: <1174℃
E_2: ~1420℃	U_8: <1050℃
U_2: <1560℃	E_3: 985℃
U_3: <1660℃	U_9: <795℃
P_3: >1230℃	E_4: <710℃
U_4: <2389℃	
U_5: <1230℃	

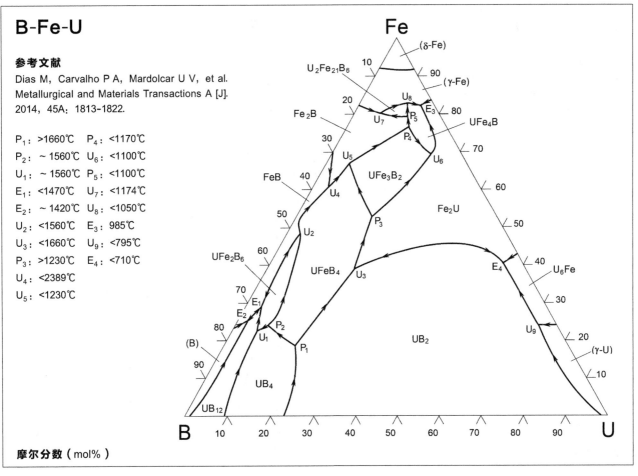

摩尔分数（mol%）

B-Fe-V(1)

参考文献

東城雅之，大谷博司，长谷部光弘 .
日本金属学会誌 [J]. 2009, 73：674-682.

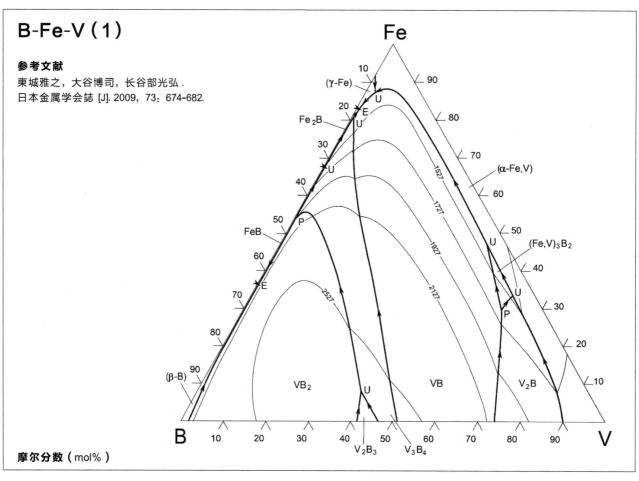

摩尔分数（mol%）

B-Fe-V(2)

参考文献

Homolova V, Kroupa A, Vyrostkova A, et al.
Journal of Alloys and Compounds [J].
2012, 520：30-35.

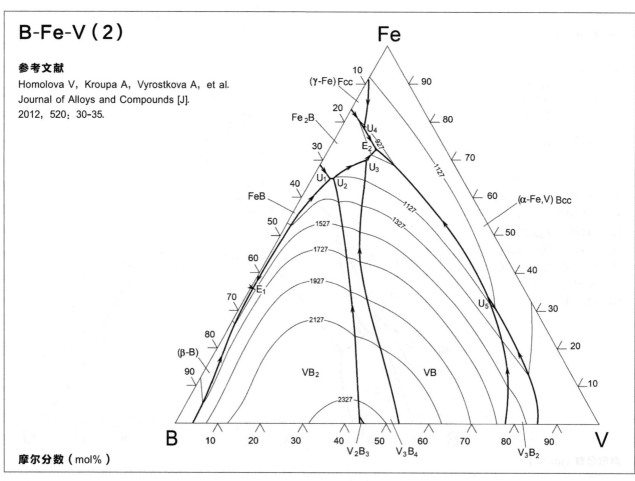

摩尔分数（mol%）

B-Fe-W（1）

参考文献

OuYang X, Yin F, Hu J, et al.
CALPHAD: Computer Coupling of Phase Diagrams and Thermochemistry [J]. 2018, 63: 212-219.

τ_1: FeWB

τ_2: FeW_2B_2

U_9: 2336℃ U_4: 1415℃

U_8: 1772℃ E_2: 1383℃

U_7: 1641℃ U_3: 1370℃

U_6: 1505℃ U_2: 1340℃

E_4: 1535℃ U_1: 1322℃

E_3: 1475℃ E_1: 1188℃

U_5: 1432℃

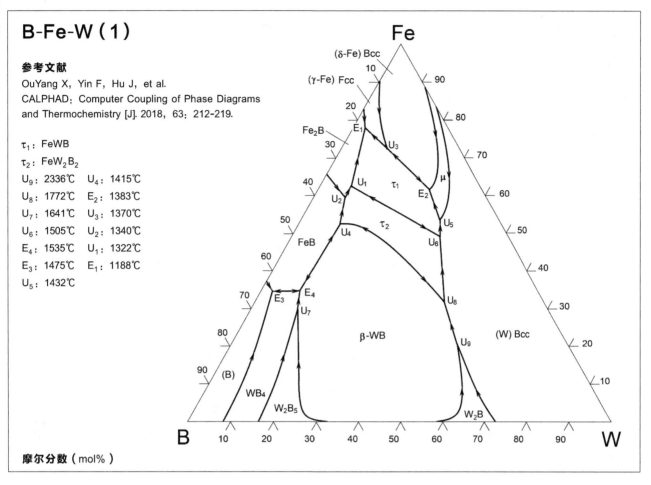

摩尔分数（mol%）

B-Fe-W（2）

参考文献

Kirkovska I, Homolova V, Zobač O, et al.
J. Phase Equilib. Diffus. [J]. 2021, 42: 499-514.

U_1: 2272℃ E_2: 1397℃

U_2: 2162℃ E_3: 1377℃

U_3: 2145℃ U_{12}: 1321℃

U_4: 1844℃ U_{13}: 1312℃

U_5: 1571℃ U_{14}: 1288℃

U_6: 1508℃ E_4: 1165℃

U_7: 1502℃

E_1: 1498℃

U_8: 1490℃

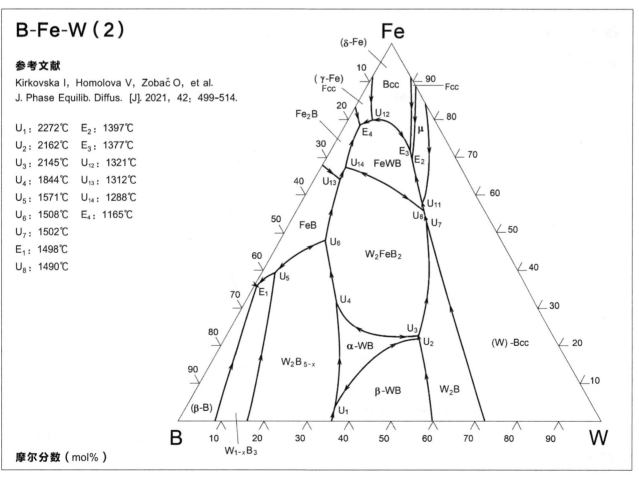

摩尔分数（mol%）

B-Ge-Ni

参考文献

Stadelmaier H H, Lee F M.
Metall（Berlin）[J]. 1964, 18: 111-113.

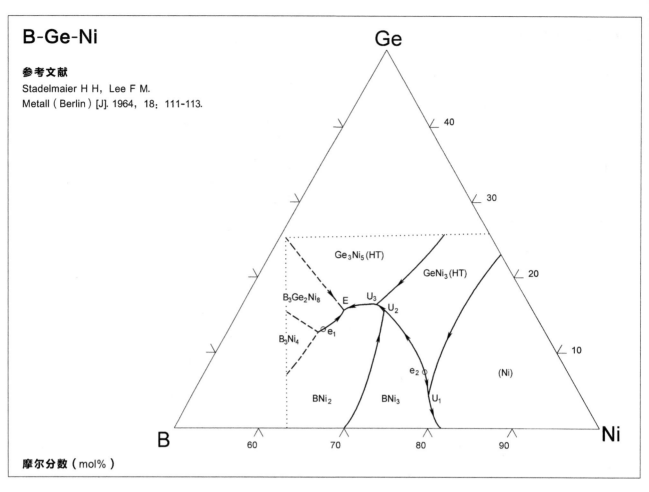

摩尔分数（mol%）

B-Hf-Mo

参考文献

Rogel P, Nowotny H, Benesovsky F.
Monatshefte fuer Chemie [J]. 1971, 102: 971-984.

*: BHf_9Mo_4

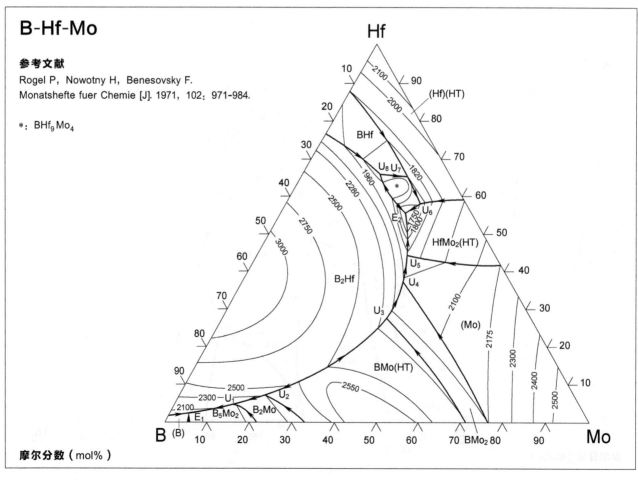

摩尔分数（mol%）

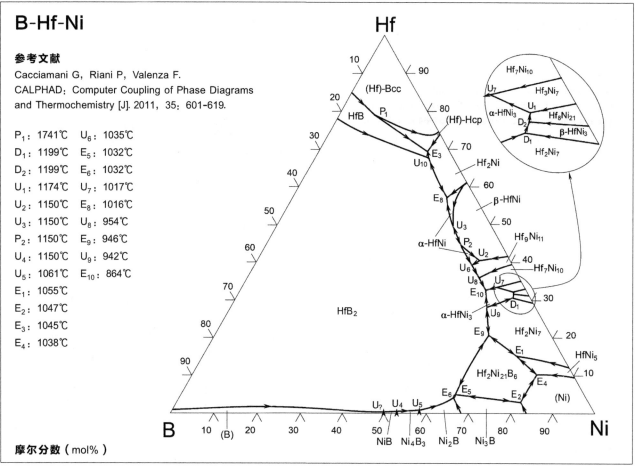

B-Hf-Ni

参考文献

Cacciamani G, Riani P, Valenza F.
CALPHAD: Computer Coupling of Phase Diagrams
and Thermochemistry [J]. 2011, 35: 601-619.

P_1: 1741℃	U_6: 1035℃
D_1: 1199℃	E_5: 1032℃
D_2: 1199℃	E_6: 1032℃
U_1: 1174℃	U_7: 1017℃
U_2: 1150℃	E_8: 1016℃
U_3: 1150℃	U_8: 954℃
P_2: 1150℃	E_9: 946℃
U_4: 1150℃	U_9: 942℃
U_5: 1061℃	E_{10}: 864℃
E_1: 1055℃	
E_2: 1047℃	
E_3: 1045℃	
E_4: 1038℃	

摩尔分数（mol%）

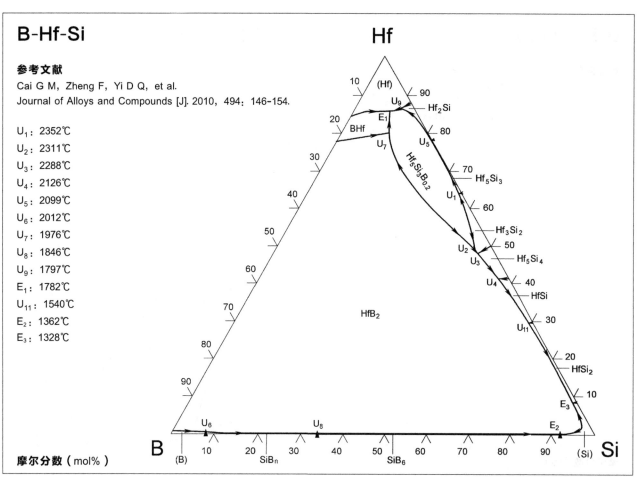

B-Hf-Si

参考文献

Cai G M, Zheng F, Yi D Q, et al.
Journal of Alloys and Compounds [J]. 2010, 494: 146-154.

U_1: 2352℃
U_2: 2311℃
U_3: 2288℃
U_4: 2126℃
U_5: 2099℃
U_6: 2012℃
U_7: 1976℃
U_8: 1846℃
U_9: 1797℃
E_1: 1782℃
U_{11}: 1540℃
E_2: 1362℃
E_3: 1328℃

摩尔分数（mol%）

B-Hf-Ti（1）

参考文献

Rudy E.
Compendium of Phase Diagram Data [M].
Ternary Phase Equilibria In Transition Metal-Born-Carbon-Silicon
Systems Part V. AFML-Tr-65-2, AD 689843, 1969：1.

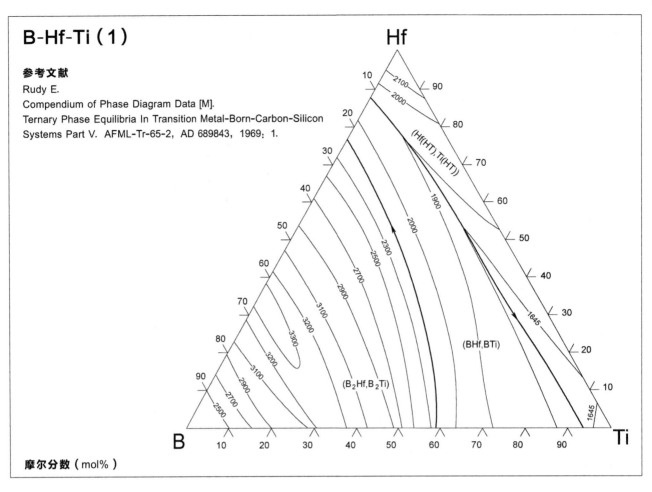

摩尔分数（mol%）

B-Hf-Ti（2）

参考文献

Cacciamani G, Riani P, Valenza F.
CALPHAD：Computer Coupling of Phase Diagrams
and Thermochemistry [J]. 2011, 35：601-619.

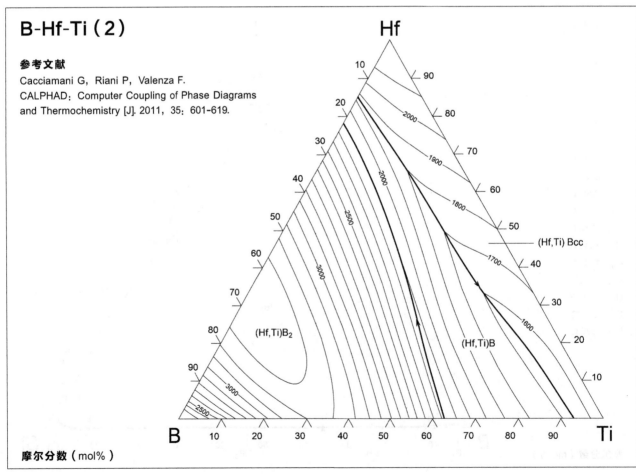

摩尔分数（mol%）

B-Hf-Zr（1）

参考文献

Ворошилов Ю В, Кузма Ю Б .
Порошковая Металлургия (Киев) [J].
1969, 8：941-944.

U_1：2020℃
U_2：1715℃

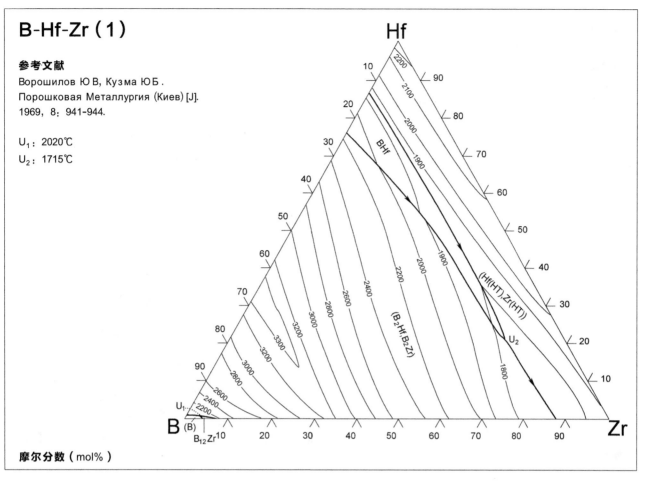

B-Hf-Zr（2）

参考文献

Cacciamani G, Riani P, Valenza F.
CALPHAD：Computer Coupling of Phase Diagrams
and Thermochemistry [J]. 2011, 35：601-619.

U：1763℃

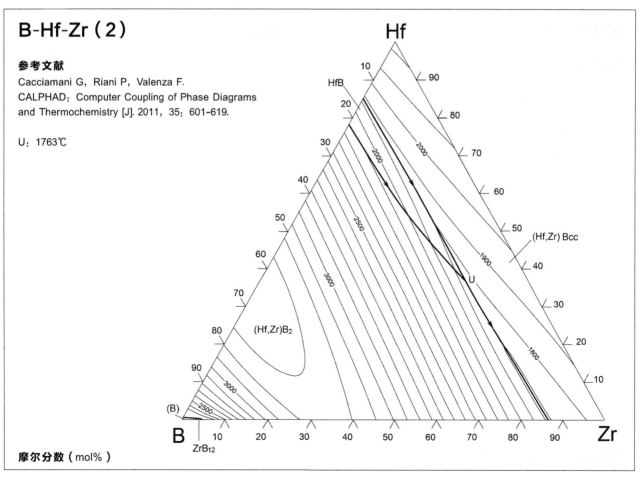

摩尔分数（mol%）

B-In-Ni

参考文献

Schöbel J D, Stadelmaier H H.

Zeitschrift fuer Metallkunde [J]. 1964, 55: 378-382.

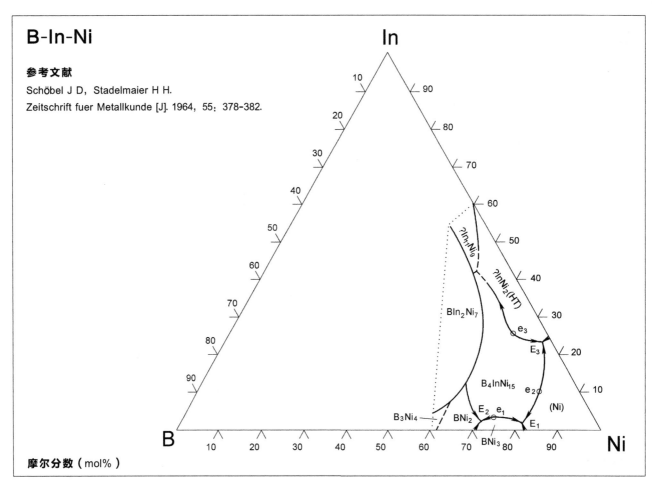

摩尔分数（mol%）

B-Mg-Ni

参考文献

Stadelmaier H H, Schöbel J D, Sagmuller J R.

Metall（Berlin）[J]. 1964, 18: 23-24.

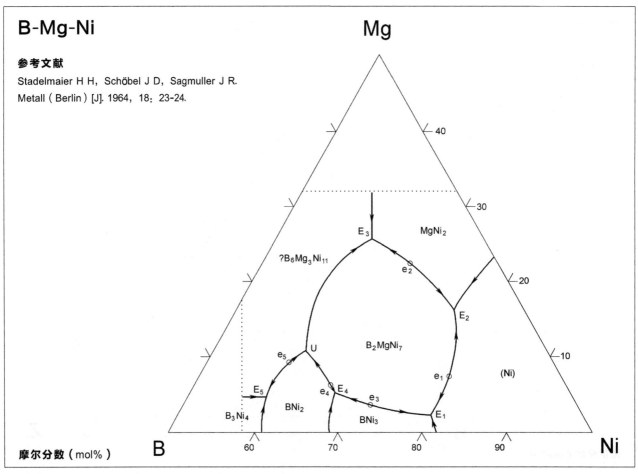

摩尔分数（mol%）

B-Mn-Ni

参考文献

Stadelmaier H H, Miller B E.
Metall（Berlin）[J]. 1969, 23: 11-13.

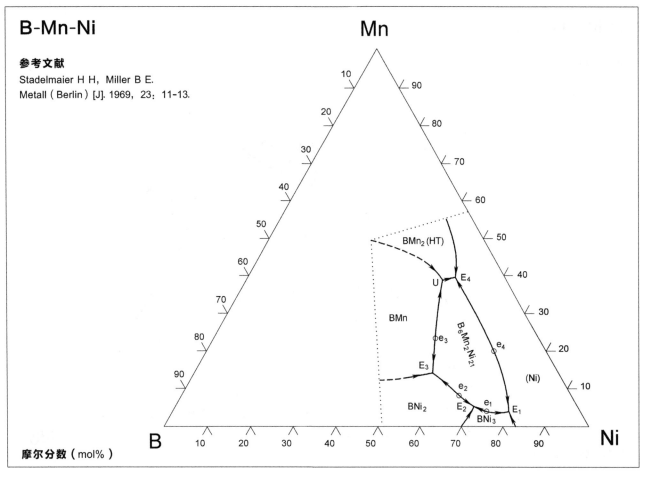

摩尔分数（mol%）

B-Mn-V

参考文献

Homolová V, Kepi J, Zemanová A, et al.
Advances in Materials Science and Engineering [J].
Article ID 3950980, 2018.

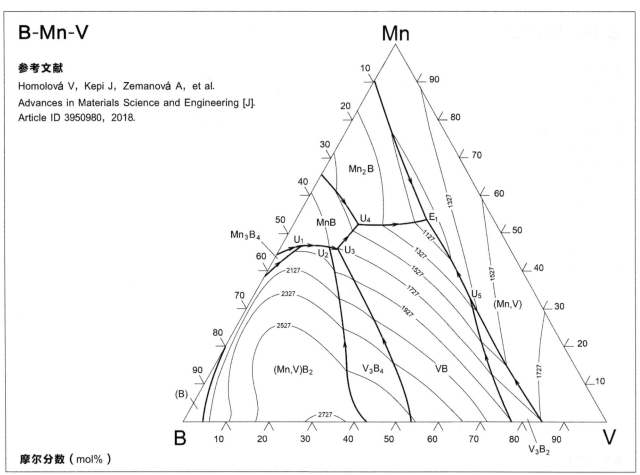

摩尔分数（mol%）

B-Mo-Nb（1）

参考文献

山田健太，大谷博司，长谷部光弘 .
日本金属学会誌 [J]. 2009，73：180-188.

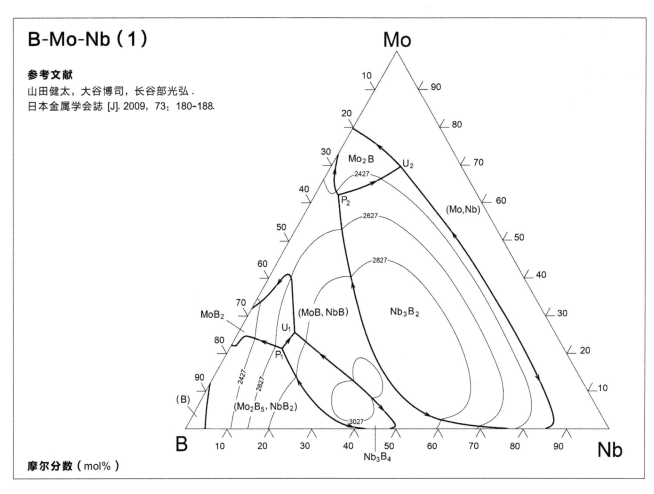

摩尔分数（mol%）

B-Mo-Nb（2）

参考文献

Potazhevska O A，Bondar A A，Duma L A，et al.
JPEDAV [J]. 2016，37：212-221.

e_2：2180℃
e_3：2178℃
e_4：2012℃
e_5：1929℃
p_1：2983℃
p_2：2901℃
p_3：2381℃
p_4：2268℃
p_5：2145℃
E：1986℃
U_2：2046℃
U_3：2183℃
U_4：2140℃
U_5：~ 1950℃

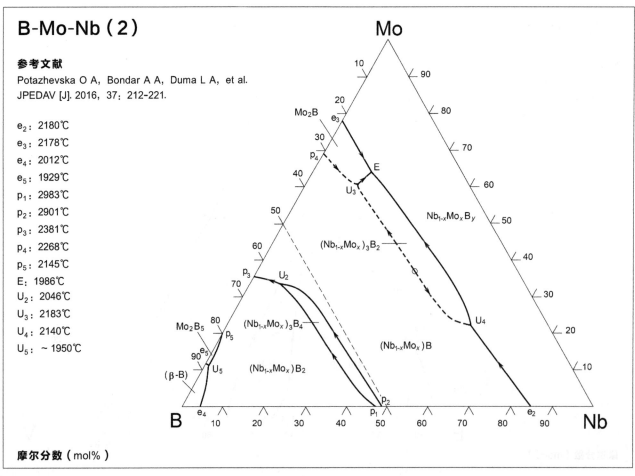

摩尔分数（mol%）

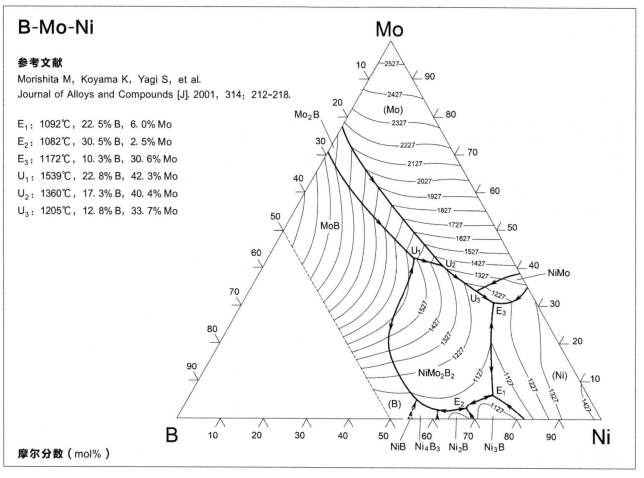

B-Mo-Ni

参考文献

Morishita M, Koyama K, Yagi S, et al.
Journal of Alloys and Compounds [J]. 2001, 314: 212-218.

E_1: 1092℃, 22.5% B, 6.0% Mo
E_2: 1082℃, 30.5% B, 2.5% Mo
E_3: 1172℃, 10.3% B, 30.6% Mo
U_1: 1539℃, 22.8% B, 42.3% Mo
U_2: 1360℃, 17.3% B, 40.4% Mo
U_3: 1205℃, 12.8% B, 33.7% Mo

摩尔分数 (mol%)

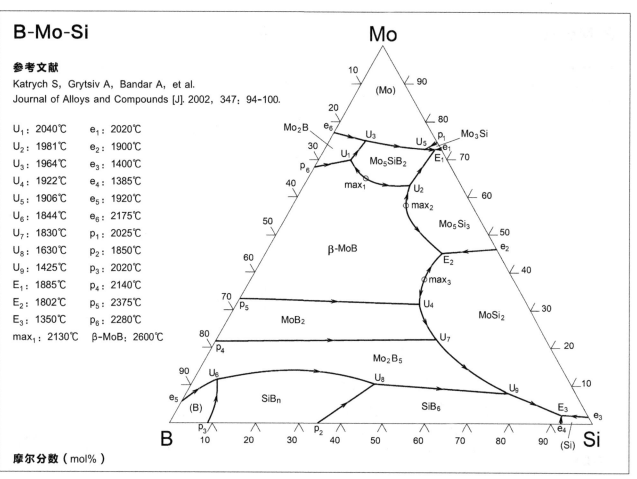

B-Mo-Si

参考文献

Katrych S, Grytsiv A, Bandar A, et al.
Journal of Alloys and Compounds [J]. 2002, 347: 94-100.

U_1: 2040℃ e_1: 2020℃
U_2: 1981℃ e_2: 1900℃
U_3: 1964℃ e_3: 1400℃
U_4: 1922℃ e_4: 1385℃
U_5: 1906℃ e_5: 1920℃
U_6: 1844℃ e_6: 2175℃
U_7: 1830℃ p_1: 2025℃
U_8: 1630℃ p_2: 1850℃
U_9: 1425℃ p_3: 2020℃
E_1: 1885℃ p_4: 2140℃
E_2: 1802℃ p_5: 2375℃
E_3: 1350℃ p_6: 2280℃
max_1: 2130℃   β-MoB: 2600℃

摩尔分数 (mol%)

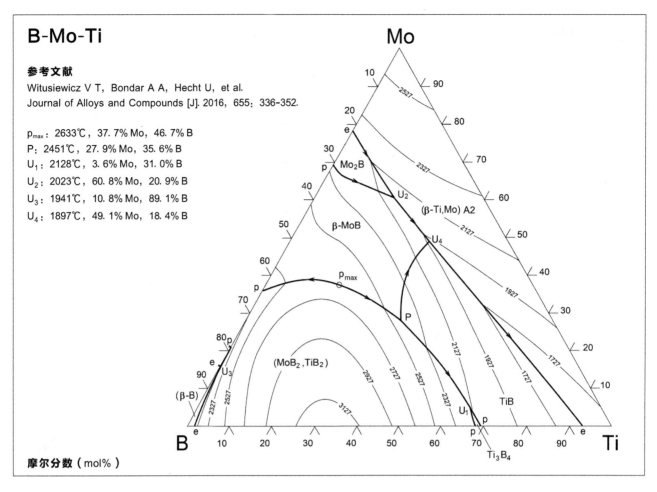

B-Mo-Ti

参考文献

Witusiewicz V T, Bondar A A, Hecht U, et al.
Journal of Alloys and Compounds [J]. 2016, 655: 336-352.

p_{max}: 2633℃, 37.7% Mo, 46.7% B
P: 2451℃, 27.9% Mo, 35.6% B
U_1: 2128℃, 3.6% Mo, 31.0% B
U_2: 2023℃, 60.8% Mo, 20.9% B
U_3: 1941℃, 10.8% Mo, 89.1% B
U_4: 1897℃, 49.1% Mo, 18.4% B

摩尔分数（mol%）

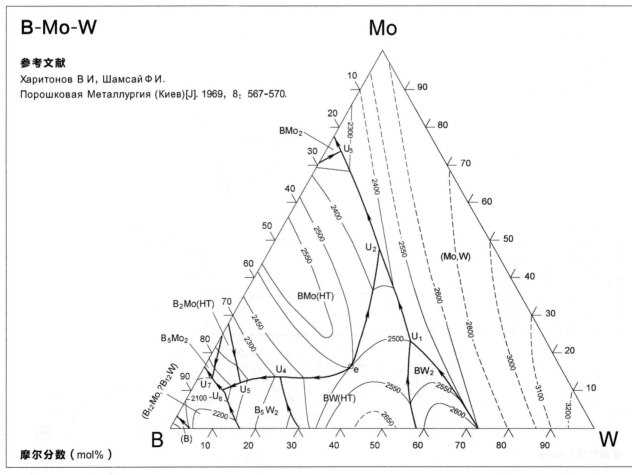

B-Mo-W

参考文献

Харитонов В И, Шамсай Ф И.
Порошковая Металлургия (Киев)[J]. 1969, 8: 567-570.

摩尔分数（mol%）

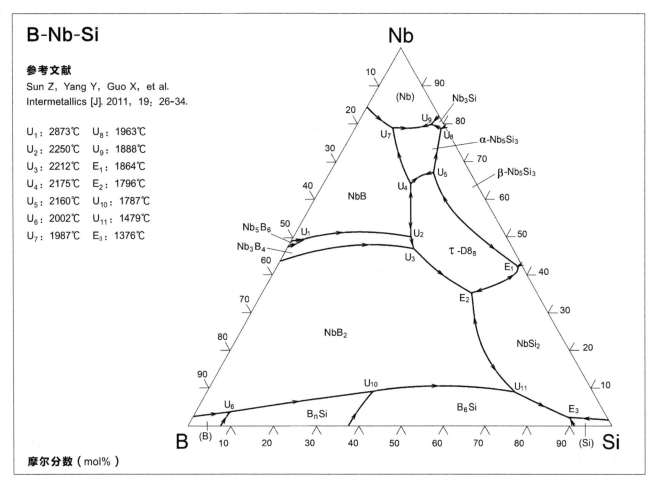

B-Nb-Si

参考文献

Sun Z, Yang Y, Guo X, et al.
Intermetallics [J]. 2011, 19: 26-34.

U_1: 2873℃	U_8: 1963℃
U_2: 2250℃	U_9: 1888℃
U_3: 2212℃	E_1: 1864℃
U_4: 2175℃	E_2: 1796℃
U_5: 2160℃	U_{10}: 1787℃
U_6: 2002℃	U_{11}: 1479℃
U_7: 1987℃	E_3: 1376℃

摩尔分数（mol%）

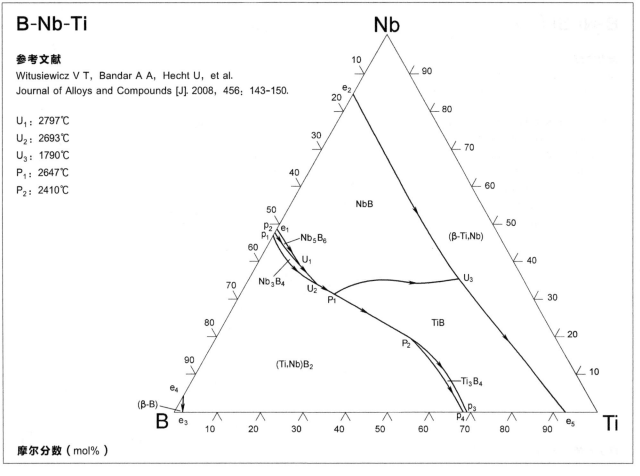

B-Nb-Ti

参考文献

Witusiewicz V T, Bandar A A, Hecht U, et al.
Journal of Alloys and Compounds [J]. 2008, 456: 143-150.

U_1: 2797℃
U_2: 2693℃
U_3: 1790℃
P_1: 2647℃
P_2: 2410℃

摩尔分数（mol%）

B-Ni-Sb

参考文献

Hofer G, Stadelmaier H H.
Metall（Berlin）[J]. 1964, 18：963-964.

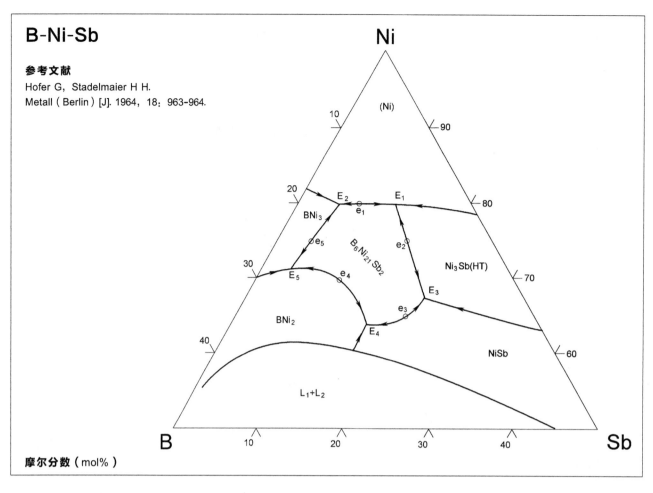

摩尔分数（mol%）

B-Ni-Si（1）

参考文献

Lebaili S, Hamar-Thibault S.
Acta Metallurgical [J]. 1987, 35：701-710.

固相中有化合物 BNi_4Si_2 和 $B_2Ni_9Si_4$

E_1：990℃，21% B，68% Ni

E_2：985℃，11% B，77% Ni

U_1：1010℃，8% B，77% Ni

U_2：1000℃，10% B，78% Ni

U_3：960℃，15% B，60% Ni

U_4：940℃，31% B，58% Ni

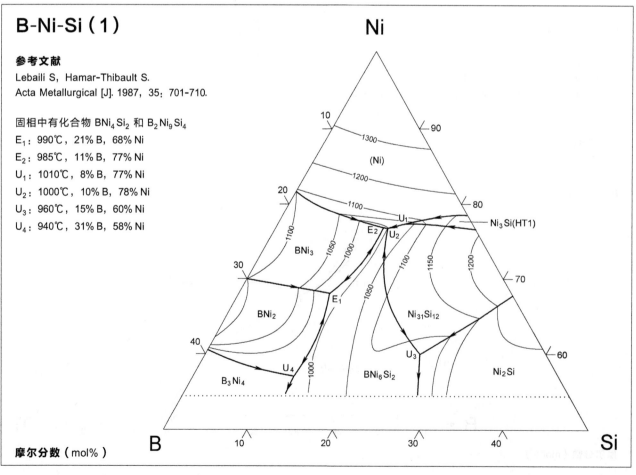

摩尔分数（mol%）

B-Ni-Si（2）

参考文献

Tokunaga T，Nishio K，Hasebe M.
Journal of Phase Equilibria [J]. 2001，22：291-299.

E₁： 863℃　U₈： 1021℃

E_1： 863℃	U_8： 1021℃
E_2： 881℃	U_9： 1028℃
U_1： 894℃	U_{10}： 1030℃
E_3： 895℃	U_{12}： 1047℃
U_2： 896℃	U_{13}： 1057℃
U_3： 905℃	U_{14}： 1079℃
U_7： 940℃	U_{15}： 1094℃
E_4： 995℃	
E_5： 1004℃	

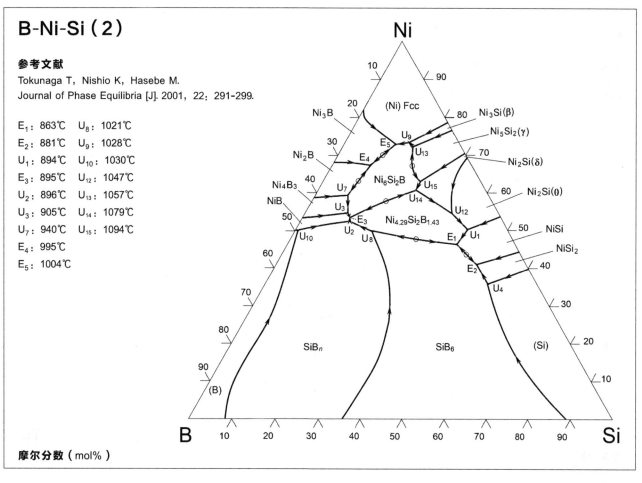

摩尔分数（mol%）

B-Ni-Sn

参考文献

Stadelmaier H H，Jordan L T.
Zeitschrift fuer Metallkunde [J]. 1962，53：719-721.

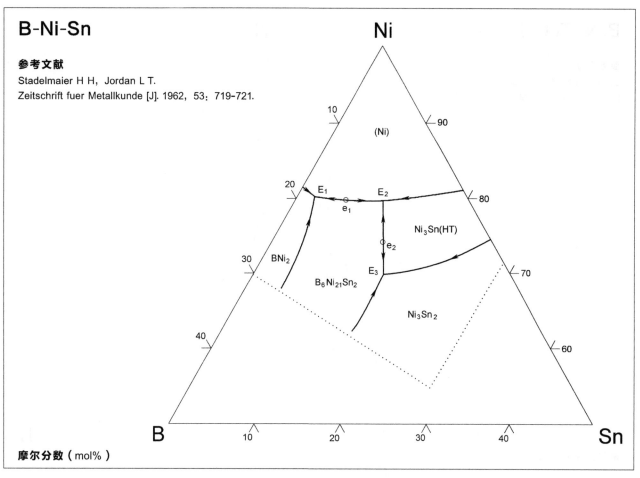

摩尔分数（mol%）

B-Ni-Ta

参考文献

Stadelmaier H H, Kotyk M, Hofer G.
Metall（Berlin）[J]. 1964, 18：1065-1066.

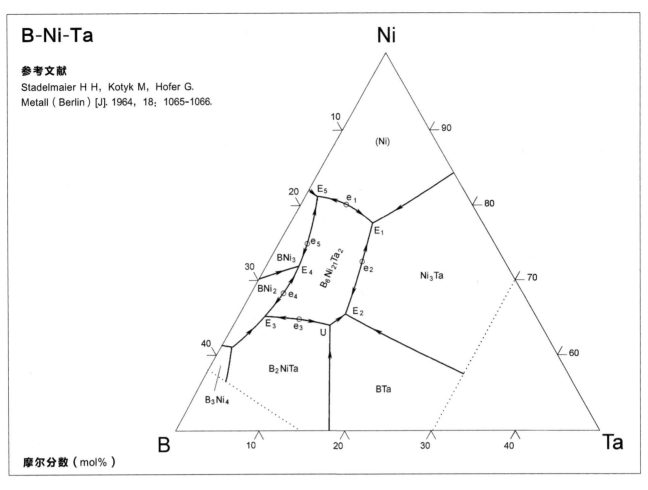

摩尔分数（mol%）

B-Ni-Ti（1）

参考文献

Schobel J D, Stadelmaier H H.
Metall（Berlin）[J]. 1965, 19：715-717.

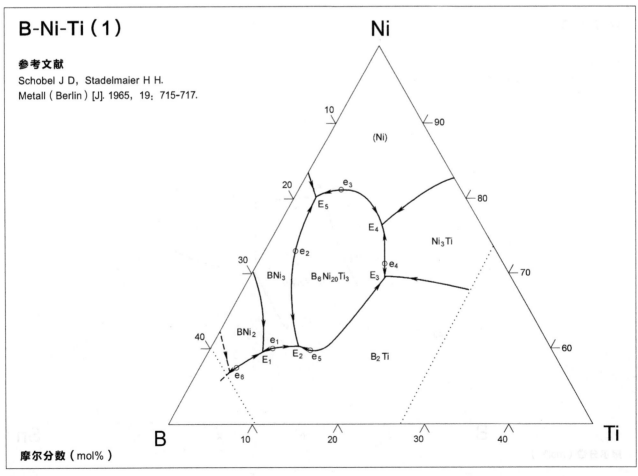

摩尔分数（mol%）

B-Ni-Ti（2）

参考文献

Cacciamani G, Riani P, Valenza F.
CALPHAD: Computer Coupling of Phase Diagrams and Thermochemistry [J]. 2011, 35: 601-619.

E_1: 1093℃　E_8: 983℃
E_2: 1085℃　U_2: 968℃
E_3: 1051℃　U_3: 939℃
U_1: 1033℃　E_9: 866℃
E_4: 1026℃　E_{10}: 862℃
E_5: 1023℃　E_{11}: 857℃
E_7: 1001℃

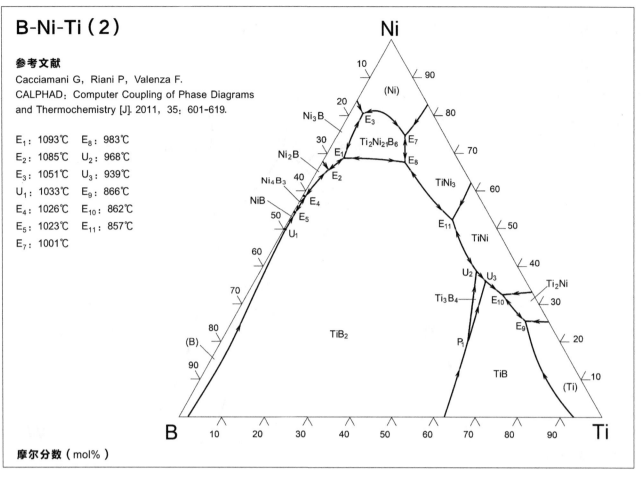

摩尔分数（mol%）

B-Ni-V

参考文献

Stadelmaier H H, Balance G B.
Metall（Berlin）[J]. 1965, 19: 715-717.

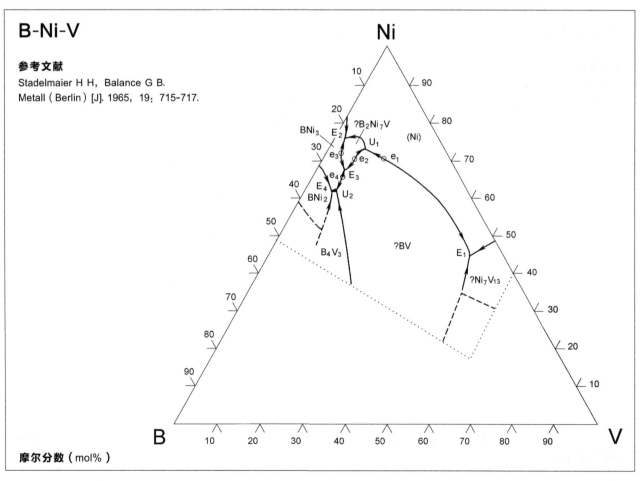

摩尔分数（mol%）

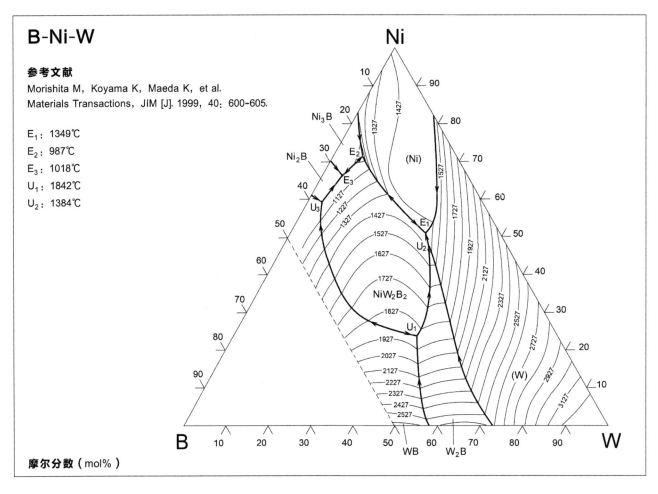

B-Ni-W

参考文献

Morishita M, Koyama K, Maeda K, et al.
Materials Transactions, JIM [J]. 1999, 40: 600-605.

E_1: 1349℃
E_2: 987℃
E_3: 1018℃
U_1: 1842℃
U_2: 1384℃

摩尔分数（mol%）

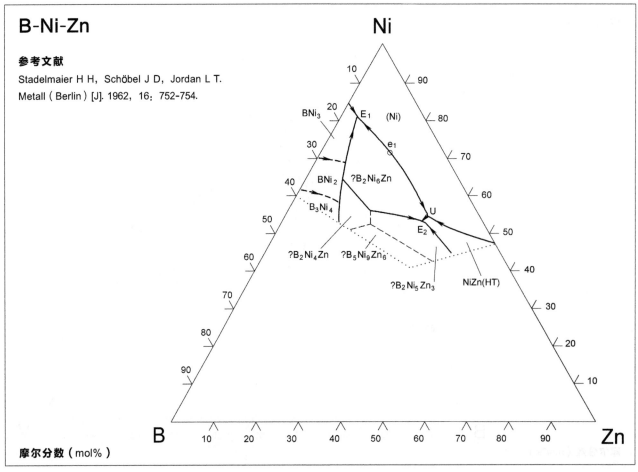

B-Ni-Zn

参考文献

Stadelmaier H H, Schöbel J D, Jordan L T.
Metall（Berlin）[J]. 1962, 16: 752-754.

摩尔分数（mol%）

B-Ni-Zr

参考文献

Cacciamani G, Riani P, Valenza F.
CALPHAD: Computer Coupling of Phase Diagrams
and Thermochemistry [J]. 2011, 35: 601-619.

U_1: 1706℃	E_5: 1000℃
E_1: 1045℃	E_6: 995℃
E_2: 1035℃	E_7: 994℃
U_2: 1027℃	U_5: 978℃
E_3: 1019℃	E_8: 977℃
U_3: 1008℃	E_9: 940℃
E_4: 1007℃	E_{10}: 921℃
U_4: 1004℃	E_{11}: 875℃

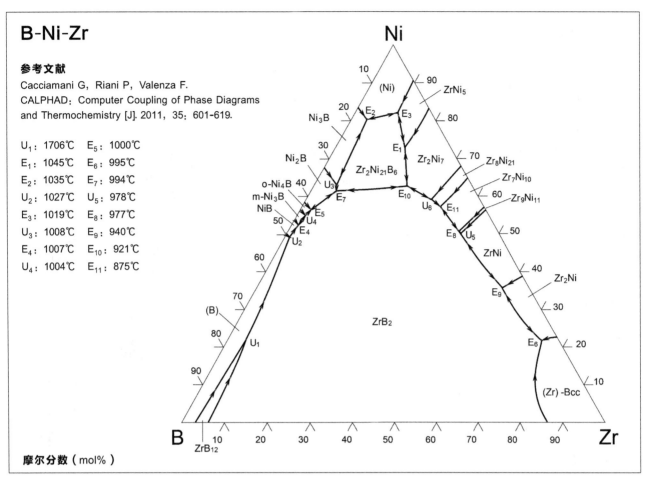

摩尔分数（mol%）

B-Re-Si

参考文献

Yang Y, Chen S, Chang Y A.
Intermetallics [J]. 2010, 18: 51-56.

U_1: 1992℃
U_2: 1811℃
U_3: 1671℃
E_1: 1662℃
U_4: 1650℃
U_5: 1583℃
E_2: 1579℃
U_6: 1367℃
E_3: 1356℃

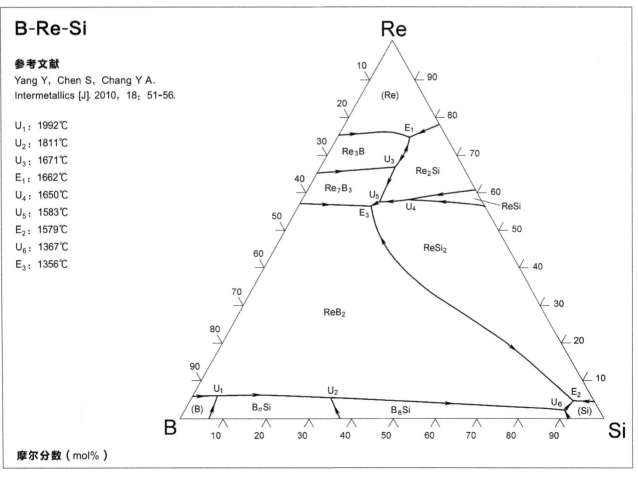

摩尔分数（mol%）

B-Si-Ti

参考文献

Yang Y, Chang Y A, Tan L.
Intermetallics [J]. 2005, 13: 1110-1115.

U_1: 2013℃
U_2: 1830℃
U_3: 1385℃
U_4: 1323℃
E_3: 1318℃
P_1: 1395℃
U_5: 1842℃
U_6: 1850℃
U_7: 1892℃
U_8: 1565℃
E_1: 1467℃
E_2: 1329℃

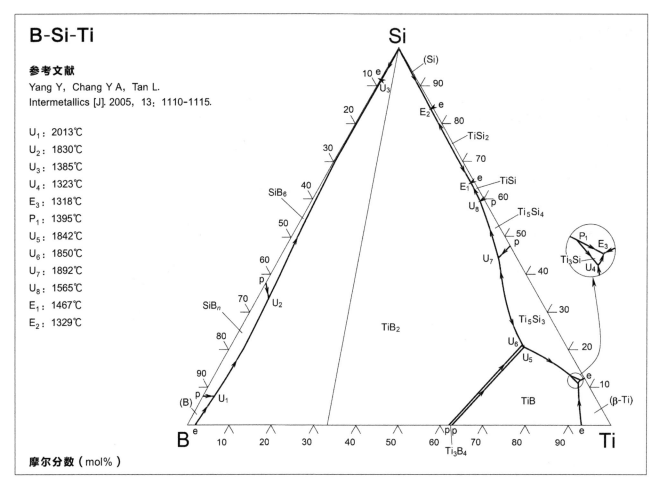

摩尔分数（mol%）

B-Si-V

参考文献

Silva A A A P, Chaia N, Ferreira F, et al.
CALPHAD: Computer Coupling of Phase Diagrams
and Themochemistry [J]. 2017, 59: 199-206.

U_1: 1996℃, 87.4% B, 8.8% Si
U_2: 1882℃, 8.1% B, 26.5% Si
E_1: 1848℃, 6.3% B, 23.1% Si
U_3: 1847℃, 14.0% B, 5.9% Si
U_4: 1834℃, 64.5% B, 32.3% Si
P_1: 1796℃, 7.0% B, 43.7% Si
E_2: 1741℃, 7.3% B, 6.6% Si
E_3: 1729℃, 10.4% B, 2.6% Si
U_5: 1646℃, 2.5% B, 54.2% Si
U_6: 1613℃, 7.8% B, 56.9% Si
E_4: 1612℃, 2.5% B, 55.9% Si
U_7: 1611℃, 7.4% B, 56.1% Si
U_8: 1608℃, 8.8% B, 59.9% Si
E_5: 1604℃, 6.2% B, 54.9% Si
E_6: 1347℃, 5.0% B, 85.5% Si
E_7: 1361℃, 13.1% B, 86.5% Si

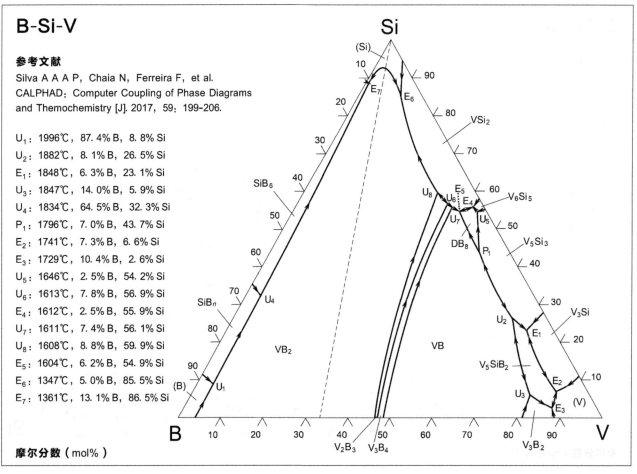

摩尔分数（mol%）

B-Ti-W

参考文献

Hu B, Zhou J, Meng Y, et al.
International Journal of Refractory Metals &
Hard Materials [J]. 2019, 81, 206-213.

τ: $Ti_3W_2Si_{10}$
U_1: 2648℃, 30.0% W, 52.7% B
E_1: 2595℃, 57.7% W, 41.0% B
U_2: 2532℃, 42.0% W, 38.4% B
P_1: 2441℃, 10.5% W, 42.1% B
U_3: 2396℃, 34.0% W, 63.5% B
U_4: 2332℃, 35.7% W, 64.0% B
U_5: 2199℃, 0.13% W, 37.7% B
U_6: 2014℃, 12.7% W, 86.9% B
U_7: 1913℃, 8.0% W, 91.7% B
U_8: 1861℃, 20.2% W, 23.5% B
U_9: 1778℃, 17.0% W, 21.9% B

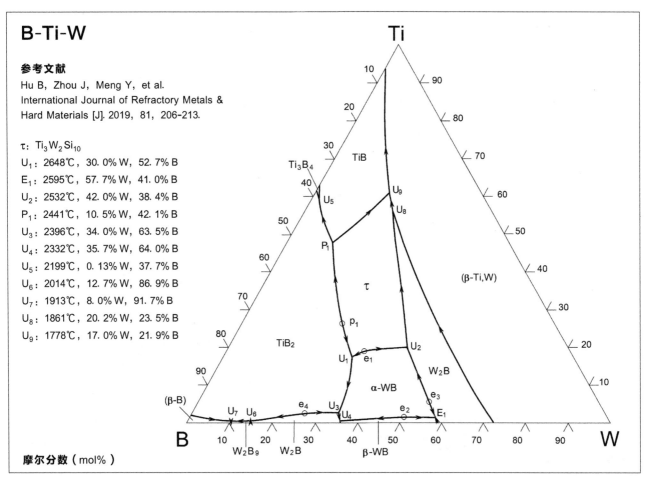

摩尔分数（mol%）

B-Ti-Zr（1）

参考文献

Rudy E.
Compendium of Phase Diagram Data [M].
Ternary Phase Equilibria In
Transition Metal-Born-Carbon-Silicon Systems
Part V. AFML-Tr-65-2, AD 689843, 1969: 1.

C: 1445℃
U_1: 2020℃
U_2: 1450℃

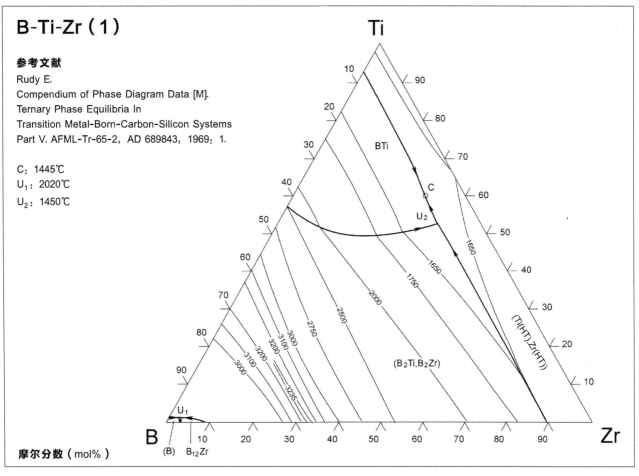

摩尔分数（mol%）

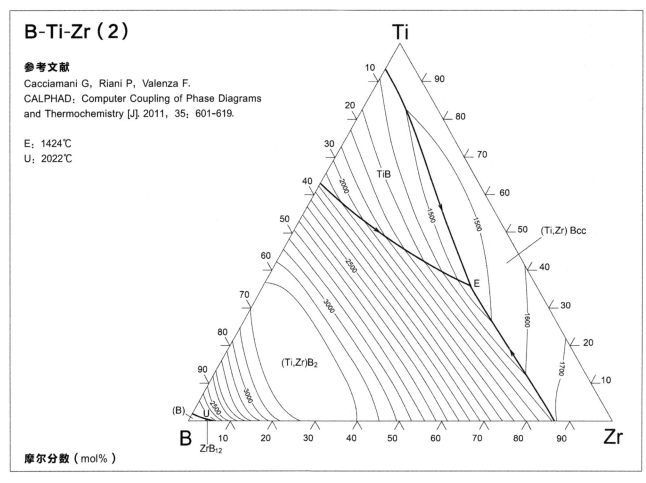

B-Ti-Zr（2）

参考文献

Cacciamani G, Riani P, Valenza F.
CALPHAD: Computer Coupling of Phase Diagrams
and Thermochemistry [J]. 2011, 35: 601-619.

E: 1424℃
U: 2022℃

摩尔分数（mol%）

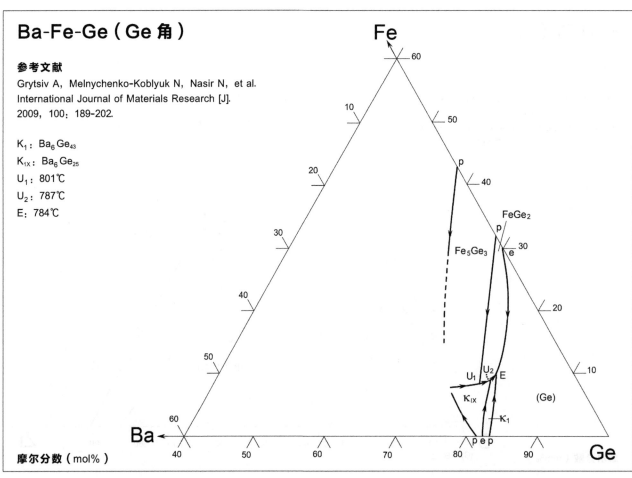

Ba-Fe-Ge（Ge角）

参考文献

Grytsiv A, Melnychenko-Koblyuk N, Nasir N, et al.
International Journal of Materials Research [J].
2009, 100: 189-202.

K_1: Ba_6Ge_{43}
K_{1X}: Ba_6Ge_{25}
U_1: 801℃
U_2: 787℃
E: 784℃

摩尔分数（mol%）

Be-C-Si

参考文献

Liu K, Wang P, Huang X, et al.

J. Phase Equilib. Diffus. [J]. 2021, 42：515-523.

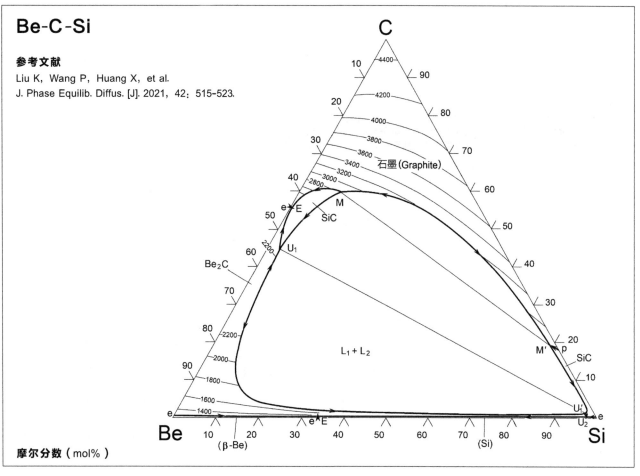

摩尔分数（mol%）

Be-Co-Fe

参考文献

Köster W.

Archiv fuer das Eisenhuettenwesen [J]. 1939, 13：227-230.

e：1180℃，60.6% Be，16.1% Co

U_1：~1100℃，35.4% Be，20.3% Co

U_2：~1080℃

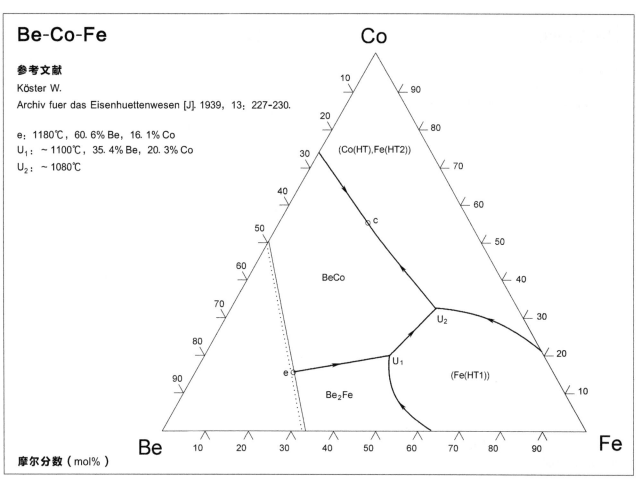

摩尔分数（mol%）

Be-Co-Ni

参考文献

（1）Jönssen S, Aldinger F.
　　Zeitschrift fuer Metallkunde [J]. 1979, 70：52-54.
（2）Jönssen S, Beuers J, Petzow G.
　　Zeitschrift fuer Metallkunde [J]. 1983, 74：376-380.

本图由第一作者文献（1）（2）中的两部分拼接而成。

U：1210℃，23.3% Be，42.5% Co

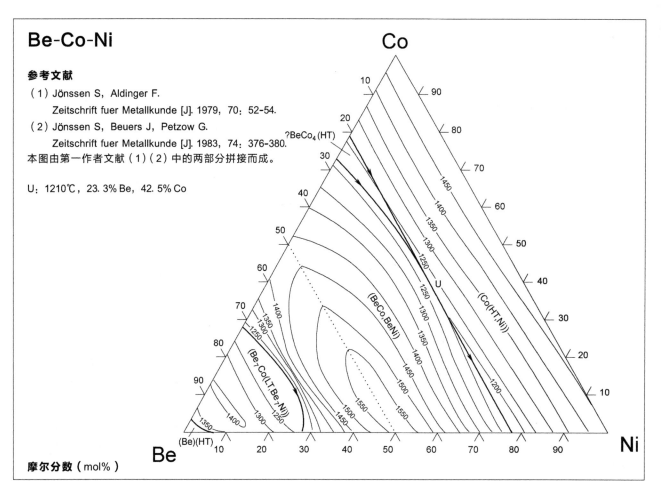

摩尔分数（mol%）

Be-Cr-Ni

参考文献

Shen Y S, Griffiths L B.
Metallurgical Transactions [R]. 1970, 1：2305-2313.

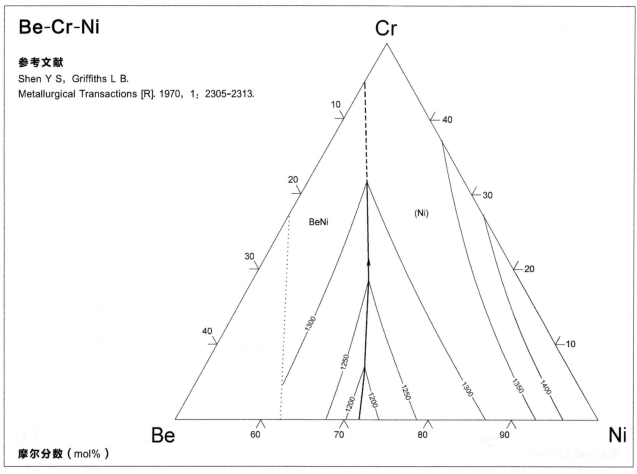

摩尔分数（mol%）

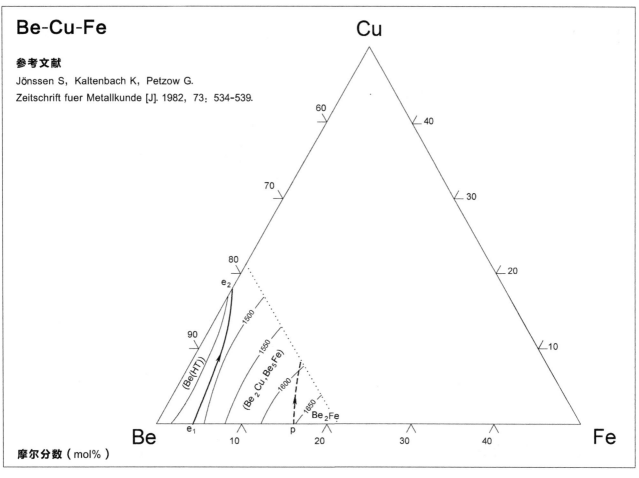

Be-Cu-Fe

参考文献

Jönssen S, Kaltenbach K, Petzow G.

Zeitschrift fuer Metallkunde [J]. 1982, 73: 534-539.

摩尔分数（mol%）

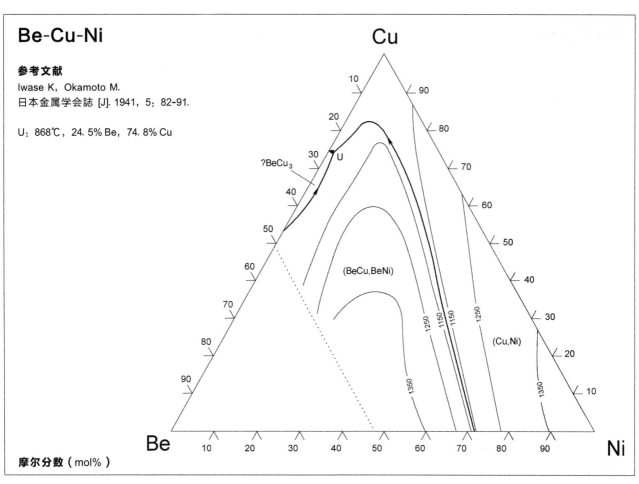

Be-Cu-Ni

参考文献

Iwase K, Okamoto M.

日本金属学会誌 [J]. 1941, 5: 82-91.

U: 868℃, 24.5% Be, 74.8% Cu

摩尔分数（mol%）

Be-Fe-P

参考文献

Vogel R, Zwinggmann G.

Archiv fuer das Eisenhuettenwesen [J]. 1955, 26: 701-704.

e: 1050℃

E: 961℃

U: 997℃

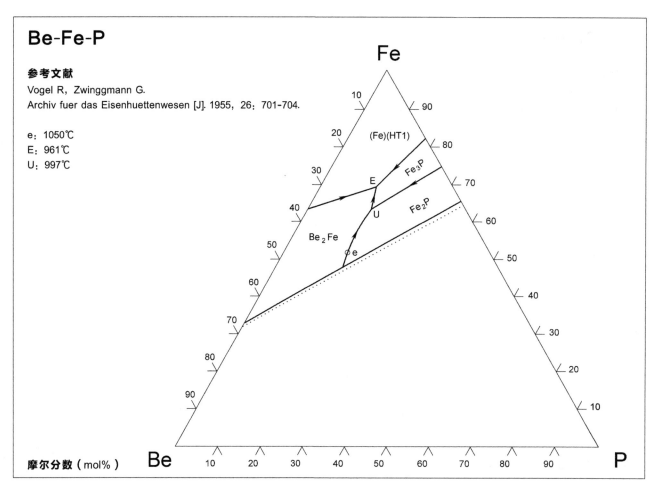

摩尔分数（mol%）

Be-Fe-Si

参考文献

Vogel R, Geske H J.

Archiv fuer das Eisenhuettenwesen [J]. 1960, 31: 319-330.

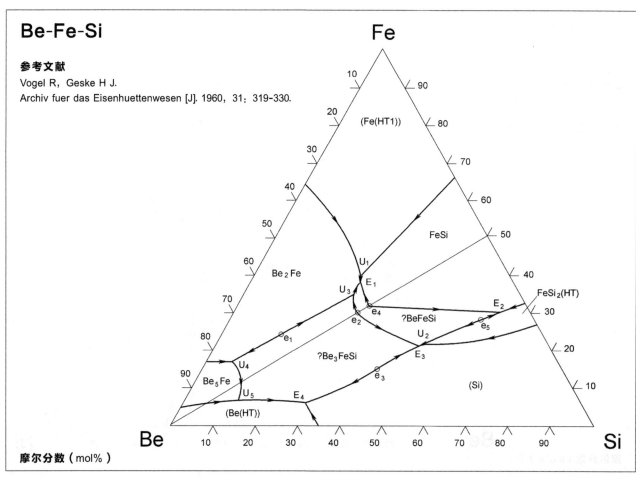

摩尔分数（mol%）

Be-Ti-Zr

参考文献

Tokunaga T，Ohtani H，Hasebe M.

Materials Transactions（The Japan Institute of Metals）[J].

2005，46：2931-2939.

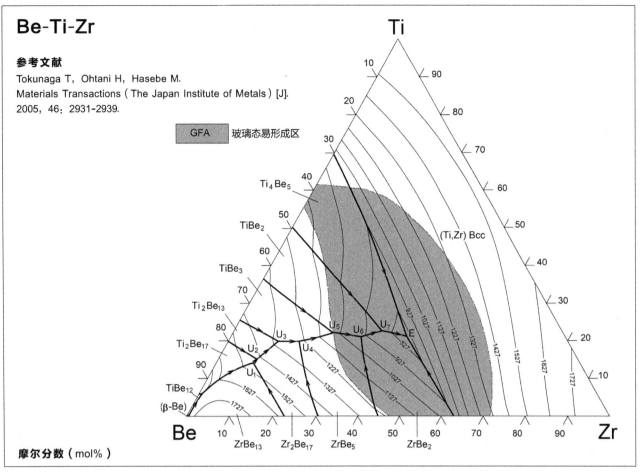

摩尔分数（mol%）

Bi-Ca-Mg

参考文献

Köster W，Sautter F.

Zeitschrift fuer Erzbergbau und Metallhuettenwesen [J].

1952，5：303-307.

e_1：~1000℃

e_2：~850℃

e_3：~640℃

e_4：~640℃

e_5：~270℃

E_1：~630℃

E_2：551℃

E_3：516℃

E_4：445℃

E_5：~265℃

E_6：~258℃

U：~490℃

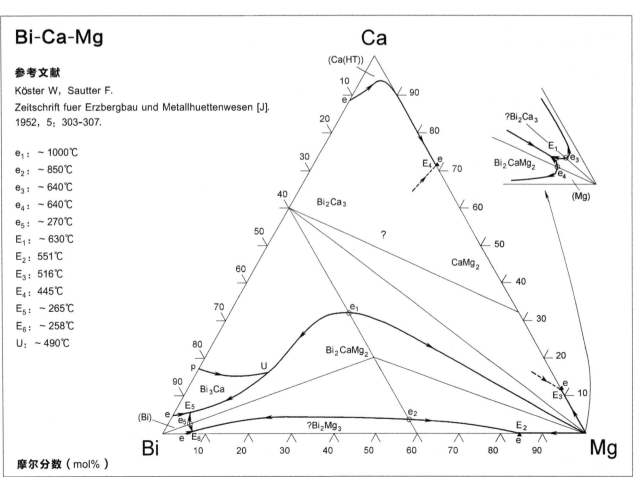

摩尔分数（mol%）

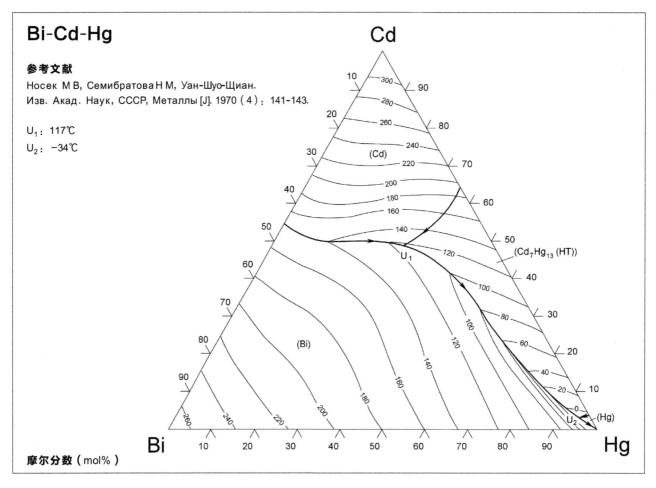

Bi-Cd-Hg

参考文献

Носек М В, Семибратова Н М, Уан-Шуо-Щиан.

Изв. Акад. Наук, СССР, Металлы [J]. 1970 (4): 141-143.

U_1: 117℃

U_2: −34℃

摩尔分数（mol%）

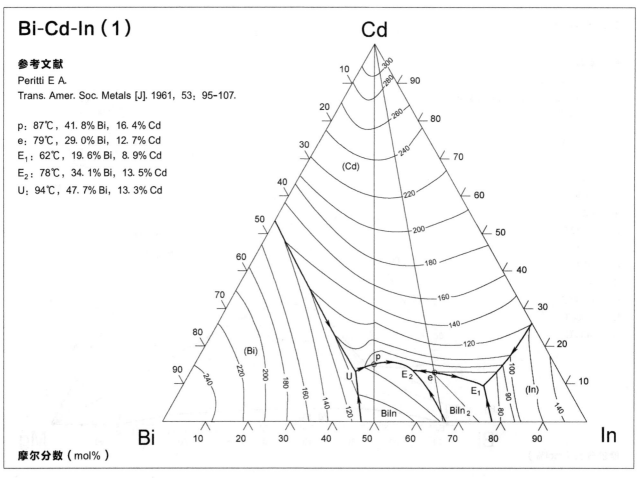

Bi-Cd-In（1）

参考文献

Peritti E A.

Trans. Amer. Soc. Metals [J]. 1961, 53: 95-107.

p: 87℃, 41.8% Bi, 16.4% Cd

e: 79℃, 29.0% Bi, 12.7% Cd

E_1: 62℃, 19.6% Bi, 8.9% Cd

E_2: 78℃, 34.1% Bi, 13.5% Cd

U: 94℃, 47.7% Bi, 13.3% Cd

摩尔分数（mol%）

Bi-Cd-In（2）

参考文献

Snugovsky L, Perovic D D, Rutter J W.
Materials Science and Technology [J]. 2000, 16: 968-978.

e_7: 79.7℃, 47.0w-% In, 10.2w-% Cd
p_5: 93.5℃, 27.5w-% In, 10.0w-% Cd
E_1: 77.5℃, 41.5w-% In, 10.0w-% Cd
E_2: 61.5℃, 61.7w-% In, 7.5w-% Cd
U_1: 92.5℃, 30w-% In, 7w-% Cd
U_2: 90.4℃, 25w-% In, 13w-% Cd
U_3: 83.6℃, 33w-% In, 12w-% Cd
U_4: 81.5℃, 48w-% In, 3w-% Cd
U_5: 73.5℃, 63w-% In, 8w-% Cd
U_6: 95.5℃, 68w-% In, 14w-% Cd
U_7: 116℃, 70w-% In, 18w-% Cd

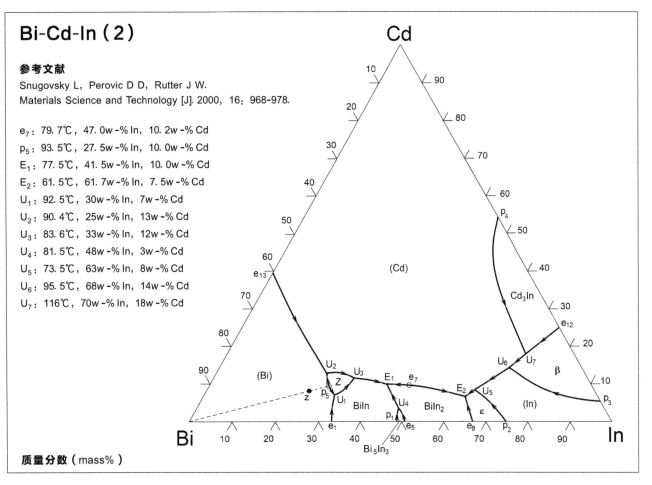

质量分数（mass%）

Bi-Cd-Pb

参考文献

Ho T H, Hofmann W, Hannemann H.
Zeitschrift fuer Metallkunde [J]. 1953, 44: 127-129.

E: 93℃, 48.1% Bi, 14.1% Cd
U: 128℃, 39.1% Bi, 13.9% Cd

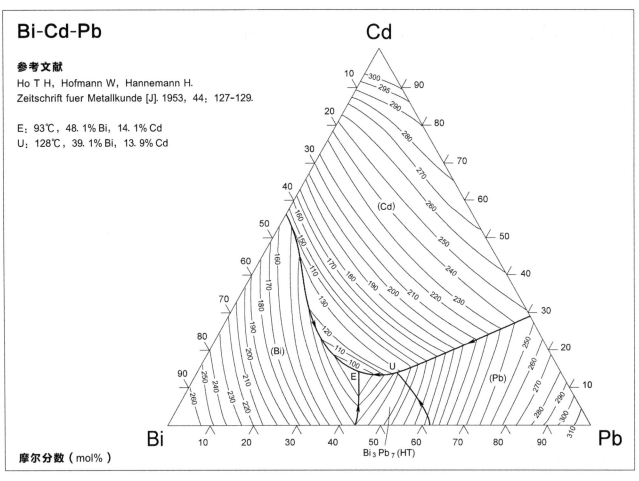

摩尔分数（mol%）

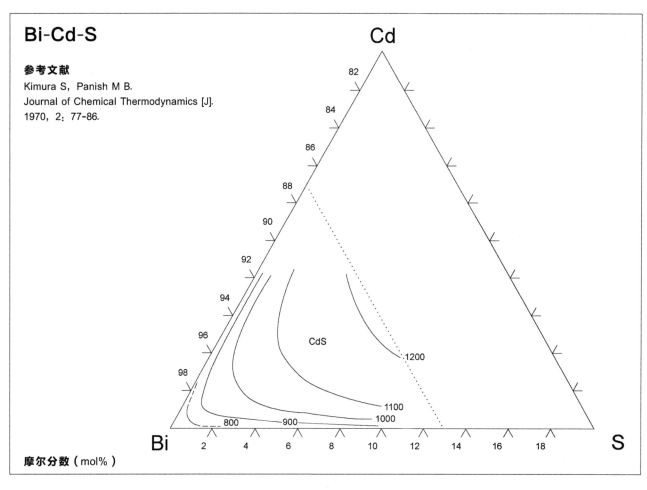

Bi-Cd-S

参考文献

Kimura S, Panish M B.
Journal of Chemical Thermodynamics [J].
1970, 2：77-86.

Cd

82
84
86
88
90
92
94
96
98

CdS

1200
1100
1000

Bi

800   900

2   4   6   8   10   12   14   16   18

S

摩尔分数（mol%）

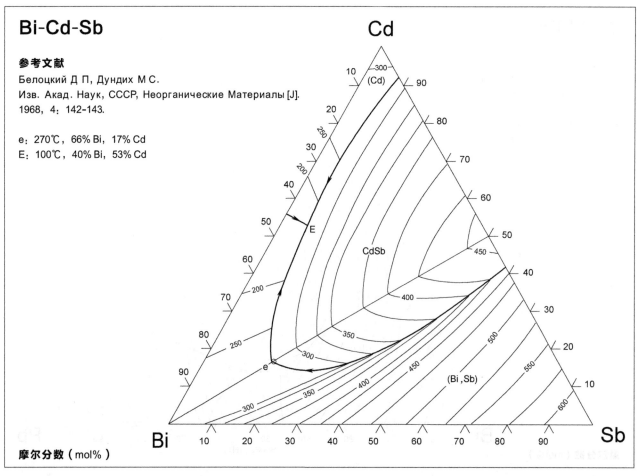

Bi-Cd-Sb

参考文献

Белоцкий Д П, Дундих М С.
Изв. Акад. Наук, СССР, Неорганические Материалы [J].
1968, 4：142-143.

e：270℃，66% Bi，17% Cd
E：100℃，40% Bi，53% Cd

Cd

10   300   (Cd)   90
20   250   80
30   200   70
40   E   60
50   CdSb   450   50
60   200   400   40
70   250   350   30
80   300   500   20
90   e   (Bi，Sb)   550   10
300   350   400   450   600

Bi

10   20   30   40   50   60   70   80   90

Sb

摩尔分数（mol%）

Bi-Cd-Se

参考文献

Шер А А, Один И Н, Новоселова А В.
Журн. Неорг. Хим. [J]. 1979, 24: 1393-1398.

I_3: 1210℃
I_4: 1210℃
e_3: 265℃
p_1: 736℃
p_2: 712℃
E_1: 128℃
E_2: 253℃
E_3: 210℃
U_1: ~700℃
U_2: ~700℃
U_3: 576℃
U_4: 460℃

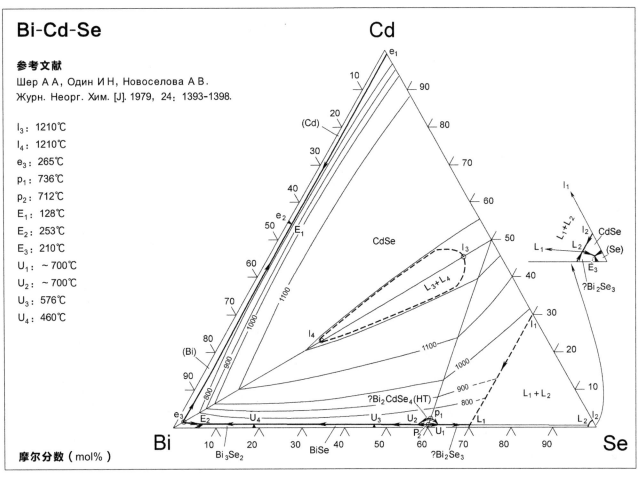

摩尔分数（mol%）

Bi-Cd-Sn

参考文献

Bray H J, Bell F D, Harris S J.
Journal of the Institute of Metals [J]. 1961, 90: 24-27.

E: 103℃, 39.5% Bi, 27.2% Cd

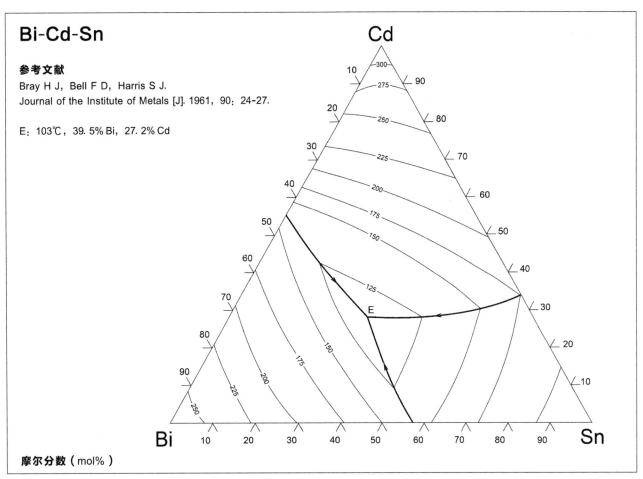

摩尔分数（mol%）

Bi-Cd-Te

参考文献

Марудин В В, Один И Н, Новоселова А В, и др.
Журн. Неорг. Хим. [J]. 1984, 29: 898-901.

e: 270℃
p: 600℃
E_2: 260℃
U_1: 545℃
U_2: 415℃
U_3: 310℃

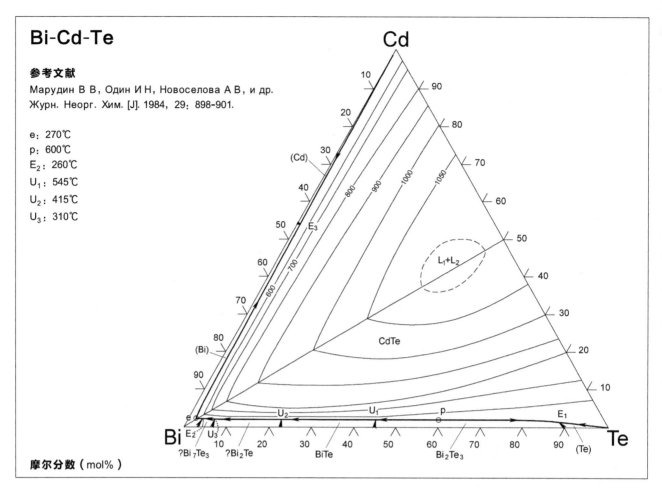

摩尔分数（mol%）

Bi-Cd-Tl

参考文献

Jänecke E.
"Ternare Legierungen", Kurgefasstes Handbuch
Aller Legierunger [M]. Heidelberg: Carl Wintyer-Press,
1949: 468.

e_1: 230℃
e_2: 153℃
E_2: 161℃, 37.5% Bi, 18.6% Cd
E_3: 123℃, 59.8% Bi, 30.1% Cd

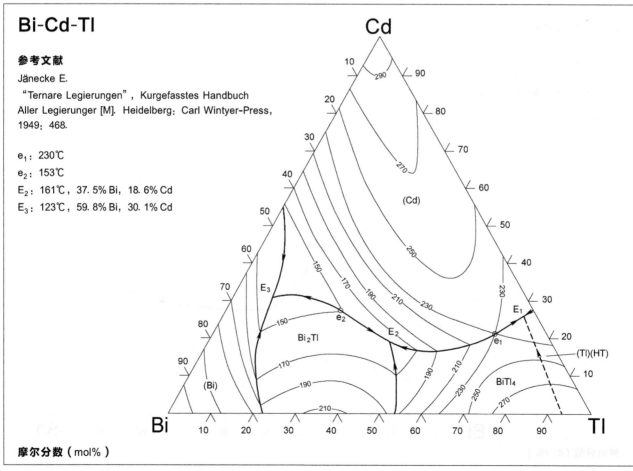

摩尔分数（mol%）

Bi-Cd-Zn

参考文献

Pelton A D, Bade C W, Rigaud M.

Zeitschrift fuer Metallkunde [J]. 1977, 68: 135-140.

c: ~ 330℃

E: 140℃, 44.2% Bi, 54.6% Cd

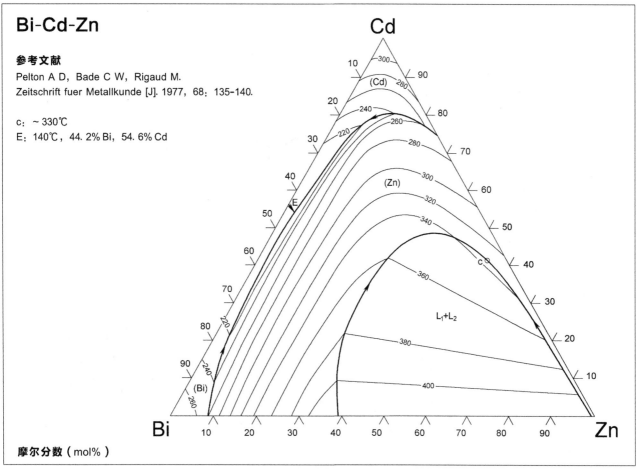

摩尔分数 (mol%)

Bi-Ce-Fe

参考文献

Li J, Cai Y, Chen Q, et al.

CALPHAD: Computer Coupling of Phase Diagrams and Thermochemistry [J]. 2012, 38: 133-139.

U_1, U_1': 1919℃

E_1: 595℃

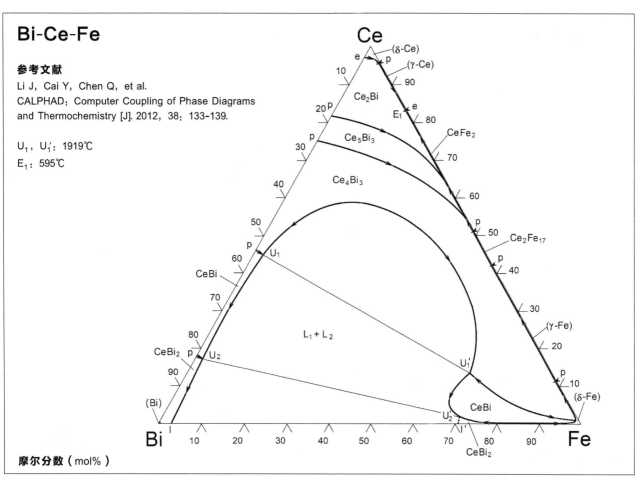

摩尔分数 (mol%)

Bi-Ce-Te

参考文献

Mamedova S G, Sadygov F M, Il'yasly T M, et al.
Russian Journal of Inorganic Chemistry [J]. 2009, 54: 319-322.

τ: CeBiTe₃

U₁: 1027℃	U₈: 507℃
U₂: 827℃	E₅: 247℃
E₁: 627℃	U₉: 477℃
U₃: 977℃	U₁₀: 427℃
U₄: 827℃	U₁₁: 387℃
E₂: 207℃	U₁₂: 327℃
U₅: 487℃	U₁₃: 297℃
U₆: 377℃	
U₇: 277℃	
E₃: 227℃	
E₄: 327℃	

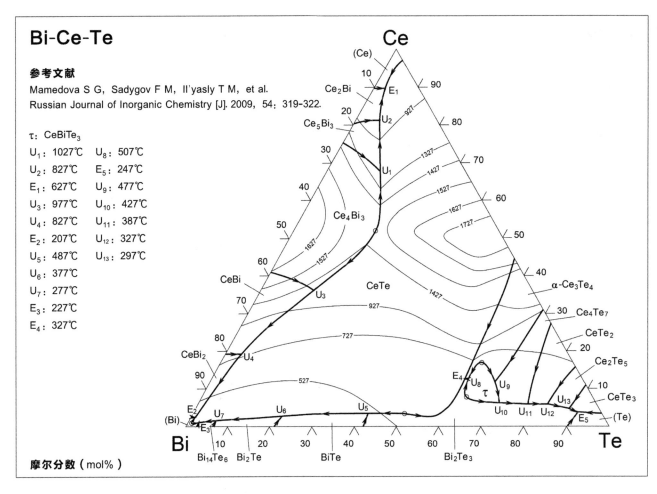

摩尔分数（mol%）

Bi-Cu-Ga

参考文献

Minić D, Du Y, Premović M, et al.
J. Min. Metall Sect B-Metall [J]. 2017, 53 (3) B: 189-201.

U₁, U₁′: 827℃
U₂, U₂′: 779℃
U₃, U₃′: 624℃
U₄: 621℃
U₆: 491℃
U₁₀: 265℃
U₁₁: 247℃
U₁₂: 241℃
U₁₄, U₁₄′: 224℃
E: 29.4℃

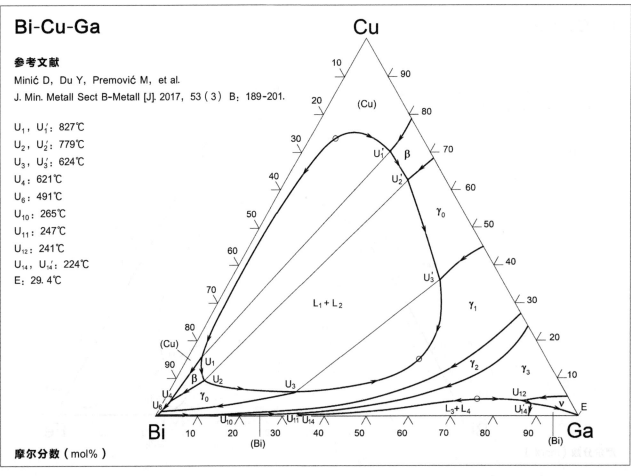

摩尔分数（mol%）

Bi-Cu-In

参考文献

Minić D, Premović M, Kolarević M, et al.

Journal of Materials Engineering and Performance [J].

2013, 22: 2343-2350.

M_1, M_1': 624℃

M_2, M_2': 614℃

M_3, M_3': 628℃

U_4: 616℃

U_5: 613℃

U_6: 565℃

U_7: 390℃

U_8: 295℃

U_9: 266℃

U_{10}: 184℃

U_{11}: 95.4℃

U_{12}: 90.6℃

U_{13}: 88.6℃

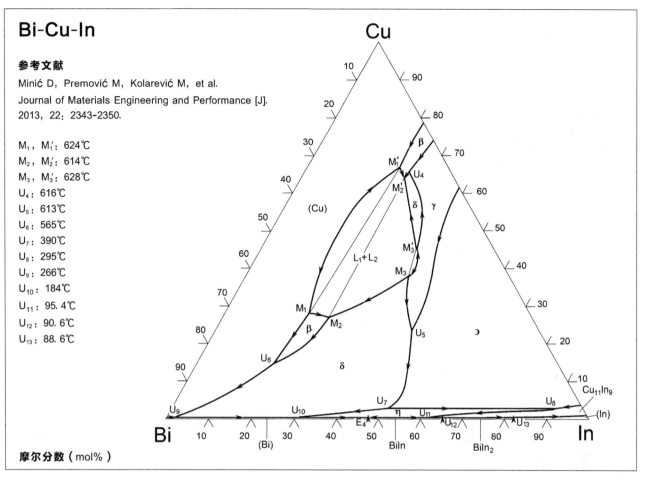

摩尔分数（mol%）

Bi-Cu-Mg

参考文献

Dobbener R, Rose W.

Zeitschrift fuer Metallkunde [J]. 1957, 48: 413-417.

※: BiCuMg, 735℃

e_1: 695℃, 35.3% Bi, 22.9% Cu

e_2: 690℃, 32.2% Bi, 35.6% Cu

e_3: 655℃, 24.2% Bi, 25.9% Cu

e_4: 557℃, 2.4% Bi, 30.4% Cu

E_1: 630℃, 34.0% Bi, 24.3% Cu

E_2: 546℃, 2.8% Bi, 38.4% Cu

E_3: 470℃, 1.9% Bi, 15.2% Cu

U: 660℃, 32.4% Bi, 25.1% Cu

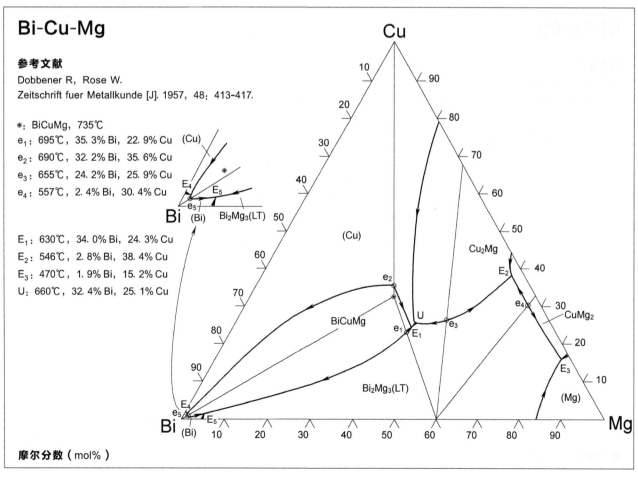

摩尔分数（mol%）

Bi-Cu-Ni

参考文献

Marković B, Živković D, Vřešťál J, et al.
CALPHAD: Computer Coupling of Phase Diagrams
and Thermochemistry [J]. 2010, 34: 294-300.

U: 431℃, 89.6% Bi, 3.7% Cu
E: 269℃, 98.8% Bi, 0.4% Cu

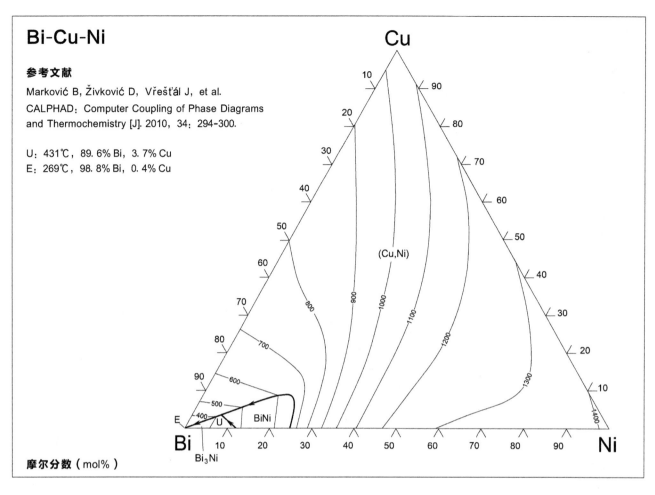

摩尔分数（mol%）

Bi-Cu-Pb

参考文献

Manasijević D, Mitovsski A, Minić D, et al.
Thermochimica Acta [J]. 2010, 503-504: 115-120.

U: 183℃, 37.5% Bi, 62.4% Pb
E: 125℃, 55.3% Bi, 44.6% Pb

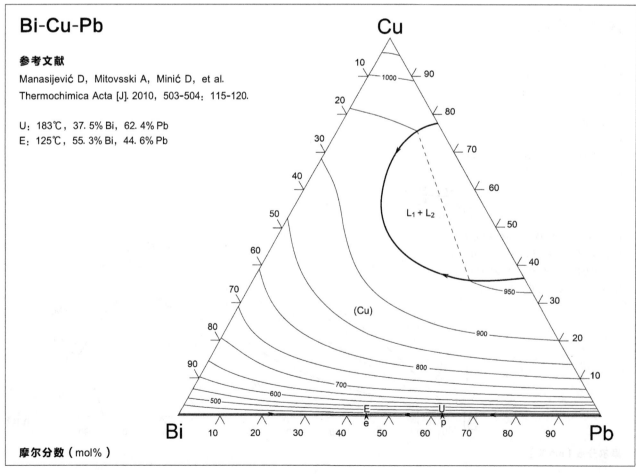

摩尔分数（mol%）

Bi-Cu-S

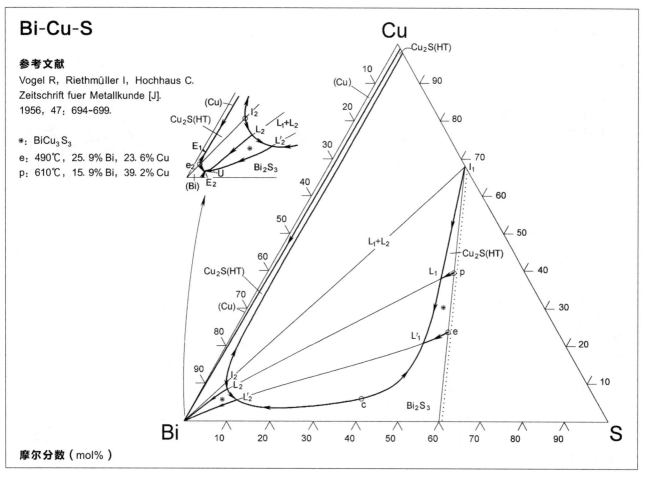

参考文献

Vogel R, Riethmüller I, Hochhaus C.
Zeitschrift fuer Metallkunde [J].
1956, 47: 694-699.

※: BiCu₃S₃

*: BiCu$_3$S$_3$

e: 490℃, 25.9% Bi, 23.6% Cu

p: 610℃, 15.9% Bi, 39.2% Cu

摩尔分数（mol%）

Bi-Cu-Sb

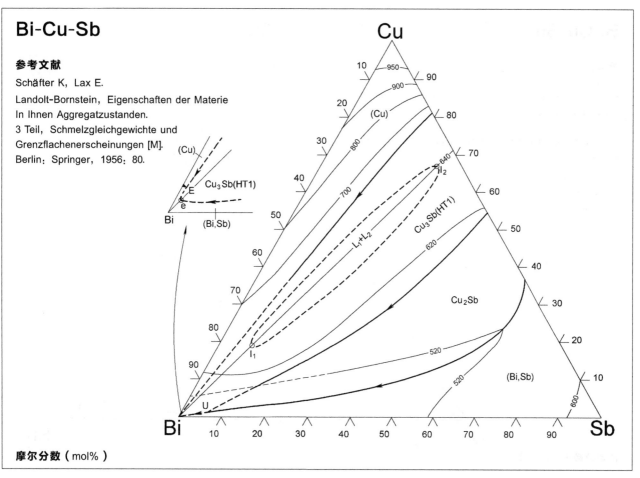

参考文献

Schäfter K, Lax E.
Landolt-Bornstein, Eigenschaften der Materie
In Ihnen Aggregatzustanden.
3 Teil, Schmelzgleichgewichte und
Grenzflachenerscheinungen [M].
Berlin: Springer, 1956: 80.

摩尔分数（mol%）

Bi-Cu-Se

参考文献

Бабанлы Н Б, Юсибов Ю А,
Алиев З С, и др.
Журн. Неорг. Хим. [J]. 2010,
55: 1471-1481.

τ_1 : $CuBi_3Se_5$

τ_2 : $CuBiSe_2$

τ_3 : Cu_3BiSe_3

U_1 : 557℃ m_1, m_1': 1107℃

U_2 : 495℃ m_2, m_2': 523℃

U_3 : 490℃ m_3, m_3': 617℃

U_4 : 445℃ D_1 : 1147℃

U_5 : 432℃ D_2 : 707℃

p_1 : 607℃ M_1, M_1': 495℃

p_2 : 467℃ M_2, M_2': 432℃

p_3 : 627℃ M_3, M_3': 400℃

p_4 : 562℃ M_4, M_4': 407℃

p_5 : 577℃

e_1 : 1062℃

e_2 : 557℃

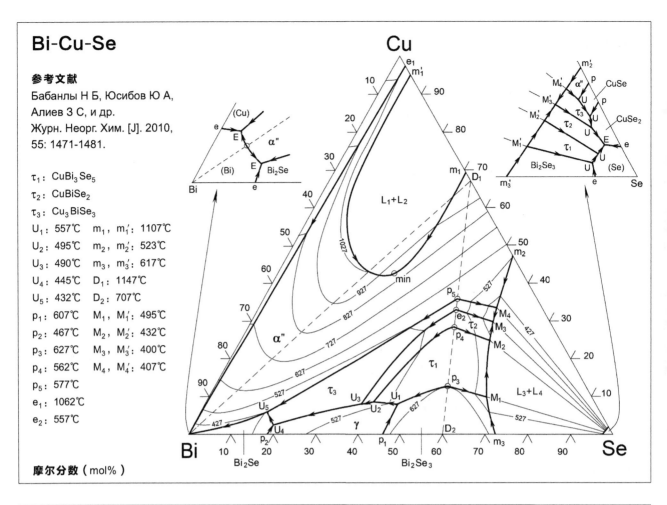

摩尔分数（mol%）

Bi-Cu-Sn

参考文献

Doi K, Ohtani H, Hasebe M.
Materials Transactions（The Japan Institute of Metals）[J].
2004, 45: 380-383.

U_1 : 140℃, 45.3w-%Sn, 54.6w-%Bi, 0.014w-%Cu

M_1, M_1': 750℃

M_2, M_2': 664℃

c_1 : 820℃

c_2 : 665℃

c_3 : 605℃

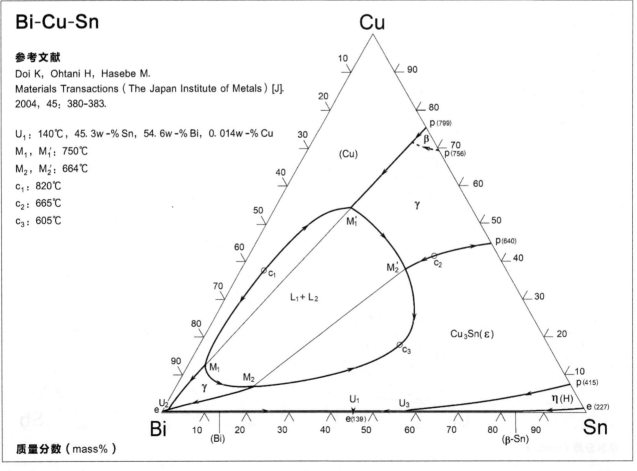

质量分数（mass%）

Bi-Cu-Zn

参考文献

Henglein E, Köster W.
Zeitschrift fuer Metallkunde [J]. 1948, 39: 391-400.

c: 930℃, 14.7% Bi, 65.7% Cu
L_1: 880℃, 2.6% Bi, 54.7% Cu
L_1': 880℃, 56.8% Bi, 25.3% Cu
L_2: 830℃, 0.9% Bi, 36.4% Cu
L_2': 830℃, 60.2% Bi, 14.3% Cu
L_3: 690℃, 0.8% Bi, 18.2% Cu
L_3': 690℃, 63.9% Bi, 4.9% Cu
L_4: 590℃, 0.7% Bi, 9.4% Cu
L_4': 590℃, 63.0% Bi, 2.4% Cu
L_5: 420℃, 0.6% Bi, 1.1% Cu
L_5': 420℃, 63.0% Bi, 1.2% Cu

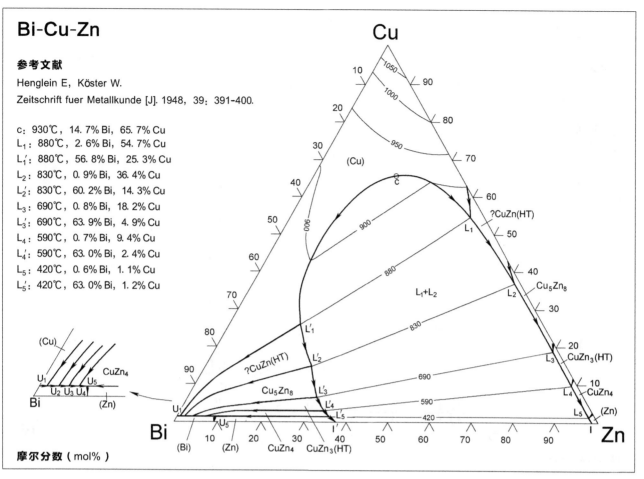

摩尔分数（mol%）

Bi-Fe-S

参考文献

Raghavan V.
Phase Diagrams of Ternary Iron Alloys [M].
Calcutta: The Indian Institute of Metals, 1988（2）: 65-72.

e_2: ~680℃
e_3: ~272℃
m_2: 1120℃
E_1: ~270℃
E_2: ~269℃
E_3: ~113℃
U_1: ~600℃

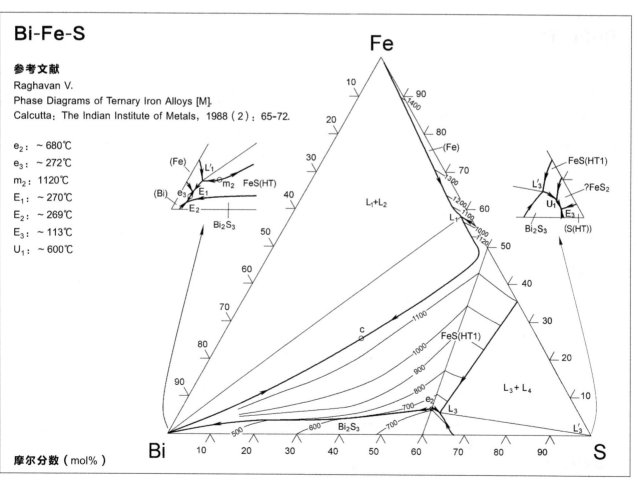

摩尔分数（mol%）

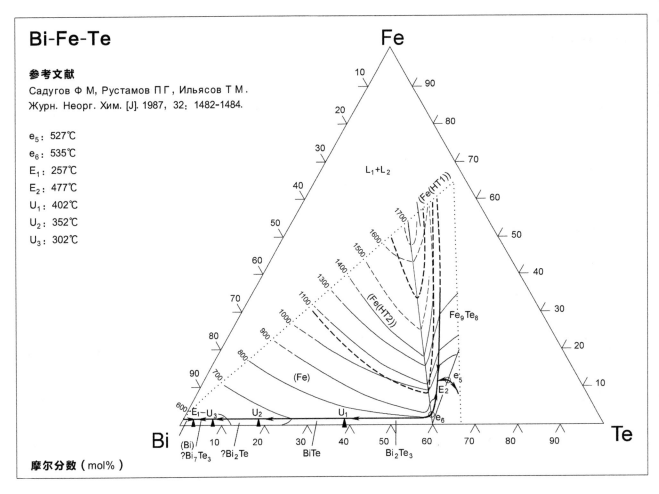

Bi-Fe-Te

Садугов Ф М, Рустамов П Г, Ильясов Т М.
Журн. Неорг. Хим. [J]. 1987, 32: 1482-1484.

e_5: 527℃
e_6: 535℃
E_1: 257℃
E_2: 477℃
U_1: 402℃
U_2: 352℃
U_3: 302℃

摩尔分数（mol%）

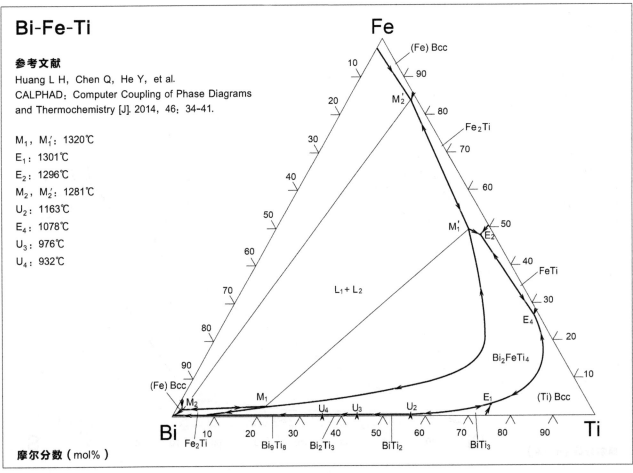

Bi-Fe-Ti

参考文献

Huang L H, Chen Q, He Y, et al.
CALPHAD: Computer Coupling of Phase Diagrams
and Thermochemistry [J]. 2014, 46: 34-41.

M_1, M_1': 1320℃
E_1: 1301℃
E_2: 1296℃
M_2, M_2': 1281℃
U_2: 1163℃
E_4: 1078℃
U_3: 976℃
U_4: 932℃

摩尔分数（mol%）

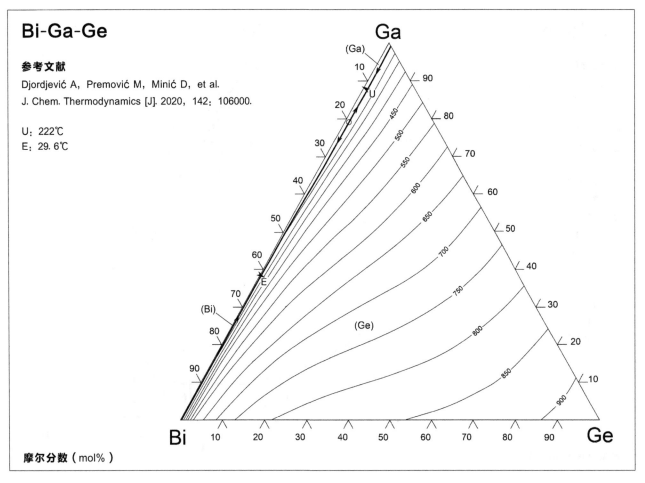

Bi-Ga-Ge

参考文献

Djordjević A, Premović M, Minić D, et al.

J. Chem. Thermodynamics [J]. 2020, 142: 106000.

U: 222℃

E: 29.6℃

摩尔分数（mol%）

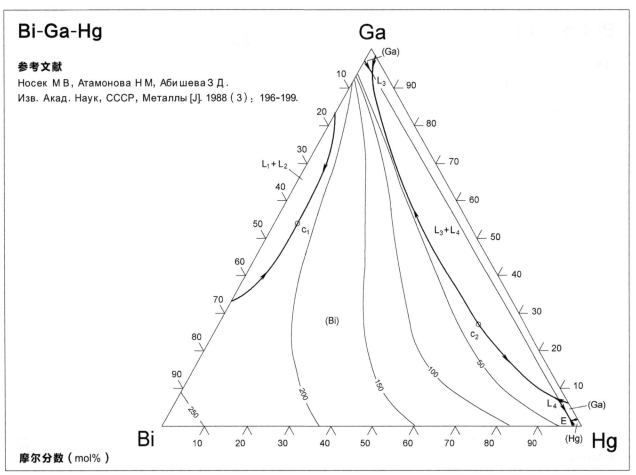

Bi-Ga-Hg

参考文献

Носек М В, Атамонова Н М, Абишева З Д.

Изв. Акад. Наук, СССР, Металлы [J]. 1988（3）: 196-199.

摩尔分数（mol%）

Bi-Ga-In

参考文献

Manasijević D, Minić D, Premović M, et al.
Journal of Alloys and Compounds [J]. 2016, 664: 199-208.

E_1': 94.6℃
E_1'': 94.6℃
U_1': 72.0℃
U_1'': 72.0℃
U_2': 70.6℃
U_2'': 70.6℃
U_3: 60.9℃
E_2': 47.3℃
E_2'': 47.3℃
U_4: 26.4℃
U_5: 21.8℃
U_6: 21.4℃
U_7: 15.8℃

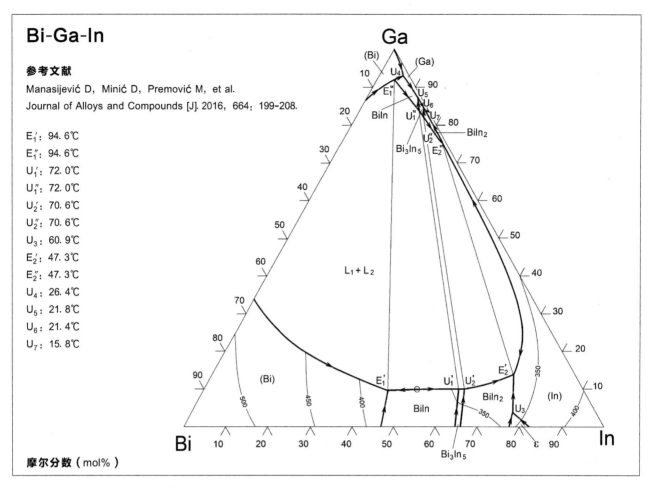

摩尔分数（mol%）

Bi-Ga-P（1）

参考文献

Кузнесов В В, Солокин В С.
Изв. Акад. Наук, СССР, Неорганические Мтериалы [J].
1997, 13: 638-642.

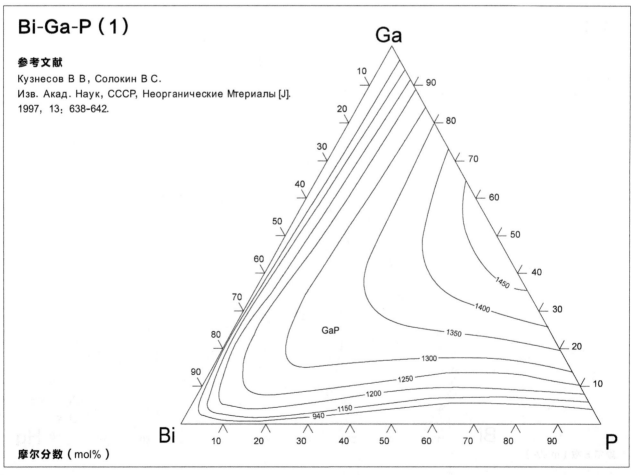

摩尔分数（mol%）

Bi-Ga-P（2）

参考文献

Jordan A S.
Metallurgical Tramsactions, Section B:
Process Metallurgy [J]. 1976, 7: 191-202.

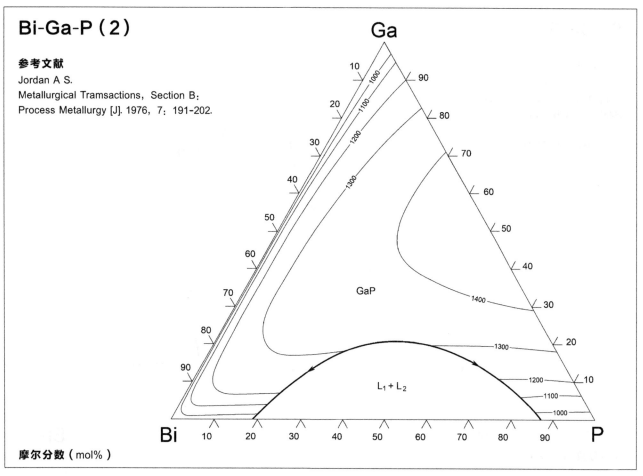

摩尔分数（mol%）

Bi-Ga-Sb

参考文献

Сорокина О В, Моргун А И.
Журн. Неорг. Хим. [J]. 1985, 30: 1804-1808.

c: 266℃
E: ~29℃
L_1, L_2: 210℃

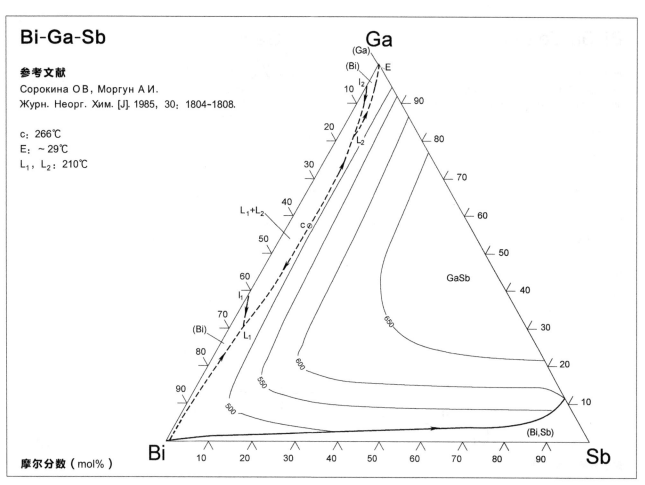

摩尔分数（mol%）

Bi-Ga-Sn

参考文献

Manasijević D, Minić D, Zivković D, et al.
Journal of Physics and Chemistry of Solids [J].
2009, 70: 1267-1273.

E: 20.5℃, 92.1% Ga, 7.7% Sn

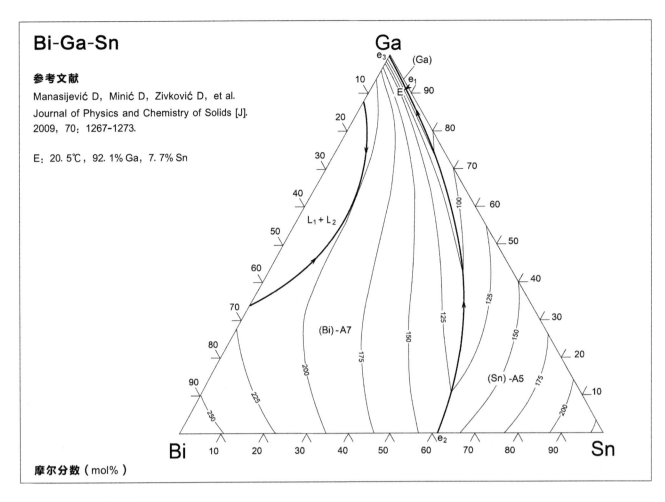

摩尔分数（mol%）

Bi-Ga-Te（1）

参考文献

Рустамов П Г, Сейдова Н А, Шахбазов М Г.
Журн. Неорг. Хим. [J]. 1976, 21: 412-415.

e_3: 240℃
e_4: 550℃
e_5: 575℃
E_2: 460℃
E_3: 180℃
E_4: 30℃
U_1: 466℃
U_2: 400℃
U_3: 290℃
U_5: 190℃

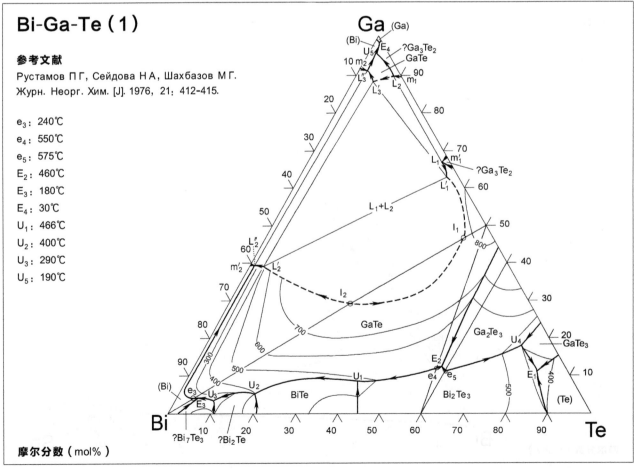

摩尔分数（mol%）

Bi-Ga-Te（2）

参考文献

Kumar B, Tiwary C S, Paek M K, et al.
CALPHAD: Computer Coupling of Phase Diagrams
and Thermochemistry [J]. 2021, 74: 102326.

U_1: 544℃, 43.9% Bi, 50.4% Te
P_1: 456℃, 72.7% Bi, 26.9% Te
U_4: 413℃, 3.0% Bi, 89% Te
E_1: 395℃, 8.0% Bi, 86% Te
U_5: 368℃, 85.6% Bi, 14.4% Te
U_6: 324℃, 90.5% Bi, 9.4% Te
U_7: 269℃, 98.8% Bi, 1.1% Te
E_2: 262℃, 95.9% Bi, 0.4% Te

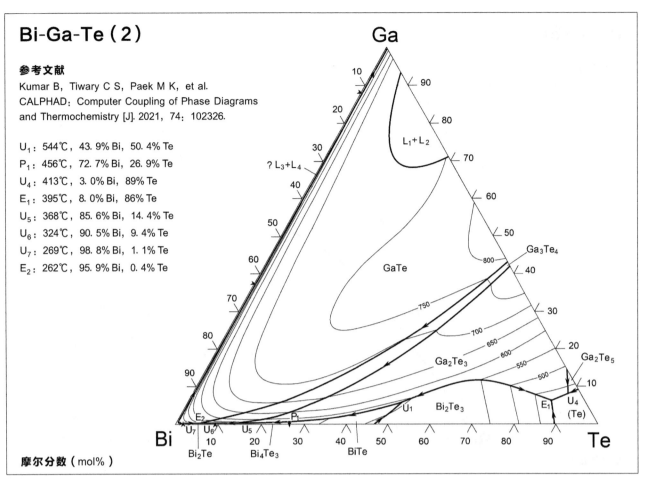

摩尔分数（mol%）

Bi-Ge-Sb

参考文献

Premović M, Minić D, Cosović V, et al.
Metallurgical and Materials Transactions A [J].
2014, 45A: 4829-4841.

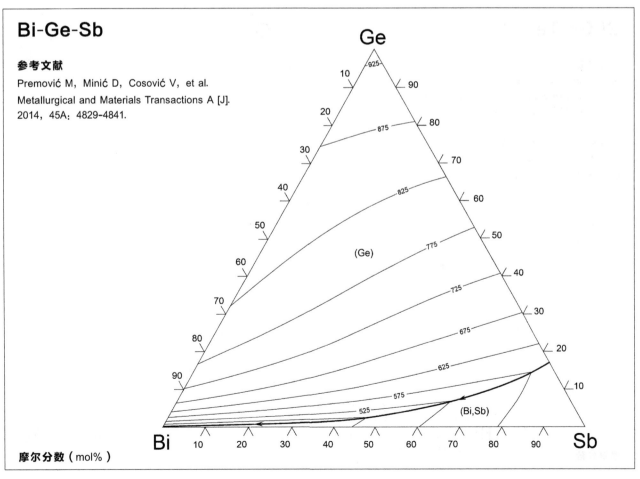

摩尔分数（mol%）

Bi-Ge-Si

参考文献

Fleurial J P, Borshchevsky A.
J. Electrochem. Soc. [J]. 1990, 137: 2928-2937.

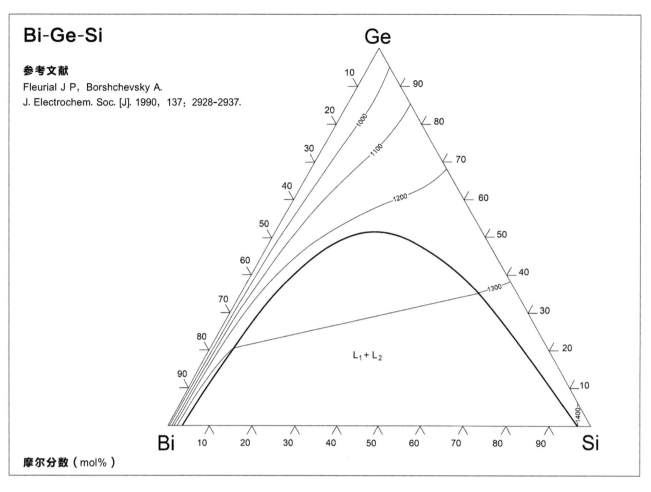

摩尔分数（mol%）

Bi-Ge-Te

参考文献

Абрикосов Н Х, Данилова-Добрякова Г Т.
Изв. Акад. Наук, СССР, Неорг Материалы [J].
1970, 6: 1582-1586.

e: 552℃ ①: $Ge_3Bi_2Te_6$
p_1: 650℃ ②: $GeBi_2Te_4$
p_2: 564℃ ③: $GeBi_4Te_7$
p_3: 564℃
E: 254℃
U_4: 542℃
U_5: 507℃

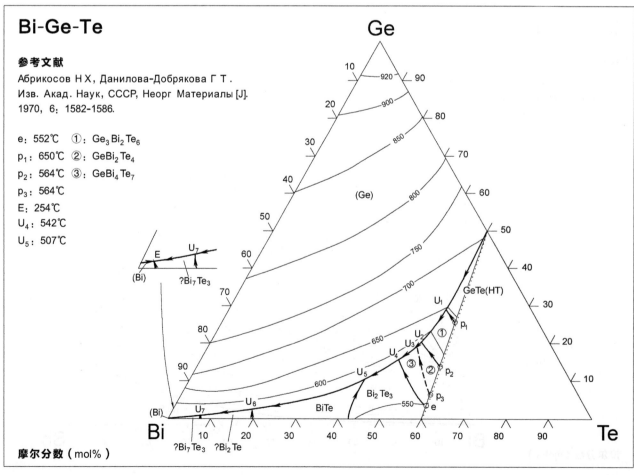

摩尔分数（mol%）

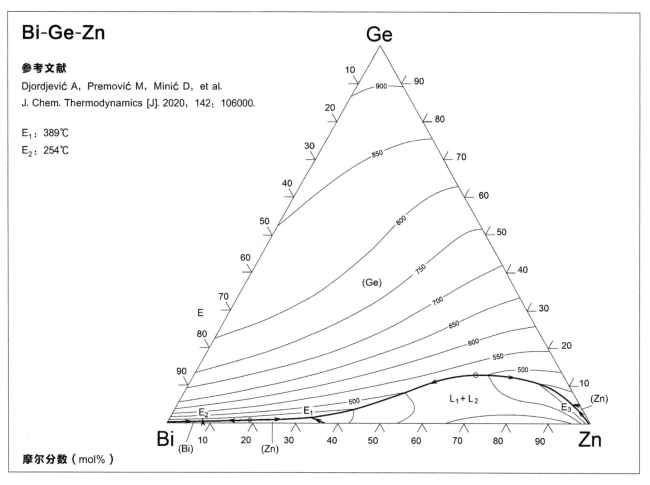

Bi-Ge-Zn

参考文献

Djordjević A, Premović M, Minić D, et al.

J. Chem. Thermodynamics [J]. 2020, 142: 106000.

E_1: 389℃

E_2: 254℃

Ge

摩尔分数（mol%）

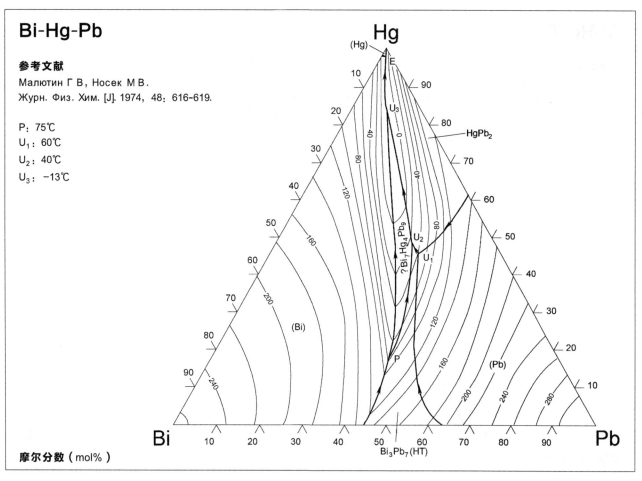

Bi-Hg-Pb

参考文献

Малютин Г В, Носек М В.

Журн. Физ. Хим. [J]. 1974, 48: 616-619.

P: 75℃

U_1: 60℃

U_2: 40℃

U_3: -13℃

摩尔分数（mol%）

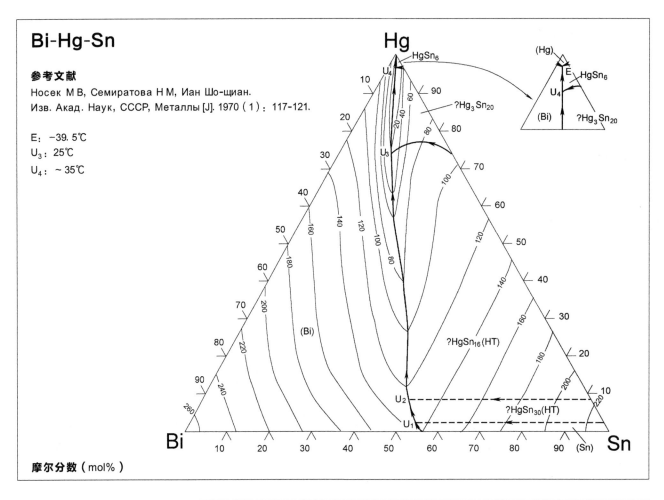

Bi-Hg-Sn

参考文献

Носек М В, Семиратова Н М, Иан Шо-щиан.
Изв. Акад. Наук, СССР, Металлы [J]. 1970（1）：117-121.

E：−39.5℃
U₃：25℃
U₄：～35℃

$HgSn_6$

?Hg_3Sn_{20}

(Hg)

(Bi)

?$HgSn_{16}$(HT)

?$HgSn_{30}$(HT)

(Sn)

Bi   Sn

Hg

摩尔分数（mol%）

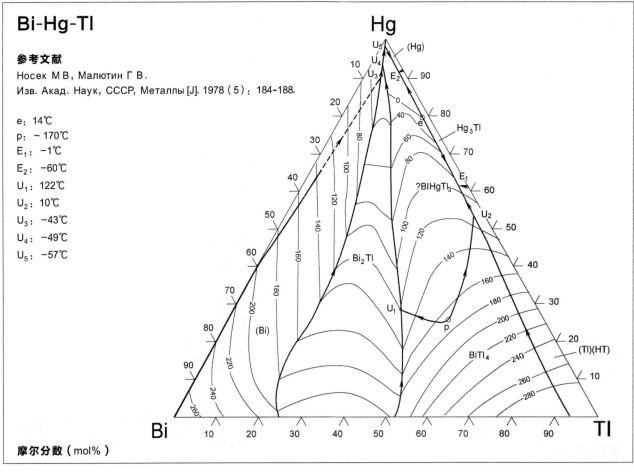

Bi-Hg-Tl

参考文献

Носек М В, Малютин Г В.
Изв. Акад. Наук, СССР, Металлы [J]. 1978（5）：184-188.

e：14℃
p：～170℃
E₁：−1℃
E₂：−60℃
U₁：122℃
U₂：10℃
U₃：−43℃
U₄：−49℃
U₅：−57℃

Hg

(Hg)

Hg_3Tl

?$BiHgTl_3$

Bi_2Tl

(Bi)

$BiTl_4$

(Tl)(HT)

Bi   Tl

摩尔分数（mol%）

Bi-Hg-Zn

参考文献

Атманова Н М, Носек М В, Асанова Б Т.
Изв. Акад. Наук. Казахсой ССР: Сер. Хим. [J].
1980（2）: 55-57.

E: ~ -44℃
U₁: ~ 30℃
U₂: ~ 13℃

$E: \sim -44℃$
$U_1: \sim 30℃$
$U_2: \sim 13℃$

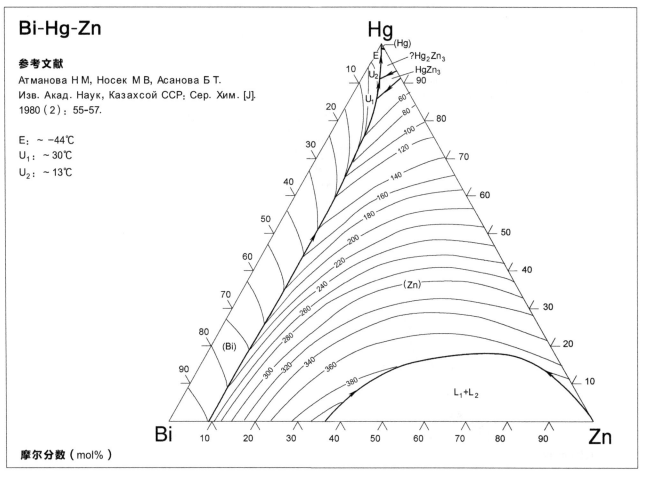

摩尔分数（mol%）

Bi-In-Ni

参考文献

Premović M, Minić D, Manasijević D, et al.
Thermochimica Acta [J]. 2015, 609: 61-74.

P_1: 869℃	U_9: 309℃
P_2: 863℃	U_{10}: 254℃
U_1: 825℃	E_1: 109℃
U_2: 776℃	U_{11}: 94.7℃
P_3: 665℃	U_{12}: 90.9℃
U_3: 620℃	U_{13}: 88.7℃
U_4: 569℃	E_2: 87.8℃
U_5: 534℃	E_3: 71.8℃
U_6: 517℃	
U_7: 458℃	
U_8: 454℃	

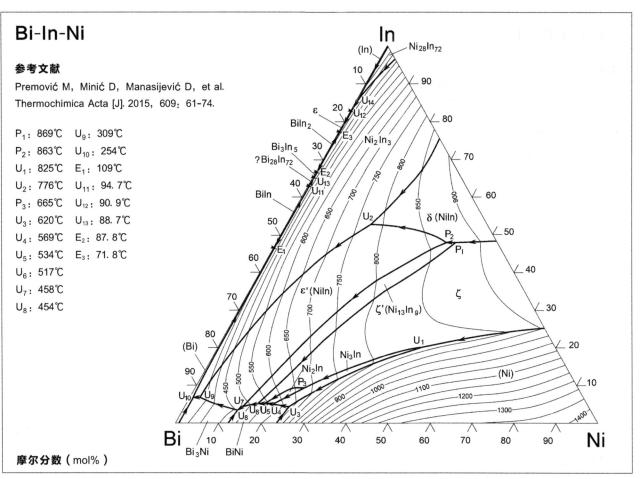

摩尔分数（mol%）

Bi-In-P

参考文献

Исламов С А, Евгениев С Б, Сорокина О В, и др.

Журн. Неорг. Хим. [J]. 1984, 29: 1355-1357.

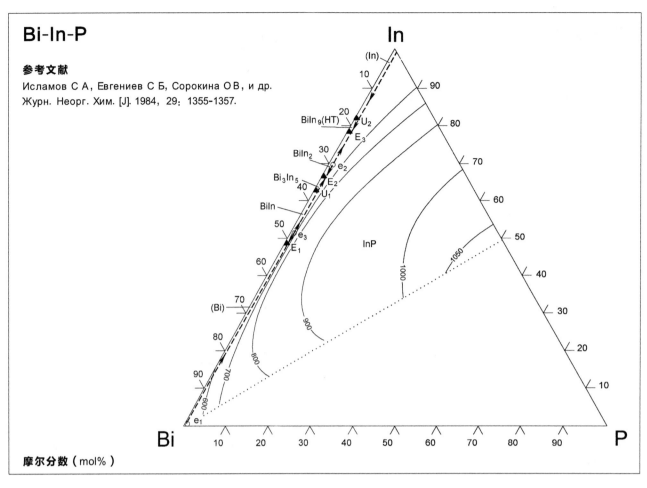

摩尔分数（mol%）

Bi-In-Pb（1）

参考文献

Стельмах С И, Циммергах В А, шека И А.

Укр. Хим. Журн. [J]. 1974, 40: 471-473, 762-764.

e: 79℃, 39.7% Bi, 39.7% In

E: 70℃, 48.2% Bi, 31.8% In

U_1: 73℃, 43.9% Bi, 32.0% In

U_2: 74℃, 28.2% Bi, 60.6% In

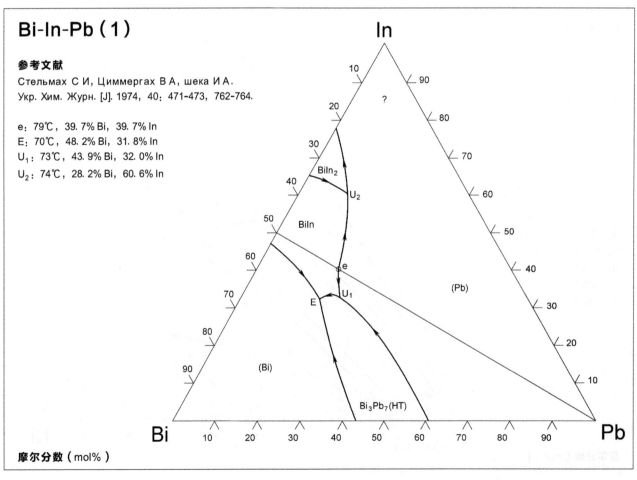

摩尔分数（mol%）

Bi-In-Pb（2）

参考文献

Boa D, Ansaral.

Thermochimica Acta [J]. 1998, 314：79-86.

e_1：76℃

e_2：73℃

E_1：70℃

E_2：70℃

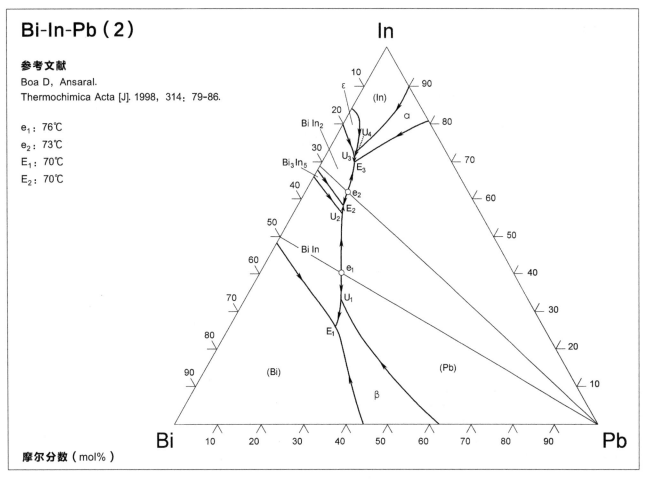

摩尔分数（mol%）

Bi-In-S

参考文献

Рустамов П Г，Радимова В М，Аллазов М Р，и др.

Журн. Неорг. Хим. [J]. 1988, 33：711-714.

①：$Bi_2In_4S_9$

②：$Bi_4In_2S_9$

I_3：960℃　U_1：80℃

I_3'：790℃　U_2：85℃

e_3：100℃　U_3：90℃

e_4：240℃　U_4：95℃

e_5：685℃　U_5：125℃

p_5：725℃　U_6：95℃

p_6：700℃

E_1：70℃

E_2：95℃

E_3：85℃

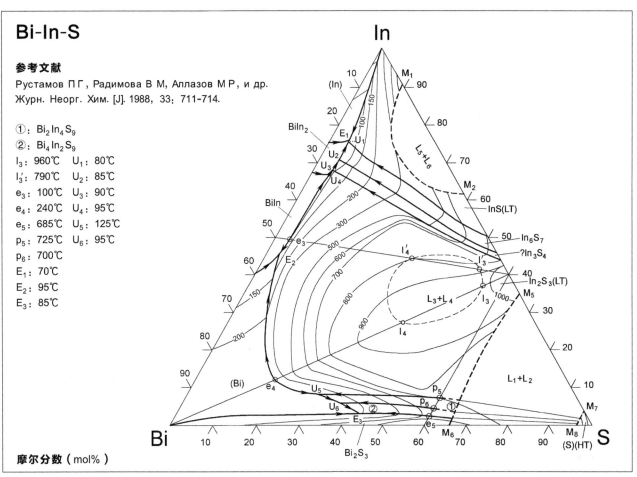

摩尔分数（mol%）

Bi-In-Sb

参考文献

Cui Y, Ishihara S, Liu X J, et al.
Materials Transactions（The Japan Institute of Metals）[J].
2002, 43：1879~1886.

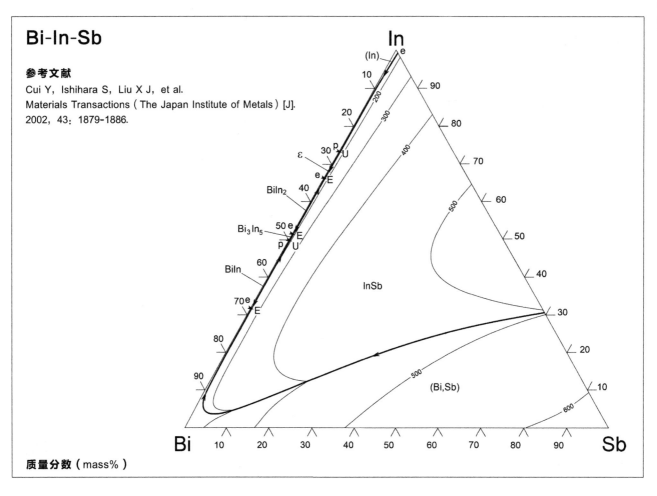

质量分数（mass%）

Bi-In-Se

参考文献

Chen S W, Hutabalian Y, Gierlotka W, et al.
GALPHAD：Computer Coupling of Phase Diagrams
and Thermochemistry [J]. 2020, 68：101744.

E_1：71.8℃
U_1：88.7℃
P_1：88.8℃
P_2：90.9℃
U_2：109.7℃
E_2：220.8℃
U_3：267.0℃
U_4：264.4℃
E_3：263.2℃
E_4：263.1℃

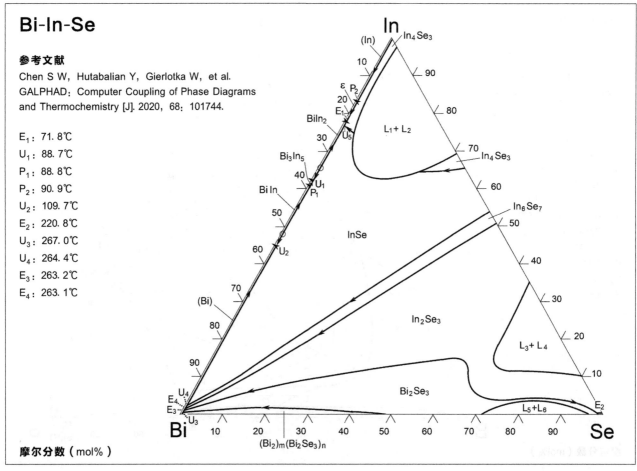

摩尔分数（mol%）

Bi-In-Sn（1）

参考文献

Yoon S W, Rho B S, Lee H M, et al.
Metall. Mater. Trans. [J]. 1999, 30: 1503-1515.

U_1: 80.6℃, 39.1% Bi, 40.2% In
U_2: 68.3℃, 26.3% Bi, 53.0% In
U_3: 65.7℃, 20.6% Bi, 74.8% In
U_4: 59.0℃, 19.0% Bi, 66.6% In
U_5: 57.3℃, 21.1% Bi, 58.7% In
U_6: 55.6℃, 20.0% Bi, 60.0% In
E_1: 56.3℃, 19.2% Bi, 60.3% In

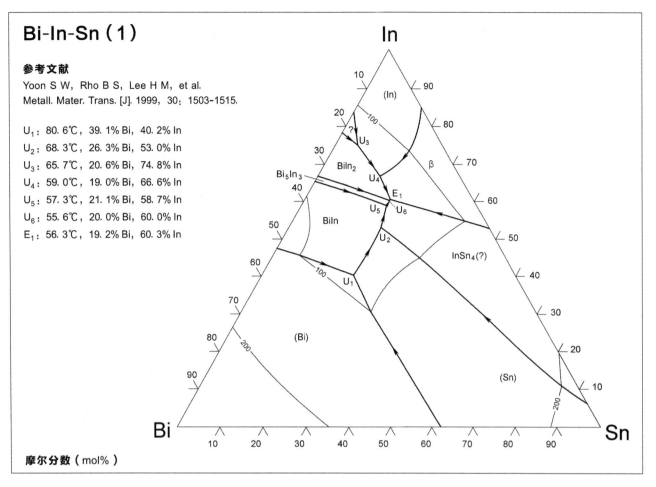

摩尔分数（mol%）

Bi-In-Sn（2）

参考文献

Witusiewicz V T, Hecht U, Böttger B, et al.
Journal of Alloys and Compounds [J]. 2007, 428: 115-124.

E_1: 76.4℃
U_1: 76.2℃
U_2: 62.3℃
E_2: 59.2℃
U_3: 61.5℃

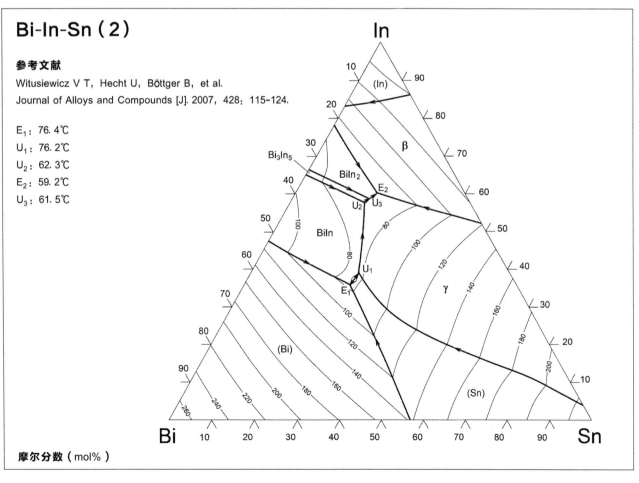

摩尔分数（mol%）

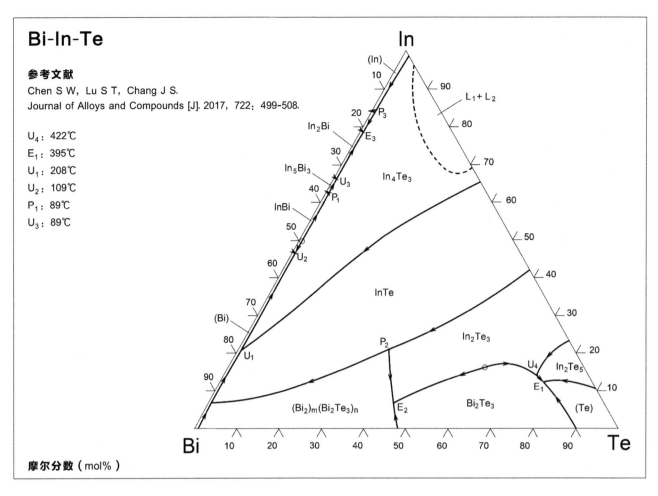

Bi-In-Te

参考文献

Chen S W, Lu S T, Chang J S.
Journal of Alloys and Compounds [J]. 2017, 722: 499-508.

U_4: 422℃
E_1: 395℃
U_1: 208℃
U_2: 109℃
P_1: 89℃
U_3: 89℃

摩尔分数（mol%）

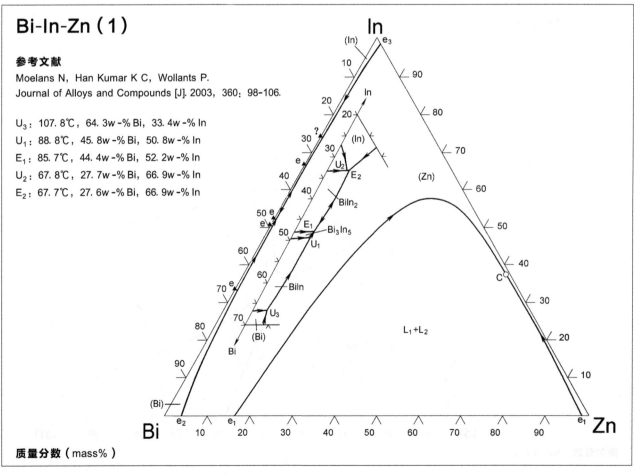

Bi-In-Zn（1）

参考文献

Moelans N, Han Kumar K C, Wollants P.
Journal of Alloys and Compounds [J]. 2003, 360: 98-106.

U_3: 107.8℃，64.3w-%Bi，33.4w-%In
U_1: 88.8℃，45.8w-%Bi，50.8w-%In
E_1: 85.7℃，44.4w-%Bi，52.2w-%In
U_2: 67.8℃，27.7w-%Bi，66.9w-%In
E_2: 67.7℃，27.6w-%Bi，66.9w-%In

质量分数（mass%）

Bi-In-Zn（2）

参考文献

Onderka B, Dębski A, Gąsior W.
Archives of Metallurgy and Materials [J].
2015, 60: 568-575.

E_1: 108℃, 52.0% Bi, 0.8% Zn

U_1: 88℃, 34.7% Bi, 0.5% Zn

E_2: 87℃, 33.4% Bi, 0.5% Zn

U_2: 81℃, 18.9% Bi, 0.5% Zn

E_3: 71℃, 21.8% Bi, 0.4% Zn

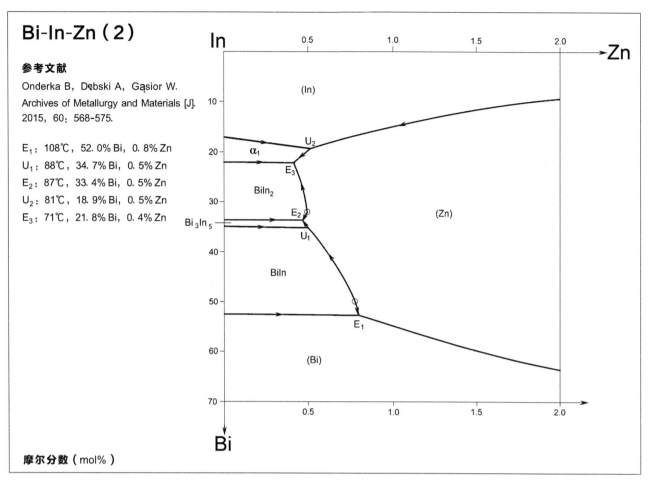

摩尔分数（mol%）

Bi-La-Te

参考文献

Садугов Ф М, Бахтияров И Б, Гейдарова Е А.
Изв. Акад. Наук, СССР, Неорганические
Материалы [J]. 1987, 23: 1747-1750.

U_1: 427℃	e_8: 1427℃
U_2: 327℃	e_9: 257℃
U_3: 242℃	e_{10}: 542℃
U_4: 782℃	e_{11}: 475℃
U_5: 1027℃	e_{12}: 567℃
U_6: 1027℃	p: 652℃
U_7: 927℃	E_1: 777℃
U_8: 502℃	E_2: 227℃
U_9: 452℃	E_3: 177℃
U_{10}: 427℃	E_4: 402℃
U_{11}: 377℃	E_5: 377℃
U_{12}: 327℃	E_6: 227℃
U_{13}: 287℃	
U_{14}: 512℃	

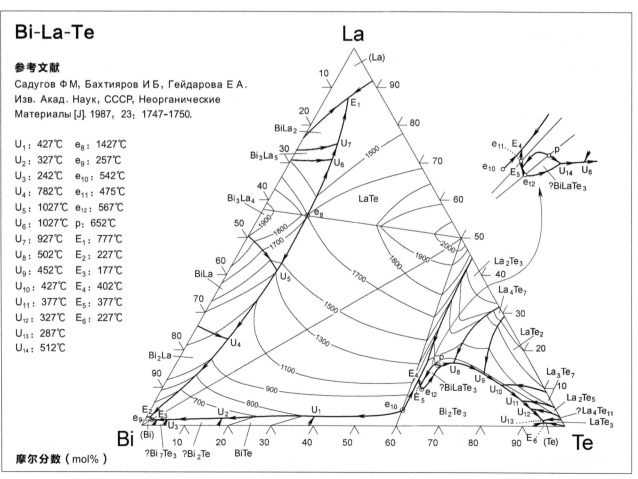

摩尔分数（mol%）

Bi-Mg-Pb

参考文献

Федоров П И，Шахнев В И，Долополова А М．
Извстия Высших Учебних Заведении：
Цветная Металлургия [J]．1962（2）：58-64．

E₁：415℃，2.4% Bi，78.6% Mg

U₁：450℃，4.2% Bi，76.8% Mg

e₁：514℃

p：520℃

E₃：~125℃

U₃：~184℃

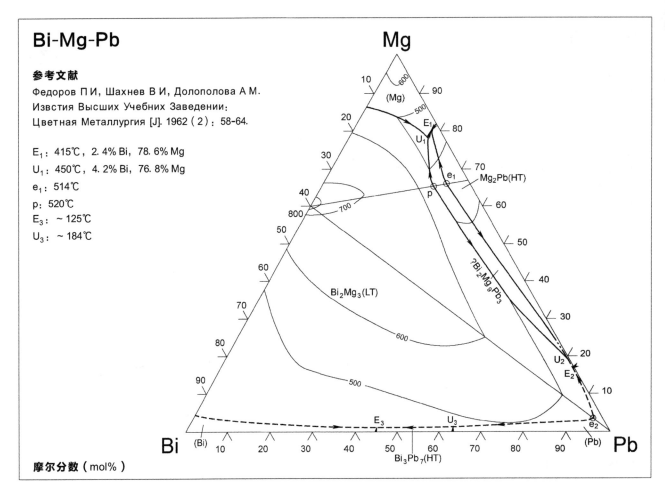

摩尔分数（mol%）

Bi-Mg-Sn

参考文献

Niu C，Li C，Du Z，et al．
CALPHAD：Computer Coupling of Phase Diagrams
and Thermochemistry [J]．2012，39：37-46．

U₂：659℃

U₁：636℃

E₃：523℃

E₂：204℃

E₁：138℃

e₁：703℃

e₂：701℃

e₃：688℃

e₅：561℃

e₆：552℃

e₇：263℃

e₉：204℃

e₁₀：138℃

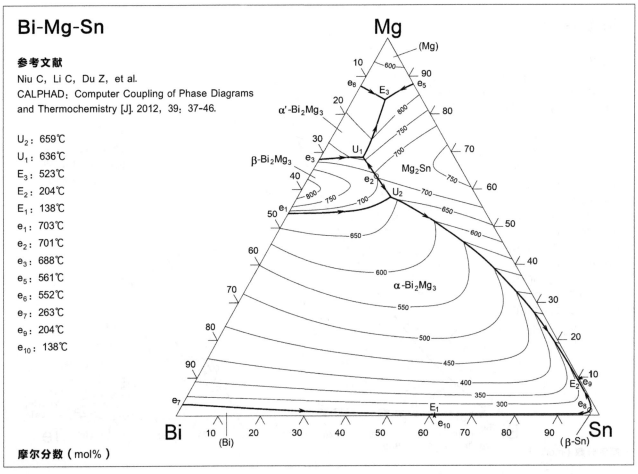

摩尔分数（mol%）

Bi-Mg-Zn（1）

参考文献

Sheil E, Glauner B.

Zeitschrift fuer Metallkunde [J]. 1939, 31：80-81.

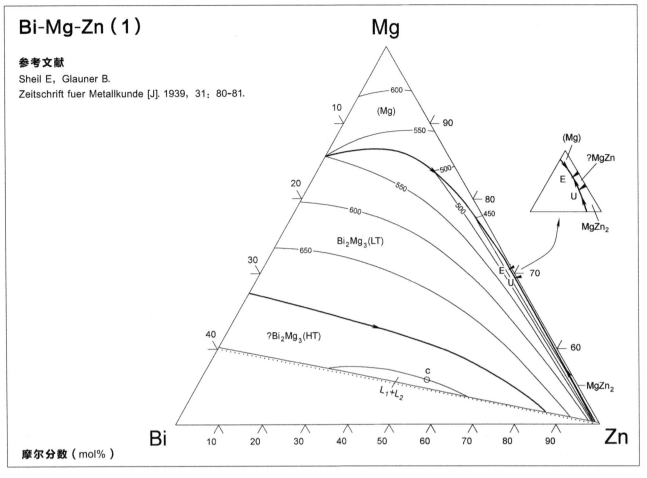

摩尔分数（mol%）

Bi-Mg-Zn（2）

参考文献

Tang Y, Li Y, Zhao W, et al.

Journal of Magnesium and Alloys [J]. 2020, 8：1238-1252.

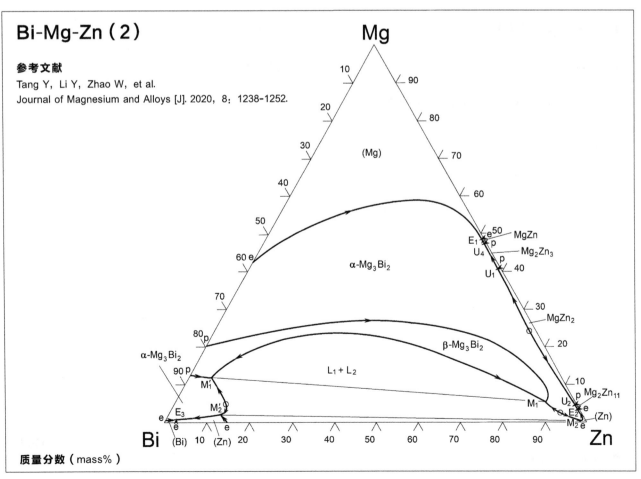

质量分数（mass%）

Bi-Mn-Pb

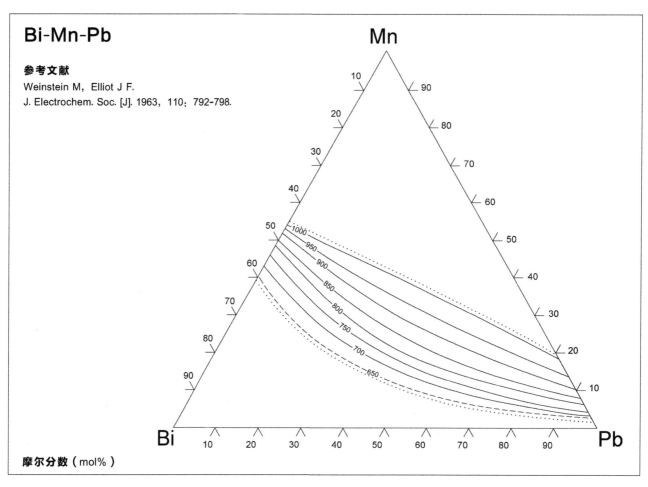

参考文献

Weinstein M, Elliot J F.

J. Electrochem. Soc. [J]. 1963, 110：792-798.

摩尔分数（mol%）

Bi-Mn-Sb（1）

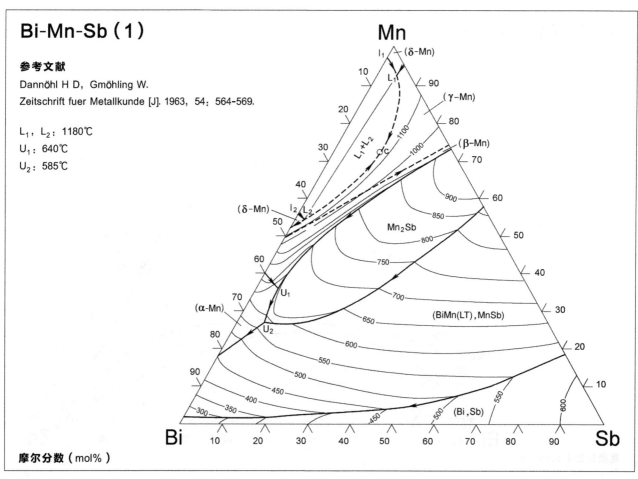

参考文献

Dannöhl H D, Gmöhling W.

Zeitschrift fuer Metallkunde [J]. 1963, 54：564-569.

L_1, L_2：1180℃

U_1：640℃

U_2：585℃

摩尔分数（mol%）

Bi-Mn-Sb（2）

参考文献

上満愛美，榎木勝徳，大谷博司.
日本金属学会誌 [J]. 2014, 78：327-336.

U_1：628. 2℃

E_1：627. 6℃

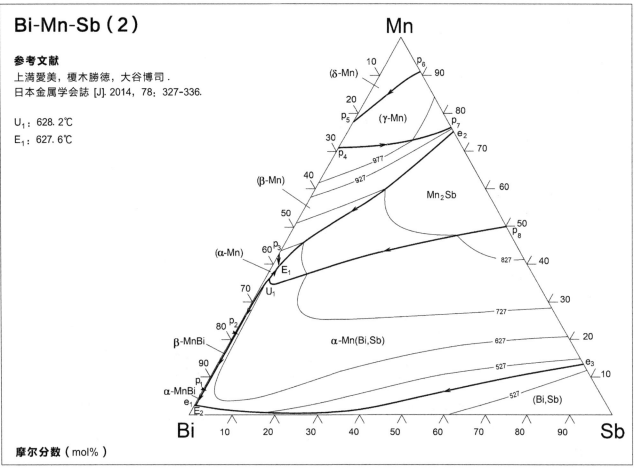

Bi-Mn-Sb（3）

参考文献

Kainzbauer P, Richter K W, Effenberger H S, et al.
J. Phase Equilib. Diffus. [J]. 2019, 40：462-481.

τ_1：$Bi_x MnSb_{1-x}$

U_1：670℃，64. 0% Bi，31. 0% Mn

P_1：～500℃，84. 0% Bi，14. 0% Mn

U_2：<446℃，89. 6% Bi，8. 6% Mn

U_3：>300℃，92. 3% Bi，2. 4% Mn

U_4：<300℃，93. 8% Bi，4. 0% Mn

E_1：>300℃，91. 8% Bi，2. 3% Mn

E_2：<260℃，96. 2% Bi，2. 0% Mn

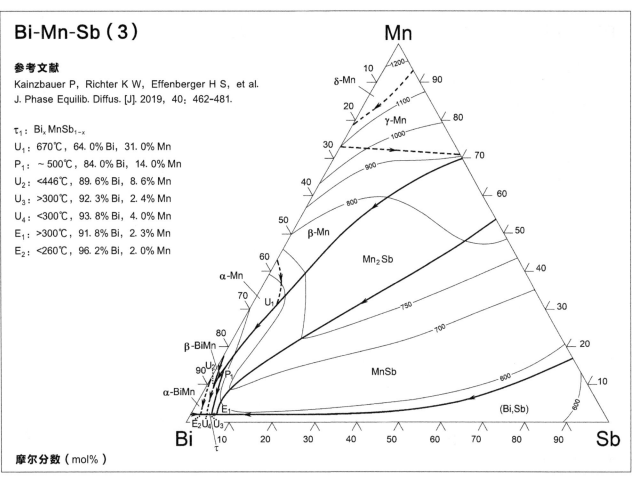

摩尔分数（mol%）

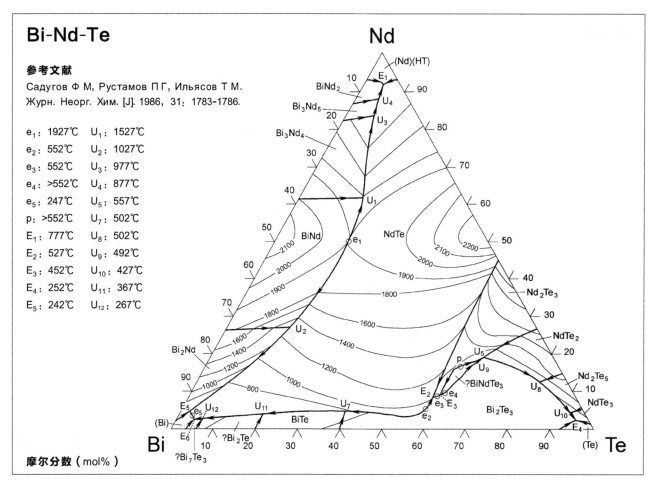

Bi-Nd-Te

参考文献

Садугов Ф М, Рустамов П Г, Ильясов Т М.
Журн. Неорг. Хим. [J]. 1986, 31: 1783-1786.

e_1: 1927℃	U_1: 1527℃
e_2: 552℃	U_2: 1027℃
e_3: 552℃	U_3: 977℃
e_4: >552℃	U_4: 877℃
e_5: 247℃	U_5: 557℃
p: >552℃	U_7: 502℃
E_1: 777℃	U_8: 502℃
E_2: 527℃	U_9: 492℃
E_3: 452℃	U_{10}: 427℃
E_4: 252℃	U_{11}: 367℃
E_5: 242℃	U_{12}: 267℃

摩尔分数（mol%）

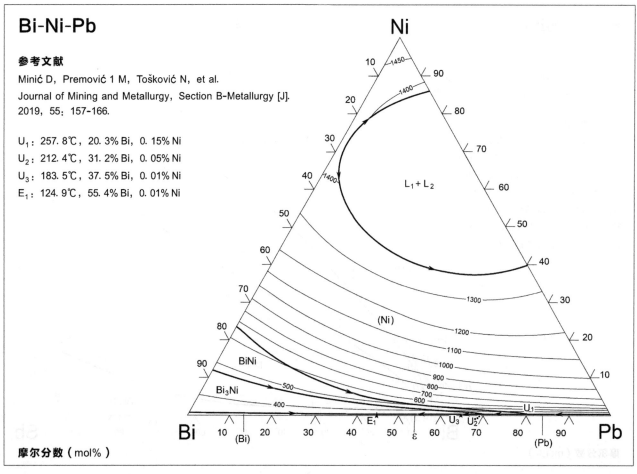

Bi-Ni-Pb

参考文献

Minić D, Premović 1 M, Tošković N, et al.
Journal of Mining and Metallurgy, Section B-Metallurgy [J].
2019, 55: 157-166.

U_1: 257. 8℃, 20. 3% Bi, 0. 15% Ni
U_2: 212. 4℃, 31. 2% Bi, 0. 05% Ni
U_3: 183. 5℃, 37. 5% Bi, 0. 01% Ni
E_1: 124. 9℃, 55. 4% Bi, 0. 01% Ni

摩尔分数（mol%）

Bi-Ni-Se

参考文献

Аллазов М Р, Риза К А, Еинуллаев А В, и др.
Журн. Неорг. Хим. [J]. 2006, 51: 624-629.

E_1: 557℃, 59% Ni, 13% Bi

E_2: 457℃, 34% Ni, 26% Bi

E_3: 447℃, 32% Ni, 30.5% Bi

E_4: 220℃

E_5: 220℃

U_1: 437℃, 29% Ni, 38% Bi

U_2: 347℃, 3% Ni, 81% Bi

U_3: 587℃, 19% Ni, 79.5% Bi

U_4: 460℃, 5% Ni, 94% Bi

U_5: 557℃, 58% Ni, 12% Bi

M_1 (M_1'): 687℃, 5% Ni, 31% Bi

M_2 (M_2'): 710℃, 17% Ni, 11% Bi

τ_1: 815℃——$NiBi_2Se_4$

τ_2: 707℃——$Ni_3Bi_2Se_2$

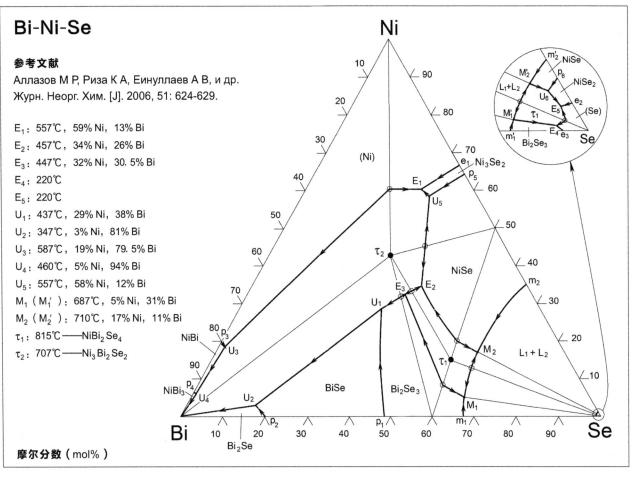

摩尔分数（mol%）

Bi-Ni-Sn

参考文献

Seo S K, Cho M G, Lee H M.
J. Electronic Materials [J]. 2007, 36: 1536-1544.

P_1: 922℃, 68.8% Bi, 30.7% Ni

U_1: 850℃, 84.0% Bi, 13.8% Ni

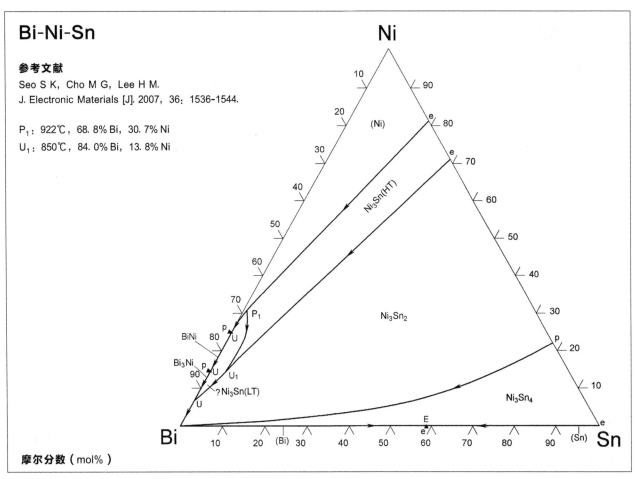

摩尔分数（mol%）

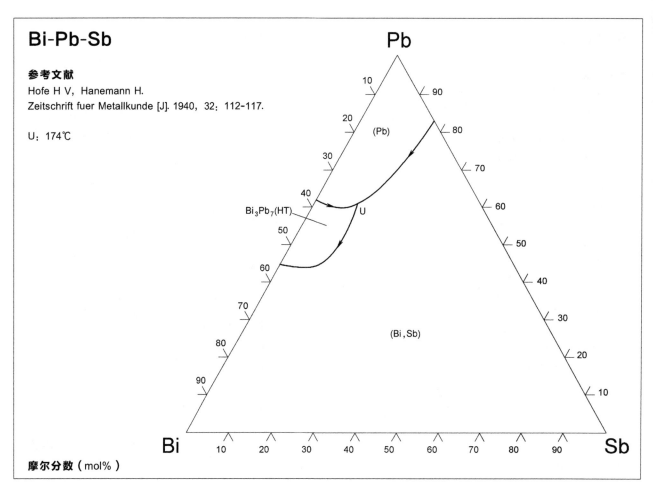

Bi-Pb-Sb

参考文献

Hofe H V, Hanemann H.
Zeitschrift fuer Metallkunde [J]. 1940, 32: 112-117.

U: 174℃

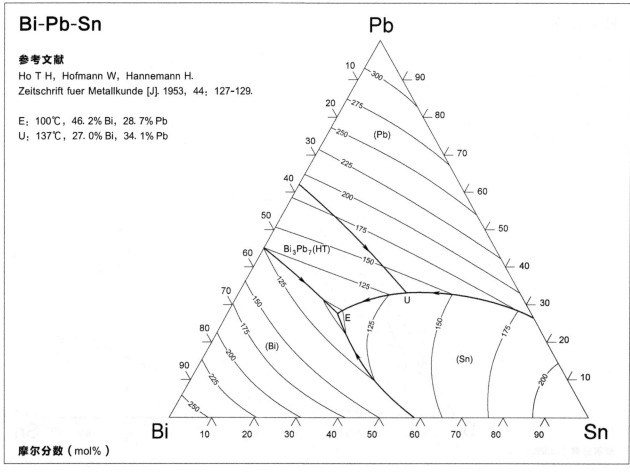

Bi-Pb-Sn

参考文献

Ho T H, Hofmann W, Hannemann H.
Zeitschrift fuer Metallkunde [J]. 1953, 44: 127-129.

E: 100℃, 46.2% Bi, 28.7% Pb
U: 137℃, 27.0% Bi, 34.1% Pb

Bi-Pb-Te

参考文献

Dorovan J A, O'shea R P, Peretti E A.
Transactions of the American Society of Metals [J].
1963, 56: 153-159.

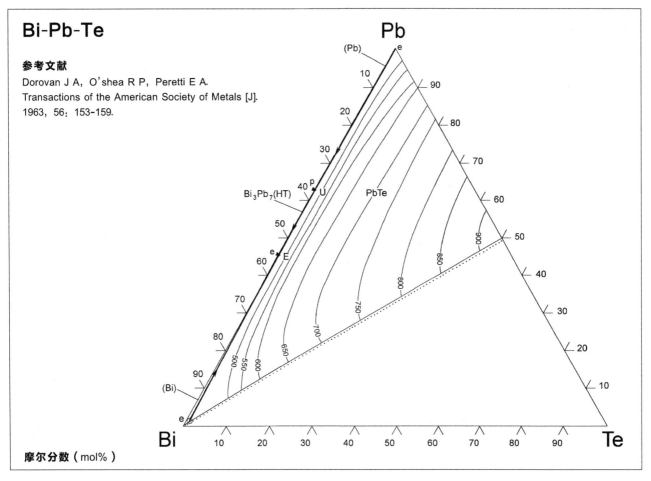

摩尔分数（mol%）

Bi-Pb-Zn

参考文献

Seith W, Johnen H, Wagner J.
Zeitschrift fuer Metallkunde [J]. 1955, 46: 773-779.

E: 124℃, 52.5% Bi, 41.4% Pb
U: 160℃, 38.5% Bi, 56.5% Pb

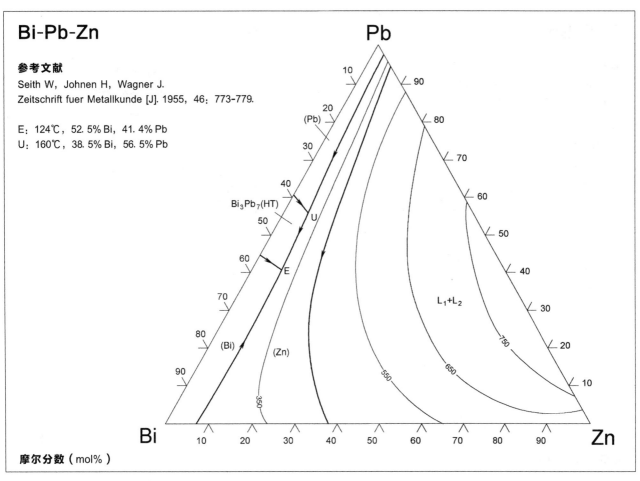

摩尔分数（mol%）

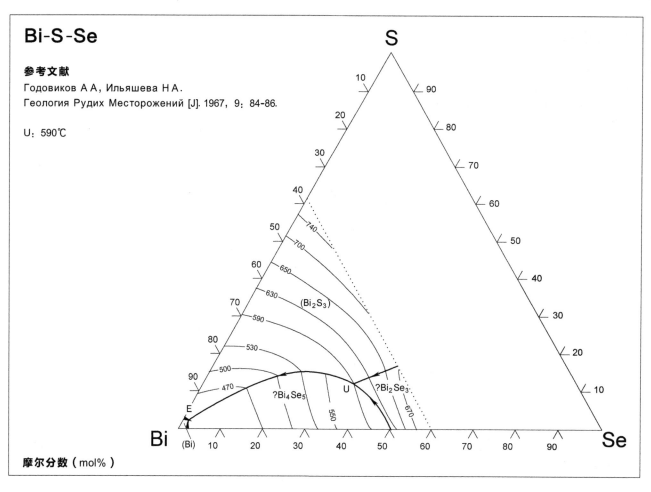

Bi-S-Se

参考文献

Годовиков А А, Ильяшева Н А.
Геология Рудих Месторожений [J]. 1967, 9: 84-86.

U: 590℃

(Bi₂S₃)

?Bi₄Se₅   U   ?Bi₂Se₃

E

Bi   (Bi)   10   20   30   40   50   60   70   80   90   Se

摩尔分数（mol%）

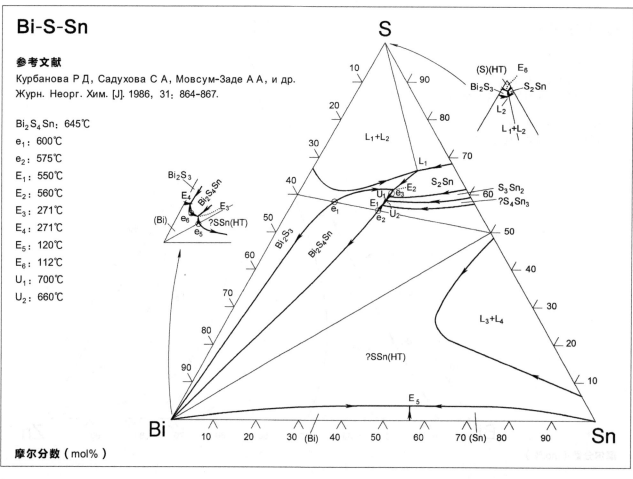

Bi-S-Sn

参考文献

Курбанова Р Д, Садухова С А, Мовсум-Заде А А, и др.
Журн. Неорг. Хим. [J]. 1986, 31: 864-867.

Bi₂S₄Sn: 645℃

e₁: 600℃
e₂: 575℃
E₁: 550℃
E₂: 560℃
E₃: 271℃
E₄: 271℃
E₅: 120℃
E₆: 112℃
U₁: 700℃
U₂: 660℃

(S)(HT)   E₆
Bi₂S₃   S₂Sn
        L₂
    L₁+L₂

L₁+L₂

L₁

S₂Sn

S₃Sn₂
?S₄Sn₃

Bi₂S₃   Bi₂S₄Sn   U₁   E₂   E₃
    e₁   E₁   U₂
        e₂

Bi₂S₃
Bi₂S₄Sn

Bi₂S₃
Bi₂S₄Sn
E₄   E₃
(Bi)   e₆   ?SSn(HT)
    e₅

L₃+L₄

?SSn(HT)

E₅

Bi   10   20   30   (Bi)   40   50   60   70 (Sn)   80   90   Sn

摩尔分数（mol%）

Bi-S-Te

参考文献

Amadori M.
Atti Della Accademia Nazionale dei Lincei, Classe di
Scienze Fisiche, Matematiche e Naturali（Rediconti）[J].
1918, 27: 131-136.

e_1: 570℃

e_2: 614℃

e_3: 260℃

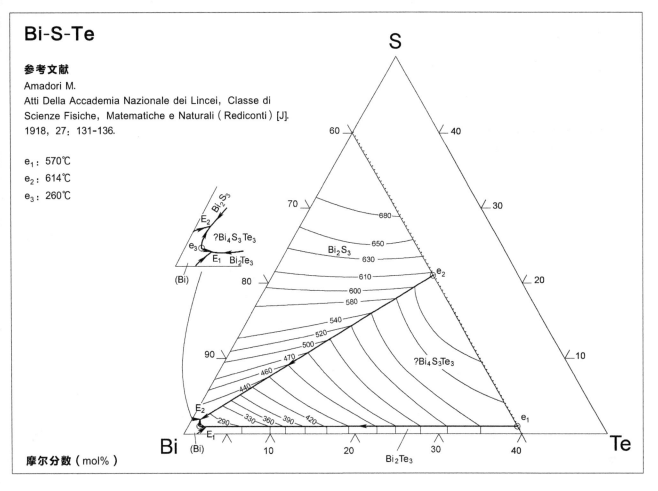

Bi-S-Tl

参考文献

Бабанлы М Б, Кесаманлы М Ф, Кулиев А А.
Журн. Неорг. Хим. [J]. 1988, 33: 1353-1357.

※: BiS_2Tl

e_2: 268℃

e_3: 442℃

e_4: 677℃

e_5: 213℃

p: 547℃

U_1: 292℃

U_2: 227℃

U_3: 221℃

U_4: 124℃

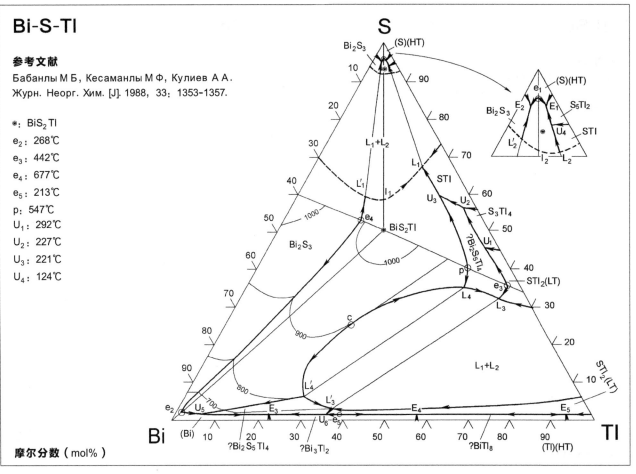

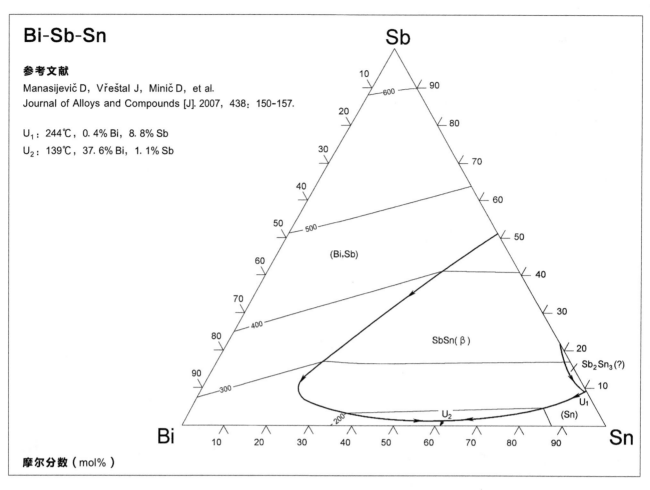

Bi-Sb-Sn

参考文献

Manasijevič D, Vřeštal J, Minič D, et al.
Journal of Alloys and Compounds [J]. 2007, 438: 150-157.

U₁: 244℃, 0.4% Bi, 8.8% Sb
U₂: 139℃, 37.6% Bi, 1.1% Sb

U_1: 244℃, 0.4% Bi, 8.8% Sb
U_2: 139℃, 37.6% Bi, 1.1% Sb

摩尔分数（mol%）

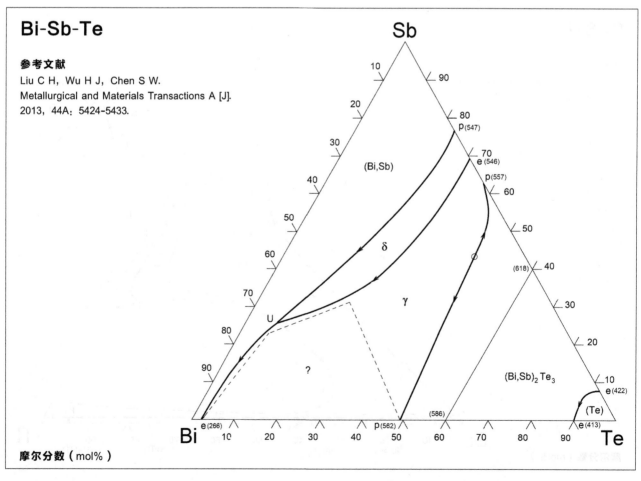

Bi-Sb-Te

参考文献

Liu C H, Wu H J, Chen S W.
Metallurgical and Materials Transactions A [J].
2013, 44A: 5424-5433.

摩尔分数（mol%）

Bi-Sb-Zn

参考文献

Minić D, Dokić J, Cosović V, et al.
Materials Chemistry and Physics [J]. 2010, 122: 108-113.

U_1: 491℃
U_2: 491℃
U_4: 439℃
U_6: 408℃
U_7: 407℃
E_1: 407℃
U_8: 258℃
U_9: 254℃

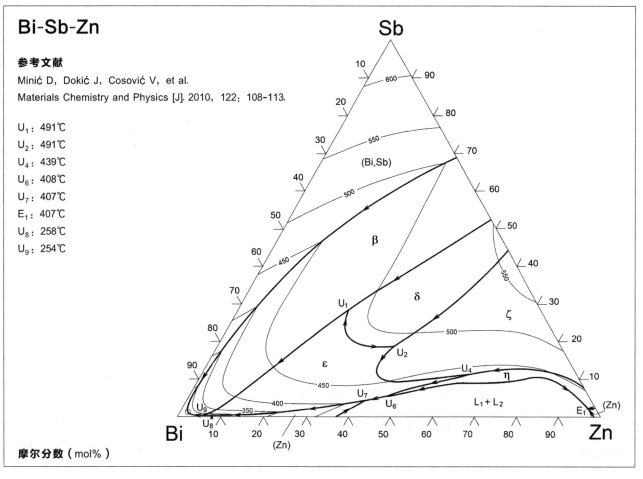

摩尔分数（mol%）

Bi-Se-Sn

参考文献

Шер А А, Один И Н, Новоселова А В.
Журн. Неорг. Хим. [J]. 1986, 31: 575-579.

★: ? Bi_2Se_4Sn
△: ? Bi_4Se_5Sn
⊞: ? $Bi_9Se_{13}Sn$
⊛: ? $BiSe_2Sn$
e_1: 545℃
e_2: 265℃
L_1', L_2': 805℃

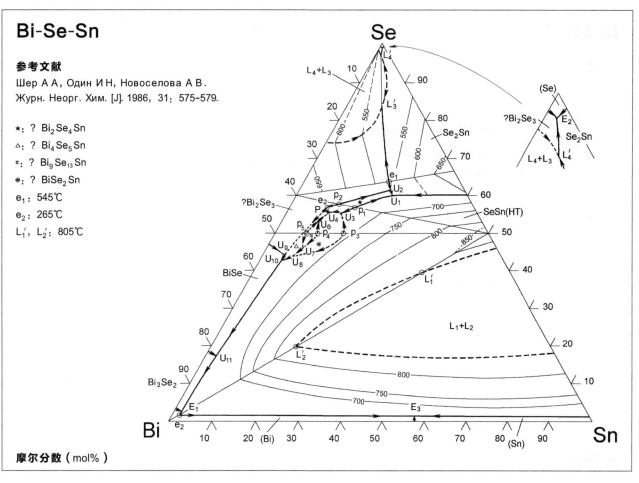

摩尔分数（mol%）

Bi-Sm-Te

参考文献

Садугов Ф М，Алиев О М．
Изв. Акад. Наук，СССР，Неорг. Материалы [J].
1989，25：1083-1086.

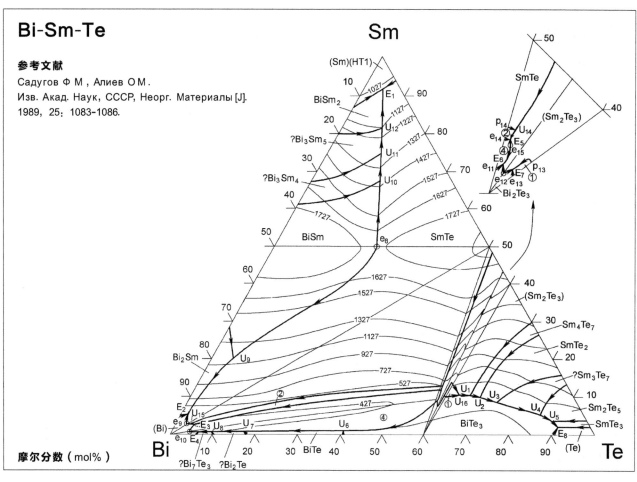

Bi-Sn-Zn

参考文献

（1）Ohtani H，Ishida K.
J. Electron. Mater [J]. 1996，25：983-991.
（2）Malakhov D V，Liu X J，Pkhuma I，et al.
J. Phase Equilib. Diff. [J]. 2000，21：514-520.
（3）Moelans N，Hankumar K C，Wollans P.
J. Alloys Compd. [J]. 2003，360：98-106.
（4）Vizdal L，Braga M，Kroupa A，et al.
CALPHAD [J]. 2007，31：438-448.
（5）Yang C F，Chen F L，Gierlotka W，et al.
Materials Chemistry and Physics [J].
2008，112：94-103.

不同文献报道 E 点的数据

文献	T/℃	% Bi	% Sn
（1）	132	36	58
（2）	135±0.5	41	57
（3）	130	39	54
（4）(本图)	132	35.5	60.1
（5）	135.9	39	56

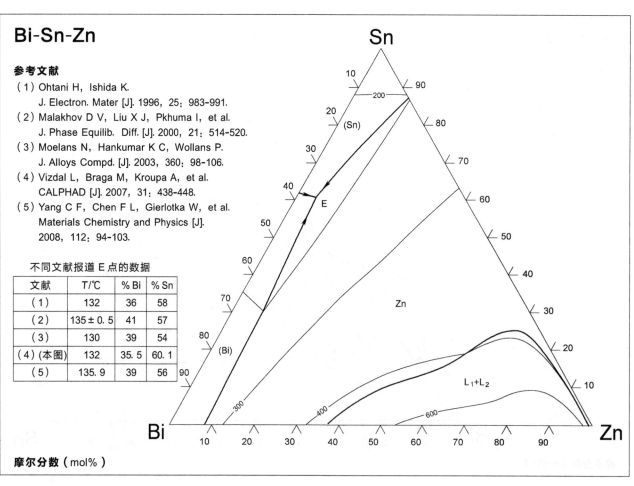

摩尔分数（mol%）

Bi-Te-Tl

参考文献

Chiang P W, Gluck J V.
J. Applied Physics [J]. 1967, 38: 4671-4678.

E: 223℃
U: 325℃

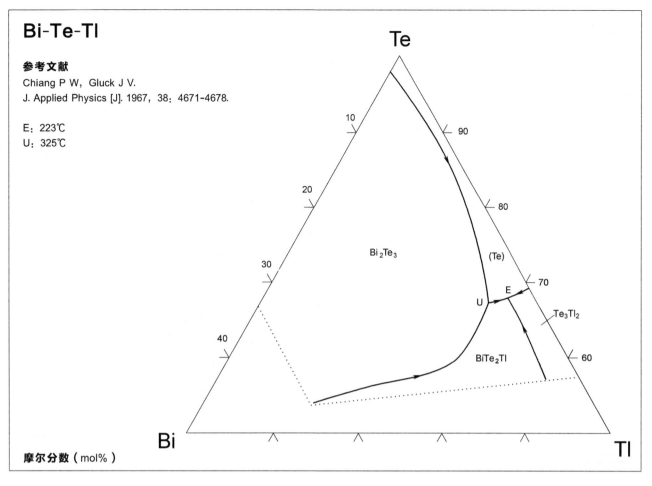

摩尔分数（mol%）

Bi-Te-Zn

参考文献

Маругин В В, Один И Н, Новоселова А В.
Журн. Неорг. Хим. [J]. 1984, 29: 894-898.

L_1', L_2': 1235℃
e: 270℃
p: 600℃
E_1: 410℃
E_2: 250℃
E_3: 260℃
U_1: 535℃
U_2: 415℃
U_3: 310℃

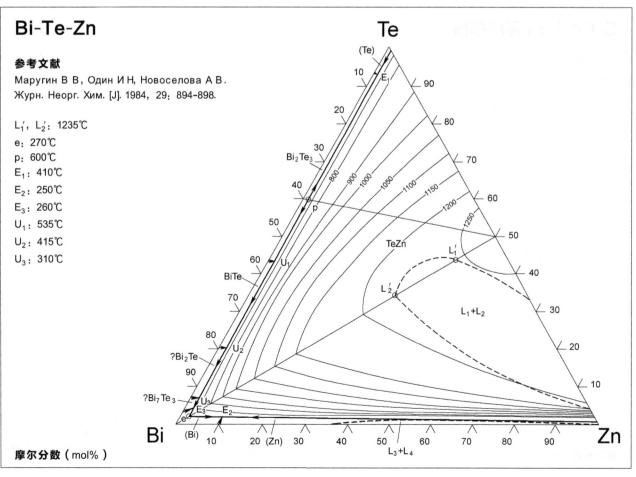

摩尔分数（mol%）

C-Co-Cr

参考文献

Tompson E R, Lemkey F D.
Met. Trans. [J]. 1970（10）：2799-2806.

e_1：1321℃
e_2：1402℃
E_1：1230℃
m：1300℃

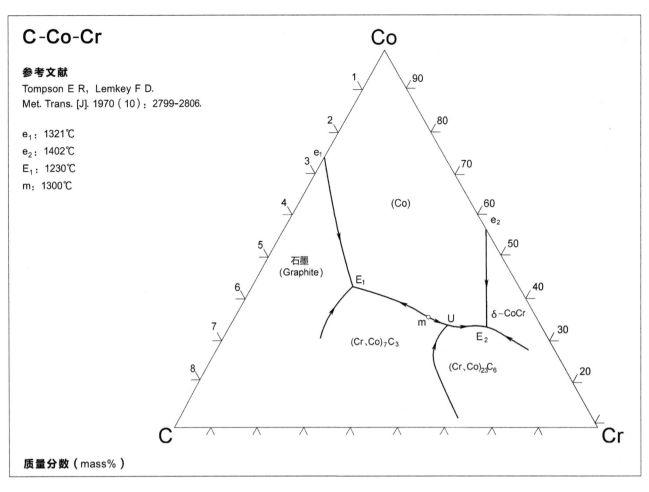

质量分数（mass%）

C-Co-Fe（高压相图）

参考文献

Кочержинскй Ю А, Кулик О Г,
Туркевич В З, и др.
Сверхтвердые Материалы [J].
1994, 16：6-11.

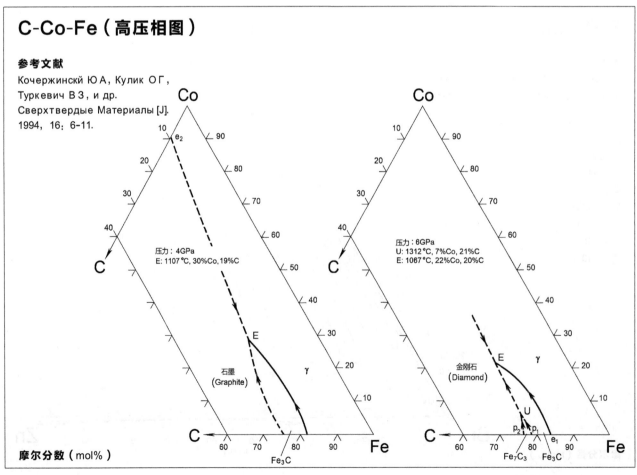

摩尔分数（mol%）

C-Co-Fe

参考文献

Haddad F, Amara S E, Kesri R.
Int. J. Mater. Res. [J]. 2008,
99（9）：942-946.

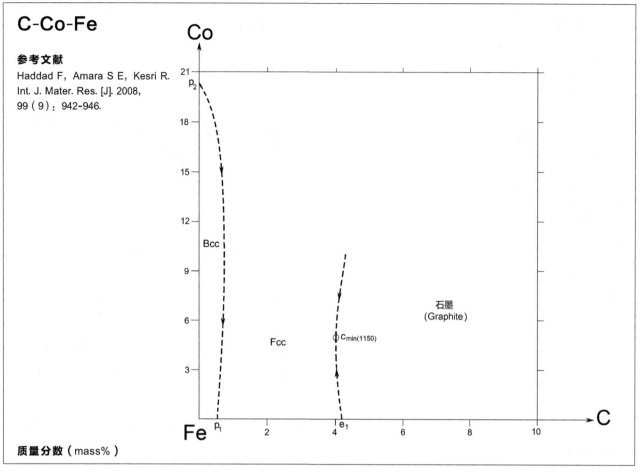

质量分数（mass%）

C-Co-Mo

参考文献

Zhang C, Peng Y, Zhou P, et al.
JPEDAV [J]. 2016, 37：423-437.

M_6C：$Co_3Mo_3C \sim Co_2Mo_4C$
e_{1max}：1316℃
p_{1max}：1551℃
E_1：1169℃
U_1：1211℃
E_2：1299℃
U_2：1444℃
U_3：1488℃
U_4：1530℃
U_5：1682℃
U_6：1964℃

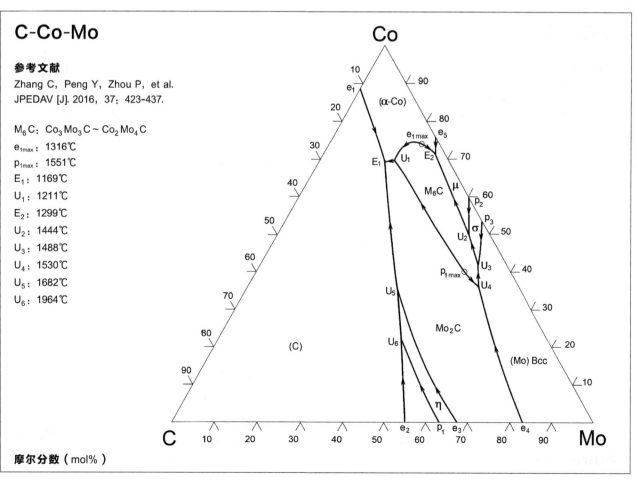

摩尔分数（mol%）

C-Co-Ti

参考文献

Bandyopadhyay D, Shzrma R C, Chakraborti N.
Journal of Phase Equilibria [J].
2000, 21: 179-185.

e_1: 2776℃ E_1: 1236℃
e_2: 1647℃ E_2: 1110℃
e_3: 1020℃ U_1: 1215℃
e_4: 1170℃ U_2: 1033℃
e_5: 1320℃ P_1: 1220℃
p_1: 1058℃ P_2: 1247℃
p_2: 1235℃ P_3: 1066℃
p_3: 1215℃
p_4: 1190℃
e_{max1}: 1372℃
e_{max2}: 1293℃

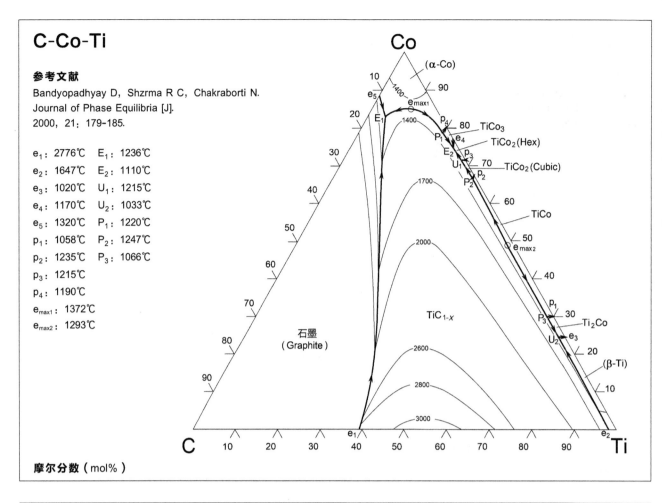

摩尔分数（mol%）

C-Co-W

参考文献

Guillermet A F.
Metallurgical and Materials Transactions A:
Physical Metallurgy and Materials Science [J].
1989, 20A: 935-956.

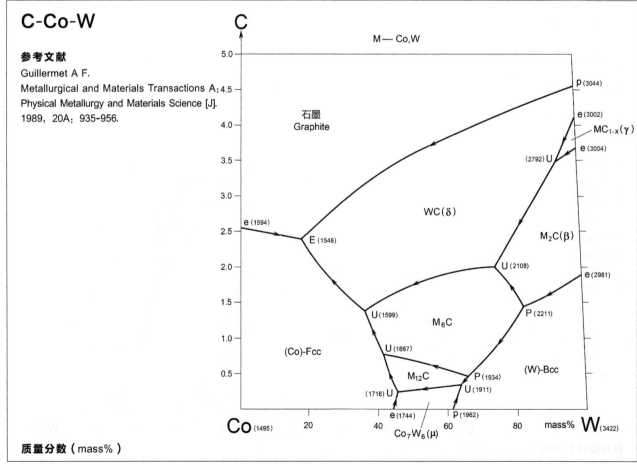

质量分数（mass%）

C-Cr-Fe

参考文献

Raynor G V, Rivlin V G. Phase Equilibria in Iron Ternary Alloys [M]. London：The Institute of Metals, 1988.

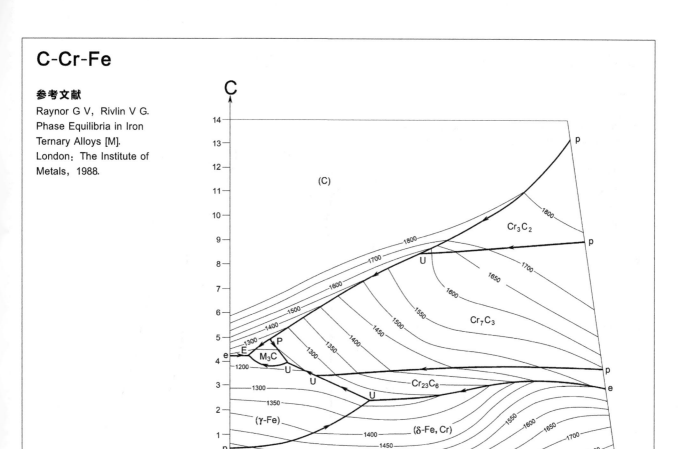

质量分数（mass%）

C-Cr-Mo

参考文献

Eremenko V N, Velikanova T Ya, Bondar A A. TR：Poroshk. Metall.（Kiev）[J]. 1987, 26（6）：506-511.

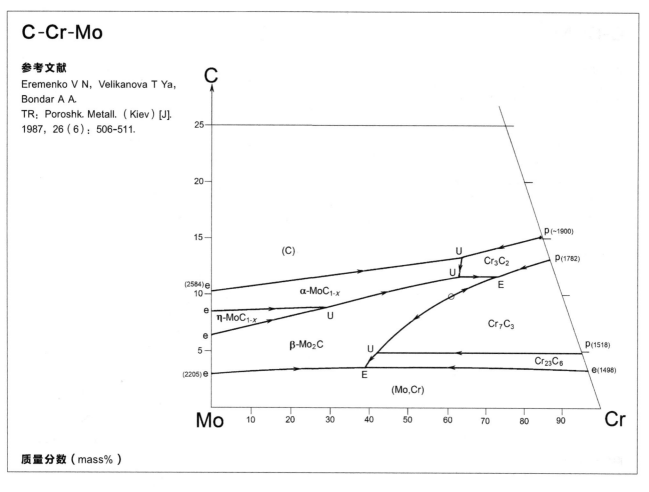

质量分数（mass%）

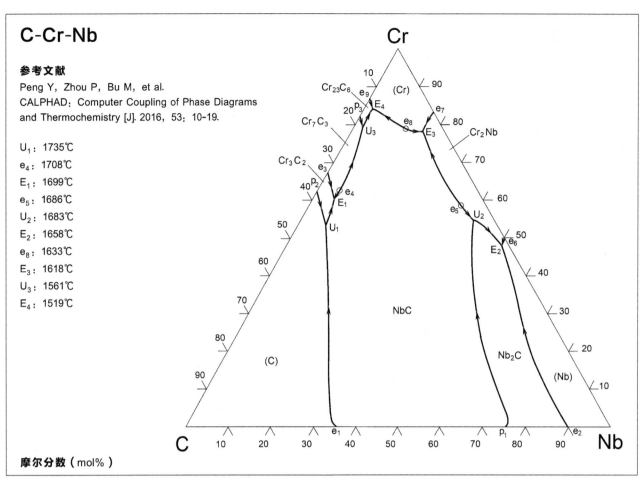

C-Cr-Nb

参考文献

Peng Y, Zhou P, Bu M, et al.
CALPHAD: Computer Coupling of Phase Diagrams and Thermochemistry [J]. 2016, 53: 10-19.

U_1: 1735℃

e_4: 1708℃

E_1: 1699℃

e_5: 1686℃

U_2: 1683℃

E_2: 1658℃

e_8: 1633℃

E_3: 1618℃

U_3: 1561℃

E_4: 1519℃

摩尔分数（mol%）

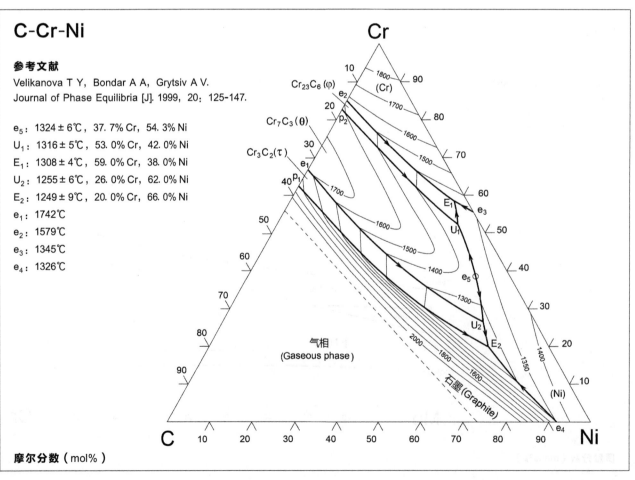

C-Cr-Ni

参考文献

Velikanova T Y, Bondar A A, Grytsiv A V.
Journal of Phase Equilibria [J]. 1999, 20: 125-147.

e_5: 1324±6℃, 37.7% Cr, 54.3% Ni

U_1: 1316±5℃, 53.0% Cr, 42.0% Ni

E_1: 1308±4℃, 59.0% Cr, 38.0% Ni

U_2: 1255±6℃, 26.0% Cr, 62.0% Ni

E_2: 1249±9℃, 20.0% Cr, 66.0% Ni

e_1: 1742℃

e_2: 1579℃

e_3: 1345℃

e_4: 1326℃

摩尔分数（mol%）

C-Cr-Ta

参考文献

Sha C, Bu M, Xu H, et al.
Journal of Alloys and Compounds [J].
2011, 509: 5996-6003.

e_3: max, 1987℃ e_1: 3481℃

e_8: max, 1712℃ p_1: 3363℃

e_9: max, 1690℃ e_2: 2801℃

E_1: 1962℃ e_4: 1965℃

U_1: 1929℃ e_5: 1804℃

U_2: 1751℃ e_6: 1793℃

E_2: 1702℃ e_7: 1745℃

E_3: 1685℃ p_2: 1577℃

U_3: 1552℃ e_{10}: 1533℃

E_4: 1510℃

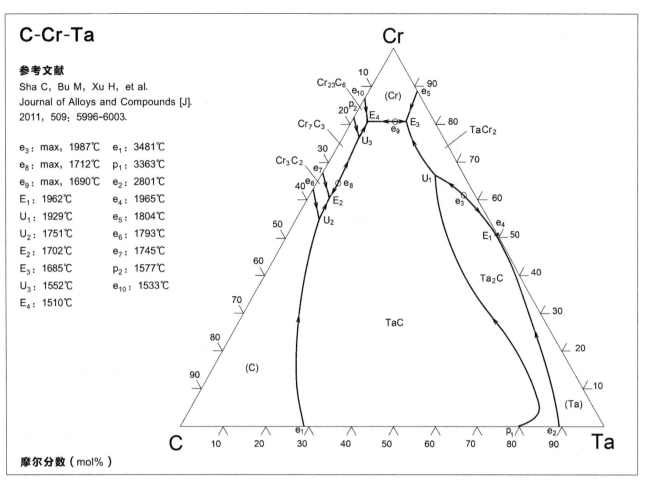

摩尔分数（mol%）

C-Cr-Ti

参考文献

Booker P H, Kunratiff A O, Hepworth M T.
Acta Materialia [J]. 1997, 45: 1625-1632.

U_1: 1790℃

E_1: 1650℃

U_2: 1550℃

E_2: 1510℃

max_1: 1715℃

max_2: 1663℃

min: 1390℃

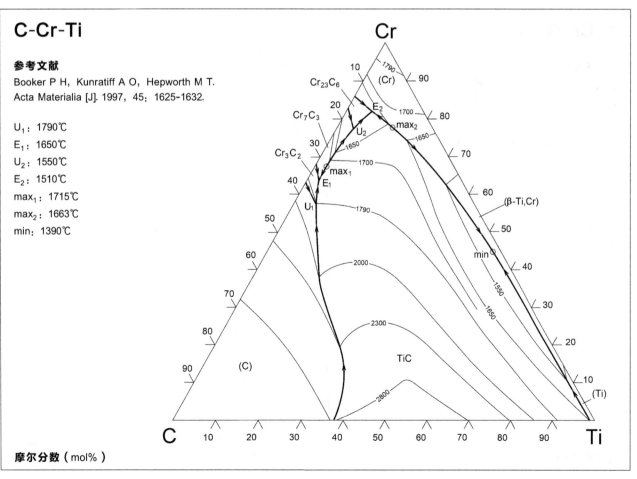

摩尔分数（mol%）

C-Cr-V

参考文献

Kleffer R, Rassaerts H.
Metall（Berlin）[J]. 1966, 20：691-696.

e_1: 1653℃ U_1：～1800℃
e_2: 2625℃ U_2：～1750℃
e_3: 1530℃ U_3：～1650℃
p_1: 2180℃ U_4：～1700℃
p_2: 1575℃ U_5：～1600℃
p_3: 1726℃ U_6：～1520℃
p_4: 1810℃   E：～1490℃

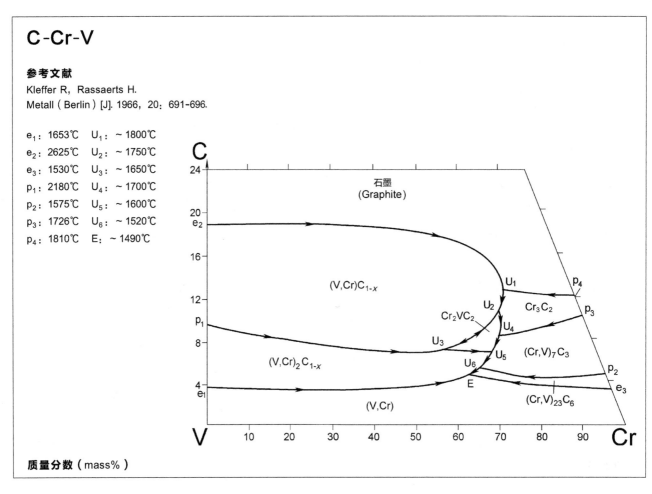

质量分数（mass%）

C-Cr-Zr

参考文献

Pan Y, Huang L, Zhang J, et al.
J. Phase Equilib. Diffus. [J]. 2020, 41：870-882.

U_1: 1796℃ e_4: 1769℃
U_2: 1633℃ e_5: 1766℃
U_3: 1610℃ e_6: 1662℃
E_3: 1563℃
E_4: 1333℃
E_1: 1754℃
P_1: 1625℃
E_2: 1570℃
U_4: 1560℃

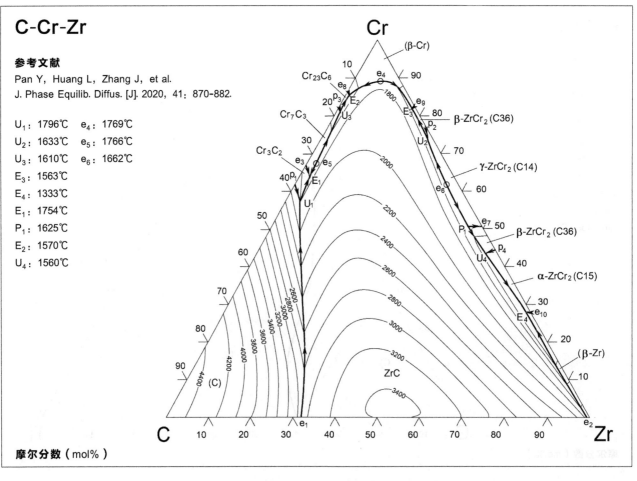

摩尔分数（mol%）

C-Cu-Fe

参考文献

Amara S E, Belhadj A, Kesri R, et al.
Zeitschrift fuer Metallkunde [J].
1999, 90: 116-123.

U_1: ~1130℃

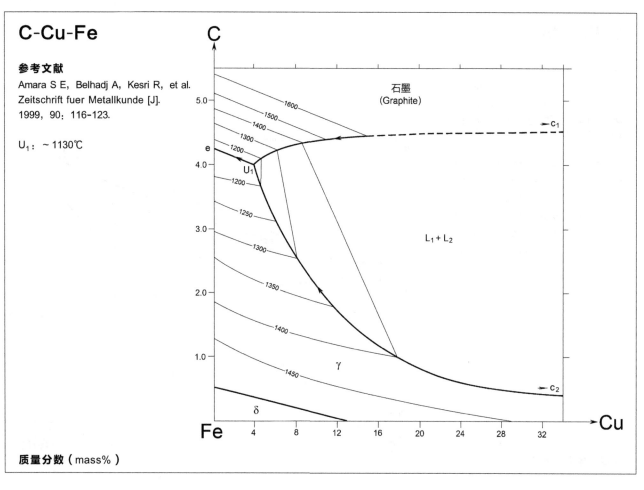

质量分数（mass%）

C-Fe-La

参考文献

Mardani M, Fartushna I, Khvan A, et al.
CALPHAD: Computer Coupling of Phase Diagrams and
Thermochemistry [J]. 2019, 65: 370-384.

E_1: 1137℃, 4%La, 81%Fe
E_2: 744℃, 73%La, 16%Fe
U_1: 1400℃, 25%La, 52%Fe
U_2: 1090℃, 28%La, 48%Fe
U_3: 915℃, 59%La, 26%Fe
U_4: 765℃, 78%La, 4%Fe
P_1: 1250℃, 36%La, 14%Fe

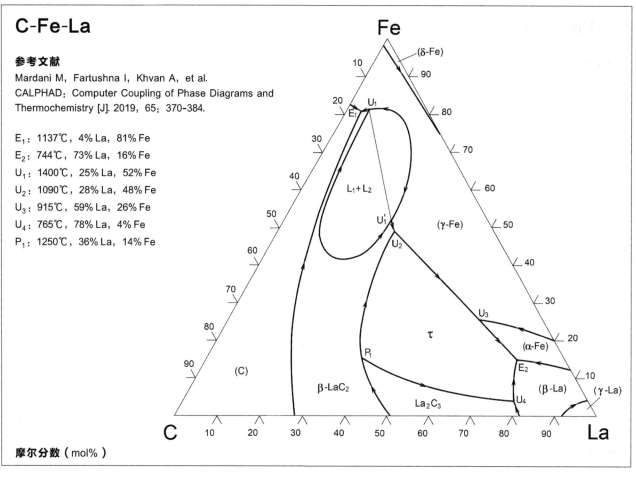

摩尔分数（mol%）

C-Fe-Mn

参考文献

Djurović D, Hallstedt B, Von Appen J, et al.
CALPHAD: Computer Coupling of Phase
Diagrams and Thermochemistry [J].
2011, 35: 479-491.

P_1: 1256℃, 62w -% Mn, 6.3w -% C
U_1: 1251℃, 85w -% Mn, 5.7w -% C
P_2: 1185℃, 36w -% Mn, 5.4w -% C
P_3: 1169℃, 68w -% Mn, 5.6w -% C
U_2: 1146℃, 1.9w -% Mn, 4.4w -% C
U_3: 1119℃, 58w -% Mn, 4.0w -% C

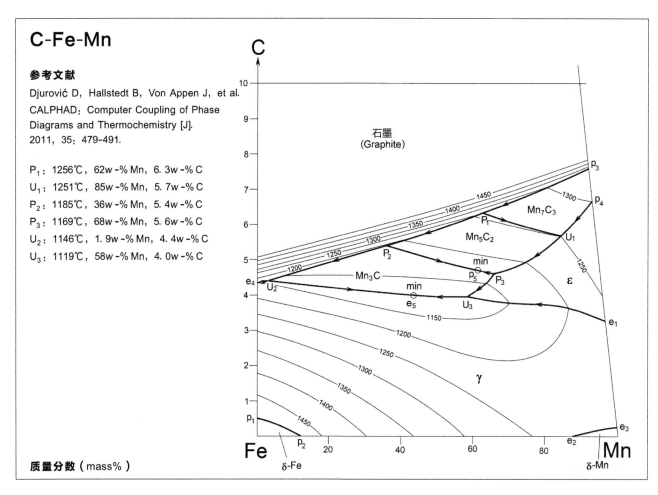

质量分数（mass%）

C-Fe-Mo（1）

参考文献

Jellinghaus W.
Archiv fur das Eisenhuttenwesen
[J]. 1968, 39: 705-718.

U_1: 1470℃ e_1: 1154℃
U_2: 1410℃ e_2: 2209℃
U_3: 1360℃ e_3: 2515℃
U_4: 1270℃ p_1: 1495℃
U_5: 1210℃ p_2: 1453℃
U_6: 1150℃ p_3: 1493℃
U_7: 1085℃ p_4: 1542℃
E: 1148℃

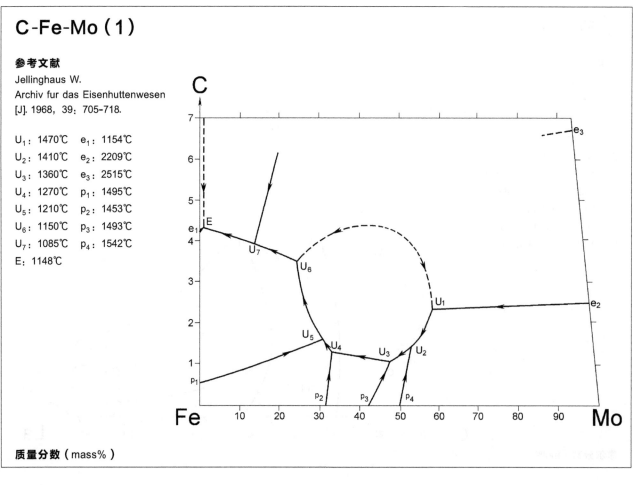

质量分数（mass%）

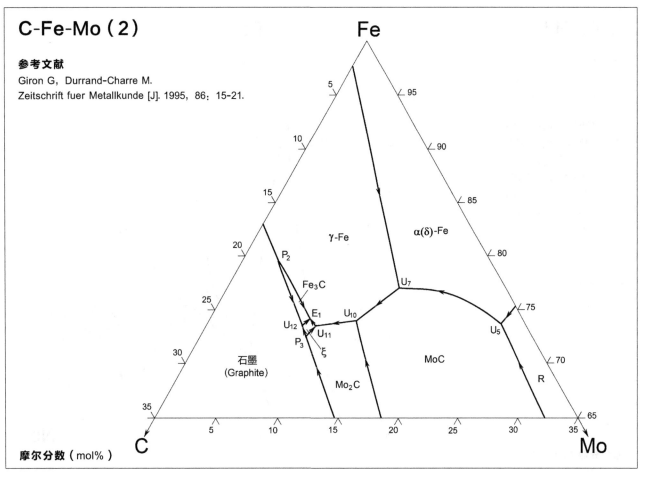

C-Fe-Mo（2）

参考文献

Giron G, Durrand-Charre M.

Zeitschrift fuer Metallkunde [J]. 1995, 86: 15-21.

摩尔分数（mol%）

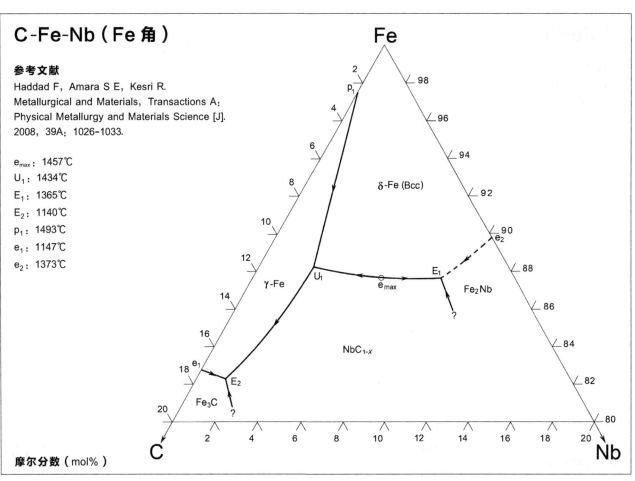

C-Fe-Nb（Fe角）

参考文献

Haddad F, Amara S E, Kesri R.

Metallurgical and Materials, Transactions A:

Physical Metallurgy and Materials Science [J].

2008, 39A: 1026-1033.

e_{max}: 1457℃

U_1: 1434℃

E_1: 1365℃

E_2: 1140℃

p_1: 1493℃

e_1: 1147℃

e_2: 1373℃

摩尔分数（mol%）

C-Fe-Nd

参考文献

Grieb B, Henig E T, Reinsch B, et al.
Zeitschrift fuer Metallkunde [J]. 2001, 92: 172-178.

c_{max}: 1350℃ e_3: <800℃

U_1: ~1350℃ p_5: 752℃

P_1: ~1280℃ e_4: 675℃

E_1: <1150℃ p_2: 1493℃

U_3: 1120℃ e_2: 1153℃

U_5: ~1050℃ e_1: 2260℃

P_2: ~900℃ p_1: 1624℃

E_2: ~730℃ p_4: 1205℃

U_8: <675℃

E_3: <675℃

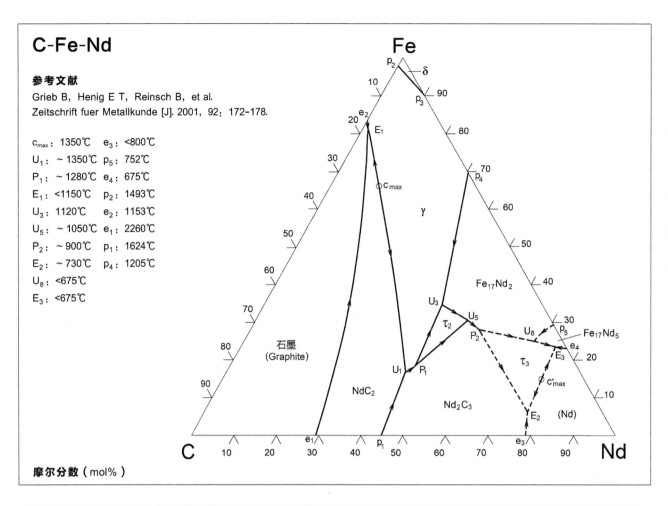

摩尔分数（mol%）

C-Fe-Ni

参考文献

Raynor G V, Rivlin V G.
Phase Equilibria in Iron Ternary Alloys [M].
London: The Institute of Metals, 1988（No. 4）.

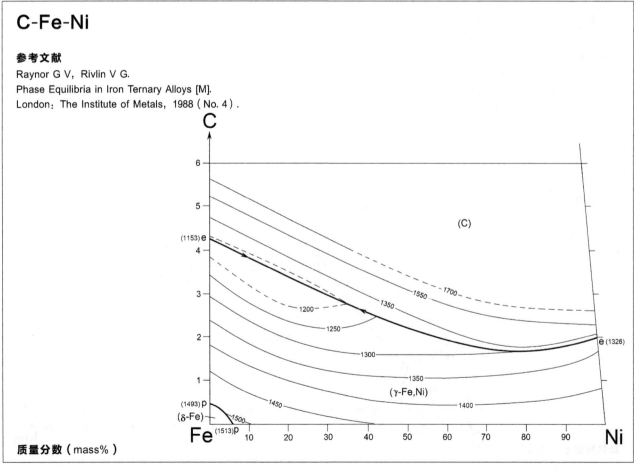

质量分数（mass%）

C-Fe-Si

参考文献

Lakaze J, Sundman B.
Metallurgical and Materials, Transactions A:
Physical Metallurgy and Materials Science [J].
1991, 22A: 2211-2223.

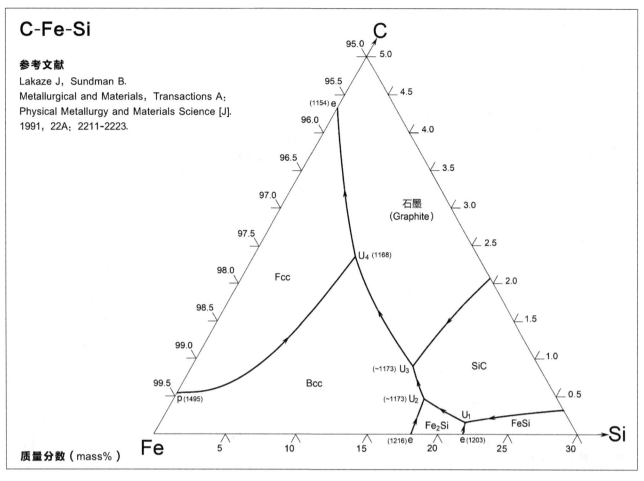

质量分数（mass%）

C-Fe-Ta

参考文献

Amara S E, Kesri R, Thibault S H.
Zeitschrift fuer Metallkunde [J]. 2000, 91: 1020-1025.

e_7: 1153℃
p_2: 1493℃
e_5: 1450℃
e_6: 1442℃
E_1: 1426℃
E_2: 1140℃
U_4: 1435℃

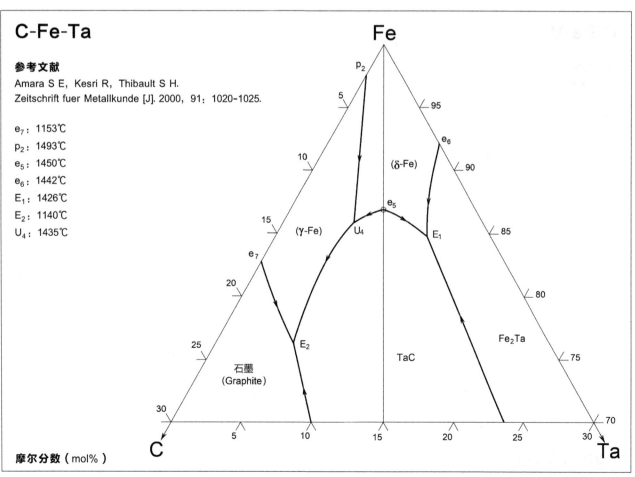

摩尔分数（mol%）

C-Fe-Ti

参考文献

Jonsson S.
Metallurgical and Materials, Transactions B:
Process Metallurgy and Materials Processing Science [J].
1998, 29B: 371-384.

p_1: 1493℃
e_3: 1475℃
e_5: 1289℃
e_6: 1153℃
E_1: ~ 1289℃
E_2: ~ 1150℃
U_1: 1451℃

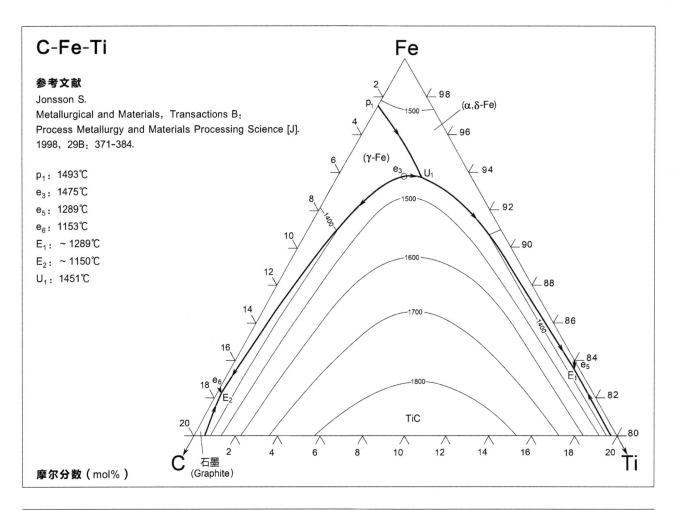

摩尔分数（mol%）

C-Fe-V

参考文献

Raghavan V.
Phase Diagrams of Ternary Iron Alloys [M].
Calcutta: The Indian Institute of Metals, 1987（No. 1）.

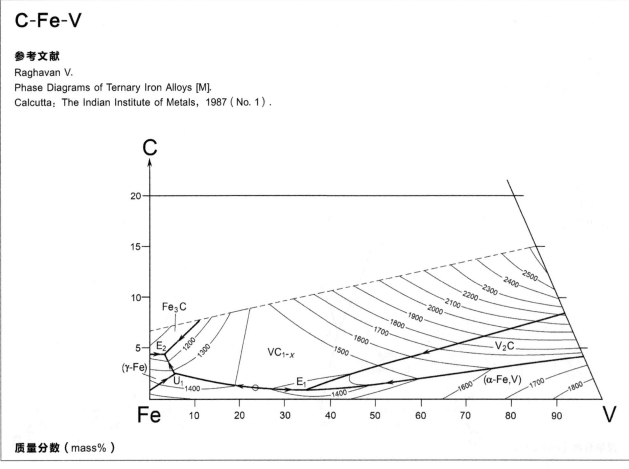

质量分数（mass%）

C-Fe-W

参考文献

Jellinghaus W.
Archiv fur das Eisenhuttenwesen
[J]. 1968, 39: 705-718.

E: 1085℃ e_1: 1148℃
U_1: <1200℃ e_2: 2715℃
U_2: 1335℃ e_3: 2755℃
U_3: 1380℃ e_4: 2755℃
U_4: ~1500℃ p_1: 1554℃
U_5: <1700℃ p_2: 1641℃
U_6: <2400℃
WC: 2785℃

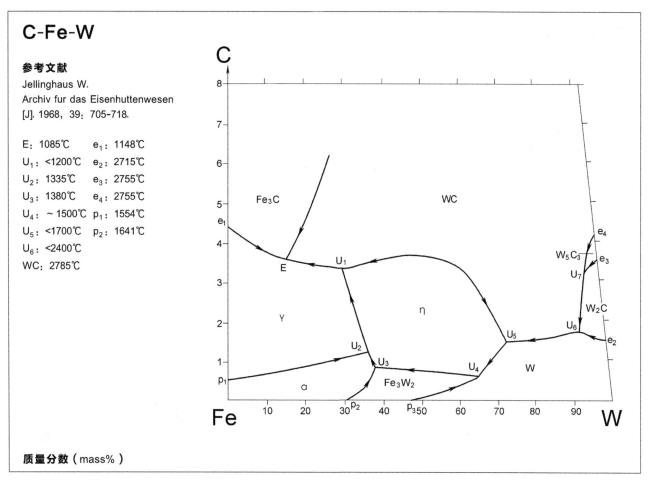

质量分数（mass%）

C-Hf-Mo（1）

参考文献

Еременко В Н, Шабанова С В, Великанова Т У, и др.
Порошковая Металлурдия (Киев) [J]. 1975 (7): 49-56.

P: 2100℃
U: 1850℃
E: 1760℃

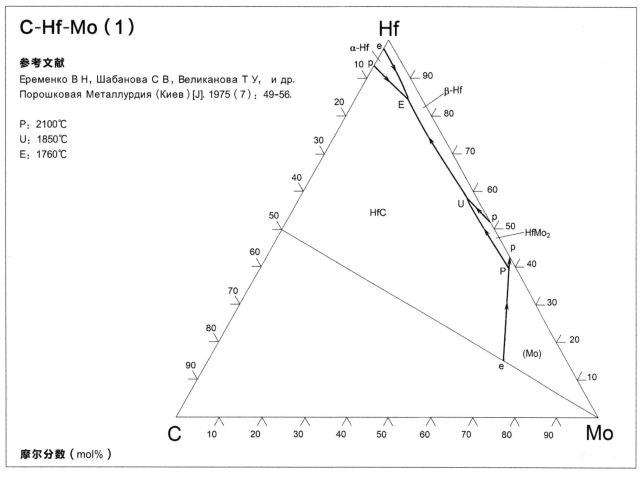

摩尔分数（mol%）

C-Hf-Mo（2）

参考文献

Huang L, Pan Y, Zhang J, et al.
Thermochimica Acta [J]. 2020, 692: 178716.

U_1: 2450℃ e_1: 3173℃
U_2: 2063℃ e_2: 2580℃
U_3: 1958℃ e_3: 2515℃
U_4: 1854℃ e_5: 2205℃
E_1: 2163℃ e_6: 2191℃
e_4: 2338℃ p_1: 2553℃
e_7: 1836℃ p_2: 2362℃

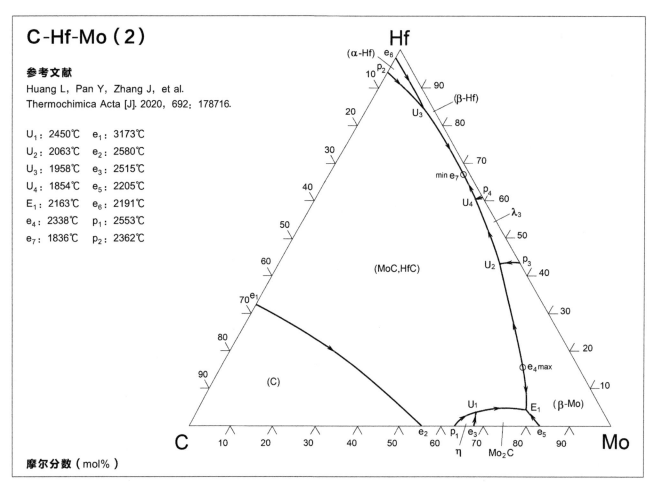

摩尔分数（mol%）

C-Hf-Ta

参考文献

Pan Y, Zhou P, Peng Y, et al.
CALPHAD: Computer Coupling of Phase Diagrams
and Thermochemistry [J]. 2016, 53: 1-9.

e_{min}: 2122℃
U_1: 2546℃
U_2: 2124℃
e_1: 3481℃
e_2: 3173℃
e_3: 2801℃
e_4: 2191℃
p_1: 3363℃
p_2: 2362℃

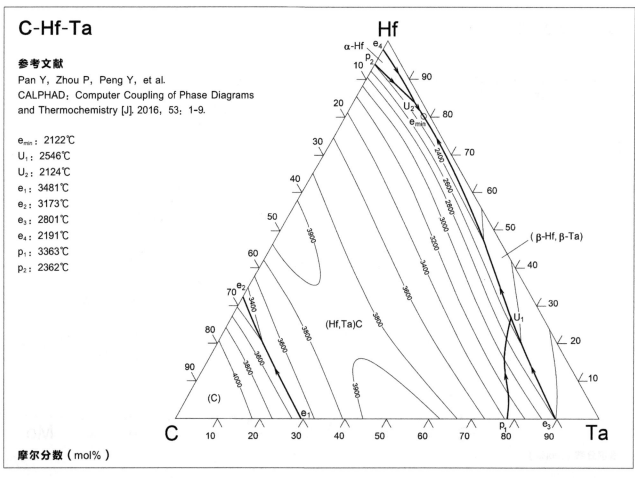

摩尔分数（mol%）

386

C-Hf-Ti

参考文献

Pan Y, Du Y, Zhou P, et al.
Journal of Alloys and Compounds [J]. 2017, 705: 581-589.

U_1: 1914℃
e_1: 3173℃
e_2: 2745℃
p_1: 2362℃
e_3: 2191℃
p_2: 1672℃

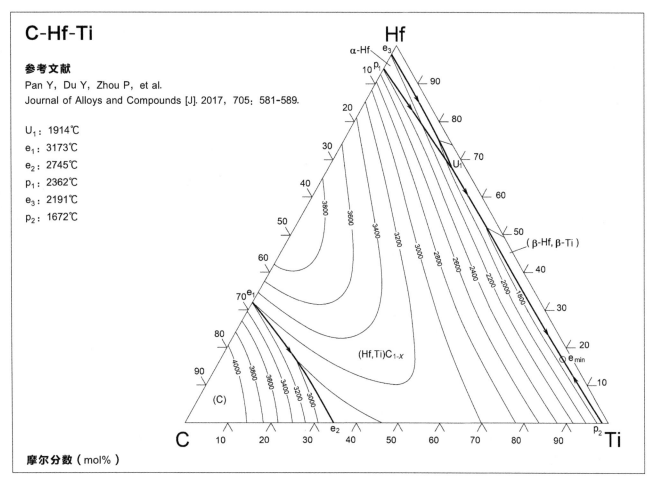

摩尔分数（mol%）

C-Hf-W

参考文献

Арюх Л В, Великонова Т Я, Еременко В Н.
Изв. Акад. Наук, СССР, Неорганические
Материалы [J]. 1979, 15: 497-500.

e: 2890℃
E_1: 1960℃
E_2: 2660℃
U_1: 2100℃
U_2: 2500℃
U_3: 2770℃

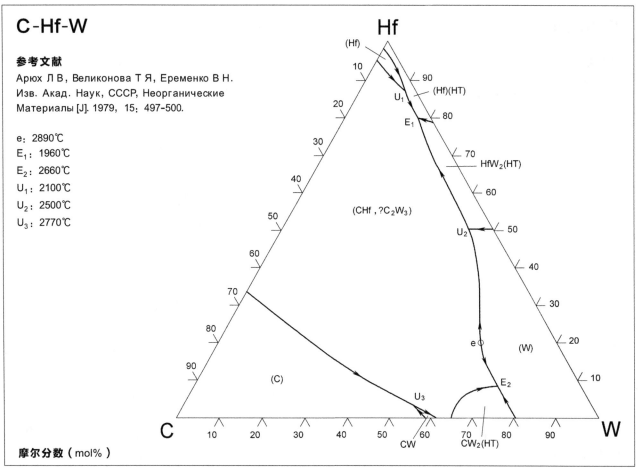

摩尔分数（mol%）

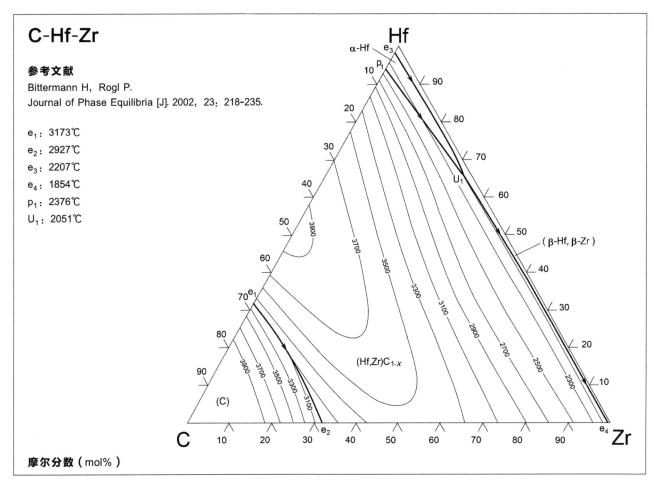

C-Hf-Zr

参考文献

Bittermann H, Rogl P.
Journal of Phase Equilibria [J]. 2002, 23: 218-235.

e_1: 3173℃
e_2: 2927℃
e_3: 2207℃
e_4: 1854℃
p_1: 2376℃
U_1: 2051℃

Hf

α-Hf e_3
p_1
(β-Hf, β-Zr)
$(Hf,Zr)C_{1-x}$
(C)
C e_2 Zr

摩尔分数（mol%）

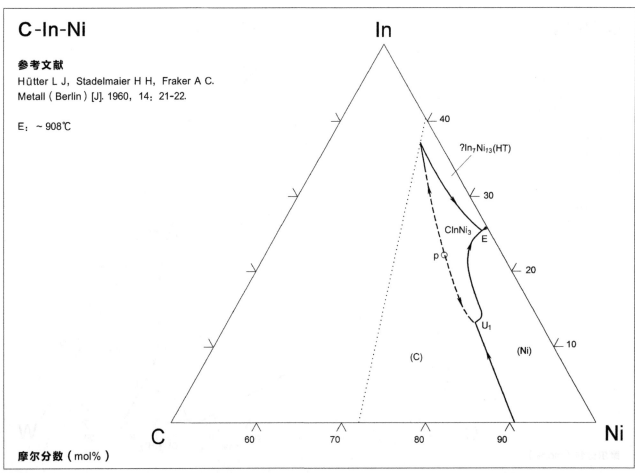

C-In-Ni

参考文献

Hütter L J, Stadelmaier H H, Fraker A C.
Metall（Berlin）[J]. 1960, 14: 21-22.

E: ~908℃

In

?In_7Ni_{13}(HT)
$CInNi_3$
E
p
U_1
(C)
(Ni)
C Ni

摩尔分数（mol%）

C-Mn-Ni

参考文献

Бутиленко А К，Игнатьева И У.
Доповиди Академии Наук Украинскои РСР，
Серия А：Физико-Математични та Технични Науки [J].
1977（2）：160-163.

E：～1165℃
U：～1350℃

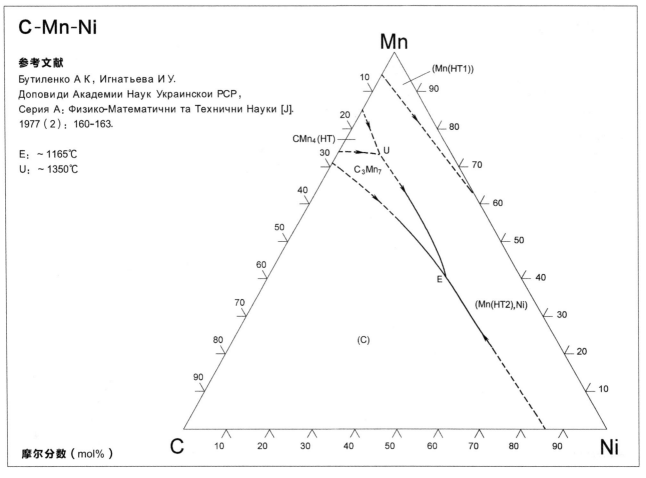

摩尔分数（mol%）

C-Mn-Si

参考文献

Paek M K，Pak J J，Kang Y B.
CALPHAD：Computer Coupling of Phase Diagrams
and Thermochemistry [J]. 2014, 46：92-102.

U_1：1212℃
U_2：1145℃
U_3：1134℃
U_4：1113℃
U_5：1231℃
U_6：1214℃
P_1：1262℃
P_2：1222℃

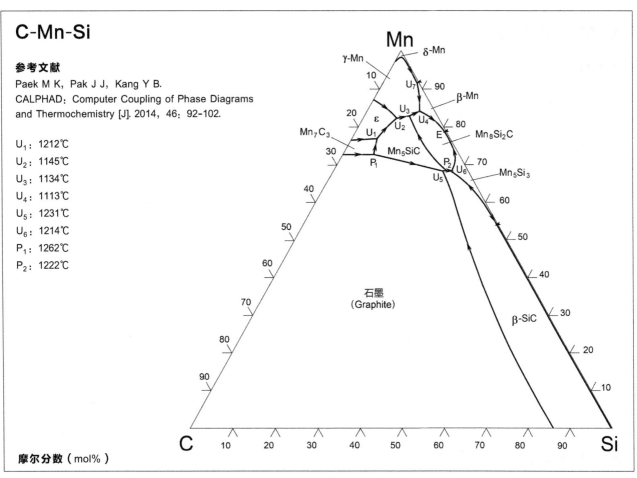

摩尔分数（mol%）

C-Mo-Nb (1)

参考文献

Rudy E, Brukl C E, Windisch S.
Transactions of the Metallurgical Society of AIME [C].
1967, 239: 1796-1808.

p: 2640℃
U_1: 2520℃
U_2: 2325℃
U_3: 2240℃

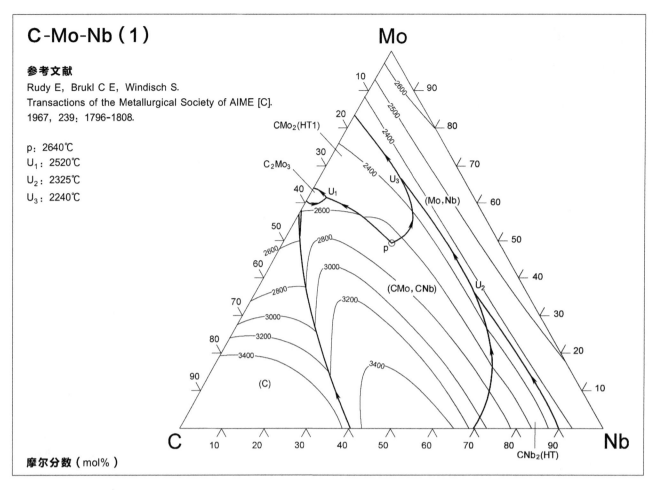

C-Mo-Nb (2)

参考文献

Zhang C, Peng Y, Zhou P, et al.
CALPHAD: Computer Coupling of Phase Diagrams
and Thermochemistry [J]. 2015, 51: 104-110.

e_1: 3297℃ U_1: 2520℃
p_1: 3007℃ U_2: 2325℃
e_2: 2336℃ E_1: 2240℃
e_3: 2580℃ p_3: 2642℃
p_2: 2553℃ e_6: 2415℃
e_4: 2516℃ e_7: 2255℃
e_5: 2205℃

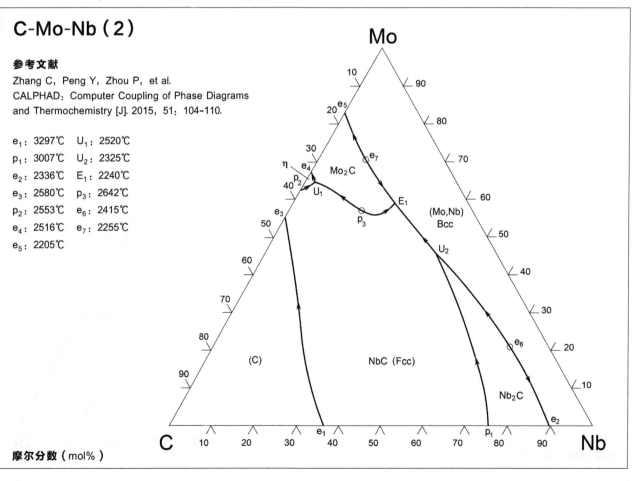

摩尔分数（mol%）

C-Mo-Ni

参考文献

Zhang C, Peng Y, Zhou P, et al.
JPEDAV [J]. 2016, 37: 423-437.

$M_{12}C$: Mo_6Ni_6C
M_6C: Mo_3Ni_3C
e_{1max}: 1344℃
p_{1max}: 1316℃
E_1: 1259℃
U_1: 1314℃
U_2: 1297℃
E_2: 1295℃
P_1: 1307℃
U_3: 1315℃
U_4: 1347℃
U_5: 1922℃
U_6: 1964℃

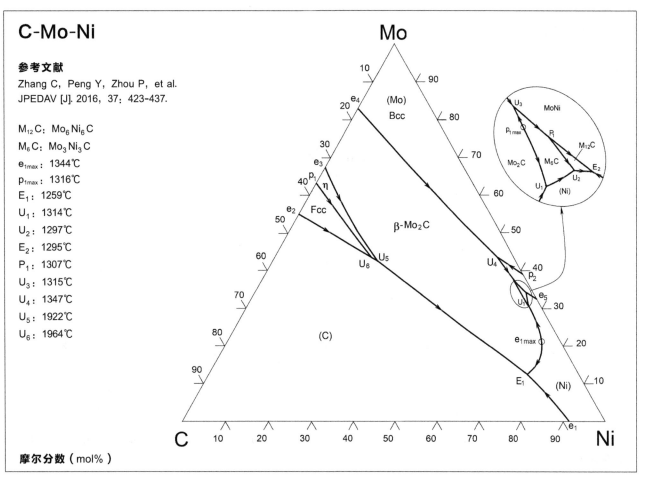

摩尔分数（mol%）

C-Mo-Si

参考文献

Nowotny H, Parthé E, Kieffer R, et al.
Montatshefte fuer Chemie [J]. 1954, 85: 255-272.

E_1: ～1850℃
E_2: ～1800℃
E_3: ～1850℃
E_4: ～1890℃
U_1: ～1900℃
U_2: ～1870℃
U_3: ～1950℃

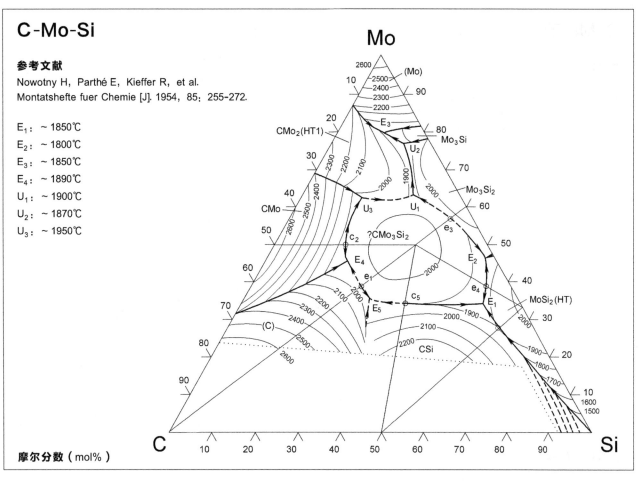

摩尔分数（mol%）

C-Mo-Ta

参考文献

Rudy E, Brukl C E, Windisch S.
J. Am. Ceram. Soc. [J]. 1968, 51: 239-250.

U: 2520℃

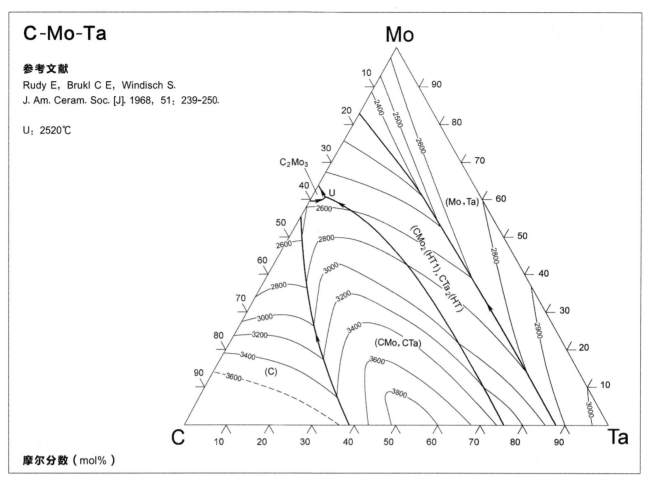

摩尔分数（mol%）

C-Mo-Ti

参考文献

Rudy E.
Ternary Phase Equilibria in Transition
Metal-Boron-Carbon-Silicon Syatems. Part V.
Compendium of Phase Diagram Data [M].
AFML-Tr-65-2, AD 689843, 1969: 304.

e: 2240℃
E: 2160℃
U: 2500℃

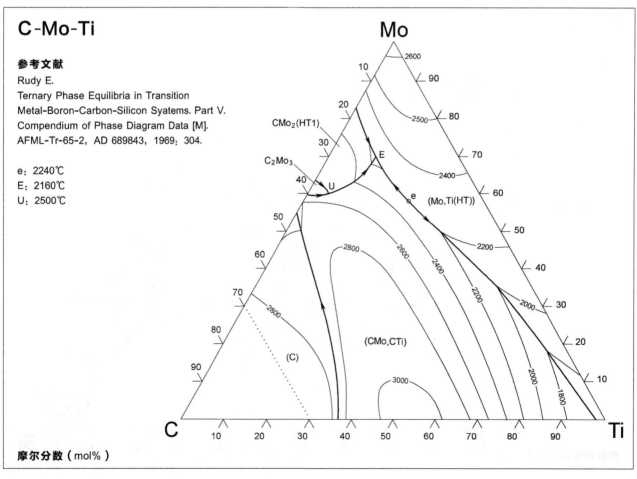

摩尔分数（mol%）

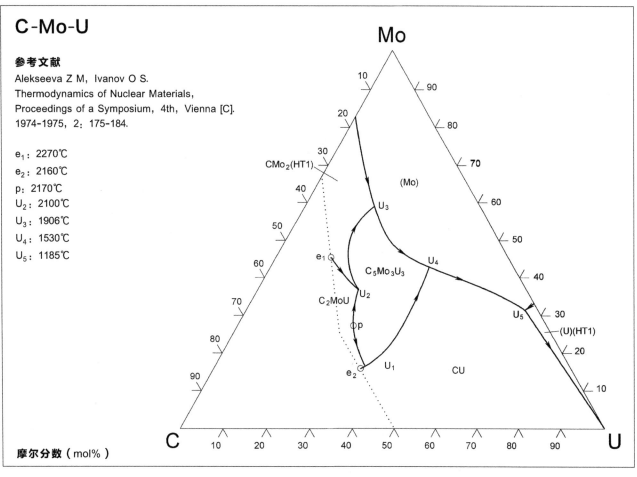

C-Mo-U

参考文献

Alekseeva Z M, Ivanov O S.
Thermodynamics of Nuclear Materials,
Proceedings of a Symposium, 4th, Vienna [C].
1974-1975, 2: 175-184.

e_1: 2270℃
e_2: 2160℃
p: 2170℃
U_2: 2100℃
U_3: 1906℃
U_4: 1530℃
U_5: 1185℃

摩尔分数（mol%）

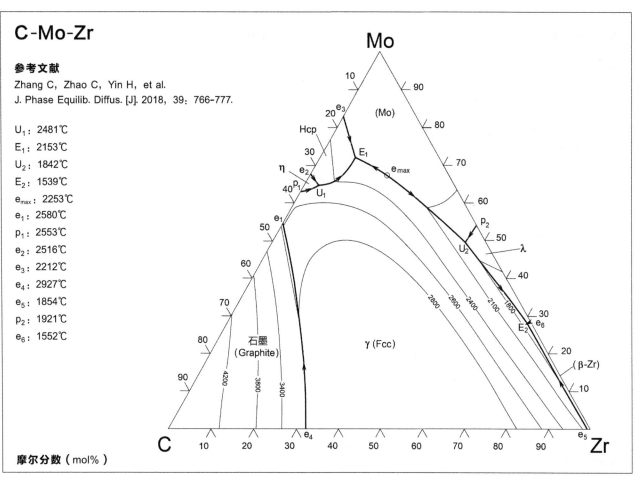

C-Mo-Zr

参考文献

Zhang C, Zhao C, Yin H, et al.
J. Phase Equilib. Diffus. [J]. 2018, 39: 766-777.

U_1: 2481℃
E_1: 2153℃
U_2: 1842℃
E_2: 1539℃
e_{max}: 2253℃
e_1: 2580℃
p_1: 2553℃
e_2: 2516℃
e_3: 2212℃
e_4: 2927℃
e_5: 1854℃
p_2: 1921℃
e_6: 1552℃

摩尔分数（mol%）

C-Nb-Ni

参考文献

Stadelmier H H, Fiedler M L.
Zeitschrift fuer Metallkunde [J]. 1975, 66：224-225.

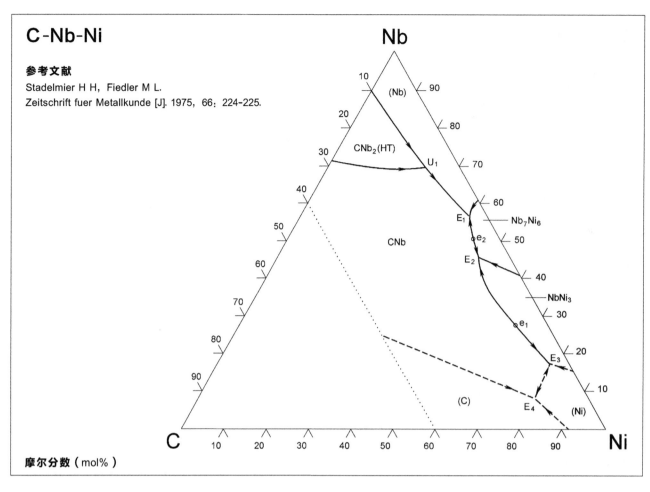

C-Nb-Ta

参考文献

Rudy E.
Ternary Phase Equilibria in Transition
Metal-Boron-Carbon-Silicon Syatems. Part V.
Compendium of Phase Diagram Data [M].
AFML-Tr-65-2, AD 689843, 1969：1.

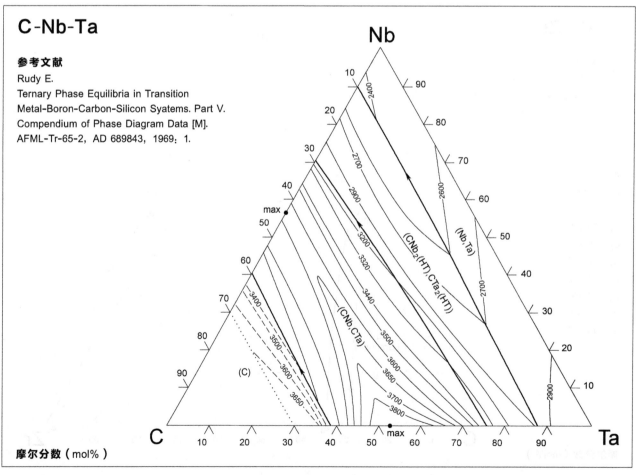

摩尔分数（mol%）

C-Nb-Ti

参考文献

Rudy E.
Ternary Phase Equilibria in Transition
Metal-Boron-Carbon-Silicon Syatems. Part V.
Compendium of Phase Diagram Data [M].
AFML-Tr-65-2, AD 689843, 1969: 1.

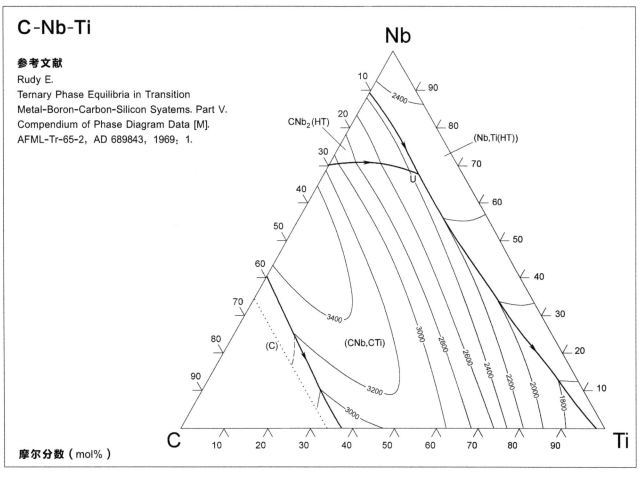

摩尔分数（mol%）

C-Nb-V

参考文献

Rudy E.
Ternary Phase Equilibria in Transition
Metal-Boron-Carbon-Silicon Syatems. Part V.
Compendium of Phase Diagram Data [M].
AFML-Tr-65-2, AD 689843, 1969: 1.

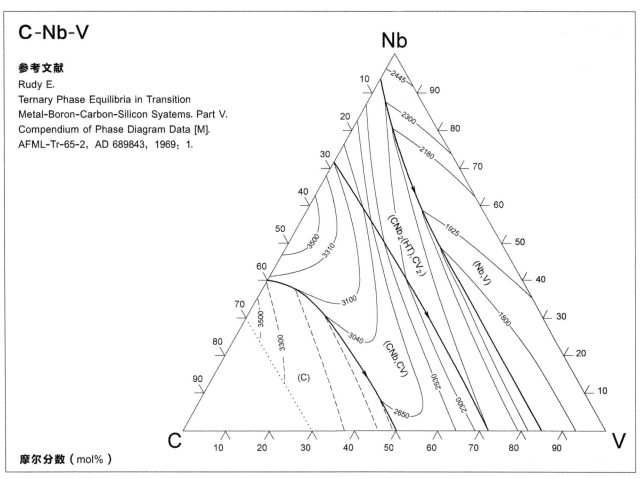

摩尔分数（mol%）

C-Nb-Zr

参考文献

Zeng Y, Zhou P, Du Y, et al.
CALPHAD: Computer Coupling of Phase Diagrams and
Thermochemistry [J]. 2018, 61: 98-104.

e_1: 3297℃
p: 3009℃
e_2: 2927℃
e_3: 2340℃
U_1: 2243℃
e_4: 1854℃
e_{min}: 1740℃

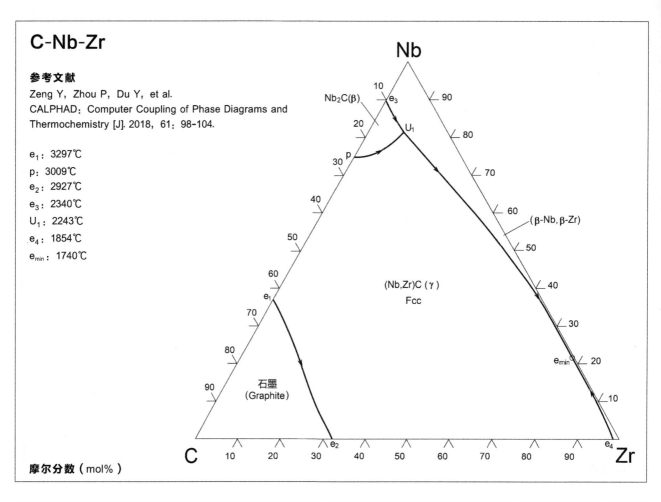

摩尔分数（mol%）

C-Ni-P

参考文献

Дудорова Т А, Гуревич Ю Г, Фраге Н Р.
Диагрммы Состаяния Металлических Систем,
ред. Н В Агеева, ВИНИТИ [J]. Москва,
1986: 425-426.

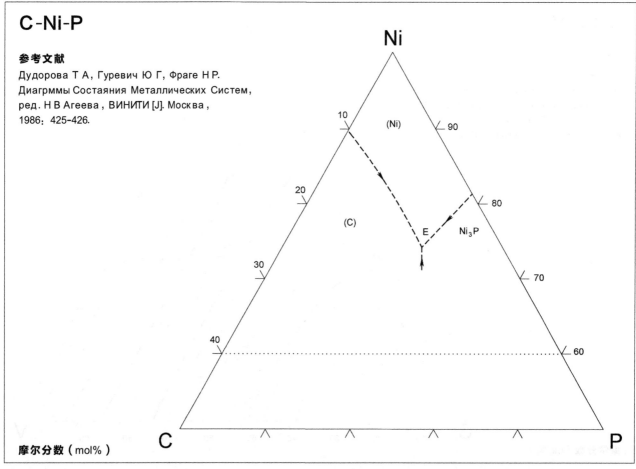

摩尔分数（mol%）

C-Ni-Pb

参考文献

Miller K O, Elliot J F.
Transactions of theMetallurgical Society of AIME [C].
1960, 218: 900-910.

L_1, L_2: 1300℃

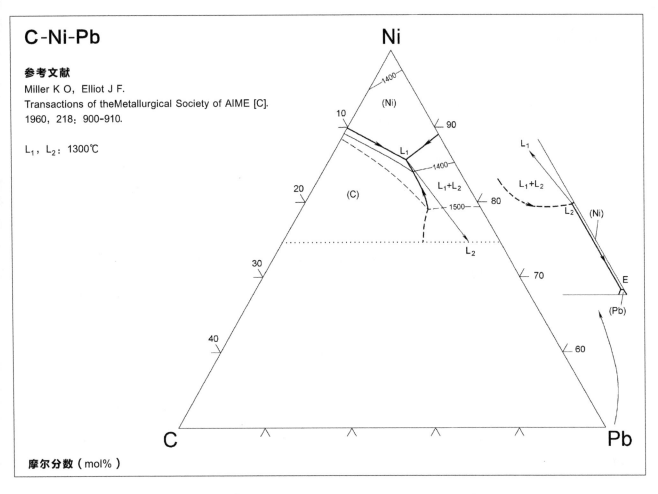

C-Ni-Si

参考文献

Du Y, Schuster J C.
Metallurgical andMaterials.
Transactions A:
Physical Metallurgy and
Materials Science [J].
1999, 30: 2409-2418.

p_1: 1251℃ U_1: 1249℃
e_4: 1243℃ U_2: 1242℃
p_2: 1192℃ E_1: 1238℃
e_6: 1152℃ U_3: 1178℃
e_9: 966℃ E_2: 1133℃
e_2: 1326℃

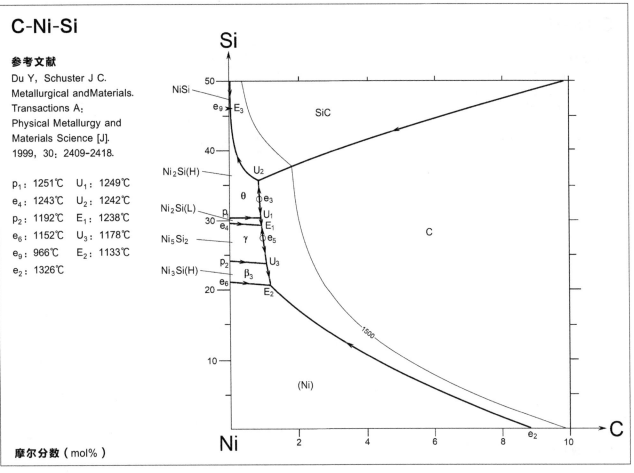

摩尔分数（mol%）

C-Ni-Ta

参考文献

Cui Y, Jin Z.

Trans. Nonferrous Met. Soc. China [J]. 1999, 9: 757-763.

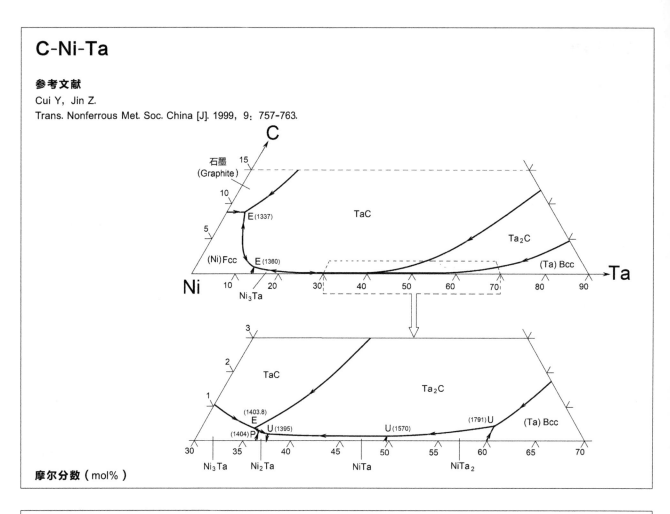

C-Ni-Ti

参考文献

Bandyopadhyay D, Shzrma R C, Chakraborti N.

Journal of Phase Equilibria, Section II, Phase Diagram Evaluations [J].

2000, 21: 187-191.

e_1: 1326℃ E_1: 1277℃

e_2: 1300℃ E_2: 1272℃

e_3: 1120℃ U_1: 1124℃

e_4: 942℃ U_2: 963℃

e_5: 1647℃ P_1: 1030℃

e_6: 2776℃

p_1: 985℃

e_{max1}: 1303℃

e_{max2}: 1367℃

e_{max3}: 1180℃

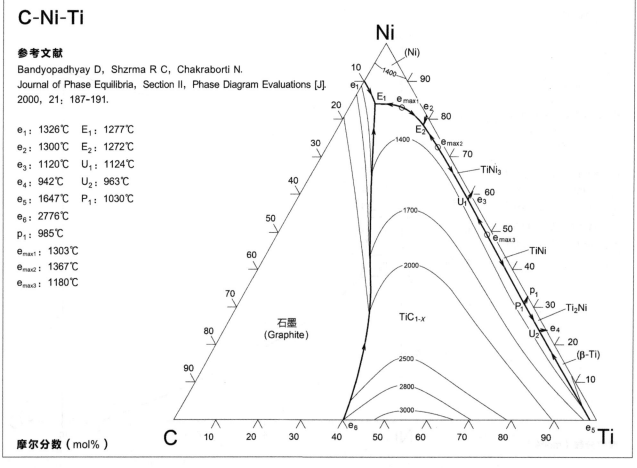

摩尔分数（mol%）

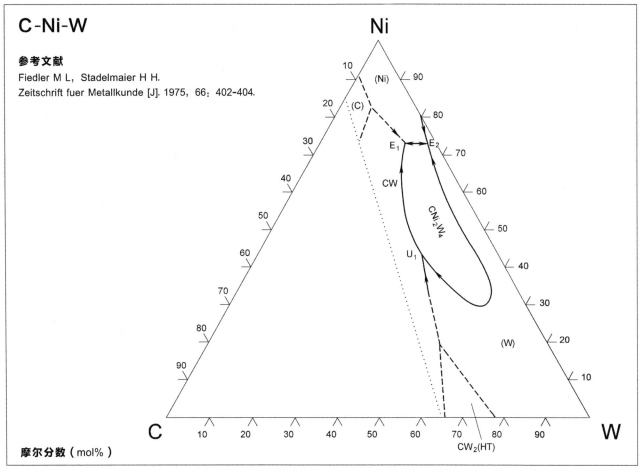

C-Ni-W

参考文献

Fiedler M L, Stadelmaier H H.

Zeitschrift fuer Metallkunde [J]. 1975, 66: 402-404.

摩尔分数（mol%）

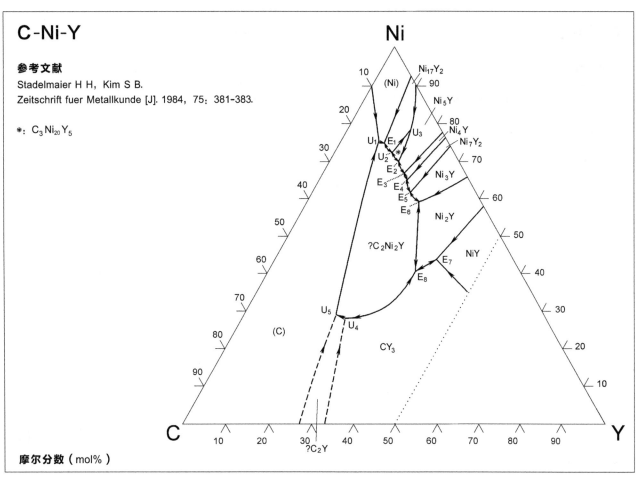

C-Ni-Y

参考文献

Stadelmaier H H, Kim S B.

Zeitschrift fuer Metallkunde [J]. 1984, 75: 381-383.

✳: $C_3Ni_{20}Y_5$

摩尔分数（mol%）

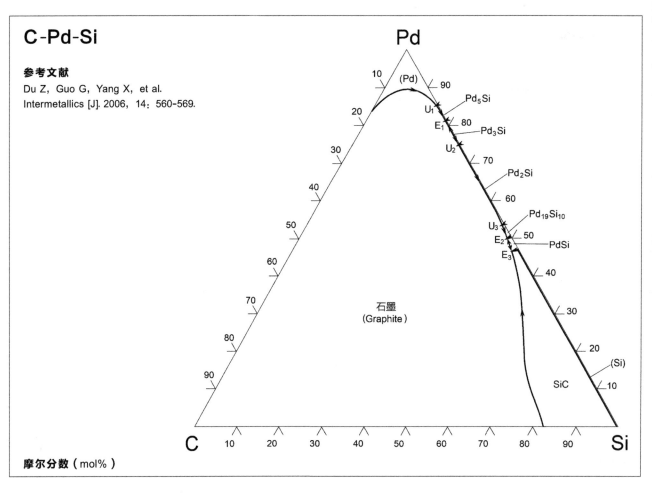

C-Pd-Si

参考文献

Du Z, Guo G, Yang X, et al.
Intermetallics [J]. 2006, 14: 560-569.

Pd

10 (Pd) 90
20 U₁ Pd₅Si
E₁ 80
30 U₂ Pd₃Si
40 70
50 Pd₂Si
60 60
70 U₃ Pd₁₉Si₁₀
E₂ 50
石墨 E₃ PdSi
(Graphite) 40
80 30
20
90 (Si)
SiC 10

C 10 20 30 40 50 60 70 80 90 Si

摩尔分数（mol%）

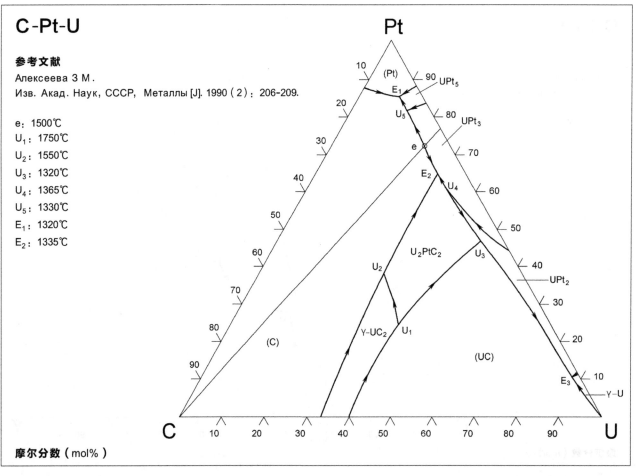

C-Pt-U

参考文献

Алексеева З М.
Изв. Акад. Наук, СССР, Металлы [J]. 1990（2）: 206-209.

e: 1500℃
U₁: 1750℃
U₂: 1550℃
U₃: 1320℃
U₄: 1365℃
U₅: 1330℃
E₁: 1320℃
E₂: 1335℃

Pt

10 (Pt) 90 UPt₅
E₁
20 U₅ 80 UPt₃
30 e 70
E₂ U₄
40 60
U₂PtC₂ U₃
50 UPt₂
60 40
70 γ-UC₂ U₁ 30
(C) (UC) 20
80 E₃ 10
90 γ-U

C 10 20 30 40 50 60 70 80 90 U

摩尔分数（mol%）

C-Pu-U

参考文献

Удовский А Л, Алексеева З М.
Докл. Акад. Нау, СССР [J]. 1962, 262：382-386.

P_1：2240℃
P_2：2250℃
U：2135℃

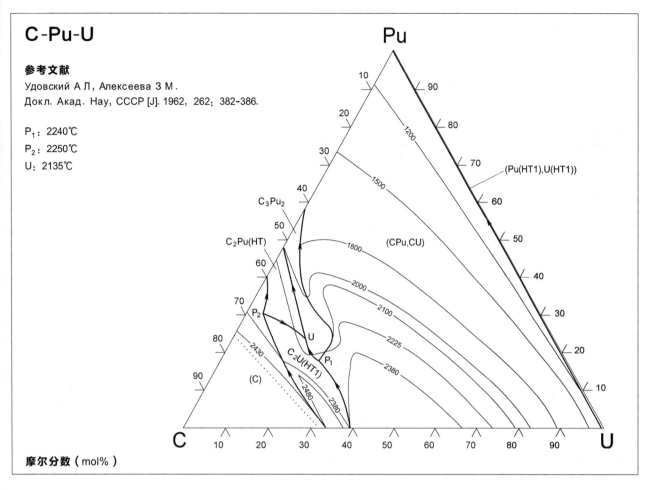

摩尔分数（mol%）

C-Sc-Ti

参考文献

Artyukh L V, Ilyenko S M, Velikanova T Ya.
Journal of Phase Equilibria Section I,
Phase Diagram Evaluations [J].
1996, 17：403-413.

e_1：2776℃
e_2：1722℃
e_3：1660℃
p_1：1864℃
p_2：1794℃
p_3：1579℃
U：1731℃
P：1799℃

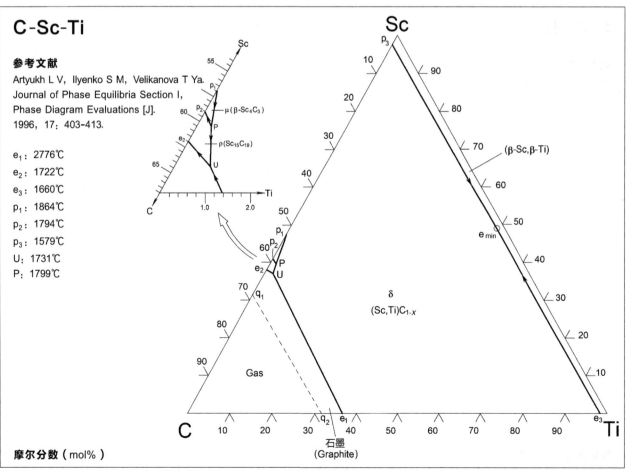

摩尔分数（mol%）

C-Sc-Zr

参考文献

Artyukh L V, Velikanova T Ya, Ilyenko S M.
Journal of Alloys and Compounds [J]. 1998, 269: 193-200.

U: 1737℃
P: 1810℃
e_1: 2927℃
e_2: 1805℃
e_3: 1722℃
p_1: 1854℃
p_2: 1794℃
p_3: 1579℃

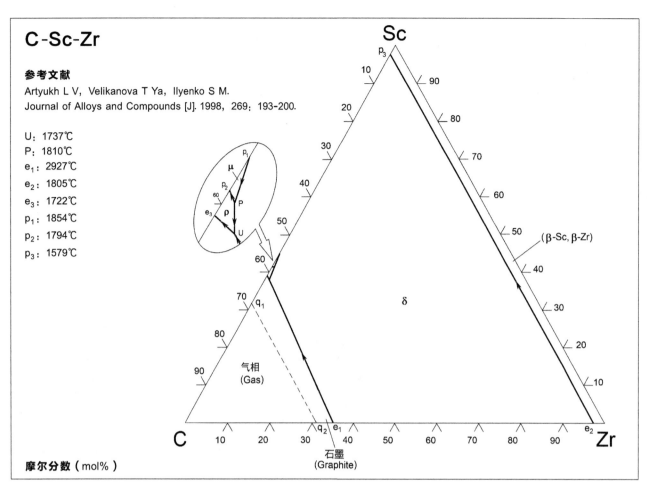

C-Si-Ti

参考文献

Abboud J H, West D R F.
Material Science and Technology [J]. 1989, 5: 725-728.

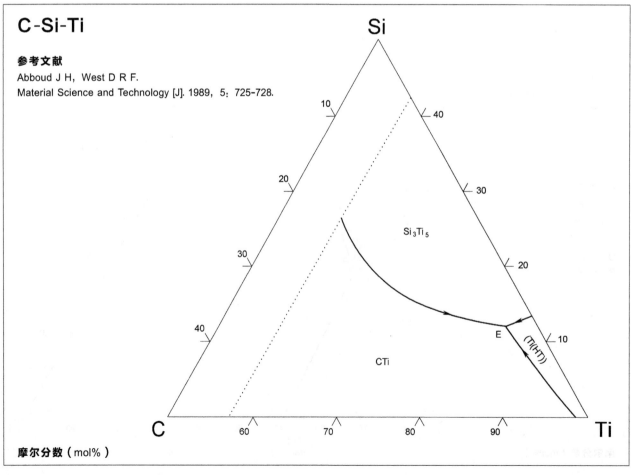

摩尔分数（mol%）

C-Si-U

参考文献

Rogl P, Noël H.
Journal of Phase Equilibria, Sectiom II,
Phase Diagram Evaluations [J]. 1995, 16: 66-72.

U_1: ~ 1050℃, ~ 0.8% C

e_1: 1600℃

e_2: 1166℃, 0.98% C

e_3: 985℃

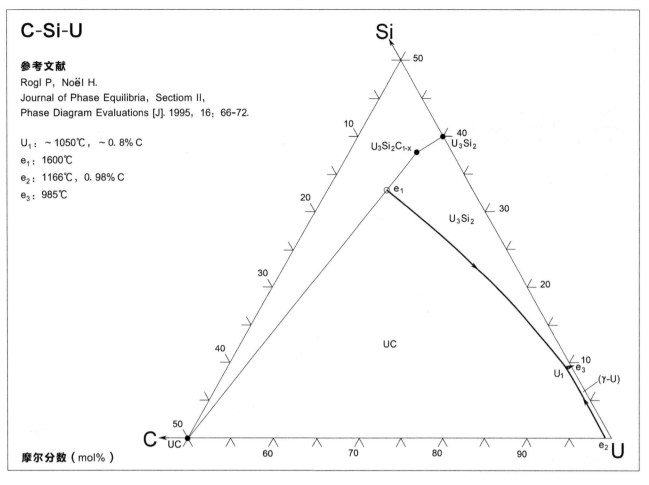

摩尔分数（mol%）

C-Ta-Ti

参考文献

Rudy E.
Ternary Phase Equilibria in Transition
Metal-Boron-Carbon-Silicon Syatems. Part V.
Compendium of Phase Diagram Data [M].
AFML-Tr-65-2, AD 689843, 1969: 276.

U: 2000℃

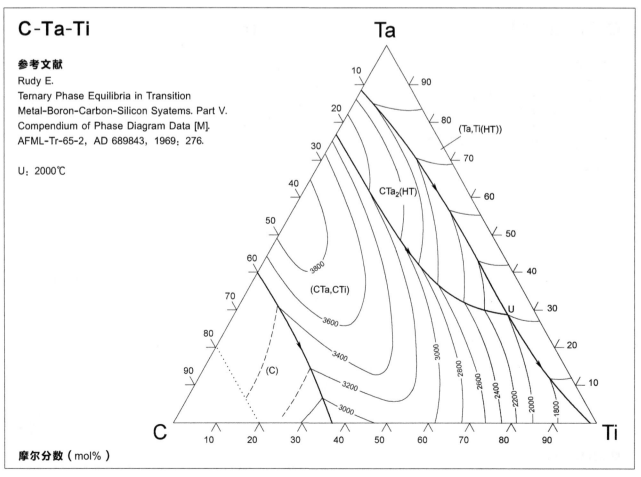

摩尔分数（mol%）

C-Ta-W

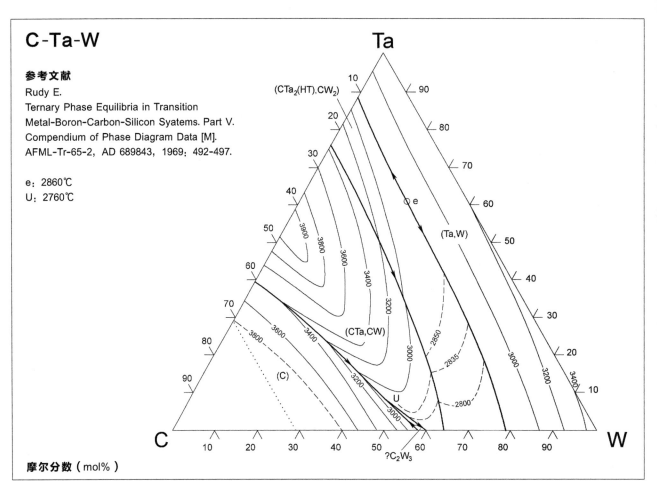

参考文献

Rudy E.
Ternary Phase Equilibria in Transition
Metal-Boron-Carbon-Silicon Syatems. Part V.
Compendium of Phase Diagram Data [M].
AFML-Tr-65-2, AD 689843, 1969：492-497.

e：2860℃
U：2760℃

摩尔分数（mol%）

C-Ta-Zr（1）

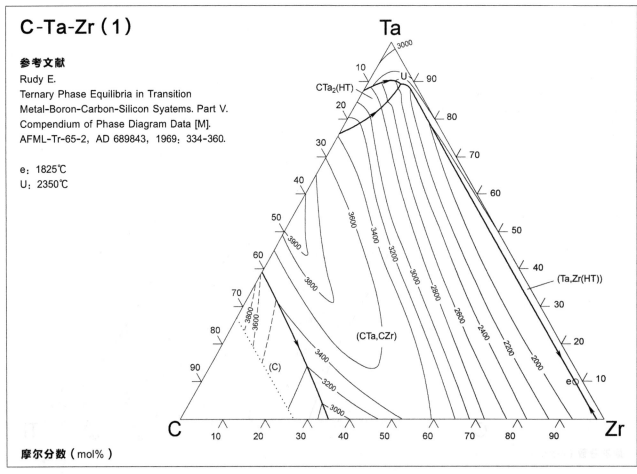

参考文献

Rudy E.
Ternary Phase Equilibria in Transition
Metal-Boron-Carbon-Silicon Syatems. Part V.
Compendium of Phase Diagram Data [M].
AFML-Tr-65-2, AD 689843, 1969：334-360.

e：1825℃
U：2350℃

摩尔分数（mol%）

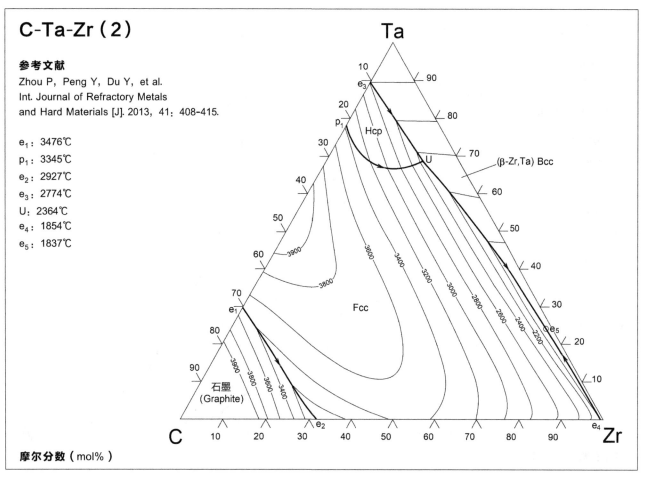

C-Ta-Zr（2）

参考文献

Zhou P，Peng Y，Du Y，et al.
Int. Journal of Refractory Metals
and Hard Materials [J]. 2013, 41：408-415.

e_1：3476℃
p_1：3345℃
e_2：2927℃
e_3：2774℃
U：2364℃
e_4：1854℃
e_5：1837℃

摩尔分数（mol%）

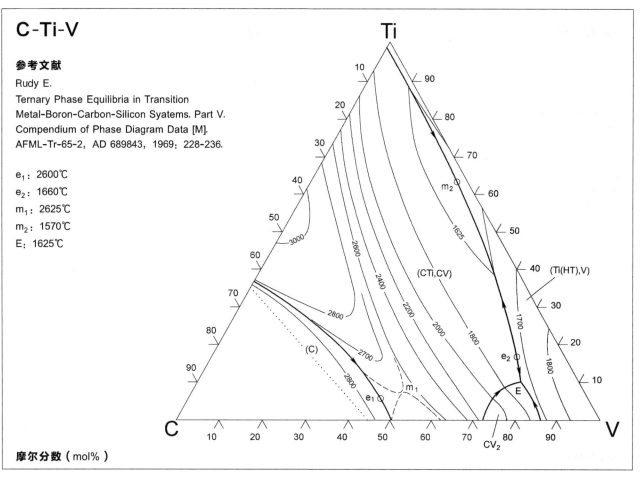

C-Ti-V

参考文献

Rudy E.
Ternary Phase Equilibria in Transition
Metal-Boron-Carbon-Silicon Syatems. Part V.
Compendium of Phase Diagram Data [M].
AFML-Tr-65-2, AD 689843, 1969：228-236.

e_1：2600℃
e_2：1660℃
m_1：2625℃
m_2：1570℃
E：1625℃

摩尔分数（mol%）

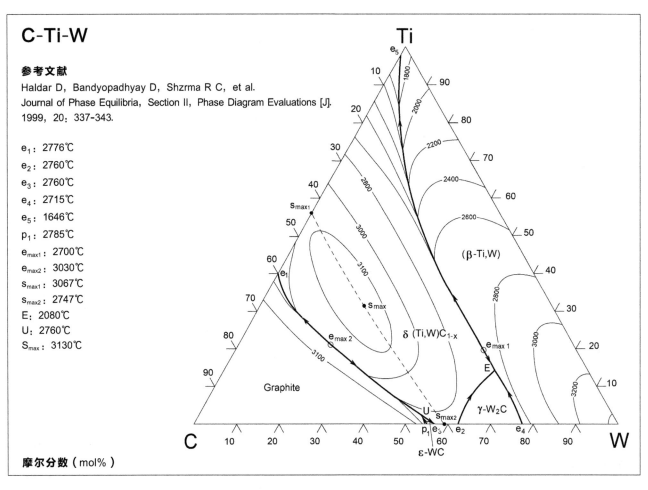

C-Ti-W

参考文献

Haldar D, Bandyopadhyay D, Shzrma R C, et al.
Journal of Phase Equilibria, Section II, Phase Diagram Evaluations [J].
1999, 20: 337-343.

e_1: 2776℃
e_2: 2760℃
e_3: 2760℃
e_4: 2715℃
e_5: 1646℃
p_1: 2785℃
e_{max1}: 2700℃
e_{max2}: 3030℃
s_{max1}: 3067℃
s_{max2}: 2747℃
E: 2080℃
U: 2760℃
S_{max}: 3130℃

摩尔分数（mol%）

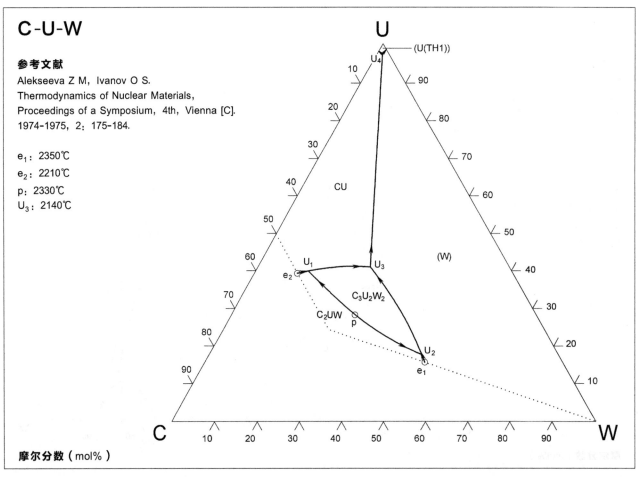

C-U-W

参考文献

Alekseeva Z M, Ivanov O S.
Thermodynamics of Nuclear Materials,
Proceedings of a Symposium, 4th, Vienna [C].
1974-1975, 2: 175-184.

e_1: 2350℃
e_2: 2210℃
p: 2330℃
U_3: 2140℃

摩尔分数（mol%）

C-W-Zr

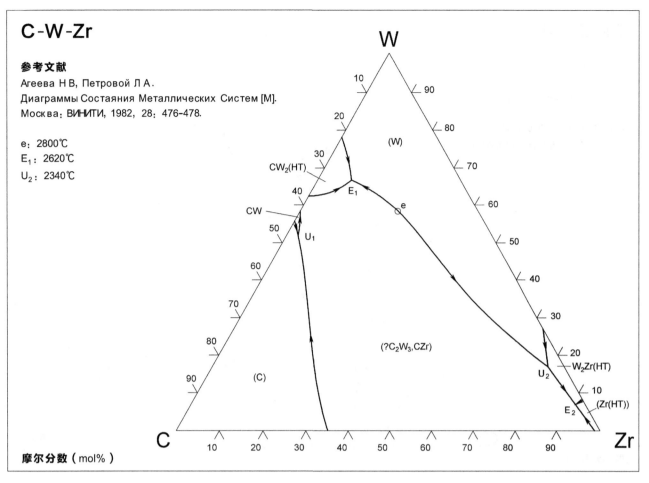

参考文献

Агеева Н В, Петровой Л А.

Диаграммы Состаяния Металлических Систем [M].

Москва: ВИНИТИ, 1982, 28: 476-478.

e: 2800℃

E_1: 2620℃

U_2: 2340℃

W

10

90

20

80

(W)

30

70

CW_2(HT)

E_1

40

60

CW

e

50

U_1

50

60

40

70

30

W_2Zr(HT)

80

(?C_2W_3,CZr)

20

U_2

(C)

90

10

E_2

(Zr(HT))

C

10 20 30 40 50 60 70 80 90

Zr

摩尔分数（mol%）

Ca-Ce-Mg

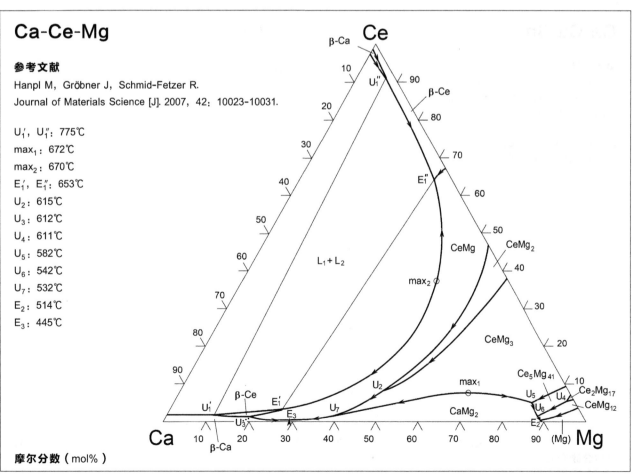

参考文献

Hanpl M, Gröbner J, Schmid-Fetzer R.

Journal of Materials Science [J]. 2007, 42: 10023-10031.

U_1', U_1'': 775℃

max_1: 672℃

max_2: 670℃

E_1', E_1'': 653℃

U_2: 615℃

U_3: 612℃

U_4: 611℃

U_5: 582℃

U_6: 542℃

U_7: 532℃

E_2: 514℃

E_3: 445℃

β-Ca

Ce

10

U_1''

90

β-Ce

20

80

30

70

E_1''

40

60

50

CeMg

$CeMg_2$

50

$L_1 + L_2$

max_2

40

60

$CeMg_3$

30

70

20

80

Ce_5Mg_{41}

10

Ce_2Mg_{17}

90

β-Ce

E_1'

U_2

max_1

U_5

U_4

$CeMg_{12}$

U_1'

U_3'

E_3

U_7

$CaMg_2$

U_6

E_2

Ca

10 20 30 40 50 60 70 80 90

(Mg)

Mg

β-Ca

摩尔分数（mol%）

407

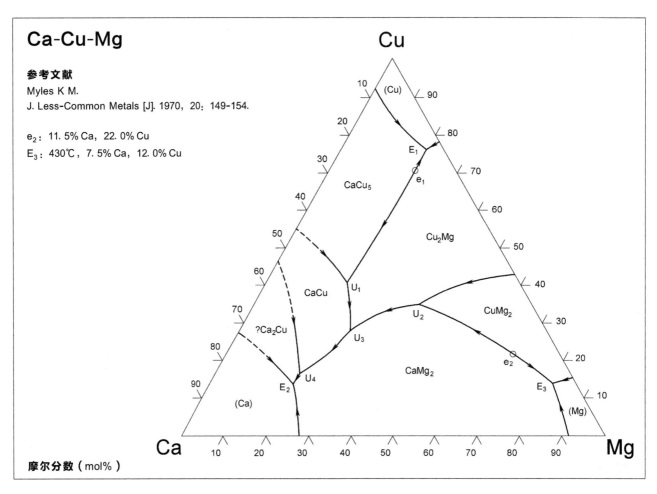

Ca-Cu-Mg

参考文献

Myles K M.

J. Less-Common Metals [J]. 1970, 20: 149-154.

e_2: 11.5% Ca, 22.0% Cu

E_3: 430℃, 7.5% Ca, 12.0% Cu

Cu

(Cu)

$CaCu_5$

e_1

E_1

Cu_2Mg

CaCu

U_1

U_2

$CuMg_2$

?Ca_2Cu

U_3

U_4

$CaMg_2$

e_2

E_3

E_2

(Ca)

(Mg)

Ca

Mg

摩尔分数（mol%）

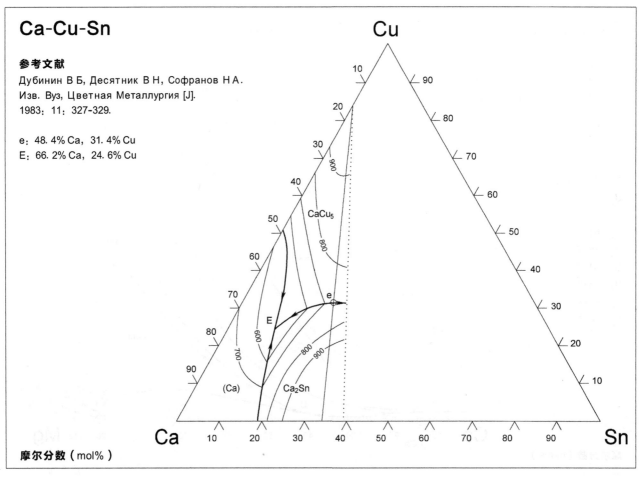

Ca-Cu-Sn

参考文献

Дубинин В Б, Десятник В Н, Софранов Н А.

Изв. Вуз, Цветная Металлургия [J].

1983: 11: 327-329.

e: 48.4% Ca, 31.4% Cu

E: 66.2% Ca, 24.6% Cu

Cu

$CaCu_5$

e

E

(Ca)

Ca_2Sn

Ca

Sn

摩尔分数（mol%）

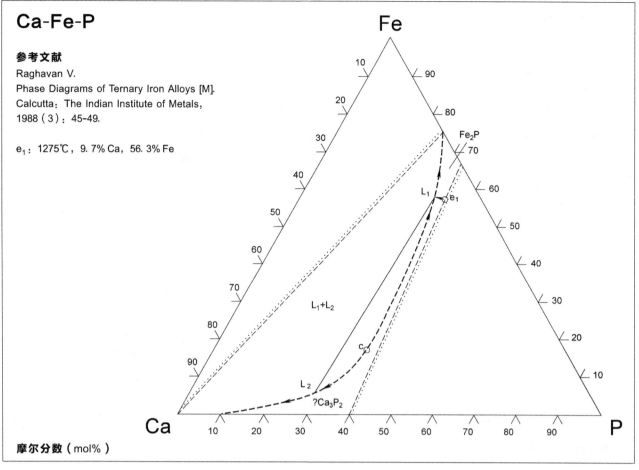

Ca-Fe-P

参考文献

Raghavan V.
Phase Diagrams of Ternary Iron Alloys [M].
Calcutta: The Indian Institute of Metals,
1988（3）: 45-49.

e_1: 1275℃, 9.7% Ca, 56.3% Fe

Fe

Fe₂P

L_1

e_1

L_1+L_2

c

L_2

?Ca₃P₂

Ca

P

摩尔分数（mol%）

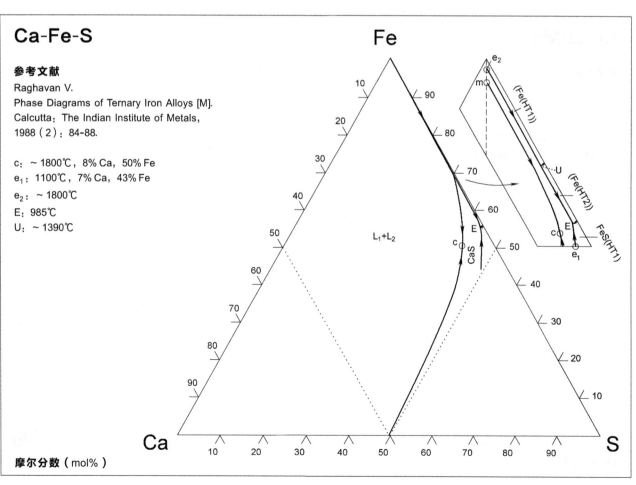

Ca-Fe-S

参考文献

Raghavan V.
Phase Diagrams of Ternary Iron Alloys [M].
Calcutta: The Indian Institute of Metals,
1988（2）: 84-88.

c: ~1800℃, 8% Ca, 50% Fe
e_1: 1100℃, 7% Ca, 43% Fe
e_2: ~1800℃
E: 985℃
U: ~1390℃

Fe

e_2

m

(Fe(HT1))

U

(Fe(HT2))

L_1+L_2

c

E

CaS

FeS(HT1)

c

E

e_1

Ca

S

摩尔分数（mol%）

Ca-Fe-Si

参考文献

Schümann E, Litterscheidt H, Fünders P.
Archiv fuer das Eisenhuettenwesen [J].
1975, 46: 427-432.

c: 1340℃   E$_1$: 1183℃
L$_1$: 1280℃ E$_2$: 1173℃
L$_2$: 1280℃ E$_3$: 1015℃
L$_3$: 1242℃ U$_2$: 1184℃
L$_4$: 1242℃ U$_3$: 1028℃
L$_5$: 1285℃ U$_4$: 1017℃
L$_6$: 1285℃

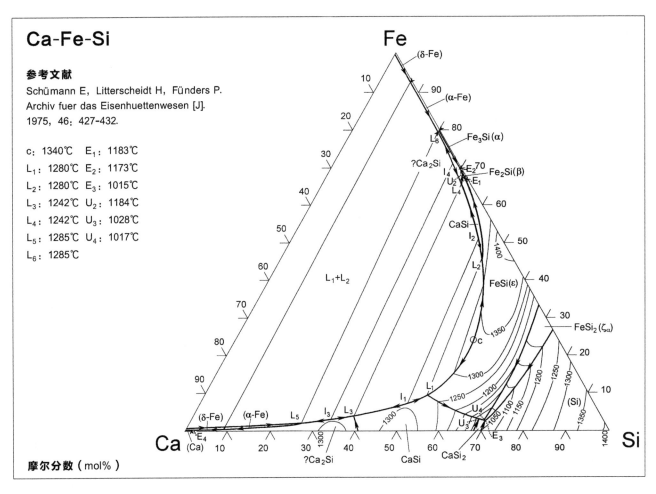

摩尔分数（mol%）

Ca-Li-Mg

参考文献

Gröbner J, Schmid-Fetzer R, Pisch A, et al.
Thermochimica Acta [J]. 2002, 389: 85-94.

E$_1$: 491℃, 8.4% Ca, 19.1% Li
P: 391℃, 60.6% Ca, 28.8% Li

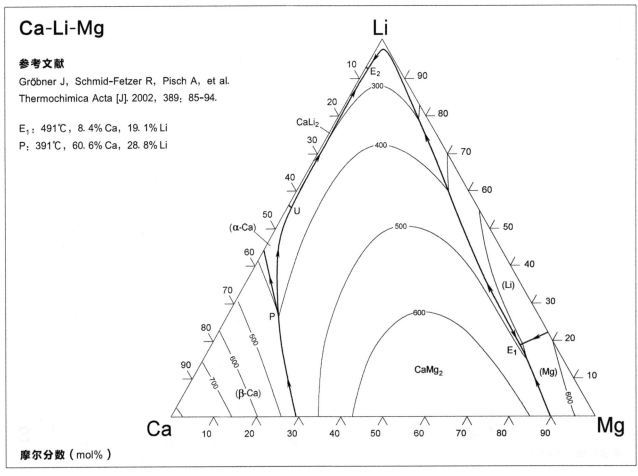

摩尔分数（mol%）

Ca-Li-Na

参考文献

Zhang S, Shin D, Liu Z K.
CALPHAD: Computer Coupling of Phase Diagrams and Thermochemistry [J]. 2003, 27: 235-241.

M_1, M_1': 375℃

M_2, M_2': 230℃

M_3, M_3': 385℃

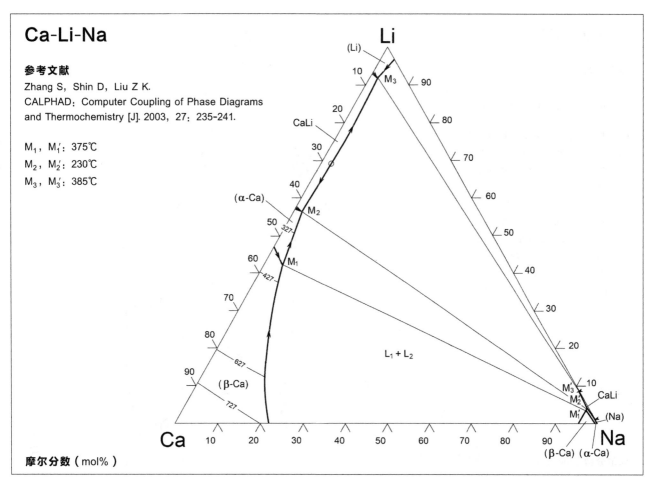

摩尔分数（mol%）

Ca-Mg-Ni

参考文献

Islam F, Medraj M.
CALPHAD: Computer Coupling of Phase Diagrams and Thermochemistry [J]. 2005, 29: 289-302.

E_1: 464℃, 6.0% Ca, 86.3% Mg

E_2: 586℃, 19.1% Ca, 62.8% Mg

E_3: 409℃, 62.8% Ca, 28.9% Mg

U_1: 1003℃, 9.4% Ca, 14.7% Mg

U_2: 898℃, 23.7% Ca, 19.0% Mg

U_3: 779℃, 37.1% Ca, 19.7% Mg

U_4: 690℃, 48.2% Ca, 18.4% Mg

U_5: 508℃, 68.8% Ca, 14.3% Mg

P_1: 443℃, 65.0% Ca, 24.9% Mg

P_2: 443℃, 70.4% Ca, 28.8% Mg

m_1: 590℃, 18.2% Ca, 64.7% Mg

m_2: 595℃, 25.2% Ca, 57.2% Mg

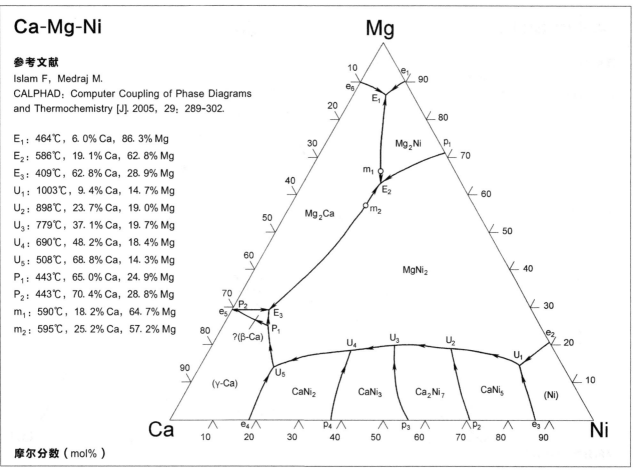

摩尔分数（mol%）

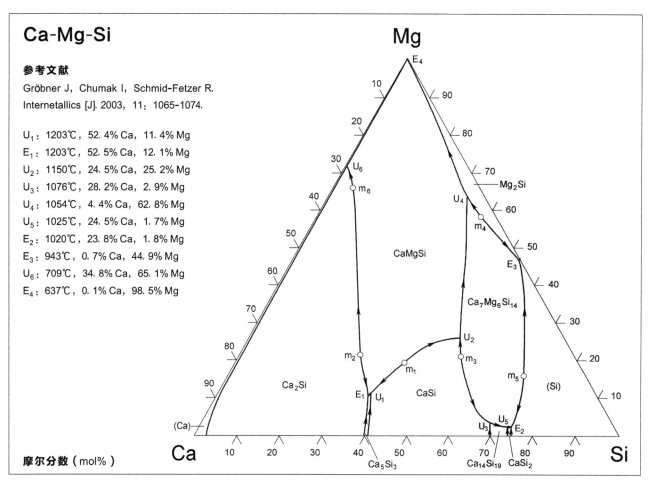

Ca-Mg-Si

参考文献

Gröbner J, Chumak I, Schmid-Fetzer R. Internetallics [J]. 2003, 11: 1065-1074.

U_1: 1203℃, 52.4% Ca, 11.4% Mg

E_1: 1203℃, 52.5% Ca, 12.1% Mg

U_2: 1150℃, 24.5% Ca, 25.2% Mg

U_3: 1076℃, 28.2% Ca, 2.9% Mg

U_4: 1054℃, 4.4% Ca, 62.8% Mg

U_5: 1025℃, 24.5% Ca, 1.7% Mg

E_2: 1020℃, 23.8% Ca, 1.8% Mg

E_3: 943℃, 0.7% Ca, 44.9% Mg

U_6: 709℃, 34.8% Ca, 65.1% Mg

E_4: 637℃, 0.1% Ca, 98.5% Mg

摩尔分数（mol%）

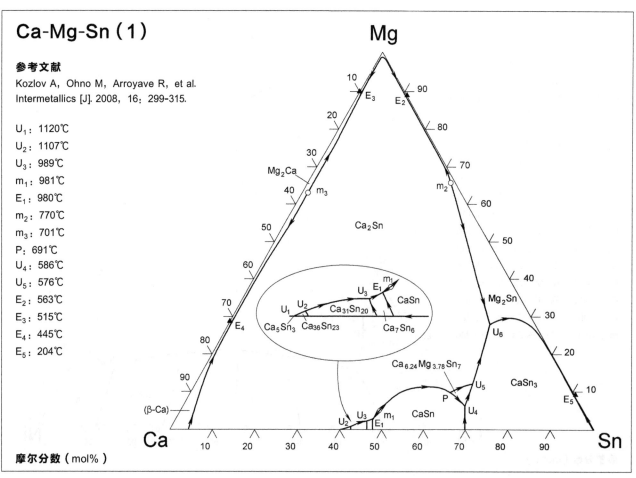

Ca-Mg-Sn（1）

参考文献

Kozlov A, Ohno M, Arroyave R, et al. Intermetallics [J]. 2008, 16: 299-315.

U_1: 1120℃

U_2: 1107℃

U_3: 989℃

m_1: 981℃

E_1: 980℃

m_2: 770℃

m_3: 701℃

P: 691℃

U_4: 586℃

U_5: 576℃

E_2: 563℃

E_3: 515℃

E_4: 445℃

E_5: 204℃

摩尔分数（mol%）

Ca-Mg-Sn（2）

参考文献

Wang J, Han J, Du B, et al.
CALPHAD: Computer Coupling of Phase Diagrams
and Thermochemistry [J]. 2017, 58: 6-16.

E_1: 216℃, 8.1% Mg, 91.8% Sn
U_1: 475℃, 29.6% Mg, 67.2% Sn
E_2: 564℃, 87.9% Mg, 11.9% Sn
U_2: 605℃, 0.9% Mg, 68.8% Sn
P_1: 646℃, 45.0% Mg, 51.6% Sn
P_2: 852℃, 4.5% Mg, 57.3% Sn
U_3: 988℃, 0.7% Mg, 47.2% Sn
U_4: 996℃, 0.4% Mg, 46.3% Sn
U_5: 1108℃, 0.2% Mg, 42.9% Sn
U_6: 1122℃, 0.1% Mg, 42.4% Sn
U_7: 434℃, 32.1% Mg, 0.3% Sn
E_3: 524℃, 88.2% Mg, 0.1% Sn

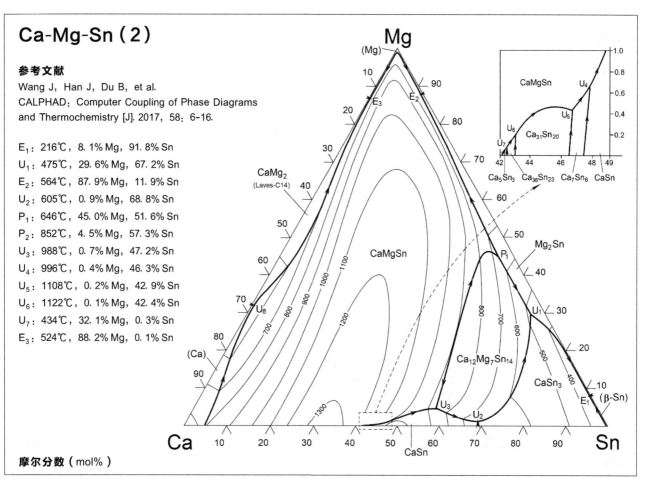

摩尔分数（mol%）

Ca-Mg-Sr

参考文献

Zhong Y, Sofo J O, Luo A A, et al.
J. Alloys Compounds [J]. 2006, 421: 172-178.

E: 511℃
U_1: 587℃
U_2: 569℃

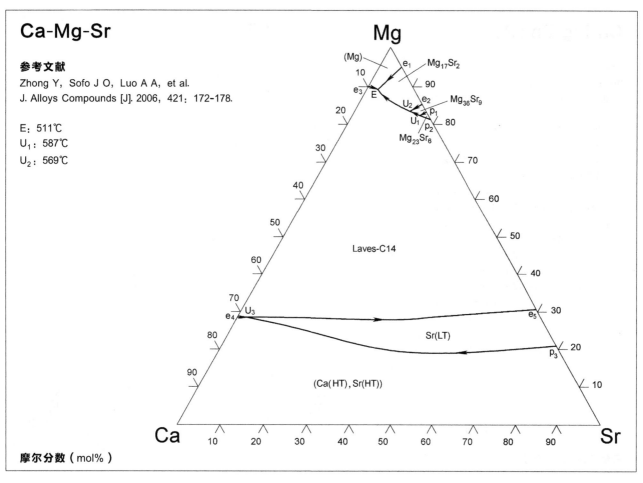

摩尔分数（mol%）

Ca-Mg-Zn（1）

参考文献

Paris R.

Comptes Rendus Hebdomadaires

des Seances de L'academie des Sciences [J].

1933, 197：1634-1636.

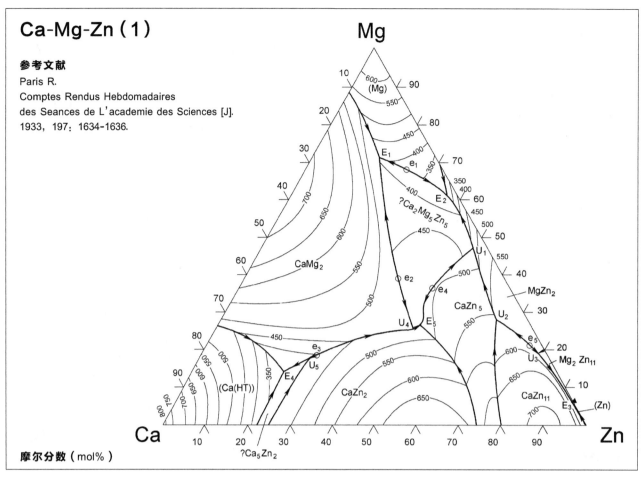

摩尔分数（mol%）

Ca-Mg-Zn（2）

参考文献

Brubaker C O, Liu Z K.

J. Alloys Compounds [J]. 2004, 370：114-122.

U_1：510℃，81. 0w -% Zn，6. 1w -% Ca

U_2：489℃

P_1：442℃，4. 3w -% Zn，78. 2w -% Ca

E_1：433℃，53. 9w -% Zn，22. 8w -% Ca

E_2：415℃，32. 2w -% Zn，14. 1w -% Ca

U_3：386℃，65. 4w -% Zn，13. 4w -% Ca

U_4：366℃，65. 8w -% Zn，11. 8w -% Ca

U_5：354℃，41. 1w -% Zn，48. 9w -% Ca

U_6：325℃，35. 4w -% Zn，55. 1w -% Ca

U_7：323℃，64. 3w -% Zn，8. 6w -% Ca

U_8：318℃，62. 5w -% Zn，7. 8w -% Ca

U_9：304℃，29. 0w -% Zn，61. 8w -% Ca

P_2：303℃，27. 7w -% Zn，63. 0w -% Ca

U_{10}：288℃，56. 4w -% Zn，5. 4w -% Ca

P_3：282℃，55. 5w -% Zn，5. 2w -% Ca

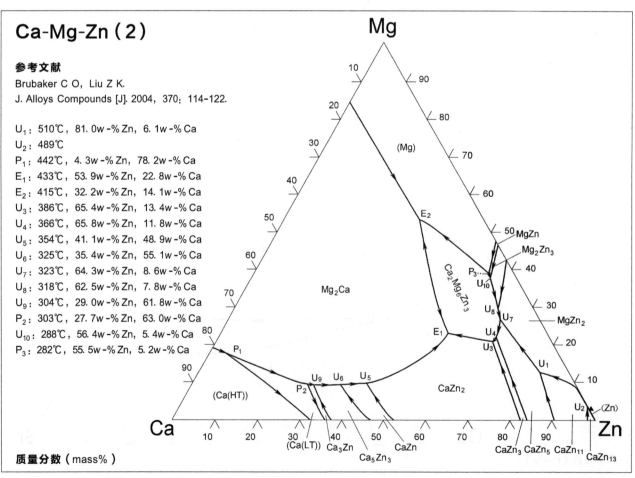

质量分数（mass%）

Ca-Mg-Zn（3）

参考文献

Mezbahul-Islam M, Zhang Y N, Shekhar C, et al.
CALPHAD: Computer Coupling of Phase Diagrams
and Thermochemistry [J]. 2014, 46: 134-147.

P₁: 443℃ U₁₁: 398℃

P$_1$: 443℃	U$_{11}$: 398℃
P$_2$: 496℃	U$_{12}$: 342℃
P$_3$: 341℃	U$_{13}$: 337℃
U$_1$: 326℃	U$_{14}$: 336℃
U$_2$: 341℃	U$_{15}$: 338℃
U$_3$: 357℃	U$_{16}$: 376℃
U$_4$: 496℃	E$_1$: 327℃
U$_5$: 525℃	E$_2$: 447℃
U$_6$: 534℃	E$_3$: 336℃
U$_7$: 546℃	m$_1$: 480℃
U$_8$: 514℃	m$_2$: 515℃
U$_9$: 513℃	m$_3$: 549℃
U$_{10}$: 504℃	

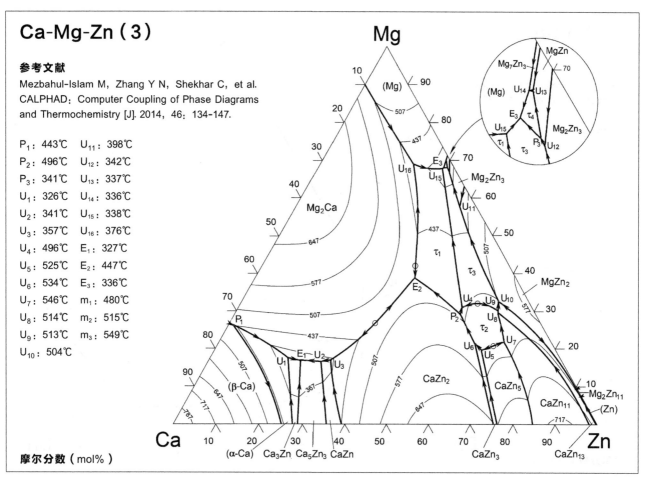

摩尔分数（mol%）

Ca-Mn-Si

参考文献

Obinata I, Takeuchi Y, Watanabe M, et al.
Metall（Berlin）[J]. 1965, 19: 21-35.

E: 970℃

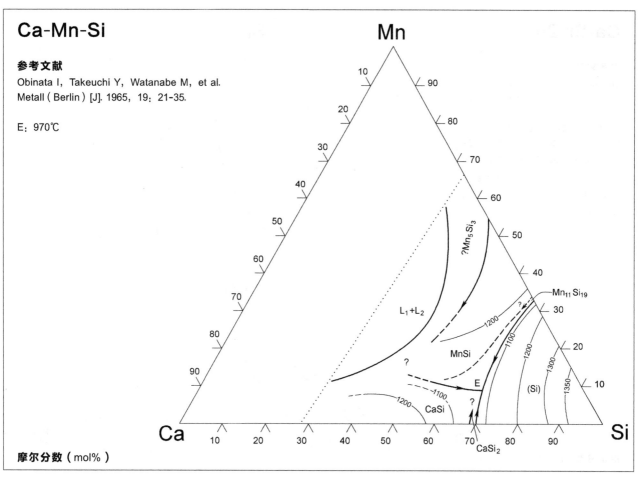

摩尔分数（mol%）

Ca-Pb-Sn

参考文献

Cartigny Y, Fiorani J M, Maitre A, et al.
Intermetallics [J]. 2003, 11：1205-1210.

E：182℃

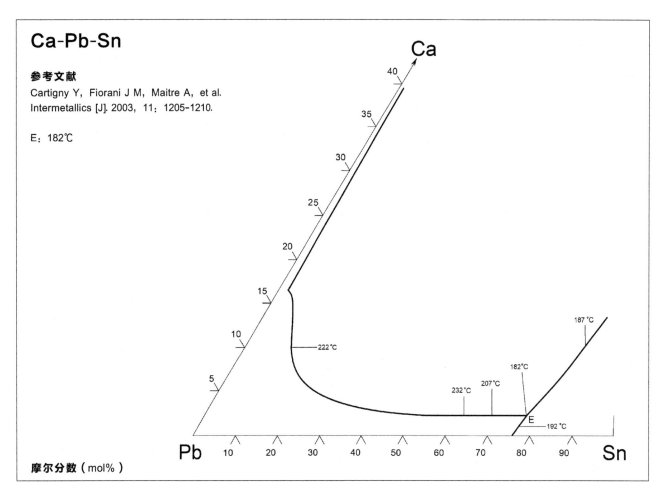

摩尔分数（mol%）

Ca-Sr-Zn

参考文献

Zhong Y, Ozturk K, Liu Z K.
Journal of Phase Equilibria [J]. 2003, 24：340-346.

E：107℃，37.3% Zn，26.2% Ca
U_1：118℃，39.0% Zn，25.9% Ca
U_2：131℃，36.1% Zn，29.6% Ca
U_3：331℃，32.5% Zn，55.1% Ca
U_4：526℃，72.7% Zn，17.9% Ca
U_5：672℃，85.5% Zn，12.7% Ca

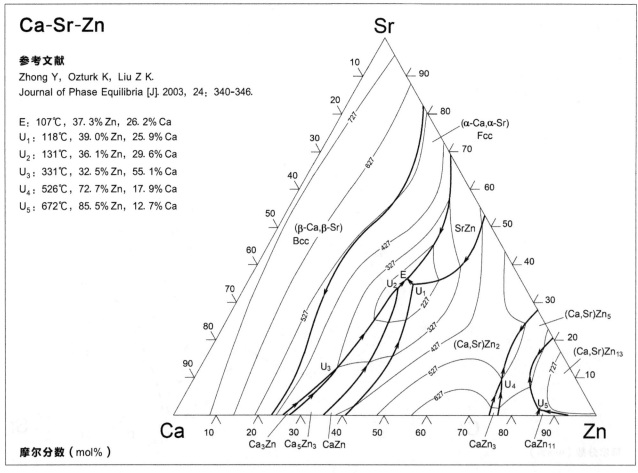

摩尔分数（mol%）

Cd-Cr-Se

参考文献

Калинков В Т, Веселаго В Г, Аминов Т Г, и др.
Труды Физического Института, Академия СССР [J].
1982, 139: 135-149.

①: CdCr₂Se

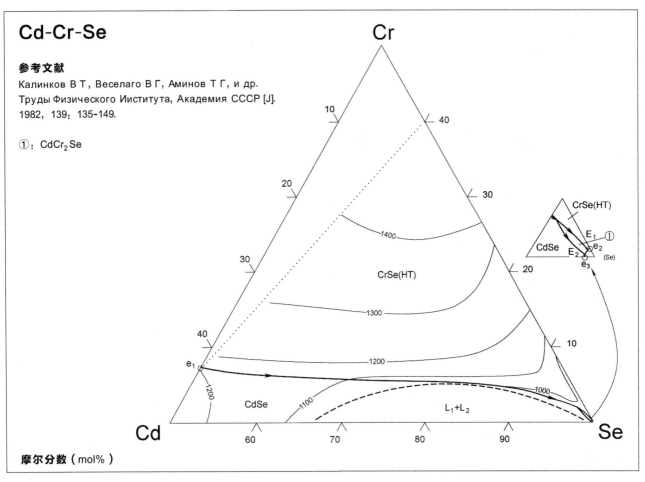

摩尔分数（mol%）

Cd-Cu-Sn

参考文献

Gebhardt E, Petzow G.
Zeitschrift fuer Metallkunde [J].
1959, 50: 668-677.

E_1: 170℃
U_1: 540℃
U_2: 535℃
U_3: 530℃
U_4: 525℃
U_5: 490℃
U_6: 380℃
U_7: 275℃
U_8: 185℃
U_9: 220℃

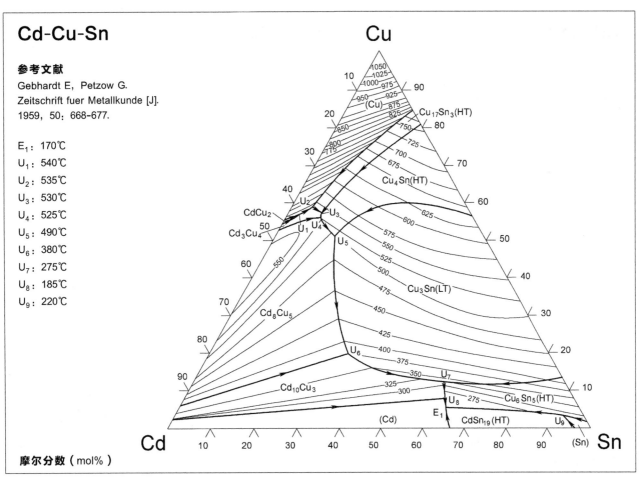

摩尔分数（mol%）

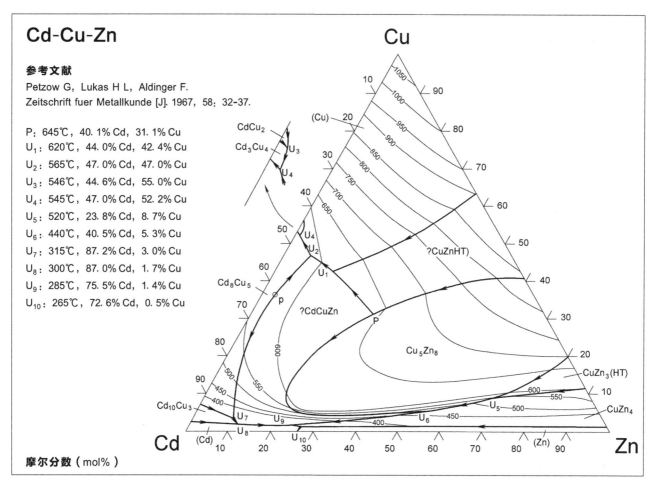

Cd-Cu-Zn

参考文献

Petzow G, Lukas H L, Aldinger F.
Zeitschrift fuer Metallkunde [J]. 1967, 58: 32-37.

P：645℃，40.1% Cd，31.1% Cu
U_1：620℃，44.0% Cd，42.4% Cu
U_2：565℃，47.0% Cd，47.0% Cu
U_3：546℃，44.6% Cd，55.0% Cu
U_4：545℃，47.0% Cd，52.2% Cu
U_5：520℃，23.8% Cd，8.7% Cu
U_6：440℃，40.5% Cd，5.3% Cu
U_7：315℃，87.2% Cd，3.0% Cu
U_8：300℃，87.0% Cd，1.7% Cu
U_9：285℃，75.5% Cd，1.4% Cu
U_{10}：265℃，72.6% Cd，0.5% Cu

摩尔分数（mol%）

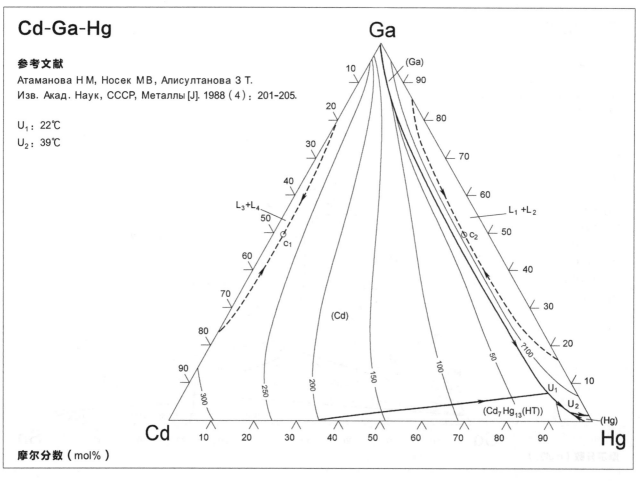

Cd-Ga-Hg

参考文献

Атаманова Н М, Носек М В, Алисултанова З Т.
Изв. Акад. Наук, СССР, Металлы [J]. 1988（4）：201-205.

U_1：22℃
U_2：39℃

摩尔分数（mol%）

Cd-Ga-Pb

参考文献

Predel B.

Zeitschrift fuer Metallkunde [J]. 1961, 52: 507-511.

L_1，L_2：234℃

E：29℃，99.6% Ga

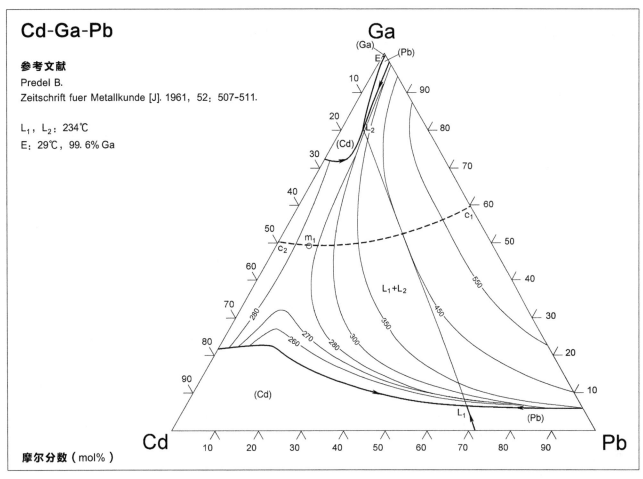

摩尔分数（mol%）

Cd-Ga-Sb

参考文献

Миргаловская МС, Алексеева Е М.

Изв. Акад. Наук, СССР, Неорганические

Материалы [J]. 1965, 1: 174-183.

e_1：405℃

e_2：311℃

U_1：419℃

U_2：404℃

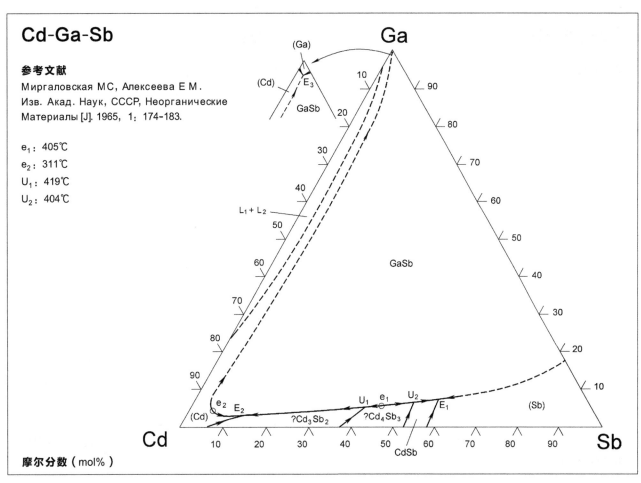

摩尔分数（mol%）

Cd-Ge-P

参考文献

Бойко МЕ, Борщевский А С, Ундалов Ю К.
Изв. Акад. Наук, СССР, Неорганические Материалы [J].
1976, 12: 651-652.

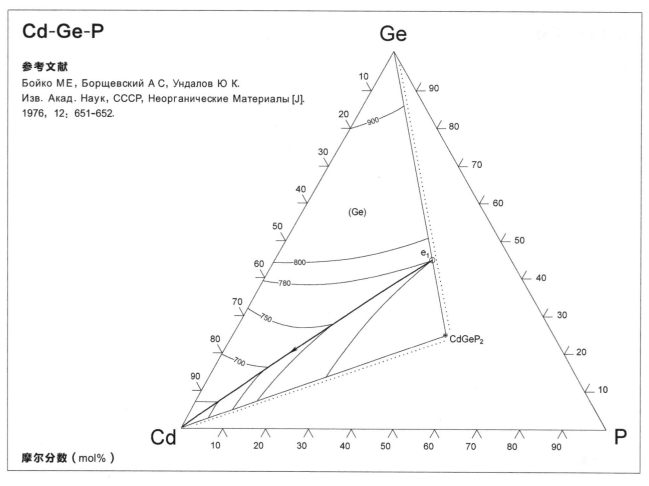

摩尔分数（mol%）

Cd-Ge-Pb

参考文献

Dichi E, Morgant G, Legendre B.
Journal of Alloys and Compounds [J]. 1997, 252: 219-229.

E: 247℃

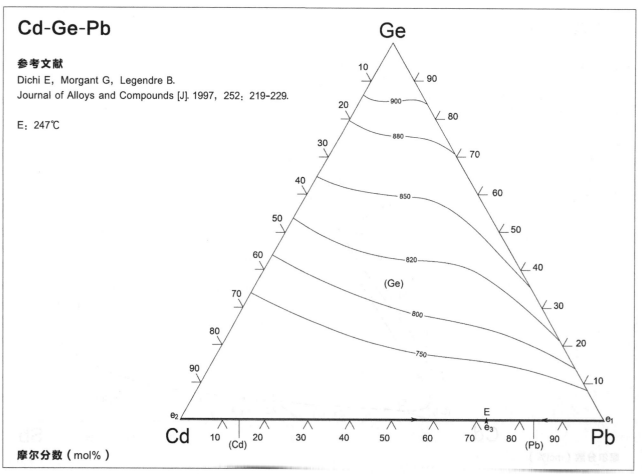

摩尔分数（mol%）

Cd-Ge-S

参考文献

Мовсум-Заде А А, Алиева Ш Б, Алласов М Р, и др.

Журн. Неорг. Хим. [J]. 1987, 32: 574-577.

*: Cd_4GeS_6

I_1, I_2: 925℃

e_1: 550℃

e_2: 700℃

e_3: 900℃

p_1: 605℃

p_2: 775℃

E_1: 525℃

E_2: 530℃

E_3: 300℃

U_3: 540℃

U_4: 575℃

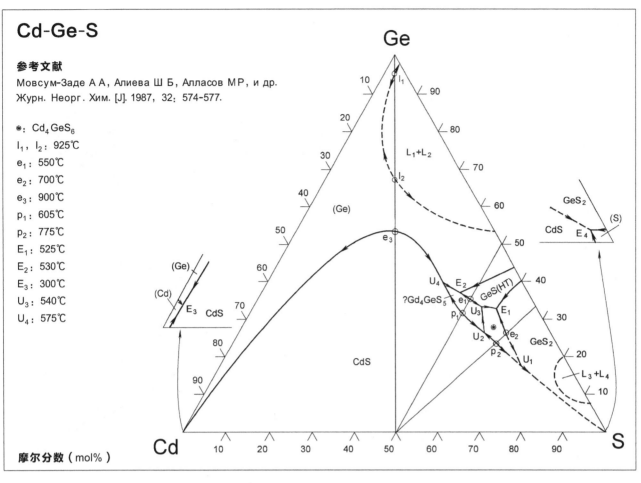

摩尔分数（mol%）

Cd-Ge-Sb

参考文献

Белоцкий Д П, Коцюмаха М П, Махова М К, и др.

Изв. Акад. Наук, СССР, Неорганические Материалы [J].

1981, 17: 1148-1150.

e: 440℃

E_1: 410℃

E_2: 285℃

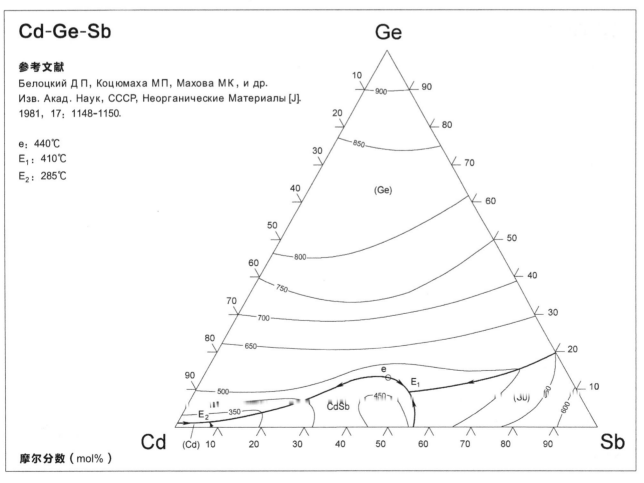

摩尔分数（mol%）

421

Cd-Ge-Se

参考文献

Один И Н, Галюлин Е А, Новоселова А В.
Журн. Неорг. Хим. [J]. 1985, 30: 112-115.

❋: Cd_4GeSe_6

l_1, l_2: 1211℃
e_1: 929℃
e_2: 716℃
p: 863℃
E_1: 570℃
E_2: 311℃
E_3: 305℃
P: 668℃
U_1: 664℃
U_2: 660℃
U_3: 500℃
U_4: 212℃

摩尔分数（mol%）

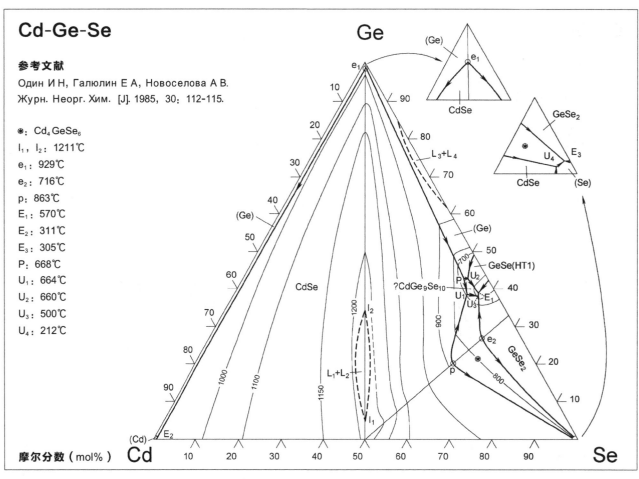

Cd-Ge-Sn

参考文献

Dichi E, Morgant G, Legendre B.
Journal of Alloys and Compounds [J].
1997, 252: 219-229.

e_1: 320℃
e_2: 231℃
e_3: 176℃
p: 223℃
U: 222℃
E: 175℃

摩尔分数（mol%）

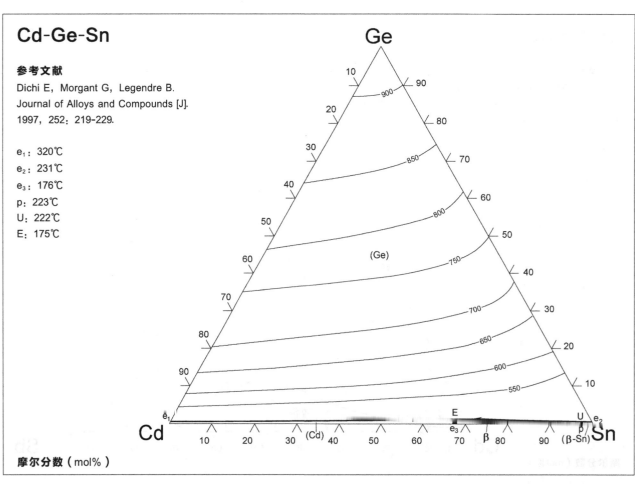

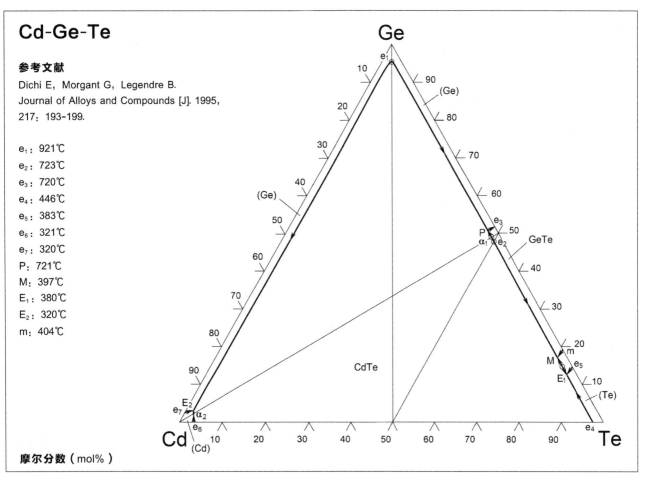

Cd-Ge-Te

参考文献

Dichi E, Morgant G, Legendre B.
Journal of Alloys and Compounds [J]. 1995,
217: 193-199.

e_1: 921℃
e_2: 723℃
e_3: 720℃
e_4: 446℃
e_5: 383℃
e_6: 321℃
e_7: 320℃
P: 721℃
M: 397℃
E_1: 380℃
E_2: 320℃
m: 404℃

摩尔分数（mol%）

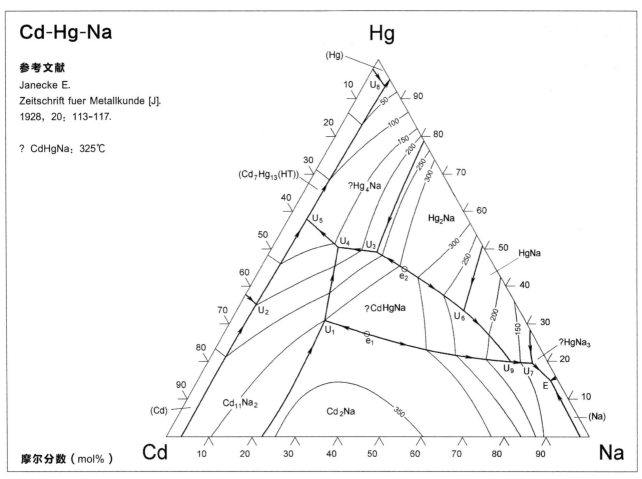

Cd-Hg-Na

参考文献

Janecke E.
Zeitschrift fuer Metallkunde [J].
1928, 20: 113-117.

? CdHgNa: 325℃

摩尔分数（mol%）

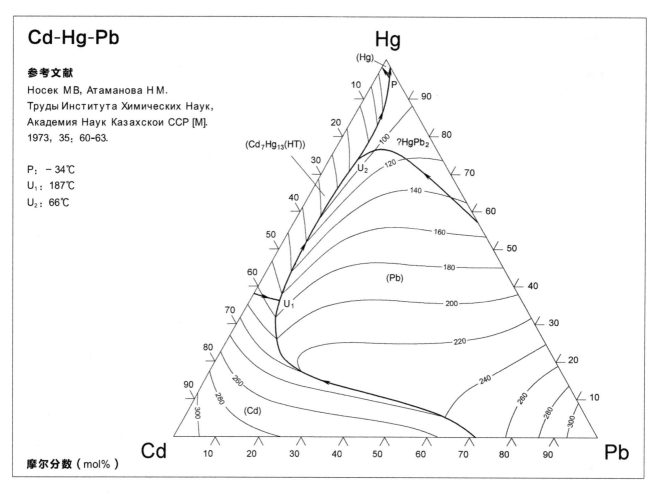

Cd-Hg-Pb

参考文献

Носек МВ, Атаманова Н М.
Труды Института Химических Наук,
Академия Наук Казахскои ССР [М].
1973, 35: 60-63.

P: −34℃
U₁: 187℃
U₂: 66℃

摩尔分数 (mol%)

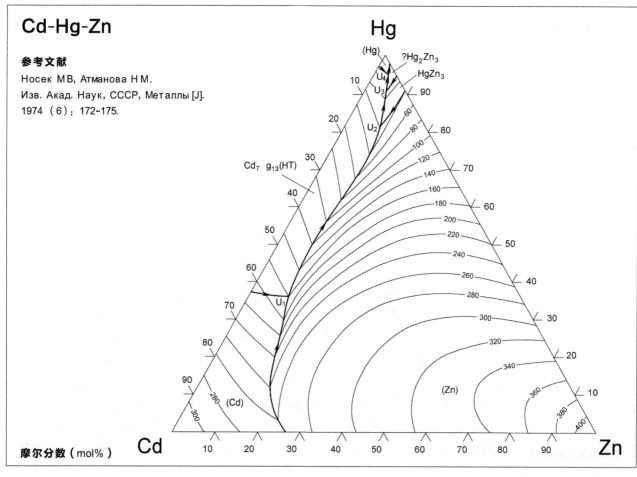

Cd-Hg-Zn

参考文献

Носек МВ, Атманова Н М.
Изв. Акад. Наук, СССР, Металлы [J].
1974 (6): 172-175.

摩尔分数 (mol%)

Cd-In-Na

参考文献

Neethling A J.
J. Chem. Thermodynamics [J]. 1974, 6: 707-710.

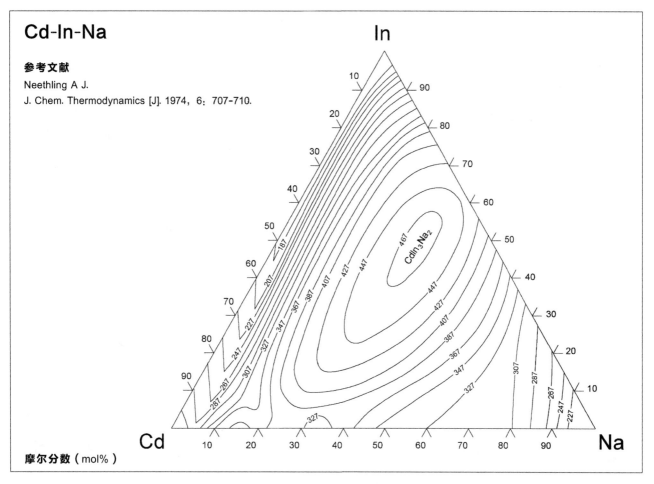

摩尔分数（mol%）

Cd-In-P

参考文献

Маренкин С Ф, Пашкова О Н, Бабиевская И З.
Изв. Акад. Наук, СССР, Неорганические
Материалы [J]. 1988, 24: 915-919.

L_1, L_2: 700℃
c: 810℃, 41.8% Cd, 13.5% In
e_1: 316℃, 99.7% Cd, 0.2% In
e_2: 768℃, 29.2% Cd, 6.3% In
E_1: 125℃
E_2: 316℃, 99.7% Cd, 0.2% In
E_3: 696℃, 43.5% Cd, 4.9% In
E_4: 597℃, 12.7% Cd, 3.5% In
U_1: 723℃, 40.4% Cd, 5.5% In
U_2: 731℃, 36.1% Cd, 6.1% In
U_3: 753℃, 16% Cd, 9% In

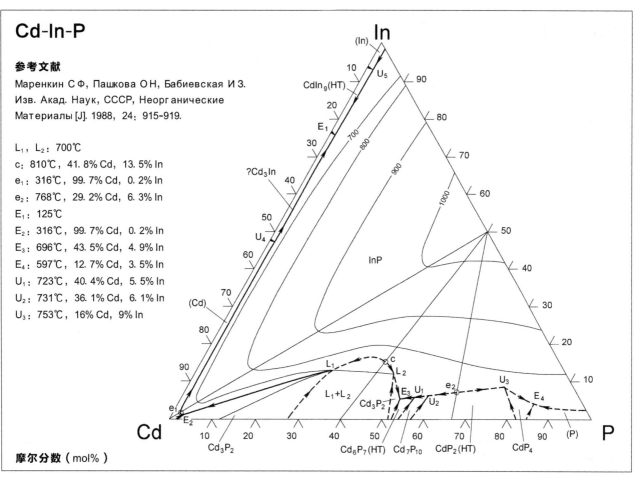

摩尔分数（mol%）

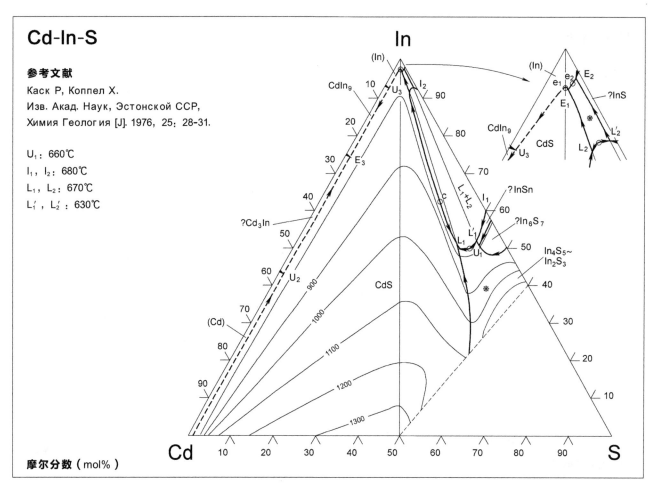

Cd-In-S

参考文献

Каск Р, Коппел Х.
Изв. Акад. Наук, Эстонской ССР,
Химия Геология [J]. 1976, 25: 28-31.

U₁: 660℃
I₁, I₂: 680℃
L₁, L₂: 670℃
L₁′, L₂′: 630℃

摩尔分数（mol%）

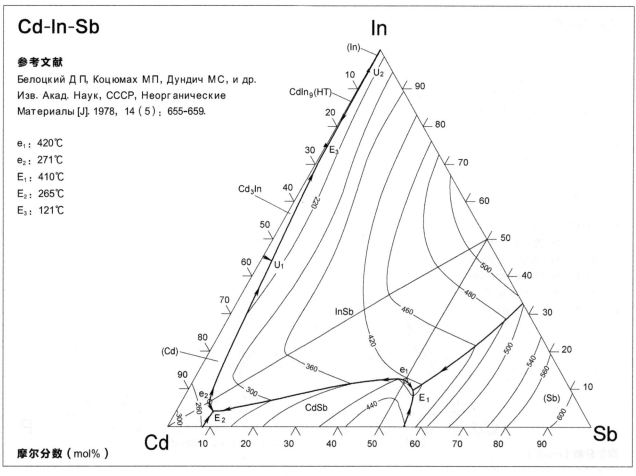

Cd-In-Sb

参考文献

Белоцкий Д П, Коцюмах МП, Дундич МС, и др.
Изв. Акад. Наук, СССР, Неорганические
Материалы [J]. 1978, 14（5）: 655-659.

e₁: 420℃
e₂: 271℃
E₁: 410℃
E₂: 265℃
E₃: 121℃

摩尔分数（mol%）

Cd-In-Sn

参考文献

Dichi E, Legendre B.
Zeitschrift fuer Metallkunde [J]. 2003, 94: 827-830.

U_1: 133℃
U_2: 121℃
U_3: 98℃
E_1: 92℃

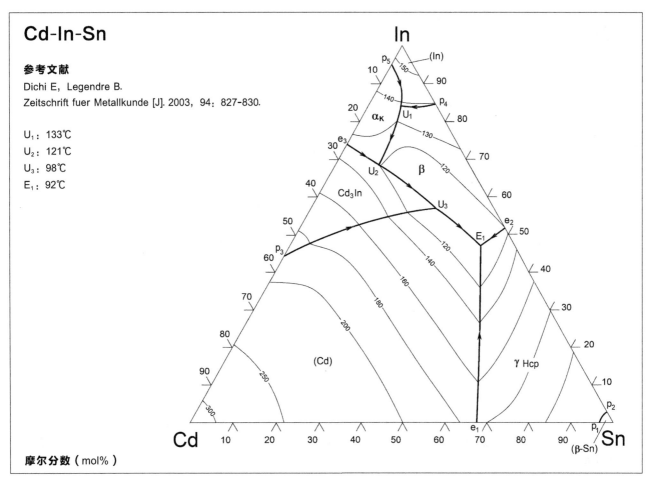

摩尔分数（mol%）

Cd-In-Te

参考文献

Radautsan S, Dintu G, Derid O.
Latvijas psr Zinatnu Akademijas Vestis,
Fizikas un Tehnisko Zinatnu Serija [J].
1982（6）: 15-17.

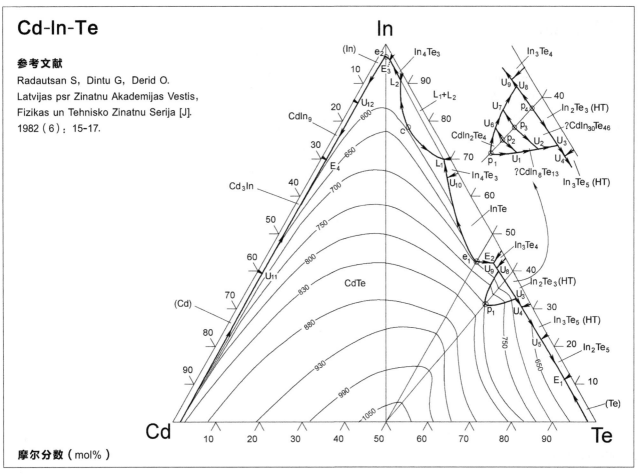

摩尔分数（mol%）

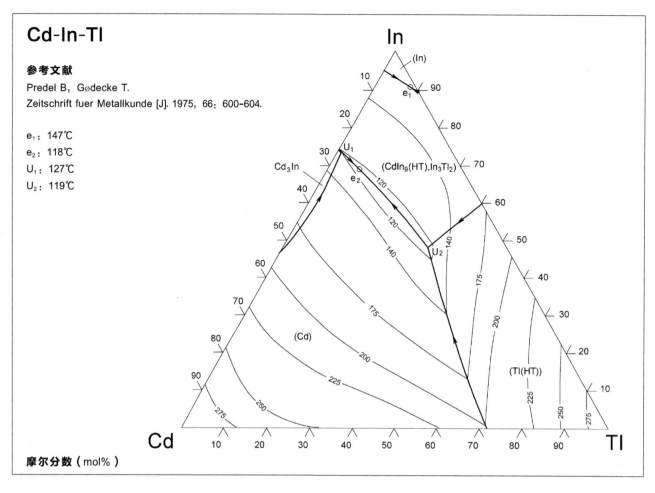

Cd-In-Tl

参考文献

Predel B, Gødecke T.

Zeitschrift fuer Metallkunde [J]. 1975, 66: 600-604.

e₁: 147℃

e₂: 118℃

U₁: 127℃

U₂: 119℃

Cd₃In

(CdIn₉(HT),In₃Tl₂)

(Cd)

(Tl(HT))

In

Cd

Tl

摩尔分数（mol%）

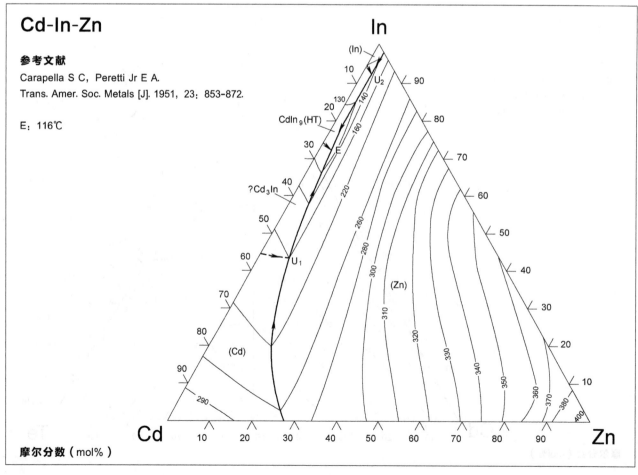

Cd-In-Zn

参考文献

Carapella S C, Peretti Jr E A.

Trans. Amer. Soc. Metals [J]. 1951, 23: 853-872.

E: 116℃

CdIn₉(HT)

?Cd₃In

(Zn)

(Cd)

In

Cd

Zn

摩尔分数（mol%）

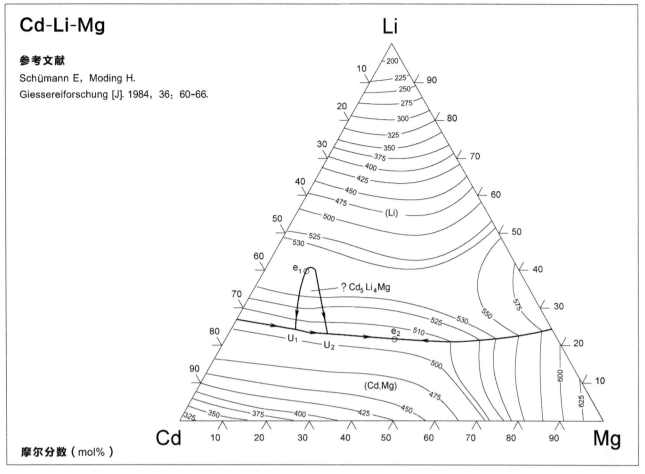

Cd-Li-Mg

参考文献

Schümann E, Moding H.
Giessereiforschung [J]. 1984, 36: 60-66.

Li

? Cd$_5$Li$_4$Mg

(Li)

e$_1$

U$_1$ U$_2$ e$_2$

(Cd,Mg)

Cd

Mg

摩尔分数（mol%）

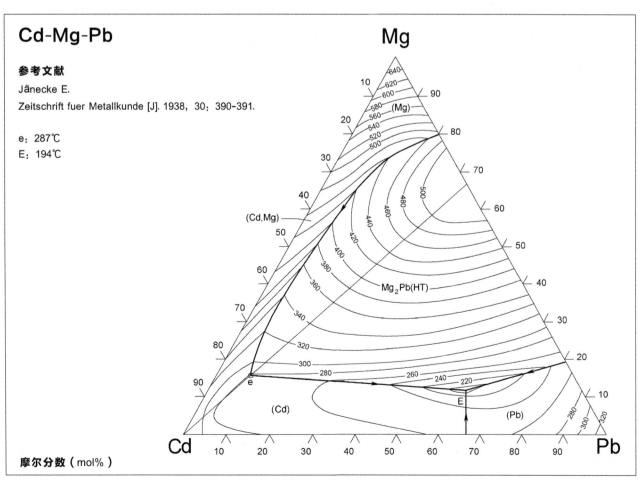

Cd-Mg-Pb

参考文献

Jänecke E.
Zeitschrift fuer Metallkunde [J]. 1938, 30: 390-391.

e: 287℃
E: 194℃

Mg

(Mg)

(Cd,Mg)

Mg$_2$Pb(HT)

e

(Cd)   E   (Pb)

Cd

Pb

摩尔分数（mol%）

Cd-Mg-Tl

参考文献

Köster W, Wagner E.

Zeitschrift fuer Metallkunde [J]. 1938, 30: 335-338.

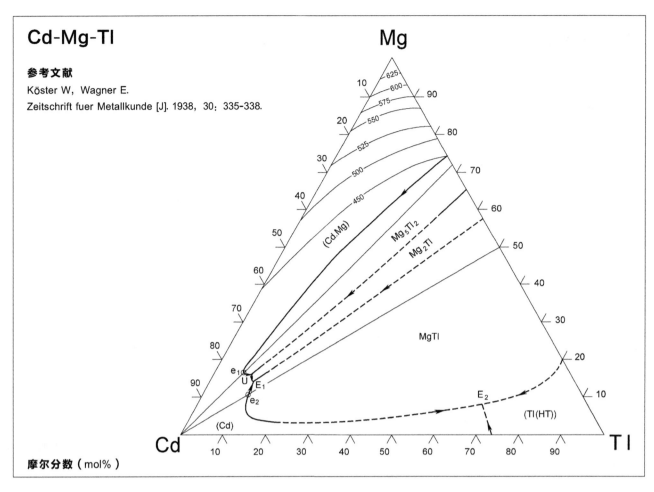

摩尔分数（mol%）

Cd-Mg-Zn

参考文献

Jänecke E.

Zeitschrift fuer Metallkunde [J]. 1938, 30: 424-428.

e: 280℃
E: 256℃

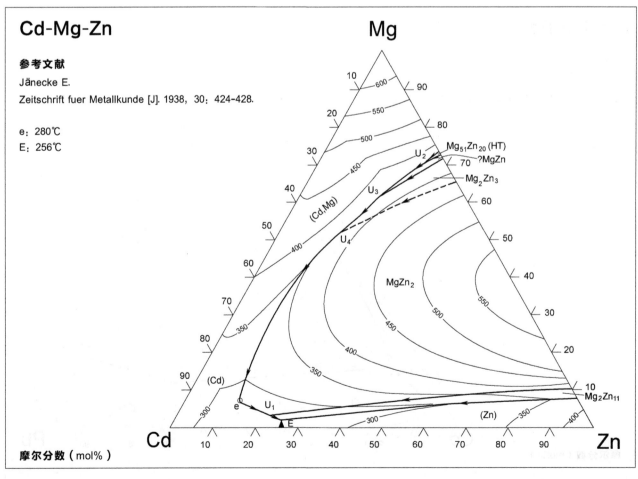

摩尔分数（mol%）

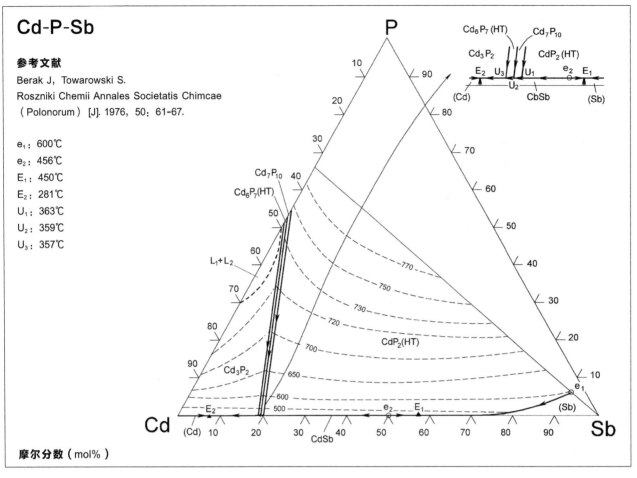

Cd-P-Sb

参考文献

Berak J, Towarowski S.

Roszniki Chemii Annales Societatis Chimcae

（Polonorum）[J]. 1976, 50: 61-67.

e_1: 600℃

e_2: 456℃

E_1: 450℃

E_2: 281℃

U_1: 363℃

U_2: 359℃

U_3: 357℃

摩尔分数（mol%）

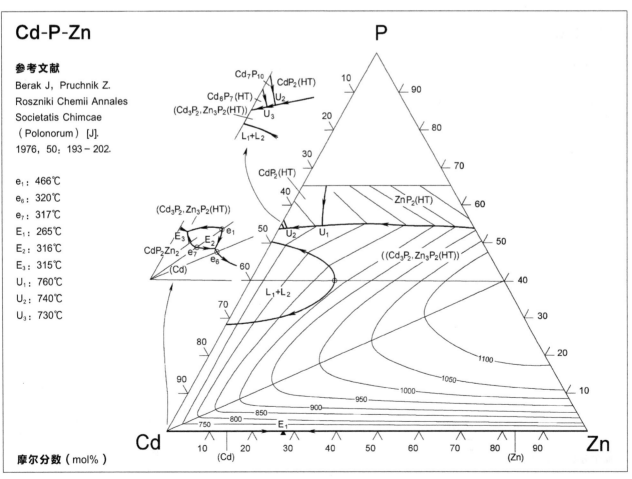

Cd-P-Zn

参考文献

Berak J, Pruchnik Z.

Roszniki Chemii Annales

Societatis Chimcae

（Polonorum）[J].

1976, 50: 193 – 202.

e_1: 466℃

e_6: 320℃

e_7: 317℃

E_1: 265℃

E_2: 316℃

E_3: 315℃

U_1: 760℃

U_2: 740℃

U_3: 730℃

摩尔分数（mol%）

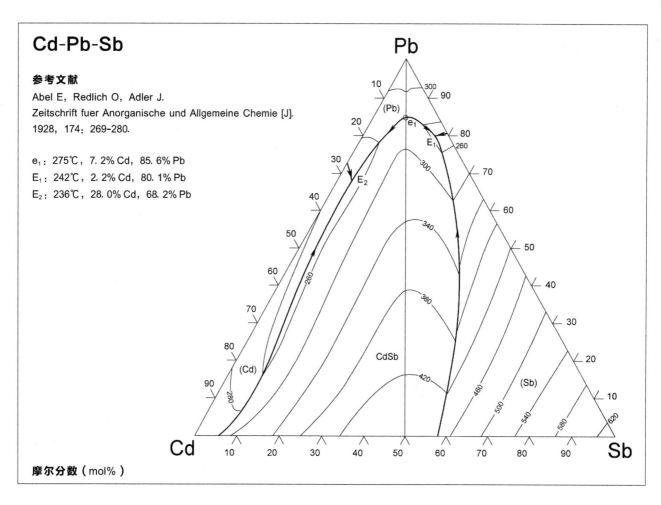

Cd-Pb-Sb

参考文献

Abel E, Redlich O, Adler J.
Zeitschrift fuer Anorganische und Allgemeine Chemie [J].
1928, 174: 269-280.

e₁: 275℃, 7.2% Cd, 85.6% Pb
E₁: 242℃, 2.2% Cd, 80.1% Pb
E₂: 236℃, 28.0% Cd, 68.2% Pb

摩尔分数（mol%）

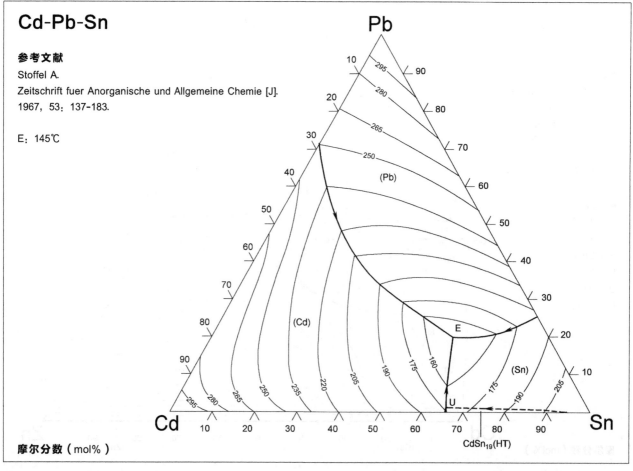

Cd-Pb-Sn

参考文献

Stoffel A.
Zeitschrift fuer Anorganische und Allgemeine Chemie [J].
1967, 53: 137-183.

E: 145℃

摩尔分数（mol%）

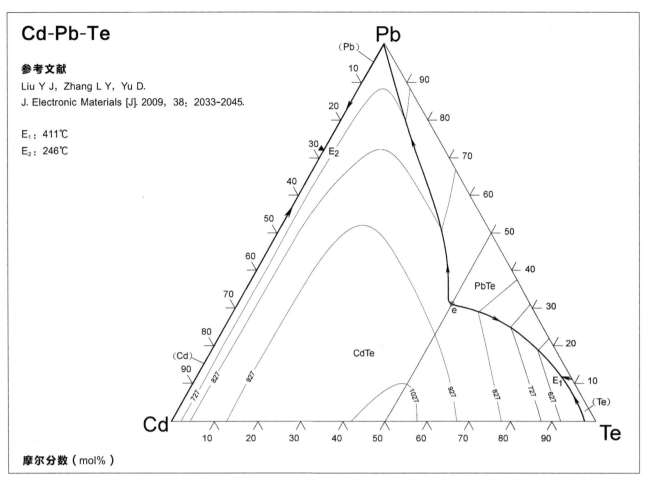

Cd-Pb-Te

参考文献

Liu Y J, Zhang L Y, Yu D.
J. Electronic Materials [J]. 2009, 38: 2033-2045.

E_1: 411℃
E_2: 246℃

摩尔分数（mol%）

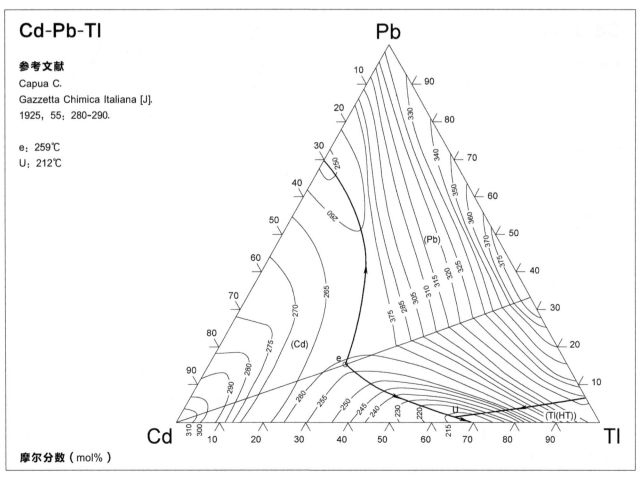

Cd-Pb-Tl

参考文献

Capua C.
Gazzetta Chimica Italiana [J].
1925, 55: 280-290.

e: 259℃
U: 212℃

摩尔分数（mol%）

Cd-Pb-Zn

参考文献

Jänecke E.

Zeitschrift fuer Metallkunde [J]. 1937, 29: 367-373.

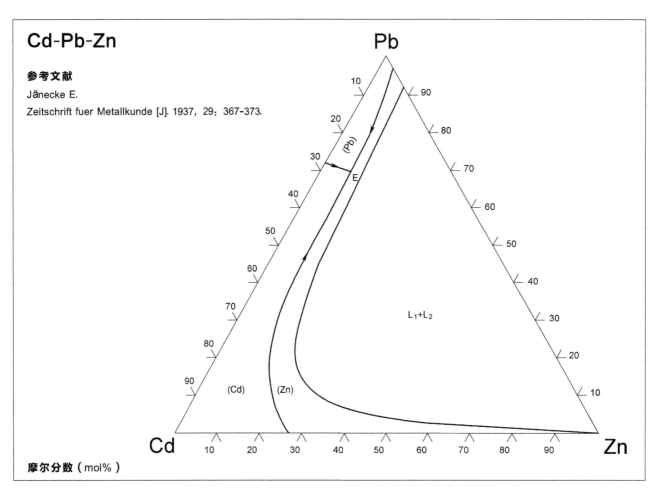

摩尔分数（mol%）

Cd-S-Sn

参考文献

Заргарова МИ, Алиева МР, Садухова СА, и др.

Журн. Неорг. Хим. [J]. 1985, 30: 726-729.

*: CdS_5Sn_2?

★: CdS_3Sn?

▲: Cd_2S_4Sn?

E_1: 537℃	e_1: 750℃
E_2: 477℃	e_2: 700℃
E_3: 182℃	e_3: 665℃
E_4: 142℃	e_4: 630℃
U_1: 647℃	e_5: 205℃
U_2: 592℃	p_1: 785℃
U_3: 587℃	p_2: 685℃
U_4: 557℃	
U_5: 175℃	

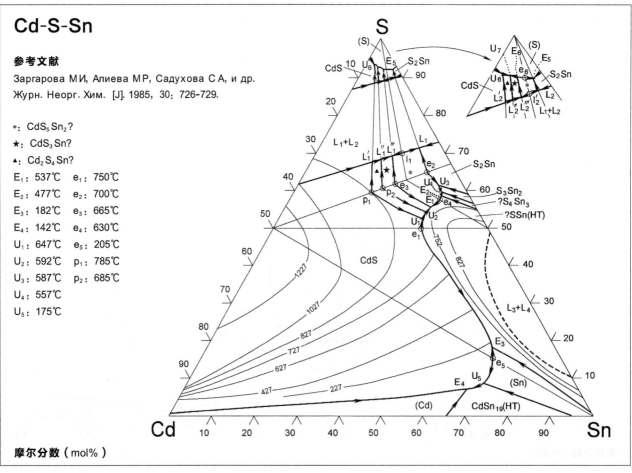

摩尔分数（mol%）

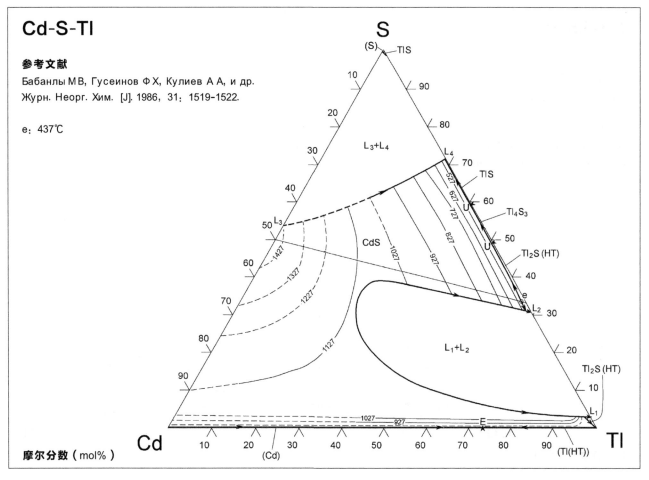

Cd-S-Tl

参考文献

Бабанлы М В, Гусеинов Ф Х, Кулиев А А, и др.

Журн. Неорг. Хим. [J]. 1986, 31: 1519-1522.

e: 437℃

摩尔分数（mol%）

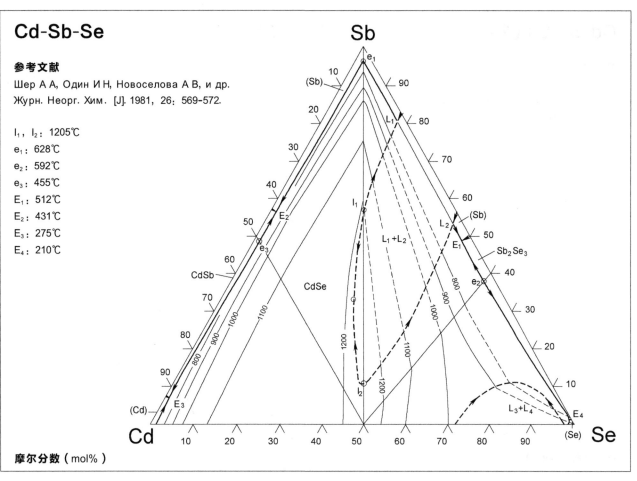

Cd-Sb-Se

参考文献

Шер А А, Один И Н, Новоселова А В, и др.

Журн. Неорг. Хим. [J]. 1981, 26: 569-572.

l_1, l_2: 1205℃

e_1: 628℃

e_2: 592℃

e_3: 455℃

E_1: 512℃

E_2: 431℃

E_3: 275℃

E_4: 210℃

摩尔分数（mol%）

Cd-Sb-Sn（1）

参考文献

Hansen D, Pell -Walpole W T.

J. Inst. Metals（London）[J]. 1937, 61: 266-307.

U_1: 227℃, 10.5% Cd, 8.0% Sb

U_2: 209℃, 16.1% Cd, 4.2% Sb

U_3: 180℃, 34.2% Cd, 1.0% Sb

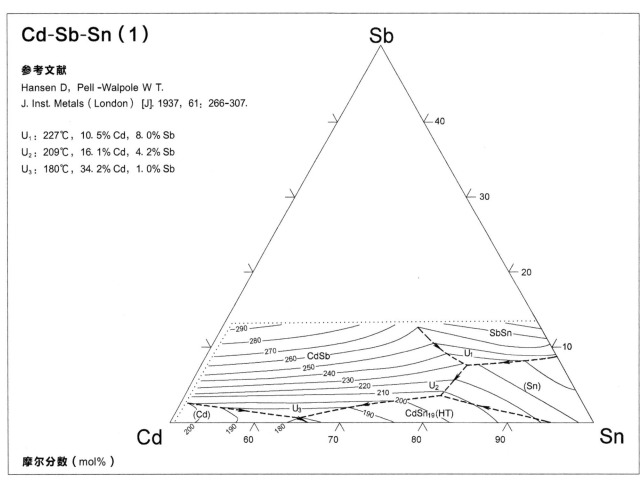

摩尔分数（mol%）

Cd-Sb-Sn（2）

参考文献

Белоцкий Д П, Дундич М С, Коцюмаха М П, и др.

Изв. Акад. Наук, СССР, Неорг. Материалы [J].

1978, 14: 1410-1413.

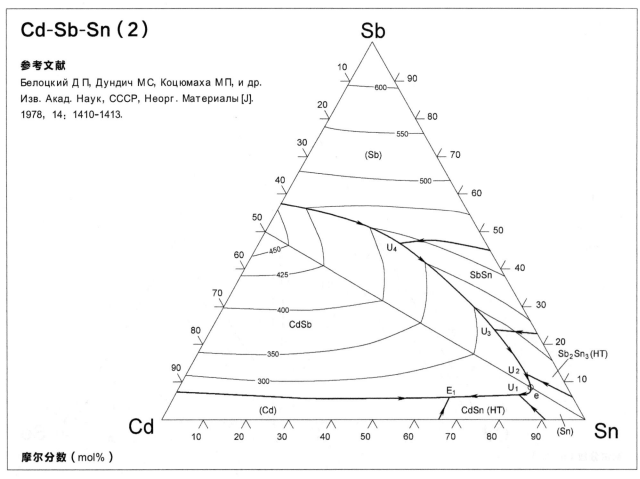

摩尔分数（mol%）

Cd-Sb-Zn

参考文献

Liu Y, Tednac J C.

CALPHAD: Computer Coupling of Phase Diagrams
and Thermochemistry [J]. 2009, 33: 684-694.

U_1: 530℃

U_2: 529℃

U_3: 415℃

P_1: 529℃

E_1: 292℃

E_2: 361℃

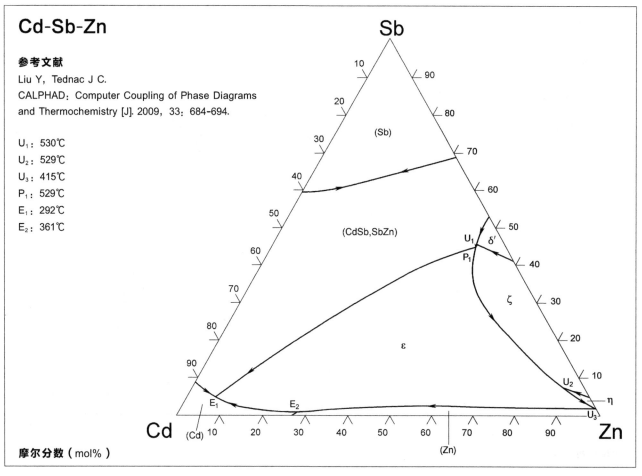

摩尔分数（mol%）

Cd-Se-Sn

参考文献

Один И Н, Галюлен Е А, Новоселова А В, и др.

Журн. Неорг. Хим. [J]. 1983, 28: 432-436.

L_1, L_2: 1157℃

e_1: 822℃

e_2: 622℃

e_3: 231℃

E_1: 605℃

E_2: 230℃

E_3: 212℃

E_4: 190℃

U: 220℃

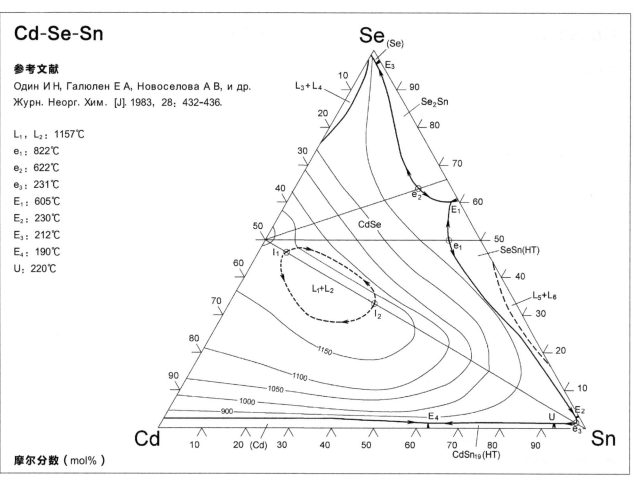

摩尔分数（mol%）

437

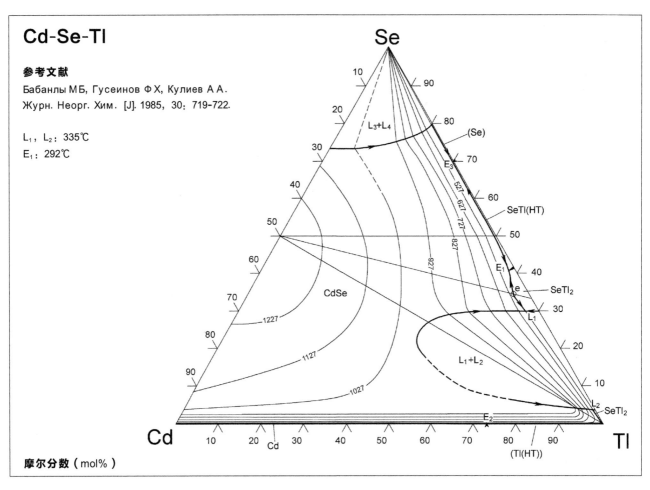

Cd-Se-Tl

参考文献

Бабанлы МБ, Гусеинов ФХ, Кулиев АА.
Журн. Неорг. Хим. [J]. 1985, 30: 719-722.

L_1, L_2: 335℃
E_1: 292℃

摩尔分数（mol%）

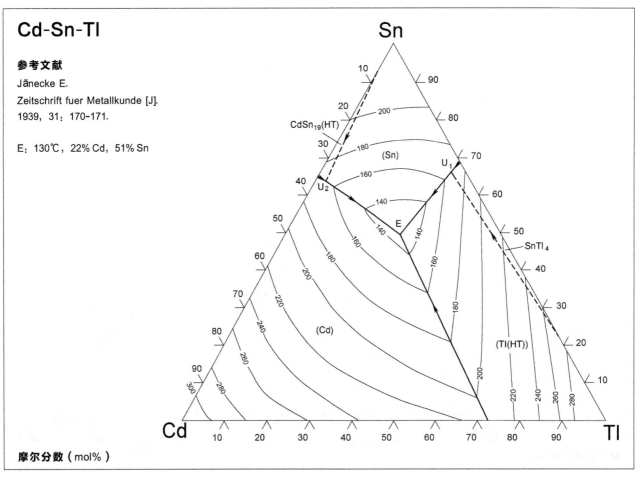

Cd-Sn-Tl

参考文献

Jänecke E.
Zeitschrift fuer Metallkunde [J].
1939, 31: 170-171.

E: 130℃, 22% Cd, 51% Sn

摩尔分数（mol%）

Cd-Sn-Zn

参考文献

Bray H J.

J. Inst. Metals（London）[J]. 1959, 87: 49-54.

E: 156℃, 26.7% Cd, 69.6% Sn

U: 186℃, 5.5% Cd, 81.7% Sn

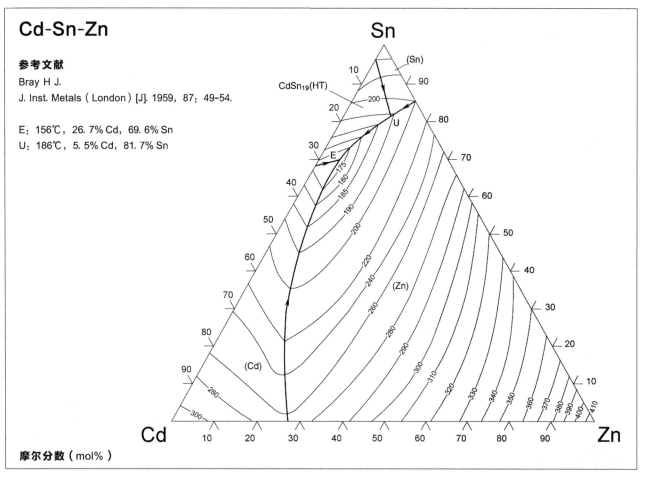

摩尔分数（mol%）

Cd-Te-Tl

参考文献

Бабанлы МБ, Гусеинов ФХ, Кулиев АА.

Изв. Акад. Наук, СССР, Неорг. Материалы [J].

1984, 20: 34-39.

L_1, L_2: 197℃

e_1: 397℃

e_2: 377℃

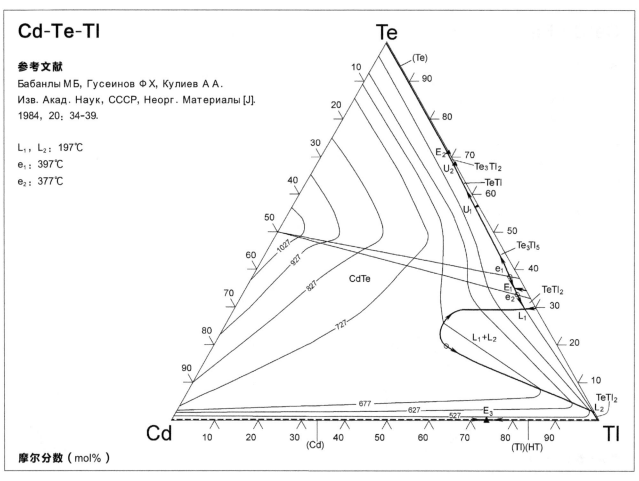

摩尔分数（mol%）

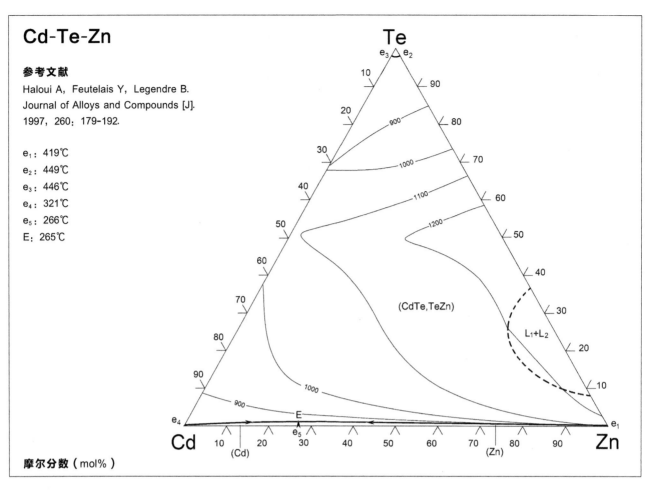

Cd-Te-Zn

参考文献

Haloui A, Feutelais Y, Legendre B.
Journal of Alloys and Compounds [J].
1997, 260：179-192.

e_1：419℃
e_2：449℃
e_3：446℃
e_4：321℃
e_5：266℃
E：265℃

摩尔分数（mol%）

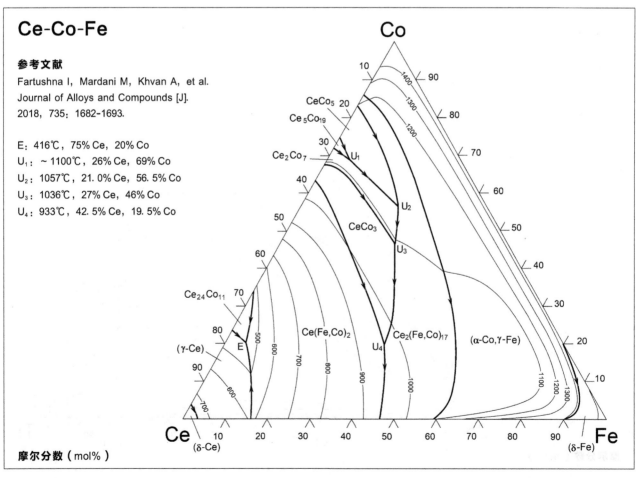

Ce-Co-Fe

参考文献

Fartushna I, Mardani M, Khvan A, et al.
Journal of Alloys and Compounds [J].
2018, 735：1682-1693.

E：416℃，75% Ce，20% Co
U_1：~1100℃，26% Ce，69% Co
U_2：1057℃，21.0% Ce，56.5% Co
U_3：1036℃，27% Ce，46% Co
U_4：933℃，42.5% Ce，19.5% Co

摩尔分数（mol%）

Ce-Co-Pu（Ce 角）

参考文献

Ellinger F H, Land C C, Johnson K A, et al.
Trans. Met. Soc. ALME [C]. 1966, 236: 1577-1588.

E: 402℃, 71.3% Ce, 25.1% Co

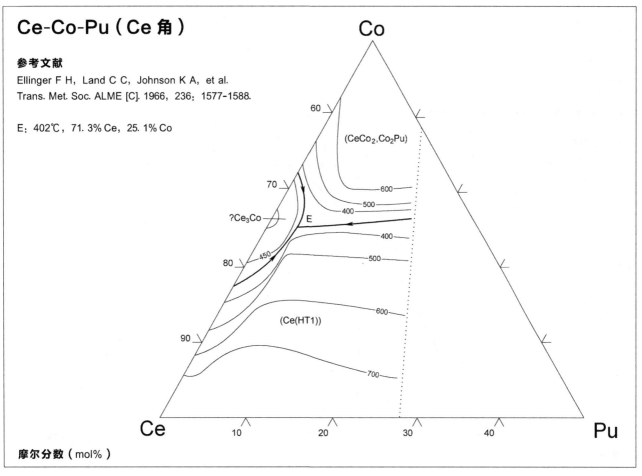

摩尔分数（mol%）

Ce-Co-Pu

参考文献

Critchley J K.
United Kingdom Atomic Energy Research Establishment
Memorandum [R]. 1959, 488M: 1-7.

e_1: 443℃ U_1: 443℃
e_2: 415℃ U_2: 443℃
E: 408℃ U_3: 435℃
P_1: 601℃ U_4: 430℃
P_2: 580℃ U_5: 425℃
P_3: 447℃ U_6: 425℃
P_4: 447℃

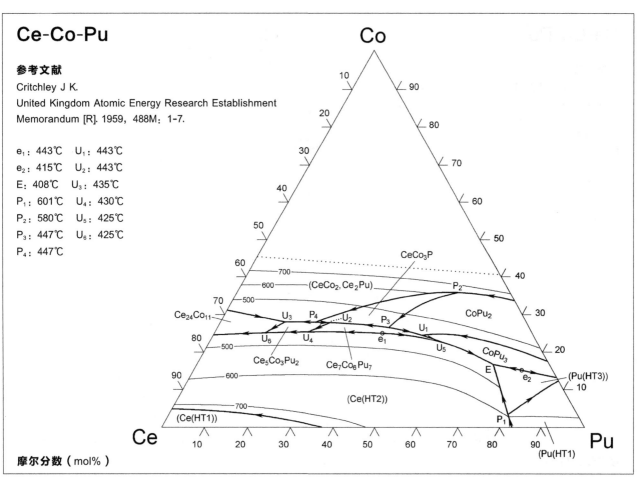

摩尔分数（mol%）

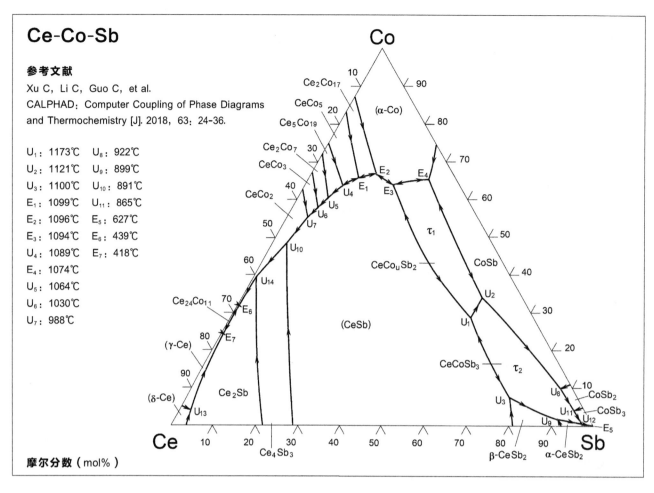

Ce-Co-Sb

参考文献

Xu C, Li C, Guo C, et al.
CALPHAD: Computer Coupling of Phase Diagrams
and Thermochemistry [J]. 2018, 63: 24-36.

U₁: 1173℃   U₈: 922℃
U₂: 1121℃   U₉: 899℃
U₃: 1100℃   U₁₀: 891℃
E₁: 1099℃   U₁₁: 865℃
E₂: 1096℃   E₅: 627℃
E₃: 1094℃   E₆: 439℃
U₄: 1089℃   E₇: 418℃
E₄: 1074℃
U₅: 1064℃
U₆: 1030℃
U₇: 988℃

摩尔分数（mol%）

Ce-Cu-Pu

参考文献

Wittenberg L J, Etter D E, Selle J E, et al.
Nuclear Science and Enginerring [J]. 1965, 23: 1-7.

E₁: 756℃
E₂: 419℃
P: 590℃
U₁: 840℃
U₂: 780℃
U₃: 778℃
U₄: 518℃
U₅: 485℃

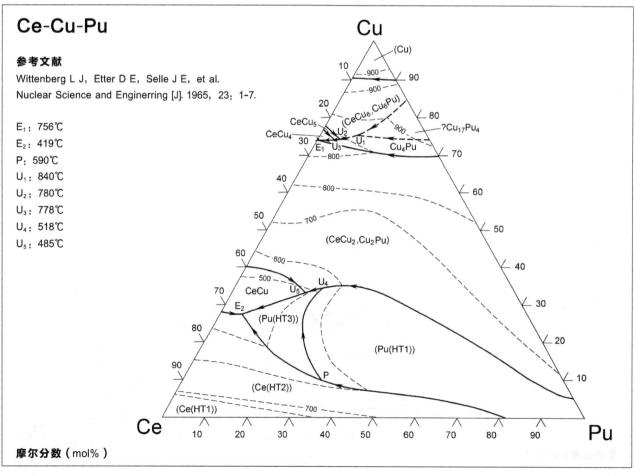

摩尔分数（mol%）

Ce-Cu-Sn（1）

参考文献

Riani P, Mazzone D, Zanicchi G, et al.
Journal of Phase Equilibria [J]. 1998, 19（3）：239-251.

U_1：780℃，23% Ce，75% Cu

U_2：775℃，41% Ce，56% Cu

U_3：760℃，42.5% Ce，54.5% Cu

E_1：740℃，25% Ce，73% Cu

U_4：699℃，91% Ce，5% Cu

U_5：530℃，56% Ce，42% Cu

U_6：510℃，59.5% Ce，39.5% Cu

E_2：420℃，71% Ce，27.5% Cu

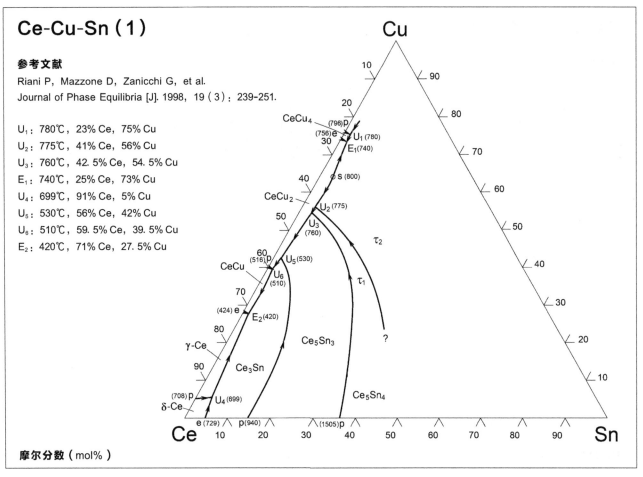

摩尔分数（mol%）

Ce-Cu-Sn（2）

参考文献

Li J, Tao X, Dong S, et al.
CALPHAD: Computer Coupling of Phase Diagrams
and Thermochemistry [J]. 2013, 43：124-132.

τ_1：Ce_5CuSn_3 τ_5：$CeCu_{1-x}Sn_{2-y}$

τ_2：CeCuSn τ_6：$CeCu_2Sn_2$

τ_4：SnCuCe τ_8：$Ce_3Sn_{13}Sn_4$

U_1：1137℃ U_8：978℃

U_2：1245℃ P_2：965℃

U_3：1203℃ E_4：850℃

E_1：1167℃ U_{12}：784℃

U_4：1139℃ U_{15}：763℃

U_5：1135℃ E_2：761℃

U_6：1132℃ U_{18}：684℃

P_1：1130℃ U_{20}：564℃

U_7：1129℃ E_3：414℃

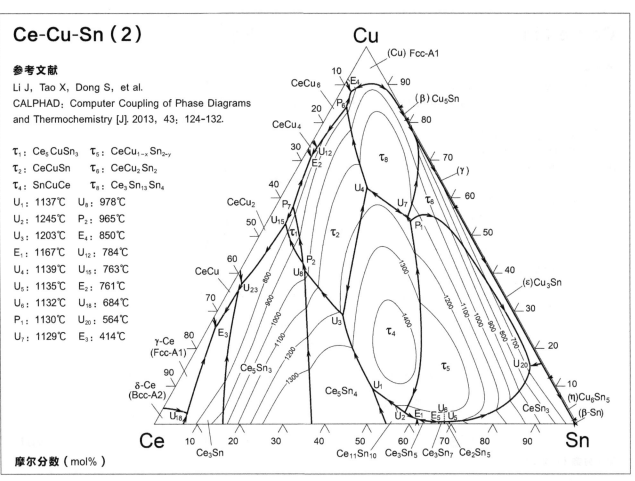

摩尔分数（mol%）

443

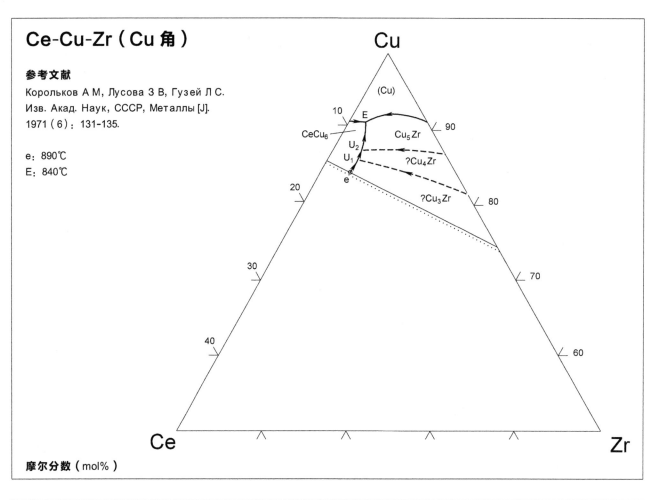

Ce-Cu-Zr（Cu 角）

参考文献

Корольков А М，Лусова З В，Гузей Л С.
Изв. Акад. Наук, СССР, Металлы [J].
1971（6）：131-135.

e：890℃
E：840℃

摩尔分数（mol%）

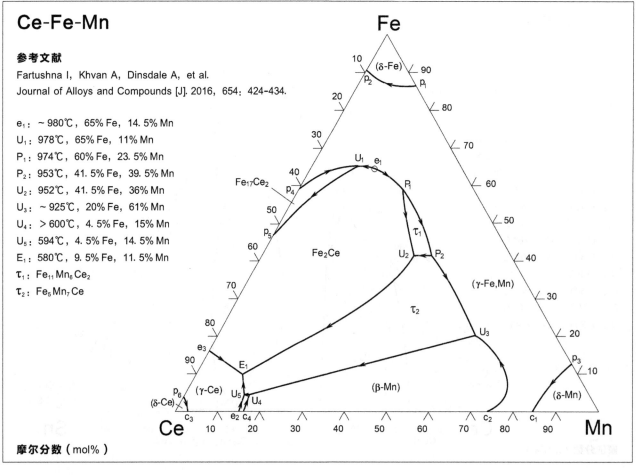

Ce-Fe-Mn

参考文献

Fartushna I，Khvan A，Dinsdale A，et al.
Journal of Alloys and Compounds [J]. 2016，654：424-434.

e_1： ~ 980℃，65% Fe，14. 5% Mn
U_1： 978℃，65% Fe，11% Mn
P_1： 974℃，60% Fe，23. 5% Mn
P_2： 953℃，41. 5% Fe，39. 5% Mn
U_2： 952℃，41. 5% Fe，36% Mn
U_3： ~ 925℃，20% Fe，61% Mn
U_4： > 600℃，4. 5% Fe，15% Mn
U_5： 594℃，4. 5% Fe，14. 5% Mn
E_1： 580℃，9. 5% Fe，11. 5% Mn
τ_1： $Fe_{11}Mn_6Ce_2$
τ_2： Fe_5Mn_7Ce

摩尔分数（mol%）

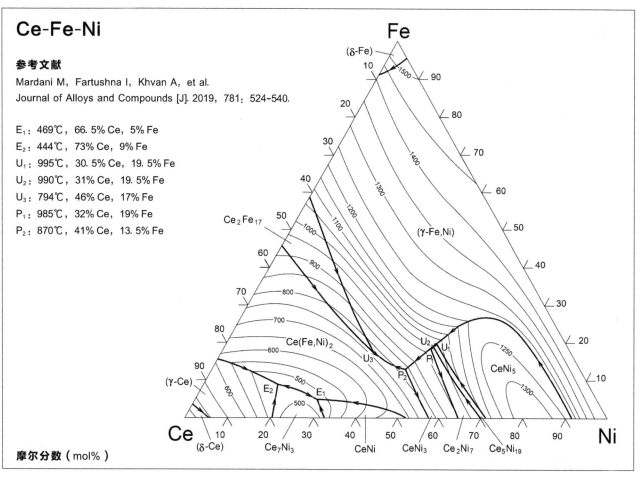

Ce-Fe-Ni

参考文献

Mardani M, Fartushna I, Khvan A, et al.
Journal of Alloys and Compounds [J]. 2019, 781: 524-540.

E_1: 469℃, 66.5% Ce, 5% Fe

E_2: 444℃, 73% Ce, 9% Fe

U_1: 995℃, 30.5% Ce, 19.5% Fe

U_2: 990℃, 31% Ce, 19.5% Fe

U_3: 794℃, 46% Ce, 17% Fe

P_1: 985℃, 32% Ce, 19% Fe

P_2: 870℃, 41% Ce, 13.5% Fe

摩尔分数（mol%）

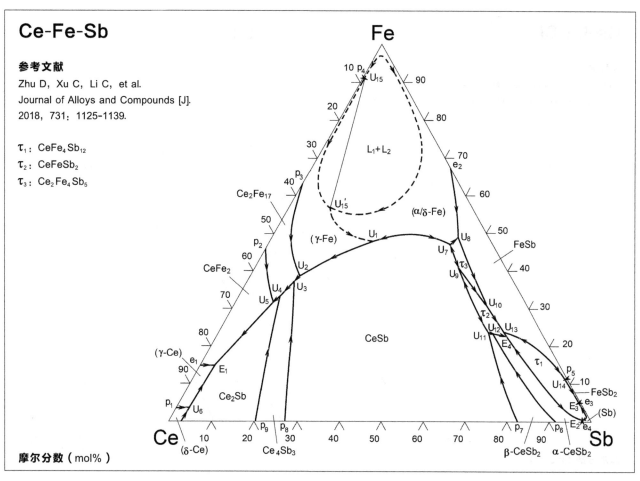

Ce-Fe-Sb

参考文献

Zhu D, Xu C, Li C, et al.
Journal of Alloys and Compounds [J].
2018, 731: 1125-1139.

τ_1: $CeFe_4Sb_{12}$

τ_2: $CeFeSb_2$

τ_3: $Ce_2Fe_4Sb_5$

摩尔分数（mol%）

Ce-La-Mg

参考文献

Рохлин Л Л, Бочвар Н Р.

Изв. Акад. Наук, СССР, Металлы [J].

1972（2）：203－205.

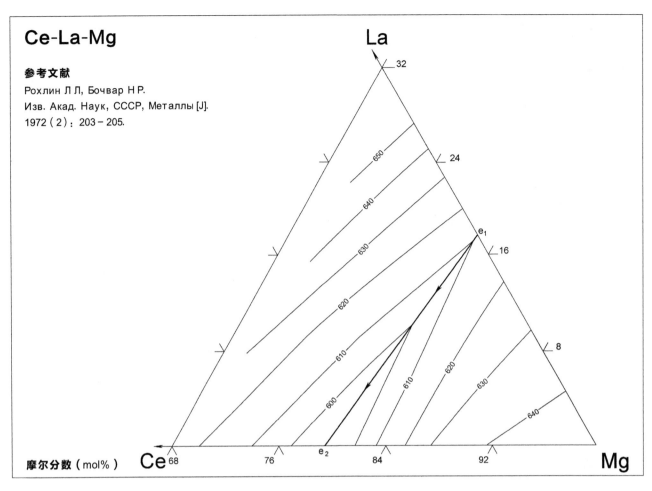

摩尔分数（mol%）

Ce-La-Si

参考文献

Bulanova M V, Zheltov P N, Meleshevich K A.

Journal of Alloys and Compounds [J]. 2002, 347：149-155.

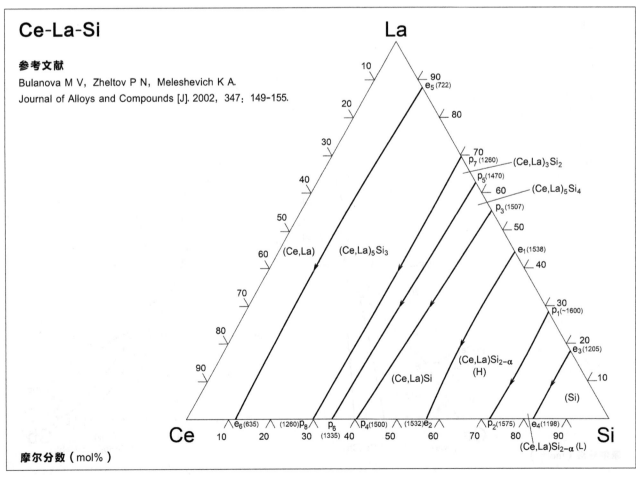

摩尔分数（mol%）

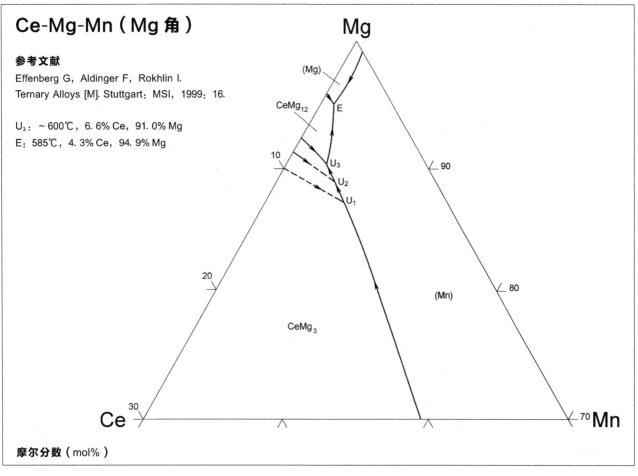

Ce-Mg-Mn（Mg 角）

参考文献

Effenberg G, Aldinger F, Rokhlin l.
Ternary Alloys [M]. Stuttgart: MSI, 1999: 16.

U_3: ~600℃, 6.6% Ce, 91.0% Mg

E: 585℃, 4.3% Ce, 94.9% Mg

摩尔分数（mol%）

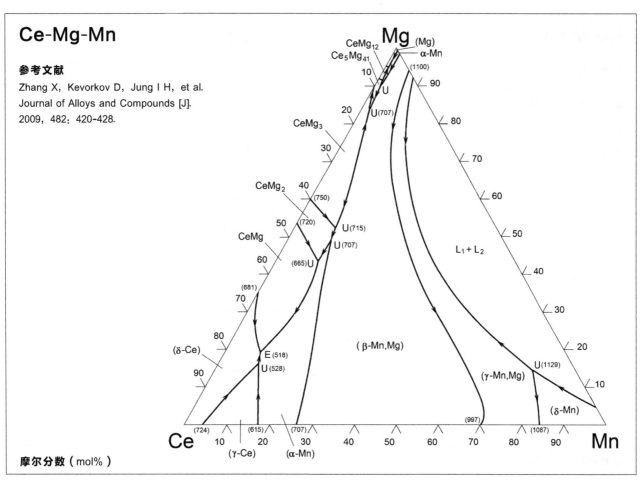

Ce-Mg-Mn

参考文献

Zhang X, Kevorkov D, Jung I H, et al.
Journal of Alloys and Compounds [J].
2009, 482: 420-428.

摩尔分数（mol%）

Ce-Mg-Nd

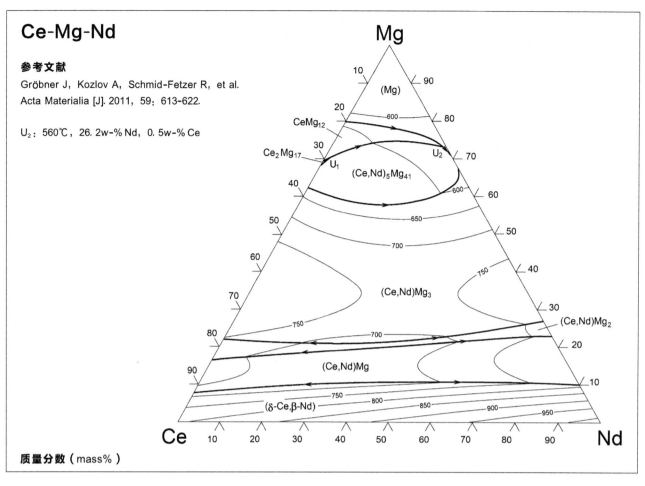

参考文献

Gröbner J, Kozlov A, Schmid-Fetzer R, et al.
Acta Materialia [J]. 2011, 59：613-622.

U_2：560℃，26.2w-% Nd，0.5w-% Ce

(Mg)

CeMg$_{12}$

Ce$_2$Mg$_{17}$

U_1

(Ce,Nd)$_5$Mg$_{41}$

U_2

(Ce,Nd)Mg$_3$

(Ce,Nd)Mg$_2$

(Ce,Nd)Mg

(δ-Ce,β-Nd)

Ce

Nd

质量分数（mass%）

Ce-Mg-Y

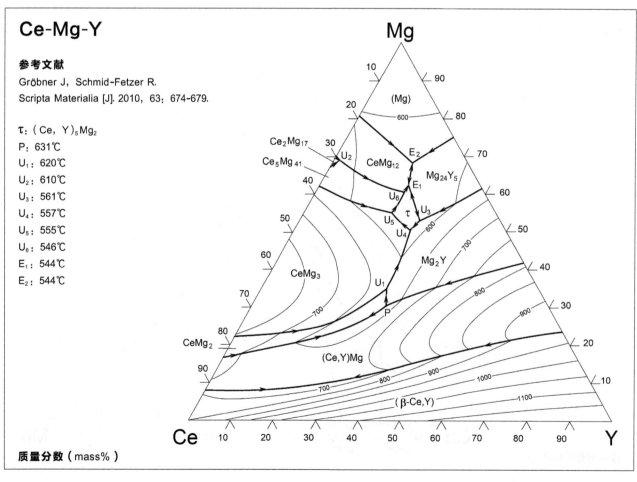

参考文献

Gröbner J, Schmid-Fetzer R.
Scripta Materialia [J]. 2010, 63：674-679.

$τ$：(Ce, Y)$_5$Mg$_2$
P：631℃
U_1：620℃
U_2：610℃
U_3：561℃
U_4：557℃
U_5：555℃
U_6：546℃
E_1：544℃
E_2：544℃

(Mg)

Ce$_2$Mg$_{17}$

Ce$_5$Mg$_{41}$

U_2

CeMg$_{12}$

E_2

E_1

Mg$_{24}$Y$_5$

U_6

$τ$

U_3

U_5

U_4

CeMg$_3$

Mg$_2$Y

U_1

P

CeMg$_2$

(Ce,Y)Mg

(β-Ce,Y)

Ce

Y

质量分数（mass%）

Ce-Mg-Zn（1）

参考文献

Chiu C N, Gröbner J, Kozlov A, et al.
Intermetallics [J]. 2010, 18: 399-405.

m₁: 770℃
m₂: 766℃
E₁: 739℃
m₃: 735℃
U₁: 729℃
U₂: 726℃
U₃: 725℃
U₄: 720℃
U₅: 715℃
U₆: 695℃
m₄: 682℃
U₇: 681℃
E₂: 681℃
U₈: 616℃

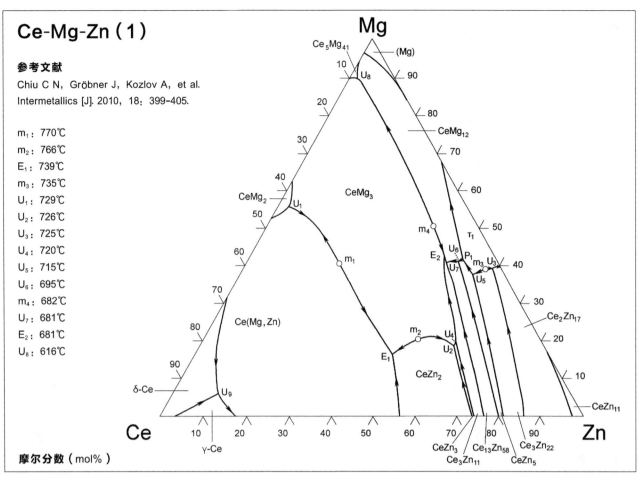

摩尔分数（mol%）

Ce-Mg-Zn（2）

参考文献

Shi H, Li Q, Zhang J, et al.
CALPHAD: Computer Coupling of Phase Diagrams
and Thermochemistry [J]. 2020, 68: 101742.

U₁: 705℃
E₁: 615℃
E₂: 615℃
E₃: 614℃
U₃: 562℃

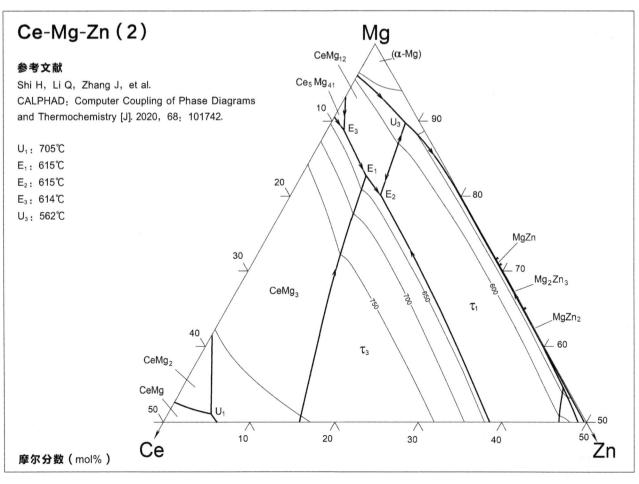

摩尔分数（mol%）

Ce-Mg-Zn（Mg 角）

参考文献

Gschneidner K A.
Rare Earth Alloys: A Critical Review of the Rare Earth,
Scandium and Yttrium Metals [M]. Toronto:
Van Nostrand, 1961: 364-365.

E: 342℃, 0.6% Ce, 72.4% Mg

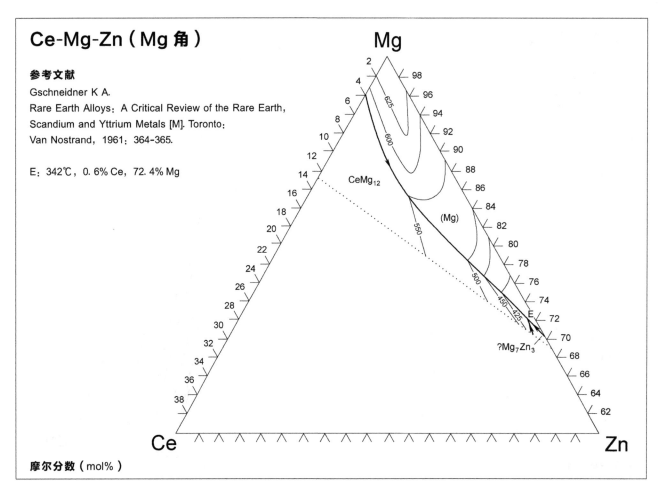

摩尔分数（mol%）

Ce-Nd-Ni

参考文献

Qi G, Li Z, Itagaki K, et al.
Trans. Japan Inst. Metals [J]. 1989, 30: 583-593.

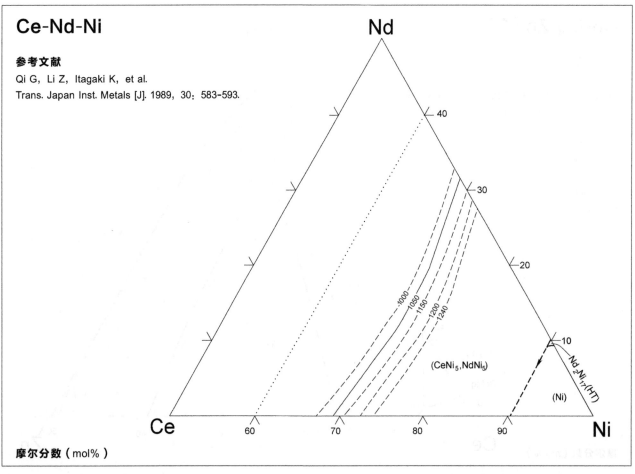

摩尔分数（mol%）

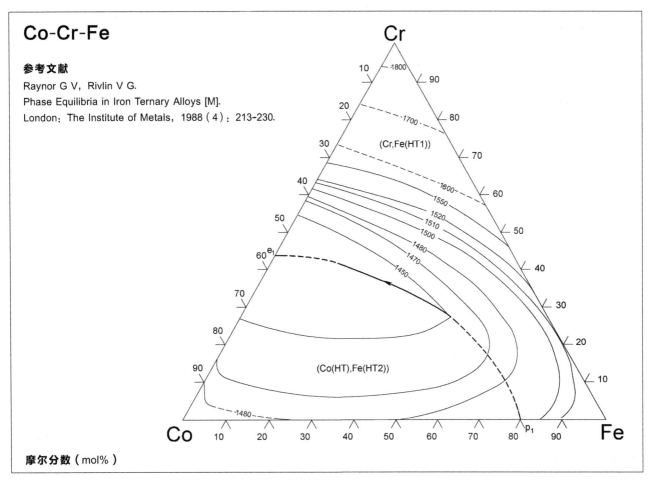

Co-Cr-Fe

参考文献

Raynor G V, Rivlin V G.

Phase Equilibria in Iron Ternary Alloys [M].

London: The Institute of Metals, 1988（4）: 213-230.

摩尔分数（mol%）

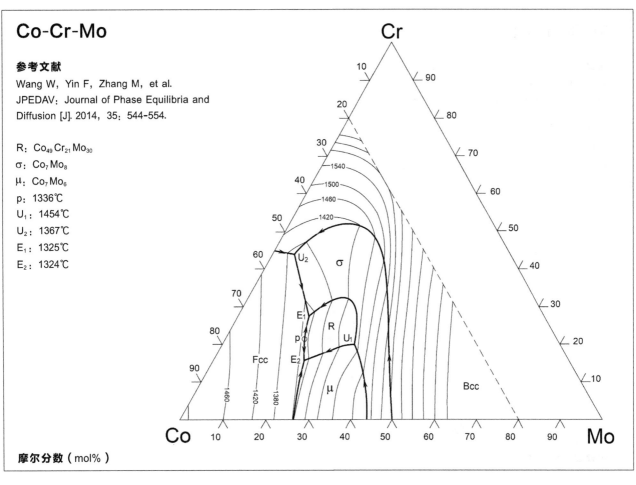

Co-Cr-Mo

参考文献

Wang W, Yin F, Zhang M, et al.

JPEDAV: Journal of Phase Equilibria and

Diffusion [J]. 2014, 35: 544-554.

R: $Co_{49}Cr_{21}Mo_{30}$

σ: Co_7Mo_8

μ: Co_7Mo_6

p: 1336℃

U_1: 1454℃

U_2: 1367℃

E_1: 1325℃

E_2: 1324℃

摩尔分数（mol%）

Co-Cr-Ni

参考文献

Gupta K P.

Phase Diagrams of Ternary Nickle Alloys [M].

Calcutta: Indian Institute of Metals, 1990 (1): 5-17.

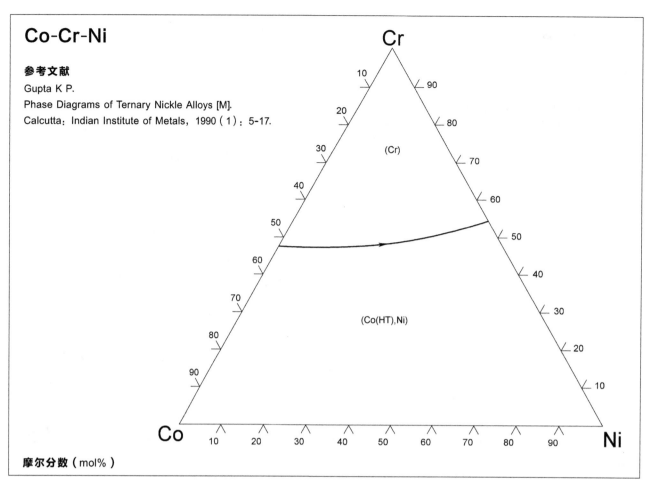

摩尔分数（mol%）

Co-Cr-Ti（1）

参考文献

Zakharov E K, Livshits B G.

Russian Metallurgy and Fuels [J]. 1962 (5): 88-97.

*: ? $Co_{18}Cr_7Ti_5$

E_1: 1145℃

E_2: 1125℃

E_3: 1125℃

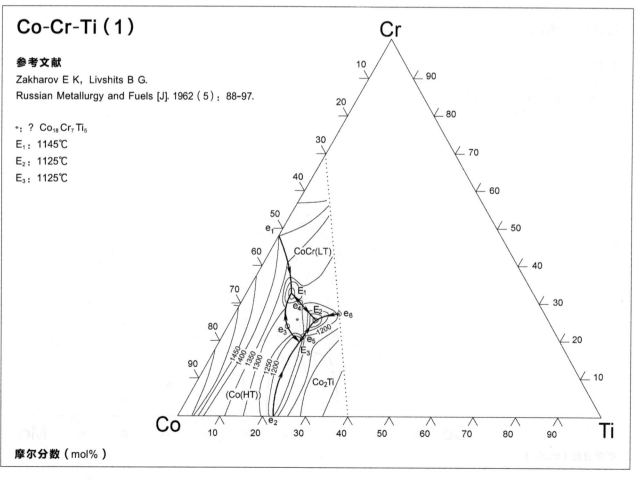

摩尔分数（mol%）

Co-Cr-Ti（2）

参考文献

Zhou P, Peng Y, Hu B, et al.

CALPHAD：Computer Coupling of Phase Diagrams and Thermochemistry [J]. 2013, 41：42-49.

p_1：1351℃　e_4：1138℃
p_2：1344℃　e_5：1138℃
e_2：1316℃　e_6：1137℃
U_1：1310℃　E_1：1137℃
p_3：1296℃　E_2：1136℃
U_2：1282℃　E_3：1127℃
U_3：1252℃　U_9：1027℃
p_4：1250℃
U_4：1237℃
U_5：1215℃
U_7：1186℃
U_8：1152℃

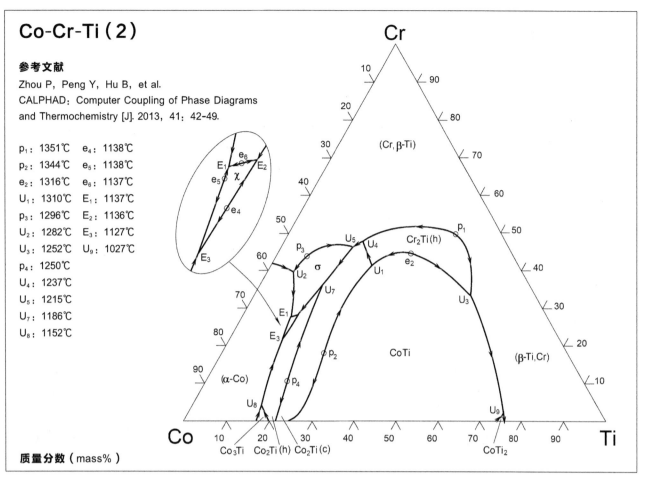

质量分数（mass%）

Co-Cr-W

参考文献

Gupta K P.

Journal of Phase Equilibria and Diffusion [J]. 2006, 27：178-183.

σ：Co_7Cr_8
μ：Co_7W_6
R：$Co_{23}Cr_{15}W_{15}$

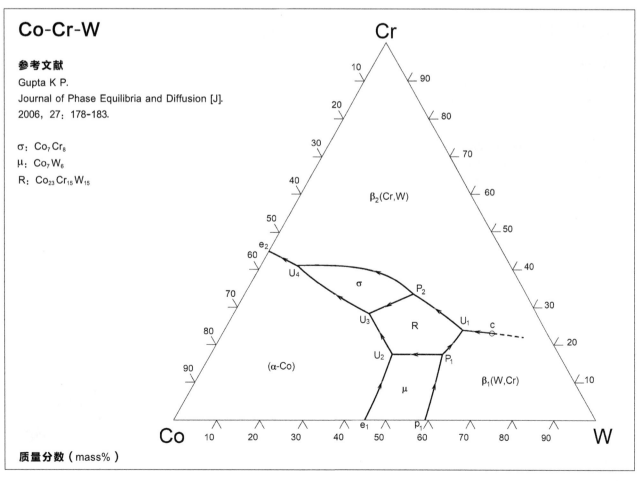

质量分数（mass%）

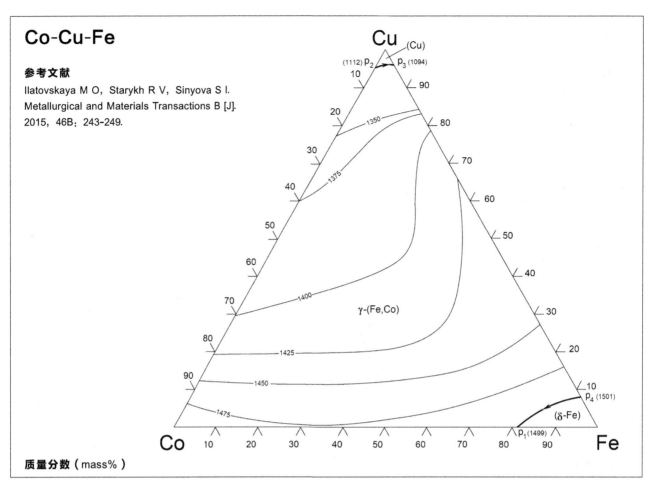

Co-Cu-Fe

参考文献

Ilatovskaya M O, Starykh R V, Sinyova S I.
Metallurgical and Materials Transactions B [J].
2015, 46B: 243-249.

Cu
(Cu)

(1112) p₂ → p₃ (1094)

10

90

20

1350

30

80

40

1375

70

50

60

60

50

70

1400

γ-(Fe,Co)

40

80

30

90

1425

20

1450

10
p₄ (1501)

1475

(δ-Fe)

Co   10 20 30 40 50 60 70 80 90   Fe
p₁(1499)

质量分数（mass%）

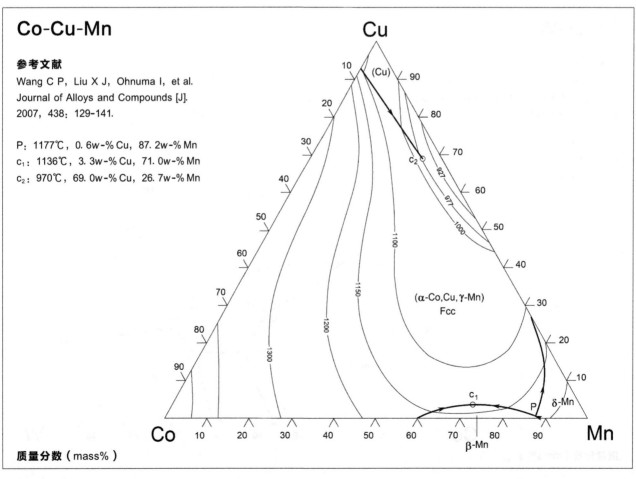

Co-Cu-Mn

参考文献

Wang C P, Liu X J, Ohnuma I, et al.
Journal of Alloys and Compounds [J].
2007, 438: 129-141.

P: 1177℃, 0.6w-%Cu, 87.2w-%Mn
c₁: 1136℃, 3.3w-%Cu, 71.0w-%Mn
c₂: 970℃, 69.0w-%Cu, 26.7w-%Mn

Cu

10   (Cu)   90

20

30   80

c₂   70

40
927

977   60
1100
1000
50
50

1150
(α-Co,Cu,γ-Mn)
Fcc   30

60
1200
20

70
1300
δ-Mn   10

80

90
c₁   P

Co   10 20 30 40 50 60 70 80 90   Mn
β-Mn

质量分数（mass%）

454

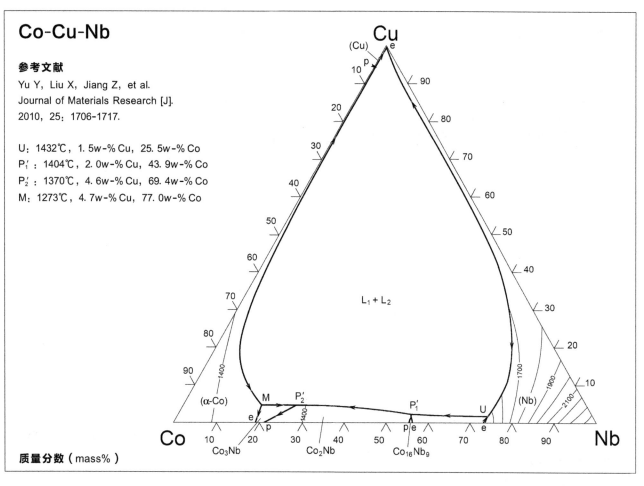

Co-Cu-Nb

参考文献

Yu Y, Liu X, Jiang Z, et al.
Journal of Materials Research [J].
2010, 25: 1706-1717.

U: 1432℃, 1.5w-% Cu, 25.5w-% Co
P₁′ : 1404℃, 2.0w-% Cu, 43.9w-% Co
P₂′ : 1370℃, 4.6w-% Cu, 69.4w-% Co
M: 1273℃, 4.7w-% Cu, 77.0w-% Co

Cu

(Cu)

L₁ + L₂

(α-Co)   M   P₂′   P₁′   U   (Nb)

Co   Co₃Nb   Co₂Nb   Co₁₆Nb₉   Nb

质量分数（mass%）

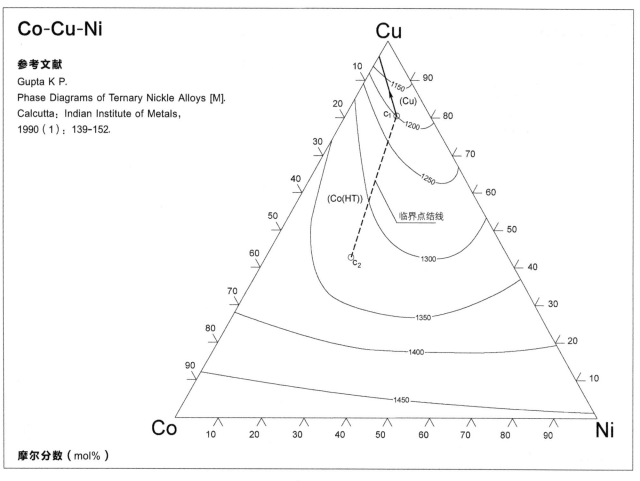

Co-Cu-Ni

参考文献

Gupta K P.
Phase Diagrams of Ternary Nickle Alloys [M].
Calcutta: Indian Institute of Metals,
1990（1）: 139-152.

Cu

(Cu)

(Co(HT))

临界点结线

Co   Ni

摩尔分数（mol%）

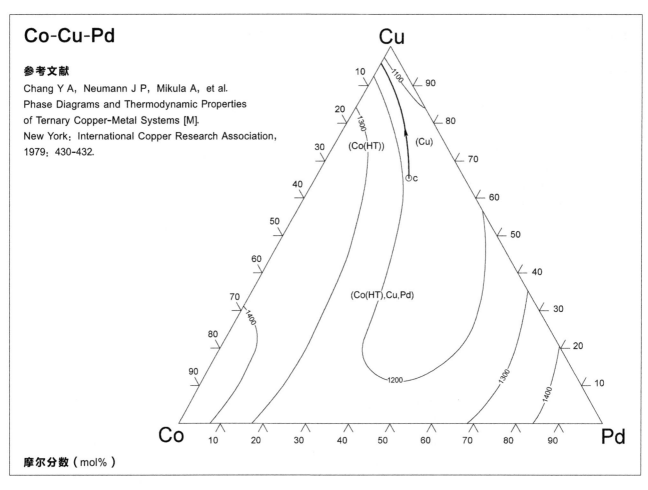

Co-Cu-Pd

参考文献

Chang Y A, Neumann J P, Mikula A, et al.
Phase Diagrams and Thermodynamic Properties
of Ternary Copper-Metal Systems [M].
New York: International Copper Research Association,
1979: 430-432.

摩尔分数（mol%）

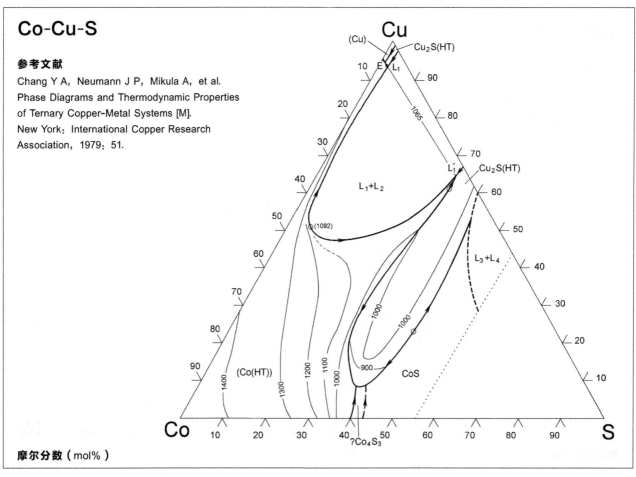

Co-Cu-S

参考文献

Chang Y A, Neumann J P, Mikula A, et al.
Phase Diagrams and Thermodynamic Properties
of Ternary Copper-Metal Systems [M].
New York: International Copper Research
Association, 1979: 51.

摩尔分数（mol%）

Co-Cu-Ti

参考文献

Yang Y J, Tao X M, Zhu W J, et al.
Journal of materials Science and Technology [J].
2010, 26: 317-326.

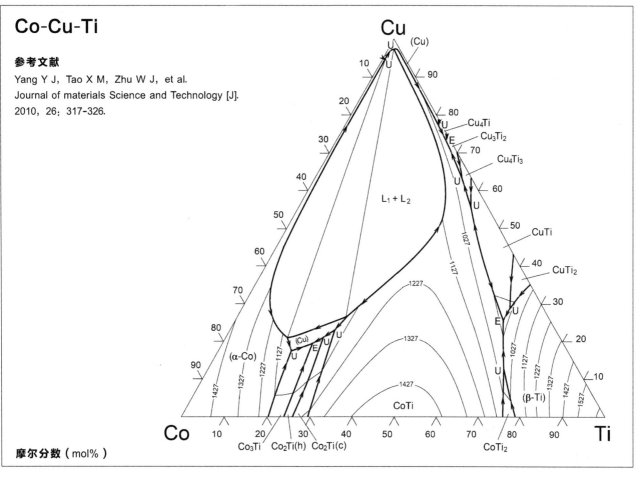

摩尔分数（mol%）

Co-Cu-V

参考文献

Liu X J, Yu Y, Liu Y H, et al.
J. Phase Equilib. Diffus. [J]. 2017, 38: 733-742.

P_1: 1448℃, 2.4w-% Co, 1.8w-% V
P_2: 1448℃, 36.3w-% Co, 59.4w-% V
U_1: 1276℃, 4.3w-% Co, 0.3w-% V
U_2: 1276℃, 61.9w-% Co, 35.3w-% V
U_4: 1086℃, 0.2w-% Co, 0.1w-% V

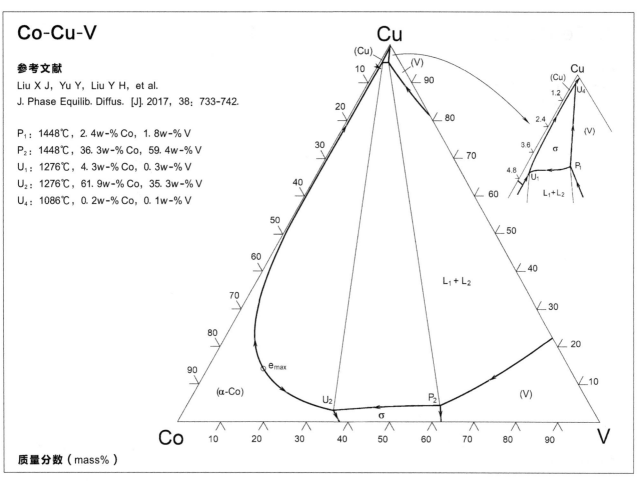

质量分数（mass%）

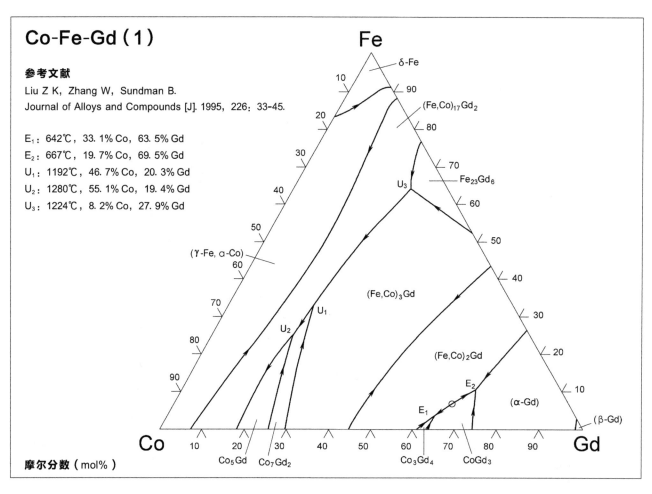

Co-Fe-Gd（1）

参考文献

Liu Z K，Zhang W，Sundman B.
Journal of Alloys and Compounds [J]. 1995, 226：33-45.

E_1：642℃，33.1% Co，63.5% Gd

E_2：667℃，19.7% Co，69.5% Gd

U_1：1192℃，46.7% Co，20.3% Gd

U_2：1280℃，55.1% Co，19.4% Gd

U_3：1224℃，8.2% Co，27.9% Gd

摩尔分数（mol%）

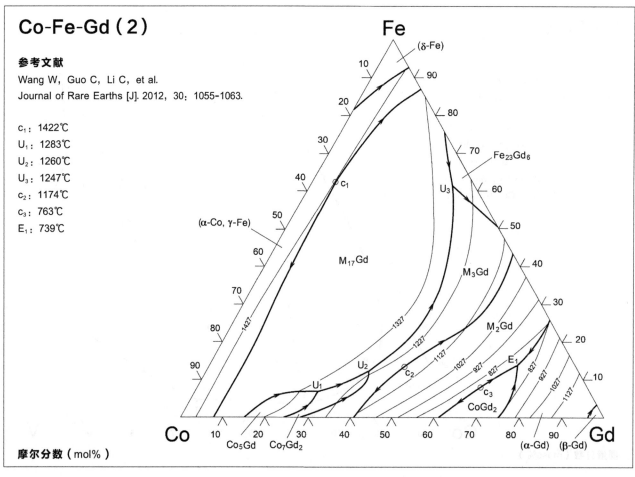

Co-Fe-Gd（2）

参考文献

Wang W，Guo C，Li C，et al.
Journal of Rare Earths [J]. 2012, 30：1055-1063.

c_1：1422℃

U_1：1283℃

U_2：1260℃

U_3：1247℃

c_2：1174℃

c_3：763℃

E_1：739℃

摩尔分数（mol%）

458

Co-Fe-Mn

参考文献

Raynor G V, Rivlin V G.

Phase Equilibria in Iron Ternary Alloys [M].

London: The Institute of Metals, 1988: 230-232.

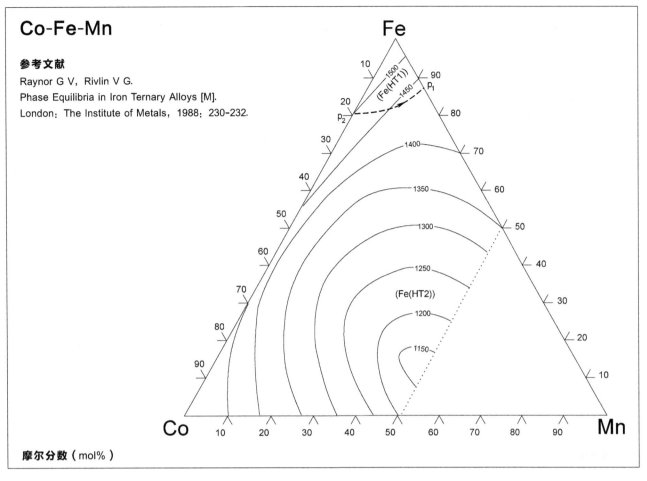

摩尔分数（mol%）

Co-Fe-Mo

参考文献

Raynor G V, Rivlin V G.

Phase Equilibria in Iron Ternary Alloys [M].

London: The Institute of Metals, 1988（4）: 233-247.

U_3: 1300℃, 29.5% Co, 51.7% Fe

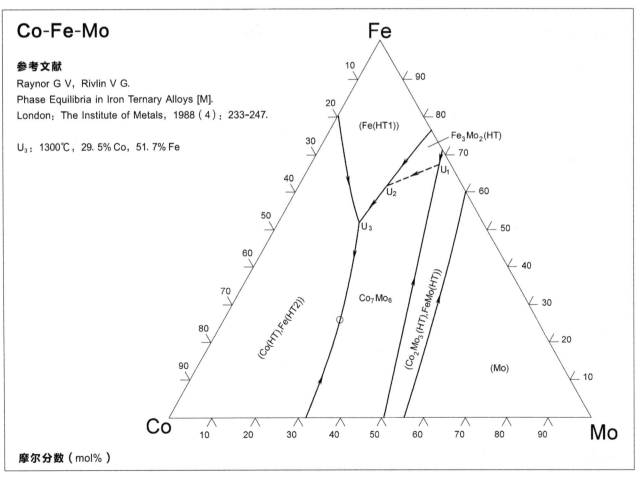

摩尔分数（mol%）

Co-Fe-Ni

参考文献

Raynor G V, Rivlin V G.

Phase Equilibria in Iron Ternary Alloys [M].

London: The Institute of Metals, 1988 (4): 247-255.

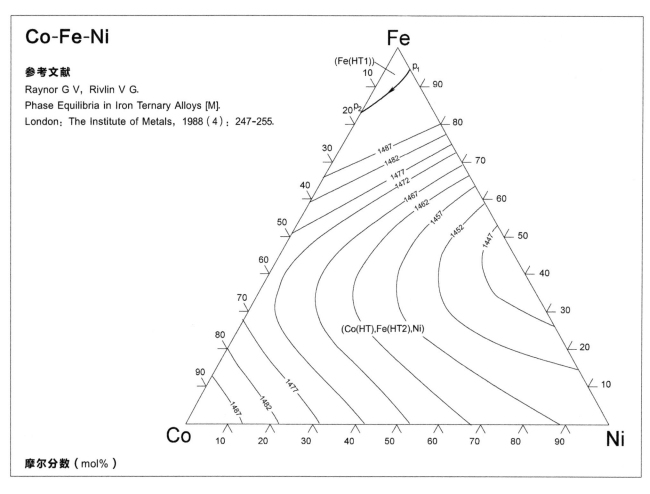

Co-Fe-P

参考文献

Raghavan V.

Phase Diagrams of Ternary Iron Alloys [M].

Calcutta: The Indian Institute of Metals,

1988 (3): 51-59.

U_1: 1110℃

U_2: 1015℃

U_3: 1002℃

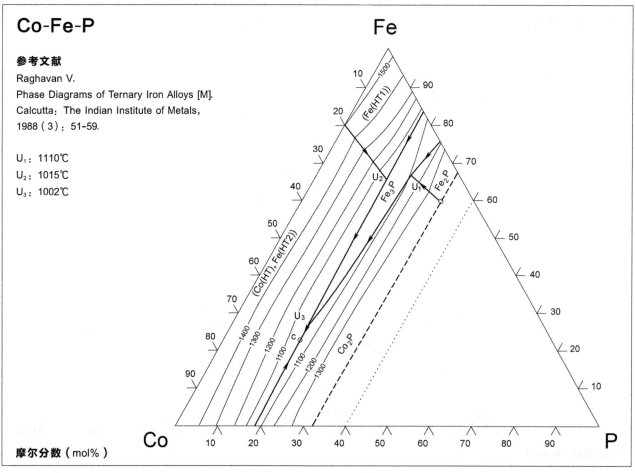

摩尔分数（mol%）

Co-Fe-Pd

参考文献

Куприна В В, Григориев А Т.

Журн. Неорг. Хим. [J]. 1956, 3: 181-186.

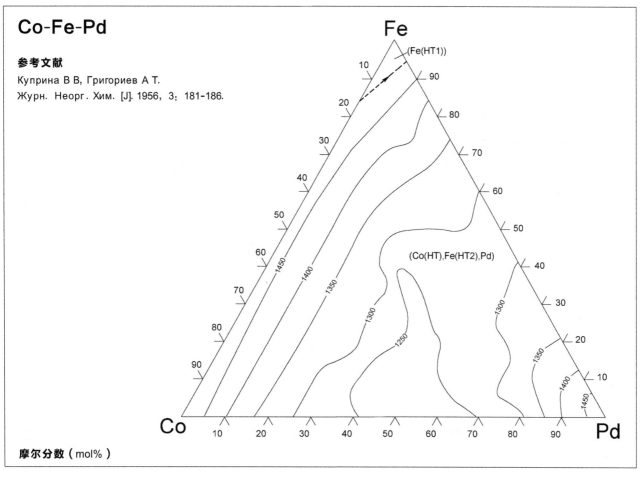

摩尔分数（mol%）

Co-Fe-S（1）

参考文献

Raghavan V.

Phase Diagrams of Ternary Iron Alloys [M].

Calcutta: The Indian Institute of Metals,

1988（2）: 93-106.

c: ~ 950℃

E_1: 847℃

U_1: 947℃

U_2: 860℃

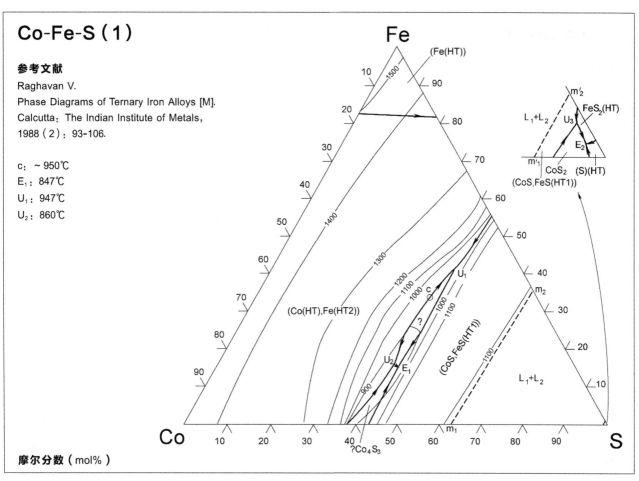

摩尔分数（mol%）

461

Co-Fe-S（2）

参考文献

Ilatovskaia M O, Sinyova S I, Starykh R V.
CALPHAD: Computer Coupling of Phase Diagrams
and Thermochemistry [J]. 2017, 59: 31-39.

p: 968℃, 41.2w-% Fe, 33.8w-% Co
U₁: 938℃, 48.9w-% Fe, 24.7w-% Co
U₂: 850℃, 15.3w-% Fe, 58.7w-% Co
E: 838℃, 23.0w-% Fe, 46.7w-% Co

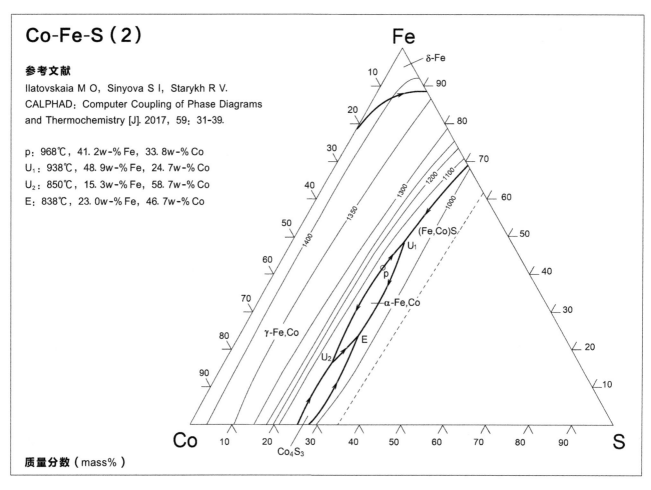

质量分数（mass%）

Co-Fe-Sb（1）

参考文献

Geller W.
Archiv fuer das Eisenhuettenwesen [J].
1939, 13: 263-266.

U: 1000℃

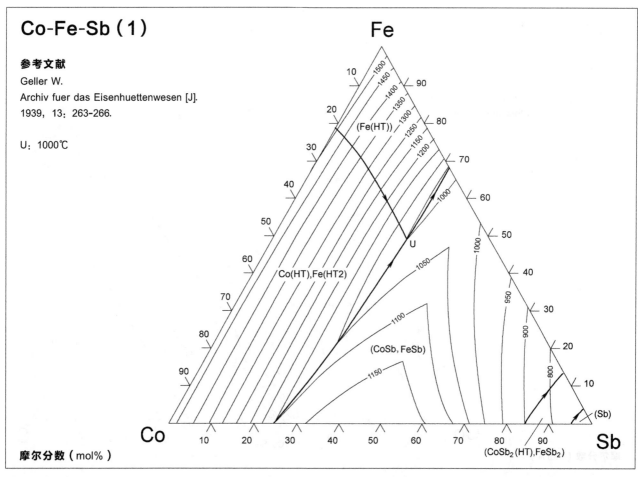

摩尔分数（mol%）

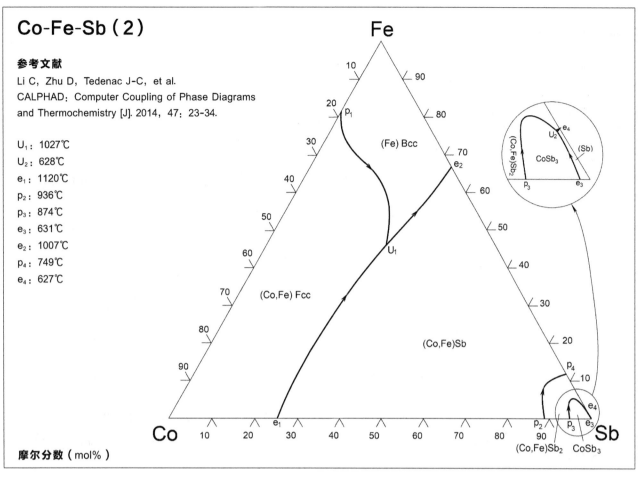

Co-Fe-Sb（2）

参考文献

Li C, Zhu D, Tedenac J-C, et al.
CALPHAD: Computer Coupling of Phase Diagrams
and Thermochemistry [J]. 2014, 47: 23-34.

U_1: 1027℃
U_2: 628℃
e_1: 1120℃
p_2: 936℃
p_3: 874℃
e_3: 631℃
e_2: 1007℃
p_4: 749℃
e_4: 627℃

Fe

(Fe) Bcc

(Co,Fe) Fcc

(Co,Fe)Sb

$(Co,Fe)Sb_2$
$CoSb_3$
(Sb)

Co

Sb

摩尔分数（mol%）

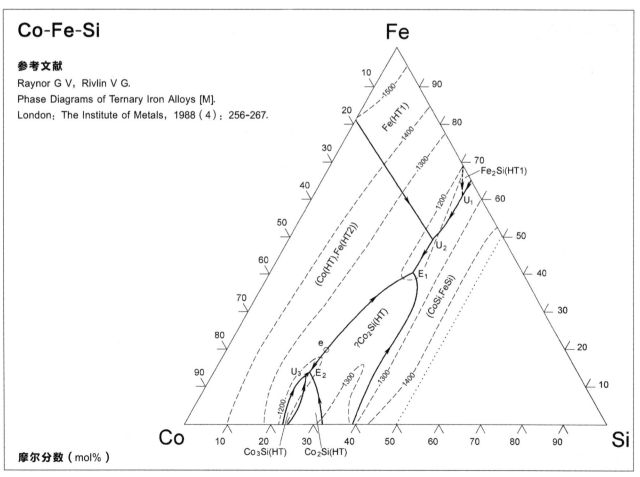

Co-Fe-Si

参考文献

Raynor G V, Rivlin V G.
Phase Diagrams of Ternary Iron Alloys [M].
London: The Institute of Metals, 1988（4）: 256-267.

Fe

Fe(HT1)

$Fe_2Si(HT1)$

(Co(HT),Fe(HT2))

$(CoSi,FeSi)$

$?Co_2Si(HT)$

$Co_3Si(HT)$
$Co_2Si(HT)$

Co

Si

摩尔分数（mol%）

Co-Fe-Sn

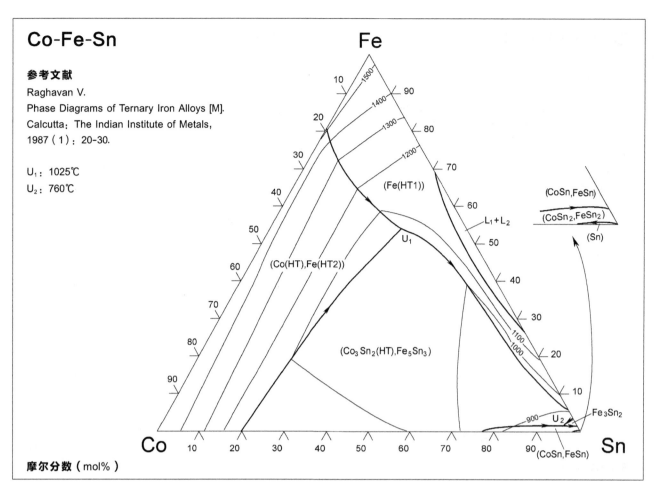

参考文献

Raghavan V.

Phase Diagrams of Ternary Iron Alloys [M].

Calcutta: The Indian Institute of Metals,

1987 (1): 20-30.

U_1: 1025℃

U_2: 760℃

(CoSn,FeSn)

(CoSn$_2$,FeSn$_2$)

(Sn)

(Fe(HT1))

L_1+L_2

(Co(HT),Fe(HT2))

(Co$_3$Sn$_2$(HT),Fe$_5$Sn$_3$)

Fe$_3$Sn$_2$

(CoSn,FeSn)

Co

Sn

Fe

摩尔分数（mol%）

Co-Fe-Ta

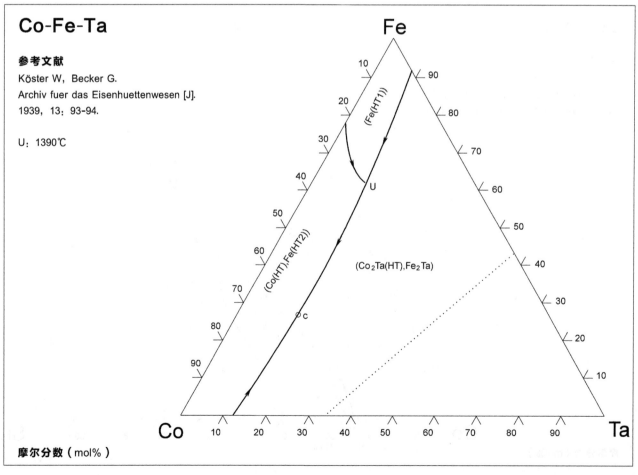

参考文献

Köster W, Becker G.

Archiv fuer das Eisenhuettenwesen [J].

1939, 13: 93-94.

U: 1390℃

(Fe(HT1))

(Co(HT),Fe(HT2))

(Co$_2$Ta(HT),Fe$_2$Ta)

Co

Ta

Fe

摩尔分数（mol%）

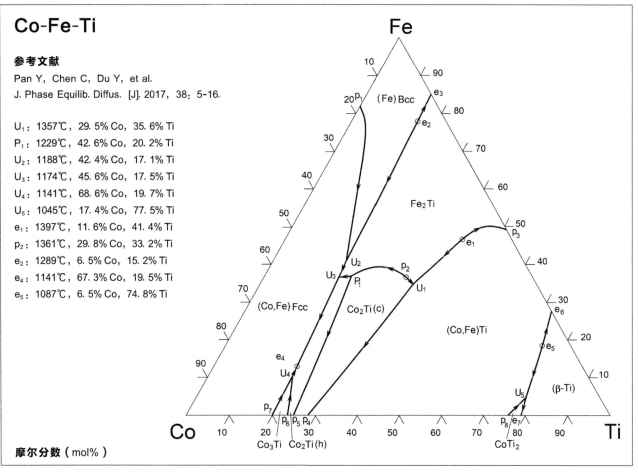

Co-Fe-Ti

参考文献

Pan Y, Chen C, Du Y, et al.
J. Phase Equilib. Diffus. [J]. 2017, 38: 5-16.

U_1: 1357℃, 29.5% Co, 35.6% Ti
P_1: 1229℃, 42.6% Co, 20.2% Ti
U_2: 1188℃, 42.4% Co, 17.1% Ti
U_3: 1174℃, 45.6% Co, 17.5% Ti
U_4: 1141℃, 68.6% Co, 19.7% Ti
U_5: 1045℃, 17.4% Co, 77.5% Ti
e_1: 1397℃, 11.6% Co, 41.4% Ti
p_2: 1361℃, 29.8% Co, 33.2% Ti
e_2: 1289℃, 6.5% Co, 15.2% Ti
e_4: 1141℃, 67.3% Co, 19.5% Ti
e_5: 1087℃, 6.5% Co, 74.8% Ti

摩尔分数（mol%）

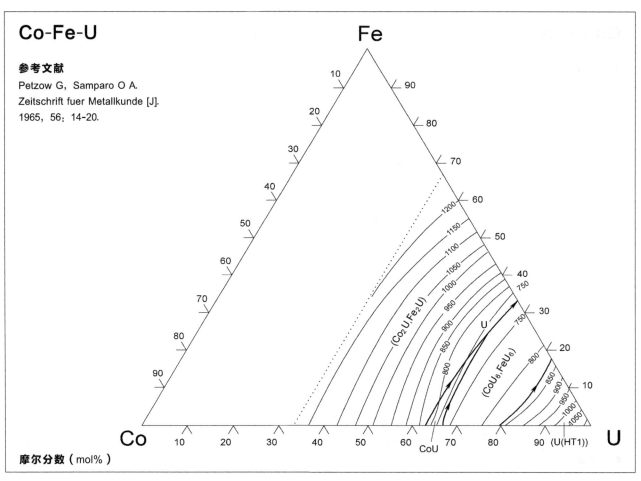

Co-Fe-U

参考文献

Petzow G, Samparo O A.
Zeitschrift fuer Metallkunde [J].
1965, 56: 14-20.

摩尔分数（mol%）

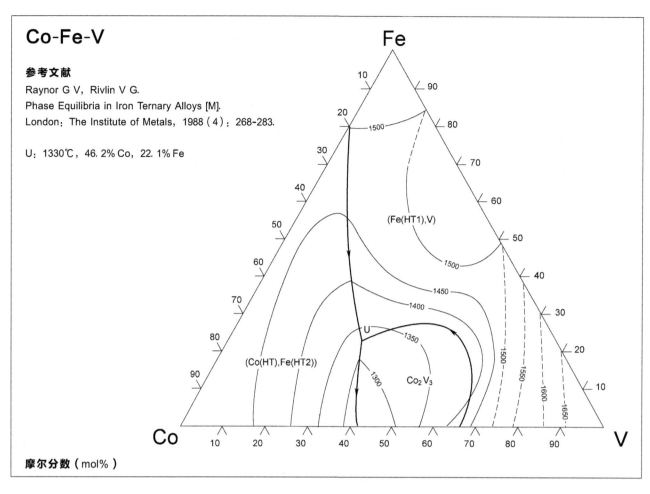

Co-Fe-V

参考文献

Raynor G V, Rivlin V G.

Phase Equilibria in Iron Ternary Alloys [M].

London：The Institute of Metals, 1988（4）：268-283.

U：1330℃，46.2% Co, 22.1% Fe

摩尔分数（mol%）

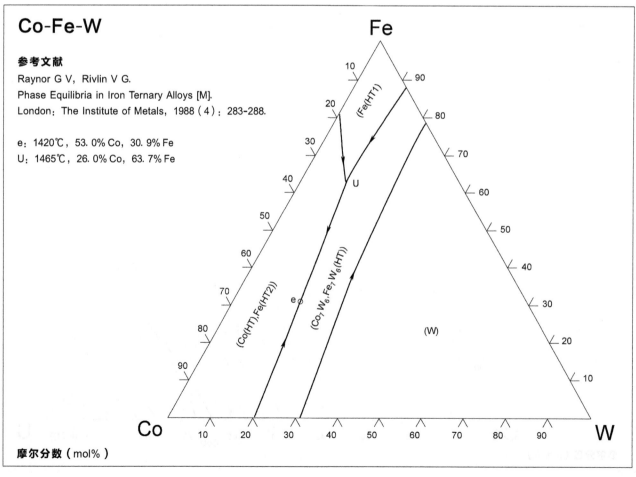

Co-Fe-W

参考文献

Raynor G V, Rivlin V G.

Phase Equilibria in Iron Ternary Alloys [M].

London：The Institute of Metals, 1988（4）：283-288.

e：1420℃，53.0% Co, 30.9% Fe
U：1465℃，26.0% Co, 63.7% Fe

摩尔分数（mol%）

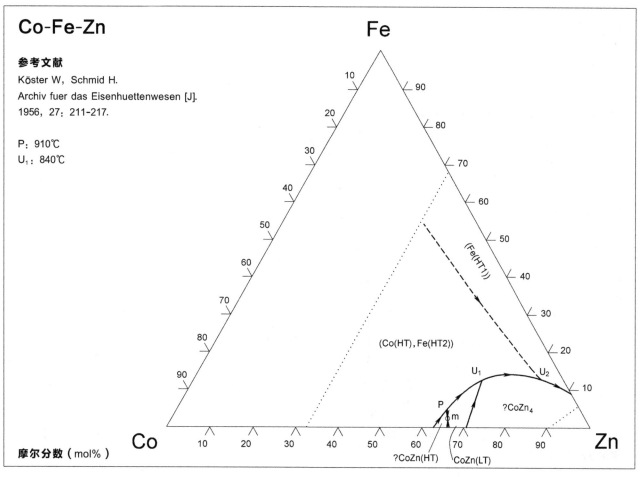

Co-Fe-Zn

参考文献

Köster W, Schmid H.

Archiv fuer das Eisenhuettenwesen [J].

1956, 27: 211-217.

P: 910℃
U₁: 840℃

摩尔分数（mol%）

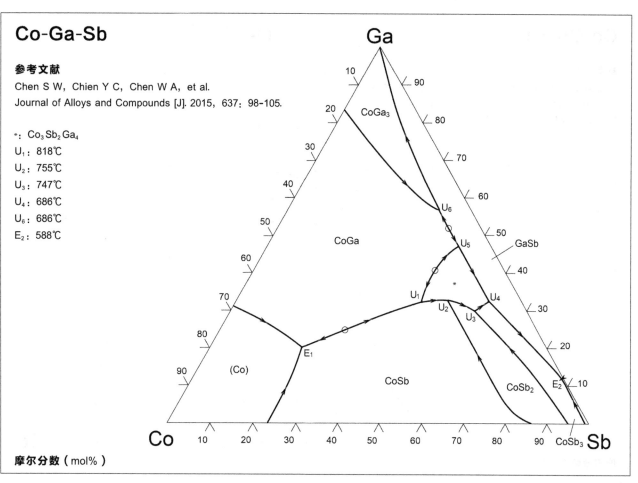

Co-Ga-Sb

参考文献

Chen S W, Chien Y C, Chen W A, et al.

Journal of Alloys and Compounds [J]. 2015, 637: 98-105.

*: Co₃Sb₂Ga₄
U₁: 818℃
U₂: 755℃
U₃: 747℃
U₄: 686℃
U₆: 686℃
E₂: 588℃

摩尔分数（mol%）

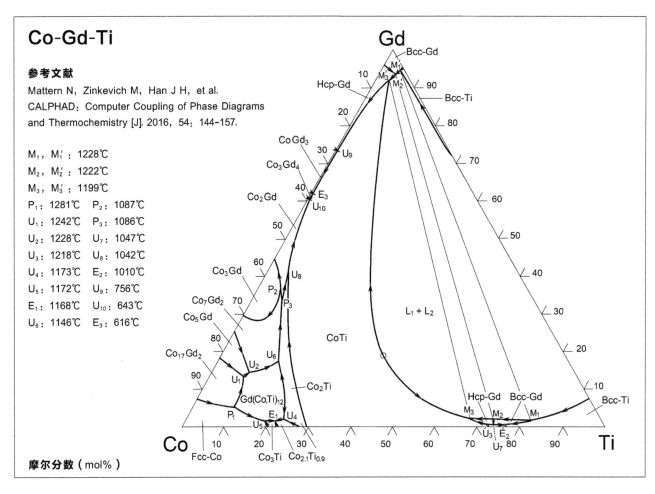

Co-Gd-Ti

参考文献

Mattern N, Zinkevich M, Han J H, et al.
CALPHAD: Computer Coupling of Phase Diagrams
and Thermochemistry [J]. 2016, 54: 144-157.

M_1, M_1': 1228℃
M_2, M_2': 1222℃
M_3, M_3': 1199℃
P_1: 1281℃ P_2: 1087℃
U_1: 1242℃ P_3: 1086℃
U_2: 1228℃ U_7: 1047℃
U_3: 1218℃ U_8: 1042℃
U_4: 1173℃ E_2: 1010℃
U_5: 1172℃ U_9: 756℃
E_1: 1168℃ U_{10}: 643℃
U_6: 1146℃ E_3: 616℃

摩尔分数（mol%）

Co-Ge-Te

参考文献

Кахраманов К Ш, Заргарова МИ, Магерамов А А.
Изв. Акад. Наук, СССР, Неорганические
Материалы [J]. 1981, 17: 29-32.

E_1: 850℃ I_1, I_2: 960℃
E_2: 700℃ I_1', I_2': 1140℃
E_3: 640℃ e_1: 850℃
E_4: 357℃ e_2: 700℃
U_1: 847℃
U_2: 827℃
U_3: 787℃
U_4: 757℃
U_5: 697℃

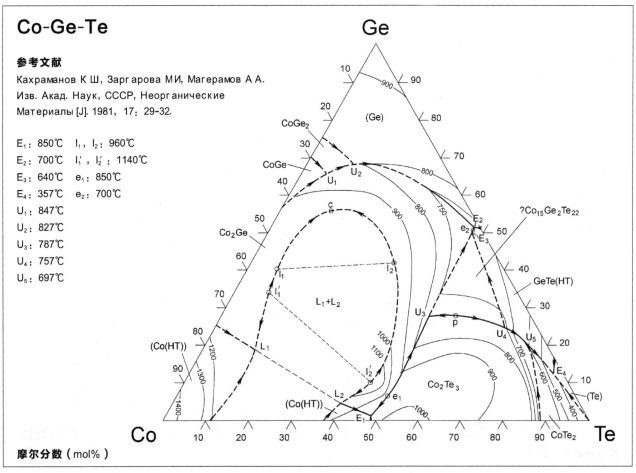

摩尔分数（mol%）

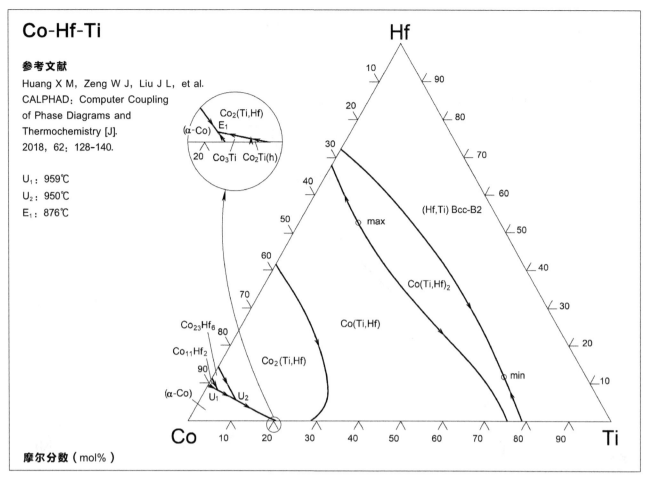

Co-Hf-Ti

参考文献

Huang X M, Zeng W J, Liu J L, et al. CALPHAD: Computer Coupling of Phase Diagrams and Thermochemistry [J]. 2018, 62: 128-140.

U_1: 959℃
U_2: 950℃
E_1: 876℃

Co₂(Ti,Hf)
E₁
(α-Co)
20 Co₃Ti Co₂Ti(h)

○ max

(Hf,Ti) Bcc-B2

Co(Ti,Hf)₂

Co(Ti,Hf)

Co₂₃Hf₆
Co₁₁Hf₂
Co₂(Ti,Hf)
(α-Co) U_1 U_2

○ min

摩尔分数（mol%）

Co Ti Hf

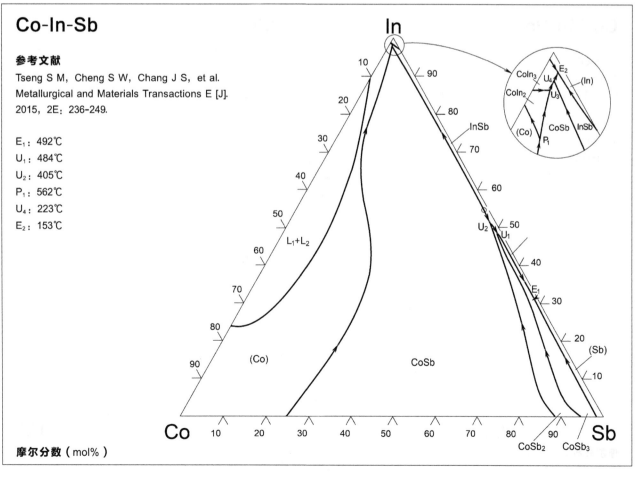

Co-In-Sb

参考文献

Tseng S M, Cheng S W, Chang J S, et al. Metallurgical and Materials Transactions E [J]. 2015, 2E: 236-249.

E_1: 492℃
U_1: 484℃
U_2: 405℃
P_1: 562℃
U_4: 223℃
E_2: 153℃

In

CoIn₃ U_4 E₂ (In)
CoIn₂ U_3
(Co) CoSb InSb
P₁

InSb

L₁+L₂

U_2 U_1
E₁
(Sb)

(Co)

CoSb

CoSb₂ CoSb₃

摩尔分数（mol%）

Co Sb

Co-Mn-Ni

参考文献

Gupta K P.

Journal of Phase Equilibria [J]. 1999, 20: 527-532.

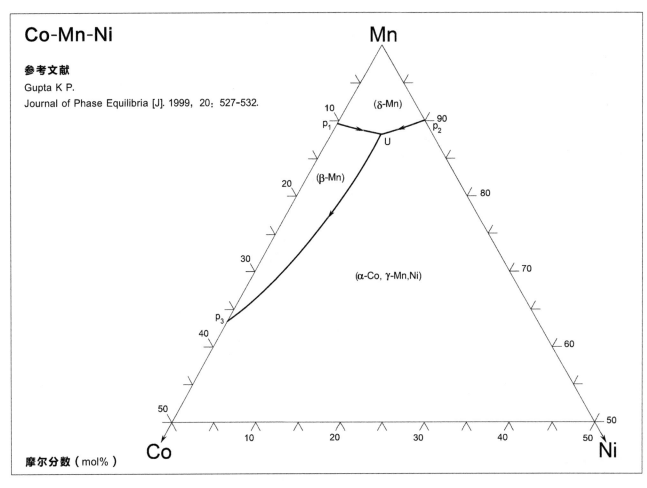

摩尔分数（mol%）

Co-Mn-Pd

参考文献

Zwingmann G.

Metall（Berlin）[J]. 1964, 18: 708-710.

e₁: 1330℃, 71.3% Co, 15.3% Mn

e₂: 1210℃

E: 1140℃

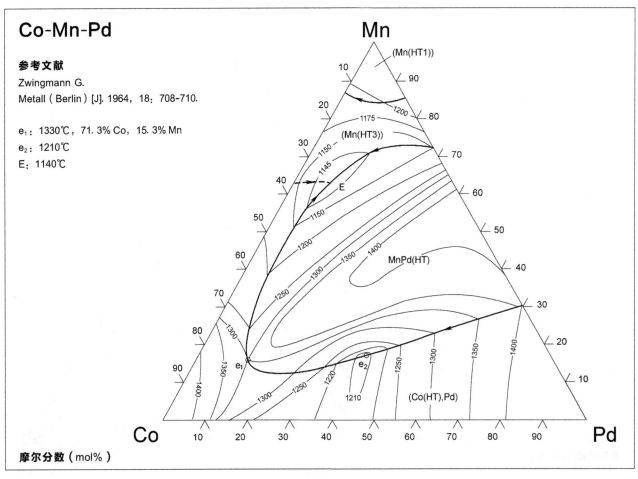

摩尔分数（mol%）

Co-Mn-Ta

参考文献

Wang C, Zhao C, Liu X, et al.
International Journal of Materials Research
（原刊名：Zeitschrift fuer Metallkunde）[J].
2014, 105: 1179-1190.

U₁: 1415℃, 23.1% Co, 22.9% Mn
U₂: 1346℃, 34.0% Co, 19.0% Mn
E₁: 1329℃, 32.5% Co, 21.2% Mn
E₂: 1274℃, 86.1% Co, 0.15% Mn
U₃: 1179℃, 11.1% Co, 88.7% Mn
E₃: 1120℃, 19.2% Co, 74.1% Mn

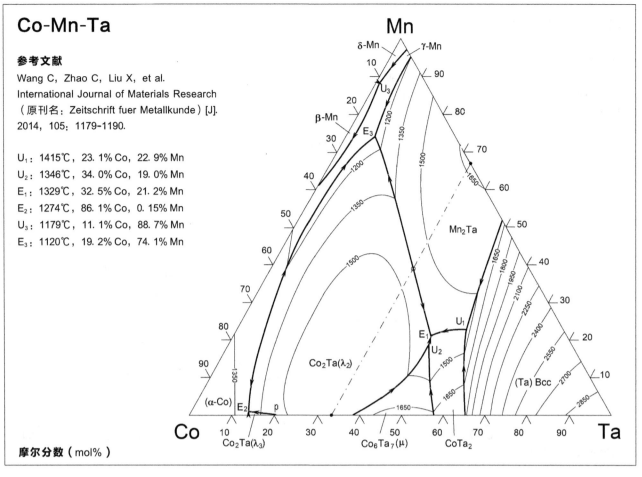

摩尔分数（mol%）

Co-Mn-U

参考文献

Petzow G, Sampaio O A.
Zeitschrift fuer Metallkunde [J]. 1965, 56: 503-508.

E: 690℃, 25% Co, 10% Mn
P: 750℃

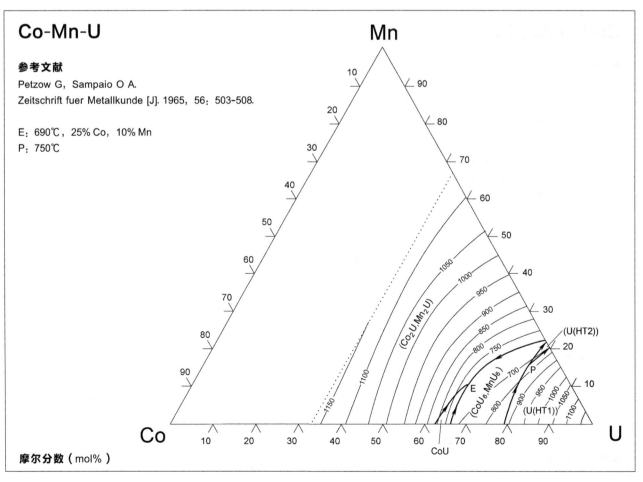

摩尔分数（mol%）

Co-Mo-Ni（1）

参考文献

Gupta K P, Rajendraprasad S B, Jena A K, et al. Transactions of the Indian Institute of Metals [J]. 1984, 37: 691-697.

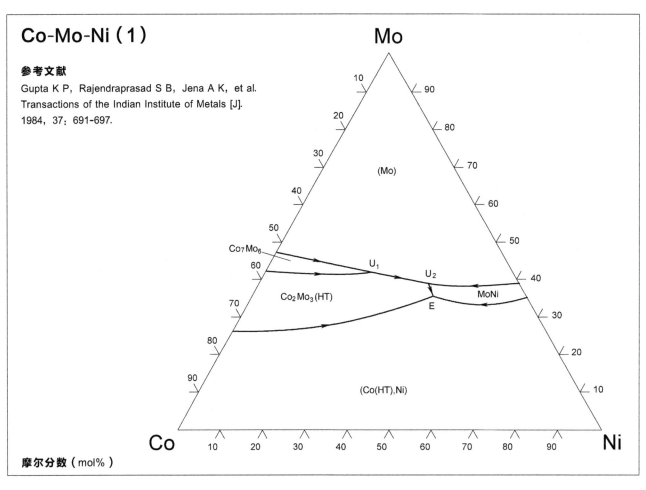

Co-Mo-Ni（2）

参考文献

Zhang C, Liu Y, Du Y, et al.
CALPHAD: Computer Coupling of Phase Diagrams and Thermochemistry [J]. 2016, 55: 243-251.

U: 1590℃, 46.0% Mo, 1.7% Ni
P: 1433℃, 40.6% Mo, 50.0% Ni
E: 1322℃, 32.0% Mo, 57.2% Ni
e_{1max}: 1793℃, 52.9% Mo, 17.3% Ni
e_{2max}: 1414℃, 22.9% Mo, 25.3% Ni

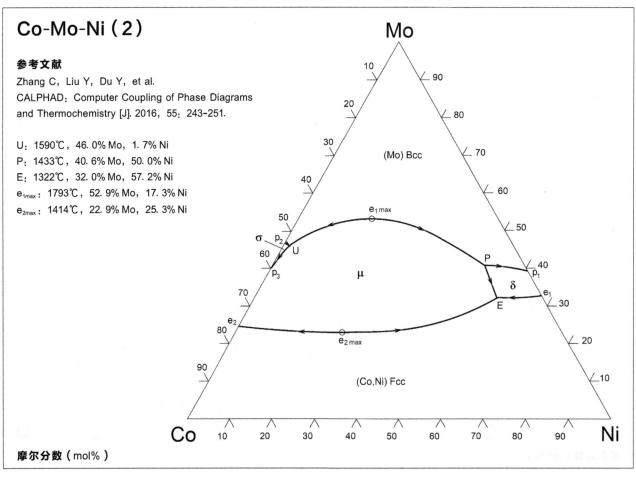

摩尔分数（mol%）

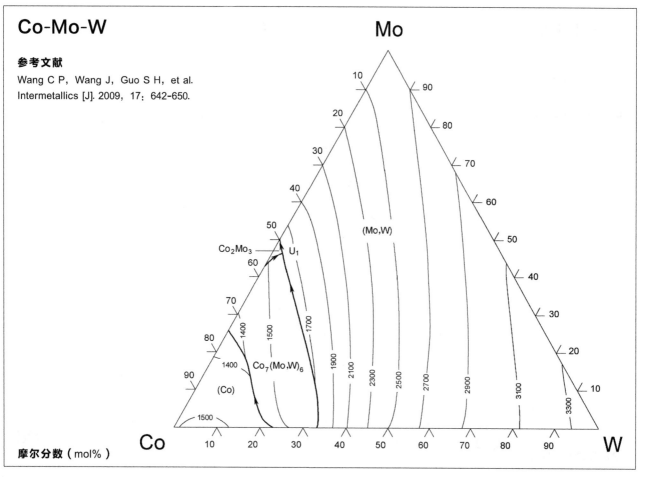

Co-Mo-W

参考文献

Wang C P, Wang J, Guo S H, et al.
Intermetallics [J]. 2009, 17：642-650.

Mo

Co₂Mo₃ → U₁

(Mo,W)

Co₇(Mo,W)₆

(Co)

摩尔分数（mol%）

Co

W

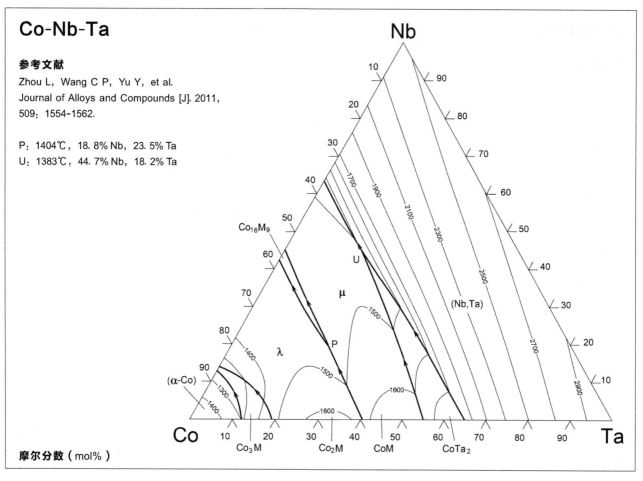

Co-Nb-Ta

参考文献

Zhou L, Wang C P, Yu Y, et al.
Journal of Alloys and Compounds [J]. 2011,
509：1554-1562.

P：1404℃，18.8% Nb，23.5% Ta
U：1383℃，44.7% Nb，18.2% Ta

Nb

Co₁₆M₉

U

μ

(Nb,Ta)

λ

P

(α-Co)

摩尔分数（mol%）

Co

Co₃M   Co₂M   CoM   CoTa₂

Ta

Co-Ni-Pd

参考文献

Григорьев А Т.

Изв. Сектора Физ-хим. Анализа ИОНХ АН

СССР [J]. 1956, 27: 185-197.

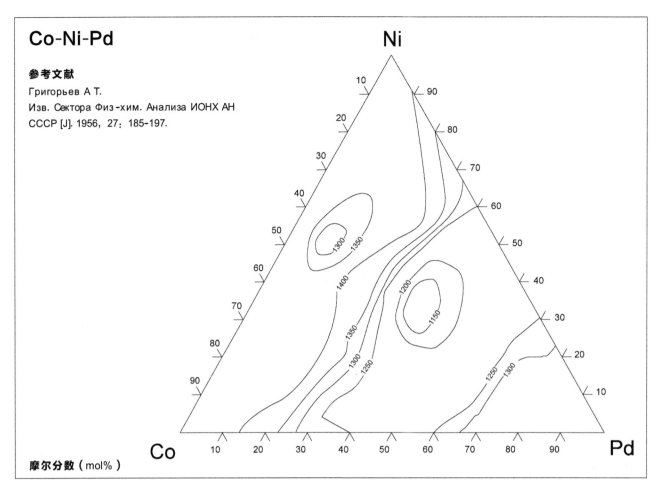

摩尔分数（mol%）

Co-Ni-Sb

参考文献

Zhang Y, Li C, Du Z, et al.

Journal of Alloys and Compounds [J].

2011, 509: 4944-4949.

e_2: 1119℃

p_1: 936℃

p_2: 874℃

e_6: 630℃

e_4: 1099℃

e_5: 1076℃

p_4: 621℃

e_7: 617℃

e_{1max}: 1128℃

e_{3max}: 1104℃

E_1: 1102℃

U_1: 827℃

U_2: 618℃

U_3: 618℃

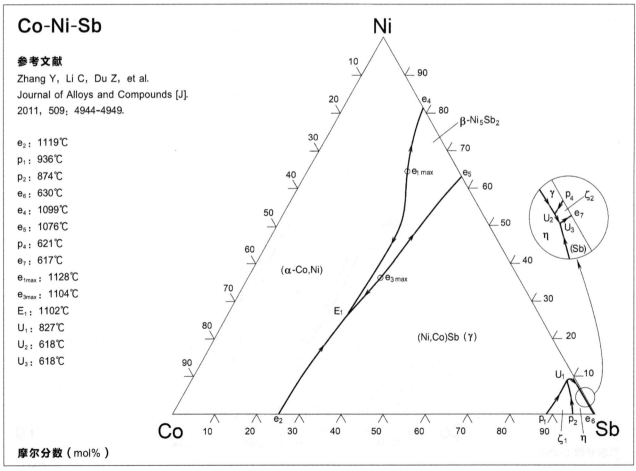

摩尔分数（mol%）

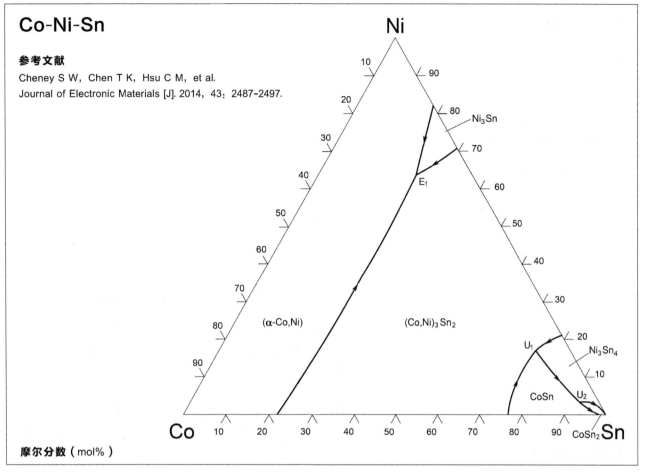

Co-Ni-Sn

参考文献

Cheney S W, Chen T K, Hsu C M, et al.

Journal of Electronic Materials [J]. 2014, 43: 2487-2497.

摩尔分数（mol%）

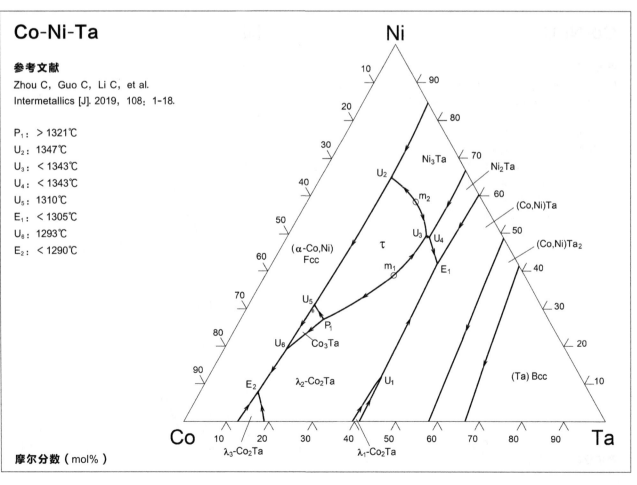

Co-Ni-Ta

参考文献

Zhou C, Guo C, Li C, et al.

Intermetallics [J]. 2019, 108: 1-18.

P_1: $> 1321℃$

U_2: $1347℃$

U_3: $< 1343℃$

U_4: $< 1343℃$

U_5: $1310℃$

E_1: $< 1305℃$

U_6: $1293℃$

E_2: $< 1290℃$

摩尔分数（mol%）

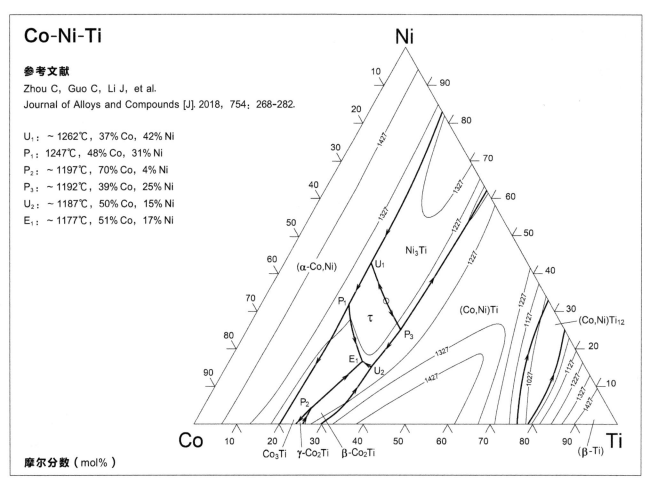

Co-Ni-Ti

参考文献

Zhou C, Guo C, Li J, et al.
Journal of Alloys and Compounds [J]. 2018, 754: 268-282.

U_1: ~ 1262℃, 37% Co, 42% Ni
P_1: 1247℃, 48% Co, 31% Ni
P_2: 1197℃, 70% Co, 4% Ni
P_3: 1192℃, 39% Co, 25% Ni
U_2: ~ 1187℃, 50% Co, 15% Ni
E_1: ~ 1177℃, 51% Co, 17% Ni

摩尔分数（mol%）

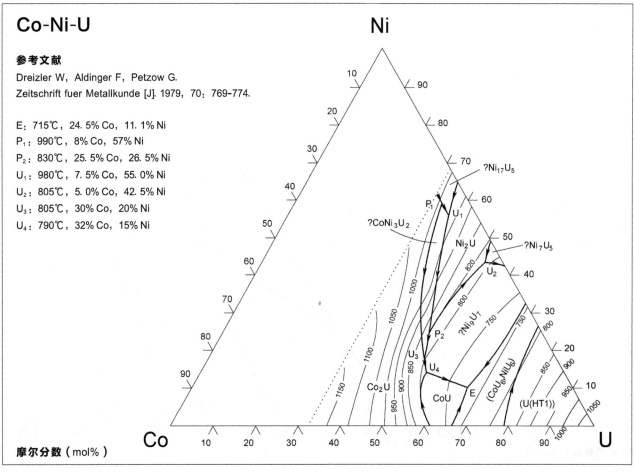

Co-Ni-U

参考文献

Dreizler W, Aldinger F, Petzow G.
Zeitschrift fuer Metallkunde [J]. 1979, 70: 769-774.

E: 715℃, 24.5% Co, 11.1% Ni
P_1: 990℃, 8% Co, 57% Ni
P_2: 830℃, 25.5% Co, 26.5% Ni
U_1: 980℃, 7.5% Co, 55.0% Ni
U_2: 805℃, 5.0% Co, 42.5% Ni
U_3: 805℃, 30% Co, 20% Ni
U_4: 790℃, 32% Co, 15% Ni

摩尔分数（mol%）

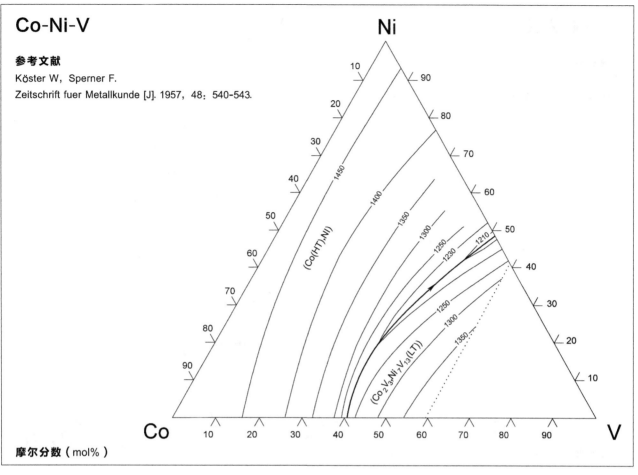

Co-Ni-V

参考文献

Köster W, Sperner F.

Zeitschrift fuer Metallkunde [J]. 1957, 48: 540-543.

摩尔分数（mol%）

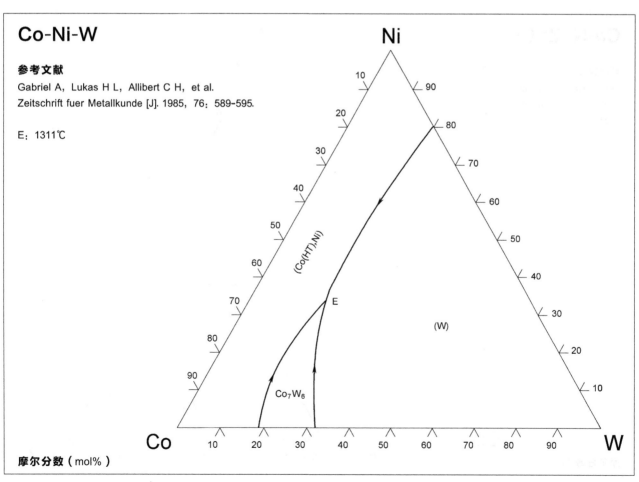

Co-Ni-W

参考文献

Gabriel A, Lukas H L, Allibert C H, et al.

Zeitschrift fuer Metallkunde [J]. 1985, 76: 589-595.

E: 1311℃

摩尔分数（mol%）

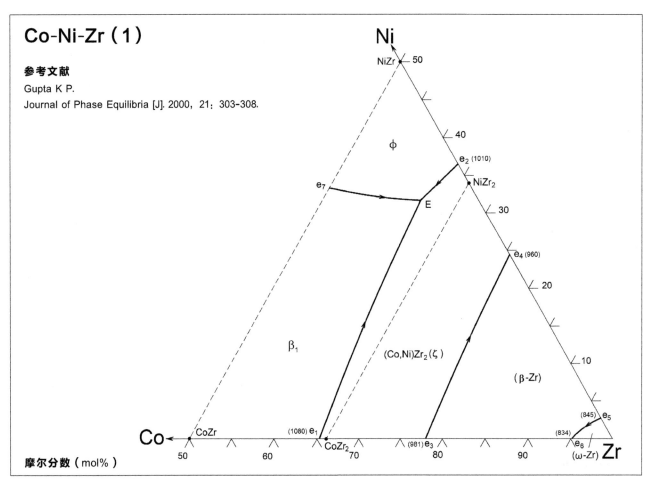

Co-Ni-Zr（1）

参考文献

Gupta K P.

Journal of Phase Equilibria [J]. 2000, 21：303-308.

摩尔分数（mol%）

Ni

NiZr — 50

— 40

e_2 (1010)

φ

e_7

NiZr$_2$

E

— 30

e_4 (960)

$β_1$

(Co,Ni)Zr$_2$ (ζ)

(β-Zr)

— 20

— 10

(845) e_5

Co

CoZr

(1080) e_1

CoZr$_2$

(981) e_3

(834)

e_6

(ω-Zr) Zr

50 60 70 80 90

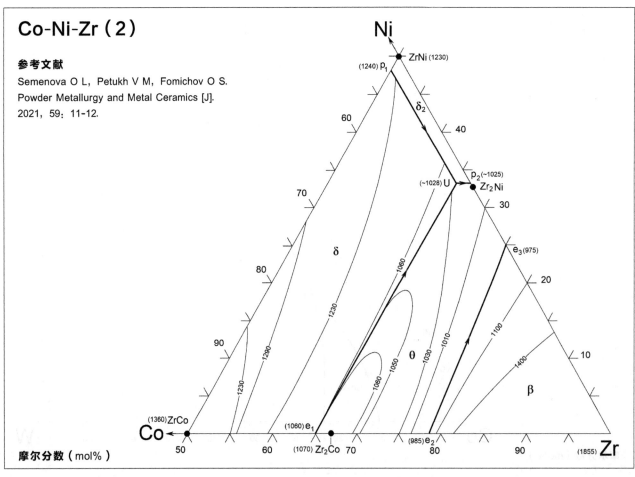

Co-Ni-Zr（2）

参考文献

Semenova O L, Petukh V M, Fomichov O S.

Powder Metallurgy and Metal Ceramics [J].

2021, 59：11-12.

摩尔分数（mol%）

Ni

ZrNi (1230)

(1240) p_1

$δ_2$

— 40

60

p_2 (~1025)

70

(~1028) U

Zr$_2$Ni

— 30

δ

1230

1060

1030

1010

e_3 (975)

80

1290

1050

θ

1100

— 20

1060

1400

90

1230

β

— 10

Co

(1360) ZrCo

(1060) e_1

(1070) Zr$_2$Co

(985) e_2

(1855) Zr

50 60 70 80 90

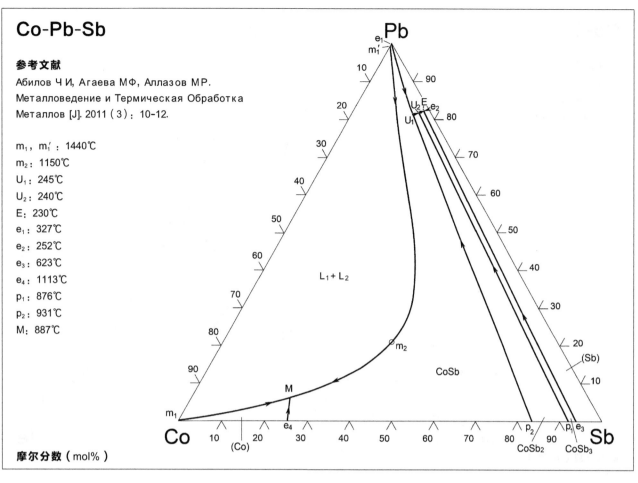

Co-Pb-Sb

参考文献

Абилов Ч И, Агаева М Ф, Аллазов М Р.
Металловедение и Термическая Обработка
Металлов [J]. 2011 (3): 10-12.

m_1, m_1': 1440℃

m_2: 1150℃

U_1: 245℃

U_2: 240℃

E: 230℃

e_1: 327℃

e_2: 252℃

e_3: 623℃

e_4: 1113℃

p_1: 876℃

p_2: 931℃

M: 887℃

摩尔分数（mol%）

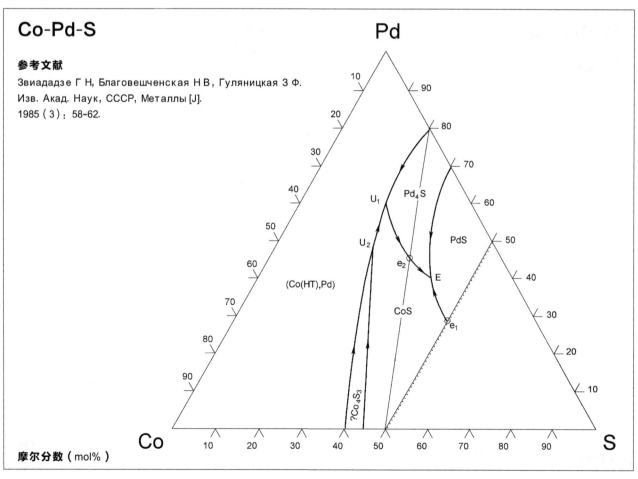

Co-Pd-S

参考文献

Звиададзе Г Н, Благовешченская Н В, Гуляницкая З Ф.
Изв. Акад. Наук, СССР, Металлы [J].
1985 (3): 58-62.

摩尔分数（mol%）

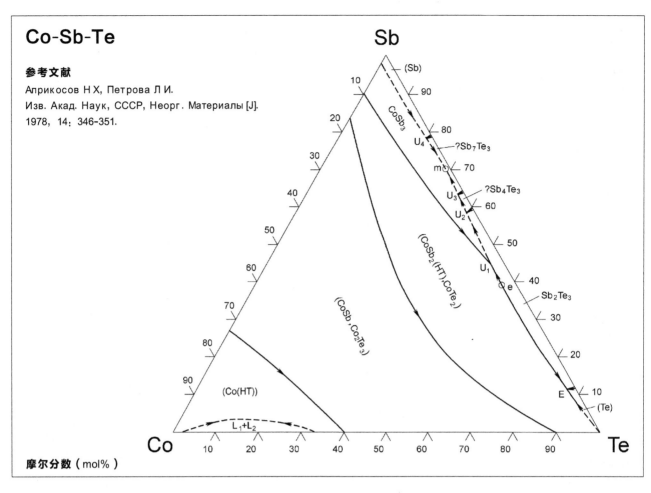

Co-Sb-Te

参考文献

Априкосов Н Х, Петрова Л И.

Изв. Акад. Наук, СССР, Неорг. Материалы [J].

1978, 14: 346-351.

摩尔分数（mol%）

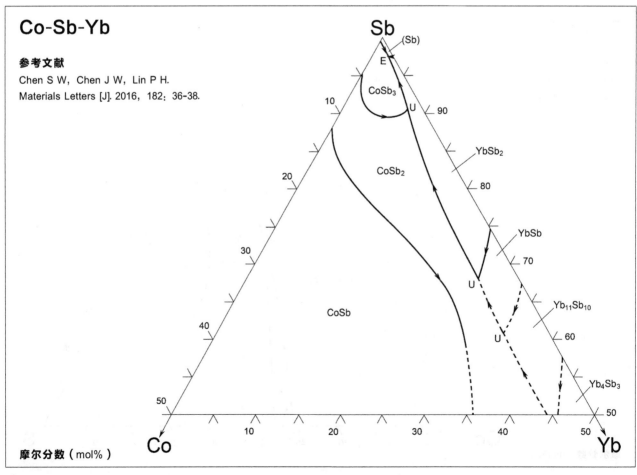

Co-Sb-Yb

参考文献

Chen S W, Chen J W, Lin P H.

Materials Letters [J]. 2016, 182: 36-38.

摩尔分数（mol%）

Co-Si-Ti

参考文献

Krendelsberger N, Weitzer F, Schuster J, et al.
Intermetallics [J]. 2013, 38: 92-101.

τ_2: $Co_4Si_7Ti_4$ τ_5: Co_2SiTi τ_9: $CoSi_8Ti_3$

τ_3: $Co_{40}Si_{31}Ti_{13}$ τ_6: Co_3SiTi_2 τ_{11}: $CoSi_2Ti$

τ_4: $Co_{17}Si_7Ti_6$ τ_8: $CoSi_4Ti_4$

P_1: 1650℃	U_8: 1371℃	U_{27}: 1025℃
P_2: 1645℃	U_9: 1351℃	U_{21}: 1207℃
P_3: 1458℃	U_{10}: 1350℃	U_{22}: 1203℃
P_4: 1452℃	U_{11}: 1337℃	U_{24}: 1194℃
P_5: ~ 1345℃	U_{12}: 1320℃	U_{25}: 1188℃
P_6: 1335℃	U_{13}: 1289℃	E_1: 1195℃
P_7: 1290℃	U_{14}: 1286℃	E_2: 1148℃
P_8: 1257℃	U_{15}: 1255℃	E_3: 988℃
U_1: 1615℃	U_{16}: 1243℃	
U_4: 1506℃	U_{17}: 1231℃	
U_5: 1490℃	U_{18}: 1227℃	
U_6: 1408℃	U_{19}: 1214℃	
U_7: 1379℃	U_{20}: 1208℃	

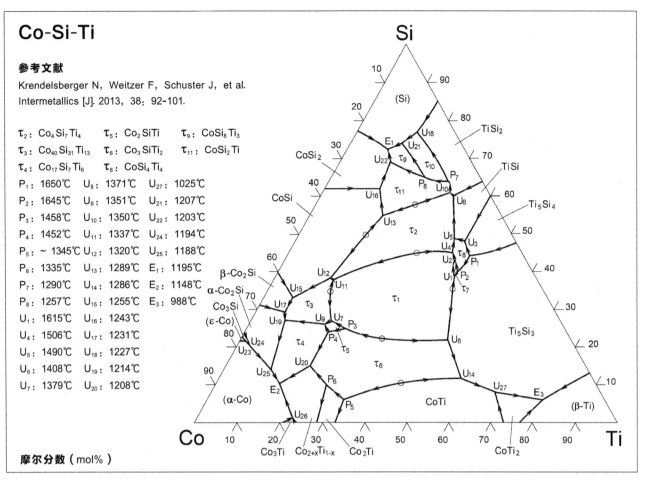

摩尔分数（mol%）

Co-Si-Zn

参考文献

Wang W, Yin F, Zhao M, et al.
Metallurgical and materials Transactions A [J].
2014, 45A: 4175-4185.

M_1, M_1': 1301℃

M_2, M_2': 1297℃

M_3, M_3': 1260℃

M_4, M_4': 1193℃

U_1: 1289℃

U_3: 1200℃

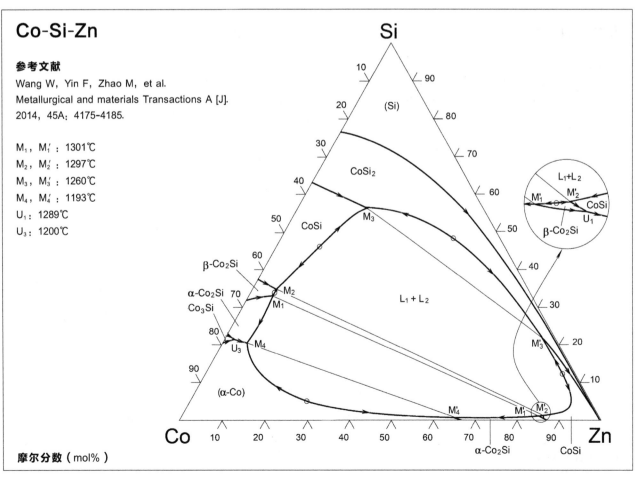

摩尔分数（mol%）

Co-Sn-Te

参考文献

Аллазов МР, Асадова С Ю.

Журн. Неорг. Хим. [J]. 1988, 33: 1375-1380.

E_1: 797℃, 60.7% Co, 28.1% Sn

E_2: 847℃, 52.1% Co, 6.8% Sn

E_3: 742℃, 3% Co, 49% Sn

E_4: 707℃, 4.3% Co, 46.0% Sn

E_5: 377℃, 2.3% Co, 7.1% Sn

E_6: 232℃

U_1: 630℃, 2.0% Co, 85.1% Sn

U_2: 360℃, 1% Co, 93% Sn

U_3: 637℃, 15.2% Co, 13.8% Sn

U_4: 850℃

$Co_9Sn_4Te_4$: 1150℃

I_1, I_2: 974℃

I_3, I_4: 1047℃

I_5, I_6: 907℃

e_7: 947℃

e_8: 917℃

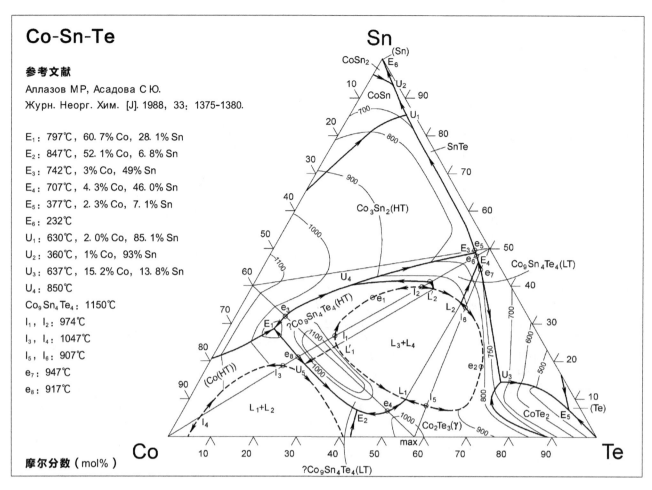

摩尔分数（mol%）

Co-Sn-Ti

参考文献

Fartushna I, Bulanova M, Ayral R M, et al.

Journal of Solid State Chemistry [J]. 2016, 244: 93-99.

U_1: 1230℃

E_2: 1210℃

E_5: 1050℃

U_6: 1020℃

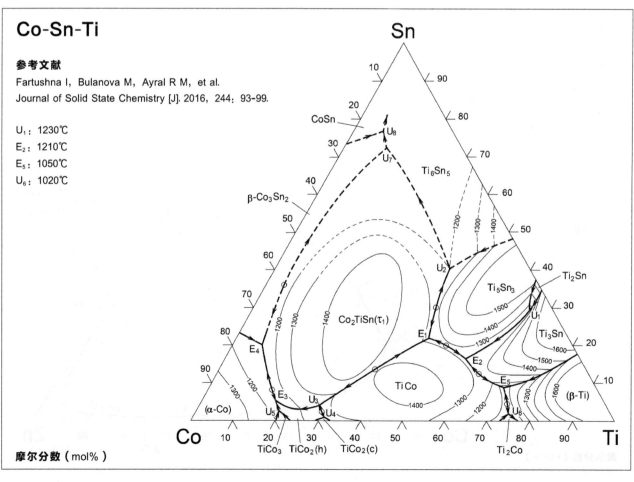

摩尔分数（mol%）

Co-Sn-Zn

参考文献

Hu J, Yin F, Zhao M, et al.
Journal of Alloys and Compounds [J]. 2018, 747: 815-825.

τ_3: $(Co)_{0.32}(Co, Sn)_{0.5}(Zn)_{0.18}$

U_1: 982℃
U_2: 935℃
U_3: 929℃
U_4: 915℃
P: 686℃

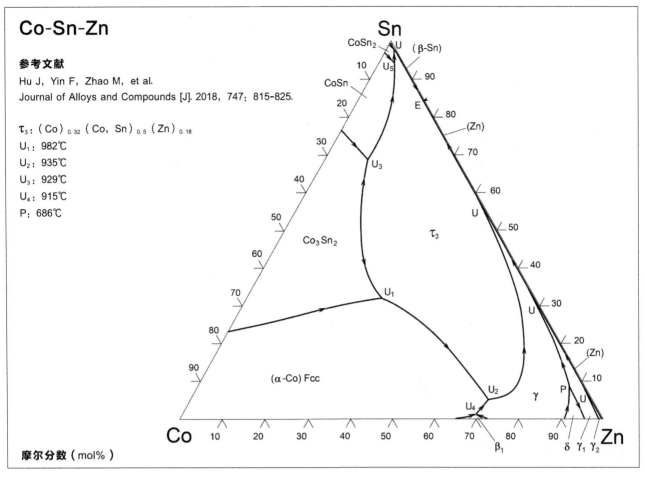

摩尔分数（mol%）

Co-Ta-V

参考文献

Wang C P, Wang J, Zheng A Q, et al.
第十四届全国相图会议暨国际相图与材料设计研讨会 [C].
长沙，2008.

E_1: 1206℃
U_1: 1299℃
U_2: 1354℃
P_1: 1432℃
E_2: 1505℃
U_3: 1514℃

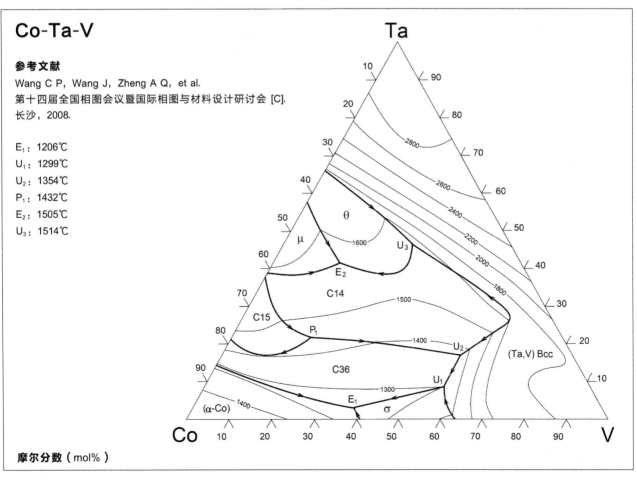

摩尔分数（mol%）

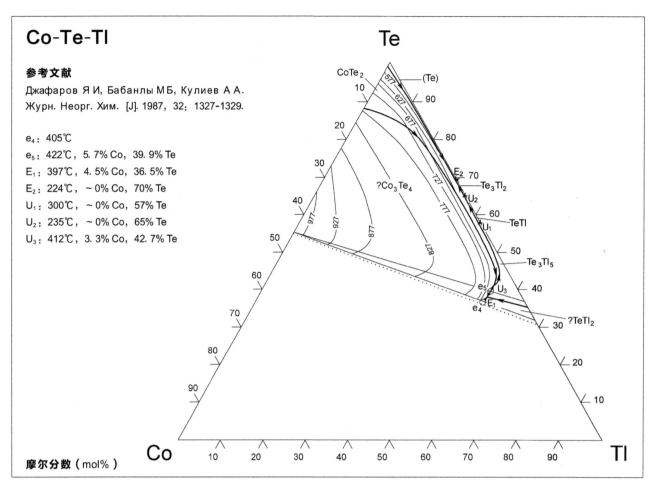

Co-Te-Tl

参考文献

Джафаров Я И, Бабанлы М Б, Кулиев А А.
Журн. Неорг. Хим. [J]. 1987, 32: 1327-1329.

e_4: 405℃
e_5: 422℃, 5.7% Co, 39.9% Te
E_1: 397℃, 4.5% Co, 36.5% Te
E_2: 224℃, ~0% Co, 70% Te
U_1: 300℃, ~0% Co, 57% Te
U_2: 235℃, ~0% Co, 65% Te
U_3: 412℃, 3.3% Co, 42.7% Te

Te

CoTe₂

(Te)

?Co₃Te₄

E₂
Te₃Tl₂
U₂
TeTl
U₁
Te₃Tl₅
e₅
U₃
e₄
E₁
?TeTl₂

摩尔分数（mol%）

Co

Tl

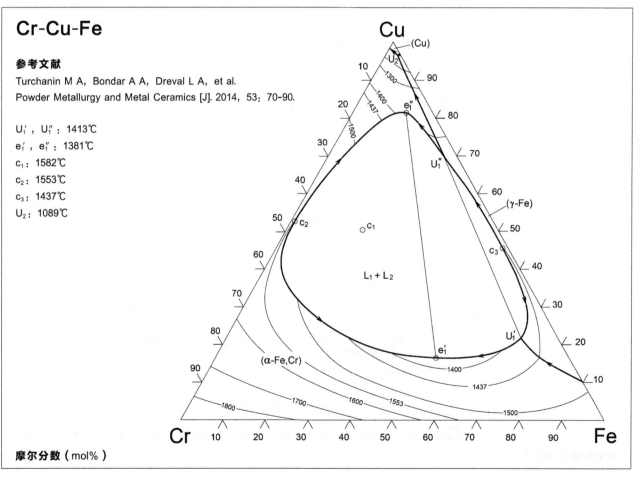

Cr-Cu-Fe

参考文献

Turchanin M A, Bondar A A, Dreval L A, et al.
Powder Metallurgy and Metal Ceramics [J]. 2014, 53: 70-90.

U_1', U_1'': 1413℃
e_1', e_1'': 1381℃
c_1: 1582℃
c_2: 1553℃
c_3: 1437℃
U_2: 1089℃

Cu

(Cu)

U₂

e₁″

U₁″

(γ-Fe)

c₁

c₂

c₃

L₁ + L₂

U₁′

(α-Fe,Cr)

e₁′

摩尔分数（mol%）

Cr

Fe

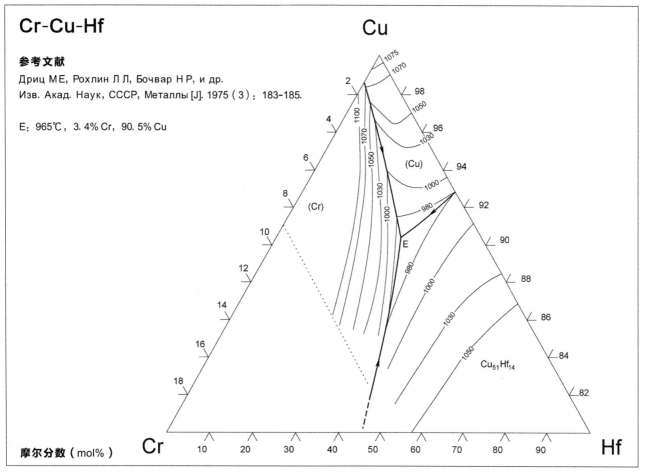

Cr-Cu-Hf

参考文献

Дриц М Е, Рохлин Л Л, Бочвар Н Р, и др.
Изв. Акад. Наук, СССР, Металлы [J]. 1975（3）：183-185.

E：965℃，3.4% Cr，90.5% Cu

Cu

(Cu)

(Cr)

$Cu_{51}Hf_{14}$

摩尔分数（mol%）

Cr

Hf

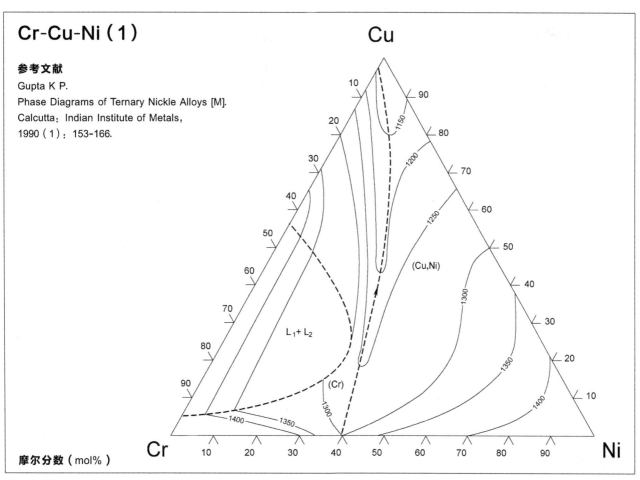

Cr-Cu-Ni（1）

参考文献

Gupta K P.
Phase Diagrams of Ternary Nickle Alloys [M].
Calcutta：Indian Institute of Metals,
1990（1）：153-166.

Cu

(Cu,Ni)

$L_1 + L_2$

(Cr)

摩尔分数（mol%）

Cr

Ni

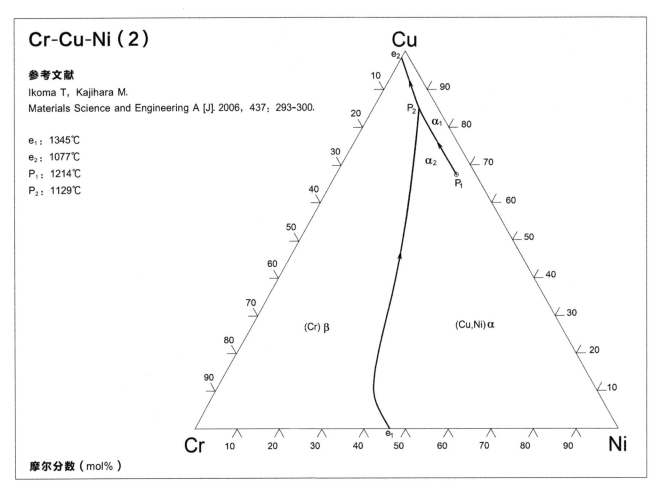

Cr-Cu-Ni（2）

参考文献

Ikoma T, Kajihara M.
Materials Science and Engineering A [J]. 2006, 437: 293-300.

e_1: 1345℃
e_2: 1077℃
P_1: 1214℃
P_2: 1129℃

(Cr) β

(Cu,Ni) α

摩尔分数（mol%）

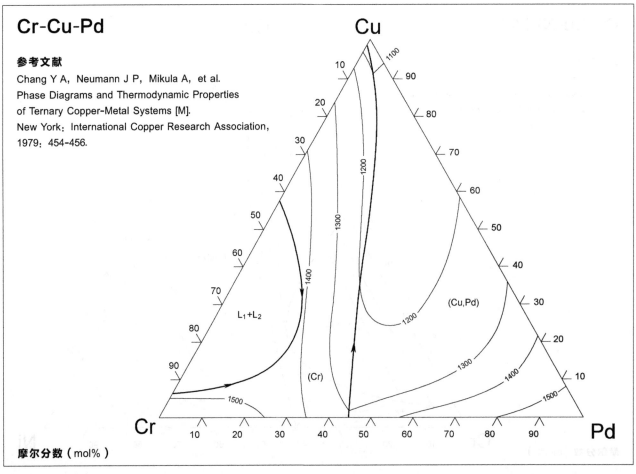

Cr-Cu-Pd

参考文献

Chang Y A, Neumann J P, Mikula A, et al.
Phase Diagrams and Thermodynamic Properties
of Ternary Copper-Metal Systems [M].
New York: International Copper Research Association,
1979: 454-456.

L_1+L_2

(Cu,Pd)

(Cr)

摩尔分数（mol%）

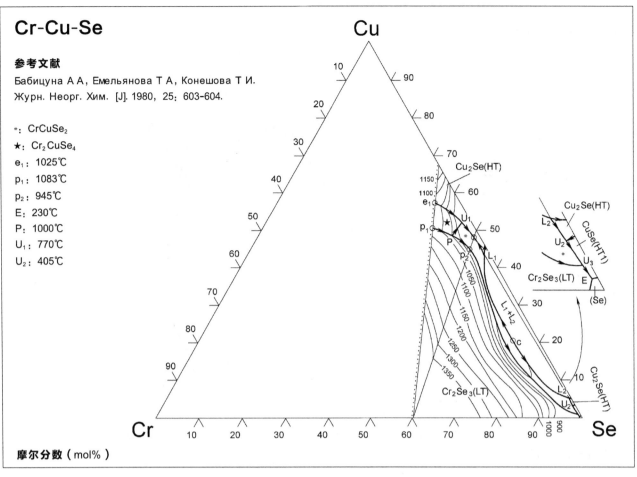

Cr-Cu-Se

参考文献

Бабицуна А А, Емельянова Т А, Конешова Т И.

Журн. Неорг. Хим. [J]. 1980, 25: 603-604.

*: CrCuSe₂

★: Cr₂CuSe₄

e₁: 1025℃

p₁: 1083℃

p₂: 945℃

E: 230℃

P: 1000℃

U₁: 770℃

U₂: 405℃

摩尔分数（mol%）

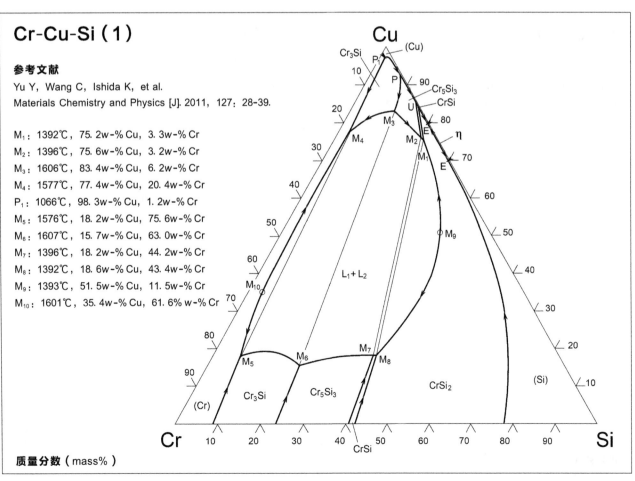

Cr-Cu-Si（1）

参考文献

Yu Y, Wang C, Ishida K, et al.

Materials Chemistry and Physics [J]. 2011, 127: 28-39.

M₁: 1392℃, 75. 2w-% Cu, 3. 3w-% Cr

M₂: 1396℃, 75. 6w-% Cu, 3. 2w-% Cr

M₃: 1606℃, 83. 4w-% Cu, 6. 2w-% Cr

M₄: 1577℃, 77. 4w-% Cu, 20. 4w-% Cr

P₁: 1066℃, 98. 3w-% Cu, 1. 2w-% Cr

M₅: 1576℃, 18. 2w-% Cu, 75. 6w-% Cr

M₆: 1607℃, 15. 7w-% Cu, 63. 0w-% Cr

M₇: 1396℃, 18. 2w-% Cu, 44. 2w-% Cr

M₈: 1392℃, 18. 6w-% Cu, 43. 4w-% Cr

M₉: 1393℃, 51. 5w-% Cu, 11. 5w-% Cr

M₁₀: 1601℃, 35. 4w-% Cu, 61. 6% w-% Cr

质量分数（mass%）

Cr-Cu-Si（2）

参考文献

Zhang Y, Hu B, Li B, et al.
CALPHAD: Computer Coupling of Phase Diagrams
and Thermochemistry [J]. 2021, 74: 102324.

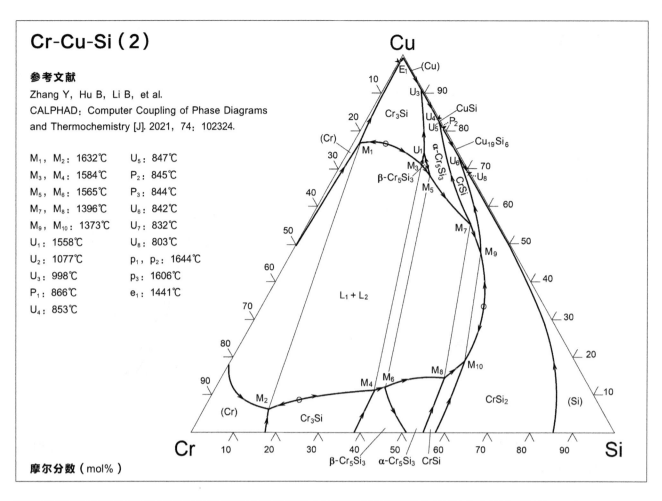

M_1, M_2: 1632℃ U_5: 847℃
M_3, M_4: 1584℃ P_2: 845℃
M_5, M_6: 1565℃ P_3: 844℃
M_7, M_8: 1396℃ U_6: 842℃
M_9, M_{10}: 1373℃ U_7: 832℃
U_1: 1558℃ U_8: 803℃
U_2: 1077℃ p_1, p_2: 1644℃
U_3: 998℃ p_3: 1606℃
P_1: 866℃ e_1: 1441℃
U_4: 853℃

摩尔分数（mol%）

Cr-Cu-Ti

参考文献

Осинцев О Е, Захаов М В, Федоров В В, и др.
Высших Учебных Заведений: Цвет Металлургия [J].
1970, 13: 106-109.

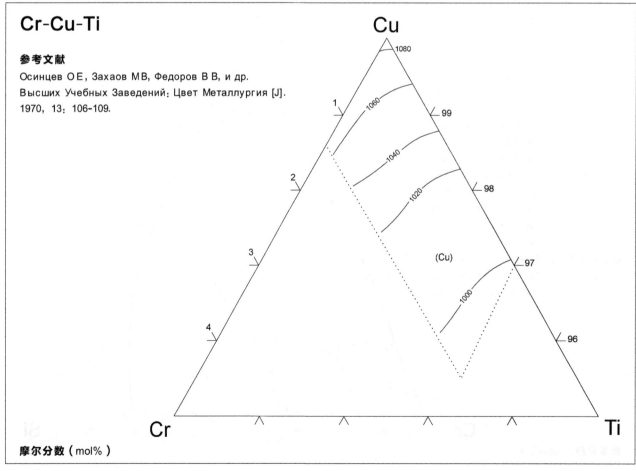

摩尔分数（mol%）

Cr-Cu-Zr（1）

参考文献

Zeng K J, Hämäläinen M.
Journal of Alloys and
Compounds [J].
1995, 220: 53-61.

E_1: 963℃, 0.7% Cr, 7.7% Zr

P_1: 1001℃, 0.8% Cr, 10.2% Zr

P_2: 1092℃, 1.4% Cr, 18.0% Zr

P_3: 918℃, 0.4% Cr, 38.9% Zr

E_2: 889℃, 0.3% Cr, 40.9% Zr

E_3: 889℃, 0.3% Cr, 42.7% Zr

E_4: 916℃, 0.8% Cr, 53.7% Zr

E_5: 966℃, 4.0% Cr, 70.3% Zr

P_4: 1547℃, 75.6% Cr, 18.3% Zr

e_1: 978℃, 3.2% Cr, 66.1% Zr

e_2: 927℃, 0.7% Cr, 48.7% Zr

e_3: 889℃, 0.3% Cr, 41.1% Zr

e_4: 1100℃, 1.4% Cr, 20.5% Zr

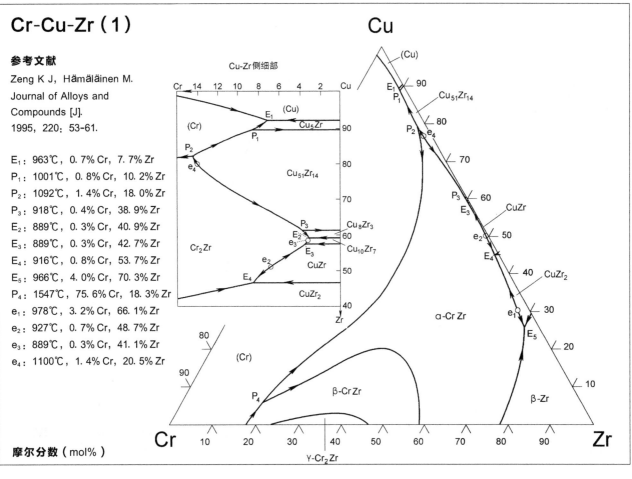

摩尔分数（mol%）

Cr-Cu-Zr（2）

参考文献

Liu Y, Zhou P, Liu S, et al.
CALPHAD: Computer Coupling of Phase Diagrams
and Thermochemistry [J]. 2017, 59: 1-11.

U_1: 1561℃

U_2: 1058℃

U_3: 1002℃

E_1: 965℃

U_4: 958℃

E_2: 954℃

E_3: 940℃

E_4: 915℃

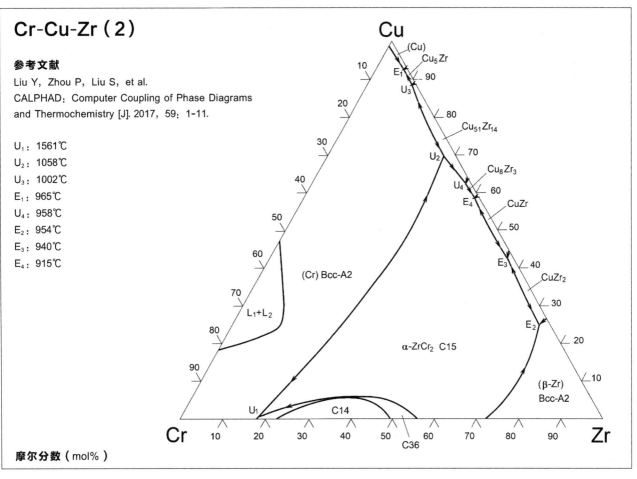

摩尔分数（mol%）

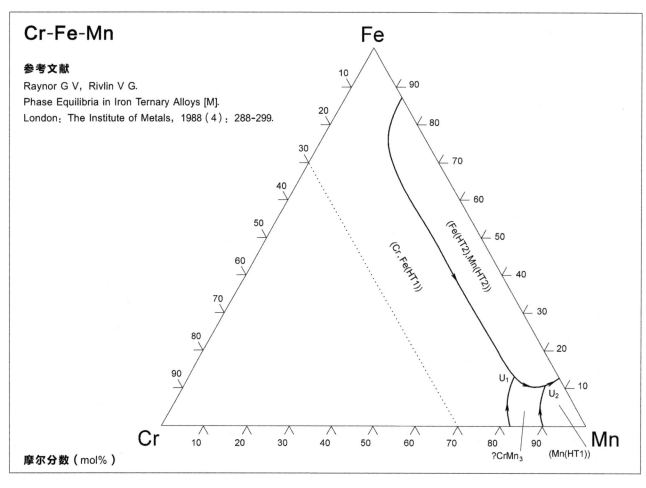

Cr-Fe-Mn

参考文献

Raynor G V, Rivlin V G.

Phase Equilibria in Iron Ternary Alloys [M].

London: The Institute of Metals, 1988（4）: 288-299.

摩尔分数（mol%）

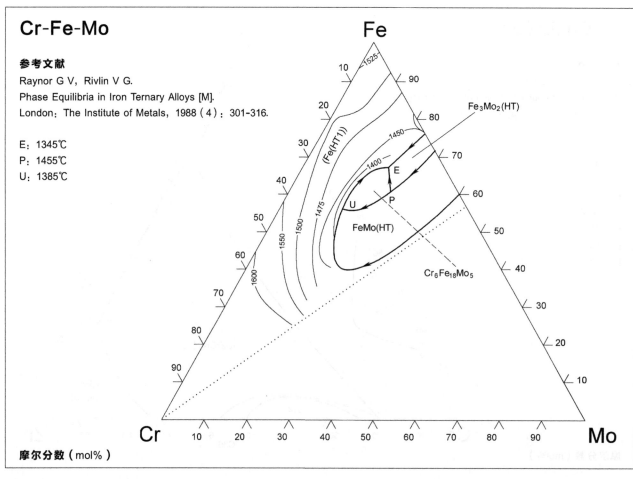

Cr-Fe-Mo

参考文献

Raynor G V, Rivlin V G.

Phase Equilibria in Iron Ternary Alloys [M].

London: The Institute of Metals, 1988（4）: 301-316.

E: 1345℃

P: 1455℃

U: 1385℃

摩尔分数（mol%）

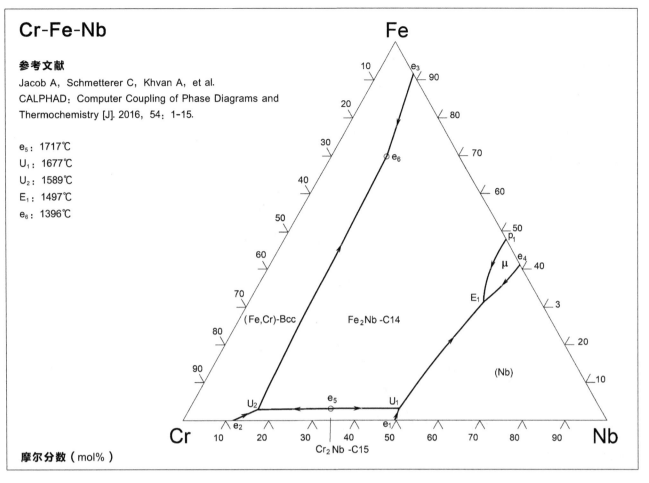

Cr-Fe-Nb

参考文献

Jacob A, Schmetterer C, Khvan A, et al.
CALPHAD: Computer Coupling of Phase Diagrams and
Thermochemistry [J]. 2016, 54: 1-15.

e_5: 1717℃
U_1: 1677℃
U_2: 1589℃
E_1: 1497℃
e_6: 1396℃

(Fe,Cr)-Bcc

Fe₂Nb -C14

(Nb)

Cr₂Nb -C15

摩尔分数（mol%）

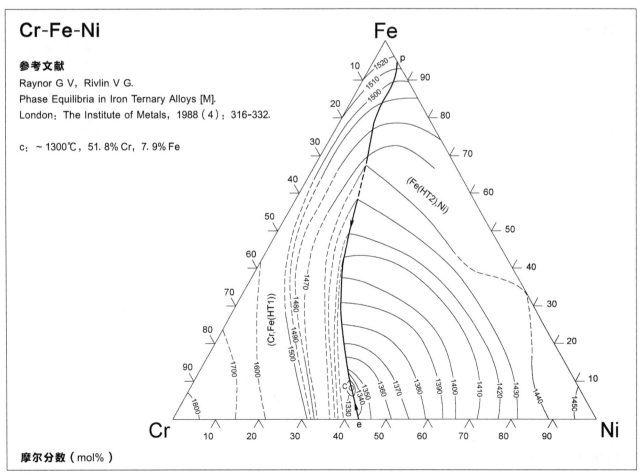

Cr-Fe-Ni

参考文献

Raynor G V, Rivlin V G.
Phase Equilibria in Iron Ternary Alloys [M].
London: The Institute of Metals, 1988（4）: 316-332.

c: ~1300℃, 51.8% Cr, 7.9% Fe

(Fe(HT2),Ni)

(Cr,Fe(HT1))

摩尔分数（mol%）

Cr-Fe-P

参考文献

Raghavan V.
Phase Diagrams of Ternary Iron Alloys [M].
Calcutta: The Indian Institute of Metals,
1988（3）：60-67.

m：~1100℃，9.9% Cr，68.9% Fe

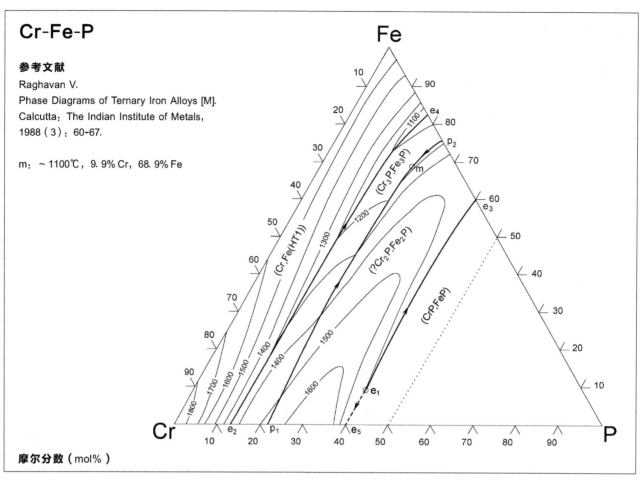

摩尔分数（mol%）

Cr-Fe-S

参考文献

Raghavan V.
Phase Diagrams of Ternary Iron Alloys [M].
Calcutta: The Indian Institute of Metals,
1988（2）：107-120.

①：Cr_2FeS_4

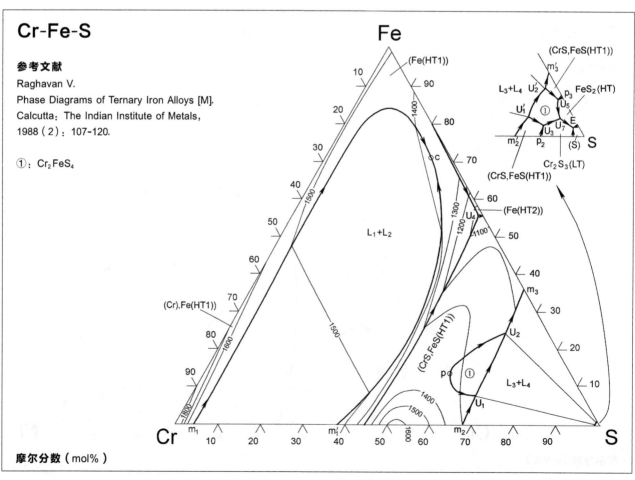

摩尔分数（mol%）

Cr-Fe-Si

参考文献

Raghavan V.
Phase Diagrams of Ternary Iron Alloys [M].
Calcutta: The Indian Institute of Metals,
1988（1）：31-42.

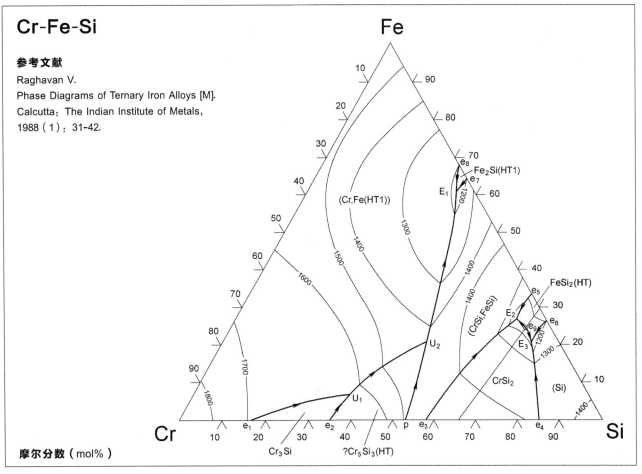

摩尔分数（mol%）

Cr-Fe-Ti

参考文献

Raghavan V.
Phase Diagrams of Ternary Iron Alloys [M].
Calcutta: The Indian Institute of Metals,
1987（1）：43-54.

e：1550℃，65% Cr，7% Fe
p₁：1290℃
p₂：1290℃
E₁：1270℃
E₂：1250℃
U：1200℃

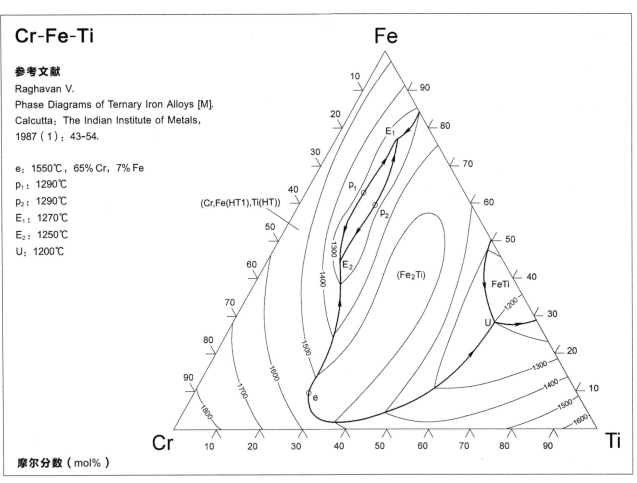

摩尔分数（mol%）

Cr-Fe-W

参考文献

Gustafson P.
Metallurgical Transactions, Section A:
Physical Metallurgy and Material Science [J].
1988, 19A: 2531-2546.

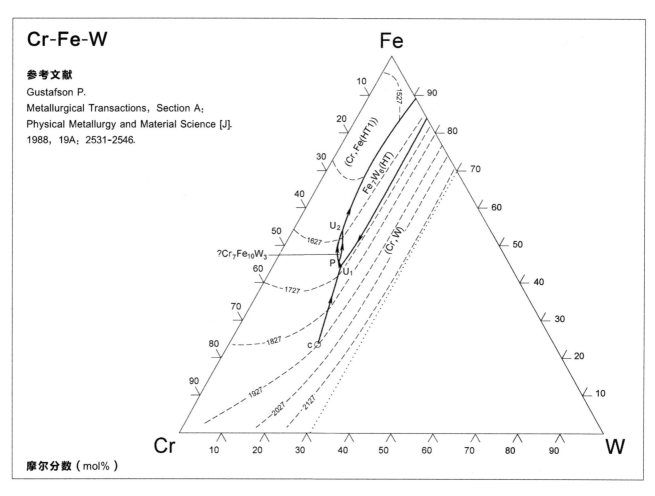

摩尔分数（mol%）

Cr-Fe-Zr

参考文献

Yang Y, Tan L, Busby J T, et al.
Journal of Nuclear Materials [J]. 2013, 441: 190-202.

U_1: 1287℃, 2.5% Cr, 9.5% Zr
U_2: 1281℃, 23.4% Cr, 72.4% Zr
U_3: 954℃, 0.8% Cr, 70.6% Zr
E_1: 936℃, 0.3% Cr, 70.3% Zr
s_1: 1207℃, 28.0% Cr, 8.0% Zr
s_2: 1605℃, 15.0% Cr, 31.3% Zr

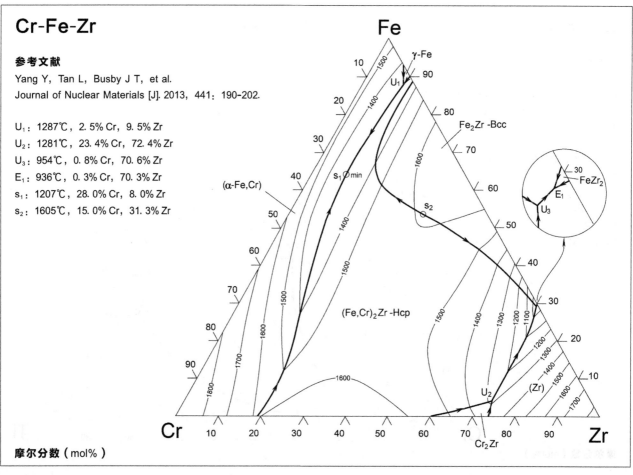

摩尔分数（mol%）

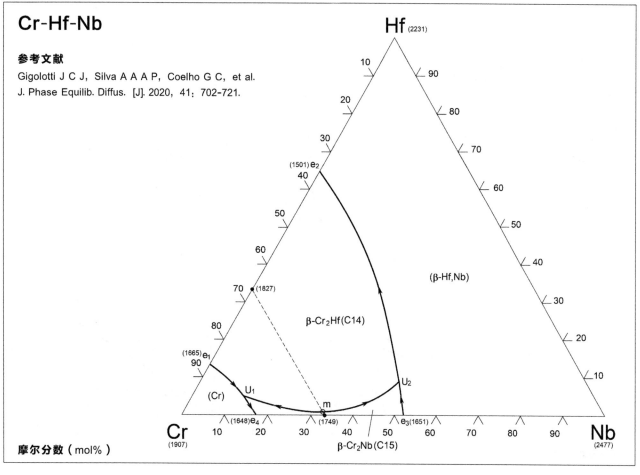

Cr-Hf-Nb

参考文献

Gigolotti J C J, Silva A A A P, Coelho G C, et al.
J. Phase Equilib. Diffus. [J]. 2020, 41: 702-721.

摩尔分数（mol%）

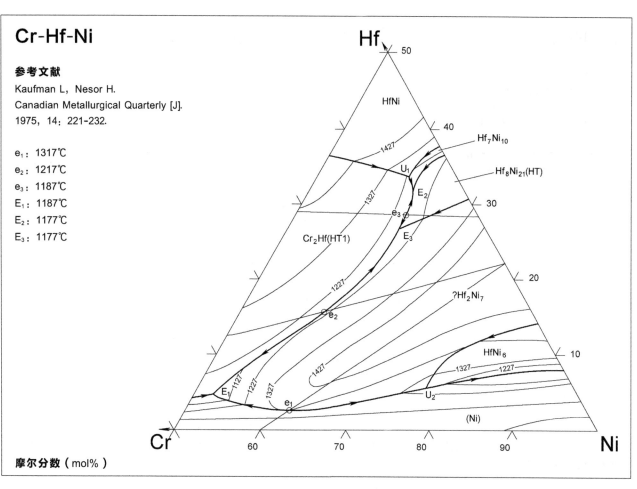

Cr-Hf-Ni

参考文献

Kaufman L, Nesor H.
Canadian Metallurgical Quarterly [J].
1975, 14: 221-232.

e_1: 1317℃
e_2: 1217℃
e_3: 1187℃
E_1: 1187℃
E_2: 1177℃
E_3: 1177℃

摩尔分数（mol%）

Cr-Hf-Si

参考文献

Yang Y, Schoonover J, Bewlay B P, et al. Intermetallics [J]. 2009, 17: 305-312.

U_1: 1636℃
U_2: 1600℃
U_3: 2264℃
U_4: 1406℃
U_5: 1483℃
U_6: 1424℃
E_1: 1430℃
E_2: 1508℃
E_3: 1399℃
E_4: 1405℃
E_5: 1296℃

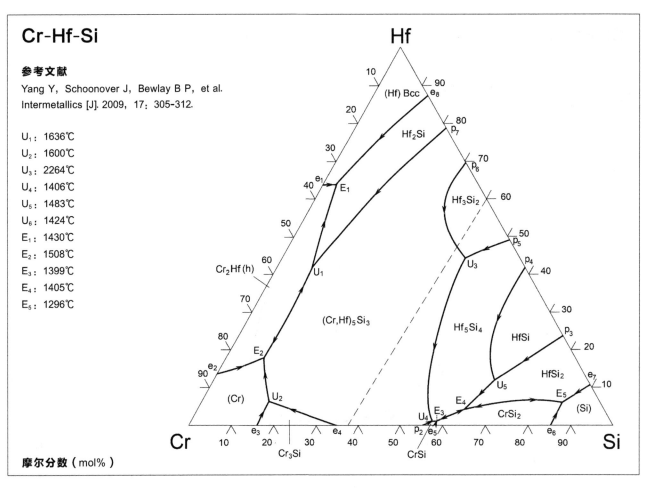

摩尔分数（mol%）

Cr-Hf-Ti

参考文献

Wang C P, Li X P, Yang S Y, et al. JPEDAV: Journal of Phase Equilibria and Diffusion [J]. 2013, 34: 375-384.

U_1: 1617℃, 12.3% Hf, 7.8% Ti
U_2: 1481℃, 62.5% Hf, 3.5% Ti

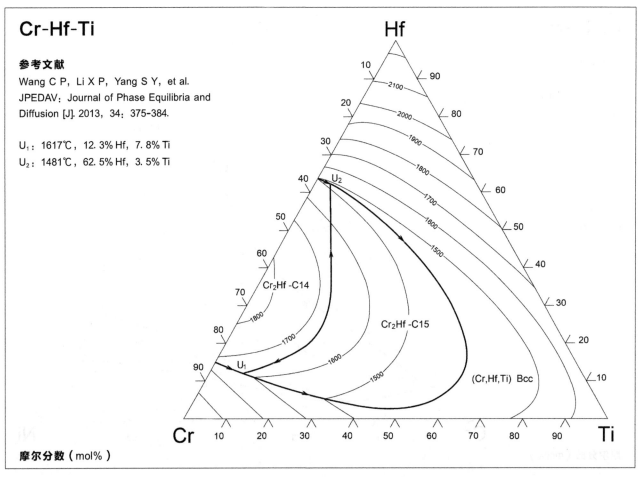

摩尔分数（mol%）

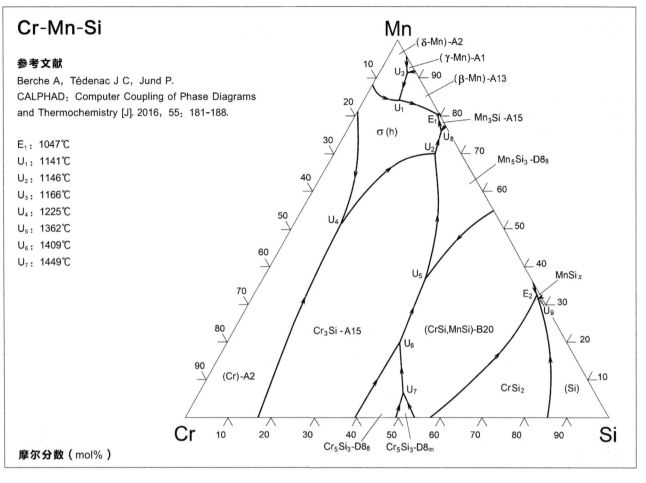

Cr-Mn-Si

参考文献

Berche A, Tédenac J C, Jund P.
CALPHAD: Computer Coupling of Phase Diagrams and Thermochemistry [J]. 2016, 55: 181-188.

E_1: 1047℃
U_1: 1141℃
U_2: 1146℃
U_3: 1166℃
U_4: 1225℃
U_5: 1362℃
U_6: 1409℃
U_7: 1449℃

摩尔分数（mol%）

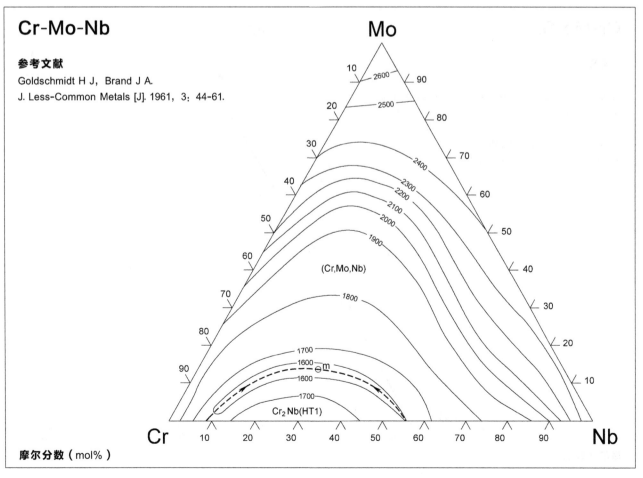

Cr-Mo-Nb

参考文献

Goldschmidt H J, Brand J A.
J. Less-Common Metals [J]. 1961, 3: 44-61.

摩尔分数（mol%）

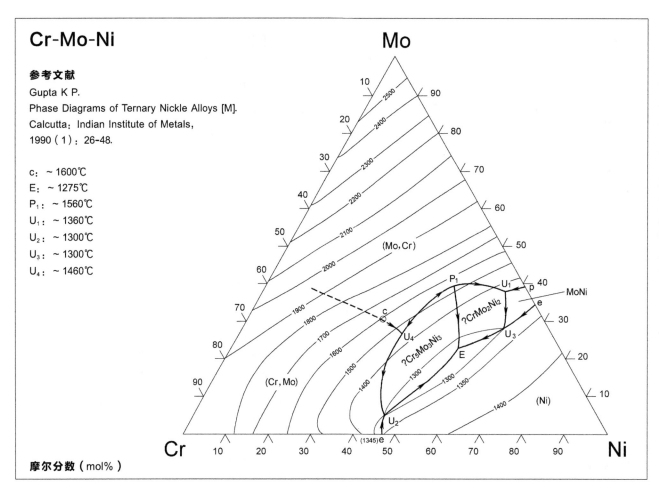

Cr-Mo-Ni

参考文献

Gupta K P.

Phase Diagrams of Ternary Nickle Alloys [M].

Calcutta: Indian Institute of Metals,

1990 (1): 26-48.

c: ~ 1600℃

E: ~ 1275℃

P_1: ~ 1560℃

U_1: ~ 1360℃

U_2: ~ 1300℃

U_3: ~ 1300℃

U_4: ~ 1460℃

摩尔分数（mol%）

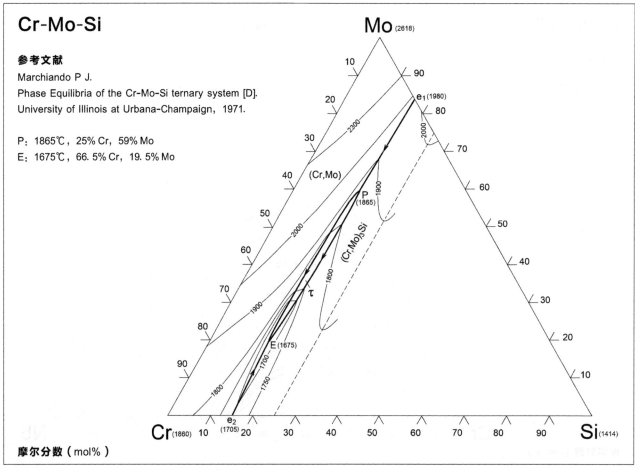

Cr-Mo-Si

参考文献

Marchiando P J.

Phase Equilibria of the Cr-Mo-Si ternary system [D].

University of Illinois at Urbana-Champaign, 1971.

P: 1865℃, 25% Cr, 59% Mo

E: 1675℃, 66.5% Cr, 19.5% Mo

摩尔分数（mol%）

Cr-Mo-Ti

参考文献

Elliot R P, Levinger B W, Rostoker W.
J. Metals [J]. 1953, 197: 1544-1548.

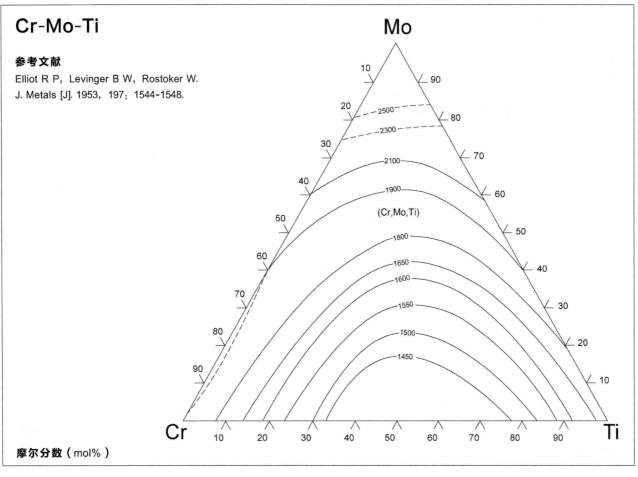

摩尔分数（mol%）

Cr-Mo-V

参考文献

Hu B, Wang J, Wang C, et al.
CALPHAD: Computer Coupling of Phase Diagrams
and Thermochemistry [J]. 2016, 55: 103-112.

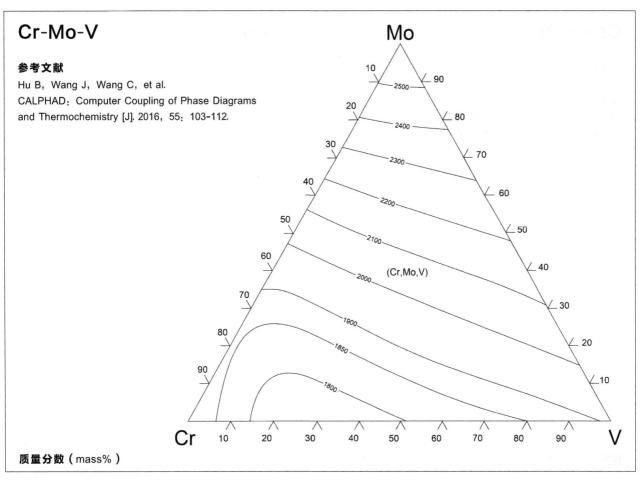

质量分数（mass%）

Cr-Mo-W

参考文献

Frisk K, Gastafson P.
CALPHAD: Computer Coupling of Phase Diagrams
and Thermochemistry [J]. 1988, 12: 247-254.

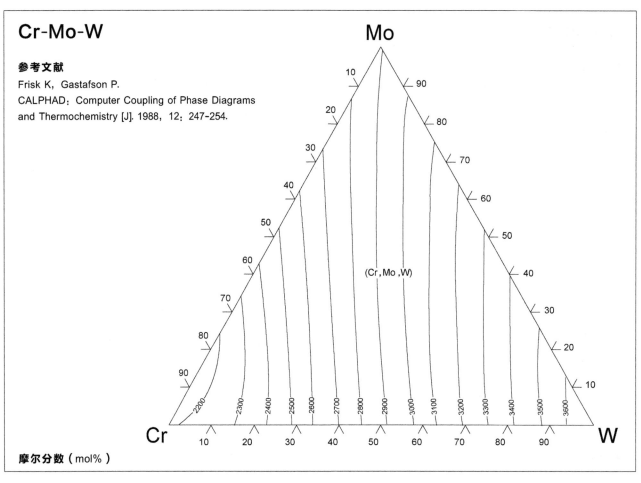

摩尔分数（mol%）

Cr-Mo-Zr

参考文献

Еременко В Н, Прима С Б, Третяченко Л А.
Доровиди Академий Наук Украиншой РСР,
Серия А: физико-Математични та
Техничи Науки [J]. 1973（6）: 554-558.

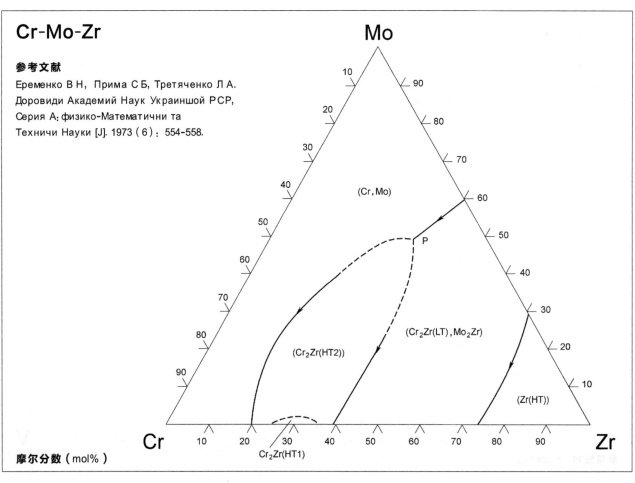

摩尔分数（mol%）

Cr-Nb-Ni

参考文献

Du Y, Liu S, Chang Y A, et al.
CALPHAD: Computer Coupling of Phase Diagrams and
Thermochemistry [J]. 2005, 29: 140-148.

e_1: 1651℃
e_2: 1620℃
e_3: 1345℃
p_3: 1295℃
e_4: 1282℃
e_6: 1175℃
e_5: 1271℃
U_1: 1235℃
U_2: 1172℃
E_1: 1170℃
E_2: 1147℃

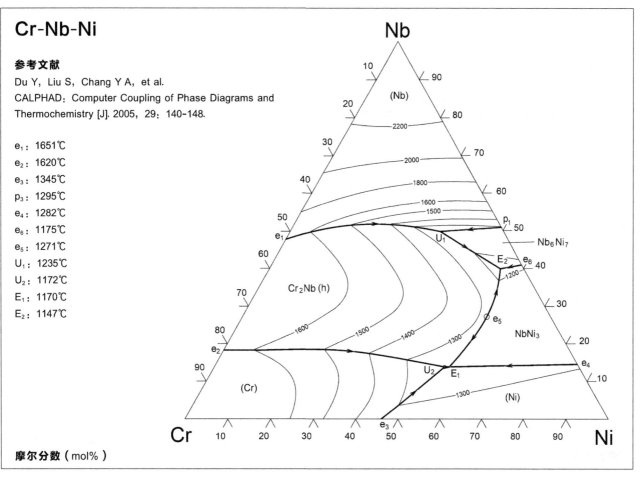

摩尔分数（mol%）

Cr-Nb-Si

参考文献

Shao G.
Intermetallics [J]. 2005, 13: 69-78.

κ: Nb_5Si_3 (LT)
M: (Cr,Nb)

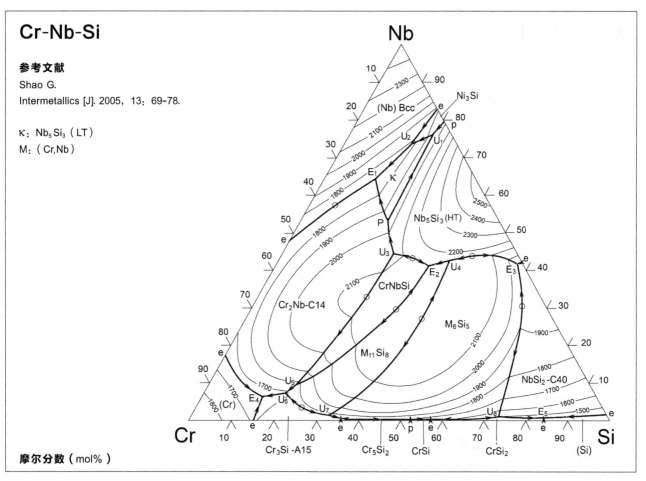

摩尔分数（mol%）

Cr-Nb-Ti

参考文献

Шахова К И, Будберг П Б.

Изв. Акад. Наук, СССР, Отделение Технических

Наук, Металлургия и Топливо [J]. 1963（4）: 159-160.

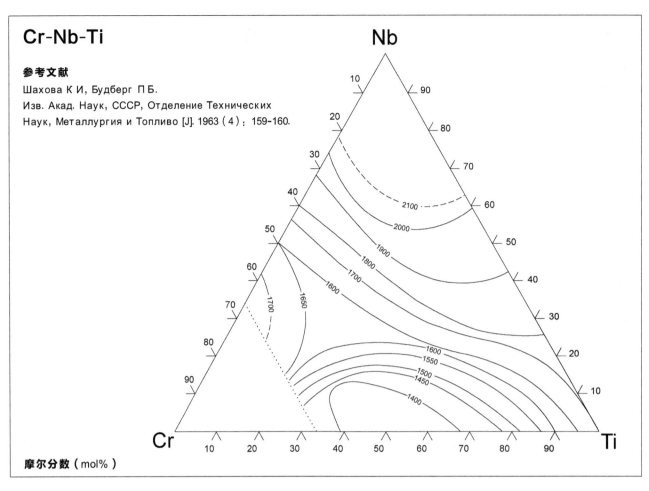

摩尔分数（mol%）

Cr-Nb-U（1）

参考文献

Petzow G, Junker A.

Journal of the Less-Common Metals [J].

1963, 5: 462-476.

U: 890℃

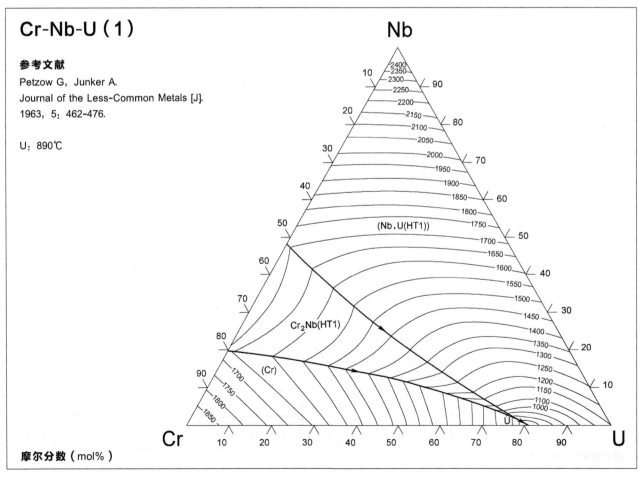

摩尔分数（mol%）

Cr-Nb-U（2）

参考文献

Lu Y, Chen X J, He Q, et al.
CALPHAD: Computer Coupling of Phase Diagrams
and Thermochemistry [J]. 2021, 73: 102260.

U_1: 1630℃, 51% Cr, 46% Nb
U_2: 1596℃, 81% Cr, 18% Nb
U_3: 900℃, 24% Cr, 2% Nb

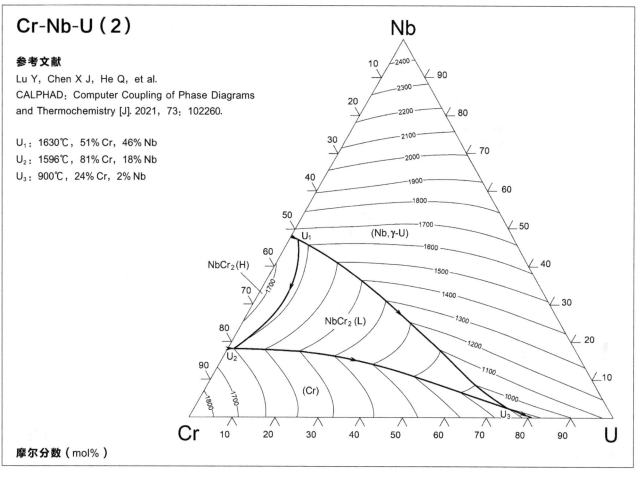

摩尔分数（mol%）

Cr-Ni-Pd

参考文献

Rhys D W, Berry R D.
Metallurgia [J]. 1962, 66: 255-263.

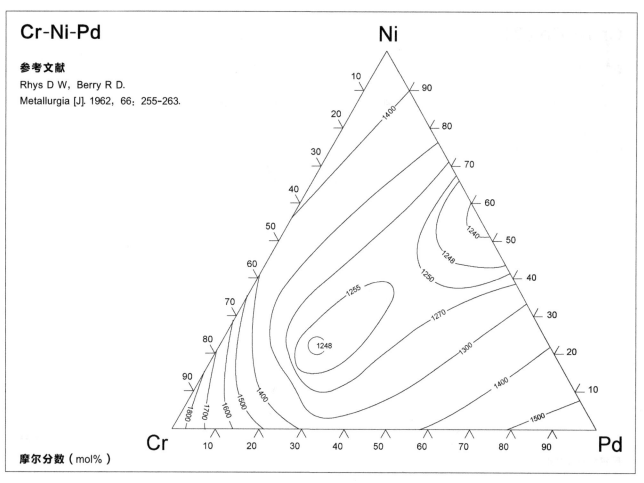

摩尔分数（mol%）

Cr-Ni-Re（1）

参考文献

Huang W, Chang Y A.
Journal of Alloys and Compounds [J]. 1998, 274: 209-216.

U_1: 1500℃, 20. 5% Cr, 69. 1% Ni

U_2: 1391℃, 41. 4% Cr, 53. 3% Ni

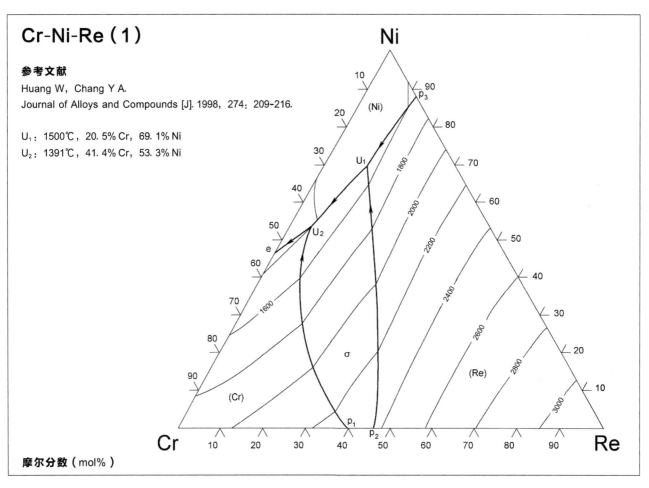

摩尔分数（mol%）

Cr-Ni-Re（2）

参考文献

Huang W, Chang Y A.
Journal of Alloys and Compounds [J]. 1998, 274: 209-216.

U_1: 2226℃, 53. 9% Cr, 6. 9% Ni

U_2: 1433℃, 33. 4% Cr, 56. 7% Ni

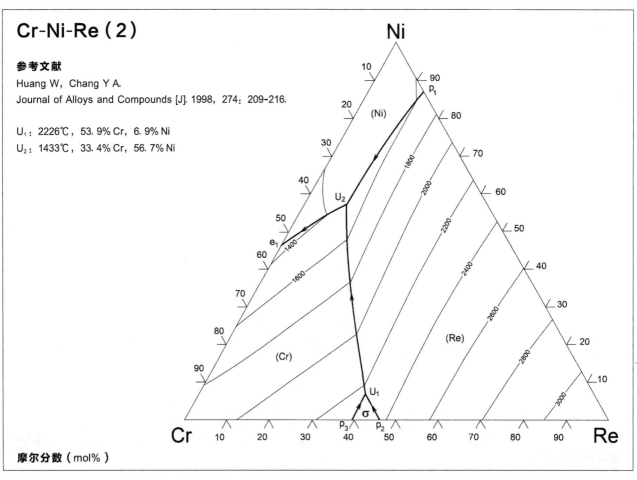

摩尔分数（mol%）

Cr-Ni-Ru（1）

参考文献

Chakravorty S, West D R F.
Materials Science and Technology [J].
1985, 1：249-254.

摩尔分数（mol%）

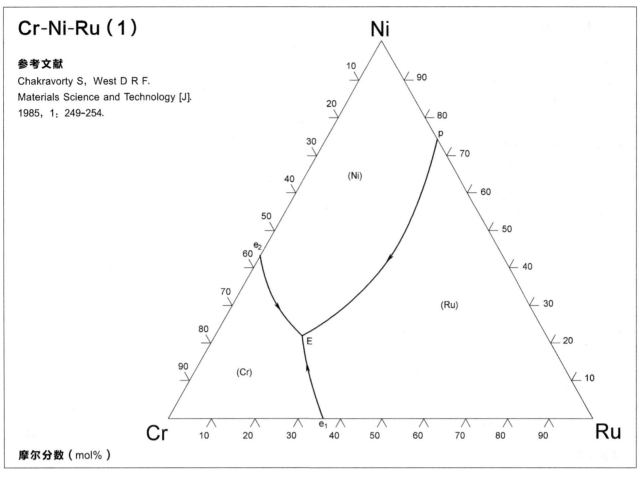

Cr-Ni-Ru（2）

参考文献

Zhu L L, Qi H Y, Jiang L, et al.
Intermetallics [J]. 2015, 64：86-95.

P_1：1460℃
U_1：1307℃
E_1：1302℃

摩尔分数（mol%）

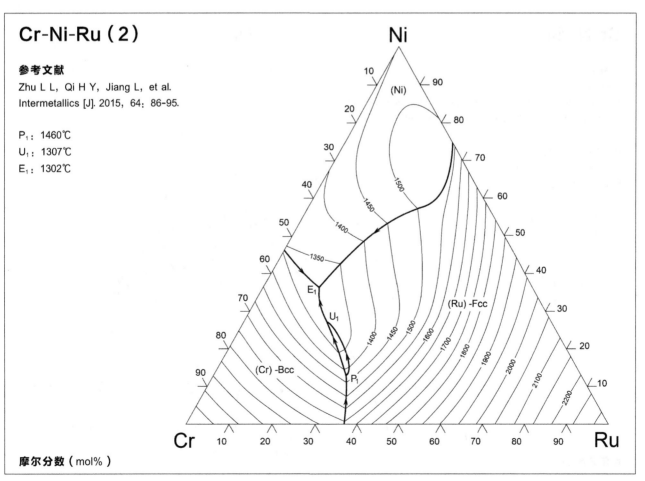

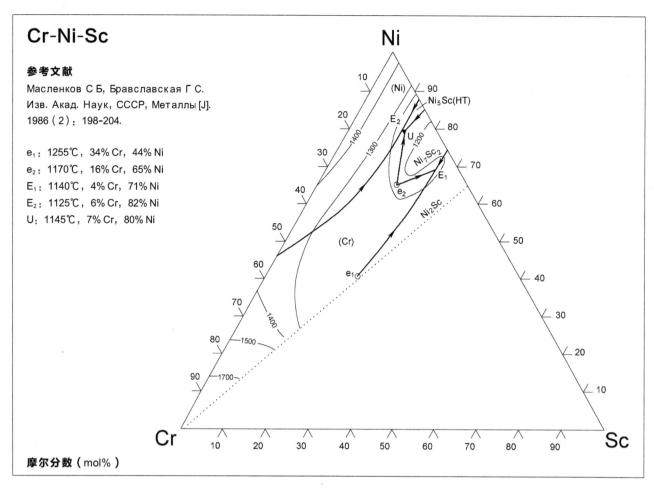

Cr-Ni-Sc

参考文献

Масленков С Б, Бравславская Г С.
Изв. Акад. Наук, СССР, Металлы [J].
1986（2）: 198-204.

e_1: 1255℃, 34% Cr, 44% Ni

e_2: 1170℃, 16% Cr, 65% Ni

E_1: 1140℃, 4% Cr, 71% Ni

E_2: 1125℃, 6% Cr, 82% Ni

U: 1145℃, 7% Cr, 80% Ni

摩尔分数（mol%）

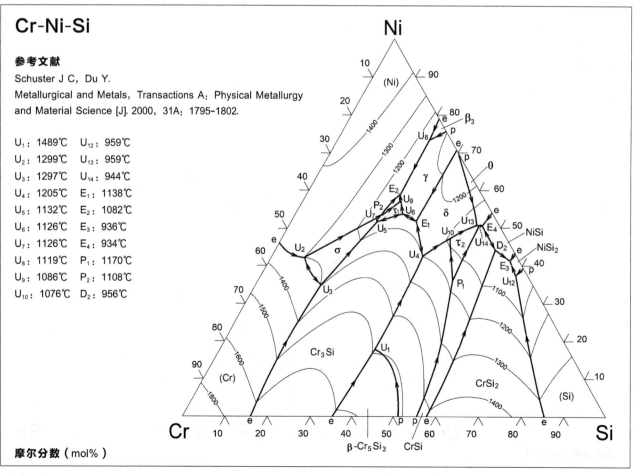

Cr-Ni-Si

参考文献

Schuster J C, Du Y.
Metallurgical and Metals, Transactions A: Physical Metallurgy
and Material Science [J]. 2000, 31A: 1795-1802.

U_1: 1489℃	U_{12}: 959℃
U_2: 1299℃	U_{13}: 959℃
U_3: 1297℃	U_{14}: 944℃
U_4: 1205℃	E_1: 1138℃
U_5: 1132℃	E_2: 1082℃
U_6: 1126℃	E_3: 936℃
U_7: 1126℃	E_4: 934℃
U_8: 1119℃	P_1: 1170℃
U_9: 1086℃	P_2: 1108℃
U_{10}: 1076℃	D_2: 956℃

摩尔分数（mol%）

Cr-Ni-Ta

参考文献

Schittny S U, Lugscheider E, Knotek O.
Thermochemica Acta [J]. 1985, 85: 167-170.

e: ~ 1260℃, 40% Cr, 46% Ni
E: 1207℃, 40% Cr, 50% Ni

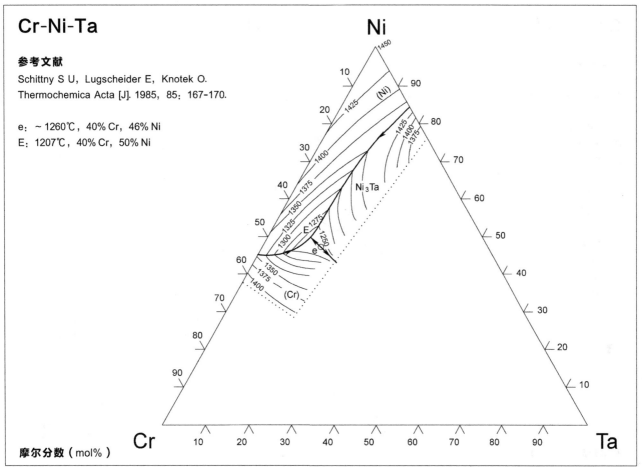

摩尔分数（mol%）

Cr-Ni-Ti（1）

参考文献

Isomäki I, Hämäläinen M, Gasik M.
Journal of Alloys and Compounds [J]. 2012, 543: 12-18.

E_1: 1197℃
E_2: 1097℃
P_1: 1207℃
P_2: 1043℃

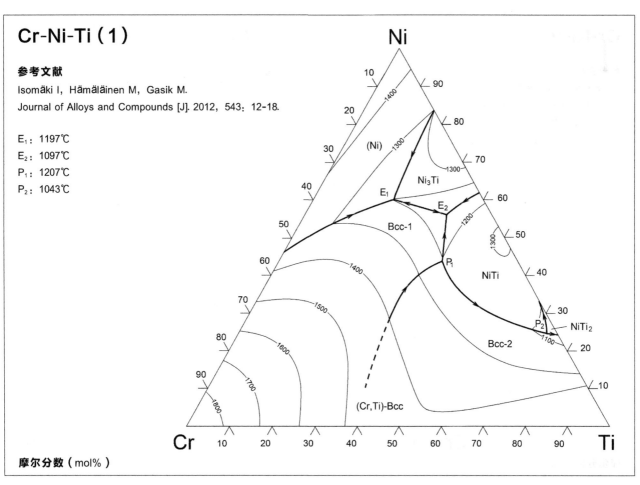

摩尔分数（mol%）

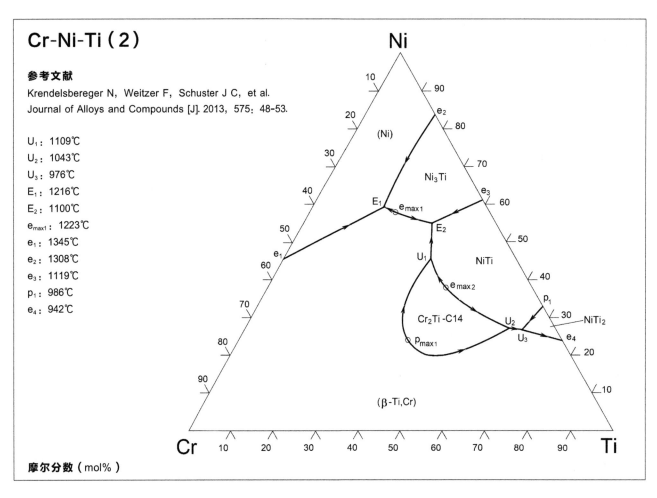

Cr-Ni-Ti（2）

参考文献

Krendelsbereger N, Weitzer F, Schuster J C, et al.
Journal of Alloys and Compounds [J]. 2013, 575: 48-53.

U_1: 1109℃
U_2: 1043℃
U_3: 976℃
E_1: 1216℃
E_2: 1100℃
e_{max1}: 1223℃
e_1: 1345℃
e_2: 1308℃
e_3: 1119℃
p_1: 986℃
e_4: 942℃

Ni

(Ni)

Ni_3Ti

E_1 e_{max1} e_3 e_2

E_2

U_1

NiTi

e_{max2}

Cr_2Ti-C14 U_2 p_1

U_3 NiTi$_2$

p_{max1} e_4

(β-Ti,Cr)

Cr Ti

摩尔分数（mol%）

Cr-Ni-V

参考文献

Singh S K, Gupta K P.
Journal of Phase Equilibria [J].
1995, 16: 129-136.

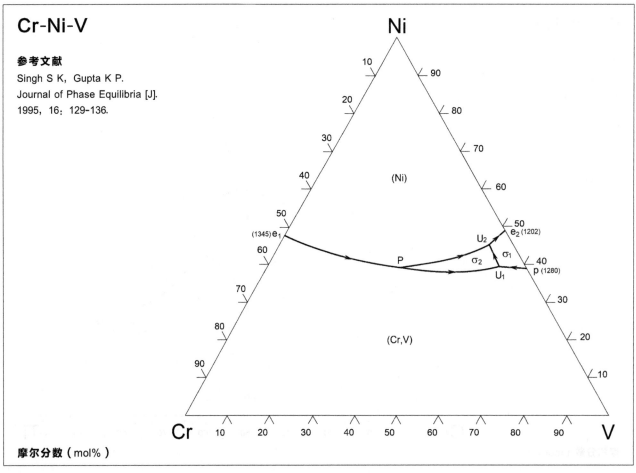

Ni

(Ni)

(1345)e_1

U_2 e_2(1202)

P σ_1

σ_2 p (1280)

U_1

(Cr,V)

Cr V

摩尔分数（mol%）

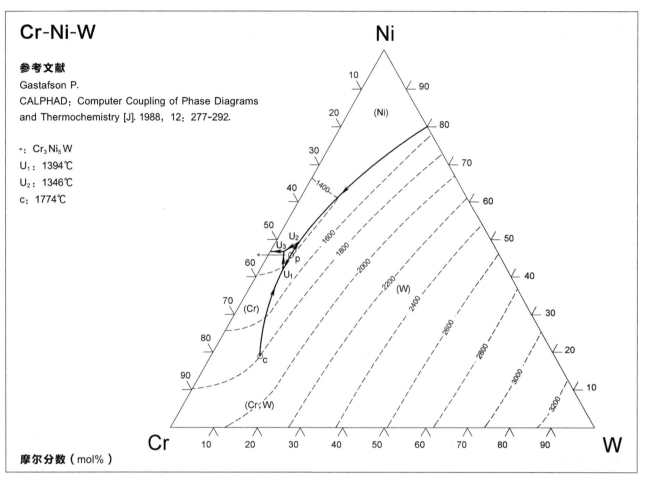

Cr-Ni-W

参考文献

Gastafson P.

CALPHAD: Computer Coupling of Phase Diagrams and Thermochemistry [J]. 1988, 12: 277-292.

*: Cr_3Ni_5W

U_1: 1394℃

U_2: 1346℃

c: 1774℃

摩尔分数（mol%）

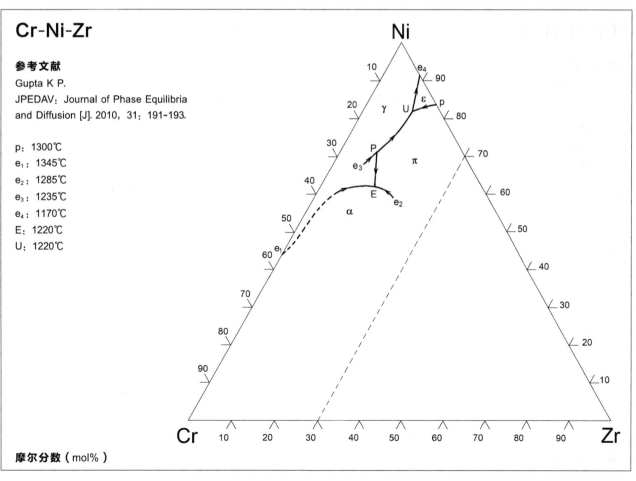

Cr-Ni-Zr

参考文献

Gupta K P.

JPEDAV: Journal of Phase Equilibria and Diffusion [J]. 2010, 31: 191-193.

p: 1300℃

e_1: 1345℃

e_2: 1285℃

e_3: 1235℃

e_4: 1170℃

E: 1220℃

U: 1220℃

摩尔分数（mol%）

Cr-Pt-Ru

参考文献

Süss R, Comish L A, Witcomb M J.

Journal of Alloys and Compounds [J]. 2006, 416: 80-92.

e_1: 1530℃
e_2: 1500℃
e_3: 1610℃
p_1: 2100℃

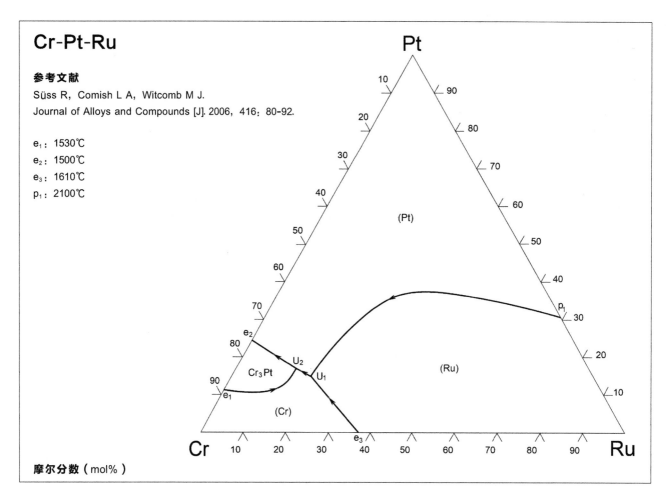

摩尔分数（mol%）

Cr-Si-Ti（1）

参考文献

Du Y, Schuster J C.

Scandinavian Journal of Metallurgy [J]. 2002; 31: 25-33.

e_1: 1900℃
p_3: 1565℃
U_1: 1551℃
P_1: 1520℃
U_2: 1518℃
U_3: 1467℃
U_4: 1458℃
p_5: 1430℃
U_5: 1426℃
U_6: 1420℃
U_7: 1402℃
E_1: 1393℃
U_8: 1318℃
e_{10}: 1317℃
U_{10}: 1246℃
e_{11}: 1205℃

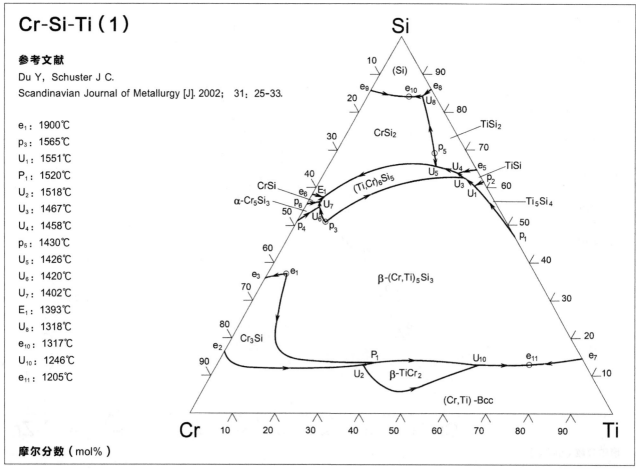

摩尔分数（mol%）

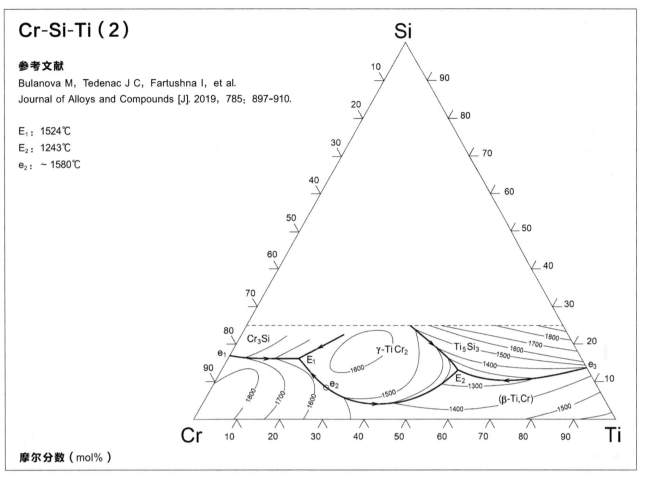

Cr-Si-Ti（2）

参考文献

Bulanova M，Tedenac J C，Fartushna I，et al.
Journal of Alloys and Compounds [J]. 2019，785：897-910.

E_1：1524℃

E_2：1243℃

e_2：~1580℃

摩尔分数（mol%）

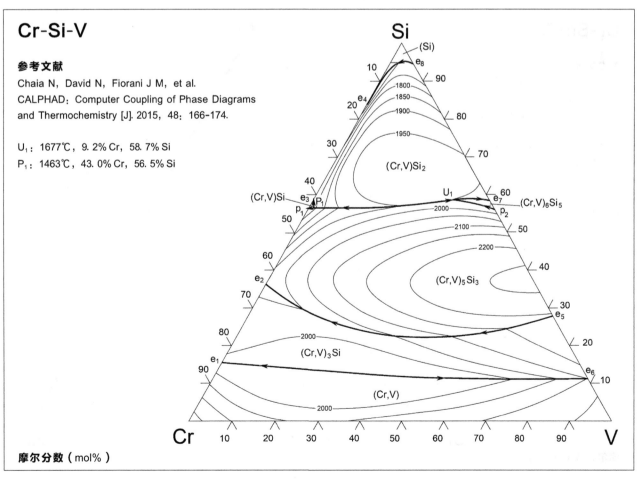

Cr-Si-V

参考文献

Chaia N，David N，Fiorani J M，et al.
CALPHAD：Computer Coupling of Phase Diagrams
and Thermochemistry [J]. 2015，48：166-174.

U_1：1677℃，9.2% Cr，58.7% Si

P_1：1463℃，43.0% Cr，56.5% Si

摩尔分数（mol%）

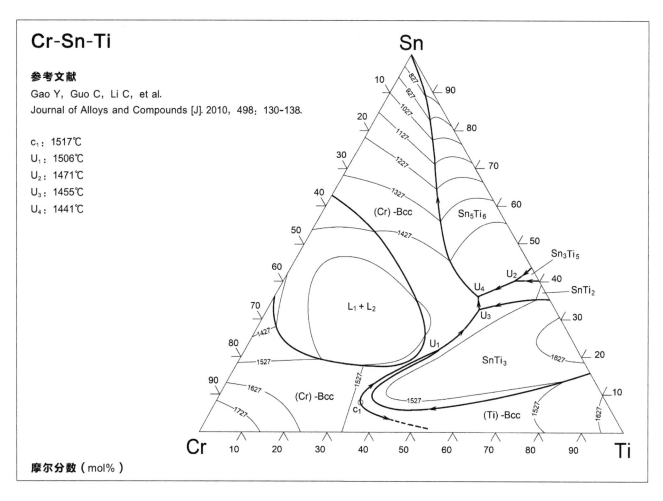

Cr-Sn-Ti

参考文献

Gao Y, Guo C, Li C, et al.
Journal of Alloys and Compounds [J]. 2010, 498: 130-138.

c_1: 1517℃
U_1: 1506℃
U_2: 1471℃
U_3: 1455℃
U_4: 1441℃

Sn

10
90
827
827
1027
20
80
1127
1227
70
30
1327
(Cr)-Bcc
Sn₅Ti₆
60
40
Sn₃Ti₅
50
1427
50
U₂
40
SnTi₂
60
U₄
L₁ + L₂
U₃
30
70
U₁
80
1427
SnTi₃
20
1627
1527
90
1627
(Cr)-Bcc
c₁
10
1727
1527
1527
(Ti)-Bcc
1527
1627

Cr 10 20 30 40 50 60 70 80 90 **Ti**

摩尔分数（mol%）

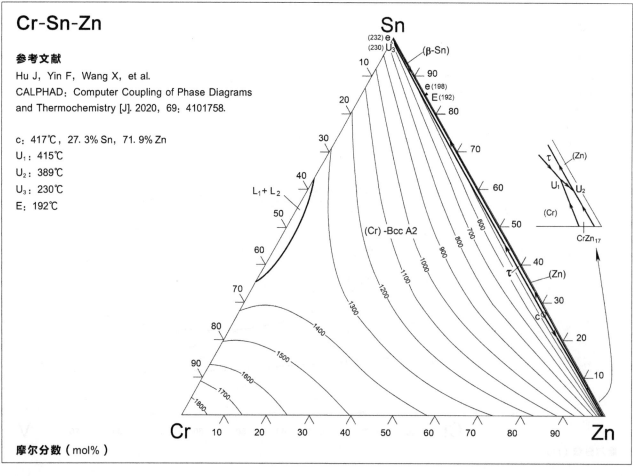

Cr-Sn-Zn

参考文献

Hu J, Yin F, Wang X, et al.
CALPHAD: Computer Coupling of Phase Diagrams
and Thermochemistry [J]. 2020, 69: 4101758.

c: 417℃, 27.3% Sn, 71.9% Zn
U_1: 415℃
U_2: 389℃
U_3: 230℃
E: 192℃

Sn
(232) e
(230) U₃
(β-Sn)
10
90
20
e(198)
E(192)
80
30
70
τ
(Zn)
L₁ + L₂
40
U₁
U₂
50
(Cr)-Bcc A2
600
(Cr)
60
60
700
CrZn₁₇
800
50
70
900
τ
(Zn)
1000
40
1100
80
1200
30
c
1300
90
1400
20
1500
1600
10
1700
1800

Cr 10 20 30 40 50 60 70 80 90 **Zn**

摩尔分数（mol%）

Cr-Ta-Zr

参考文献

Gebhardt E, Rexer J, Petzow G.

Zeitschrift fuer Metallkunde [J]. 1967, 58: 534-541.

c: ~ 1780℃
U_1: ~ 1580℃
U_2: ~ 1550℃
U_3: ~ 1450℃

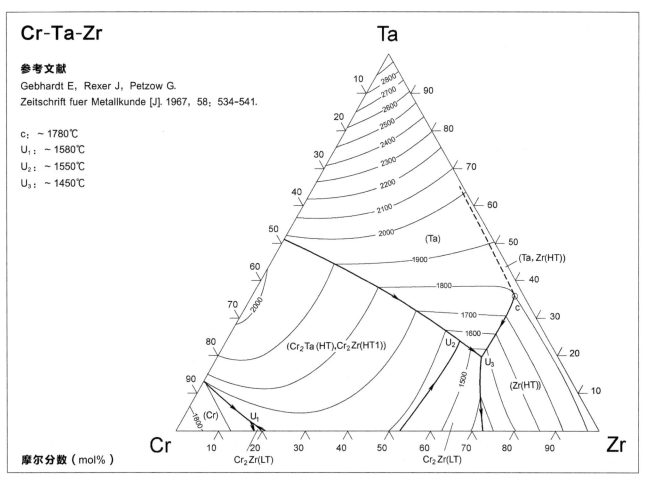

摩尔分数 (mol%)

Cr-Ti-V

参考文献

Самосонова Н Н, Будберг П Б.

Изв. Акад. Наук, СССР, Неорганические

Материалы [J]. 1965, 1: 1420-1425.

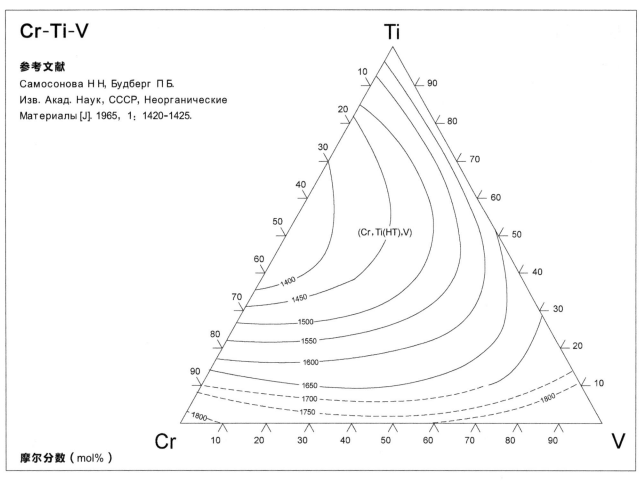

摩尔分数 (mol%)

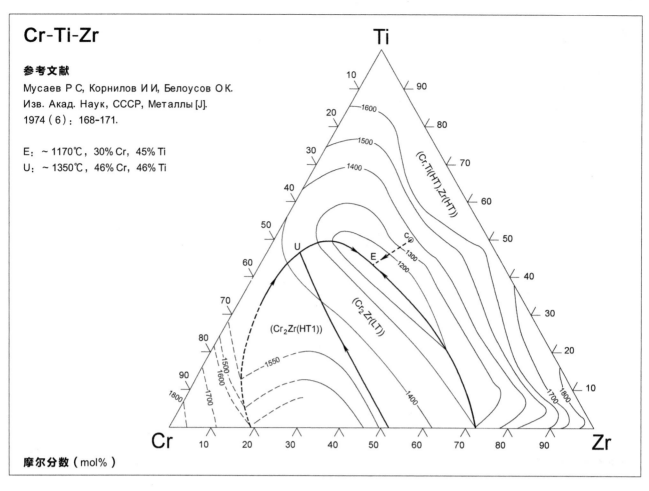

Cr-Ti-Zr

参考文献

Мусаев Р С, Корнилов И И, Белоусов О К.
Изв. Акад. Наук, СССР, Металлы [J].
1974（6）：168-171.

E：~1170℃，30% Cr，45% Ti
U：~1350℃，46% Cr，46% Ti

摩尔分数（mol%）

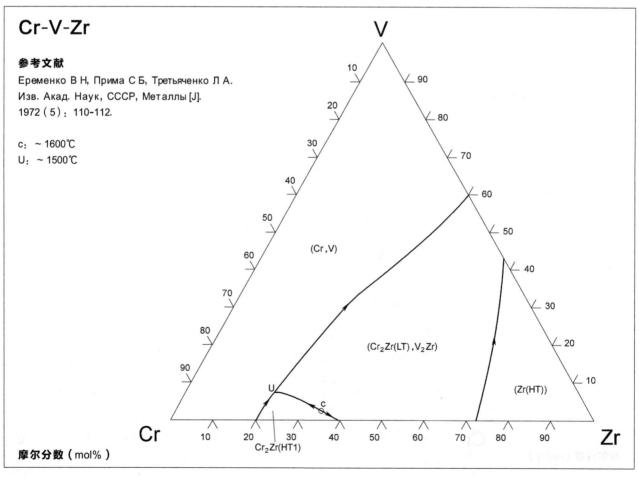

Cr-V-Zr

参考文献

Еременко В Н, Прима С Б, Третьяченко Л А.
Изв. Акад. Наук, СССР, Металлы [J].
1972（5）：110-112.

c：~1600℃
U：~1500℃

摩尔分数（mol%）

Cr-W-Zr

参考文献

Сухая С А, Третьяченко Л А.

Известия Высших Учебных Заведений:
Цветная Металлургия [J]. 1977, 5: 232-234.

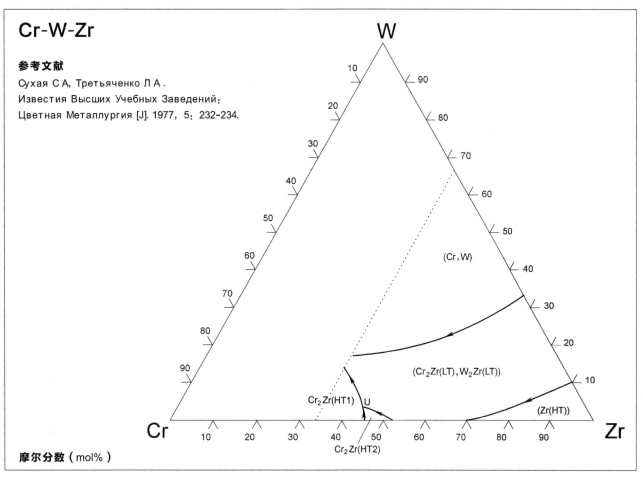

Cs-K-Na

参考文献

Tepper F, King J, Greer J.
Special Publication-Chemical Society of London [J].
1967, 22: 23-31.

E: -76℃, 38.5% Cs, 47.4% K

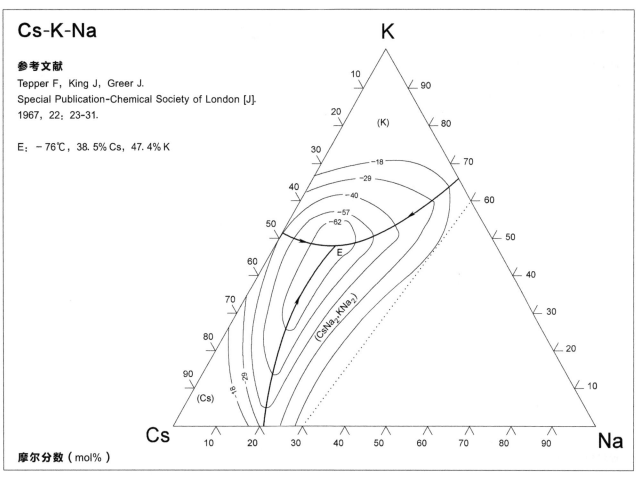

摩尔分数（mol%）

Cu-Fe-Mn

参考文献

Wang C P, Liu X J, Ohnuma I, et al.
Journal of Alloys and Compounds [J]. 2007, 438: 129-141.

c_1: 1441℃, 9.6w-% Cu, 10.7w-% Mn
c_2: 897℃, 65.5w-% Cu, 34.1w-% Mn

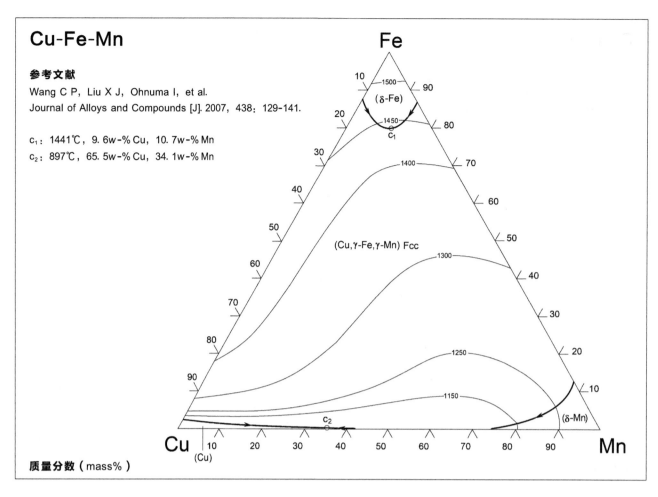

质量分数（mass%）

Cu-Fe-Mo

参考文献

Dannoki W.
Wissenschaftliche Veroeffentlichungen
aus den Siemens Werken [J]. 1938, 17: 1-13.

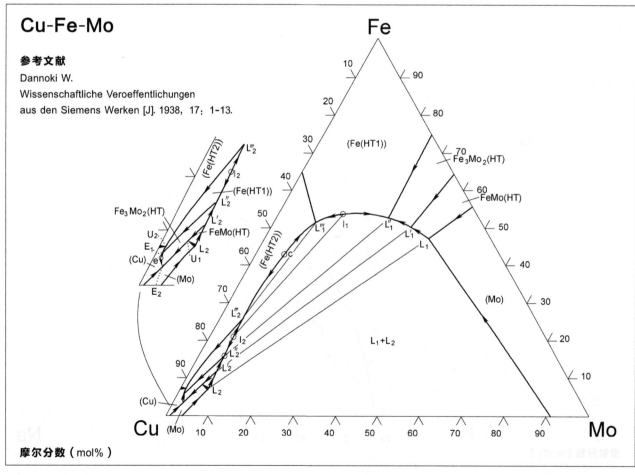

摩尔分数（mol%）

Cu-Fe-Nd（1）

参考文献

Muller C，Reinsch B，Petzow G．

Zeitschrift fuer Metallkunde [J]．1992，83：845-852．

M，M′：1445℃

P：907℃

U₁：878℃

U₂：830℃

U₃：787℃

U₄：831℃

U₅：577℃

U₆：646℃

U₇：512℃

E：486℃

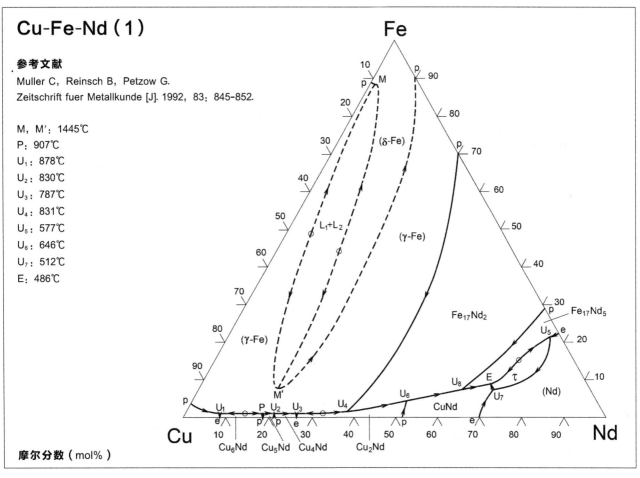

摩尔分数（mol%）

Cu-Fe-Nd（2）

参考文献

佐伯成駿，堀野祐司，Luo J Y，等．

日本金属学会誌 [J]．

2017，81：32-42．

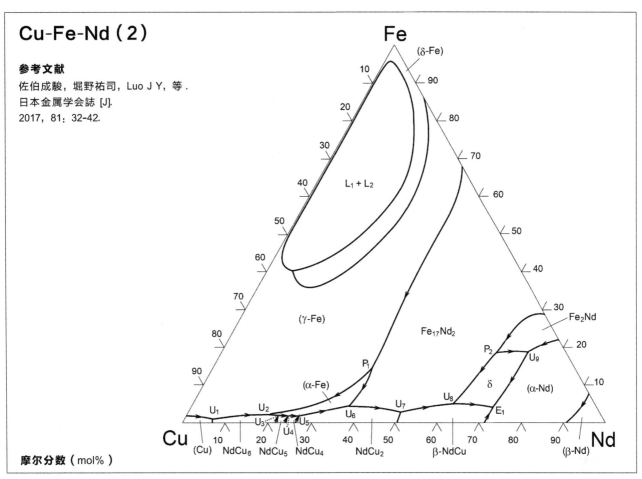

摩尔分数（mol%）

Cu-Fe-Ni

参考文献

Dreval L A, Turchanin M A, Agraval P G.
Journal of Alloys and Compounds [J]. 2014, 587: 533-543.

p_c（液相）：1147℃，89.8% Cu，4.4% Fe
c（固相）：65.0% Cu，18.8% Fe

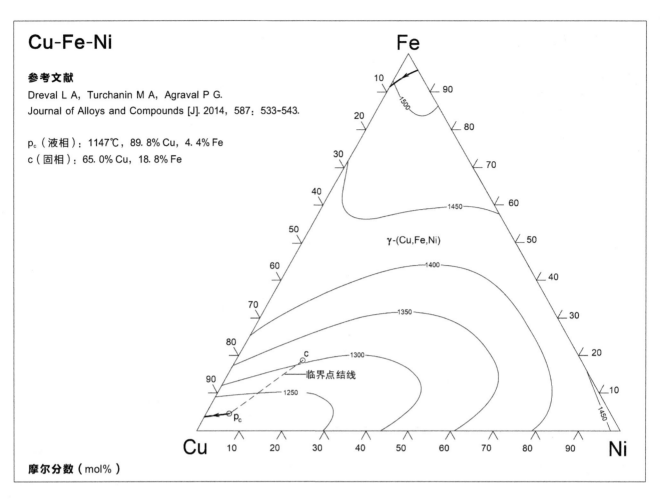

γ-(Cu,Fe,Ni)

临界点结线

摩尔分数（mol%）

Cu-Fe-P（1）

参考文献

Raghavan V.
Phase Diagrams of Ternary
Iron Alloys [M].
Calcutta：The Indian Institute
of Metals, 1988（3）：68-73.

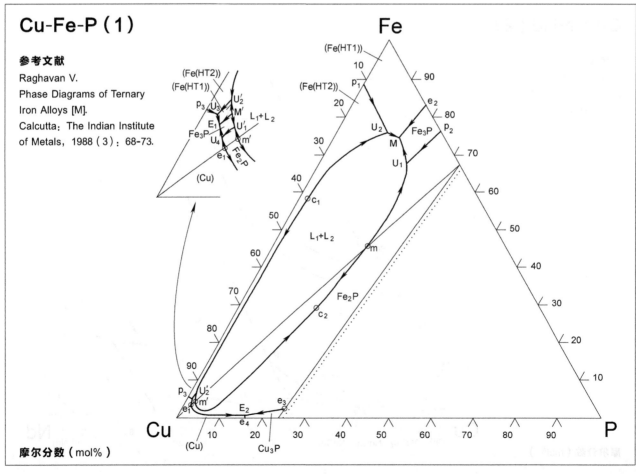

摩尔分数（mol%）

Cu-Fe-P（2）

参考文献

Miettinen J, Vassilev G.
JPEDAV [J]. 2014, 35: 469-475.

M_1, M_1' : 1083℃
M_2, M_2' : 1012℃
M_3, M_3' : 1248℃
U_1: 1053℃
U_2: 1003℃
U_3: 853℃
E_1: 723℃

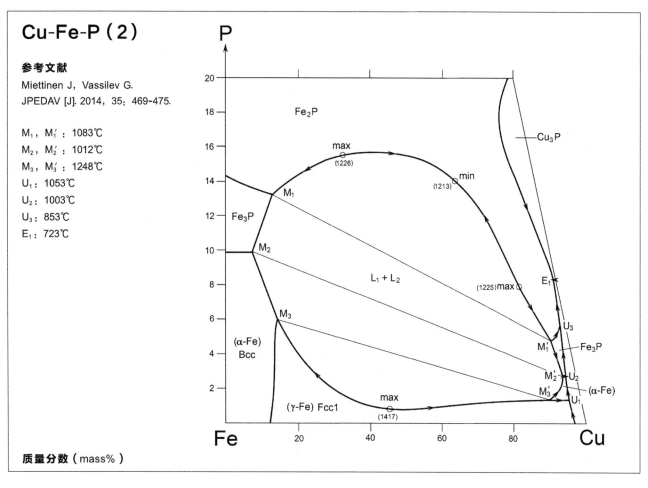

质量分数（mass%）

Cu-Fe-Pb

参考文献

Onderka B, Jendrzejczyk-Handzlik D, Fitzner K.
Archives of Metallurgy and Materials [J].
2013, 58: 541-548.

U_1: 965℃

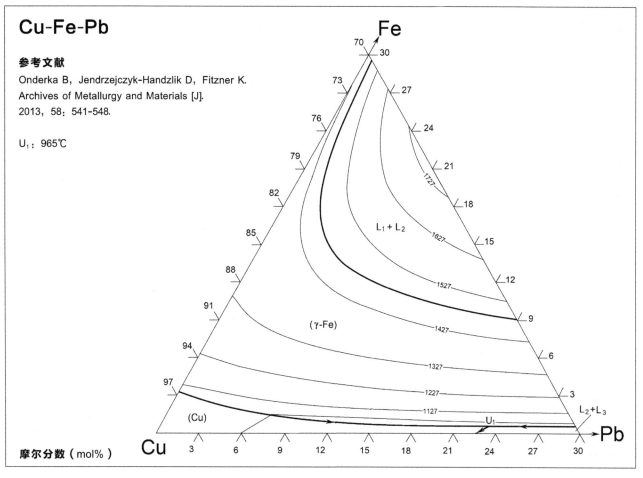

摩尔分数（mol%）

Cu-Fe-Pd

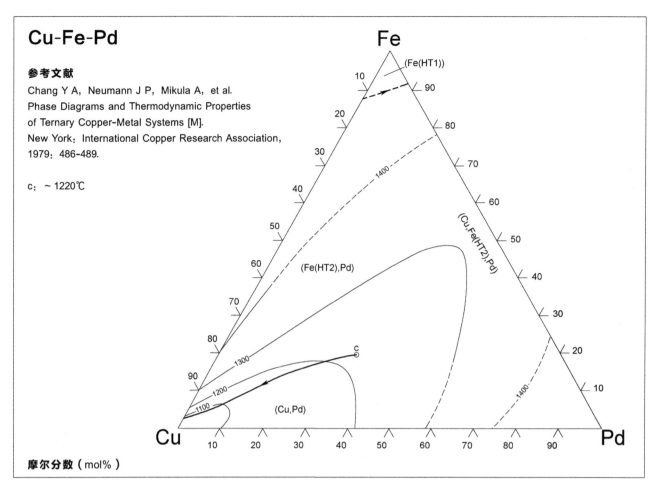

参考文献

Chang Y A, Neumann J P, Mikula A, et al.
Phase Diagrams and Thermodynamic Properties
of Ternary Copper-Metal Systems [M].
New York: International Copper Research Association,
1979: 486-489.

c: ~1220℃

摩尔分数（mol%）

Cu-Fe-S

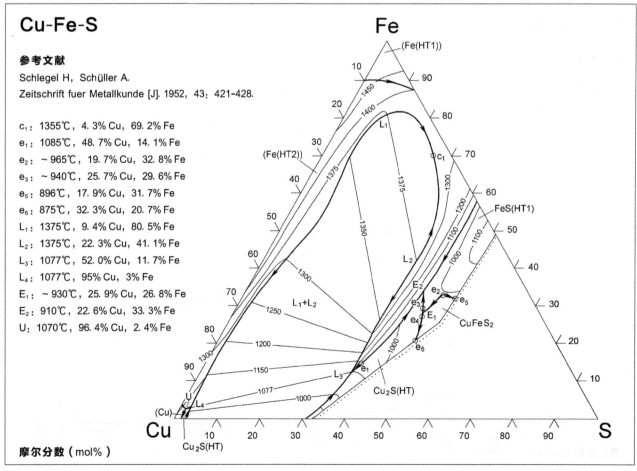

参考文献

Schlegel H, Schüller A.
Zeitschrift fuer Metallkunde [J]. 1952, 43: 421-428.

c_1: 1355℃, 4.3% Cu, 69.2% Fe
e_1: 1085℃, 48.7% Cu, 14.1% Fe
e_2: ~965℃, 19.7% Cu, 32.8% Fe
e_3: ~940℃, 25.7% Cu, 29.6% Fe
e_5: 896℃, 17.9% Cu, 31.7% Fe
e_6: 875℃, 32.3% Cu, 20.7% Fe
L_1: 1375℃, 9.4% Cu, 80.5% Fe
L_2: 1375℃, 22.3% Cu, 41.1% Fe
L_3: 1077℃, 52.0% Cu, 11.7% Fe
L_4: 1077℃, 95% Cu, 3% Fe
E_1: ~930℃, 25.9% Cu, 26.8% Fe
E_2: 910℃, 22.6% Cu, 33.3% Fe
U: 1070℃, 96.4% Cu, 2.4% Fe

摩尔分数（mol%）

Cu-Fe-Sb

参考文献

Vogel R, Dannohl W.
Archiv fuer das Eisenhuettenwesen [J].
1934, 8: 83-92.

P_1: 780℃, 57.7% Cu, 9.5% Fe
P_2: 758℃, 62.1% Cu, 7.2% Fe
U_1: 909℃, 83.4% Cu, 1.7% Fe

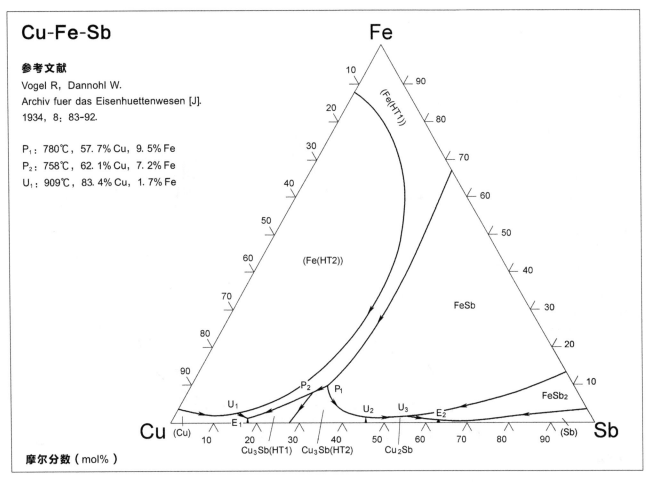

摩尔分数（mol%）

Cu-Fe-Si（1）

参考文献

Vogel R, Horstmann D.
Archiv fuer das Eisenhuettenwesen [J].
1953, 24: 435-440.

c_1: 1425℃
c_2: 1110℃
U_1: 1068℃
U_3: 890℃
U_4: 856℃
U_5: 852℃
U_6: 824℃
E: 820℃
e: 847℃

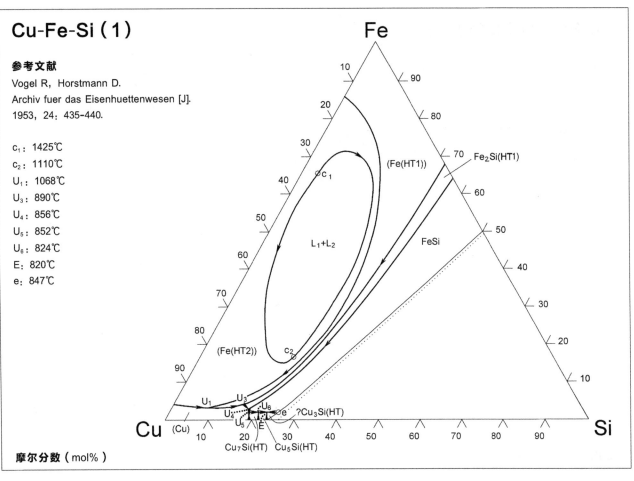

摩尔分数（mol%）

Cu-Fe-Si（2）

参考文献

Zhao J R, Zhang L J, Du Y, et al.
Metallurgical and Materials, Transactions A:
Physical Metallurgy and Materials Science [J].
2009, 40A: 1811-1825.

p_1: 1489℃
e_{1max}: 1444℃
e_{2max}: 1354℃
e_3: 1205℃
e_4: 1204℃
e_5: 1203℃
e_6: 1198℃
M_1: 1441℃
M_2, M_2': 1175℃
M_3, M_3': 1168℃
M_4, M_4': 1147℃

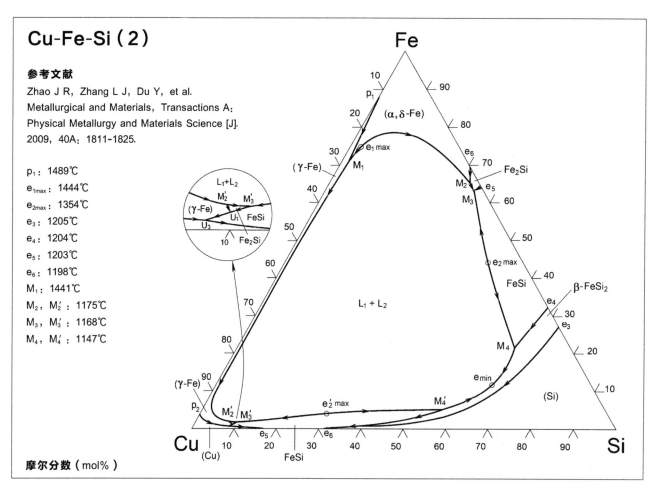

摩尔分数（mol%）

Cu-Fe-Si（Cu 角）

参考文献

Miettinen J.
CALPHAD: Computer Coupling of
Phase Diagrams and Thermoche-
mistry [J]. 2003, 27: 389-394.

①: 880℃
③: 960℃
⑤: 1040℃
⑦: 1120℃
⑨: 1200℃

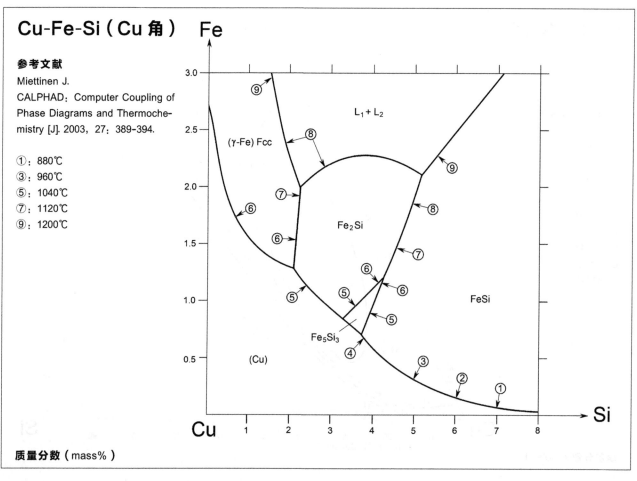

质量分数（mass%）

Cu-Fe-Sn

参考文献

Miettinen J.
CALPHAD: Computer
Coupling of Phase
Diagrams and
Thermochemistry [J].
2008, 32: 500-505.

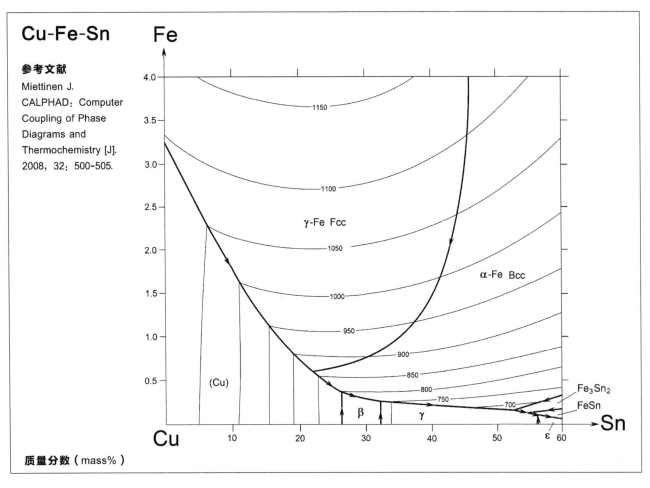

质量分数（mass%）

Cu-Fe-Ta

参考文献

Liu X, Huang W, Guo Y, et al.
JPEDAV [J]. 2015, 36: 28-38.

M_1, M_1' : 1709℃
M_2, M_2' : 1570℃
M_3, M_3' : 1355℃
U_3 : 1400℃
U_4 : 1094℃
U_5 : 1080℃
E: 1067℃

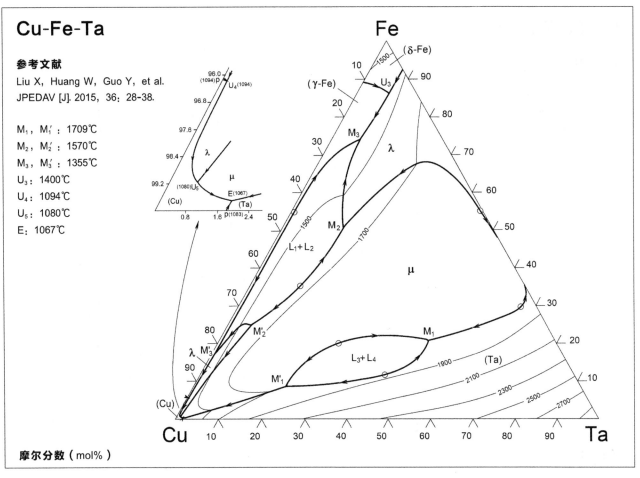

摩尔分数（mol%）

Cu-Fe-Ti

参考文献

Bo H, Duarte L I, Zhu W J, et al.
CALPHAD: Computer Coupling of Phase Diagrams
and Thermochemistry [J]. 2013, 40: 24-33.

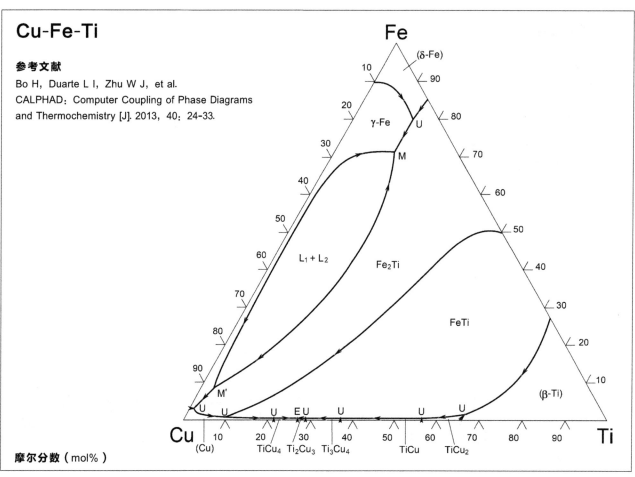

摩尔分数（mol%）

Cu-Fe-Zn

参考文献

Miettinen J.
CALPHAD: Computer Coupling
of Phase Diagrams and
Thermochemistry [J].
2008, 32: 514-519.

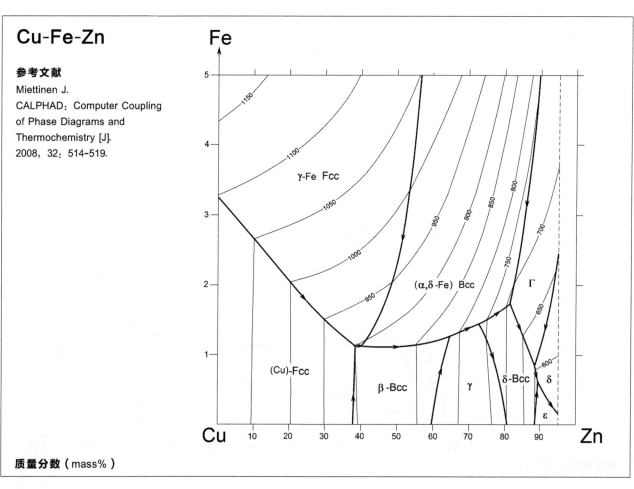

质量分数（mass%）

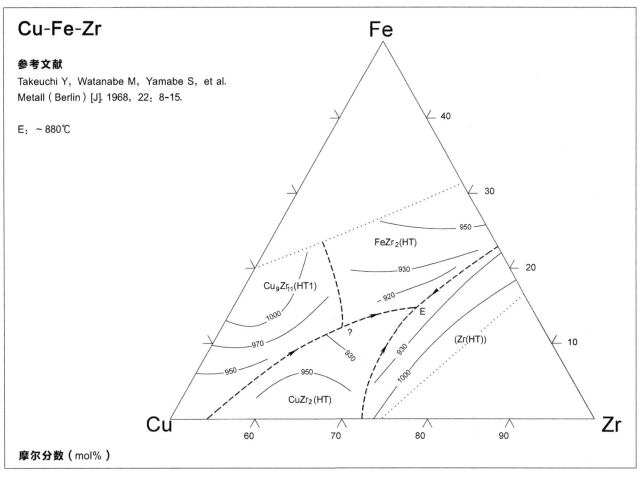

Cu-Fe-Zr

参考文献

Takeuchi Y, Watanabe M, Yamabe S, et al.
Metall（Berlin）[J]. 1968, 22: 8-15.

E：~880℃

Fe

40

30

950

FeZr₂(HT)

930

Cu₉Zr₁₁(HT1)

~920

20

1000

E

970

930

(Zr(HT))

10

950

930

1000

950

CuZr₂(HT)

Cu   60   70   80   90   Zr

摩尔分数（mol%）

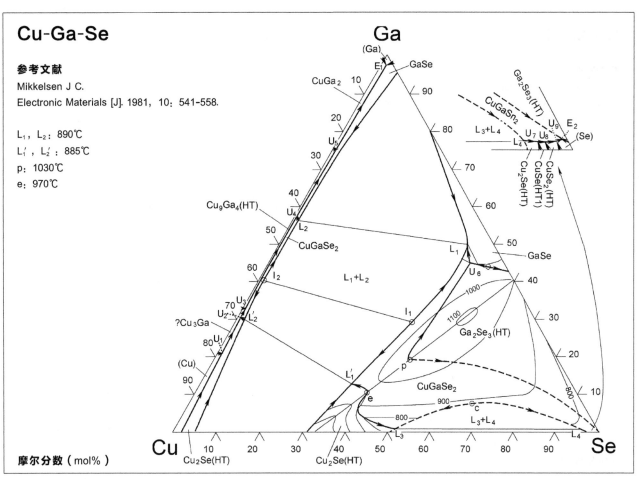

Cu-Ga-Se

参考文献

Mikkelsen J C.
Electronic Materials [J]. 1981, 10: 541-558.

L₁, L₂: 890℃
L′₁, L′₂: 885℃
p: 1030℃
e: 970℃

Ga

(Ga)

E₁   GaSe

CuGa₂   10   Ga₂Se₃(HT)

90   CuGaSn₂   U₉   E₂

20   L₃+L₄   U₇ U₈   (Se)

U₅   80   Cu₂Se₂(HT)
CuSe₂(HT)
CuSe(HT1)

30   70   L₄   Cu₂Se(HT)

40   60

Cu₉Ga₄(HT)   U₄   L₂   50   GaSe

50   CuGaSe₂   L₁   U₆

60   I₂   L₁+L₂   1000

I₁   1100   30

70   U₃   Ga₂Se₃(HT)

U₂′   L₂′

?Cu₃Ga   U₁   L₁′   p   CuGaSe₂   20   800

80   900   10

(Cu)   e   c

90   L₃+L₄

Cu   10   20   30   40   50   60   70   80   90   Se
Cu₂Se(HT)   Cu₂Se(HT)   L₃   L₄

摩尔分数（mol%）

Cu-Ge-In

参考文献

Milosavljevic M, Premovic M, Minic D, et al.
J. Phase Equilib. Diffus. [J]. 2021, 42: 851-863.

U$_1$: 678℃, 73.5% Cu, 18.9% Ge
P$_1$: 675℃, 66.5% Cu, 30.2% Ge
U$_2$: 644℃, 75.4% Cu, 2.9% Ge
P$_2$: 626℃, 74.2% Cu, 4.5% Ge
U$_3$: 613℃, 66.0% Cu, 6.1% Ge
U$_4$: 612℃, 59.6% Cu, 35.3% Ge
U$_5$: 566℃, 68.8% Cu, 14.9% Ge
U$_6$: 516℃, 67.3% Cu, 12.7% Ge
U$_7$: 482℃, 61.8% Cu, 14.0% Ge
U$_8$: 398℃, 50.3% Cu, 17.3% Ge
M, M′: 396℃, 46.5% Cu, 16.4% Ge
U$_9$: 304℃, 3.8% Cu, 1.1% Ge
E: 154℃, 0.6% Cu, 0.1% Ge

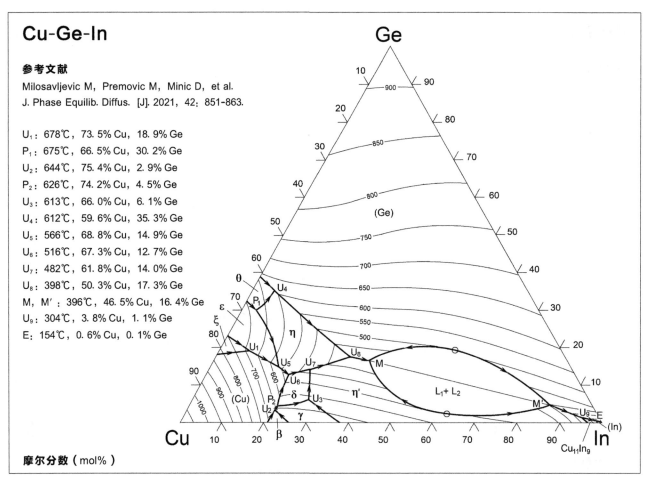

摩尔分数（mol%）

Cu-Ge-Li

参考文献

Hellenbrandt M, Schüster H U.
Zeitschrift fuer Anorganische und Allgemeine Chemie [J].
1987, 555: 36-42.

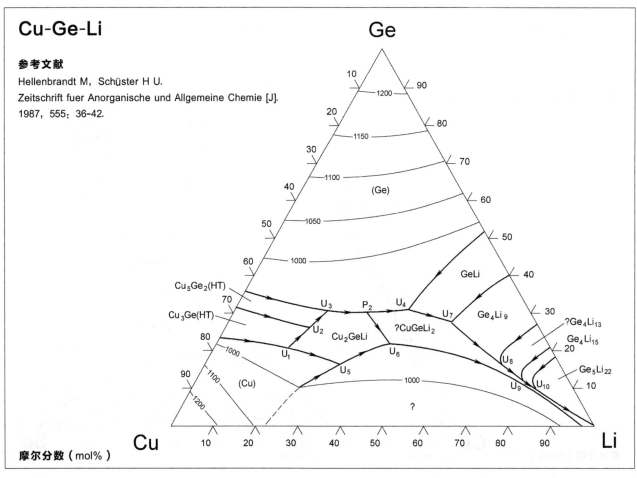

摩尔分数（mol%）

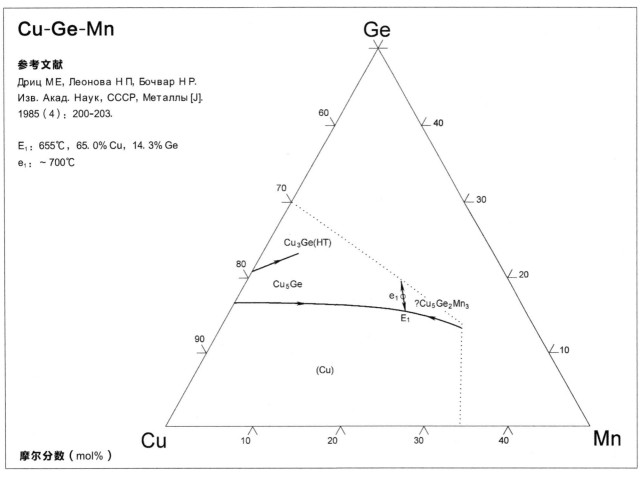

Cu-Ge-Mn

参考文献

Дриц М Е, Леонова Н П, Бочвар Н Р.
Изв. Акад. Наук, СССР, Металлы [J].
1985（4）：200-203.

E_1：655℃，65. 0% Cu，14. 3% Ge
e_1：~700℃

Cu₃Ge(HT)

Cu₅Ge

e_1

E_1

?Cu₅Ge₂Mn₃

(Cu)

摩尔分数（mol%）

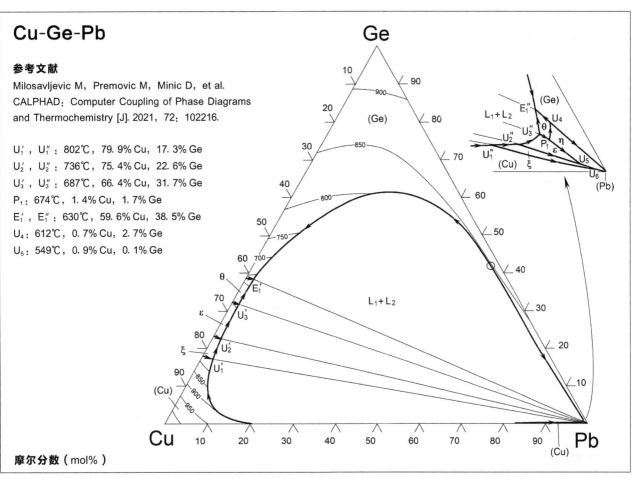

Cu-Ge-Pb

参考文献

Milosavljevic M, Premovic M, Minic D, et al.
CALPHAD：Computer Coupling of Phase Diagrams
and Thermochemistry [J]. 2021, 72：102216.

U_1' , U_1'' : 802℃，79. 9% Cu，17. 3% Ge
U_2' , U_2'' : 736℃，75. 4% Cu，22. 6% Ge
U_3' , U_3'' : 687℃，66. 4% Cu，31. 7% Ge
P_1：674℃，1. 4% Cu，1. 7% Ge
E_1' , E_1'' : 630℃，59. 6% Cu，38. 5% Ge
U_4：612℃，0. 7% Cu，2. 7% Ge
U_5：549℃，0. 9% Cu，0. 1% Ge

摩尔分数（mol%）

Cu-Ge-Sb

参考文献

Premović M, Du Y, Minić D, et al.

Journal of Alloys and Compounds [J]. 2017, 726: 820-832.

P_1: 675℃

U_1: 612℃

U_2: 549℃

U_3: 506℃

U_4: 503℃

U_5: 500℃

E_1: 424℃

E_2: 423℃

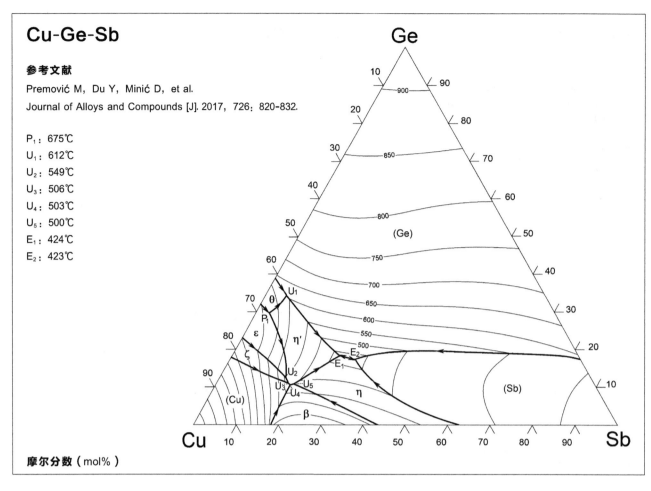

摩尔分数（mol%）

Cu-Ge-Te

参考文献

Dogguy M, Carcaly C, Rivet J, et al.

J. Less-Common Metals [J]. 1977, 51: 181-199.

I_1: 1080℃, 68.7% Cu, 2.7% Ge

I_2: 1080℃, 84.3% Cu, 10.3% Ge

e_1: 745℃

e_2: 560℃, 28.0% Cu, 28.7% Ge

e_3: 380℃

L_1: 740℃, 46% Cu, 22% Ge

L_2: 740℃, 50% Cu, 38% Ge

L_3, L_4: 1950℃

E_1: 740℃

E_2: 638℃

E_3: 555℃

E_4: 360℃, 3.3% Cu, 14.8% Ge

E_5: 338℃, 30.7% Cu, 2.0% Ge

P: 500℃

U_1: 823℃

U_2: 700℃

U_3: 495℃, 34.0% Cu, 11.3% Ge

U_4: 418℃, 36% Cu, 2% Ge

c_3: 68.0% Cu, 15.3% Ge

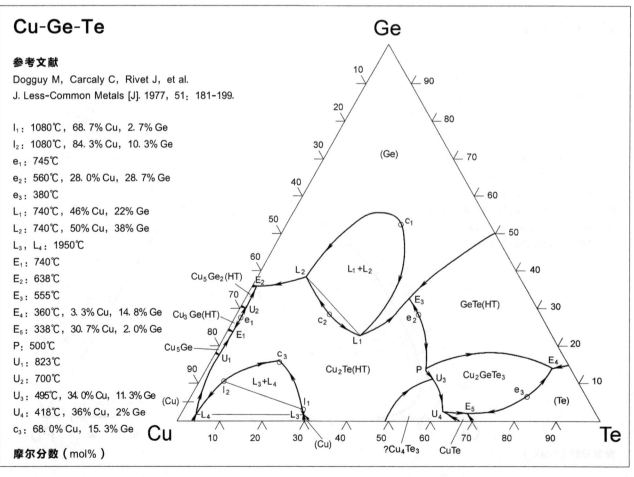

摩尔分数（mol%）

Cu-Ge-Tl

参考文献

БаБанлы М В, Салимов З Е, Алиев З С, и др.

Журн. Неорг. Хим. [J]. 2012, 57: 443-448.

k: 807℃

D: 747℃

E_1: 297℃

E_2: 297℃

U_1: 607℃

U_2: 298℃

m_1, m_1': 968℃

M_1, M_1': 817℃

M_2, M_2': 734℃

M_3, M_3': 687℃

M_4, M_4': 632℃

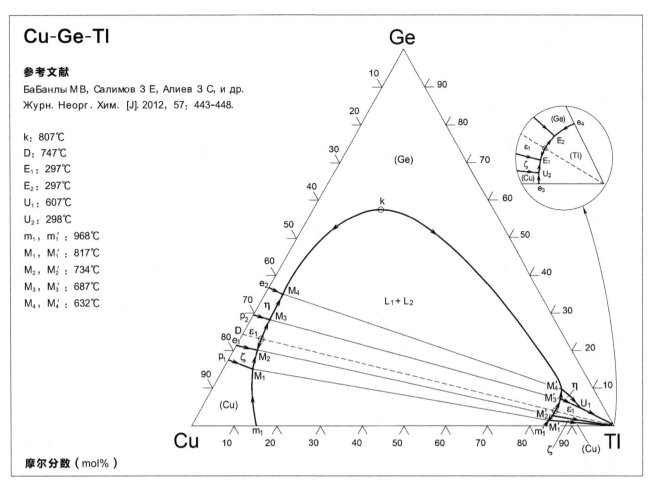

摩尔分数（mol%）

Cu-In-Ni

参考文献

Minić D, Premović M, Ćosović V, et al.

Journal of Alloys and Compounds [J].

2014, 617: 379-388.

P_1: 869℃, 9.2% Cu, 46.2% In

P_2: 863℃, 10.7% Cu, 46.1% In

U_1: 776℃, 49.9% Cu, 40.2% In

U_2: 772℃, 63.9% Cu, 24.6% In

U_3: 737℃, 67.7% Cu, 24.6% In

U_4: 679℃, 71.7% Cu, 24.9% In

E_1: 669℃, 66.5% Cu, 31.0% In

E_2: 665℃, 69.9% Cu, 27.5% In

U_5: 659℃, 59.7% Cu, 38.6% In

U_6: 615℃, 23.7% Cu, 70.8% In

U_7: 378℃, 4.7% Cu, 93.2% In

U_8: 304℃, 3.1% Cu, 96.0% In

E_3: 154℃, 0.6% Cu, 99.4% In

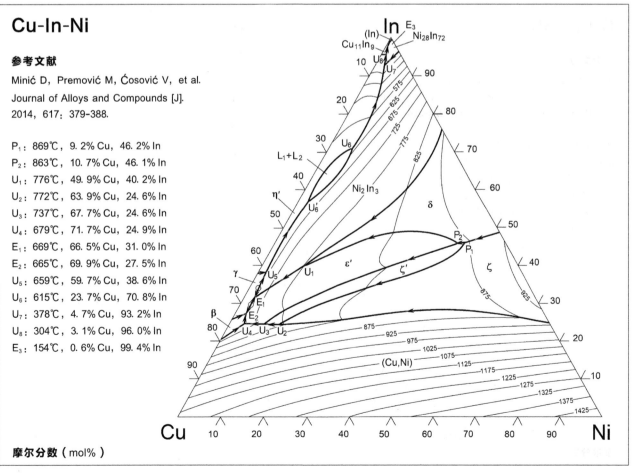

摩尔分数（mol%）

Cu-In-Pb

参考文献

Vassiliev V P, Lysenko V A.
Journal of Alloys and Compounds [J]. 2015, 629: 326-331.

U_1: 643℃, 20.6% In, 5.0% Pb
U_1': 643℃, 7.9% In, 87.0% Pb
U_2: 633℃, 37.0% In, 7.0% Pb
U_2': 633℃, 40.2% In, 47.7% Pb
M: 630℃, 23.5% In, 4.9% Pb
M′: 630℃, 11.6% In, 83.3% Pb
D_1: 616℃, 10.3% In, 85.3% Pb
D_2: 614℃, 34.6% In, 57.0% Pb
U_3: 571℃, 5.9% In, 91.4% Pb
D_3: 390℃, 26.2% In, 73.2% Pb
U_4: 326℃, 0.5% In, 99.3% Pb
U_5: 304℃, 14.8% In, 85.0% Pb
D_4: 295℃, 92.1% In, 5.4% Pb
U_6: 208℃, 63.8% In, 36.0% Pb
U_7: 171℃, 80.4% In, 19.4% Pb
U_8: 158℃, 89.7% In, 10.0% Pb

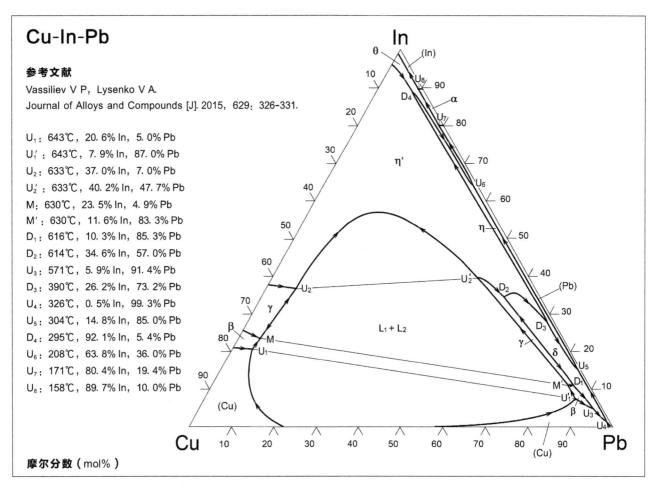

摩尔分数（mol%）

Cu-In-Sb

参考文献

Manasijević D, Minić D, Živković D. et al.
CALPHAD: Computer Coupling of Phase Diagrams
and Thermochemistry [J]. 2009, 33: 221-226.

U_1: 629℃, 71.4% Cu, 4.5% Sb
U_2: 612℃, 63.7% Cu, 6.2% Sb
U_3: 537℃, 58.9% Cu, 10.2% Sb
E_1: 452℃, 44.0% Cu, 37.6% Sb
E_2: 447℃, 32.9% Cu, 49.4% Sb
U_4: 408℃, 13.0% Cu, 17.1% Sb
U_5: 701℃, 3.8% Cu, 5.8% Sb

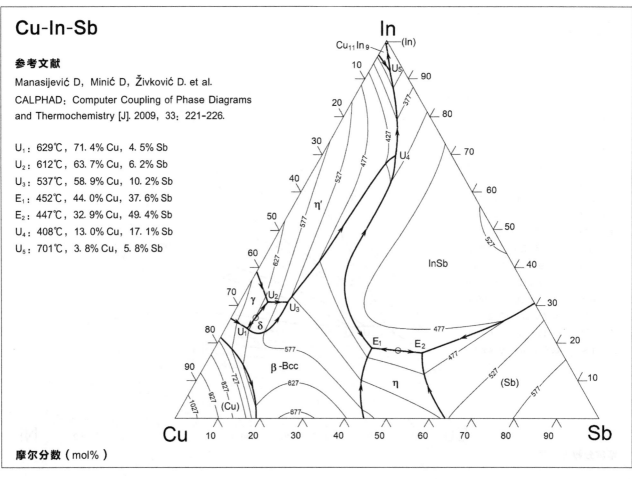

摩尔分数（mol%）

Cu-In-Se（1）

参考文献

Конешова Т И, Бабицуна А А, Калиников В И.
Изв. Акад. Наук, СССР, Неорганические
Материалы [J].
1982, 18: 1267-1270.

*: CuInSe₂（LT）
e_1: 915℃
e_2: 895℃
e_3: 205℃

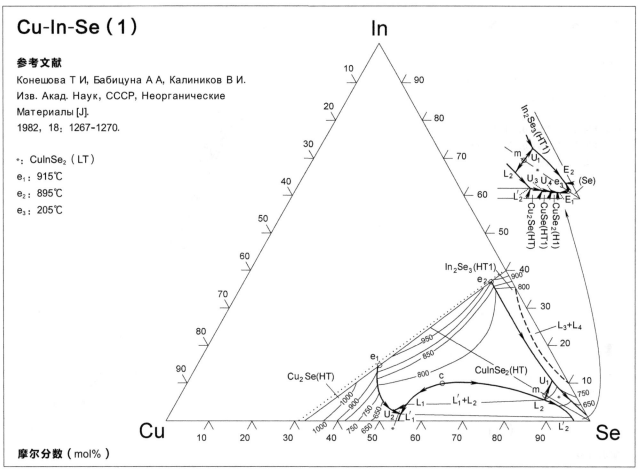

Cu-In-Se（2）

参考文献

Chiu W T, Chen S W, Tseng S M.
Solar Energy Materials & Solar Cells [J].
2015, 141: 187-193.

U_1: 708℃
U_2: 660℃
U_3: 655℃
E_1: 620℃
U_4: 530℃
U_5: 512℃
U_6: 306℃
E_2: 153℃

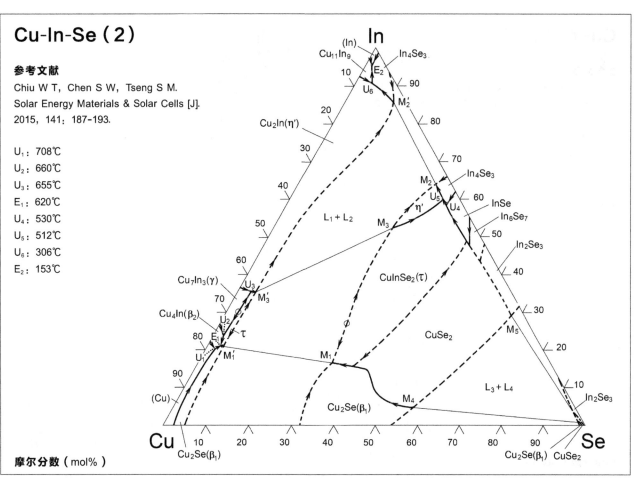

摩尔分数（mol%）

Cu-In-Sn（In 角）

参考文献

Drápala J, Burkovič R, Smetaná B, et al.
Acta Metallurgica Slovaca [J]. 2007, 13: 670-673.

U_3: 144℃, 0.7% Cu, 90.0% In
U_4: 135℃, 1.0% Cu, 84.3% In
U_5: 109℃, 1.4% Cu, 54.2% In
E_3: 109℃, 1.3% Cu, 54.0% In

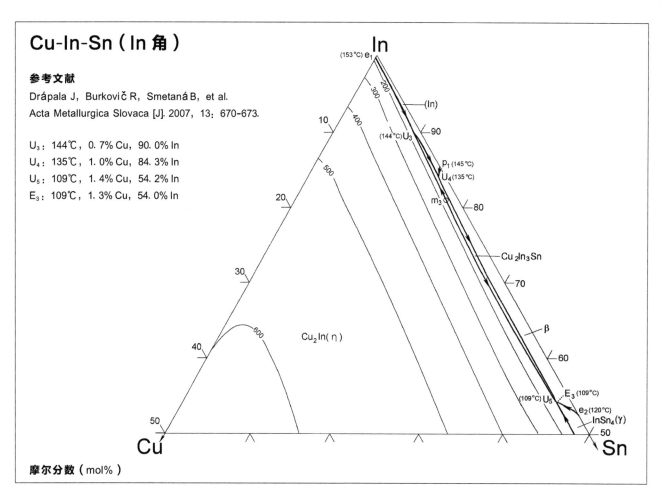

摩尔分数（mol%）

Cu-In-Sn

参考文献

Lin S K, Yang C F, Wu S H, et al.
Journal of Electronic Materials [J]. 2008, 37: 498-506.

U_1: 210℃
U_2: 138℃
U_3: 676℃
U_4: 648℃
U_5: 583℃
U_6: 154℃
E: 119℃

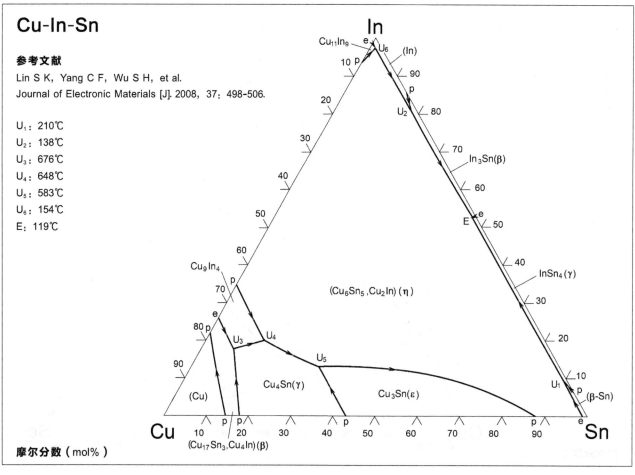

摩尔分数（mol%）

Cu-In-Zn

参考文献

Vassiliev V P, Lysenko V A.
Journal of Alloys and Compounds [J]. 2016, 681: 606-612.

U_1: 716℃, 15.9% In, 43.6% Zn
U_2: 667℃, 24.4% In, 1.3% Zn
U_3: 636℃, 31.4% In, 5.6% Zn
D: 560℃, 16.9% In, 74.2% Zn
U_4: 334℃, 94.7% In, 1.0% Zn
U_6: 305℃, 95.8% In, 0.8% Zn
E: 154℃, 99.3% In, 0.2% Zn

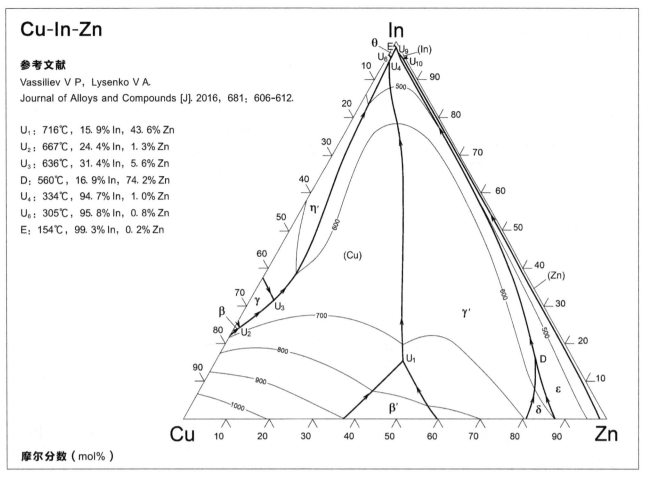

摩尔分数（mol%）

Cu-Li-Sn

参考文献

Fürtauer S, Flandorfer H.
PLOS ONE, Research Article: Institute of Inorganic Chemistry,
University of Vienna [R]. 2016: 1-30.

M_2, M_2': 753~800℃
M_1, M_1': 700~800℃
U_4: 321℃ P_8: 732℃
P_1: 220℃ P_7: 720℃
E_2: 218℃ U_{27}: 703℃
U_{15}: 520℃ P_4: 689℃
U_{14}: 503℃ U_{25}: 685℃
U_{13}: 476℃ U_{24}: 680℃
U_{12}: 476℃ U_{23}: 674℃
P_2: 458℃ U_{22}: 670℃
U_9: 445℃ U_{21}: 659℃
P_9: 745℃ U_{17}: 616℃

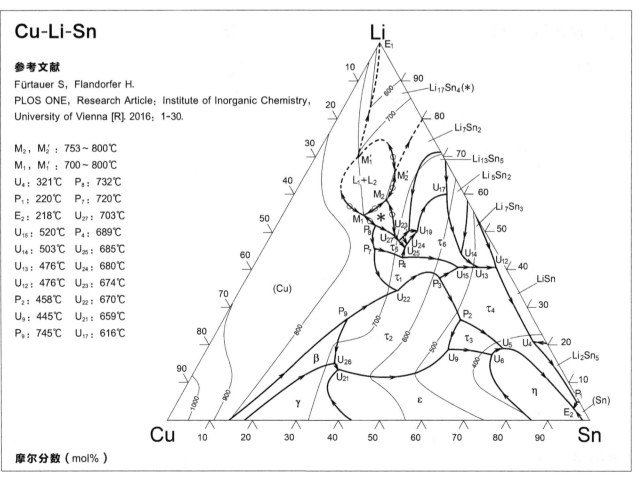

摩尔分数（mol%）

Cu-Mg-Ni（1）

参考文献

Михеева В И, Бабян Г Г.
Докл. Акад. Наук, СССР [J].
1956, 108：1086-1087.

E：480℃，15.0% Cu，84.2% Mg
U：540℃，33.5% Cu，65.0% Mg

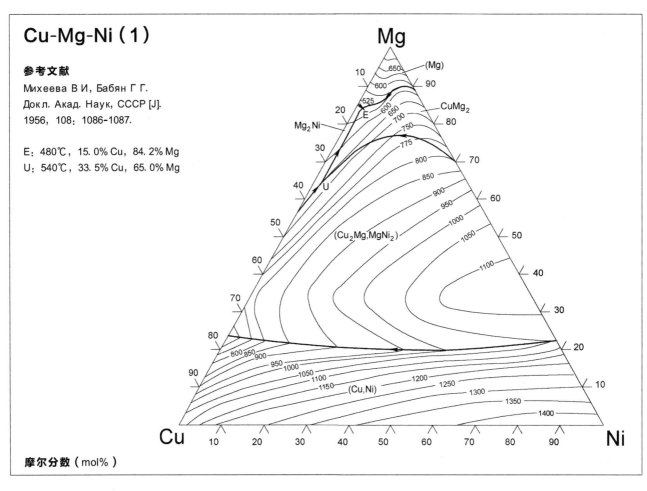

摩尔分数（mol%）

Cu-Mg-Ni（2）

参考文献

Miettinen J.
CALPHAD：Computer Coupling of Phase Diagrams
and Thermochemistry [J]. 2008, 32：389-398.

U_1：820℃，23.3% Mg，17.2% Ni
U_2：659℃，57.1% Mg，10.2% Ni
U_3：558℃，59.5% Mg，0.8% Ni
E_1：486℃，84.4% Mg，1.1% Ni

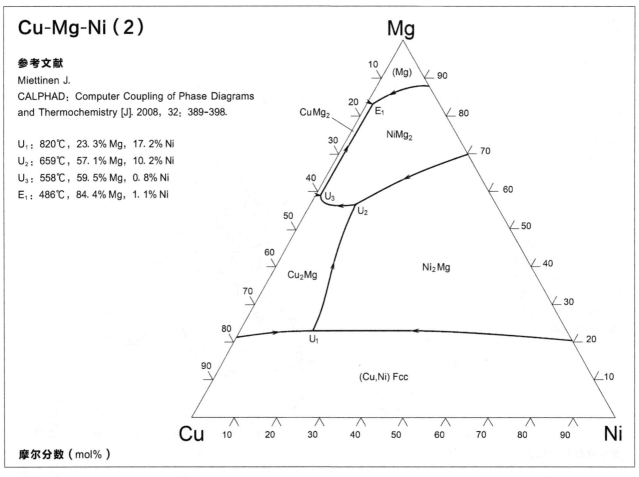

摩尔分数（mol%）

Cu-Mg-Pb

参考文献

Rambadi G, Mazzone D, Marazza R, et al.
J. Less-Common Metals [J]. 1978, 59: 201-210.

e_1: 485℃

E_1: 480℃, 17.0% Cu, 65.5% Mg

E_2: 425℃, 8.5% Cu, 79.0% Mg

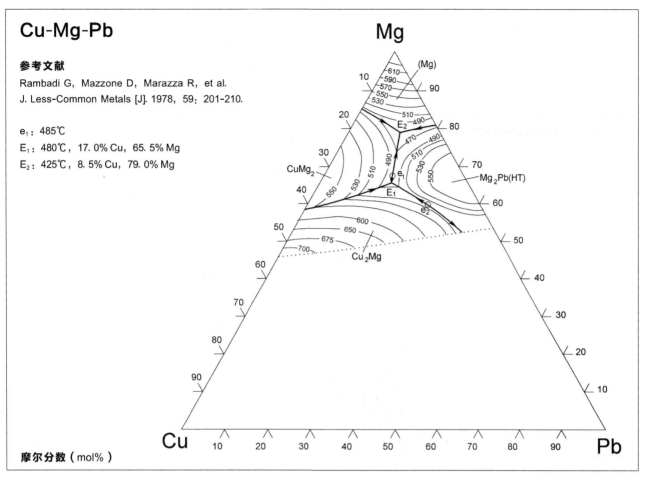

摩尔分数（mol%）

Cu-Mg-Sb

参考文献

Dobbener R, Vogel R.
Zeitschrift fuer Metallkunde [J]. 1959, 50: 412-416.

e_1: 720℃, 77.5% Cu, 11.3% Mg

e_2: 630℃, 50.4% Cu, 18.4% Mg

e_3: 570℃, 8.5% Cu, 8.5% Mg

e_5: 555℃

e_6: 720℃, 74.9% Cu, 15.7% Mg

e_7: 720℃, 59.5% Cu, 36.2% Mg

E_1: 610℃, 77.0% Cu, 4.5% Mg

E_2: 695℃, 76.0% Cu, 11.5% Mg

E_3: 510℃, 37.1% Cu, 2.0% Mg

E_4: 560℃, 5.0% Cu, 13.1% Mg

E_5: 470℃, 14.4% Cu, 84.1% Mg

E_6: 540℃, 41.6% Cu, 57.7% Mg

E_7: 685℃, 71.4% Cu, 22.9% Mg

U: 560℃, 47.0% Cu, 16.2% Mg

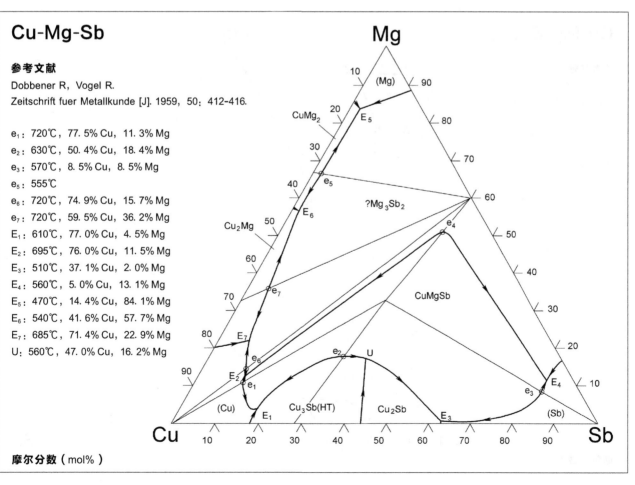

摩尔分数（mol%）

Cu-Mg-Si（1）

参考文献

Bochvar N, Lysova E, Rokhlin L.
Light Metal Ternary Systems: Phase Diagrams,
Crystallographic and Themodynamic Data [M].
Stuttgart: Materials Science International Services GmbH,
2006, 224-237.

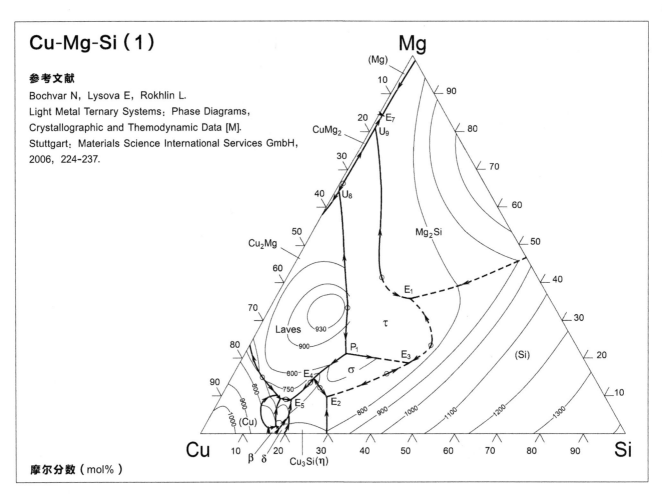

摩尔分数（mol%）

Cu-Mg-Si（2）

参考文献

Zhao J, Zhou J, Liu S, et al.
Journal of Mining and Metallurgy,
Section B: Metallurgy [J].
2016, 52: 99-112.

U_1: 840℃　　E_2: 752℃
U_2: 825℃　　U_8: 732℃
U_3: 797℃　　E_3: 732℃
U_4: 797℃　　E_4: 713℃
U_5: 788℃　　E_5: 711℃
U_6: 785℃　　U_9: 565℃
U_7: 775℃　　U_{10}: 555℃
E_1: 760℃　　E_6: 485℃

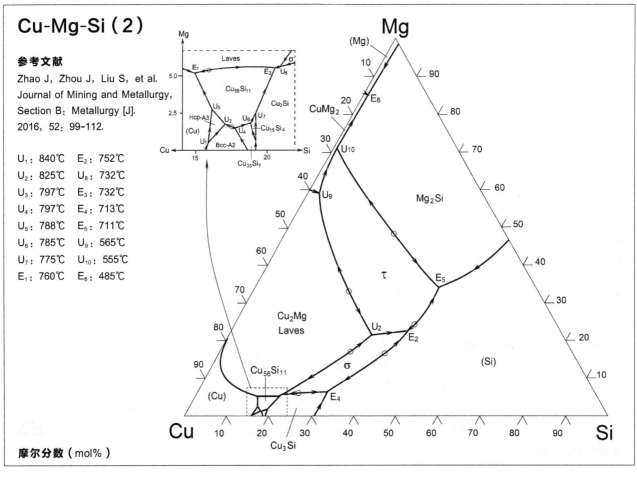

摩尔分数（mol%）

Cu-Mg-Si（Cu 角）

参考文献

Aschan L J.
Acta Polytechnica Scandinavica, Chemistry
Including Metallurgy Series [J] 1960, 285: 1-63.

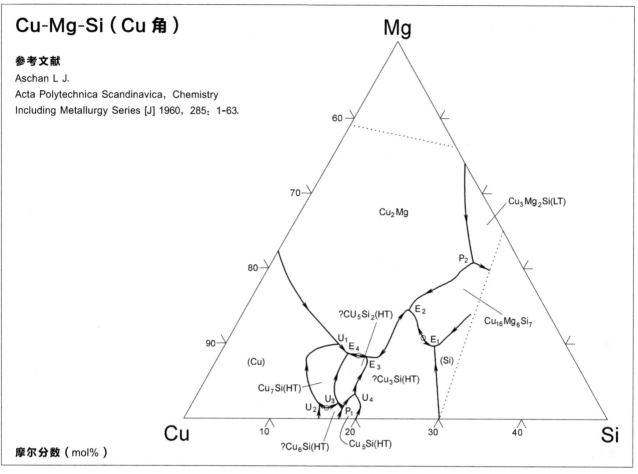

摩尔分数（mol%）

Cu-Mg-Sn（1）

参考文献

Chang Y A, Neumann J P, Mikula A, et al.
Phase Diagrams and Thermodynamic Properties
of Ternary Copper-Metal Systems [M].
New York: International Copper Research Association,
1979: 520-525.

Cu_4MgSn: 750℃

e_1: 720℃, 76.5% Cu, 11.8% Mg

e_2: 525℃, 25.8% Cu, 66.0% Mg

p: 610℃

E_1: 467℃

E_2: 520℃

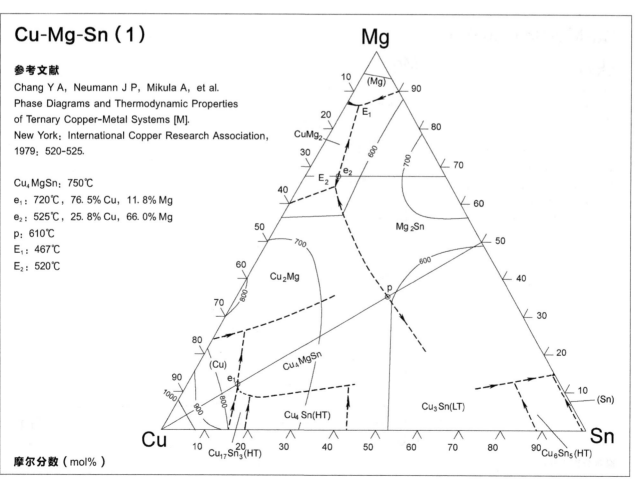

摩尔分数（mol%）

Cu-Mg-Sn（2）

参考文献

Vicente E E, Bermudez S, De Tendler R H.
Journal of Materials Science Letters [J]. 1996, 15：1690-1696.

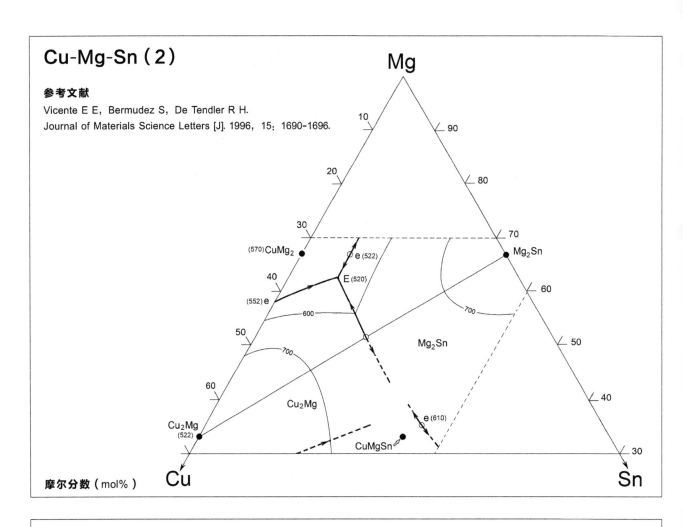

摩尔分数（mol%）

Cu-Mg-Sn（Cu 角）

参考文献

Miettinen J, Vassilev G.
Journal of Mining and Metallurgy
[J]. 2012, 48：53-62.

U_1：706℃, 5.1% Mg, 18.3% Sn
U_2：712℃, 0.6% Mg, 16.0% Sn
E_1：689℃, 18.4% Mg, 5.1% Sn
E_2：519℃, 62.3% Mg, 6.8% Sn
E_3：465℃, 82.5% Mg, 4.9% Sn

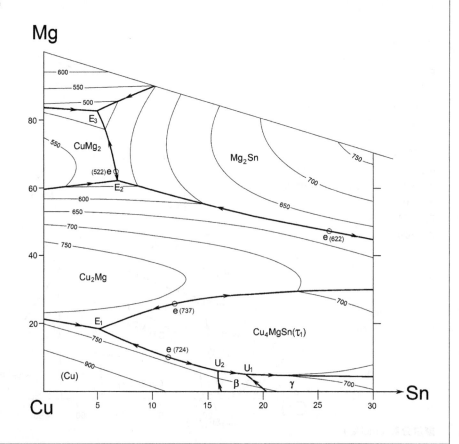

摩尔分数（mol%）

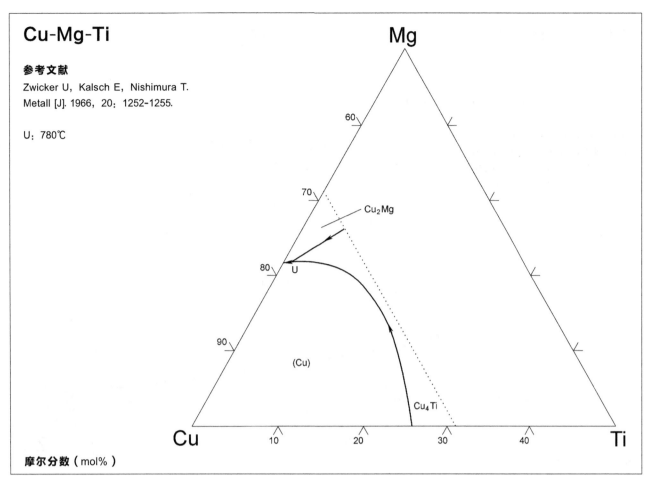

Cu-Mg-Ti

参考文献

Zwicker U, Kalsch E, Nishimura T.
Metall [J]. 1966, 20: 1252-1255.

U: 780℃

摩尔分数（mol%）

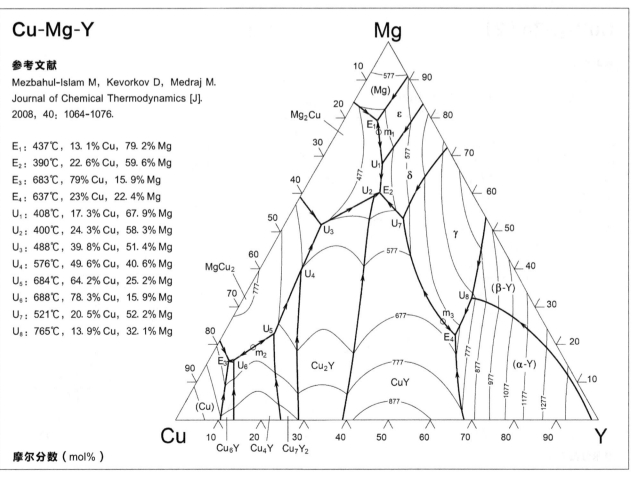

Cu-Mg-Y

参考文献

Mezbahul-Islam M, Kevorkov D, Medraj M.
Journal of Chemical Thermodynamics [J].
2008, 40: 1064-1076.

E_1: 437℃, 13.1% Cu, 79.2% Mg
E_2: 390℃, 22.6% Cu, 59.6% Mg
E_3: 683℃, 79% Cu, 15.9% Mg
E_4: 637℃, 23% Cu, 22.4% Mg
U_1: 408℃, 17.3% Cu, 67.9% Mg
U_2: 400℃, 24.3% Cu, 58.3% Mg
U_3: 488℃, 39.8% Cu, 51.4% Mg
U_4: 576℃, 49.6% Cu, 40.6% Mg
U_5: 684℃, 64.2% Cu, 25.2% Mg
U_6: 688℃, 78.3% Cu, 15.9% Mg
U_7: 521℃, 20.5% Cu, 52.2% Mg
U_8: 765℃, 13.9% Cu, 32.1% Mg

摩尔分数（mol%）

Cu-Mg-Zn (1)

参考文献

Köster W，Müller F.

Zeitschrift fuer Metallkunde [J]. 1948，39：352-359.

e_1：455℃，8.5% Cu，78.6% Mg

e_2：720℃，34.7% Cu，12.3% Mg

E_1：700℃，41.5% Cu，14.5% Mg

E_2：452℃，12.7% Cu，79.9% Mg

U_1：705℃

U_2：580℃

U_3：520℃

U_4：375℃

U_5：370℃

U_6：340℃

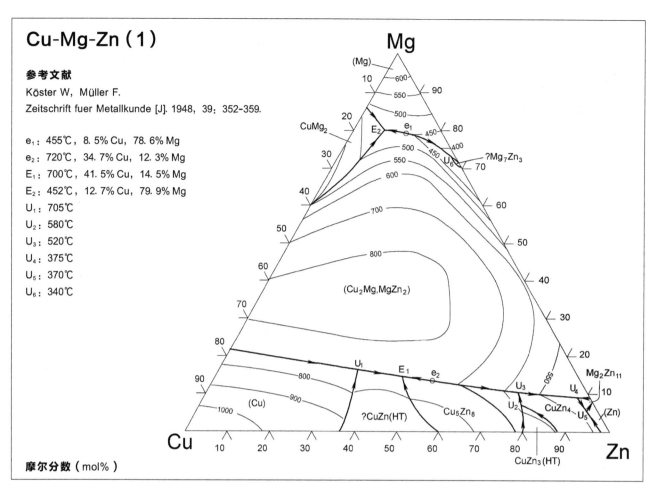

摩尔分数（mol%）

Cu-Mg-Zn (2)

参考文献

Miettinen J.

CALPHAD：Computer Coupling of Phase Diagrams and Thermochemistry [J]. 2008，32：389-398.

U_1：702℃，13.9% Mg，35.6% Zn

U_2：692℃，12.8% Mg，47.8% Zn

U_3：537℃，11.1% Mg，75.6% Zn

U_4：514℃，10.6% Mg，77.8% Zn

U_5：545℃，8.1% Mg，79.5% Zn

U_6：447℃，78.1% Mg，7.5% Zn

U_7：402℃，73.4% Mg，24.7% Zn

E_1：369℃，6.8% Mg，91.8% Zn

U_8：405℃，9.8% Mg，87.0% Zn

U_9：405℃，9.9% Mg，87.1% Zn

U_{10}：415℃，65.2% Mg，34.4% Zn

E_2：341℃，70.2% Mg，29.7% Zn

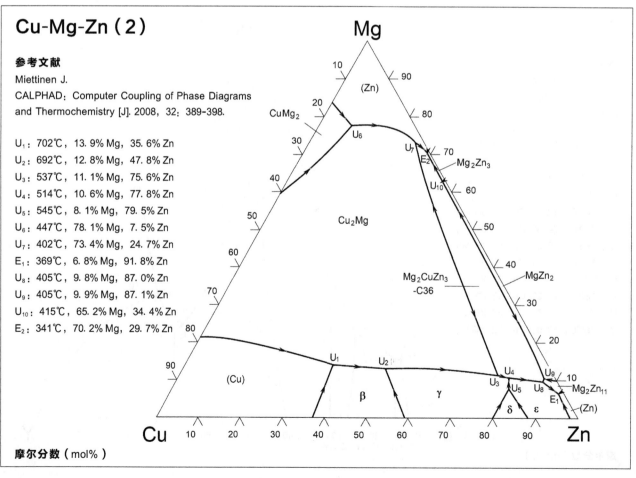

摩尔分数（mol%）

Cu-Mg-Zn（Zn 角）

参考文献

Yamada M, Matuki K.
日本金属学会誌 [J].
1972, 36：278-286.

U_1：557℃，11.2% Cu，14.6% Mg
U_2：515℃，7.6% Cu，12.4% Mg
U_3：380℃，0.5% Cu，13.5% Mg
U_4：378℃，2.1% Cu，9.6% Mg
U_5：367℃，1.9% Cu，8.7% Mg

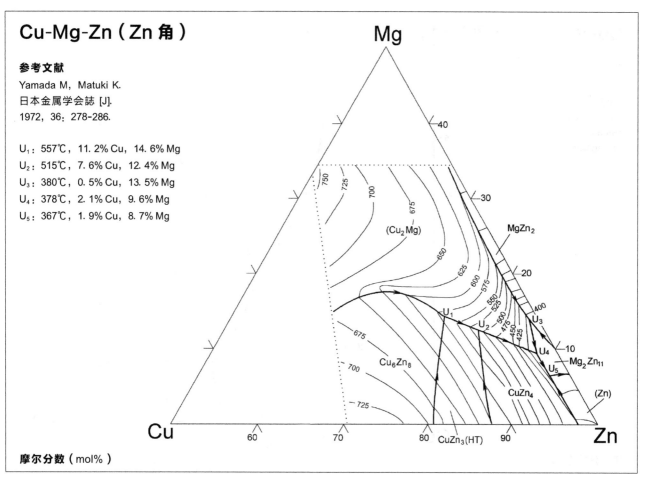

摩尔分数（mol%）

Cu-Mn-Ni

参考文献

Gupta K P.
Phase Diagrams of Ternary Nickle Alloys [M].
Calcutta：Indian Institute of Metals, 1990（1）：167-178.

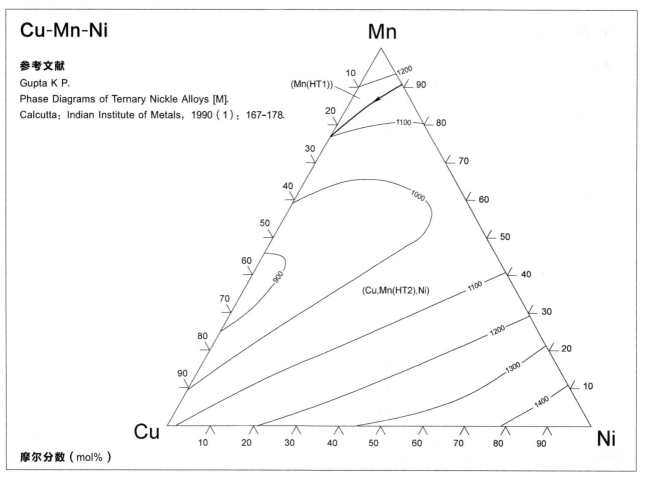

摩尔分数（mol%）

Cu-Mn-Si（Cu 角） Mn

参考文献

Miettinen J.
CALPHAD：Computer Coupling of
Phase Diagrams and
Thermochemistry [J]. 2003,
27：395-401.

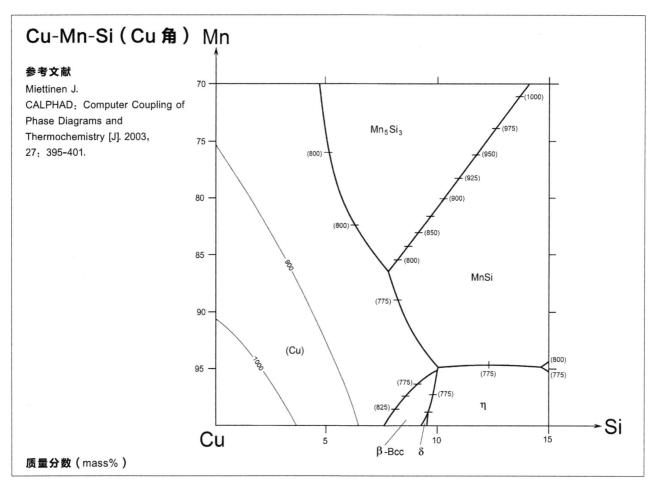

质量分数（mass%）

Cu-Mn-Si

参考文献

Chang Y A, Neumann J P, Mikula A, et al.
Phase Diagrams and Thermodynamic Properties
of Ternary Copper-Metal Systems [M].
New York：International Copper Research Association,
1979：543-548.

e_1：800℃
e_2：775℃
E_1：70.9% Cu，16.8% Mn
E_2：74.5% Cu，9.3% Mn
U_1：8.0% Cu，30.7% Mn

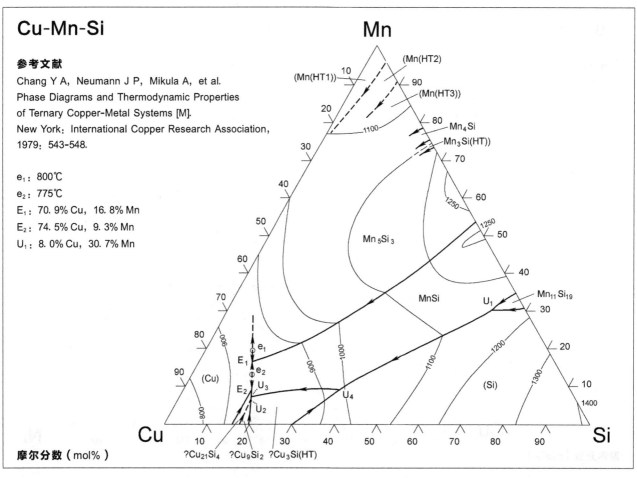

摩尔分数（mol%）

Cu-Mn-Sn

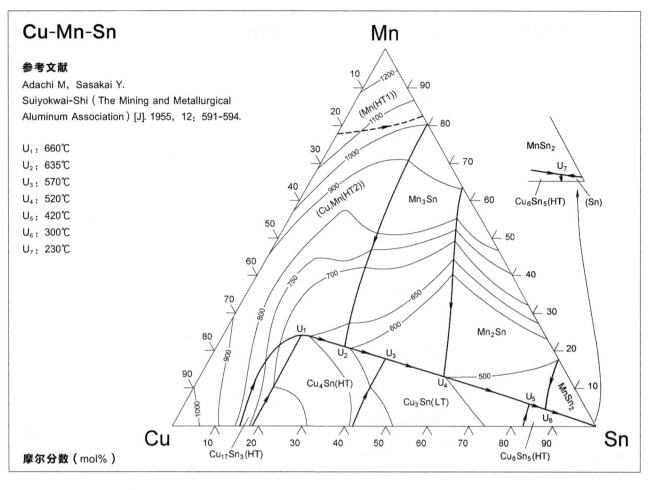

参考文献

Adachi M, Sasakai Y.
Suiyokwai-Shi (The Mining and Metallurgical
Aluminum Association) [J]. 1955, 12: 591-594.

U₁: 660℃
U₂: 635℃
U₃: 570℃
U₄: 520℃
U₅: 420℃
U₆: 300℃
U₇: 230℃

摩尔分数（mol%）

Cu-Mn-Zn

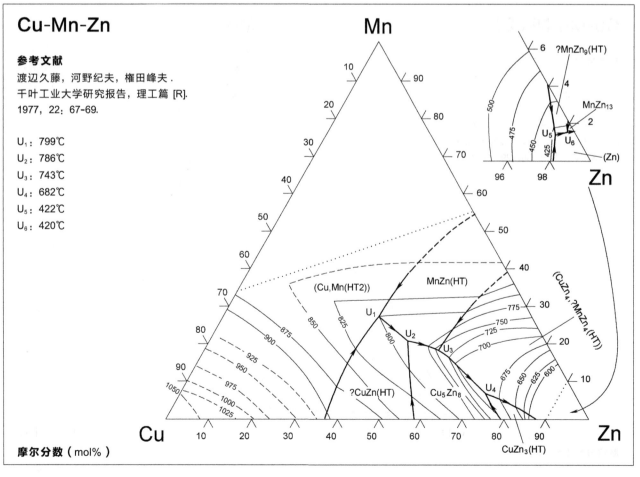

参考文献

渡辺久藤，河野纪夫，権田峰夫．
千叶工业大学研究报告，理工篇 [R].
1977, 22: 67-69.

U₁: 799℃
U₂: 786℃
U₃: 743℃
U₄: 682℃
U₅: 422℃
U₆: 420℃

摩尔分数（mol%）

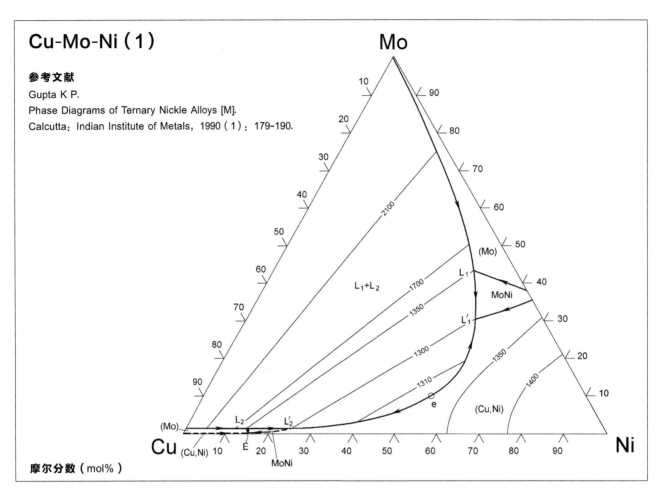

Cu-Mo-Ni（1）

参考文献

Gupta K P.
Phase Diagrams of Ternary Nickle Alloys [M].
Calcutta：Indian Institute of Metals, 1990（1）：179-190.

摩尔分数（mol%）

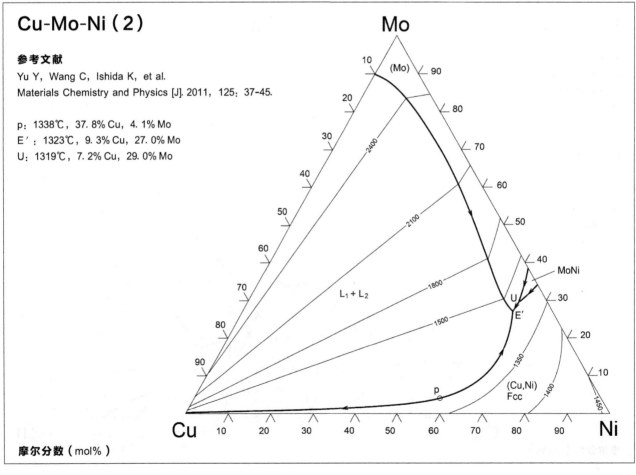

Cu-Mo-Ni（2）

参考文献

Yu Y, Wang C, Ishida K, et al.
Materials Chemistry and Physics [J]. 2011, 125：37-45.

p：1338℃, 37.8% Cu, 4.1% Mo
E′：1323℃, 9.3% Cu, 27.0% Mo
U：1319℃, 7.2% Cu, 29.0% Mo

摩尔分数（mol%）

Cu-Nb-Ni

参考文献

Gupta K P.

Phase Diagrams of Ternary Nickle Alloys [M].

Calcutta：Indian Institute of Metals, 1990（1）：191-194.

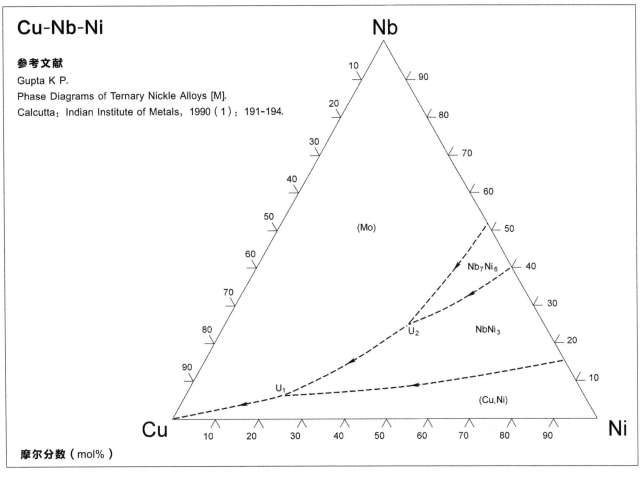

摩尔分数（mol%）

Cu-Nb-Si

参考文献

Zankl R, Malter R.

Zeitschrift fuer Metallkunde [J]. 1981, 72：720-724.

E：805℃，80% Cu，3% Nb

P：870℃，68% Cu，2% Nb

U_1：860℃

U_2：840℃

U_3：815℃

U_4：810℃

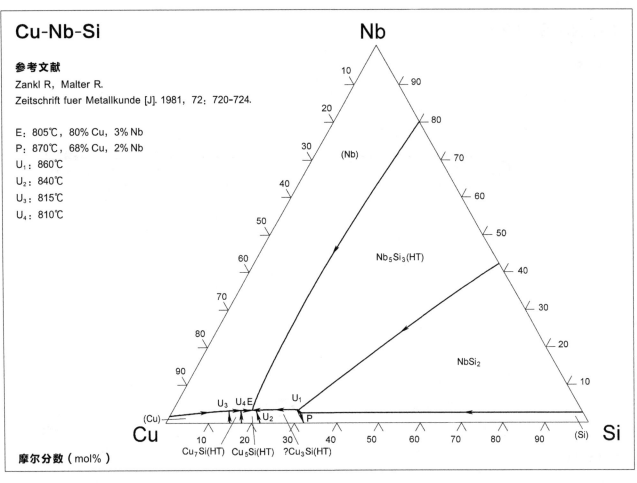

摩尔分数（mol%）

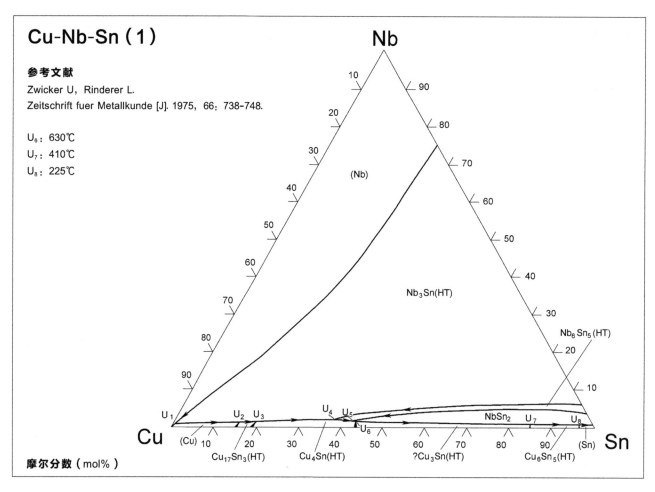

Cu-Nb-Sn（1）

参考文献

Zwicker U, Rinderer L.
Zeitschrift fuer Metallkunde [J]. 1975, 66: 738-748.

U_6: 630℃
U_7: 410℃
U_8: 225℃

(Nb)

Nb_3Sn(HT)

Nb_6Sn_5(HT)

U_1 U_2 U_3 U_4 U_5 $NbSn_2$ U_7 U_8

U_6

Cu (Cu) 10 20 30 40 50 60 70 80 90 (Sn) Sn

$Cu_{17}Sn_3$(HT) Cu_4Sn(HT) $?Cu_3Sn$(HT) Cu_6Sn_5(HT)

摩尔分数（mol%）

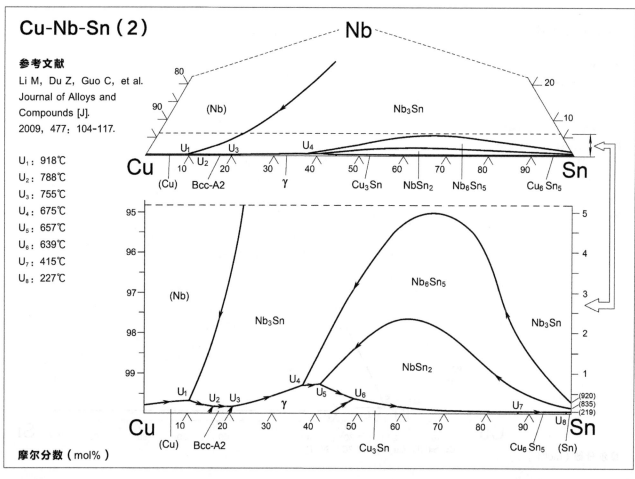

Cu-Nb-Sn（2）

参考文献

Li M, Du Z, Guo C, et al.
Journal of Alloys and
Compounds [J].
2009, 477: 104-117.

U_1: 918℃
U_2: 788℃
U_3: 755℃
U_4: 675℃
U_5: 657℃
U_6: 639℃
U_7: 415℃
U_8: 227℃

(Nb) Nb_3Sn

U_1 U_2 U_3 U_4

Cu (Cu) Bcc-A2 γ Cu_3Sn $NbSn_2$ Nb_6Sn_5 Cu_6Sn_5 Sn

(Nb)

Nb_3Sn

Nb_6Sn_5

$NbSn_2$

Nb_3Sn

U_1 U_2 U_3 γ U_4 U_5 U_6 U_7 U_8

(920)
(835)
(219)

Cu 10 20 30 40 50 60 70 80 90 Sn

(Cu) Bcc-A2 Cu_3Sn Cu_6Sn_5 (Sn)

摩尔分数（mol%）

Cu-Ni-P

参考文献

Щербединская А В, Махновская Л С, Федоров В И, и др.
Изв. Акад. Наук, СССР, Металлы [J].
1984（4）：236-237.

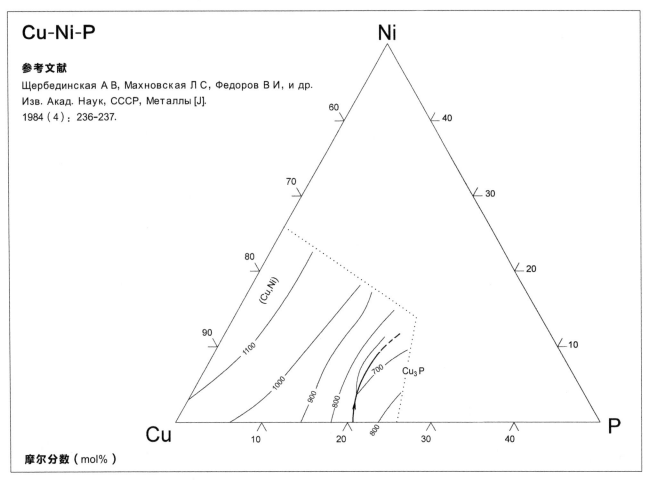

摩尔分数（mol%）

Cu-Ni-Pb

参考文献

Chang Y A, Neumann J P, Mikula A, et al.
Phase Diagrams and Thermodynamic Properties
of Ternary Copper-Metal Systems [M].
New York：International Copper Research Association,
1979：588-589.

c_2：965℃，64.9% Cu，3.7% Ni

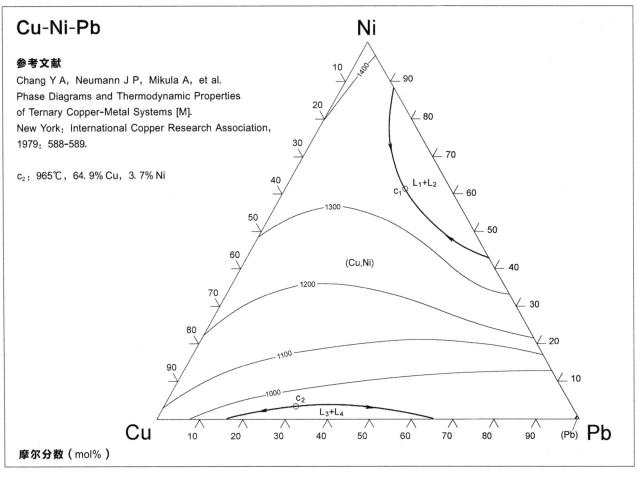

摩尔分数（mol%）

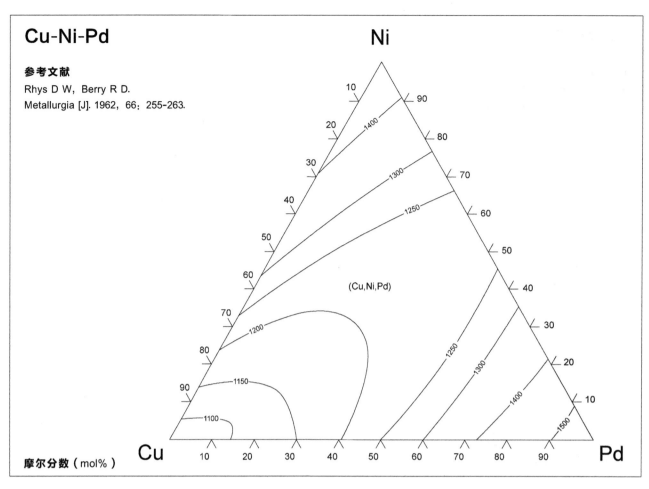

Cu-Ni-Pd

参考文献

Rhys D W，Berry R D.
Metallurgia [J]. 1962, 66：255-263.

摩尔分数（mol%）

Cu-Ni-Pt

参考文献

Chang Y A，Neumann J P，Mikula A，et al.
Phase Diagrams and Thermodynamic Properties
of Ternary Copper-Metal Systems [M].
New York：International Copper Research Association,
1979：594-596.

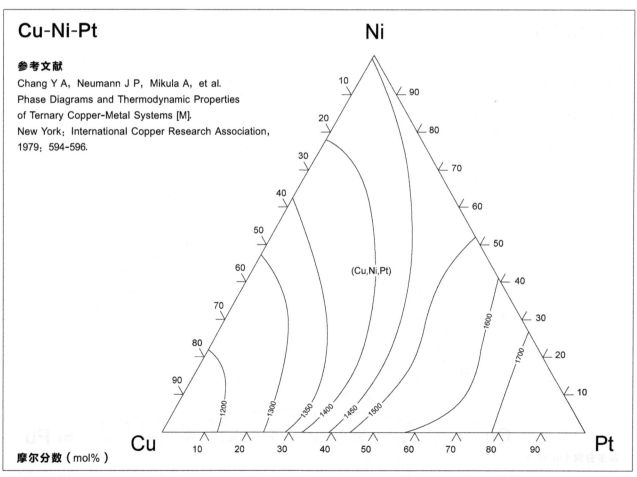

摩尔分数（mol%）

Cu-Ni-S

参考文献

Рябко А Г, Гродинский Г И, Серебряков У Ф.

Изв. Вуз. Цвет. Металлургия [J]. 1980, 8: 334-339.

U: 753℃

E: 583℃

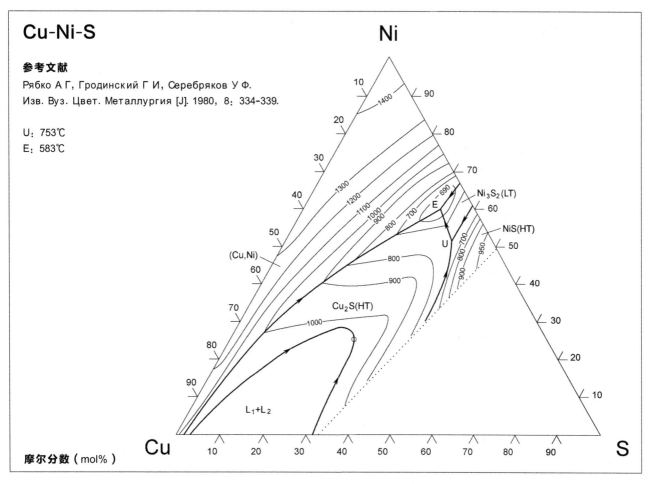

摩尔分数（mol%）

Cu-Ni-Sb（1）

参考文献

Shibata N.

Nippon Kinzoku Gakai-shi [J]. 1941, 5: 12-15.

E: 517℃

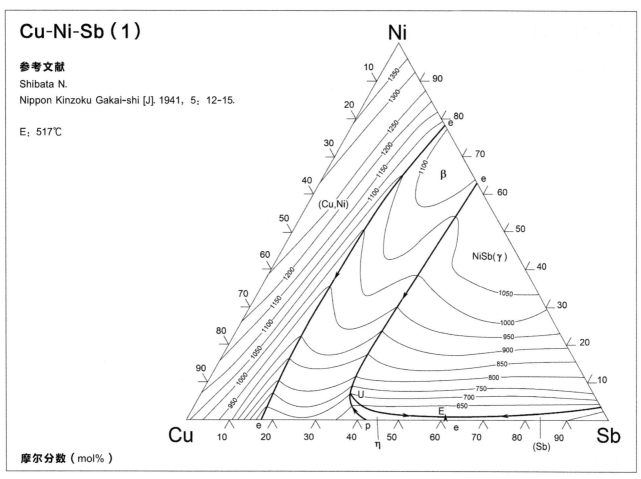

摩尔分数（mol%）

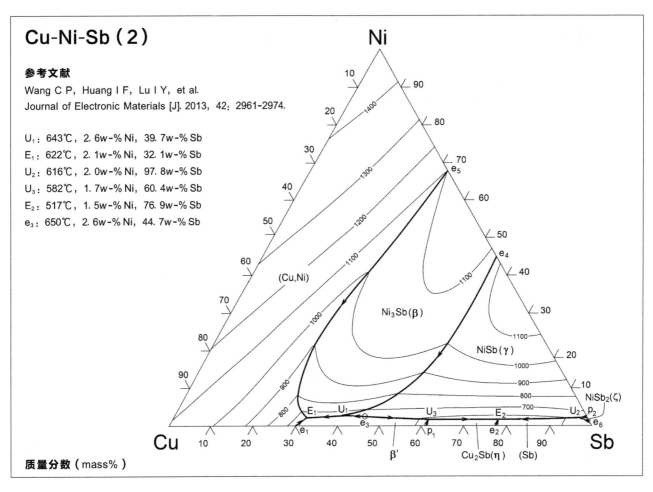

Cu-Ni-Sb（2）

参考文献

Wang C P, Huang I F, Lu I Y, et al.
Journal of Electronic Materials [J]. 2013, 42：2961-2974.

U_1：643℃，2.6w-% Ni，39.7w-% Sb
E_1：622℃，2.1w-% Ni，32.1w-% Sb
U_2：616℃，2.0w-% Ni，97.8w-% Sb
U_3：582℃，1.7w-% Ni，60.4w-% Sb
E_2：517℃，1.5w-% Ni，76.9w-% Sb
e_3：650℃，2.6w-% Ni，44.7w-% Sb

质量分数（mass%）

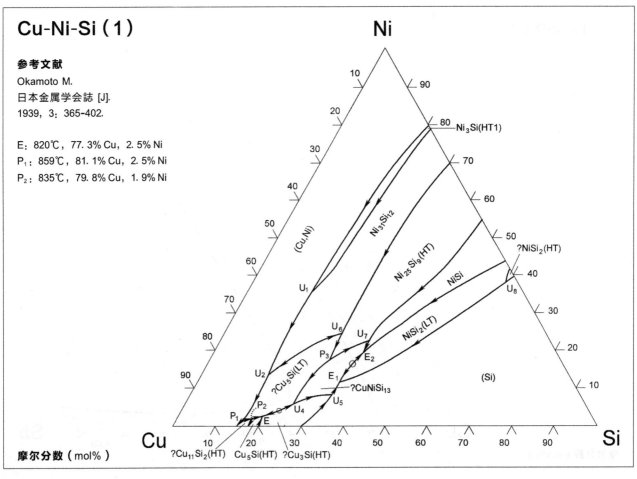

Cu-Ni-Si（1）

参考文献

Okamoto M.
日本金属学会誌 [J].
1939, 3：365-402.

E：820℃，77.3% Cu，2.5% Ni
P_1：859℃，81.1% Cu，2.5% Ni
P_2：835℃，79.8% Cu，1.9% Ni

摩尔分数（mol%）

Cu-Ni-Si（2）

参考文献

Wang C, Zhu J, Lu Y, et al.
JPEDAV [J]. 2014, 35: 93-104.

P₂: 1260℃
U₂: 1162℃
U₃: 1158℃
E₂: 1103℃
U₄: 946℃
U₅: 902℃
U₆: 888℃
P₁: 879℃
E₃: 862℃
E₄: 857℃
U₉: 799℃
U₁₀: 787℃
U₁₁: 753℃
E₅: 748℃

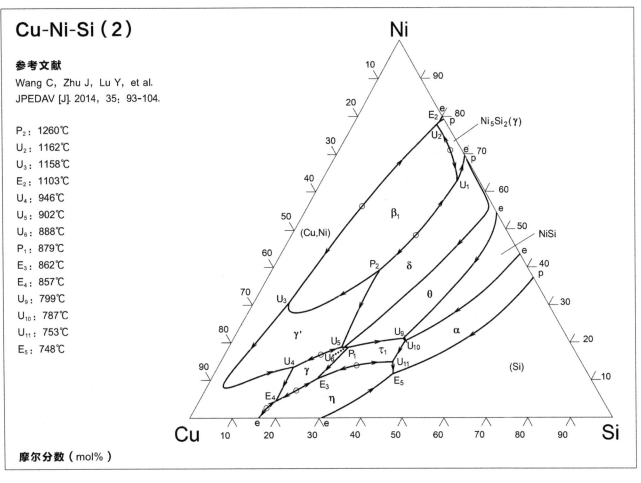

摩尔分数（mol%）

Cu-Ni-Sn（Cu角）

参考文献

Bastow B D, Kirkwood D H.
Journal of Japan Institute of Light Metals [J].
1971, 99: 277-279.

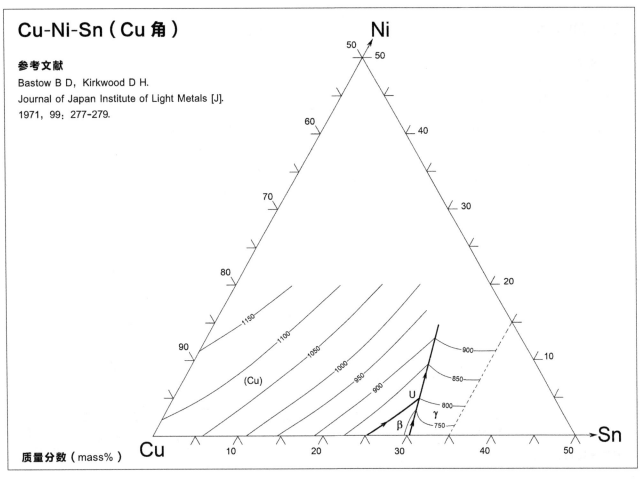

质量分数（mass%）

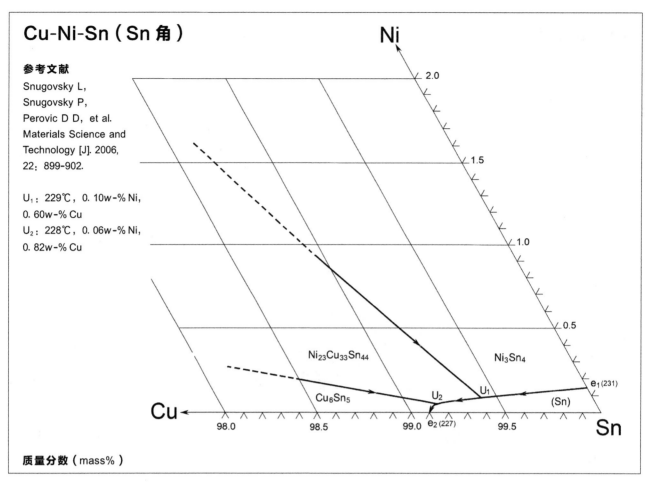

Cu-Ni-Sn（Sn 角）

参考文献

Snugovsky L,
Snugovsky P,
Perovic D D，et al.
Materials Science and
Technology [J]. 2006,
22：899-902.

U_1：229℃，0.10w-% Ni,
0.60w-% Cu
U_2：228℃，0.06w-% Ni,
0.82w-% Cu

质量分数（mass%）

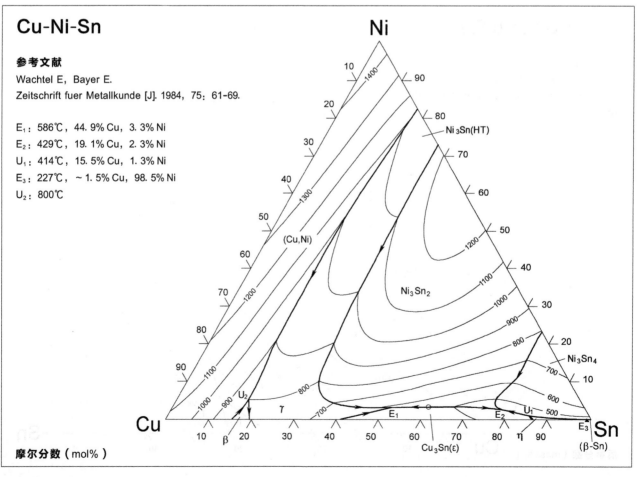

Cu-Ni-Sn

参考文献

Wachtel E，Bayer E.
Zeitschrift fuer Metallkunde [J]. 1984，75：61-69.

E_1：586℃，44.9% Cu，3.3% Ni
E_2：429℃，19.1% Cu，2.3% Ni
U_1：414℃，15.5% Cu，1.3% Ni
E_3：227℃，～1.5% Cu，98.5% Ni
U_2：800℃

摩尔分数（mol%）

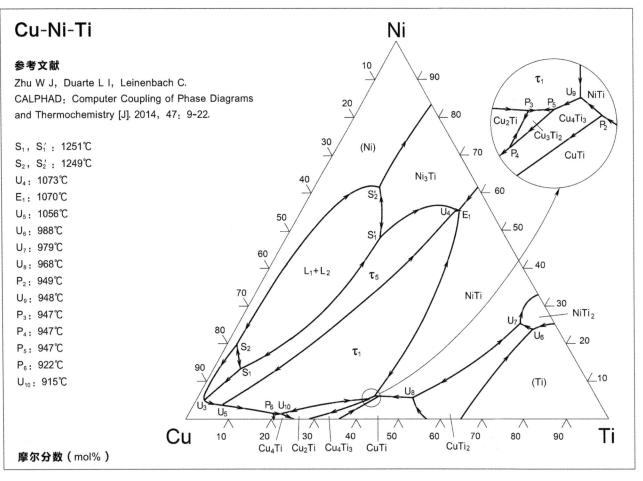

Cu-Ni-Ti

参考文献

Zhu W J, Duarte L I, Leinenbach C.
CALPHAD: Computer Coupling of Phase Diagrams
and Thermochemistry [J]. 2014, 47: 9-22.

S_1, S_1' : 1251℃
S_2, S_2' : 1249℃
U_4 : 1073℃
E_1 : 1070℃
U_5 : 1056℃
U_6 : 988℃
U_7 : 979℃
U_8 : 968℃
P_2 : 949℃
U_9 : 948℃
P_3 : 947℃
P_4 : 947℃
P_5 : 947℃
P_6 : 922℃
U_{10} : 915℃

摩尔分数（mol%）

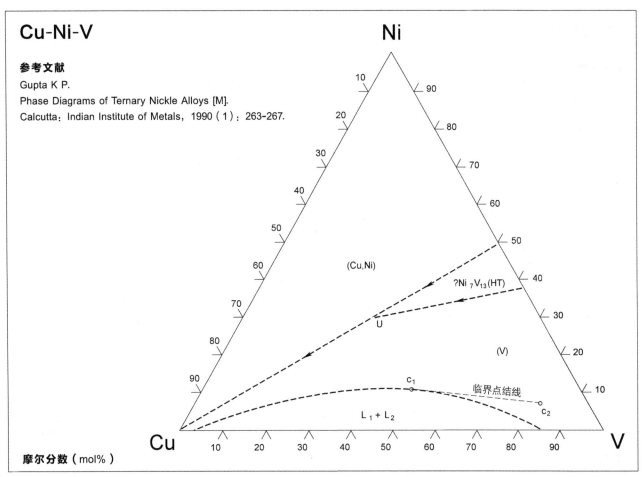

Cu-Ni-V

参考文献

Gupta K P.
Phase Diagrams of Ternary Nickle Alloys [M].
Calcutta: Indian Institute of Metals, 1990 (1): 263-267.

摩尔分数（mol%）

Cu-Ni-W

参考文献

Berak J, Przysiecki B.
Roczniki Chemii Annales Societatis Chimicae
（Polonorum）[J]. 1976, 50：1473-1482.

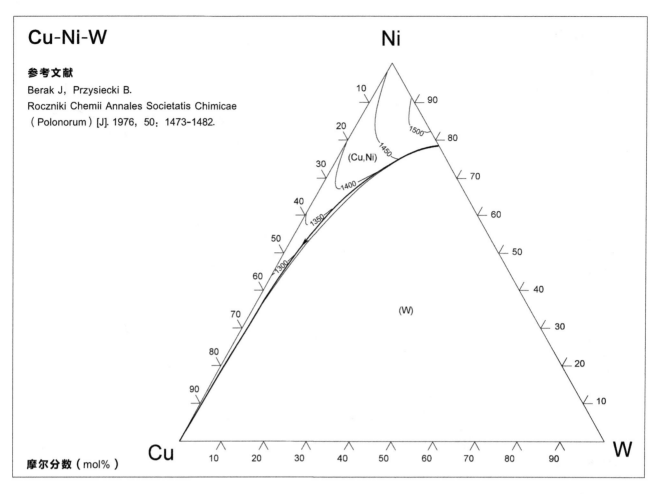

摩尔分数（mol%）

Cu-Ni-Y

参考文献

Mezbahul-Islam M, Medraj M.
Materials Chemistry and Physics [J]. 2015, 153：32-47.

E_1：751℃，24.1% Cu，7.9% Ni
E_2：804℃，24.9% Cu，36.3% Ni
E_3：838℃，39.5% Cu，29.3% Ni
U_1：817℃，0.5% Cu，34.1% Ni
U_2：851℃，70.5% Cu，0.2% Ni
U_3：849℃，61.6% Cu，10.1% Ni
U_4：1128℃，29.0% Cu，46.0% Ni
U_5：898℃，82.6% Cu，4.2% Ni
U_6：894℃，83.9% Cu，5.0% Ni
U_7：1101℃，72.7% Cu，20.7% Ni
P_1：839℃，36.7% Cu，31.1% Ni

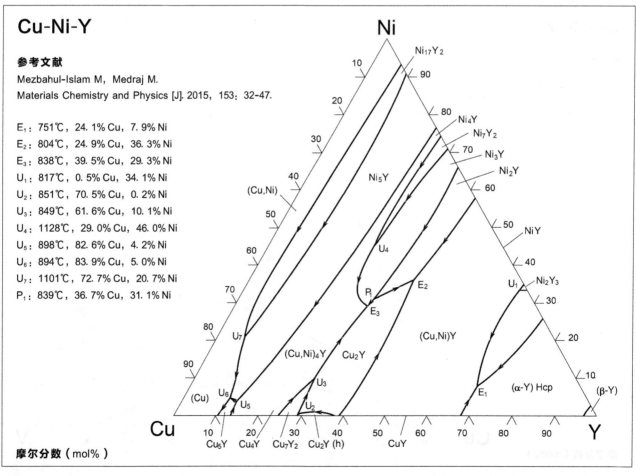

摩尔分数（mol%）

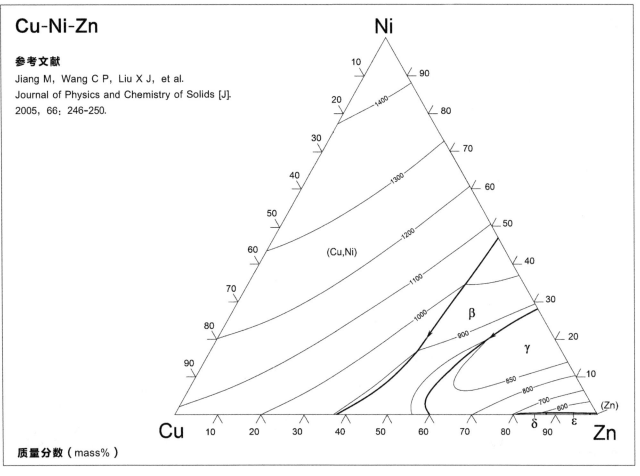

Cu-Ni-Zn

参考文献

Jiang M, Wang C P, Liu X J, et al.
Journal of Physics and Chemistry of Solids [J].
2005, 66：246-250.

质量分数（mass%）

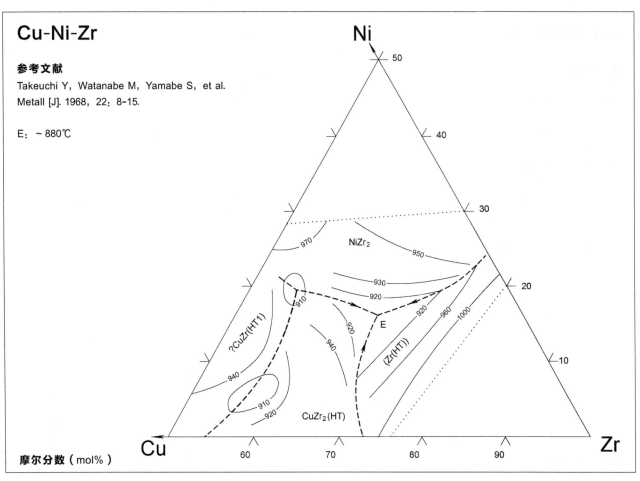

Cu-Ni-Zr

参考文献

Takeuchi Y, Watanabe M, Yamabe S, et al.
Metall [J]. 1968, 22：8-15.

E：~880℃

摩尔分数（mol%）

Cu-P-Sn（1）

参考文献

Muromachi S, Watanabe H, Tomimoto S.
日本金属学会誌 [J].
1954, 18：309-312.

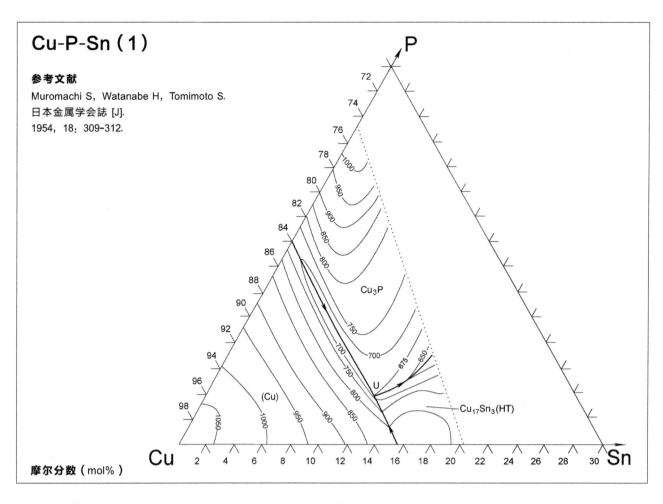

摩尔分数（mol%）

Cu-P-Sn（2）

参考文献

Hino M, Iikubo S, Ohtani H.
High Temp. Mater. Proc. [J]. 2011, 30：387-404.

U_1：628℃，8.6% Sn，10.6% P
U_4：560℃，27.7% Sn，11.9% P
U_5：429℃，48.6% Sn，11.2% P
U_6：389℃，64.3% Sn，7.2% P
U_7：228℃，96.2% Sn，0.5% P
U_8：449℃，89.0% Sn，7.9% P
E_1：627℃，9.3% Sn，10.5% P
E_2：625℃，13.1% Sn，10.3% P
E_3：225℃，96.5% Sn，0.4% P
E_4：515℃，7.2% Sn，88.9% P
E_5：545℃，33.1% Sn，63.5% P
E_6：545℃，42.0% Sn，55.0% P
P_1：560℃，31.3% Sn，16.9% P

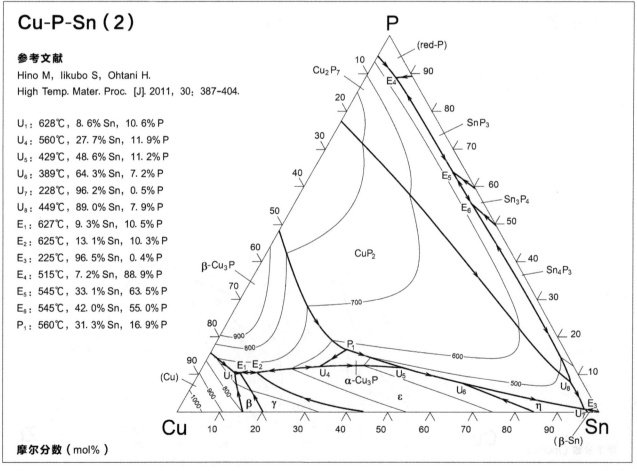

摩尔分数（mol%）

Cu-P-Zn

参考文献

Lindlief W E.
Metals and Alloys [J]. 1933, 4: 85-88.

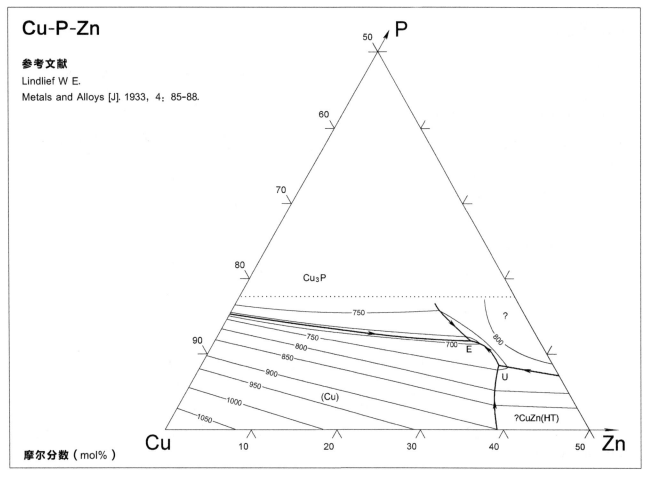

摩尔分数（mol%）

Cu-Pb-S

参考文献

Nishimura H, Ando S.
Suiyokwai-Shi（Tansactions of the mining
and Metallurgical Aluminum Association）[J].
1928, 5: 696-706.

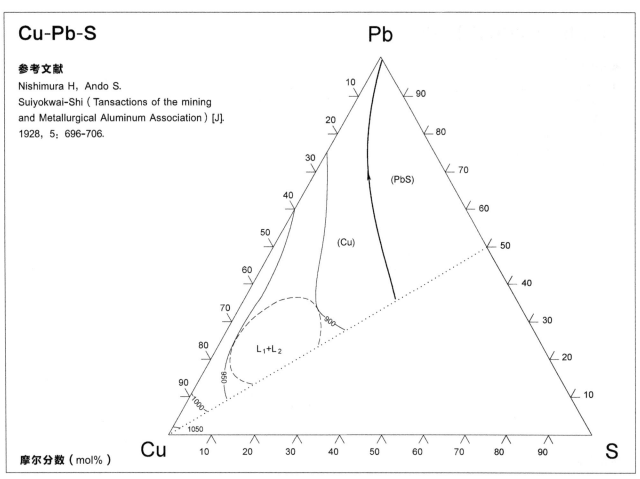

摩尔分数（mol%）

Cu-Pb-Sb

参考文献

Korniyenko K.
Materials Science International Team MSIT,
info-Non-Ferrous Metal [J]. 2007: 396-407.

U_1: 432℃, 2.0% Cu, 91.4% Pb
U_2: 324℃, 0.4% Cu, 99.2% Pb
U_3: 300℃, 1.4% Cu, 95.2% Pb
E_1: 623℃, 80.0% Cu, 2.2% Pb
E_2: 249℃, 0.2% Cu, 79.6% Pb
c: 619℃, 35.2% Cu, 35.6% Pb
e_3': 640℃, 5.8% Cu, 77.5% Pb

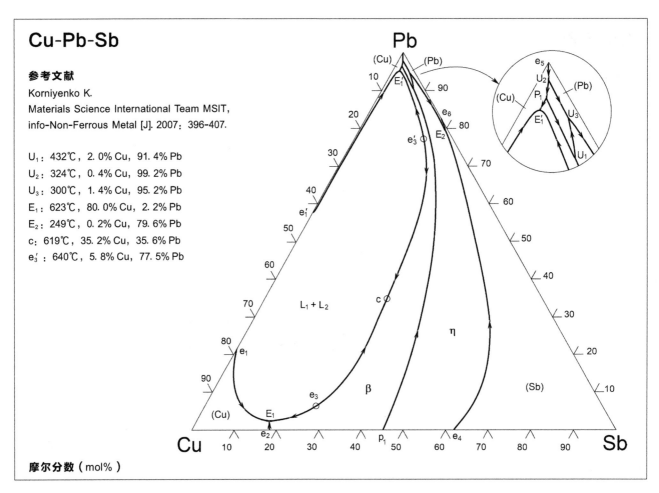

摩尔分数（mol%）

Cu-Pb-Sn（Cu角）

参考文献

Miettinen J, Docheva P,
Vassilev G.
CALPHAD: Computer Coupling
of Phase Diagrams
and Thermochemistry [J].
2010, 34: 415-420.

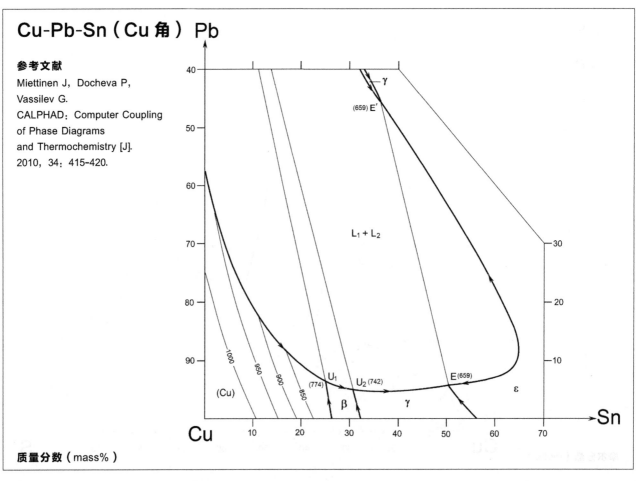

质量分数（mass%）

Cu-Pb-Sn（Pb 角）

参考文献

Miettinen J，Docheva P，Vassilev G.
CALPHAD：Computer Coupling of Phase Diagrams
and Thermochemistry [J]. 2010, 34：415-420.

P_1：760℃，94.6w-% Pb，2.1w-% Sn
U_1：732℃，93.6w-% Pb，3.6w-% Sn
P_2：587℃，97.7w-% Pb，1.7w-% Sn
U_2：584℃，98.6w-% Pb，0.76w-% Sn
U_3：520℃，99.2w-% Pb，0.48w-% Sn
U_4：359℃，99.8w-% Pb，0.07w-% Sn
U_5：327℃，99.9w-% Pb，0.04w-% Sn

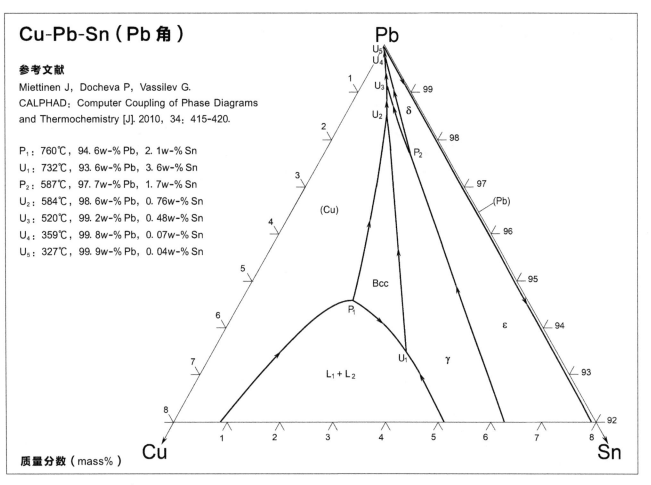

质量分数（mass%）

Cu-Pb-Te

参考文献

刘楚明，李慧中，韩坦．
铜合金相图集 [M]．长沙：中南大学出版社，2011：759.

E：326℃
U：595℃
c_1：968℃，71.9% Cu，11.3% Pb
c_2：850℃
c_3：695℃
c_4：947℃，63.2% Cu，35.3% Pb
e：649℃，46.8% Cu，14.9% Pb
M_1，M_1'：825℃
M_2，M_2'：625℃

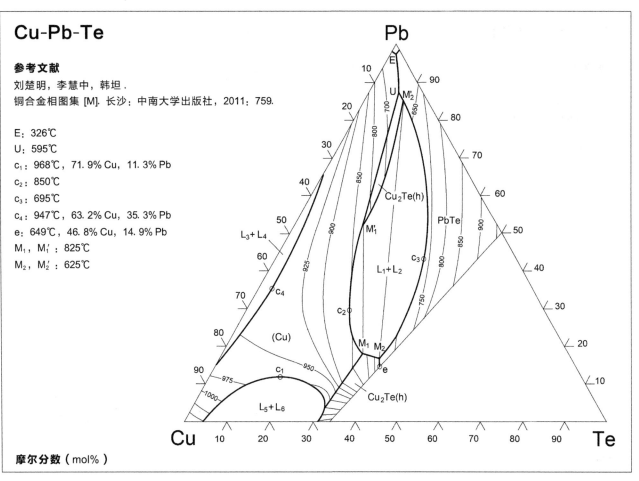

摩尔分数（mol%）

Cu-Pb-Zn（1）

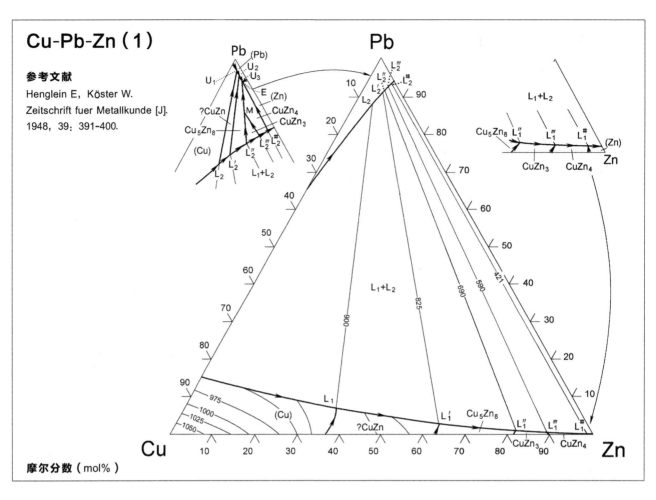

参考文献

Henglein E, Köster W.
Zeitschrift fuer Metallkunde [J].
1948, 39: 391–400.

摩尔分数（mol%）

Cu-Pb-Zn（2）

参考文献

Jantzen T, Spencer P J.
CALPHAD: Computer Coupling of Phase Diagrams
and Thermochemistry [J]. 1998, 22: 417–434.

U_1: 877℃
U_2: 823℃
U_3: 682℃
U_4: 596℃
U_5: 420℃

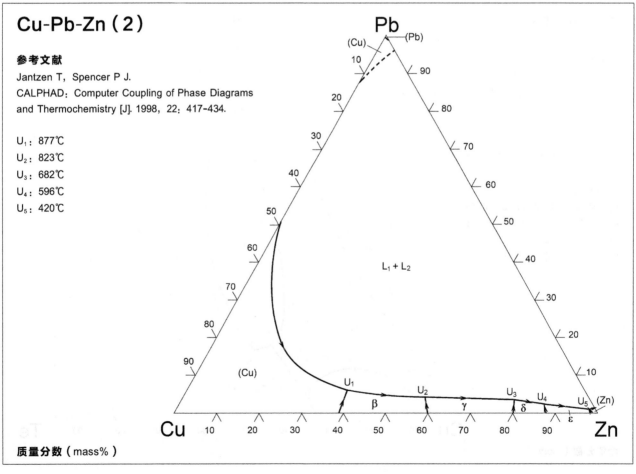

质量分数（mass%）

Cu-Pd-S

参考文献

Звиаддзе Г Н.

Изв. Акад. Наук, СССР, Металлы [J].

1982（5）：53-58.

p_1: 761℃

e_1: 1057℃

e_2: 792℃

e_3: 623℃

E_1: 560℃

E_2: 592℃

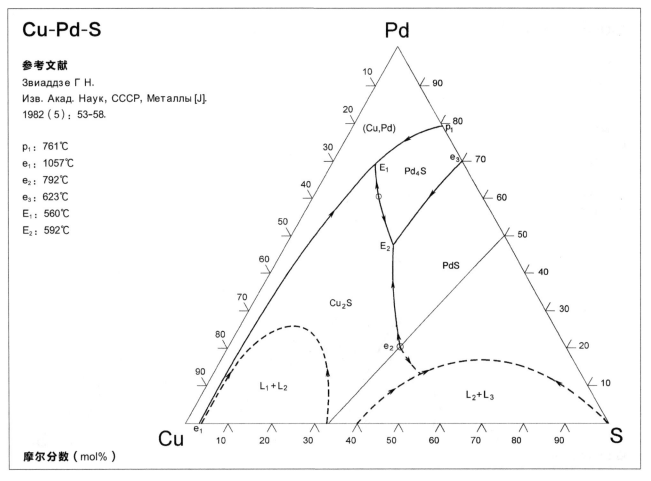

Cu-S-Tl

参考文献

Бабанлы М В, Таи-Ун Л, Кулиев А А.

Журн. Неорг. Хим. [J]. 1986, 31: 1056-1061.

l_1, l_2: 927℃	U_1: 430℃, 49% Cu, 32% S
l'_2, l'_3: 393℃	U_2: 427℃, 30% Cu, 52% S
L'_1, L'_2: 967℃	U_3: 417℃, 47% Cu, 32% S
L''_2, L''_3: 373℃	U_4: 352℃, 28% Cu, 51% S
L'''_2, L'''_3: 327℃	U_5: 345℃, 26% Cu, 51% S
L^x_1, L^x_3: 817℃	U_6: 337℃, 25% Cu, 52% S
L'_4, L'_5: 507℃	U_7: 262℃, 8% Cu, 49% S
L''_4, L''_5: 292℃	U_8: 247℃, 7% Cu, 52% S
L'''_4, L'''_5: 135℃	U_9: 212℃, 4% Cu, 56% S
	U_{10}: 122℃
e_1: 395℃	E_1: 387℃
e_2: 390℃	E_2: 304℃
e_3: 350℃	E_3: 304℃
e_4: 304℃	E_4: 115℃
p_1: 433℃	E_5: 115℃
p_2: 420℃	
p_3: 347℃	
△: Cu_3S_2Tl	

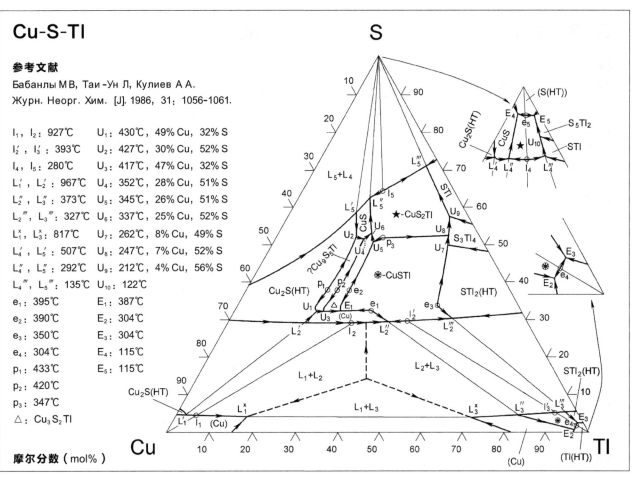

Cu-Sb-Sn（1）

参考文献

Tasaki M.

Mem. Coll. Sci. Kyoto. Imp. Univ. [J]. 1929, 12：227.

E：645℃
U_1：386℃
U_2：372℃
U_3：470℃
U_4：405℃
U_5：319℃
U_6：240℃

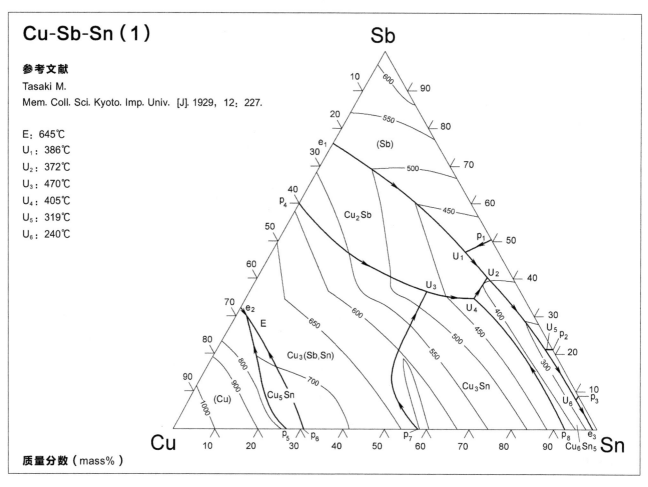

质量分数（mass%）

Cu-Sb-Sn（2）

参考文献

Chen S, Zi A, Gierlotka W, et al.

Materials Chemistry and Physics [J]. 2012, 132：703-715.

U_1：645℃
U_2：478℃
U_3：410℃
U_4：388℃
U_5：355℃
U_6：318℃
U_7：239℃

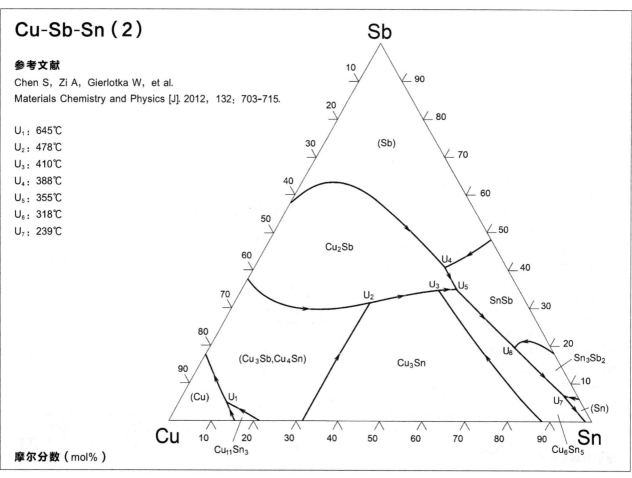

摩尔分数（mol%）

Cu-Sb-Sn（Sn 角）

参考文献

Ellis O W,
Karelitz G B.
Trans. ASME [C].
1928, 50：MSP-11.

U_6：240℃

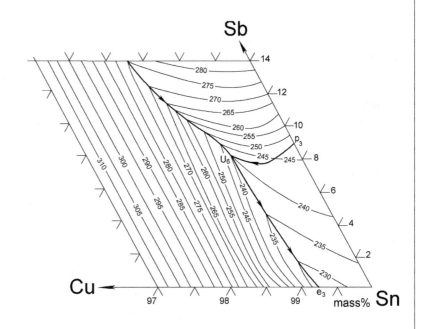

质量分数（mass%）

Cu-Sb-Zn

参考文献

Minić D, Manasijević D, Cosović V, et al.
Journal of Alloys and Compounds [J]. 2012, 517：31-39.

U_1：558℃，13.6%Cu，8.2%Sb

P：527℃，7.3%Cu，43.9%Sb

U_2：502℃，59.3%Cu，22.6%Sb

U_3：494℃，12.3%Cu，21.1%Sb

U_4：491℃，17.8%Cu，28.5%Sb

U_5：491℃，17.8%Cu，31.0%Sb

U_7：487℃，10.9%Cu，18.1%Sb

U_8：486℃，18%Cu，29.5%Sb

U_9：444℃，3.6%Cu，6.7%Sb

U_{10}：441℃，48.9%Cu，25.3%Sb

E_1：409℃，1.8%Cu，2.5%Sb

U_{11}：397℃，42.3%Cu，28.9%Sb

U_{12}：388℃，37.2%Cu，35.5%Sb

U_{13}：382℃，39.4%Cu，30.6%Sb

E_2：380℃，39.7%Cu，30.7%Sb

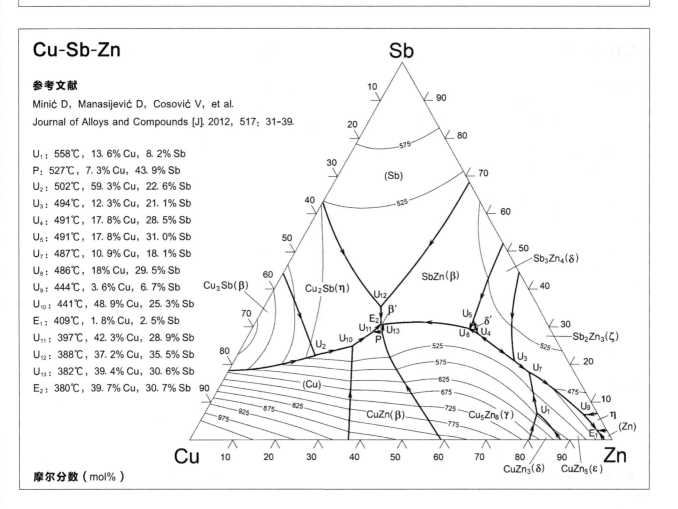

摩尔分数（mol%）

Cu-Se-Sn

参考文献

Бергер Л И, Котина Е Г, Обозненко Ю В, и др.
Изв. Акад. Наук, СССР, Неорганические
Материалы [J]. 1973, 9: 203-207.

e₁: 665℃
e₂: 625℃
e₃: 580℃
e₄: ~540℃
m: ~640℃
E₂: 525℃
E₃: 529℃
U₃: 630℃
U₄: 390℃
U₅: ~360℃
U₆: ~320℃

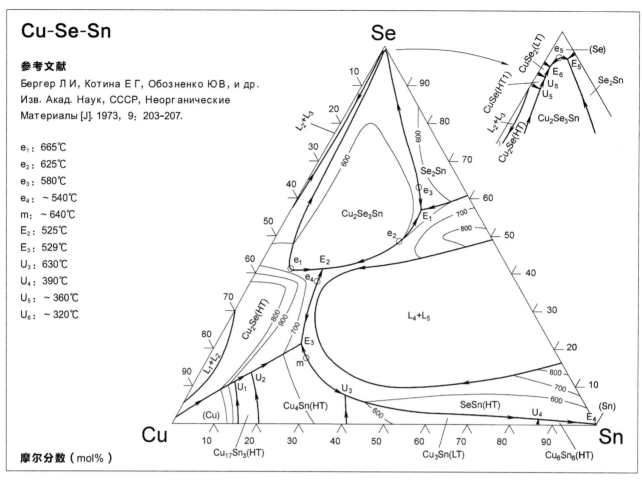

摩尔分数（mol%）

Cu-Si-Te

参考文献

Dogguy M, Rivet J, Flahaut J.
J. Less-Common Metals [J]. 1979, 63: 129-145.

E₁: 820℃, 76.7% Cu, 20.0% Si
E₂: 798℃, 65.0% Cu, 30.0% Si
E₃: 652℃
E₄: 375℃, 5.0% Cu, 16.7% Si
E₅: 352℃, 28.0% Cu, 2.7% Si
P: 578℃
U₁: 844℃, 81.7% Cu, 16.7% Si
U₂: 821℃, 80.0% Cu, 18.3% Si
U₃: 407℃, 37.0% Cu, 5.0% Si
U₄: 373℃, 36.7% Cu, 3.3% Si
I₁, I₂: 1122℃
L₁, L₂: 1050℃
L₁', L₂': 925℃
e₁: 850℃
e₂: 680℃
e₃: 380℃

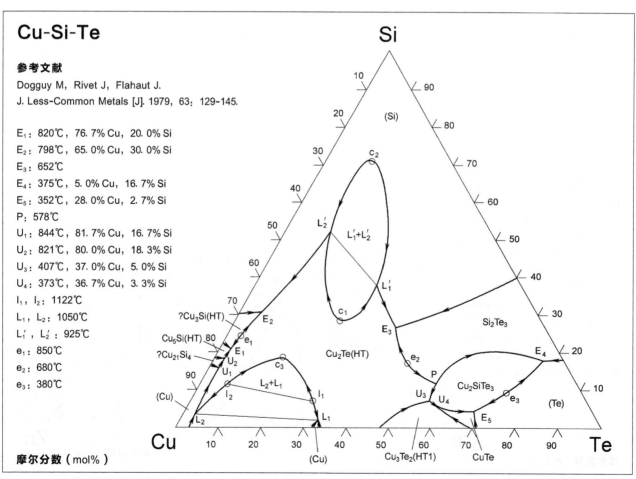

摩尔分数（mol%）

Cu-Si-Ti

参考文献

Будберг П Б, Алисова С П.

Докл. Акад. Наук, СССР [J]. 1975, 224: 129-131.

p: ~1600℃, 23.5% Cu, 11.4% Si
U: 1200℃

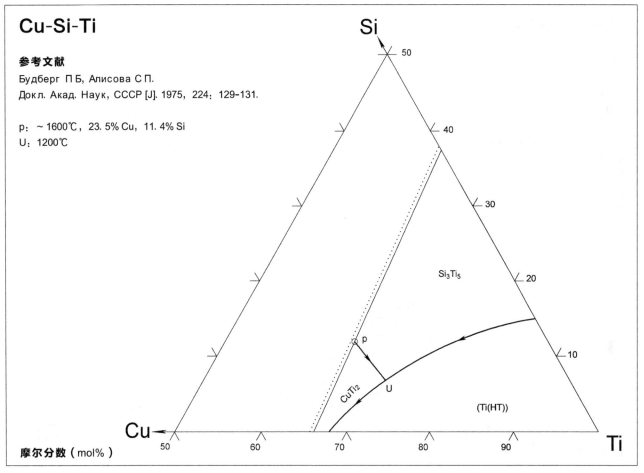

摩尔分数 (mol%)

Cu-Si-Zn (1)

参考文献

Chang Y A, Neumann J P, Mikula A, et al.
Phase Diagrams and Thermodynamic Properties
of Ternary Copper-Metal Systems [M].
New York: International Copper Research Association,
1979: 669-675.

c_1: 775℃
c_2: 721℃
E: 683℃
U_1: 667℃
U_2: 597℃
U_3: 424℃

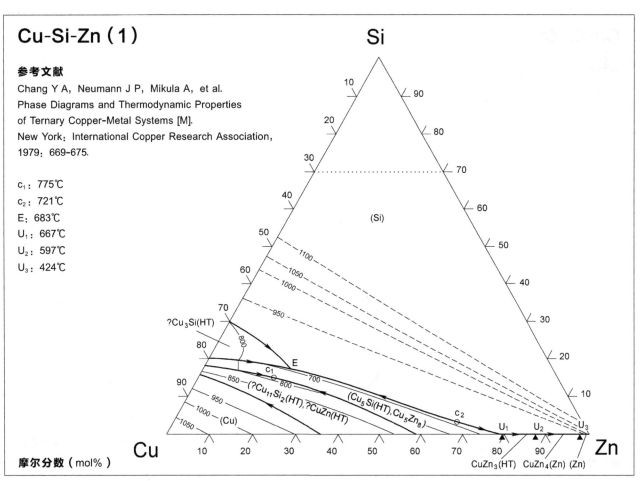

摩尔分数 (mol%)

Cu-Si-Zn（2）

参考文献

Wang J, Xu H, Shang S, et al.
CALPHAD: Computer Coupling of Phase Diagrams
and Thermochemistry [J]. 2011, 35: 191-203.

U_1: 760℃, 70.3% Cu, 23.0% Si
E: 745℃, 67.7% Cu, 26.6% Si
U_2: 665℃, 17.4% Cu, 1.4% Si
U_3: 598℃, 12.5% Cu, 0.7% Si
U_4: 424℃, 1.9% Cu, 0.1% Si

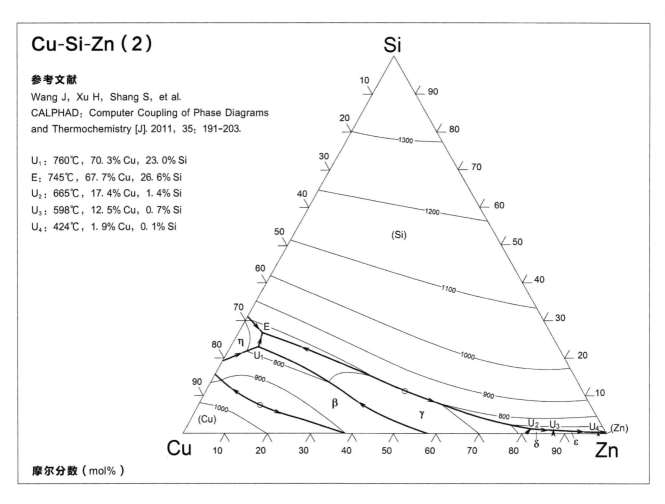

摩尔分数（mol%）

Cu-Si-Zr

参考文献

Sprenger H.
J. Less-Common Met. [J]. 1974, 34: 39-71.

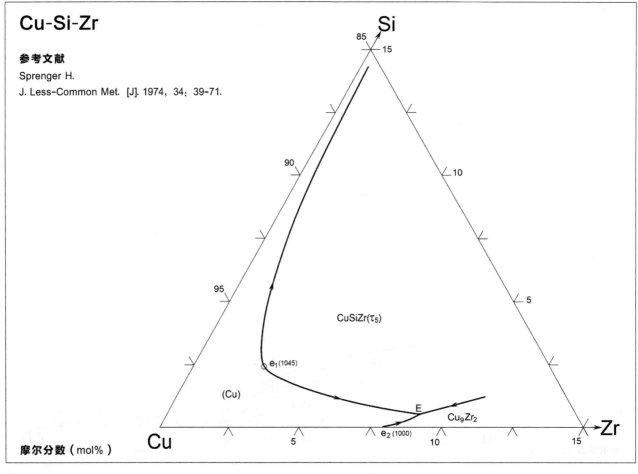

摩尔分数（mol%）

566

Cu-Sn-Te

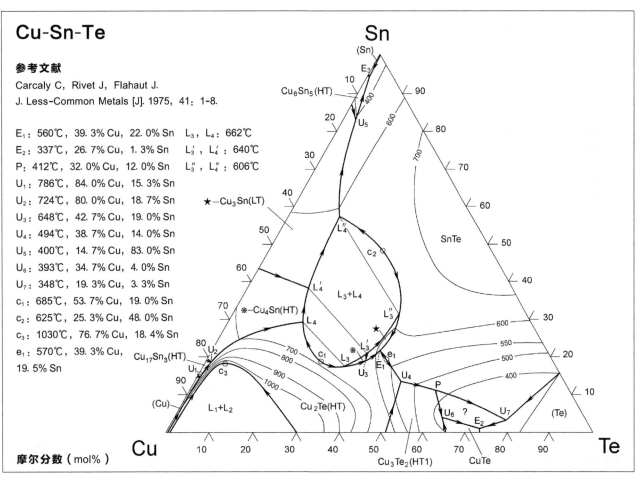

参考文献

Carcaly C, Rivet J, Flahaut J.
J. Less-Common Metals [J]. 1975, 41: 1-8.

E_1: 560℃, 39.3% Cu, 22.0% Sn L_3, L_4: 662℃
E_2: 337℃, 26.7% Cu, 1.3% Sn L_3', L_4': 640℃
P: 412℃, 32.0% Cu, 12.0% Sn L_3'', L_4'': 606℃
U_1: 786℃, 84.0% Cu, 15.3% Sn
U_2: 724℃, 80.0% Cu, 18.7% Sn
U_3: 648℃, 42.7% Cu, 19.0% Sn
U_4: 494℃, 38.7% Cu, 14.0% Sn
U_5: 400℃, 14.7% Cu, 83.0% Sn
U_6: 393℃, 34.7% Cu, 4.0% Sn
U_7: 348℃, 19.3% Cu, 3.3% Sn
c_1: 685℃, 53.7% Cu, 19.0% Sn
c_2: 625℃, 25.3% Cu, 48.0% Sn
c_3: 1030℃, 76.7% Cu, 18.4% Sn
e_1: 570℃, 39.3% Cu, 19.5% Sn

摩尔分数（mol%）

Cu-Sn-Ti

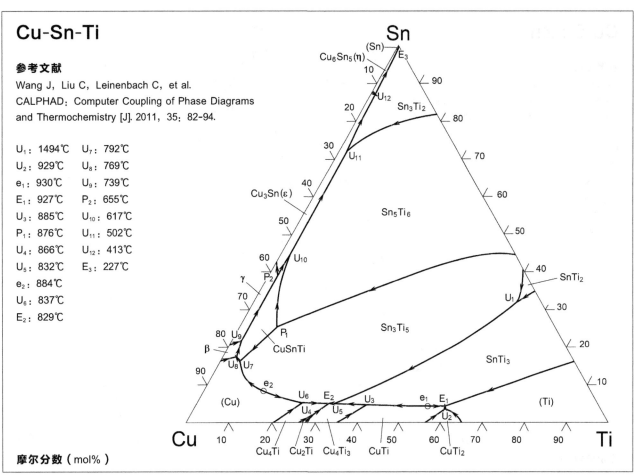

参考文献

Wang J, Liu C, Leinenbach C, et al.
CALPHAD: Computer Coupling of Phase Diagrams
and Thermochemistry [J]. 2011, 35: 82-94.

U_1: 1494℃ U_7: 792℃
U_2: 929℃ U_8: 769℃
e_1: 930℃ U_9: 739℃
E_1: 927℃ P_2: 655℃
U_3: 885℃ U_{10}: 617℃
P_1: 876℃ U_{11}: 502℃
U_4: 866℃ U_{12}: 413℃
U_5: 832℃ E_3: 227℃
e_2: 884℃
U_6: 837℃
E_2: 829℃

摩尔分数（mol%）

Cu-Sn-Zn（Sn 角）

参考文献

郑朝贵，王志立，叶于浦，等．
物理化学学报 [J]．1989，3（4）：435-439．

U_1：358℃，5.8% Cu，91.3% Sn
U_2：218℃，～0.2% Cu，96.3% Sn
E：190℃，0.2% Cu，90.8% Sn
p：415℃，92.4% Sn
e_1：227℃，99.3% Sn
e_2：198℃，91.0% Sn

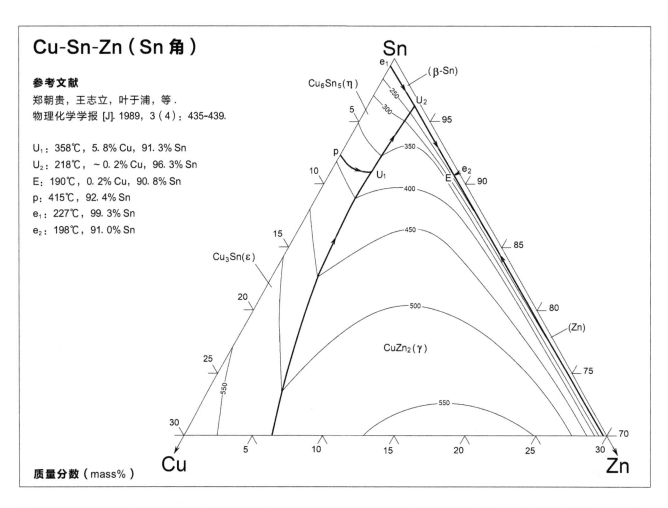

质量分数（mass%）

Cu-Sn-Zn

参考文献

Jantzen T，Spencer P J．
CALPHAD：Computer Coupling of Phase Diagrams
and Thermochemistry [J]．1998，22：417-434．

U_1：668℃
U_2：397℃
U_3：368℃
U_4：225℃
U_5：559℃
E：199℃

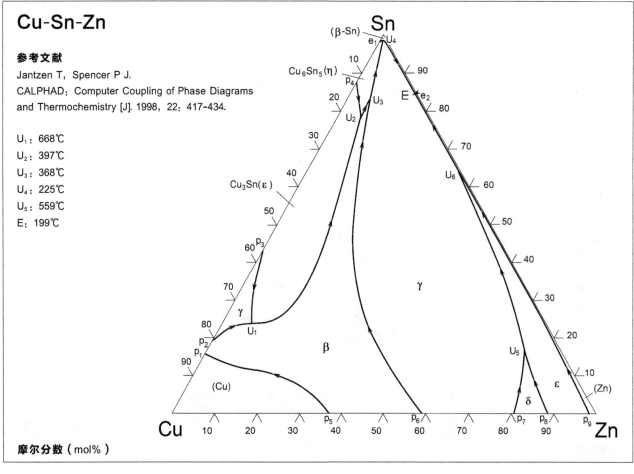

摩尔分数（mol%）

Cu-Ti-Zn

参考文献

Heine W, Zwicker U.
Zeitschrift fuer Metallkunde [J]. 1962, 53: 386-388.

CuTiZn: 950℃

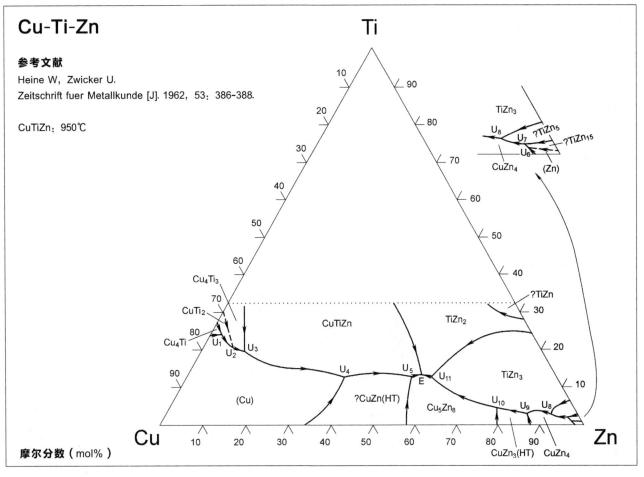

摩尔分数（mol%）

Cu-Ti-Zr（1）

参考文献

Woychik C G, Massalski T B.
Zeitschrift fuer Metallkunde [J]. 1988, 79: 149-153.

E_1: 48.6% Cu, 14.2% Ti
E_2: 39.4% Cu, 17.4% Ti
E_3: 47.6% Cu, 34.4% Ti

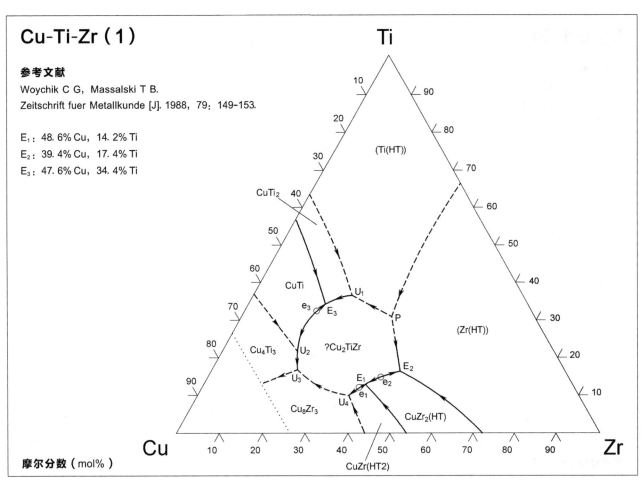

摩尔分数（mol%）

Cu-Ti-Zr（2）

参考文献

Turchanin M A, Velikanova T Ya, Agraval P G, et al.
Powder Metallurgy and Metal Ceramics [J].
2008, 47: 586-606.

U_1: 954℃ e_{11}: 868℃
U_2: 857℃ e_{12}: 864℃
P_1: 852℃ e_{13}: 860℃
U_3: 851℃ e_{14}: 853℃
E_1: 850℃ e_{15}: 846℃
U_4: 844℃ e_{16}: 836℃
E_2: 842℃ e_{17}: 815℃
E_3: 835℃
U_5: 824℃
E_4: 814℃
E_5: 812℃

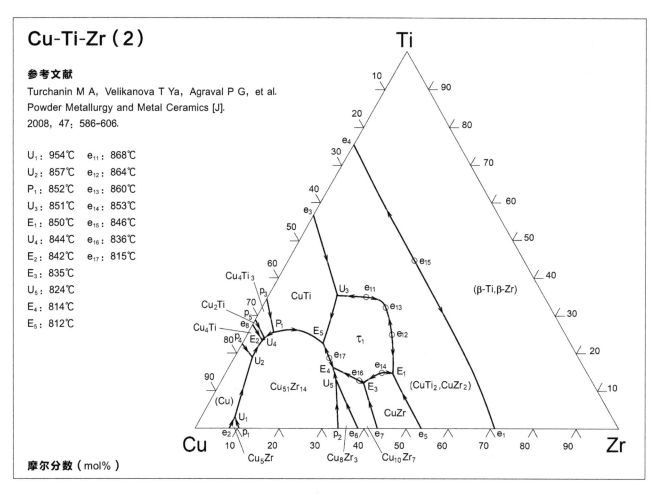

摩尔分数（mol%）

Dy-Gd-Zn

参考文献

Cardinal A M, Macciò D.
CALPHAD: Computer Coupling of Phase Diagrams
and Thermochemistry [J]. 2014, 46: 220-225.

e_1: 990℃
e_2: 945℃
e_3, e_4: 885℃
e_5, e_6: 875℃
e_7: 850℃
e_8: 780℃
p_1: 905℃
p_2: 900℃
p_3: 895℃
p_4: 880℃
p_5: 685℃
p_6: 660℃

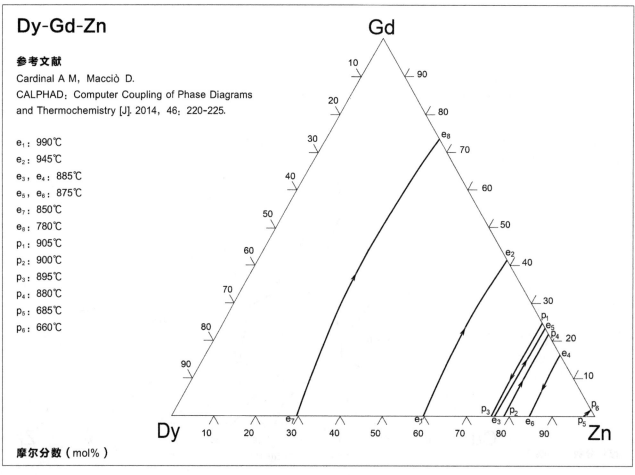

摩尔分数（mol%）

Dy-Mg-Zn

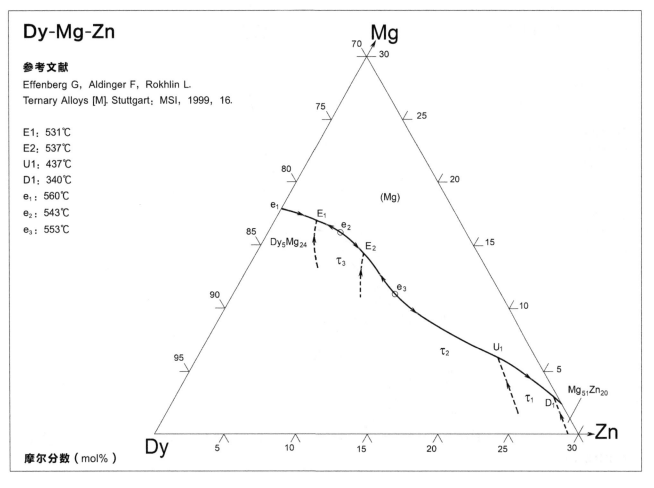

参考文献

Effenberg G, Aldinger F, Rokhlin L.
Ternary Alloys [M]. Stuttgart: MSI, 1999, 16.

E1: 531℃
E2: 537℃
U1: 437℃
D1: 340℃
e₁: 560℃
e₂: 543℃
e₃: 553℃

摩尔分数（mol%）

Er-Fe-Sb

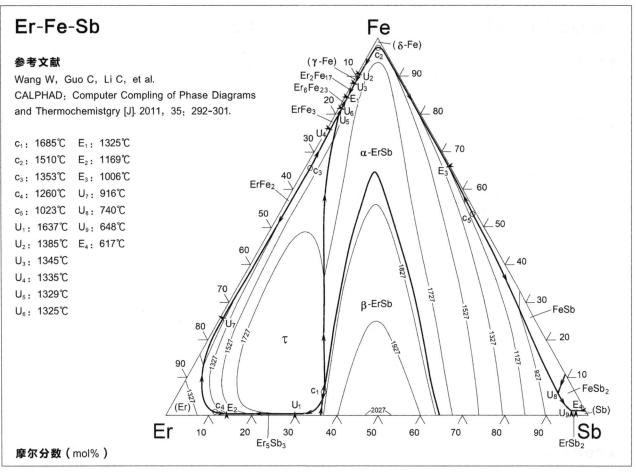

参考文献

Wang W, Guo C, Li C, et al.
CALPHAD: Computer Compling of Phase Diagrams
and Thermochemistgry [J]. 2011, 35: 292-301.

c₁: 1685℃	E₁: 1325℃
c₂: 1510℃	E₂: 1169℃
c₃: 1353℃	E₃: 1006℃
c₄: 1260℃	U₇: 916℃
c₅: 1023℃	U₈: 740℃
U₁: 1637℃	U₉: 648℃
U₂: 1385℃	E₄: 617℃
U₃: 1345℃	
U₄: 1335℃	
U₅: 1329℃	
U₆: 1325℃	

摩尔分数（mol%）

Fe-Gd-Mo（1）

参考文献

Zinkevitch M，Mattern N，Wendrock K，et al.
Journal of Alloys and Compounds [J]. 1999，283：265-281.

E_1：1284℃
E_2：650℃
P_1：1316℃
P_2：～1440℃
U_3：1340℃
U_4：1166℃
U_5：1070℃
U_6：850℃

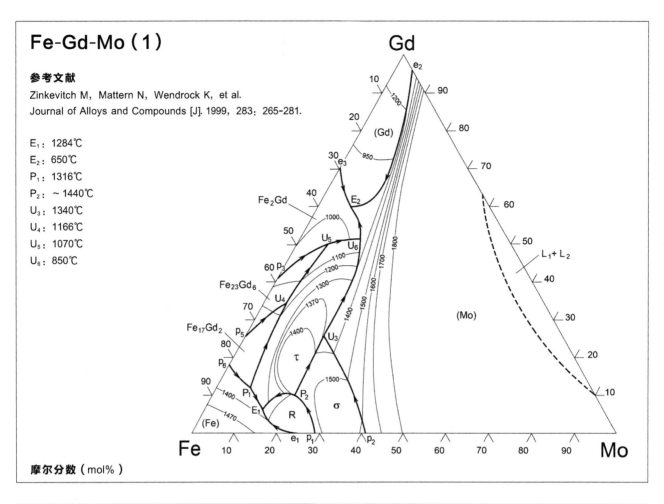

摩尔分数（mol%）

Fe-Gd-Mo（2）

参考文献

Zinkevich M，Mattern N，Seifert H J，et al.
Scandinavian Journal of Metallurgy [J]. 2002，31：34-51.

U_8：1319℃，7.1% Gd，17.3% Mo
U_1：1224℃，14.5% Gd，9.4% Mo
P_1：1369℃，11.6% Gd，22.0% Mo
U_3：1247℃，31.2% Gd，17.7% Mo
U_4：1174℃，22.1% Gd，8.4% Mo
U_5：982℃，40.1% Gd，9.4% Mo
U_7：982℃，40.1% Gd，9.4% Mo
U_6：852℃，48.4% Gd，13.1% Mo
E_2：647℃，48.7% Gd，13.0% Mo
U_9：1331℃，12.3% Gd，0.5% Mo

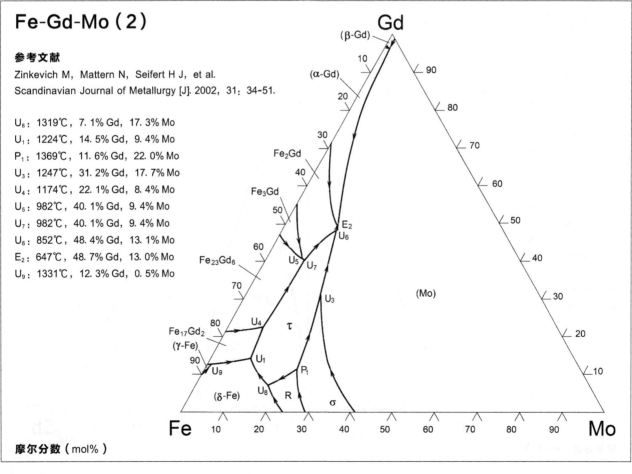

摩尔分数（mol%）

Fe-Ge-S

参考文献

Raghavan V.
Phase Diagrams of Ternary Iron Alloys [M].
Calcutta: The Indian Institute of Metals,
1988, (2): 127-139.

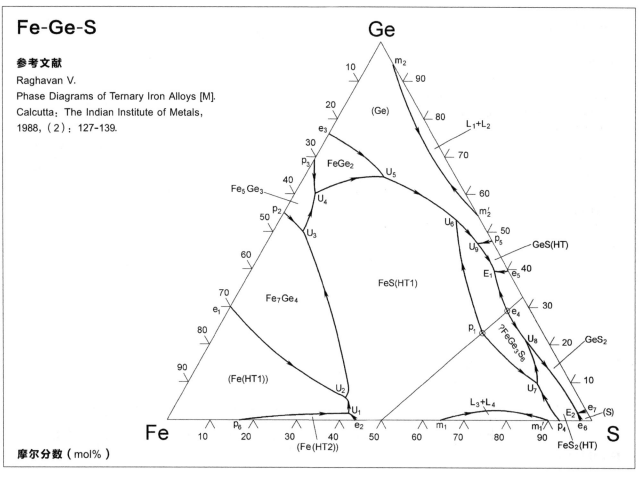

摩尔分数 (mol%)

Fe-La-Ni

参考文献

Fartushna I, Mardani M, Bajenova I, et al.
Journal of Alloys and Compounds [J]. 2020, 845: 156356.

U_1: 824℃, 56Ni%, 38La%

U_2: 795℃, 55.5Ni%, 39La%

U_3: 720℃, 55Ni%, 40.5La%

U_6: 665℃, 54Ni%, 43.5La%

U_7: 524℃, 34Ni%, 65.5La%

E_1: 652℃, 52.3Ni%, 45.9La%

E_2: 532℃, 25Ni%, 74La%

E_3: 525℃, 21.3Ni%, 77.3La%

e_1: 1302℃, 69.5Ni%, 10.0La%

e_5: 655℃, 49Ni%, 50La%

e_7: 533℃, 26Ni%, 75La%

e_8: >532℃, 29Ni%, 70La%

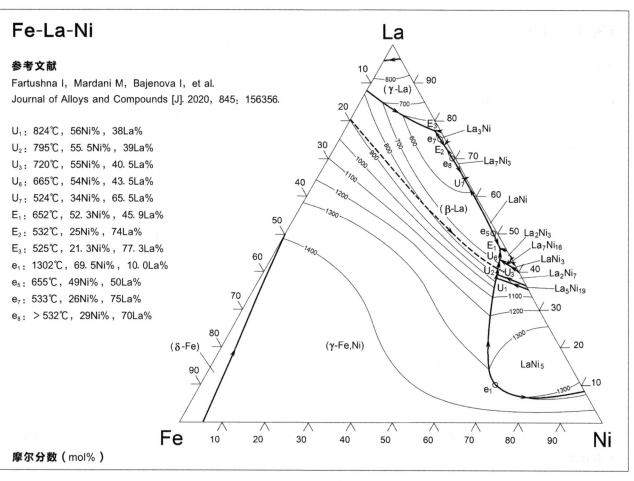

摩尔分数 (mol%)

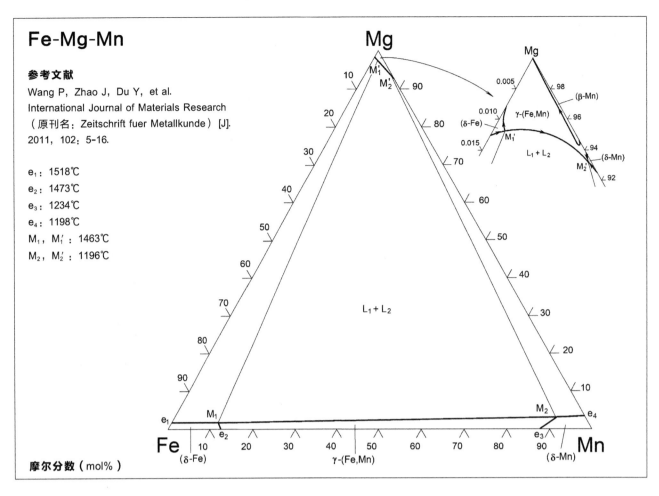

Fe-Mg-Mn

参考文献

Wang P, Zhao J, Du Y, et al.
International Journal of Materials Research
（原刊名：Zeitschrift fuer Metallkunde）[J].
2011, 102：5-16.

e_1：1518℃
e_2：1473℃
e_3：1234℃
e_4：1198℃
M_1，M_1'：1463℃
M_2，M_2'：1196℃

摩尔分数（mol%）

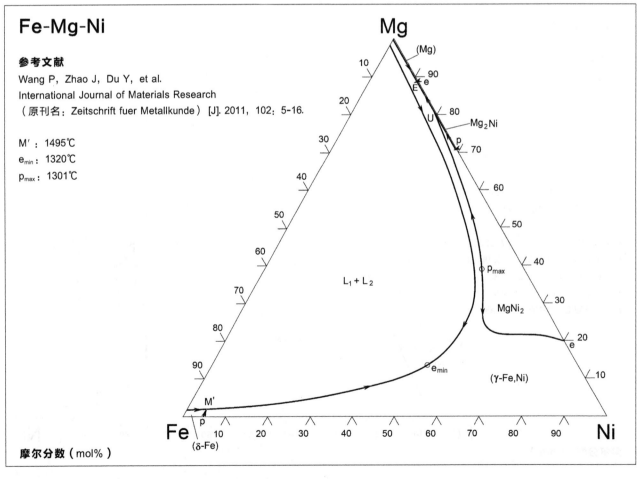

Fe-Mg-Ni

参考文献

Wang P, Zhao J, Du Y, et al.
International Journal of Materials Research
（原刊名：Zeitschrift fuer Metallkunde）[J]. 2011, 102：5-16.

M'：1495℃
e_{min}：1320℃
p_{max}：1301℃

摩尔分数（mol%）

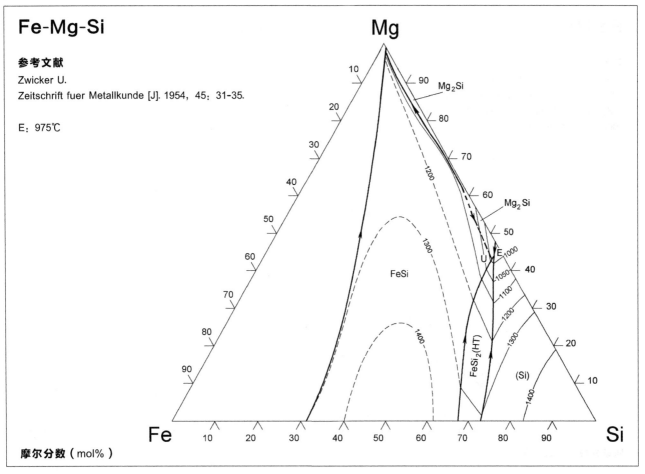

Fe-Mg-Si

参考文献

Zwicker U.

Zeitschrift fuer Metallkunde [J]. 1954, 45: 31-35.

E: 975℃

FeSi

Mg₂Si

Mg₂Si

FeSi₂(HT)

(Si)

Fe   10   20   30   40   50   60   70   80   90   Si

摩尔分数（mol%）

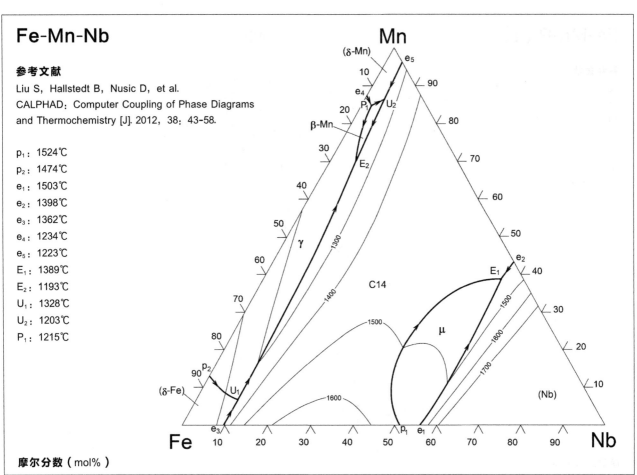

Fe-Mn-Nb

参考文献

Liu S, Hallstedt B, Nusic D, et al.

CALPHAD: Computer Coupling of Phase Diagrams and Thermochemistry [J]. 2012, 38: 43-58.

p_1: 1524℃

p_2: 1474℃

e_1: 1503℃

e_2: 1398℃

e_3: 1362℃

e_4: 1234℃

e_5: 1223℃

E_1: 1389℃

E_2: 1193℃

U_1: 1328℃

U_2: 1203℃

P_1: 1215℃

(δ-Mn)

β-Mn

γ

C14

μ

(δ-Fe)

(Nb)

Fe   10   20   30   40   50   60   70   80   90   Nb

摩尔分数（mol%）

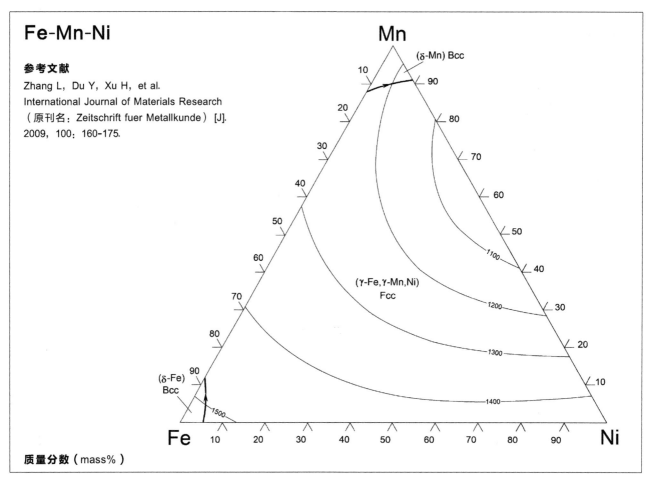

Fe-Mn-Ni

参考文献

Zhang L, Du Y, Xu H, et al.

International Journal of Materials Research

（原刊名：Zeitschrift fuer Metallkunde）[J].

2009, 100: 160-175.

Mn

(δ-Mn) Bcc

10

90

20

80

30

70

40

60

50

50

(γ-Fe, γ-Mn, Ni)
Fcc

60

40

1100

70

30

1200

80

20

1300

(δ-Fe)
Bcc

90

10

1400

1500

Fe   10   20   30   40   50   60   70   80   90   Ni

质量分数（mass%）

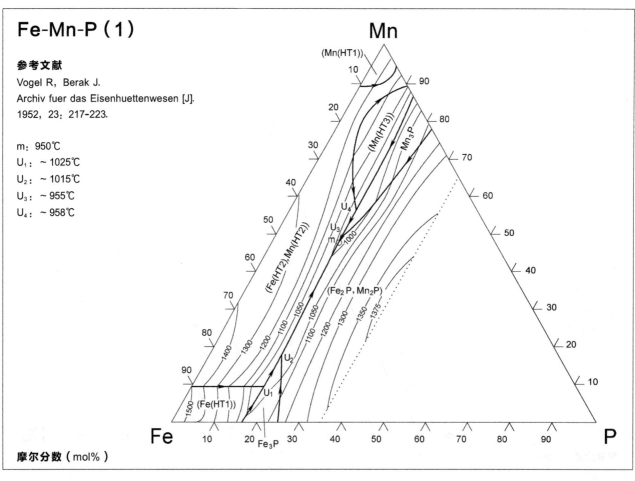

Fe-Mn-P（1）

参考文献

Vogel R, Berak J.

Archiv fuer das Eisenhuettenwesen [J].

1952, 23: 217-223.

m: 950℃

U_1: ~1025℃

U_2: ~1015℃

U_3: ~955℃

U_4: ~958℃

Mn

(Mn(HT1))

10

90

20

80

(Mn(HT3))

Mn_3P

30

70

U_4

40

60

(Fe(HT2), Mn(HT2))

U_3

m   1000

50

50

(Fe_2P, Mn_2P)

60

40

1300

1200

1100

1050

1050

1100

1200

1300

1350

1375

70

30

80

20

1400

90

U_2

10

1500

U_1

(Fe(HT1))

Fe   10   20 Fe_3P 30   40   50   60   70   80   90   P

摩尔分数（mol%）

Fe-Mn-P（2）

参考文献

Miettinen J, Vassilev G.
JPEDAV [J]. 2014, 35: 587-594.

U_1：1021℃， 7.7w-%Mn， 9.7w-%P
U_2：981℃， 22.6w-%Mn， 9.8w-%P
U_3：950℃， 52.3w-%Mn， 9.3w-%P
U_4：952℃， 68.4w-%Mn， 8.6w-%P

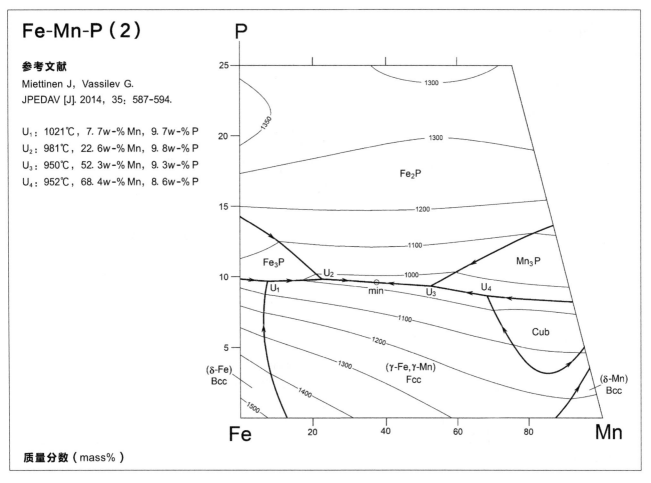

质量分数（mass%）

Fe-Mn-S

参考文献

Kang Y B.
CALPHAD：Computer
Coupling of Phase
Diagrams and
Thermochemistry
[J]. 2010, 34：
232-244.

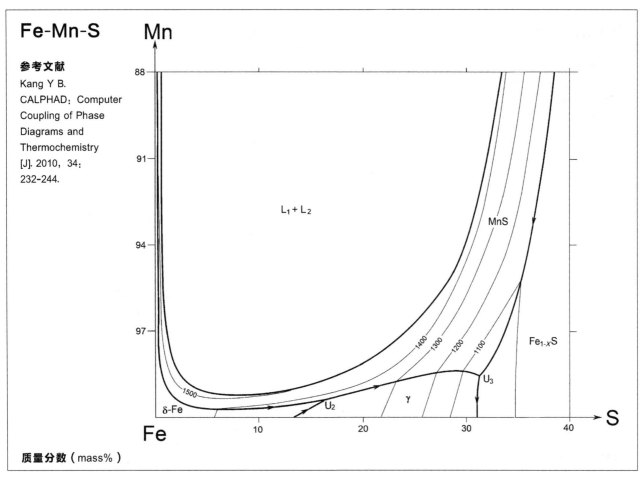

质量分数（mass%）

Fe-Mn-Se

参考文献

Mann G S, van Vlack L H.
Metallurgical Transactions, Section B:
Process Metallurgy [J]. 1977, 8B: 47-51.

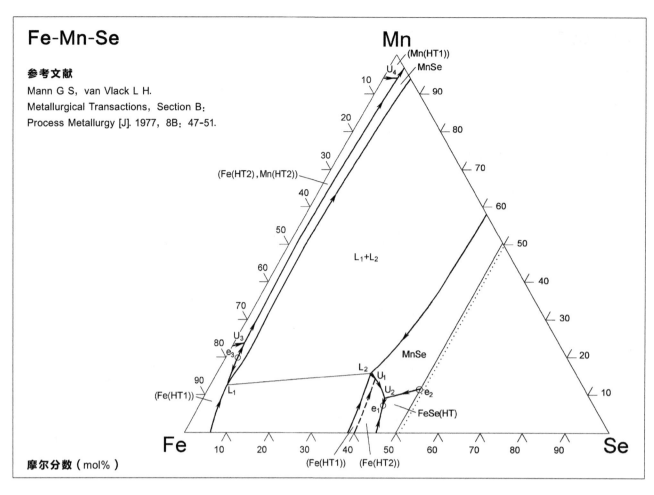

Fe-Mn-Si

参考文献

Raynor G V, Rivlin V G.
Phase Equilibria in Iron Ternary Alloys [M].
London: The Institute of Metals, 1988 (4): 363-377.

E: ~ 1125℃
P: ~ 1120℃
U₃: ~ 1020℃

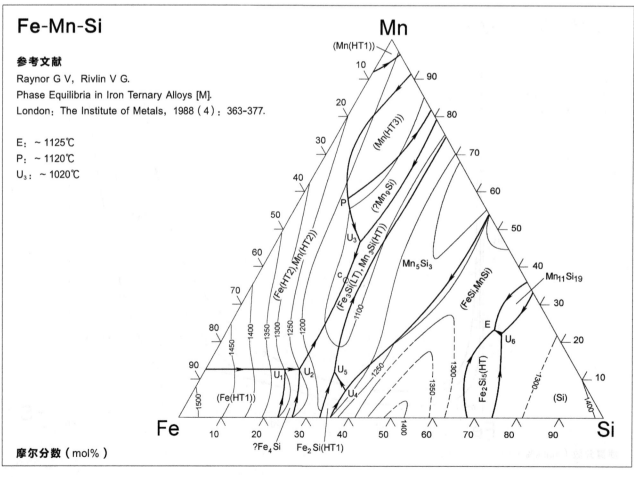

Fe-Mn-Ti（1）

参考文献

Raynor G V, Rivlin V G.

Phase Equilibria in Iron Ternary Alloys [M].

London：The Institute of Metals, 1988（4）：378-388.

E：~1030℃

U₁：~1100℃

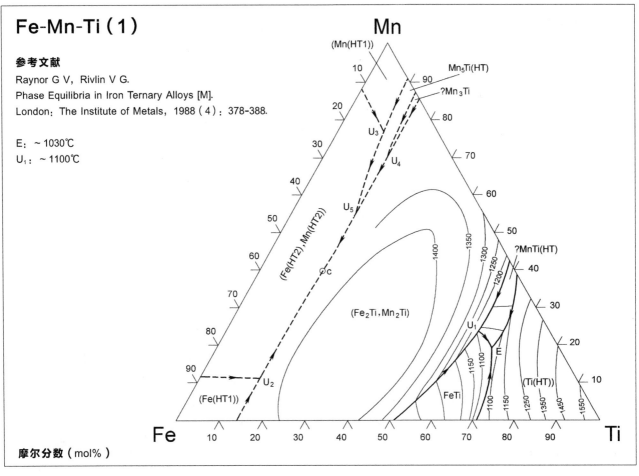

Fe-Mn-Ti（2）

参考文献

Walnsch A, Kriegel M J, Fabrichnaya O, et al.

J. Phase Equilib. Diffus. [J]. 2020, 41：457-467.

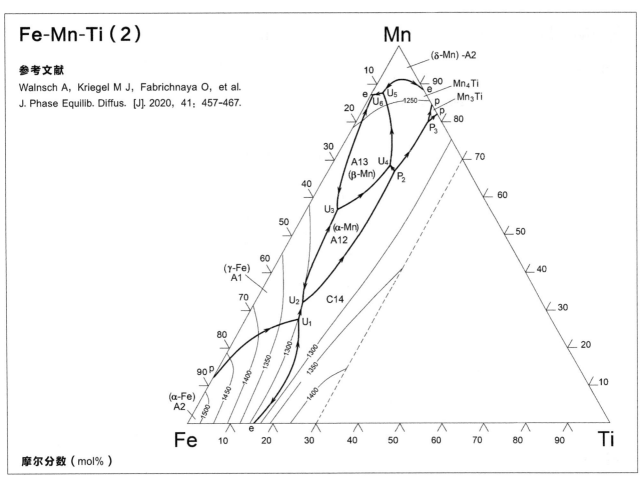

摩尔分数（mol%）

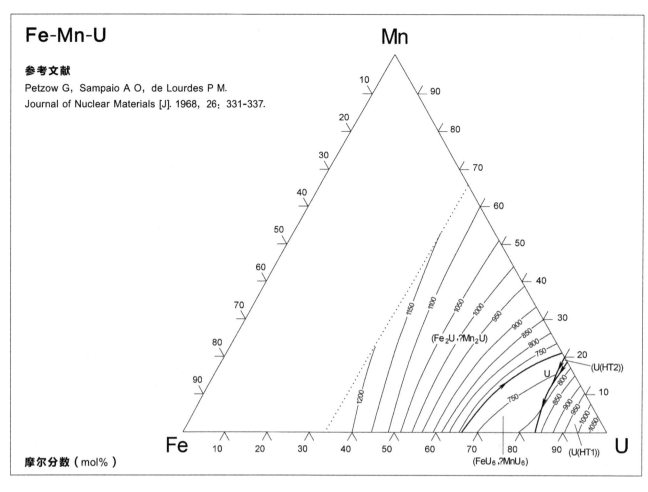

Fe-Mn-U

参考文献

Petzow G, Sampaio A O, de Lourdes P M.

Journal of Nuclear Materials [J]. 1968, 26: 331-337.

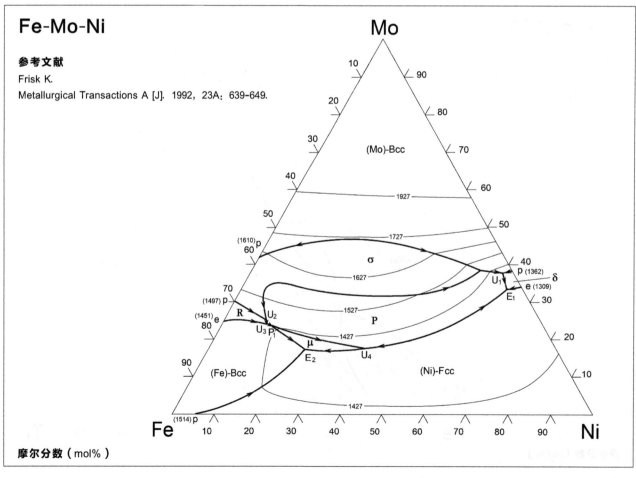

Fe-Mo-Ni

参考文献

Frisk K.

Metallurgical Transactions A [J]. 1992, 23A: 639-649.

Fe-Mo-P（1）

参考文献

Raghavan V.
Phase Diagrams of Ternary Iron Alloys [M].
Calcutta：The Indian Institute of Metals,
1988（3）：100-109.

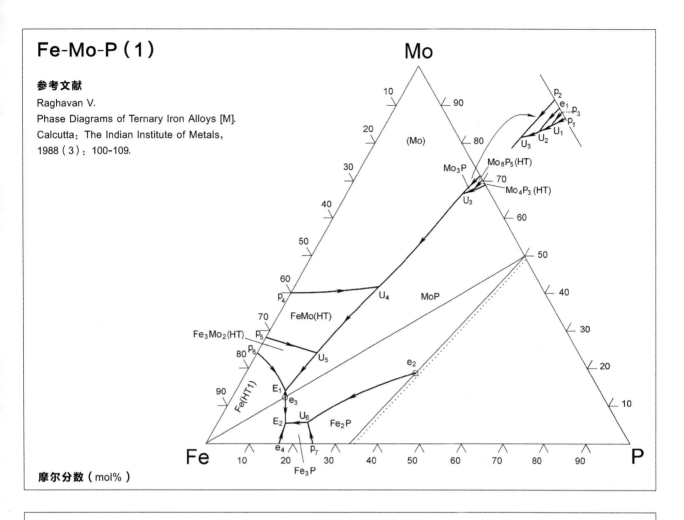

摩尔分数（mol%）

Fe-Mo-P（2）

参考文献

Miettinen J, Pashkova A, Vassilev G.
JPEDAV [J]. 2015, 36：60-67.

E_1：1024℃，9.5w-%Mo，9.0w-%P
U_1：1125℃，8.0w-%Mo，12.1w-%P
U_2：1093℃，24.2w-%Mo，6.6w-%P
U_3：1104℃，25.2w-%Mo，6.4w-%P
U_4：1219℃，29.3w-%Mo，4.6w-%P
U_5：1346℃，48.1w-%Mo，4.5w-%P
U_6：1341℃，47.9w-%Mo，4.6w-%P
P_1：1368℃，45.1w-%Mo，3.7w-%P

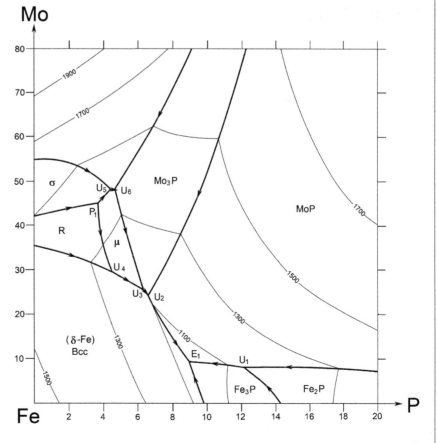

质量分数（mass%）

Fe-Mo-Si

参考文献

Raynor G V, Rivlin V G.

Phase Equilibria in Iron Ternary Alloys [M].

London: The Institute of Metals, 1988（4）: 398-413.

e_1: 1390℃, 45.2% Fe, 3.1% Mo

e_2: 1340℃, 45.0% Fe, 8.2% Mo

p_1: 1630℃, 41.0% Fe, 38.0% Mo

p_2: 1610℃, 48.7% Fe, 34.0% Mo

p_3: 1440℃, 45.0% Fe, 12.9% Mo

E_1: 1170℃, 64.9% Fe, 3.3% Mo

E_2: 1331℃, 44.0% Fe, 8.9% Mo

P: 26.3% Fe, 1.9% Mo

U_1: 1620℃, 40.3% Fe, 36.8% Mo

U_2: 1575℃, 40.9% Fe, 32.8% Mo

U_3: 1550℃, 42.0% Fe, 30.1% Mo

U_4: 1356℃, 47.8% Fe, 14.7% Mo

U_5: 1186℃, 67.1% Fe, 3.9% Mo

U_6: 1342℃, 42.1% Fe, 11.4% Mo

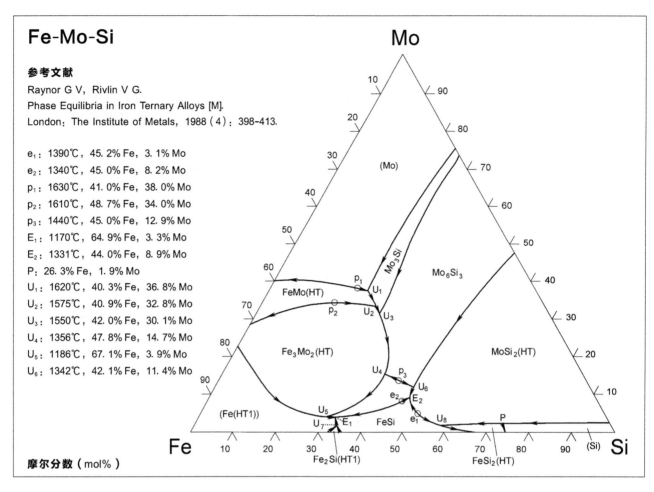

摩尔分数（mol%）

Fe-Nb-P（1）

参考文献

Raghavan V.

Phase Diagrams of Ternary Iron Alloys [M].

Calcutta: The Indian Institute of Metals,

1988（3）: 111-119.

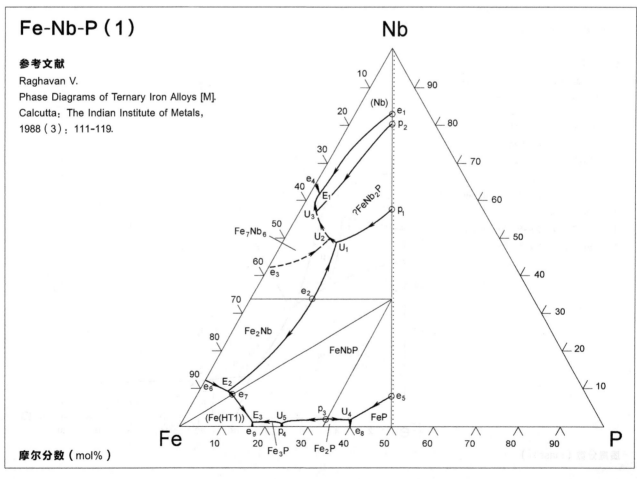

摩尔分数（mol%）

Fe-Nb-P（2）

参考文献

Tokunaga T, Hanaya N, Otani H, et al.
ISIJ International [J]. 2009, 49: 947-956.

E_1: 1257℃, 4.8w-% Nb, 28.2w-% P
U_2: 1149℃, 0.4w-% Nb, 13.2w-% P
E_3: 1049℃, 0.3w-% Nb, 9.8w-% P
E_4: 1283℃, 17.6w-% Nb, 3.5w-% P
U_5: 1392℃, 64.1w-% Nb, 6.4w-% P
E_8: 1383℃, 75.3w-% Nb, 3.7w-% P
E_9: 1363℃, 67.9w-% Nb, 5.9w-% P
U_{10}: 1373℃, 69.3w-% Nb, 5.1w-% P

质量分数（mass%）

Fe-Nb-P（Fe 角）

参考文献

Miettinen J, Vassilev G.
JPEDAV [J]. 2015, 36: 68-77.

E_1: 1292℃, 18.8w-% Nb, 3.8w-% P
E_2: 1466℃, 65.0w-% Nb, 5.1w-% P
E_3: 1431℃, 73.2w-% Nb, 1.3w-% P
E_4: 1327℃, 90.1w-% Nb, 9.3w-% P
E_6: 1043℃, 0.8w-% Nb, 9.9w-% P
U_1: 1471℃, 60.0w-% Nb, 5.9w-% P
U_2: 1453℃, 65.6w-% Nb, 3.5w-% P
U_3: 1410℃, 85.3w-% Nb, 11.7w-% P
U_4: 1452℃, 84.2w-% Nb, 14.3w-% P
U_6: 1148℃, 1.0w-% Nb, 13.5w-% P
P_1: 1487℃, 76.0w-% Nb, 9.4w-% P

质量分数（mass%）

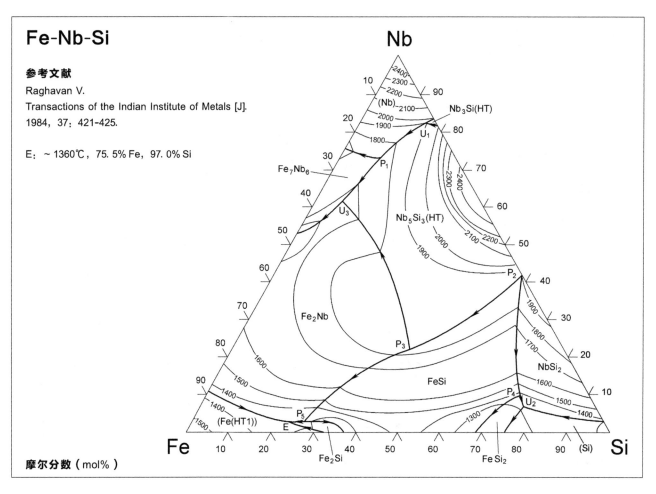

Fe-Nb-Si

参考文献

Raghavan V.
Transactions of the Indian Institute of Metals [J].
1984, 37: 421-425.

E: ~ 1360℃, 75.5% Fe, 97.0% Si

Nb

2400
2300
2200
10
(Nb)
2100
90
20
2000
1900
1800
Nb₃Si(HT)
U₁
80
30
Fe₇Nb₆
70
2300
2400
40
U₃
Nb₅Si₃(HT)
60
50
2000
2100
2200
50
60
1900
P₂
40
70
Fe₂Nb
1900
30
80
P₃
1800
20
90
1600
FeSi
1700
NbSi₂
1500
1600
10
1400
P₄
U₂
1500
(Fe(HT1))
E
P₅
1300
1400
1500
Fe 10 20 30 40 50 60 70 80 90 (Si) Si

Fe₂Si   FeSi₂

摩尔分数（mol%）

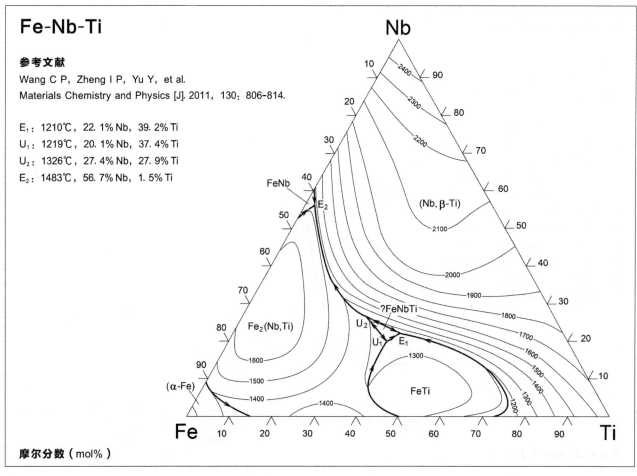

Fe-Nb-Ti

参考文献

Wang C P, Zheng I P, Yu Y, et al.
Materials Chemistry and Physics [J]. 2011, 130: 806-814.

E₁: 1210℃, 22.1% Nb, 39.2% Ti
U₁: 1219℃, 20.1% Nb, 37.4% Ti
U₂: 1326℃, 27.4% Nb, 27.9% Ti
E₂: 1483℃, 56.7% Nb, 1.5% Ti

Nb

10
2400
90
20
2300
80
2200
30
70
FeNb 40
(Nb, β-Ti)
60
E₂
50
2100
50
60
40
70
2000
30
80
1900
?FeNbTi
1800
U₂
Fe₂(Nb,Ti)
1700
20
90
U₁
E₁
1600
(α-Fe)
1300
1500
10
1600
1400
FeTi
1400
1200
1300
Fe 10 20 30 40 50 60 70 80 90 Ti

摩尔分数（mol%）

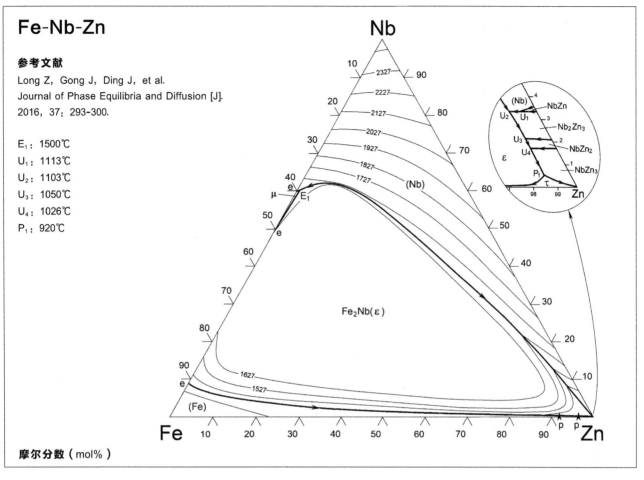

Fe-Nb-Zn

参考文献

Long Z, Gong J, Ding J, et al.
Journal of Phase Equilibria and Diffusion [J].
2016, 37: 293-300.

E_1: 1500℃
U_1: 1113℃
U_2: 1103℃
U_3: 1050℃
U_4: 1026℃
P_1: 920℃

摩尔分数（mol%）

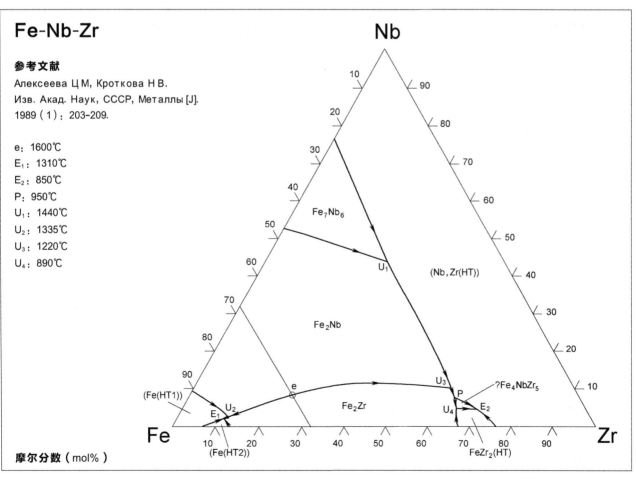

Fe-Nb-Zr

参考文献

Алексеева Ц М, Кроткова Н В.
Изв. Акад. Наук, СССР, Металлы [J].
1989（1）: 203-209.

e: 1600℃
E_1: 1310℃
E_2: 850℃
P: 950℃
U_1: 1440℃
U_2: 1335℃
U_3: 1220℃
U_4: 890℃

摩尔分数（mol%）

Fe-Nd-Sb（Sb 角）

参考文献

Wang W, Liu T, Song H, et al.
Materials Transactions（The Japan Institute of Metals and naterials）[J]. 2016, 57：103-111.

P_1：777℃
U_1：755℃
U_2：746℃
U_3：592℃
U_4：400℃
E：395℃

摩尔分数（mol%）

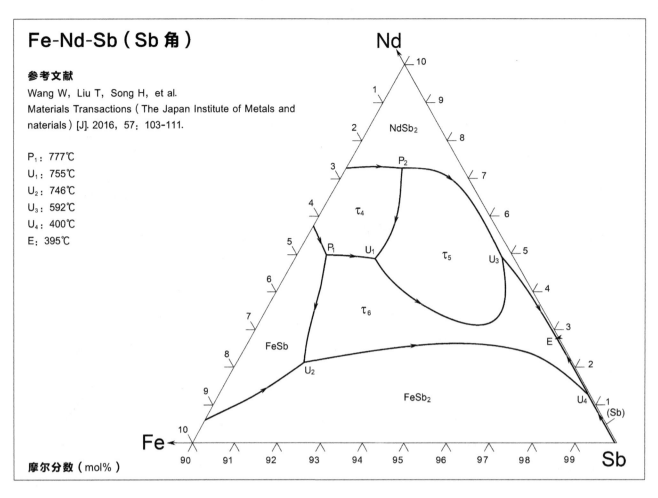

Fe-Ni-P（1）

参考文献

Raghavan V.
Phase Diagrams of Ternary Iron Alloys [M].
Calcutta：The Indian Institute of Metals,
1988,（3）：121-137.

E：~950℃
U：970℃

摩尔分数（mol%）

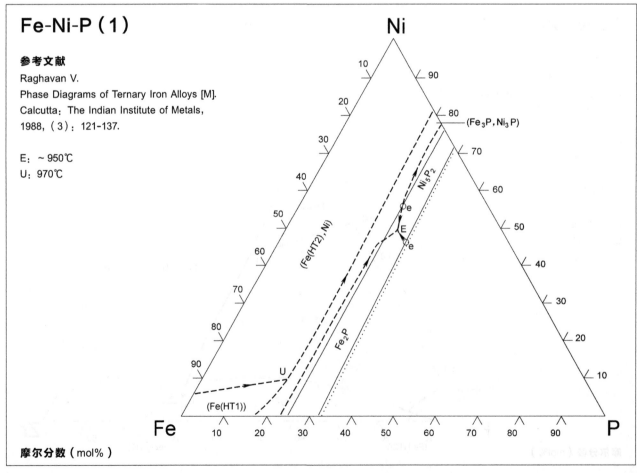

586

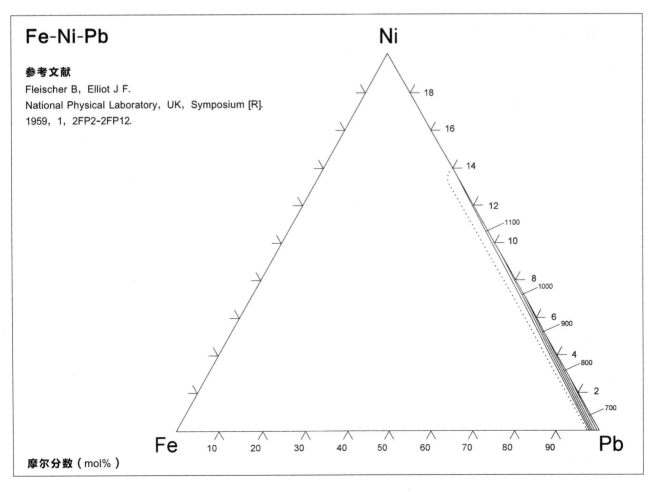

Fe-Ni-P（2）

参考文献

Miettinen J, Vassilev G.
JPEDAV [J]. 2015, 36: 78-87.

U_1: 999℃, 11.8w-% Ni, 9.6w-% P
E_1: 949℃, 71.0w-% Ni, 15.8w-% P
U_2: 1002℃, 76.2w-% Ni, 17.2w-% P
U_3: 1028℃, 78.6w-% Ni, 16.4w-% P

质量分数（mass%）

Fe-Ni-Pb

参考文献

Fleischer B, Elliot J F.
National Physical Laboratory, UK, Symposium [R].
1959, 1, 2FP2-2FP12.

摩尔分数（mol%）

Fe-Ni-Pd

参考文献

Пантелеймонов Л А, Бирун Н А, Губиева Д Н.
Журн. Неорг. Хим. [J]. 1960, 5: 1635-1637.

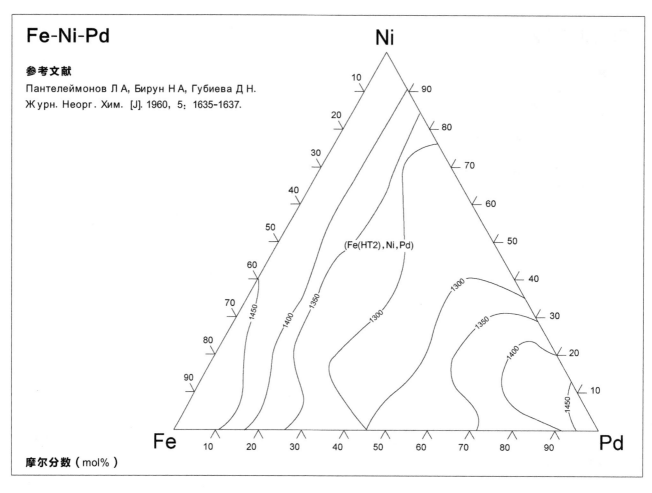

摩尔分数（mol%）

Fe-Ni-S（1）

参考文献

Hsieh K C, Kao M Y, Chang Y A.
International Journal of the Science of Gas-Solid Reactions [J].
1987, 27: 123-141.

L_1, L_2: 1050℃
U_1: 740℃

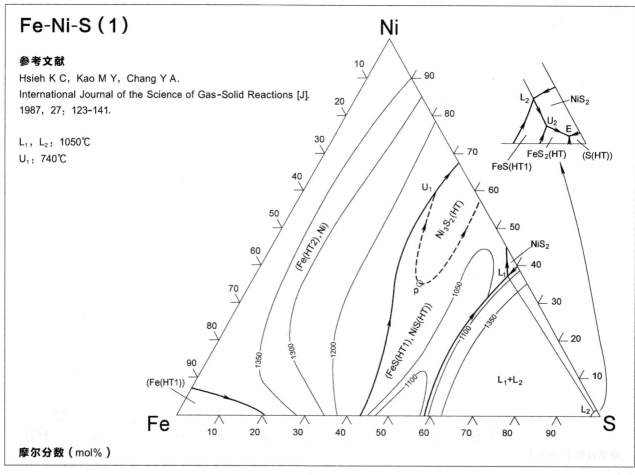

摩尔分数（mol%）

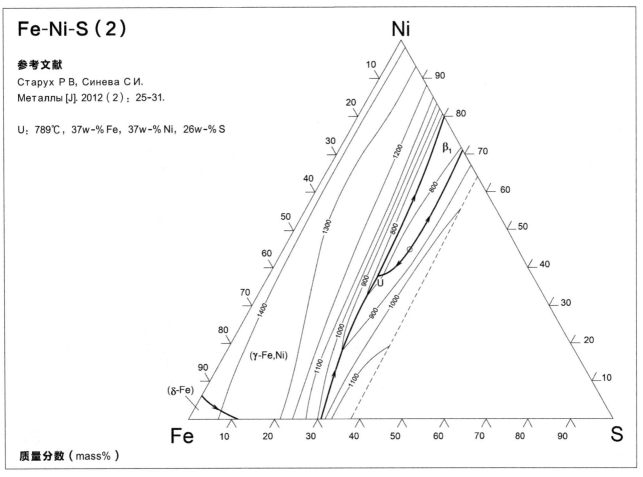

Fe-Ni-S（2）

参考文献

Старух Р В, Синева С И.

Металлы [J]. 2012（2）：25-31.

U：789℃，37w-% Fe，37w-% Ni，26w-% S

β₁

U

（γ-Fe,Ni）

（δ-Fe）

质量分数（mass%）

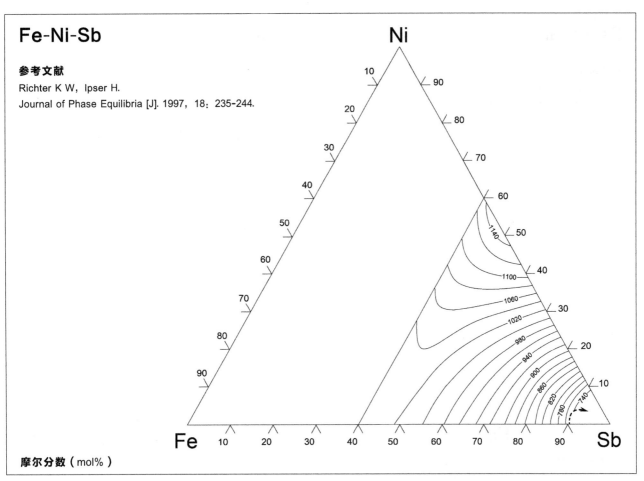

Fe-Ni-Sb

参考文献

Richter K W, Ipser H.

Journal of Phase Equilibria [J]. 1997, 18：235-244.

摩尔分数（mol%）

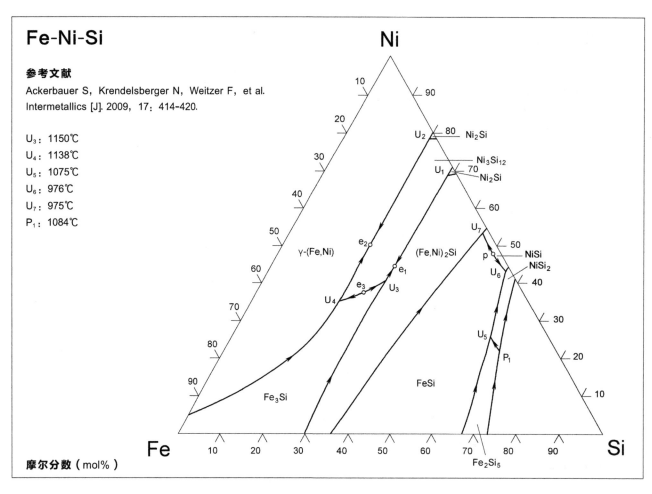

Fe-Ni-Si

参考文献

Ackerbauer S, Krendelsberger N, Weitzer F, et al.
Intermetallics [J]. 2009, 17: 414-420.

U_3: 1150℃
U_4: 1138℃
U_5: 1075℃
U_6: 976℃
U_7: 975℃
P_1: 1084℃

Ni

U_2

Ni_2Si

Ni_3Si_{12}

U_1

Ni_2Si

U_7

γ-(Fe,Ni)

e_2

$(Fe,Ni)_2Si$

p

NiSi

$NiSi_2$

U_6

e_1

e_3

U_3

U_4

U_5

P_1

Fe_3Si

FeSi

Fe_2Si_5

Fe

Si

摩尔分数（mol%）

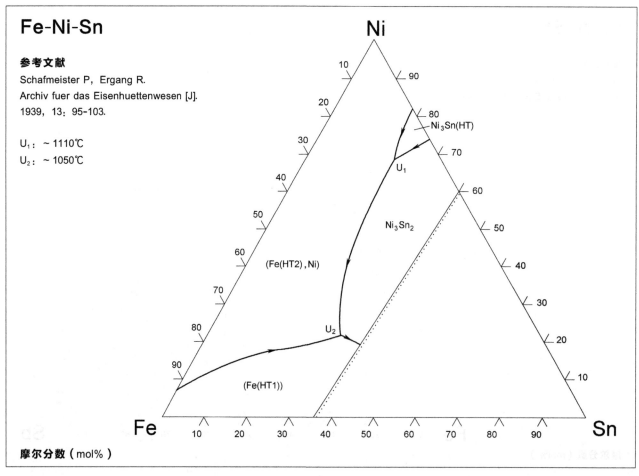

Fe-Ni-Sn

参考文献

Schafmeister P, Ergang R.
Archiv fuer das Eisenhuettenwesen [J].
1939, 13: 95-103.

U_1: ~ 1110℃
U_2: ~ 1050℃

Ni

$Ni_3Sn(HT)$

U_1

Ni_3Sn_2

(Fe(HT2),Ni)

U_2

(Fe(HT1))

Fe

Sn

摩尔分数（mol%）

Fe-Ni-Ti

参考文献

Duarte L I, Klotz U E, Leinenbach C, et al.
Intermetallics [J]. 2010, 18: 374-384.

e_1: 1289℃ U_1: 1199℃
p_1: 1317℃ E_1: 1108℃
e_2: 1085℃ E_2: 1099℃
e_3: 942℃ U_2: 1030℃
p_2: 984℃ c_1: ~1150℃
e_4: 1118℃ c_2: 1035℃
e_5: 1304℃
p_3: 1514℃

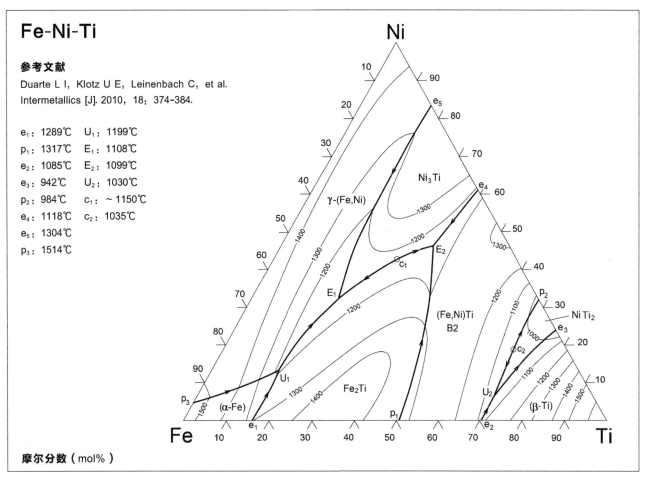

摩尔分数（mol%）

Fe-Ni-V

参考文献

Zhao C C, Yang S Y, Wang C P, et al.
CALPHAD: Computer Coupling of Phase Diagrams
and Thermochemistry [J]. 2014, 46: 80-86.

s: 1339℃, 23.3% Ni, 44.2% V
U: 1368℃

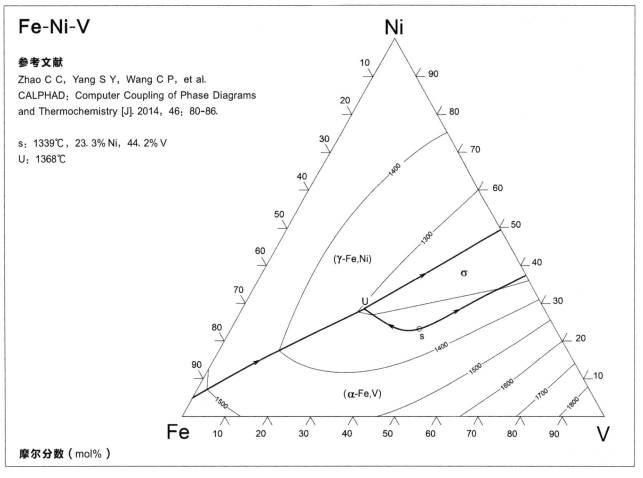

摩尔分数（mol%）

Fe-Ni-W

参考文献

Raynor G V, Rivlin V G.
Phase Equilibria in Iron Ternary Alloys [M].
London: The Institute of Metals, 1988 (4): 441-452.

U_1: 1465℃
U_2: 1455℃

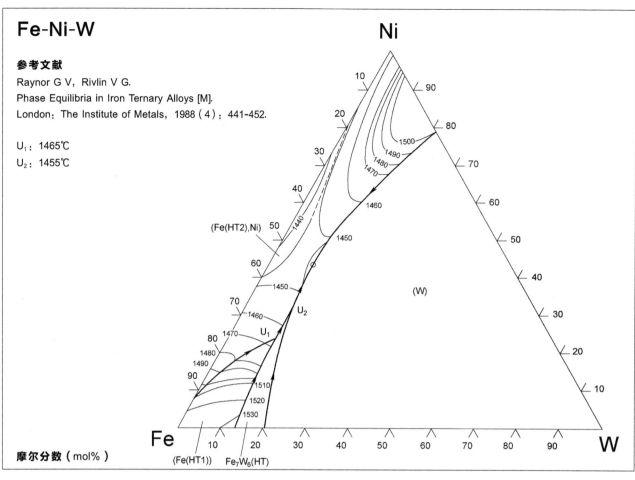

摩尔分数（mol%）

Fe-P-Si（1）

参考文献

Raghavan V.
Phase Diagrams of Ternary Iron Alloys [M].
Calcutta: The Indian Institute of Metals,
1988 (3): 162-171.

e_1: 1223℃, 50.1% Fe, 22.6% P
e_2: 1183℃
e_3: 1123℃, 6.9% Fe, 28.1% P
e_4: 1115℃, 21.3% Fe, 19.3% P
e_5: 1105℃, 31.1% Fe, 21.7% P
E_1: 1166℃
E_2: 1116℃
E_3: 1113℃
E_4: 1096℃
E_5: 1095℃
E_6: 1018℃
U_1: 1190℃
U_2: 1110℃

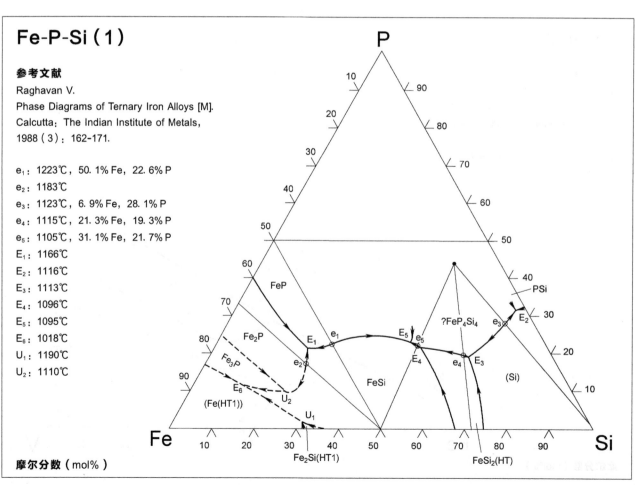

摩尔分数（mol%）

Fe-P-Si（2）

参考文献

Miettinen J, Vassilev-Urumov G.
Journal of Phase Equilibria and Diffusion [J].
2016, 37: 540-547.

E_1: 1179℃, 8.5w-% Si, 19.2w-% P
U_1: 1155℃, 16.7w-% Si, 3.4w-% P
E_2: 1149℃, 18.3w-% Si, 3.5w-% P
U_2: 1130℃, 1.7w-% Si, 12.2w-% P
U_3: 1121℃, 42.0w-% Si, 17.2w-% P
U_4: 1100℃, 33.6w-% Si, 16.6w-% P
E_3: 1088℃, 31.6w-% Si, 20.5w-% P
a: 1240℃
b: 1194℃
c: 1193℃
d: 1122℃

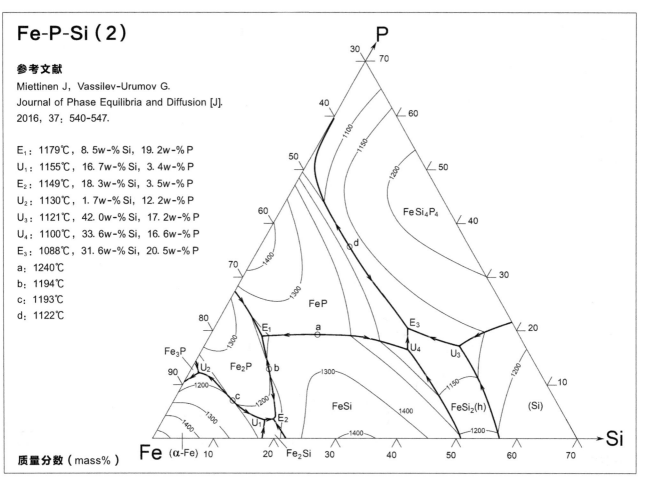

质量分数（mass%）

Fe-P-Sn

参考文献

Raghavan V.
Phase Diagrams of Ternary Iron Alloys [M].
Calcutta: The Indian Institute of Metals,
1988（3）: 173-182.

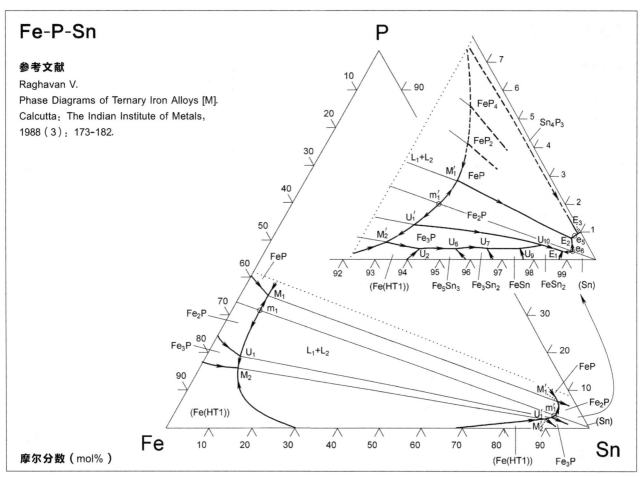

摩尔分数（mol%）

Fe-P-Ti（1）

参考文献

Raghavan V.

Phase Diagrams of Ternary Iron Alloys [M].

Calcutta：The Indian Institute of Metals,

1988（3）：189-197.

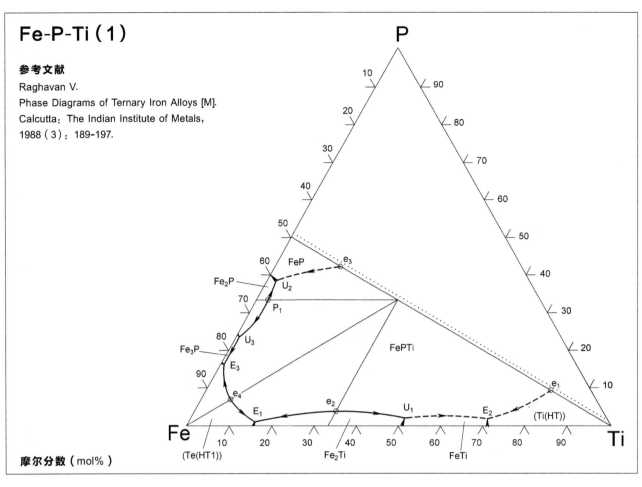

摩尔分数（mol%）

Fe-P-Ti（2）

参考文献

Ohtani H, Hanaya N, Hasebe M, et al.

CALPHAD：Computer Coupling of Phase Diagrams

and Thermochemistry [J]. 2006, 30：147-158.

U_1：1230℃，3.8w-%P，50.8w-%Ti
U_2：1255℃，28.9w-%P，3.5w-%Ti
U_3：1147℃，13.0w-%P，0.4w-%Ti
E_1：1273℃，0.98w-%P，13.7w-%Ti
E_2：854℃，4.44w-%P，68.2w-%Ti
E_3：1051℃，9.77w-%P，0.4w-%Ti

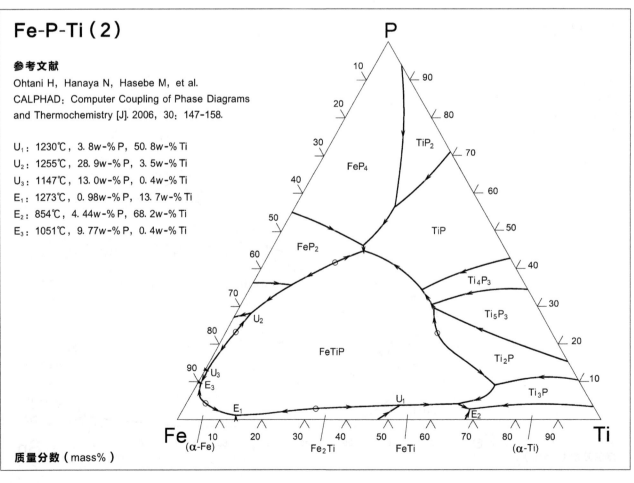

质量分数（mass%）

Fe-P-Ti (3)

参考文献

Miettinen J, Vassilev G.
JPEDAV [J]. 2015, 36: 283-290.

U_1: 1785℃, 46.6w-% Ti, 27.5w-% P

U_2: 1753℃, 53.5w-% Ti, 19.7w-% P

U_3: 1264℃, 2.9w-% Ti, 28.9w-% P

U_4: 1206℃, 55.1w-% Ti, 4.2w-% P

U_5: 1171℃, 0.4w-% Ti, 13.3w-% P

U_6: 1155℃, 60.8w-% Ti, 2.9w-% P

E_1: 1277℃, 43.3w-% Ti, 3.1w-% P

E_2: 1263℃, 16.2w-% Ti, 1.2w-% P

E_3: 1066℃, 0.2w-% Ti, 9.7w-% P

E_4: 1047℃, 67.5w-% Ti, 0.8w-% P

a: 1790℃

b: 1422℃

c: 1375℃

d: 1367℃

e: 1278℃

质量分数（mass%）

Fe-P-Zr

参考文献

Vogel R, Dobbener R.
Archiv fuer das Eisenhuettenwesen [J].
1958, 29: 129-138.

e_2: ~1600℃, 63.5% Fe, 3.2% P

e_3: 1325℃, 93.8% Fe, 3.1% P

e_4: 1310℃, 65.4% Fe, 33.3% P

e_5: 1255℃, 52.2% Fe, 43.5% P

E_1: 1290℃, 88.6% Fe, 1.0% P

E_2: 1225℃, 59.3% Fe, 39.2% P

E_3: 1040℃, 82.2% Fe, 17.5% P

E_4: ~1330℃, 16.5% Fe, 2.7% P

U_1: ~1295℃, 88.9% Fe, 1.0% P

U_2: 1240℃, 86.4% Fe, 12.1% P

U_3: 1130℃, 75.3% Fe, 24.2% P

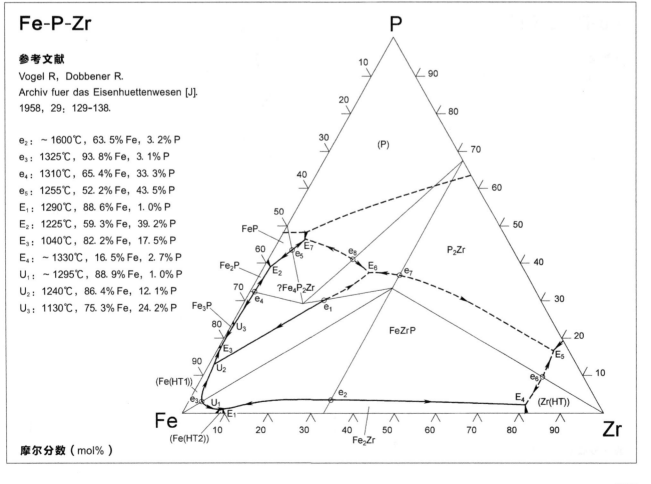

摩尔分数（mol%）

Fe-Pt-S

参考文献

Raghavan V.
Phase Diagrams of Ternary Iron Alloys [M].
Calcutta: The Indian Institute of Metals,
1988 (2): 243-250.

e_3: 1095℃, 35% Fe, 14% Pt
I_m, I'_m: ~ 1350℃
e_1: ~ 1150℃
e_2: 1145℃
E: 1050℃
U_1: ~ 1275℃
U_2: ~ 1125℃
U_3: ~ 1100℃

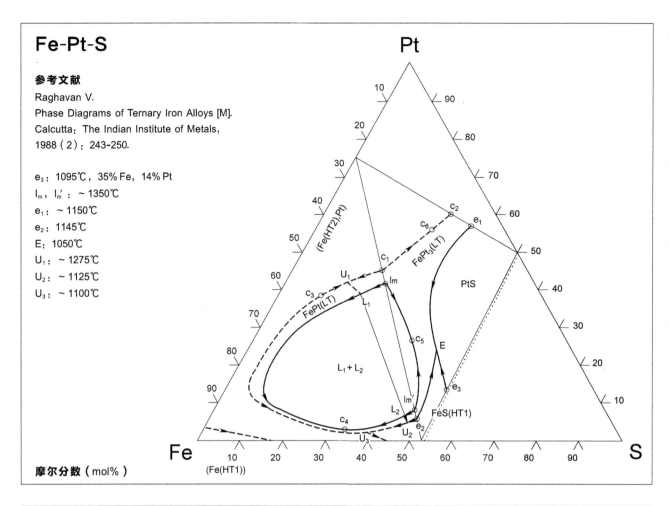

摩尔分数（mol%）

Fe-Pu-U（1）

参考文献

Ogata K, Nakamura M, Kurata T, et al.
J. Nucl. Sci. Technol. [J]. 2000, 37: 244-252.

p_1: 810℃
e_1: 725℃
p_2: 428℃
p_3: 399℃
e_2: 394℃
E_1: 394℃

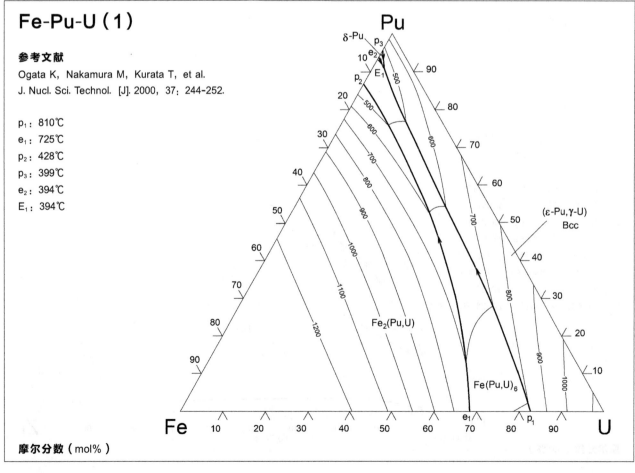

摩尔分数（mol%）

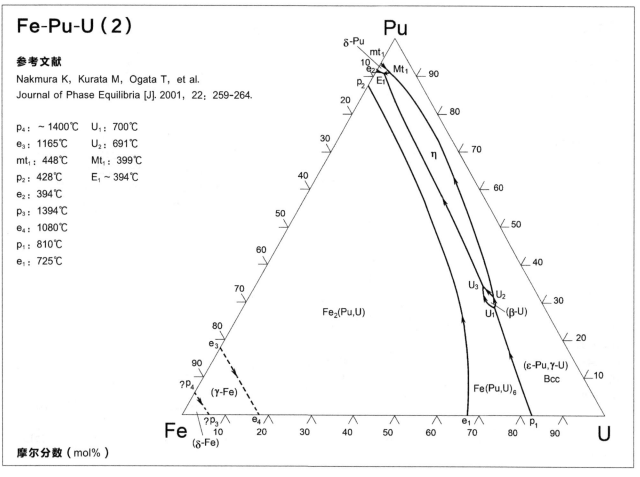

Fe-Pu-U（2）

参考文献

Nakmura K, Kurata M, Ogata T, et al.
Journal of Phase Equilibria [J]. 2001, 22: 259~264.

p_4: ~ 1400℃ U_1: 700℃
e_3: 1165℃ U_2: 691℃
mt_1: 448℃ Mt_1: 399℃
p_2: 428℃ E_1 ~ 394℃
e_2: 394℃
p_3: 1394℃
e_4: 1080℃
p_1: 810℃
e_1: 725℃

摩尔分数（mol%）

Fe-Rh-S

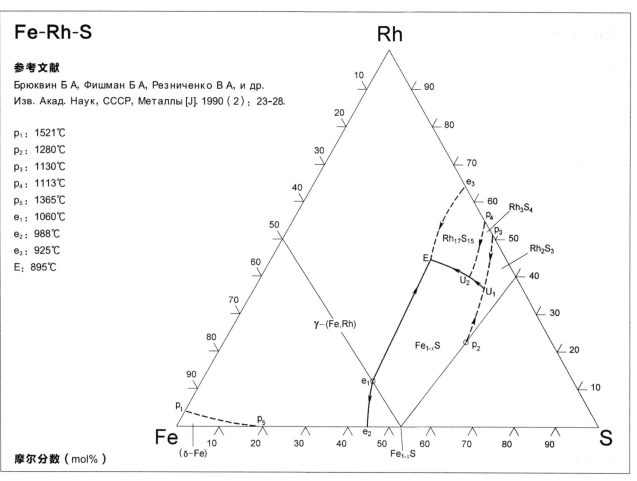

参考文献

Брюквин Б А, Фишман Б А, Резниченко В А, и др.
Изв. Акад. Наук, СССР, Металлы [J]. 1990（2）: 23-28.

p_1: 1521℃
p_2: 1280℃
p_3: 1130℃
p_4: 1113℃
p_5: 1365℃
e_1: 1060℃
e_2: 988℃
e_3: 925℃
E: 895℃

摩尔分数（mol%）

Fe-S-Sb

参考文献

Raghavan V, Antia D P.
Journal of Alloy Phase Diagrams (India) [J].
1988, 4: 16-36.

I_1, I_1': 1127℃
L_1, L_1': 600℃
L_3, L_3': 740℃
L_4, L_4': 494℃
e_3: 910℃
e_4: 627℃
e_6: 550℃
p_3: 563℃
E_1: 877℃
E_2: 610℃
E_3: 516℃
U_1: 950℃
U_2: 730℃
U_3: 548℃
U_4: 545℃
U_5: 530℃

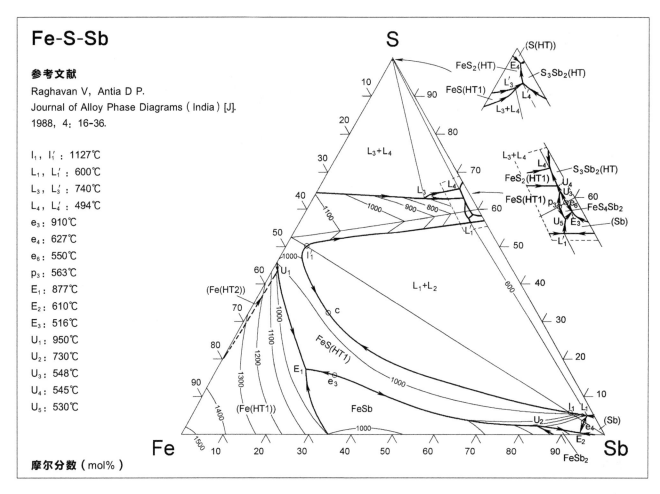

摩尔分数（mol%）

Fe-S-Si

参考文献

Raghavan V.
Phase Diagrams of Ternary Iron Alloys [M].
Calcutta: The Indian Institute of Metals,
1988（2）: 270-278.

c: 1330℃
e_4: 1025℃
E: 965℃
U_1: ~1199℃
U_2: ~1000℃

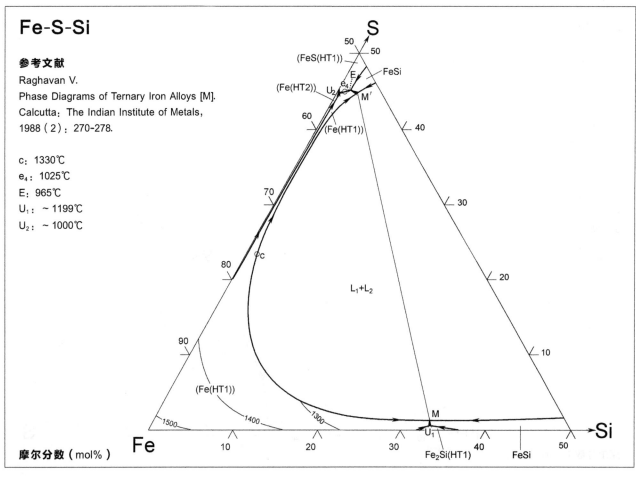

摩尔分数（mol%）

Fe-S-Zn

参考文献

Raghavan V.
Phase Diagrams of Ternary Iron Alloys [M].
Calcutta: The Indian Institute of Metals,
1988（3）: 335-349.

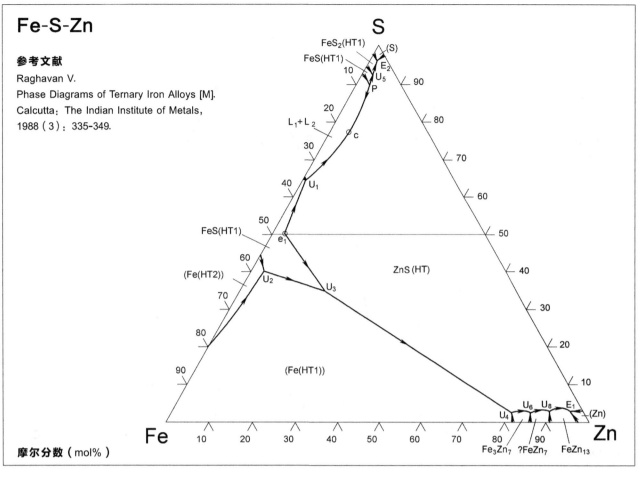

摩尔分数（mol%）

Fe-Sb-Si（1）

参考文献

Rudolt G V.
Archiv fuer das Eisenhüettenwesen [J].
1957, 28: 591-595.

F_1: 1191℃, 41w-%Fe, 3w-%Sb
F_2: 1191℃, 1w-%Fe, 96w-%Sb
F_3: 1196℃, 48w-%Fe, 3w-%Sb
F_4: 1196℃, 2w-%Fe, 96w-%Sb
F_5: 1176℃, 79w-%Fe, 5w-%Sb
F_6: 1176℃, 52w-%Fe, 43w-%Sb
ε_1: 1205℃, 44w-%Fe, 3w-%Sb
ε_2: 1205℃, 2w-%Fe, 96w-%Sb
ε_3: 1385℃, 74w-%Fe, 3w-%Sb
ε_4: 1385℃, 42w-%Fe, 54w-%Sb
ε_5: 995℃, 41w-%Fe, 58w-%Sb
E: 947℃, 47w-%Fe, 51w-%Sb

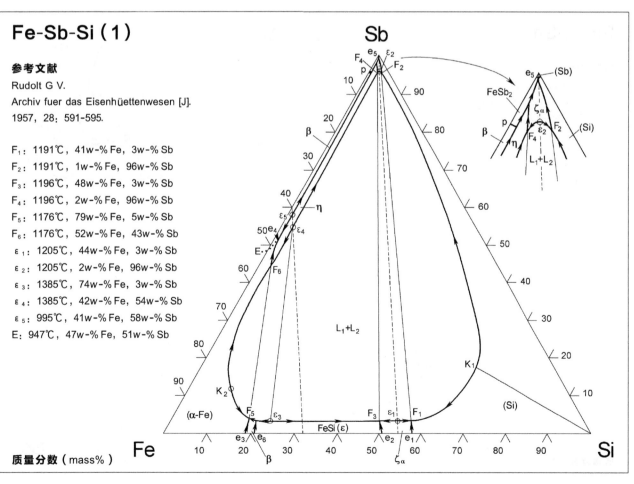

质量分数（mass%）

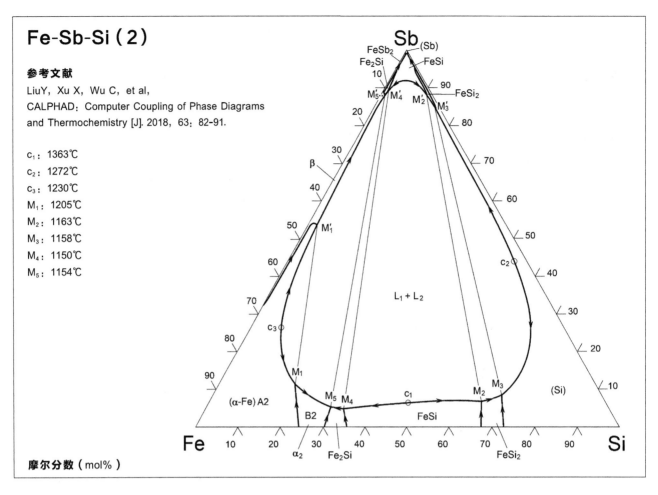

Fe-Sb-Si（2）

参考文献

LiuY, Xu X, Wu C, et al.

CALPHAD: Computer Coupling of Phase Diagrams and Thermochemistry [J]. 2018, 63: 82-91.

c_1: 1363℃

c_2: 1272℃

c_3: 1230℃

M_1: 1205℃

M_2: 1163℃

M_3: 1158℃

M_4: 1150℃

M_5: 1154℃

摩尔分数（mol%）

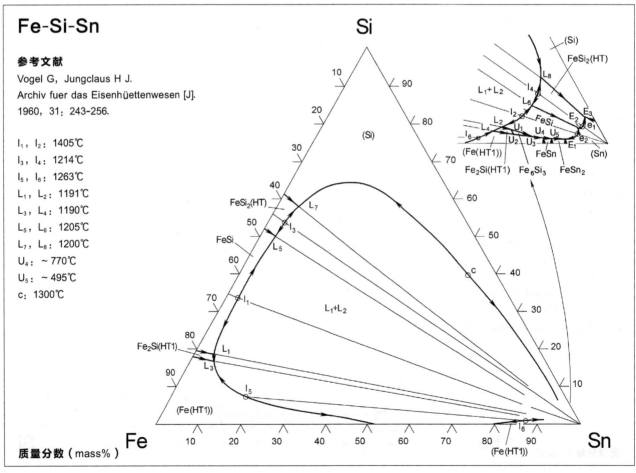

Fe-Si-Sn

参考文献

Vogel G, Jungclaus H J.

Archiv fuer das Eisenhüettenwesen [J].

1960, 31: 243-256.

I_1, I_2: 1405℃

I_3, I_4: 1214℃

I_5, I_6: 1263℃

L_1, L_2: 1191℃

L_3, L_4: 1190℃

L_5, L_6: 1205℃

L_7, L_8: 1200℃

U_4: ～770℃

U_5: ～495℃

c: 1300℃

质量分数（mass%）

Fe-Si-Ti (1)

参考文献

Raghavan V.
Phase Diagrams of Ternary Iron Alloys [M].
Calcutta: The Indian Institute of Metals,
1987 (1): 65-72.

e_1: ~ 1500℃

E_1: 1205℃

E_2: 1145℃

P: 1200℃

U_1: 1185℃

U_3: 1180℃

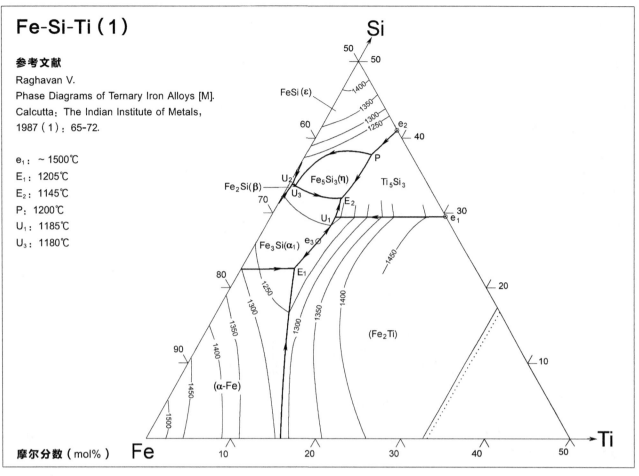

摩尔分数（mol%）

Fe-Si-Ti (2)

参考文献

Weitzer F, Schuster J, Naka M, et al.
Intermetallics [J]. 2008, 16: 273-282.

E_1: 1254℃	U_{10}: 1208℃
E_2: 1175℃	U_{11}: 1199℃
E_3: 1151℃	U_{12}: 1184℃
E_4: 1934℃	U_{13}: 1171℃
U_1: 1566℃	P_1: 1640℃
U_2: 1521℃	P_2: 1597℃
U_3: 1485℃	P_3: 1201℃
U_4: 1480℃	P_4: 1450℃ < T < 1480℃
U_5: 1450℃	P_5: 1414℃
U_6: 1391℃	P_6: 1263℃
U_7: 1379℃	P_7: 1241℃
U_8: 1298℃	P_8: 1201℃
U_9: 1230℃	

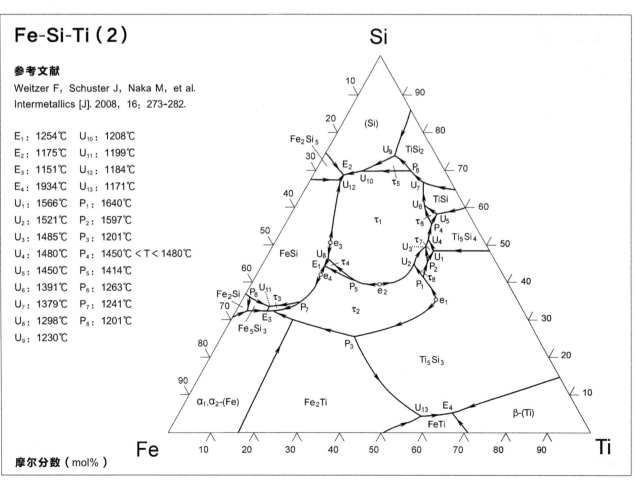

摩尔分数（mol%）

Fe-Si-V

参考文献

Raynor G V, Rivlin V G.
Phase Equilibria in Iron Ternary Alloys [M].
London: The Institute of Metals,
1988（4）: 453-466.

e: 1340℃
P₁: 1370℃
U₂: 1235℃
U₃: 1260℃
U₄: 1400℃

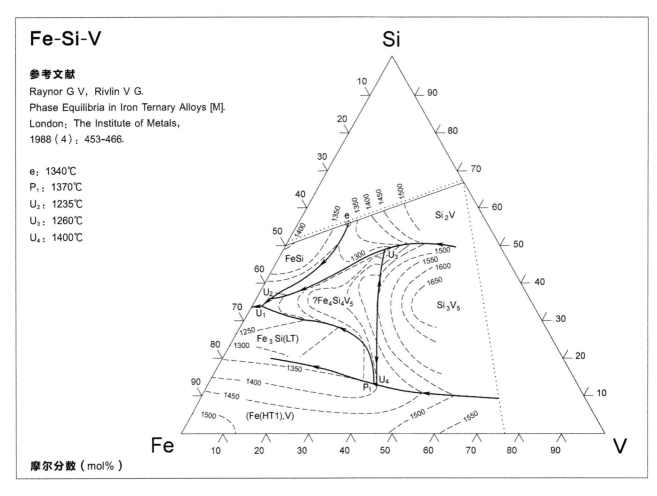

摩尔分数（mol%）

Fe-Si-W

参考文献

HarikumarK C, Raghavan V J.
J. Alloy Phase Diagrams [J]. 1988, 4: 53-71.

E₁: 1175℃, 64.5%Fe, 34.2% Si
U₁: 1750℃
U₂: 1620℃
U₃: 1420℃
e₂: 1360℃

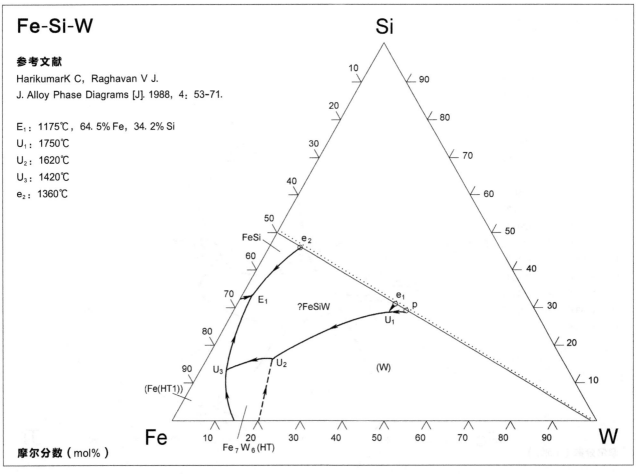

摩尔分数（mol%）

Fe-Si-Zn

参考文献

Sha C, Liu S, Du Y, et al.
CALPHAD: Computer Coupling of Phase Diagrams and Thermochemistry [J]. 2010, 34: 405-414.

e_1, e_1': 1349℃
e_2: 1205℃
e_3: 1204℃
e_4: 1203℃
e_5: 1198℃
e_6: 1170℃
e_7: 1375℃
M_1: 1169℃
M_2: 1164℃
M_3, M_3': 1130℃
U_2: 782℃
U_3: 600℃
U_5: 507℃
P_1: 674℃

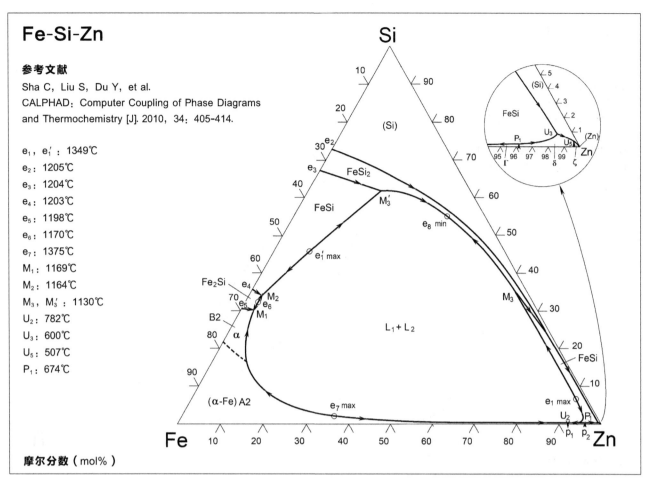

摩尔分数（mol%）

Fe-Si-Zr

参考文献

Cui J, Shen Y, Liu X.
CALPHAD: Computer Coupling of Phase Diagrams and Thermochemistry [J]. 2019, 65: 385-401.

U_1: 2046℃ U_{12}: 1405℃
U_2: 2031℃ U_{13}: 1368℃ τ_3: $Fe_4Si_7Zr_4$
U_3: 2026℃ U_{14}: 1314℃ τ_4: Fe_2Si_2Zr
U_4: 1831℃ U_{15}: 1294℃ τ_5: $Fe_{16}Si_7Zr_6$
U_5: 1687℃ E_2: 1287℃ τ_8: $Fe_{16}Si_7Zr_6$
P_1: 1653℃ E_3: 1290℃
U_6: 1626℃ E_4: 1264℃
U_7: 1600℃ U_{16}: 1262℃
U_8: 1626℃ E_5: 1260℃
U_9: 1579℃ E_6: 1216℃
E_1: 1563℃ E_7: 1205℃
U_{10}: 1536℃
U_{11}: 1498℃
P_2: 1491℃

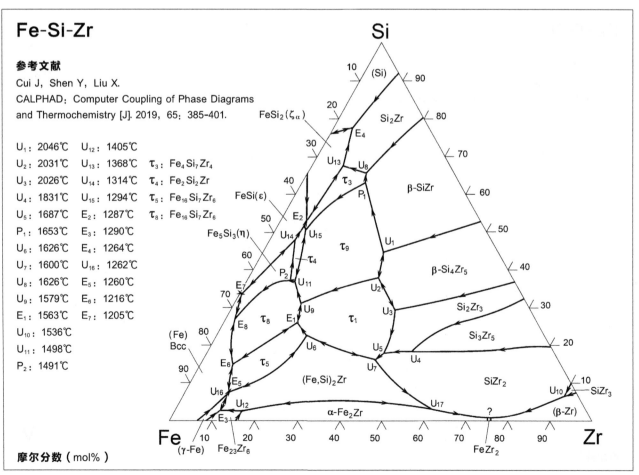

摩尔分数（mol%）

Fe-Ta-Ti

参考文献

Yang B, Guo C, Li C, et al.
CALPHAD: Computer Coupling of Phase Diagrams
and Thermochemistry [J]. 2019, 65: 260-272.

U_1: 1256℃, 32.6% Fe, 7.9% Ta
U_2: 1158℃, 27.7% Fe, 7.6% Ta

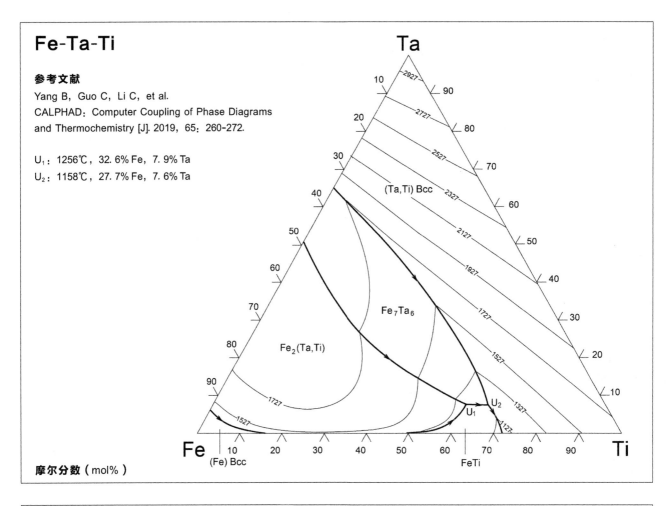

摩尔分数（mol%）

Fe-Ti-V

参考文献

Guo C, Li C, Zheng X, et al.
CALPHAD: Computer Coupling of Phase Diagrams
and Thermochemistry [J]. 2012, 38: 155-160.

U: 1140℃

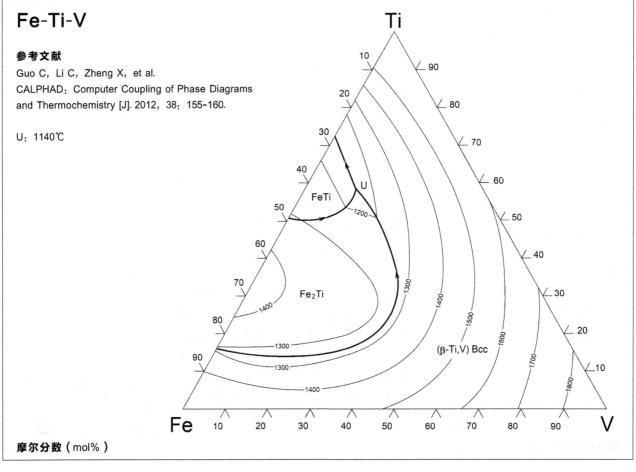

摩尔分数（mol%）

Fe-Ti-W

参考文献

Raynor G V, Rivlin V G.

Phase Equilibria in Iron Ternary Alloys [M].

London：The Institute of Metals, 1988（4）：473-475.

c：1425℃

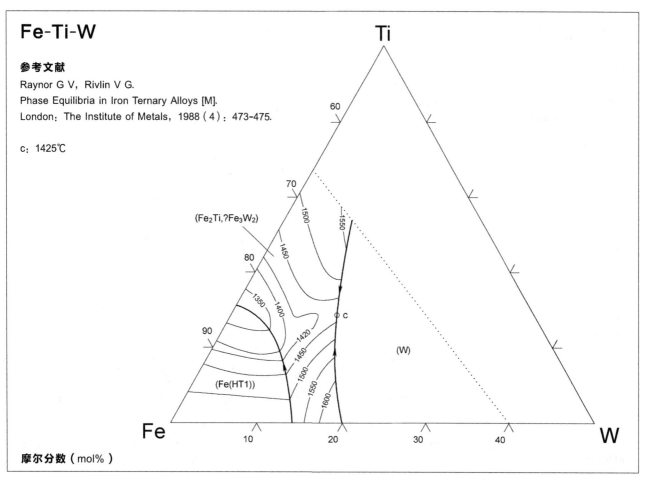

摩尔分数（mol%）

Ga-Ge-P

参考文献

Nebauer E, Schneider M C.

Physica Status Solidi, Sectio A：

Applied Research [J]. 1974, 23：485-493.

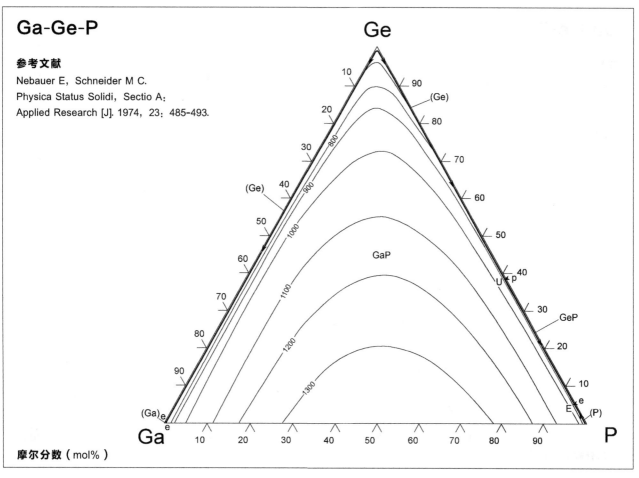

摩尔分数（mol%）

Ga-Ge-Pt

参考文献

Wang J S, Jin S, Zhu W J, et al.
CALPHAD: Computer Coupling of Phase Diagrams
and Thermochemistry [J]. 2009, 33: 561-569.

E_1: 1335℃
U_1: 1166℃
U_2: 1143℃
U_3: 1127℃
U_4: 1025℃
E_2: 992℃
U_5: 888℃
U_6: 858℃
U_7: 805℃
U_8: 794℃
U_9: 792℃
U_{10}: 746℃
U_{11}: 705℃
U_{12}: 620℃

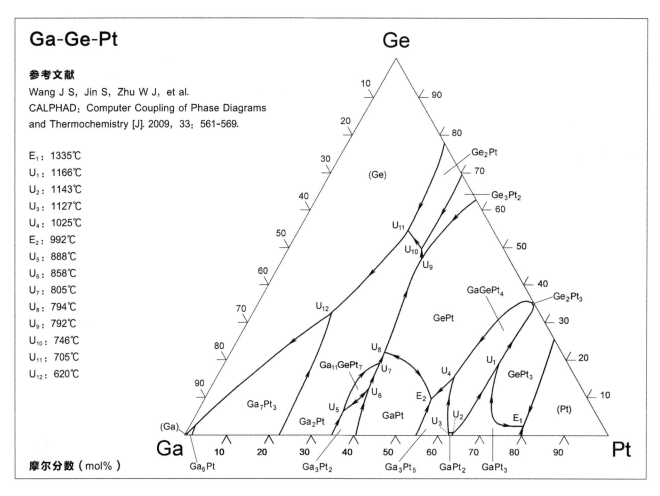

摩尔分数（mol%）

Ga-Ge-Sb

参考文献

Manasijević D, Minić D, Balanović L, et al.
J. Phase Equilib. Diffus. [J]. 2019, 40: 34-44.

E_1: 562℃, 9.7% Ga, 13.9% Ge
E_2: 29.8℃, ～1% Ga, ～0% Ge

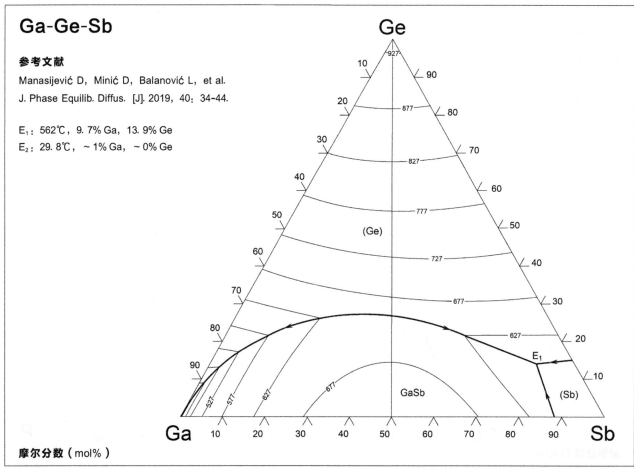

摩尔分数（mol%）

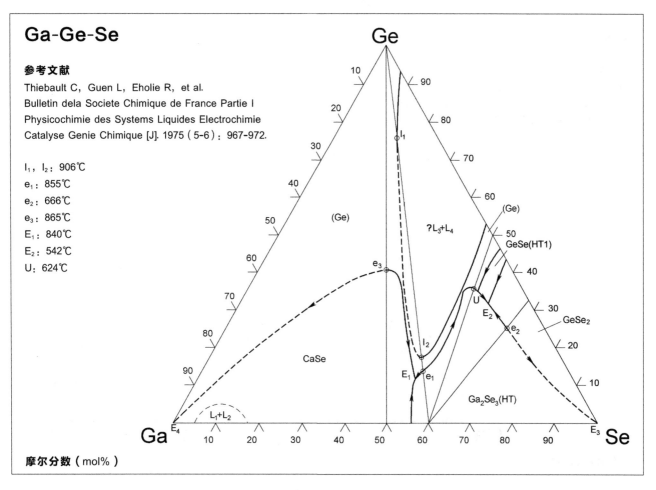

Ga-Ge-Se

参考文献

Thiebault C, Guen L, Eholie R, et al.
Bulletin dela Societe Chimique de France Partie I
Physicochimie des Systems Liquides Electrochimie
Catalyse Genie Chimique [J]. 1975（5-6）：967-972.

l_1，l_2：906℃
e_1：855℃
e_2：666℃
e_3：865℃
E_1：840℃
E_2：542℃
U：624℃

摩尔分数（mol%）

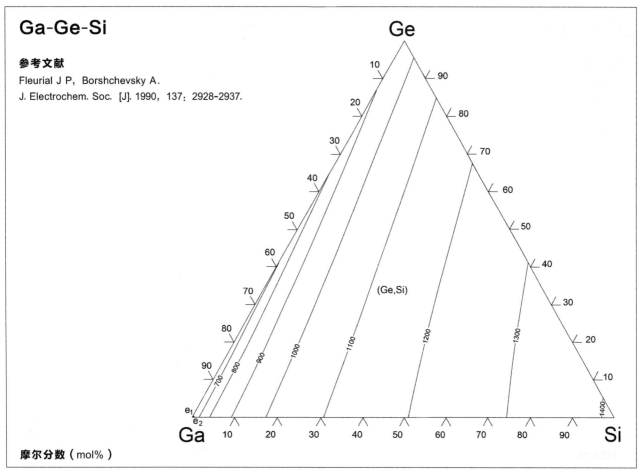

Ga-Ge-Si

参考文献

Fleurial J P, Borshchevsky A.
J. Electrochem. Soc. [J]. 1990, 137：2928-2937.

摩尔分数（mol%）

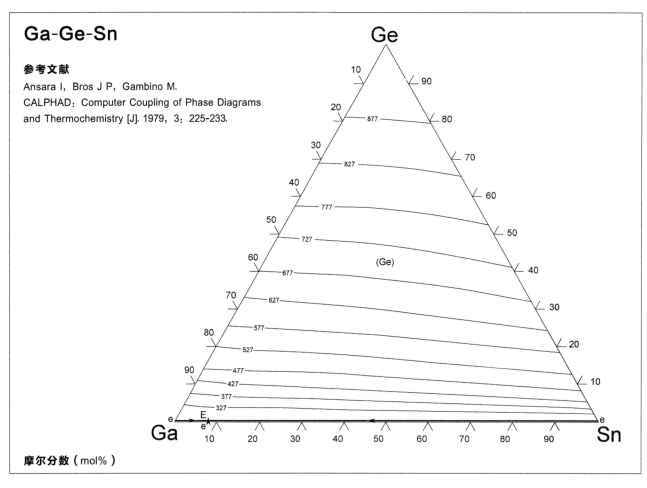

Ga-Ge-Sn

参考文献

Ansara I, Bros J P, Gambino M.
CALPHAD: Computer Coupling of Phase Diagrams
and Thermochemistry [J]. 1979, 3: 225-233.

摩尔分数（mol%）

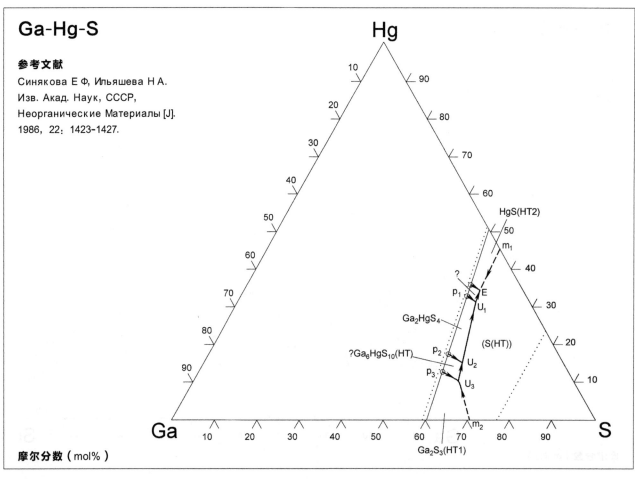

Ga-Hg-S

参考文献

Синякова Е Ф, Ильяшева Н А.
Изв. Акад. Наук, СССР,
Неорганические Материалы [J].
1986, 22: 1423-1427.

摩尔分数（mol%）

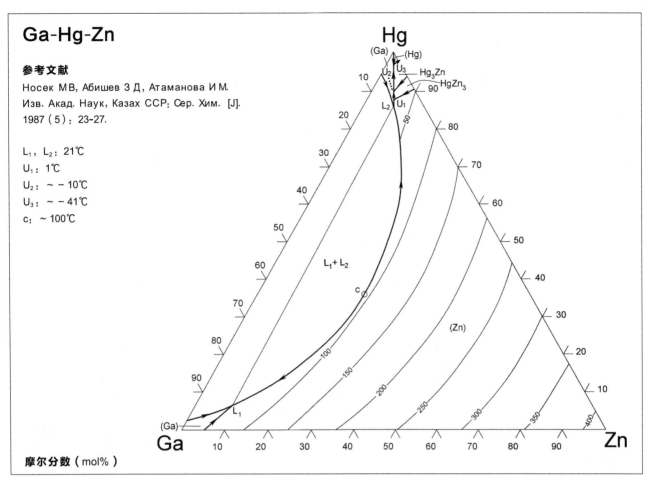

Ga-Hg-Zn

参考文献

Носек МВ, Абишев З Д, Атаманова И М.

Изв. Акад. Наук, Казах ССР: Сер. Хим. [J].

1987（5）：23-27.

L_1，L_2：21℃

U_1：1℃

U_2：~ − 10℃

U_3：~ − 41℃

c：~ 100℃

摩尔分数（mol%）

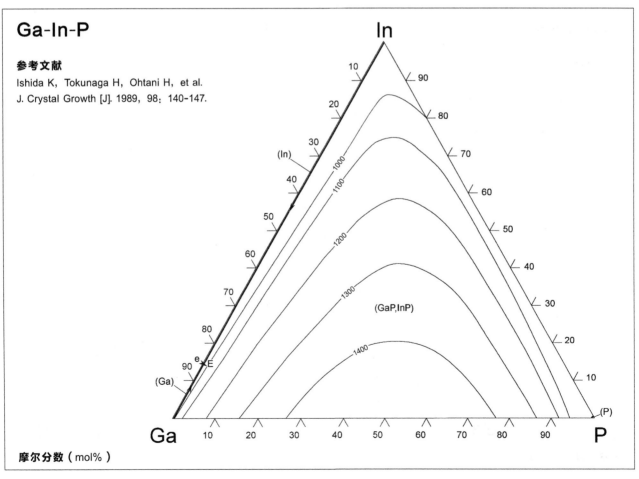

Ga-In-P

参考文献

Ishida K, Tokunaga H, Ohtani H, et al.

J. Crystal Growth [J]. 1989, 98：140-147.

摩尔分数（mol%）

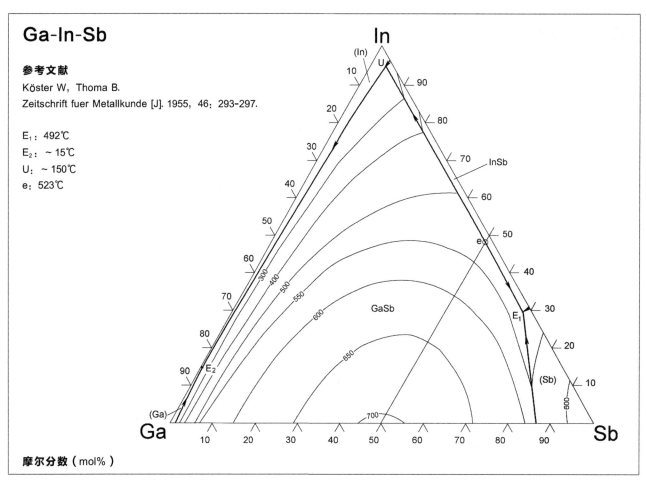

Ga-In-Sb

参考文献

Köster W, Thoma B.

Zeitschrift fuer Metallkunde [J]. 1955, 46: 293-297.

E_1: 492℃

E_2: ~15℃

U: ~150℃

e: 523℃

(In) U

90

10

80

20

70 InSb

30

60

40 50

50 e

60 40

(Ga) 30 E₁

70 (Sb)

80 20

90 E₂ 10

GaSb

300 400 500 550 600 650 700 600

摩尔分数（mol%）

Ga 10 20 30 40 50 60 70 80 90 Sb

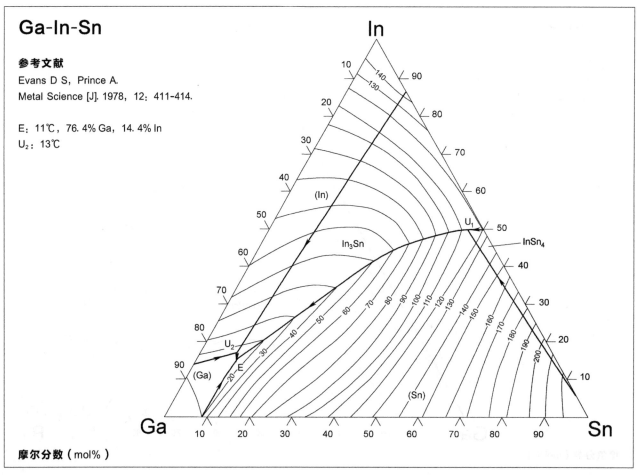

Ga-In-Sn

参考文献

Evans D S, Prince A.

Metal Science [J]. 1978, 12: 411-414.

E: 11℃, 76.4%Ga, 14.4%In

U_2: 13℃

In

10 140 90

130

20 80

30 70

40 (In) 60

50 U₁ 50 InSn₄

60 In₃Sn 40

70 30

80 U₂ 20

90 (Ga) E 10

20 30 40 50 60 70 80 90 100 110 120 130 140 150 160 170 180 190 200

(Sn)

摩尔分数（mol%）

Ga 10 20 30 40 50 60 70 80 90 Sn

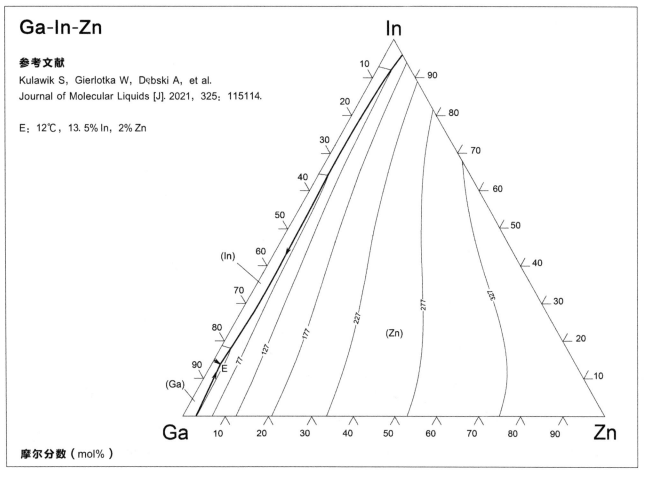

Ga-In-Zn

参考文献

Kulawik S, Gierlotka W, Dębski A, et al.
Journal of Molecular Liquids [J]. 2021, 325: 115114.

E: 12℃, 13.5% In, 2% Zn

摩尔分数（mol%）

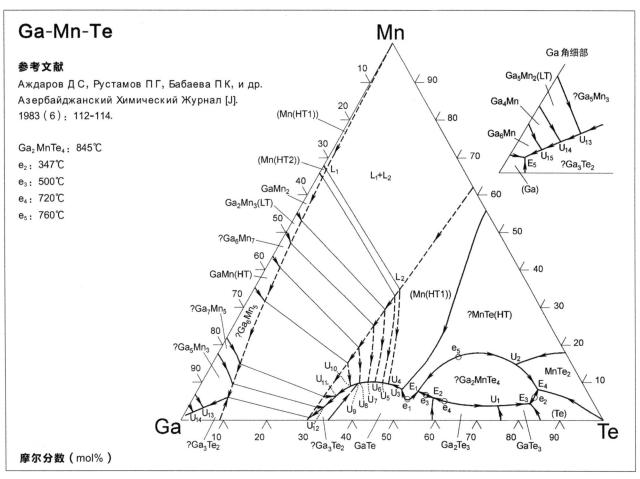

Ga-Mn-Te

参考文献

Аждаров Д С, Рустамов П Г, Бабаева П К, и др.
Азербайджанский Химический Журнал [J].
1983（6）: 112-114.

Ga_2MnTe_4: 845℃
e_2: 347℃
e_3: 500℃
e_4: 720℃
e_5: 760℃

摩尔分数（mol%）

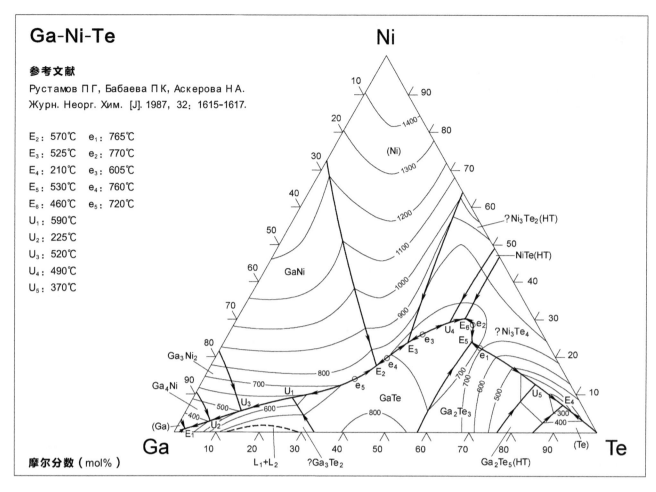

Ga-Ni-Te

参考文献

Рустамов П Г, Бабаева П К, Аскерова Н А.
Журн. Неорг. Хим. [J]. 1987, 32: 1615-1617.

E_2: 570℃ e_1: 765℃
E_3: 525℃ e_2: 770℃
E_4: 210℃ e_3: 605℃
E_5: 530℃ e_4: 760℃
E_6: 460℃ e_5: 720℃
U_1: 590℃
U_2: 225℃
U_3: 520℃
U_4: 490℃
U_5: 370℃

Ni

(Ni)

1400

1300

1200

1100

1000

900

800

700

?Ni_3Te_2(HT)

NiTe(HT)

Ga_3Ni_2

Ga_4Ni

GaNi

U_4 E_6 e_2

e_3

E_3

E_2 e_4

U_1

U_3 e_5

U_2

(Ga)

E_1

GaTe

?Ni_3Te_4

E_5

e_1

Ga_2Te_3

U_5 E_4

700   600   500   400   300

(Te)

Te

Ga

摩尔分数（mol%）

L_1+L_2 ?Ga_3Te_2 Ga_2Te_5(HT)

Ga-P-Sb

参考文献

Кузнецов В В, Сорокин В С.
Изв. Акад. Наук, СССР, Неорг. Материалы [J].
1977, 13: 638-642.

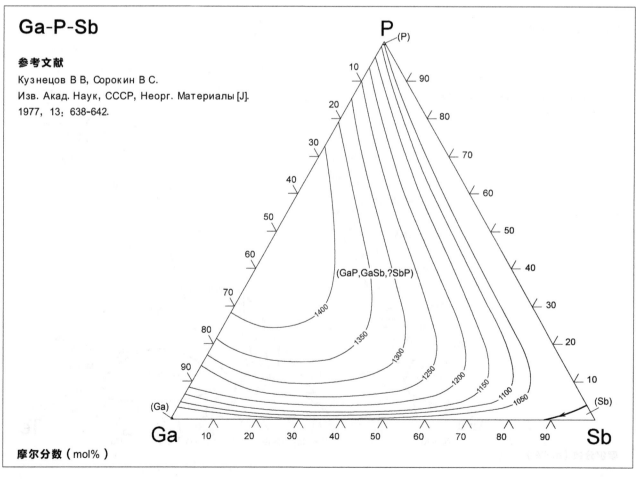

P
(P)

(GaP, GaSb, ?SbP)

1400

1350

1300

1250   1200   1150   1100   1050

(Ga)

(Sb)

Ga   10   20   30   40   50   60   70   80   90   Sb

摩尔分数（mol%）

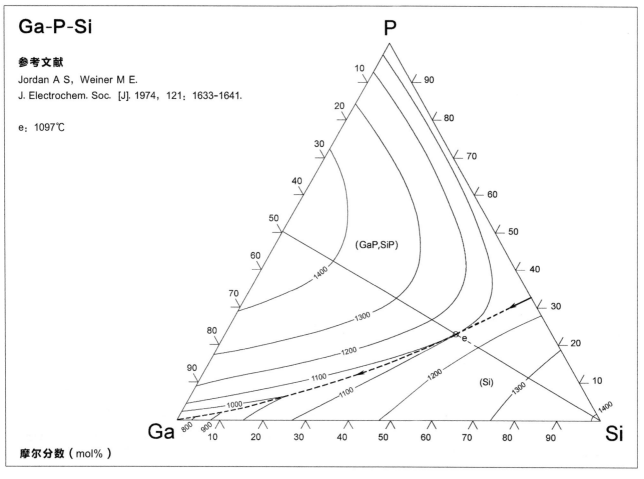

Ga-P-Si

参考文献

Jordan A S, Weiner M E.
J. Electrochem. Soc. [J]. 1974, 121: 1633-1641.

e: 1097℃

摩尔分数（mol%）

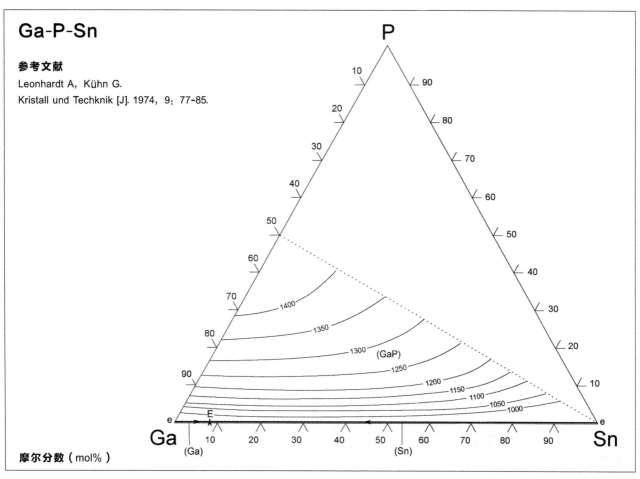

Ga-P-Sn

参考文献

Leonhardt A, Kühn G.
Kristall und Techknik [J]. 1974, 9: 77-85.

摩尔分数（mol%）

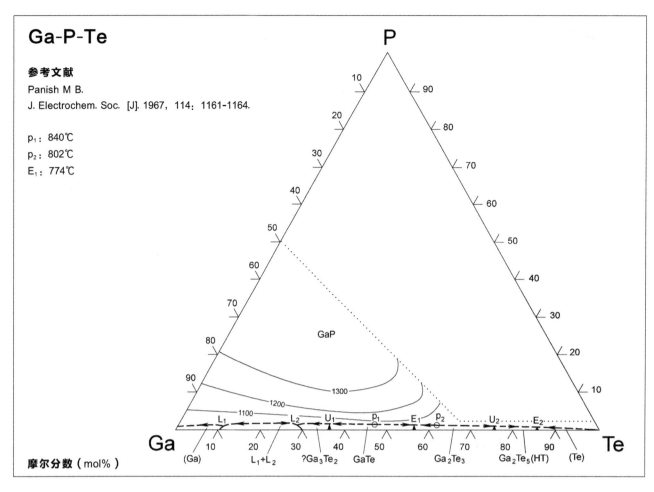

Ga-P-Te

参考文献

Panish M B.

J. Electrochem. Soc. [J]. 1967, 114: 1161-1164.

p_1: 840℃
p_2: 802℃
E_1: 774℃

P

GaP

1300

1200

1100

L_1 L_2 U_1 p_1 E_1 p_2 U_2 E_2

Ga   10   20   30   40   50   60   70   80   90   Te

(Ga) L_1+L_2 $?Ga_3Te_2$ GaTe Ga_2Te_3 Ga_2Te_5(HT)   (Te)

摩尔分数（mol%）

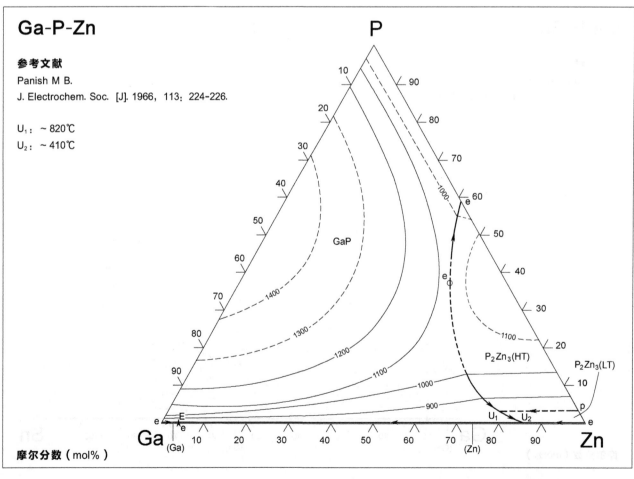

Ga-P-Zn

参考文献

Panish M B.

J. Electrochem. Soc. [J]. 1966, 113: 224-226.

U_1: ~820℃
U_2: ~410℃

P

1000

e

e

GaP

1400

1300

1200

1100

1100

1000

900

P_2Zn_3(HT)

P_2Zn_3(LT)

e   E   e   U_1   U_2   e

Ga   10   20   30   40   50   60   70   80   90   Zn

(Ga)   (Zn)

摩尔分数（mol%）

Ga-Pb-Se

参考文献

Eholie R, Flahaut J.

Bulletin de la Societe Chimique de France [J].

1972（4）: 1245-1249.

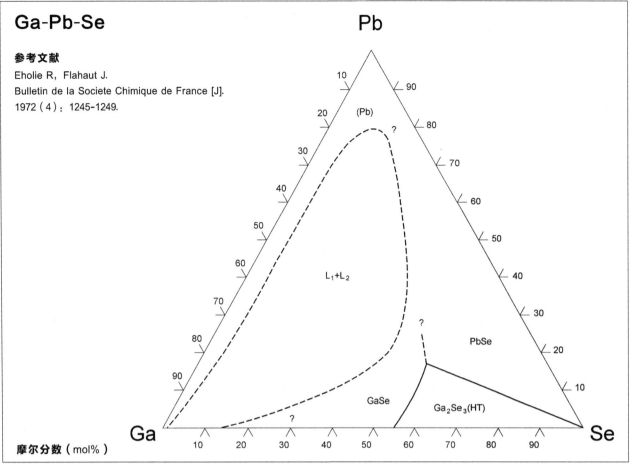

摩尔分数（mol%）

Ga-Pd-Sb

参考文献

Richter K W, Ipser H.

Ber. Bunsenges. Phys. Chem. [J]. 1998, 102（9）: 1245-1251.

U_1: 207℃, 96% Ga, 3% Pd

P_1: 481℃, 83% Ga, 16% Pd

E_1: 572℃, 9% Ga, 10% Pd

E_2: 572℃, 10% Ga, 9% Pd

e_1: 574℃, 9.5% Ga, 9.5% Pd

U_2: 663℃, 5% Ga, 30% Pd

e_2: 686℃, 50% Ga, 9% Pd

e_3: 743℃, 12% Ga, 50% Pd

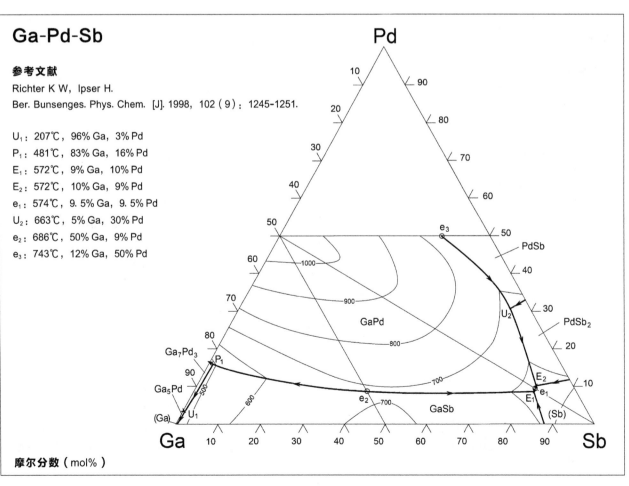

摩尔分数（mol%）

Ga-Pt-Sb

参考文献

Guo C, Li C, Du Z.
CALPHAD: Compuer Coupling of Phase Diagrams
and Thermochemistry [J]. 2016, 52: 169-179.

E_1: 955℃, 34.6% Ga, 53.6% Pt

E_2: 951℃, 20.4% Ga, 56.0% Pt

U_1: 948℃, 15.7% Ga, 58.4% Pt

E_3: 947℃, 17.4% Ga, 57.7% Pt

U_2: 905℃, 54.3% Ga, 39.4% Pt

E_4: 892℃, 55.7% Ga, 35.7% Pt

P_1: 892℃, 2.3% Ga, 63.7% Pt

U_3: 737℃, 0.06% Ga, 73.1% Pt

P_2: 695℃, 0.04% Ga, 72.3% Pt

U_5: 683℃, 0.04% Ga, 71.3% Pt

U_6: 680℃, 33.9% Ga, 2.4% Pt

E_5: 590℃, 11.9% Ga, 0.05% Pt

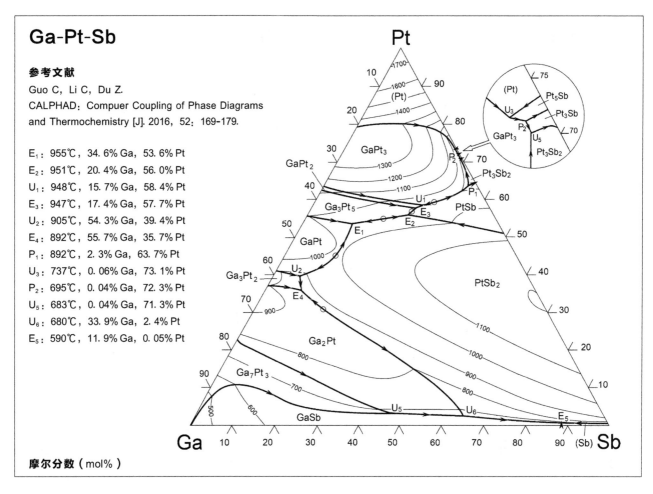

摩尔分数（mol%）

Ga-S-Te

参考文献

Рустрмов П Г, Джалилзаде Т А.
Азербайджанский Химический Журнал [J].
1966, (4): 93-97.

e_1: 770℃, 50% Ga, 27% S

e_2: 765℃, 40% Ga, 21% S

e_3: 760℃, 44% Ga, 18% S

e_4: ~450℃

E_1: ~745℃, 41% Ga, 25% S

E_2: ~730℃, 45% Ga, 10% S

E_3: ~405℃,
     21% Ga, 3% S

U_1: ~820℃,
     44% Ga, 40% S

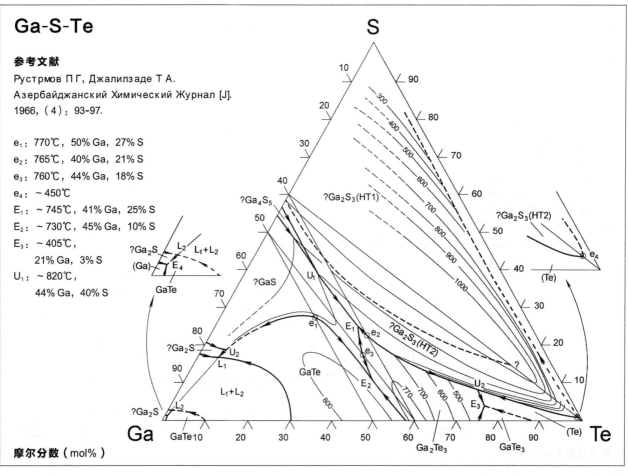

摩尔分数（mol%）

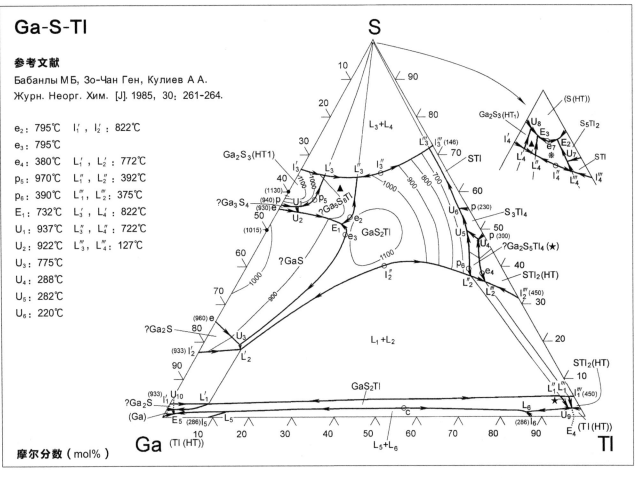

Ga-S-Tl

参考文献

Бабанлы М Б, Зо-Чан Ген, Кулиев А А.

Журн. Неорг. Хим. [J]. 1985, 30: 261-264.

e₂: 795℃   l′₁, l′₂: 822℃

e₃: 795℃

e₄: 380℃   L′₁, L′₂: 772℃

p₅: 970℃   L″₁, L″₂: 392℃

p₆: 390℃   L‴₁, L″₂: 375℃

E₁: 732℃   L′₃, L′₄: 822℃

U₁: 937℃   L″₃, L″₄: 722℃

U₂: 922℃   L‴₃, L‴₄: 127℃

U₃: 775℃

U₄: 288℃

U₅: 282℃

U₆: 220℃

摩尔分数（mol%）

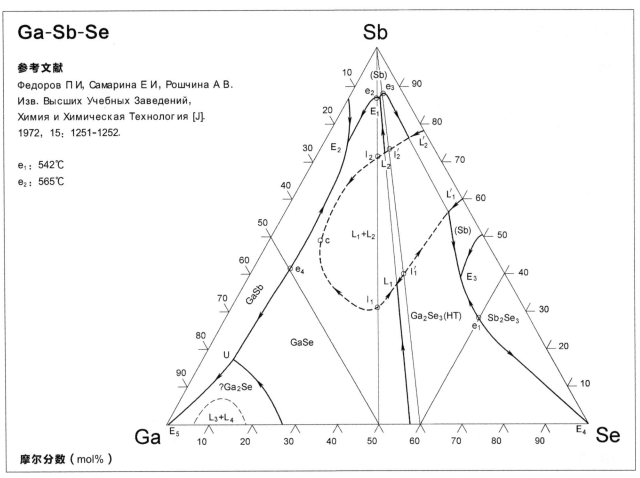

Ga-Sb-Se

参考文献

Федоров П И, Самарина Е И, Рошчина А В.

Изв. Высших Учебных Заведений,

Химия и Химическая Технология [J].

1972, 15: 1251-1252.

e₁: 542℃

e₂: 565℃

摩尔分数（mol%）

Ga-Sb-Sm

参考文献

Арбенина В В, Графова М И, Фистуль В И.
Изв. Акад. Наук, СССР, Неорганические
Материалы [J]. 1985, 21: 465-470.

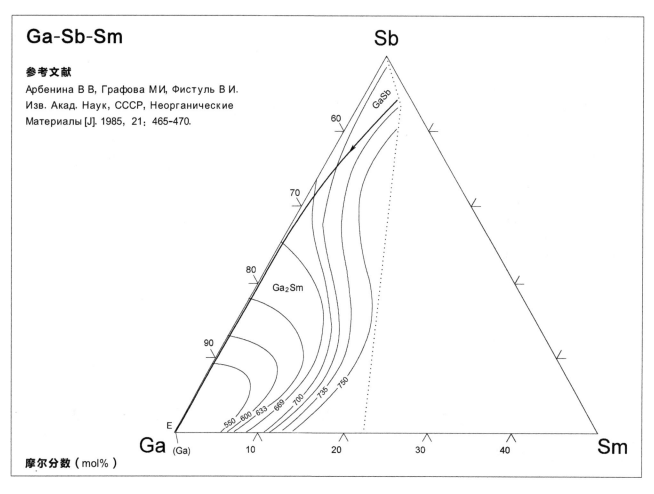

Ga-Sb-Sn

参考文献

Manasijević D, Minić D, Živković D, et al.
International Journal of Materials Research
（原刊名：Zeitschrift fuer Metallkunde）[J].
2010, 101: 827-833.

U_1: 422℃, 1.1% Ga, 49.9% Sb
U_2: 322℃, 0.4% Ga, 21.0% Sb
U_3: 245℃, 0.1% Ga, 8.9% Sb
E_1: 20.7℃, 92.3% Ga, ~0% Sb

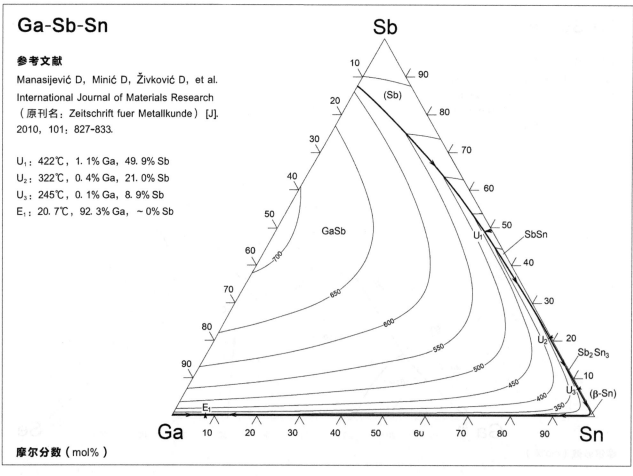

摩尔分数（mol%）

Ga-Sb-Te

参考文献

Рустамов Г Г, Гейдарова Е А.

Азербайджанский Химический Журнал [J].

1977（3）：108-112.

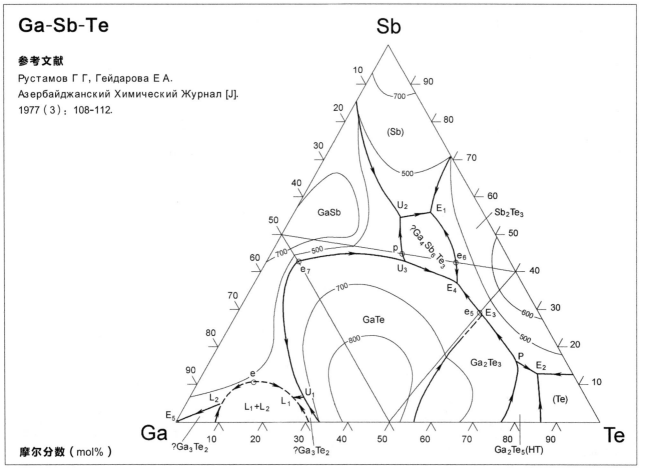

摩尔分数（mol%）

Ga-Sb-Zn

参考文献

Derviš evič, Todorovič A, Talijan N, et al.

Journal of Materials Science [J]. 2010, 45：2725-2731.

U_1：530℃
U_2：512℃
E_1：500℃
P_1：466℃
U_3：440℃
U_4：408℃
U_5：377℃
E_2：25℃

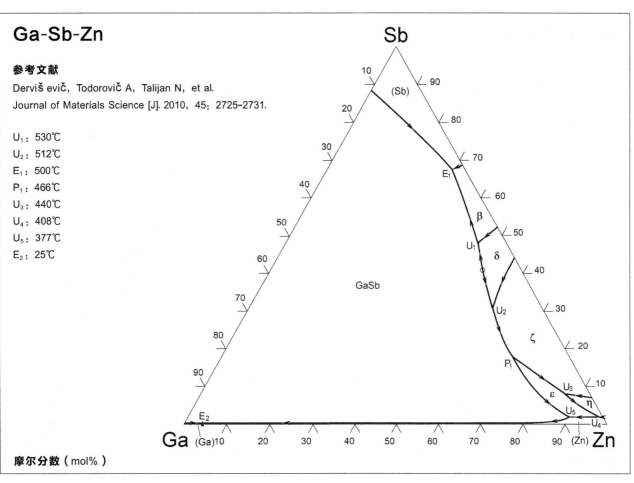

摩尔分数（mol%）

Ga-Se-Te（1）

参考文献

Рустамов П Г, Черства В Б.
Азербайджанский Химический Журнал [J].
1967（2）：98-103.

e₄：450℃
e₅：775℃
e₆：765℃
e₇：795℃
e₈：775℃
E₁：410℃
E₂：750℃
E₃：690℃
U₁：415℃
U₂：760℃
U₃：750℃

摩尔分数（mol%）

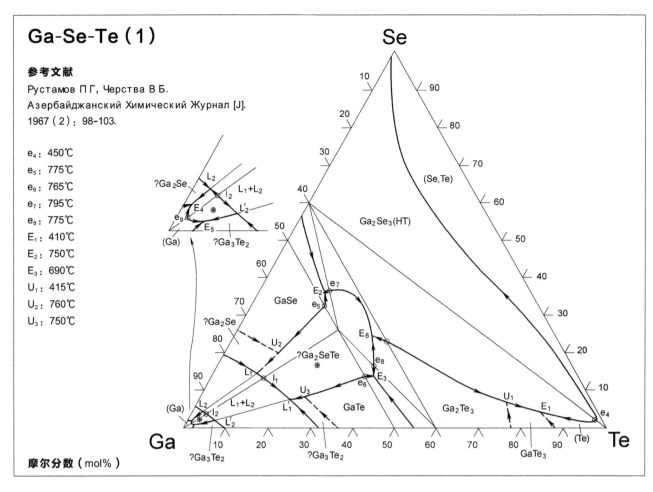

Ga-Se-Te（2）

参考文献

Liu Y, Dou Z, Enoki M, et al.
CALPHAD：Computer Coupling of Phase Diagrams
and Thermochemistry [J]. 2020, 71：102206.

M₁, M₁′：765℃
M₂, M₂′：703℃
E₁：749℃
E₂：430℃
U₁：778℃
U₂：759℃
U₃：449℃

摩尔分数（mol%）

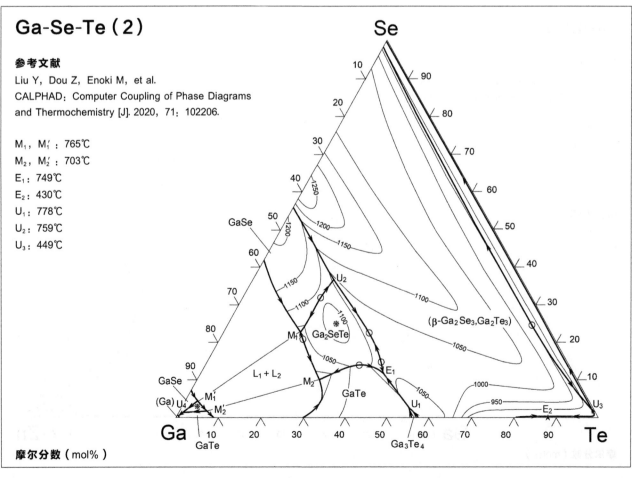

Ga-Se-Yb

参考文献

Рустамов П Г, Алиев О М, Ильясов Т М.
Изв. Акад. Наук, СССР, Неорг. Материалы [J].
1984, 20: 1593-1568.

★: ? Ga_4Se_7Yb △: $Ga_2Se_5Yb_3$ ❄: Ga_2Se_4Yb

e_1: 897℃, e_2: 917℃, e_3: 877℃

e_4: 967℃, e_5: 897℃, e_6: 820℃

e_7: 897℃, e_8: 907℃, e_9: 897℃

e_{10}: 907℃, e_{11}: 1057℃, e_{12}: 997℃

e_{13}: 1087℃, e_{14}: 897℃, e_{15}: 217℃

p: 947℃

E_1: 29℃, E_2: 527℃

E_3: 777℃, E_4: 837℃

E_5: 897℃, E_6: 847℃

E_7: 807℃, E_8: 867℃

E_9: 947℃, E_{10}: 877℃

E_{11}: 217℃, E_{12}: 217℃

U_1: 217℃, U_2: 847℃

U_3: 827℃, U_4: 797℃

U_5: 577℃, U_6: 867℃

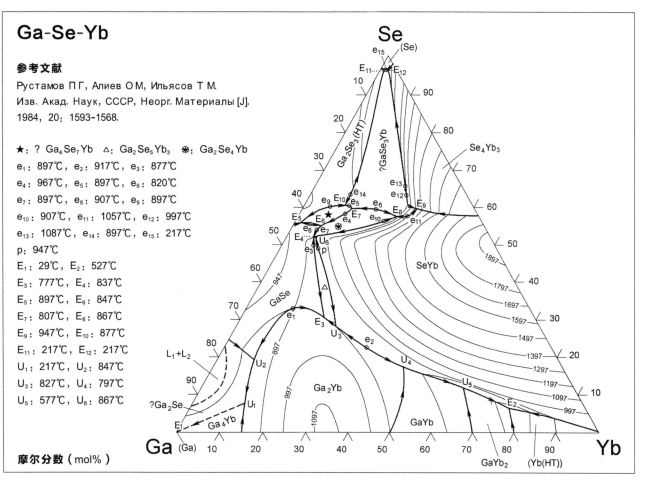

摩尔分数（mol%）

Ga-Si-Sn

参考文献

Николаев А Г, Липатов В В, Титова Т Ф.
Журн. Неорг. Хим. [J]. 1987, 32: 1492-1494.

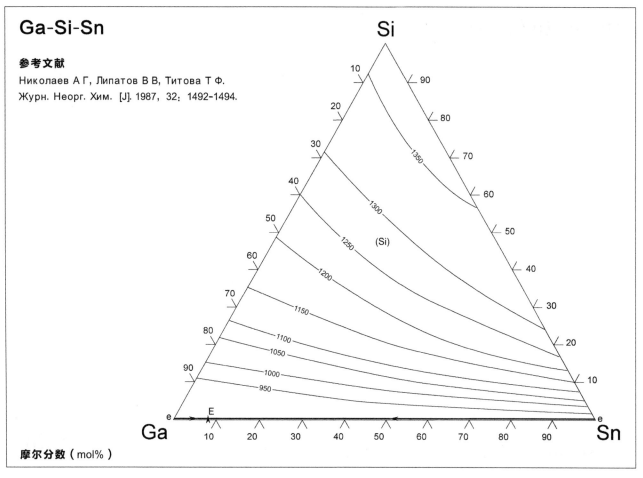

摩尔分数（mol%）

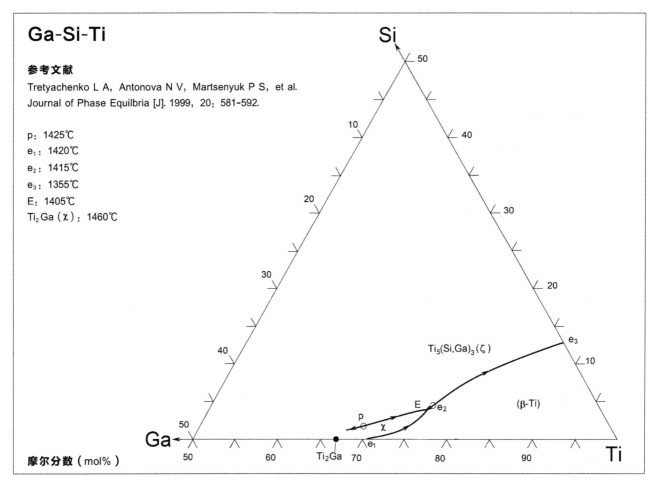

Ga-Si-Ti

参考文献

Tretyachenko L A, Antonova N V, Martsenyuk P S, et al.
Journal of Phase Equilbria [J]. 1999, 20: 581-592.

p: 1425℃
e_1: 1420℃
e_2: 1415℃
e_3: 1355℃
E: 1405℃
Ti_2Ga (χ): 1460℃

摩尔分数（mol%）

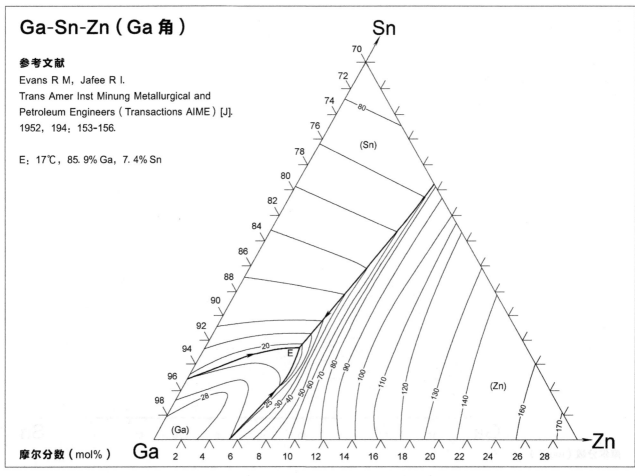

Ga-Sn-Zn（Ga 角）

参考文献

Evans R M, Jafee R I.
Trans Amer Inst Minung Metallurgical and
Petroleum Engineers (Transactions AIME) [J].
1952, 194: 153-156.

E: 17℃, 85.9% Ga, 7.4% Sn

摩尔分数（mol%）

Ga-Sn-Zn

参考文献

Evans R M, Jafee R I.
Trans Amer Inst Minung Metallurgical and
Petroleum Engineers (Transactions AIME) [J].
1952, 194: 153-156.

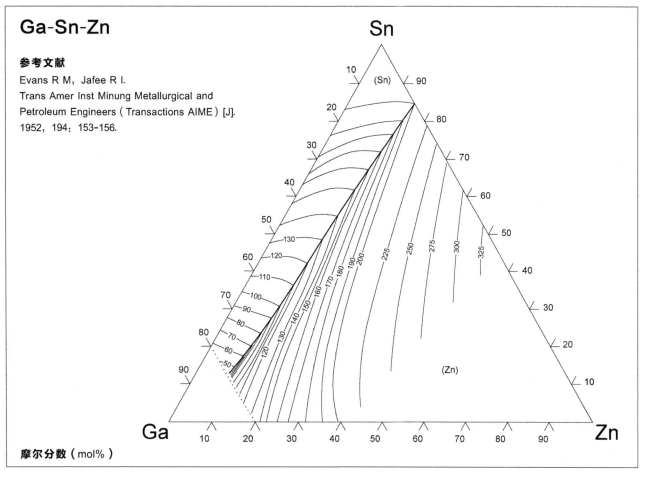

摩尔分数（mol%）

Ga-Te-Yb

参考文献

Алиев О М, Рустамов П Г, Ильясов Т М.
Журн. Неорг. Хим. [J]. 1984, 29: 733-736.

E_1: 30℃ e_1: 750℃
E_2: 400℃ e_2: 800℃
E_3: 410℃ e_3: 1050℃
E_4: 350℃ e_4: 705℃
E_5: 600℃ p_1: 840℃
U_2: 500℃ p_2: 815℃
U_3: 715℃
U_4: 630℃
U_5: 650℃
U_6: 420℃
U_7: 400℃
U_8: 635℃
U_9: 890℃

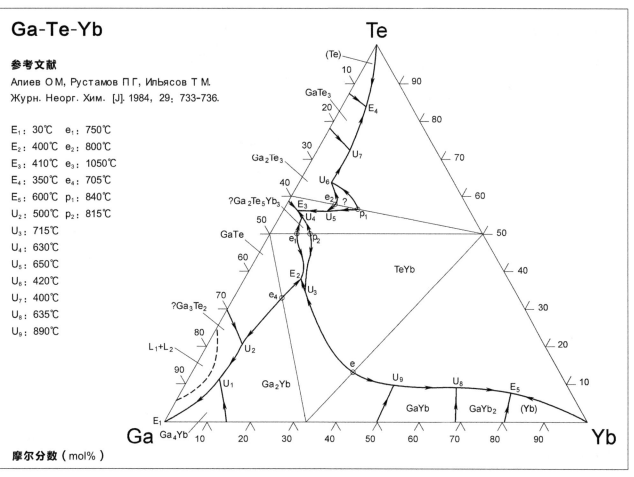

摩尔分数（mol%）

Gd-Li-Mg

参考文献

Kevorkov D G, Gröbner J, Schmid-Fetzer R, et al.
Journal of Phase Equilibria [J]. 2001, 22: 34.

M₁: 828℃, 16.0% Mg, 56.0% Gd
M₁′: 828℃, 7.7% Mg, 5.0% Gd
max: 810℃, 38.1% Mg, 36.3% Gd
max′: 810℃, 23.3% Mg, 6.1% Gd
M₂: 791℃, 29.4% Mg, 46.1% Gd
M₂′: 791℃, 15.2% Mg, 4.9% Gd
k: 752℃, 48.0% Mg, 12.7% Gd
U₁: 707℃, 8.9% Mg, 2.4% Gd
U₂: 576℃, 84.1% Mg, 5.6% Gd
E: 574℃, 89.3% Mg, 7.3% Gd
U₃: 474℃, 38.0% Mg, 0.2% Gd
U₄: 381℃, 26.7% Mg, 0.03% Gd
U₅: 181℃, 3% Mg, 0.1% Gd

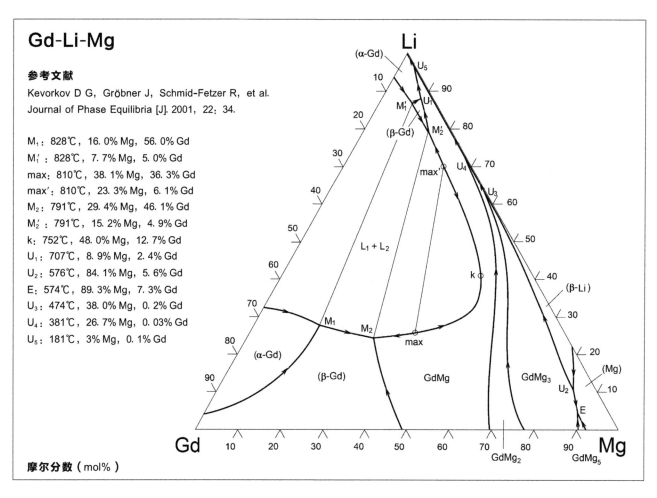

摩尔分数（mol%）

Gd-Mg-Sm

参考文献

Guo C, Du Z, Li C.
CALPHAD: Computer Coupling of Phase Diagrams
and Thermochemistry [J]. 2010, 34: 90-97.

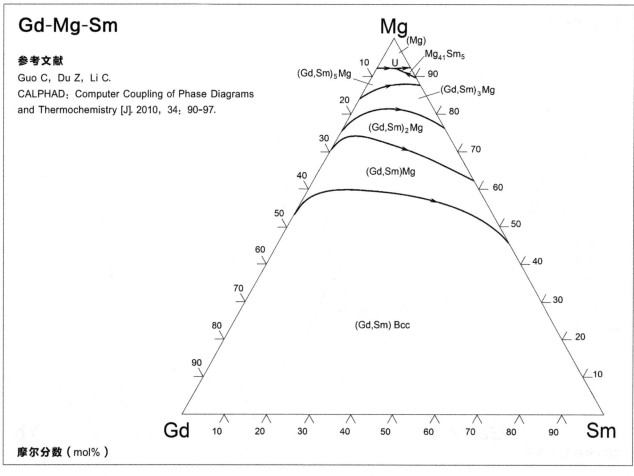

摩尔分数（mol%）

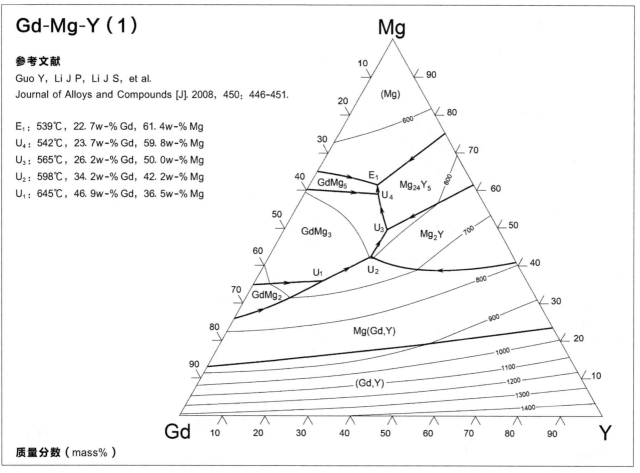

Gd-Mg-Y（1）

参考文献

Guo Y, Li J P, Li J S, et al.

Journal of Alloys and Compounds [J]. 2008, 450：446-451.

E_1：539℃，22.7w-% Gd，61.4w-% Mg

U_4：542℃，23.7w-% Gd，59.8w-% Mg

U_3：565℃，26.2w-% Gd，50.0w-% Mg

U_2：598℃，34.2w-% Gd，42.2w-% Mg

U_1：645℃，46.9w-% Gd，36.5w-% Mg

质量分数（mass%）

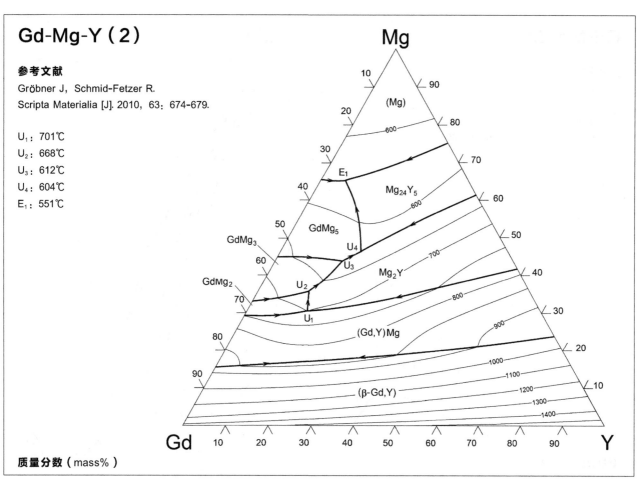

Gd-Mg-Y（2）

参考文献

Gröbner J, Schmid-Fetzer R.

Scripta Materialia [J]. 2010, 63：674-679.

U_1：701℃

U_2：668℃

U_3：612℃

U_4：604℃

E_1：551℃

质量分数（mass%）

625

Gd-Mg-Zn（Mg 角）

参考文献

Groöbner J, Kozlov A, Fang X Y, et al. Acta Materialia [J]. 2015, 90: 400-416.

W: GdMgZn$_2$

H1: Gd$_{14}$Mg$_{22}$Zn$_{64}$

F: Gd$_{17}$Mg$_{21}$Zn$_{62}$

P$_1$: 659℃   U$_7$: 558℃

P$_2$: 633℃   U$_{11}$: 514℃

P$_3$: 582℃   U$_{14}$: 432℃

P$_4$: 558℃

U$_2$: 657℃

U$_3$: 614℃

U$_4$: 613℃

U$_5$: 613℃

U$_6$: 561℃

摩尔分数（mol%）

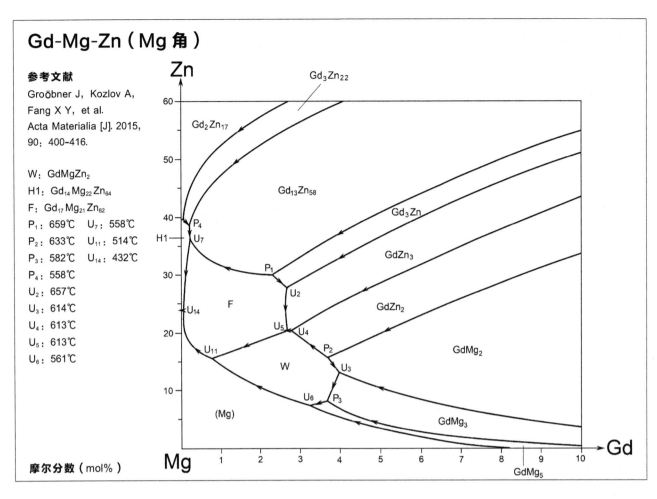

Gd-Mg-Zn

参考文献

Gröbner J, Kozlov A, Fang X Y, et al.

（1）Journal of Alloys and Compounds [J]. 2016, 675: 149-157.

（2）Acta Materialia [J]. 2015, 90: 400-416.

W: GdMgZn$_2$

F: Gd$_{17}$Mg$_{21}$Zn$_{62}$

E$_1$: 935℃

U$_1$: 871℃

P$_2$: 633℃

U$_3$: 614℃

摩尔分数（mol%）

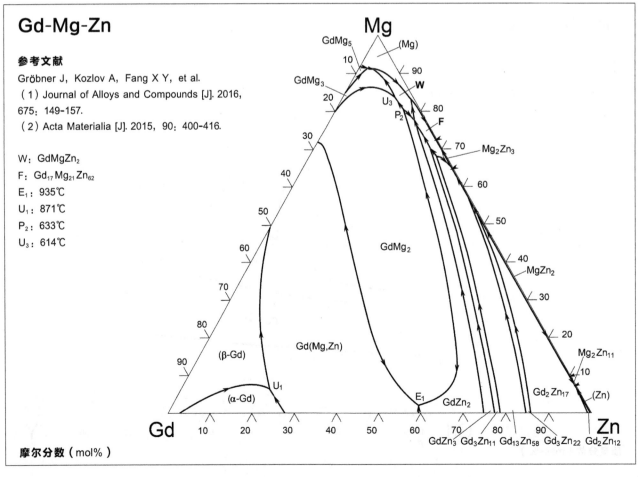

626

Gd-Ti-Zr

参考文献

Mattern N, Han J H, Nowak R, et al.
CALPHAD: Computer Coupling of Phase Diagrams and Thermochemistry [J]. 2018, 61: 237-245.

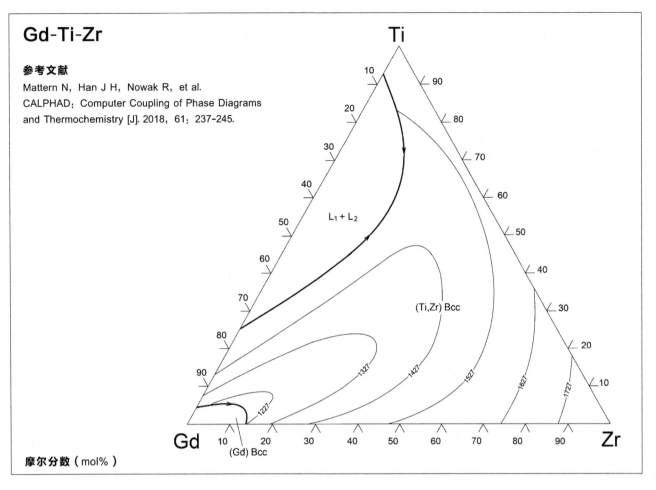

摩尔分数（mol%）

Ge-In-Sb（1）

参考文献

Агеева Н В.
Диаграммы Состаяия Металлических Систем [M].
Москва: ВИНИТИ, 1982, 28 (2): 150-151.

e: 515℃

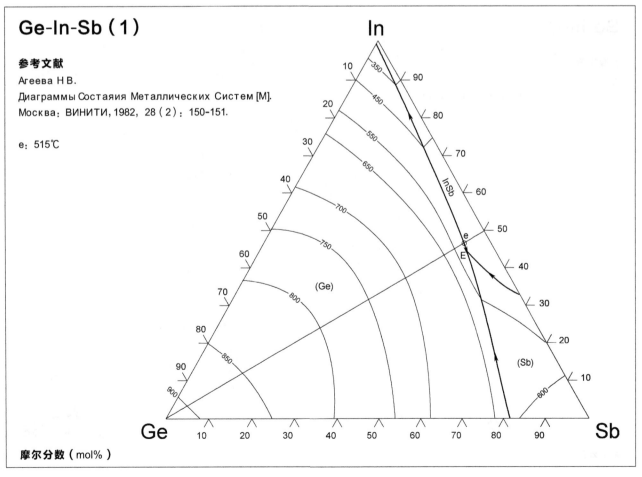

摩尔分数（mol%）

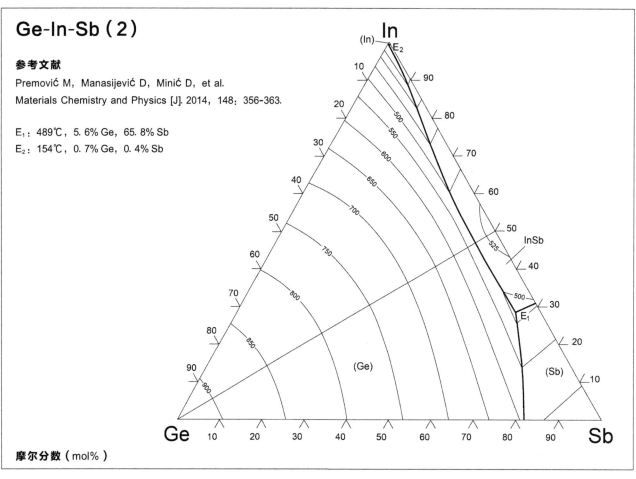

Ge-In-Sb (2)

参考文献

Premović M, Manasijević D, Minić D, et al.

Materials Chemistry and Physics [J]. 2014, 148: 356-363.

E_1: 489℃, 5.6% Ge, 65.8% Sb

E_2: 154℃, 0.7% Ge, 0.4% Sb

摩尔分数（mol%）

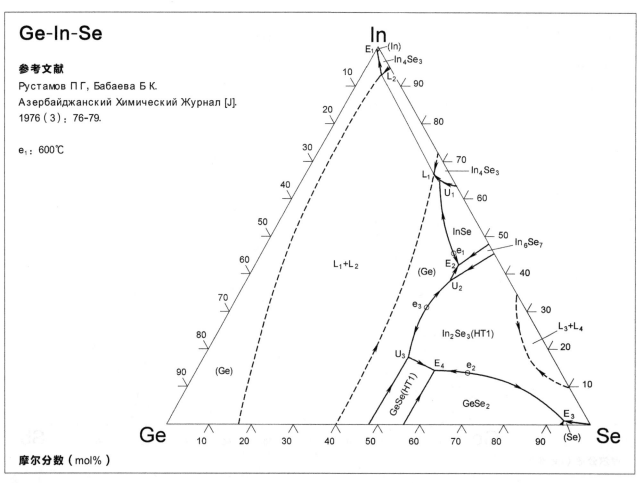

Ge-In-Se

参考文献

Рустамов П Г, Бабаева Б К.

Азербайджанский Химический Журнал [J].

1976（3）: 76-79.

e_1: 600℃

摩尔分数（mol%）

Ge-In-Si

参考文献

Fleurial J P, Borshchevsky A.

J. Electrochem. Soc. [J]. 1990, 137: 2928-2937.

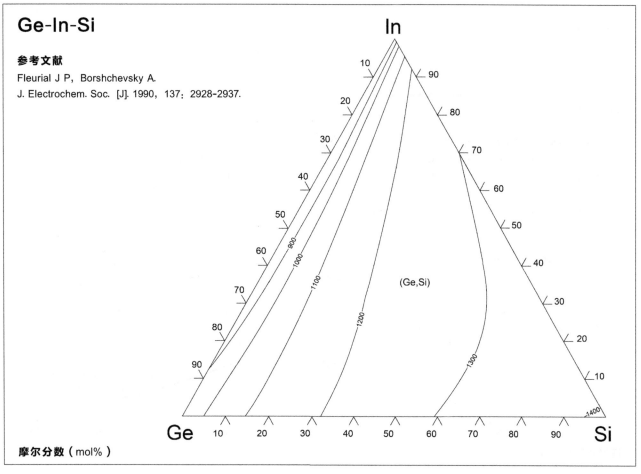

摩尔分数（mol%）

Ge-In-Sn

参考文献

Tošković N, Minić D, Premović M, et al.

Journal of Phase Equilibria and Diffusoon [J].

2018. 39: 933-943.

U_1: 221℃, 0.2% Ge, 5.3% In

U_2: 141℃, ~ 0.0% Ge, 85.4% In

E_1: 118℃, ~ 0.0% Ge, 52.3% In

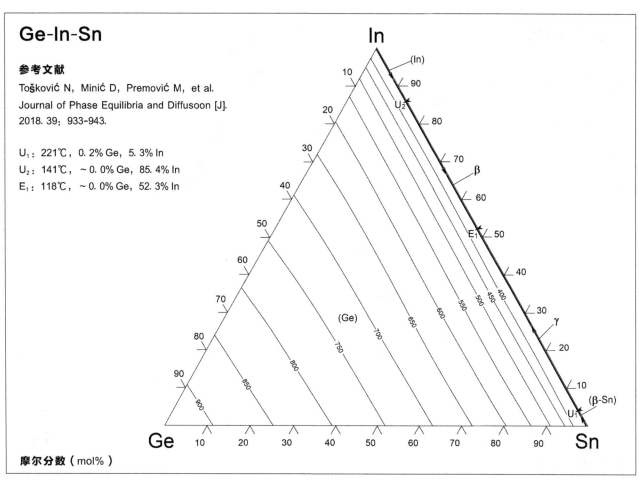

摩尔分数（mol%）

Ge-In-Te

参考文献

Заргарова МИ, Акперов ММ.
Изв. Акад. Наук, СССР, Неорг. Материалы [J].
1973（7）：1012-1015.

E_1: 350℃, 2% Ge, 10% In e_1: 500℃
E_2: 330℃, 14% Ge, 4% In e_2: 560℃
E_3: 630℃, 38% Ge, 15% In e_3: 365℃
E_4: 530℃, 9% Ge, 39% In e_4: 655℃
E_5: 400℃, 17% Ge, 39% In e_5: 650℃
E_6: 150℃, 0.5% Ge, 99% In   p: 580℃
U_1: 600℃, 2% Ge, 34% In
U_2: 420℃, 2% Ge, 24% In
U_3: 540℃, 8% Ge, 39% In
U_4: 550℃, 9% Ge, 36% In
U_5: 430℃, 18% Ge, 37% In
U_6: 430℃, 9% Ge, 66% In

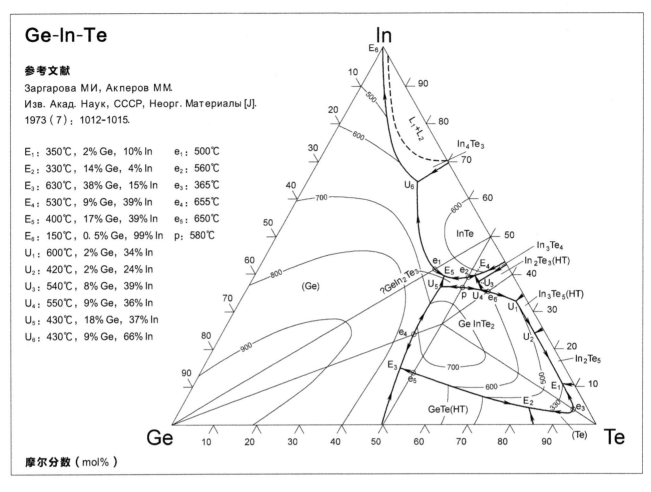

摩尔分数（mol%）

Ge-Mg-Pb

参考文献

Nassyrov D, Jung I H.
CALPHAD：Computer Coupling of Phase Diagrams
and Thermochemistry [J]. 2009, 33：521-529.

U_1: 468℃
e_1: 697℃
e_2: 633℃
e_3: 466℃
e_4: 249℃
e_5: 327℃

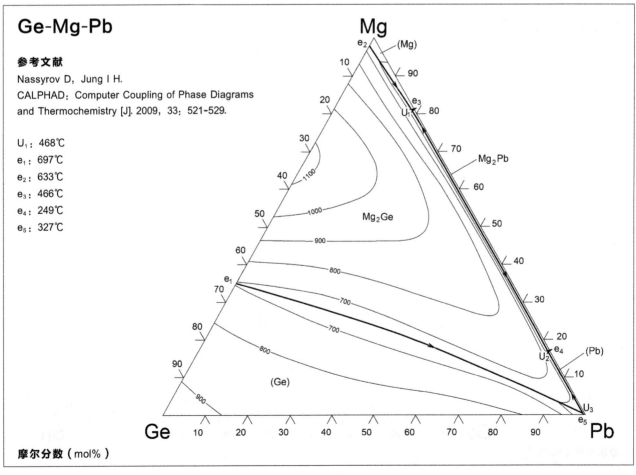

摩尔分数（mol%）

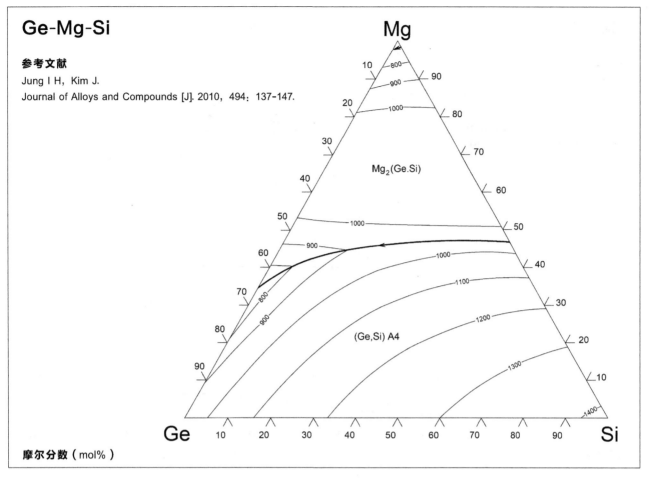

Ge-Mg-Si

参考文献

Jung I H, Kim J.

Journal of Alloys and Compounds [J]. 2010, 494: 137-147.

Mg₂(Ge.Si)

(Ge,Si) A4

摩尔分数（mol%）

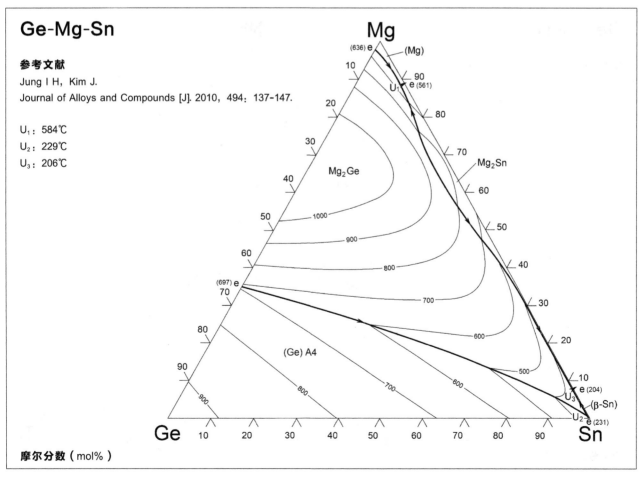

Ge-Mg-Sn

参考文献

Jung I H, Kim J.

Journal of Alloys and Compounds [J]. 2010, 494: 137-147.

U₁: 584℃

U₂: 229℃

U₃: 206℃

(636) e　(Mg)

U₁　e (561)

Mg₂Ge

Mg₂Sn

(697) e

(Ge) A4

U₃　e (204)

(β-Sn)

U₂　e (231)

摩尔分数（mol%）

Ge-Nb-Si

参考文献

Utton C A, Papadimitriou I, Kinoshita H, et al.
Journal of Alloys and Compounds [J]. 2017, 717: 303-316.

E1: 1921 C, 12. 3% Ge, 80. 0% Nb

E2: 1907 C, 5. 0% Ge, 80. 9% Nb

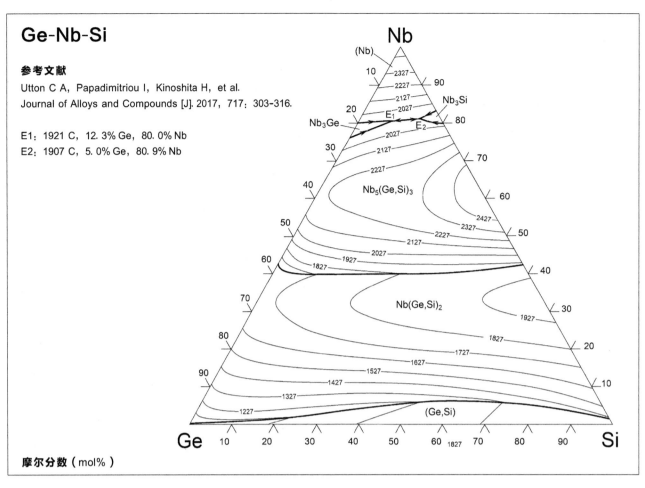

摩尔分数（mol%）

Ge-Nb-Ti

参考文献

Heller W.
Zeitschrift fuer Metallkunde [J]. 1973, 64: 124-128.

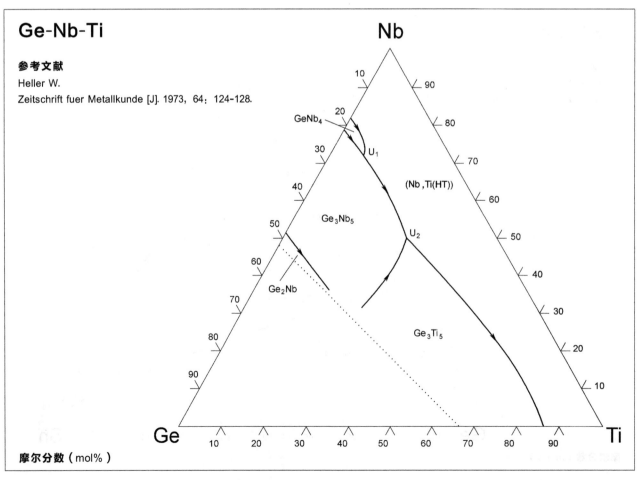

摩尔分数（mol%）

Ge-P-S

参考文献

Виноградова Г З, Маисашвили Н Г.

Журн. Неорг. Хим. [J]. 1979, 24: 590-594.

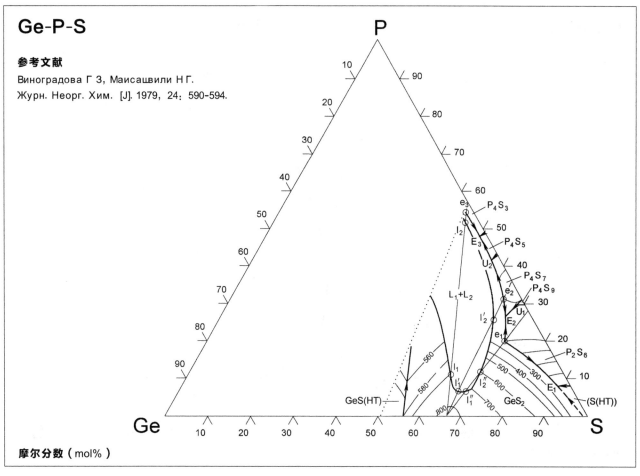

摩尔分数（mol%）

Ge-P-Sn

参考文献

Семенова Г В, Леонтьева ТА, Сушкова Т П.

Конденсированные среды и межфазные границы [J].

2019, 21（2）: 249-261.

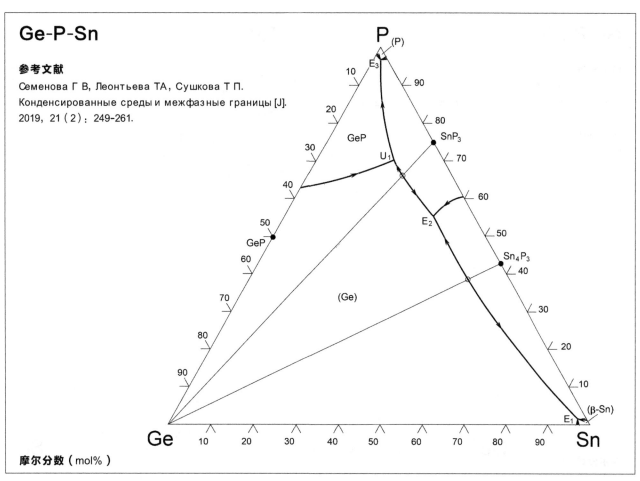

摩尔分数（mol%）

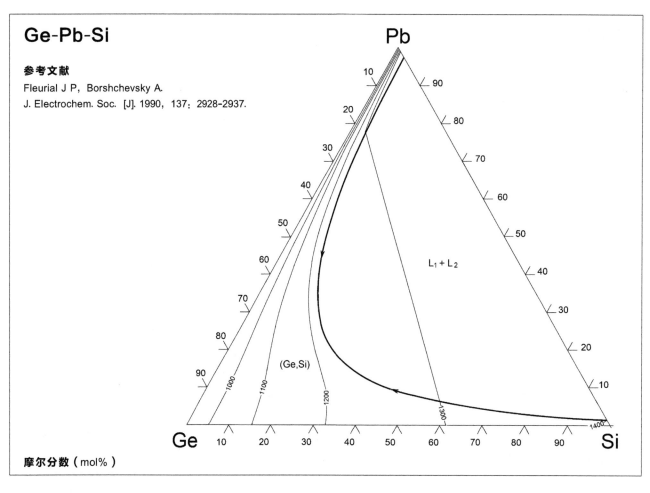

Ge-Pb-Si

参考文献

Fleurial J P，Borshchevsky A.

J. Electrochem. Soc.［J］. 1990，137：2928-2937.

L₁ + L₂ label: $L_1 + L_2$

(Ge,Si)

1000 1100 1200 1300 1400

摩尔分数（mol%）

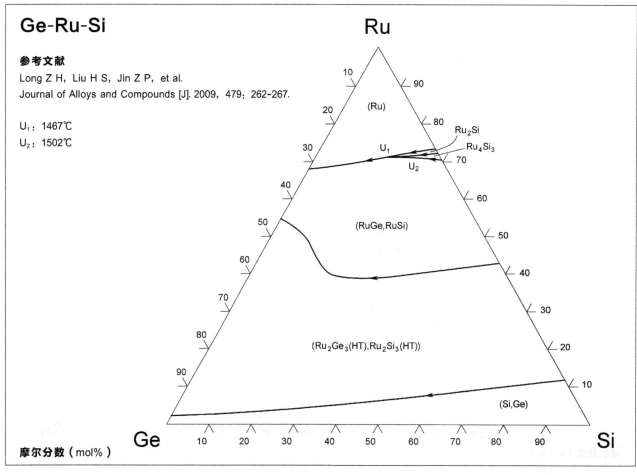

Ge-Ru-Si

参考文献

Long Z H，Liu H S，Jin Z P，et al.

Journal of Alloys and Compounds ［J］. 2009，479：262-267.

U_1：1467℃

U_2：1502℃

(Ru)

Ru_2Si

Ru_4Si_3

U_1

U_2

(RuGe,RuSi)

$(Ru_2Ge_3(HT),Ru_2Si_3(HT))$

(Si,Ge)

摩尔分数（mol%）

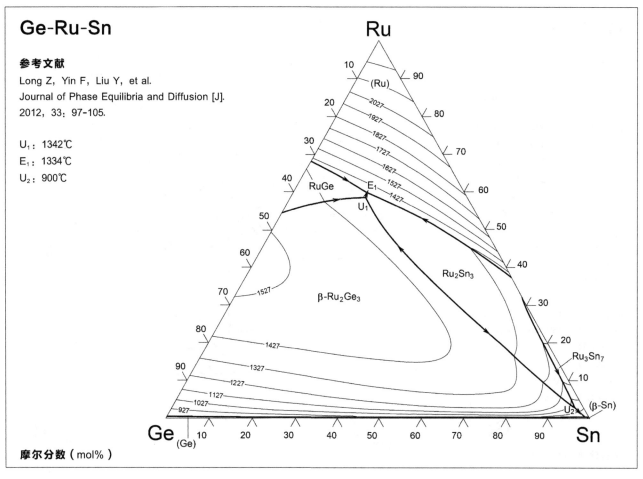

Ge-Ru-Sn

参考文献

Long Z, Yin F, Liu Y, et al.

Journal of Phase Equilibria and Diffusion [J].

2012, 33: 97-105.

U₁: 1342℃

E₁: 1334℃

U₂: 900℃

摩尔分数（mol%）

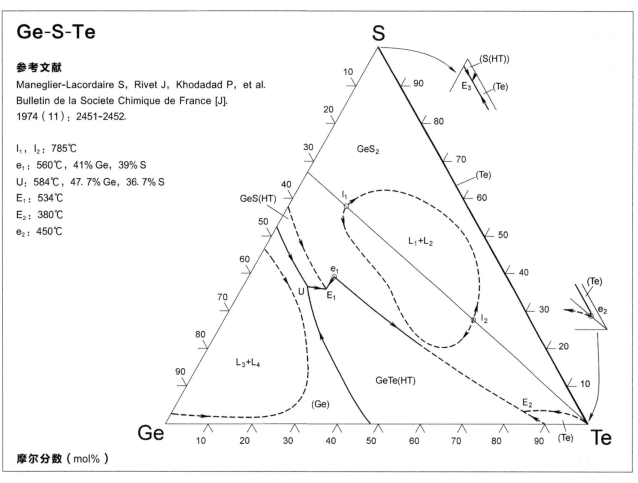

Ge-S-Te

参考文献

Maneglier-Lacordaire S, Rivet J, Khodadad P, et al.

Bulletin de la Societe Chimique de France [J].

1974（11）: 2451-2452.

I₁, I₂: 785℃

e₁: 560℃, 41% Ge, 39% S

U: 584℃, 47.7% Ge, 36.7% S

E₁: 534℃

E₂: 380℃

e₂: 450℃

摩尔分数（mol%）

Ge-S-Tl

参考文献

Бабанлы МБ, Кулиева НА, Сатар-Заде ИС.
Журн. Неорг. Хим. [J]. 1982, 27: 1340-1345.

E_1: 342℃, 21% Ge, 50.5% S
E_2: 347℃, 14% Ge, 46% S
U_1: 292℃, 4% Ge, 47% S
U_2: 222℃, 3% Ge, 55% S
U_3: 157℃, 4.5% Ge, 64% S
U_4: 237℃, 9.5% Ge, 59% S
U_5: 562℃, 21.5% Ge, 53% S
U_6: 387℃, 22% Ge, 51% S
M_1: 335℃, 7.5% Ge, 35% S
M_2: 377℃, 12% Ge, 38% S
M_3: 137℃, 4% Ge, 67% S
M_4: 212℃, 10% Ge, 61.5% S
M_5: 400℃, 15% Ge, 59% S
① GeS_2Tl: 397℃
② GeS_3Tl_2: 490℃
③ GeS_4Tl_4: 404℃
④ $Ge_2S_5Tl_2$: 595℃

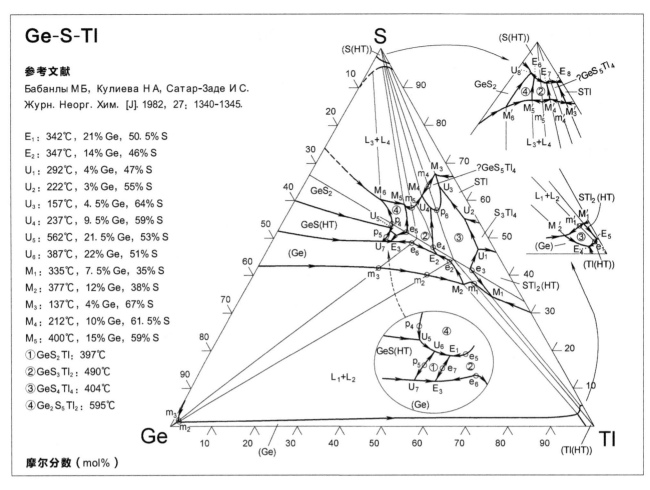

摩尔分数（mol%）

Ge-Sb-Se

参考文献

Орлова ГМ, Мартунова НС, Хоменко АВ.
Журн. Неорг. Хим. [J]. 1982, 27: 275-278.

e_1: 484℃, 14.1% Ge, 23.1% Sb
e_2: 445℃, 18.9% Ge, 26.5% Sb
p: 463℃, 21.8% Ge, 23.4% Sb
E: 420℃, 21.4% Ge, 19.3% Sb
U: 438℃, 24.0% Ge, 16.9% Sb

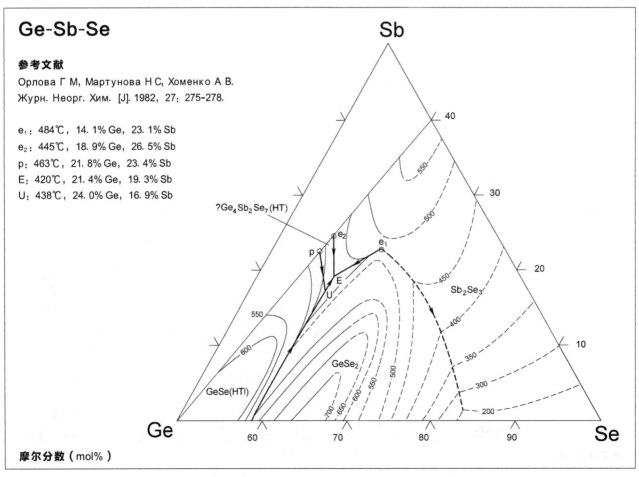

摩尔分数（mol%）

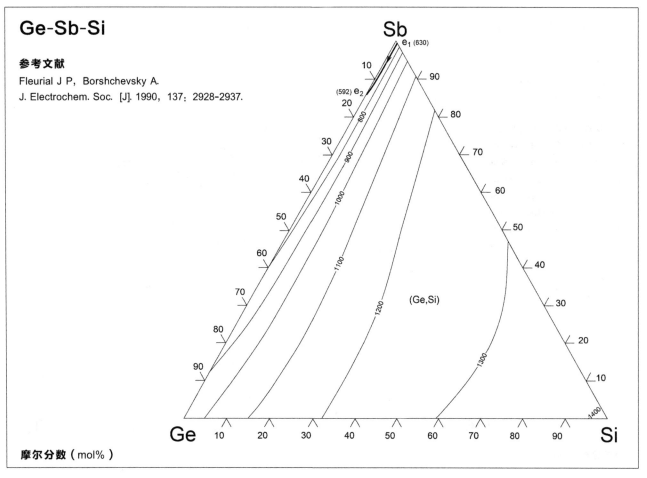

Ge-Sb-Si

参考文献

Fleurial J P, Borshchevsky A.

J. Electrochem. Soc. [J]. 1990, 137: 2928-2937.

摩尔分数（mol%）

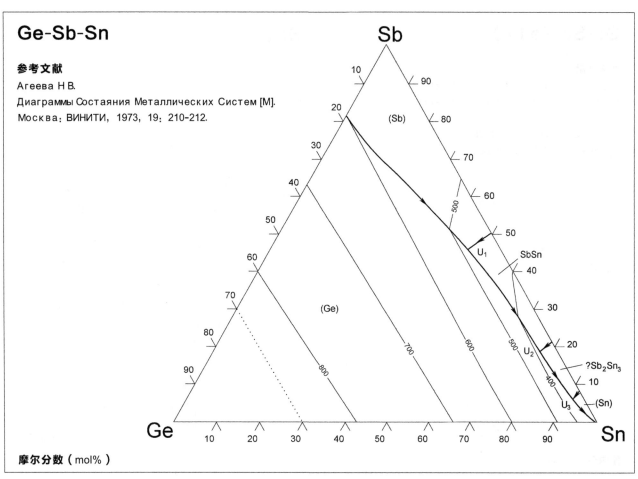

Ge-Sb-Sn

参考文献

Агеева Н В.

Диаграммы Состаяния Металлических Систем [M].

Москва: ВИНИТИ, 1973, 19: 210-212.

摩尔分数（mol%）

Ge-Sb-Te (1)

参考文献

Bordas S, Clavaguera-Mora M T.
Thermochimica Acta [J]. 1984, 78: 141-157.

m: 525℃, 14% Ge, 62% Sb
U_6: 615℃, 28% Ge, 32% Sb
U_7: 600℃, 25% Ge, 36% Sb
U_8: 562℃, 20% Ge, 43% Sb
U_9: 542℃, 16% Ge, 52% Sb
U_{10}: 536℃, 15% Ge, 55% Sb
U_{11}: 531℃, 14% Ge, 58% Sb
U_{12}: 529℃, 13% Ge, 66% Sb
e: 595℃
p_1: 630℃
p_2: 616℃
p_3: 606℃

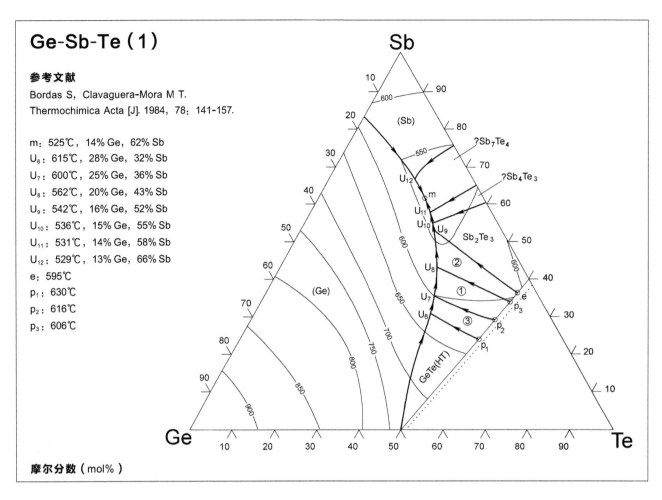

摩尔分数（mol%）

Ge-Sb-Te (2)

参考文献

Legendre B, Hancheng C, Bordas S, et al.
Thermochimica Acta [J]. 1984, 78: 141-157.

U_1: 406℃, 8.5% Ge, 7.5% Sb
U_2: 399℃, 13% Ge, 2.5% Sb
U_3: 396℃, 14% Ge, 1.5% Sb
U_4: 393℃, 14.5% Ge, 1.0% Sb
U_5: 391℃, 15% Ge, 0.5% Sb
e: 595℃
p_1: 630℃
p_2: 616℃
p_3: 606℃

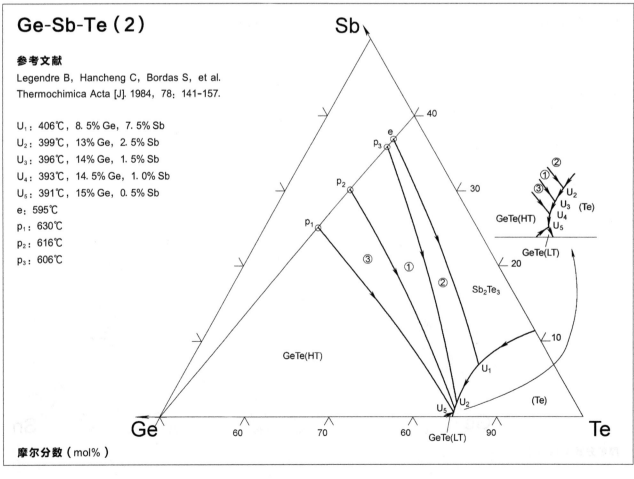

摩尔分数（mol%）

Ge-Se-Te

参考文献

Bordas S, Clavaguera N, Geli M, et al. Proceedings of the International Conference on Thermal Analysis [C]. 1977: 14-17.

L_1, L_2: 560℃
e_1: 518℃, 40% Ge, 40% Se
e_2: 440℃, 2% Ge, 4% Se
E_1: 514℃, 43% Ge, 39% Se
E_2: 360℃, 19% Ge, 9% Se
U: 636℃, 47% Ge, 35% Se

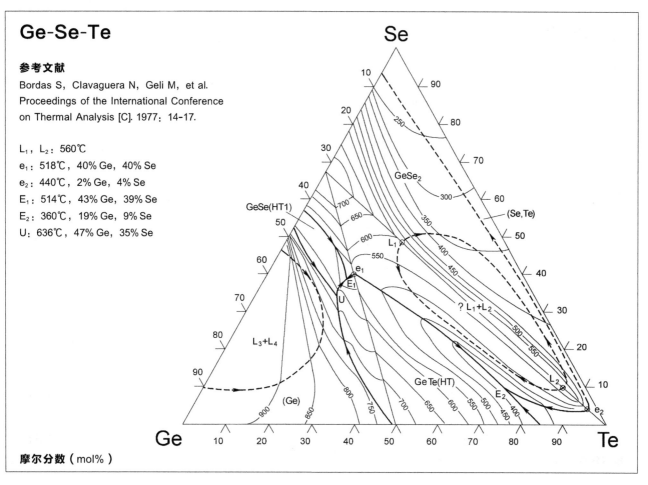

摩尔分数（mol%）

Ge-Se-Tl

参考文献

Бабанлы М В, Кулиева Н А. Журн. Неорг. Хим. [J]. 1986: 31: 1363-1367.

$Ge_2Se_5Tl_2$: 497℃
$GeSe_3Tl_2$: 437℃
$GeSe_4Tl_4$: 377℃
E_1: 287℃, 5.5% Ge, 44.5% Se
E_2: 311℃, 8.0% Ge, 38.5% Se
E_3: 352℃, 20.5% Ge, 50.9% Se
E_4: 332℃, 22.5% Ge, 47.5% Se
U_1: 312℃, 13.0% Ge, 62.5% Se
U_3: 309℃, 13.6% Ge, 62.9% Se
U_4: 237℃, 6.0% Ge, 67.8% Se
U_6: 477℃, 24.5% Ge, 54.5% Se
U_8: 372℃, 22.7% Ge, 51.8% Se
U_9: 450℃, 29.5% Ge, 47.3% Se

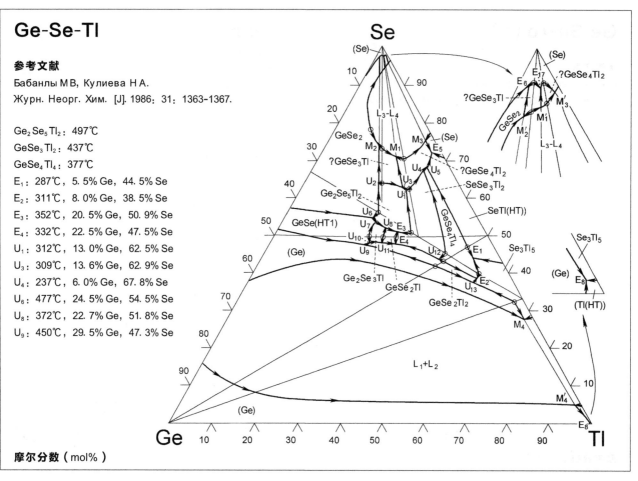

摩尔分数（mol%）

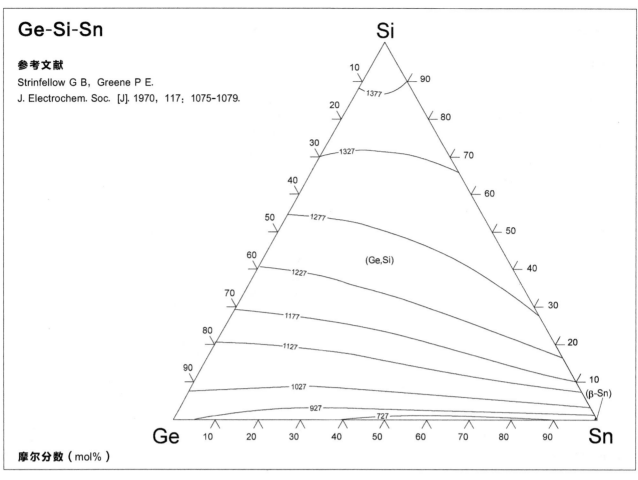

Ge-Si-Sn

参考文献

Strinfellow G B, Greene P E.

J. Electrochem. Soc. [J]. 1970, 117：1075-1079.

Si

10
90
1377
20
80
30
1327
70
40
60
50
1277
50
(Ge,Si)
60
1227
40
70
1177
30
80
1127
20
90
1027
10
(β-Sn)
927
727

Ge 10 20 30 40 50 60 70 80 90 Sn

摩尔分数（mol%）

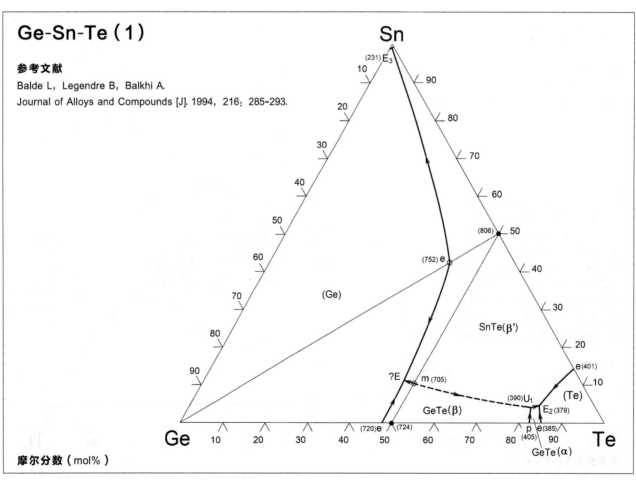

Ge-Sn-Te（1）

参考文献

Balde L, Legendre B, Balkhi A.

Journal of Alloys and Compounds [J]. 1994, 216：285-293.

Sn

(231) E₃
10
90
20
80
30
70
40
60
(806) 50
(752) e
(Ge)
50
40
SnTe(β')
60
30
70
e(401)
?E   m (705)
80
(390)U₁ 20
(Te) 10
90
GeTe(β) E₂(379)
(720)e (724)
p e(385)
Ge 10 20 30 40 50 60 70 80 (405) 90 Te
GeTe(α)

摩尔分数（mol%）

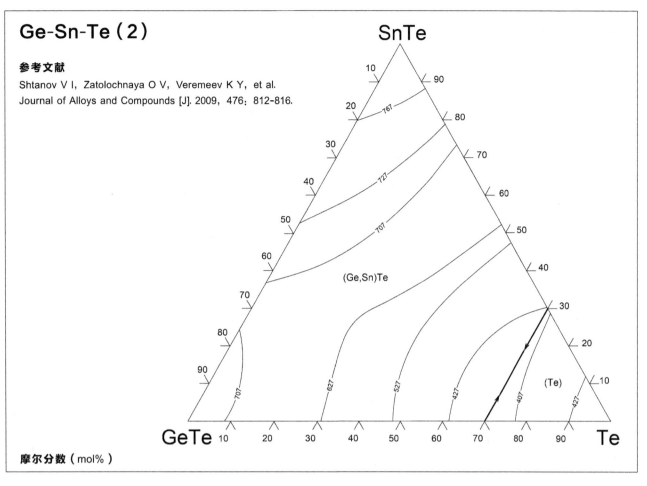

Ge-Sn-Te（2）

参考文献

Shtanov V I, Zatolochnaya O V, Veremeev K Y, et al.
Journal of Alloys and Compounds [J]. 2009, 476: 812-816.

摩尔分数（mol%）

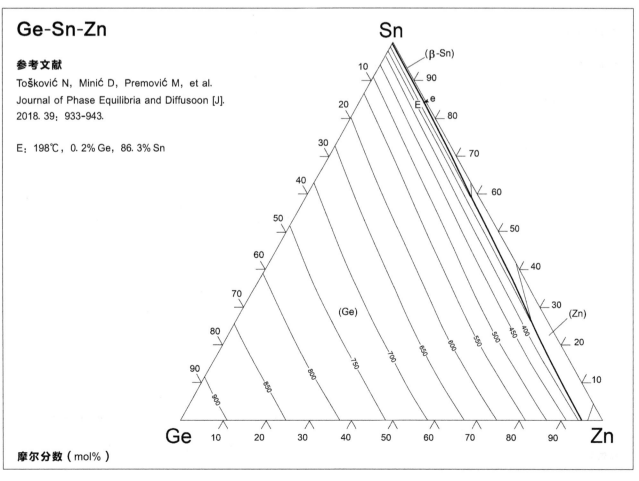

Ge-Sn-Zn

参考文献

Tošković N, Minić D, Premović M, et al.
Journal of Phase Equilibria and Diffusoon [J].
2018. 39: 933-943.

E: 198℃, 0.2% Ge, 86.3% Sn

摩尔分数（mol%）

Ge-Te-Tl

参考文献

Кулиева Н А, Бабаны М Б.

Журн. Неорг. Хим. [J]. 1982, 27: 1531-1537.

e_1: 410℃, 25% Ge, 42% Te

p_1: 418℃, 24% Ge, 42% Te

p_2: 375℃, 17% Ge, 50% Te

p_3: 360℃, 15% Ge, 50% Te

E: 212℃, 2% Ge, 68% Te

U_1: 372℃, 17% Ge, 48% Te

U_2: 365℃, 15% Ge, 48% Te

U_3: 355℃, 12% Ge, 50% Te

U_4: 320℃, 8% Ge, 66% Te

U_5: 257℃, 5% Ge, 55% Te

U_6: 254℃, 6% Ge, 67% Te

U_7: 227℃, 2% Ge, 65% Te

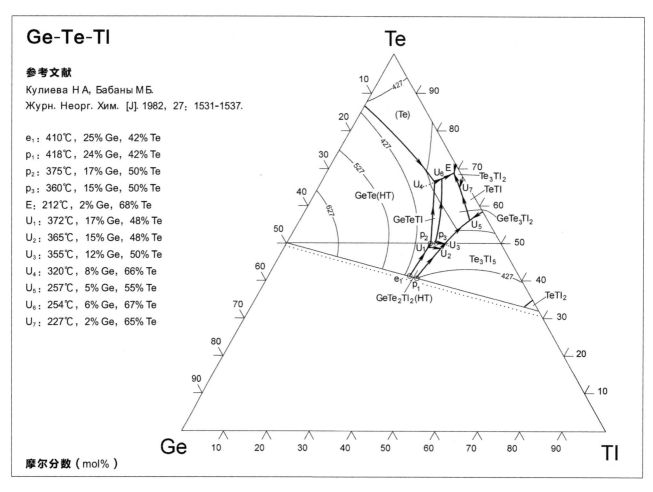

摩尔分数（mol%）

Hf-Nb-Si

参考文献

Yang Y, Chang Y A, Bewlay B P, et al.

Intermetallics [J]. 2003, 11: 407-415.

U_1: 1837℃, 19.0% Hf, 15.1% Si

U_2: 2023℃, 29.7% Hf, 20% Si

U_3: 1833℃, 21% Hf, 15% Si

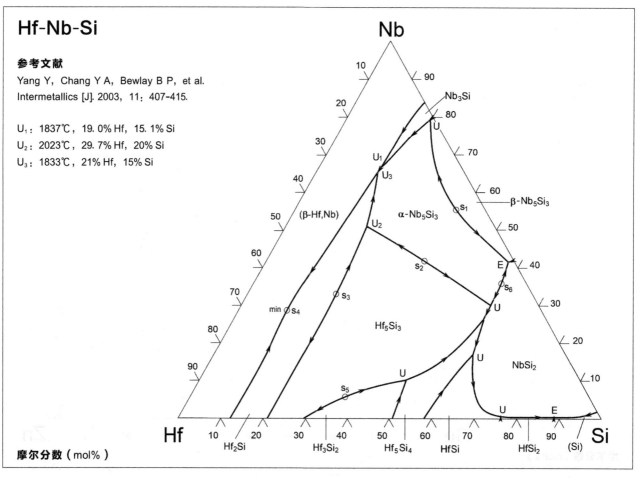

摩尔分数（mol%）

Hf-Ni-Sn

参考文献

Berche A, Tédenac J C, Jund P.
Computational Materials Science [J]. 2016, 125: 271-277.

Full-Heusler:
Hf$_2$NiSn; Hf$_6$Ni$_{1.5+x}$Sn$_{1.5-x}$

U$_1$: 1153℃
E$_1$: 1137℃
U$_2$: 1132℃
U$_3$: 1004℃
U$_4$: 989℃
U$_5$: 964℃
U$_6$: 939℃
U$_7$: 929℃
U$_{10}$: 920℃
E$_5$: 848℃
E$_6$: 822℃
U$_{13}$: 819℃
E$_7$: 805℃
E$_8$: 797℃

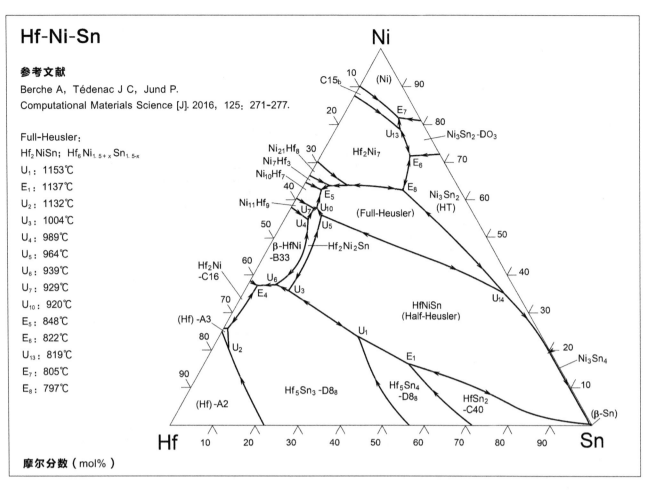

摩尔分数 (mol%)

Hf-Ni-Ti

参考文献

Cacciamani G, Riani P, Valenza F.
CALPHAD: Computer Coupling of Phase Diagrams
and Thermochemistry [J]. 2011, 35: 601-619.

E$_1$: 1208℃   U$_7$: 1017℃
U$_1$: 1207℃   U$_8$: 912℃
U$_2$: 1200℃   U$_9$: 892℃
U$_3$: 1200℃   E$_3$: 889℃
E$_2$: 1180℃   U$_{10}$: 885℃
U$_4$: 1175℃   U$_{11}$: 883℃
U$_5$: 1114℃   E$_4$: 878℃
U$_6$: 1090℃   E$_5$: 815℃

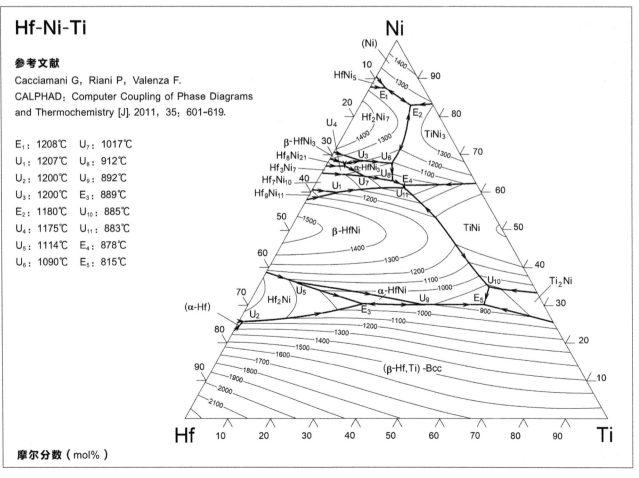

摩尔分数 (mol%)

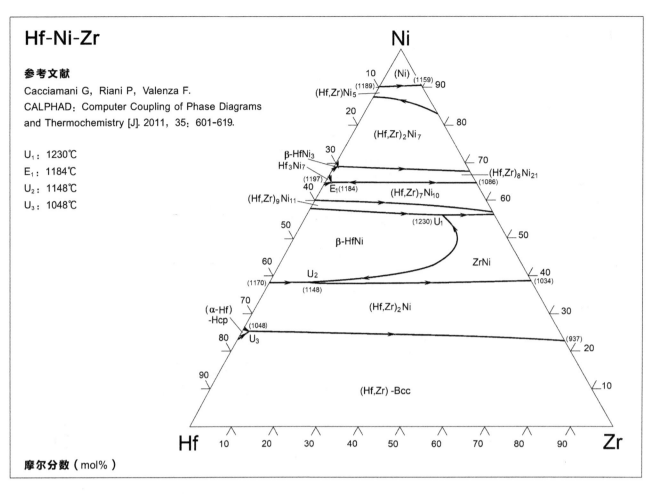

Hf-Ni-Zr

参考文献

Cacciamani G, Riani P, Valenza F.
CALPHAD: Computer Coupling of Phase Diagrams
and Thermochemistry [J]. 2011, 35: 601-619.

U_1: 1230℃
E_1: 1184℃
U_2: 1148℃
U_3: 1048℃

摩尔分数（mol%）

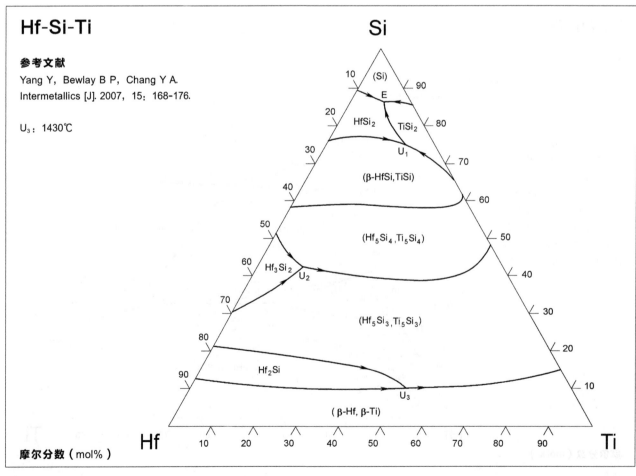

Hf-Si-Ti

参考文献

Yang Y, Bewlay B P, Chang Y A.
Intermetallics [J]. 2007, 15: 168-176.

U_3: 1430℃

摩尔分数（mol%）

Hg-In-Na

参考文献

Neethling A J.

J. Chem. Thermodynamics [J]. 1975, 7: 73-75.

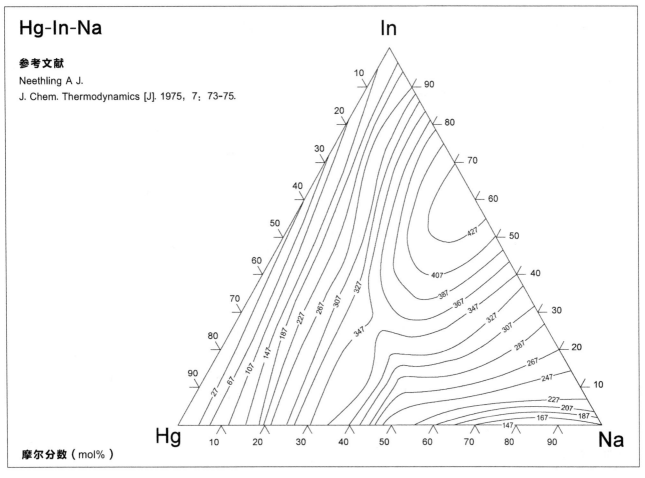

摩尔分数（mol%）

Hg-In-Sn

参考文献

Яценко С П, Судаков В А, Козин Л Ф, и др.

Журн. Физ. Хим. [J]. 1971, 45: 1347-1348.

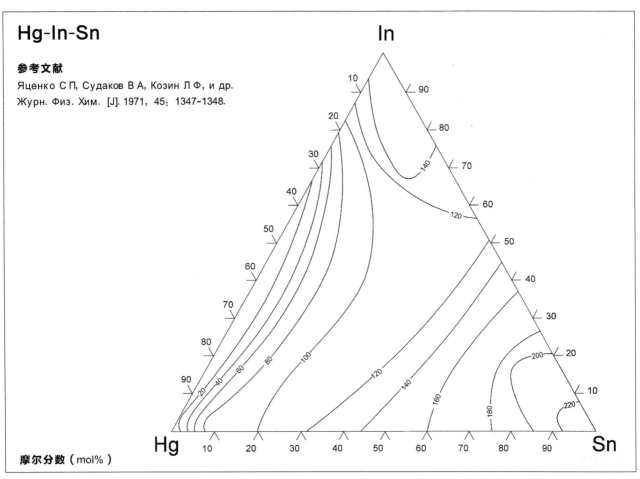

摩尔分数（mol%）

Hg-K-Na

参考文献

Janecke E.

Zeitschrift fuer Metallkunde [J]. 1928, 20: 113-117.

Hg_2KNa: 188℃

e_3: 188℃

E_1: -14℃

U_1: 5℃

U_2: -3℃

U_3: -8℃

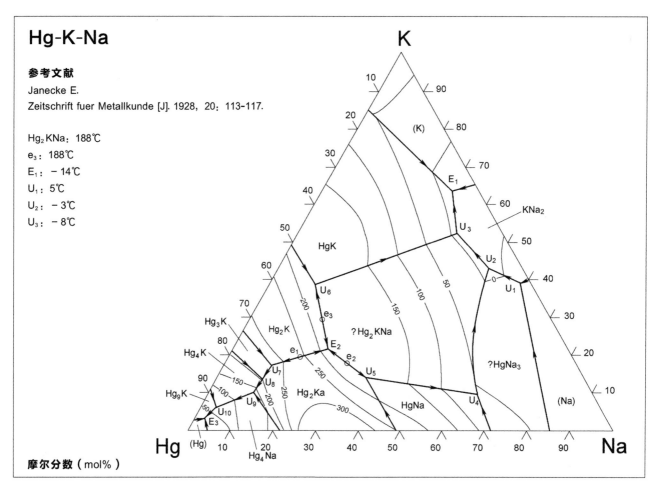

摩尔分数（mol%）

Hg-Na-Tl

参考文献

Смирнова О Я.

Изв. Акад. Наук, Казахской ССР,

Серия Химическая [J]. 1989（3）: 22-25.

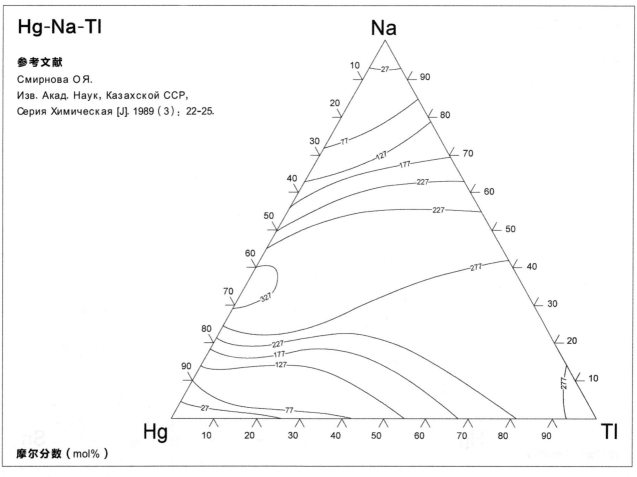

摩尔分数（mol%）

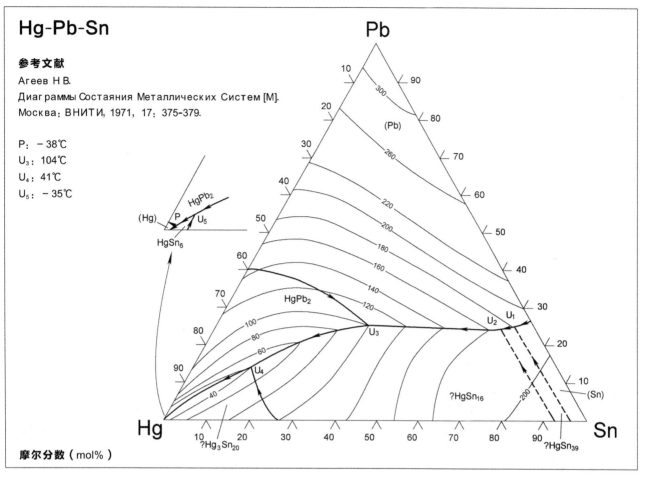

Hg-Pb-Sn

参考文献

Агеев Н В.

Диаграммы Состаяния Металлических Систем [M].

Москва: ВНИТИ, 1971, 17: 375-379.

P: -38℃

U₃: 104℃

U₄: 41℃

U₅: -35℃

摩尔分数（mol%）

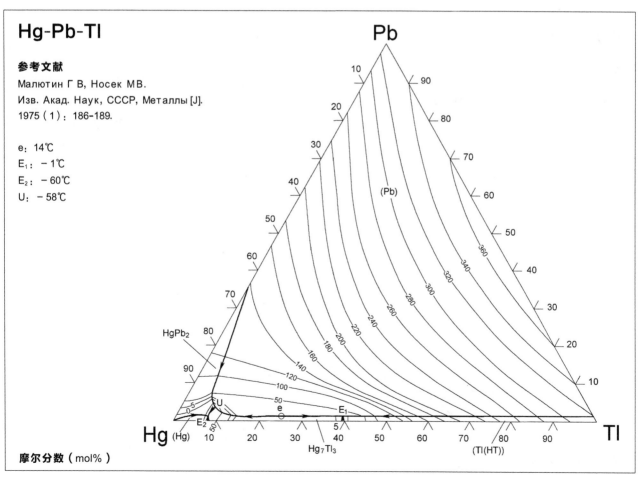

Hg-Pb-Tl

参考文献

Малютин Г В, Носек М В.

Изв. Акад. Наук, СССР, Металлы [J].

1975（1）: 186-189.

e: 14℃

E₁: -1℃

E₂: -60℃

U: -58℃

摩尔分数（mol%）

Hg-Pb-Zn

参考文献

Нсек МВ, Атаманова Н М, Абишева З Д.
Изв. Акад. Наук, СССР, Металлы [J].
1985（2）：208-211.

U_1：120℃
U_2：～30℃
U_3：～0℃
U_4：－40℃

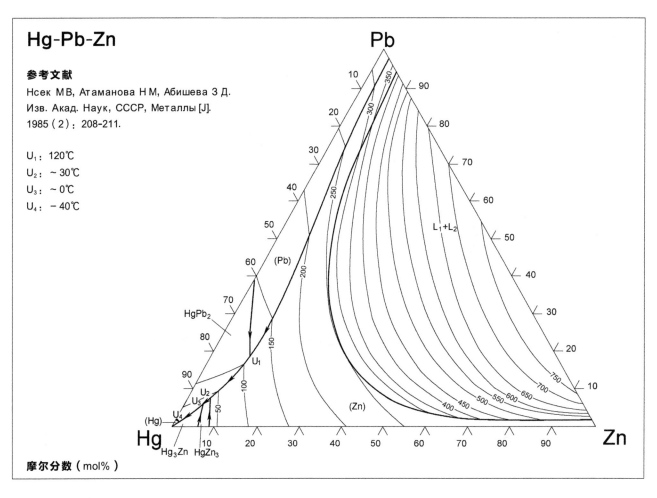

摩尔分数（mol%）

Hg-S-Tl

参考文献

Асадов ММ.
Изв. Акад. Наук, СССР, Неорг Материалы [J].
1983, 19：1436-1439.

l_3，l_4：437℃
L_1'，L_2'：337℃
L_1''，L_2''：157℃
L_3'，L_4'：362℃
L_3''，L_4''：227℃
e_2：245℃
p_1：375℃
p_2：280℃
E_1：107℃
U_1：237℃
U_2：227℃

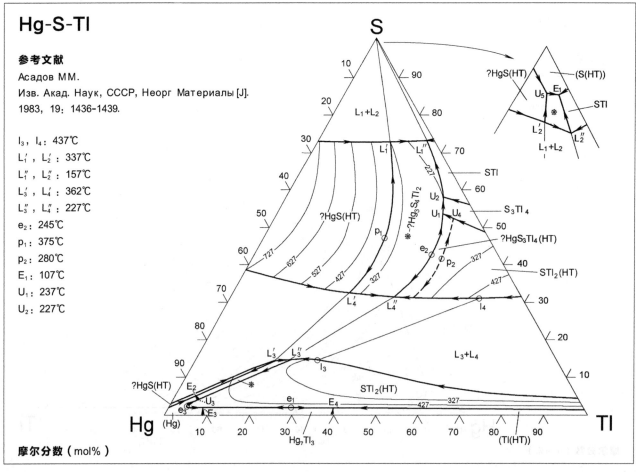

摩尔分数（mol%）

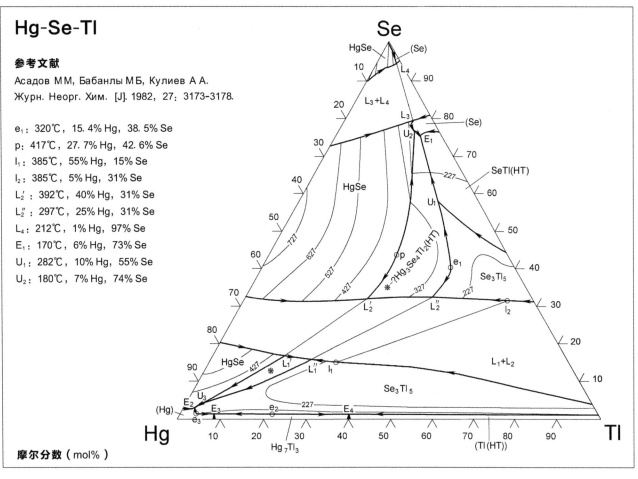

Hg-Se-Tl

参考文献

Асадов ММ, Бабанлы МБ, Кулиев А А.
Журн. Неорг. Хим. [J]. 1982, 27: 3173-3178.

e_1: 320℃, 15.4% Hg, 38.5% Se

p: 417℃, 27.7% Hg, 42.6% Se

l_1: 385℃, 55% Hg, 15% Se

l_2: 385℃, 5% Hg, 31% Se

L_2': 392℃, 40% Hg, 31% Se

L_2'': 297℃, 25% Hg, 31% Se

L_4: 212℃, 1% Hg, 97% Se

E_1: 170℃, 6% Hg, 73% Se

U_1: 282℃, 10% Hg, 55% Se

U_2: 180℃, 7% Hg, 74% Se

摩尔分数（mol%）

Hg-Sn-Tl

参考文献

Носек МВ, Атамонова НМ, Лусякова ВИ.
Вестник Академии Наук Казхской ССР [J].
1977（9）: 56-61.

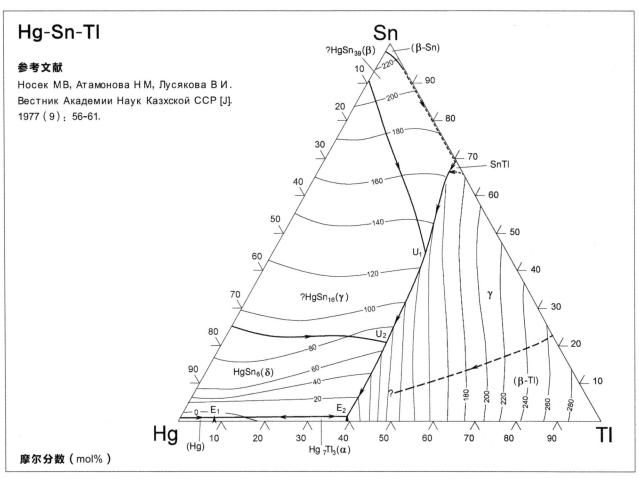

摩尔分数（mol%）

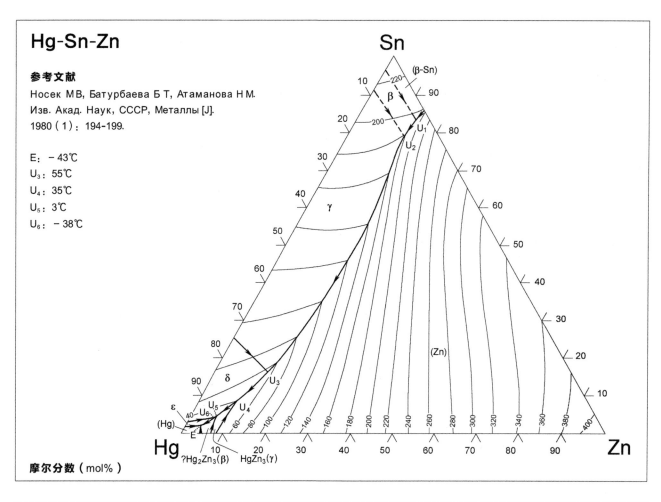

Hg-Sn-Zn

参考文献

Носек М В, Батурбаева Б Т, Атаманова Н М.
Изв. Акад. Наук, СССР, Металлы [J].
1980（1）：194-199.

E：−43℃
U₃：55℃
U₄：35℃
U₅：3℃
U₆：−38℃

Sn

(β-Sn)

β

γ

(Zn)

δ

ε

(Hg)

U₁
U₂
U₃
U₄
U₅
U₆

?Hg₂Zn₃(β)   HgZn₃(γ)

Hg

Zn

摩尔分数（mol%）

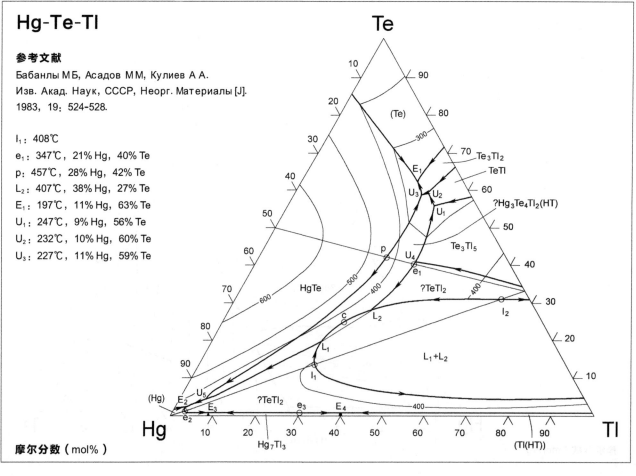

Hg-Te-Tl

参考文献

Бабанлы М Б, Асадов М М, Кулиев А А.
Изв. Акад. Наук, СССР, Неорг. Материалы [J].
1983, 19：524-528.

I₁：408℃
e₁：347℃，21% Hg，40% Te
p：457℃，28% Hg，42% Te
L₂：407℃，38% Hg，27% Te
E₁：197℃，11% Hg，63% Te
U₁：247℃，9% Hg，56% Te
U₂：232℃，10% Hg，60% Te
U₃：227℃，11% Hg，59% Te

Te

(Te)

Te₃Tl₂
TeTl
?Hg₃Te₄Tl₂(HT)

E₁
U₃
U₂
U₁

Te₃Tl₅

HgTe

p
U₄
e₁

?TeTl₂

I₂

c
L₂
L₁

L₁+L₂

I₁

(Hg)
E₂   U₅
E₃
e₂   ?TeTl₂   e₃   E₄

Hg₇Tl₃

(Tl(HT))

Hg

Tl

摩尔分数（mol%）

Hg-Tl-Zn

参考文献

Носек М В, Атаманова Н М, Абишева З Д.
Изв. Акад. Наук, СССР, Металлы [J].
1986（5）：215-218.

c_1：10℃
E：-3℃
U_1：20℃
U_2：-2℃
U_3：-56℃

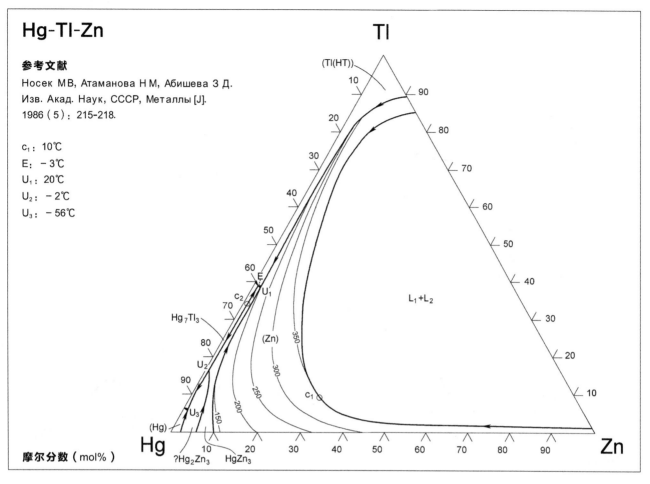

摩尔分数（mol%）

I-S-Sb

参考文献

Aliev Z S, Musayeva S S, Babanly M B.
J. Phase Equilib. Diffus. [J]. 2017, 38：887-896.

m_1，m_1'：619℃
m_2，m_2'：502℃
m_3，m_3'：627℃
m_4，m_4'：622℃
M，M'：363℃
E_1：377℃　e_3：80℃
E_2：155℃　e_4：65℃
E_3：115℃　e_5：387℃
E_4：112℃　e_6：157℃
E_5：62℃　e_7：382℃
e_1：522℃　e_8：117℃
e_2：169℃　e_9：117℃

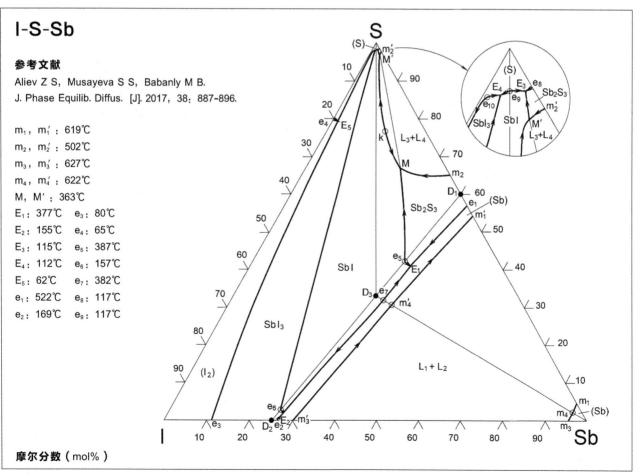

摩尔分数（mol%）

I-Sb-Te

参考文献

Aliev Z S, Babanly M B, Shevelkov A V, et al. International Journal of Materials Research（原刊名：Zeitschrift fuer Metallkunde）[J]. 2012, 103: 290-295.

τ: SbTeI

p_1: 557℃	m_1, m_1': 620℃		
p_2: 547℃	m_2, m_2': 427℃		
p_3: 548℃	M_1, M_1': 545℃		
p_4: 185℃	M_2, M_2': 540℃		
p_5: 372℃	M_3, M_3': 542℃		
e_1: 420℃	M_4, M_4': 547℃		
e_2: 170℃	M_5, M_5': 402℃		
e_3: 80℃	U_1: 167℃		
e_4: 113℃	U_2: 362℃		
e_5: 183℃	U_3: 367℃		
e_6: 170℃	U_4: 367℃		
e_7: 170℃	U_5: 167℃		
e_8: 165℃	E_1: 164℃		
D_1: 622℃	E_2: 167℃		
D_2: 170℃	E_3: 160℃		
D_3: 280℃	E_4: 77℃		

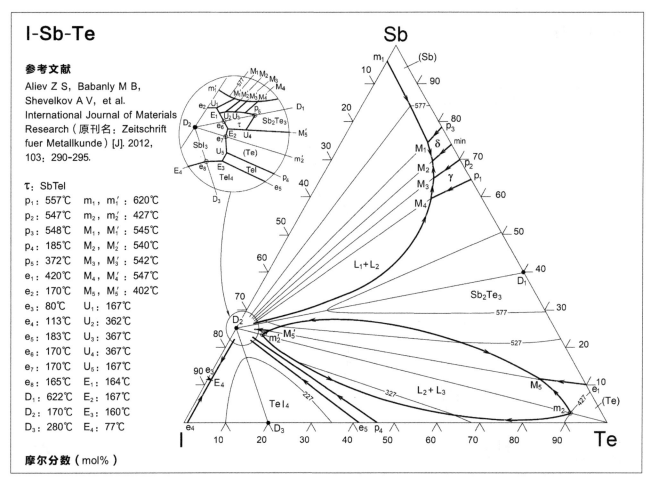

摩尔分数（mol%）

I-Se-Tl

参考文献

Babanly D M, Aliev Z S, Majidzade V A, et al. Journal of Thermal Analysis and Calorimetry [J]. 2018, 134: 1765-1773.

*: δ - (Tl_5Se_2I)

★: Tl_6SeI_4

M_1, M_1': 690℃	E_1: 575℃
M_2, M_2': 685℃	E_2: 572℃
M_3, M_3': 660℃	E_3: 470℃
M_4, M_4': 485℃	U_1: 460℃
m_1, m_1': 653℃	U_2: 375℃
m_2, m_2': 487℃	U_3: 585℃
m_3, m_3': 714℃	
m_4, m_4': 710℃	

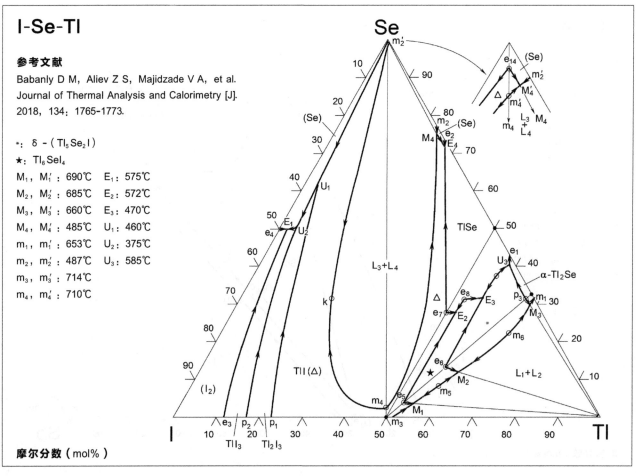

摩尔分数（mol%）

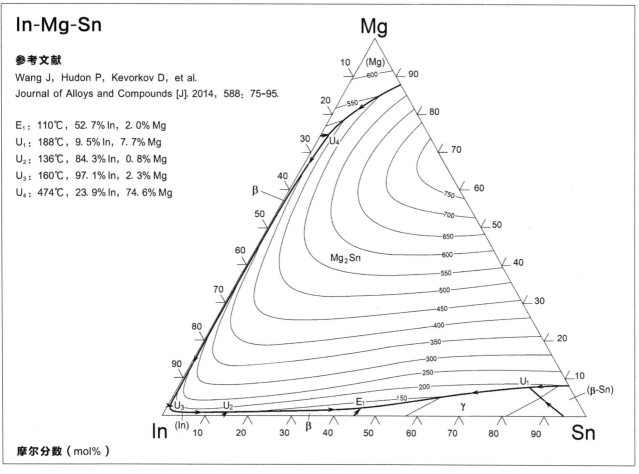

In-Mg-Sn

参考文献

Wang J, Hudon P, Kevorkov D, et al.
Journal of Alloys and Compounds [J]. 2014, 588: 75-95.

E_1: 110℃, 52.7% In, 2.0% Mg
U_1: 188℃, 9.5% In, 7.7% Mg
U_2: 136℃, 84.3% In, 0.8% Mg
U_3: 160℃, 97.1% In, 2.3% Mg
U_4: 474℃, 23.9% In, 74.6% Mg

摩尔分数（mol%）

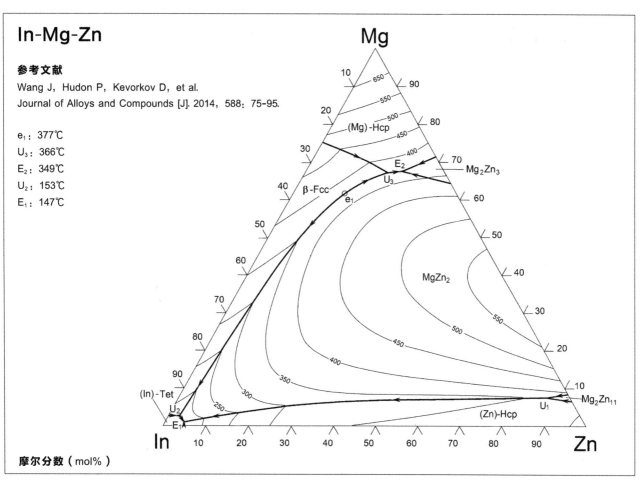

In-Mg-Zn

参考文献

Wang J, Hudon P, Kevorkov D, et al.
Journal of Alloys and Compounds [J]. 2014, 588: 75-95.

e_1: 377℃
U_3: 366℃
E_2: 349℃
U_2: 153℃
E_1: 147℃

摩尔分数（mol%）

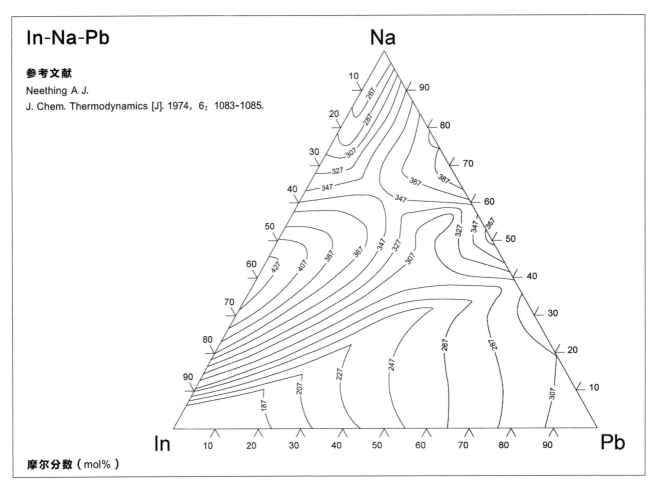

In-Na-Pb

参考文献

Neething A J.

J. Chem. Thermodynamics [J]. 1974, 6: 1083-1085.

Na

In

Pb

摩尔分数（mol%）

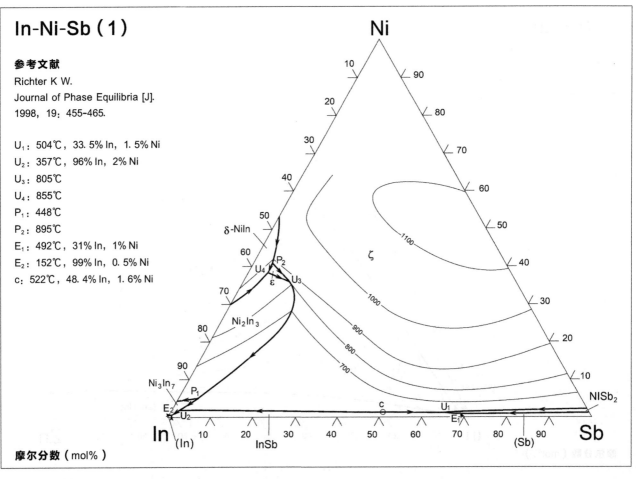

In-Ni-Sb（1）

参考文献

Richter K W.

Journal of Phase Equilibria [J].

1998, 19: 455-465.

U_1: 504℃, 33.5% In, 1.5% Ni

U_2: 357℃, 96% In, 2% Ni

U_3: 805℃

U_4: 855℃

P_1: 448℃

P_2: 895℃

E_1: 492℃, 31% In, 1% Ni

E_2: 152℃, 99% In, 0.5% Ni

c: 522℃, 48.4% In, 1.6% Ni

Ni

δ-NiIn

ζ

P_2

U_4

ε

U_3

Ni_2In_3

Ni_3In_7

P_1

E_2

U_2

c

U_1

E_1

$NiSb_2$

In

(In)

InSb

(Sb)

Sb

摩尔分数（mol%）

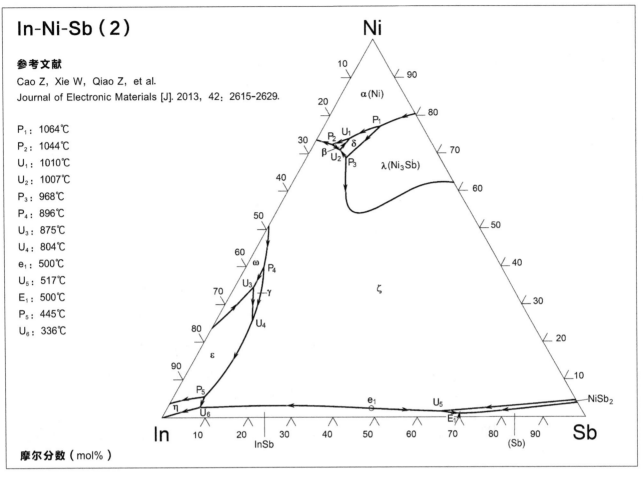

In-Ni-Sb（2）

参考文献

Cao Z, Xie W, Qiao Z, et al.
Journal of Electronic Materials [J]. 2013, 42：2615-2629.

P_1: 1064℃
P_2: 1044℃
U_1: 1010℃
U_2: 1007℃
P_3: 968℃
P_4: 896℃
U_3: 875℃
U_4: 804℃
e_1: 500℃
U_5: 517℃
E_1: 500℃
P_5: 445℃
U_6: 336℃

摩尔分数（mol%）

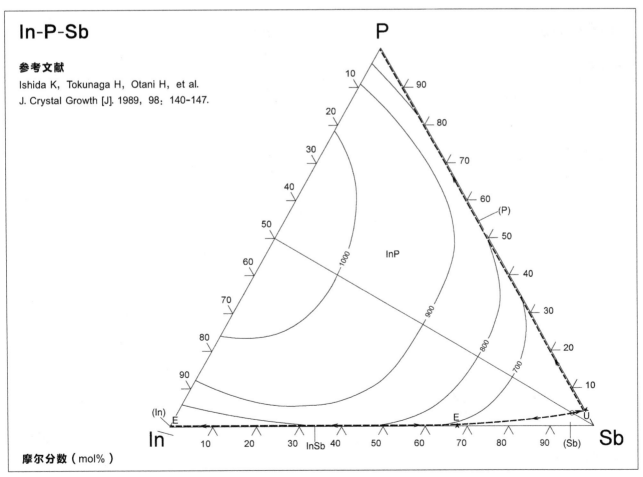

In-P-Sb

参考文献

Ishida K, Tokunaga H, Otani H, et al.
J. Crystal Growth [J]. 1989, 98：140-147.

摩尔分数（mol%）

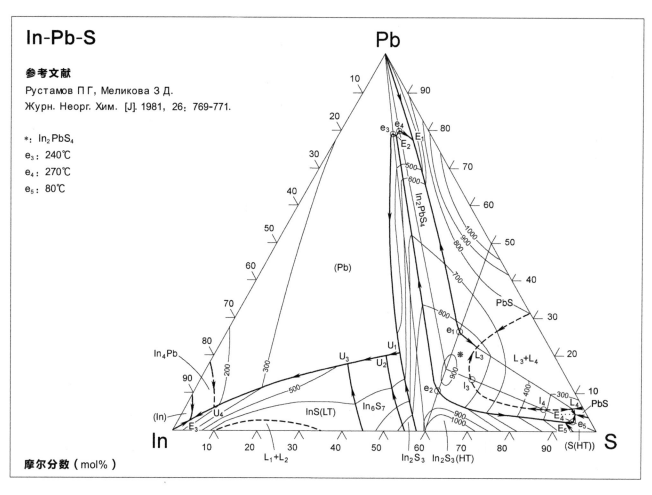

In-Pb-S

参考文献

Рустамов П Г, Меликова З Д.

Журн. Неорг. Хим. [J]. 1981, 26: 769-771.

*: In₂PbS₄

$*$: In_2PbS_4

e_3: 240℃

e_4: 270℃

e_5: 80℃

摩尔分数（mol%）

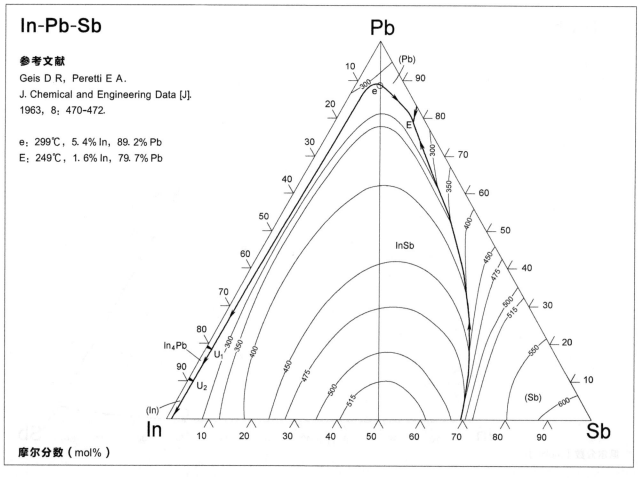

In-Pb-Sb

参考文献

Geis D R, Peretti E A.

J. Chemical and Engineering Data [J].

1963, 8: 470-472.

e: 299℃, 5.4% In, 89.2% Pb

E: 249℃, 1.6% In, 79.7% Pb

摩尔分数（mol%）

In-Pb-Se（1）

参考文献

Меликова З Д, Рустамов П Г.

Журн. Неорг. Хим. [J]. 1979, 24：1585-1586.

*：In_2PbSn_4，725℃

I_1，I_2：630℃

e_1：315℃

e_3：715℃

e_4：700℃

e_5：575℃

e_6：575℃

E_1：550℃

E_2：500℃

E_3：170℃

E_4：150℃

E_5：275℃

E_6：80℃

U_1：295℃

U_3：565℃

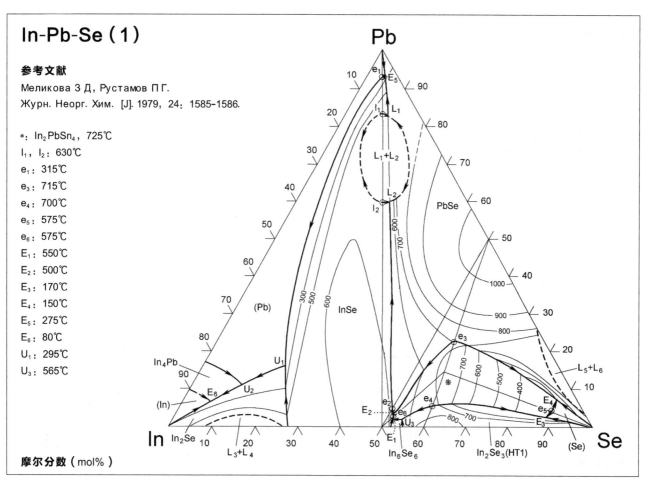

摩尔分数（mol%）

In-Pb-Se（2）

参考文献

Record M C, Ilyenko S, Daouchi B, et al.

Journal of Alloys and Compounds [J]. 2001, 316：239-244.

τ_1：$Pb_{1.46}In_{2.86}S_{5.71}$

τ_2：$Pb_{0.8}In_{3.5}S_{5.7}$

M_1，M_1'：585℃ e_1，e_1'：744℃

M_2，M_2'：571℃ e_4，e_4'：682℃

P_1：707℃ e_2：717℃

U_1：650℃ e_3：715℃

E_1：585℃ e_5：682℃

U_3：574℃ e_6：572℃

E_4：215℃ p_1：663℃

E_5：215℃ p_2：610℃

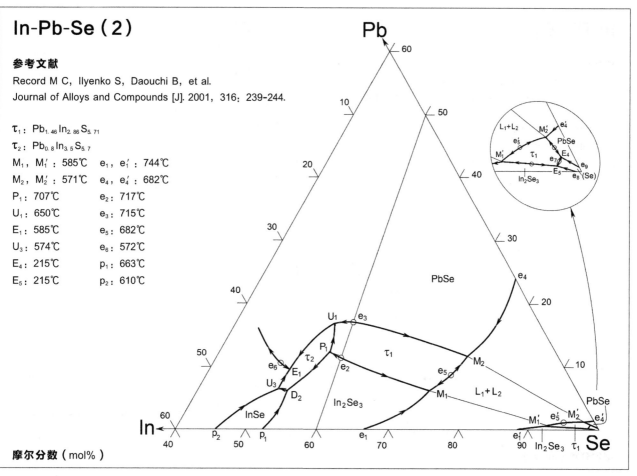

摩尔分数（mol%）

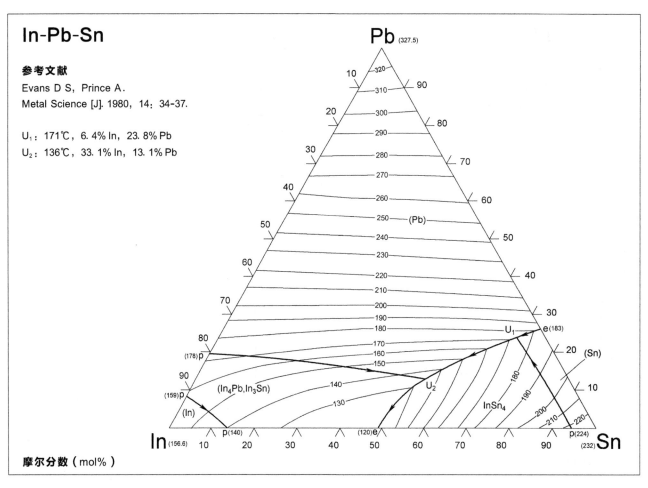

In-Pb-Sn

参考文献

Evans D S, Prince A.
Metal Science [J]. 1980, 14: 34-37.

U₁: 171℃, 6.4% In, 23.8% Pb

U₂: 136℃, 33.1% In, 13.1% Pb

Pb (327.5)

(Pb)

e (183)

U₁

(178)p

(159)p

(In₄Pb,In₃Sn)

U₂

(Sn)

(In)

InSn₄

p(140)

(120)e

p(224)

In (156.6)

Sn (232)

摩尔分数（mol%）

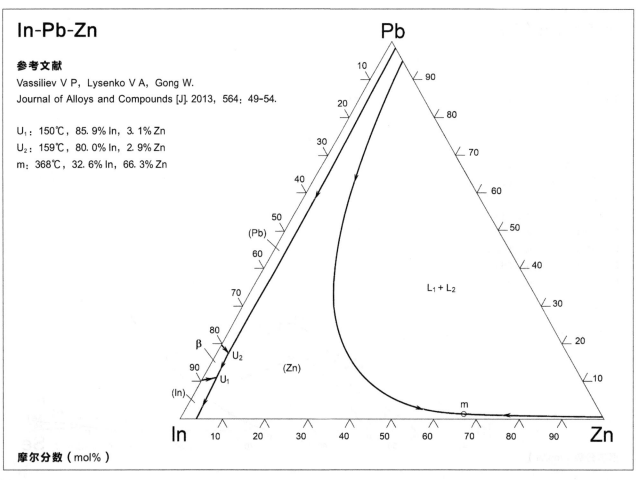

In-Pb-Zn

参考文献

Vassiliev V P, Lysenko V A, Gong W.
Journal of Alloys and Compounds [J]. 2013, 564: 49-54.

U₁: 150℃, 85.9% In, 3.1% Zn

U₂: 159℃, 80.0% In, 2.9% Zn

m: 368℃, 32.6% In, 66.3% Zn

Pb

(Pb)

β

U₂

U₁

(In)

L₁ + L₂

(Zn)

m

In

Zn

摩尔分数（mol%）

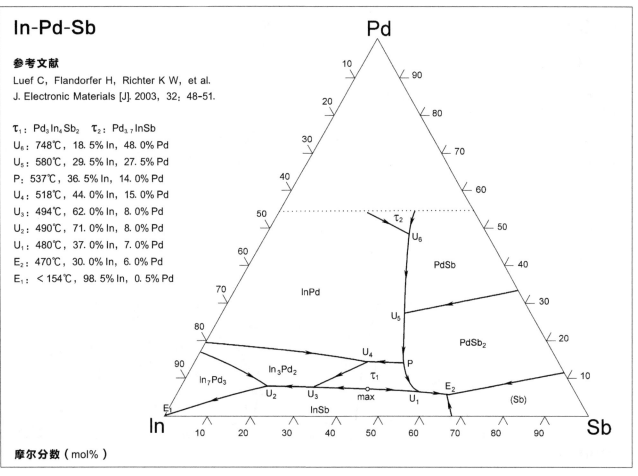

In-Pd-Sb

参考文献

Luef C, Flandorfer H, Richter K W, et al.
J. Electronic Materials [J]. 2003, 32: 48-51.

τ_1: $Pd_3In_4Sb_2$ τ_2: $Pd_{3.7}InSb$
U_6: 748℃, 18.5% In, 48.0% Pd
U_5: 580℃, 29.5% In, 27.5% Pd
P: 537℃, 36.5% In, 14.0% Pd
U_4: 518℃, 44.0% In, 15.0% Pd
U_3: 494℃, 62.0% In, 8.0% Pd
U_2: 490℃, 71.0% In, 8.0% Pd
U_1: 480℃, 37.0% In, 7.0% Pd
E_2: 470℃, 30.0% In, 6.0% Pd
E_1: < 154℃, 98.5% In, 0.5% Pd

摩尔分数（mol%）

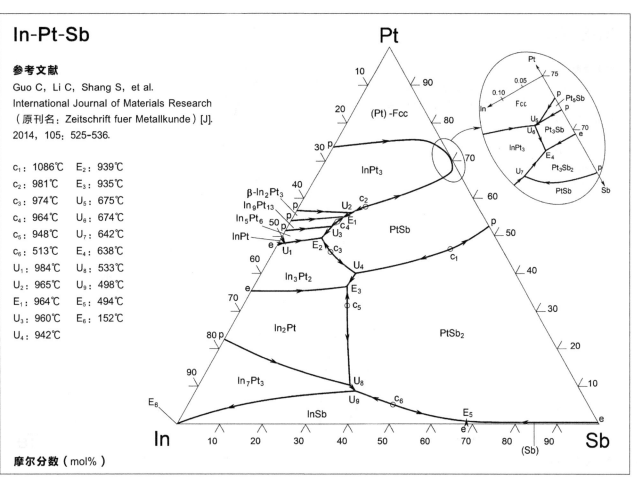

In-Pt-Sb

参考文献

Guo C, Li C, Shang S, et al.
International Journal of Materials Research
（原刊名：Zeitschrift fuer Metallkunde）[J].
2014, 105: 525-536.

c_1: 1086℃ E_2: 939℃
c_2: 981℃ E_3: 935℃
c_3: 974℃ U_5: 675℃
c_4: 964℃ U_6: 674℃
c_5: 948℃ U_7: 642℃
c_6: 513℃ E_4: 638℃
U_1: 984℃ U_8: 533℃
U_2: 965℃ U_9: 498℃
E_1: 964℃ E_5: 494℃
U_3: 960℃ E_6: 152℃
U_4: 942℃

摩尔分数（mol%）

In-S-Se

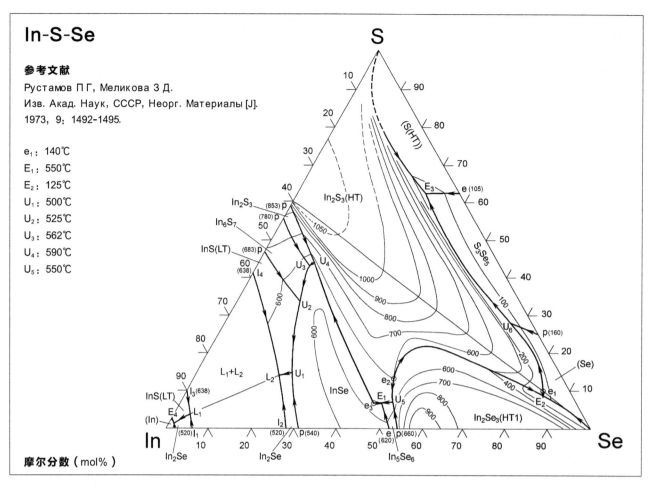

参考文献

Рустамов П Г, Меликова З Д.
Изв. Акад. Наук, СССР, Неорг. Материалы [J].
1973, 9: 1492-1495.

e_1: 140℃
E_1: 550℃
E_2: 125℃
U_1: 500℃
U_2: 525℃
U_3: 562℃
U_4: 590℃
U_5: 550℃

摩尔分数（mol%）

In-S-Te

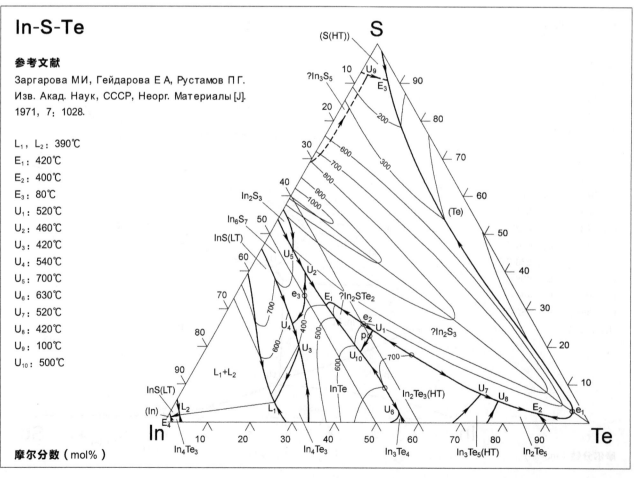

参考文献

Заргарова М И, Гейдарова Е А, Рустамов П Г.
Изв. Акад. Наук, СССР, Неорг. Материалы [J].
1971, 7: 1028.

L_1, L_2: 390℃
E_1: 420℃
E_2: 400℃
E_3: 80℃
U_1: 520℃
U_2: 460℃
U_3: 420℃
U_4: 540℃
U_5: 700℃
U_6: 630℃
U_7: 520℃
U_8: 420℃
U_9: 100℃
U_{10}: 500℃

摩尔分数（mol%）

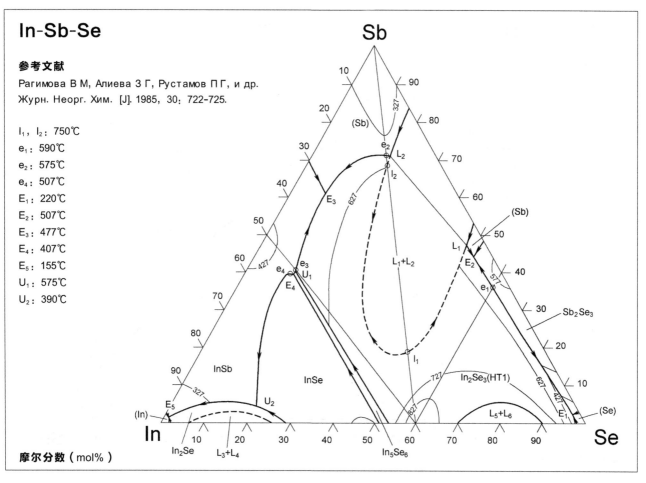

In-Sb-Se

参考文献

Рагимова В М, Алиева З Г, Рустамов П Г, и др.

Журн. Неорг. Хим. [J]. 1985, 30: 722-725.

I_1, I_2: 750℃

e_1: 590℃

e_2: 575℃

e_4: 507℃

E_1: 220℃

E_2: 507℃

E_3: 477℃

E_4: 407℃

E_5: 155℃

U_1: 575℃

U_2: 390℃

摩尔分数（mol%）

In-Sb-Sn（1）

参考文献

Manasijević D, Vřešťál J, Minič D, et al.

Journal of Alloys and Compounds [J]. 2006, 438: 150-170.

U_1: 414℃, 12.7% In, 50.7% Sb

U_2: 245℃, 0.2% In, 9.0% Sb

U_3: 235℃, 3.1% In, 8.3% Sb

U_4: 209℃, 12.0% In, 1.4% Sb

U_5: 140℃, 85.3% In, 0.2% Sb

E_1: 118℃, 52.4% In, 0.1% Sb

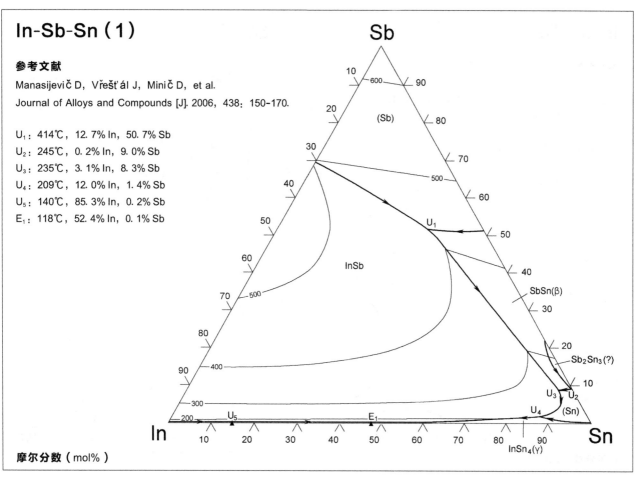

摩尔分数（mol%）

In-Sb-Sn（2）

参考文献

Lysenko V A.

Journal of Alloys and Compounds [J]. 2019, 776：850-857.

U_1：409℃，50.2% Sb，35.4% Sn

U_2：330℃，23.4% Sb，68.3% Sn

U_3：239℃，8.1% Sb，89.3% Sn

U_5：210℃，1.2% Sb，86.4% Sn

U_6：140℃，0.2% Sb，14.4% Sn

E_2：118℃，0.1% Sb，47.6% Sn

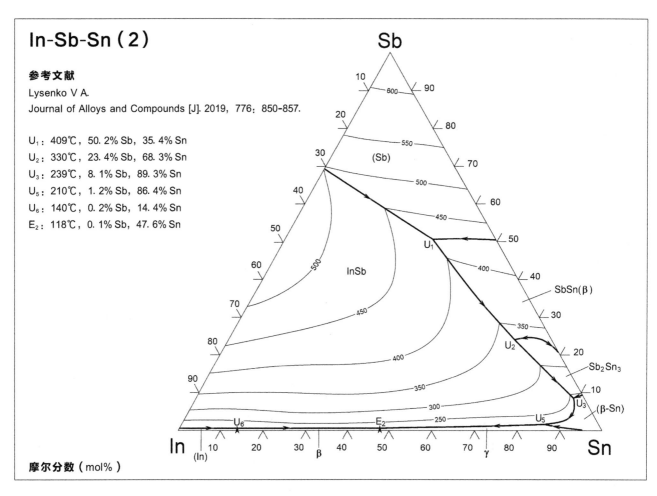

摩尔分数（mol%）

In-Sb-Te

参考文献

Бобов В И, Новик Ф С, Радауцан С И.

Изв. Акад. Наук, СССР, Неорг. Материалы [J].

1971, 7：1918-1922.

e_3：564℃，12% In，73% Sb

e_4：508℃，50% In，40% Sb

p：555℃，50% In，31.8% Sb

E_4：488℃，33.3% In，62.3% Sb

U_4：514℃，32.6% In，57.9% Sb

c：380℃

e_1：594℃

e_2：552℃

E_1：403℃

E_3：545 ℃

E_5：154 ℃

U_1：578℃

U_2：436℃

U_3：548℃

U_5：435℃

U_6：400℃

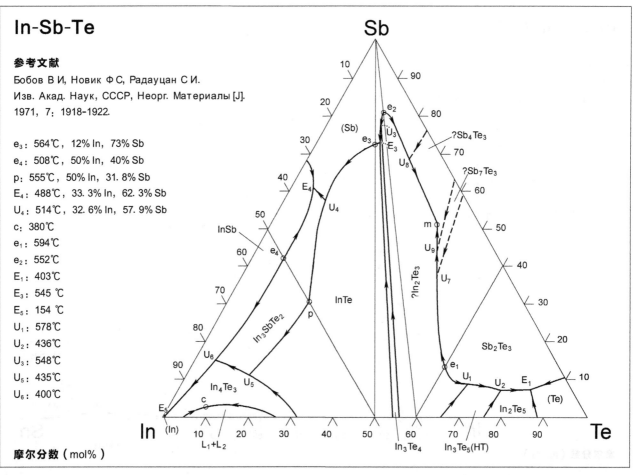

摩尔分数（mol%）

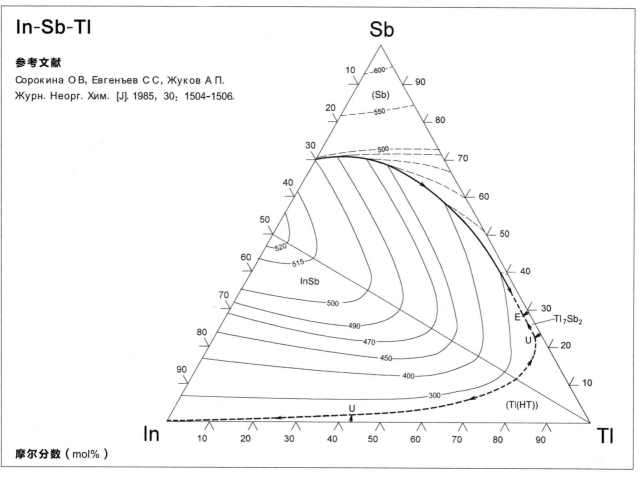

In-Sb-Tl

参考文献

Сорокина О В, Евгенъев С С, Жуков А П.
Журн. Неорг. Хим. [J]. 1985, 30: 1504-1506.

Sb

10 ─600─
(Sb)
550
20
500 70
30
40
60
50 50
520
40
515
InSb
60
500
70 490
470 30
80 450 E Tl₇Sb₂
400 U 20
90 300 10
U (Tl(HT))

In U Tl

摩尔分数（mol%）

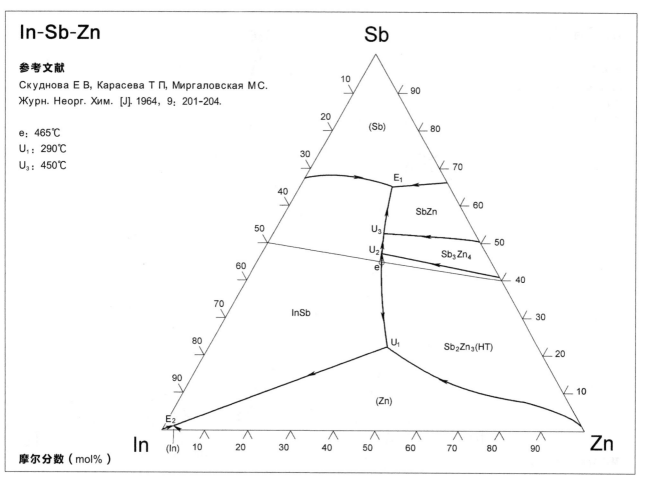

In-Sb-Zn

参考文献

Скуднова Е В, Карасева Т П, Миргаловская М С.
Журн. Неорг. Хим. [J]. 1964, 9: 201-204.

e: 465℃
U₁: 290℃
U₃: 450℃

Sb

10
90
20
(Sb) 80
30
E₁ 70
40
SbZn 60
50
U₃ 50
U₂ Sb₃Zn₄
e 40
InSb
U₁ Sb₂Zn₃(HT) 30
80 20
(Zn)
90 10
E₂

In (In) 10 20 30 40 50 60 70 80 90 Zn

摩尔分数（mol%）

In-Se-Sn

参考文献

Рустамов П Г, Гаджиева А З, Мардахаев Б Н.

Журн. Неорг. Хим. [J]. 1976, 21: 279-281.

L_1, L_2: ~530℃

I_1, I_2: 550℃

e_7: 195℃

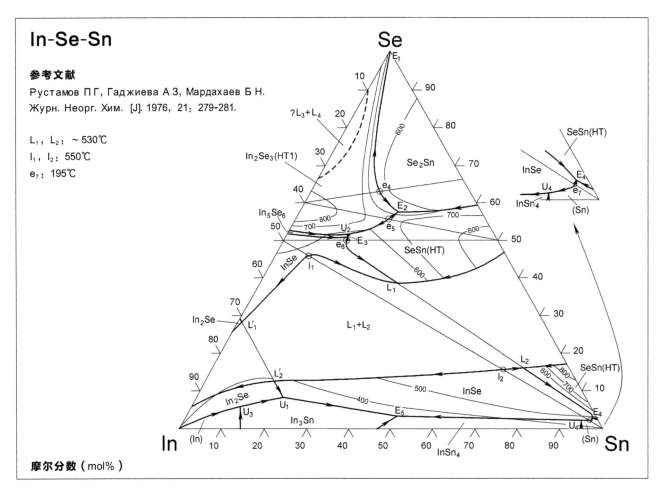

摩尔分数（mol%）

In-Se-Te

参考文献

Рустамов П Г, Меликова З Д.

Изв. Акад. Наук, СССР, Неорг.

Материалы [J].

1974, 10: 210-213.

L_1, L_2: ~380℃

e_1: 515℃

e_2: 565℃

e_3: 590℃

e_4: 430℃

E_1: 515℃

E_2: 430℃

E_3: 400℃

U_1: 565℃

U_2: 475℃

U_3: 440℃

U_4: 425℃

U_5: 530℃

U_6: 425℃

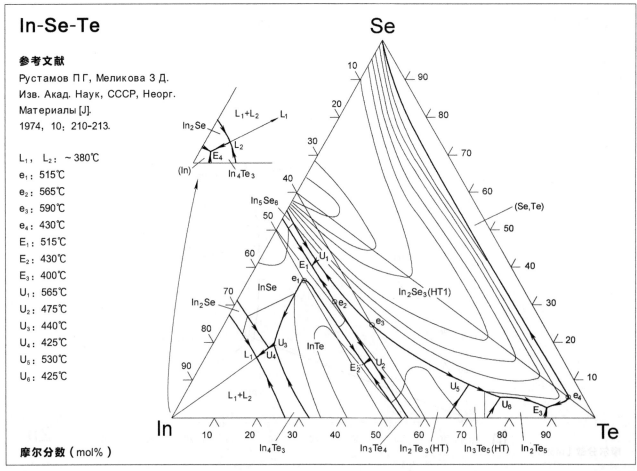

摩尔分数（mol%）

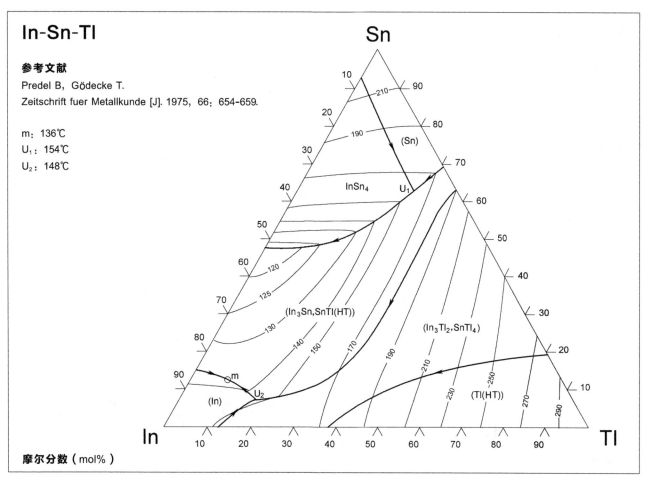

In-Sn-Tl

参考文献

Predel B, Gödecke T.

Zeitschrift fuer Metallkunde [J]. 1975, 66: 654-659.

m: 136℃

U₁: 154℃

U₂: 148℃

摩尔分数 (mol%)

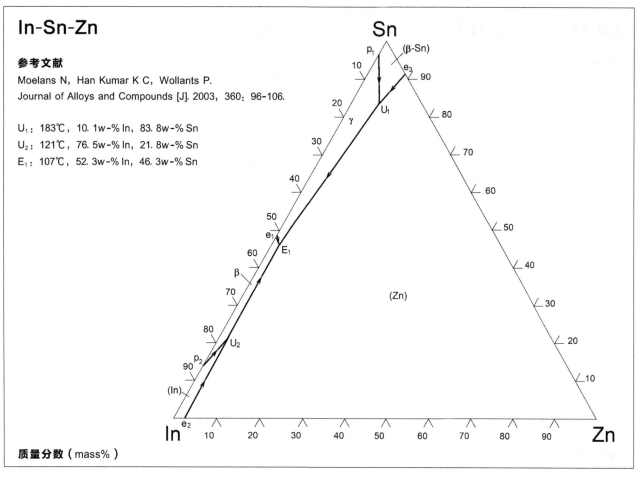

In-Sn-Zn

参考文献

Moelans N, Han Kumar K C, Wollants P.

Journal of Alloys and Compounds [J]. 2003, 360: 96-106.

U₁: 183℃, 10.1w-%In, 83.8w-%Sn

U₂: 121℃, 76.5w-%In, 21.8w-%Sn

E₁: 107℃, 52.3w-%In, 46.3w-%Sn

质量分数 (mass%)

K-Na-S

参考文献

Lindberg D, Backman R, Hupa M, et al.
J. Chem. Thermodynamics [J]. 2006, 38: 900-915.

E_1: 453℃

U_1: 254℃

E_2: 212℃

E_3: 78℃

E_4: 74℃

U_2: 83℃

U_3: 122℃

E_5: 117℃

E_6: 117℃

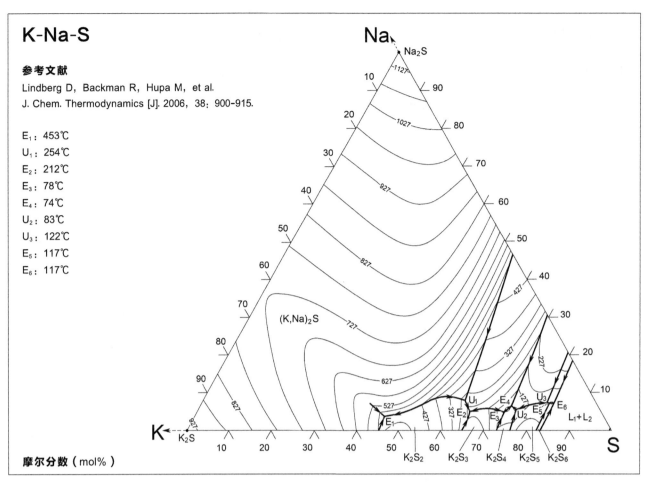

摩尔分数（mol%）

La-Mg-Ni（Mg角）

参考文献

Кароник В В, Казаков Д Н, Андриевский Р А.
Изв. Акад. Наук, СССР, Неорг. Материалы [J].
1984, 20: 207-211.

? $LaMg_2Ni$: 630℃

e_1: 535℃, 6.3% La, 79.0% Mg

e_2: 512℃, 25.3% La, 56.4% Mg

e_3: 19% La, 46% Mg

E_1: 495℃, 1.5% La, 87.3% Mg

E_2: 490℃, 12.6% La, 69.4% Mg

U_1: 530℃, 14.4% La, 59.1% Mg

U_2: 500℃, 15.2% La, 68.7% Mg

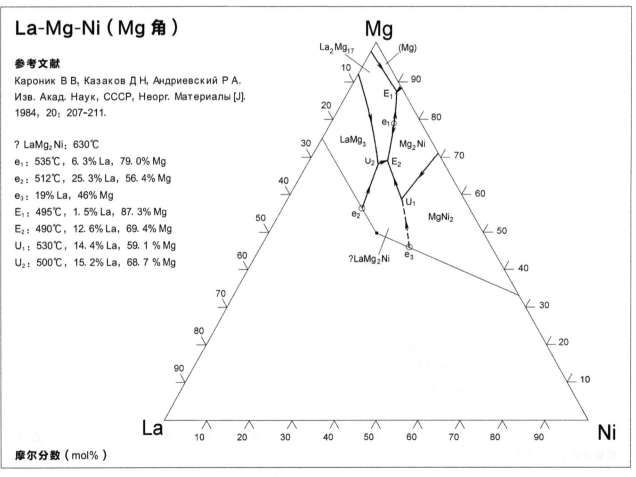

摩尔分数（mol%）

La-Mg-Ni

参考文献

Zhang L G, Dong H Q, Nie J F, et al.
Journal of Alloys and Compounds [J]. 2010, 491: 123-130.

τ_1: $LaMg_2Ni$

τ_4: $La_2Mg_{0.5}Ni_{0.5}$

τ_6: $La_{0.675}(Mg, Ni)_{0.325}$

E_1: 495℃, 1.8% La, 10.7% Ni

U_1: 516℃, 2.8% La, 11.4% Ni

U_2: 535℃, 5.4% La, 14.1% Ni

U_3: 660℃, 10% La, 1.5% Ni

U_4: 602℃, 8% La, 10% Ni

U_5: 580℃, 5.8% La, 17.2% Ni

U_6: 750℃, 1.2% La, 30.0% Ni

U_7: 792℃, 1.3% La, 31.9% Ni

U_8: 774℃, 12.5% La, 19.9% Ni

P: 787℃, 13.4% La, 17.3% Ni

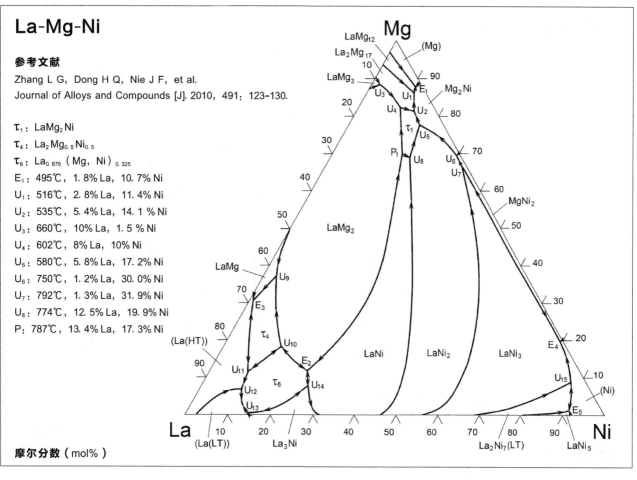

摩尔分数 (mol%)

La-Mg-Si

参考文献

Zhou S, Liu L, Yuan X, et al.
Journal of Alloys and Compounds [J]. 2010,
490: 253-259.

E_1: 1536℃

U_1: 1574℃

U_2: 1558℃

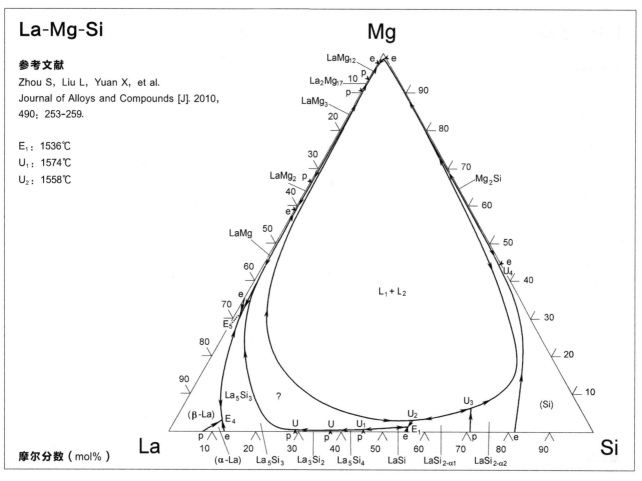

摩尔分数 (mol%)

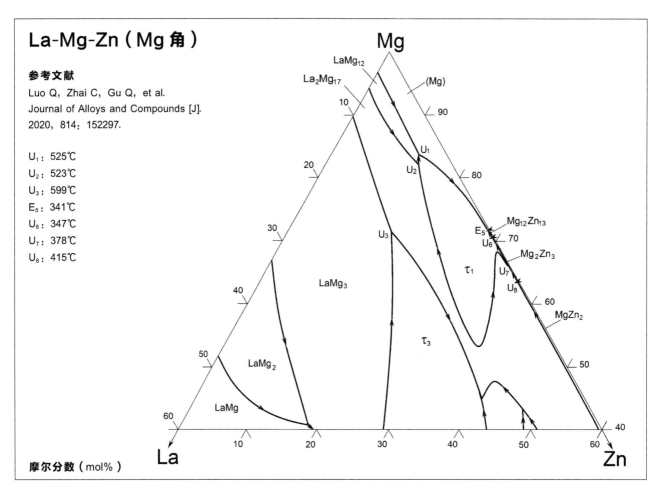

La-Mg-Zn（Mg 角）

参考文献

Luo Q, Zhai C, Gu Q, et al.
Journal of Alloys and Compounds [J].
2020, 814：152297.

U_1：525℃
U_2：523℃
U_3：599℃
E_5：341℃
U_6：347℃
U_7：378℃
U_8：415℃

摩尔分数（mol%）

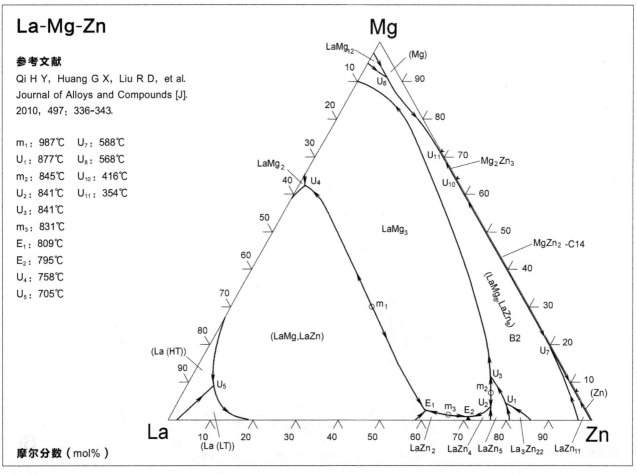

La-Mg-Zn

参考文献

Qi H Y, Huang G X, Liu R D, et al.
Journal of Alloys and Compounds [J].
2010, 497：336-343.

m_1：987℃ U_7：588℃
U_1：877℃ U_8：568℃
m_2：845℃ U_{10}：416℃
U_2：841℃ U_{11}：354℃
U_3：841℃
m_3：831℃
E_1：809℃
E_2：795℃
U_4：758℃
U_5：705℃

摩尔分数（mol%）

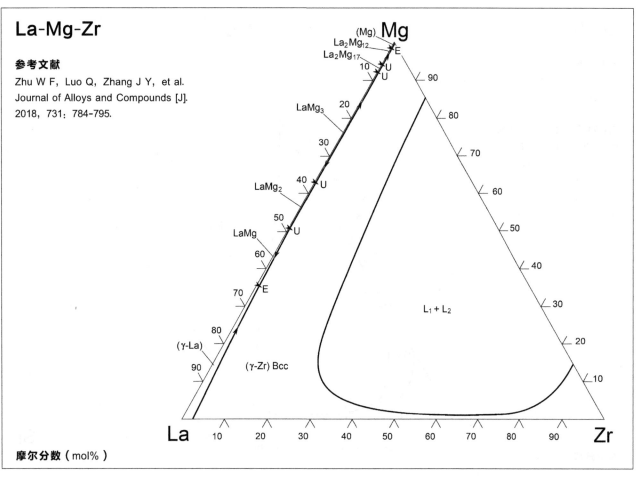

La-Mg-Zr

参考文献

Zhu W F, Luo Q, Zhang J Y, et al.
Journal of Alloys and Compounds [J].
2018, 731: 784-795.

摩尔分数（mol%）

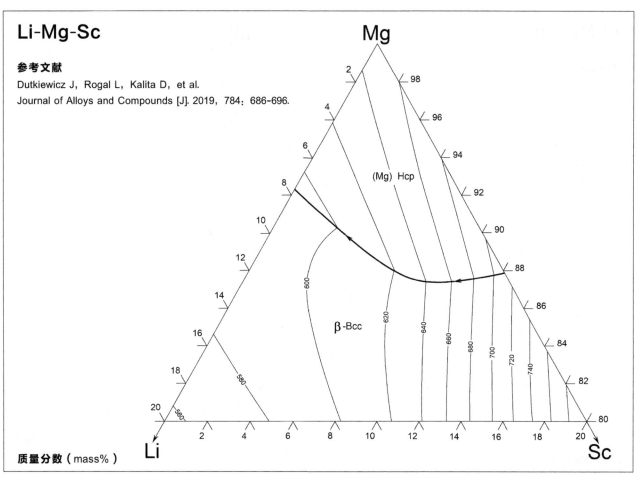

Li-Mg-Sc

参考文献

Dutkiewicz J, Rogal L, Kalita D, et al.
Journal of Alloys and Compounds [J]. 2019, 784: 686-696.

质量分数（mass%）

Li-Mg-Si

参考文献

Kevorkov D, Schmid-Fetzer R, Zhang F.
JPEDAV [J]. 2004, 25: 140-151.

E_1: 719℃ τ_2: $Li_{12}Mg_3Si_4$
U_1: 696℃ τ_3: $Li_{12}MgSi$
U_2: 679℃ e_1: 968℃
U_3: 675℃ e_2: 741℃
U_4: 660℃ e_3: 719℃
U_7: 597℃ e_4: 584℃
U_8: 592℃ p_1: 683℃
E_3: 583℃ p_2: 675℃
U_9: 445℃ U_{10}: 318℃

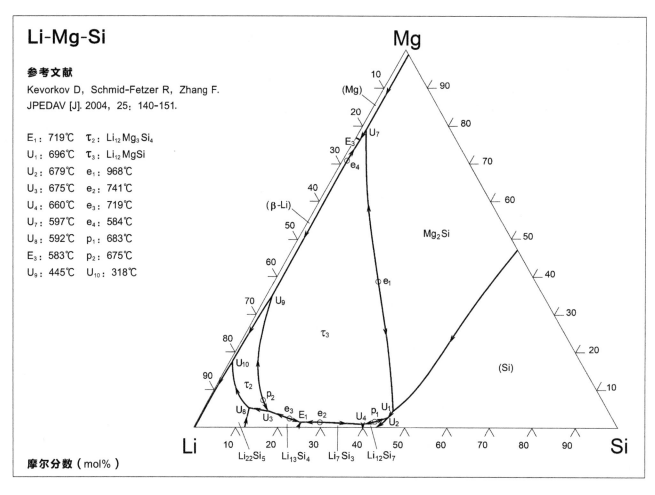

摩尔分数（mol%）

Li-Mg-Sn

参考文献

Wang J, Han J, Chartrand P, et al.
CALPHAD: Computer Coupling of Phase Diagrams
and Thermochemistry [J]. 2014, 47: 100-113.

U_1: 706℃, 21.8% Sn, 8.2% Mg
U_2: 672℃, 27.1% Sn, 4.8% Mg
U_3: 651℃, 29.9% Sn, 4.9% Mg
E_1: 576℃, 11.5% Sn, 79.4% Mg
E_2: 575℃, 1.1% Sn, 72.8% Mg
P_1: 535℃, 7.0% Sn, 35.0% Mg
U_4: 529℃, 6.2% Sn, 37.5% Mg
U_5: 488℃, 40.0% Sn, 3.3% Mg
E_3: 481℃, 5.1% Sn, 30.3% Mg
P_2: 457℃, 44.6% Sn, 5.2% Mg
E_4: 452℃, 42.1% Sn, 3.0% Mg
U_6: 295℃, 77.1% Sn, 6.0% Mg
E_5: 203℃, 91.3% Sn, 4.5% Mg
e_1: 585℃, 10.0% Sn, 86.9% Mg
e_2: 618℃, 3.1% Sn, 85.7% Mg
e_3: 577℃, 1.7% Sn, 67.5% Mg
e_4: 762℃, 27.1% Sn, 31.5% Mg
e_5: 727℃, 19.6% Sn, 14.5% Mg

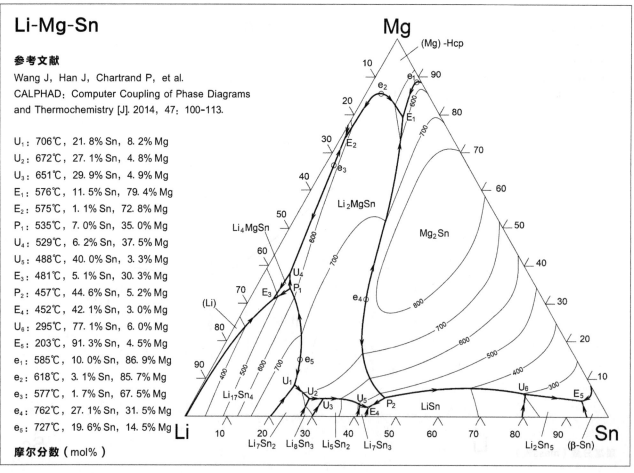

摩尔分数（mol%）

Li-Mn-Si（1）

参考文献

Obinata I, Tacheuchi Y, Kurihara K, et al.
Metall（Berlin）[J]. 1965, 19：21-35.

E：646℃, 58.9% Li, 2.7% Mn

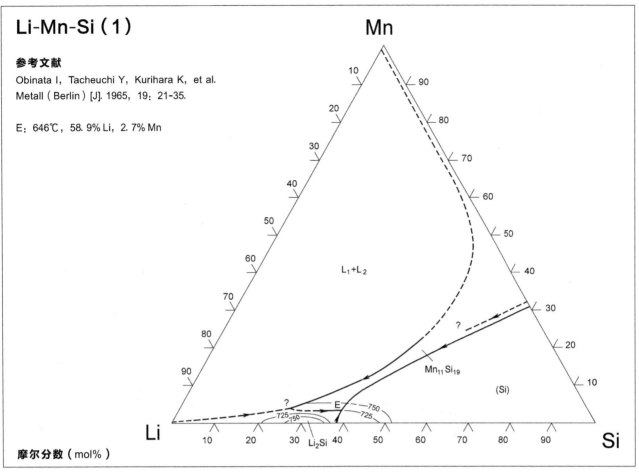

摩尔分数（mol%）

Li-Mn-Si（2）

参考文献

Long Z, Dai X, Li Z, et al.
Journal of Alloys and Compounds [J]. 2018, 768：686-696.

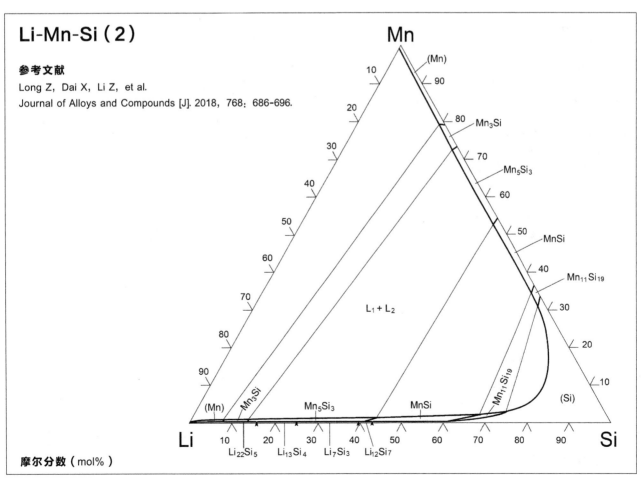

摩尔分数（mol%）

Li-Ni-Si

参考文献

Long Z, Tang C, Ding J, et al.
CALPHAD: Computer Coupling of Phase Diagrams
and Thermochemistry [J]. 2015, 51: 13-23.

U_1, U_1': 1470℃ U_4: 1160℃
P_1, P_1': 1362℃ E_3: 1159℃
P_2, P_2': 1347℃ U_5: 1142℃
E_2, E_2': 1175℃ E_4: 1128℃
τ_1: LiNi$_2$Si
τ_2: Li$_{13}$Ni$_{40}$Si$_{31}$
τ_3: LiNi$_6$Si$_6$
τ_5: Li$_{0.6}$Ni$_{5.4}$Si$_6$
τ_6: Li$_{75}$Ni$_{20}$Si$_{128}$

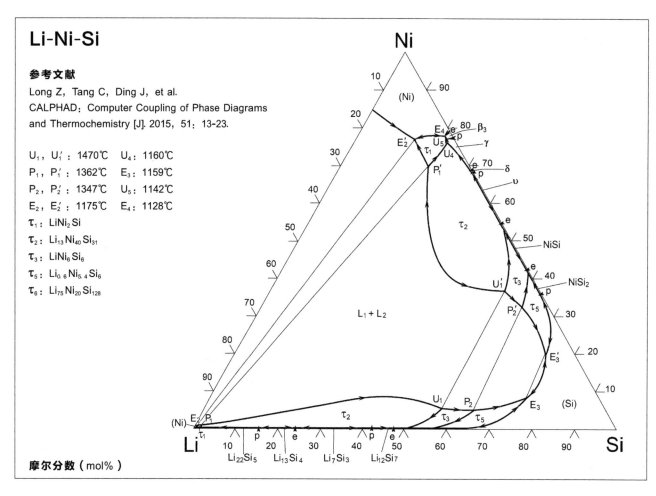

摩尔分数（mol%）

Li-Si-Zr

参考文献

龙朝辉，梁思远，尹付成，等.
中国有色金属学报 [J]. 2015, 25: 1227-1235.

P_1: 2904℃, 19.6% Si, 0.8% Zr
U_1: 2605℃, 61.6% Si, 5.6% Zr
U_3: 1934℃, 52.8% Si, 47.2% Zr
U_5: 1702℃, 69.2% Si, 30.8% Zr
U_9: 1347℃, 80.3% Si, 19.7% Zr
E: 1069℃, 91.6% Si, 7.6% Zr
U_{10}: 844℃, 70.6% Si, 0.004% Zr

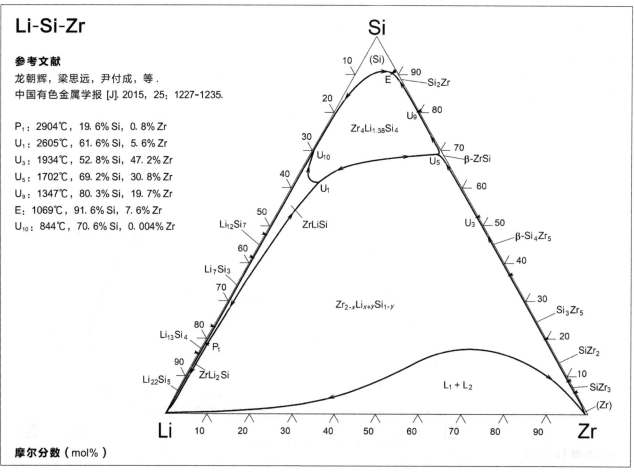

摩尔分数（mol%）

Mg-Mn-Ni

参考文献

Wang P, Liu S, Du Y.
CALPHAD: Computer Coupling of Phase Diagrams
and Thermochemistry [J]. 2015, 49: 41-49.

M_1: 1147℃, 4.4% Mg, 89.8% Mn
M_1': 1147℃, 92.9% Mg, 6.5% Mn
M_2: 870℃, 21.2% Mg, 41.9% Mn
M_2': 870℃, 58.7% Mg, 13.4% Mn
P_1: 752℃, 76.7% Mg, 4.6% Mn
U_1: 674℃, 85.2% Mg, 2.4% Mn
U_2: 652℃, 80.8% Mg, 1.1% Mn
U_3: 579℃, 90.2% Mg, 1.1% Mn
U_4: 557℃, 91.0% Mg, 0.9% Mn
E: 507℃, 88.7% Mg, 0.1% Mn

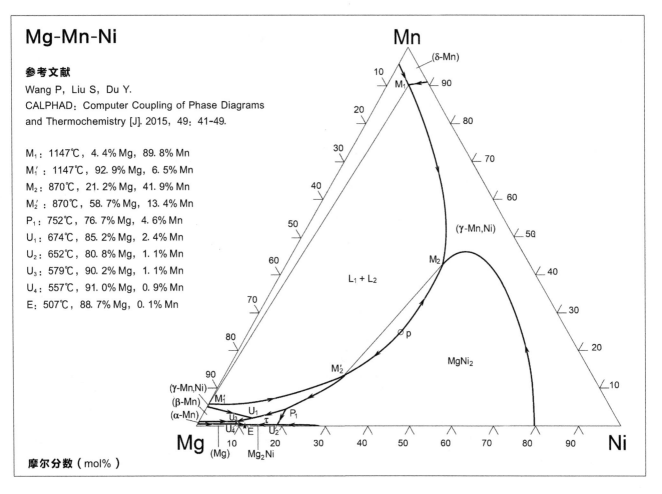

摩尔分数（mol%）

Mg-Mn-Si

参考文献

Shukla A, Kang Y B, Pelton A D.
CALPHAD: Computer Coupling of Phase Diagrams
and Thermochemistry [J]. 2008, 32: 470-477.

p_1: 1195℃ U_1, U_1': 1037℃
p_2: 1180℃ U_2, U_2': 1047℃
e_1: 1060℃ I_1, I_1': 1196℃
p_3: 1077℃ U_3: 992℃
e_2: 1238℃ U_4: 937℃
e_3: 1154℃ E_1: 915℃
e_4: 1152℃
e_5: 944℃

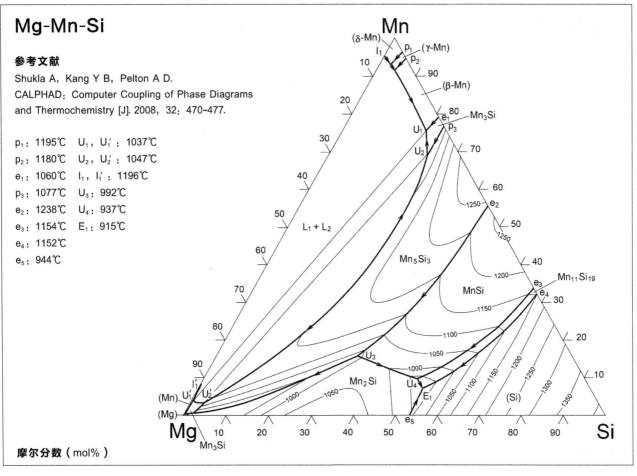

摩尔分数（mol%）

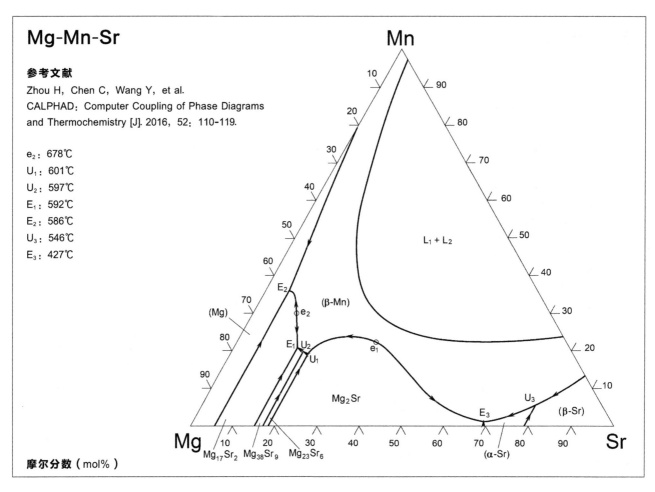

Mg-Mn-Sr

参考文献

Zhou H, Chen C, Wang Y, et al.
CALPHAD: Computer Coupling of Phase Diagrams
and Thermochemistry [J]. 2016, 52: 110-119.

e_2: 678℃
U_1: 601℃
U_2: 597℃
E_1: 592℃
E_2: 586℃
U_3: 546℃
E_3: 427℃

Mn

$L_1 + L_2$

(β-Mn)

(Mg)

Mg_2Sr

(β-Sr)

(α-Sr)

$Mg_{17}Sr_2$ $Mg_{38}Sr_9$ $Mg_{23}Sr_6$

Mg   10   20   30   40   50   60   70   80   90   Sr

摩尔分数（mol%）

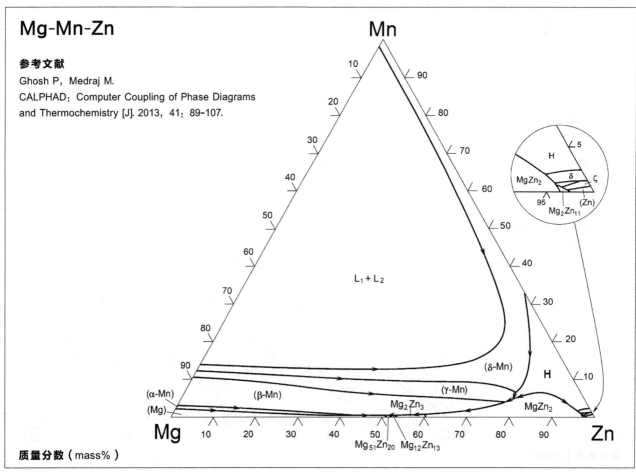

Mg-Mn-Zn

参考文献

Ghosh P, Medraj M.
CALPHAD: Computer Coupling of Phase Diagrams
and Thermochemistry [J]. 2013, 41: 89-107.

Mn

$L_1 + L_2$

(δ-Mn)

H

(γ-Mn)

(α-Mn)

(β-Mn)

(Mg)

Mg_2Zn_3

$MgZn_2$

$Mg_{51}Zn_{20}$ $Mg_{12}Zn_{13}$

H

$MgZn_2$ δ ζ

Mg_2Zn_{11} (Zn)

Mg   10   20   30   40   50   60   70   80   90   Zn

质量分数（mass%）

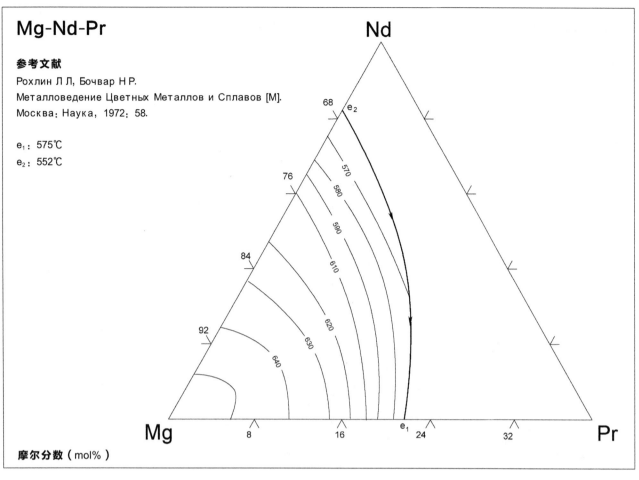

Mg-Nd-Pr

参考文献

Рохлин Л Л, Бочвар Н Р.

Металловедение Цветных Металлов и Сплавов [М].

Москва: Наука, 1972: 58.

e₁: 575℃

e₂: 552℃

摩尔分数（mol%）

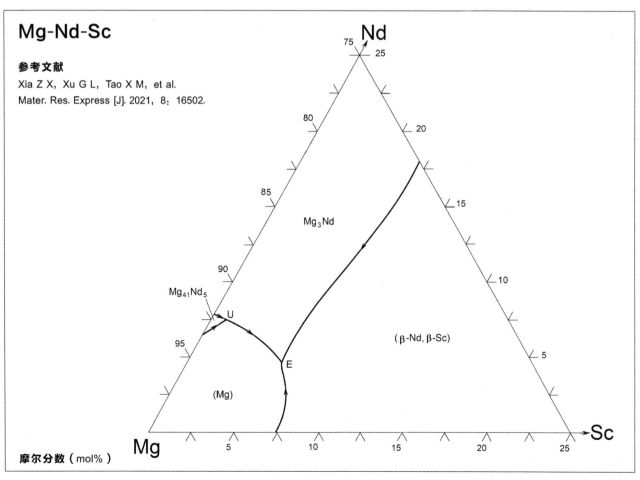

Mg-Nd-Sc

参考文献

Xia Z X, Xu G L, Tao X M, et al.

Mater. Res. Express [J]. 2021, 8: 16502.

摩尔分数（mol%）

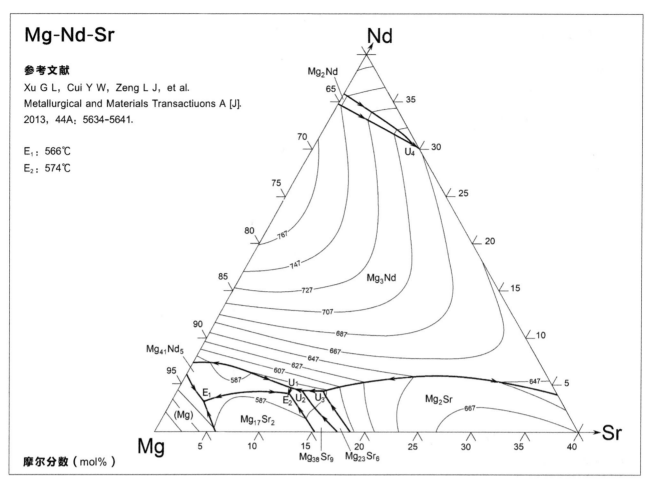

Mg-Nd-Sr

参考文献

Xu G L, Cui Y W, Zeng L J, et al.
Metallurgical and Materials Transactiuons A [J].
2013, 44A: 5634-5641.

E_1: 566℃

E_2: 574℃

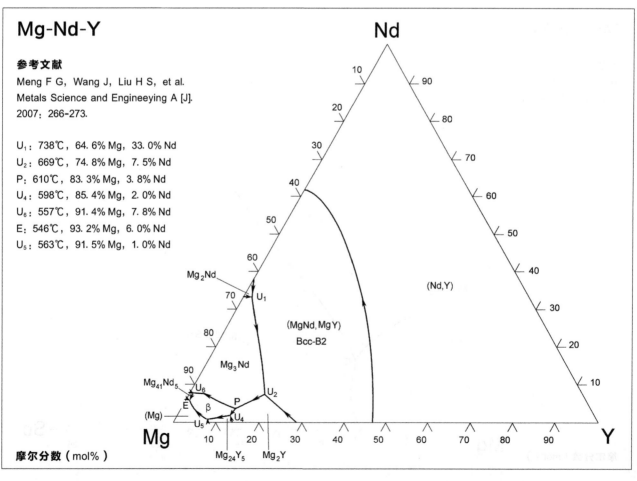

Mg-Nd-Y

参考文献

Meng F G, Wang J, Liu H S, et al.
Metals Science and Engineeying A [J].
2007: 266-273.

U_1: 738℃, 64.6%Mg, 33.0%Nd
U_2: 669℃, 74.8%Mg, 7.5%Nd
P: 610℃, 83.3%Mg, 3.8%Nd
U_4: 598℃, 85.4%Mg, 2.0%Nd
U_6: 557℃, 91.4%Mg, 7.8%Nd
E: 546℃, 93.2%Mg, 6.0%Nd
U_5: 563℃, 91.5%Mg, 1.0%Nd

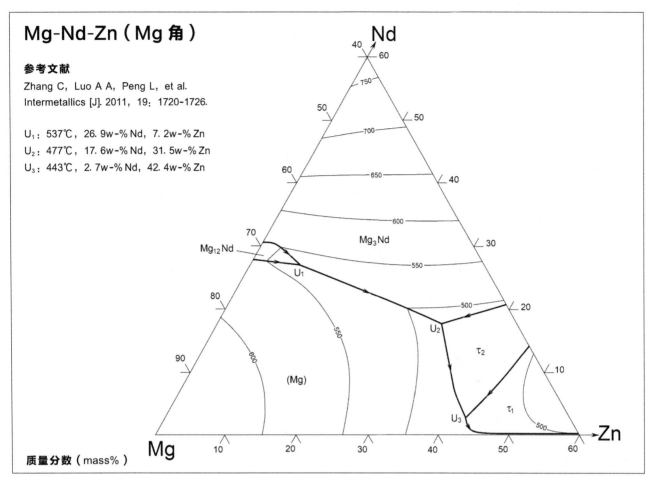

Mg-Nd-Zn（Mg 角）

参考文献

Zhang C, Luo A A, Peng L, et al.
Intermetallics [J]. 2011, 19: 1720-1726.

U₁: 537℃，26.9w-% Nd，7.2w-% Zn
U₂: 477℃，17.6w-% Nd，31.5w-% Zn
U₃: 443℃，2.7w-% Nd，42.4w-% Zn

质量分数（mass%）

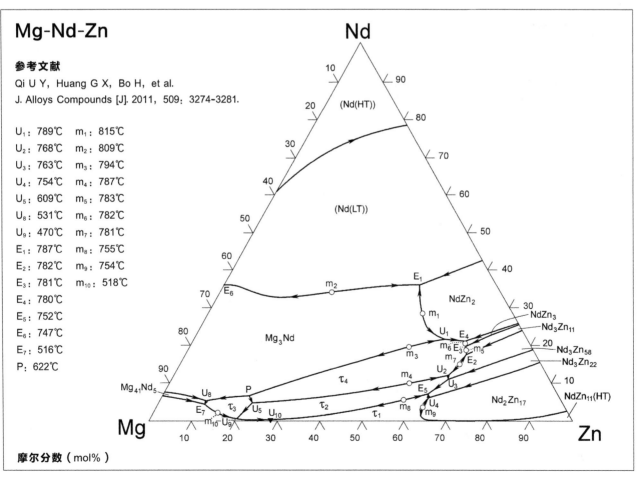

Mg-Nd-Zn

参考文献

Qi U Y, Huang G X, Bo H, et al.
J. Alloys Compounds [J]. 2011, 509: 3274-3281.

U₁: 789℃	m₁: 815℃
U₂: 768℃	m₂: 809℃
U₃: 763℃	m₃: 794℃
U₄: 754℃	m₄: 787℃
U₅: 609℃	m₅: 783℃
U₈: 531℃	m₆: 782℃
U₉: 470℃	m₇: 781℃
E₁: 787℃	m₈: 755℃
E₂: 782℃	m₉: 754℃
E₃: 781℃	m₁₀: 518℃
E₄: 780℃	
E₅: 752℃	
E₆: 747℃	
E₇: 516℃	
P: 622℃	

摩尔分数（mol%）

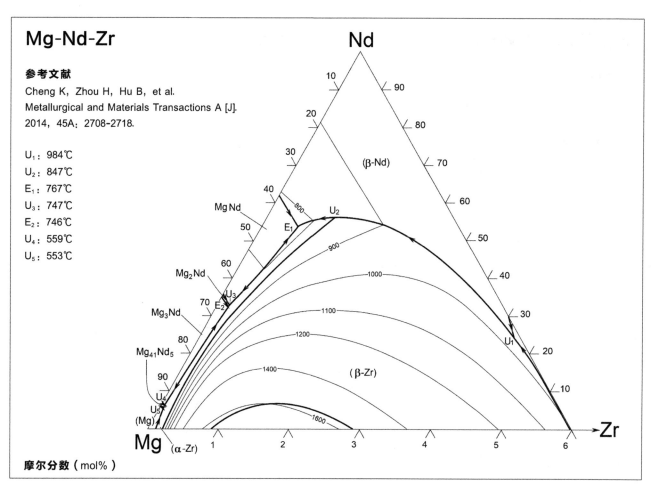

Mg-Nd-Zr

参考文献

Cheng K, Zhou H, Hu B, et al.
Metallurgical and Materials Transactions A [J].
2014, 45A: 2708-2718.

U₁: 984℃
U₂: 847℃
E₁: 767℃
U₃: 747℃
E₂: 746℃
U₄: 559℃
U₅: 553℃

摩尔分数（mol%）

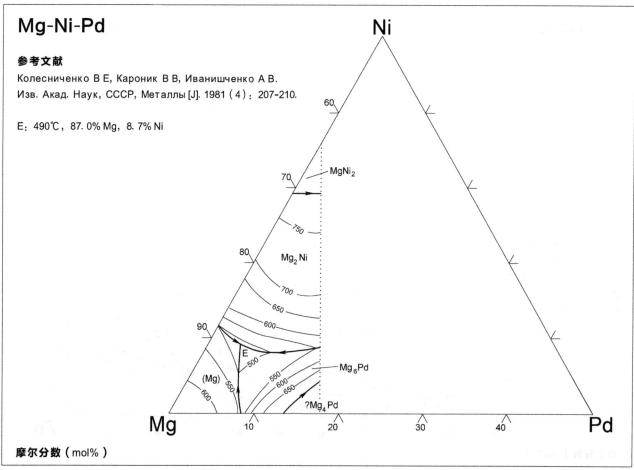

Mg-Ni-Pd

参考文献

Колесниченко В Е, Кароник В В, Иванищенко А В.
Изв. Акад. Наук, СССР, Металлы [J]. 1981（4）: 207-210.

E: 490℃, 87.0% Mg, 8.7% Ni

摩尔分数（mol%）

Mg-Ni-Y（1）

参考文献

Mezbahul-Islam M, Medraj M.
CALPHAD: Computer Coupling of Phase Diagrams
and Thermochemistry [J]. 2009, 33: 478-186.

E_1: 273℃ U_{11}: 662℃
E_2: 1094℃ U_{12}: 463℃
E_3: 411℃ U_{13}: 559℃
E_4: 605℃ U_{14}: 607℃
U_1: 472℃ U_{15}: 632℃
U_2: 738℃ U_{16}: 765℃
U_3: 1015℃ m_1: 487℃
U_4: 1165℃ m_2: 1124℃
U_5: 1190℃ m_3: 1218℃
U_6: 1207℃ m_4: 1264℃
U_7: 1247℃ m_5: 613℃
U_8: 1218℃
U_9: 1218℃
U_{10}: 1038℃

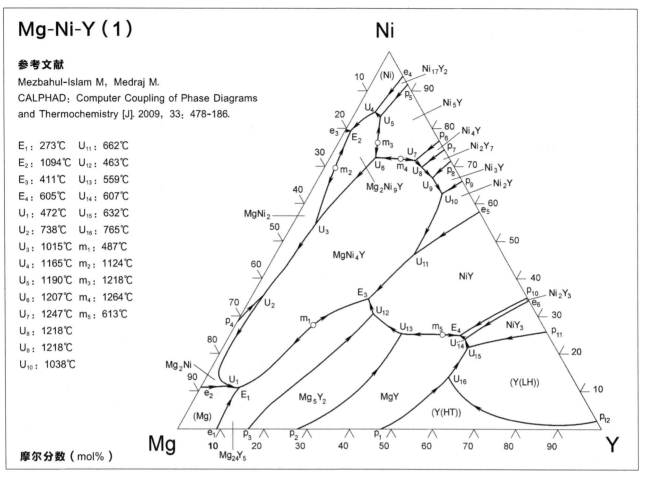

摩尔分数（mol%）

Mg-Ni-Y（2）

参考文献

Liu C, Luo Q, Gu Q F, et al.
Journal of Magnesium and Alloys [J]. 2021, 18 May, on line.

14H: $Mg_{93}Ni_3Y_4$
18R: $Mg_{88}Ni_5Y_7$
10H: $Mg_{86}Ni_6Y_8$
12R: $Mg_{72}Ni_{12}Y_{16}$
E_1: 559℃
E_2: 543℃
E_3: 541℃
E_4: 501℃
U_1: 552℃
U_2: 546℃
U_3: 501℃
U_4: 500℃
P_1: 515℃

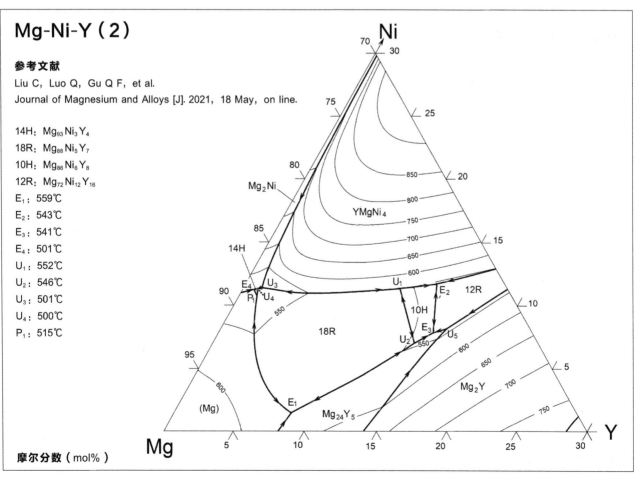

摩尔分数（mol%）

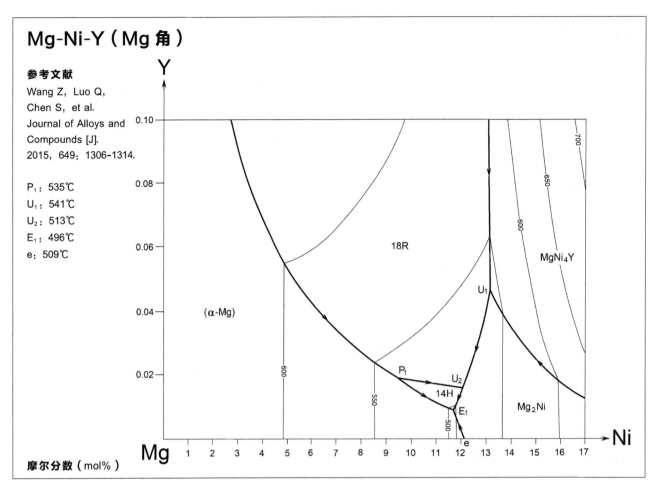

Mg-Ni-Y（Mg 角）

参考文献

Wang Z, Luo Q,
Chen S, et al.
Journal of Alloys and
Compounds [J].
2015, 649：1306-1314.

P_1：535℃
U_1：541℃
U_2：513℃
E_1：496℃
e：509℃

18R

(α-Mg)

MgNi$_4$Y

P_1

U_1

U_2

14H

E_1

Mg$_2$Ni

e

600

550

500

700

650

600

Y

Ni

Mg

摩尔分数（mol%）

Mg-Ni-Zn（1）

参考文献

Колесниченко В Е, Кароник В В, Несветаева О А.
Изв. Акад. Наук, СССР, Металлы [J]. 1980（2）：187-190.

e：490℃，81.1% Mg，3.8% Ni
E：482℃，79.8% Mg，8.5% Ni
U：700℃，69.1% Mg，19.9% Ni
p：992℃

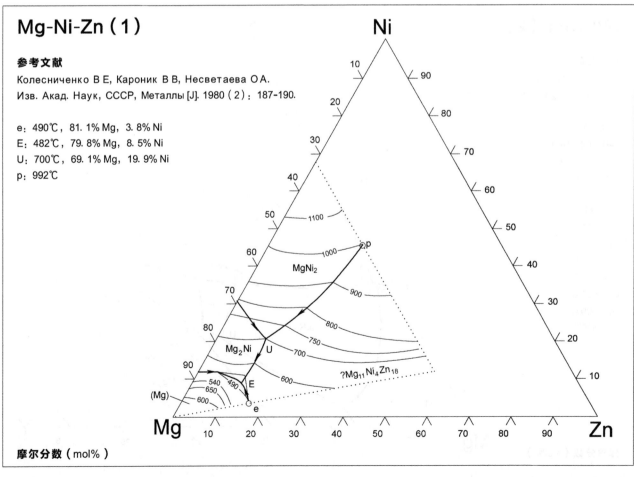

Ni

MgNi$_2$

p

Mg$_2$Ni

U

(Mg)

E

e

?Mg$_{11}$Ni$_4$Zn$_{18}$

1100

1000

900

800

750

700

600

540 490

650

600

Mg

Zn

摩尔分数（mol%）

Mg-Ni-Zn（2）

参考文献

Xu K, Liu S, Du Y, et al.

Journal of Alloys and Compounds [J]. 2019, 784: 769~787.

U_1: 942℃ e_1: 978℃

U_2: 893℃ e_3: 737℃

U_3: 867℃ e_4: 509℃

U_4: 718℃ e_5: 481℃

U_5: 702℃

U_6: 690℃

U_7: 432℃

U_8: 425℃

E_1: 481℃

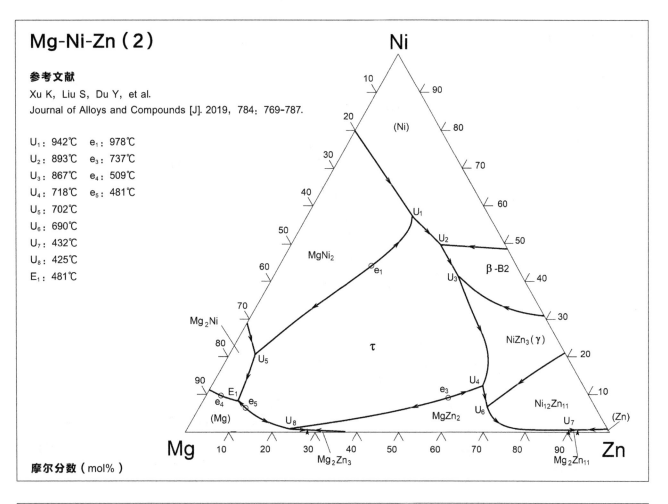

摩尔分数（mol%）

Mg-Pb-Sb

参考文献

Abel E, Redlich O, Spausta F.

Zeitschrift fuer Anorganische und Allgemeine Chemie [J].

1930, 194: 79~89.

e: 248℃

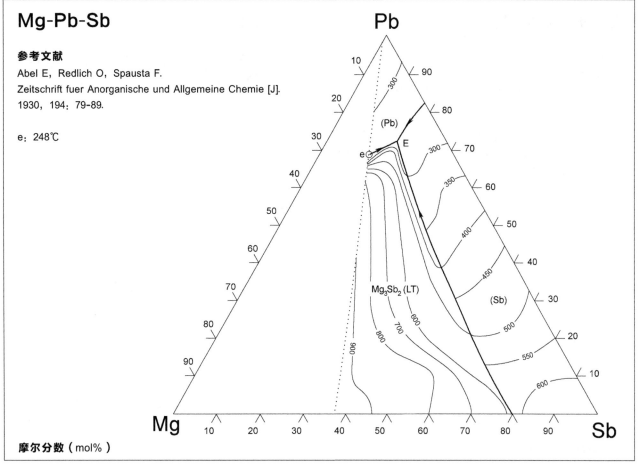

摩尔分数（mol%）

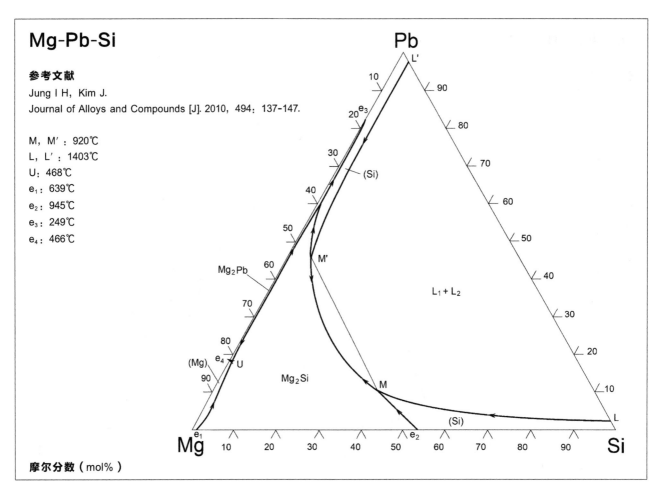

Mg-Pb-Si

参考文献

Jung I H, Kim J.

Journal of Alloys and Compounds [J]. 2010, 494: 137-147.

M, M′: 920℃
L, L′: 1403℃
U: 468℃
e₁: 639℃
e₂: 945℃
e₃: 249℃
e₄: 466℃

摩尔分数（mol%）

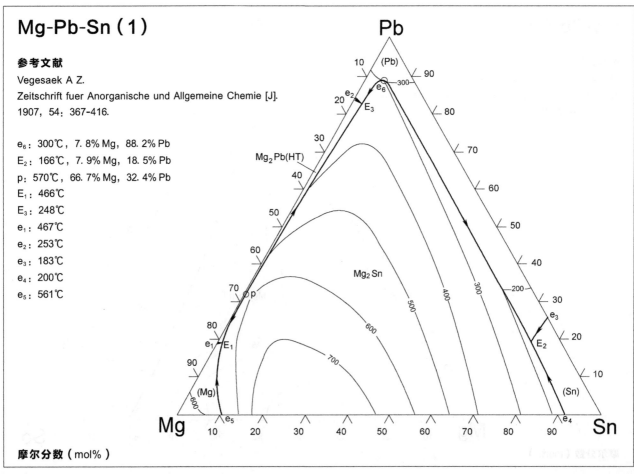

Mg-Pb-Sn（1）

参考文献

Vegesaek A Z.

Zeitschrift fuer Anorganische und Allgemeine Chemie [J].
1907, 54: 367-416.

e₆: 300℃, 7.8% Mg, 88.2% Pb
E₂: 166℃, 7.9% Mg, 18.5% Pb
p: 570℃, 66.7% Mg, 32.4% Pb
E₁: 466℃
E₃: 248℃
e₁: 467℃
e₂: 253℃
e₃: 183℃
e₄: 200℃
e₅: 561℃

摩尔分数（mol%）

Mg-Pb-Sn (2)

参考文献

Wang D, Zhu J, Wang S, et al.
J. Phase Equilib. Diffus. [J]. 2018, 39: 324-343.

p_1: 549℃, 31.9% Pb, 2.1% Sn
e_1: 299℃, 90.5% Pb, 5.3% Sn
U_1: 467℃, 17.4% Pb, 1.8% Sn
U_2: 249℃, 82.6% Pb, 0.2% Sn
E_1: 176℃, 18.9% Pb, 76.4% Sn

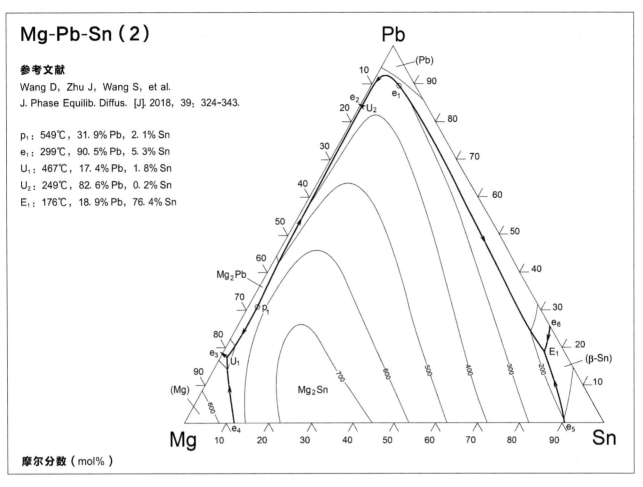

摩尔分数 (mol%)

Mg-Pb-Zn

参考文献

Wang D, Yang S, Liu X, et al.
Materials Chemistry and Physics [J]. 2016, 171: 227-238.

E_1, E_1': 367℃
S_1, S_1': 380℃
U_1: 410℃
U_2: 351℃
U_4: 299℃
U_5: 294℃
E_3: 247℃

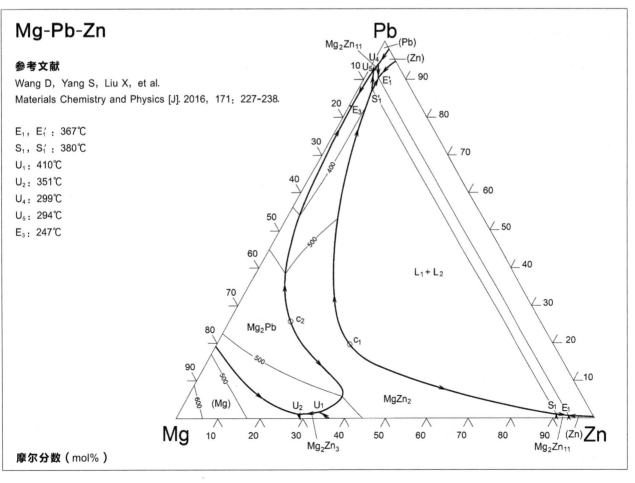

摩尔分数 (mol%)

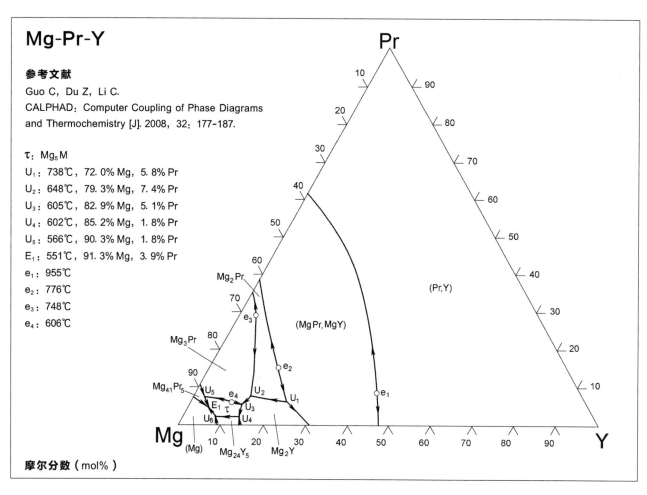

Mg-Pr-Y

参考文献

Guo C, Du Z, Li C.
CALPHAD: Computer Coupling of Phase Diagrams
and Thermochemistry [J]. 2008, 32: 177-187.

τ: Mg₅M
U₁: 738℃, 72.0% Mg, 5.8% Pr
U₂: 648℃, 79.3% Mg, 7.4% Pr
U₃: 605℃, 82.9% Mg, 5.1% Pr
U₄: 602℃, 85.2% Mg, 1.8% Pr
U₅: 566℃, 90.3% Mg, 1.8% Pr
E₁: 551℃, 91.3% Mg, 3.9% Pr
e₁: 955℃
e₂: 776℃
e₃: 748℃
e₄: 606℃

摩尔分数（mol%）

Mg-Sb-Si

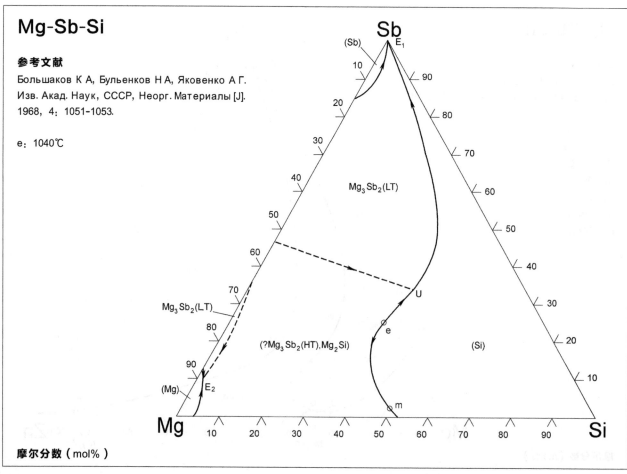

参考文献

Большаков К А, Бульенков Н А, Яковенко А Г.
Изв. Акад. Наук, СССР, Неорг. Материалы [J].
1968, 4: 1051-1053.

e: 1040℃

摩尔分数（mol%）

Mg-Sb-Sn

参考文献

Jönsson B, Agren J.

Zeitschrift fuer Metallkunde [J]. 1987, 78: 810-814.

c: 891℃

p: 867℃

E_1: 572℃

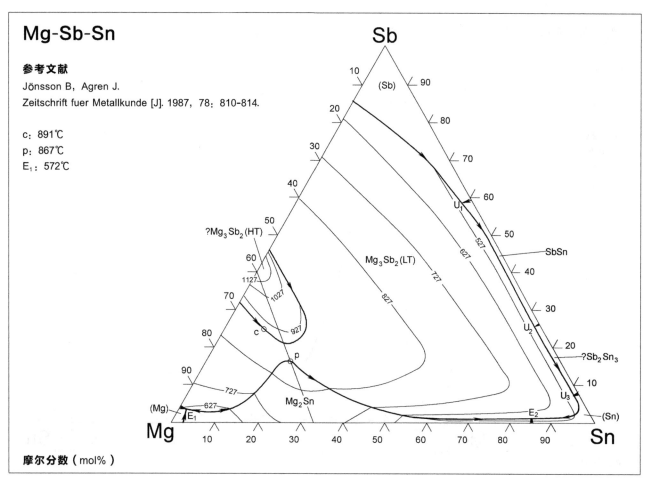

摩尔分数（mol%）

Mg-Si-Sn（1）

参考文献

Jung I H, Kang D H, Park W J, et al.

CALPHAD: Computer Coupling of Phase Diagrams and Thermochemistry [J]. 2007, 31: 192-200.

U_1: 563℃, 90.0% Mg, 7.0% Sn

U_2: 758℃, 54.3% Mg, 32.7% Sn

e_1: 563℃

e_2: 200℃

e_3: 945℃

e_4: 637℃

m: 857℃

h_1: 783℃

h_2: 1086℃

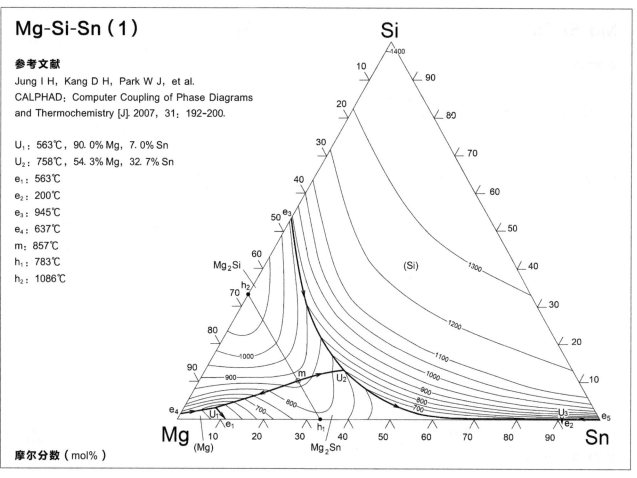

摩尔分数（mol%）

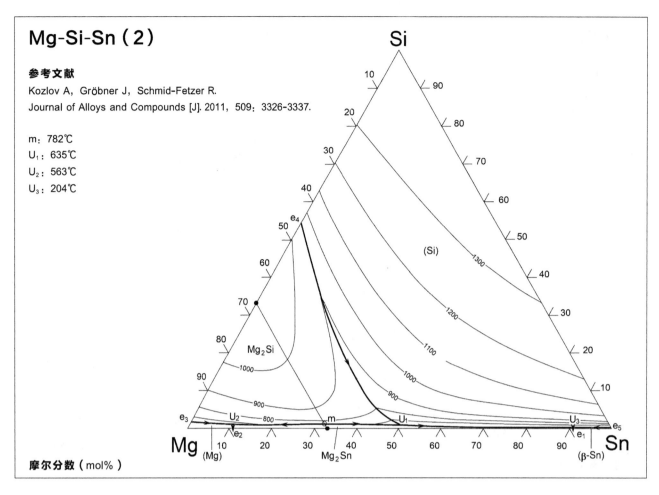

Mg-Si-Sn（2）

参考文献

Kozlov A, Gröbner J, Schmid-Fetzer R.
Journal of Alloys and Compounds [J]. 2011, 509: 3326-3337.

m: 782℃
U₁: 635℃
U₂: 563℃
U₃: 204℃

摩尔分数（mol%）

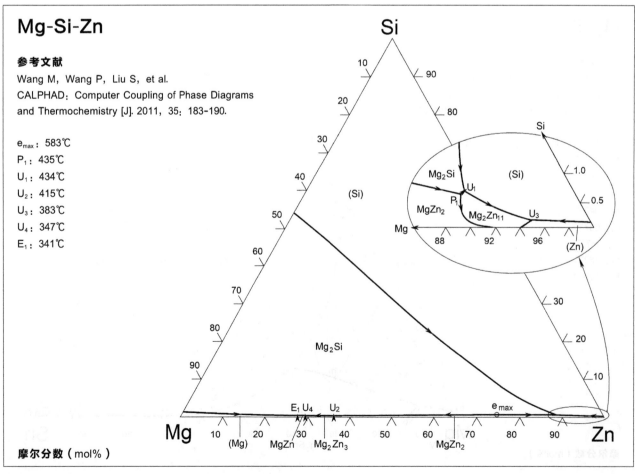

Mg-Si-Zn

参考文献

Wang M, Wang P, Liu S, et al.
CALPHAD: Computer Coupling of Phase Diagrams
and Thermochemistry [J]. 2011, 35: 183-190.

e_max: 583℃
P₁: 435℃
U₁: 434℃
U₂: 415℃
U₃: 383℃
U₄: 347℃
E₁: 341℃

摩尔分数（mol%）

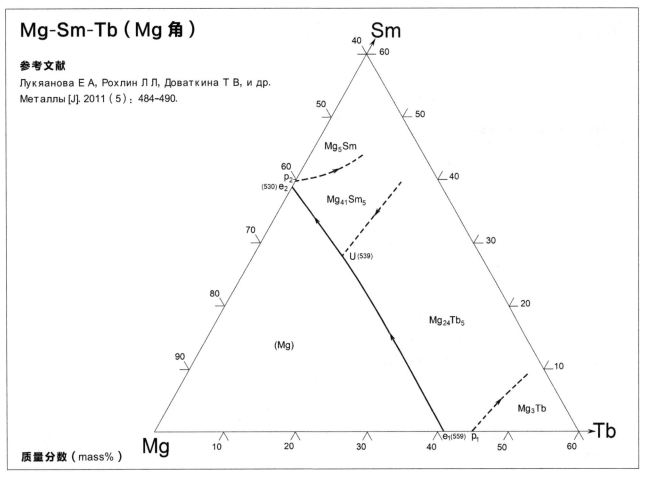

Mg-Sm-Tb（Mg 角）

参考文献

Лукьянова Е А, Рохлин Л Л, Доваткина Т В, и др.
Металлы [J]. 2011（5）：484-490.

Sm

Mg₅Sm

Mg₄₁Sm₅

U (539)

Mg₂₄Tb₅

(Mg)

Mg₃Tb

Mg

e₁(559) p₁

Tb

质量分数（mass%）

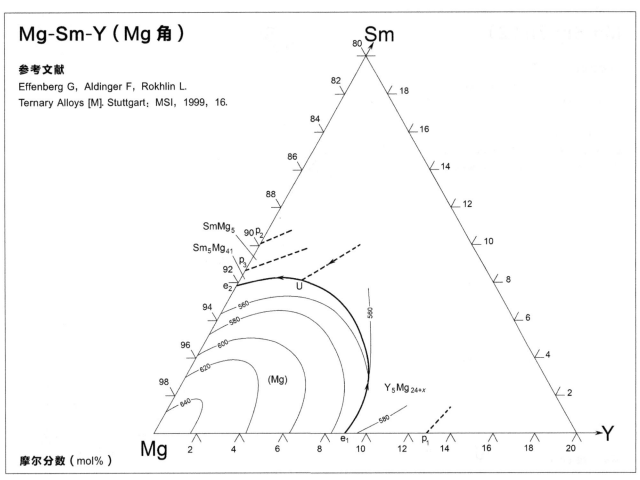

Mg-Sm-Y（Mg 角）

参考文献

Effenberg G, Aldinger F, Rokhlin L.
Ternary Alloys [M]. Stuttgart：MSI, 1999, 16.

Sm

SmMg₅

Sm₅Mg₄₁

U

(Mg)

Y₅Mg₂₄₊ₓ

Mg

e₁ p₁

Y

摩尔分数（mol%）

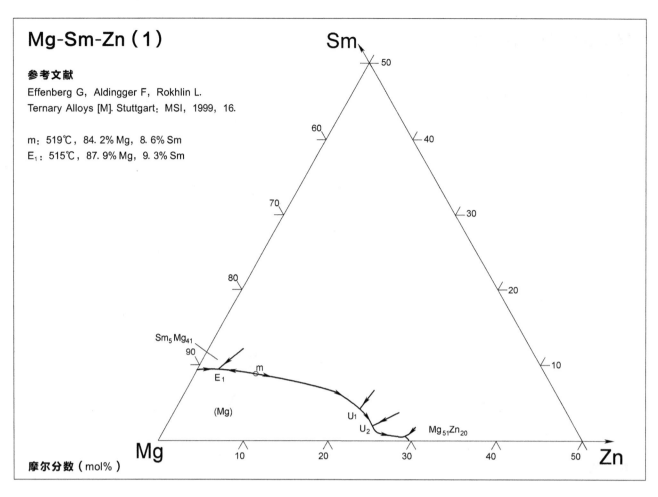

Mg-Sm-Zn（1）

参考文献

Effenberg G, Aldingger F, Rokhlin L.
Ternary Alloys [M]. Stuttgart：MSI, 1999, 16.

m：519℃, 84.2%Mg, 8.6%Sm
E_1：515℃, 87.9%Mg, 9.3%Sm

摩尔分数（mol%）

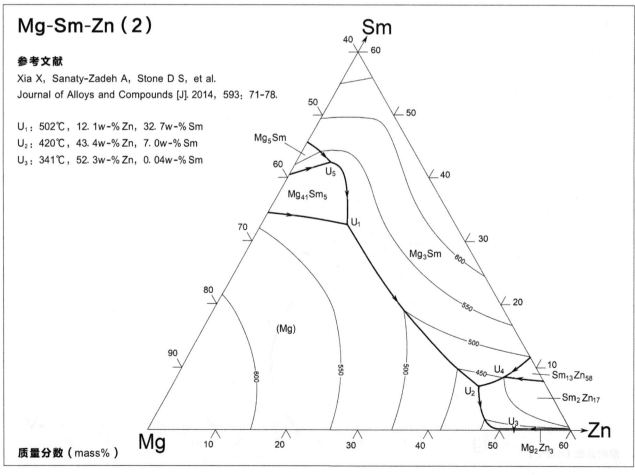

Mg-Sm-Zn（2）

参考文献

Xia X, Sanaty-Zadeh A, Stone D S, et al.
Journal of Alloys and Compounds [J]. 2014, 593：71-78.

U_1：502℃, 12.1w-%Zn, 32.7w-%Sm
U_2：420℃, 43.4w-%Zn, 7.0w-%Sm
U_3：341℃, 52.3w-%Zn, 0.04w-%Sm

质量分数（mass%）

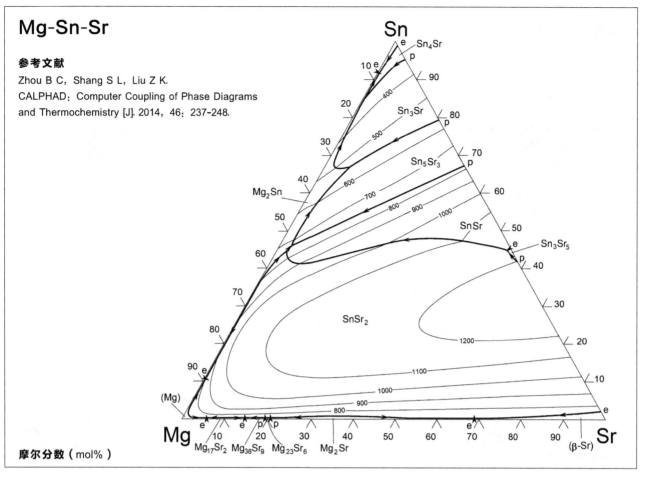

Mg-Sn-Sr

参考文献

Zhou B C, Shang S L, Liu Z K.
CALPHAD: Computer Coupling of Phase Diagrams
and Thermochemistry [J]. 2014, 46: 237-248.

摩尔分数（mol%）

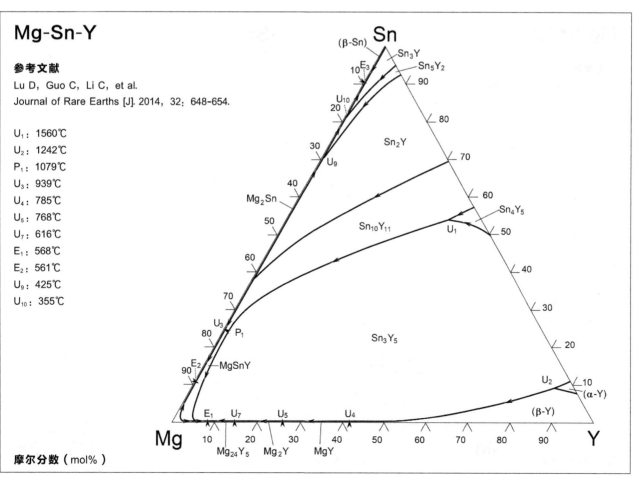

Mg-Sn-Y

参考文献

Lu D, Guo C, Li C, et al.
Journal of Rare Earths [J]. 2014, 32: 648-654.

U_1: 1560℃
U_2: 1242℃
P_1: 1079℃
U_3: 939℃
U_4: 785℃
U_5: 768℃
U_7: 616℃
E_1: 568℃
E_2: 561℃
U_9: 425℃
U_{10}: 355℃

摩尔分数（mol%）

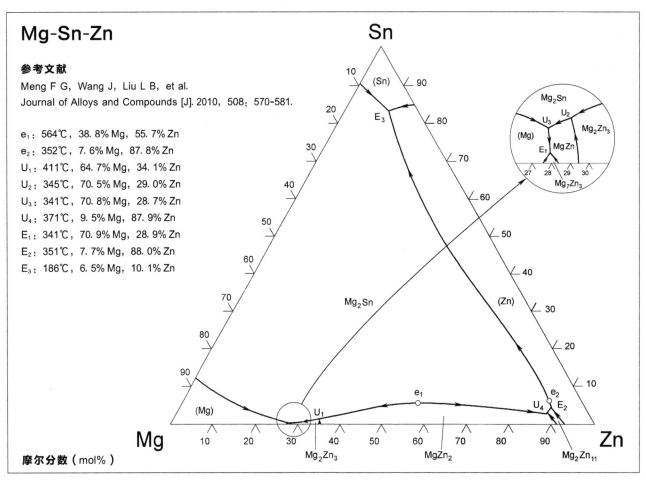

Mg-Sn-Zn

参考文献

Meng F G, Wang J, Liu L B, et al.
Journal of Alloys and Compounds [J]. 2010, 508: 570-581.

e_1: 564℃, 38.8% Mg, 55.7% Zn
e_2: 352℃, 7.6% Mg, 87.8% Zn
U_1: 411℃, 64.7% Mg, 34.1% Zn
U_2: 345℃, 70.5% Mg, 29.0% Zn
U_3: 341℃, 70.8% Mg, 28.7% Zn
U_4: 371℃, 9.5% Mg, 87.9% Zn
E_1: 341℃, 70.9% Mg, 28.9% Zn
E_2: 351℃, 7.7% Mg, 88.0% Zn
E_3: 186℃, 6.5% Mg, 10.1% Zn

摩尔分数（mol%）

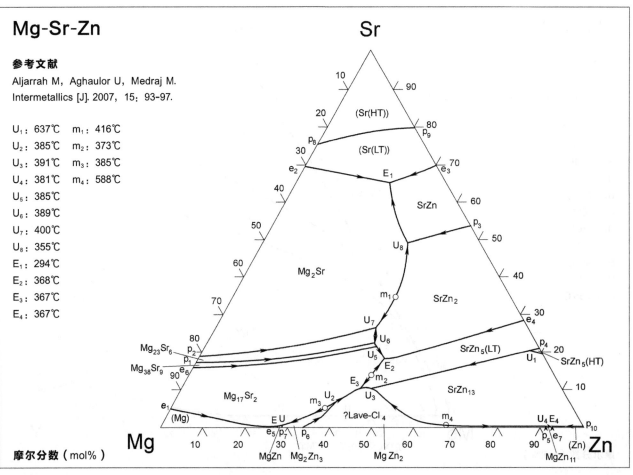

Mg-Sr-Zn

参考文献

Aljarrah M, Aghaulor U, Medraj M.
Intermetallics [J]. 2007, 15: 93-97.

U_1: 637℃ m_1: 416℃
U_2: 385℃ m_2: 373℃
U_3: 391℃ m_3: 385℃
U_4: 381℃ m_4: 588℃
U_5: 385℃
U_6: 389℃
U_7: 400℃
U_8: 355℃
E_1: 294℃
E_2: 368℃
E_3: 367℃
E_4: 367℃

摩尔分数（mol%）

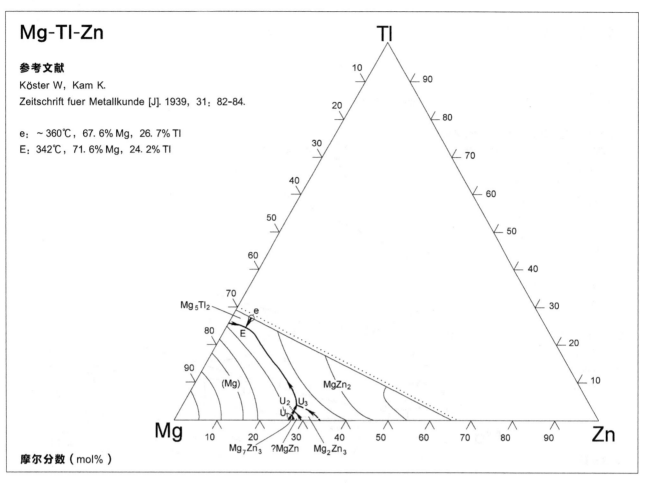

Mg-TI-Zn

参考文献

Köster W, Kam K.

Zeitschrift fuer Metallkunde [J]. 1939, 31: 82-84.

e: ~360℃, 67.6%Mg, 26.7%TI

E: 342℃, 71.6%Mg, 24.2%TI

摩尔分数（mol%）

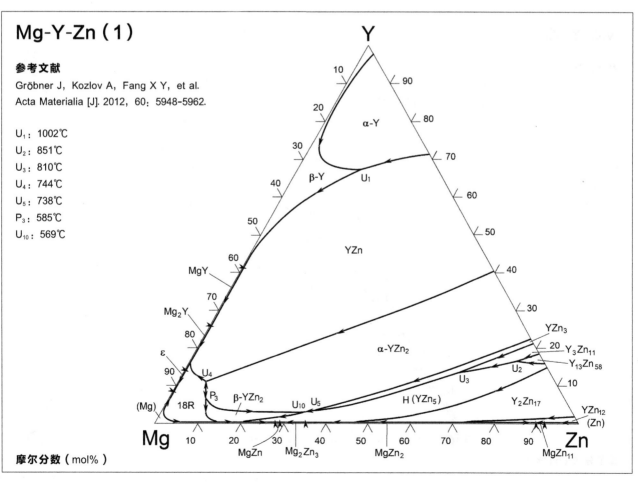

Mg-Y-Zn（1）

参考文献

Gröbner J, Kozlov A, Fang X Y, et al.

Acta Materialia [J]. 2012, 60: 5948-5962.

U_1: 1002℃

U_2: 851℃

U_3: 810℃

U_4: 744℃

U_5: 738℃

P_3: 585℃

U_{10}: 569℃

摩尔分数（mol%）

Mg-Y-Zn (2)

参考文献

Zhu Z, Pelton A D.

Journal of Alloys and Compounds [J]. 2015, 652: 426-443.

τ_3: YMg(Mg, Zn)$_2$ τ_5: Y$_3$Mg$_{13}$Zn$_{30}$
X: YMg$_{12}$Zn   I: YMg$_3$Zn$_6$
H: Y$_{15}$Mg$_{15}$Zn$_{70}$

U$_1$: 877℃	U$_{12}$: 581℃
U$_2$: 752℃	U$_{13}$: 555℃
U$_3$: 752℃	U$_{14}$: 539℃
P$_1$: 704℃	E$_1$: 529℃
U$_4$: 703℃	U$_{16}$: 464℃
U$_5$: 683℃	U$_{17}$: 448℃
U$_6$: 677℃	U$_{18}$: 413℃
U$_7$: 636℃	E$_2$: 346℃
P$_2$: 629℃	E$_3$: 346℃
U$_8$: 618℃	U$_{19}$: 351℃
U$_9$: 615℃	
U$_{10}$: 608℃	
U$_{11}$: 590℃	

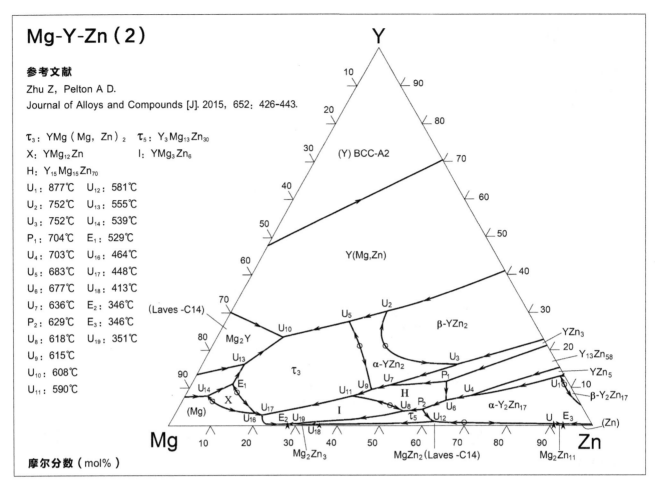

摩尔分数（mol%）

Mg-Y-Zr

参考文献

Cheng K, Zhou H, Du Y, et al.

Journal of Materials Science [J]. 2014, 49: 7124-7132.

U$_1$: 871℃
U$_2$: 867℃
U$_3$: 782℃
U$_4$: 612℃
U$_5$: 569℃

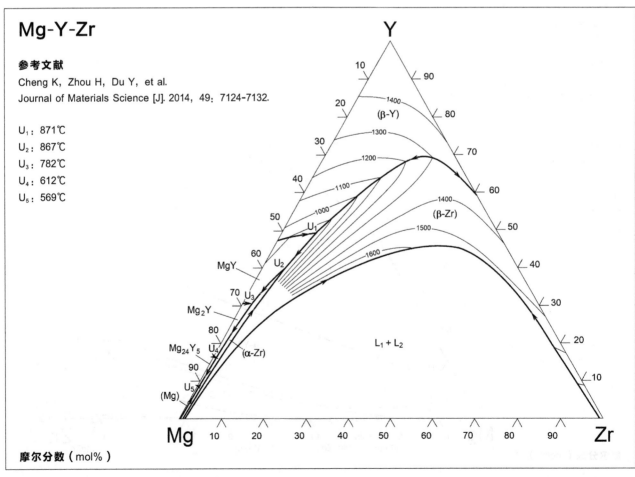

摩尔分数（mol%）

Mg-Zn-Zr

参考文献

Lohberg K, Schmidt G.

Giessereiforschung [J]. 1975, 27（3）: 75-82.

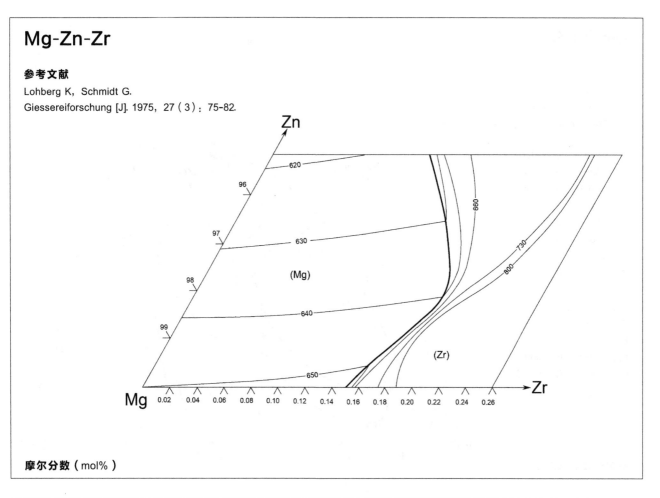

摩尔分数（mol%）

Mn-Ni-Pd

参考文献

Köster W, Sallam M.

Zeitschrift fuer Metallkunde [J]. 1958, 49: 240-248.

m: 960℃, 56.9% Mn, 38.2% Ni

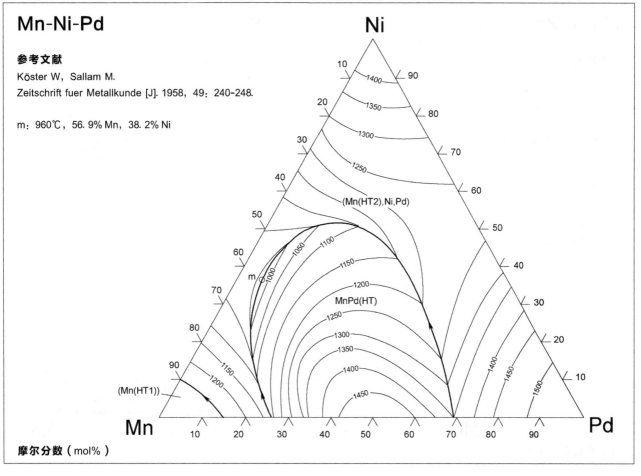

摩尔分数（mol%）

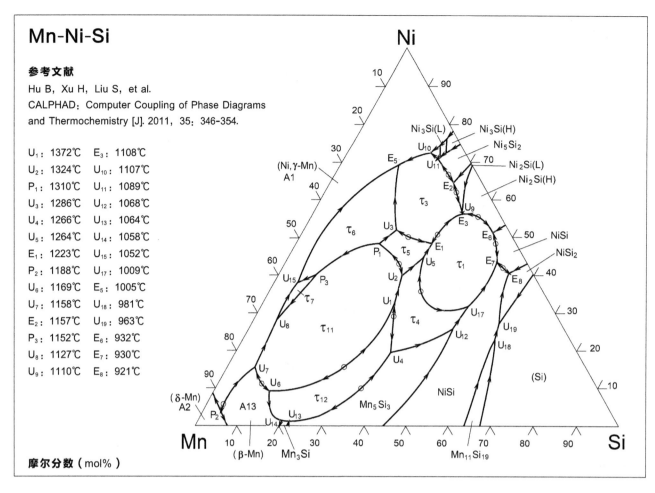

Mn-Ni-Si

参考文献

Hu B, Xu H, Liu S, et al.
CALPHAD: Computer Coupling of Phase Diagrams
and Thermochemistry [J]. 2011, 35: 346-354.

U_1: 1372℃	E_3: 1108℃
U_2: 1324℃	U_{10}: 1107℃
P_1: 1310℃	U_{11}: 1089℃
U_3: 1286℃	U_{12}: 1068℃
U_4: 1266℃	U_{13}: 1064℃
U_5: 1264℃	U_{14}: 1058℃
E_1: 1223℃	U_{15}: 1052℃
P_2: 1188℃	U_{17}: 1009℃
U_6: 1169℃	E_5: 1005℃
U_7: 1158℃	U_{18}: 981℃
E_2: 1157℃	U_{19}: 963℃
P_3: 1152℃	E_6: 932℃
U_8: 1127℃	E_7: 930℃
U_9: 1110℃	E_8: 921℃

摩尔分数 (mol%)

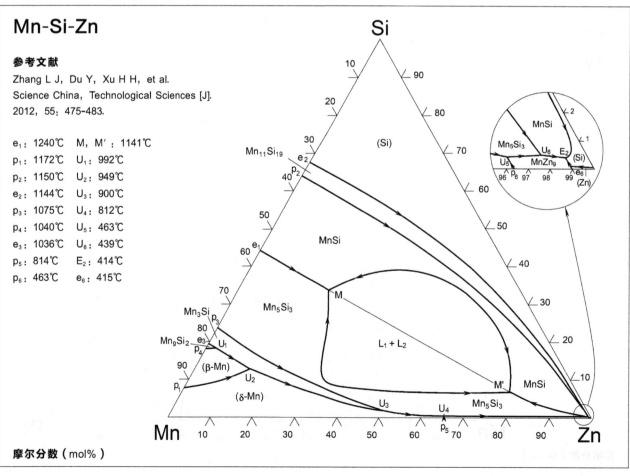

Mn-Si-Zn

参考文献

Zhang L J, Du Y, Xu H H, et al.
Science China, Technological Sciences [J].
2012, 55: 475-483.

e_1: 1240℃	M, M′: 1141℃
p_1: 1172℃	U_1: 992℃
p_2: 1150℃	U_2: 949℃
e_2: 1144℃	U_3: 900℃
p_3: 1075℃	U_4: 812℃
p_4: 1040℃	U_5: 463℃
e_3: 1036℃	U_6: 439℃
p_5: 814℃	E_2: 414℃
p_6: 463℃	e_6: 415℃

摩尔分数 (mol%)

Mo-Nb-Re

参考文献

Yen S Y, Wu S C, Makhraja M A, et al.
CALPHAD: Computer Coupling of Phase Diagrams and Thermochemistry [J]. 2020, 70: 101797.

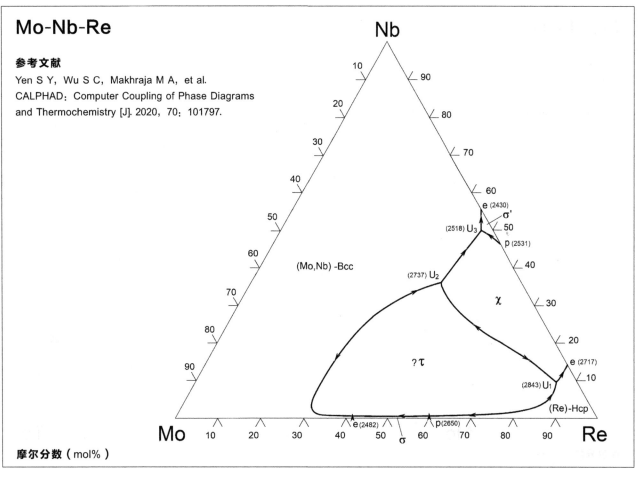

摩尔分数（mol%）

Mo-Nb-Si

参考文献

Geng T, Li C, Zhao X, et al.
CALPHAD: Computer Coupling of Phase Diagrams and Thermochemistry [J]. 2010, 34: 363-376.

p_1: 1968℃, 6.90% Nb, 66.3% Si
e_7: 1407℃, 1.42% Nb, 98.4% Si
e_8: 1856℃, 19.13% Nb, 56.0% Si
U_1: 1985℃, 28.4% Nb, 23.1% Si
U_2: 1938℃, 77.9% Nb, 19.0% Si
U_3: 1866℃, 8.0% Nb, 55.5% Si
E_1: 1405℃, 0.3% Nb, 98.1% Si

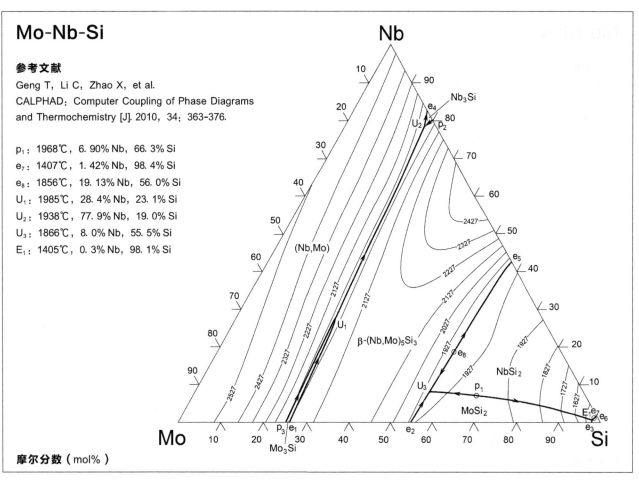

摩尔分数（mol%）

Mo-Nb-Ta

参考文献

Xiong W, Du Y, Liu Y, et al.
CALPHAD: Computer Coupling of Phase Diagrams
and Thermochemistry [J]. 2004, 28: 133-140.

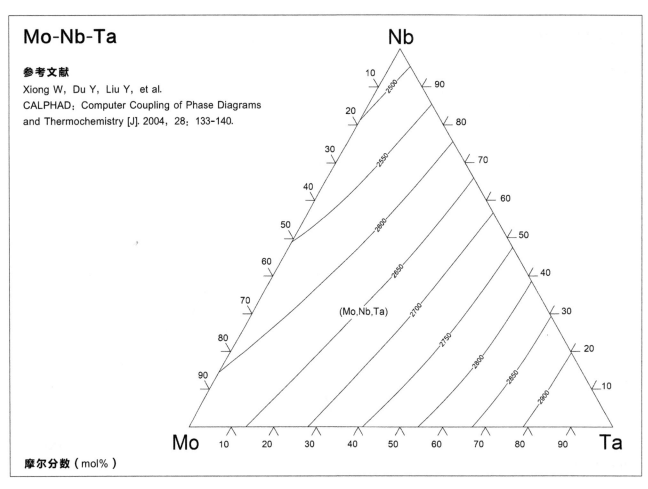

摩尔分数（mol%）

Mo-Nb-V

参考文献

Кочержинский Ю А, Василенко В И.
Изв. Акад. Наук, СССР, Металлы [J].
1985（2）: 186-188.

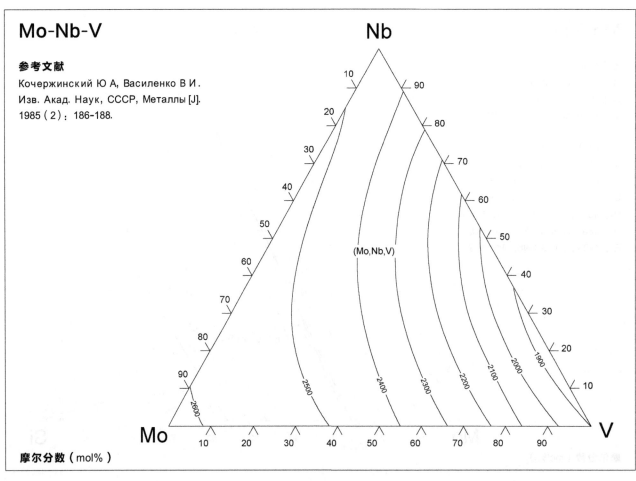

摩尔分数（mol%）

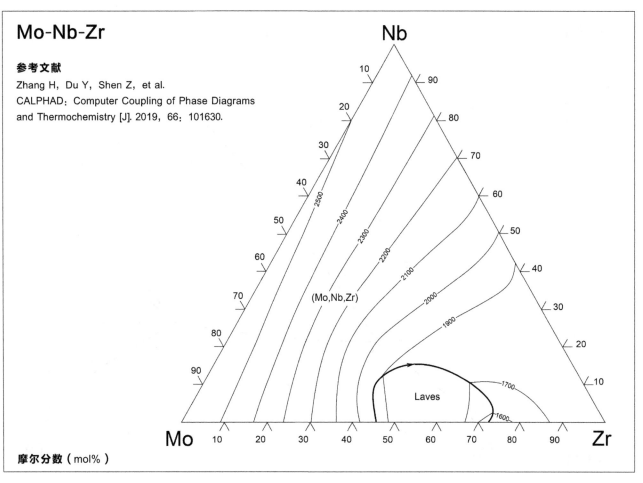

Mo-Nb-Zr

参考文献

Zhang H, Du Y, Shen Z, et al.
CALPHAD: Computer Coupling of Phase Diagrams and Thermochemistry [J]. 2019, 66: 101630.

摩尔分数（mol%）

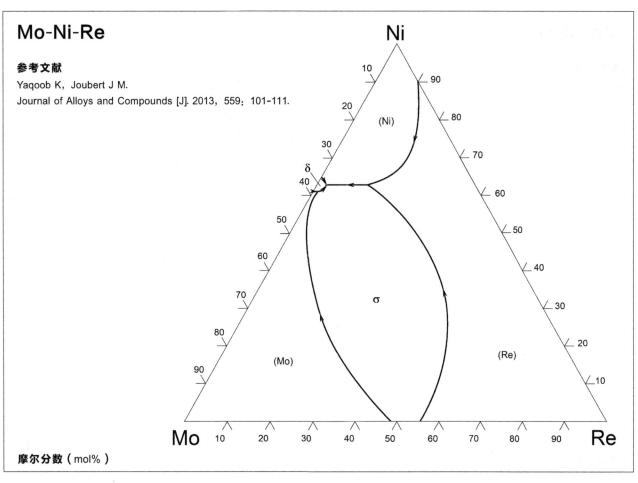

Mo-Ni-Re

参考文献

Yaqoob K, Joubert J M.
Journal of Alloys and Compounds [J]. 2013, 559: 101-111.

摩尔分数（mol%）

Mo-Ni-Ta

参考文献

Cui Y, Jin Z, Liu X.
Metallurgical and Materials, Transactions A [J].
1999, 30: 2735-2744.

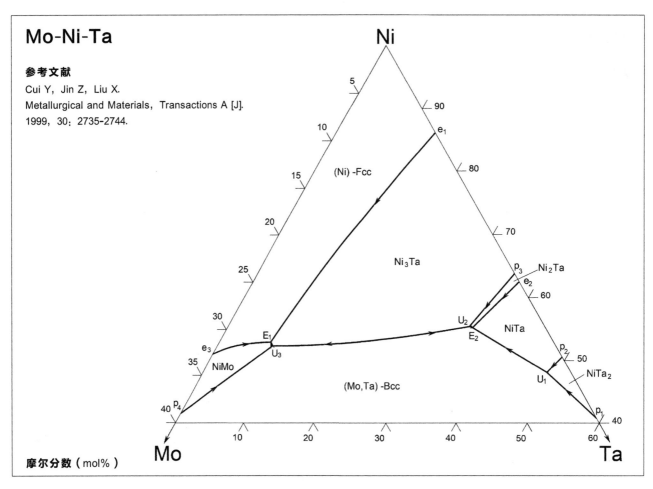

摩尔分数（mol%）

Mo-Ni-Ti

参考文献

Santhy K, Kumar K H.
Intermetallics [J]. 2010, 18: 1713-1721.

E_1: 1316℃
E_2: 1309℃
E_3: 1292℃
E_4: 1288℃
U_1: 1127℃
U_2: 971℃

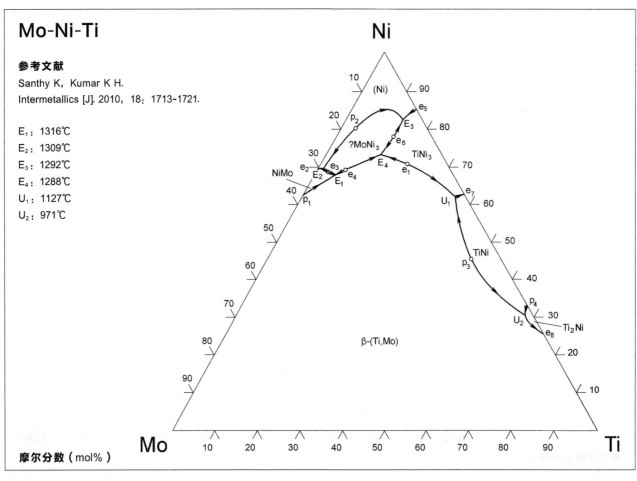

摩尔分数（mol%）

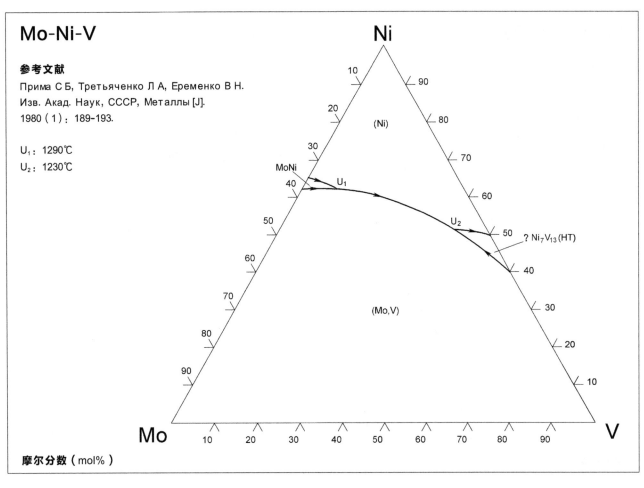

Mo-Ni-V

参考文献

Прима С Б, Третьяченко Л А, Еременко В Н.

Изв. Акад. Наук, СССР, Металлы [J].

1980（1）: 189-193.

U₁: 1290℃

U₂: 1230℃

Ni

10
90
20
(Ni)
80
30
70
MoNi
U₁
40
60
U₂
50
50
? Ni₇V₁₃(HT)
60
40
70
30
(Mo,V)
80
20
90
10

Mo
10 20 30 40 50 60 70 80 90
V

摩尔分数（mol%）

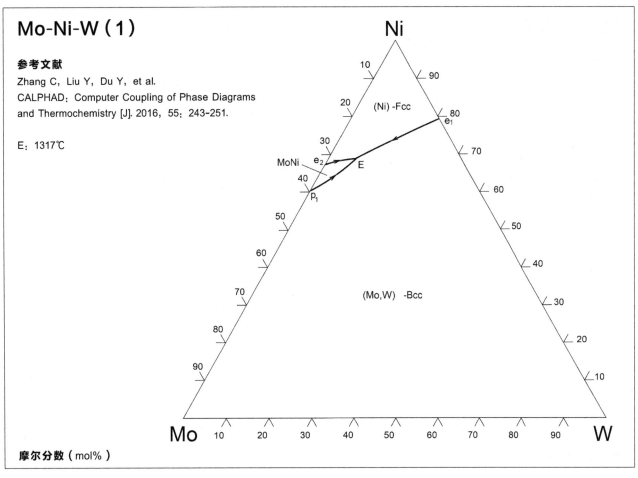

Mo-Ni-W（1）

参考文献

Zhang C, Liu Y, Du Y, et al.

CALPHAD: Computer Coupling of Phase Diagrams

and Thermochemistry [J]. 2016, 55: 243-251.

E: 1317℃

Ni

10
90
20
(Ni) -Fcc
80
e₁
30
70
MoNi e₂
E
40
60
p₁
50
50
60
40
70
30
(Mo,W) -Bcc
80
20
90
10

Mo
10 20 30 40 50 60 70 80 90
W

摩尔分数（mol%）

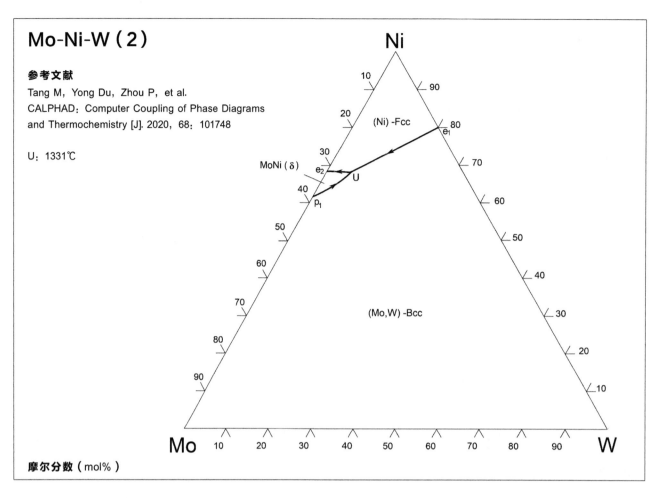

Mo-Ni-W（2）

参考文献

Tang M, Yong Du, Zhou P, et al.
CALPHAD: Computer Coupling of Phase Diagrams
and Thermochemistry [J]. 2020, 68: 101748

U: 1331℃

Ni

(Ni) -Fcc

MoNi（δ）

(Mo,W) -Bcc

Mo

W

摩尔分数（mol%）

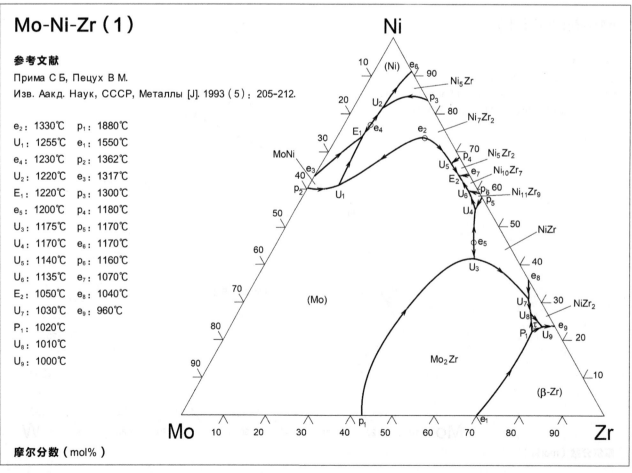

Mo-Ni-Zr（1）

参考文献

Прима С Б, Пецух В М.
Изв. Аакд. Наук, СССР, Металлы [J]. 1993（5）: 205-212.

e_2: 1330℃	p_1: 1880℃
U_1: 1255℃	e_1: 1550℃
e_4: 1230℃	p_2: 1362℃
U_2: 1220℃	e_3: 1317℃
E_1: 1220℃	p_3: 1300℃
e_5: 1200℃	p_4: 1180℃
U_3: 1175℃	p_5: 1170℃
U_4: 1170℃	e_6: 1170℃
U_5: 1140℃	p_6: 1160℃
U_6: 1135℃	e_7: 1070℃
E_2: 1050℃	e_8: 1040℃
U_7: 1030℃	e_9: 960℃
P_1: 1020℃
U_8: 1010℃
U_9: 1000℃

Ni

(Ni)

Ni_5Zr

Ni_7Zr_2

MoNi

Ni_5Zr_2

$Ni_{10}Zr_7$

$Ni_{11}Zr_9$

NiZr

(Mo)

$NiZr_2$

Mo_2Zr

(β-Zr)

Mo

Zr

摩尔分数（mol%）

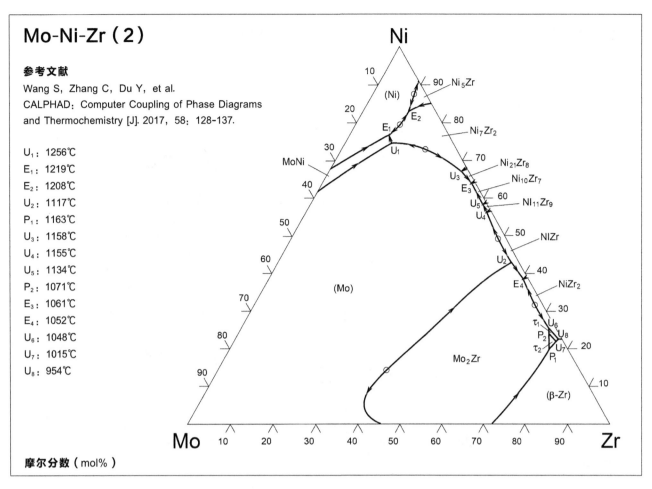

Mo-Ni-Zr（2）

参考文献

Wang S，Zhang C，Du Y，et al.
CALPHAD：Computer Coupling of Phase Diagrams
and Thermochemistry [J]. 2017, 58：128-137.

U_1：1256℃
E_1：1219℃
E_2：1208℃
U_2：1117℃
P_1：1163℃
U_3：1158℃
U_4：1155℃
U_5：1134℃
P_2：1071℃
E_3：1061℃
E_4：1052℃
U_6：1048℃
U_7：1015℃
U_8：954℃

摩尔分数（mol%）

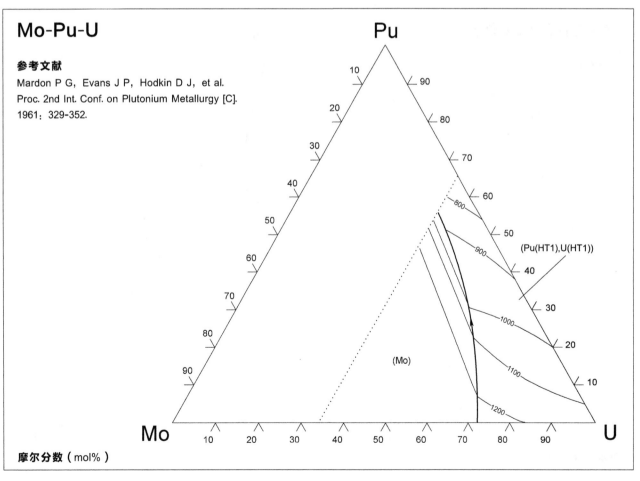

Mo-Pu-U

参考文献

Mardon P G，Evans J P，Hodkin D J，et al.
Proc. 2nd Int. Conf. on Plutonium Metallurgy [C].
1961：329-352.

摩尔分数（mol%）

Mo-Re-Si

参考文献

Bei H, Yang Y, Viswanathan G B, et al.
Acta Materiallia [J]. 2010, 58: 6027-6034.

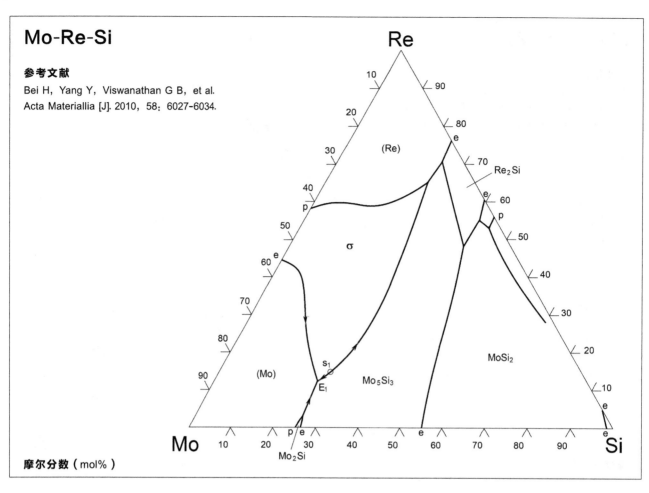

Mo-Si-Ti (Si 角)

参考文献

Свечников В Н, Кочерсжиский Ю А, Юрко Л М.
Доровиди Акад Наук, Укранской РСР. Серия А:
Физико-техничии та Математични
Науки [J]. 1972, 32: 566-570.

p: 1520℃
E: 1320℃, 5.1% Mo, 80.0% Si
U: 1380℃, 7.3% Mo, 81.6% Si

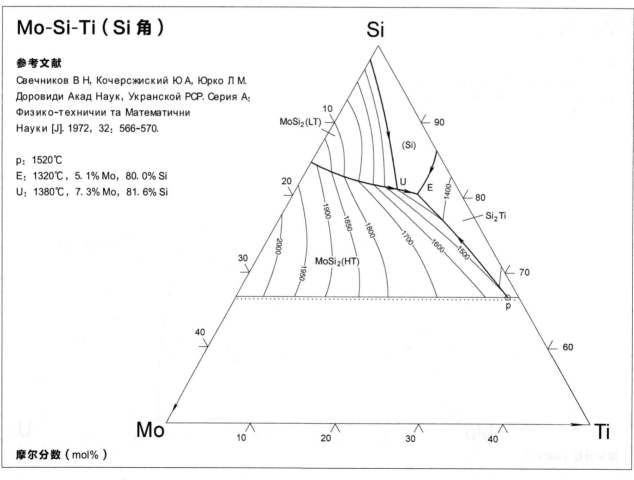

摩尔分数 (mol%)

Mo-Si-Ti

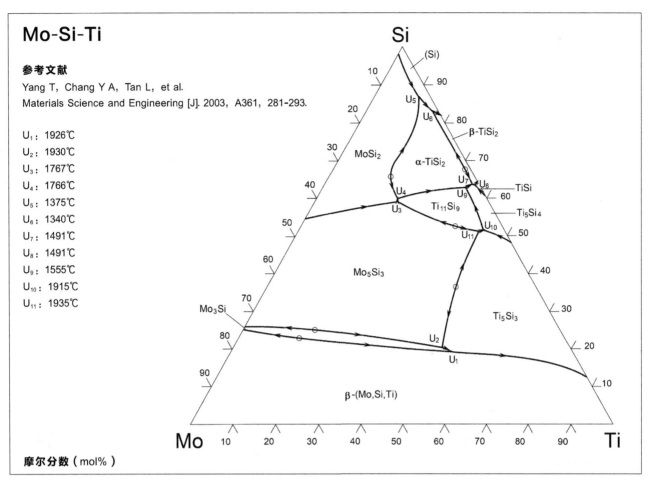

参考文献

Yang T, Chang Y A, Tan L, et al.
Materials Science and Engineering [J]. 2003, A361, 281-293.

U₁: 1926℃
U₂: 1930℃
U₃: 1767℃
U₄: 1766℃
U₅: 1375℃
U₆: 1340℃
U₇: 1491℃
U₈: 1491℃
U₉: 1555℃
U₁₀: 1915℃
U₁₁: 1935℃

摩尔分数（mol%）

Mo-Ti-V

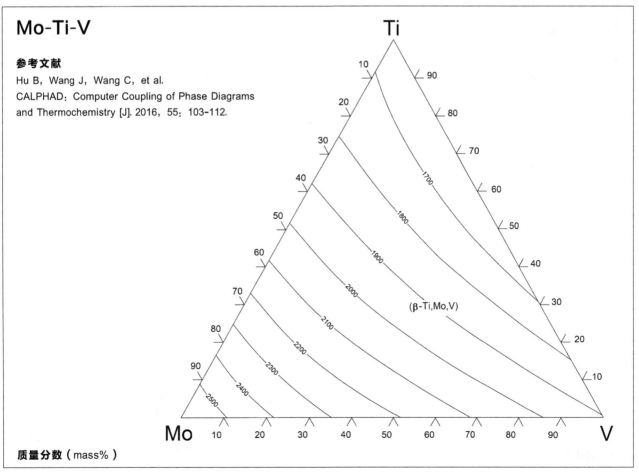

参考文献

Hu B, Wang J, Wang C, et al.
CALPHAD: Computer Coupling of Phase Diagrams
and Thermochemistry [J]. 2016, 55: 103-112.

质量分数（mass%）

Mo-Ti-W

参考文献

Hu B, Qiu C, Cui S, et al.
Journal of Chemical Thermodynamics [J].
2019, 131：25-32.

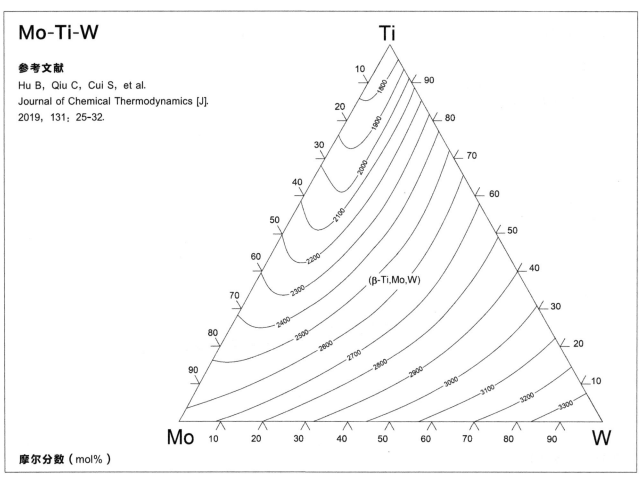

Mo-Ti-Zr

参考文献

Zhang H, Zhou, Du Y, et al
CALPHAD：Computer Coupling of Phase Diagrams
and Thermochemistry [J]. 2020, 70：101799.

U：1556℃
c：1667℃

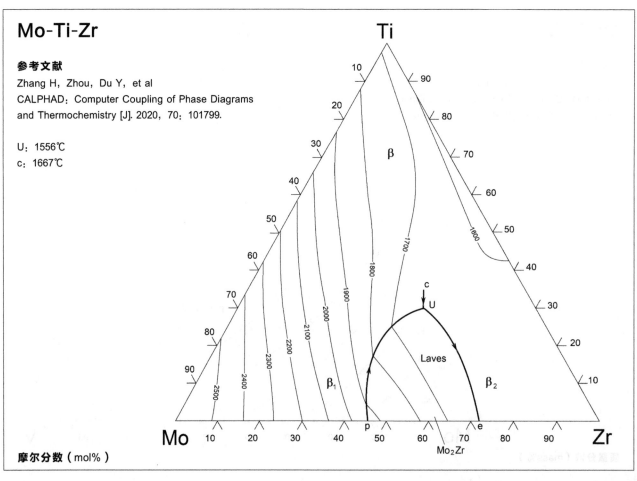

Na-S-Sb

参考文献

Лазарев В Б, Салов А В, Берул С И.
Журн. Неорг. Хим. [J]. 1979, 24: 313-323.

I_1, I_2: 560℃   ★: Na_3S_3Sb, 600℃

I_1', I_2': 520℃   △: ? $Na_6S_9Sb_4$

I_1'', I_2'': 710℃   #: Na_3S_4Sb, 604℃

I_1''', I_2''': 630℃   ✳: NaS_2Sb, 738℃

L_1''', L_2'': 620℃

E_1: ~360℃

E_2: ~340℃

E_3: 380℃

E_4: 460℃

E_{13}: 510℃

U_1: 400℃

U_2: 540℃

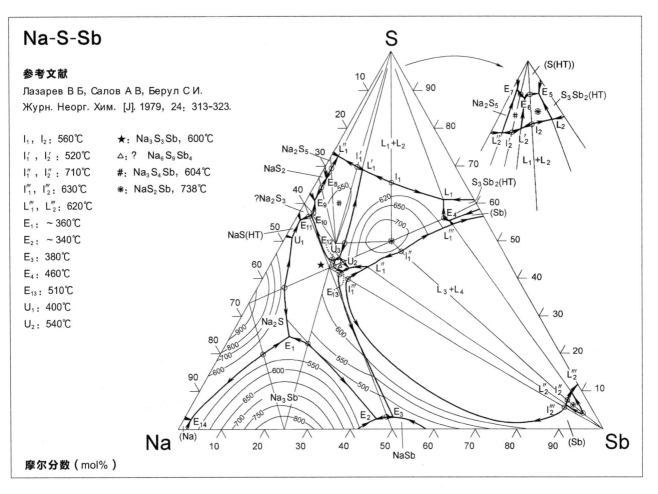

摩尔分数（mol%）

Na-Sb-Se

参考文献

Лазарев В Б, Салов А В, Шаплудин И С.
Журн. Неорг. Хим. [J]. 1977, 22: 246-249.

✳: $NaSbSe_2$: 740℃

L_1, L_2: 595℃

I_1, I_2: 720℃

e_2: 610℃

e_3: 545℃

e_4: 530℃

E_1: 500℃

E_3: 390℃

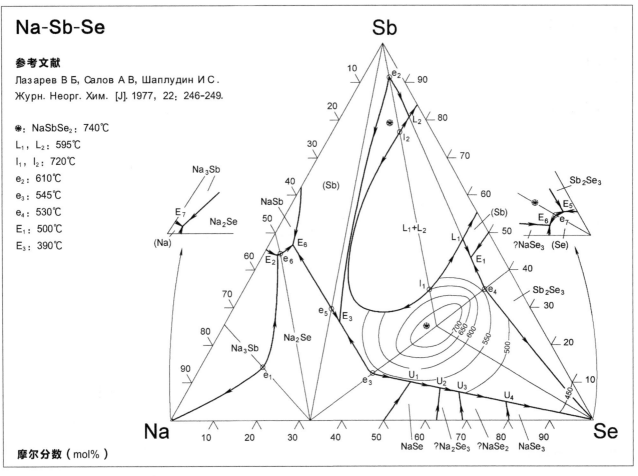

摩尔分数（mol%）

Na-Sb-Te

参考文献

Лазарев В Б, Ковба Л М, Мошчалкова Н А.
Журн. Неорг. Хим. [J]. 1978, 23: 1381-1387.

❋: NaSbTe₂: 637℃

I₁, I₂: 605℃

L₁, L₂: 545℃

E₁: 465℃   e₁: 575℃

E₂: 395℃   e₂: 480℃

E₅: 300℃   e₃: 550℃

E₇: 390℃   e₄: 605℃

U₁: 540℃   e₇: 410℃

U₂: 540℃   e₈: 415℃

U₃: 530℃   e₉: 520℃

U₄: 320℃

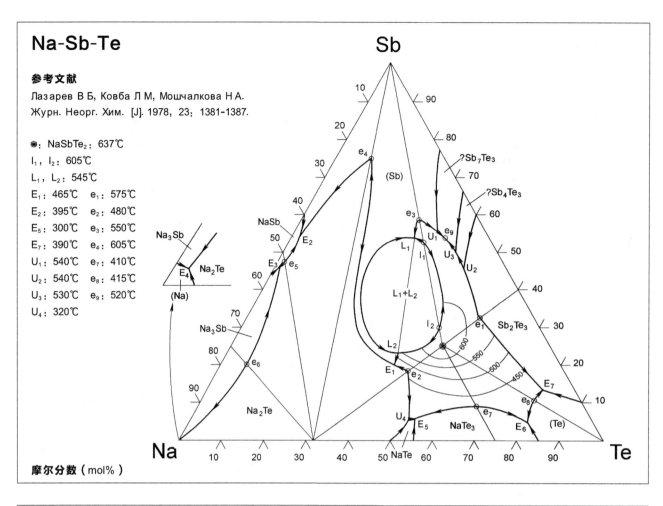

摩尔分数（mol%）

Nb-Ni-P

参考文献

Lee M H, Yi S, Kim D H.
Materials Transactions（The Japan
Institute of Metals）[J].
2000, 41: 1232-1236.

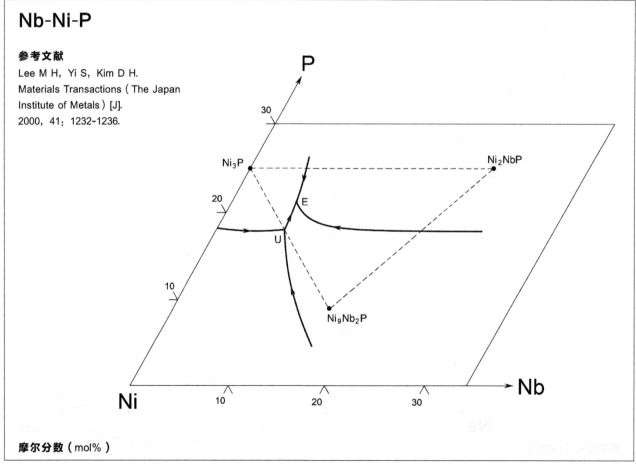

摩尔分数（mol%）

Nb-Ni-Ti（1）

参考文献

Matsumoto S, Tokunaga T, Ohtani H, et al.
Materials Transactions（The Japan Institute of Metals）[J].
2005, 46: 2920-2930.

E₁: 629℃   U₃: 861℃
E₂: 791℃   U₄: 771℃
E₃: 752℃   U₅: 803℃
E₄: 754℃   U₆: 820℃
E₅: 969℃   U₇: 1037℃
E₆: 1008℃   U₈: 969℃
U₁: 641℃   P: 1022℃
U₂: 659℃

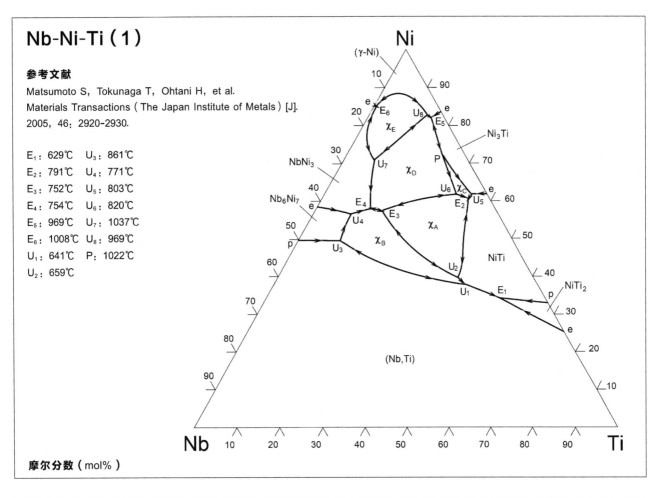

摩尔分数（mol%）

Nb-Ni-Ti（2）

参考文献

Santhy K, Kumar K H.
Journal of Alloys and Compounds [J]. 2015, 619: 733-747.

U₁: 1472℃   U₈: 1184℃
P₁: 1432℃   E₂: 1149℃
U₃: 1406℃   U₉: 1140℃
U₄: 1322℃   E₃: 1139℃
E₁: 1316℃   E₄: 1134℃
U₅: 1314℃   U₁₀: 1094℃
U₆: 1251℃   E₅: 940℃
U₇: 1222℃

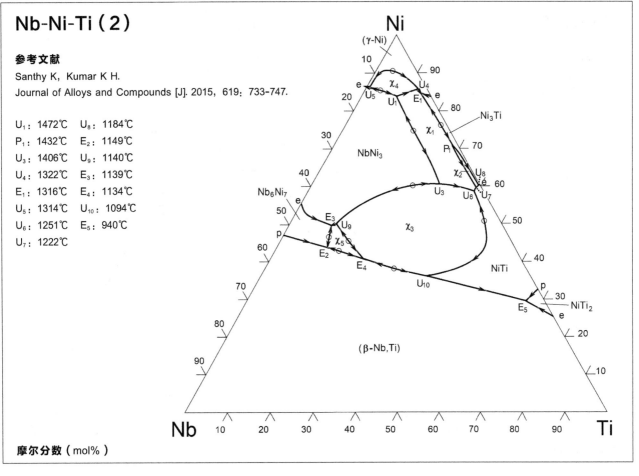

摩尔分数（mol%）

Nb-Ni-V

参考文献

Еременко В Н, Прима С Б, Третяченко Л А.
Изв. Аакд. Наук, СССР, Металлы [J]. 1990 (6): 184-194.

p₁: 1370℃, 47.5% Nb, 28.5% Ni
e₂: 1220℃, 28.0% Nb, 62.0% Ni
P: 1345℃, 31.5% Nb, 28.0% Ni
U₁: 1270℃, 18.5% Nb, 29.5% Ni
U₂: 1180℃, 39.0% Nb, 59.0% Ni
U₃: 1105℃, 9.5% Nb, 56.5% Ni
E: 1100℃, 8.5% Nb, 52.0% Ni
p₂: 1290℃
e₁: 1282℃
p₃: 1280℃
e₃: 1202℃
e₄: 1175℃

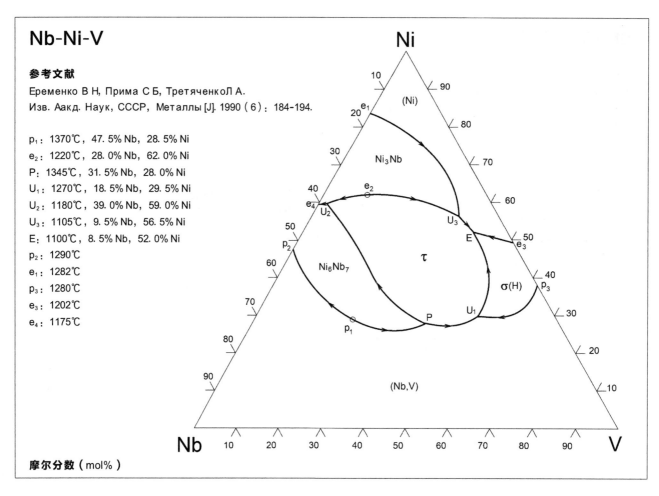

摩尔分数（mol%）

Nb-Ni-Y

参考文献

Mattern N, Zinkevich M, Löser W, et al.
JPEDAV [J]. 2008, 29: 141-155.

M₁, M₁′: 1262℃
U₁: 1247℃
U₂: 1234℃
U₃: 1204℃
U₄: 1162℃
U₅: 1058℃
U₆: 1026℃
U₇: 1021℃
E₁: 1227℃
E₂: 936℃
D₁: 902℃
D₂: 805℃
D₃: 820℃

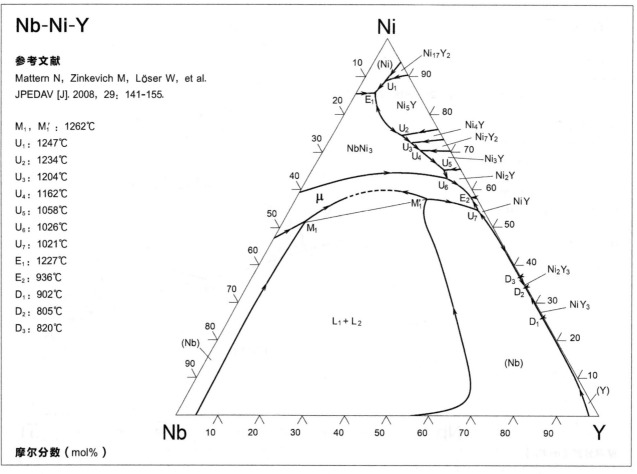

摩尔分数（mol%）

Nb-Ni-Zr

参考文献

Tokunaga T, Matsumoto S, Ohtani H, et al. Materials Transactions（The Japan Institute of Metals） [J]. 2007, 48: 2263-2271.

E_1: 1059℃, 52.8% Ni, 31.1% Zr

E_2: 1074℃, 58.9% Ni, 25.6% Zr

E_3: 1050℃, 63.8% Ni, 32.1% Zr

E_4: 1236℃, 85.4% Ni, 7.5% Zr

E_5: 1030℃, 37.6% Ni, 58.7% Zr

U_1: 1059℃, 52.6% Ni, 31.2% Zr

U_2: 1148℃, 67.4% Ni, 29.1% Zr

U_3: 1244℃, 84.8% Ni, 8.5% Zr

U_4: 1063℃, 52.5% Ni, 31.9% Zr

易形成玻璃态的区域

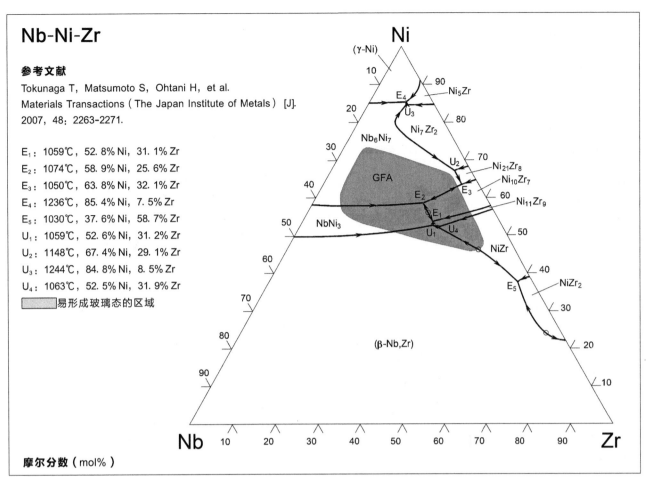

摩尔分数（mol%）

Nb-Re-Ta

参考文献

Тыркина М А, Сабицкий Е М, Алюшин В Е. Изв. Акад. Наук, СССР, Металлы [J]. 1973（4）: 159-162.

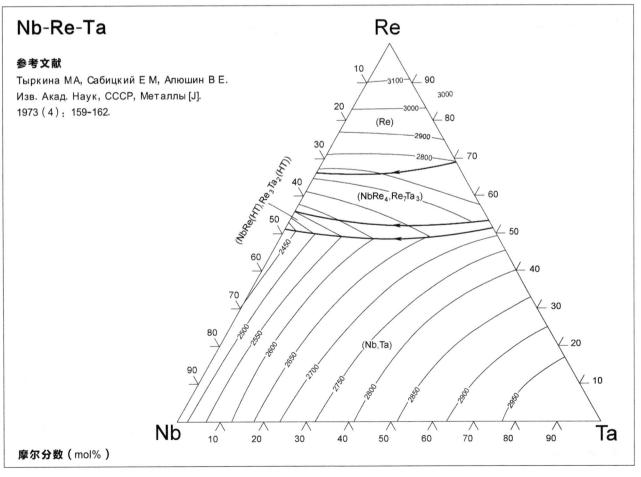

摩尔分数（mol%）

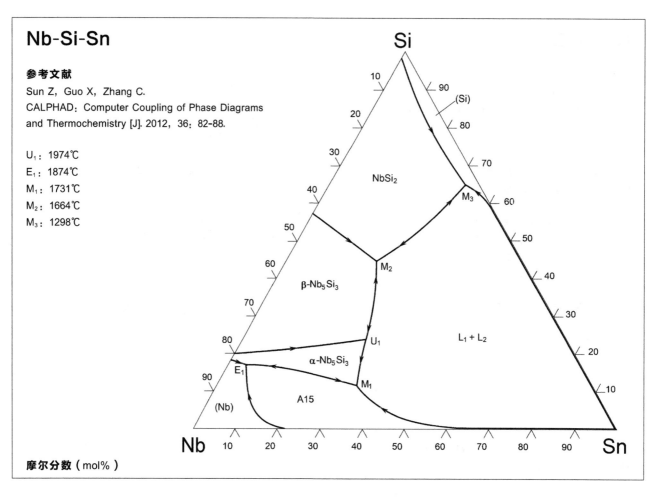

Nb-Si-Sn

参考文献

Sun Z, Guo X, Zhang C.
CALPHAD: Computer Coupling of Phase Diagrams
and Thermochemistry [J]. 2012, 36: 82-88.

U_1: 1974℃
E_1: 1874℃
M_1: 1731℃
M_2: 1664℃
M_3: 1298℃

摩尔分数（mol%）

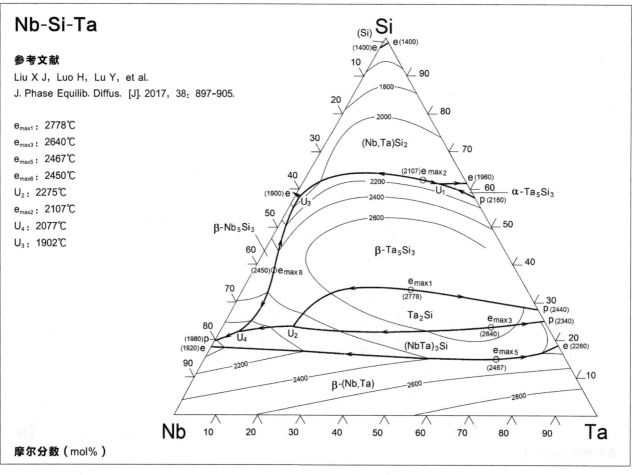

Nb-Si-Ta

参考文献

Liu X J, Luo H, Lu Y, et al.
J. Phase Equilib. Diffus. [J]. 2017, 38: 897-905.

e_{max1}: 2778℃
e_{max3}: 2640℃
e_{max5}: 2467℃
e_{max6}: 2450℃
U_2: 2275℃
e_{max2}: 2107℃
U_4: 2077℃
U_3: 1902℃

摩尔分数（mol%）

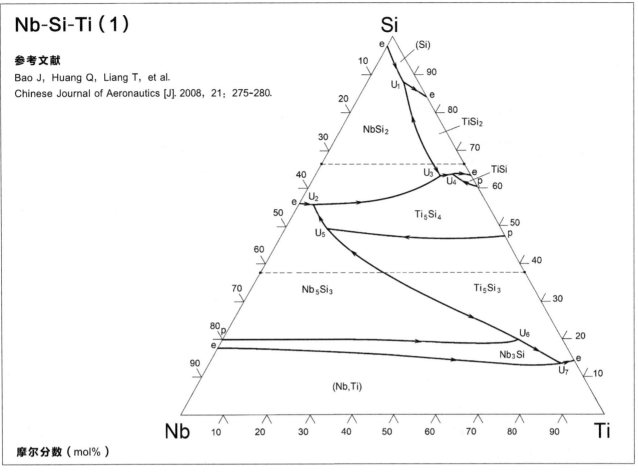

Nb-Si-Ti (1)

参考文献

Bao J, Huang Q, Liang T, et al.
Chinese Journal of Aeronautics [J]. 2008, 21：275-280.

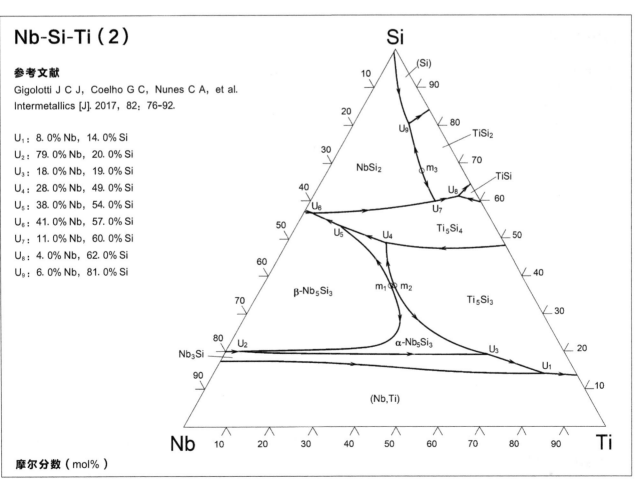

Nb-Si-Ti (2)

参考文献

Gigolotti J C J, Coelho G C, Nunes C A, et al.
Intermetallics [J]. 2017, 82：76-92.

U_1：8.0% Nb, 14.0% Si
U_2：79.0% Nb, 20.0% Si
U_3：18.0% Nb, 19.0% Si
U_4：28.0% Nb, 49.0% Si
U_5：38.0% Nb, 54.0% Si
U_6：41.0% Nb, 57.0% Si
U_7：11.0% Nb, 60.0% Si
U_8：4.0% Nb, 62.0% Si
U_9：6.0% Nb, 81.0% Si

摩尔分数（mol%）

Nb-Si-W

参考文献

Li Y, Li C, Du Z, et al.
CALPHAD: Computer Coupling of Phase Diagrams
and Thermochemistry [J]. 2013, 43: 112-123.

max$_2$: 1798℃, 15.7% Nb, 66.5% Si
max$_1$: 2295℃, 44.4% Nb, 25.2% Si
E$_1$: 1753℃, 17.0% Nb, 58.3% Si
E$_2$: 1392℃, 1.5% Nb, 95.5% Si
U$_1$: 1949℃, 79.3% Nb, 19.2% Si

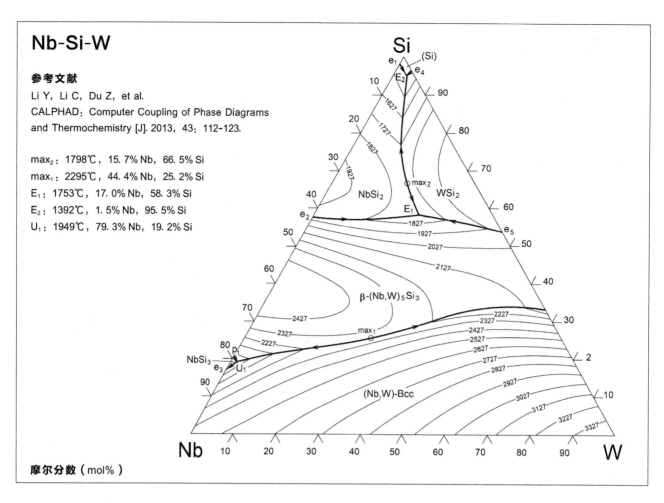

摩尔分数（mol%）

Nb-Ti-W

参考文献

Hu B, Qiu C, Cui S, et al.
Journal of Chemical Thermodynamics [J].
2019, 131: 25-32.

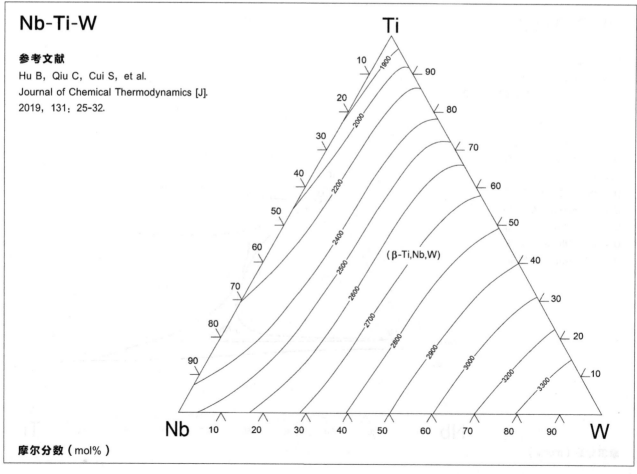

摩尔分数（mol%）

Ni-Pb-Sb

参考文献

Minić D, Manasijević D, Ćosović V, et al.
CALPHAD: Computer Coupling of Phase Diagrams
and Thermochemistry [J]. 2011, 35: 308-313.

M_1, M_1': 1079℃
M_2, M_2': 1060℃
E: 252℃

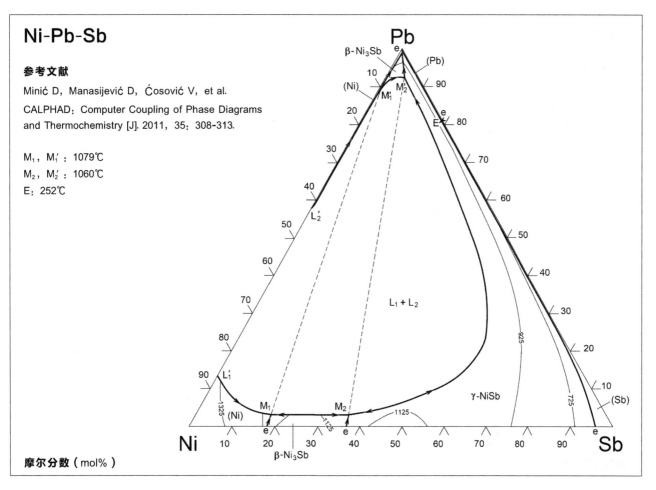

Ni-Pb-Te

参考文献

Абилов С И, Искендер-заде З А.
Изв. Акад. Наук, СССР, Неорг. Материалы [J].
1989, 25: 213-215.

I_1, I_2: ~717℃
e_1: 782℃
e_2: 652℃
e_3: 312℃
E_1: 627℃
E_2: 402℃
E_3: 307℃
E_4: 302℃
U_1: 677℃
U_2: 642℃
U_3: 577℃

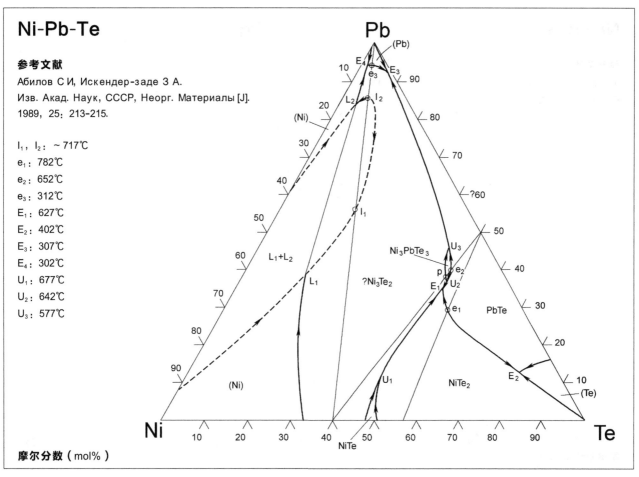

摩尔分数（mol%）

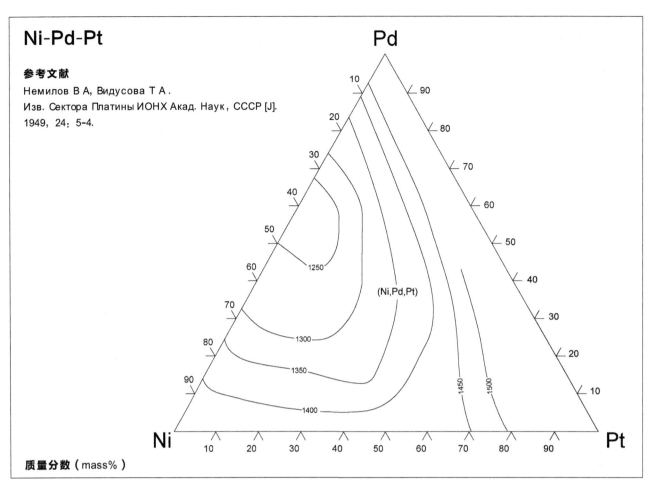

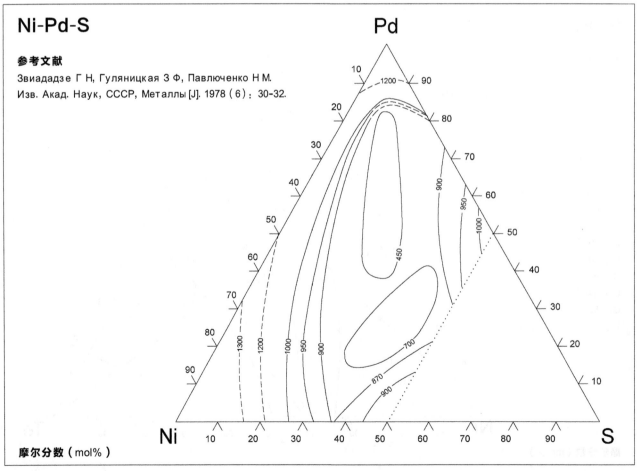

Ni-Pd-Sn

参考文献

Jandl I, Ipser H, Richter K W.
Journal of Alloys and Compounds [J]. 2015, 649: 297-306.

max$_1$: > 1144℃, 30% Ni, 46% Pd
E$_1$: ～1144℃, 17% Ni, 57% Pd
E$_2$: 1100℃, 60% Ni, 19% Pd
U$_2$: 804℃, 3% Ni, 38% Pd
U$_3$: 773℃, 10% Ni, 12% Pd
P$_1$: 618℃, 1% Ni, 26% Pd

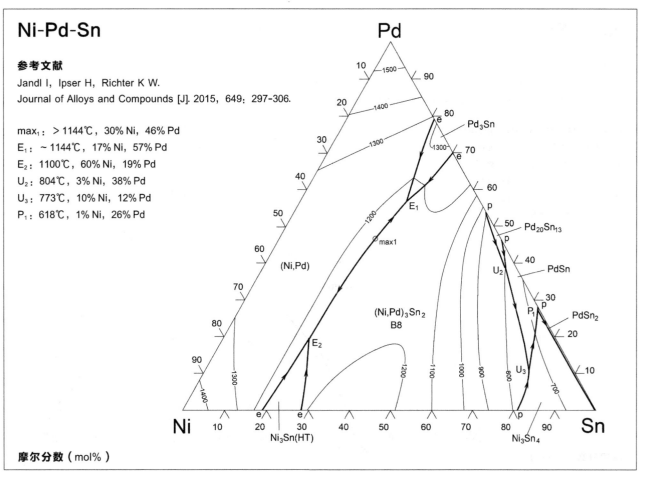

摩尔分数（mol%）

Ni-Pt-S

参考文献

Гуляницкая З Ф, Павлюченко Н М, Блюхина Л И.
Изв. Акад. Наук, СССР, Неорг. Материалы [J].
1979, 15: 1520-1524.

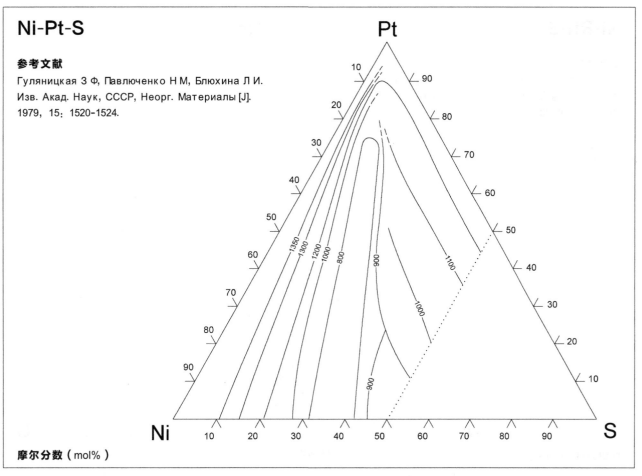

摩尔分数（mol%）

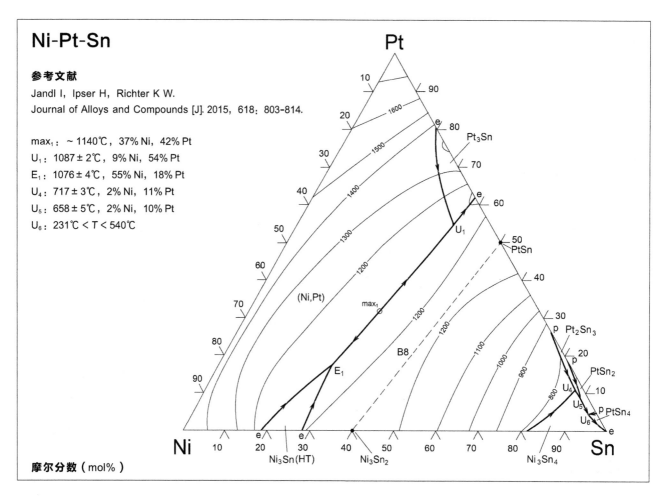

Ni-Pt-Sn

参考文献

Jandl I, Ipser H, Richter K W.
Journal of Alloys and Compounds [J]. 2015, 618: 803-814.

max_1: ~ 1140℃, 37% Ni, 42% Pt
U_1: 1087 ± 2℃, 9% Ni, 54% Pt
E_1: 1076 ± 4℃, 55% Ni, 18% Pt
U_4: 717 ± 3℃, 2% Ni, 11% Pt
U_5: 658 ± 5℃, 2% Ni, 10% Pt
U_6: 231℃ < T < 540℃

摩尔分数（mol%）

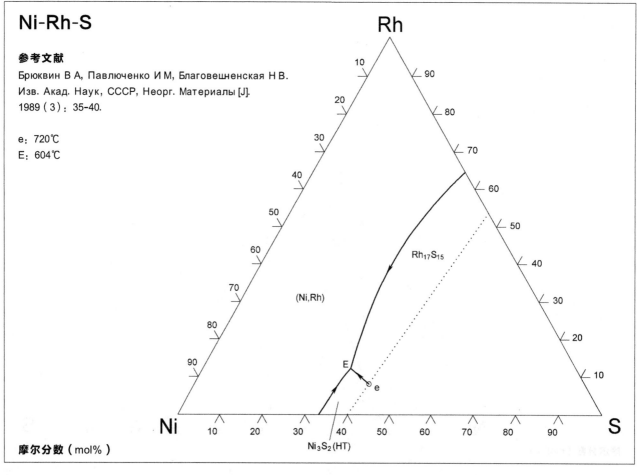

Ni-Rh-S

参考文献

Брюквин В А, Павлюченко И М, Благовешненская Н В.
Изв. Акад. Наук, СССР, Неорг. Материалы [J].
1989（3）: 35-40.

e: 720℃
E: 604℃

摩尔分数（mol%）

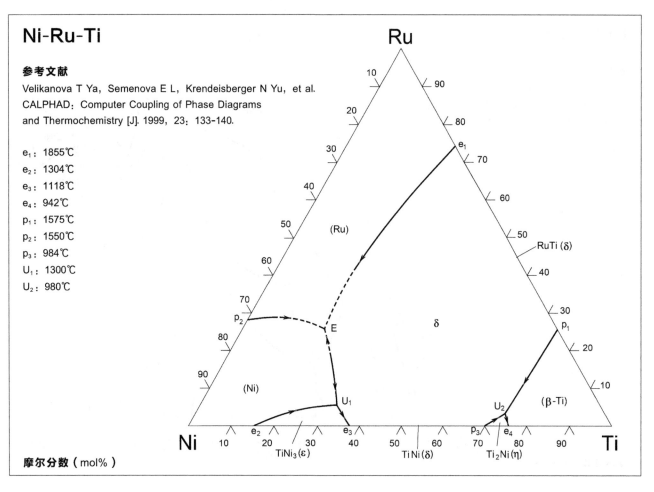

Ni-Ru-Ti

参考文献

Velikanova T Ya, Semenova E L, Krendeisberger N Yu, et al.
CALPHAD: Computer Coupling of Phase Diagrams
and Thermochemistry [J]. 1999, 23: 133-140.

e_1: 1855℃
e_2: 1304℃
e_3: 1118℃
e_4: 942℃
p_1: 1575℃
p_2: 1550℃
p_3: 984℃
U_1: 1300℃
U_2: 980℃

Ru

(Ru)

RuTi (δ)

δ

(Ni)

(β-Ti)

Ni

Ti

$TiNi_3(ε)$ $TiNi(δ)$ $Ti_2Ni(η)$

摩尔分数（mol%）

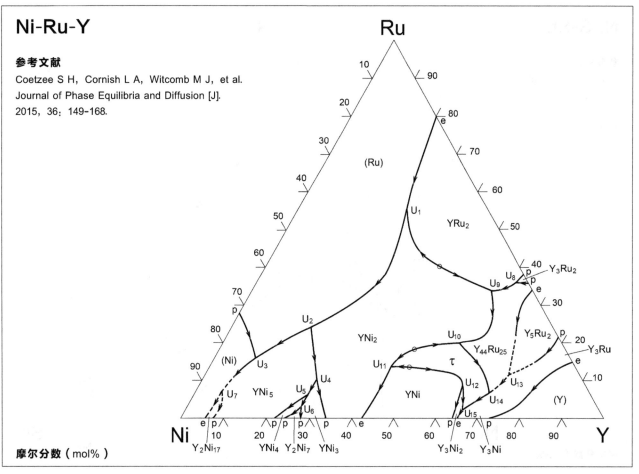

Ni-Ru-Y

参考文献

Coetzee S H, Cornish L A, Witcomb M J, et al.
Journal of Phase Equilibria and Diffusion [J].
2015, 36: 149-168.

Ru

(Ru)

YRu_2

Y_3Ru_2

Y_5Ru_2 Y_3Ru

$Y_{44}Ru_{25}$

τ

YNi_2

YNi

(Ni)

YNi_5

(Y)

Ni

Y

Y_2Ni_{17} YNi_4 Y_2Ni_7 YNi_3 Y_3Ni_2 Y_3Ni

摩尔分数（mol%）

717

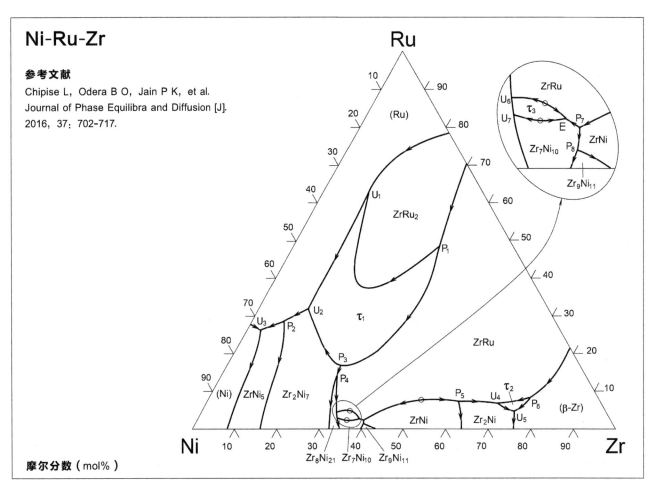

Ni-Ru-Zr

参考文献

Chipise L, Odera B O, Jain P K, et al.
Journal of Phase Equilibra and Diffusion [J].
2016, 37: 702-717.

摩尔分数（mol%）

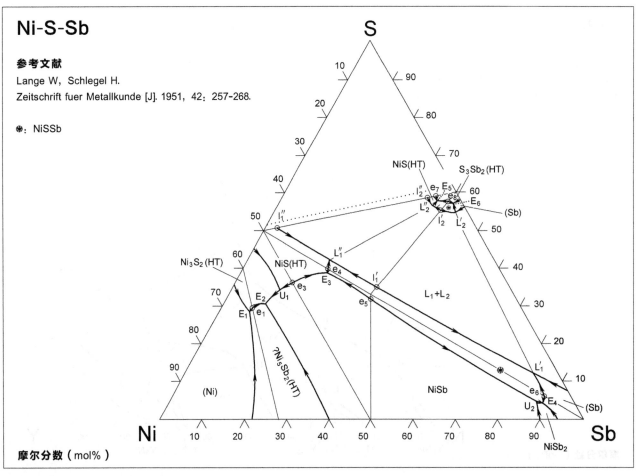

Ni-S-Sb

参考文献

Lange W, Schlegel H.
Zeitschrift fuer Metallkunde [J]. 1951, 42: 257-268.

❈: NiSSb

摩尔分数（mol%）

Ni-Sb-Sn

参考文献

Kroupa A, Mishra R, Rajamohan D, et al.
CALPHAD: Computer Coupling of Phase
Diagrams and Thermochemistry [J].
2014, 45: 151-166.

U_1: 236℃, 0.1% Ni, 2.4% Sb
U_2: 246℃, 0.0% Ni, 8.9% Sb
U_3: 247℃, 0.1% Ni, 3.0% Sb
U_4: 356℃, 1.2% Ni, 11.8% Sb
U_5: 425℃, 1.0% Ni, 50.0% Sb
U_6: 470℃, 1.7% Ni, 57.2% Sb
P_1: 486℃, 2.8% Ni, 50.4% Sb

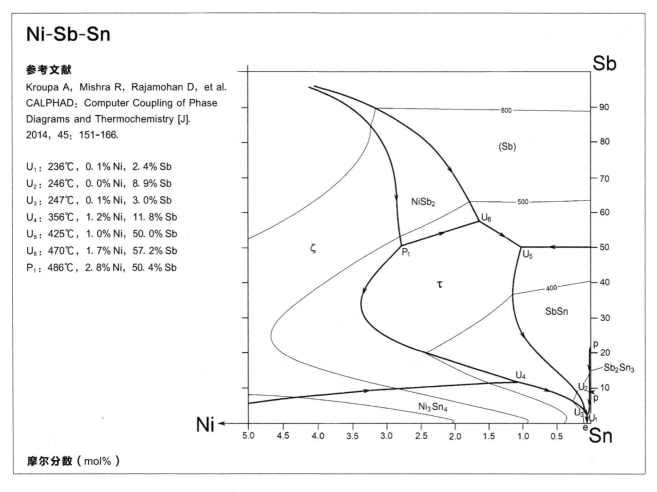

摩尔分数（mol%）

Ni-Sb-Te

参考文献

Ipser H, Terzeiff P.
Monatchefte fuer Chemie [J].
1986, 117: 729-738.

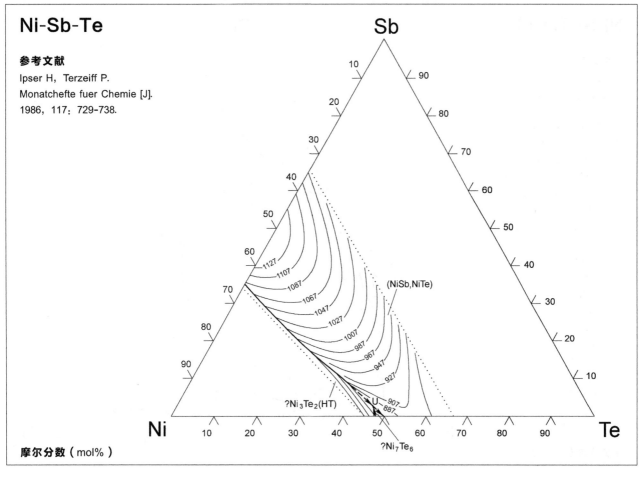

摩尔分数（mol%）

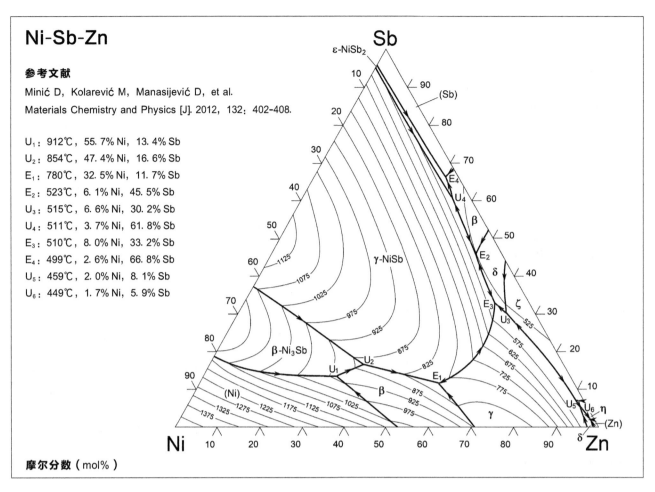

Ni-Sb-Zn

参考文献

Minić D, Kolarević M, Manasijević D, et al.
Materials Chemistry and Physics [J]. 2012, 132：402-408.

U_1：912℃，55.7% Ni，13.4% Sb
U_2：854℃，47.4% Ni，16.6% Sb
E_1：780℃，32.5% Ni，11.7% Sb
E_2：523℃，6.1% Ni，45.5% Sb
U_3：515℃，6.6% Ni，30.2% Sb
U_4：511℃，3.7% Ni，61.8% Sb
E_3：510℃，8.0% Ni，33.2% Sb
E_4：499℃，2.6% Ni，66.8% Sb
U_5：459℃，2.0% Ni，8.1% Sb
U_6：449℃，1.7% Ni，5.9% Sb

摩尔分数（mol%）

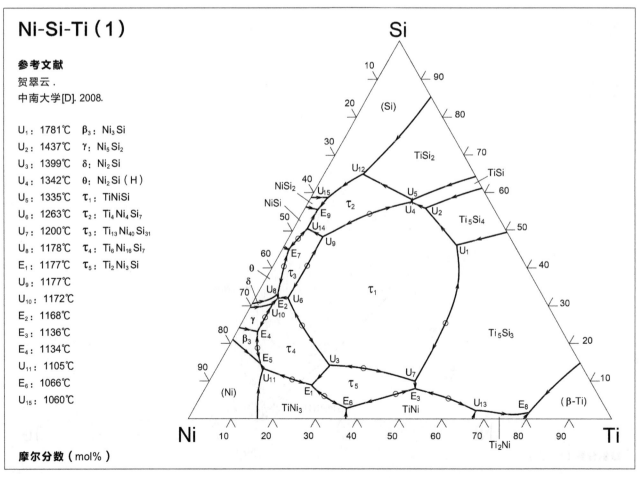

Ni-Si-Ti（1）

参考文献

贺翠云.
中南大学[D]. 2008.

U_1： 1781℃　β_3：Ni_3Si
U_2： 1437℃　γ：Ni_5Si_2
U_3： 1399℃　δ：Ni_2Si
U_4： 1342℃　θ：Ni_2Si（H）
U_5： 1335℃　τ_1：TiNiSi
U_6： 1263℃　τ_2：$Ti_4Ni_4Si_7$
U_7： 1200℃　τ_3：$Ti_{13}Ni_{40}Si_{31}$
U_8： 1178℃　τ_4：$Ti_6Ni_{16}Si_7$
E_1： 1177℃　τ_5：Ti_2Ni_3Si
U_9： 1177℃
U_{10}： 1172℃
E_2： 1168℃
E_3： 1136℃
E_4： 1134℃
U_{11}： 1105℃
E_6： 1066℃
U_{15}： 1060℃

摩尔分数（mol%）

Ni-Si-Ti（2）

参考文献

Hu B, Yuan X, Du Y, et al.

Journal of Alloys and Compounds [J]. 2017, 693: 344-356.

P_1: 1606℃ U_{13}: 1177℃

U_1: 1604℃ U_{14}: 1158℃

U_2: 1577℃ E_3: 918℃

P_2: 1541℃ P_4: 1154℃

P_3: 1512℃ E_4: 1152℃

U_3: 1453℃ E_5: 1068℃

U_4: 1450℃ E_6: 1103℃

U_5: 1385℃ U_{15}: 1034℃

U_6: 1366℃ U_{16}: 977℃

U_7: 1278℃ U_{17}: 956℃

U_8: 1275℃ E_7: 954℃

E_1: 1265℃ U_{18}: 1137℃

U_9: 1221℃ U_{19}: 944℃

U_{10}: 1218℃ E_8: 919℃

E_2: 1206℃

U_{11}: 1199℃

U_{12}: 1195℃

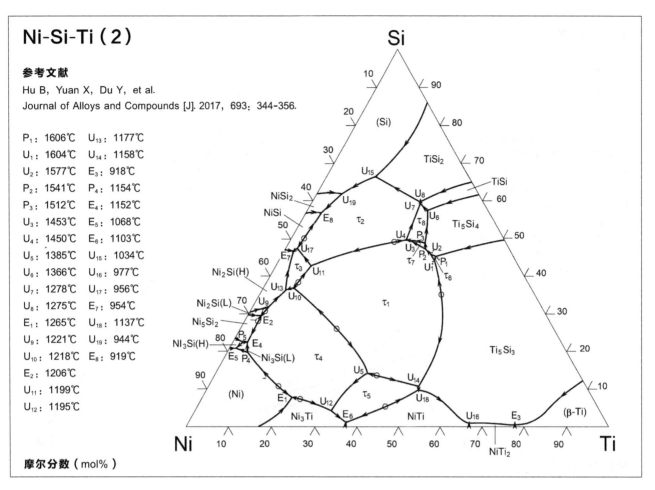

摩尔分数（mol%）

Ni-Si-Zn

参考文献

Tang Y, Wang J, Zhang L.

CALPHAD: Computer Coupling of Phase Diagrams and Thermochemistry [J]. 2019, 66: 101622.

E_1: 1178℃

U_1: 1146℃

E_2: 1139℃

U_2: 1131℃

U_3: 1086℃

U_4: 961℃

P_1: 878℃

M_1, M_1': 849℃

M_2, M_2': 837℃

U_5: 786℃

U_7: 770℃

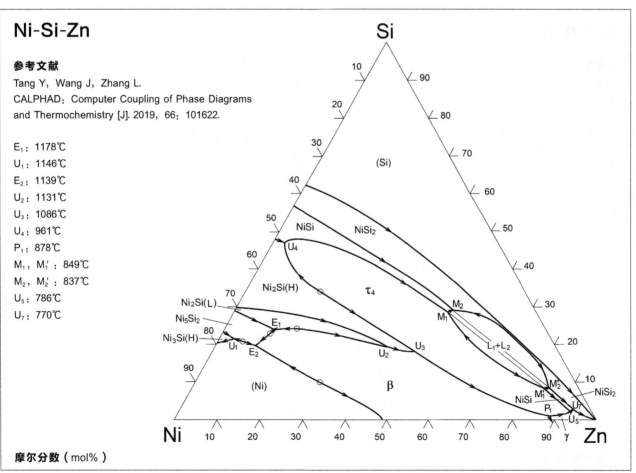

摩尔分数（mol%）

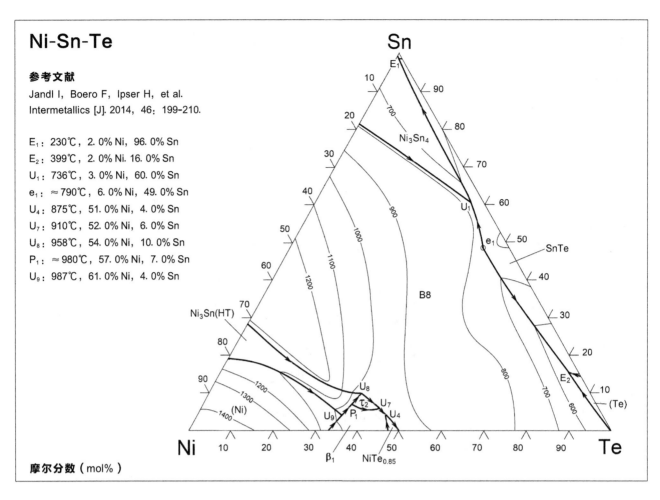

Ni-Sn-Te

参考文献

Jandl I, Boero F, Ipser H, et al.
Intermetallics [J]. 2014, 46: 199-210.

E_1: 230℃, 2.0% Ni, 96.0% Sn
E_2: 399℃, 2.0% Ni. 16.0% Sn
U_1: 736℃, 3.0% Ni, 60.0% Sn
e_1: ≈790℃, 6.0% Ni, 49.0% Sn
U_4: 875℃, 51.0% Ni, 4.0% Sn
U_7: 910℃, 52.0% Ni, 6.0% Sn
U_8: 958℃, 54.0% Ni, 10.0% Sn
P_1: ≈980℃, 57.0% Ni, 7.0% Sn
U_9: 987℃, 61.0% Ni, 4.0% Sn

摩尔分数（mol%）

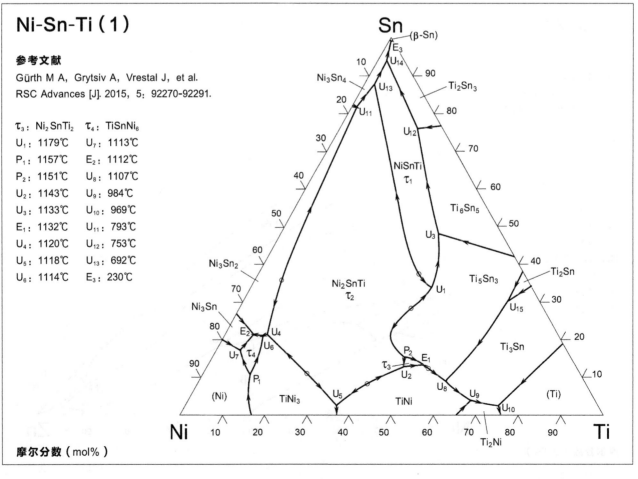

Ni-Sn-Ti（1）

参考文献

Gürth M A, Grytsiv A, Vrestal J, et al.
RSC Advances [J]. 2015, 5: 92270-92291.

τ_3: Ni_2SnTi_2　　τ_4: $TiSnNi_6$
U_1: 1179℃　　U_7: 1113℃
P_1: 1157℃　　E_2: 1112℃
P_2: 1151℃　　U_8: 1107℃
U_2: 1143℃　　U_9: 984℃
U_3: 1133℃　　U_{10}: 969℃
E_1: 1132℃　　U_{11}: 793℃
U_4: 1120℃　　U_{12}: 753℃
U_5: 1118℃　　U_{13}: 692℃
U_6: 1114℃　　E_3: 230℃

摩尔分数（mol%）

Ni-Sn-Ti（2）

参考文献

Berche A, Tédenac J C, Fartushna J, et al.
CALPHAD: Computer Coupling of Phase Diagrams
and Thermochemistry [J]. 2016, 54: 67-75.

U₁: 1546℃　　U₅: 1110℃
U₂: 1294℃　　U₆: 947℃
E₁: 1215℃　　E₃: 922℃
P₁: 1184℃　　U₇: 896℃
U₃: 1183℃　　U₈: 756℃
E₂: 1164℃　　E₄: 342℃
U₄: 1135℃

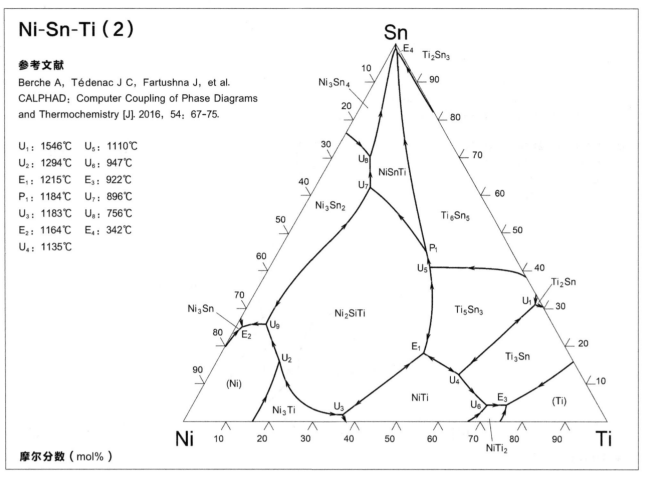

摩尔分数（mol%）

Ni-Sn-Zr

参考文献

Sauerschnig P, Grytsiv A, Vrestal J, et al.
Journal of Alloys and Compounds [J].
2018, 742: 1058-1082.

U₁: 1034℃　　U₁₂: 1144℃
U₂: 1025℃　　P₁: 1144℃
E₁: 1009℃　　P₂: 1124℃
U₃: 978℃　　U₁₃: 1106℃
U₄: 797℃　　U₁₄: 1100℃
U₅: 547℃　　E₂: 1080℃
U₆: 1404℃　　E₃: 1062℃
U₇: 1385℃　　E₄: 1061℃
U₈: 1252℃　　τ₁: ZrNiSn
U₉: 1178℃　　τ₂: ZrNi₂Sn
U₁₀: 1174℃　　τ₃: Zr₂Ni₂Sn
U₁₁: 1153℃　　τ₄: Zr₆NiSn₂

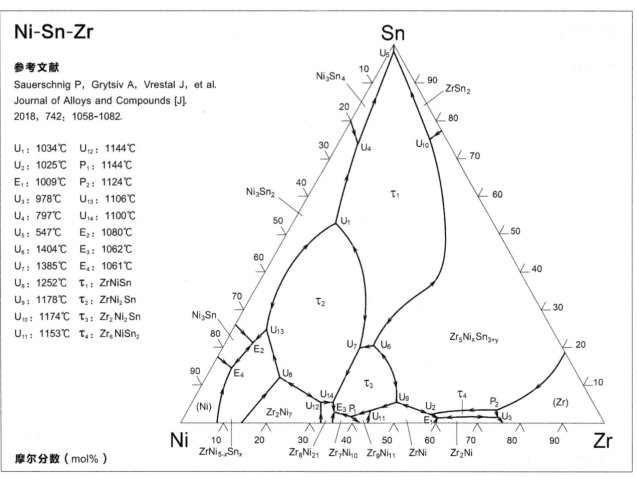

摩尔分数（mol%）

Ni-Ti-V

参考文献

Zou L, Guo C, Li C, et al.
CALPHAD：Computer Coupling of Phase Diagrams
and Thermochemistry [J]. 2019, 64：97-114.

U_1：1114℃，40. 2% Ni，27. 3% Ti
U_2：1103℃，55. 7% Ni，12. 5% Ti
E：1037℃，52. 3% Ni，25. 2% Ti
U_3：971℃，29. 9% Ni，65. 1% Ti

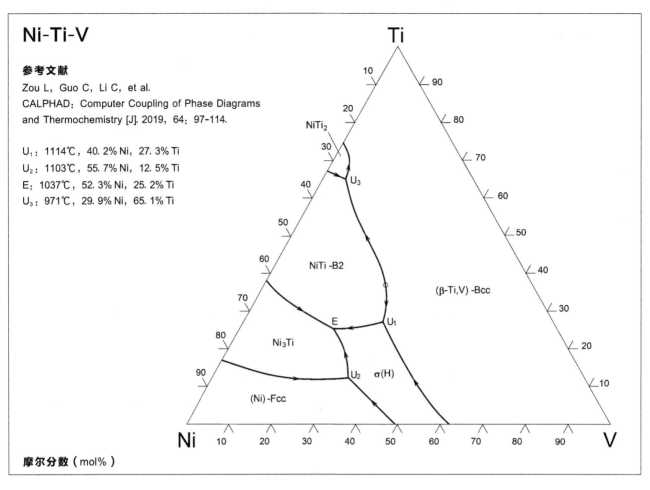

摩尔分数（mol%）

Ni-Ti-W

参考文献

Du Z, Hu D, Guo C, et al.
CALPHAD：Computer Coupling of Phase Diagrams
and Thermochemistry [J]. 2020, 71：102194.

U_1：1366℃，75. 7% Ni，17. 7 Ti%
E_1：1122℃，60. 6% Ni，38. 0 Ti%
U_2：990℃，33. 0% Ni，66. 3 Ti%
U_3：966℃，26. 6% Ni，72. 9 Ti%

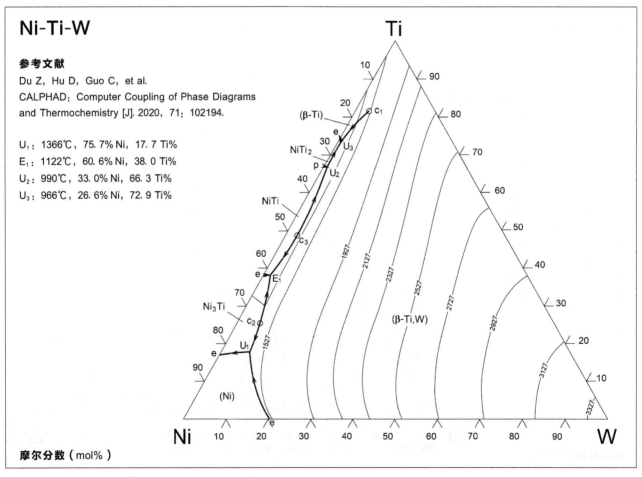

摩尔分数（mol%）

Ni-Ti-Zr（1）

参考文献

Еременко В Н, Семенова Е Л, Третяченко Л А.
Докл. Акад. Наук, СССР, Металлы [J]. 1991（6）: 191-196.

max: 925℃, 39% Ni, 38% Ti
U₁: 880℃, 33% Ni, 53% Ti
U₂: 880℃, 36% Ni, 23% Ti
U₃: 830℃, 33% Ni, 22% Ti
U₄: 810℃, 23% Ni, 57% Ti
E: 770℃, 26% Ni, 27% Ti

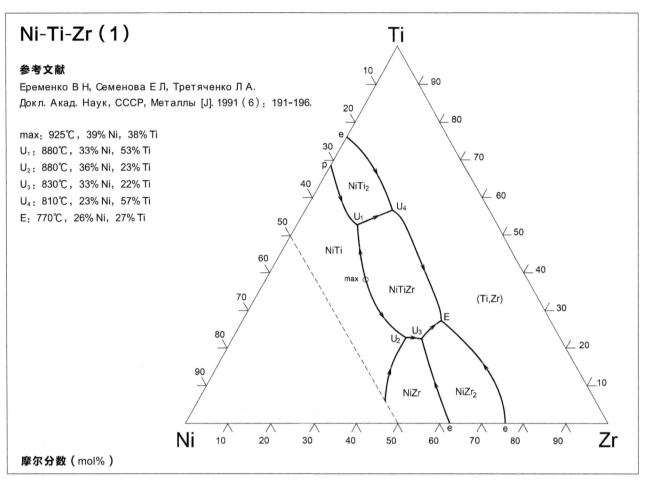

摩尔分数（mol%）

Ni-Ti-Zr（2）

参考文献

Tokunaga T, Matsumoto S, Ohtani H, et al.
Materials Transactions（The Japan Institute of Metals）[J].
2007, 48: 89-96.

E₁: 1062℃, 9.4% Ti, 7.7% Zr
E₂: 700℃, 18.9% Ti, 20.1% Zr
E₃: 812℃, 20.1% Ti, 27.4% Zr
E₄: 782℃, 26.1% Ti, 29.0% Zr
E₅: 827℃, 18.5% Ti, 45.1% Zr
E₆: 825℃, 21.8% Ti, 53.0% Zr
E₇: 825℃, 40.2% Ti, 20.6% Zr
U₁: 1066℃, 9.6% Ti, 8.1% Zr
U₄: 845℃, 15.8% Ti, 19.2% Zr
U₅: 713℃, 18.0% Ti, 20.4% Zr
U₆: 861℃, 50.3% Ti, 17.5% Zr
U₇: 994℃, 11.4% Ti, 33.9% Zr

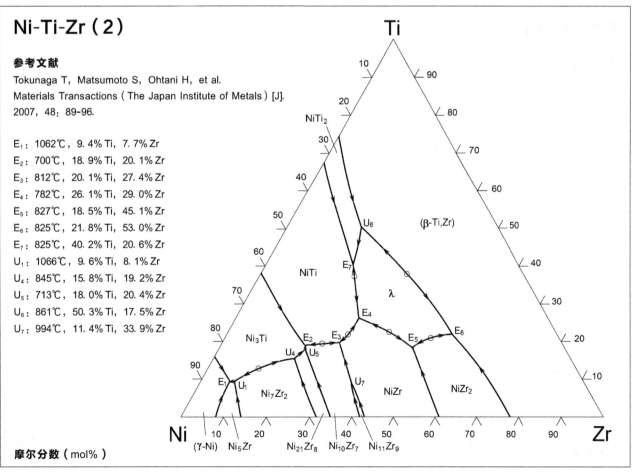

摩尔分数（mol%）

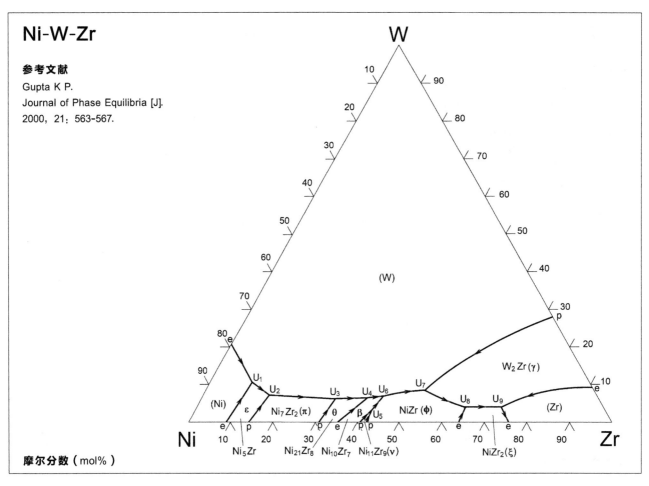

Ni-W-Zr

参考文献

Gupta K P.

Journal of Phase Equilibria [J].

2000, 21: 563-567.

摩尔分数（mol%）

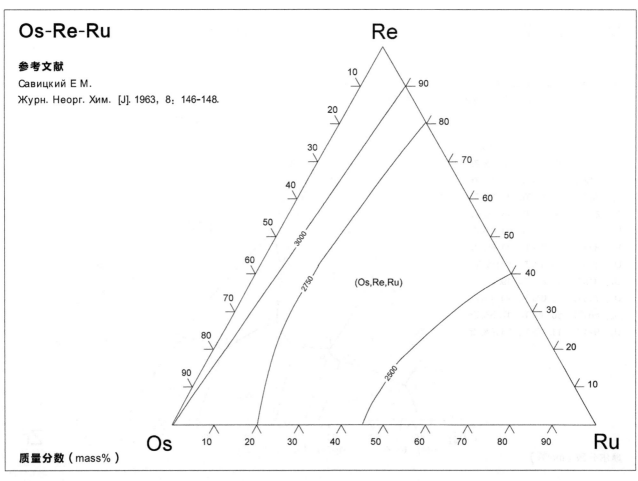

Os-Re-Ru

参考文献

Савицкий Е М.

Журн. Неорг. Хим. [J]. 1963, 8: 146-148.

质量分数（mass%）

P-Si-Zn

参考文献

Schneider M, Krumnacker M, John M. Neuchuette [J]. 1974, 19: 30-32.

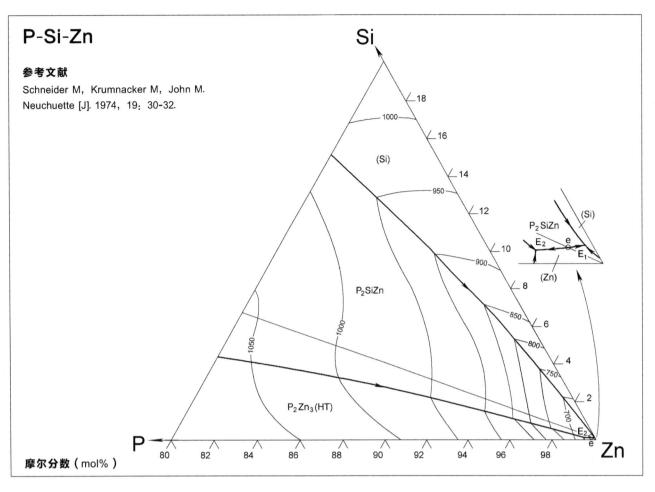

摩尔分数（mol%）

Pb-S-Sb

参考文献

Бахтиярлы И Б, Аждарова Д С, Мамедов Ш Г, и др. Журн. Неорг. Хим. [J]. 2013, 58（6）: 728-733.

τ_1: $Pb_5Sb_4S_{11}$ τ_2: $PbSb_2S_4$

E_4: 497℃, 21.0% Pb, 34.0% S

E_5: 407℃, 15.0% Pb, 45.0% S

E_6: 327℃, 7.5% Pb, 51.5% S

E_7: 227℃, 81.3% Pb, 2.0% S

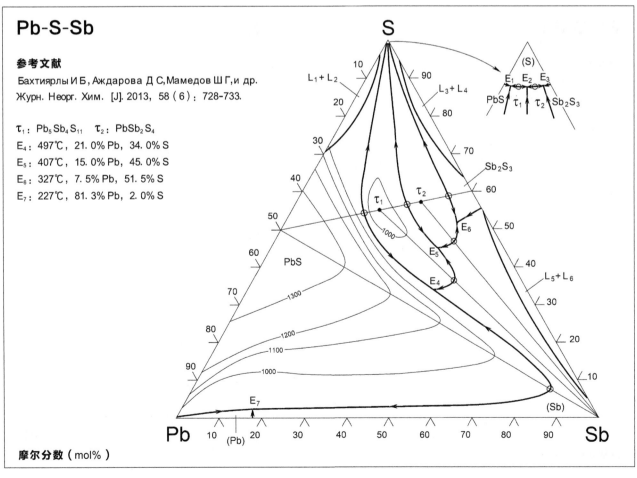

摩尔分数（mol%）

Pb-S-Se

参考文献

Новоселова А В, Зломанов В П, Гасков А М, и др.

Журн. Неорг. Хим. [J]. 1986, 31：1701-1708.

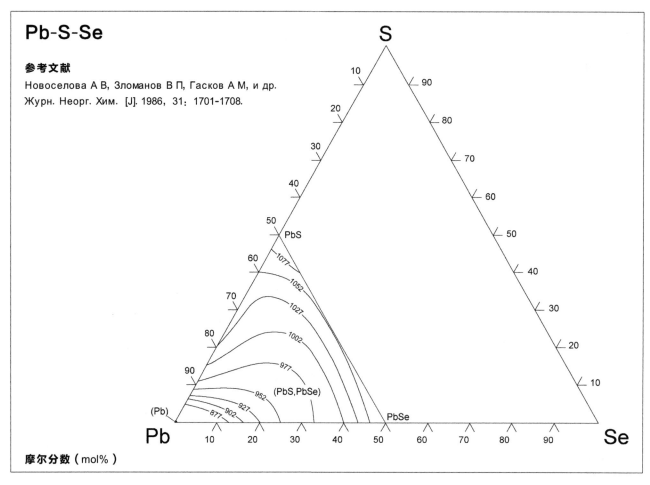

Pb-S-Sn

参考文献

Vogel R, Zastera A.

Zeitschrift fuer Metallkunde [J]. 1950, 41：14-19.

L_1：860℃，63.1% Pb，11.8% S

L_2：860℃，27.9% Pb，45.9% S

c：1060℃，55.5% Pb，41.2% S

p：890℃，23.3% Pb，50.0% S

E：183℃

U：327℃

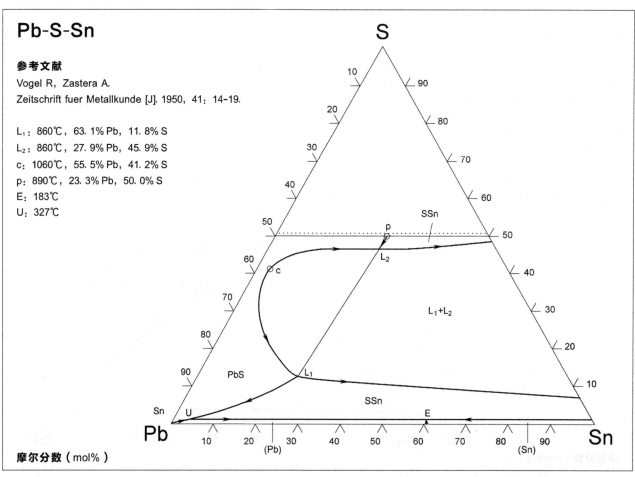

摩尔分数（mol%）

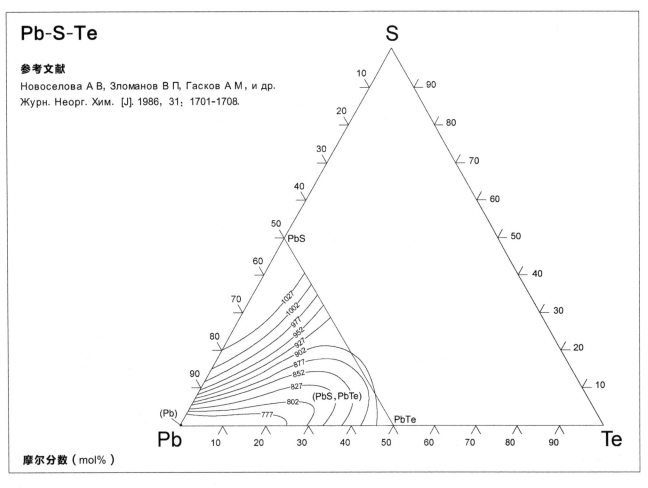

Pb-S-Te

参考文献

Новоселова А В, Зломанов В П, Гаськов А М, и др.

Журн. Неорг. Хим. [J]. 1986, 31: 1701-1708.

摩尔分数（mol%）

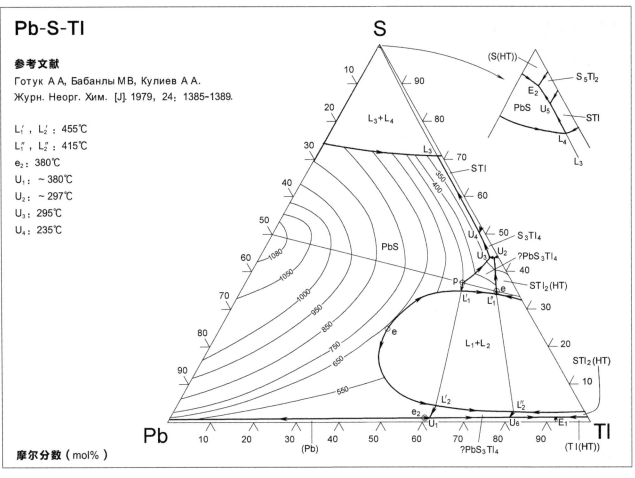

Pb-S-Tl

参考文献

Готук А А, Бабанлы М В, Кулиев А А.

Журн. Неорг. Хим. [J]. 1979, 24: 1385-1389.

L_1', L_2': 455℃

L_1'', L_2'': 415℃

e_2: 380℃

U_1: ~380℃

U_2: ~297℃

U_3: 295℃

U_4: 235℃

摩尔分数（mol%）

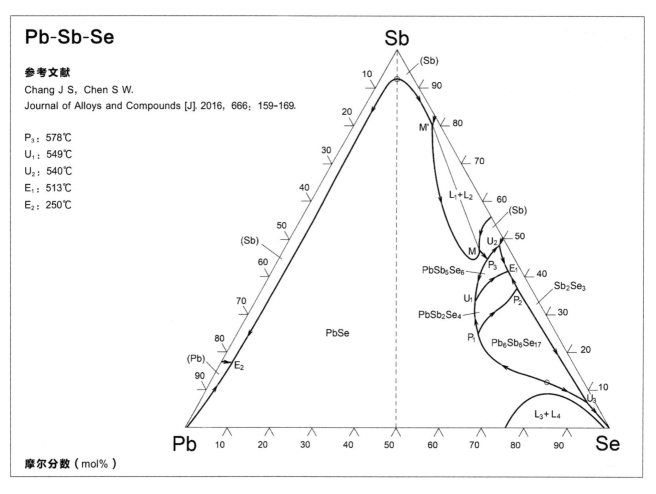

Pb-Sb-Se

参考文献

Chang J S, Chen S W.
Journal of Alloys and Compounds [J]. 2016, 666: 159-169.

P_3: 578℃
U_1: 549℃
U_2: 540℃
E_1: 513℃
E_2: 250℃

Sb
(Sb)
M'
L_1+L_2
(Sb)
U_2
M
P_3
E_1
PbSb$_5$Se$_6$
U_1
Sb$_2$Se$_3$
PbSb$_2$Se$_4$
P_2
P_1
Pb$_6$Sb$_6$Se$_{17}$
PbSe
(Sb)
(Pb)
E_2
U_3
L_3+L_4
Pb
Se

摩尔分数（mol%）

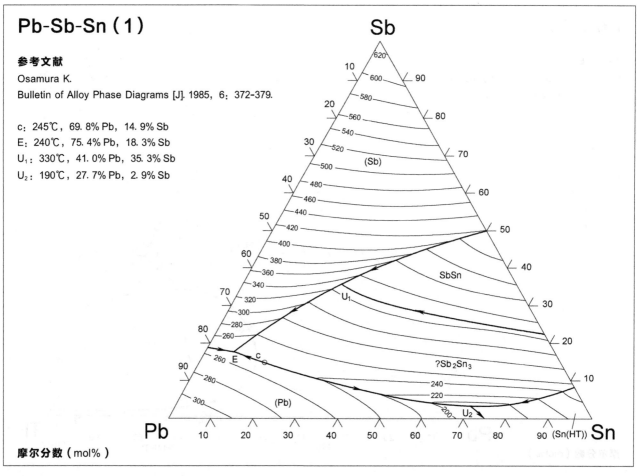

Pb-Sb-Sn（1）

参考文献

Osamura K.
Bulletin of Alloy Phase Diagrams [J]. 1985, 6: 372-379.

c: 245℃, 69.8% Pb, 14.9% Sb
E: 240℃, 75.4% Pb, 18.3% Sb
U_1: 330℃, 41.0% Pb, 35.3% Sb
U_2: 190℃, 27.7% Pb, 2.9% Sb

Sb
(Sb)
SbSn
U_1
?Sb$_2$Sn$_3$
E
c
U_2
(Pb)
Pb
(Sn(HT))
Sn

摩尔分数（mol%）

Pb-Sb-Sn（2）

参考文献

Ohtani H, Okuda K, Ishida K.
Journal of Phase Equilibria [J].
1995, 16：416-429.

E_1：237℃，84.3w-% Pb，3.8w-% Sn
E_2：179℃，39.6w-% Pb，56.3w-% Sn
U_1：243℃，2.2w-% Pb，90.0w-% Sn

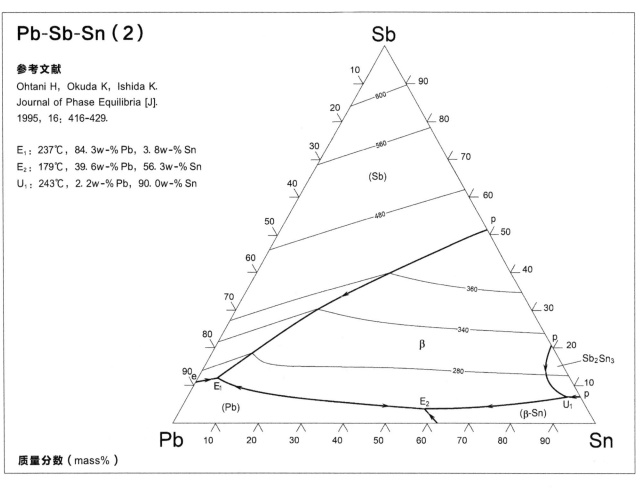

质量分数（mass%）

Pb-Sb-Te

参考文献

Schlieper A, Römermann F, Blachnic R.
Thermochimica Acta [J]. 1998, 314：213-227.

e_6：601℃，5.3% Pb，89.4% Sb
E_1：254℃，82.5% Pb，17.6% Sb
E_3：400℃

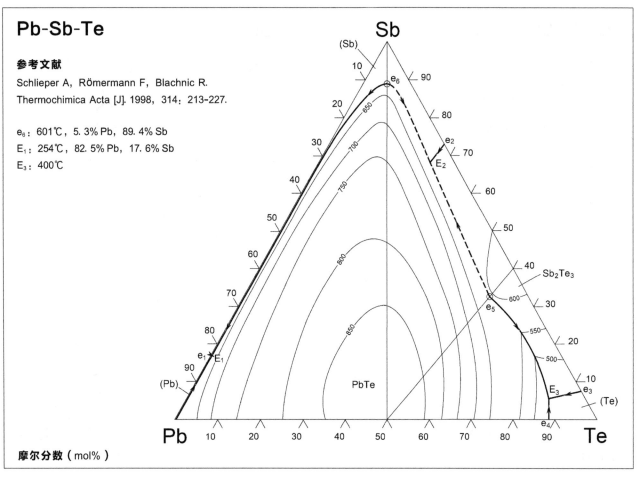

摩尔分数（mol%）

Pb-Sb-Zn

参考文献

Tammann G, Dahl O.

Zeitschrift fuer Anorganische und Allgemeine Chemie [J].

1925, 143: 1-15.

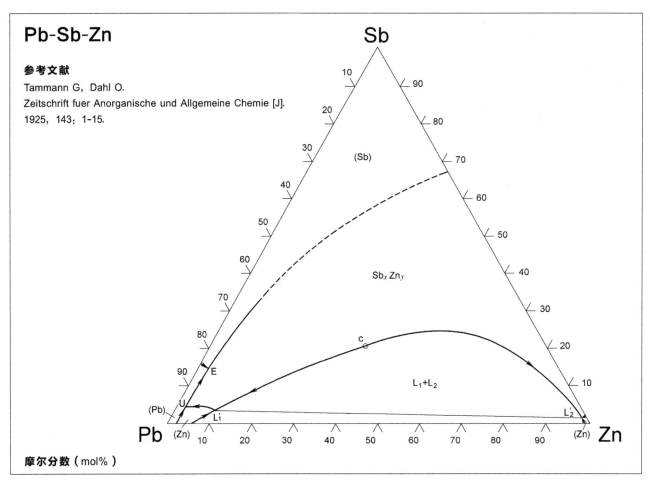

摩尔分数（mol%）

Pb-Se-Sn

参考文献

Савельев В П, Латупов З М, Зломанов В П.

Журн. Неорг. Хим. [J]. 1975, 20: 2006-2008.

e_1: 855℃, 12.5% Pb, 50.0% Se

L_1', L_2': 810℃

L_3', L_4': ~525℃

E_2: 175℃

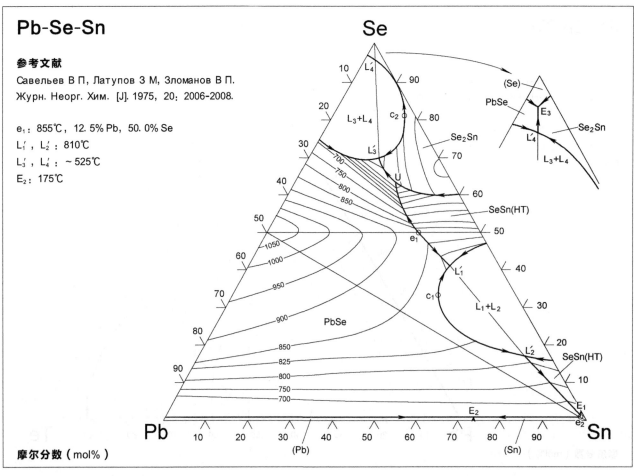

摩尔分数（mol%）

Pb-Se-Te

参考文献

Кузнецов В Л, Гасков А М, Зломанов В П.
Изв. Акад. Наук, СССР, Неорг Материалы [J].
1987, 23: 804-808.

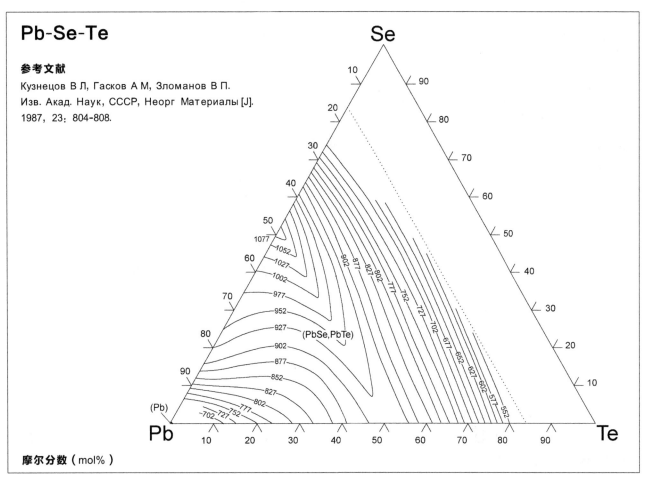

摩尔分数（mol%）

Pb-Se-Tl

参考文献

Готук А А, Бабанлы М В, Кулиев А А.
Изв. Акад. Наук, СССР, Неорг Материалы [J].
1980, 16: 1031-1033.

p: 545℃
L_1', L_2': 540℃
E_2: ~300℃
E_3: 184℃

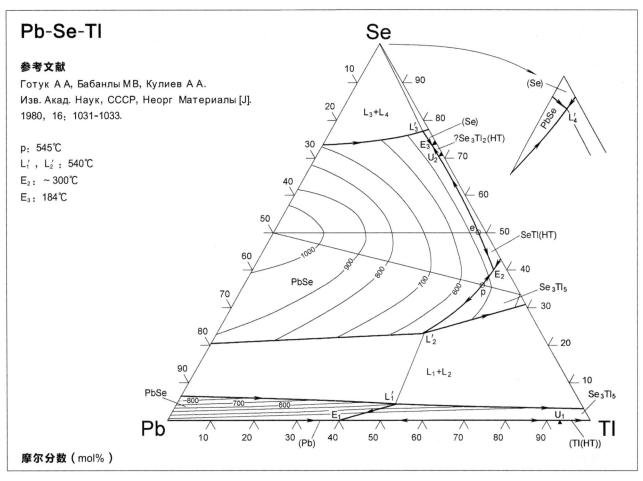

摩尔分数（mol%）

Pb-Sn-Sr

参考文献

Marshall D, Chang Y A.
Metallurgical Transaction Section A-Physical Metallurgy
and Material Science [C]. 1984, 15A: 43-54.

E: 182℃
U: 283℃

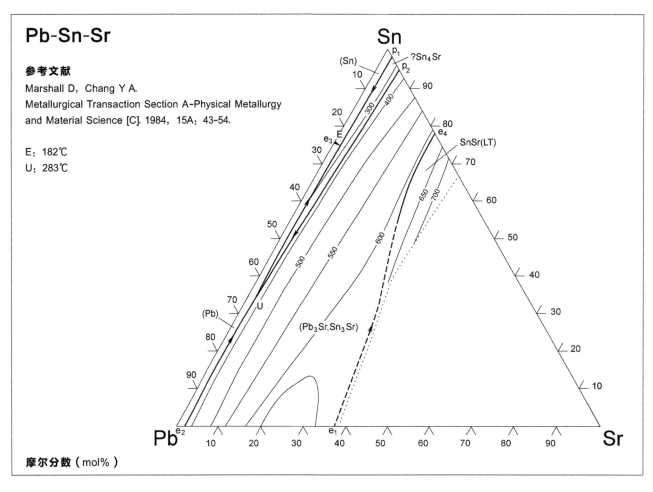

摩尔分数（mol%）

Pb-Sn-Te

参考文献

Kattner U, Lukas H L, Pertzow G, et al.
Zeitschrift fuer Metallkunde [J].
1988, 79: 32-40.

E: 182℃, 26.0% Pb, 73.8% Sn

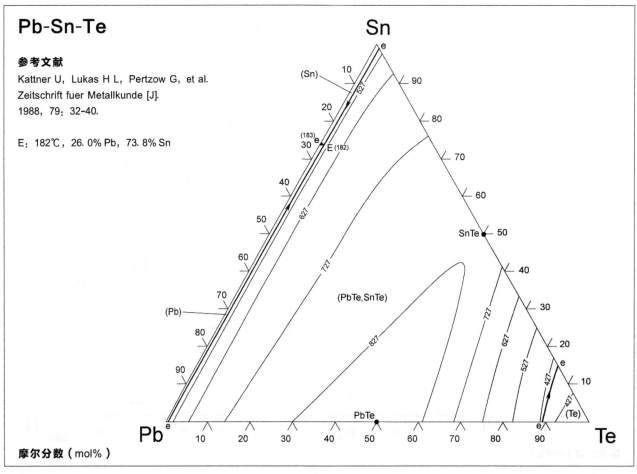

摩尔分数（mol%）

Pb-Sn-Zn

参考文献

Fiorani M, Oleari L.

Ricerca Scientifica [J]. 1959, 29: 2349-2358.

E: 180℃, 13.5% Pb, 78.2% Sn

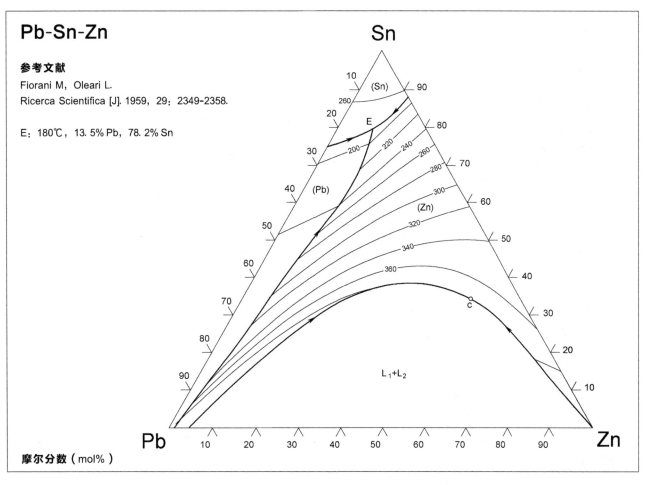

摩尔分数 (mol%)

Pb-Te-Tl

参考文献

Берг Л Г, Латупов З М.

Изв. Акад. Наук, СССР, Неорг. Материалы [J].

1977, 13: 1290-1293.

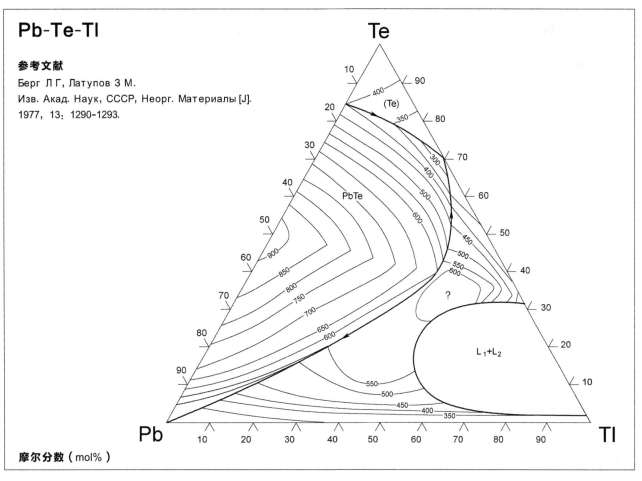

摩尔分数 (mol%)

Pb-Te-Zn

参考文献

Мовсум-Заде А А, Аллазов М Р, Сулейманов А У, и др. Журн. Неорг. Хим. [J]. 1986, 31: 112-115.

l_1: 1100℃, 14.2%Pb, 42.9%Te
l_2: 1100℃, 94.4%Pb, 3.8%Te
e_1: 875℃, 45%Pb, 50%Te
e_2: 315℃, 96.2%Pb, 2.9%Te
E_1: 400℃
E_2: 310℃
E_3: 300℃

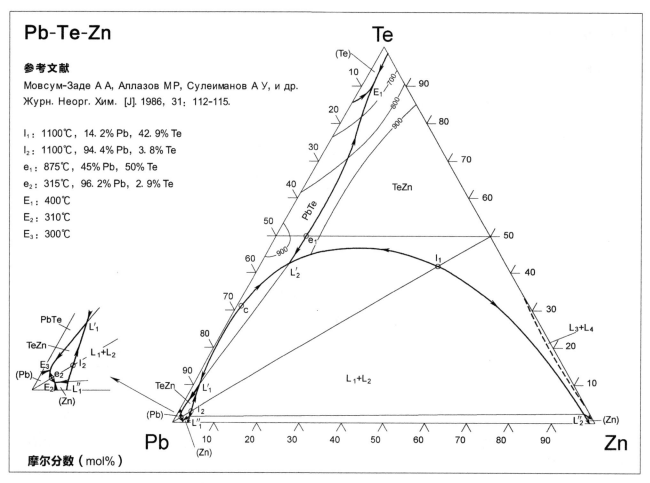

摩尔分数 (mol%)

Pd-Rh-Ru

参考文献

Gossé S, Dupin N, Guéneau C, et al. Journal of Nuclear Materials [J]. 2016, 474: 163-173.

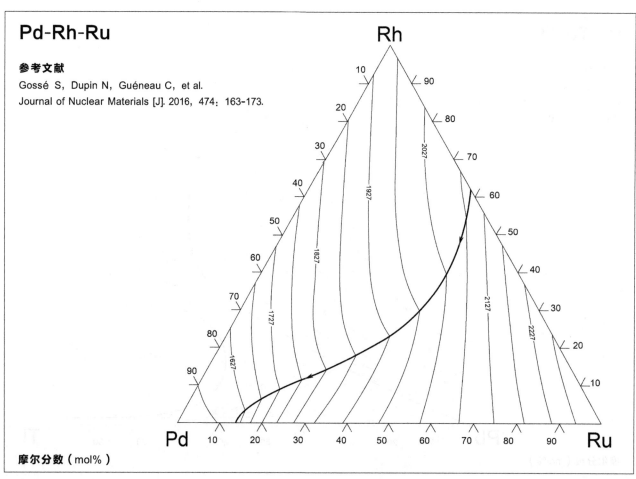

摩尔分数 (mol%)

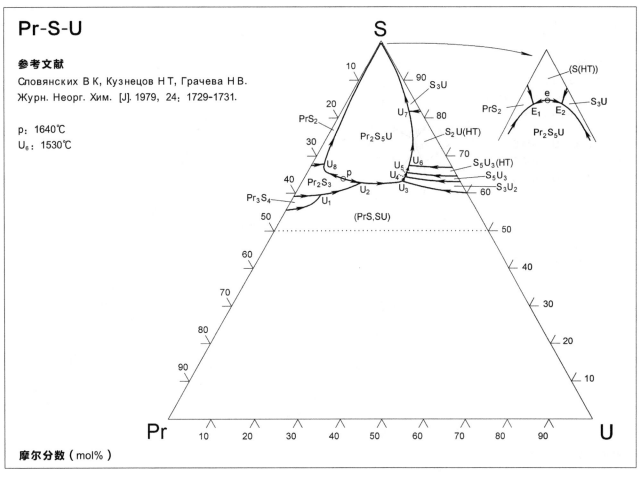

Pr-S-U

参考文献

Словянских В К, Кузнецов Н Т, Грачева Н В.
Журн. Неорг. Хим. [J]. 1979, 24: 1729-1731.

p: 1640℃
U₆: 1530℃

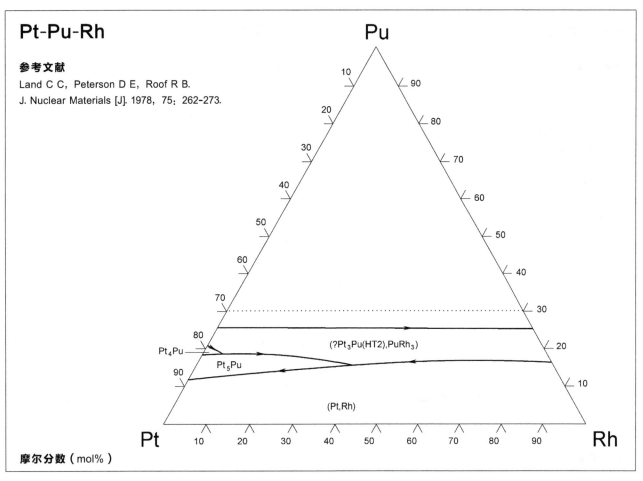

Pt-Pu-Rh

参考文献

Land C C, Peterson D E, Roof R B.
J. Nuclear Materials [J]. 1978, 75: 262-273.

摩尔分数（mol%）

Pt-Sb-Te

参考文献

Guo C, Huang L, Li C R, et al.
Journal of Electronic Materials
[J]. 2015, 44: 2638-2650.

c_1: 1081℃ U_5: 674℃
c_2: 627℃ U_6: 658℃
c_3: 544℃ U_7: 641℃
P_1: 957℃ U_8: 640℃
U_1: 973℃ U_9: 599℃
U_2: 716℃ U_{10}: 558℃
U_3: 709℃ U_{11}: 548℃
U_4: 703℃ E_1: 414℃

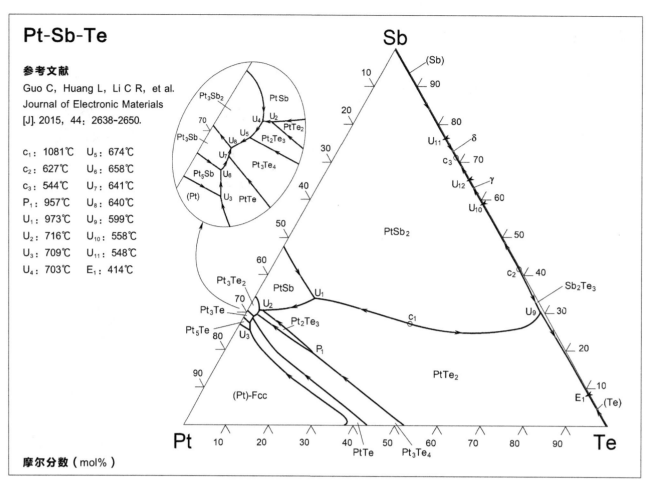

摩尔分数（mol%）

Pu-Th-U

参考文献

Beneš O, Manara D, Konings R J M.
Journal of Nuclear Materials [J]. 2014, 449: 15-22.

E: 582℃, 4.9% Th, 8.2% U
U: 584℃, 5.0% Th, 7.8% U

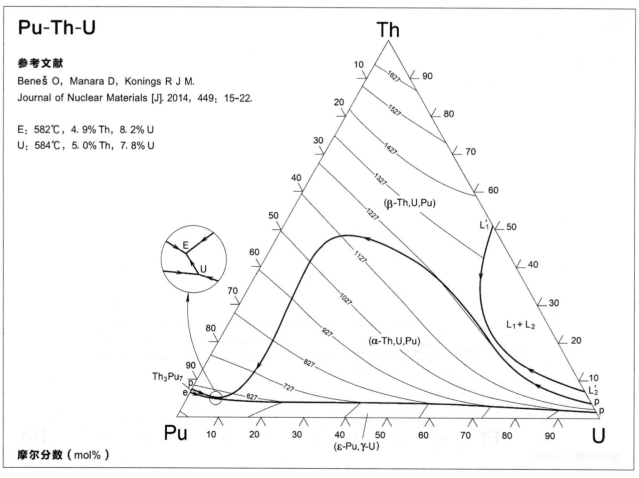

摩尔分数（mol%）

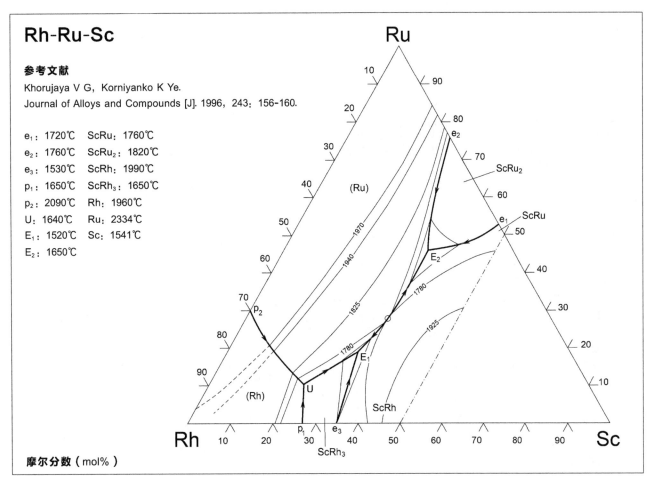

Rh-Ru-Sc

参考文献

Khorujaya V G, Korniyanko K Ye.
Journal of Alloys and Compounds [J]. 1996, 243: 156-160.

e₁: 1720℃   ScRu: 1760℃
e₂: 1760℃   ScRu₂: 1820℃
e₃: 1530℃   ScRh: 1990℃
p₁: 1650℃   ScRh₃: 1650℃
p₂: 2090℃   Rh: 1960℃
U: 1640℃   Ru: 2334℃
E₁: 1520℃   Sc: 1541℃
E₂: 1650℃

摩尔分数（mol%）

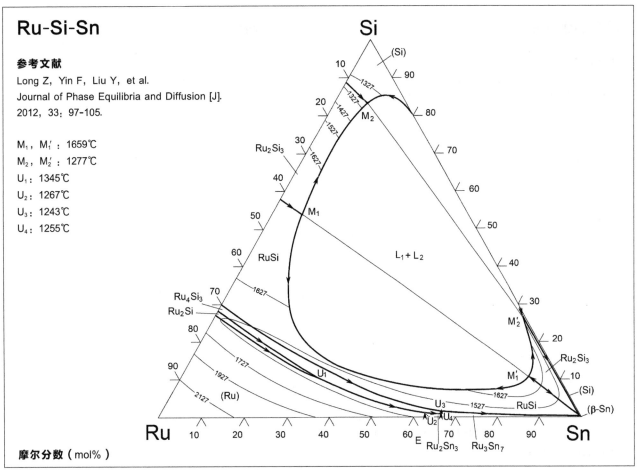

Ru-Si-Sn

参考文献

Long Z, Yin F, Liu Y, et al.
Journal of Phase Equilibria and Diffusion [J].
2012, 33: 97-105.

M₁, M₁′: 1659℃
M₂, M₂′: 1277℃
U₁: 1345℃
U₂: 1267℃
U₃: 1243℃
U₄: 1255℃

摩尔分数（mol%）

S-Sb-Tl

参考文献

Jafarov Y I, Ismayilova S A,
Aliev Z S, et al.
CALPHAD: Computer Coupling
of Phase Diagrams
and Thermochemistry [J].
2016, 55: 231-237.

$*$: $TlSb_5S_8$　　$⊠$: Tl_3SbS_3

M_1, M_1': 314℃　U_1: 284℃
M_2, M_2': 322℃　U_2: 292℃
M_3, M_3': 144℃　U_3: 262℃
M_4, M_4': 267℃　U_4: 227℃
M_5, M_5': 362℃　U_5: 122℃
M_6, M_6': 372℃　U_6: 119℃
M_7, M_7': 382℃　U_7: 119℃
E_1: 314℃　　　U_8: 337℃
E_2: 382℃　　　U_9: 117℃
E_3: 117℃　　　U_{10}: 117℃
E_4: 117℃

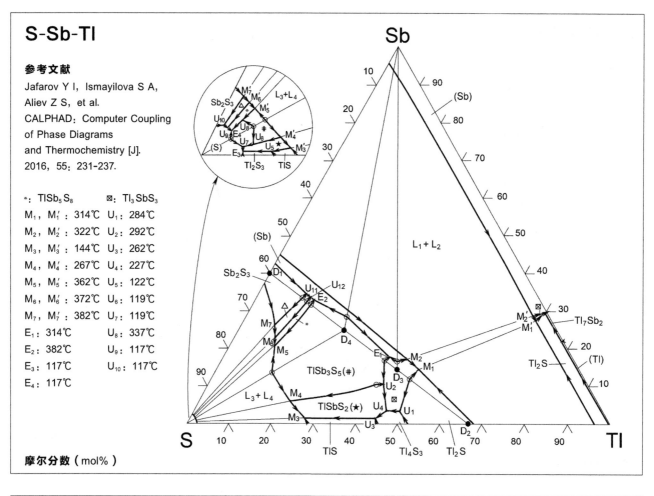

摩尔分数（mol%）

Sb-Se-Te

参考文献

Chen S W, Chang J S, Chang L C.
Materials Chemistry and Physics [J]. 2017, 201: 391-398.

U_1: 415℃
U_2: 515℃
U_3: 508℃
E_1: 506℃

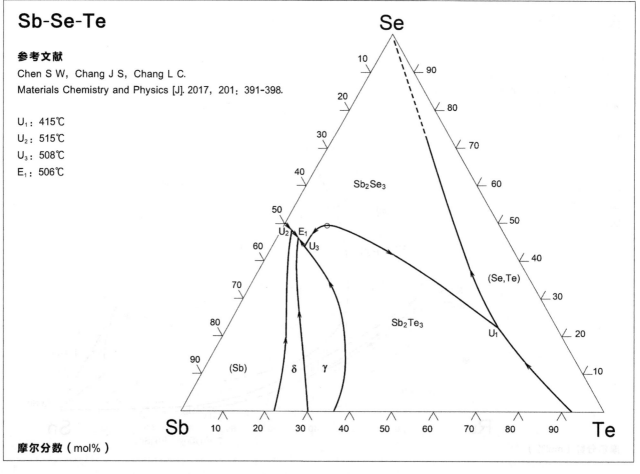

摩尔分数（mol%）

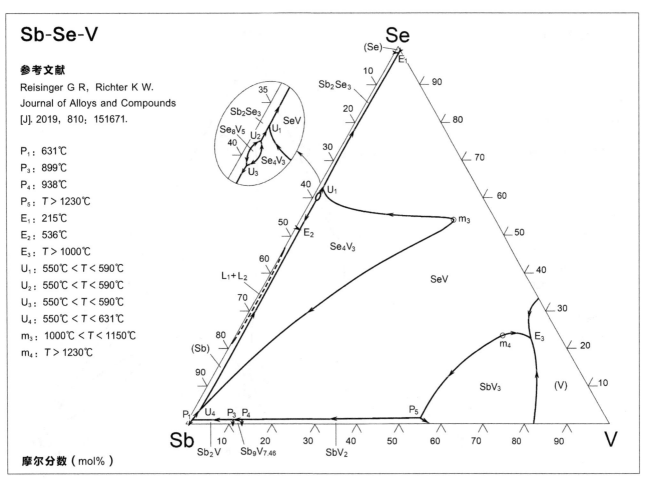

Sb-Se-V

参考文献

Reisinger G R, Richter K W.
Journal of Alloys and Compounds
[J]. 2019, 810: 151671.

P_1: 631℃
P_3: 899℃
P_4: 938℃
P_5: $T > 1230$℃
E_1: 215℃
E_2: 536℃
E_3: $T > 1000$℃
U_1: 550℃ $< T <$ 590℃
U_2: 550℃ $< T <$ 590℃
U_3: 550℃ $< T <$ 590℃
U_4: 550℃ $< T <$ 631℃
m_3: 1000℃ $< T <$ 1150℃
m_4: $T > 1230$℃

摩尔分数（mol%）

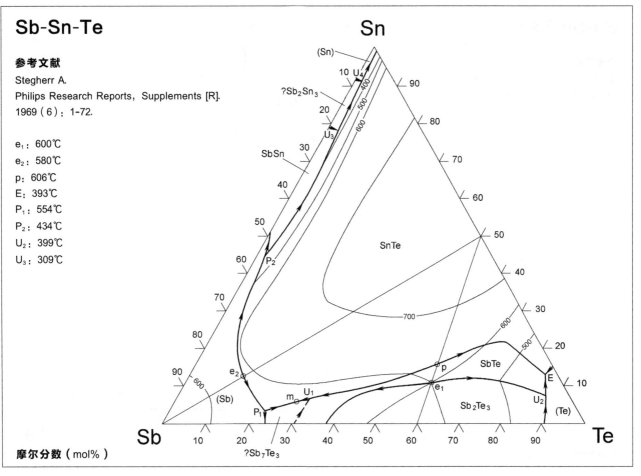

Sb-Sn-Te

参考文献

Stegherr A.
Philips Research Reports, Supplements [R].
1969（6）: 1-72.

e_1: 600℃
e_2: 580℃
p: 606℃
E: 393℃
P_1: 554℃
P_2: 434℃
U_2: 399℃
U_3: 309℃

摩尔分数（mol%）

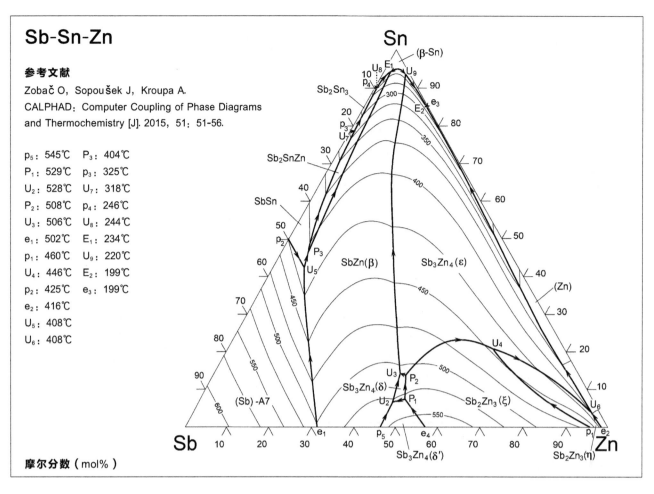

Sb-Sn-Zn

参考文献

Zobač O, Sopoušek J, Kroupa A.
CALPHAD: Computer Coupling of Phase Diagrams
and Thermochemistry [J]. 2015, 51: 51-56.

p_5: 545℃	P_3: 404℃
P_1: 529℃	p_3: 325℃
U_2: 528℃	U_7: 318℃
P_2: 508℃	p_4: 246℃
U_3: 506℃	U_8: 244℃
e_1: 502℃	E_1: 234℃
p_1: 460℃	U_9: 220℃
U_4: 446℃	E_2: 199℃
p_2: 425℃	e_3: 199℃
e_2: 416℃	
U_5: 408℃	
U_6: 408℃	

摩尔分数（mol%）

Se-Sn-Te（1）

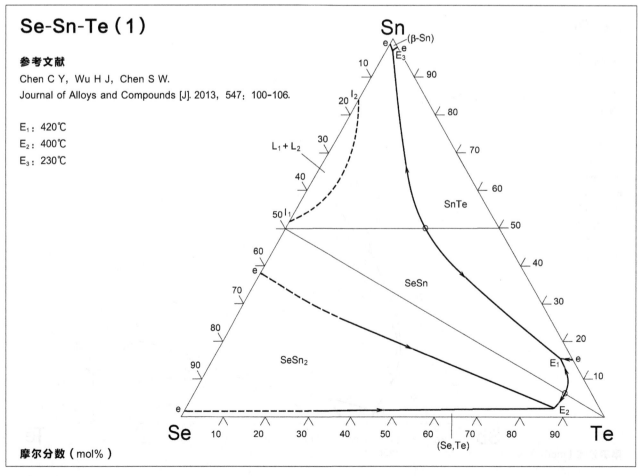

参考文献

Chen C Y, Wu H J, Chen S W.
Journal of Alloys and Compounds [J]. 2013, 547: 100-106.

E_1: 420℃

E_2: 400℃

E_3: 230℃

摩尔分数（mol%）

742

Se-Sn-Te（2）

参考文献

Cui J，Guo C，Zou L，et al.

Journal of Alloys and Compounds [J]. 2015，642：153-165.

U_3：520℃

U_1：490℃

U_2：404℃

U_4：420℃

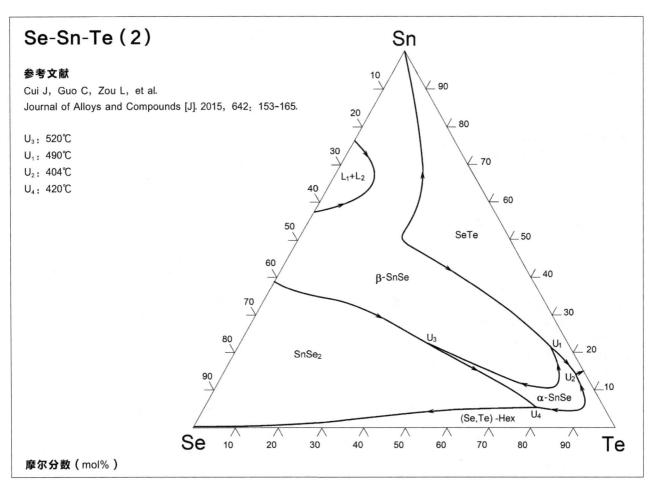

摩尔分数（mol%）

Si-Ta-V

参考文献

Broz P，Khan A U，Niu H，et al.

Journal of Solid State Chemistry [J]. 2013，199：171-180.

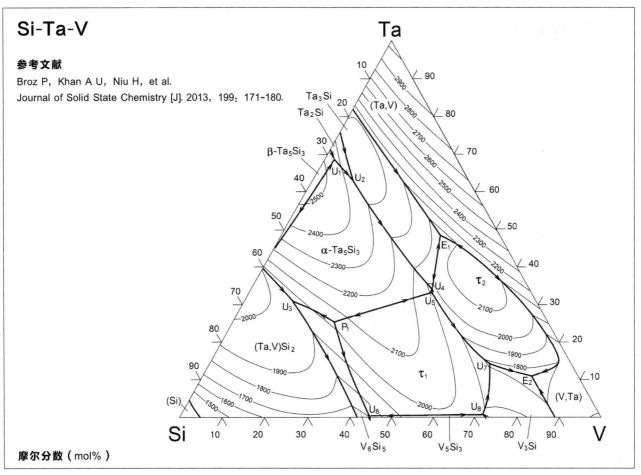

摩尔分数（mol%）

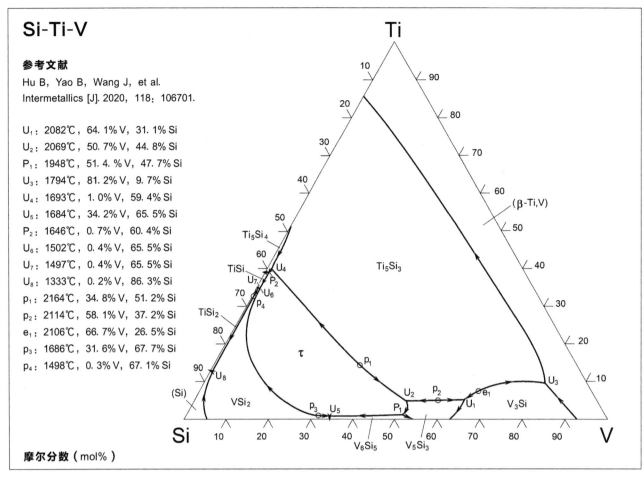

Si-Ti-V

参考文献

Hu B, Yao B, Wang J, et al.
Intermetallics [J]. 2020, 118: 106701.

U_1: 2082℃, 64.1% V, 31.1% Si
U_2: 2069℃, 50.7% V, 44.8% Si
P_1: 1948℃, 51.4.% V, 47.7% Si
U_3: 1794℃, 81.2% V, 9.7% Si
U_4: 1693℃, 1.0% V, 59.4% Si
U_5: 1684℃, 34.2% V, 65.5% Si
P_2: 1646℃, 0.7% V, 60.4% Si
U_6: 1502℃, 0.4% V, 65.5% Si
U_7: 1497℃, 0.4% V, 65.5% Si
U_8: 1333℃, 0.2% V, 86.3% Si
p_1: 2164℃, 34.8% V, 51.2% Si
p_2: 2114℃, 58.1% V, 37.2% Si
e_1: 2106℃, 66.7% V, 26.5% Si
p_3: 1686℃, 31.6% V, 67.7% Si
p_4: 1498℃, 0.3% V, 67.1% Si

摩尔分数（mol%）

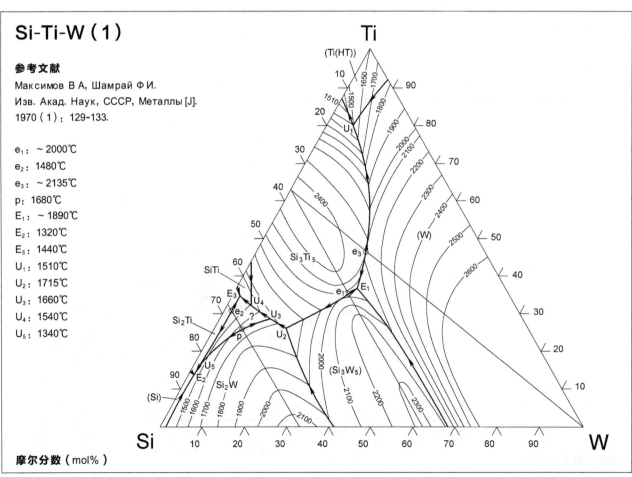

Si-Ti-W（1）

参考文献

Максимов В А, Шамрай Ф И.
Изв. Акад. Наук, СССР, Металлы [J].
1970（1）: 129-133.

e_1: ~2000℃
e_2: 1480℃
e_3: ~2135℃
p: 1680℃
E_1: ~1890℃
E_2: 1320℃
E_3: 1440℃
U_1: 1510℃
U_2: 1715℃
U_3: 1660℃
U_4: 1540℃
U_5: 1340℃

摩尔分数（mol%）

Si-Ti-W（2）

参考文献

Hu B, Zhou J, Meng Y, et al.
International Journal of Refractory Metals &
Hard Materials [J]. 2019, 81：206-213.

U_1：2063℃，15.9% W，45.2% Si
U_2：1665℃，6.1% W，58.6% Si
U_3：1648℃，5.2% W，59.1% Si
U_4：1612℃，2.2% W，59.5% Si
U_5：1566℃，0.6% W，61.3% Si
E_1：1485℃，0.1% W，64.6% Si
E_2：1380℃，2.8% W，94.4% Si
E_3：1330℃，0.03% W，85.8% Si
e_1：2200℃，9.8% W，36.9% Si
e_2：2115℃，50.4% W，37.0% Si
p_1：1683℃，3.6% W，66.2% Si
e_4：1381℃，2.2% W，94.4% Si

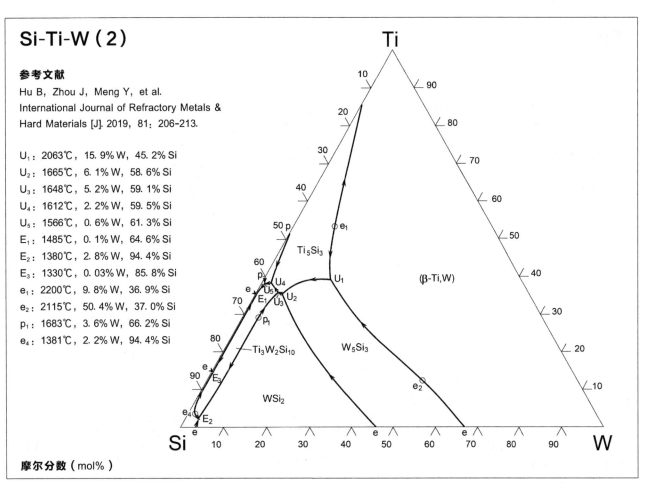

Si-Ti-Zr

参考文献

Bulannova M, Firstov S, Gornaya I, et al.
Journal of Alloys and Compounds [J]. 2004, 384：106-114.

E：1330℃

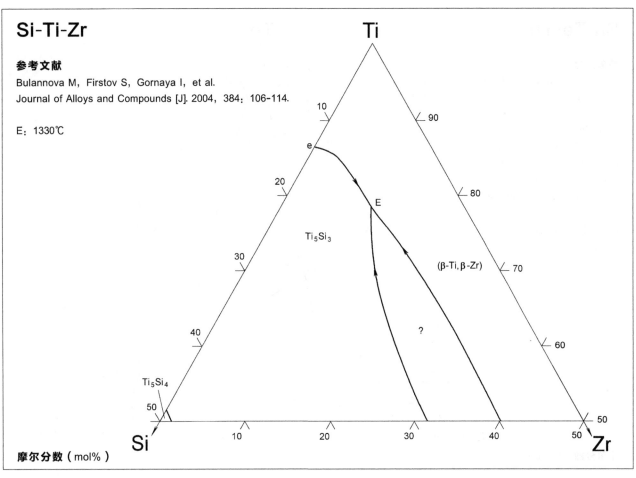

摩尔分数（mol%）

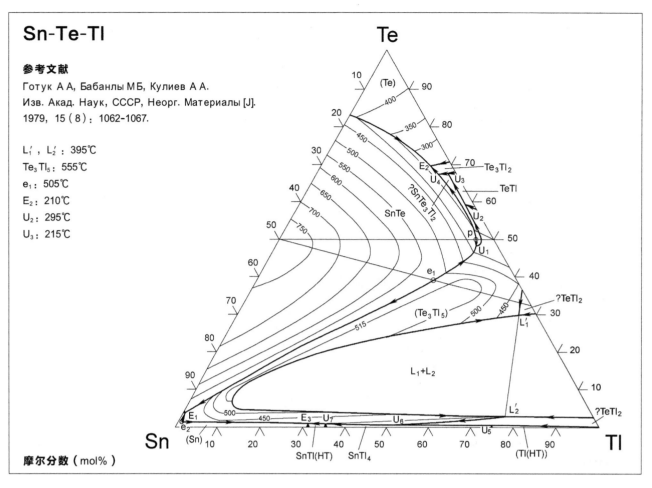

Sn-Te-Tl

参考文献

Готук А А, Бабанлы М Б, Кулиев А А.
Изв. Акад. Наук, СССР, Неорг. Материалы [J].
1979, 15（8）: 1062-1067.

L_1', L_2': 395℃
Te_3Tl_5: 555℃
e_1: 505℃
E_2: 210℃
U_2: 295℃
U_3: 215℃

摩尔分数（mol%）

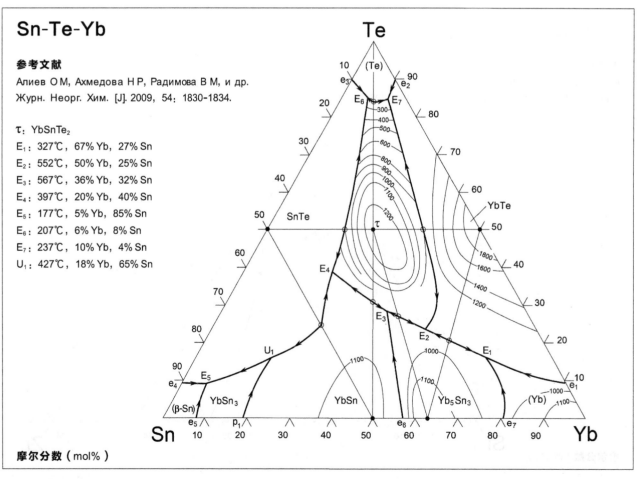

Sn-Te-Yb

参考文献

Алиев О М, Ахмедова Н Р, Радимова В М, и др.
Журн. Неорг. Хим. [J]. 2009, 54: 1830-1834.

τ: $YbSnTe_2$
E_1: 327℃, 67% Yb, 27% Sn
E_2: 552℃, 50% Yb, 25% Sn
E_3: 567℃, 36% Yb, 32% Sn
E_4: 397℃, 20% Yb, 40% Sn
E_5: 177℃, 5% Yb, 85% Sn
E_6: 207℃, 6% Yb, 8% Sn
E_7: 237℃, 10% Yb, 4% Sn
U_1: 427℃, 18% Yb, 65% Sn

摩尔分数（mol%）

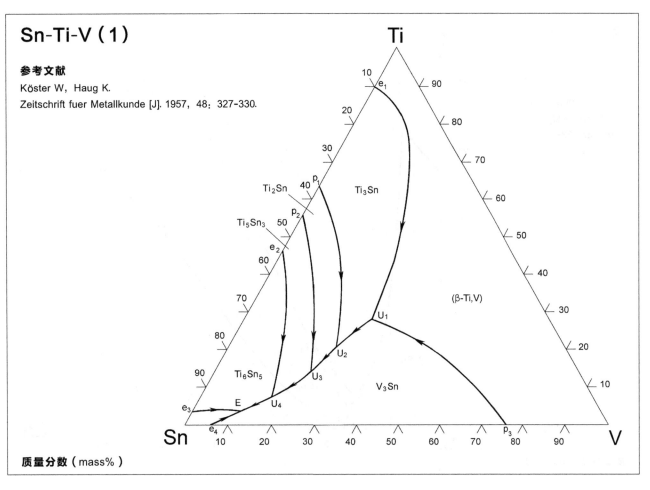

Sn-Ti-V（1）

参考文献

Köster W, Haug K.
Zeitschrift fuer Metallkunde [J]. 1957, 48: 327-330.

质量分数（mass%）

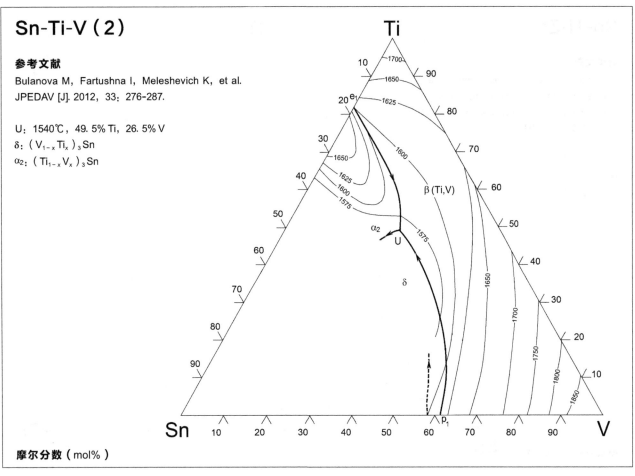

Sn-Ti-V（2）

参考文献

Bulanova M, Fartushna I, Meleshevich K, et al.
JPEDAV [J]. 2012, 33: 276-287.

U: 1540℃, 49.5% Ti, 26.5% V
δ: $(V_{1-x}Ti_x)_3Sn$
$α_2$: $(Ti_{1-x}V_x)_3Sn$

摩尔分数（mol%）

Sn-Ti-Zn

参考文献

Dol K, Ono S, Otani H, et al.
Journal of Phase Equilibria
and Diffusion [J].
2006, 27: 63-74.

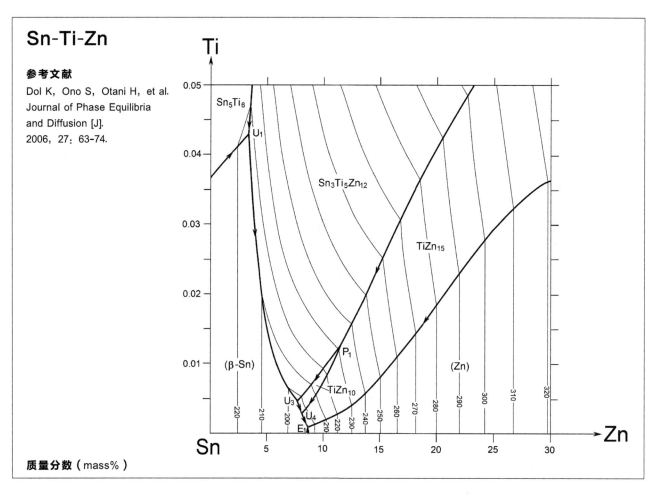

质量分数（mass%）

Sn-Ti-Zr

参考文献

Plevachuk Y, Mudry S, Sklyarchuk V, et al.
International Journal of Materials Research
（原刊名：Zeitschrift fuer Metallkunde）[J].
2009, 100: 689-694.

U_1: ~937℃
U_2: ~677℃
E_1: ~227℃

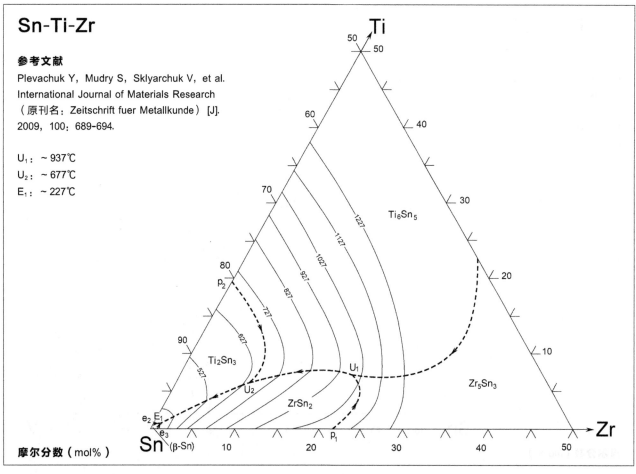

摩尔分数（mol%）

748

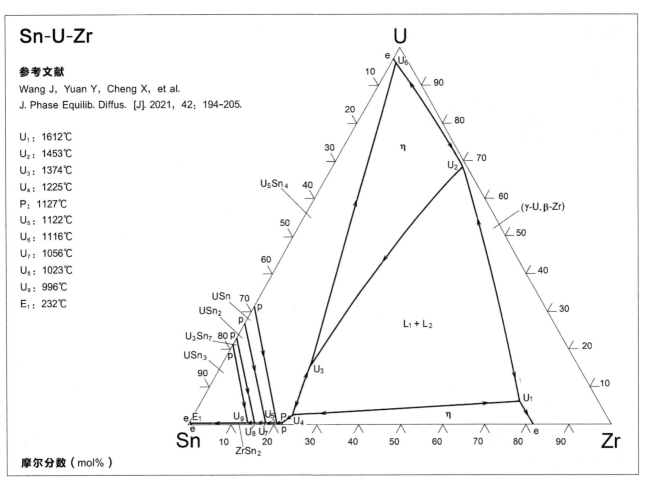

Sn-U-Zr

参考文献

Wang J, Yuan Y, Cheng X, et al.
J. Phase Equilib. Diffus. [J]. 2021, 42：194-205.

U_1：1612℃
U_2：1453℃
U_3：1374℃
U_4：1225℃
P：1127℃
U_5：1122℃
U_6：1116℃
U_7：1056℃
U_8：1023℃
U_9：996℃
E_1：232℃

摩尔分数（mol%）

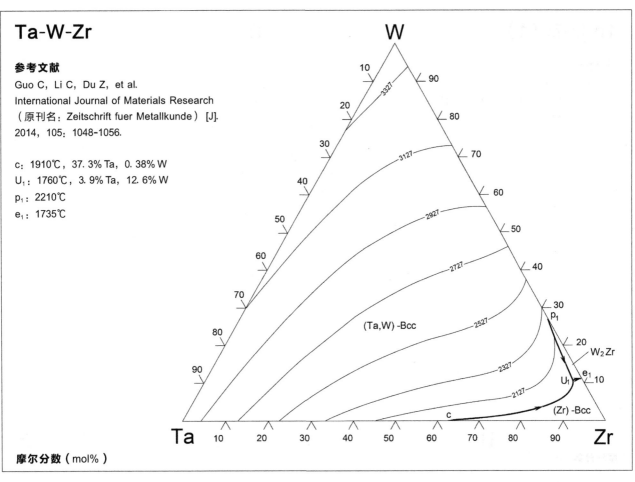

Ta-W-Zr

参考文献

Guo C, Li C, Du Z, et al.
International Journal of Materials Research
（原刊名：Zeitschrift fuer Metallkunde）[J].
2014, 105：1048-1056.

c：1910℃，37.3% Ta，0.38% W
U_1：1760℃，3.9% Ta，12.6% W
p_1：2210℃
e_1：1735℃

摩尔分数（mol%）

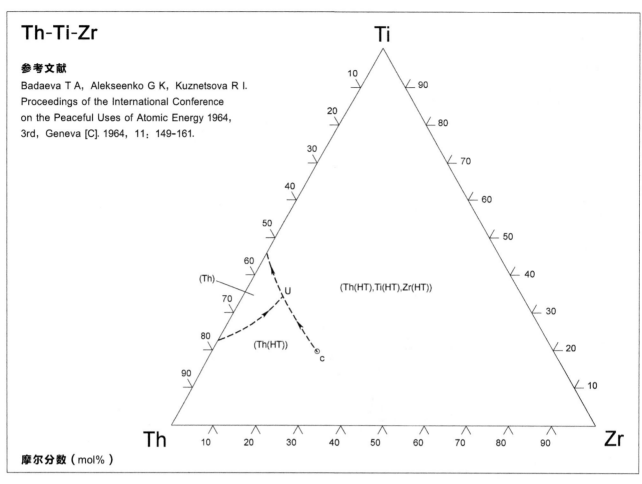

Th-Ti-Zr

参考文献

Badaeva T A, Alekseenko G K, Kuznetsova R I.
Proceedings of the International Conference
on the Peaceful Uses of Atomic Energy 1964,
3rd, Geneva [C]. 1964, 11: 149-161.

摩尔分数（mol%）

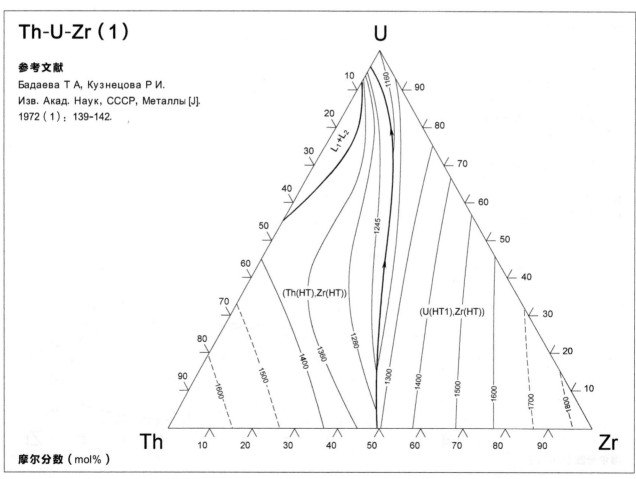

Th-U-Zr（1）

参考文献

Бадаева Т А, Кузнецова Р И.
Изв. Акад. Наук, СССР, Металлы [J].
1972（1）: 139-142.

摩尔分数（mol%）

Th-U-Zr（2）

参考文献

Li Z S, Liu X J, Wang C P.
Journal of Alloys and Compounds [J].
2009, 476: 193-198.

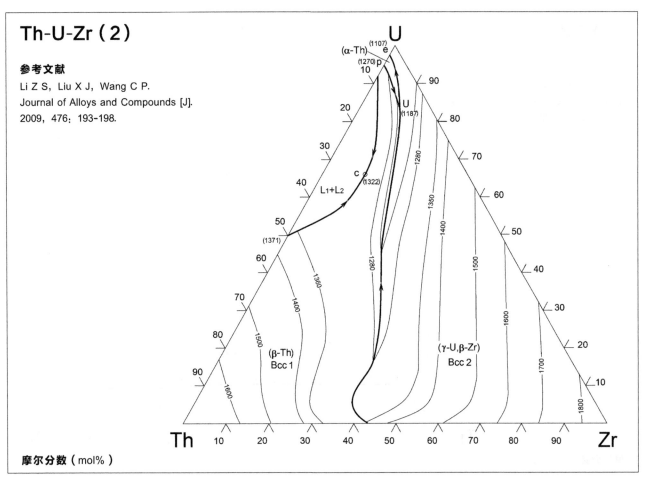

摩尔分数（mol%）

Ti-V-Zr

参考文献

Cui J, Guo C, Zou L, et al.
CALPHAD: Computer Coupling of Phase Diagrams
and Thermochemistry [J]. 2016, 55: 189-198.

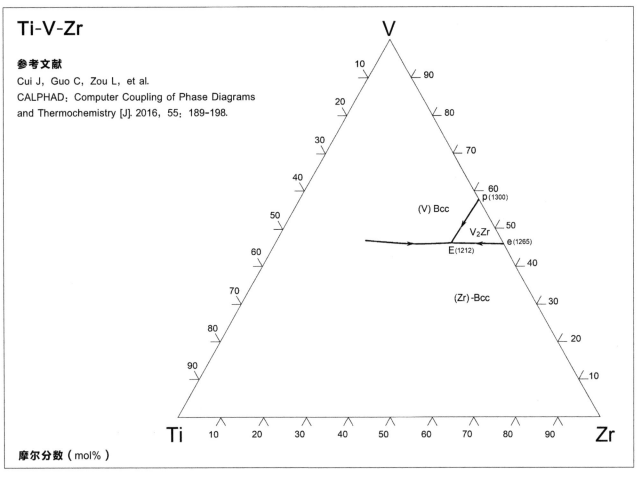

摩尔分数（mol%）

Ti-W-Zr

参考文献

Hu B, Qiu C, Cui S, et al.
Journal of Chemical Thermodynamics [J].
2019, 131: 25-32.

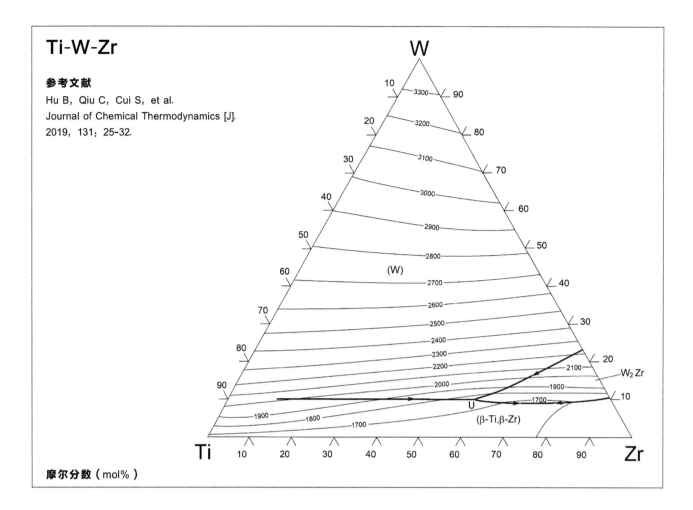

摩尔分数（mol%）

摩尔坐标（mol%）和质量坐标（mass%）的相互转换

（1）如何将坐标点从 mol%（x‑%）坐标转换为 mass%（w‑%）坐标？

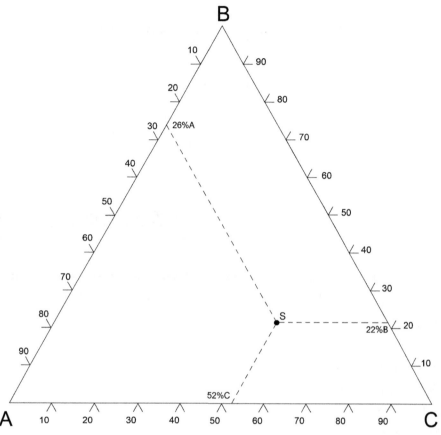

假设有一组成点 S 的合金，摩尔分数表示为：A，26x‑%；B，22x‑%；C，52x‑%。如何将 S 点 A、B、C 的组成由摩尔分数（x‑%）转换为质量分数（w‑%）？

第一步：分别将各自的摩尔数乘以各自的相对原子质量 M_A、M_B 和 M_C，得到各自的质量数。因此，A 的质量数为 $26M_A$，B 的质量数为 $22M_B$，C 的质量数为 $52M_C$。

第二步：将 A、B、C 的质量数相加，得总质量数为 $26M_A + 22M_B + 52M_C$。

第三步：分别以各自的质量数除以 A+B+C 的总质量数（再×100%），就得出各自的质量分数（w‑%）：

$$A\,(w-\%) = \frac{26M_A}{26M_A + 22M_B + 52M_C} \times 100\%$$

$$B\,(w-\%) = \frac{22M_B}{26M_A + 22M_B + 52M_C} \times 100\%$$

$$C\,(w-\%) = \frac{52M_C}{26M_A + 22M_B + 52M_C} \times 100\%$$

由于 $A\,(w-\%) + B\,(w-\%) + C\,(w-\%) = 100\,(w-\%)$，三者中的任何一个都可以通过 $100\,(w-\%)$ 减去其他二者之和的办法求得，通常三元系的相图只列出两个组元的数据。

（2）如何将坐标点从 mass%（w‑%）坐标转换为 mol%（x‑%）坐标？

假定试样 S 的组成坐标是用质量分数（w‑%）表达的：A，26w‑%；B，22w‑%；C，52w‑%。

现将其转化为摩尔分数（x - %）。

第一步：分别以各自的质量数除以组元的摩尔质量 M_A、M_B 和 M_C（此处即组元的相对原子质量），得到各自的物质的量含量 X。因此，A 的摩尔数为 $26/M_A$，B 的摩尔数为 $22/M_B$，C 的摩尔数为 $52/M_C$。

第二步：将三个摩尔数相加得到总摩尔数：

$$26/M_A + 22/M_B + 52/M_C$$

第三步：分别将各自的摩尔数除以总摩尔数（再× 100%）就得出各自的摩尔分数（x - %）：

$$A(x-\%) = \frac{26/M_A}{26/M_A + 22/M_B + 52/M_C} \times 100\%$$

$$B(x-\%) = \frac{22/M_B}{26/M_A + 22/M_B + 52/M_C} \times 100\%$$

$$C(x-\%) = \frac{52/M_C}{26/M_A + 22/M_B + 52/M_C} \times 100\%$$

附录2
元素的物理、化学和力学参数

本附录参考了 K. Staudhammer 和 L. Murr 所编 *Atlas of Binary Alloys-A Periodic Index* 一书的格式，将元素的有关参数以填入周期表的方式表达出来，这样不但便于获取必要的数据，还有利于观察元素（组元）性质之间的相互辩证关系。

本附录包含：

周期表中元素的位置索引

表 1　元素的名称和相对原子质量

表 2　元素的共价半径和原子半径

表 3　元素的密度和硬度

表 4　元素的晶体构型、熔点和沸点

表 5　元素的比热容和热导率

表 6　元素的熔化潜热和气化潜热

表 7　元素的线胀系数和弹性模量

表 8　元素的电阻率和超导温度

表 9　元素的电负性

表 10　元素的熔盐电动势

周期表中元素的位置索引

一些读者对所查元素在周期表中的位置不熟悉，寻找起来常会出现一些困难。现将元素的中文拼音按字母顺序排列，可以根据中文名称索取到元素的原子序数，根据原子序数再在周期表中查找有关的元素就很方便了。

中文拼音	元素名称	元素符号	原子序数	中文拼音	元素名称	元素符号	原子序数
A	锕	Ac	89	Lan	镧	La	57
Ai	砹	At	85	Lao	铑	Rh	45
Ba	钯	Pd	46	Lei	镭	Ra	88
Bei	钡	Ba	56	Li	锂	Li	3
Bi	铋	Bi	83	Liao	钌	Ru	44
Bo	铂	Pt	78	Lin	磷	P	15
Bu	钚	Pu	94	Liu	硫	S	16
Dan	氮	N	7	Lu	镥	Lu	71
De	锝	Tc	43	Lv	铝	Al	13
Di	碲	Te	52	Lv	氯	Cl	17
Di	镝	Dy	66	Mei	镁	Mg	12
Dian	碘	I	53	Meng	锰	Mn	25
Diu	铥	Tm	69	Mu	钼	Mo	42
Dong	氡	Rn	86	Na	钠	Na	11
E	锇	Os	76	Na	镎	Np	93
Er	铒	Er	68	Nai	氖	Ne	10
Fan	钒	V	23	Ni	铌	Nb	41
Fang	钫	Fr	87	Nie	镍	Ni	28
Fu	氟	F	9	Nv	钕	Nd	60
Ga	钆	Gd	64	Peng	硼	B	5
Gai	钙	Ca	20	Pi	铍	Be	4
Gao	锆	Zr	40	Po	钷	Pm	61
Ge	镉	Cd	48	Po	钋	Po	84
Ge	铬	Cr	24	Pu	镤	Pr	91
Gong	汞	Hg	80	Pu	镨	Pr	59
Gu	钴	Co	27	Qian	铅	Pb	82
Gui	硅	Si	14	Qing	氢	H	1
Ha	铪	Hf	72	Ru	铷	Rb	37
Hai	氦	He	2	Se	铯	Cs	55
Huo	钬	Ho	67	Shan	钐	Sm	62
Jia	镓	Ga	31	Shen	砷	As	33
Jia	钾	K	19	Shi	铈	Ce	58
Jin	金	Au	79	Si	锶	Sr	38
Kang	钪	Sc	21	Ta	铊	Tl	81
Ke	氪	Kr	36	Tai	钛	Ti	22
Lai	铼	Re	75	Tan	碳	C	6
Lai	铼	Re	75	Tan	钽	Ta	73

中文拼音	元素名称	元素符号	原子序数	中文拼音	元素名称	元素符号	原子序数
Te	铽	Tb	65	Ya	氩	Ar	18
Ti	锑	Sb	51	Yang	氧	O	8
Tie	铁	Fe	26	Yi	镱	Yb	70
Tong	铜	Cu	29	Yi	钇	Y	39
Tu	钍	Th	90	Yi	铱	Ir	77
Wu	钨	W	74	Yin	银	Ag	47
Xi	硒	Se	34	Yin	铟	In	49
Xi	锡	Sn	50	You	铕	Eu	63
Xian	氙	Xe	54	You	铀	U	92
Xin	锌	Zn	30	Zhe	锗	Ge	32
Xiu	溴	Br	35				

表1 元素的名称和相对原子质量 (atomic weight)

图例：原子序数 → 1 H 氢 1.00794（元素符号 / 元素名称 / 相对原子质量）

IA	IIA	IIIB	IVB	VB	VIB	VIIB	VIIIB	VIIIB	VIIIB	IB	IIB	IIIA	IVA	VA	VIA	VIIA	VIIIA
1 H 氢 1.00794																	2 He 氦 4.00260
3 Li 锂 6.941	4 Be 铍 9.01218											5 B 硼 10.811	6 C 碳 12.0107	7 N 氮 14.0067	8 O 氧 15.9994	9 F 氟 18.9984	10 Ne 氖 20.1797
11 Na 钠 22.9897	12 Mg 镁 24.3050											13 Al 铝 26.9815	14 Si 硅 28.0855	15 P 磷 30.9738	16 S 硫 32.065	17 Cl 氯 35.453	18 Ar 氩 39.948
19 K 钾 39.0983	20 Ca 钙 40.078	21 Sc 钪 44.9559	22 Ti 钛 47.867	23 V 钒 50.9415	24 Cr 铬 51.9961	25 Mn 锰 54.9380	26 Fe 铁 55.845	27 Co 钴 58.9332	28 Ni 镍 58.6934	29 Cu 铜 63.546	30 Zn 锌 65.409	31 Ga 镓 69.723	32 Ge 锗 72.64	33 As 砷 74.9216	34 Se 硒 78.96	35 Br 溴 79.904	36 Kr 氪 83.798
37 Rb 铷 85.4678	38 Sr 锶 87.62	39 Y 钇 88.9058	40 Zr 锆 91.224	41 Nb 铌 92.9064	42 Mo 钼 95.94	43 Tc 锝 97.907	44 Ru 钌 101.07	45 Rh 铑 102.905	46 Pd 钯 106.42	47 Ag 银 107.868	48 Cd 镉 112.411	49 In 铟 114.818	50 Sn 锡 118.710	51 Sb 锑 121.760	52 Te 碲 127.60	53 I 碘 126.904	54 Xe 氙 131.293
55 Cs 铯 132.905	56 Ba 钡 137.327	57 La 镧 138.906	72 Hf 铪 178.49	73 Ta 钽 180.948	74 W 钨 183.84	75 Re 铼 186.207	76 Os 锇 190.23	77 Ir 铱 192.217	78 Pt 铂 195.078	79 Au 金 196.966	80 Hg 汞 200.59	81 Tl 铊 204.383	82 Pb 铅 207.2	83 Bi 铋 208.980	84 Po 钋 208.98	85 At 砹 209.99	86 Rn 氡 222.02
87 Fr 钫 223.02	88 Ra 镭 226.03	89 Ac 锕 227.03															

镧系：

58 Ce 铈 140.116	59 Pr 镨 140.908	60 Nd 钕 144.24	61 Pm 钷 144.91	62 Sm 钐 150.36	63 Eu 铕 151.964	64 Gd 钆 157.25	65 Tb 铽 158.925	66 Dy 镝 162.500	67 Ho 钬 164.930	68 Er 铒 167.259	69 Tm 铥 168.934	70 Yb 镱 173.04	71 Lu 镥 174.967

锕系：

90 Th 钍 232.038	91 Pa 镤 231.036	92 U 铀 238.029	93 Np 镎 237.05	94 Pu 钚 244.06	95 Am 镅 243.06	96 Cm 锔 247.07	97 Bk 锫 247.07	98 Cf 锎 251.08	99 Es 锿 252.08	100 Fm 镄 257.10	101 Md 钔 258.10	102 No 锘 259.10	103 Lr 铹 260.11

表2 元素的共价半径和原子半径

原子半径：室温下稳定晶型金属原子间最小距离的半数即认为是该原子的原子半径。立方系A1和A2以外的晶体结构中由于原子的配位数不同，半径值需要加以修正。

共价半径：通过实验测定各种共价化合物中某原子间共价键的键长，取平均值，即得共价键键长数据。键长除以原子的半数即该原子的共价半径。

数据取自：周公度，叶宪曾，吴念祖. 化学元素综论 [M]. 北京: 科学出版社. 2012.

图例：
- →共价半径（pm）
- →原子半径（pm）

原子序数	元素	族	共价半径 (pm)	原子半径 (pm)
1	H	IA	31	—
2	He	VIIIA	—	—
3	Li	IA	128	152
4	Be	IIA	96	112
5	B	IIIA	84	—
6	C	IVA	69~76	—
7	N	VA	71	—
8	O	VIA	66	—
9	F	VIIA	57	—
10	Ne	VIIIA	—	—
11	Na	IA	166	186
12	Mg	IIA	141	160
13	Al	IIIA	121	143
14	Si	IVA	117	—
15	P	VA	107	—
16	S	VIA	105	—
17	Cl	VIIA	102	—
18	Ar	VIIIA	—	—
19	K	IA	203	227
20	Ca	IIA	176	197
21	Sc	IIIB	170	162
22	Ti	IVB	160	147
23	V	VB	153	137
24	Cr	VIB	139	128
25	Mn	VIIB	139~161	127
26	Fe	VIIIB	132~152	126
27	Co	VIIIB	126~150	126
28	Ni	VIIIB	124	124
29	Cu	IB	132	128
30	Zn	IIB	122	134
31	Ga	IIIA	122	135
32	Ge	IVA	120	—
33	As	VA	119	—
34	Se	VIA	120	—
35	Br	VIIA	120	—
36	Kr	VIIIA	116	—
37	Rb	IA	220	248
38	Sr	IIA	195	215
39	Y	IIIB	190	180
40	Zr	IVB	175	160
41	Nb	VB	164	146
42	Mo	VIB	154	139
43	Tc	VIIB	147	136
44	Ru	VIIIB	146	134
45	Rh	VIIIB	142	134
46	Pd	VIIIB	139	137
47	Ag	IB	145	144
48	Cd	IIB	144	151
49	In	IIIA	142	167
50	Sn	IVA	139	151
51	Sb	VA	139	145
52	Te	VIA	138	—
53	I	VIIA	139	—
54	Xe	VIIIA	140	—
55	Cs	IA	244	265
56	Ba	IIA	215	222
57	La	IIIB	207	187
72	Hf	IVB	175	159
73	Ta	VB	170	146
74	W	VIB	162	139
75	Re	VIIB	151	137
76	Os	VIIIB	144	135
77	Ir	VIIIB	141	136
78	Pt	VIIIB	136	139
79	Au	IB	136	144
80	Hg	IIB	132	151
81	Tl	IIIA	145	170
82	Pb	IVA	146	180
83	Bi	VA	148	160
84	Po	VIA	140	190
85	At	VIIA	（150）	—
86	Rn	VIIIA	（150）	—
87	Fr	IA	（260）	—
88	Ra	IIA	221	215
89	Ac	IIIB	215	195

镧系：

原子序数	元素	共价半径 (pm)	原子半径 (pm)
58	Ce	204	182
59	Pr	203	182
60	Nd	201	181
61	Pm	199	183
62	Sm	198	180
63	Eu	198	208
64	Gd	196	180
65	Tb	194	177
66	Dy	192	178
67	Ho	192	176
68	Er	189	176
69	Tm	190	176
70	Yb	187	193
71	Lu	187	174

锕系：

原子序数	元素	共价半径 (pm)	原子半径 (pm)
90	Th	206	179
91	Pa	200	163
92	U	196	156
93	Np	190	155
94	Pu	187	159
95	Am	180	173
96	Cm	169	174
97	Bk	—	170
98	Cf	223	—
99	Es	—	—
100	Fm	—	—
101	Md	—	—
102	No	—	—
103	Lr	—	—

表 3　元素的密度和硬度

室温
密度（g/cm³）
硬度（莫氏）

气体、液体单位: g/L

密度数据取自: Staudhammer K P. Atlas of Binary Alloys (A periodic Index) [M].New York: Marcel Dekker,1973.

原子序数	符号	密度	硬度
1	H	0.07	—
2	He	0.18	—
3	Li	0.53	0.6
4	Be	1.85	5.5
5	B	2.34	—
6	C	2.25(石墨) 3.51(金刚石)	—
7	N	0.81(液)	—
8	O	1.43(气)	—
9	F	1.69(气)	—
10	Ne	0.90(气)	—
11	Na	0.97	0.5
12	Mg	1.74	2.5
13	Al	2.70	2.75
14	Si	2.33	—
15	P	1.82(黄)	—
16	S	2.07	—
17	Cl	3.21(液)	—
18	Ar	1.78(气)	—
19	K	0.86	0.4
20	Ca	1.54	1.5
21	Sc	2.99	—
22	Ti	4.50	6.0
23	V	5.96	7.0
24	Cr	7.19	8.5
25	Mn	7.44	6.0
26	Fe	7.87	4.0
27	Co	8.91	5.0
28	Ni	8.92	4.0
29	Cu	8.96	3.0
30	Zn	7.13	2.5
31	Ga	5.91	1.5
32	Ge	5.32	6.0
33	As	5.73	—
34	Se	4.79	—
35	Br	3.12(液)	—
36	Kr	3.73(气)	—
37	Rb	1.53	0.3
38	Sr	2.54	1.5
39	Y	4.45	—
40	Zr	6.50	5.0
41	Nb	8.57	6.0
42	Mo	10.22	5.5
43	Tc	11.50	—
44	Ru	12.41	6.5
45	Rh	12.42	6.0
46	Pd	12.02	4.7
47	Ag	10.50	2.5
48	Cd	8.65	2.0
49	In	7.31	1.2
50	Sn	7.31(白锡) 5.75(灰锡)	1.5(白锡)
51	Sb	6.69	3.0
52	Te	6.24	—
53	I	4.93	—
54	Xe	5.89(气)	—
55	Cs	1.87	0.2
56	Ba	3.50	1.25
57	La	6.19	2.5
58	Ce	6.67~8.23	2.5
59	Pr	6.78	—
60	Nd	6.80	—
61	Pm	6.88	—
62	Sm	7.54	—
63	Eu	5.26	—
64	Gd	7.90	4
65	Tb	8.27	7
66	Dy	8.54	9
67	Ho	8.80	—
68	Er	9.05	9
69	Tm	9.33	—
70	Yb	6.98	—
71	Lu	9.87	—
72	Hf	13.29	5.5
73	Ta	16.60	6.5
74	W	19.30	7.5
75	Re	21.02	7.0
76	Os	22.57	7.0
77	Ir	22.42	6.5
78	Pt	21.45	3.5
79	Au	19.32	2.5
80	Hg	13.55	—
81	Tl	11.85	1.2
82	Pb	11.35	1.5
83	Bi	9.75	2.25
84	Po	9.32	—
85	At	—	—
86	Rn	9.73(气)	—
87	Fr	—	—
88	Ra	5.05	—
89	Ac	10.10	
90	Th	11.66	3.0
91	Pa	15.40	—
92	U	18.95	—
93	Np	18.0~20.5	—
94	Pu	19.84	—
95	Am	11.70	—
96	Cm	6.98	—
97	Bk	—	7
98	Cf	—	9
99	Es	—	—
100	Fm	—	—
101	Md	—	—
102	No	—	—
103	Lr	—	—

表4 元素的晶体构型、熔点和沸点

图例（升温时晶型的改变 / 熔点(°C) / 沸点(°C)）

代号	结构	代号	结构
A1	面心立方 (FCC)	A9	石墨型结构
A2	体心立方 (BCC)	C	复杂立方
A3	六方密堆积 (HCP)	H	六方
A4	金刚石立方 (DC)	M	单斜
A5	体心四方 (BCT)	O	正交
A6	面心四方 (FCT)	R	三方
A7	As-型结构	T	四方
A8	Se-型结构		

数据取自：Staudhammer K P. Atlas of Binary Alloys (A periodic Index) [M]. New York: Marcel Dekker, 1973.

主表（每格：原子序数 元素 / 晶型改变 / 熔点 / 沸点）

I A	II A	III B	IV B	V B	VI B	VII B	VIII B	VIII B	VIII B	I B	II B	III A	IV A	V A	VI A	VII A	VIII A
1 H A1→A3 −259 −253																	2 He A2→A3 −272 −269
3 Li A3→A2 179 1317	4 Be A3→A2 1280 2970											5 B R→T 2300 2550	6 C A4,A9 3652(A9) 4200(A9)	7 N C→H −210 −196	8 O R→C −218 −183	9 F −220 −188	10 Ne A1 −249 −246
11 Na A2 98 892	12 Mg A3 651 1107											13 Al A1 660 2467	14 Si A4 1410 2355	15 P C,O 44(黄) 280(黄)	16 S O,R,M 113 445	17 Cl O −101 −35	18 Ar A1 −189 −186
19 K A2 64 774	20 Ca A1→A2 845 1487	21 Sc A3 1539 2727	22 Ti A3→A2 1675 3260	23 V A2 1895 3030	24 Cr A2→A1 1890 2482	25 Mn C→A1 1245 2097	26 Fe A2→A1→A2 1535 3000	27 Co A3→A1 1495 2900	28 Ni A1 1455 2732	29 Cu A1 1083 2595	30 Zn A3 419 907	31 Ga O 30 2403	32 Ge A4 937 2830	33 As A7 817(高压) 613(升华)	34 Se A8,M 217 685	35 Br O −7.2 59	36 Kr A1 −157 −152
37 Rb A2 39 688	38 Sr A1→A3→A2 769 1384	39 Y A3→A2 1497 2927	40 Zr A3→A2 1852 3578	41 Nb A2 2470 4927	42 Mo A2 2610 5560	43 Tc A3 2240 —	44 Ru A3 2250 3900	45 Rh A1 1967 3770	46 Pd A1 1552 2927	47 Ag A1 961 2212	48 Cd A3 321 765	49 In A6→A5 157 2005	50 Sn A4→A5 232 2270	51 Sb A7 631 1380	52 Te A8 450 990	53 I O 114 184	54 Xe A1 −112 −107
55 Cs A2 29 690	56 Ba A2 725 1140	57 La H→A1→A2 920 3469	72 Hf A3→A2 2150 5400	73 Ta A2 2995 5455	74 W A2 3415 5027	75 Re A3 3180 5627	76 Os A3 3000 5000	77 Ir A1 2450 4555	78 Pt A1 1769 3860	79 Au A1 1063 2966	80 Hg A5→R −39 357	81 Tl A3→A2 304 1460	82 Pb A1 328 1744	83 Bi A7 271 1560	84 Po C,R 254 962	85 At —	86 Rn −71 −62
87 Fr	88 Ra 700 1730	89 Ac A1 1050 3350															

镧系

58 Ce	59 Pr	60 Nd	61 Pm	62 Sm	63 Eu	64 Gd	65 Tb	66 Dy	67 Ho	68 Er	69 Tm	70 Yb	71 Lu
A1→A2 795 3468	H→A2 935 3127	H→A2 1024 3027	1035 2730	R 1072 1900	A2 826 1439	A3→A2 1312 3010	1356 2800	A3 1407 2600	A3 1461 2600	A3 1497 2900	A3 1545 1727	A1→A2 826 1427	A3 1652 3327

锕系

90 Th	91 Pa	92 U	93 Np	94 Pu	95 Am	96 Cm	97 Bk	98 Cf	99 Es	100 Fm	101 Md	102 No	103 Lr
A1→A2 1700 4040	A5 1230 —	O 1133 3818	O 640 —	M 640 3240	H 865 —								

表5　元素的比热容和热导率

表中温度数据下右上角的符号表示为下列附带温度时的数值：

T′ —— -2.2℃
T″ —— 0℃
T‴ —— 100℃
T⁗ —— 25℃

比热容 [J/(g·℃)](20℃)
热导率 [J/(cm·s·℃)](20℃)

数据取自：虞觉奇，等. 二元合金状态图集[M]. 上海：上海科学技术出版社，1983.

原子序数	元素	比热容	热导率
1	H	14.43	17.0×10^{-4}
2	He	5.23	13.9×10^{-4}
3	Li	3.305	0.71
4	Be	1.8828	1.46
5	B	1.2929	—
6	C	0.6904	0.24
7	N	1.033	2.61×10^{-4}
8	O	0.912	2.47×10^{-4}
9	F	0.753	—
10	Ne	—	0.48×10^{-3}
11	Na	1.234	1.34
12	Mg	1.025	—
13	Al	0.8996	2.22
14	Si	0.678	0.837
15	P	0.741	—
16	S	0.732	26.4×10^{-4}
17	Cl	0.6945	0.72×10^{-4}
18	Ar	0.523	1.7×10^{-4}
19	K	0.741	1.00
20	Ca	0.6234	1.26
21	Sc	0.561	—
22	Ti	0.519	0.172
23	V	0.498	$0.309^{‴}$
24	Cr	0.4602	0.67
25	Mn	0.481	—
26	Fe	0.4602	0.75
27	Co	0.4142	0.69
28	Ni	0.439	0.92
29	Cu	0.3849	3.94
30	Zn	0.383	1.13
31	Ga	0.3305	0.29~0.38
32	Ge	0.3054	0.59
33	As	0.431	—
34	Se	0.351	$29\sim76\times10^{-4}$
35	Br	0.2929	—
36	Kr	—	0.88×10^{-4}
37	Rb	0.335	—
38	Sr	0.736	—
39	Y	0.297	$0.146^{\prime}$
40	Zr	0.280	—
41	Nb	0.271	$0.52^{″}$
42	Mo	0.276	1.54
43	Tc	—	—
44	Ru	0.238	—
45	Rh	0.247	0.879
46	Pd	0.244	0.70
47	Ag	0.2339	$4.184^{‴}$
48	Cd	0.2301	0.92
49	In	0.238	0.24
50	Sn	0.226	$0.628^{″}$
51	Sb	$0.205^{″}$	0.188
52	Te	0.197	0.544
53	I	0.218	43.5×10^{-4}
54	Xe	—	5.19×10^{-4}
55	Cs	0.2015	—
56	Ba	0.2845	—
57	La	0.201	0.14
58	Ce	0.1883	0.11
59	Pr	0.188	$0.12^{\prime}$
60	Nd	0.188	0.13
61	Pm	—	—
62	Sm	0.176	—
63	Eu	0.1632	—
64	Gd	0.2970	0.088
65	Tb	0.184	—
66	Dy	0.1715	0.10
67	Ho	0.163	—
68	Er	0.1674	0.096
69	Tm	0.159	—
70	Yb	0.146	—
71	Lu	0.155	—
72	Hf	0.147	0.21
73	Ta	0.142	—
74	W	0.138	$1.66^{″}$
75	Re	0.138	0.711
76	Os	0.130	—
77	Ir	0.128	0.59
78	Pt	0.131	0.69
79	Au	0.1305	$2.97^{″}$
80	Hg	0.138	$0.082^{″}$
81	Tl	0.130	0.389
82	Pb	0.129	$0.35^{″}$
83	Bi	0.1230	0.08
84	Po	—	—
85	At	—	—
86	Rn	—	—
87	Fr	—	—
88	Ra	—	—
89	Ac	—	—
90	Th	0.142	$0.377^{‴}$
91	Pa	—	—
92	U	0.117	0.297
93	Np	—	—
94	Pu	0.138	0.08
95	Am	—	—
96	Cm	—	—
97	Bk	—	—
98	Cf	—	—
99	Es	—	—
100	Fm	—	—
101	Md	—	—
102	No	—	—
103	Lr	—	—

表6 元素的熔化潜热和气化潜热

图例：熔化潜热 (kJ/mol)、气化潜热 (kJ/mol)

原子序数	元素	熔化潜热 (kJ/mol)	气化潜热 (kJ/mol)
1	H	0.117	0.904
2	He	0.0138	0.083
3	Li	3.0	147
4	Be	7.9	297
5	B	50.2	480
6	C	117	715
7	N	0.72	5.58
8	O	0.45	6.82
9	F	0.52	6.54
10	Ne	0.33	1.73
11	Na	2.6	98
12	Mg	8.95	127.6
13	Al	10.7	2.92
14	Si	50.2	359
15	P	0.63	12.4
16	S	1.72	9.8
17	Cl	6.41	20.4
18	Ar	1.18	6.51
19	K	2.3	77
20	Ca	8.5	155
21	Sc	14.1	333
22	Ti	19.2	425
23	V	22.8	455
24	Cr	15	340
25	Mn	14.5	220
26	Fe	13.8	351
27	Co	16.2	375
28	Ni	17.2	377
29	Cu	13.3	305
30	Zn	7.4	116
31	Ga	5.6	256
32	Ge	31.8	334
33	As	27.7	32.4
34	Se	5.4	26.3
35	Br	10.6	30.0
36	Kr	1.64	9.03
37	Rb	2.2	73
38	Sr	8.2	137
39	Y	17.2	385
40	Zr	20.9	580
41	Nb	26.9	690
42	Mo	37.5	590
43	Tc	33.3	585
44	Ru	25.5	568
45	Rh	25.5	568
46	Pd	16.7	390
47	Ag	11.3	225
48	Cd	6.1	100
49	In	3.3	230
50	Sn	7.2	290
51	Sb	19.9	68.0
52	Te	17.5	50.6
53	I	15.5	41.8
54	Xe	2.3	12.6
55	Cs	2.1	68
56	Ba	8.0	150
57	La	10.0	400
72	Hf	25.5	661
73	Ta	31	750
74	W	35.2	800
75	Re	33.1	705
76	Os	29.3	628
77	Ir	26.4	564
78	Pt	19.7	500
79	Au	13.0	325
80	Hg	2.3	59.2
81	Tl	4.3	165
82	Pb	4.8	178
83	Bi	10.9	179
84	Po	13	100
85	At	15	30
86	Rn	2.9	17
87	Fr	2	65
88	Ra	8.4	137
89	Ac	14	400
58	Ce	5.5	398
59	Pr	10.0	333
60	Nd	7.1	284
61	Pm	10.0	290
62	Sm	11.0	192
63	Eu	10.4	176
64	Gd	15.5	310
65	Tb	15	390
66	Dy	15	290
67	Ho	17.1	260
68	Er	17.2	292
69	Tm	18.4	250
70	Yb	19.2	160
71	Lu	19.2	425
90	Th	16	544
91	Pa	15	480
92	U	15.5	420
93	Np	—	—
94	Pu	—	—
95	Am	—	176
96	Cm	—	—
97	Bk	—	—
98	Cf	—	—
99	Es	—	—
100	Fm	—	—
101	Md	—	—
102	No	—	—
103	Lr	—	—

数据取自：周公度，叶宪曾，吴念祖. 化学元素综论[M]. 科学出版社，2012.

表7 元素的线胀系数和弹性模量

数据取自：美国金属学会．金属手册 第二卷[M]．9版．北京：机械工业出版社，1994．

说明：每格上值为线胀系数（10^{-6} m/℃）（20℃），下值为弹性模量（10MPa）。

序号	元素	线胀系数	弹性模量
1	H	—	
2	He	—	
3	Li	46	—
4	Be	11.6	254.8
5	B	4.7	—
6	C	0.6~4.3	4.9
7	N	—	
8	O	—	
9	F	—	
10	Ne	—	
11	Na	71	—
12	Mg	24.8	45.1
13	Al	23.1	61.7
14	Si	2.8~7.3	107.8
15	P	125（白磷）	—
16	S	64	—
17	Cl	—	
18	Ar	—	
19	K	83	—
20	Ca	22.3	21.6~26.5
21	Sc	10.2	—
22	Ti	8.6	115.6
23	V	8.4	176~196
24	Cr	4.9	245
25	Mn	21.7	160.7
26	Fe	11.8	196
27	Co	13.0	205.8
28	Ni	13.3	205.8
29	Cu	16.5	107.8
30	Zn	30.2	—
31	Ga	18.3	—
32	Ge	5.8	—
33	As	4.7	—
34	Se	40	57.8
35	Br	—	
36	Kr	—	
37	Rb	90	—
38	Sr	22	—
39	Y	10.6	—
40	Zr	5.9	94.1
41	Nb	7.3	186.2
42	Mo	4.9	345.9
43	Tc	8.1	—
44	Ru	6.4	416.5
45	Rh	8.3	290.1
46	Pd	11.8	107.8
47	Ag	19.7	70.6~77.4
48	Cd	30.8	55.4
49	In	32.1	—
50	Sn	21.6	41.2~45.1
51	Sb	8.5~10.8	77.4
52	Te	18	41.2
53	I	—	
54	Xe	—	
55	Cs	97	—
56	Ba	20.6	—
57	La	5.0	68.6~75.5
58	Ce	6.3	41.2
59	Pr	6.7	48.0~68.6
60	Nd	6.9	—
61	Pm	11	—
62	Sm	12.7	54.9
63	Eu	35	—
64	Gd	9.4	54.9~196
65	Tb	10.3	—
66	Dy	9.9	68.7~96.0
67	Ho	11.2	75.5
68	Er	12.2	—
69	Tm	13.3	—
70	Yb	26.3	—
71	Lu	8.3	—
72	Hf	6.0	94.1
73	Ta	6.5	186.2
74	W	4.6	343
75	Re	6.2	460.6
76	Os	5.1	553.7
77	Ir	6.4	519.4
78	Pt	8.9	147
79	Au	14.2	80.4
80	Hg	61	—
81	Tl	29.9	—
82	Pb	28.9	13.7
83	Bi	13.3	31.4
84	Po	23	—
85	At	—	
86	Rn	—	
87	Fr	—	
88	Ra	20.2	—
89	Ac	14.9	—
90	Th	11	—
91	Pa	7.3	—
92	U	6.8~14.1	—
93	Np	—	
94	Pu	55	98
95	Am	—	
96	Cm	—	
97	Bk	—	
98	Cf	—	
99	Es	—	
100	Fm	—	
101	Md	—	
102	No	—	
103	Lr	—	

表8 元素的电阻率和超导温度

说明：每格中，上方数字为电阻率（室温 20~25℃）（×10⁻⁶ Ω·cm），下方数字为超导温度（K）。

数据取自：Staudhammer K P. Atlas of Binary Alloys(A periodic Index) [M]. New York: Marcel Dekker, 1973.

族	元素	电阻率	超导温度
IA	1 H	—	—
IA	3 Li	8.6	—
IA	11 Na	4.2	—
IA	19 K	6.2	—
IA	37 Rb	12.5	—
IA	55 Cs	20.0	—
IA	87 Fr	—	—
IIA	4 Be	4.0	3.00
IIA	12 Mg	4.5	—
IIA	20 Ca	3.9	—
IIA	38 Sr	23.0	—
IIA	56 Ba	—	—
IIA	88 Ra	—	—
IIIB	21 Sc	61.0	—
IIIB	39 Y	57.0	—
IIIB	57 La	5.7	5.50
IIIB	89 Ac	—	—
IVB	22 Ti	42.0	0.39
IVB	40 Zr	40.0	0.55
IVB	72 Hf	35.1	0.16
VB	23 V	25.4	5.15
VB	41 Nb	12.5	9.17
VB	73 Ta	12.5	4.42
VIB	24 Cr	12.9	—
VIB	42 Mo	5.3	0.92
VIB	74 W	5.7	0.01
VIIB	25 Mn	1.9×10^2	—
VIIB	43 Tc	—	8.00
VIIB	75 Re	19.3	1.70
VIIIB	26 Fe	9.7	—
VIIIB	44 Ru	7.6	0.49
VIIIB	76 Os	9.5	0.66
VIIIB	27 Co	6.2	—
VIIIB	45 Rh	4.5	—
VIIIB	77 Ir	5.3	0.14
VIIIB	28 Ni	6.8	—
VIIIB	46 Pd	10.8	—
VIIIB	78 Pt	10.6	—
IB	29 Cu	1.7	—
IB	47 Ag	1.6	—
IB	79 Au	2.4	—
IIB	30 Zn	5.9	0.86
IIB	48 Cd	6.8	0.55
IIB	80 Hg	98.1	4.00
IIIA	5 B	1.8×10^{12}	—
IIIA	13 Al	2.7	1.19
IIIA	31 Ga	17.4	1.09
IIIA	49 In	8.4	3.40
IIIA	81 Tl	18.1	2.37
IVA	6 C	1.4×10^3	—
IVA	14 Si	10.0	7.10
IVA	32 Ge	4.6×10^7	5.00
IVA	50 Sn	11.0	3.72
IVA	82 Pb	20.6	7.23
VA	7 N	—	—
VA	15 P	1.0×10^{17}	—
VA	33 As	33.4	—
VA	51 Sb	39.0	—
VA	83 Bi	1.1×10^2	3.90
VIA	8 O	—	—
VIA	16 S	2.0×10^{23}	—
VIA	34 Se	12.1	6.80
VIA	52 Te	4.4×10^5	3.30
VIA	84 Po	—	—
VIIA	9 F	—	—
VIIA	17 Cl	—	—
VIIA	35 Br	—	—
VIIA	53 I	1.3×10^{15}	—
VIIA	85 At	—	—
VIIIA	2 He	—	—
VIIIA	10 Ne	—	—
VIIIA	18 Ar	—	—
VIIIA	36 Kr	—	—
VIIIA	54 Xe	—	—
VIIIA	86 Rn	—	—

镧系

元素	电阻率	超导温度
58 Ce	75.0	1.70
59 Pr	68.0	—
60 Nd	64.0	—
61 Pm	—	—
62 Sm	88.0	—
63 Eu	90.0	—
64 Gd	1.4×10^2	—
65 Tb	—	—
66 Dy	57.0	—
67 Ho	87.0	—
68 Er	1.1×10^2	—
69 Tm	79.0	—
70 Yb	29.0	—
71 Lu	79.0	—

锕系

元素	电阻率	超导温度
90 Th	13.0	1.37
91 Pa	1.40	—
92 U	30.0	1.00
93 Np	—	—
94 Pu	1.4×10^2	—
95 Am	—	—
96 Cm	—	—
97 Bk	—	—
98 Cf	—	—
99 Es	—	—
100 Fm	—	—
101 Md	—	—
102 No	—	—
103 Lr	—	—

表9 元素的电负性

元素的电负性(χ)表示原子间生成化合物时，该原子对成键电子吸引能力的大小。电负性大的元素，在化合物中带较多的负电荷，反之则带有较多的正电荷。金属元素的电负性较小，非金属元素的电负性较大，χ≈2是金属和非金属的分界。元素间电负性相差越大越容易生成离子键，成为离子型化合物。电负性接近的非金属元素容易生成共价键，而电负性接近的金属元素则容易生成金属键。

数据取自：Pauling L.The Nature of Chemical Bond[M]. 3rd. NY: Cornell University Press, 1960.

族	元素	电负性
IA	1 H	2.1
IA	3 Li	1.0
IA	11 Na	0.9
IA	19 K	0.8
IA	37 Rb	0.8
IA	55 Cs	0.7
IA	87 Fr	0.7
IIA	4 Be	1.5
IIA	12 Mg	1.2
IIA	20 Ca	1.0
IIA	38 Sr	1.0
IIA	56 Ba	0.9
IIA	88 Ra	0.9
IIIB	21 Sc	1.3
IIIB	39 Y	1.2
IIIB	57 La	1.1~1.2
IIIB	89 Ac	1.1
IVB	22 Ti	1.5
IVB	40 Zr	1.4
IVB	72 Hf	1.3
VB	23 V	1.6
VB	41 Nb	1.6
VB	73 Ta	1.5
VIB	24 Cr	1.6
VIB	42 Mo	1.8
VIB	74 W	1.7
VIIB	25 Mn	1.5
VIIB	43 Tc	1.9
VIIB	75 Re	1.9
VIIIB	26 Fe	1.8
VIIIB	27 Co	1.8
VIIIB	28 Ni	1.8
VIIIB	44 Ru	2.2
VIIIB	45 Rh	2.2
VIIIB	46 Pd	2.2
VIIIB	76 Os	2.2
VIIIB	77 Ir	2.2
VIIIB	78 Pt	2.2
IB	29 Cu	1.9
IB	47 Ag	1.9
IB	79 Au	2.4
IIB	30 Zn	1.6
IIB	48 Cd	1.7
IIB	80 Hg	1.9
IIIA	5 B	2.0
IIIA	13 Al	1.5
IIIA	31 Ga	1.6
IIIA	49 In	1.7
IIIA	81 Tl	1.8
IVA	6 C	2.5
IVA	14 Si	1.8
IVA	32 Ge	1.8
IVA	50 Sn	1.8
IVA	82 Pb	1.8
VA	7 N	3.0
VA	15 P	2.1
VA	33 As	2.0
VA	51 Sb	1.9
VA	83 Bi	1.9
VIA	8 O	3.5
VIA	16 S	2.5
VIA	34 Se	2.4
VIA	52 Te	2.1
VIA	84 Po	2.0
VIIA	9 F	4.0
VIIA	17 Cl	3.0
VIIA	35 Br	2.8
VIIA	53 I	2.5
VIIA	85 At	2.2
VIIIA	2 He	
VIIIA	10 Ne	
VIIIA	18 Ar	
VIIIA	36 Kr	
VIIIA	54 Xe	
VIIIA	86 Rn	

镧系：

元素	电负性	元素	电负性
58 Ce	1.1~1.2	65 Tb	1.1~1.2
59 Pr	1.1~1.2	66 Dy	1.1~1.2
60 Nd	1.1~1.2	67 Ho	1.1~1.2
61 Pm	1.1~1.2	68 Er	1.1~1.2
62 Sm	1.1~1.2	69 Tm	1.1~1.2
63 Eu	1.1~1.2	70 Yb	1.1~1.2
64 Gd	1.1~1.2	71 Lu	1.1~1.2

锕系：

元素	电负性	元素	电负性
90 Th	1.3	97 Bk	1.3
91 Pa	1.5	98 Cf	1.3
92 U	1.7	99 Es	1.3
93 Np	1.3	100 Fm	1.3
94 Pu	1.3	101 Md	1.3
95 Am	1.3	102 No	1.3
96 Cm	1.3	103 Lr	1.3

表10 元素的熔盐电动势

在LiCl-KCl共晶熔盐介质中，温度450℃，标准Pt电极。

表中任两种元素之间如不考虑有金属间化合物的生成，则电动势负值更大的金属容易从电动势负值较小的金属熔盐中取代出后者的金属来。例如：Al³⁺/⁰为－1.762，Zn²⁺/⁰为1.566，金属Al容易从ZnCl₂熔盐中取代出金属Zn来。

3+/0 ←—— 价态离子还原为0价金属
-1.762 ←—— 还原电位（V）

数据取自：Bard A.J. Encyclopedia of Eletrochemistry of Elements: Vol 10 [M]. New York: Marcel Dekker, 1979.

序号	元素	价态离子	还原电位（V）
3	Li	1+/0	-3.304
4	Be	2+/0	-2.039
11	Na	1+/0	-3.25
12	Mg	2+/0	-2.580
13	Al	3+/0	-1.762
19	K		
20	Ca		
21	Sc	3+/0	-2.553
22	Ti	4+/0	-1.486
23	V	3+/0	-1.271
24	Cr	3+/0	1.125
25	Mn	2+/0	1.849
26	Fe	2+/0	-1.172
27	Co	2+/0	-0.991
28	Ni	2+/0	-0.795
29	Cu	2+/0	-0.448
30	Zn	2+/0	-1.566
31	Ga	3+/0	-1.136
32	Ge	4+/0	-0.728
33	As	3+/0	-0.460
37	Rb		
38	Sr		
39	Y	3+/0	-2.831
40	Zr	4+/0	-1.807
41	Nb	3+/0	-1.15
42	Mo	3+/0	-0.603
43	Tc		
44	Ru	3+/0	-0.107
45	Rh	3+/0	0.196
46	Pd	2+/0	-0.214
47	Ag	1+/0	-0.743
48	Cd	2+/0	-1.316
49	In	3+/0	-1.033
50	Sn	2+/0	-1.082
51	Sb	3+/0	-0.635
52	Te	2+/0	-0.10
55	Cs		
56	Ba		
57	La	3+/0	-2.848
72	Hf	4+/0	-1.827
73	Ta	5+/0	-0.957
74	W		
75	Re	5+/0	0.325
76	Os		
77	Ir	3+/0	-0.057
78	Pt	2+/0	0.000
79	Au	1+/0	+0.205
80	Hg	2+/0	-0.622
81	Tl	3+/0	-0.385
82	Pb	2+/0	1.101
83	Bi	3+/0	-0.635
84	Po		
87	Fr		
88	Ra		
89	Ac		
58	Ce	3+/0	-2.905
59	Pr		
60	Nd	3+/0	-2.819
61	Pm		
62	Sm	3+/0	-1.713
63	Eu		
64	Gd	3+/0	-2.788
65	Tb		
66	Dy		
67	Ho		
68	Er		
69	Tm		
70	Yb		
71	Lu		
90	Th	4+/0	-2.350
91	Pa		
92	U	3+/0	-2.218
93	Np	3+/0	-2.033
94	Pu	3+/0	-1.698
95	Am	3+/0	-1.588
96	Cm	3+/0	-1.470
97	Bk		
98	Cf		
99	Es		
100	Fm		
101	Md		
102	No		
103	Lr		

其他元素（无数据）：1 H、2 He、5 B、6 C、7 N、8 O、9 F、10 Ne、14 Si、15 P、16 S、17 Cl、18 Ar、34 Se、35 Br、36 Kr、53 I、54 Xe、85 At、86 Rn。

791